AMATEUR
BIBLIOTHEK

Karl Rothammel Y2 1BK

Antennenbuch

Militärverlag
der Deutschen Demokratischen
Republik

Rothammel, K.:
Antennenbuch. 11., überarbeitete und erweiterte Auflage – Berlin: Militärverlag der Deutschen Demokratischen Republik, 1989. – 686 S.: 770 Bilder. –

ISBN 3-327-00848-5

11., überarbeitete und erweiterte Auflage
© Militärverlag der Deutschen Demokratischen Republik (VEB) – Berlin, 1989
Lizenz-Nr. 5
Printed in the German Democratic Republic
Gesamtherstellung: Offizin Andersen Nexö, Graphischer Großbetrieb, Leipzig III/18/38
Lektor: Rainer Erlekampf
Zeichnungen: Heinz Grothmann
Einbandgestaltung: R. Lebek
Typografie: Helmut Herrmann
Redaktionsschluß: 3. Mai 1988
LSV: 3539
Bestellnummer: 747 185 4
02400

Inhalt

Vorwort

Seit vielen Jahren greifen die Funkamateure zu diesem Titel, der sich als «Antennenkochbuch» einen festen Platz in der Amateurliteratur erworben hat. Aus einem Hilfbuch der fünfziger Jahre hat sich ein umfangreiches Nachschlagewerk für die Praxis entwickelt, das in zahlreichen deutsch- und fremdsprachigen Auflagen erschienen ist.

Im Interesse einer allgemeinverständlichen Darstellung wird die Theorie bewußt vereinfacht, die Praxis aber sehr ausführlich behandelt, so daß auch Leser ohne besondere technische Vorbildung in der Lage sind, die beschriebenen Antennen problemlos nachzubauen. Aber auch den «alten Hasen» wird das Antennenbuch Neues bieten, Anregungen für eigene Entwicklungen geben und einen Überblick über den internationalen Stand der Antennentechnik unter dem Gesichtspunkt des Amateurfunks vermitteln. Die Nachfrage nach den bisher erschienenen Auflagen läßt erkennen, daß diese praxisnahe Methode der Wissensvermittlung nicht nur bei den Funkamateuren Anklang findet.

Manche Antennenformen mit zunächst nur regionaler Bedeutung sind erst durch die Beschreibung in der Amateurliteratur international bekannt geworden. Sie wurden auf diese Weise in den weltweiten Erfahrungsaustausch der Funkamateure einbezogen und weiterentwickelt. Die Quad-Antennen mit ihren vielen Varianten sind dafür ein treffendes Beispiel. Das Antennenbuch bildet ein Bindeglied in diesem Erfahrungsaustausch, weil es auch weniger bekannte Neuentwicklungen und konstruktive Lösungen einem großen Interessentenkreis zugänglich macht.

Der Verfasser fühlt sich verpflichtet, vor jeder Neuauflage das Werk gründlich zu überarbeiten und entsprechend dem gegenwärtigen Erkenntnisstand zu ergänzen. Leserhinweise und -wünsche bilden dabei eine unentbehrliche Hilfe und werden zum Nutzen aller dankbar berücksichtigt.

Die vorliegende Auflage wurde in Umfang und Inhalt erweitert, mit neuen Bildern und Tabellen ausgestattet und mit umfassenden Literatur- und Patenthinweisen versehen. Neu sind auch der Abschnitt über magnetische Ringantennen sowie eine ganze Reihe von Kurzwellen-Antennenformen, die den Mehrbandbetrieb einschließlich der neuen «WARC-Bänder» ermöglichen. Der Beitrag über logarithmisch periodische Kurzwellenantennen wurde stark überarbeitet und erweitert. Das «Monster», eine 2-Element-Loop-Antenne für 3,5 MHz, dürfte das Interesse von solchen Funkamateuren finden, die über ausreichend Aufbauplatz verfügen.

Bei den Patenthinweisen wurde versucht, jeweils das Originalpatent zu zitieren. Das angegebene Datum ist der Zeitpunkt der Patentanmeldung (Priorität).

Der besondere Dank des Verfassers gilt den Herren Dipl.-Ing. *A. Krischke, DI 0 TR/OE 8 AK*, Dipl.-Ing. *Ch. Käferlein, DK 5 CZ* und *H. Würtz, DL 2 FA*, sowie dem Erbauer des «Monster», Dr. *R. Fischer, DL 6 WD*. Diese stellten viele Informationen und technische Unterlagen zur Verfügung und haben durch helfende Kritik zur weiteren Verbesserung des Werkes beigetragen.

Karl Rothammel
Y2 1BK ex DM 2 ABK

1. Elektromagnetische Wellen

Die von einer Sendeantenne abgestrahlte Energie pflanzt sich in Form von *elektromagnetischen Wellen* im Raum fort.

Dieser Vorgang läßt sich an einer unbewegten Wasseroberfläche, die durch einen eintauchenden Gegenstand zur Wellenbildung angeregt wird, veranschaulichen. Die fortschreitende Wellenbewegung entsteht, ohne daß eine Strömung im Wasser nachweisbar ist. Kleine Schwimmkörper belegen diese Feststellung, indem sie sich, Windstille vorausgesetzt, im Rhythmus der Wellen zwar auf und ab, aber stets am gleichen Ort bewegen. Der Wellenzug pflanzt sich kreisförmig fort, ohne daß die Wasseroberfläche weiterbewegt wird.

Er ist durch folgende Begriffe definiert:

Wellenlänge λ – kleinster Abstand zweier Punkte voneinander, die sich im gleichen Wellenzustand befinden, in diesem Falle also die Entfernung zwischen 2 benachbarten Wellenkämmen oder Wellentälern;

Frequenz f – Anzahl der Wellenbewegungen (Wellenlängen), die sich in einer Sekunde ausbilden;

Ausbreitungs-geschwindig-keit c – Fortpflanzungsgeschwindigkeit des Wellenzuges von der Energiequelle aus.

Das Verhältnis dieser 3 Begriffe zueinander wird durch die Formel

$$\lambda = \frac{c}{f} \qquad (1.1.)$$

($c = 3 \cdot 10^8$ m/s) ausgedrückt.

Die an dem Beispiel der schwingenden Wasseroberfläche gezeigten Verhältnisse können analog auf die Ausbreitung elektromagnetischer Wellen angewendet werden.

Auch die elektromagnetischen Wellen haben eine bestimmte Wellenlänge λ, die im Kurz- und Meterwellenbereich in Metern (m) gemessen wird.

Eine Wellenlänge ist der Abstand zwischen 2 Wellenfronten mit gleicher Phasenlage. Bild 1.1 zeigt die übliche Darstellung eines sinusförmigen Wechselstromes, die gleichfalls den Augenblickszustand einer ungedämpften elektromagnetischen Welle kennzeichnet. Der Momentanwert der Amplitude ändert sich nach Größe und Polarität abhängig von der Zeit (= Entfernung) in Form einer Sinuskurve. Aus den eingezeichneten Meßstrecken A–B und C–D geht hervor, daß die Wellenlänge nicht nur auf der Nullinie, sondern auch zwischen allen beliebigen, einander benachbarten Punkten mit gleicher Phasenlage gemessen werden kann.

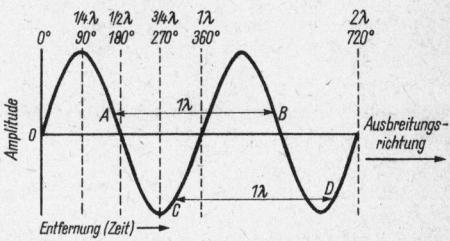

Bild 1.1
Der zeitliche Verlauf einer elektromagnetischen Welle

Es ist üblich, die Phasenlage als Winkel anzugeben, wobei ein vollständiger Schwingungsvorgang (1 Wellenlänge) immer gleich 360° gesetzt wird. Auf diese Weise lassen sich einfache Phasenvergleiche anstellen und Phasenverschiebungen kennzeichnen.

Die Maßeinheit der Frequenz ist das Hertz (Hz):

1 Hz = 1 Schwingungsvorgang in 1 Sekunde,
1 kHz (1 Kilohertz) = $1 \cdot 10^3$ Hz,
1 MHz (1 Megahertz) = $1 \cdot 10^6$ Hz,
1 GHz (1 Gigahertz) = $1 \cdot 10^9$ Hz.

Die Ausbreitungsgeschwindigkeit der elektromagnetischen Wellen im freien Raum beträgt 300 000 000 m/s und entspricht damit der Lichtgeschwindigkeit. Wenn von der Ausbreitungsgeschwindigkeit im freien Raum gesprochen wird, so kennzeichnet man damit einen völlig leeren Raum, einen Idealzustand, den es in Wirklichkeit nicht gibt. Selbst der Weltraum ist nicht völlig leer. Breiten sich die elektromagnetischen Wellen nicht im leeren Raum aus, so ist ihre Ausbreitungsgeschwindigkeit etwas geringer als 300000 km/s. Die Geschwindigkeitsminderung hängt von dem Medium ab, in welchem sich die Wellen ausbreiten. Handelt es sich bei diesem Medium um die atmosphärische Luft, dann ist die Verminderung der Ausbreitungsgeschwindigkeit so gering, daß sie in fast allen praktischen Fällen vernachlässigt werden kann.

In der Hochfrequenztechnik wird allgemein mit einem Wert c von 300000 km/s gerechnet. In die Formel (1.1.) eingesetzt, ergibt das

$$\lambda/_m = \frac{3 \cdot 10^8}{f/_{Hz}}$$

oder

$$\lambda/_m = \frac{3 \cdot 10^5}{f/_{kHz}} \quad \text{bzw.} \quad \lambda/_m = \frac{300}{f/_{MHz}} \; .$$

Durch Umstellen der Formel ergibt sich außerdem

$$f/_{kHz} = \frac{3 \cdot 10^5}{\lambda/_m} \quad \text{bzw.} \quad f/_{MHz} = \frac{300}{\lambda/_m} \; .$$

Tabellen zur Umrechnung von Frequenzen in Wellenlängen und umgekehrt befinden sich im Anhang.

1.1. Das elektromagnetische Feld

Zeitabhängige Ströme, die in einem Leiter fließen, erzeugen ein elektromagnetisches Feld, das sich rund um den Leiter aufbaut. Es besteht aus dem elektrischen Feld und dem magnetischen Feld. Um die Vorgänge beim Aufbau eines elektromagnetischen Feldes bildhaft darstellen zu können, bediente sich schon der Physiker *Michael Faraday* der auch heute noch üblichen Methode, ein Kraftfeld durch die Einführung von Kraftlinien zu veranschaulichen.

Ein Kraftfeld wird durch die Größe und Richtung der Kräfte charakterisiert, die sich von Ort zu Ort ändern können. Die Richtung der eingezeichneten Kraftlinien entspricht der Richtung der wirkenden Kraft, während durch den Abstand der Kraftlinien voneinander, also deren Dichte, die Größe der Kraft zeichnerisch dargestellt wird.

Ein Kraftfeld, in dem die Kraft nach Größe und Richtung überall gleich ist, nennt man *homogen* (gleichmäßig). Ändern sich Richtung und Größe der Kraft (ungleichmäßige Verteilung der Kraftlinien), so spricht man von einem *inhomogenen* (ungleichmäßigen) Feld.

1.1.1. Das elektrische Feld

Befinden sich zwei elektrisch verschieden geladene Gegenstände, z. B. Kugeln oder Platten, in einem bestimmten Abstand voneinander, so baut sich im Raum zwischen diesen Gegenständen ein elektrisches Feld auf. Wenn sich die Ladung und damit das Feld nicht verändern, spricht man von einem *elektrostatischen* Feld.

Bild 1.2 zeigt einen Kondensator, dessen Platten entgegengesetzte Ladungen aufweisen. Das elektrische Feld wird nach Richtung und Stärke durch die Kraftlinien dargestellt, die man auch als *elektrische Feldlinien* bezeichnet. In dieser zweidimensionalen Darstellung erscheinen die Kondensatorplatten im Querschnitt. Der Spannungsunterschied zwischen den Kondensatorplatten und ihr gegenseitiger Abstand bestimmen die Stärke des elektrischen Feldes. Dabei ist der Spannungsunterschied proportional und der Plattenabstand reziprok der Feldstärke. Die Spannung im homogenen elektrischen Feld wird auf eine Längeneinheit bezogen und als *elektrische Feldstärke* bezeichnet. Die elektrische Feldstärke ist demnach gleich dem Potentialunterschied je Längeneinheit längs einer Feldlinie. Die elektrische Feldstärke E wird in Volt je Meter angegeben.

Beispiel

2 Kondensatorplatten stehen sich in einem Abstand von 0,2 m gegenüber. Die Spannung an den Platten beträgt 10 V. Daraus ergibt sich eine elektrische Feldstärke von

$$\frac{10 \, V}{0,2 \, m} = 50 \, V/m \; .$$

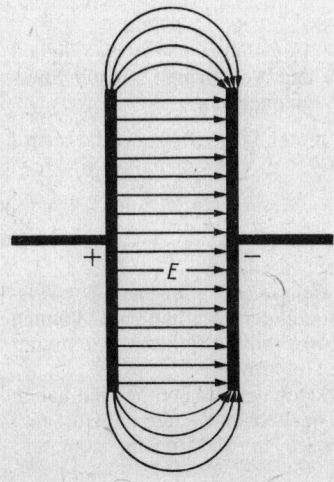

Bild 1.2
Das elektrische Feld des Kondensators

Legt man an die Kondensatorplatten eine Wechselspannung, so folgen Richtung und Stärke des elektrischen Feldes dem Takt dieser Wechselspannung. Der ständig wechselnde Ladungsfluß zu den Platten ist in den Zuleitungen zum Generator als Wechselstrom meßbar.

1.1.2. Das magnetische Feld

Um jeden stromdurchflossenen Leiter baut sich ein magnetisches Feld auf. Handelt es sich um einen Gleichstrom, so bleibt das magnetische Feld in Richtung und Stärke konstant; man kann es deshalb auch als *magnetisches* Feld bezeichnen. Die *magnetischen Feldlinien* bilden konzentrische Kreise um den Leiter (Bild 1.3). Die magnetischen Feldlinien sind in jedem Fall in sich geschlossen.

Fließt durch den Leiter ein Wechselstrom, so ändert sich das magnetische Feld nach Richtung und Stärke im Takt des Wechselstroms. Als *magnetische Feldstärke H* bezeichnet man dann den ortsabhängigen Wert der magnetischen Komponente eines sich ändernden elektromagnetischen Feldes. Die Einheit der magnetischen Feldstärke ist das Ampere je Meter. Bei sinusförmigen Feldänderungen werden die Feldstärken als Effektivwerte definiert.

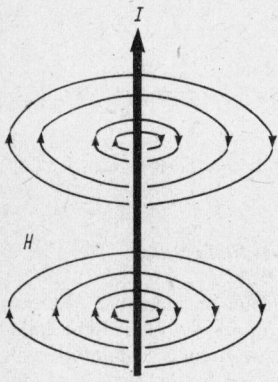

Bild 1.3
Das magnetische Feld eines stromdurchflossenen Leiters

1.1.3. Die Zusammenhänge zwischen elektrischem und magnetischem Feld

Eine Spannung erzeugt ein elektrisches Feld, während jeder Strom ein magnetisches Feld verursacht. Es kann aber nur dann ein Strom fließen,

wenn ein Potentialunterschied, also eine Spannung, vorhanden ist. Die Änderung eines magnetischen Feldes bewirkt immer ein elektrisches Feld. Jede Stromänderung erzeugt zwangsläufig ein *elektromagnetisches* Feld.

Die beiden Komponenten des elektromagnetischen Feldes stehen immer senkrecht zueinander.

1.1.4. Das elektromagnetische Wechselfeld

Aus dem Verhalten eines elektromagnetischen Feldes, das durch einen Wechselstrom erzeugt wird, kann man die Fernwirkung (Ausstrahlung) der elektromagnetischen Wellen erklären. Jedes Feld erhält Energie, die vom speisenden Generator entnommen wird. Beim Einschalten des Generators gibt der Leiter nach einer gewissen Zeit Energie an seine Umgebung ab: Das Feld baut sich auf («nach einer gewissen Zeit» deshalb, weil sich die elektrische Energie nicht unendlich schnell, sondern «nur» mit Lichtgeschwindigkeit ausbreitet). Schaltet man den Generator wieder ab, so bricht auch das Feld zusammen, d. h., die Energie des Feldes kehrt in den Leiter zurück. Dieser Rückkehrvorgang erfordert ebenfalls eine laufzeitbedingte Zeitspanne. Deshalb können die am weitesten vom Leiter entfernten Feldteile nur als letzte zu diesem zurückkehren.

Das zusammenbrechende magnetische Feld erzeugt im Leiter eine Spannung, die wiederum ein elektrisches Feld aufbaut. Diese Spannung, die beim Unterbrechen eines elektrischen Stromkreises entsteht, bewirkt z. B. bei elektrischen Kraftfahrzeugzündungsanlagen den Öffnungsfunken am Unterbrecher.

Bei einem Gleichstromfluß befindet sich das elektrische und magnetische Feld im Ruhezustand. Die geschilderten Veränderungen treten nur beim Einschalten (Feldaufbau) und beim Abschalten (Feldabbau) auf. Wird ein Leiter von einem Wechselstrom durchflossen, so wiederholen sich Ein- und Ausschaltvorgänge laufend in Abhängigkeit von der Frequenz.

Mit dem Ansteigen des Wechselstroms baut sich – durch die Laufzeit etwas verzögert – ein elektromagnetisches Feld auf. Fällt der Strom entsprechend dem sinusförmigen Verlauf wieder ab, dann kehrt auch die Feldenergie wieder in den Leiter zurück. Da aber, bedingt durch die Laufzeit, Teile der Feldenergie verspätet beim Leiter ankommen, herrscht dort bereits eine völlig veränderte Stromverteilung. Dieser neue Strom baut wieder ein neues Feld auf, das Teile des zurückkehrenden alten Feldes vom Leiter wegdrückt. Die auf diese Weise «ausgesperrten» elektrischen Feldlinien bilden geschlossene Schleifen, die von magnetischen Feldlinien um-

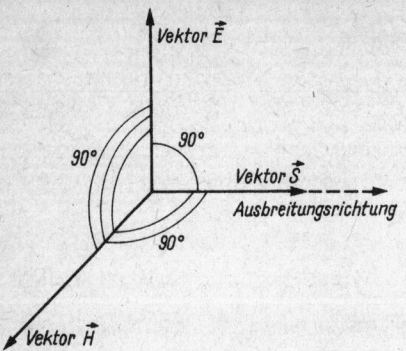

Bild 1.4
Die Lage der Feldstärkevektoren und der Ausbreitungsrichtung bei der Freiraumausbreitung

schlungen sind. Da sich dieser Vorgang entsprechend der Periodizität des Wechselstromes dauernd wiederholt, breitet sich eine elektromagnetische Welle aus, die in Frequenz und Wellenlänge dem erregenden Wechselstrom genau entspricht. Sie entfernt sich mit Lichtgeschwindigkeit vom Leiter in den Raum.

Als Voraussetzung für die beschriebenen Abläufe muß der Generator stets zu einem ganz bestimmten Zeitpunkt eine entgegengesetzt gerichtete Stromverteilung liefern, die dem zusammenbrechenden Feld die Rückkehr zum Leiter versperrt und es somit zwingt, in den Raum abzuwandern.

Die Ausbreitungsrichtung der elektromagnetischen Wellen im freien Raum verläuft senkrecht zu den Feldstärkevektoren. Man stellt diesen Zusammenhang nach Bild 1.4 dar. Dabei kennzeichnet der Vektor $\vec{E}$ die elektrische Feldstärke und der Vektor $\vec{H}$ die magnetische Feldstärke. Der *Poyntingsche* Vektor $\vec{S}$ bestimmt die Energieübertragung in der Ausbreitungsrichtung, er steht senkrecht auf den Vektoren $\vec{E}$ und $\vec{H}$ und kennzeichnet die Energiemenge, die je Sekunde durch eine senkrecht zur Ausbreitungsrichtung stehende Fläche von 1 m² strömt.

1.1.5. Ebene Wellen

Elektromagnetische Wellen, die von einer punktförmigen Strahlungsquelle im freien Raum ausgestrahlt werden, breiten sich nach allen Richtungen gleichmäßig und mit gleicher Geschwindigkeit aus. Man kann sich den Vorgang so vorstellen, daß sich um die Strahlungsquelle als Mittelpunkt stetig wachsende Kugelschalen ausbilden. Ließen sich diese Kugelschalen sichtbar machen, so würde man sie in unmittelbarer Nähe der Strahlungsquelle (kleiner Kugelradius) noch

als kugelförmig erkennen. Eine weit entfernte Kugelschale jedoch (großer Kugelradius) wird wegen der durch die große Ausdehnung der Kugeloberfläche nicht mehr sichtbaren Krümmung als ebene Fläche empfunden, ebenso wie die Erdoberfläche. Man betrachtet deshalb auch elektromagnetische Wellen, die sich weit genug von ihrer Strahlungsquelle entfernt befinden, als *ebene Wellen*. Das Augenblicksfeld einer ebenen Welle mit ihren elektrischen und magnetischen Feldlinien zeigt Bild 1.5. Die Pfeile geben die momentane Feldrichtung einer Welle an, deren Ausbreitungsrichtung frontal zur Fläche verläuft (die Welle «kommt auf den Betrachter zu»). Man spricht deshalb auch von einer *ebenen Wellenfront*. Die Richtung der elektrischen und der magnetischen Feldlinien dreht sich innerhalb einer halben Schwingungsperiode um 180° (die Pfeilrichtungen kehren sich um). Die Ausbreitungsrichtung verändert sich dabei nicht, sie steht immer senkrecht zur Wellenfront.

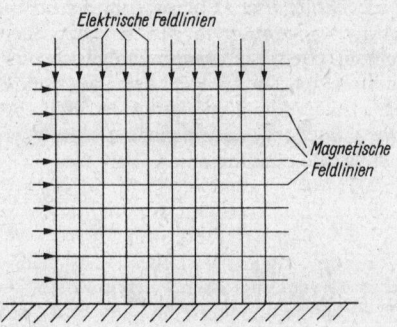

Bild 1.5
Die ebene Wellenfront, vertikal polarisiert

1.1.6. Die elektrische Feldstärke

Die Stärke des elektromagnetischen Feldes kann bei ebenen Wellen durch die elektrische Feldstärke E beschrieben werden. Sie ist definiert als Spannung, die über eine bestimmte Länge entlang einer Feldlinie in der Ebene der Wellenfront vorhanden ist. Die Einheit der elektrischen Feldstärke E ist das Volt je Meter (V/m).

Im freien Raum nimmt die Feldstärke E linear mit der Entfernung ab. Da sich die Energie mit wachsender Entfernung auf immer größere Flächen verteilen muß, wird sie sozusagen «verdünnt». Wenn z. B. eine Strahlungsquelle im freien Raum in 1 km Entfernung eine Feldstärke E von 1000 µV/m erzeugt, so beträgt die Feldstärke in 10 km Abstand 100 µV/m, in 100 km = 10 µV/m und 1000 km = 1 µV/m. Da bei der irdischen Ausbreitung der Funkwellen die idealen Verhältnisse des freien Raumes nicht gegeben sind, ist auch die entfernungsabhängige Abschwächung der Feldstärke größer.

1.1.7. Die Polarisation elektromagnetischer Wellen

Die Richtung der *elektrischen* Feldkomponente einer elektromagnetischen Welle bestimmt deren Polarisation. Ausgehend von der *elliptischen Polarisation*, bei der der elektrische Feldvektor eine Ellipse beschreibt, die in einer zur Ausbreitungsrichtung senkrechten Ebene liegt, unterscheidet man die Sonderfälle *Zirkularpolarisation* und *Linearpolarisation*. Bei der Zirkularpolarisation beschreibt die Spitze des Feldvektors scheinbar einen Kreis. Nach dem Umlaufsinn unterscheidet man noch in *rechts zirkular* (der elektrische Feldvektor dreht sich – in Ausbreitungsrichtung gesehen – im Uhrzeigersinn) und *links zirkular* (entgegen dem Uhrzeigersinn). Im Kurzwellenbereich hat die elliptische Polarisation empfangsseitig kaum Bedeutung, in den höheren Frequenzbereichen wird sie zunehmend verwendet, besonders auf dem Gebiet der Weltraumforschung (z.B. Radioastronomie).

Bei der *Linearpolarisation* nehmen die konstant verlaufenden elektrischen Feldlinien eine bestimmte Richtung zur Erdoberfläche als Bezugsebene ein. Entsprechend der Richtung der elektrischen Feldlinien in bezug auf die Erdoberfläche unterscheidet man zwischen *horizontaler* Polarisation (die elektrischen Feldlinien verlaufen parallel zur Erdoberfläche) und *vertikaler* Polarisation (die elektrischen Feldlinien stehen lotrecht auf der Erdoberfläche). So ist z.B. die in Bild 1.5 dargestellte Welle vertikal polarisiert, weil die elektrischen Feldlinien senkrecht verlaufen. Es besteht jedoch auch die Möglichkeit, die Wellen in jede beliebige Lage zwischen horizon-

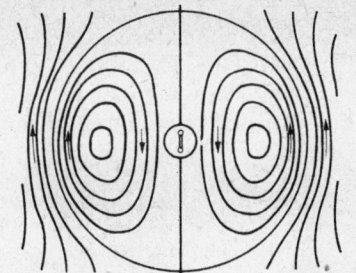

Bild 1.6
Hertzsche Darstellung des Feldlinienbildes eines vertikalen Dipols. Augenblicksbild zur Zeit $t = 0$

tal und vertikal zu polarisieren (z.B. 45° geneigt). Man verwendet diese lineare 45°-Polarisation vereinzelt bei UKW-Rundfunksendern (z.B. in Großbritannien), weil solche Ausstrahlungen sowohl mit den horizontal polarisierten Antennen ortsfester Empfangsanlagen als auch mit vertikal polarisierten Stabantennen (z.B. Autoantennen) gut aufgenommen werden können. Neuerdings werden sogar zirkular polarisierte Sendeantennen realisiert, die beiden Aufgaben gleichermaßen gerecht werden. Bild 1.6 zeigt den Verlauf des elektrischen Feldes eines vertikalen Dipols.

Tabelle 1.1. veranschaulicht den Verlust bei verschiedenen Polarisationszuständen zwischen Feld und Antenne. Bei gleicher Polarisation zwischen Feld und Antenne entsteht kein Verlust (0 dB). Bei Polarisationen, die orthogonal (senkrecht dazu) linear oder entgegengesetzt zirkular sind, wird theoretisch nichts aufgenommen, die Dämpfung wäre dann unendlich.

Bei zirkularer Feldpolarisation, die man sich aus zwei gleichen horizontalen und vertikalen Komponenten zusammengesetzt vorstellen kann, wird bei linearer Antennenpolarisation nur die Hälfte aufgenommen, der Verlust ist somit 3 dB.

Feldpolarisation / Antennenpolarisation	vertikal ↑	horizontal →	zirkular rechtsdrehend ↻	zirkular linksdrehend ↺
vertikal ↑	0 dB	∞	3 dB	3 dB
horizontal →	∞	0 dB	3 dB	3 dB
zirkular rechtsdrehend ↻	3 dB	3 dB	0 dB	∞
zirkular linksdrehend ↺	3 dB	3 dB	∞	0 dB

Tabelle 1.1.
Die durch unterschiedliche Polarisation zwischen Feld und Antenne entstehende Dämpfung

Tabelle 1.2.   Die Einteilung der Radiowellen

Deutsche Bezeichnung	Deutsche Abkürzung	Englische Bezeichnung	Englische Abkürzung	Frequenzbereich	Wellenlängen-bereich
Längstwellen	–	Very low Frequencies	VLF	3 ... 30 kHz	100 ... 10 km
Langwellen	LW	Low Frequencies	LF	30 ... 300 kHz	10 ... 1km
Mittelwellen	MW	Medium Frequencies	MF	300 kHz ... 3 MHz	1 km ... 100 m
Kurzwellen	KW	High Frequencies	HF	3 ... 30 MHz	100 ... 10 m
Meterwellen	UKW	Very High Frequencies	VHF	30 ... 300 MHz	10 ... 1 m
Dezimeter-wellen		Ultra High Frequencies	UHF	300 MHz ... 3 GHz	10 ... 1 dm
Zentimeter-wellen		Super High Frequencies	SHF	3 ... 30 GHz	10 ...1 cm
Millimeter-wellen		Extremly High Frequencies	EHF	30 ... 300 GHz	10 ... 1 mm

Die englischen Abkürzungen werden auch in der deutschsprachigen Fachliteratur vielfach verwendet. Der in der Vergangenheit benutzte Begriff für Meterwellen (UKW) bezeichnet heute im allgemeinen das FM-Rundfunkband II.

Für schräg lineare Polarisation (45° geneigt) gilt ähnliches. Alle linearen oder zirkularen Antennen ergeben 3 dB Verlust. Ausgenommen sind Antennen gleicher Polarisation mit 0 dB und Antennen mit orthogonaler Polarisation, die theoretisch unendliche Dämpfung bewirken. Durch den Ausbreitungsvorgang in der Ionosphäre hervorgerufen, treten im Kurzwellenbereich ständig Polarisationsänderungen auf. Sie verursachen eine Schwunderscheinung, das sogenannte *Polarisationsfading*. Hindernisse im Ausbreitungsweg können ebenfalls Polarisationsdrehungen bewirken. Diesen Vorgang nennt man *Depolarisation*.

Wegen der Polarisationsänderung im Ausbreitungsweg spielt die Art der Polarisation im Kurzwellenbereich nur eine untergeordnete Rolle. Im Meterwellenbereich hingegen hat sie Bedeutung, jedoch ist mit einer völligen Auslöschung des Signals bei orthogonaler Polarisation in der Praxis kaum zu rechnen; im allgemeinen beträgt die Dämpfung etwa 20 dB (siehe auch Abschnitt 26.5.).

Allgemein kann man sagen, daß eine waagerecht aufgebaute Antenne auch eine horizontal polarisierte Welle abstrahlt. Sinngemäß liefert ein senkrecht orientierter Antennenleiter eine vertikal polarisierte Welle. Bei manchen Antennenformen ist jedoch die Polarisation nicht sofort aus dem Leiterverlauf erkennbar (z. B. bei Schlitzantennen oder dem Cubical Quad). Ebenso kann man für die elliptische Polarisation keine einfache, allgemein gültige Regel aufstellen.

1.1.8.   Reflexion, Refraktion und Diffraktion

Bei der *Reflexion* unterscheidet man zwischen *gerichteter* Reflexion (Spiegelung), die an ebenen Flächen entsteht, und der *gestreuten* Reflexion (diffuse Reflexion), die an unebenen Flächen auftritt. Bei der gerichteten Reflexion liegt der reflektierte Strahl mit dem einfallenden Strahl und dem Einfallslot in der gleichen Ebene. Einfallswinkel und Reflexionswinkel, beide vom Lot aus gemessen, sind gleich. Der Reflexionskoeffizient wird durch die *Leitfähigkeit*, die *Dielektrizitätskonstante* und die *Permeabilität* des reflektierenden Gegenstandes bestimmt.

Eine *Refraktion* (Brechung) der elektromagnetischen Wellen tritt beim Übergang in ein Medium mit anderer Dielektrizitätskonstante auf. Dieser Vorgang hat besonders bei der Ausbreitung von Meterwellen Bedeutung. Die Ausbreitungsgeschwindigkeit der elektromagnetischen Wellen ist von der Dielektrizitätskonstante des Mediums abhängig, das gerade durchlaufen wird. Ändert sich das Medium, so ändert sich auch die Geschwindigkeit. Die Geschwindigkeitsänderung bewirkt eine Richtungsänderung, die Refraktion. Auch die atmosphärische Luft weist je nach Dichte und relativer Feuchte unterschiedliche Dielektrizitätskonstanten auf. Besonders anschaulich kann man die Brechung in einem optischen Versuch beobachten: Ein Stock, der zur Hälfte schräg in eine Schüssel mit Wasser gehalten wird, erscheint beim Übertritt in das Wasser geknickt.

Die *Diffraktion* (Beugung) elektromagnetischer Wellen tritt an Kanten auf, die im Ausbreitungsweg liegen. Sie bewirkt, daß auch in Gebieten des Wellenschattens, etwa hinter Bergen oder Gebäuden, oftmals noch ein Empfang von Radiowellen möglich wird. Die Diffraktion ist frequenzabhängig; sie nimmt mit steigender Frequenz ab.

1.1.9.   Einteilung der Radiowellen

Mit dem Sammelbegriff *Radiowellen* wird der Wellenlängenbereich von 100 km ... 1 mm – entsprechend einem Frequenzspektrum von 3 kHz ... 300 GHz – bezeichnet (Tabelle 1.2.). Die Skale der elektromagnetischen Wellen umfaßt aber nicht nur die Radiowellen, sie reicht über die Lichtwellen bis zur kosmischen Höhenstrahlung. Der Unterschied zwischen Radiowellen und Lichtwellen besteht nur in der Wellenlänge, deshalb werden auch Radiowellen ebenso wie das Licht reflektiert, gebrochen und gebeugt.

2.   Die Ausbreitung elektromagnetischer Wellen

2.1.   Die Erdatmosphäre

Eine bedeutende Rolle bei der Ausbreitung elektromagnetischer Wellen spielt die Erdatmosphäre. Diese Gashülle der Erde reicht bis in eine Höhe von 2000 ... 3000 km und besteht hauptsächlich aus Stickstoff, Sauerstoff und Wasserdampf.

Man unterteilt die Atmosphäre in 3 Hauptregionen (Bild 2.1). *Troposphäre, Stratosphäre und Ionosphäre.*

2.1.1.   Die Troposphäre

Sie erstreckt sich vom Erdboden bis zu einer Höhe von etwa 11 km. Man nennt sie auch *Wet-*

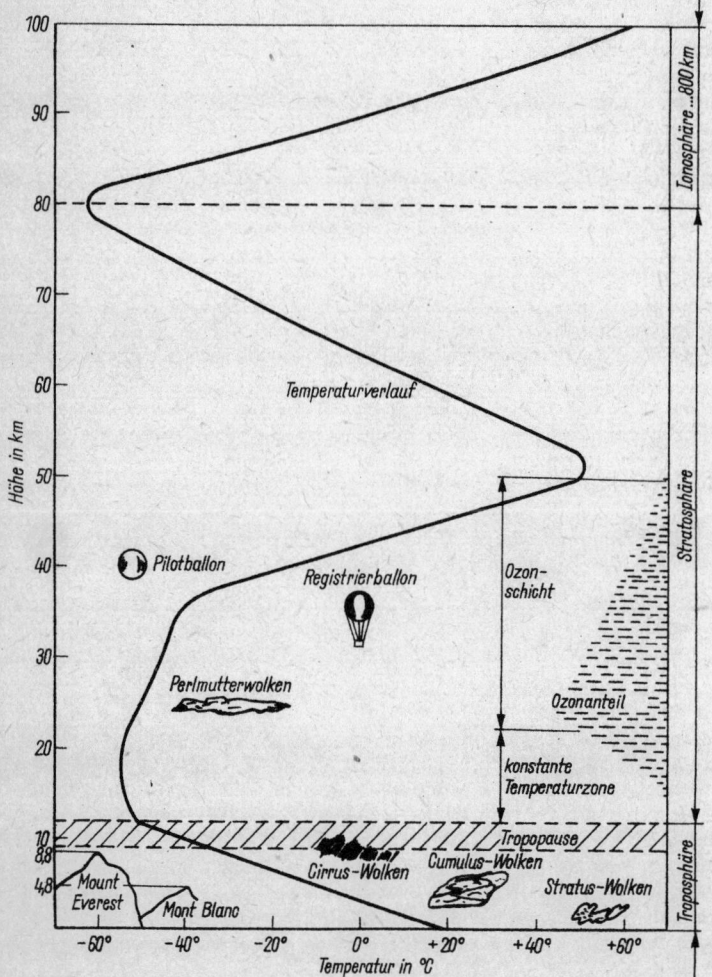

Bild 2.1
Die Schichtung und
die Temperaturverläufe
in der unteren Atmosphäre

tersphäre, denn in ihr spielen sich in erster Linie die wetterbestimmenden meteorologischen Vorgänge ab. Die Troposphäre enthält annähernd 75 % der gesamten Stoffe der Atmosphäre.

Die Temperatur der Troposphäre fällt im allgemeinen mit zunehmender Höhe, und zwar um 6 ... 8 K je 1000 m Anstieg. Sie erreicht an ihrer Obergrenze, in der sogenannten *Tropopause*, ein Minimum von durchschnittlich −50 °C. Die Höhe der Tropopause ist Schwankungen unterworfen. Sie liegt in unseren Breiten im März mit durchschnittlich 9,7 km am tiefsten, im Juli mit 11,1 km am höchsten.

Der Zustand der Troposphäre ist für die Ausbreitung der Meterwellen von besonderer Bedeutung.

2.1.2. Die Stratosphäre

In einer Höhe von 11 ... 80 km erstreckt sich die *Stratosphäre*. Sie ist ein Bereich ohne gewöhnliche Wettererscheinungen und wird durch das völlige Fehlen von Wasserdampf gekennzeichnet. In ihr bleibt die Lufttemperatur bis in eine Höhe von etwa 20 km nahezu konstant (konstante Temperaturzone). Oberhalb 20 km Höhe steigt die Temperatur stetig an und erreicht in 50 km Höhe annähernd +50 °C. Dieser Bereich des Temperaturanstieges wird auch *Ozongebiet* genannt, da die Luft dort einen relativ hohen Ozongehalt aufweist. Die Ozonschicht ist für die Entwicklung und den Bestand des Lebens auf der Erde von Bedeutung, denn sie absorbiert einen großen Teil der von der Sonne ausgehenden Ultraviolettstrahlung, die bakterien- und zellschädigend wirkt.

Oberhalb 50 km nimmt die Temperatur mit steigender Höhe wieder ab, um schließlich bei 80 km Höhe – am Übergang zur Ionosphäre – erneut anzusteigen.

2.1.3. Die Ionosphäre

Oberhalb einer Höhe von etwa 80 km erstreckt sich die *Ionosphäre*. Sie reicht bis in eine Höhe von annähernd 800 km und geht dabei allmählich in den interstellaren Raum über. Das Übergangsgebiet zum interstellaren Raum nennt man *Exosphäre*. In der Ionosphäre sind eine große Zahl elektrisch geladener Teilchen – Ionen und Elektronen – vorhanden. Sie entstehen als Folge der Aufspaltung (Ionisation) neutraler Luftmoleküle. Die Ionisation wird in erster Linie durch die Ultraviolett- und Röntgenstrahlung der Sonne verursacht. Auch die kosmische Strahlung und Meteorströme, die pausenlos in der Erdatmosphäre verglühen (einige 10 Milliarden Meteorteilchen in 24 Stunden), sind an der Ionisation beteiligt.

Die Strahlung in der Hochatmosphäre ist energiereich und kann ein Elektron aus dem Atomverband der vorhandenen Gase herauslösen. Der eines Elektrons beraubte Atomkern bildet mit seinen übrigen Elektronen ein positiv geladenes Ion. Das freie Elektron gelangt entweder an ein neutrales Atom oder Molekül und bildet mit diesem ein negatives Ion, oder es vereinigt sich mit einem positiven Ion, wobei wieder ein neutrales Atom entsteht. Diesen Vorgang der Rückbildung nennt man *Rekombination*. Die Anzahl der freien Elektronen je Volumeneinheit ist von der Intensität der Einstrahlung abhängig. Durch die Anwesenheit elektrisch geladener Teilchen, der Ionen, wird die hohe Atmosphäre zu einem elektrischen Leiter, der elektromagnetische Wellen bestimmter Frequenzbereiche reflektiert.

Genau betrachtet ist es kein echter Reflektionsvorgang, denn die Wellen werden in der Ionosphäre nicht abrupt, sondern allmählich, entsprechend der sich stetig verändernden Ionisierung und damit verbundenen Änderung der Dielektrizitätskonstante, umgelenkt. Man muß deshalb genauer von einer Refraktion sprechen.

Bereits im Jahre 1902 wurde von *A. E. Kennelly* und *D. Heaviside* das Vorhandensein einer elektrisch leitenden Schicht in großer Höhe angenommen. Den Engländern *Appleton* und *Barnett* gelang im Jahre 1925 der experimentelle Nachweis reflektierender Schichten in der oberen Atmosphäre, womit sich die Theorie von *Kennelly* und *Heaviside* bestätigte. Später wurde nach dem Prinzip der Echolotung festgestellt, daß nicht nur eine, die sogenannte *Kennelly-Heaviside*-Schicht, sondern ein ganzes Schichtsystem in der Hochatmosphäre vorhanden ist. Ergänzt und präzisiert wurden die Erkenntnisse über die Eigenschaften der Ionosphäre durch Meßwerte von Sputniks und geophysikalischen Raketen.

Bei einer Höhe von etwa 70 ... 90 km bildet sich am Tage die sogenannte *D-Schicht* aus, nachts ist sie nicht vorhanden. Bei der darauf folgenden *E-Schicht* (*Kennelly-Heaviside*-Schicht) besteht ausreichende Elektronenkonzentration in einer Höhe von etwa 90 ... 125 km. Darüber befindet sich die *F-Schicht* (*Appleton*-Schicht), die sich im Sommer während der Tagesstunden in die Schichten F_1 und F_2 aufspaltet. Geeignete Ionisation besteht bei der F_1-Schicht in etwa 200 km Höhe und bei der F_2-Schicht in einer Höhe von etwa 200 ... 400 km. Die Ionisation steigt von Schicht zu Schicht an und erreicht in der F_2-Schicht bei etwa 400 km Höhe ein Maximum. Oberhalb der F_2-Schicht wird die Ionisierung immer geringer und verschwindet schließlich ganz.

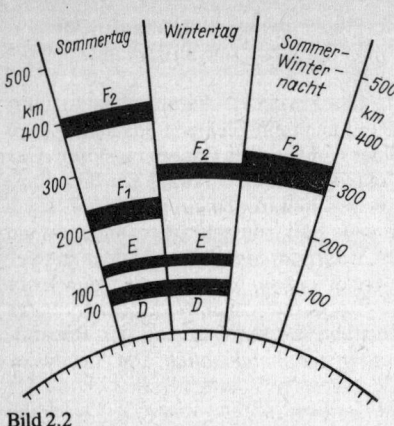

Bild 2.2
Ionosphärenschichten

In Auswertung der neueren Untersuchungen über den Aufbau der Ionosphäre dürfte man eigentlich nicht mehr von einem Schichtsystem sprechen, denn zwischen den Gebieten verschieden starker Elektronenkonzentrationen gibt es allmähliche Übergänge. Da aber die Hypothese des schichtenförmigen Aufbaus inzwischen zu einem festen Begriff geworden ist, dürfte sie auch weiterhin beibehalten werden. Den in Bild 2.2 gezeigten Aufbau darf man sich nicht als ein starres System übereinanderliegender Schichten vorstellen. Der Ionisationsgrad verändert sich laufend, abhängig von Jahres- und Tageszeit, von der zyklischen Veränderung der Sonnenaktivität, von der geographischen Breite und aus anderen Gründen.

2.2. Bodenwelle und Raumwelle

Wenn Sender und Empfänger auf der Erde stehen, können sich auch die Funkwellen auf 2 Wegen ausbreiten (Bild 2.3):
– in der Troposphäre entlang der Erdoberfläche als Oberflächen- oder Bodenwelle;
– über Reflexion in der Ionosphäre als Raumwelle.

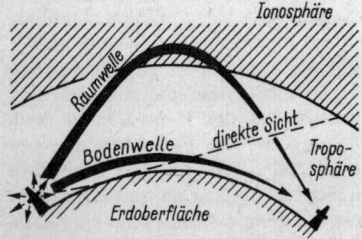

Bild 2.3
Raumwelle und Bodenwelle als Ausbreitungswege elektromagnetischer Wellen

2.2.1. Die Ausbreitung der Bodenwelle

Die Bodenwelle folgt der Erdkrümmung und ist dabei dem absorbierenden Einfluß des Erdbodens, über den sie läuft, ausgesetzt. Die Absorption vergrößert sich mit steigender Frequenz. Sehr niedrige Frequenzen (z. B. Längstwellen) haben deshalb eine große Bodenwellenreichweite. Die Oberflächenwelle wird von der elektrischen Leitfähigkeit des Erdbodens und von der Struktur der Erdoberfläche (Bebauung, Bewuchs usw.) beeinflußt, ihre Reichweite hängt von der Strahlungsleistung ab.

Bei Kurzwellen ist die Reichweite der Bodenwellenstrahlung gering. Bezogen auf die Strahlungsleistung eines Amateursenders, kann man im 80-m-Band mit einer Bodenwellenreichweite von etwa 100 km rechnen; bei gleicher Strahlungsleistung fällt sie im 10-m-Band auf etwa 15 km ab. Wenn besonderer Wert auf große Bodenwellenreichweite gelegt wird, müssen die Antennen vertikal polarisiert sein. Größere Entfernungen können im VHF-Bereich durch Beugung, Brechung und Streuung in der Troposphäre überbrückt werden.

2.2.2. Die Ausbreitung der Raumwelle

Die Überbrückung größter irdischer Entfernungen wird im Kurzwellenbereich durch die Raumwelle ermöglicht. Dabei werden die Raumwellen in der Ionosphäre gebrochen (reflektiert). Die Fortpflanzungsgeschwindigkeit der Wellenfront in der Ionosphäre (Phasengeschwindigkeit) v_i ist etwas größer als die in der Troposphäre und hängt von der Elektronendichte $N (= e/cm^3)$ und der Frequenz f ab. Aus der Beziehung

$$v_1 = \frac{3 \cdot 10^8\,m/s}{\sqrt{1 - k_i \cdot \left(\dfrac{N}{f^2}\right)}} \qquad (2.1.)$$

k_i – konstanter Faktor

geht hervor, daß eine Vergrößerung der Elektronendichte N bei gegebener Frequenz die Phasengeschwindigkeit erhöht.

Tritt nun die Wellenfront schräg in die Ionosphäre ein, dann überholen die höherliegenden, «schnelleren» Teile der Front die darunterliegenden. Als Folge dieser unterschiedlichen Phasengeschwindigkeit wird die Wellenfront abgelenkt und kann bei ausreichend starker Elektronendichte N zur Erde hin reflektiert werden.

Es bestehen folgende Zusammenhänge: Zur Reflexion der Kurzwellen in der Ionosphäre muß die Elektronendichte N um so stärker sein, je höher die Betriebsfrequenz f ist. Die Raumwelle wird um so leichter in Richtung Erde gebrochen, je kleiner der Abstrahlwinkel Θ der Antenne ist, das heißt, je «flacher» die Welle in die Ionosphärenschicht eintritt.

Die Auswirkung dieser Gesetzmäßigkeiten auf die Raumwellenausbreitung der Kurzwellen soll Bild 2.4 in vereinfachter Form deutlich machen. Die Welle 1, welche die Sendeantenne in einem kleinen Abstrahlwinkel Θ verläßt, tritt unter dem Einfallswinkel φ relativ «flach» in die Ionosphäre ein und wird dort so abgelenkt, daß sie erst in großer Entfernung wieder die Erdoberfläche erreicht: Kleiner Abstrahlwinkel $\Theta \stackrel{\wedge}{=}$ großem «Sprung». Diese *Sprungdistanz* wird um so größer, je höher die brechende Schicht liegt. An der

höchsten Ionosphärenregion, der *F_2-Schicht*, beträgt die maximale Sprungdistanz etwas über 4000 km, an der *E-Schicht* im Höchstfall etwa 2000 km.

Man erkennt daraus, wie wichtig es für die Fernausbreitung der Kurzwellen ist, den Abstrahlwinkel Θ der Antenne (man nennt ihn auch den *vertikalen Erhebungswinkel*) möglichst klein zu wählen.

Bild 2.5 verdeutlicht in schematischer Darstellung einige typische Übertragungswege über E- und F-Schicht-Reflexionen.

Zwischen dem Abgangsort der Welle und dem Ort ihres Wiederauftreffens an der Erdoberfläche befindet sich eine empfangstote Zone (Bild

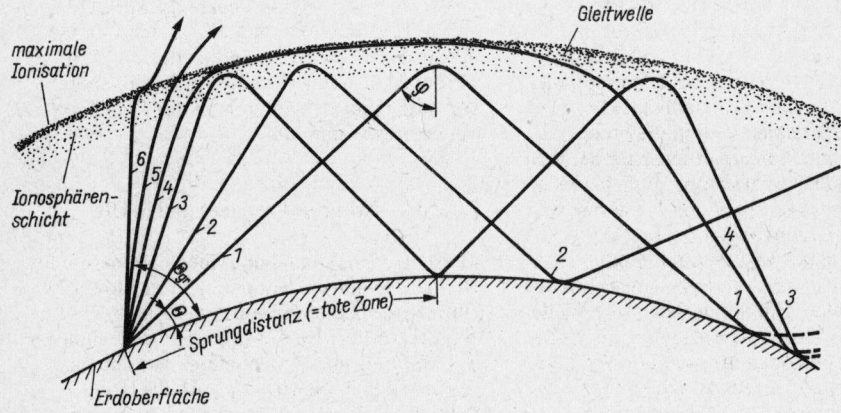

Bild 2.4
Einfluß des Abstrahlwinkels auf die Beugung in der Ionosphäre; Θ_{gr} = Grenzwinkel, φ = Einfallswinkel beim Eintritt in die Ionosphärenschicht

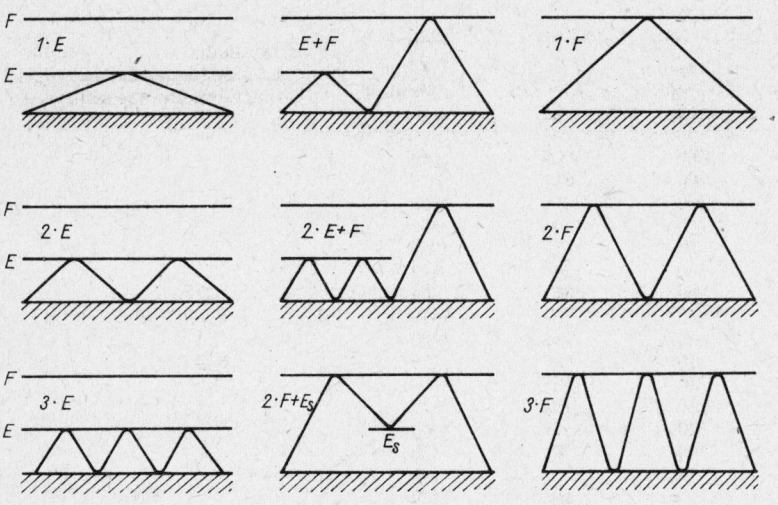

Bild 2.5
Einige ionosphärische Übertragungswerte in schematischer Darstellung

2.4). Genau betrachtet erstreckt sie sich vom Ab-klingbereich der Bodenwelle bis zu den Punkten, an denen die reflektierte Raumwelle wieder die Erdoberfläche erreicht. Läßt man die bei Kurz-wellen ohnehin sehr geringe Bodenwellenreich-weite unberücksichtigt, kann die Ausdehnung der *toten Zone* mit der minimalen Sprungdistanz gleichgesetzt werden.

Die Welle wird von der Erdoberfläche erneut zur Ionosphäre hin abgelenkt und kann dort – eine entsprechend ionisierte Schicht vorausge-setzt – ein zweites Mal reflektiert werden. Dieser Vorgang wiederholt sich oft mehrmals, es kommt sogar vor, daß die Welle den Erdball mehrfach umrundet. Insgesamt ist der Mechanismus der *Mehrfachsprünge* sehr kompliziert, denn der Zu-stand der Ionosphäre ändert sich von Ort zu Ort, wobei die Welle manchmal bereits von der *E-Schicht*, dann wieder von der *F2-Schicht* reflek-tiert wird oder zwischen beiden Schichten springt.

Bei der Welle 2 ist der Abstrahlwinkel Θ grö-ßer, sie dringt auch etwas tiefer in die brechende Schicht ein, und ihre Sprungdistanz ist erheblich geringer. Die Welle 3 wird schon ziemlich «steil» abgestrahlt. Sie muß fast bis zum Gebiet der ma-ximalen Ionisation vordringen, ehe sie zur Erd-oberfläche abgelenkt wird, und benötigt zwei Sprünge, um annähernd die Sprungdistanz von Welle 1 zu erreichen. Ein Sonderfall ist die Welle 4. Sie dringt bis an die Unterkante der Zone höchster Elektronenkonzentration vor und läuft an dieser über weite Strecken entlang, ehe sie durch eine Inhomogenität wieder zur Erde zu-rückgebrochen wird. Man nennt sie *Gleitwelle* oder auch «Supermode».

Die sehr steil abgestrahlten Wellen 5 und 6 werden von der Ionosphärenschicht nur geringfü-gig abgelenkt. Sie durchdringen deshalb die Zone maximaler Ionisation und werden nicht mehr zur Erde zurückgebrochen. Nimmt man aber an, es handle sich bei der gezeichneten Schicht um die *E-Schicht*, so könnten die Wellen 5 und 6 immer noch an der darüber liegenden *F-Schicht* gebro-chen werden. Die Wellen 1 ... 4 wären in diesem Fall von der *E-Schicht* gegenüber der *F-Schicht* abgedeckt. Diese *Abdeckung* spielt bei der Fern-ausbreitung der Kurzwellen oft eine uner-wünschte Rolle.

Der Abstrahlwinkel der Welle 5 ist als *Grenz-winkel* Θ_{gr} gekennzeichnet. Das bedeutet, daß die unter diesem Winkel abgestrahlte Welle die erste ist, die diese Schicht nach oben hin durch-dringt.

Tabelle 2.1. veranschaulicht die Sprungdistan-zen über E-Schicht- bzw. F2-Schicht-Reflektio-nen in Abhängigkeit vom vertikalen Abstrahl-winkel Θ. Dabei wird eine Reflektionshöhe der E-Schicht von 105 km und die der F2-Schicht mit 320 km angenommen.

2.2.2.1. Kritische Frequenz und MUF

Kritische Frequenz f_c nennt man die höchste Fre-quenz, bei der die senkrecht in die Ionosphäre eintretende Strahlung von der gegebenen Schicht noch reflektiert wird. Mit Hilfe von Echolotun-gen ermittelt man f_c, wobei sich aus der Laufzeit des Meßsignals gleichzeitig auch die Höhe der re-flektierenden Schicht errechnen läßt. Das Ergeb-nis ist die *virtuelle Höhe* (scheinbare Höhe). Tat-sächlich liegt die Unterkante der Reflexions-schicht etwas tiefer als die virtuelle Höhe, weil bei der Laufzeitmessung die unterschiedlich klei-

Abstrahl-winkel in Grad	1. Sprung E-Schicht in km	2. Sprung E-Schicht in km	1. Sprung F2-Schicht in km	2. Sprung F2-Schicht in km
0	2250	4500	4025	8050
5	1400	2800	3010	6020
10	980	1960	2315	4620
15	700	1400	1800	3600
20	540	1080	1475	2950
25	430	860	1205	2410
30	350	700	1000	2000
35	280	560	835	1670
40	240	480	700	1400
45	205	410	585	1170
50	170	340	500	1000
55	140	280	420	840
60	120	240	345	690
65	95	190	280	560
70	75	150	220	440
75	55	110	160	320
80	35	70	100	200
85	20	40	50	100

Tabelle 2.1.
Sprungdistanzen in Abhängigkeit vom vertikalen Abstrahlwinkel

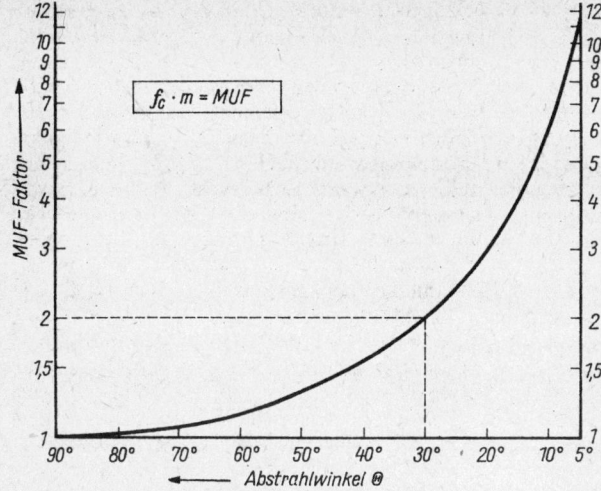

$$f_c \cdot m = MUF$$

MUF-Faktor →

Abstrahlwinkel Θ ←

Bild 2.6
Einfachste Näherung des Zusammenhanges zwischen kritischer Frequenz f_c und oberer Grenzfrequenz MUF in Abhängigkeit vom Abstrahlwinkel Θ, dargestellt als MUF-Faktor m.
Beispiel: Abstrahlwinkel Θ = 30° ergibt m = 2 (gestrichelt eingezeichnet). Bei einer f_c von z. B. 3 MHz würde dann die obere Grenzfrequenz MUF = $f_c \cdot m$ = 6 MHz betragen. Wegen der Erdkrümmung, die beim rechnerisch etwas aufwendigeren modifizierten Sekansgesetz berücksichtigt wird, kann m nur folgende Maximalwerte bei Θ = 0° annehmen:
Für die E-Schicht m ≈ 5,6; für die F_2-Schicht m ≈ 3 bei mittlerer Schichthöhe.

nere Fortpflanzungsgeschwindigkeit der elektromagnetischen Welle innerhalb der ionisierten Schicht nicht berücksichtigt ist. Die kritische Frequenz ist der Wurzel aus der Elektronendichte N proportional. Die kritische Frequenz gilt für einen Abstrahlwinkel Θ von 90°, dabei wird der Strahl wieder zu seinem Ausgangsort zurückgeworfen. Erst wenn Θ kleiner wird, gibt es eine Sprungdistanz bzw. tote Zone, und gleichzeitig erhöht sich in Abhängigkeit von Θ die Frequenz, die noch reflektiert wird. Man nennt sie *obere Grenzfrequenz* oder *MUF* (engl.: **M**aximum **U**sable **F**requency). Durch das *Sekansgesetz* ist die *MUF* mit der Frequenz f_c verbunden.

$$MUF = f_c \cdot \sec\varphi \qquad (2.2.)$$

Da $\sec\varphi = 1/\cos\varphi$ und ohne Berücksichtigung der Erdkrümmung $\cos\varphi = \sin\Theta$, kann man ableiten:

$$MUF = f_c \cdot 1/\cos\varphi = f_c \cdot 1/\sin\Theta.$$

Die Ausdrücke $1/\cos\varphi$ bzw. $1/\sin\Theta$ stellen den *MUF*-Faktor dar. Das Diagramm Bild 2.6 zeigt, wie der *MUF*-Faktor m mit dem sich verringernden Abstrahlwinkel Θ größer wird. *Klassische MUF* nennt man die höchste brauchbare Frequenz, bei der sich elektromagnetische Wellen zwischen gegebenen Endpunkten ausschließlich infolge ionosphärischer Brechung ausbreiten können. Die *Standard-MUF* ist eine Näherung zur klassischen MUF, die durch Umrechnung aus der kritischen Frequenz gewonnen wird.

2.2.2.2. Die Dämpfung der Raumwellen

In der Ionosphäre werden die freien Elektronen und Ionen von den einfallenden elektromagnetischen Wellen zum Mitschwingen angeregt und kollidieren dabei mit benachbarten Gasmolekülen. Bei diesem Zusammenstoß verwandelt sich ein Teil der aufgenommenen Schwingungsenergie in Wärme. Das bedeutet für die Wellen eine *Dämpfung*, die mit dem Quadrat der Wellenlänge anwächst. Die Dämpfung oder *Absorption* der Wellen steigt mit der Trägerdichte, denn je mehr freie Elektronen, Ionen und Gasmoleküle sich je Raumeinheit befinden, desto häufiger können die energieumwandelnden Kollisionen stattfinden. Daraus geht außerdem hervor, daß die Absorption um so größer sein muß, je größer der Weg ist, den die elektromagnetische Welle in der Ionosphärenschicht zurücklegt.

Ein indirektes Maß für die Dämpfung in der Ionosphäre ist die *LUF* (eng.: **L**owest **U**sable **F**requency). Man bezeichnet sie auch als *Dämpfungsfrequenz*, und sie gibt die niedrigste Frequenz im Kurzwellenbereich an, die für Verbindungen über Raumwellenausbreitung noch brauchbar ist. Der nutzbare Frequenzbereich wird somit von der *MUF* nach oben und von der *LUF* nach unten begrenzt.

2.3. Die Ausbreitung der Kurzwellen und ihre Besonderheiten

Die Möglichkeit von Kurzwellenverbindungen über Raumwellenausbreitung ist vom Zustand der Ionosphäre abhängig. Ihr Aufbau wurde im Abschnitt 2.1.3. schon kurz besprochen. Da der Zustand der Ionosphäre unmittelbar von der Sonnentätigkeit abhängt, müssen zunächst die auslösenden Aktivitäten der Sonne untersucht werden.

2.3.1.　Die Sonnentätigkeit

Was sich den Augen als Sonne darbietet, ist in Wirklichkeit deren *Photosphäre*, eine etwa 300 km dicke Schicht, welche das Sonneninnere von der Sonnenatmosphäre trennt. Oberhalb der *Photosphäre* befindet sich eine durchsichtige Region, die *Chromosphäre*, welche bis in eine Höhe von etwa 10 000 km reicht. Sie ist vom Photosphärenlicht völlig überstrahlt und wird nur bei totalen Sonnenfinsternissen oder mit besonderen Beobachtungsinstrumenten als schmaler, leuchtendrosafarbener Saum sichtbar.

Oberhalb der *Chromosphäre* breitet sich die *Korona* als äußerste Schicht der Sonnenatmosphäre aus. Ihre Ausdehnung beträgt mehrere Sonnendurchmesser, und die letzten Forschungen haben ergeben, daß sich die Umlaufbahn der Erde noch in der äußeren *Sonnenkorona* befindet. Da auch die *Korona* von der *Photosphäre* überstrahlt wird, kann man sie nur zu Zeiten einer totalen Sonnenfinsternis als leuchtenden Lichthof (Halo) rund um die Sonnenscheibe beobachten.

Ausgelöst durch Kernprozesse, wird die Sonnenenergie im unsichtbaren Sonneninnern freigesetzt, nach außen transportiert und von der Sonnenatmosphäre ausgestrahlt. Die Gesamtstrahlung der Sonne setzt sich aus elektromagnetischen Wellen und aus einer Teilchenstrahlung (Korpuskularstrahlung) zusammen. Dabei beträgt der Verlust an Sonnenmasse je Sekunde 5,3 Millionen Tonnen, davon $4,3 \times 10^6$ t als Korpuskularstrahlung. Der Energievorrat der Sonne ist jedoch unendlich groß, denn bei gleichbleibender Leuchtkraft verliert sie erst in 10 Milliarden Jahren weniger als 0,1 % ihrer Masse.

2.3.1.1.　Die solare Ausstrahlung elektromagnetischer Wellen

Der größte Teil der Sonnenenergie kommt aus der *Photosphäre* als Strahlung sichtbaren Lichtes mit Wellenlängen zwischen 400 und 800 nm, wobei die maximale Intensität bei 470 nm liegt. Die Emission elektromagnetischer Wellen reicht über das ganze Spektrum von der Gammastrahlung über die Röntgen-, Ultraviolett-, Licht- und Infrarotstrahlung bis zu den Radiowellen. Zum Aufbau und Zustand der Ionosphäre tragen jedoch nur die solaren Röntgen- und Ultraviolettstrahlen entscheidend bei.

Die Röntgenstrahlung hat ihren Ursprung in der *Korona*, sie ionisiert hauptsächlich die Erdatmosphäre in Höhen zwischen etwa 50 und 150 km (*D- und E-Schicht*).

Die Ultraviolettstrahlung kommt aus der *Chromosphäre*. Sie bewirkt vor allem die Ausbildung der *F-Schicht*; zu einem kleinen Teil wird von ihr auch das in der *D-Schicht* schwach vorkommende Stickstoffoxid (NO) ionisiert.

Beim Eindringen in die Erdatmosphäre wirkt die Ultraviolett- und Röntgenstrahlung auf die dort vorhandenen Atome und Moleküle ionisierend, gleichzeitig wird die Strahlung nach und nach absorbiert. Je tiefer die Strahlung in die Erdatmosphäre vorstößt, desto dichter wird diese, und desto größer wird die Abschwächung, bis schließlich keine nennenswerte ionisierende Strahlung mehr nachweisbar ist.

Schichten werden innerhalb der *Ionosphäre* gebildet, weil bestimmte Wellenlängen innerhalb des Ultraviolett- und Röntgen-Strahlungsbereiches durch einige Atom- oder Molekülarten (z. B. O, O_2, N_2, NO) absorbiert werden, wobei dieser Vorgang in unterschiedlichen Höhen stattfindet.

2.3.1.2.　Der Sonnenwind

Von geringerem Einfluß auf die Ionosphäre ist die *Korpuskularstrahlung*. Heute bezeichnet man diese Teilchenstrahlung zutreffender als *Sonnenwind*, da es sich um einen ständigen Materiestrom aus der Sonnenkorona handelt, der nach magnetogasdynamischen Gesetzen verläuft. Erstmalig festgestellt und gemessen wurde der *Sonnenwind* von Raumfahrzeugen. Geschwindigkeit und Turbulenz sind von der Sonnentätigkeit abhängig.

Die Temperatur der Sonnenkorona beträgt etwa 1 Million Kelvin (10^6 °K). Die in ihr verteilten Partikel befinden sich im Zustand des Plasmas und bewegen sich mit Geschwindigkeiten von über 600 km/s. Es handelt sich dabei hauptsächlich um *Protonen* (Kerne des Wasserstoffatoms). Der Gasdruck der sehr heißen Koronamaterie ist so hoch, daß die Anziehungskraft der Sonne diesen nicht vollständig kompensieren kann. Dadurch kommt es zu einem ständigen Materiestrom, der allerdings von der Sonne weg in den interplanetaren Raum entweicht. Dieser *Sonnenwind* hat im Durchschnitt eine Geschwindigkeit von 320 km/s bei einer Teilchendichte von etwa 5/cm³; er besteht im wesentlichen aus Wasserstoff mit einer Temperatur von $10^4 \dots 10^5$ °K.

Durch ihre Bewegung erzeugen die geladenen Partikel des Sonnenwindes Magnetfelder, die mit dem Geomagnetfeld über der Tagseite der Erde kollidieren. Dabei bildet sich in etwa 100 000 km Entfernung vom Erdmittelpunkt eine *Schockfront* aus, die annähernd mit der Kopfwelle beim Überschallflug zu vergleichen ist. Der Sonnenwind gerät nun in ein *Übergangsgebiet*, wird dort verwirbelt und schließlich an der *Magnetopause* gezwungen, die *Magnetosphäre* der Erde zu umfließen.

Mit Hilfe von Erdsatelliten konnte der Aufbau der Erdmagnetosphäre, die vom Sonnenwind stark beeinflußt wird, erforscht werden [1]. Bild 2.7 soll ihren prinzipiellen Aufbau deutlich machen.

Die Grenzschicht *Magnetopause* zwischen dem *Übergangsgebiet* und der *Magnetosphäre* ist dadurch gekennzeichnet, daß in ihr das Gleichgewicht zwischen der Energie des Erdmagnetfeldes und der Bewegungsenergie des Sonnenwindes hergestellt ist. Dadurch kann der *Sonnenwind* nicht oder nur an bestimmten Stellen und unter besonderen Voraussetzungen in die *Magnetosphäre* eindringen.

Durch die Einwirkung des Sonnenwindes wird das Erdmagnetfeld über der Tagseite komprimiert. Dagegen orientieren sich die Feldlinien über der Nachtseite zu einem langgestreckten, offenen Schweif, der weit über die Mondbahn hinausreicht. In etwa 130 000 km Abstand vom Erdmittelpunkt formieren sich parallel zueinander zwei gleich starke, aber entgegengesetzt gerichtete Magnetfelder, die durch die *Neutralschicht* voneinander getrennt sind. Die *Neutralschicht* ist von einer *Plasmaschicht* solaren Ursprungs umschlossen. Es handelt sich dabei um Partikel des *Sonnenwindes*, der über das offene Ende des *Magnetosphärenschweifs* eindringt. Die *Plasmaschicht* pflanzt sich auf der Nachtseite der Erde bis in die Erdatmosphäre fort, wobei sie in eine ringförmige Zone, das *Polarlicht-Oval*, einmündet. Aber auch auf der Tagseite der Erde kann solares Plasma in die Erdatmosphäre einströmen, und zwar an den *neutralen Punkten*, die sich im Grenzgebiet zwischen offenen und geschlossenen Feldlinien an der *Magnetopause* befinden.

Der «normale» ständige *Sonnenwind*, der von einer «ruhigen» Sonne ausgeht, beeinträchtigt die Ausbreitung von Kurzwellen kaum, da er in der Ionosphäre keine besonderen Ereignisse auslöst. Erst wenn die Sonne durch bestimmte Aktivitätszentren zusätzliche Materieströme aussendet, treten Ausbreitungsstörungen auf, die noch besprochen werden.

2.3.1.3. Die Sonnenflecken

Die bisher behandelten Erscheinungen der Sonnentätigkeit gingen von einer «ruhigen» Sonne aus, die durchaus nicht den Normalzustand darstellt, sondern bestenfalls im *Sonnenfleckenminimum* kurzzeitig auftritt. Meistens muß mit einer gesteigerten Sonnenaktivität gerechnet werden, die unmittelbar mit dem Erscheinen von *Sonnenflecken* im Zusammenhang steht.

Sonnenflecken treten einzeln und in Gruppen auf. Je nach Größe beträgt ihre Lebensdauer Tage bis mehrere Monate. Sie erscheinen gehäuft im Bereich zwischen 20 Grad nördlich und 20 Grad südlich vom Sonnenäquator und bewegen sich mit der Sonnenrotation. Das bedeutet, daß langlebige Flecken für den irdischen Beobachter nach 27 Tagen wieder an der gleichen Stelle erscheinen.

Bereits vor 2000 Jahren wurden in China die Sonnenflecken festgestellt, und *Galilei* beobachtete vor fast 400 Jahren diese dunklen Flecken auf der Sonnenscheibe, deren Anzahl und Lebensdauer seit mehr als 200 Jahren registriert wird. Der Liebhaberastronom *H. S. Schwabe* aus Dessau sammelte über einen Zeitraum von 20 Jahren beobachtete Sonnenfleckendaten und schlußfolgerte 1843 daraus, daß die Fleckenhäufigkeit einer Periodendauer von 10 Jahren unterliegen würde. Er gilt deshalb als der Entdecker des *Sonnenfleckenzyklus*. Aus den regelmäßigen Beobachtungen der Sonnenflecken ergab sich bald, daß sich deren Relativzahl periodisch etwa alle 11 Jahre verändert. Das ist ein Durchschnittswert, der im Einzelfall zwischen 7 und 17 Jahren

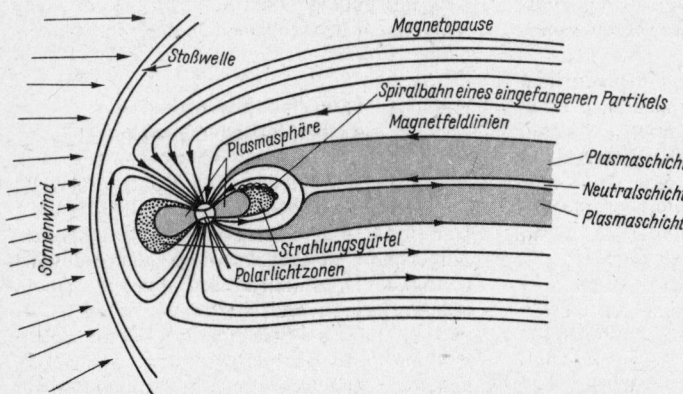

Bild 2.7
Prinzipieller Aufbau
der Magnetosphäre der Erde
mit der vom Sonnenwind
verursachten Deformation
(nach [1])

schwanken kann. *Rudolf Wolf*, Direktor des Observatoriums Zürich, verfolgte die früheren Sonnenfleckenbeobachtungen bis zum Jahr 1749 zurück und ermittelte daraus die seit dieser Zeit abgelaufenen Sonnenfleckenzyklen, wobei der Beginn des Zyklus Nr. 1 für den Februar 1755 (Sonnenfleckenminimum) festgelegt wurde. Seither werden die Zyklen fortlaufend numeriert, wobei jeder Zyklus mit dem Fleckenminimum beginnt.

Im Interesse einer Vereinheitlichung der Beobachtungsergebnisse wurde international die Fleckenhäufigkeit mit der *Sonnenfleckenrelativzahl R* definiert:

$$R = k \cdot (10g + f);$$

es bedeuten:

k – Reduktionsfaktor aus Parallelbeobachtungen ($k \approx 1$),
g – Anzahl der Fleckengruppen,
f – Anzahl der Einzelflecken.

Dieses Verfahren wurde bereits 1849 von *Rudolf Wolf* entwickelt, man bezeichnet deshalb die Sonnenfleckenrelativzahl R auch als «*Wolf-Zahl*».

Die Sonnenfleckenrelativzahl erreichte im Mai 1947 ein seit Jahrhunderten nicht beobachtetes Maximum von $R = 151{,}8$ (Zyklus Nr. 18). Im darauf folgenden Zyklus Nr. 19 wurde dieses Maximum noch weit übertroffen, im September 1957 erreichte R einen Rekordwert von 201,3. Der inzwischen abgelaufene Zyklus Nr. 21 hatte Ende 1979 ein Maximum der Relativzahl R von 164. Es ist zu erwarten, daß der Zyklus Nr. 22 im Jahr 1987 beginnen wird. Eine Erklärung für den Sonnenfleckenzyklus konnte bisher noch nicht gefunden werden, und auch die Sonnenflecken selbst geben der Wissenschaft noch viele Rätsel auf.

Man deutet die Flecken als die sichtbaren Zeichen außerordentlich starker Magnetfelder, wobei benachbarte Flecken oft von unterschiedlicher Polarität sind (unipolare und bipolare Fleckenfelder). Die Magnetfelder haben Feldstärken bis 0,45 Tesla (zum Vergleich: Magnetfeld der Erde $0{,}5 \cdot 10^{-4}$T).

Die Temperatur in den Sonnenflecken liegt etwa 1200 K niedriger als die der sie umgebenden *Photosphäre*, welche mit 5670 °C ermittelt wurde. Die Sonnenflecken stellen jedoch lediglich einen kleinen räumlichen und zeitlichen Ausschnitt eines gewaltigen Aktivitätszentrums dar, das sich unterhalb der *Photosphäre* befindet und somit der direkten Beobachtung entzogen ist.

Gebunden an einen Sonnenfleck bilden sich an dessen äußerer Begrenzung sogenannte *Fackelgebiete* aus, die man im Licht bestimmter Spektrallinien beobachten kann. Die *Fackeln* sind heller und damit heißer als ihre Umgebung, sie

haben riesige Ausmaße und treten sowohl in der Photosphäre als auch in der Chromosphäre auf.

Innerhalb der Fackelgebiete in der Chromosphäre ereignen sich häufig Eruptionen (Ausbrüche), die ein plötzliches «Aufflackern» und gleichzeitiges Vergrößern der Fackelflächen verursachen. Solche Eruptionen nennt man *Flares* (engl.: flare = helles, flackerndes Licht). Sie zeigen sich mit unterschiedlicher Helligkeit, Größe und Dauer. *Flares* flammen innerhalb weniger Minuten auf und verlieren dann nach 30 … 60 min wieder ihre Helligkeit. Auch wesentlich kürzere oder längere Zeitspannen sind möglich. Das Entstehen der *Flares* führt man ebenfalls auf intensive Magnetfelder zurück. Als Folge der *Sonneneruptionen* entstehen alle Formen elektromagnetischer Strahlung; bei größeren Ausbrüchen findet auch eine erhöhte *Korpuskularstrahlung* statt.

Ergänzend sei noch bemerkt, daß die Leuchtkraft der Sonne (das ist das aus der Photosphäre stammende sichtbare Licht) in ihrer Intensität von der wechselnden Sonnenaktivität nicht merkbar beeinflußt wird. Man darf sie als konstant annehmen.

2.3.2. Sonnentätigkeit und Ionosphäre

Selbst wenn es keine besondere Sonnenaktivität gäbe, wäre die Ionosphäre täglichen und jahreszeitlichen Veränderungen unterworfen. Diese würden aber ganz regelmäßig erfolgen, so daß man für jeden beliebigen Ort auf der Erde und für jede beliebige Zeit einen immer gültigen, optimalen «Frequenz-Fahrplan» für alle möglichen irdischen Kurzwellenverbindungen aufstellen könnte. Aber die langfristig weitgehend unvorhersehbar wechselnde Sonnenaktivität mindert die «Treffsicherheit» solcher Vorhersagen ganz erheblich. Die meisten Ionosphärenstörungen erkennt jedoch auch der versierte Funkamateur an verschiedenen Anzeichen bei der Beobachtung des Funkverkehrs kurzfristig, wenn er die Vorgänge in der Ionosphäre genau deuten kann.

2.3.2.1. Aufbau und Eigenschaften der ungestörten Ionosphäre

Wenn die Ultraviolett- und Röntgenstrahlung der Sonne in die oberste Erdatmosphäre eindringen, sind sie am energiereichsten. Die Dichte der Atmosphäre ist aber dort noch außerordentlich gering, das heißt, daß nur sehr wenige Gasmoleküle vorhanden sind, die ionisiert werden können. Je tiefer die Strahlung in die Atmosphäre eindringt, desto dichter wird diese, und es können mehr und mehr freie Elektronen gebildet werden. Dabei schwächt sich aber auch die Energie der Strahlung ab. Schließlich wird ein Gebiet erreicht, in dem die Dichte der Gasmoleküle gerade so groß ist, daß die verbliebene Strahlungsenergie ausreicht, diese nahezu vollkommen zu ionisieren. Es entsteht eine Region mit einem Maximum an freien Elektronen. Man nennt sie auch *Chapman*-Schicht nach dem Wissenschaftler, der diesen Vorgang erstmalig erklärte.

Die Höhe einer *Chapman*-Schicht ist von zwei Faktoren abhängig: von der Dichte-Höhen-Verteilung in der Atmosphäre und von ihrer Fähigkeit, die solare Strahlung zu absorbieren. Letzteres bringt zum Ausdruck, daß verschiedene Wellenlängen der Ultraviolett- und Röntgenstrahlung durch bestimmte Atom- und Molekülarten (Stickstoff, Sauerstoff, Wasserdampf u. a.) entsprechend der Verteilung dieser Stoffe in unterschiedlichen Höhen absorbiert werden. Die Intensität der solaren Strahlung beeinflußt nicht die Höhe der Schicht, sondern die Elektronendichte in der Schicht. Sie ist bei senkrechtem Einfall der Sonnenstrahlung maximal. Mit zunehmender Neigung der Sonne wird die Ionisation schwächer und schwächer, eine ständige *Rekombination* bewirkt, daß sich schließlich die ionisierte Schicht auflöst.

Die F-Schichten

Das Entstehen der F_2-Schicht, die mit 200 ... 400 km am höchsten liegt, kann mit der *Chapman*-Theorie nur sehr unvollkommen erklärt werden. Sie bildet ein breites Maximum der Elektronendichte mit rund 1 Million freier Elektronen je cm³ und ist von allen Schichten am stärksten ionisiert.

Über Reflexion an der F_2-Schicht kommen die meisten Kurzwellen-Fernverbindungen (DX) zustande. Auf Grund der sehr trägen Rekombination ist die F_2-Schicht auch über die Nachtstunden in mehr oder weniger abgeschwächter Form vorhanden. Kurz vor Sonnenaufgang besteht ein Minimum der Elektronendichte; nach Sonnenaufgang steigt die Ionisation an und erreicht innerhalb von 1 ... 2 Stunden durchschnittlichen Tagespegel. Im Sommer liegt die F_2-Schicht tagsüber bei etwa 400 km Höhe; im Winter und während der Nachtstunden sinkt sie auf 250 ... 300 km Höhe ab.

Die F_2-Schicht weist einige *Anomalien* (Regelwidrigkeiten) auf. Bei der *Tagesanomalie* läßt sich beispielsweise beim höchsten Sonnenstand nicht das Maximum der Elektronendichte feststellen; es ist zumeist in die frühen Nachmittagsstunden verlagert. Die *Nachtanomalie* zeigt sich darin, daß die Ionisierung während der Nachtstunden noch ansteigen kann, obwohl keine Sonneneinstrahlung stattfindet. Bei der *Polaranomalie* beobachtet man im Winter über den Gebieten der Polarnacht eine F_2-Schicht trotz langzeitigen Fehlens der Sonneneinstrahlung. Ungeklärt ist schließlich auch die *jahreszeitliche Anomalie*, die darin besteht, daß die Elektronendichte im Winter größer ist als im Sommer. Auch das sommerliche Ionisationsmaximum tritt nicht, wie zu erwarten wäre, zu Zeiten des höchsten Sonnenstandes auf, sondern kurz nach den *Äquinoktien* (Äquinoktium = Tag und Nacht sind gleich lang; Frühlingsäquinoktium 21. März; Herbstäquinoktium 23. September). Wenn im *Äquinoktium* die Sonne über dem Äquator steht, ist die Ionisation über nördlichen und südlichen Breiten am stärksten. Beide Gebiete großer Elektronendichte werden durch einen Abschnitt minimaler Ionisation getrennt, der sich entlang dem magnetischen Äquator ausbreitet. Man nennt es die *erdmagnetische Anomalie*.

Die F_1-Schicht bildet sich nur tagsüber in einer Höhe von etwa 200 ... 280 km aus. Sie ist im Sommer häufiger als im Winter. Von der Untergrenze der F_2-Schicht ist sie durch ein etwa 50 km breites Gebiet geringer Elektronenkonzentration getrennt. Die F_1-Schicht entsteht nach der *Chapman*-Theorie und enthält maximal etwa 400 000 freie Elektronen je cm³. Für die Kurzwellenausbreitung ist die F_1-Schicht unerwünscht, weil sie die Ausbreitung über die F_2-Schicht durch Absorption behindert. Die F_1-Schicht kann immer nur im Zusammenhang mit der F_2-Schicht entstehen. Beide Schichten gehören deshalb zusammen und bilden einen Komplex, die *F-Schichten*.

Die E-Schicht

Bei der *E-Schicht* liegt das Maximum der Elektronenkonzentration in etwa 110 ... 130 km Höhe. Man nimmt an, daß sie sich entsprechend der *Chapman*-Theorie ausbildet. Bei einer mittleren Elektronenkonzentration von etwa 100 000/cm³ sind nur 0,1 % der vorhandenen Atome ionisiert. Sie bildet sich über der Tagseite der Erde aus; kurz nach Sonnenaufgang steigt die Ionisation schnell an, erreicht um die Mittagszeit ein Maximum und fällt dann langsam wieder ab bis zum Sonnenuntergang. Nach Sonnenuntergang führt die starke Rekombination dazu, daß sich die *E-Schicht* schon nach einer Stunde fast völlig aufgelöst hat. Mitunter besteht auch noch während der Nachtstunden eine *E-Schicht*, die allerdings wegen der fehlenden Sonneneinstrahlung von sehr geringer Ionendichte ist. Die *kritische Frequenz* f_c der Tages-*E-Schicht* liegt fast immer zwischen 2 und 4 MHz, sie ist im Sonnenfleckenmaximum höher als im Sonnenfleckenminimum.

Die *sporadische E-Schicht* (E_S-Schicht) ist eine häufige, aber keineswegs regelmäßig auftretende Erscheinung in der Ionosphäre. Ihre Struktur ist nicht schichtförmig zusammenhängend, sondern mehr wolkenartig. Die E_S-Schicht ist als Ionosphärenstörung aufzufassen (siehe Abschnitt 2.3.2.2.).

Die D-Schicht
Sie liegt in etwa 70 ... 90 km über der Erdoberfläche in einem relativ dichten Abschnitt der Atmosphäre. Die Elektronendichte in der D-Schicht ist sehr gering (siehe Bild 2.2), deshalb sind an ihr nur Reflexionen sehr langer Wellen möglich. Die Kurzwellen durchdringen die D-Schicht, wobei sie teilweise stark gedämpft und im Extremfall völlig absorbiert werden. Die Absorption ist frequenzabhängig und nimmt mit zunehmender Frequenz quadratisch ab. Deshalb ist die D-Schicht im Normalfall für die Raumwellenausbreitung der 10-, 15- und 20-m-Wellen kaum ein Hindernis; für die 40-m-Welle ist die Dämpfung beträchtlich, und am stärksten wird die Brauchbarkeit der 80- und 160-m-Wellen beeinträchtigt. Die Absorption ist außerdem um so größer, je kleiner der Winkel φ ist, mit dem die Welle in die D-Schicht eintritt (siehe Bild 2.4) und je höher die Elektronendichte in der Schicht ist.

Da sich die D-Schicht nur unter Sonneneinstrahlung aufbauen kann und der Vorgang der Rekombination sehr schnell verläuft, löst sie sich bei Sonnenuntergang beinahe schlagartig in wenigen Minuten auf. Die relativ geringen Tagesreichweiten im 80- und teilweise im 40-m-Band sind auf die D-Schicht-Dämpfung zurückzuführen. Zur Fernausbreitung der Kurzwellen über Reflexion kann die D-Schicht nichts beitragen, sie ist ausschließlich als eine dämpfende Schicht zu betrachten, die die Raumwellenausbreitung behindert.

2.3.2.2. Ionosphärenstörungen

Störungen der Ionosphäre treten in mehr oder weniger starker Form fast immer auf, sie sind die Auswirkungen einer erhöhten Sonnentätigkeit, welche man primär an der Sonnenfleckenhäufigkeit erkennt. Der Aufbau der Ionosphäre ist fast ausschließlich von der solaren Ultraviolett- und Röntgenstrahlung abhängig, somit verursachen überdurchschnittlich starke Strahlungsausbrüche dieser Art auch entsprechend starke Störungen der Ionosphäre. Da es sich dabei um elektromagnetische Schwingungen handelt, breiten sie sich mit Lichtgeschwindigkeit aus, ihre Laufzeit bis zur Erde beträgt etwa 8 Minuten.

Bei intensiven elektromagnetischen Strahlungsausbrüchen kommt es meistens auch zur Eruption von Sonnenmaterie, der Korpuskularstrahlung, die den ständigen Sonnenwind sozusagen auffrischt. Diese Teilchenstrahlung ist erheblich langsamer als die elektromagnetische Welle. Je nach Geschwindigkeit der Teilchen treffen diese erst innerhalb von etwa 15 Minuten bis zu 40 Stunden nach Ausbruch in der Erdatmosphäre ein. Störungen durch Korpuskularstrahlung treten in Verbindung mit Störungen durch vermehrte Ultraviolett- und Röntgenstrahlung auf, sind aber gegenüber diesen zeitlich versetzt.

SID
Als SID (engl.: **S**udden **I**onospheric **D**isturbance) bezeichnet man alle plötzlich auftretenden Ionosphärenstörungen, die auf eine erhöhte Ultraviolett- und Röntgenstrahlung zurückzuführen sind. Diese wird in der Ionosphäre absorbiert und bewirkt dort eine zusätzliche Ionisation, die sich besonders in der D-Schicht auswirkt. Mit der erhöhten Elektronenkonzentration der D-Schicht steigt deren Absorptionsfähigkeit für Kurzwellen. Diesen Extremfall nennt man Mögel-Dellinger-Effekt (MDE), manchmal auch SWF (engl.: **S**hort **W**ave **F**adeout). H. Mögel beobachtete 1927 erstmalig kurzzeitige Störungen der KW-Fernverbindungen; J. H. Dellinger stellte 1935 den Abbruch aller KW-Verbindungen im Zusammenhang mit einer gleichzeitigen Sonneneruption fest. Die Kurzwellen-Funkverbindungen auf der Tagseite der Erde sind dann für die Dauer des Effekts unterbrochen. Gewöhnlich dauert ein MDE einige Minuten bis einige Stunden. In dieser Zeit verbessert sich der Langwellenempfang bei gleichzeitiger Vergrößerung des atmosphärischen Störpegels in diesem Bereich. Man kann eine solche plötzliche Ionosphärenstörung als eine erste Reaktion der Erdatmosphäre auf das Erscheinen eines Flare betrachten. Normalerweise kommt es dabei nicht bis zum MDE, sondern die Absorption der Kurzwellen in der Ionosphäre steigt mehr oder weniger heftig an und die Reflexionsfähigkeit fällt ab, wodurch sich MUF und f_c plötzlich vermindern. Bei einem MDE dagegen kann der Empfänger völlig «tot» sein, so daß man an einen Empfängerdefekt glauben möchte.

SID sind im Sonnenfleckenmaximum am häufigsten, sie treten nur an der Tagseite der Erde auf.

Ionosphärenstürme
Wie bereits in Abschnitt 2.3.1.2. beschrieben, kommt es über der Tagseite der Erde in einer Entfernung, die mehreren Erdradien entspricht, zu komplizierten Wechselwirkungen zwischen dem Magnetfeld der Erde und dem solaren Plasma, die eine Schwankung des Erdmagnetfeldes hervorrufen. Diese Unruhe wird laufend meßtechnisch registriert und in Magnetogrammen ausgewertet. Stark vermehrte Korpuskularstrahlung wird im Magnetogramm als eine beson-

ders große Veränderung des Erdmagnetfeldes ausgewiesen, man bezeichnet sie dann als *erdmagnetischen Sturm* oder kurz als *Magnetsturm*. Das vom Erdmagnetfeld abgelenkte solare Plasma dringt dabei auf verschiedenen Wegen vermehrt in die Erdatmosphäre ein und verursacht dort einen *Ionosphärensturm*.

Da das aus Protonen und Elektronen bestehende solare Plasma, dessen Ausbruch ebenfalls von einem intensiven *Flare* angezeigt wird, die Erde erst nach einer Laufzeit von etwa 20 ... 40 Stunden erreicht, kann man oft damit rechnen, daß 1 ... 3 Tage nach einem *MDE* oder intensiven *SID* ein von einem *Magnetsturm* begleiteter *Ionosphärensturm* einsetzt, der von erheblich längerer Dauer als die *SID* ist (mehrere Tage).

Hauptmerkmale des *Ionosphärensturmes* sind das Absinken der kritischen F_2-Schicht-Frequenz bis auf die Hälfte des «normalen» Wertes und Ansteigen der *D-Schicht-Absorption*. Insgesamt ist das Spektrum der noch brauchbaren Kurzwellenfrequenzen stark eingeengt, nach oben durch die niedrige f_c und nach unten durch die starke *D-Schicht-Absorption*, welche die längeren Kurzwellen bis zur Auslöschung dämpft. Während der Sturmperiode, die in Intensität und Dauer variiert, sind empfangene Kurzwellensignale sehr schwach und oft mit *Flatterfading* behaftet. Bei einem schweren *Ionosphärensturm* können «Blackouts» auftreten, während deren Dauer Weitverbindungen (DX) in viele Gebiete der Erde unmöglich werden. Bemerkenswert ist die Beobachtung, daß kurz vor einem *Blackout* oft besonders gute Weitverkehrsbedingungen bestehen. Der Funkamateur kann diese Feststellung zu seinem Vorteil nutzen, indem er in den Tagen nach einem *SID* oder *MDE* die DX-Bänder besonders häufig beobachtet.

Die Auswirkungen von *Ionosphärenstürmen* sind am Tage und in der Nacht vorhanden. Zu Zeiten des Sonnenfleckenmaximums sind sie intensiver, aber von kürzerer Dauer als im Sonnenfleckenminimum.

Die mit erdmagnetischen Störungen verbundenen Ionosphärenstörungen haben, besonders wenn sie Sturmstärke erreichen, noch Begleiterscheinungen, welche die Kurzwellenausbreitung mehr oder weniger stark beeinflussen. Ein optisch eindrucksvolles Phänomen, das in höheren erdmagnetischen Breitengraden häufig, in mittleren Breiten aber nur selten zu beobachten ist, bildet das *Polarlicht*, welches man auch *Aurora* nennt. Es wird von den *Polarlicht*-Teilchen im Energiebereich von etwa 10^4 eV hervorgerufen (eV = Elektronenvolt: 1 eV ist die Energie, die ein Elektron beim Beschleunigen durch eine Spannung von 1 Volt gewinnt). Bei ihrem Eintritt in die Ionosphäre kommt es durch Stoßionisation zu erheblichen Steigerungen der Elektronendichte, die im Bereich der *E-Schicht* Werte bis über 10^6 e/cm^3 annehmen kann. Die elektrische Leitfähigkeit der ionisierten Gebiete nimmt dadurch beträchtlich zu, und unter dem Einfluß elektrischer Felder entstehen mächtige Stromsysteme (Elektrojets), als deren Begleiterscheinung die Polarlichter gedeutet werden.

In der Umgebung des *Polarlichtes*, am *Radio-Polarlicht*, können die Kurzwellen eventuell zurückgestreut werden. Wenn allerdings der erdmagnetische Störungsgrad zu hoch ist, werden die Kurzwellen in dem im Polarlichtbereich entstehenden *Aurora-Absorptionsgebiet* stark gedämpft. Das Absorptionsgebiet kann sich bei sehr starken erdmagnetischen Störungen bis in mittlere Breiten ausdehnen und die ionosphärische Kurzwellenausbreitung stark behindern.

Das *Radio-Polarlicht* tritt am Tage und in der Nacht mit deutlichen Häufigkeitsmaxima zwischen 01.00 und 03.00 sowie 17.00 und 19.00 Uhr Ortszeit auf. Es ist im Frühling und im Herbst am häufigsten. Die stärksten Polarlichter sind im Sonnenfleckenmaximum zu erwarten.

Kurzwellenverbindungen über *Polarlicht*-Rückstreuungen haben im Amateurfunkbetrieb wenig Bedeutung. Sie könnten, besonders zu Zeiten des Sonnenfleckenminimums, das 10-, 15- und teilweise das 20-m-Band etwas beleben. Von den 2-m-Amateuren werden *Aurora*-Bedingungen allerdings wie festliche Ereignisse erwartet (siehe Abschnitt 2.4.).

Bei außergewöhnlich starken Sonneneruptionen entsteht häufig eine Strahlung, die vorzugsweise aus Protonen und Alphateilchen (Heliumatomen) besteht. Es handelt sich dabei um schnelle Teilchen mit Energien oberhalb 10^9 eV, die man auch als «Höhenstrahlung» oder «kosmische Strahlung» bezeichnet. Sie dringen nach einer Laufzeit von 15 Minuten bis zu einigen Stunden über die Magnetpolkappen in die Erdatmosphäre ein. In hohen geomagnetischen Breiten ist dadurch die *D-Schicht-Ionisation* über diesen Gebieten groß und verursacht eine starke Absorption der Kurzwellen. Diese *PCA-Effekte* (engl.: **P**olar **C**ap **A**bsorption) dauern im Mittel 2 ... 3 Tage, selten bis zu 10 Tagen.

Die sporadische E-Schicht (E_S-Schicht)

Diese Schicht unterscheidet sich von anderen Ionosphärenschichten in Ausdehnung und Erscheinungsform wesentlich. Da sie im Höhenbereich der E-Schicht vereinzelt auftritt, grenzt man sie von dieser durch die Bezeichnung *sporadische E-Schicht* oder kurz E_S-*Schicht* ab. Die Entstehungsursachen werden aus der *Wind-Scherungs-Theorie* von *Dungey* und *Whitehead* teilweise erklärt.

Oberhalb der D-Schicht, ab etwa 90 km Höhe gibt es starke Winde, deren Geschwindigkeit und

Richtungsunruhe bei etwa 95 km Höhe ein Maximum erreicht. Mit nur geringen Höhenabständen lösen sich Orkane aus West und Nord ab. Sie sind eine Folge unterschiedlicher Transportvorgänge in der E-Region, die zu 25 % von regulären Gezeitenwinden und zu 75 % von unregelmäßigen Gravitationswellen (atmosphärische Schwerewellen) hervorgerufen werden. Die starken Höhenwinde aus unterschiedlichen Richtungen mit gegenseitig geringem Höhenabstand erzeugen Windscherungen, welche die im Raum befindlichen Ionen und Elektronen zu horizontalen Wolken von erhöhter Ionen- und Elektronenkonzentration zusammendrängen können. Diese dünnen, intensiv ionisierten E_S-Schichten bestehen vornehmlich aus langlebigen Metallionen und Elektronen. Die Metallionen stammen von den Meteoriten, welche in dieser Region pausenlos verdampfen (siehe Abschnitt 2.4.2.3.).

Die Struktur einer typischen E_S-Schicht ist nicht homogen; in die relativ gleichmäßige Ionenverteilung sind intensive Plasmaklumpen, verhältnismäßig kleine Felder mit verdichtetem Plasma und solche mit stark schwankendem Brechungsindex eingelagert.

Durch eine systematische Abwärtsbewegung werden die E_S-Schichten in den Turbulenzen der dichteren Luftschichten aufgewirbelt und schließlich aufgelöst.

Die jahreszeitlichen und täglichen Variationen im Auftreten der E_S-Schichten werden von starken elektrischen Polarisationsfeldern bestimmt, deren Stärke mit der elektrischen Leitfähigkeit und den Dynamoprozessen in der Ionosphäre korreliert. Eine ausführlichere Beschreibung der Vorgänge wird in [2] gegeben.

Je nach der geographischen Breite, in der sich die sporadische E-Schicht bewegt, muß man offenbar zwei Hauptformen unterscheiden. Die erste baut sich im Gebiet der Polarlichtzone sowie einige geomagnetische Breitengrade nördlich und südlich von ihr auf. Zur Unterscheidung kann man sie als Polarlicht-E_S bezeichnen. Sie korreliert mit den erdmagnetischen Störungen und den Polarlichtern. Je stärker die erdmagnetischen Störungen zunehmen, desto mehr verschiebt sich die Polarlicht-E_S äquatorwärts. Sie ist intensiv und deckt alle höhergelegenen Schichten ab.

Die in den mittleren Breiten auftretenden E_S-Schichten erscheinen sehr unregelmäßig und örtlich begrenzt als wolkenartige, intensive Elektronenkonzentrationen in Höhen zwischen 100 und 130 km. In Größe, Bewegung, Geschwindigkeit und Ionisationsdichte sind sie sehr unterschiedlich und wechselhaft, ähnlich den meteorologischen Wolken. Man hat herausgefunden, daß in mittleren Breiten ihre Bewegungsrichtung vorzugsweise äquatorwärts zeigt; in Äquatornähe

driften sie nach Westen. Weitere Beobachtungen, die sich auf das Erscheinen von E_S-Wolken in mittleren Breiten beziehen, besagen: Jahreszeitlich erscheinen die E_S-Wolken vorzugsweise in den Sommermonaten (Mai bis September) mit einem Maximum im Juni und Juli, sowie um die Jahreswende. Tageszeitlich treten sie meist vom späten Vormittag (etwa 10.00 Uhr Ortszeit) bis zum frühen Abend (etwa 19.00 Uhr Ortszeit) mit einem Maximum am frühen Nachmittag auf. Ein Zusammenhang zwischen den Veränderungen der Sonnenaktivität und dem Auftreten von E_S-Wolken scheint nicht zu bestehen.

Die Sprungdistanz bei Reflexionen an der E_S-Schicht kann maximal etwa 2300 km betragen. Auch Mehrfachsprünge kommen vor. Wenn die kritischen Frequenzen sehr niedrig liegen, so daß die DX-Bänder «tot» sind, gelingen oft unerwartet Verbindungen über relativ kurze Entfernungen (Größenordnung etwa 500 km) in bestimmte Gebiete. Man nennt sie *Short-Skips* (engl.: short skip = kurzer Sprung). Sie sind auf Reflexionen an E_S-Wolken zurückzuführen. Bei außergewöhnlich starker Ionisation, die allerdings selten ist, können auch die 2-m-Wellen reflektiert werden. Die häufiger auftretenden Überreichweiten im VHF-Fernsehbereich, vorzugsweise Band I sind teilweise eine Folge von E_S-Reflexionen.

Backscattering (Rückstreuung)
Ein sehr kleiner Teil der Energie wird nach Reflexion an der Ionosphäre und erstem Auftreffen am Boden («1. Hop») wieder in Richtung des Signals zurückgestreut und erreicht über Reflexion an der Ionosphäre wieder den Ausgangspunkt. Backscatterempfang ist innerhalb der toten Zone z. B. von KW-Rundfunksendern möglich.

2.3.3.   **Allgemeingültige Regeln für die Ausbreitung in den Kurzwellen-Amateurbändern**

Der Funkamateur hat nicht die Möglichkeit, den für die Fernausbreitung der Kurzwellen entscheidenden Zustand der Ionosphäre zu messen, und er könnte sich auch nicht die für eine optimale Übertragung günstigste Frequenz auswählen, da er an die einzelnen Amateurbänder gebunden ist. Durch häufige Bandbeobachtung, gepaart mit einigem Wissen vom Ausbreitungsmechanismus, hat er bald ein «Gespür» dafür, welche Verbindungsmöglichkeiten ein bestimmtes Kurzwellenband zu einem bestimmten Zeitpunkt bietet. Diese Praxis ist auch nicht durch langfristige Voraussagen und Regeln zur Brauchbarkeit der Kurzwellenamateurbänder zu ersetzen, denn sie können nur von einer «normalen», relativ ungestörten Ionosphäre ausgehen und sind deshalb immer mit dem Unsicherheitsfaktor der ständig wechselnden Sonnenaktivität behaftet.

Die Ausbreitung im 160-m-Amateurband

Das 160-m-Band ist international von 1800 ... 2000 kHz zugelassen. Fast alle Länder machen von ihrem Recht Gebrauch, nur bestimmte Bereiche innerhalb des Bandes für den Amateurfunkbetrieb freizugeben. Diese Frequenzabschnitte sind unterschiedlich verteilt. Man darf aber damit rechnen, daß der Bereich von 1810 ... 1850 kHz innerhalb des von fast allen Ländern freigegebenen Frequenzsektors liegt.

Dieses Band hat seine besonderen Liebhaber. Da es praktisch nur in den Nachtstunden für die Überbrückung größerer Entfernungen brauchbar ist, wird es von den Funkamateuren oft als «Nachteulenband» bezeichnet.

Außer in den Winternächten des Sonnenfleckenminimums liegt das 160-m-Band stets unterhalb der Grenzfrequenz. Die Dämpfung in der D-Schicht ist sehr hoch, so daß tagsüber nur Verbindungen innerhalb der Bodenwellenreichweite möglich sind. Der atmosphärische Störpegel ist hoch.

Größere Entfernungen können nur während der Nachtstunden überbrückt werden, wobei man die besten DX-Ausbreitungsbedingungen in den Nächten des Winters erwarten kann. Eine tote Zone tritt normalerweise nicht auf. Die Ausbreitung ist der des benachbarten Mittelwellen-Rundfunkbereiches sehr ähnlich.

Die Ausbreitung im 80-m-Amateurband

Während der Tagesstunden können nur relativ geringe Entfernungen überbrückt werden, weil die 80-m-Welle von der D-Schicht stark absorbiert wird. Im Winter sind die Tagesreichweiten etwas größer als im Sommer, maximal dürften sie etwa 400 km betragen.

Mit dem Abbau der D-Schicht nach Sonnenuntergang wird die Dämpfung verringert, und die Reichweiten steigen an. Während der Nachtstunden können nicht selten mehr als 1000 km überbrückt werden, sofern störende Nahstationen im sehr dicht besetzten Band und der im Sommer hohe atmosphärische Störpegel eine einwandfreie Verbindung zulassen.

Während der Wintermonate und besonders zu Zeiten des Sonnenfleckenminimums ist in den ersten Morgenstunden (vor Sonnenaufgang) oft interkontinentaler Funkverkehr möglich. Die dabei auftretende tote Zone von etwa 1000 km Sprungdistanz bewirkt, daß Europastationen nur innerhalb ihrer Bodenwellenreichweite den Empfang stören können.

Die Ausbreitung im 40-m-Amateurband

Auch im 40-m-Band ist die Dämpfung durch die Tages-D-Schicht noch erheblich, allerdings erreicht man bereits normale Tagesreichweiten bis 1000 km, die bei günstigen Ausbreitungsbedingungen bis auf etwa 2000 km ansteigen können. Die tote Zone beträgt am Tage etwa 100 km.

Besonders zu Zeiten des Sonnenfleckenminimums bestehen oft bereits in den späten Nachmittagsstunden interkontinentale Verbindungsmöglichkeiten, die aber wegen störender Nahstationen nur selten genutzt werden können. Nachts – und insbesondere während der Wintermonate – vergrößert sich die Sprungdistanz, deren Maximum etwa um Mitternacht vorhanden ist. Da Europa dann in der toten Zone liegt, können störungsfreie Funkverbindungen mit allen Kontinenten hergestellt werden. Geringste Dämpfung und damit größte Reichweiten treten auf, wenn sich der gesamte Ausbreitungspfad auf der Nachtseite der Erde befindet (Fehlen der absorbierenden D-Schicht).

Die atmosphärischen Störungen sind geringer als im 80-m-Band, sie können jedoch besonders im Sommer die Verkehrsmöglichkeiten erheblich beeinträchtigen.

Die Ausbreitung im 30-m-Amateurband

Das 30-m-Band wurde von der Welt-Funkverwaltungskonferenz am 1.1.1982 für den Amateurfunkbetrieb neu zugeteilt. Es wird von den Ländern nach eigenem Ermessen für den Betrieb freigegeben. Da das Band nur 50 kHz breit ist und mit anderen Funkdiensten geteilt werden muß, wird es in den meisten Ländern nur für die Betriebsart Telegrafie zugelassen.

Es ist ein «Tag- und Nachtband» und vereinigt in sich viele Vorzüge des 20-m-Bandes mit denen des 40-m-Bandes. Zu Zeiten geringer Sonnenaktivität, wenn die DX-Bänder 10, 12 und teilweise 15 m nicht mehr brauchbar sind, kann dieses Band eine Ersatzfunktion übernehmen.

DX-Verbindungen sind zu allen Jahres- und Tageszeiten möglich, die Tagesdämpfung durch die D-Schicht ist relativ gering.

Die Ausbreitung im 20-m-Amateurband

Das 20-m-Amateurband stellt das traditionelle DX-Band dar (DX ≙ Verbindung über sehr weite, interkontinentale Entfernungen). Fast zu allen Zeiten läßt sich dieses Band «rund um die Uhr» für den Verkehr mit anderen Kontinenten benutzen, lediglich zur Zeit des Sonnenfleckenminimums ist das 20-m-Band nur tagsüber und in den Dämmerungsperioden «offen», nachts bestehen dann keine Verbindungsmöglichkeiten.

Es tritt fast immer eine tote Zone auf, deren Sprungdistanz am Tage zu Zeiten geringer Sonnentätigkeit etwa 1000 km beträgt; im Sonnenfleckenmaximum geht sie auf 400 km und weniger zurück. In den Sommermonaten ist dann zeitweise keine tote Zone mehr vorhanden.

Mit Eintritt der Abenddämmerung dehnt sich die tote Zone rasch aus, die nächtliche Sprungdistanz kann dann im Maximum 4000 km betragen. Besonders günstige Bedingungen sind gegeben, wenn ein Teil des Ausbreitungspfades über die Nachtseite der Erde läuft.

Für Europaverbindungen ist das 20-m-Band nur während des Sonnenfleckenmaximums im Sommer bedingt brauchbar. Atmosphärische Störungen treten kaum in Erscheinung.

Die Ausbreitung im 17-m-Amateurband
Das 17-m-Band wurde von der Welt-Funkverwaltungskonferenz am 1.1.1982 für den Amateurfunkbetrieb neu zugelassen. Die Betriebsfreigabe liegt im Ermessen der einzelnen Länder. Es ist ein ausgesprochenes DX-Band, welches stark vom Sonnentätigkeitszyklus abhängt. Normalerweise bestehen in den Tagesstunden Verbindungsmöglichkeiten nach allen Kontinenten. Die Ausbreitungsbedingungen sind denen des 15-m-Bandes ähnlich.

Im Sonnenfleckenmaximum ist das Band meistens durchgehend offen, im Sonnenfleckenminimum nur tagsüber. Es tritt immer eine tote Zone auf. Atmosphärische Störungen sind sehr selten.

Die Ausbreitung im 15-m-Amateurband
Die Ausbreitungsbedingungen sind stark vom Sonnentätigkeitszyklus abhängig. Während des Sonnenfleckenmaximums ist das Band fast durchgehend für den DX-Verkehr geöffnet. Dabei können wegen der geringen Dämpfung mit kleinen Strahlungsleistungen sehr große Entfernungen überbrückt werden.

Zu Zeiten des Sonnenfleckenminimums ist das Band bestenfalls in den Sommermonaten tagsüber und meist nur kurzzeitig brauchbar. Nachts bestehen dann keine Fernverbindungsmöglichkeiten, in den Wintermonaten fällt das Band ganztägig aus.

Gelegentlich können Reflexionen an der *sporadischen E-Schicht* auftreten, es sind dann Kontakte über Entfernungen von etwa 2000 km möglich. Atmosphärische Störungen beeinflussen das 15-m-Band nicht.

Die Ausbreitung im 12-m-Amateurband
Auch das 12-m-Band wurde mit Wirkung vom 1.1.1982 für den Amateurfunkbetrieb neu zugelassen und wird nach eigenem Ermessen der Länder für den Betrieb freigegeben.

Es ist ein «Tages-DX-Band», seine Gebrauchseigenschaften ähneln denen des 10-m-Amateurbandes. Es besteht eine sehr starke Abhängigkeit von der Sonnentätigkeit. Davon unabhängig

sind nur Verbindungen über die sporadische E-Schicht, die jederzeit vorkommen können.

In den Jahren des Sonnenfleckenmaximums ist das Band tagsüber für DX-Verbindungen nach allen Kontinenten hervorragend brauchbar, häufig auch noch in den frühen Abendstunden. Mit dem Absinken der Sonnentätigkeit verschlechtern sich die DX-Bedingungen, es werden dann nur noch kurzzeitig in den frühen Nachmittagsstunden DX-Verbindungen möglich. Im Sonnenfleckenminimum sind interkontinentale Verbindungen nicht mehr durchzuführen.

Die Ausbreitung im 10-m-Amateurband
Das Band ist nur in Zeiten starker Sonnenaktivität für Verbindungen über Raumwellenreflexion brauchbar. Es bestehen dann während der Tagesstunden hervorragende DX-Möglichkeiten, wobei selbst mit sehr kleinen Senderleistungen Weitverbindungen hergestellt werden können. Es ist mit einer toten Zone von 4000 km zu rechnen. Der Ausbreitungsweg muß auf der Tagseite der Erde verlaufen, d. h., bei Bandöffnung in den Morgenstunden sind zunächst fernöstliche Stationen zu erreichen. Bei maximaler Sonnentätigkeit kann das Band im Sommer bis in die späten Abendstunden brauchbar sein. Die Abhängigkeit von der Sonnentätigkeit ist extrem.

Zu Zeiten des Sonnenfleckenminimums fällt das 10-m-Band für Fernverbindungen völlig aus. Lediglich durch Reflexionen an der sporadischen E-Schicht bestehen gelegentlich kurzzeitige Verbindungsmöglichkeiten über mittlere Entfernungen.

2.4. Die Ausbreitung der Meterwellen und ihre Besonderheiten

Die Meterwellen nehmen im Spektrum der elektromagnetischen Schwingungen den Bereich von 10 ... 1 m ein, entsprechend einem Frequenzbereich von 30 ... 300 MHz. Meterwellen werden international als *VHF* (engl.: **V**ery **H**igh **F**requencies) bezeichnet.

Die Ausbreitung der Meterwellen nähert sich bereits weitgehend der geradlinigen des Lichtes. Man nennt sie deshalb auch quasioptische (dem Licht ähnliche) Wellen. In ihrer Gesamtheit können jedoch nur die Bereiche der Dezimeter-, der Zentimeter- und der Millimeterwellen als quasioptisch bezeichnet werden, während die Meterwellen in ihrem langwelligen Teil das Übergangsgebiet zu den Wellen, die dem Licht ähnlich sind, darstellen.

2.4.1. Die quasioptische Ausbreitung

Den Funkamateur interessiert in diesem Bereich besonders das 2-m-Band (144 ... 146 MHz). Abgesehen von seltenen Ausnahmefällen ist in diesem Frequenzgebiet eine ionosphärische Reflexion nicht mehr möglich.

Besonders gut eignen sich Ultrakurzwellen zur sicheren Überbrückung von Entfernungen innerhalb der theoretisch möglichen optischen Sichtweite. Innerhalb dieser Distanz treten praktisch keine Feldstärkeschwankungen auf, und selbst mit kleinsten Senderleistungen ist eine zuverlässige Funkverbindung, unabhängig von ionosphärischen oder meteorologischen Einflüssen, gewährleistet.

Die tatsächlich jederzeit sicheren Reichweiten der 2-m-Welle gehen jedoch um mindestens 15% über den optischen Horizont hinaus. Neuere Forschungen erklären diese Krümmung der Meterwellen zur Erdoberfläche hin als eine Folge des mit der Höhe abnehmenden Brechungskoeffizienten der Luft. Er wird bestimmt durch Wasserdampfgehalt, Druck und Temperatur der Troposphäre. Die Vergrößerung der sicheren VHF-Reichweite über den optischen Horizont hinaus wird durch die Näherungsformel

$$d/_{km} = 4{,}13 \cdot \left(\sqrt{h_{1/m}} + \sqrt{h_{2/m}} \right) \qquad (2.3.)$$

berücksichtigt.

d – sichere 2-m-Reichweite,
h_1 – Antennenhöhe des Senders über NN,
h_2 – Antennenhöhe des Empfängers über NN.

Dieser Formel liegt der sogenannte *Vierdrittel-Radius* der Erde zugrunde, d. h., es wird nicht mit dem tatsächlichen mittleren Erdradius von 6370 km gerechnet, sondern mit einem um ein Drittel vergrößerten *effektiven Erdradius* von etwa 8500 km.

2.4.2. Überreichweiten

Mitunter werden im VHF-Bereich Überreichweiten beobachtet (bis 1000 km und mehr), die sich mit der normalen quasioptischen Ausbreitung nicht erklären lassen. Solche Besonderheiten können verschiedene Ursachen haben, sie ergeben sich aber am häufigsten durch besondere Zustände in der Troposphäre.

2.4.2.1. Troposphärisch bedingte Überreichweiten

Die Temperatur der Troposphäre fällt im allgemeinen mit zunehmender Höhe, und zwar um 6 ... 8 K je 1000 m Anstieg (siehe Bild 2.1). In-

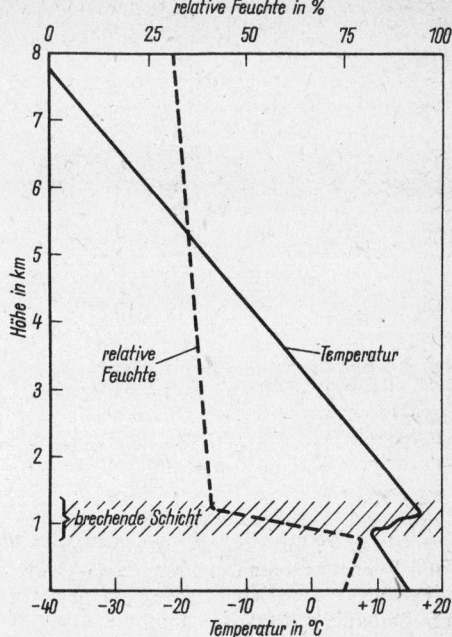

Bild 2.8
Beispiel für den Verlauf von Temperatur und relativer Feuchte in der Troposphäre bei Bildung einer Inversion

folge von Luftbewegungen und sonstigen meteorologischen Einflüssen kann sich jedoch die Lufttemperatur sowie die relative Feuchte sehr sprunghaft und dadurch vom Normalverlauf abweichend ändern (Bild 2.8). Eine solche *Temperaturumkehr* – auch *Inversion* genannt – bedeutet einen Wechsel in der Luftdichte. Dabei bildet die Warmluft ein dünneres Medium als die Kaltluft.

Das Brechungsgesetz der Optik besagt, daß ein Lichtstrahl beim Übertritt aus einem optisch dichten Medium in ein optisch dünneres Medium vom Lote weg gebrochen wird, dagegen beim Eintritt in ein optisch dichteres Medium eine Brechung zum Lote hin erfährt.

Auch die Meterwellen verhalten sich bei Dichteänderungen des Ausbreitungsmediums wie Lichtstrahlen. Beim Eintritt in eine Inversionsschicht wird die Wellenfront zur Erdoberfläche hin gekrümmt (Bild 2.9).

Die Inversionsschichten befinden sich in verhältnismäßig geringer Höhe über der Erde. Entweder sind es *Bodeninversionen* in Erdbodennähe (geringe Überreichweiten) oder *Höheninversionen* in Höhen bis zu einigen tausend Metern (große Überreichweiten).

Bild 2.9 zeigt, daß im Fall des direkten Übertragungsweges nur solche Wellenzüge die Gegenstation (Empfänger I) erreichen, die in einem

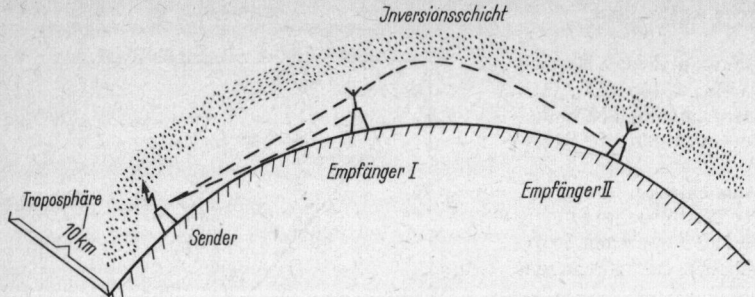

Bild 2.9
Die Ausbreitung
der Meterwellen
in der Troposphäre

möglichst flachen Winkel annähernd tangential zur Erdoberfläche abgestrahlt werden. Läßt der Zustand der Troposphäre eine Krümmung der Wellen und damit Überreichweiten zu, so ist ebenfalls ein sehr flacher Abstrahlwinkel (Übertragungsweg zum Empfänger II) erforderlich. Antennen mit guten Bündelungseigenschaften in der H-Ebene eignen sich bei horizontal polarisierten Wellen besonders vorteilhaft für große Reichweiten.

Ein besonderes Phänomen ist die troposphärische *Ductübertragung* (engl.: tropospheric ductpropagation oder kurz ducting). Sie kann entstehen, wenn mehrere Inversionsschichten übereinander liegen. Eine Welle, die zwischen diese Schichten gelangt, wird so lange von einer zur anderen Schicht reflektiert, bis die untere Schicht «Löcher» zeigt (Bild 2.10a). In diesem Fall sind Verbindungen mit weit entfernten Stationen nur in einem oft sehr eng begrenzten geografischen Raum möglich. Dazwischen befindet sich eine empfangstote Zone. Die Ductübertragung kann sich aber auch zwischen der Erdoberfläche und

einer sehr weitreichenden Bodeninversionsschicht ausbilden (Bild 2.10b). Kennzeichnend für diesen Bodenduct ist, daß es auf dem Ausbreitungsweg keine empfangstoten Zonen gibt. Ist der Brechungsindex in der Troposphäre so groß, daß ein parallel zur Erdoberfläche abgestrahlter Wellenzug wieder zur Erdoberfläche reflektiert wird, dann spricht man von *Super-Refraktion*. Dabei werden die Meterwellen an einer Inversionsschicht total reflektiert.

2.4.2.2. Überreichweiten durch Streuübertragung

In der hohen Troposphäre, vorzugsweise bei etwa 10 km Höhe, finden intensive Vertikalbewegungen der Luft, sogenannte Ausgleichsvorgänge, statt. Diese Durchmischung von Luftströmungen mit unterschiedlichen Temperaturen verursacht eine dauernde Turbulenz. Es entstehen dabei parasitäre Inhomogenitäten – man könnte sie auch als Luftschlieren bezeichnen –,

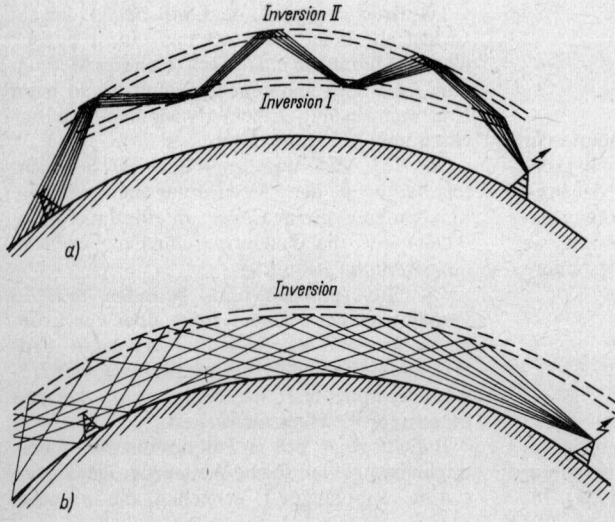

Bild 2.10
Die troposphärische Ductübertragung;
a – zwischen 2 Inversionsschichten,
b – zwischen Erdoberfläche und einer
Bodeninversionsschicht

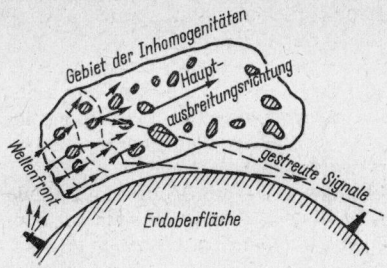

Bild 2.11
Die Streuung hochfrequenter Wellen in der Troposphäre

die sich von den sie umgebenden Luftteilchen hinsichtlich Temperatur, Druck und Feuchtigkeit unterscheiden (Bild 2.11). Bewegt sich die Welle durch das Gebiet dieser Inhomogenitäten, so wird ein geringer Bruchteil der Strahlung diffus zerstreut. Da die gestreuten Wellen in verschiedenen Richtungen auseinandergehen, gelangt ein Teil dieser Wellen hinter der Grenze der direkten Sicht wieder zur Erdoberfläche. Diese Restfeldstärke ist außerordentlich gering, zeigt aber eine gewisse Konstanz.

Bei der *troposphärischen Streuübertragung (tropospheric scatter)* verwendet man Frequenzen zwischen 100 MHz und einigen GHz (vorzugsweise um 500 MHz). Dabei kann die Funkfeldlänge bis 800 km (manchmal auch 1000 km) betragen. Die Empfangsqualität ist gering und die Bandbreite des zu übertragenden Signals verringert sich. Die Bandbreitenverringerung wird durch irreguläre Phasenverschiebungen der aus verschiedenen Streubereichen zum Empfänger gelangenden Wellen hervorgerufen. Durch Lageveränderungen der Streuzellen in der Troposphäre entstehen außerdem mehr oder weniger tiefe Schwundeinbrüche.

Stabilere Funklinien erhält man durch die *ionosphärische Streuübertragung* (engl.: *ionospheric scatter*). In diesem Fall nutzt man eine gewisse Streuung an den unteren Ionosphärenschichten in einer Höhe von annähernd 100 km aus. Dabei werden Frequenzen zwischen 25 und 60 MHz verwendet. Die Funkfeldlänge beträgt 1000 ... 2500 km. Bei geringeren Entfernungen als 1000 km nimmt die Feldstärke der Streustrahlung stark ab.

2.4.2.3. Die Reflexion an Meteorbahnen (Meteorscatter)

Die Erde kollidiert auf ihrer Bahn laufend mit einer unvorstellbar großen Anzahl meist kleiner, staubförmiger Meteoriten. Die Meteoriten dringen mit teilweise sehr hoher Geschwindigkeit (bis zu 72 km/s) in die Atmosphäre ein, sie verdampfen und verbrennen im allgemeinen durch die Reibungswärme in etwa 100 ... 200 km Höhe. Nur ein ganz geringer Teil dieser Meteoriten ist so groß, daß bei ihrer Verbrennung in der Atmosphäre eine sichtbare Leuchtspur (Sternschnuppe) entsteht. Äußerst selten haben Meteoriten genügend Masse, um in der Atmosphäre nicht restlos zu verbrennen.

Es werden 2 Gruppen von Meteoriten unterschieden. Die 1. Gruppe ist im Weltraum immer vorhanden und dort sporadisch verteilt. Sie bewegen sich ziellos und mit unterschiedlichen Geschwindigkeiten. Die Meteoriten der 2. Gruppe bewegen sich auf einer bestimmten Bahn in gleicher Richtung und mit gleicher Geschwindigkeit. Es sind die Meteorströme – auch Meteoritenschauer genannt –, die die Erdbahn in periodischen Zeitabständen kreuzen.

Ein in der Atmosphäre verbrennender Meteor hinterläßt nicht nur eine Leuchtspur, er erzeugt vor seiner endgültigen Verdampfung auch einen Ionisationskanal. Dieser ionisierte Schweif ist sehr kurzlebig, da er sich in der dünnen Atmosphäre schnell ausbreitet und dadurch zerstört. Im Zustand der Konzentration tritt jedoch eine so intensive Ionisation auf, daß die Meterwellen am Ionisationskanal reflektiert werden können. Je größer der Meteor, desto mächtiger und damit langlebiger ist dessen Ionisationskanal.

Die Funkübertragung durch Meteorscatter wird im kanadischen *Janet*-Verfahren kommerziell genutzt. Auch die 2-m-Amateure beschäftigen sich mit diesem Übertragungsverfahren. Sie stützen sich dabei nicht auf Zufallserfolge, die durch sporadisch auftretende Meteore verursacht werden können, sondern nutzen die periodisch auftretenden Meteoritenschwärme. Da deren Bahn und Geschwindigkeit größtenteils bekannt ist, kann man den Zeitpunkt, zu dem sich die Erdbahn mit der Meteoritenbahn kreuzt, ziemlich genau vorausberechnen (Bild 2.12).

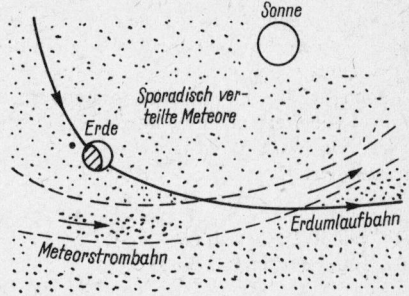

Bild 2.12
Meteorstrom- und Erdumlaufbahn

Da die reflektierenden Ionisationskanäle von Meteorbahnen nur kurzlebig sind, ergeben sich über Meteorscatter auch nur sehr kurzzeitige Verbindungsmöglichkeiten. Erst wenn eine Vielzahl einfallender Meteoriten ständig neue reflektierende Ionisationskanäle schafft, treten sogenannte Bursts mit einer Dauer von mehreren Sekunden bis zu etwa 2 min. auf. Eine darüber hinausgehende zusammenhängende Verbindungsmöglichkeit gibt es nur selten.

2.4.2.4. Die Reflexion am Polarlicht

Der Entstehungsmechanismus des Polarlichtes wurde in Abschnitt 2.3.2.2. beschrieben. Das in der Umgebung des sichtbaren Polarlichtes auftretende Radio-Polarlicht ist häufig so stark ionisiert, daß auch noch die 2-m-Welle reflektiert werden kann. *Die Polarlicht-E-Schicht* wird in einer Höhe von durchschnittlich mehr als 100 km (siehe Bild 2.2.) reflektiert, wobei jedoch die *Senkrechtbedingung* erfüllt sein muß. Dazu muß die 2-m-Welle mit einem Einstrahlwinkel von 90° ± 2 ... 3° auf die Ionisationszentren der *Polarlicht-E-Schicht* treffen.

Die Struktur der *Polarlicht-E-Schicht* ist sehr inhomogen, daher wird an ihr völlig diffus reflektiert. Aus diesem Grund sind die Signale bei einer «Aurora-Verbindung» unverkennbar rauh und verbrummt, begleitet von einem Zischen und Fauchen, so daß nur Telegrafie (bedingt auch SSB) brauchbar ist. Während des Bestehens eines Radio-Polarlichtes verändern sich die *Aurora-Ausbreitungsbedingungen* intervallartig.

Südlich des 50. Breitengrades bestehen in Mitteleuropa kaum noch Aussichten, *Aurora-Verbindungen* durchzuführen. Die Möglichkeiten wachsen mit steigender Breite, sie sind in den skandinavischen Ländern recht häufig. Tageszeitlich besteht ein Häufigkeitsmaximum zwischen 17.00 und 19.00 Uhr Ortszeit, ein zweites, weniger ausgeprägtes Maximum kann gegen Mitternacht auftreten. Eine jahreszeitliche Häufung besteht in den Monaten März und April sowie September und Oktober. Außerdem wurde eine Wiederholungsneigung nach etwa 27 Stunden und nach 27 Tagen festgestellt. Letztere beruht auf der Sonnenrotation, langlebige Eruptionsgebiete stehen nach dieser Zeit wieder am gleichen Sonnenort. In der Periode des Sonnenfleckenmaximums ist das *Radio-Polarlicht* am häufigsten und am intensivsten.

2.4.2.5. Die Reflexion an der sporadischen E-Schicht

Das Auftreten *sporadischer E-Schicht-Wolken* wurde in Abschnitt 2.3.2.2. bereits beschrieben.

Ihre Ionisationsdichte ist sehr unterschiedlich und nur in Ausnahmefällen so groß, daß auch noch die 2-m-Welle reflektiert werden kann. Da die Reflexion in etwa 100 ... 130 km Höhe stattfindet, läßt sich errechnen, daß die Strahlung annähernd 900 ... 2300 km vom Sender entfernt wieder zur Erdoberfläche gelangt.

Die bei einer E_S-Verbindung auftretende Dämpfung ist sehr gering, so daß mit kleinen Senderleistungen und einfachen Antennen gearbeitet werden kann. Da sich die E_S-Wolken mehr oder weniger schnell fortbewegen, sind die Verbindungen rein zufällig und von kurzer Dauer. Wenn in den VHF-Fernsehbereichen und im UKW-Rundfunk große Überreichweiten auftreten, bestehen Aussichten für 2-m-E_S-Verbindungen.

2.4.2.6. Die VHF-Ausbreitung über Mondreflexionen und Satelliten

Der als EME-*Technik* (Erde-Mond-Erde-Technik) bezeichnete Ausbreitungsweg geht von der Erkenntnis aus, daß Meterwellen die unseren Planeten umhüllenden Ionosphärenschichten durchstoßen und sich im Weltraum weiter ausbreiten. Bereits 1946 gelang es, mit einem umgebauten Radargerät bei einer Frequenz von 111,5 MHz, die vom Mond reflektierten Impulse wieder zu empfangen. Die erste Amateurzweiwegverbindung über Mondreflexion wurde am 21. Juli 1960 zwischen *W6HB* (San Carlos/Kalifornien) und *WIBU* (Medfield/Massachusetts) auf 1296 MHz abgewickelt. Auf beiden Seiten kamen Parabolspiegelantennen und Senderleistungen von 400 W zum Einsatz. Die Stationen waren 4320 km voneinander entfernt und konnten über einen Umweg von etwa 768 000 km miteinander in Verbindung treten. 1964 folgten eine ganze Reihe von geglückten Amateurversuchen im 2-m-Amateurband und auf dem 70-cm-Band, bei denen mehrere Verbindungen zwischen Europa und dem amerikanischen Kontinent über Mondreflexion zustande kamen.

Die Durchführung der EME-Verbindungen erfordert einen hohen technischen Aufwand. Für manche kommerzielle Anwendungen ist auch die relativ große Signallaufzeit von annähernd 5 s zu groß.

Besondere Perspektiven der Übertragungswege im VHF-Bereich eröffnen die Erdsatelliten. Sie werden als künstliche Trabanten der Erde auf eine vorausberechnete Bahn gebracht. Neben Funksatelliten, die der wissenschaftlichen Forschung dienen (z. B. *OSCAR*), gibt es solche, die für die interkontinentale Übertragung von Fernsehsendungen eingesetzt sind.

In neuerer Zeit verliert der VHF-Bereich für kommerzielle Funkverbindungen über künstliche Erdsatelliten an Bedeutung; man geht mehr und mehr auf höhere Frequenzen im UHF- und SHF-Bereich (300 ... 3000 MHz bzw. 3 ... 30 GHz) über. In diesen Bereichen kann mit größeren Bandbreiten und folglich mit größeren Nachrichtenströmen gearbeitet werden.

Passive Funksatelliten bestehen vorwiegend aus großen Ballons, deren Außenhaut metallisiert ist (z. B. Ballon *ECHO*). Dadurch haben sie ein gutes Reflexionsvermögen für quasioptische Wellen und wirken als passive Reflektoren. Bei den aktiven Funksatelliten handelt es sich um künstliche Erdtrabanten, die durch eine elektronische Einrichtung Funksignale von der Erde aufnehmen und auf einer anderen Frequenz wieder abstrahlen. Teilweise arbeiten diese aktiven Funksatelliten auch mit elektronischen Speichereinrichtungen. Die gespeicherten Funksignale werden erst nach Ablauf einer bestimmten Zeit wieder abgestrahlt.

2.5. Schwunderscheinungen (fading)

Unter Schwund (engl.: fading) versteht man die ausbreitungsbedingten zeitlichen Schwankungen der Empfangsfeldstärke bei festen Sende- und Empfangspunkten. Für den Schwund gibt es unterschiedliche Ursachen.

Im Kurzwellenbereich tritt häufig ein *Mehrwegeschwund* (engl.: multipath fading) auf, der durch Interfrequenz mehrerer Wellen entsteht, die auf verschiedenen, sich ändernden Wegen vom Sender zum Empfänger gelangen. Die dabei auftretenden Laufzeitunterschiede verursachen Phasenverschiebungen, die – je nach Phasenlage – die Empfangslautstärke steigen oder sinken lassen. Man bezeichnet den Mehrwegeschwund deshalb oft auch als *Interferenzfading*. Ein Mehrwegeschwund, von dem das gesamte Übertragungsband ungleichmäßig betroffen ist und der bei verschiedenen Frequenzen unterschiedlich abläuft, wird *Selektivschwund* (engl.: selective fading) genannt. Beim Selektivschwund treten starke Verzerrungen auf, wenn die Trägerfrequenz so weit geschwächt wird, daß eine einwandfreie Demodulation nicht mehr möglich ist (Trägerschwund). Beim Einseitenbandverfahren (SSB) treten diese Verzerrungen jedoch nicht auf (Trägerzusatz im Gerät).

Der *Absoptionsschwund* (engl.: absorption fading) entsteht durch die zeitliche Änderung der Absorption im Ausbreitungsmedium, beispielsweise durch Dämpfung in der *D-Schicht*. Man nennt in deshalb oft auch *Dämpfungsschwund*.

Durch Drehen der Polarisationsrichtung im Ausbreitungsmedium, insbesondere in der Ionosphäre, entsteht der *Polarisationsschwund* (engl.: polarization fading). Er tritt im Kurzwellenbereich häufig auf, da hier die Wellen in der Ionosphäre praktisch immer Polarisationsänderungen erleiden.

Vom *Beugungsschwund* (engl.: diffraction fading) sind vor allem Verbindungen im VHF- und UHF-Bereich betroffen. Er wird durch Schwankungen der Beugungsfeldstärke verursacht, die durch zeitliche Änderungen des Brechwertgradienten in der bodennahen Atmosphäre entstehen.

Schwundminderung

Geringe bis mittlere Schwundtiefen werden von der automatischen Verstärkungsregelung (AVR) moderner Empfänger meist unbemerkt ausgeglichen. Sehr tiefe Schwundeinbrüche erfordern aufwendigere Gegenmaßnahmen, die sich im allgemeinen nur die kommerzielle Technik leisten kann. Sie werden mit dem englischen Sammelbegriff *diversity* (Verschiedenheit) gekennzeichnet, und man versteht darunter das Vermindern der Schwundauswirkungen durch Ausnutzung mehrerer Übertragungsmöglichkeiten.

Beim *Polarisationsdiversity* empfängt man mit Antennen für verschieden polarisierte Wellen (z. B. horizontal und vertikal polarisiert). Werden mehrere räumlich distanzierte Antennen eingesetzt, spricht man von *Raumdiversity*, und bei der Verwendung mehrerer Radiofrequenzen liegt *Frequenzdiversity* vor. Die *Winkeldiversity* setzt man hauptsächlich bei der Streustrahlübertragung (Scatter) ein. Hier ermöglichen scharfbündelnde Sende- und Empfangsantennen, deren Hauptkeulen jeweils um kleine Winkel gegeneinander versetzt sind, die Verbindung über verschiedene Streuvolumina. Nach dem Prinzip der Winkeldiversity arbeitet auch das *MUSA-System* (engl.: **M**ultiple **U**nit **S**teerable **A**ntenna). Es ist eine Mehrfachantennenanordnung mit steuerbarer Richtcharakteristik. Ausgehend von der Erscheinung, daß interferierende Wellenzüge die Antenne meistens unter unterschiedlich wechselnden Einfallswinkeln erreichen, wird diese mit einer in der Vertikalen schwenkbaren Richtcharakteristik ausgestattet, die sich auf den Einfallswinkel der jeweils am stärksten ankommenden Wellenzüge einstellt.

Standortdiversity verwendet man im Erde-Weltraum-Funk, indem mehrere großräumig getrennte Erdefunkstellen eingesetzt werden.

Literatur zu Abschnitt 2.

[1] *Lehmann, H. R./Rustenbach, J.:* AUOS-MAG-IK 18 – Ein Satellit der Interkosmos-Familie, URANIA, Leipzig, 57 (1981) 7, Seiten 46 bis 49

[2] *Kaiser, N.:* UKW/TV-DX, 1. Auflage, Wolfgang Scheunemann Verlag, Köln 1984

Autorenkollektiv: electronicum, Seiten 112 bis 124, Deutscher Militärverlag, Berlin 1967

Beckmann, B.: Ausbreitung elektromagnetischer Wellen, 2. Auflage, Akademische Verlagsgesellschaft Geest & Portig KG, Leipzig 1948

Bölte, D.: Die Ausbreitung der Funkwellen im UKW-Bereich, Funkamateur 25 (1976), Heft 12, Seiten 613 bis 615, Militärverlag der DDR, Berlin

Czechowsky, P.: Rückstreuung von Radio-Wellen an Polarlichtern, cq-DL, Baunatal 45 (1974), Heft 10 und 11, Seiten 601 bis 605, 666 bis 669

Dieminger, W./Röttger, J.: Transäquatoriale Kurzwellenverbindungen, cq-DL, Baunatal 46 (1975), Heft 2, Seiten 84 bis 88, und Heft 3, Seiten 145 bis 147

Gierlach, W.: Antennen und Funkwellen-Ausbreitung, DARC-Verlag, D 3507 Baunatal 1, 1985

Heer, M.: Wellenausbreitung in den einzelnen Frequenzbereichen, Internationale Elektronische Rundschau, Berlin (1975), Heft 6, Seiten 117 bis 120

Hüter, W.: Die Ionosphäre, Methoden und Ergebnisse ihrer Erforschung, Handbuch für Hochfrequenz- und Elektrotechniker, Band III, Berlin 1954

Kochan, H.: Einfluß der solar-terrestrischen Beziehungen auf die Rückstreuausbreitung im 2-m- und 10-m-Band, cq-DL, Baunatal 45 (1974), Heft 6 und 7, Seiten 346 bis 350, 386 bis 391

Krüger, A./Richter, G.: Radiostrahlung aus dem All, Urania-Verlag, Leipzig-Jena-Berlin 1968

Lange, H.: IQSV – Internationale Jahre der ruhigen Sonne, Elektronisches Jahrbuch, Deutscher Militärverlag, Berlin 1966

Lange-Hesse, G.: Die Ionosphäre und ihr Einfluß auf die Ausbreitung kurzer elektrischer Wellen, «DL-QTC», 1955, Heft 9 bis 12; 1956, Heft 1 bis 3, W. Körner-Verlag, Stuttgart

Lange-Hesse, G.: Kurzwellen- und Ultrakurzwellen-Verbindungen durch Übertragung am Polarlicht, «DL-QTC», 1957, Heft 6 und 7, W. Körner-Verlag, Stuttgart

Peuker, H.: UKW-Funkamateure benutzen den Mond als Reflektor für Funkwellen, Elektronisches Jahrbuch, Deutscher Militärverlag, Berlin 1966

Rohrbacher, H./Cohen, T./Jacobs, G.: Kurzwellenausbreitung, frech-Verlag, Stuttgart

Streng, K.-K.: Transkontinentales Fernsehen über Synchronsatelliten, Elektronisches Jahrbuch, Deutscher Militärverlag, Berlin 1966

Vogelsang, E.: Wellenausbreitung in der Nachrichtentechnik, Franzis-Verlag, München

Wisbar, H.: Die normale Fernübertragung an der F_2-Schicht im Wellenbereich 28 MHz-52 MHz, speziell in Richtung Ost-West, cq-DL, Baunatal, 50 (1979) Heft 11, Seiten 496 bis 499

Wisbar, H.: Wellenstreuung und meteoride Einflüsse auf kurzen und den benachbarten ultrakurzen Wellen, Archiv für elektrische Übertragung, AEÜ (1956) Heft 11, Seiten 343 bis 352

Wisbar, H.: Über das Auftreten und Verhalten der sporadischen E-Schicht während des Sonnenfleckenmaximums, FREQUENZ, Berlin 16 (1962) Heft 6, Seiten 216 bis 222

Wisbar, H.: Überhorizont-Ausbreitung ultrakurzer Wellen und Probleme der Nachrichten-Satelliten, Funk-Technik, Berlin, 17 (1962) Heft 17, Seiten 568 bis 570, und Heft 18, Seiten 604 bis 606

...: Begriffe aus dem Gebiet der Ausbreitung elektromagnetischer Wellen (NTG 1402), Nachrichtentechnische Zeitschrift 30 (1977) Heft 12, Seiten 927 bis 947

3. Wirkungsweise und Eigenschaften von Antennen

Das Wort *Antenne* kommt aus der Zoologie. Dort werden mit *antennae* (lat.) lange dünne Insektenfühler bezeichnet.

Eine Antenne hat die Aufgabe, aus einem vorhandenen elektromagnetischen Feld Energie zu entnehmen (Empfangsantenne) oder die von einem Hochfrequenzgenerator (Sender) gelieferte Energie in Form elektromagnetischer Wellen auszustrahlen (Sendeantenne). Nach dem Reziprozitätstheorem kann man die gleiche Antenne zum Empfangen und zum Senden verwenden, ihre charakteristischen Eigenschaften und Kenngrößen bleiben in beiden Fällen sinngemäß erhalten. Man spricht deshalb auch von *reziproken* Antennen.

Aktive Antennen folgen dem Reziprozitätstheorem nicht, da in sie Verstärkerschaltungen mit Transistoren integriert sind. Obwohl sich auch aktive Sendeantennen realisieren lassen, haben bisher nur aktive Empfangsantennen Verbreitung gefunden. Aktive Antennen können wesentlich kleiner ausgeführt werden als vergleichbare passive. Voraussetzung für den praktischen Einsatz ist eine ausreichende Großsignalfestigkeit, um störende Kreuzmodulation und Intermodulation zu vermeiden. Näheres in [5].

Bei späteren Erklärungen wird aus Gründen der Anschaulichkeit vorwiegend der Sendefall einer Antenne zugrunde gelegt. Man bezeichnet sie deshalb oft als Strahler.

3.1. Der Halbwellendipol

Das einfachste und gleichzeitig am stärksten verbreitete Resonanzgebilde in der Antennentechnik ist der sogenannte *Halbwellendipol*. Er bildet das Grundelement vieler Antennenformen und

Bild 3.1
Der Halbwellendipol

wird auch als Bezugsantenne für die vergleichende Kennzeichnung des Antennengewinnes verwendet. Um die Eigenschaften und die Wirkungsweise von Antennen verstehen zu können, muß man sich zuerst mit der Theorie des Halbwellendipols beschäftigen.

Wie schon der Name sagt, hat der Halbwellendipol eine Längenausdehnung, die etwa der halben Wellenlänge ($\lambda/2$) der jeweils verwendeten Frequenz entspricht. In diesem Fall befindet sich der Dipol in Resonanz mit der Wellenlänge (Bild 3.1). Der Ausdruck Dipol bedeutet Zweipol und kennzeichnet, daß der Halbwellenstrahler in seiner geometrischen Mitte aufgetrennt ist. An den dort entstehenden «2 Polen», den Speisepunkten, kann man die Speiseleitung bzw. den Sender oder den Empfänger anschließen.

3.1.1. Die Strom- und Spannungsverteilung auf einem Halbwellenstrahler

Ein gestreckter elektrischer Leiter (z.B. ein Draht, Stab oder Rohr) weist eine bestimmte Induktivität und Kapazität auf, die gleichmäßig über die Leiterlänge verteilt sind. Bild 3.2a soll das verdeutlichen, indem in den Leiter gleichmäßig verteilte Induktivitäten $L_1 \ldots L_7$ mit den zugehörigen Kapazitäten sowie die über den Leiter verteilten Kapazitäten $C_1 \ldots C_4$ eingezeichnet sind. Es wird vorausgesetzt, daß in einem bestimmten Augenblick alle Kondensatoren eine bestimmte Ladung (Spannungspotential) haben. Die Kondensatoren entladen sich nun über die Induktivitäten in ihrem Bereich. Dabei fließt jeweils ein Strom, und es entsteht ein entsprechendes magnetisches Feld. Der Ladungsausgleich von C_4 über L_4 verursacht einen Strom I_4, C_3 entlädt sich über L_3, L_4 und L_5 mit dem Strom I_3, C_2 gleicht seine Ladung über $L_2 \ldots L_6$ aus, dabei fließt der Strom I_2. Schließlich wird C_1 über $L_1 \ldots L_7$ mit I_1 entladen. Daraus folgt, daß in Strahlermitte der größte Strom fließt, die Summe von $I_1 \ldots I_4$. Zu den Strahlerenden hin wird der Strom immer geringer, an den Enden des Leiters ist kein Stromfluß mehr vorhanden. In Bild 3.2b sind zur besseren Verdeutlichung die Ströme $I_1 \ldots I_4$ noch einmal in anderer Form aufgetra-

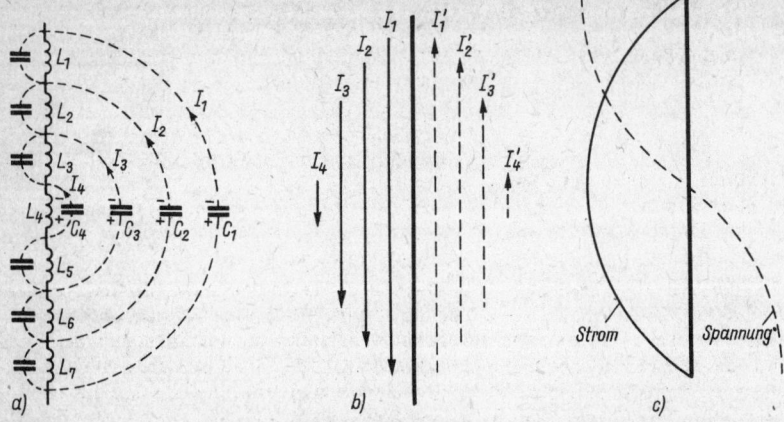

Bild 3.2
Die Stromverteilung auf einem Halbwellenleiter

gen. Durch den Stromfluß bauen sich um die Induktivitäten magnetische Felder auf, die die Kapazitäten mit entgegengesetzter Polarität erneut aufladen. Das Vorzeichen der Spannung hat sich geändert. Der Vorgang wiederholt sich nun wieder in umgekehrter Richtung, wie das in Bild 3.2b durch die Ströme $I_1 \ldots I_4$ angedeutet wird. Aus dieser vereinfacht konstruierten Darstellung läßt sich die in Bild 3.2c wiedergegebene Strom- und Spannungsverteilung eines resonanten Halbwellenstrahlers ableiten.

Zwischen der Spannung und dem Strom besteht eine Phasenverschiebung von 90°, während der Phasenunterschied der Spannung an den Strahlerenden 180° beträgt.

Aus der Strom- und Spannungsverteilung auf einem Halbwellenstrahler kann man weiterhin entnehmen, daß in der Strahlermitte der Strom ein Maximum hat (Strombauch), während dort gleichzeitig der Nulldurchgang der Spannung liegt (Spannungsknoten). An den Strahlerenden findet man umgekehrte Verhältnisse vor: Spannungsmaximum fällt mit einem Stromknoten zusammen. Aus der Spannungsverteilung erklärt sich ferner, daß Halbwellenelemente häufig in ihrer geometrischen Mitte direkt und metallisch leitend mit dem geerdeten Antennenträger verbunden werden. Die Befestigung im Spannungsnull macht eine Isolation überflüssig. Halbwellenelemente lassen sich deshalb in ihrer geometrischen Mitte erden. Auch in der Strahlermitte wird jedoch die Spannung nicht völlig «Null». Ebenso verhält es sich mit dem Strom an den Strahlerenden, der als Folge des sogenannten *Endeffektes* dort ebenfalls nicht restlos verschwindet. Man spricht deshalb zutreffender von *Spannungsminimum* und *Stromminimum*.

Wie aus Bild 3.2c hervorgeht, hat der Strom in der Mitte des in seiner Eigenresonanz erregten Halbwellendipols stets den Maximalwert. Er nimmt in Richtung Dipolenden etwa sinusförmig ab und erreicht an den Enden den Wert Null. Dort tritt der Maximalwert der Spannung auf, die zur Dipolmitte hin annähernd sinusförmig abfällt. Sie ist in der Dipolmitte sehr klein und kann dort in erster Näherung zu Null angenommen werden.

Genauer betrachtet sind Spannungen und Ströme nicht rein sinusförmig auf einem Dipol verteilt und auch der Phasenunterschied zwischen Strom und Spannung ist nur näherungsweise 90°. In den meisten Fällen kann man aber diese Abweichungen vernachlässigen.

Beim abgestimmten Halbwellendipol sind Maximalspannung U_{max} und Maximalstrom I_{max} durch das Gesetz

$$U_{max} = Z_D \cdot I_{max} \qquad (3.1.)$$

miteinander verknüpft. Z_D ist der *Wellenwiderstand* des Dipols in Ω. Er errechnet sich nach

$$Z_D = 120 \ln 0,575 \cdot \frac{l/_{mm}}{d/_{mm}}. \qquad (3.2.)$$

Obwohl Z_D längs der Antenne nicht konstant ist, sondern zu den Antennenenden hin erheblich zunimmt, führt die Verwendung des mittleren Wellenwiderstandes bei Antennen mit großem l/d-Verhältnis zu einer guten Übereinstimmung zwischen den Ergebnissen aus Berechnung und Messung.

Der Maximalstrom I_{max} ergibt sich aus

$$I_{max} = \sqrt{\frac{2P_{t0}}{(R_r + R_l)}} . \qquad (3.3.)$$

P_{t0} ist die Eingangsleistung in W, R_r stellt den Strahlungswiderstand dar und R_l ist der Verlustwiderstand. Die Begriffe werden in Abschnitt 3.1.3. näher erklärt.

Ein Berechnungsbeispiel soll die Anwendung der Gleichungen erläutern.

Beispiel
Ein abgestimmter Halbwellendipol für das 80-m-Band hat eine Länge l von 40 m und besteht aus Kupferdraht mit einem Durchmesser d von 2 mm. Es soll die Maximalspannung U_{max} an den Dipolenden berechnet werden, wenn die Eingangsleistung 50 W beträgt.
Lösung: Man wende Gl. (3.1.) an, wobei zunächst Z_D und I_{max} bestimmt wird. Für Z_D ergibt sich nach Gl. (3.2.) für das Verhältnis l (40000 mm) : d (2 mm) ein Wert von 20000; daraus errechnet: $Z_D = 1122\,\Omega$. Für I_{max} gilt Gl. (3.3.), wobei für den Strahlungswiderstand R_r des Halbwellendipols 73,2 Ω eingesetzt werden (siehe auch Abschnitt 19.2.) und der Verlustwiderstand R_l mit 2,8 Ω angenommen wird. $R_r + R_l = 76\,\Omega$. Daraus errechnet man I_{max} mit 1,147 A. Für U_{max} ergibt sich nun nach Gl. (3.1.) mit 1122 $\Omega \cdot 1{,}147$ A = 1287 V als Effektivwert.

Ein Halbwellendipol für das 10-m-Band ($l = 5000$ mm) würde unter gleichen übrigen Bedingungen wegen des kleineren l/d-Verhältnisses nur eine Maximalspannung U_{max} von 1000 V aufweisen.

3.1.2. Die Impedanz der Antenne

Mit der Verteilung von Strom und Spannung auf einem Strahler erhält man gleichzeitig einen Überblick über die Widerstandverhältnisse. Vom Ohmschen Gesetz her ist bekannt, daß aus Spannung und Strom ein bestimmter Widerstand resultiert.

Es kann deshalb der Scheinwiderstand (Impedanz) eines Strahlers für jeden Punkt auf dessen Länge durch das Verhältnis zwischen Spannung und Strom an diesem Punkt definiert werden. Dieser Widerstand ist im Resonanzfall reell, außerhalb der Resonanz ist er mit einem Blindanteil (induktiver oder kapazitiver Blindwiderstand) behaftet.

In Auswertung von Bild 3.2c kann folgende wichtige Feststellung getroffen werden:
Strahlerenden – hohe Spannung bei geringem Strom, große Impedanz;
Strahlermitte (beim Halbwellenstrahler!) – geringe Spannung bei hohem Strom, kleine Impedanz.

Obwohl sich der Scheinwiderstand für jeden beliebigen Punkt auf der Oberfläche eines Strahlers feststellen läßt, bezeichnet man allgemein als die Impedanz einer Antenne deren Speisepunktwiderstand (Fußpunktwiderstand). Dieser liegt beim Halbwellendipol im Strombauch und ist deshalb niedrig (etwa 60 Ω). Exakt wird der

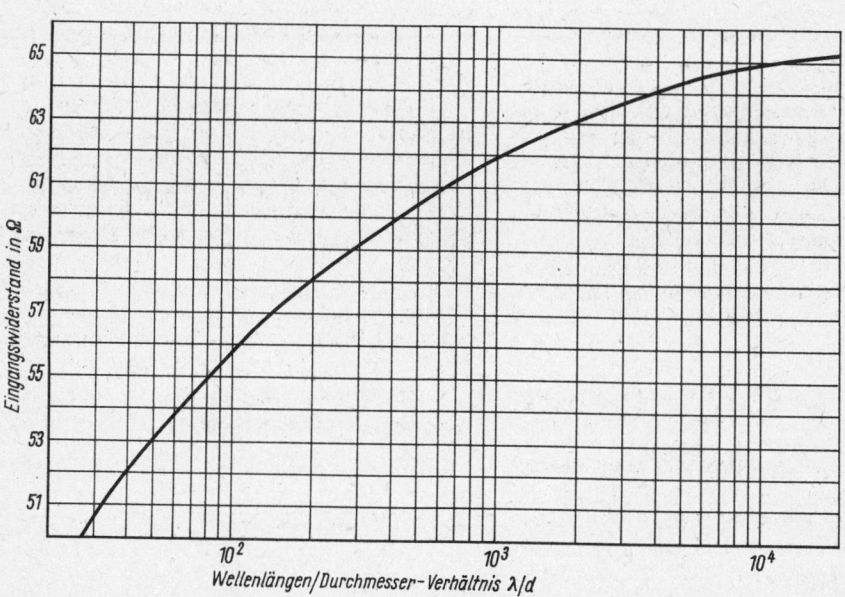

Bild 3.3
Der Eingangswiderstand eines Halbwellendipols in Abhängigkeit vom Wellenlängen/Durchmesser-Verhältnis λ/d

Scheinwiderstand am Antennenanschluß als Eingangsimpedanz bezeichnet.

Theoretisch kann man den Eingangswiderstand eines Halbwellendipols mit 73 Ω errechnen. Dieser Wert bezieht sich jedoch auf einen unendlich dünnen Leiter (Verhältnis λ/d = unendlich), der sich außerdem unendlich hoch über der Erde befindet. Wie aus Bild 3.3 hervorgeht, wird der Eingangswiderstand eines Halbwellendipols vom Wellenlängen/Durchmesser-Verhältnis des Antennenleiters beeinflußt.

Das Verhältnis λ/d beschreibt den *Schlankheitsgrad*, wobei λ und d mit gleichen Dimensionen einzusetzen sind. Im Kurzwellen- und VHF-Gebiet liegen die Strahlerdurchmesser kaum unter 2 mm, so daß der Eingangswiderstand eines Halbwellendipols in diesem Bereich immer $\leqq 65\ \Omega$ angenommen werden kann.

3.1.3. Der Strahlungswiderstand

Der Strahlungswiderstand ist eine Rechengröße, aus der man verschiedene Antenneneigenschaften ableiten kann. Er wird meist auf das Strommaximum bezogen und stellt den Ersatzwiderstand dar, der die abgestrahlte Leistung verbrauchen würde. Im Resonanzfall ist der Eingangswiderstand der Antenne ein Wirkwiderstand, er entspricht bei einem im Strombauch erregten Strahler (z. B. Halbwellendipol) der Summe von Strahlungswiderstand R_r und Verlustwiderstand R_l. Der Verlustwiderstand R_l wird hauptsächlich durch den Oberflächenwiderstand des Antennenleiters und durch dielektrische Verluste in den Isolatoren hervorgerufen. Der Verlustwiderstand kann beim $\lambda/2$-Dipol im allgemeinen dem Strahlungswiderstand gegenüber sehr klein gehalten werden. Verlust- und Strahlungswiderstand werden sowohl von der Antennenumgebung (Höhe über Grund, Erdverhältnisse, benachbarte Gebäude usw.) als auch von den mechanischen Abmessungen des Strahlers (Schlankheitsgrad) beeinflußt.

Wenn man die abgestrahlte Leistung P_t und den Höchstwert des Antennenstromes I_{max} kennt, kann man den Strahlungswiderstand nach der Beziehung

$$R_r = \frac{2P_t}{I_{max}^2} \qquad (3.4.)$$

errechnen.

Aus dem Verhältnis Strahlungswiderstand zu Verlustwiderstand läßt sich der Wirkungsgrad einer Antenne ersehen. Den Antennenwirkungsgrad errechnet man nach

$$\eta = \frac{1}{1 + \dfrac{R_l}{R_r}}. \qquad (3.5.)$$

3.1.4. Der Halbwellendipol als Schwingkreis

Der in der Funktechnik übliche Schwingkreis hat konzentrierte Schaltelemente, die Induktivität wird dabei durch eine Spule und die Kapazität durch einen Kondensator dargestellt. Auch ein gestreckter Leiter weist Induktivität und Kapazität auf, jedoch nicht in konzentrierter Form, sondern gleichmäßig über seine Länge verteilt. Ist der Leiter in Resonanz mit der ihn erregenden Frequenz, so kann man ihn wie einen Schwingkreis betrachten. Das Ersatzschaltbild eines Halbwellendipols stellt einen Serienresonanzkreis nach Bild 3.4 dar. Der Widerstand R besteht dabei aus der Serienschaltung von Strahlungswiderstand und Verlustwiderstand.

Die Resonanzfrequenz eines Schwingkreises wird durch die Größe der Selbstinduktion und der Kapazität nach der Beziehung $\omega L = 1/\omega C$ bestimmt ($\omega = 2\pi f \approx 6,28 f \triangleq$ Kreisfrequenz, $\omega L \triangleq$ induktivem Widerstand, $1/\omega C \triangleq$ kapazitivem Widerstand). Die Resonanzfrequenz eines Halbwellendipols unterliegt den gleichen Bedingungen. Induktivität sowie Kapazität – und damit die Resonanzfrequenz – werden im wesentlichen durch die geometrischen Abmessungen des Strahlers bestimmt.

Bei Vernachlässigung der Kreisverluste hängt die Güte eines Schwingkreises hauptsächlich von dessen L/C-Verhältnis ab. Großes L/C-Verhältnis (große Selbstinduktion bei kleiner Kapazität) ergibt einen schmalbandigen und damit resonanzscharfen Kreis, kleines L/C-Verhältnis (kleine Selbstinduktion bei großer Kapazität) führt zu einem breitbandigen, weniger resonanzscharfen Kreis. Die von der Kreisgüte abhängige Bandbreite eines Schwingkreises kann man aus einer Resonanzkurve entnehmen (Bild 3.5). Die gleichen Resonanzkurven könnte man auch von einem Halbwellendipol erhalten, wenn dieser sich in einem homogenen elektromagnetischen Feld befindet (Empfangsfall). Bei gleichbleibender Feldstärke ist die Frequenz zu verändern, wobei jeweils die Antennenspannung U festgestellt wird. Der Höchstwert der Spannung tritt bei der Resonanzfrequenz der Antenne auf. Er wird gleich dem Wert 1,0 gesetzt. Die Frequenzmarken f_1 und f_2 kennzeichnen die Frequenzen unterhalb

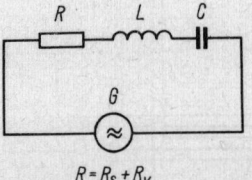

Bild 3.4
Der Halbwellendipol als Serienresonanzkreis
(Ersatzschaltung für den Resonanzfall)

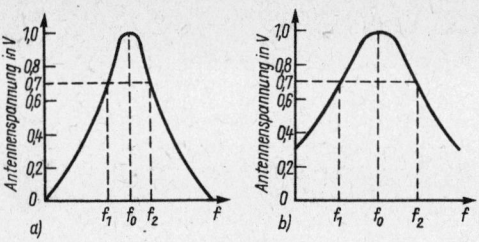

Bild 3.5
Die Resonanzkurve eines Strahlers in Abhängigkeit
von L/C-Verhältnis und Bandbreite $B = f_2 - f_1$;
a – Bandbreite bei großem L/C-Verhältnis,
b – Bandbreite bei kleinem L/C-Verhältnis

und oberhalb von f_0, bei denen die Spannung auf
den Wert 0,7 ($\triangleq 3$ dB) abgesunken ist. Die *absolute Bandbreite B* ergibt sich dann aus $f_2 - f_1$. Die
relative Bandbreite b, das Verhältnis der Bandbreite B zur Resonanzfrequenz f_0 errechnet sich
nach

$$b = \frac{B}{f_0}. \qquad (3.6.)$$

Die Resonanzkurve in Bild 3.5a würde einem
Kreis mit großem L/C-Verhältnis bzw. einem Dipol mit geringer Bandbreite B entsprechen, die
aus Bild 3,5b dagegen ergäbe sich bei kleinem
L/C-Verhältnis von einem Dipol mit großer
Bandbreite.

Es soll nun untersucht werden, in welcher
Weise die geometrischen Abmessungen eines
Strahlers sein L/C-Verhältnis und damit die
Bandbreite bestimmen. Ein Halbwellendipol mit
einem verhältnismäßig dünnen Leiter hat eine
bestimmte Induktivität L und eine bestimmte
Kapazität C.

Schaltet man beispielsweise nach Bild 3.65 solche gleichartigen Leiter zu einem «dicken»
Dipol parallel, so addieren sich die Kapazitäten
jedes Einzelleiters zu $5C$, während sich die
Induktivitäten bei Parallelschaltung auf 1/5 der
Gesamtinduktivität L vermindern. Schon aus
dieser einfachen Betrachtung kann man erkennen, daß ein dicker Dipol ein kleineres L/C-Verhältnis und damit größere Bandbreite aufweist
als ein dünner.

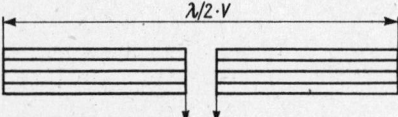

Bild 3.6
Der dicke Halbwellendipol, bestehend aus
5 Einzelleitern je Dipolarm

Ausgesprochene Breitbandantennen erkennt
man im allgemeinen an der großen Strahleroberfläche (z. B. Flächen-, Reusen- und Doppelkegelantennen). Sie stellen infolge ihrer großen
Kapazität einen Schwingkreis mit kleinem L/C-Verhältnis dar. Wenn man von Breitbandformen
absieht, so ist im Kurzwellenbereich der Schlankheitsgrad der Antenne praktisch ohne Bedeutung, da er bei den üblichen Drahtantennen bei
5000 und mehr liegt.

3.1.5. Der Verkürzungsfaktor

Bei den bisherigen Betrachtungen wurde nicht
zwischen elektrischer und mechanischer Länge
eines Strahlers unterschieden. Tatsächlich wären
elektrische und mechanische Länge einer Antenne nur dann gleich, wenn es gelänge, den Antennenleiter unendlich dünn auszuführen, wobei
außerdem vorausgesetzt wird, daß sich der Leiter
im freien Raum befindet. Jeder praktisch ausgeführte Antennenleiter hat jedoch eine bestimmte
Dicke, er muß mechanisch durch Halteelemente
in seiner Lage fixiert werden und befindet sich in
endlicher Entfernung von der Erdoberfläche und
anderen Objekten.

Die Ausbreitungsgeschwindigkeit der elektromagnetischen Wellen auf einem Antennenleiter
ist geringer als die im freien Raum. Sie wird vom
Verhältnis Antennenlänge l zu Antennendurchmesser d bestimmt (l/d). Zu beachten ist, daß dieser Schlankheitsgrad auch in $\lambda : d$ oder $\lambda/2 : d$ angegeben wird.

Neben dem Schlankheitsgrad beeinflußt auch
der sogenannte *Endeffekt* die Resonanzlänge
eines Antennenleiters. Er wirkt als Endkapazität
und hängt von der Eingangskapazität, der Antennenhalterung und der Abspannung (Isolatorkapazität) ab. Der Endeffekt entsteht besonders bei
Antennenleitern, die an ihren Enden über Isolatoren befestigt sind. Diese Isolatoren bewirken
zusammen mit den sie befestigenden Drahtschlingen eine zusätzliche kapazitive Endbelastung, durch die der Strom an den Antennenenden nicht ganz seinen Nullwert erreicht, da in der
Endkapazität ein kleiner Strom fließt. Der Endeffekt wächst mit zunehmender Frequenz, er
kann im praktischen Fall nur empirisch bestimmt
werden, denn die unterschiedlichen Antennenaufbauten und Umgebungsverhältnisse (z. B.
Höhe des Antennenleiters über dem Erdboden,
Nähe von Gebäuden, Freileitungen und sonstigen Hindernissen) schließen eine exakte Berechnung aus.

Diese Gegebenheiten bewirken, daß man die
für Resonanz erforderliche mechanische Länge
gegenüber der elektrischen Länge verkürzen
muß. Die Verkürzung wird um so größer, je klei-

ner der Schlankheitsgrad des Antennenleiters ist. Ein dicker Strahler muß demnach bei gleicher Resonanzfrequenz kürzer sein als ein schlanker Strahler.

Die elektrische Antennenlänge bezeichnet man auch als *Freiraumlänge* oder *theoretische Länge*, während für die mechanische Länge auch die Begriffe *Resonanzlänge* oder *physikalische Länge* gebräuchlich sind. Mitunter wird sie auch geometrische, aktuelle oder korrigierte Länge genannt. Der Unterschied zwischen beiden Längen ist die Verkürzung. Der Verkürzungsfaktor V ist somit das Verhältnis der Resonanzlänge zur Freiraumlänge und hat immer einen Wert kleiner als 1.

Bild 3.7 gibt Aufschluß über den Verkürzungsfaktor V von Halbwellendipolen als Funktion vom Verhältnis λ/d. Das Diagramm enthält die von *Schelkunoff* und *Friis* ermittelten Werte. In der Kurve A wird der Endeffekt nicht berücksichtigt, während in der Kurve B der Endeffekt enthalten ist. Daraus kann man erkennen, daß sich bei Halbwellendipolen mit kleinem Verhältnis λ/d der Endeffekt stark auf den Verkürzungsfaktor V auswirkt. Dieser Einfluß wird mit wachsendem Verhältnis λ/d immer geringer.

Beispiel
Gesucht wird die mechanische Länge eines Halbwellendipols für 145 MHz. Es soll Aluminiumrohr mit einem Durchmesser $d = 25$ mm verwendet werden.

145 MHz entsprechen einer Wellenlänge von 2,07 m = 2070 mm. Daraus errechnet sich das Verhältnis λ/d mit 2070 mm : 25 mm = 83.

Aus der Kurve A (Bild 3.7) ist für ein $\lambda/d = 83$ der Verkürzungsfaktor V mit 0,928 zu ersehen. Die mechanische Resonanzlänge des Halbwellendipols ist demnach

$$\frac{\lambda}{2} \cdot V = \frac{2070\,\text{mm}}{2} \cdot 0,928 = 960\,\text{mm}.$$

Der gleiche Dipol müßte bei nur 10 mm dickem Rohr 977 mm lang werden ($\lambda/d \approx 200$, daraus $V = 0,944$).

Das Nutzen der Kurve A (ohne Endeffekt) setzt voraus, daß der Dipol freitragend in großer Höhe (bezogen auf λ) und in freier Umgebung aufgebaut wird. Die Werte in Bild 3.7 sind nur für «nackte» Halbwellendipole gültig und nicht für solche, die sich innerhalb von z. B. Richtantennensystemen befinden.

Die für die Berechnung von Halbwellendipolen im Bereich >30 MHz oft angegebene Faustformel

$$l/_\text{m} = \frac{141}{f/_\text{MHz}}$$

(l – mechanische Länge,
f – Resonanzfrequenz)

berücksichtigt λ/d nur mit einem Festwert von etwa 150 (entsprechend einem festen Verkürzungsfaktor V von 0,94). Sie ist deshalb nur bedingt brauchbar.

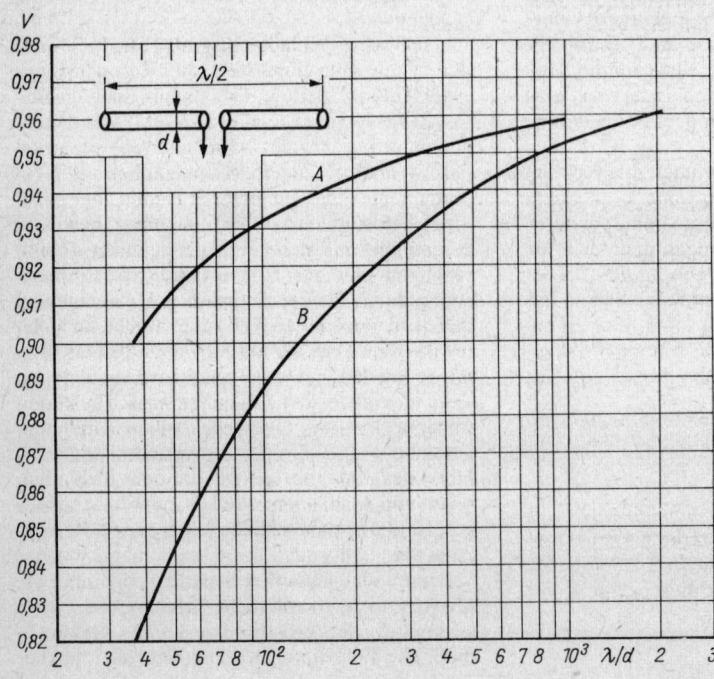

Bild 3.7
Der Verkürzungsfaktor V eines Halbwellendipols als Funktion seines Wellenlängen/Durchmesser-Verhältnisses λ/d;
Kurve A: Endeffekt unberücksichtigt,
Kurve B: Endeffekt berücksichtigt

Dagegen eignen sich solche Faustformeln zum Errechnen von Halbwellendipolen für Kurzwellen ($f < 30$ MHz). Da bei Drahtantennen im Kurzwellenbereich das λ/d-Verhältnis gewöhnlich > 5000 ist und in diesem Abschnitt die Abhängigkeitskurve flach verläuft, kann man in diesem Fall im allgemeinen einen festen Verkürzungsfaktor erwarten. Die Formel

$$l/_\text{m} = \frac{142,5}{f/_\text{MHz}} \qquad (3.7.)$$

beinhaltet einen Verkürzungsfaktor $V = 0,95$ (entsprechend 5% Verkürzung). Er genügt im Kurzwellenbereich allen Anforderungen der Praxis, ist jedoch nur für den Halbwellenstrahler gültig. Der Verkürzungsfaktor von Ganzwellendipolen in Abhängigkeit vom Verhältnis λ/d kann Bild 4.7 entnommen werden.

3.1.6. Die wirksame Länge (effektive Höhe) des Halbwellendipols

Die Größe der Leerlaufspannung, die eine Antenne durch das sie umgebende elektromagnetische Feld zeigt, ist abhängig:

– von der elektrischen Feldstärke der elektromagnetischen Welle am Antennenstandort;
– von der wirksamen Länge bzw. effektiven Höhe der Empfangsantenne.

Bringt man in das elektromagnetische Feld einen Leiter, z. B. einen Halbwellendipol, so wird in diesem eine Spannung induziert. Unabhängig von der Wellenlänge vergrößert sich diese Spannung um so mehr, je länger der Antennenleiter ist.

Auf einem in Resonanz befindlichen Dipol verteilt sich der Strom sinusförmig. Am stärksten strahlt dabei der Leiterbereich des Strommaximums. Aus diesem Grund ist auch die wirksame Länge eines Dipols nicht gleich der mechanischen Länge. Die wirksame Länge eines Halbwellendipols beträgt

$$l_\text{e} = \frac{\lambda}{\pi} . \qquad (3.8.)$$

Ersetzt man die Wellenlänge λ durch die Frequenz f, so ergibt sich

$$l_\text{e/m} = \frac{95,5}{f/_\text{MHz}} . \qquad (3.9.)$$

Aus der elektrischen Feldstärke E am Antennenstandort und der wirksamen Länge l_w des Empfangsdipols kann die in diesem induzierte Spannung U errechnet werden:

$$U = E \cdot l_\text{e} .$$

Daraus folgt

$$U/_{\mu\text{V}} \approx 95,5 \cdot \frac{E/_{\mu\text{V/m}}}{f/_\text{MHz}} \qquad (3.10.)$$

und

$$U/_{\mu\text{V}} \approx 95,5 \cdot 10^3 \cdot \frac{E/_{\mu\text{V/m}}}{f/_\text{kHz}} .$$

Die vom Halbwellendipol aufgenommene Spannung wird zum Empfänger weitergeleitet. Maximale Leistungsübertragung ist gewährleistet, wenn der Speisepunktwiderstand des Dipols gleich dem Eingangswiderstand des Empfängers ist. In diesem Fall – man nennt ihn Leistungsanpassung – steht die vom Dipol induzierte Gesamtspannung zur Hälfte am Empfängereingang zur Verfügung. Die andere Hälfte wird von der Antenne in Form von elektromagnetischen Wellen wieder ausgestrahlt. Diese Teilung kommt zustande, weil der Antennenwiderstand und der Empfängereingangswiderstand einander parallel liegen. Da beide den gleichen Widerstandswert haben, muß sich auch die Gesamtspannung auf beide Widerstände gleichmäßig verteilen, so daß an jedem Einzelwiderstand die Hälfte der Gesamtspannung vorhanden ist.

Für Halbwellendipole errechnet sich die verfügbare Empfängereingangsspannung bei Anpassung nach der Formel

$$U = E \cdot \frac{\lambda}{2\pi} ; \qquad (3.11.)$$

U: Spannung am Empfängereingang.

Ersetzt man λ durch die Frequenz f, dann ergibt sich

$$U/_{\mu\text{V}} \approx 47,75 \cdot \frac{E/_{\mu\text{V/m}}}{f/_\text{MHz}} . \qquad (3.12.)$$

Alle Berechnungen der Empfangsspannung beziehen sich also auf die wirksame Antennenlänge. Wenn bisher von der effektiven Antennenhöhe noch nicht die Rede war, so geschah das, weil wirksame Länge und effektive Höhe rechnerisch identisch sind. Sie unterscheiden sich nur in der Betrachtungsweise, und zwar spricht man bei *symmetrischen* Antennen von deren *wirksamer Länge*, während man *unsymmetrischen* Antennen den Begriff *effektive Höhe* zuordnet. Mit der Aufbauhöhe über dem Erdboden bzw. der Länge des Tragemastes hat die effektive Höhe einer Antenne nichts zu tun.

Die vorstehende Formel kann man wie folgt auswerten: Bei gleicher Feldstärke E wird die Empfangsspannung U eines resonanten Halbwellendipols (und auch jeder anderen Antenne) um so höher, je größer die Wellenlänge ist.

3.2.   Richtwirkung und Gewinn von Antennen

Eine Antenne, die in alle Richtungen des Raumes die Energie völlig gleichmäßig abstrahlt, nennt man *Kugelstrahler* oder *isotropen Strahler*. Ein Vergleich aus der Optik soll eine Vorstellung dieser Vorgänge vermitteln: Bringt man im Mittelpunkt einer Glaskugel eine punktförmige Lichtquelle an, so leuchtet diese die ganze Kugeloberfläche gleichmäßig aus. In jedem beliebigen Punkt der Kugeloberfläche ist die gleiche Leuchtdichte (Strahlungsdichte) vorhanden. Allerdings kann ein solcher Kugelstrahler praktisch nicht hergestellt werden. Er existiert deshalb nur in der Theorie und wird für Vergleichszwecke angenommen. Jede praktisch ausgeführte Antenne kann also niemals mit gleichmäßiger Strahlungsdichte und gleicher Polarisation in alle Richtungen des Raumes ausstrahlen. Antennen haben deshalb eine Richtwirkung, die durch ihre *Richtcharakteristik* beschrieben wird. Um die Richtcharakteristik einer Antenne genau nachzubilden, müßte man diese dreidimensional (räumlich) darstellen. Da aber zeichnerisch die räumliche Verteilung der Strahlungsdichte nicht einfach wiedergegeben werden kann, begnügt man sich im allgemeinen damit, die Richtcharakteristik einer Antenne in der horizontalen und in der vertikalen Ebene zu beschreiben.

Zwischen der Richtcharakteristik und dem Gewinn einer Antenne besteht ein direkter Zusammenhang. Dieser läßt sich ebenfalls durch den Vergleich mit der Glaskugel gut verdeutlichen. Versieht man die zentrale Lichtquelle mit einem Reflektor (etwa einem Parabolspiegel), so wird die zur Verfügung stehende Lichtstrahlung gebündelt (gerichtet). Das bedeutet, daß nur noch ein durch die Richtwirkung begrenzter Teil der Kugeloberfläche ausgeleuchtet wird. Die Leistungsflußdichte auf diesem begrenzten Teil der Kugeloberfläche ist aber viel größer, weil alle Strahlungsanteile, die vorher bei gleicher Leistung die ganze Kugeloberfläche gleichmäßig ausleuchteten, nunmehr auf einen begrenzten Teil der Kugeloberfläche konzentriert werden. Die Leistungsflußdichte ist um so größer, je schärfer die Strahlung gebündelt wird. Deshalb hängt der Gewinn an Leistungsflußdichte – bezogen auf kugelförmige Ausleuchtung – direkt von der Richtcharakteristik ab. Sowohl der Gewinn als auch die Richtcharakteristik drücken die Konzentration der Strahlung in bestimmte Richtungen aus.

3.2.1.   Die Strahlungscharakteristik

Die Beschreibung der Strahlungseigenschaften von Antennen wird mit annähernd gleichwertigen Begriffen gekennzeichnet. Spricht man von der *Strahlungscharakteristik* oder der *Richtcharakteristik*, so meint man damit die Darstellung der Strahlungseigenschaften in einem räumlichen Koordinatensystem. Trotzdem unterscheidet

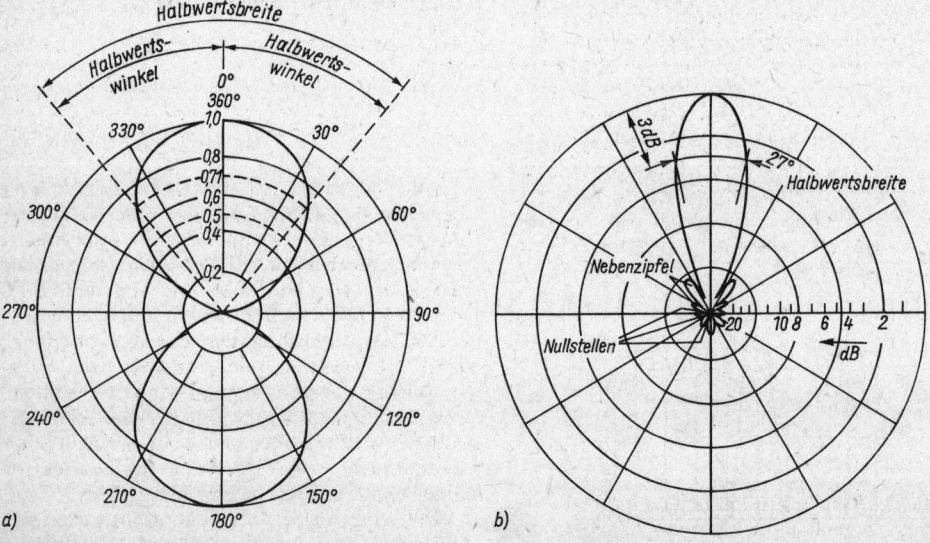

a)   b)

Bild 3.8
Horizontaldiagramme; a – normiertes Horizontaldiagramm eines Halbwellendipols (E-Ebene, horizontale Halbwertsbreiten 80°), b – Horizontaldiagramm einer Lang-Yagi-Antenne (E-Ebene, horizontale Halbwertsbreite 27°) in linearen Polarkoordinaten

man manchmal noch zwischen einer räumlichen und einer flächenhaften Strahlungscharakteristik. Das *Strahlungsdiagramm* oder *Richtdiagramm* gibt einen flächenhaften Schnitt aus der Strahlungscharakteristik wieder. In [1] wird empfohlen, den Begriff *Richtcharakteristik* zu verwenden, die als «Richtungsabhängigkeit der von einer Antenne erzeugten Feldstärke nach Amplitude, Phase und Polarisation in einem konstanten Abstand unter Fernfeldbedingungen» definiert ist. Richtdiagramm nennt man die zeichnerische Darstellung eines Schnitts durch die Richtcharakteristik.

Die Richtdiagramme von Antennen werden in einem Polarkoordinatensystem bzw. in Ausschnitten dieses System oder in kartesischen Koordinaten (rechtwinkligen Koordinaten) dargestellt.

Polarkoordinaten bestehen aus einem Netz konzentrischer Kreise und Strahlen, die vom Mittelpunkt der Kreise ausgehen (Bild 3.8). Den konzentrischen Kreisen werden die Spannungen zugeordnet, wobei meist der Mittelpunkt der Kreise dem Spannungswert 0 entspricht. Die Strahlen bestimmen die Winkel bzw. die Richtungen. Es ist dabei üblich, die Hauptstrahlrichtung (Hauptempfangsrichtung) mit dem Winkel 0° einzutragen. Von dieser Regel weicht man oft bei der Darstellung von Richtdiagrammen der Vertikalebene (Vertikaldiagramme) ab.

Nicht so anschaulich ist die Darstellung des Richtdiagramms in kartesischen Koordinaten (Bild 3.9). Sie hat allerdings den Vorzug einer wesentlich besseren Winkelauflösung bei kleinen Nebenkeulen (vergleiche Bild 3.9 und Bild 3.8b). Man ordnet das Strahlungsmaximum dem Winkel 0° zu. Die Winkel von 0 ... ± 180° sind auf der waagerechten Achse (Abszisse) aufgetragen, während die senkrechte Achse (Ordinate) meist von 0 ... 100% bzw. in dB-Werten eingeteilt ist. Die maximal gemessene Ausgangsspannung einer Antenne, also bei Orientierung in ihre

Hauptstrahlrichtung, wird gleich 1 bzw. 100% oder 0 dB gesetzt und im Winkel von 0° aufgetragen. Alle folgenden Empfangsspannungen, die im Bereich eines Drehwinkels von 180° gemessen werden, sind zur Maximalspannung ins Verhältnis gesetzt und entsprechend ihrem Winkel zur Hauptstrahlrichtung eingetragen. Die aus der Verbindungslinie der einzelnen Meßpunkte gebildete Richtkurve vermittelt ein Bild des Strahlungsdiagramms.

Das Richtdiagramm verdeutlicht einige wichtige Kenngrößen der betrachteten Antenne. Die halbe Strahlbreite in der Hauptstrahlrichtung einer Antenne nennt man den *Halbwertswinkel*. Es ist der Winkel zwischen der Richtung des Strahlungsmaximums und der Richtung, in der die Leistungsflußdichte auf die Hälfte zurückgeht. Um ihn zu ermitteln, setzt man den Punkt der größten Spannung (Hauptempfangsrichtung) mit dem Wert 1,0 ein und sucht die beiden Punkte zu beiden Seiten der Strahlungskeule, bei denen die Spannung auf den 0,71fachen Wert der Maximalspannung abgesunken ist. Dieser Spannungsabfall auf den 0,71fachen Wert $(1/\sqrt{2})$ entspricht einem Leistungsabfall auf 50% bzw. −3 dB. Gemäß Bild 3.8a wird nun vom Mittelpunkt aus je eine Gerade durch die ermittelten Punkte des 0,71fachen Spannungswerts gezogen. Diese Geraden bilden die Schenkel der gesuchten Halbwertswinkel. Häufiger werden die Begriffe *Halbwertsbreite* oder *3-dB-Breite* verwendet. Sie sind gleich der Summe der beiden Halbwertswinkel und kennzeichnen den Winkelbereich, innerhalb dessen die Leistungsflußdichte auf nicht weniger als die Hälfte ihres Maximalwertes absinkt. Der manchmal noch gebrauchte Begriff des Öffnungswinkels entspricht der Halbwertsbreite.

Aus dem rechtwinkligen Koordinatensystem läßt sich der Halbwertswinkel sinngemäß ersehen. Da man das Richtdiagramm gewöhnlich in der horizontalen Ebene und in der vertikalen Ebene beschreibt, wird auch zwischen der horizontalen und der vertikalen Halbwertsbreite unterschieden.

Das *Vor/Rück-Verhältnis* (VRV), auch als *Rückdämpfung* bezeichnet, stellt das Verhältnis zwischen der unter dem Winkel 0° aufgetragenen Maximalspannung und dem in einem anzugebenden rückwärtigen Winkelbereich abgelesenen maximalen Spannungswert dar. Dieses Verhältnis wird in Dezibel angegeben. Nach [1] ist dies die Nebenzipfeldämpfung oder Nebenkeulendämpfung.

Seltener ist der Begriff Vorwärts/Seitwärts-Verhältnis (VSV). Er kennzeichnet sinngemäß das Spannungsverhältnis zwischen den Winkeln 0° und 90° bzw. zwischen 0° und 270°.

Punkte des Strahlungsdiagramms, in denen die Spannung praktisch 0 ist, bezeichnet man als

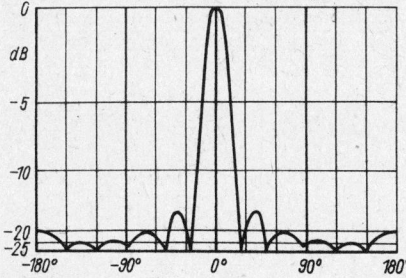

Bild 3.9
Diagramm einer Richtantenne in kartesischen Koordinaten

Nullstellen, deren Lage man mit dem *Nullwertswinkel* kennzeichnen kann. Dies ist der Winkel zwischen der Richtung des Strahlungsmaximums und der ersten Nullstelle. Die *Nullwertsbreite* wird durch den Winkelbereich zwischen den ersten Nullstellen zu beiden Seiten der Hauptkeule dargestellt.

Wie Bild 3.8b zeigt, findet man neben der Hauptkeule noch mehr oder weniger ausgeprägte *Nebenkeulen* oder *Nebenzipfel*. Diese sind meistens unerwünscht, weil sie den eindeutigen Richteffekt beeinträchtigen und die Hauptkeule schwächen. Das Verhältnis der Maximalspannung (Hauptstrahlrichtung) zur Spannung eines Nebenzipfels nennt man *Nebenzipfeldämpfung*. Der auf diese Weise gekennzeichnete Nebenzipfel wird mit seiner Richtung, bezogen auf die Hauptstrahlrichtung (0°), als Winkel angegeben.

Ein Richtdiagramm ist normiert, wenn man die Maximalspannung U_{max} der Hauptstrahlrichtung gleich dem Wert 1 (100%) gesetzt hat und alle übrigen richtungsabhängigen Spannungswerte U als Verhältnis zu U_{max} nach der Beziehung U/U_{max} eingetragen sind (siehe Bild 3.8a und Bild 3.9).

3.2.2. Die Strahlungseigenschaften des Halbwellendipols

Die räumliche Strahlungscharakteristik kann man sich etwa als einen Ringwulst vorstellen, dessen zentrische Achse der Antennenleiter bildet (Bild 3.10). In diesem Falle verläuft die Antennenachse waagerecht, der Dipol ist deshalb horizontal polarisiert. Um die Charakteristik zu verdeutlichen, wurde in Bild 3.10 längs der Strahlerachse ein horizontaler Schnitt durch den Ring-

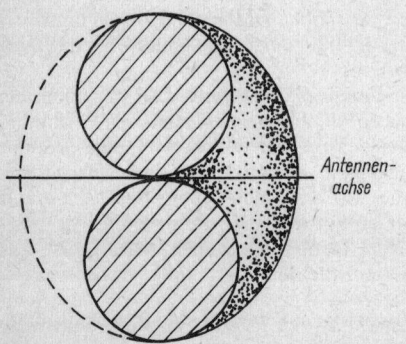

Bild 3.10
Die Strahlungscharakteristik eines horizontalen Dipols in räumlicher Darstellung (Ringwulst teilweise aufgeschnitten)

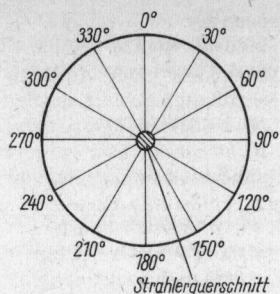

Bild 3.11
Das Vertikaldiagramm eines horizontalen Halbwellendipols (H-Ebene)

wulst ausgeführt. Die schraffierten Schnittflächen zeigen das Diagramm entsprechend Bild 3.8. Man erkennt, daß die Hauptstrahlung eines Halbwellendipols im freien Raum immer im rechten Winkel zur Leiterachse verläuft. Diese Feststellung trifft auch dann zu, wenn das Richtdiagramm aus einer anderen Ebene betrachtet wird. Wenn man z. B. senkrecht auf den Querschnitt des Antennenleiters blickt und den Ringwulst radial aufschneidet, ergibt sich ein reiner Kreis als Richtdiagramm mit dem Leiterquerschnitt als Mittelpunkt (Bild 3.11). Dieser Schnitt ist das Vertikaldiagramm eines horizontalen Halbwellendipols im freien Raum in einer Ebene senkrecht zur Leiterachse. Würde man den Dipol vertikal orientieren, dann müßte das Kreisdiagramm nach Bild 3.11 als Horizontaldiagramm eines Vertikaldipols und das Doppelkreisdiagramm in Bild 3.8 als Vertikaldiagramm eines Vertikaldipols bezeichnet werden.

Um dieses etwas umständliche Kennzeichnungsverfahren zu vereinfachen, wird oft die Bezeichnung *E-Ebene* und *H-Ebene* benutzt. Dabei bezieht man die *E-Ebene* auf den Verlauf der *elektrischen* Feldlinien in der ebenen Wellenfront und die *H-Ebene* auf deren *magnetische* Feldlinien (siehe Abschnitt 1.1.5.). Da bei linear polarisierten Antennen die Längsausdehnung des Antennenleiters der Lage des *elektrischen* Feldvektors $\bar{E}$ entspricht, gibt z. B. die Richtcharakteristik in Bild 3.8 immer ein *E-Diagramm* wieder, unabhängig davon, ob der Dipol horizontal, vertikal oder geneigt aufgebaut wird. Sinngemäß stellt Bild 3.11 immer ein *H-Diagramm* dar, weil es auf die Ebene des *magnetischen* Feldvektors $\bar{H}$ bezogen ist. Nach [1] ist das E- bzw. H-Diagramm die zeichnerische Darstellung der Richtcharakteristik einer überwiegend linear polarisierten Antenne in der durch die Hauptstrahlrichtung und den elektrischen bzw. magnetischen Feldvektor gebildeten Ebene.

3.2.2.1. Veränderungen der Richtcharakteristik von Horizontalantennen durch Umgebungseinflüsse

Die bisher besprochenen Richtdiagramme setzen voraus, daß sich die Antenne im freien Raum oder wenigstens sehr hoch über der Erdoberfläche und weit entfernt von anderen Objekten befindet. «Sehr hoch» und «weit entfernt» sind dabei relative Begriffe, denn sie müssen im Zusammenhang mit der Betriebswellenlänge betrachtet werden. So darf man z. B. eine Antenne für das 2-m-Amateurband, die auf einem 10 m hohen Mast befestigt ist, bereits als hoch über der Erdoberfläche bezeichnen, denn ihre Aufbauhöhe beträgt in diesem Falle 5 Wellenlängen. Wollte man einen 40-m-Strahler mit 5 Wellenlängen Abstand vom Erdboden montieren, so müßte seine Aufbauhöhe bereits 200 m betragen, denn 10 m Höhe würden in diesem Fall nur 1/4 Wellenlänge darstellen. Kurzwellenantennen lassen sich also von Funkamateuren kaum in einer solchen Höhe und in so großem Abstand von anderen Objekten aufbauen, daß die Umgebungseinflüsse zu vernachlässigen wären.

Befindet sich eine Antenne in der Nähe des Erdbodens, so werden deren Kennwerte als Folge der Reflexionen vom Erdboden verändert. Das trifft besonders für den Strahlungswiderstand, den Verkürzungsfaktor und die Richtcharakteristik zu. In welchem Grade solche Veränderungen der Kennwerte eintreten, hängt von der Aufbauhöhe der Antenne – bezogen auf die Wellenlänge –, ihrer Richtung zur Erdoberfläche und den elektrischen Eigenschaften des Erdbodens und der Umgebung ab.

Wellen, die eine Antenne senkrecht oder spitzwinklig nach unten zur Erdoberfläche hin abstrahlt, werden dort reflektiert. Diese reflektierten Strahlungsanteile passieren die Antennenstruktur auf ihrem Rückweg und induzieren dabei einen Strom im Antennenleiter. Phasenlage und Größe des induzierten Stromes hängen von der Aufbauhöhe der Antenne über der reflektierenden Erde ab. Der resultierende Antennenstrom setzt sich deshalb aus 2 Komponenten zusammen: Die Amplitude der Hauptkomponente ist durch die Senderleistung und den Strahlungswiderstand bestimmt. Die zweite Komponente besteht aus der vom Erdboden zum Antennenleiter reflektierten Strahlung. Sie kann abhängig vom Abstand Antenne-Erde mehr oder weniger in Phase mit der Hauptkomponente sein. Bei gleicher Phase addieren sich die Ströme. Sind sie gegenphasig, so ist der resultierende Antennenstrom gleich der Differenz beider Komponenten. Da die vom Sender zur Antenne übertragene Leistung P konstant ist, muß sich bei dem durch die reflektierten Anteile veränderten Antennenstrom I nach der Beziehung $P = I^2R$ auch die Impedanz R der Antenne ändern. Deshalb entspricht der Eingangswiderstand einer Antenne beim Annähern an den Erdboden nicht mehr dem theoretischen Wert.

Bild 3.12 veranschaulicht, wie sich die auf die Wellenlänge bezogene Aufbauhöhe eines horizontalen Halbwellendipols über idealer Erde auf sein Vertikaldiagramm auswirkt. Es wird dabei ein Multiplikationsfaktor angegeben, der immer dann seinen theoretisch möglichen Maximalwert 2,0 erreicht, wenn direkte Welle und reflektierte Welle gleiche Phasenlage und gleiche Richtung haben.

Die Winkel zur Horizontalen nennt man *Erhebungswinkel*. Nach Bild 3.12d beträgt z. B. der Erhebungswinkel für das Diagrammaximum eines waagerechten Halbwellendipols in λ/2 über idealer Erde 30° (Multiplikationsfaktor 2,0). Bei 10° und 55° beträgt der Multiplikationsfaktor etwa 1,0.

Um die Bedeutung des Erhebungswinkels einer Antenne für den praktischen Funkverkehr über weite Entfernungen (DX-Verkehr) einschätzen zu können, muß man sich mit der Raumwellenausbreitung beschäftigen (siehe Abschnitt 2.). Bekanntlich kommen weltweite Kurzwellenverbindungen über Reflexionen an der Ionosphäre zustande. Mit zunehmender Frequenz muß der Strahl immer flacher auf die ionisierte Schicht auftreffen, um noch reflektiert zu werden. Die Bereiche der optimalen Erhebungswinkel für die einzelnen Amateurbänder liegen etwa wie folgt:

40-m-Band	12°	... 40°
30-m-Band	11°	... 30°
20-m-Band	10°	... 25°
17-m-Band	8°	... 22°
15-m-Band	7°	... 20°
12-m-Band	6°	... 17°
10-m-Band	5°	... 14°.

Daraus geht hervor, daß die Energie, die eine Antenne mit Erhebungswinkeln >40° und <5° abstrahlt, für Weitverbindungen nicht wirksam ist. Im übrigen wird die Strahlung, die annähernd tangential zur Erdoberfläche verläuft (Erhebungswinkel <5°), sehr stark von dieser absorbiert. Die Winkelbereiche berücksichtigen, daß die Ionosphäre dauernden Schwankungen unterworfen ist. Mit den jeweiligen Zustandsänderungen ändert sich auch der optimale Erhebungswinkel. Die größtmögliche Aufbauhöhe der Antenne ist immer die beste, aber bereits bei einer Antennenhöhe von 12 m kann man in den Amateurbändern 10, 15 und 20 m mit guten DX-Ergebnissen rechnen, während bei einer 40-m-Antenne die Bauhöhe nicht unter 15 m liegen sollte. Diese Mindesthöhen beziehen sich auf eine freie

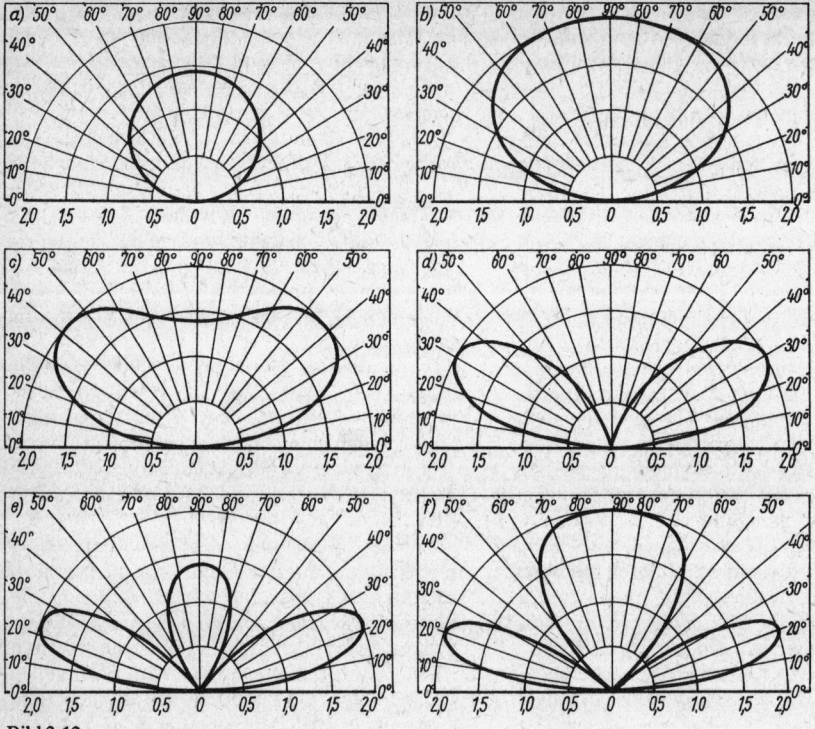

Bild 3.12
Vertikaldiagramme horizontaler Halbwellendipole in Abhängigkeit von der Aufbauhöhe über unendlich leitender Ebene, in einer Ebene quer zur Dipolachse;
a – Höhe 1/8 λ, b – Höhe 1/4 λ, c – Höhe 3/8 λ,
d – Höhe 1/2 λ, e – Höhe 5/8 λ, f – Höhe 3/4 λ,

Antennenumgebung. Nahe gelegene reflexionsfähige Objekte setzen die wirksame Antennenhöhe herab und rufen schwer übersehbare Veränderungen der Richtcharakteristik hervor. Horizontal polarisierte Antennen reagieren besonders empfindlich auf Freileitungen aller Art, Metalldachrinnen und waagerechte Dachleitungen von Blitzableiteranlagen. Der Einfluß solcher Objekte kann jedoch vernachlässigt werden, wenn deren räumliche Ausdehnung viel kleiner ist als die halbe Wellenlänge, bezogen auf die Arbeitsfrequenz der Antenne. Beispielsweise haben übliche Fernsehantennen keine nachteiligen Wirkungen auf die Strahlungseigenschaften von nahe gelegenen Kurzwellenantennen. Die Abstrahlung vertikaler Antennen wird durch senkrecht ausgedehnte Objekte, wie Metallmasten aller Art, besonders gestört.

Mäßig bündelnde horizontal polarisierte Antennen weisen bei gleicher relativer Aufbauhöhe über der Erde ähnliche Erhebungswinkel für das Diagrammmaximum wie ein horizontaler Halbwellendipol auf. Eine z. B. in 3/4-Wellenlänge über idealer Erde aufgebaute 3-Element-*Yagi*-Antenne hat ähnlich wie ein sich in gleicher Höhe

befindlicher Halbwellendipol Strahlungskeulen bei etwa 20° und >60°. Unterschiede bestehen lediglich im Multiplikationsfaktor für die einzelnen Strahlungskeulen (Bild 3.13). Aufgrund der Richtcharakteristik der *Yagi*-Antenne wird die bei einem Erhebungswinkel >60° auftretende Strahlung zugunsten des Winkels 20°, dessen

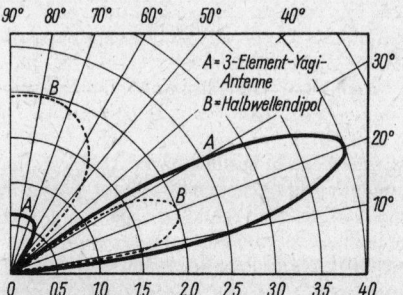

Bild 3.13
Die Vertikaldiagramme einer horizontalen 3-Element-Yagi-Antenne und eines horizontalen Halbwellendipols in 3/4 λ Höhe über idealer Erde

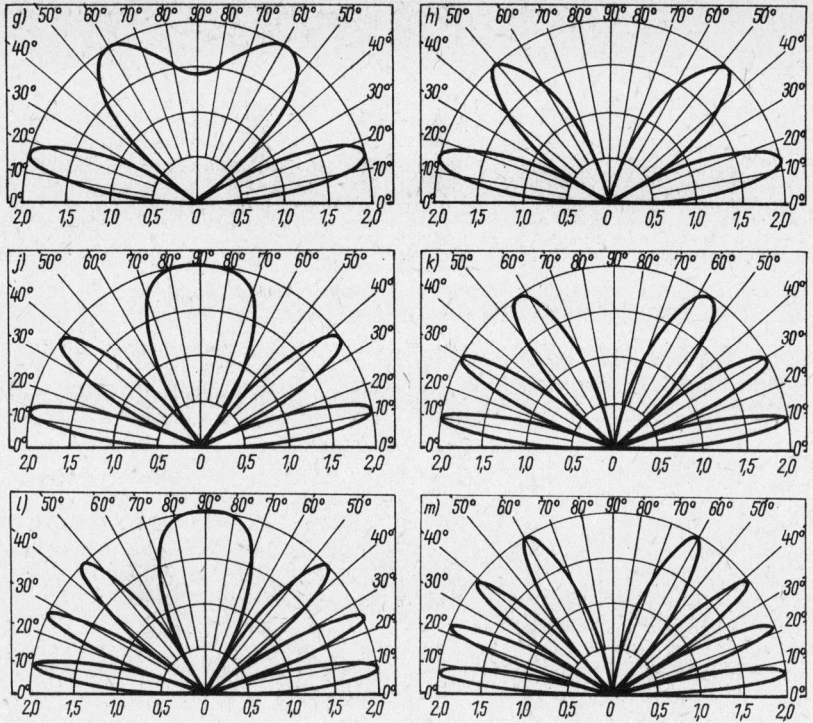

g – Höhe 7/8 λ, h – Höhe 1 λ, j – Höhe 5/4 λ,
k – Höhe 3/2 λ, l – Höhe 7/4 λ, m – 2 λ

Strahlung erheblich vergrößert ist, stark unterdrückt. Diese Strahlungskonzentration für niedrige Erhebungswinkel hat für Weitverbindungen besondere Wirkung. Auch vertikal gestockte Antennen mit Horizontalpolarisation folgen der obigen Regel. In diesem Fall ist nur zu beachten, daß als Bezugspunkt für die Aufbauhöhe über der Erdoberfläche der mittlere Abstand der Ebenen über Boden gilt.

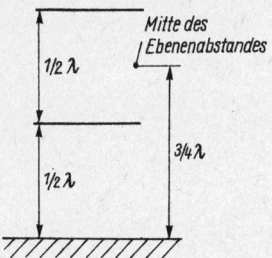

Bild 3.14
Beispiel für die Ermittlung der wirksamen Aufbauhöhe über idealer Erde bei vertikal gestockten Horizontalantennen

Beispiel
Nach Bild 3.14 befindet sich eine einfach gestockte, horizontale Richtantenne mit ihrer unteren Ebene in λ/2 Abstand vom Erdboden. Der Abstand der beiden Etagen beträgt ebenfalls λ/2. Daraus ergibt sich eine wirksame Aufbauhöhe von 3/4λ.

3.2.2.2. Veränderungen der Richtcharakteristik von Vertikalantennen durch Umgebungseinflüsse

Vertikal polarisierte Antennen werden – mit Ausnahme der sogenannten Ground-Plane (siehe Abschnitt 19.4.1.) – im Kurzwellen-Amateurbetrieb nur selten verwendet. Im 2-m-Amateurband gewinnt die Vertikalpolarisation im Zusammenhang mit den FM-Relais zunehmend an Bedeutung.

Bei einer vertikal polarisierten Antenne wird bei erhöhter Aufstellung als Folge der Erdbodenreflexionen das Richtdiagramm der E-Ebene verformt, das in diesem Fall das Vertikaldiagramm

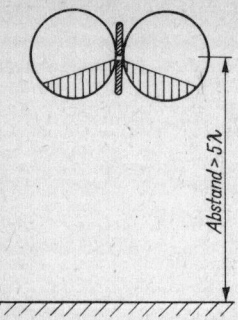

Bild 3.15
Vertikaldiagramm eines vertikalen Halbwellendipols in sehr großem Abstand vom Erdboden

darstellt (Bild 3.15). Der untere, schraffierte Teil des Diagramms soll etwa den Winkelbereich kennzeichnen, dessen Strahlungsanteil bei Erdannäherung von der Erdoberfläche wieder nach oben reflektiert wird. Wie bereits angedeutet wurde, addieren sich die reflektierten Wellen vektoriell mit den direkten Wellen in Abhängigkeit von der auf die *Strahlermitte* bezogenen Aufbauhöhe in λ über der idealen Erde. Bild 3.16 zeigt Beispiele dafür. Der kleinste vertikale Erhebungswinkel beträgt dabei 0°. Das könnte bedeuten, daß die Hauptstrahlung sehr flach und annähernd tangential zur Erdoberfläche verlaufen würde. Leider ist diese für die Ausbreitung über die Ionosphäre so günstige Flachstrahlung nur bedingt wirksam, denn die Strahlungsanteile

mit dem Erhebungswinkel $< 5°$ gehen durch Absorption an der Erdoberfläche verloren. Die gestrichelten Kurven kennzeichnen diese Erdverluste.

Der Einfluß des Erdbodens auf die Strahlungseigenschaften von vertikal polarisierten Kurzwellenantennen wird in Abschnitt 19. ausführlicher besprochen.

3.2.3. Gewinn und Richtfaktor

Wichtige Kenngrößen von Antennen sind *Gewinn* und *Richtfaktor*. Entsprechend dem Reziprozitätsprinzip gelten die folgenden Betrachtungen für den Sendefall und für den Empfangsfall gleichermaßen.

Der Gewinn G_E einer Empfangsantenne ist das Verhältnis der verfügbaren Empfangsleistung P_E einer bezüglich Richtcharakteristik und Polarisation optimal im ebenen Wellenfeld orientierten Empfangsantenne zur Empfangsleistung P_K des Kugelstrahlers im ebenen Wellenfeld.

$$G_E = \frac{P_E}{P_K}. \tag{3.13.}$$

Aus der Beziehung $P = U^2/R$ geht hervor, daß man den Gewinn auch als Spannungsverhältnis angeben kann, sofern der Verbraucherwiderstand R für beide Strahler gleich ist

$$G_E = \left(\frac{U_E}{U_K}\right)^2. \tag{3.14.}$$

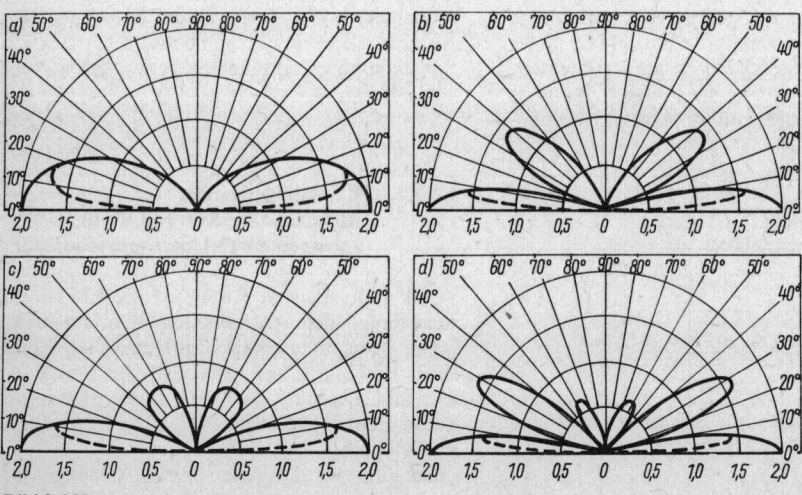

Bild 3.16
Vertikaldiagramme senkrechter Halbwellendipole. Als Aufbauhöhe gilt der Abstand Erde zur geometrischen Mitte des Dipols; a – Höhe 1/4 λ, b – Höhe 3/4 λ, c – Höhe 1/2 λ, d – Höhe 1 λ

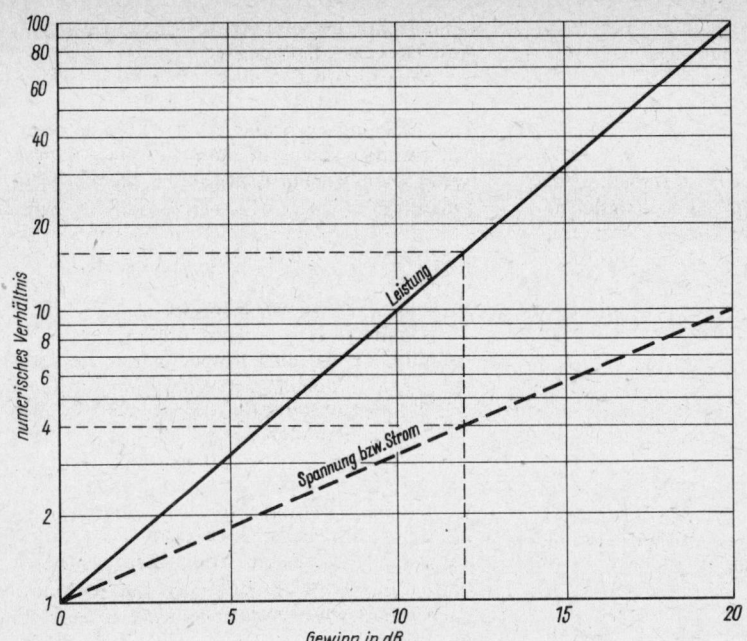

Bild 3.17
Strom-, Spannungs- und Leistungsverhältnis des Gewinns

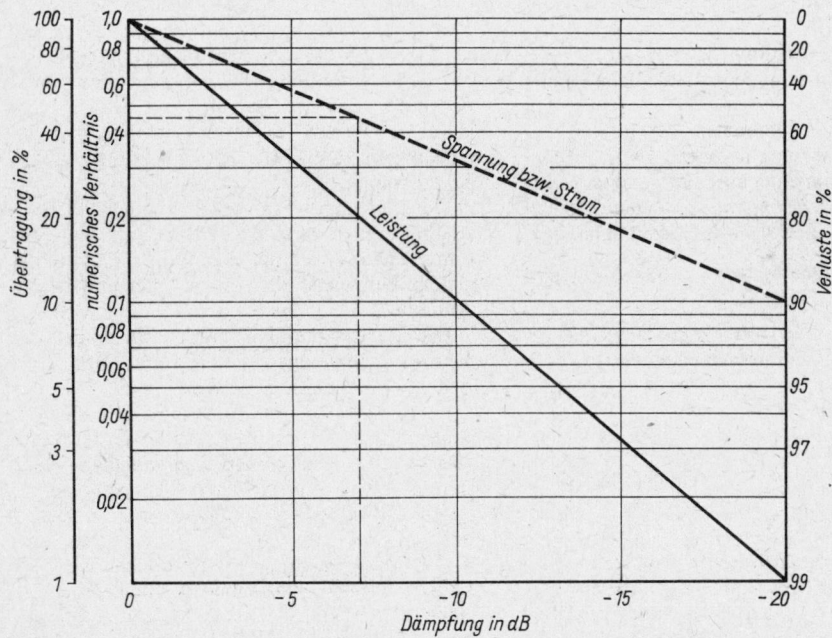

Bild 3.18
Strom-, Spannungs- und Leistungsverhältnis der Dämpfung

Der Gewinn wird günstiger als logarithmisches Verhältnis oder Leistungsmaß in dB angegeben.

$$G_E = 10 \lg \frac{P_E}{P_K} \quad \text{bzw.} \quad 20 \lg \frac{U_E}{U_K}.$$

(3.15.)

Der Richtfaktor D einer Empfangsantenne ist das Verhältnis der maximalen Empfangsleistung P_E im ebenen Wellenfeld zur mittleren Empfangsleistung P_K, die angenommen wird, wenn die Antenne die Strahlung aus allen Richtungen gleich gut empfangen könnte, d. h. zur Empfangsleistung des Kugelstrahlers.

$$D = \frac{P_E}{P_K}.$$

(3.16.)

Der Richtfaktor D ist also der Gewinn der verlustfreien Antenne bezogen auf den Kugelstrahler. Es darf nur dann $G = D$ gesetzt werden, wenn η (der Antennenwirkungsgrad) gleich 1 ist. Dieser steht mit dem Gewinn und dem Wirkungsgrad in folgender Beziehung

$$G = \eta \cdot D.$$

(3.17.)

Bild 3.17 zeigt Spannungs-, Strom- und Leistungsverhältnisse in Dezibel. Da man in der Antennentechnik auch mit Dämpfungen zu rechnen hat, gibt Bild 3.18 die Spannungs-, Strom- und Leistungsverhältnisse der Dämpfung wieder.

Das Rechnen mit Dezibel hat den Vorzug, daß die dB-Werte einfach addiert oder subtrahiert werden können. Angenommen, eine Antenne wird mit einem Gewinn von 12 dB angegeben, die Verluste der Speiseleitung betragen aber 7 dB, so beträgt der Gewinn der Gesamtanordnung 12 dB − 7 dB = 5 dB.

Mitunter werden Spannungs-, Strom- und Leistungsverhältnisse auch in Neper (Np) angegeben. In der Antennentechnik benutzt man diese Größe praktisch nicht mehr. Zwischen Dezibel und Neper bestehen folgende Zusammenhänge:

1 Neper = 8,686 Dezibel bzw.
1 Dezibel = 0,1151 Neper.

Mehrere Tabellen im Anhang gestatten das direkte und sehr genaue Ablesen der Werte.

3.2.3.1. Bezugsantennen

Als Bezug für den Gewinn sind nach [1] vorgesehen:

Kugelstrahler (Isotroper Strahler):
Ein verlustloser punktförmiger Strahler mit kugelförmiger Strahlungscharakteristik gleichmäßig in alle Richtungen. Die Polarisation kann theoretisch beliebig sein (linear, elliptisch, zirkular), meist wird lineare Polarisation angenommen. Der Kugelstrahler ist hypothetisch (nicht realisierbar); der dazugehörige Gewinn wird nach [1] mit G bezeichnet. Üblich ist eine Gewinnangabe in dBi.

Halbwellendipol (λ/2-Dipol)
Ein verlustloser, angepaßter Strahler in Halbwellenresonanz. Der Gewinn, bezogen auf den Kugelstrahler, ist 1,64, entsprechend 2,15 dB. Der zugehörige Gewinn wird mit G_D bezeichnet, üblich ist eine Gewinnangabe in dBd.

Als Bezugsantennen für Antennenvergleichsmessungen sind gebräuchlich:
- UKW-Band: Halbwellen-Faltdipol
- VHF/UKW-Bereich: Ausziehbarer Standarddipol mit koaxialem Symmetrierglied oder Dipolgruppe mit Reflektor, Gewinn 7,7 dBd (NBS-Standardantenne siehe Abschnitt 21.5.)
- GHz-Bereich: Standard-Hornantennen mit z. B. 16,5 dBi.

Internationale Gewinndefinition (nach CCIR Radio Regulations No. 100/101, 1971)
Absoluter oder *isotroper Gewinn* (G_i): Gewinn einer Antenne in einer gegebenen Richtung, wenn die Bezugsantenne ein Kugelstrahler im freien Raum ist.
Relativer Gewinn: Gewinn (G_D) einer Antenne in einer gegebenen Richtung, wenn die Bezugsantenne ein verlustfreier Halbwellendipol im freien Raum ist und seine Äquatorialebene die gegebene Richtung enthält.
Äquivalente Strahlungsleistungen (nach NTG 1402)
ERP (engl.: effective radiated power): Der Antenne zugeführte Senderleistung, multipliziert mit der Antennengewinn in einer gegebenen Richtung, bezogen auf den Halbwellendipol (G_D). EIRP (engl.: effective isotropically radiated power): Wie ERP, jedoch bezogen auf den Kugelstrahler.

Die äquivalente Strahlungsleistung ist die Leistung, die man verlustlosen Bezugsstrahlern zuführen muß, um in der Hauptstrahlrichtung die gleiche Leistungsflußdichte zu erzeugen wie die Antenne.

Die Bezugsantennen werden als linear polarisiert angenommen. Ist die zu untersuchende Antenne zirkular polarisiert, so nimmt ein linear polarisierter Strahler nur die halbe Leistung aus dem Feld auf (−3 dB). Es ist daher zweckmäßig, den Gewinn einer zirkular polarisierten Antenne auf einen zirkular polarisierten Bezugsstrahler mit gleichem Drehsinn zu beziehen.

Die Bezugsantennen werden üblicherweise als Freiraumstrahler betrachtet, das heißt, man bezieht den Gewinn auf einen Bezugsstrahler im freien Raum. Tatsächlich ergibt sich aber durch den Erdboden nur eine Abstrahlung in den oberen Halbraum. Der Erdboden wirkt dabei als Reflektor. Bei ideal leitendem und reflektierendem Erdboden kann sich die Empfangsfeldstärke verdoppeln, der zusätzliche Gewinn ist $G = 4$, entsprechend 6 dB. Ein Halbwellendipol in einer Höhe von $\lambda/2$ über der Erde – das ist die Höhe, in der der Strahlungswiderstand wie im freien Raum 73,2 Ω beträgt – hat theoretisch den Gewinn von 6 dB + 2,15 dB = 8,15 dB bei einem Erhebungswinkel (Elevationswinkel) von rund 30°. Der theoretisch höchste Gewinn von 9,2 dB für einen horizontalen Halbwellendipol über idealem Erdboden entsteht bei einer Höhe von etwa $0,6\lambda$ und einem Elevationswinkel von etwa 25°. In der Praxis bleiben aber von den 6 dB Reflexionsgewinn vielleicht 3 bis 5 dB übrig, abhängig von der Frequenz in Verbindung mit der Bodenleitfähigkeit.

Bei direkt gegen Erde erregten Vertikalantennen entsteht mit dem gleichphasigen Spiegelbild ein Freiraumstrahler mit gleichen Verhältnissen. Da durch den Erdboden jedoch in die untere Halbebene nichts abgestrahlt werden kann, ergibt sich für die obere Halbebene eine Leistungsverdopplung entsprechend einer Gewinnerhöhung um den Faktor 2 oder 3 dB. Für vertikale Antennen müssen die Reflexionseigenschaften des Erdbodens besonders berücksichtigt werden (siehe Abschnitt 19.). Man setzt meistens unendlich gut leitenden Erdboden voraus und bezieht den Gewinn auf einen Bezugsstrahler im freien Raum, im allgemeinen den Kugelstrahler. Eine elektrisch kurze Vertikalantenne wird z. B. als Bezugsantenne bei Industriestörungen verwendet (CCIR Rep. 258-4) oder als Meßantenne bei Feldstärke- oder Störstrahlungsmessungen.

In der Praxis sind vertikale Bezugsantennen nicht besonders geeignet; einerseits wegen der notwendigen ausgedehnten Erdnetze oder Gegengewichte, andererseits wegen der Umgebungseinflüsse. So mißt man z. B. im VLF/HF-Bereich vorteilhafter mit Rahmenantennen als mit Stabantennen.

Eine Viertelwellen-Groundplane-Antenne wird häufig einer Viertelwellen-Marconi-Antenne über idealem Erdboden mit dem absoluten Gewinn von 3,28, entsprechend 5,16 dBi, gleichgesetzt. Das ist jedoch unzutreffend. Die Groundplane-Antenne in Erdnähe entspricht elektrisch einem gegen Erde erregten Vertikaldipol. Dessen Gewinn ist 4,82 entsprechend 6,83 dBi.

3.2.3.2. Der Zusammenhang zwischen Gewinn und Richtcharakteristik

Bei gleicher Strahlungsleistung verhalten sich die Leistungsflußdichten umgekehrt proportional wie die zugehörigen Flächen (kleine Fläche ergibt große Leistungsflußdichte). Damit läßt sich der Richtfaktor auch als Verhältnis des gesamten Raumwinkels 4π zum äquivalenten Raumwinkel Ω, in dem bei gleicher Strahlungsleistung die maximale Leistungsflußdichte gleichmäßig vorhanden wäre, ausdrücken.

Das Ω beinhaltet ein Doppelintegral über das Quadrat der relativen und normierten Richtcharakteristik (räumliches Strahlungsdiagramm).

$$D = \frac{4\pi}{\Omega}. \qquad (3.18.)$$

Für einfache Antennenformen kann man das Integral berechnen; bei komplizierteren Diagrammen ist praktisch nur die grafische Auswertung brauchbar (z. B. grafische Integration = Planimetrierung).

Eine einfache Näherungsmethode nach *Kraus* ersetzt die äquivalente Raumfläche durch eine Rechteckfläche, gebildet aus dem Produkt der Halbwertsbreiten der E- und H-Ebene:

$$D \approx \frac{41\,253}{\alpha_E \cdot \alpha_H}; \qquad d/\text{dB} \approx 10 \lg \frac{41\,253}{\alpha_E \cdot \alpha_H}, \qquad (3.19.)$$

α_E – Halbwertsbreite in der E-Ebene in Grad
α_H – Halbwertsbreite in der H-Ebene in Grad.

Die Näherungsmethode ist auf Antennen beschränkt, die eine nicht zu schmale Hauptkeule und keine wesentlichen Nebenzipfel haben.

Eine andere Näherungsmethode *(Dombrowski, Orr)* ersetzt die äquivalente Raumfläche durch eine Kegelfläche. Es ergibt sich ein höherer Gewinn, da die Ellipsenfläche kleiner ist als die Fläche des außen liegenden Rechtecks, gebildet aus den Halbwertsbreiten:

$$D \approx \frac{52\,532}{\alpha_{E/°} \cdot \alpha_{H/°}}. \qquad (3.20.)$$

Die Zahl in der Formel über dem Bruchstrich wird auch als *Gewinnbandbreite-Produkt* bezeichnet.

Praktisch sind bei verlustlosen Antennen $(D = G)$ Werte zwischen 32 000 und 38 000 üblich. Ist der Nebenzipfelanteil hoch, kann der Wert 30 000 unterschritten werden.

Weit verbreitet ist die Gewinnermittlung aus den Halbwertsbreiten nach der *Kraus*-Formel Gl. (3.19.), indem man diese so modifiziert, daß als Ergebnis der theoretische Höchstgewinn in dB, bezogen auf einen abgestimmten Halbwellendipol (dBd), erscheint [3], [4]:

$$g/\text{dBd} = 10 \lg \frac{25\,154}{\alpha_E \cdot \alpha_H}. \qquad (3.21.)$$

Diese Gewinnaussage bezieht sich auf Antennen mit idealisierten Diagrammen (keine Rückwärtsstrahlung, keine Nebenkeulen), daher ist der errechnete Gewinn ein Höchstwert, der in

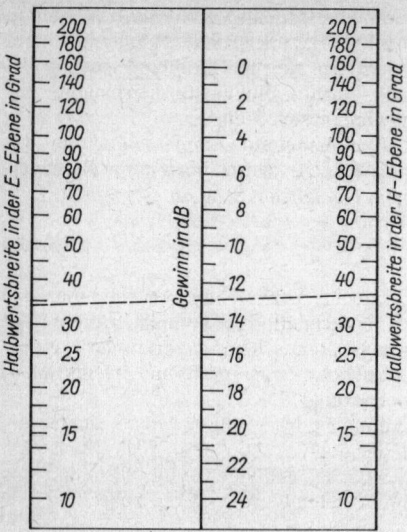

Bild 3.19
Nomogramm zum Bestimmen des Richtfaktors von Richtantennen, bezogen auf einen Kugelstrahler bei bekannten Halbwertsbreiten der E- und H-Ebene; Beispiel (gestrichelt): $\alpha_E = 34°$, $\alpha_H = 37°$ ergibt $D = 13\,\text{dB}$; anstelle von Gewinn lies Richtfaktor

der Praxis nicht erreicht wird. Es sei deshalb allgemein empfohlen, von dem erhaltenen Ergebnis 1 ... 2 dB abzuziehen. Größere Nebenkeulen und mangelhafte Rückdämpfung bewirken kleineren Gewinn [4].

Ein auf der Grundlage dieser Näherungsformel konstruiertes Nomogramm ist in Bild 3.19 dargestellt. Es gestattet das direkte Ablesen des annähernden Gewinns in dB bei bekannten Halbwertsbreiten. Wenn nur der Gewinn und eine Halbwertsbreite bekannt sind, kann man die unbekannte 2. Halbwertsbreite ebenfalls aus dem Nomogramm ermitteln.

3.2.3.3. Der Zusammenhang zwischen Gewinn und Wirkfläche

Die Richteigenschaften einer Antenne kann man auch durch den Begriff der *Wirkfläche* kennzeichnen. Sie stellt eine senkrecht zur Ausbreitungsrichtung gedachte Fläche dar. Nach [1] ist sie definiert durch das Verhältnis der an den Antennenklemmen abgegebenen Leistung zur Leistungsflußdichte. Die Wirkfläche ist kleiner als die geometrische Fläche. Das Verhältnis der fiktiven Wirkfläche A zur geometrischen Fläche wird als *Flächenausnutzung* oder *Flächenwirkungsgrad* bezeichnet. Die fiktive Wirkfläche

ergibt sich nach [1] aus der theoretischen Empfangsleistung, die eine Antenne bei Leistungsanpassung aus dem Strahlungsfeld aufnehmen kann. Die Gewinne zweier Antennen verhalten sich wie ihre Wirkflächen. Zwischen der Wirkfläche A_e und dem Gewinn besteht folgende Verknüpfung:

$$A_e = \frac{\lambda^2}{4\pi} \cdot G. \qquad (3.22.)$$

So beträgt z. B. die Wirkfläche eines verlustlosen Halbwellendipols

$$A_e = \frac{\lambda^2}{4\pi} \cdot 1,64 = 0,1305\,\lambda^2. \qquad (3.23.)$$

Für den Gewinn G des Halbwellendipols über den Kugelstrahler muß man 1,64 einsetzen.

Wie Bild 3.20 zeigt, entspricht die Wirkfläche eines Halbwellendipols etwa einem Rechteck der Breite $\lambda/2$ und der Höhe $\lambda/4$ oder einer Ellipse der Breite $3/4\,\lambda$ und der Höhe $\lambda/4$ (Fläche $0,13\,\lambda^2$). Mit steigender Frequenz sinkt die Wirkfläche und damit die abgegebene Empfangsleistung.

Im Sendefall ist die Strahlungsleistung eines verlustlosen Halbwellendipols frequenzunabhängig. So gibt z. B. ein 40 m langer Dipol für 3,5 MHz dieselbe Feldstärke wie ein 1 m langer Dipol für 144 MHz bei gleicher Senderleistung. Im Empfangsfall entnimmt der 40 m lange Halbwellendipol für 3,5 MHz jedoch etwa 40 mal mehr Empfangsleistung aus dem Feld gleicher Feldstärke als der 1 m lange Halbwellendipol für 144 MHz. Das ist die Folge der frequenzabhängigen Wirkflächen. Die bei hohen Frequenzen geringe Empfangsleistung muß daher durch erhöhten Antennengewinn sende- oder empfangsseitig bzw. durch Erhöhen der Senderleistung ausgeglichen werden. Neben der Wirkfläche existiert noch die *Streufläche*. Eine Empfangsantenne gibt nicht die ganze aus dem Strahlungsfeld entnommene theoretische Empfangsleistung an den Verbraucher ab, sondern bei Anpassung nur die Hälfte. Sie strahlt somit genausoviel Leistung wieder in den Raum zurück, wie sie an den Abschlußwiderstand liefert. Bei Kurzschluß ergibt sich die größte Streufläche (Düppel-Streifen bei Radar).

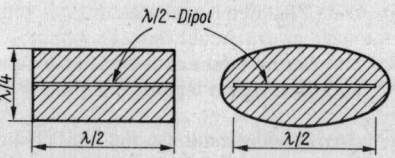

Bild 3.20
Die Wirkfläche des Halbwellendipols

Für spezielle Antennen (z. B. Hornstrahler, Linsenantennen, Parabolspiegel usw.) gibt es besondere Formeln für den Zusammenhang zwischen Gewinn und Wirkfläche.

3.2.3.4. Gewinnumrechnungsformeln

Zur Gewinnumrechnung zwischen beliebigen Antennen gelten folgenden Formeln:

numerisch   logarithmisch (dB)

$$G_B^A \cdot G_C^B = G_C^A; \quad g_B^A + g_C^B = g_C^A \qquad (3.24.)$$

$$1/G_B^A = G_A^B; \quad -g_B^A = g_A^B \qquad (3.25.)$$

$$G_A^A = 1; \quad g_A^A = 0 \qquad (3.26.)$$

Beispiel:
Gesucht ist der Gewinn eines sehr kurzen Dipols A über einen Halbwellendipol C; Kugelstrahler B.

$$G_B^A = 1{,}5; \qquad G_B^C = 1{,}64.$$

$$G_C^A = G_B^A \cdot G_C^B = G_B^A \cdot 1/G_B^C = 1{,}5 \cdot 1/1{,}64$$
$$= 0{,}92, \qquad G = 0{,}92$$

oder

$$g_B^A = 1{,}76\,\text{dB}, \qquad g_B^C = 2{,}15\,\text{dB}.$$

$$g_C^A = g_B^A + g_C^B = g_B^A - g_B^C = 1{,}76 - 2{,}15$$
$$= -2{,}15 = -0{,}39$$

$$g \approx -0{,}4\,\text{dB}.$$

Das bedeutet, daß der sehr kurze Dipol, unabhängig von seiner Länge, einen nur um etwa 9% geringeren Gewinn hat als der Halbwellendipol. Dabei wird jedoch vorausgesetzt, daß der Wirkungsgrad 100% beträgt und Anpassung besteht; beides ist in der Praxis nicht gegeben.

3.2.3.5. Antennenkenngrößentabelle

Die Tabelle 3.1. zeigt Antennenkenngrößen von speziellen elektrisch kurzen und von resonanten Antennen. Die Kenngrößen sind zutreffend, wenn sich die Antennen Nr. 1 ... 7 sowie 13 ... 16 im freien Raum und die Antennen Nr. 8 ... 12 über ideal leitender ebener Erde befinden. Alle Antennen sind verlustlos angepaßt.

Der Gewinn ist auf den Kugelstrahler im freien Raum bezogen; er entspricht dem Richtfaktor. Als relativer Gewinn ist der auf den verlustfreien Halbwellendipol im freien Raum bezogene Gewinn angegeben.

Der Strahlungswiderstand ist bei elektrisch kurzen Antennen auf den Speisepunkt bezogen, bei resonanten Antennen auf den Strombauch. Bei mehreren Strombäuchen ist der Gesamt-strahlungswiderstand gleich der Summe der einzelnen, wobei diese aber nicht $>73{,}2\,\Omega$ sind. Dieser Wert gilt nur für den Einzelstrahler im freien Raum.

Ähnliche Antennenformen, die in der Tabelle nicht ausgewiesen worden sind:
Faltdipol: Gleiche Werte wie Halbwellendipol, Strahlungswiderstand ist 4mal so groß (einfach gefaltet; konstanter Leiterdurchmesser).
Halbwellenschlitzantenne (2seitige Abstrahlung): Gleiche Werte wie Halbwellendipol, Strahlungswiderstand ist etwa 7mal so groß, und die Polarisation ist umgekehrt. Ein horizontaler Schlitz ergibt also eine vertikale Polarisation (siehe Abschnitt 26.4.).

Zusammenfassung:
Richtfaktor und Gewinn beschreiben eine Richtwirkungseigenschaft. Die abgestrahlte Leistung läßt sich in einer Vorzugsrichtung nur erhöhen, wenn sich die Abstrahlung in anderen Richtungen verringert.

Um den Gewinn zu erhöhen, muß man die Halbwertsbreiten verkleinern und gleichzeitig die Wirkfläche vergrößern. Die Halbierung der Halbwertsbreite in einer Ebene bringt etwa eine Gewinnverdopplung, verbunden mit Verdopplung der Wirkfläche. Möglichkeiten der Gewinnerhöhng durch Vergrößern der Antenne sind der Einsatz von Reflektoren, Direktoren oder Gruppenbildung (Stockung).

Gewinn und Richtfaktor stehen bei optimaler Antennenbemessung in einem physikalisch feststehenden Verhältnis zur mechanischen Größe. Bei relativ großer Längenausdehnung kann ein bestimmter Gewinn mit verhältnismäßig geringen Querabmessungen erreicht werden. Relativ große Querabmessungen lassen eine geringe Baulänge zu. Eine passive Miniaturantenne kann daher nie eine hohe Richtwirkung und damit einen großen Gewinn haben!

3.3.   Das Rauschen von Antennen

An jedem Wirkwiderstand tritt eine bestimmte Rauschspannung auf. Es sind kleine elektromotorische Störspannungen, die durch die ungleichmäßigen Wärmebewegungen der freien Leitungselektronen hervorgerufen werden.

Auch Antennen rauschen, denn sie enthalten, ebenso wie z. B. Schwingkreise, Wirkwiderstände. Die Stärke des Antennenrauschens wird von der Wirkkomponente R_A des Antennenwiderstandes bestimmt. Dabei ist R_A gleich der Summe von Strahlungswiderstand R_S und Verlustwiderstand R_V der Antenne.

Die Rauschleistung P_r eines Widerstandes wird unabhängig von seinem Widerstandswert nur

Tabelle 3.1. Antennenkenngrößen (nach [2])

Nr. Antennenart	Stromverteilung	Richtfaktor bzw. Gewinn bei verlustfreier Antenne		Gewinn über Halbwellendipol		Strahlungswiderstand
		G_i	g_i/dB	G_d	g_d/dB	R_s in Ω
1 Kugelstrahler (isotrope Antenne)		1	0	0,61	−2,15	–
2 Elektrisch kurzer Dipol ($l < \lambda/5$)		1,5	1,76	0,92	−0,39	$197\,(l/\lambda)^2$
3 Hertzscher Dipol (elektrisch kurzer Dipol mit Dachkapazitäten)		1,5	1,76	0,92	−0,39	$790\,(l/\lambda)^2$
4 Halbwellendipol ($\lambda/2$-Dipol)		1,64	2,15	1	0	73,2
5 Ganzwellendipol (λ-Dipol)		2,4	3,8	1,47	1,67	199,2
6 Verlängerter Doppelzepp ($1,28\,\lambda \approx 5\,\lambda/4$-Dipol)		3,3	5,18	2	3	98
7 Drehkreuzantenne (Turnstile Antenne)		0,82	−0,86	0,5	−3	326,6
8 Elektrisch kurze Vertikalantenne ($h < \lambda/10$)		3	4,77	1,83	2,62	$395\,(h/\lambda)^2$
9 Elektrisch kurze Vertikalantenne mit Dachkapazität		3	4,77	1,83	2,62	$1579\,(h/\lambda)^2$
10 $\lambda/4$-Vertikalantenne (Marconi-Antenne)		3,28	5,16	2	3	36,6
11 $\lambda/2$ Vertikalantenne		4,82	6,83	2,94	4,68	99,6
12 $5\lambda/8$-Vertikalantenne ($\approx 0,64\,\lambda$)		6,6	8,19	4	6	49
13 Kleiner Rahmen (Fläche A, Umfang $\ll \lambda$)		1,5	1,76	0,92	−0,39	$31171\,(A/\lambda^2)^2$
14 Ringelement (Umfang $1\,\lambda$)		2,23	3,49	1,36	1,34	133
15 Quadelemente (Umfang $1\,\lambda$)		2,06	3,14	1,25	0,99	117
16 Delta-Loop-Elemente (gleichseitiges Dreieck, Umfang $1\,\lambda$)		1,91	2,82	1,17	0,67	106

durch die absolute Temperatur T (in Kelvin) und die Bandbreite des beobachteten Frequenzbereiches Δf (in Hertz) bestimmt:

$$P_r = 4 \text{ k T } \Delta f. \tag{3.27.}$$

Dabei ist k die *Boltzmannsche Konstante*, welche die Größe der Rauschleistung je Grad und Hertz charakterisiert:

$$k = \frac{1{,}38 \cdot 10^{-23} \text{ W}}{(K \cdot Hz)} = \frac{1{,}38 \cdot 10^{-23} \text{ Ws}}{K}.$$

$$\tag{3.28.}$$

Wichtig für den praktischen Gebrauch ist die Kenntnis der Rauschspannung U_r, deren Höhe durch den Widerstandswert bestimmt wird:

$$U_r = \sqrt{4 \text{ k T } \Delta f R_A}. \tag{3.29.}$$

Das durch den Wirkwiderstand R_A einer Antenne verursachte Rauschen könnte man als ihr Eigenrauschen bezeichnen. Zu diesem muß eine weitere Rauschquelle addiert werden; es ist die Rauscheinstrahlung aus der Atmosphäre und darüber hinaus aus dem Weltall (kosmische Rauscheinstrahlung oder galaktisches Rauschen). Manche 2-m-Funkamateure verwenden z. B. das von der Sonne ausgehende Rauschen als Indikator für die Güte ihrer Empfangsanlage, indem sie den hörbaren Rauschanstieg bei Sonnenaufgang beobachten.

Formelmäßig wird die Gesamtrauschspannung erfaßt, indem man nur den Antennenwiderstand R_A verwendet, die Rauschtemperatur T aber so hoch ansetzt, daß sie das gleiche Gesamtrauschen erzeugt wie die Summe aus Eigenrauschen und Weltallrauschen. Nach [6] kann man im Mittel mit folgenden Antennenrauschtemperaturen T rechnen:

Frequenzbereich um

10 MHz	$T = (0{,}2 \dots 2) \cdot 10^6 \text{ K}$
100 MHz	$T = (0{,}6 \dots 3) \cdot 10^3 \text{ K}$
1000 MHz	$T = 3 \dots 7 \text{ K}$

Literatur zu Abschnitt 3.

[1] ... Begriffe aus dem Gebiet der Antennen. Elektrische Eigenschaften (NTG 2.1/01), Nachrichtentechnische Zeitschrift (NTZ), und Kenngrößen 39 (1986) Heft 9, Seite 669 bis 672

[2] *Krischke, A.:* Antennengewinn, Beitrag von DJ 0 TR/OE 8 AK, 1980

[3] *Schwarzbeck, G.:* Streifzug durch den Antennenwald: VHT-UHF-Antennenmeßtechnik cq-DL, Baunatal, 52 (1981), Heft 1, Seite 9 bis 20

[4] *Schwarzbeck, G.:* Streifzug durch den Antennenwald: Das verlorene dB, das gefundene dB ..., cq-DL, Baunatal, 52 (1981), Heft 3, Seite 128 bis 130

[5] *Best, S.:* Aktive Antennen für DX-Empfang, RPB-elektronic-Taschenbücher Band 182; Franzis-Verlag München

[6] *Schröder, H.:* Elektrische Nachrichtentechnik, Band II, Abschn. VII. Rauschen, Seite 294, Verlag für Radio-Foto-Kinotechnik, Berlin 1968

Jäger, G.: Der Einfluß des Erdbodens auf Antennendiagramme im Kurzwellenbereich, Internationale Elektronische Rundschau, Berlin (1970) Heft 4, Seite 101 bis 104

Meinke, H./Gundlach, F. W.: Taschenbuch der Hochfrequenztechnik, 3. Auflage, Springer-Verlag 1968

Orr, W.: Beam Antenna Handbook, Chapter II, The Array, Radio Publications, Inc. Wilton, Conn.

Schröder, H.: Elektrische Nachrichtentechnik, Band I, Abschnitt 1, Antennen, Verlag für Radio-Foto-Kinotechnik, Berlin 1967

Schwarzbeck, G.: Die Bedeutung des vertikalen Abstrahlwinkels von KW-Antennen, Teil 1 und 2, cp-DL, D 3507 Baunatal 1, 56 (1985), Heft 3, Seite 184 bis 189

Spillner, F.: Die UKW-Amateurantenne als L/C-Kreis, Funkschau, München, 48 (1976), Heft 2, Seite 63 bis 66

Spillner, F.: Der Wirkungsgrad eines Amateur-Dipols, Funkschau, München, 48 (1976), Heft 23, Seite 106 bis 108

Vogelsang, E.: Vertikaldiagramme typischer Kurzwellenantennen, cq-DL, D 3507 Baunatal 1, 56 (1985), Heft 6, Seite 300 bis 303

4. Dipolformen

Durch entsprechende Formgebung kann man die charakteristischen Eigenschaften eines Dipols verändern. Das trifft vor allem für den Eingangswiderstand und den Frequenzbereich (Bandbreite) zu. Manchmal können sich aus einer bestimmten Formgebung neben den erwünschten elektrischen Sondereigenschaften auch Vorzüge hinsichtlich der mechanischen Befestigung oder des Blitzschutzes ergeben, wie das z. B. beim Faltdipol der Fall ist.

Sonderformen von Dipolen werden aus mechanischen Gründen vorwiegend im Bereich der Meterwellen und der Dezimeterwellen verwendet.

4.1. Faltdipole

(P. S. Carter – US Pat. 2283914 – 1937)

Aus der Parallelschaltung zweier Halbwellenstücke in geringem gegenseitigem Abstand D ist der Faltdipol entstanden (Bild 4.1). Seine Richtcharakteristik entspricht im wesentlichen der des einfachen gestreckten Dipols (siehe Bild 3.10). Er unterscheidet sich von diesem vor allem durch eine höhere Eingangsimpedanz, auch die relative Bandbreite ist etwas größer. Für den Verkürzungsfaktor V der beiden Leitungsstücke gilt Bild 3.7.

Den Strahlungswiderstand eines gestreckten Dipols berechnet man nach Gl. (3.1.). Wird aus dem gestreckten Dipol durch Hinzufügen eines 2., parallelen Elements gleicher Stärke ein Faltdipol, so verteilt sich der Antennenstrom auf

2 Dipoläste. Bei gleicher Strahlungsleistung P_S ist demnach beim Faltdipol der Antennenstrom I am Speisepunkt nur noch halb so groß wie beim gestreckten Dipol. Zum Errechnen der Eingangsimpedanz R_S'' eines Faltdipols muß deshalb Gl. (3.1.) wie folgt verändert werden:

$$R_S'' = \frac{P_S}{\left(\dfrac{I}{2}\right)^2} \qquad (4.1.)$$

Durch Umstellung der Formel erhält man beim gestreckten Dipol

$$P_S = R_S \cdot I^2$$

und beim Faltdipol

$$P_S = R_S'' \cdot \left(\frac{I}{2}\right)^2 .$$

Da in beiden Fällen die abgestrahlte Leistung P_S die gleiche ist, kann man gleichsetzen:

$$R_S \cdot I^2 = R_S'' \cdot \left(\frac{I}{2}\right)^2 ;$$

$$R_S \cdot I^2 = R_S'' \cdot \frac{I^2}{4} ;$$

$$R_S'' = 4R_S .$$

Der Eingangswiderstand eines Faltdipols ist damit 4mal so groß wie der eines gestreckten Dipols. Unabhängig vom Abstand D kann man deshalb beim Faltdipol mit einem Eingangswiderstand von 240 ... 280 Ω rechnen, sofern $d_1 = d_2$.

Eine gern verwendete Möglichkeit, den Eingangswiderstand eines Faltdipols zu verändern, besteht in der unterschiedlichen Wahl des Durchmessers der beiden Halbwellenstücke (Bild 4.2). Wird der Durchmesser des nicht unterbrochenen Halbwellenstückes d_2 größer als der des Dipols d_1, so erhöht sich der Eingangswiderstand. Er wird größer als der des normalen Faltdipols. Ist umgekehrt der Durchmesser d_1 des gespeisten Dipols größer als d_2, dann verkleinert sich der Eingangswiderstand. In beiden Fällen hängt der Multiplikationsfaktor k außerdem noch vom Abstand D ab.

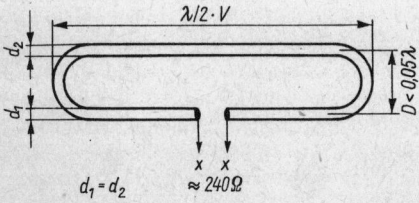

Bild 4.1
Der Faltdipol

Bild 4.2
Der Faltdipol mit verschiedenen Elementdurchmessern

Den Eingangswiderstand eines Faltdipols, der aus verschieden dicken Stäben aufgebaut ist ($d_2 > d_1$), zeigt Bild 4.3. Für den umgekehrten Fall, $d_2 < d_1$, gilt Bild 19.23.

Rechnerisch erhält man den Multiplikationsfaktor k nach einer von *Roberts* angegebenen Beziehung (*RCA Review*, Junge, 1947), wonach

$$k = 1 + \left(\frac{Z_1}{Z_2}\right)^2 \qquad (4.2.)$$

beträgt. Der Faktor k bezieht sich wieder auf den gestreckten Halbwellendipol. Für Z_1 setzt man den Wellenwiderstand, der sich ergibt, wenn man eine Doppelleitung mit den Leiterdurchmessern d_1 bei einem Leiterabstand D konstruieren würde. Der Wellenwiderstand Z einer luftisolierten Zweidrahtleitung ergibt sich aus

$$Z/_\Omega = 276 \cdot \lg \frac{2D}{d} \qquad (4.3.)$$

und wird in Abschnitt 5.1.1. ausführlicher behandelt.

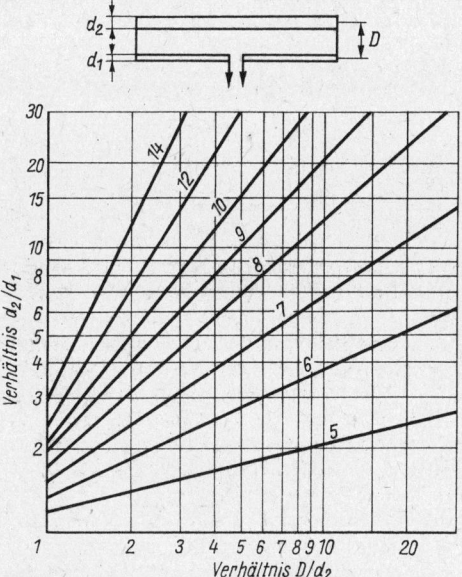

Bild 4.3
Der Eingangswiderstand eines Faltdipols mit verschiedenen Elementdurchmessern, bezogen auf einen gestreckten Dipol. Beispiel: $d_2/d_1 = 3$, $D/d_2 = 6$. Daraus ergibt sich ein Impedanzverhältnis von 6, das ist der 6fache Wert eines gestreckten Dipols (360 ... 420 Ω)

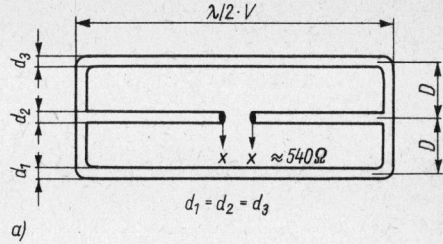

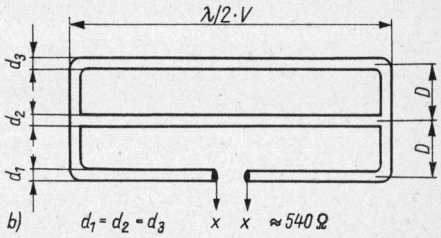

Bild 4.4
Der Doppelfaltdipol; a – Mittelleiter zur Speisung aufgetrennt, b – unterer Leiterzweig zur Speisung aufgetrennt

Sinngemäß ist für Z_2 der Wellenwiderstand aus d_2 und D festzustellen.

Als Zusammenfassung für die Bestimmung des Multiplikationsfaktors k ist auch die Gleichung

$$k = \left(\frac{\lg \dfrac{4D^2}{d_1 \cdot d_2}}{\lg \dfrac{2D}{d_2}}\right)^2 \qquad (4.4.)$$

üblich.

Eine Abart des Faltdipols ist der Doppelfaltdipol (Bild 4.4). Bei gleichen Leiterdurchmessern verteilt sich in diesem Falle der Antennenstrom auf 3 gleiche Halbwellenstücke; es fließt demnach in jedem Dipolzweig nur 1/3 des Gesamtstromes. Der Eingangswiderstand R_S''' des Doppelfaltdipols beträgt deshalb

$$R_S''' = \frac{P_S}{\left(\dfrac{I}{3}\right)^2} \qquad (4.5.)$$

und hat den 9fachen Eingangswiderstand eines einfachen gestreckten Dipols (540 ... 630 Ω). Dabei ist jedoch folgende Einschränkung zu beachten: Der Faktor $k = 9$ gilt nur für $d_1 = d_2$, wenn die 3 Halbwellenstücke räumlich angeordnet sind, das heißt, wenn der Querschnitt ein gleichseitiges Dreieck ergibt. Bei ebener Anordnung, wie in Bild 4.4 gezeichnet, ergibt sich der Verviel-

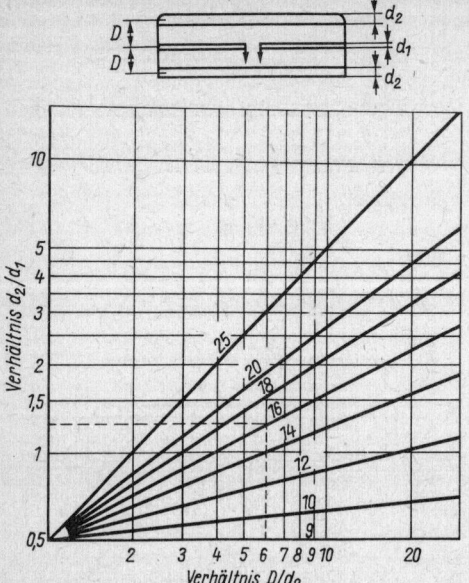

Bild 4.5
Der Eingangswiderstand eines Doppelfaltdipols mit
verschiedenen Elementdurchmessern, bezogen auf den
gestreckten Dipol. Beispiel: $d_2/d_1 = 1,25$, $D/d_2 = 6$.
Daraus ergibt sich ein Impedanzverhältnis von 16,
das ist der 16fache Wert eines gestreckten Dipols
(960 ... 1120 Ω)

fachungsfaktor $k = 9$ nur, wenn $d_2 = 2d_1 = 2d_2$
(unabhängig vom Abstand D). Dies kann auch
aus Bild 4.5 entnommen werden. Alle anderen
Vervielfachungsfaktoren sind vom Abstand D
abhängig.

Für die Funktion des Doppelfaltdipols hat es
keine Bedeutung, ob man den Speisepunkt nach
Bild 4.4a oder nach Bild 4.4b wählt. Aus mechanischen Gründen ist die Einspeisung im unteren
Zweig oft vorteilhafter, weil man dann den Mittelleiter zur Befestigung auf dem Antennenträger
nutzen kann.

Die Anzahl n der parallelen Halbwellenstücke
läßt sich bis zur Reusenform vergrößern. Für den
Eingangswiderstand gilt dabei die Regel: Haben
alle Leiter gleichen Durchmesser und beträgt ihr
gegenseitiger Abstand $D < 0,05\lambda$, dann ist der
Multiplikationsfaktor k für den Eingangswiderstand – bezogen auf den des gestreckten Halbwellendipols – etwa gleich dem Quadrat der Leiter-
anzahl n:

$$k = n^2.$$

Auch beim Doppelfaltdipol wird eine Widerstandstransformation erzielt, wenn sich der
Durchmesser d_1, des unterbrochenen Dipols von
d_2 der beiden parallelen Halbwellenstücke unter-

scheidet. Die Zusammenhänge veranschaulichen
die Kurven in Bild 4.5.

In Anlehnung an Gl. (4.2.) und Gl. (4.4.) ergeben sich in diesem Fall die rechnerischen Beziehungen aus

$$k = 1 + \left(\frac{2Z_1}{Z_2}\right)^2 \tag{4.6.}$$

und

$$k = \left(\frac{\lg \dfrac{4D^3}{d_1^2 \cdot d_2}}{\lg \dfrac{D}{d_2}}\right)^2. \tag{4.7.}$$

Bei allen Faltdipolen können die nicht unterbrochenen Halbwellenstücke in ihrer geometrischen Mitte geerdet bzw. direkt mit dem metallischen Antennenträger verbunden werden.

4.2.   Ganzwellendipole

Einen Dipol, dessen Gesamtlänge elektrisch 1λ
beträgt, nennt man *Ganzwellendipol* (Bild 4.6).

Beide Halbwellenstücke werden gleichphasig
im Spannungsbauch erregt. Hohe Spannung bei
niedrigem Strom ergibt bekanntlich einen hohen
Widerstand, folglich ist die Impedanz im Speisepunkt des Ganzwellendipols verhältnismäßig
hoch.

Da der Ganzwellendipol in einem Spannungsmaximum gespeist wird, spricht man von einem
spannungsgespeisten Dipol. Der Eingangswiderstand R_0 und die Bandbreite sind mehr als beim
Halbwellendipol vom Verhältnis λ/d abhängig.
Dabei ist die Bandbreite stets größer als die eines
$\lambda/2$-Dipols mit gleichem λ/d-Verhältnis. Die
Kurven in Bild 4.7 zeigen den zu erwartenden
Eingangswiderstand R_0 und den Verkürzungsfaktor V bei Ganzwellendipolen in Abhängigkeit
von λ/d.

Der Abstand der beiden Dipolhälften im Speisepunkt XX hat ebenfalls Einfluß auf den Eingangswiderstand R_0. Die in Bild 4.7 enthaltenen
Werte für R_0 sind um so genauer, je besser der
Abstand XX dem Strahlerdurchmesser d entspricht.

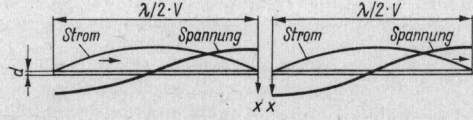

Bild 4.6
Der Ganzwellendipol

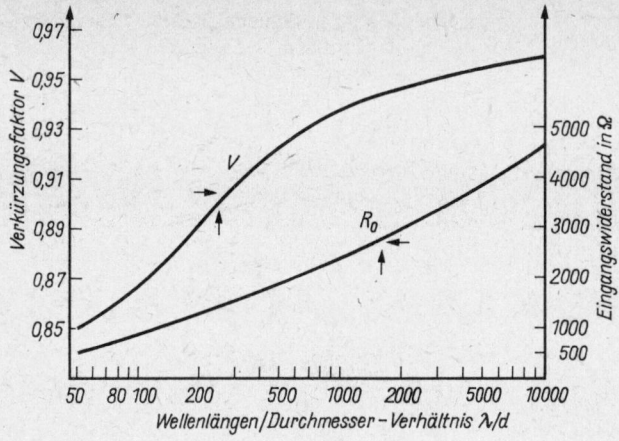

Bild 4.7
Eingangswiderstand
und Verkürzungsfaktor
beim Ganzwellendipol
in Abhängigkeit vom
Wellenlängen/Durchmesser-
Verhältnis (Näherungswert)

Auch der Verkürzungsfaktor V des Ganzwellendipols unterscheidet sich von dem eines Halbwellendipols mit gleichem λ/d-Verhältnis; der Ganzwellendipol muß stärker verkürzt werden, um in Resonanz zu kommen.

Beispiel
Ein Ganzwellendipol für $f = 150\,\text{MHz}$ entsprechend $\lambda = 2\,\text{m}$ soll aus 20 mm dickem Rohr gebaut werden. Das Verhältnis λ/d ist demnach $2000 : 20 = 100$. Für $\lambda/d = 100$ kann aus Bild 4.7 ein Eingangswiderstand R_0 von etwa 800 Ω abgelesen werden. Der Verkürzungsfaktor V beträgt bei diesem λ/d-Verhältnis 0,868.

Der Ganzwellendipol darf nicht mit einer endgespeisten Ganzwellenantenne verwechselt werden. Beim in der Mitte unterbrochenen und dort gespeisten Ganzwellendipol werden beide Halbwellenzweige zwangsläufig *gleichphasig* erregt. Daraus ergibt sich ein Strahlungsdiagramm in der

E-Ebene nach Bild 4.8 a. Es ähnelt dem des Halbwellendipols, die beiden Strahlungskeulen sind aber etwas schmaler (Öffnungswinkel horizontal etwa 65°, vertikal 47°). Wird bei einer *nicht unterbrochenen* Ganzwellenantenne dagegen an einem Leiterende eingespeist (sogenannte Zeppelin-Antenne, siehe Abschnitt 10.2.1.), so ändert sich die Stromrichtung in der Mitte des Ganzwellenleiters (Bild 4.8 b), und die beiden Halbwellenabschnitte werden *gegenphasig* erregt. Dadurch ist das Richtdiagramm in der E-Ebene nach Bild 4.8 b in 4 Hauptstrahlrichtungen aufgeblättert, wobei die Maxima der Strahlungskeulen jeweils in Winkeln von 54° zur Strahlerlängsachse auftreten. Während beim Ganzwellendipol mit einem Gewinn von 1,67 dBd gerechnet wird, beträgt dieser beim endgespeisten Ganzwellenstrahler nur etwa 0,5 dBd.

Einem Halbwellendipol werden die Eigenschaften eines Serienresonanzkreises zugeordnet, dagegen verhält sich der Ganzwellendipol bei Veränderung der Frequenz in Resonanznähe wie ein Parallelresonanzkreis.

Auf Grund der relativ großen Bandbreite setzt man Ganzwellendipole bevorzugt in Breitbandantennensystemen ein. Dabei könnte der Dipol in den beiden Spannungsminima befestigt und geerdet werden (siehe Spannungsverteilung Bild 4.6). Man verzichtet aber oft auf das Erden an den Befestigungspunkten und befestigt den Ganzwellendipol isoliert, um Verluste, die durch die frequenzabhängige Spannungsverteilung entstehen könnten, zu vermeiden.

Vergrößert man den Abstand der beiden Speisepunkte XX, so läßt sich der Gewinn erhöhen. Der Gewinn kann mehr als 5 dB betragen, wenn die Breite der Trennstelle XX in die Größenordnung von $0,2\ldots0,6\lambda$ kommt. Allerdings wird eine Gewinnsteigerung auf diese Art aus elektrischen und mechanischen Gründen kaum angewandt.

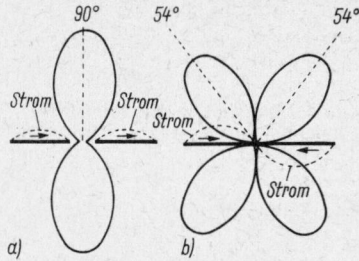

Bild 4.8
Richtdiagramm der E-Ebene und Stromverteilung bei Ganzwellenstrahlern; a – Ganzwellendipol, beide Hälften werden gegenphasig erregt (gleiche Stromrichtung), Hauptstrahlrichtung 90° zur Dipolachse, b – endgespeiste Granzwellenantenne, nicht unterbrochen, dadurch gegenphasig erregt (entgegengesetzte Stromrichtung), Hauptstrahlrichtungen 54° zur Strahlerlängsachse

4.3. Breitbanddipole

Der Eingangswiderstand eines Dipols ist im Resonanzfall ein reiner Wirkwiderstand. Bei Erregung des Dipols mit Frequenzen, die außerhalb seiner Resonanzfrequenz liegen, wird der Eingangswiderstand mit induktiven oder kapazitiven Blindkomponenten beaufschlagt.

Je schlanker ein Dipol, desto schneller wachsen die Blindanteile bei Verstimmung aus der Resonanzfrequenz, und desto geringer ist dessen Bandbreite. Deshalb verwendet man Dipole mit kleinem λ/d-Verhältnis (sogenannte «dicke Dipole»), wenn eine große Bandbreite erzielt werden soll. Dicke Dipole stellt man als Halbwellendipole und als Ganzwellendipole her. Bezüglich der Bandbreite sind Ganzwellendipole günstiger, weil sie bei gleichem λ/d-Verhältnis eine wesentlich größere Bandbreite haben als ein Halbwellendipol.

Beim dicken Dipol ist die Stromverteilung nicht mehr sinusförmig, sondern abgeflacht, etwa wie in Bild 4.9 dargestellt. Der Strom im Speisepunkt nimmt deshalb beim dicken Ganzwellendipol relativ hohe Werte an, woraus sich auch das Absinken des Eingangswiderstandes bei kleiner werdendem λ/d-Verhältnis erklärt.

Besteht der Breitbanddipol aus dicken, zylindrischen Rohren oder Stäben, entsprechend Bild 4.9, so weisen die Querschnittsflächen der Stäbe am Speisepunkt eine große Kapazität gegeneinander auf. Beim Anschluß der Speiseleitung tritt außerdem eine plötzliche starke Querschnittsänderung auf. Deshalb werden die dicken Elementstäbe gewöhnlich am Speisepunkt konisch verjüngt, wie Bild 4.10a zeigt; man erhält dadurch definierte Anschlußpunkte für die Speiseleitung und kann Eingangsimpedanz und Bandbreite durch die Gestaltung der Speisezone optimieren.

Häufig behält man die konische Struktur über die ganze Antennenlänge bei, und es entsteht daraus der *Doppelkegeldipol* (Bild 4.10b). Bei ihm wird der Eingangswiderstand aus der Größe des Winkels abgeleitet und läßt sich aus Bild 4.11 ersehen. Wegen der großen Bandbreite solcher Dipole ist die Bemessung des Verkürzungsfaktors V nicht besonders kritisch. Deshalb wird oft mit einem Mittelwert von $V = 0{,}73$ gerechnet.

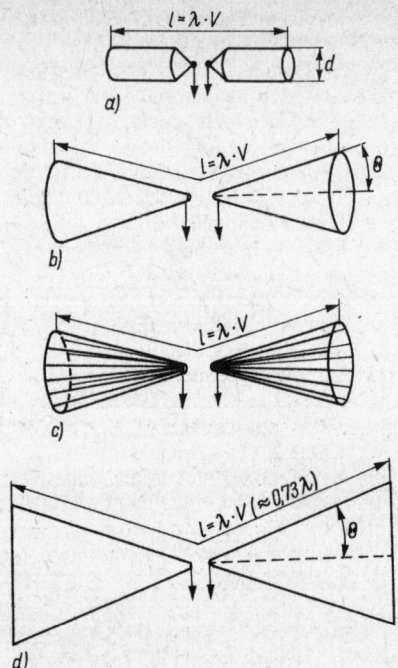

Bild 4.10
Breitbanddipole; a – dicker Ganzwellendipol aus zylindrischen Stäben, am Speisepunkt konisch verjüngt, b – Doppelkegel-Ganzwellendipol, aus Blechkegeln hergestellt, c – Reusenform eines Doppelkegel-Ganzwellendipols, aus einzelnen Stäben hergestellt, d – Flächendipol

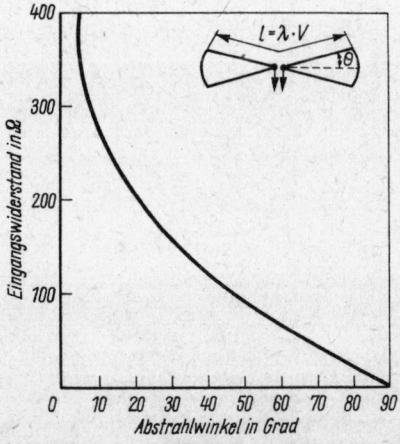

Bild 4.11
Der Eingangswiderstand eines Doppelkegeldipols in Abhängigkeit vom Abstrahlwinkel

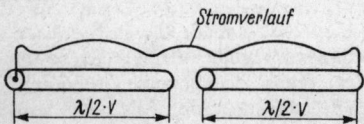

Bild 4.9
Die Stromverteilung bei einem dicken Ganzwellendipol

70

Kleinere Windlast und geringes Gewicht bietet ein reusenförmiger Aufbau mit möglichst vielen Einzelstäben nach Bild 4.10c. Die Eigenschaften des Doppelkegeldipols bleiben auch bei diesem vereinfachten Aufbau erhalten. Schließlich kann man von der voluminösen Kegelform ganz abgehen und die Dipole nur flächig gestalten. Um definierte Anschlußpunkte für die Speiseleitung zu erhalten, stellt man Flächendipole oft in Dreieckform (siehe Bild 4.10d) her. Sind die Flächen aus engmaschigem Drahtgeflecht oder aus gelochten Blechen gebildet, so werden Windlast und Gewicht gemindert, ohne daß sich die Antenneneigenschaften merkbar verschlechtern. Auch bei diesem Breitbanddipol rechnet man mit einem durchschnittlichen Verkürzungsfaktor V von 0,73. Breitbandflächenantennen werden in Abschnitt 26.1. ausführlich beschrieben.

Bei den angeführten Breitbanddipolen beträgt die von den Abmessungen abhängige relative Bandbreite b etwa zwischen 0,5 und $0,8 f_0$. Zur Definition der relativen Bandbreite b siehe Abschnitt 3.1.4. und Gl. (3.6.).

Mit weiterentwickelten Formen, bei denen insbesondere der Speisepunkt optimiert wurde, können Frequenzbereiche bis zu etwa 4:1 abgedeckt werden.

Literatur zu Abschnitt 4.

Guertler, R.: Impedance Transformation in Folded Dipoles, Proceedings of the I.R.E., Australia 10 (1949) April, Seite 95 bis 100

Thomas, E. R.: Transforming Impedance with Folded Dipoles, «OST», West Hartford, Conn. (1951) October, Seite 52 bis 53

5. Die Speisung von Antennen

Größtmögliche Leistung wird übertragen, wenn der Scheinwiderstand des Generators (Sender-Endstufe) an den Scheinwiderstand des Verbrauchers (Antenne) angepaßt ist.

Da zwischen dem Sender und der Antenne in den meisten Fällen eine Speiseleitung eingefügt ist, muß auch diese so beschaffen sein, daß sie die Anpassungsbeziehung zwischen Sender und Antenne nicht stört. Sinngemäß gelten diese Überlegungen auch für den Empfang, hier wird lediglich die Antenne zum Generator und der Empfänger zum Verbraucher.

5.1. Speiseleitungen

Speiseleitungen haben die Aufgabe, die HF-Energie möglichst verlustarm weiterzuleiten, und sollen dabei selbst nicht strahlen.

5.1.1. Der Wellenwiderstand einer Leitung

Eine wichtige Größe bei HF-Leitungen ist deren Wellenwiderstand Z. Dieser Leitungsscheinwiderstand ergibt sich aus dem Verhältnis der Spannung U zum Strom I auf einer unendlich langen Leitung.

Eine HF-Leitung kann als die Zusammensetzung von Längsinduktivitäten und Querkapazitäten dargestellt werden. Dieser Vorstellung entspricht auch das gebräuchliche und vereinfachte Ersatzbild für eine Doppelleitung (Bild 5.1).

Bei einer in der Praxis durchaus vertretbaren Vernachlässigung der Leitungsverluste errechnet sich der Wellenwiderstand Z einer HF-Leitung nach

$$Z = \sqrt{\frac{L}{C}}. \qquad (5.1.)$$

Z ist bei dieser Näherung reell, der Wellenwiderstand hängt nicht von Frequenz und Leitungslänge ab.

Aus Gl. (5.1.) geht hervor, daß große Selbstinduktion L und kleine Kapazität C einen großen Wellenwiderstand Z ergeben. Das bedeutet für die Praxis, daß dünne Leiter (großes L) in weitem

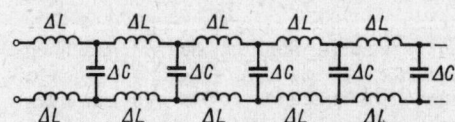

Bild 5.1
Die Ersatzschaltung einer Paralleldrahtleitung

Abstand voneinander (kleines C) einen großen Wellenwiderstand Z, dagegen dicke Leiter (kleines L) in geringem Abstand voneinander (großes C) einen kleinen Wellenwiderstand Z aufweisen. Der Wellenwiderstand Z wird demnach in erster Linie von den geometrischen Abmessungen des Leitungsquerschnittes bestimmt.

In der Antennentechnik verwendet man hauptsächlich Paralleldrahtleitungen, wie in Bild 5.2 im Querschnitt dargestellt, und koaxiale Leitungen nach Bild 5.3. Ihr Aufbau wird im folgenden Abschnitt noch ausführlicher beschrieben.

Wenn das Dielektrikum zwischen beiden Leitern aus Luft besteht, ergeben sich nachstehende Näherungsformeln für den Wellenwiderstand:
a – Paralleldrahtleitungen mit Luftisolation

$$Z/_\Omega = 120 \cdot \ln \frac{2D}{d} \qquad (5.2.)$$

oder

$$Z/_\Omega = 276 \cdot \lg \frac{2D}{d}; \quad \left(\text{für } \frac{D}{d} > 2{,}5\right) \quad (5.3.)$$

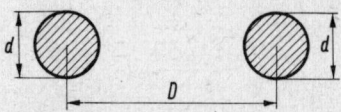

Bild 5.2
Querschnitt einer Paralleldrahtschaltung

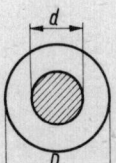

Bild 5.3
Querschnitt einer koaxialen Leitung

b – koaxiale Leitungen mit Luftisolation

$$Z/_\Omega = 60 \cdot \ln \frac{D}{d} \qquad (5.4.)$$

oder

$$Z/_\Omega = 138 \cdot \lg \frac{D}{d}. \qquad (5.5.)$$

Die Größen D und d sind aus Bild 5.2 bzw. Bild 5.3 zu entnehmen (D und d in gleichen Einheiten).

Der Wellenwiderstand Z von HF-Leitungen verschiedener Querschnittsformen läßt sich durch Benutzen der Kurven aus Bild 5.4 ... Bild 5.7 vereinfacht berechnen. Die Kurvenwerte gelten für Luftisolation.

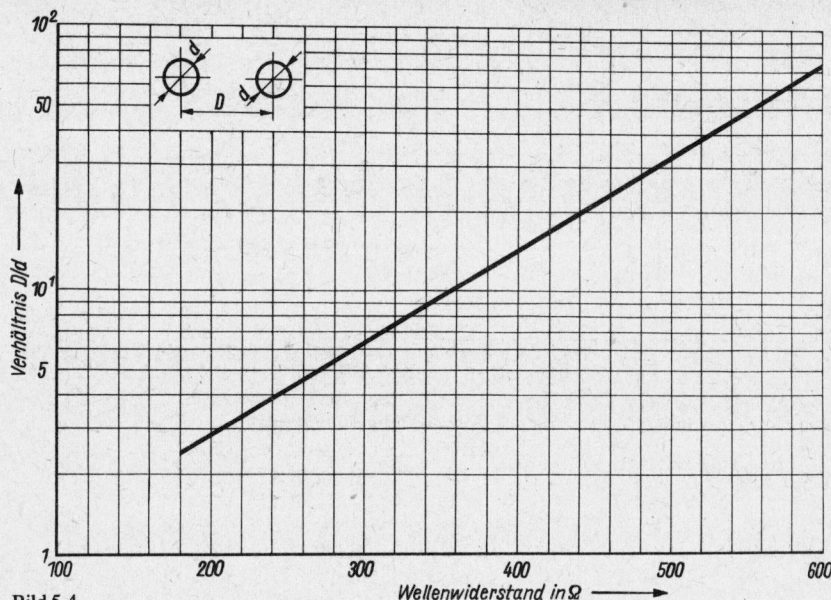

Bild 5.4
Der Wellenwiderstand einer Paralleldrahtschaltung mit Luftisolation

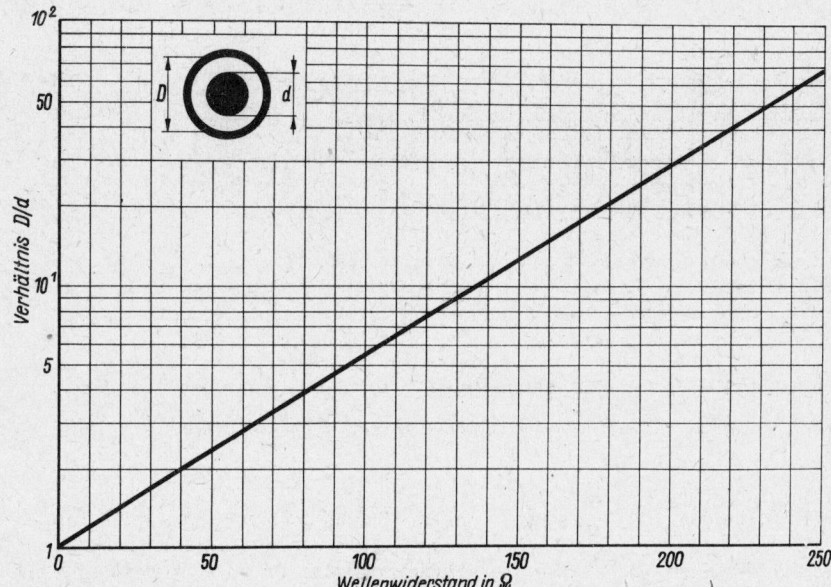

Bild 5.5
Der Wellenwiderstand einer koaxialen Leitung mit Luftisolation

73

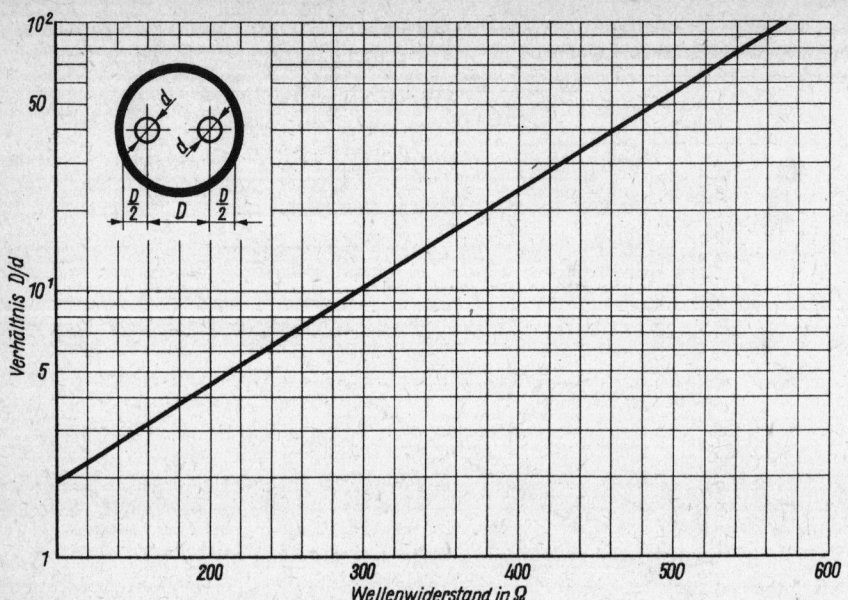

Bild 5.6
Der Wellenwiderstand einer abgeschirmten symmetrischen Doppelleitung mit Luftisolation

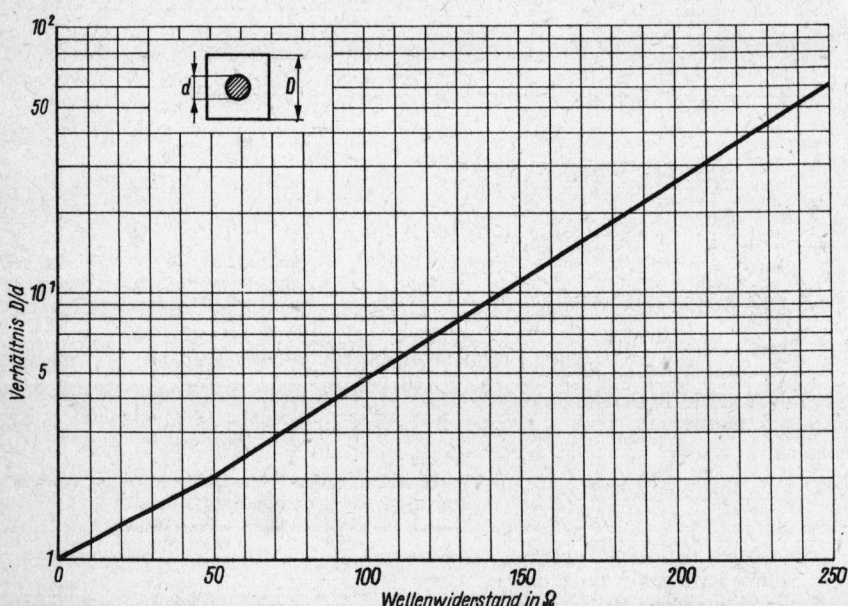

Bild 5.7
Der Wellenwiderstand einer Leitung mit Luftisolation bei rundem Innenleiter und quadratischem Außenleiter

5.1.1.1. Das Dielektrikum von HF-Leitungen

Die Ausbreitungsgeschwindigkeit v der elektromagnetischen Welle wird durch das Medium bestimmt, das sie durchläuft. Handelt es sich bei diesem Medium um atmosphärische Luft, so ist $v \approx c = 3 \cdot 10^8$ m/s (Lichtgeschwindigkeit). Dieser «Höchstgeschwindigkeit» liegt die relative Dielektrizitätskonstante ε_r des Vakuums oder der atmosphärischen Luft zugrunde. Sie stellt eine

Tabelle 5.1.
Dielektrizitätskonstanten verschiedener Isolierstoffe

Isolierstoff	relative Dielektrizitäts-konstante ε_r
Alkydharz	1,2
Amenit	3,5
Bernstein	2,6
Bienenwachs	2,4
Calit	6,5
Epoxid-Gießharz	3,5
Glas	4,0 ... 10
Glasfaser, laminiert	4,3 ... 5,3
Glimmer	4,0 ... 8,0
Hartpapier	4,0 ... 6,0
Isolierpapier	2,2
Jenaer Glas	4,5
Luft	1,0
Lupolen	2,3
Mipolam	2,9
Papier	2,6
Paraffin	2,2
Pertinax	5,6 ... 6,5
Piacryl (Plexiglas)	3,0 ... 3,6
Polyäthylen (PE)	2,3
Polyesterharz	4,5
Polyisobutylen, Oppanol	2,2 ... 2,6
Polystyrol	2,2 ... 2,6
Polystyrolschaum	1,05
Polyvinylchlorid (PVC)	3,1 ... 3,5
Porzellan, technisch	6,5
Quarz, geschmolzen	3,78
Schaumglas	3,5
Silikonkautschuk	4,2
Steatit	5,8
Styroflex	2,5
Teflon (PTFE)	2,0
Transformatorenöl	2,2
Triafol (Triazetatfolie)	4,3
Trolitul	2,4
Ultraporzellan	6,3 ... 7,5

dimensionslose Naturkonstante mit dem Zahlenwert 1 dar. Die relative Dielektrizitätskonstante ε_r aller anderen Stoffe ist immer >1.

Aus der Beziehung

$$v = \frac{c}{\sqrt{\varepsilon_r}} \qquad (5.6.)$$

läßt sich ersehen, daß sich die Ausbreitungsgeschwindigkeit v vermindern muß, wenn ein anderes Dielektrikum als Luft vorhanden ist.

Eine Zusammenstellung der relativen Dielektrizitätskonstante verschiedener Isolierstoffe enthält Tabelle 5.1.

Bei industriell hergestellten HF-Leitungen werden im allgemeinen Isolierstoffe zwischen den Einzelleitern verwendet. Entsprechend der dadurch bedingten Fortpflanzungsgeschwindigkeit auf der Leitung kommt dieser Einfluß auch bei der Berechnung des Wellenwiderstandes zum

Ausdruck. Die Gl. (5.2.) bis Gl. (5.5.) sind deshalb wie folgt zu erweitern:

a – Bandleitungen mit Kunststoffdielektrikum

$$Z/_\Omega = \frac{120}{\sqrt{\varepsilon_r}} \cdot \ln \frac{2D}{d} \qquad (5.7.)$$

oder

$$Z/_\Omega = \frac{276}{\sqrt{\varepsilon_r}} \cdot \lg \frac{2D}{d} ; \qquad (5.8.)$$

b – Koaxialkabel mit Kunststoffdielektrikum

$$Z/_\Omega = \frac{60}{\sqrt{\varepsilon_r}} \cdot \ln \frac{D}{d} \qquad (5.9.)$$

oder

$$Z/_\Omega = \frac{138}{\sqrt{\varepsilon_r}} \cdot \lg \frac{D}{d} . \qquad (5.10.)$$

Enthält das Dielektrikum Lufteinschlüsse, wie das bei modernen Leitungen häufig der Fall ist, so muß die gegenüber Vollisolation geringere Dielektrizitätskonstante berücksichtigt werden.

Aus der Dielektrizitätskonstante des verwendeten Isoliermaterials läßt sich der Verkürzungsfaktor v einer Leitung bestimmen. Er ergibt sich aus dem Verhältnis der Fortpflanzungsgeschwindigkeit entlang der Leitung zur Ausbreitungsgeschwindigkeit im freien Raum als eine Konstante, die immer <1 ist. Man erhält den Verkürzungsfaktor V aus der Beziehung

$$V = \frac{1}{\sqrt{\varepsilon_r}} . \qquad (5.11.)$$

Der Verkürzungsfaktor ist in den Datenblättern von HF-Leitungen fast immer angegeben (siehe Tabelle 5.2.). Man benötigt ihn unter anderem als Multiplikationsfaktor, wenn eine HF-Leitung auf eine bestimmte elektrische Länge zugeschnitten werden soll.

Tabelle 5.2.
Verkürzungsfaktoren V verschiedener Leitungstypen in Abhängigkeit vom verwendeten Dielektrikum

Leitungstyp	Verkürzungsfaktor V
Paralleldrahtleitung, luftisoliert	0,95 ... 0,98
75-Ω-Doppelleitung	0,68 ... 0,71
150-Ω-Doppelleitung	0,76 ... 0,77
300-Ω-Doppelleitung	0,82 ... 0,84
Koaxialkabel, Polyäthylen, voll	0,66
Koaxialkabel, Polyäthylen, geschäumt	0,78 ... 0,89
Koaxialkabel mit Luftraumisolation	0,87 ... 0,96
Koaxialkabel, Teflon (PTFE)	0,71

5.1.1.2. Die Ermittlung des Wellenwiderstandes durch einfache Messungen

Der Wellenwiderstand läßt sich bei allen Leitungen durch Messen der Kapazität je Längeneinheit kontrollieren. Dazu wird die Gesamtkapazität eines genau abgemessenen Leitungsstückes festgestellt und aus dem Ergebnis die Kapazität C in pF für 1 cm Leitungslänge errechnet. Der Wellenwiderstand ergibt sich dann mit guter Näherung aus

$$Z/_\Omega \approx \frac{100 \ \sqrt{\varepsilon_r}}{3 \cdot C/_{pF}} = 33{,}30 \cdot \frac{1}{C/_{pF} \cdot V}. \quad (5.12.)$$

Mit einer LC-Meßbrücke kann der Wellenwiderstand auch bei kunststoffisolierten Kabeln und Bandleitungen gemessen werden. Man rollt ein möglichst langes Kabelstück aus und mißt die Kapazität bei offenem Ende zwischen Seele und Mantel. Anschließend werden Seele und Mantel am gegenüberliegenden Ende miteinander verbunden, und man mißt mit der Brücke die Induktivität zwischen Seele und Mantel (gilt sinngemäß auch für Paralleldrahtleitungen). Die ermittelten Werte sind in Gl. (5.1.) einzusetzen.

Eine weitere Methode zur Ermittlung des Wellenwiderstandes besteht darin, daß man von einem Leitungsstück die Kapazität mißt und den Frequenzabstand Δf zweier benachbarter, gleichartiger Resonanzen (z. B. Minima) feststellt. Daraus ergibt sich

$$Z/_\Omega = \frac{500\,000}{\Delta f/_{MHz} \cdot C/_{pF}}.$$

C wird bei 1 kHz und Δf bei 200 MHz gemessen. Während der Messungen ist es notwendig, Zweidrahtleitungen möglichst frei im Meßraum auszuspannen. Diese Forderung gilt nicht für die umgebungsunempfindlichen Koaxialkabel aller Art.

5.1.2. Paralleldrahtleitungen

Die geringsten Verluste weisen stets HF-Leitungen mit Luftisolation auf. Deshalb benutzen besonders die Kurzwellenamateure oft selbstgebaute Speiseleitungen, die aus parallelen, freiliegenden Drähten hergestellt sind. Durch Spreizstücke aus verlustarmem Isoliermaterial wird der Leiterabstand konstant gehalten. Solche Leitungen bezeichnet man allgemein als *Feeder*, im deutschen Sprachgebrauch der Funkamateure werden sie jedoch sehr treffend «*Hühnerleiter*» genannt (Bild 5.8). Um eine solche Leitung mit einem bestimmten Wellenwiderstand bauen zu können, entnimmt man Bild 5.4 das erforderliche Abstand/Durchmesser-Verhältnis D/d. Aus me-

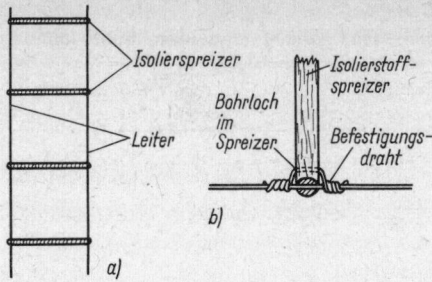

Bild 5.8
Die «Hühnerleiter» (offene Zweidrahtleitung);
a – Aufbau, b – Vorschlag für Spreizerbefestigung

chanischen Gründen ist der Wellenwiderstand Z meist auf $500 \ldots 600 \ \Omega$ beschränkt. Bei kleineren Wellenwiderständen werden die Spreizerlängen zu gering, um noch eine ausreichende Stabilität der Leitung zu gewährleisten.

Flachbandleitungen sind billig und leicht (Bild 5.9). Das Dielektrikum besteht meist aus dem Kunststoff *Polyäthylen*. Handelsübliche Bandleitungen haben Wellenwiderstände von 120, 240 und 300 Ω.

Neue Flachbandleitungen haben nur eine geringe Dämpfung. Nach längerem Witterungseinfluß muß man jedoch mit erheblich schlechteren Dämpfungswerten rechnen. Durch die Ultraviolettstrahlung der Sonne verändert das Dielektrikum mit der Zeit seine elektrischen Eigenschaften in ungünstiger Weise. Diesen Alterungseinfluß durch Sonnenstrahlung versucht man durch Pigmentierung des Kunststoffs mit Ruß oder anderen Stoffen zu verhindern oder zumindest stark zu verzögern.

Besonders große Veränderungen der Kennwerte weisen Bandleitungen bei Regen, Reif oder Nebel auf, da sie sich dann mit einem Wasserfilm überziehen, der eine unkontrollierbare Veränderung des Wellenwiderstandes bewirkt und außerdem die Dämpfung erhöht. Weiterhin verändert sich der Wellenwiderstand bei Annäherung an Gebäudeteile, Metallmasten usw. Deshalb müssen Bandleitungen möglichst frei und räumlich unveränderbar verlegt werden.

Nicht so witterungsabhängig sind symmetrische Schlauchleitungen, bei denen das Dielektrikum die beiden Leiter schlauchförmig umgibt.

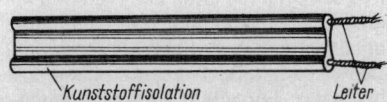

Bild 5.9
Die Flachbandleitung (UKW-Bandleitung)

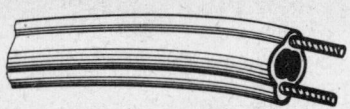

Bild 5.10
Die symmetrische Schlauchleitung

Außenschutz-   Abschirmmantel   Leiter
mantel (PVC)
Dielektrikum
Kunststoff-Abstandswendel

Bild 5.11
Die abgeschirmte Zweidrahtleitung

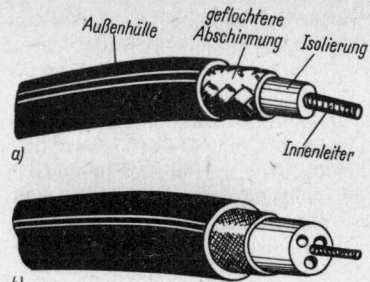

Außenhülle   geflochtene   Isolierung
Abschirmung
a)
Innenleiter
b)

Bild 5.12
Das Koaxialkabel; a – mit Vollraumisolation, b – mit luftraumreichem Dielektrikum

Bild 5.13
Koaxialkabel mit Hohlraumisolation

Da das Dielektrikum von Schlauchleitungen meist luftraumreich ist (Schaumstoffe), sind sie gewöhnlich dämpfungsärmer als vergleichbare Bandleitungen (Bild 5.10).

Abgeschirmte symmetrische Zweidrahtleitungen nach Bild 5.11 werden selten verwendet. Bei höherem Preis ist die Dämpfung etwas größer als die vergleichbarer unabgeschirmter Zweidrahtleitungen. Jedoch sind abgeschirmte Leitungen witterungsbeständig und behalten ihre Kennwerte auch über größere Zeiträume unverändert. Sie können außerdem ohne Rücksicht auf ihre Umgebung beliebig verlegt werden. Abgeschirmte symmetrische Zweidrahtleitungen stellt man mit Wellenwiderständen von 120 und 240 Ω her.

Die Kurzbezeichnungen der Leitungstypen werden nach den Empfehlungen der *Internationalen Elektrotechnischen Kommission (IEC)* gebildet. Sie sind in Abschnitt 5.1.6, erläutert.

5.1.3. Koaxialkabel

(C. S. Franklin – Brit. Pat. 284005 – 1926)

Koaxialkabel sind axialsymmetrisch aufgebaut und wurden 1884 erstmals von *W. Siemens* vorgeschlagen. Bezogen auf die Erde kann man sie als unsymmetrisch bezeichnen. Koaxialkabel bestehen aus dem Innenleiter, der zentrisch in ein Dielektrikum eingebettet ist, dem Außenleiter und dem Außenschutzmantel (Bild 5.12). Der Innenleiter ist meist Kupferdraht, seltener Kupferlitze. Das Dielektrikum besteht aus verlustarmen

HF-Isolierstoffen (Polyäthylen, Polystyrol u. a.). Man unterscheidet Volldielektrika (Bild 5.12a) und luftraumreiche Dielektrika (Bild 5.12b).

Kabel mit Volldielektrikum haben eine große Konstanz des Aufbaus und damit auch der elektrischen Eigenschaften bei mechanischen Einwirkungen. Die Vollisolation bewirkt hohe Spannungsfestigkeit und bietet Schutz gegen eindringende Feuchtigkeit.

Kabel mit luftraumreichem Dielektrikum sind besonders dämpfungsarm, müssen aber sorgfältig gegen Feuchtigkeit abgedichtet werden. Besonders gut eignen sich Schaumstoffe auf Kunststoffbasis als Dielektrikum, da sie in sich die Vorzüge der Vollisolation mit denen der luftraumreichen vereinigen. Besonders große Lufträume haben Kabel, bei denen zur Isolation des Innenleiters vom Außenleiter eine schraubenförmig um den Innenleiter gewickelte Isolierstoffwendel verwendet wird (Bild 5.13). Sie sind sehr verlustarm, aber auch mechanisch besonders stark gefährdet.

Der geflochtene Außenleiter besteht bei dünnen Koaxialkabeln vorzugsweise aus Kupferdraht; bei dickeren Kabeln oft aus Kupferband. Für Hochleistungskabel werden gerillte Kupferfolie (Rillenkabel) oder andere Spezialanfertigungen eingesetzt.

Den Außenschutz eines Koaxialkabels bildet im allgemeinen ein Kunststoffmantel aus *Polyvinylchlorid (PVC)*. Er hat die Aufgabe, das Kabel vor eindringender Feuchtigkeit und mechanischer Beschädigung zu schützen. Spezialkabel, z. B. Ausführungen für Erdverlegung, haben noch eine Stahldrahtumflechtung, über der sich ein zweiter Kunststoffmantel befindet.

Da bei neueren Koaxialkabeln mit Vollraumisolation meist Isolierstoffe benutzt werden, deren ε_r bei 2,3 liegt, genügt es, wenn das Ergebnis aus den Kurven in Bild 5.5 mit $1/\sqrt{2,3} \approx 0,66$ multipliziert wird. Der Verkürzungsfaktor V gegenüber einer Leitung mit reinem Luftdielektrikum beträgt in diesem Fall 0,66. Bei Kabeln mit luftraumreichem Dielektrikum liegt der Verkürzungsfaktor im allgemeinen zwischen 0,8 und 0,9. Bei älteren Koaxialkabeln findet man oft eine *Calit*-Perlenisolation. *Calit* hat die Dielektrizitätskonstante $\varepsilon_r = 6,5$. In diesem Fall muß mit $1/\sqrt{6,5} \approx 0,39$ multipliziert werden.

Koaxialkabel werden häufig nach IEC-Publikation 78 gekennzeichnet (siehe Abschnitt 5.1.6.). Die Normung ist in den einzelnen Ländern unterschiedlich, sie wird jeweils in den Kabellisten angegeben.

5.1.4. Die Dämpfung von HF-Leitungen

Die Dämpfung einer HF-Leitung ist im Gegensatz zu Wellenwiderstand und Verkürzungsfaktor frequenzabhängig und steigt mit wachsender Frequenz. Sind Leitungen mit ihrem Wellenwiderstand abgeschlossen, werden die Verluste ausschließlich durch den Längswiderstand der Leiter und durch den Verlustwinkel des verwendeten Isoliermaterials bestimmt.

Allerdings ist der Längswiderstand der Leiter bei Hochfrequenz infolge des *Skin-Effektes* (Stromverdrängung zur Leiteroberfläche, Hautwirkung) wesentlich größer als ihr Gleichstromwiderstand. Der frequenzabhängige Längswiderstand läßt sich für die üblichen Leitungsabmessungen mit Kupferleiter durch folgende Näherungsformel errechnen:

$$R/_{\Omega/km} = \frac{8,4}{d/_{cm}} \cdot \sqrt{f/_{MHz}}. \qquad (5.13.)$$

Der gesamte Längswiderstand ergibt sich durch Addition des Hin- und Rückleiterwiderstandes. Handelt es sich bei den Leitern nicht um glatte Drähte oder Rohre, so erhöht sich bei Litzenleitern der Widerstand um etwa 1/4, während bei den üblichen Geflechten von Koaxialkabelaußenleitern mit dem 2- bis 3fachen Widerstand zu rechnen ist.

Hersteller geben fast immer die Dämpfung für eine Reihe von Meßfrequenzen in dB/100 m an. In den angelsächsischen Ländern wird häufig mit Dezibel je 100 Fuß (db/100 ft) gerechnet. Zum Vergleich mit älteren Daten werden in Tabelle 5.3. die Umrechnungsfaktoren für verschiedene Dämpfungsangaben aufgeführt.

Die reinen Dämpfungsverluste auf einer Hochfrequenzleitung können erhebliche Werte erreichen. Besonders wenn größere Leitungslängen

Tabelle 5.3.
Umrechnungsfaktoren für Dämpfungsangaben

1 Np · 0,1151	= 1 dB
1 dB · 8,686	= 1 Np
1 Np/km · 0,867	= 1 dB/100 m
1 dB/100 m · 1,15	= 1 Np/km
1 Np/km · 0,2645	= 1 dB/100 ft
1 dB/100 ft · 3,78	= 1 Np/km

eingesetzt werden müssen, ist es ratsam, eine Energiebilanz der Antennenanlage aufzustellen. Das Diagramm (Bild 5.14) gestattet es, bei bekannter Dämpfung in dB sehr schnell und einfach den Prozentsatz des Wirkungsgrades bzw. der Verluste nach Leistung und Spannung abzulesen.

Beispiel 1
Ein VHF-Sender mit einer Ausgangsleistung von 100 W soll bei einer Sendefrequenz von 145 MHz über ein 25 m langes 50-Ω-Koaxialkabel die Sendeantenne speisen. Für diesen Kabeltyp wird bei 145 MHz eine Leitungsdämpfung von 9,1 dB/100 m angegeben. Da nur 25 m Leitungslänge gebraucht werden, beträgt die tatsächliche Leitungsdämpfung nur 1/4 des Wertes, der bei 100 m Länge auftritt, d. h. 9,1 dB : 4 ≈ 2,3 dB. Auf der Abszisse in Bild 5.14 sucht man den Punkt 2,3 dB und geht von dort senkrecht nach oben bis zum Schnittpunkt mit der Leistungsgeraden. Auf der linken Ordinate kann abgelesen werden, daß bei einer Dämpfung von 2,3 dB noch 60% der vorhandenen Leistung verfügbar sind, da 40% Dämpfungsverluste (rechte Ordinate) im Koaxialkabel auftreten. Bei einer Leistung von 100 W betragen die Kabelverluste demnach bereits 40 W.

Würde im vorliegenden Fall ein hochwertiges Kabel eingesetzt, so wären die Verhältnisse bedeutend günstiger. Bei einer Leitungsdämpfung von 1,4 dB beträgt der Wirkungsgrad etwa 73%, und die Leitungsverluste verringern sich auf 27 W.

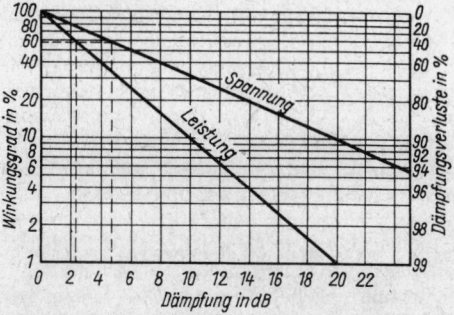

Bild 5.14
Diagramm zum Umrechnen des Spannungs- und Leistungsverlustes

Beispiel 2

Ein Fernsehempfänger wurde über eine 30 m lange Bandleitung aus schlechtem Isoliermaterial (PVC) mit der Fernsehantenne verbunden. Die Antenne ist auf Kanal 8 Band III mit einer Mittenfrequenz von etwa 200 MHz abgestimmt. Am Antennenspeisepunkt steht eine Nutzspannung von 500 µV zur Verfügung. Die durch die Bandleitung verursachte Spannungsreduzierung soll festgestellt werden.

Für die Bandleitung wird bei 200 MHz eine Dämpfung von 15,6 dB/100 m angegeben. Bei einer Leitungslänge von 30 m errechnet sich die Dämpfung mit

$$\frac{15,6\,dB}{100\,m} \cdot 30\,m \approx 4,7\,dB.$$

Vom Punkt 4,7 dB auf der Abszisse in Bild 5.14 geht man senkrecht nach oben bis zum Schnittpunkt mit der Spannungsgeraden und liest auf der linken Ordinate einen Wirkungsgrad von etwa 58%, entsprechend einem Spannungsverlust von 42%, ab. Das bedeutet, für den Fernsehempfänger stehen nicht die 500 µV Antennenspannung, sondern nur noch 58%, also 290 µV, zur Verfügung. Der Leitungsverlust beträgt 210 µV. Da es sich um eine alte Leitung handelt, dürften zudem noch große Zusatzverluste durch Kabelalterung auftreten.

Eine hochwertige Bandleitung mit 240 Ω, beispielsweise Rundschlauch, könnte günstigere Verhältnisse schaffen. Für diese Leitung beträgt die Dämpfung bei 200 MHz 6,7 dB/100 m, für 30 m Leitungslänge entsprechen etwa 2 dB. Nach Bild 5.14 ergibt sich für 2 dB eine Spannungsreduzierung von nur 20%, d. h., für den Fernsehempfänger würden 400 µV Eingangsspannung zur Verfügung stehen.

Beide Beispiele sind in Bild 5.14 gestrichelt dargestellt. Es ist daraus zu erkennen, daß besonders im VHF/UHF-Bereich die Leitungsdämpfung erheblich werden kann. Deshalb sollte man auf möglichst kurze und hochwertige Speiseleitungen achten.

Als Folge oftmals vorhandener Fehlanpassung treten außerdem noch beachtliche Verluste auf, die sich zur Leitungsdämpfung addieren. Dadurch wird der Wirkungsgrad noch weiter verschlechtert. Die Verluste durch Fehlanpassung werden in Abschnitt 5.2.2. behandelt.

Tabellen mit den Kenndaten standardisierter HF-Leitungen befinden sich im Anhang.

5.1.5. Hinweise für die Verwendung von HF-Leitungen

Die offene Zweidrahtleitung («Hühnerleiter») ist für den Funkamateur im Kurzwellenbereich unersetzlich, insbesondere dann, wenn *abge-*stimmte Speiseleitungen gebraucht werden (siehe Abschnitt 5.3.2.). Hinsichtlich ihrer geringen Verluste wird sie von keiner Bandleitung übertroffen, vorausgesetzt, man verwendet verlustarme Spreizer. Als Abstandshalter bieten sich die modernen Kunststoffe in großer Vielfalt an. Sie sind leicht, sehr verlustarm und lassen sich gut bearbeiten. Die Länge der Spreizer wählt man zwischen 50 und 150 mm. Mit den üblichen Drahtstärken um 2 mm ergeben sich dabei Wellenwiderstände zwischen etwa 480 und 600 Ω (siehe Bild 5.4). Leitungen mit großen Drahtabständen sind wegen des langen Isolationsweges besonders verlustarm. Bei hohen Frequenzen jedoch (z. B. 28 MHz) besteht die Gefahr, daß «breite» Leitungen selbst etwas strahlen. Es kommt zu Strahlungsverlusten und möglicherweise zu BCI und TVI (Störungen des Rundfunk- und Fernsehempfangs). Spreizerlängen von etwa 100 mm sind für alle Kurzwellenamateurbänder gut brauchbar. Mit der Anzahl der Abstandsspreizer soll nicht gespart werden, damit die Leitung auch bei Wind noch genügend starr bleibt.

Bei der Leitungsführung einer «Hühnerleiter» sind plötzliche Richtungsänderungen zu vermeiden. Es ist besonders darauf zu achten, daß die Leitung nicht parallel zu anderen Leitern verläuft. Läßt sich eine Annäherung an Regenrinnen, Fallrohre und sonstige größere Metallteile nicht umgehen, dann soll ein Abstand von mindestens 3mal Leitungsbreite gehalten werden.

Eine wenig bekannte, aber nahezu ideale Paralleldrahtleitung ist die Vierleiter-Speiseleitung. Sie besteht aus 4 parallel geführten Einzeldrähten, die an der Peripherie einer Kreisscheibe in gleichmäßigem Abstand oder an den 4 Ecken eines Quadrates gehalten sind.

Die Kunststoffscheiben (es können auch kreuzförmige Spreizer sein) haben die gleiche Aufgabe wie die Spreizer bei einer «Hühnerleiter», sie müssen lediglich 4 Drähte in Reusenform auf gleiche Abstände bringen.

Am Anfang und am Ende dieser Leitung werden jeweils die beiden sich gegenüberstehenden Einzeldrähte miteinander verbunden (siehe Bild 5.15). Damit ist die elektrische Funktion einer symmetrischen Zweidrahtleitung gegeben. Auch in diesem Fall wählt man Scheibendurchmesser bzw. Leiterabstände zwischen 50 und 200 mm. Vierdrahtleitungen dieser Art haben einen kleineren Wellenwiderstand als einfache Zweidrahtleitungen bei gleichen Leiterabständen (Z etwa zwischen 180 und 200 Ω).

Eine solche Leitung hat eine ausgezeichnete Symmetrie und eine geringe Verluststrahlung. Darüber hinaus ist sie nicht so umgebungsempfindlich wie eine vergleichbare Zweidrahtleitung. Aus Bild 5.15 läßt sich der zu erwartende Wellenwiderstand von Vierdrahtleitungen für verschie-

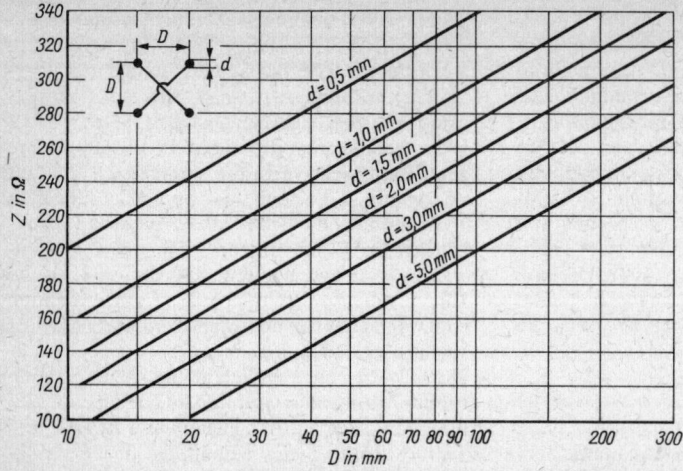

Bild 5.15
Der Wellenwiderstand
von Vierleiter-Speiseleitungen
in Abhängigkeit
vom Abstand *D* für
verschiedene Leiterdurchmesser (Parameter)

dene Einzeldrahtdurchmesser in Abhängigkeit vom Abstand *D* der Drähte ersehen.

Handelsübliche UKW-Bandleitungen sollte der Funkamateur wegen der vorhandenen Nachteile nur in Ausnahmefällen verwenden, z. B. beim Portableeinsatz.

Das Koaxialkabel ist für den Funkamateur die beste, wenn auch kostspieligste Speiseleitung. Auf die elektrischen Vorzüge des Koaxialkabels wurde bereits eingegangen. Es läßt sich wie ein Netzkabel installieren, bei unbeschädigtem Außenschutzmantel darf es auch im Erdboden verlegt werden. Scharfe Knicke sollte man vermeiden, da sich hierbei der Innenleiter verlagern kann. Kabel, deren Innenleiter aus Kupferlitze besteht, sind besonders flexibel, aber nicht so verlustarm wie solche mit Runddrahtinnenleiter. Eingedrungene Feuchtigkeit ist aus einem Koaxialkabel nicht mehr zu entfernen, es wird unbrauchbar.

5.1.6. Die Kennzeichnung von HF-Leitungen

Die Kurzbezeichnung des Leitungstyps wird nach *IEC-Publikation 78* gebildet. In dieser neuen Kurzbezeichnung gibt die 1. Ziffer den Wellenwiderstand in Ω an.

Bei Koaxialkabeln kennzeichnet die auf den Bindestrich folgende 2. Ziffer den Durchmesser des Dielektrikums, auf ganze Millimeter gerundet. Die 3. Ziffer ist eine Zählnummer nach IEC-Empfehlung 96-2.

Beispiel
Kabeltyp *75-7-8*

Es bedeuten:

75 – Wellenwiderstand 75 Ω,
 7 – Durchmesser des Dielektrikums 7 mm;
 8 – Zählnummer nach IEC.

Ein Außenschutz, der von der Normalausführung mit einfachem PVC-Mantel abweicht, wird durch einen Punkt hinter der Zählnummer gekennzeichnet.

.0 – Ausführung ohne Schutzhülle
.3 – Ausführung mit Kunststoffschutzhülle und Bewehrung
.4 – Ausführung mit Kunststoffschutzhülle, Bewehrung und äußerer Kunststoffschutzhülle
.40 – Ausführung mit Kunststoffschutzhülle, Schirm und äußerer Kunststoffschutzhülle.

Bei symmetrischen HF-Leitungen folgt nach der Angabe des Wellenwiderstandes (1. Ziffer) ein Buchstabe zur Unterscheidung der Querschnittsform.

Es bedeuten:

A – ungeschirmte symmetrische HF-Leitung mit dünnem, dielektrischem Verbindungssteg zwischen den beiden isolierten Leitern;
B – ungeschirmte symmetrische HF-Leitung mit gleichbleibender Dicke des Dielektrikums, in das beide Leiter eingebettet sind;
C – ungeschirmte symmetrische HF-Leitung mit schlauchförmigem Dielektrikum;
D – geschirmte symmetrische HF-Leitung.

Nach den Buchstaben zur Kennzeichnung des Querschnitts folgt bei ungeschirmten symmetrischen HF-Leitungen eine Ziffer, die den Abstand der beiden Leiter angibt, während bei geschirmten symmetrischen HF-Leitungen wie bei koaxialen Kabeln der Durchmesser des Dielektrikums genannt wird.

Am Schluß findet man die Zählnummer und die Kennziffer des Außenschutzes wie bei koaxialen HF-Kabeln.

Beispiel
HF-Leitung *300 A7-1*

Es bedeuten:

300 – Wellenwiderstand 300 Ω;
  A – ungeschirmte symmetrische HF-Leitung mit dünnem dielektrischem Verbindungssteg zwischen den beiden isolierten Leitern;
  7 – Leiterabstand etwa 7 mm;
  1 – Zählnummer nach IEC.

5.1.7. Die Eindrahtwellenleitung

(G. I. E. Goubau – US. Pat. 2685068 – 1950)

Zur verlustarmen Übertragung von Hochfrequenz über größere Strecken wird teilweise eine Eindrahtwellenleitung verwendet. Sie ist nach ihrem Erfinder, dem Physiker *Dr. Georg Goubau*, als *Goubau*-Leitung bekannt geworden.

Die Oberflächenwellenleitung stellt ein verblüffend einfaches Gebilde dar. Sie besteht lediglich aus einem metallischen Leiter, der von einer mehr oder weniger dicken Schicht eines Dielektrikums umgeben ist (Bild 5.16).

Das den Leiter umgebende Isoliermaterial bewirkt eine Konzentration des elektromagnetischen Feldes um den Leiter. Bekanntlich ist die Fortpflanzungsgeschwindigkeit der Hochfrequenzwellen in einem Isolierstoffdielektrikum kleiner als in der umgebenden Luft. Deshalb kann man sich die Wirkung des den Leiter umgebenden Isolierstoffmantels so vorstellen, daß er das elektromagnetische Feld in seiner Nähe festhält. Im Dielektrikum des Kunststoffmantels pflanzt sich nur ein sehr geringer Anteil der Feldenergie fort. Je nach Leiterausführung (Durchmesser des metallischen Innenleiters sowie Art und Durchmesser des umgebenden Kunststoff-

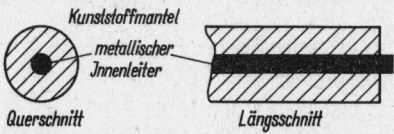

Bild 5.16
Der Aufbau des Leitermaterials einer Goubau-Leitung

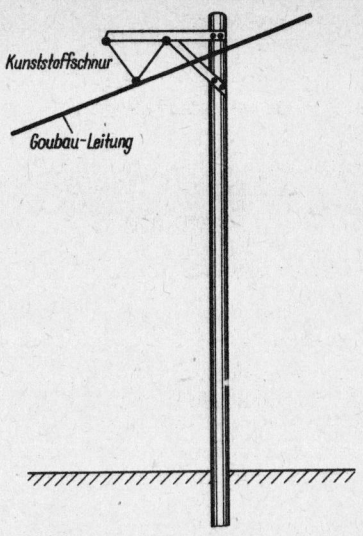

Bild 5.17
Die zweckmäßige Befestigung der Goubau-Leitung

dielektrikums) wird von der Feldenergie ein zylindrischer Luftraum um den Leiter durchsetzt, der etwa 2 ... 3 Wellenlängen im Radius umfaßt. Die die Leitung umgebende Feldstärke nimmt jedoch nach außen hin sehr schnell ab, etwa 90% der übertragenen Energie strömt in einem Luftraum mit 0,7 λ Radius um den Leiter. Die Energie wird im umgebenden Luftraum strahlungsfrei weitergeleitet, deshalb wird mit der *Goubau*-Leitung eine außerordentlich geringe Dämpfung erzielt. Voraussetzung für eine solche dämpfungsarme Wellenleitung ist natürlich, daß der die *Goubau*-Leitung umgebende Luftraum frei von metallischen und größeren dielektrischen Gegenständen gehalten wird. Den Durchmesser des Luftraumes, in dem mehr als 90% der Gesamtenergie übertragen werden, nennt man *Grenzdurchmesser*.

Die *Goubau*-Leitung sollte möglichst geradlinig verlegt werden. Richtungsänderungen bis zu einem Knickwinkel von 20° sind zulässig. Die Oberflächenwellenleitung wird zweckmäßig an Holzmasten mit Querausleger nach Bild 5.17 aufgehängt. Durch V-förmig angeordnete Kunststoffschnüre hält man die Leitung in angemessenem Abstand vom Träger.

Die *Goubau*-Leitung stellt ein unsymmetrisches System dar. Es liegt deshalb nahe, sie über ein kurzes Stück Koaxialkabel durch einen Metalltrichter (Bild 5.18) an die Energiequelle anzukoppeln. Der Außenleiter des Koaxialkabels wird dabei mit dem Trichter verlötet, der Innenleiter ist im Trichtergrund mit dem Leiter der

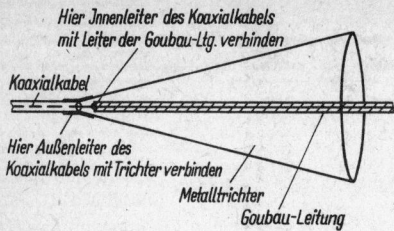

Hier Innenleiter des Koaxialkabels
mit Leiter der Goubau-Ltg. verbinden

Koaxialkabel

Hier Außenleiter des
Koaxialkabels mit Trichter verbinden

Metalltrichter

Goubau-Leitung

Bild 5.18
Der Übergang vom Koaxialkabel zu einer
Goubau-Leitung

Goubau-Leitung verbunden. Die Ankopplungsverluste sind gering, wenn die Trichterabmessungen nicht zu klein gewählt werden. Besonders günstige Ergebnisse wurden bei einer Trichterlänge von 1λ und einem Durchmesser von etwa $\lambda/2$ erzielt.

Gut bewährt haben sich Exponentialtrichter, mit denen etwas geringere Ankopplungsverluste als mit einem normalen Trichter erzielt werden können. Die Exponentialform gewährleistet einen stoßstellenarmen Übergang vom Koaxialkabel auf die *Goubau*-Leitung. Bild 5.19 zeigt die praktische Ausführung einer *Goubau*-Leitung mit Exponentialtrichtern. Diese Anlage gewährleistet den Fernsehempfang eines Dorfes in einem ungünstig gelegenen Gebirgstal. Die Empfangsantenne befindet sich dabei auf einem Berg.

Tabelle 5.4.
Dämpfungswerte verschiedener Energieleitungen

Art der Leitung	Dämpfung in Np/km bei 200 MHz
Goubau-Leitungen	
25 mm Durchmesser des Außenmantels	0,25
10 mm Durchmesser des Außenmantels	0,60
8 mm Durchmesser des Außenmantels	0,70
5 mm Durchmesser des Außenmantels	0,92
Koaxialkabel	
hochwertiges Koaxialkabel 22 mm Durchmesser des Außenmantels mit Hohlraumisolation	4,30
gutes Koaxialkabel mit Vollisolation	9 … 15
Flachbandleitungen	
(UKW-Bandleitungen) abgeschirmte, symmetrische Leitungen	9 … 30

Das aufgenommene Fernsehsignal wird in einem Antennenmastverstärker noch entsprechend angehoben und dann auf der *Goubau*-Leitung den einzelnen Fernsehteilnehmern zugeführt. Das Signal kann sehr einfach durch einen an die *Goubau*-Leitung angekoppelten Dipol abgenommen werden.

Aufschlußreich ist ein Vergleich der Dämpfungswerte von *Goubau*-Leitungen und handelsüblichen Koaxialkabeln sowie symmetrischen Leitungen mit Kunststoffdielektrikum. Aus Tabelle 5.4. kann man die minimalen Verluste von *Goubau*-Leitungen erkennen. Es werden 2 Typen von Drahtwellenleitern hergestellt. Mit ihnen werden vorwiegend weit abgesetzte Fernsehempfangsantennen mit Empfängergemeinschaften in Orten mit ungünstigen Empfangsbedingungen verbunden. Der Typ 2/5 wird in Gegenden mit normalen klimatischen Verhältnissen eingesetzt; in Höhenlagen, wo mit Eisbehang und starker Rauhreifbildung zu rechnen ist, sollte der Typ 4/10 bevorzugt werden.

Die Kenndaten dieser Drahtwellenleiter sind in Tabelle 5.5. enthalten.

Die angegebene Dämpfung gilt nur für den Drahtwellenleiter ohne Berücksichtigung der Ankopplungstrichter. Bei Feuchtigkeit bzw. bei Eis- und Rauhreifbelag liegt die Dämpfung höher. Als Öffnungsdurchmesser der kegelförmigen Ankopplungstrichter werden vom Herstellerwerk mindestens 68% des Grenzdurchmessers empfohlen. Es waren schon zahlreiche *Goubau*-Leitungen bis zu 20 km Länge in Betrieb. Im Zuge des weiteren Ausbaus der Fernsehversorgung wurden sie größtenteils durch drahtlose Zubringereinheiten ersetzt.

Vorteilhaft wirkt sich die *Goubau*-Leitung auch als Energieleitung zwischen UKW-Sendern und den dazugehörigen, auf hohen Masten befind-

Tabelle 5.5.
Drahtwellenleiter

	Typ 2/5	Typ 4/10
Leiter	Cu-Runddraht 2 mm Durchmesser	Cu-Runddraht 4 mm Durchmesser
Dielektrikum	Polyäthylen 5 mm Durchmesser	Polyäthylen 10 mm Durchmesser
mittlere Dämpfung bei:		
150 MHz	0,77 Np/km	0,50 Np/km
200 MHz	0,95 Np/km	0,63 Np/km
250 MHz	1,10 Np/km	0,76 Np/km
500 MHz	2,00 Np/km	1,40 Np/km
Grenzdurchmesser bei:		
150 MHz	2,3 m	2,1 m
200 MHz	1,6 m	1,5 m
250 MHz	1,3 m	1,2 m
500 MHz	0,6 m	0,56 m

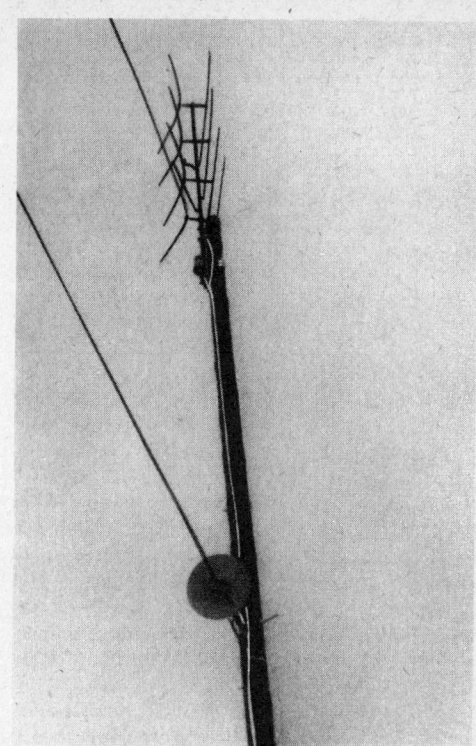

Bild 5.19
Die praktische Ausführung
einer Goubau-Leitung
mit Exponentialtrichtern

lichen Sendeantennen aus. Aber auch der UKW-
und Fernsehamateur kann sie in vielen Fällen mit
Vorteil benutzen. Es ist z. B. in schwierigen Tallagen mit verhältnismäßig geringen Kosten möglich, die Antenne auf einer empfangsgünstigen
Höhe zu montieren und eine mehrere hundert

Meter lange *Goubau*-Leitung als verlustarmen
Energiezubringer einzusetzen (Bild 5.20).
   Weiterhin wird die Eindrahtwellenleitung be-
reits als verlustarme Speiseleitung für UKW- und
Fernsehsender in den Bändern II, III und IV ver-
wendet. Äußerst interessant ist der Einsatz einer

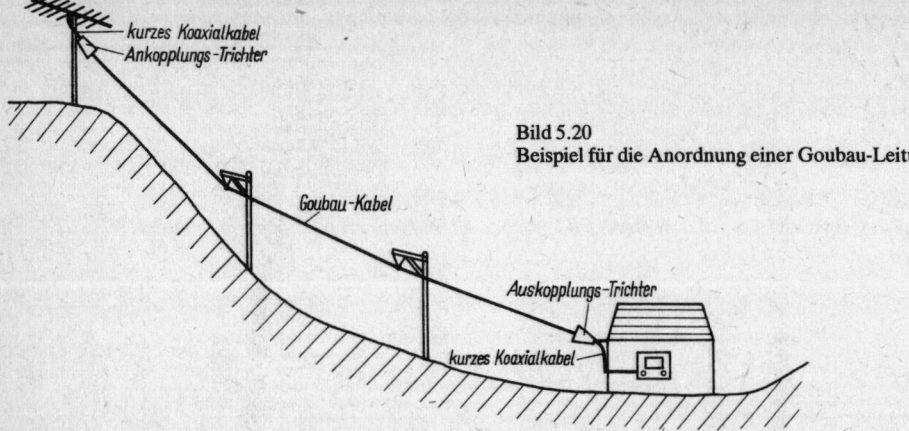

kurzes Koaxialkabel
Ankopplungs-Trichter

Goubau-Kabel

Auskopplungs-Trichter

kurzes Koaxialkabel

Bild 5.20
Beispiel für die Anordnung einer Goubau-Leitung

Goubau-Leitung als künstliche Antenne (Absorber). Wird eine mindestens 20 Wellenlängen lange Drahtwellenleitung allmählich einem stark verlustbehafteten Dielektrikum genähert, so findet eine nahezu vollständige Absorption der Oberflächenwelle statt. Solche stark verlustbehafteten Dielektrika sind z. B. Beton, Mauerwerk, Schotter, Kies, Lehm oder Humus.

Zu bemerken ist noch, daß der Isolierstoffmantel von *Goubau*-Leitungen im allgemeinen aus einem Kunststoff auf *Polyäthylen*-Basis besteht. Dabei verhält sich der Durchmesser des metallischen Leiters zum Außendurchmesser des Isolierstoffmantels etwa wie 1 : 2,5. Da *Polyäthylen* unter dem Einfluß der Sonnenbestrahlung nach längerer Zeit verwittert, pigmentiert man dieses Material häufig mit Ruß und schafft damit einen wirksamen Schutz gegen Verwitterung. Durch diese Maßnahme werden allerdings die elektrischen Eigenschaften des *Polyäthylens* verschlechtert, und die Leitungsdämpfung steigt an. Deshalb mengt man neuerdings nur der äußersten Schicht des *Polyäthylen*-Mantels Ruß bei und erzielt dadurch eine gegen Verwitterung sehr beständige Drahtwellenleitung, ohne dabei mit einer merkbaren Dämpfung rechnen zu müssen. Für orientierende Versuche kann der Amateur einfache, kunststoffisolierte Kupferdrähte verwenden. Diese behelfsmäßigen *Goubau*-Leitungen haben jedoch ein ziemlich ausgedehntes Streufeld und eine größere Dämpfung.

5.2. Die physikalischen Eigenschaften von HF-Leitungen

Größtmögliche Leistung wird nur dann übertragen, wenn der Scheinwiderstand des Generators R_i (z. B. Senderendstufe) an den Scheinwiderstand des Verbrauchers R_a (z. B. Antenne) angepaßt ist. Die zur Energieübertragung benutzte Speiseleitung muß ebenfalls der Anpassungsbedingung genügen. Ihr Wellenwiderstand Z muß gleich R_i und gleich R_a sein:

$$R_i = Z = R_a. \qquad (5.14.)$$

In diesem Fall der Anpassung sind die Übertragungsverluste auf die Kupferverluste der Leitung und deren dielektrische Verluste beschränkt.

5.2.1. Die Spannungsverteilung entlang einer Zweidrahtleitung

Ist eine verlustlose Zweidrahtleitung an ihrem Ende mit einem Lastwiderstand R_a abgeschlossen, der dem Leitungswellenwiderstand Z entspricht, so wird die zum Abschlußwiderstand hinlaufende Leistung in diesem restlos verbraucht. Dabei verteilt sich die Spannung (und damit auch der Strom) an allen Punkten der Leitung in gleichbleibender Größe. Dieser Fall der Anpassung ist in Bild 5.21 zeichnerisch dargestellt.

Entfernt man den Abschlußwiderstand, so stellt das offene Leitungsende für den Strom einen unendlich großen Widerstand dar ($R_a = \infty$). Die vom Sender zum Leitungsende hinlaufende Welle findet dort keinen Verbraucher vor und

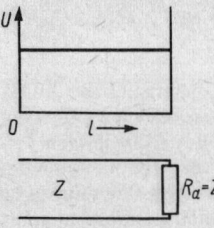

Bild 5.21
Die Spannungsverteilung auf einer HF-Leitung bei Anpassung ($R_a = Z$)

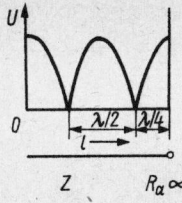

Bild 5.22
Die Spannungsverteilung
auf einer am Ende
offenen HF-Leitung
(Leerlauf, $R_a \rightarrow \infty$)

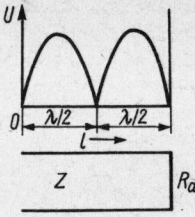

Bild 5.23
Die Spannungsverteilung
auf einer am Ende kurz-
geschlossenen HF-Leitung
(Kurzschluß $R_a = 0$)

wird deshalb wieder vollständig zu ihrem Ausgangspunkt reflektiert (Bild 5.22). Somit entsteht auf der Leitung eine hinlaufende und eine rücklaufende Welle. Wegen der endlichen Laufzeit überlagern sich hinlaufende und rücklaufende Wellen. Dadurch entstehen über die Länge l der Speiseleitung verteilt Spannungsmaxima und Spannungsminima, wobei am offenen Leitungsende immer ein Spannungsmaximum vorhanden ist, wie auch Bild 5.22 zeigt. Für die Verteilung des Stromes gelten die gleichen Überlegungen. Am offenen Leitungsende kann kein Strom mehr fließen, dort ist deshalb ein Stromminimum. Demnach steht dem Spannungsmaximum ein Stromminimum gegenüber und umgekehrt. Spannung und Strom sind um 90° phasenverschoben. Im Abstand von jeweils $\lambda/4$ wechseln entsprechend dem sinusförmigen Verlauf Spannungsmaxima und Strommaxima einander ab. Diese Verteilung von Strom und Spannung auf einer Leitung nennt man *stehende Wellen*.

Sie entstehen immer dann, wenn reflektierte Wellen vorhanden sind. Dabei ist die Spannung an jedem gegebenen Punkt der Leitung gleich der Vektorsumme der Spannung aus hinlaufender und rücklaufender Welle. Die Vektorendarstellung stützt sich auf den zeitlichen Verlauf der Fortpflanzung elektromagnetischer Wellen (siehe Bild 1.1). Entsprechend den jeweils bestehenden laufzeitabhängigen Phasenverhältnissen von hinlaufenden und reflektierten Wellen bildet sich die Strom- und Spannungsverteilung stehender Wellen aus. Dabei ist der Scheinwiderstand an jedem Punkt der Speiseleitung gleich dem Verhältnis aus Spannung und Strom.

Das Anpassungsverhalten einer Leitung wird durch die *Welligkeit s* (VSWR) ausgedrückt. Sie ist das Verhältnis der größten Spannung auf einer Leitung zu deren kleinster Spannung

$$s = \frac{U_{max}}{U_{min}}; \qquad (5.15.)$$

s immer $\geqq 1$.

Im Fall der Anpassung ist nur eine hinlaufende Welle auf der Leitung vorhanden, denn es findet keine Reflexion am Abschlußwiderstand R_a statt. Deshalb beträgt die Welligkeit $s = 1$.

Den Kehrwert der Welligkeit s nennt man *Anpassungsfaktor m*

$$m = \frac{U_{min}}{U_{max}}; \qquad (5.16.)$$

m immer $\leqq 1$.

Auf einer am Ende kurzgeschlossenen Leitung verschieben sich die Spannungsmaxima und Spannungsnullstellen auf der Leitung lediglich um $\lambda/4$ gegenüber einer offenen Leitung, denn an einem Kurzschluß ($R_a = 0$) kann sich keine Spannung aufbauen (Bild 5.23).

Leerlauf und Kurzschluß sind die beiden Extremfälle des Leitungsabschlusses. Sie lassen sich daran erkennen, daß im Abstand von jeweils $\lambda/2$ die Spannungsverteilung auf der Leitung ausgesprochene Nullstellen aufweist.

Ist der Abschlußwiderstand R_a größer als der Wellenwiderstand Z der Leitung (Bild 5.24 a) findet keine vollkommene Reflexion mehr statt, denn ein mehr oder weniger großer Energieanteil wird im Lastwiderstand verbraucht. Nur die «überschüssigen» Anteile, die R_a wegen der vorhandenen Fehlanpassung ($R_a > Z$) nicht mehr verbrauchen kann, werden zum Eingang reflektiert und verursachen stehende Wellen. Das Verhältnis des Spannungsmaximums zum Spannungsminimum – die Welligkeit – ist aber viel geringer als im Kurzschluß oder im Leerlauf, und es sind keine Spannungsnullstellen vorhanden.

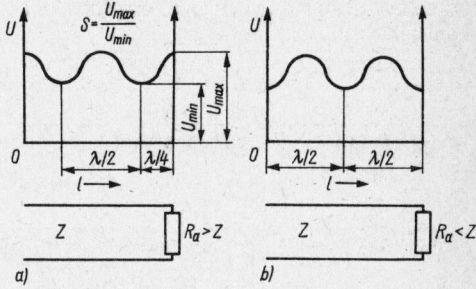

Bild 5.24
Die Spannungsverteilung auf einer Leitung bei
Fehlanpassung am Leitungsende: a – $R_a > Z$,
b – $R_a < Z$

Für den Fall $R_a < Z$ gilt Bild 5.24 b. Man erkennt, daß am Leitungsende ein Spannungsminimum auftritt, während entsprechend in Bild 5.24 a ein Spannungsmaximum besteht ($R_a > Z$). Wie groß der reflektierte Anteil ist, gibt der *Reflexionsfaktor r* an. Er ergibt sich aus

$$r = \frac{\dfrac{R_a}{Z} - 1}{\dfrac{R}{Z} + 1} \qquad (5.17.)$$

oder

$$r = \frac{R_a - Z}{R_a + Z}. \qquad (5.18.)$$

Handelt es sich um einen rein ohmschen Abschlußwiderstand R_a (der also keine Blindanteile hat), dann ist auch r nicht komplex (reell). Man erhält ein positives Ergebnis aus der Berechnungsgleichung, wenn $R_a > Z$, und es wird negativ bei $R_a < Z$, im allgemeinen Fall ist r komplex.

Beispiel
Eine Speiseleitung mit dem Wellenwiderstand $Z = 240\,\Omega$ ist durch eine Sendeantenne mit dem reellen Eingangswiderstand R_a von $480\,\Omega$ abgeschlossen. Der Reflexionsfaktor r errechnet sich aus Gl. (5.17.) mit

$$r = \frac{\dfrac{480\,\Omega}{240\,\Omega} - 1}{\dfrac{480\,\Omega}{240\,\Omega} + 1} = \frac{2 - 1}{2 + 1} = \frac{1}{3}$$

oder

$$r \approx +0,33.$$

Die Amplitude der reflektierten Welle beträgt demnach 1/3 oder 0,33 von der der hinzulaufenden Welle und hat gleiche Polarität (Vorzeichen +, $R_a > Z$).
Würde der Abschlußwiderstand R_a bei gleicher Speiseleitung nur $60\,\Omega$ betragen, wäre der Reflexionsfaktor

$$r = \frac{\dfrac{60\,\Omega}{240\,\Omega} - 1}{\dfrac{60\,\Omega}{240\,\Omega} + 1} = \frac{0,25 - 1}{0,25 + 1} = \frac{-0,75}{1,25}$$

$$= \frac{-3}{5} \quad \text{oder} \quad -0,6.$$

In diesem Fall beträgt die Amplitude der rücklaufenden Welle 60 % der vorlaufenden. Das Vorzeichen ist negativ. Deshalb tritt entgegengesetzte Polarität auf.

Schließlich könnte man noch den Anpassungsfall $R_a = Z = 240\,\Omega$ untersuchen:

$$r = \frac{\dfrac{240\,\Omega}{240\,\Omega} - 1}{\dfrac{240\,\Omega}{240\,\Omega} + 1} = \frac{1 - 1}{1 + 1} = \frac{0}{2} = 0.$$

Der Reflexionsfaktor 0 zeigt an, daß keine reflektierte Welle auftritt.
Zwischen den dimensionslosen Faktoren m, r und s bestehen noch folgende Beziehungen, aus denen man die Zusammenhänge erkennen kann:

$$s = \frac{1 + |r|}{1 - |r|} \qquad (5.19.)$$

$(s = 1 \ldots \infty)$
sowie

$$m = \frac{1 - |r|}{1 + |r|} \qquad (5.20.)$$

$(m = 0 \ldots 1)$
und

$$|r| = \frac{1 - m}{1 + m} = \frac{s - 1}{s + 1} \qquad (5.21.)$$

$(|r| = 0 \ldots 1$ bzw. $100\,\%)$

Wenn $R_a < Z$ ist, ergibt sich

$$s = \frac{Z}{R_a} \qquad (5.22.)$$

und

$$m = \frac{R_a}{Z}. \qquad (5.23.)$$

Ist dagegen $R_a > Z$, wird

$$s = \frac{R_a}{Z} \qquad (5.24.)$$

und

$$m = \frac{Z}{R_a}. \qquad (5.25.)$$

Eine gute Übersicht zu den zahlenmäßigen Zusammenhängen bietet Tabelle 34.8. im Anhang.
Wird die Leitung mit einem reinen Blindwiderstand abgeschlossen, wie ihn eine Kapazität oder eine Induktivität darstellt, dann herrscht die gleiche Spannungsverteilung wie bei Leerlauf oder Kurzschluß, denn der Blindwiderstand nimmt keine Leistung auf, er reflektiert sie. Es verschiebt sich lediglich die Spannungskurve so weit entlang der Leitung, daß am Leitungsende die Spannung der am Kondensator oder der Spule auftretenden Spannung entspricht.
Neben dem Wirkwiderstand sind beim Generator und beim Verbraucher oft auch noch Blindanteile vorhanden. Blindwiderstände werden mit

dem Symbol X gekennzeichnet, sie können ein positives Vorzeichen (induktiver Blindwiderstand, auch X_L) oder ein negatives Vorzeichen (kapazitiver Blindwiderstand, auch X_C) haben. Blindanteile an der Senderendstufe lassen sich durch entsprechende Abstimmungsmaßnahmen beseitigen. Blindkomponenten des Eingangswiderstandes einer Antenne treten auf, wenn sich die Antenne nicht in Resonanz bei der sie erregenden Frequenz befindet. In diesem Fall muß entweder die Antenne durch Längenveränderung zur Resonanz gebracht werden, oder man kompensiert eine vorhandene kapazitive Reaktanz durch eine Induktivität und umgekehrt. Erst wenn die Blindanteile kompensiert sind, ist eine vollkommene Anpassung möglich.

5.2.2. Zusätzliche Leitungsverluste durch stehende Wellen

Wie bereits in Abschnitt 5.1.4.ausgeführt wurde, hat jede HF-Leitung eine bestimmte frequenzabhängige Dämpfung je Längeneinheit, die von den Verlusten in den Leitern («Kupferverluste») und im Dielektrikum zwischen den Leitern (dielektrische Verluste) hervorgerufen wird. Diese Dämpfung ist unvermeidlich bei jeder Leitung vorhanden und wird als Leitungsdämpfung bezeichnet. Ist eine Speiseleitung senderseitig und antennenseitig mit ihrem Wellenwiderstand abgeschlossen, d. h. angepaßt, wird nur die reine Leitungsdämpfung wirksam. Beträgt beispielsweise die Leitungsdämpfung 3 dB, so erhält die Antenne nur noch die Hälfte der vom Sender abgegebenen HF-Leistung, die andere Hälfte wird von der Speiseleitung in Verlustwärme umgesetzt. Da die Dämpfung von industriell gefertigten HF-Kabeln vom Hersteller immer angegeben wird, kann man sich die Verluste bei Anpassung leicht ausrechnen. Ist die Leitung fehlangepaßt, treten zusätzliche Leitungsverluste auf.

Zur Erklärung solcher zusätzlicher Leitungsverluste wird davon ausgegangen, daß heute die meisten Amateursendeanlagen mit angepaßten Speiseleitungen arbeiten (siehe Abschnitt 5.3.1.). Dabei werden fast immer Koaxialkabel mit Wellenwiderständen von 50 ... 75 Ω als Speiseleitungen verwendet. Ferner ist bei modernen Amateursendern der Endstufen-Tankkreis so ausgelegt, daß beim Anschluß einer koaxialen Speiseleitung Anpassung an den Senderausgang besteht, beziehungsweise durch entsprechende Einstellung der Abstimmelemente hergestellt werden kann. Ist die am Ende der Speiseleitung angeschlossene Antenne in Resonanz mit der Senderfrequenz, stellt sie für den Sender eine reine Wirklast dar, wenn der reelle Eingangswiderstand der Antenne gleich dem Wellen-

widerstand des Speisekabels ist. Dieser Idealfall kommt in der Praxis kaum vor. Es ist nicht zu vermeiden, daß die Antenne auch mehr oder weniger außerhalb ihrer Resonanz betrieben werden muß, denn die Sendefrequenz bewegt sich innerhalb des ganzen zugelassenen Amateurbandes. Das bedeutet, daß bei Veränderung der Sendefrequenz am Antennenspeisepunkt ein Blindwiderstand auftritt, der kapazitiv oder induktiv sein kann. Da Blindwiderstände keine Leistung aufnehmen, stellt nun die Antenne keine reine Wirklast mehr dar, und sie reflektiert einen mehr oder weniger großen Anteil der angebotenen Leistung zum Speiseleitungsanfang. Die auf der Speiseleitung «vorlaufende» Welle wird von dieser «rücklaufenden» (reflektierten) Welle überlagert, und es bilden sich auf der Speiseleitung stehende Wellen aus, wie bereits an Abschnitt 5.2.1. beschrieben. Die von der Speiseleitung zum Senderausgang transformierten Blindanteile können dort mit den vorhandenen Abstimmitteln oder durch zusätzliche Anpassungsnetzwerke kompensiert werden.

Eine zweite Möglichkeit für das Auftreten von Stehwellen besteht darin, daß der Eingangswiderstand der angeschlossenen Antenne zwar reell ist, aber in seiner Größe nicht dem Wellenwiderstand Z der Speiseleitung entspricht, so daß auch in diesem Fall wieder eine Teilreflexion stattfindet. Häufig treten beide Möglichkeiten gemeinsam auf. Fehlanpassung zwischen Senderausgang und Speiseleitungsanfang kann bei diesen Betrachtungen ausgeklammert werden, weil man immer die Möglichkeit hat, die Anpassung entweder durch entsprechende Senderabstimmung oder durch ein zwischengeschaltetes Anpassungsnetzwerk herbeizuführen. Hat man die senderseitige Anpassung hergestellt, können – unabhängig vom Welligkeitsfaktor auf der Speiseleitung – keine Verluste im Senderausgang selbst auftreten. Diese Tatsache wird oft übersehen.

Wenn stehende Wellen auf der Leitung vorhanden sind, vergrößert sich die Leitungsdämpfung mit dem Anwachsen der Welligkeit s, weil die Effektivwerte von Strom und Spannung mit steigender Welligkeit größer werden. Dabei erhöht der größere Effektivstrom die ohmschen Leitungsverluste («Kupferverluste») und die größere Effektivspannung die dielektrischen Verluste. Die Leitungsdämpfung insgesamt wird somit größer. Dieser Vorgang wird gedanklich noch klarer, wenn man sich vorstellt, daß der reflektierte Anteil die Speiseleitung erneut durchlaufen muß und dabei wieder der Leitungsdämpfung unterliegt.

Aus Bild 5.25 lassen sich die Gesamtverluste in dB ermitteln, die auf einer fehlangepaßten Speiseleitung entstehen. Die Kurven sind für alle in der Praxis vorkommenden Welligkeiten vorhan-

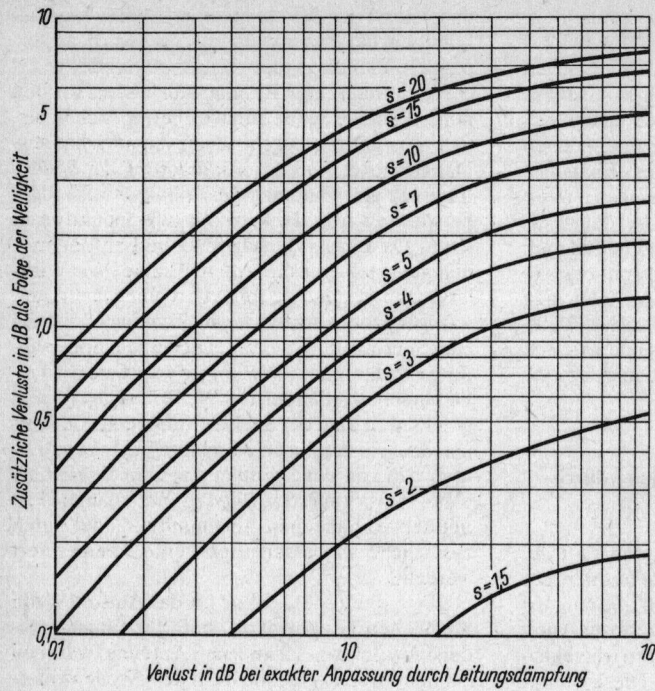

Bild 5.25
Durch Fehlanpassung verursachte
Zusatzverluste auf HF-Leitungen

Y-axis label: Zusätzliche Verluste in dB als Folge der Welligkeit

X-axis label: Verlust in dB bei exakter Anpassung durch Leitungsdämpfung

(Curve labels: s = 20, s = 15, s = 10, s = 7, s = 5, s = 4, s = 3, s = 2, s = 1,5)

den, Zwischenwerte können interpoliert werden. Da die zusätzlichen Verluste durch Fehlanpassung in ihrer Auswirkung auf die Leistungsbilanz der Antenne von vielen Funkamateuren weit überschätzt werden, soll in Auswertung von Bild 5.25 an praktischen Beispielen näher untersucht werden, wie sich die Verhältnisse tatsächlich darstellen:

Beispiel 1
Eine Sendeantenne, die für eine Resonanzfrequenz von 3600 kHz bemessen ist, wird über ein 40 m langes Koaxialkabel gespeist, für das der Kabelhersteller eine frequenzbezogene Dämpfung von 2 dB/100 m angibt. Die Leitung ist angepaßt, stehende Wellen sind nicht vorhanden. Die Gesamtverluste betragen für 40 m Leitungslänge (40 m/100 m) · 2 dB = 0,8 dB. Nun wird die Sendefrequenz innerhalb des Amateurbandes verändert, wobei die am Antennenspeisepunkt gemessene Welligkeit auf maximal $s = 3$ ansteigen möge. Aus Bild 5.25 ist für diesen Betriebsfall ein zusätzlicher Verlust durch Welligkeit von 0,45 dB zu entnehmen. Selbst bei $s = 5$ würde der Zusatzverlust noch unter 1 dB liegen. Nach praktischen Erfahrungen sind Leistungsminderungen $\leqq 1$ dB von der empfangenden Gegenstelle überhaupt nicht als Lautstärkeminderung feststellbar.

Beispiel 2
Eine Sendeantenne ist für eine Resonanzfrequenz im 20-m-Band bemessen und wird über ein 15 m langes Koaxialkabel erregt, für das der Kabelhersteller eine frequenzbezogene Dämpfung von 2,8 dB/100 m angibt. Die Leitungsdämpfung bei Anpassung beträgt somit (15 m/ 100 m) · 2,8 dB = 0,42 dB. Betreibt man nach Bild 5.25 die Antenne mit $s = 2$, beträgt der Zusatzverlust durch Fehlanpassung 0,1 dB, bei $s = 3$ sind es 0,25 dB, bei $s = 5$ etwa 0,55 dB, und erst bei etwa $s = 8$ wird die «1-dB-Grenze» erreicht.

Aus den Beispielen, die beliebig erweitert werden können, ist zu ersehen, daß die Sorge um besonders niedrige Welligkeit in den meisten Fällen unbegründet ist. Deshalb sollte man die auftretende Welligkeit keinesfalls als ausschlaggebenden Wertmesser für die Brauchbarkeit einer Antenne betrachten.

Es muß in diesem Zusammenhang noch vermerkt werden, daß man die «richtige» Welligkeit nur dort messen kann, wo sie ihren Ursprung hat, nämlich am Antennenspeisepunkt. Eine solche Messung ist in der Praxis oft unmöglich, zumindest aber sehr unbequem. Deshalb wird meistens das Welligkeitsanzeigegerät zwischen Senderausgang und Speiseleitungsanfang eingeschleift, wo es leicht abgelesen werden kann. In diesem Fall kommt immer eine Welligkeit zur Anzeige, die besser ist, als es der Wirklichkeit entspricht. Die stehenden Wellen werden auf dem Weg von ihrem Entstehungsort bis zum Meßort durch die verlustbehaftete Speiseleitung gedämpft, so daß – abhängig von der Größe der Leitungsdämpfung – eine entsprechend kleinere Welligkeit angezeigt wird. Welche Fehlmessungen dabei auftreten können, ist aus Bild 5.26 zu erkennen. Besonders im VHF- und UHF-Bereich, wo die Leitungsdämpfung von Koaxialkabeln relativ groß ist, sollte man diesen Meßfehler beachten. Bei einfacheren handelsüblichen Koaxialkabeln, wie sie Funkamateure bevorzugt verwenden, liegt die Dämpfung bei 145 MHz etwa im Bereich von 7...10 dB/100 m, so daß man z. B. mit einer Kabellänge von 30 m schon auf eine Leitungsdämpfung von 3 dB kommen kann. Mißt man in diesem Fall am Leitungsanfang eine Welligkeit $s = 2$, würde die wirkliche Welligkeit am Antennenspeisepunkt fast $s = 5$ betragen (siehe Bild 5.26). Besteht nun die Möglichkeit, dieses relativ verlustreiche Kabel gegen ein sehr verlustarmes auszutauschen, das beispielsweise nur 0,5 dB Verlust aufweist, bleibt die «echte» Welligkeit $s = 5$ am Antennenspeisepunkt bestehen, aber die scheinbare Welligkeit am Leitungsanfang würde nach Bild 5.26 von vorher $s = 2$ auf $s = 4$ ansteigen (gestrichelt eingezeichnet).

Leitungsverluste durch Strahlung der Speiseleitung

Zweidrahtleitungen, die Hochfrequenz übertragen, neigen dazu, selbst als Antenne zu wirken. Die in ihre Umgebung abgegebene Strahlung kann unerwünschte Richtwirkungen und Verluste verursachen. Wie bereits erwähnt, können strahlende Speiseleitungen auch Störungen des Rundfunk- und Fernsehempfanges hervorrufen. Diese Nebenwirkung ist gewöhnlich unangenehmer als der geringe Strahlungsverlust.

Die unerwünschte Ausstrahlung von Speiseleitungen hängt einerseits vom Grad der Fehlanpassung auf der Leitung ab, sie vergrößert sich mit zunehmender Welligkeit. Andererseits ist auch eine vollkommen angepaßte Speiseleitung nicht völlig strahlungsfrei.

Eine Zweidrahtleitung ist erdsymmetrisch, beide Einzelleiter haben gleichen Querschnitt und gleiche Erdverhältnisse. Deshalb sind auch die in beiden Leitern fließenden Ströme gleich groß, aber entgegengesetzt gerichtet. Die magnetischen Felder verhalten sich analog. Sie würden sich aufheben, wenn beide Leiter räumlich zusammenfielen, was sich aber praktisch nicht verwirklichen läßt. Wegen des immer vorhandenen räumlichen Abstandes der beiden Leiter ist die Auslöschung nicht vollkommen. Die Verluststrahlung einer Zweidrahtleitung wächst direkt mit dem Quadrat des Leiterabstandes und der Betriebsfrequenz. Das bedeutet, daß der Leiterabstand mit steigender Frequenz geringer werden soll.

Praktische Hinweise für den Selbstbau und die zweckmäßige Leitungsführung von Paralleldrahtleitungen unter Berücksichtigung der Strahlungsverluste wurden bereits in Abschnitt 5.1.5. gegeben.

Günstig bezüglich der Strahlungsverluste sind Koaxialkabel, die auf Grund ihres axialsymmetrischen Aufbaus nach außen kaum strahlen. Allerdings können auch in diesem Fall sogenannte *Mantelwellen* auftreten. Das sind Ausgleichsströme, die sich auf dem Kabelaußenleiter bilden, wodurch der Kabelmantel selbst strahlt. Mantelwellen entstehen durch Unsymmetrien, z. B. wenn eine symmetrische Antenne direkt mit einem unsymmetrischen Koaxialkabel gespeist wird, oder dadurch, daß der Gesamtkomplex Antenne und koaxiales Speisekabel sich in einem Resonanzzustand mit der erregenden Frequenz befindet (Oberwellenresonanz) und deshalb auch in seiner Gesamtheit strahlt. Abhilfe schaffen hier Symmetrierglieder, Mantelwellensperren und Veränderungen der Kabellängen.

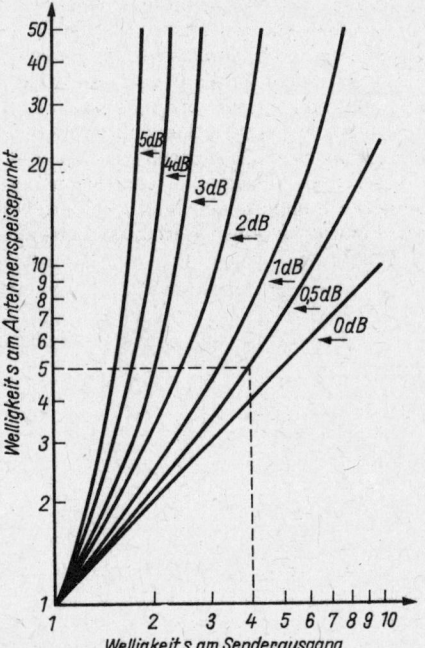

Bild 5.26
Die unterschiedliche Anzeige der Welligkeit am Antennenspeisepunkt und am Senderausgang (Speiseleitungsanfang) in Anhängigkeit von der Leitungsdämpfung des Speisekabels

5.2.3. Die Zweidrahtleitung als Abstimmelement

Es wurde bereits festgestellt, daß sich auf einer Leitung, die nicht mit ihrem Wellenwiderstand Z abgeschlossen ist, stehende Wellen ausbilden. Diese stellen Strom- und Spannungsmaxima dar, die gegeneinander in der Phase verschoben sind. Man könnte deshalb für jeden Punkt der Leitung den Scheinwiderstand (Quotient aus Spannung und Strom) feststellen. Die Phasendifferenz zwischen Spannung und Strom bewirkt, daß neben dem ohmschen Widerstand auch noch ein Blindwiderstand vorhanden ist. Dieser kann in Abhängigkeit von der Richtung der Phasenverschiebung induktiven Charakter haben (X_L) oder kapazitiv sein (X_C).

Bei den Scheinwiderstandskurven nach Bild 5.27 sind (wie üblich) die induktiven Anteile oberhalb der Nullinie (+) und die kapazitiven Reaktanzen unterhalb der Nullinie (−) aufgetragen. Ausgehend vom kurzgeschlossenen Abschluß steigt der Scheinwiderstand im induktiven Bereich und erreicht bei einem Abstand von $\lambda/4$ einen nahezu unendlichen Wert. Da ihm aber eine gleich große kapazitive Reaktanz gegenübersteht, ist der sehr große Scheinwiderstand weder induktiv noch kapazitiv, sondern rein ohmisch. Man kann auch sagen, daß im Abstand $\lambda/4$ vom Kurzschluß entfernt ein induktiver Blindwiderstand X_L einem gleich großen kapazitiven Blindwiderstand X_C parallelgeschaltet ist. Eine solche Zusammenschaltung stellt der bekannte Parallelresonanzkreis dar, und ein kurzgeschlossenes Viertelwellenstück weist auch alle Eigenschaften eines Parallelresonanzkreises auf.

Der kapazitive Scheinwiderstand im Bereich zwischen $\lambda/4$ und $\lambda/2$ erreicht bei $\lambda/2$ die Nullinie und ist wieder rein ohmisch, aber im Betrag theoretisch Null. Einer kurzgeschlossenen Halbwellenleitung können alle Eigenschaften eines Serienresonanzkreises unterstellt werden.

Als gedankliche Verbindung zu dieser Definition kann man sich vorstellen, daß bei einem *verlustfreien* Serienresonanzkreis der Durchlaßwiderstand ebenfalls Null ist, im Gegensatz zum *verlustfreien* Parallelresonanzkreis, bei dem er unendlich groß wird.

Die Scheinwiderstandskurven wiederholen sich nun in der gleichen Reihenfolge. Eine mit einem Kurzschluß agschlossene Zweidrahtleitung kann je nach ihrer Länge – bezogen auf λ – als Induktivität, als Kapazität, als Serienresonanzkreis oder als Parallelresonanzkreis eingesetzt werden.

Ähnlich verhält sich eine am Ende offene Zweidrahtleitung. Bei ihr sind die Scheinwiderstandsverhältnisse lediglich um 90° gegenüber dem Kurzschlußbetrieb versetzt (Bild 5.28). Am offenen Leitungsabschluß befindet sich eine nahezu unendliche kapazitive Reaktanz, die bei $\lambda/4$ die Nullinie erreicht. Dort repräsentiert die Leitung einen Serienresonanzkreis (Scheinwiderstand rein ohmisch). Zwischen $\lambda/4$ und $\lambda/2$ ist die Reaktanz induktiv, bei $\lambda/2$ tritt wieder Parallelresonanz auf usw.

Leitungsabschnitte, die man als Schaltelemente (Induktivität, Kapazität oder Kreis) verwendet, haben gewöhnlich eine Länge von $\leq \lambda/4$; denn damit können alle gewünschten Eigenschaften realisiert werden. Wird z. B. eine Induktivität benötigt, nimmt man eine kurzgeschlossene Leitung $< \lambda/4$. Ist die gleiche Leitung offen, hat man eine Kapazität. Schließlich erhält man mit einer elektrisch genau $\lambda/4$ langen geschlossenen Leitung einen Parallelresonanzkreis, der sich bei offener Leitung in einen Serienresonanzkreis verwandelt.

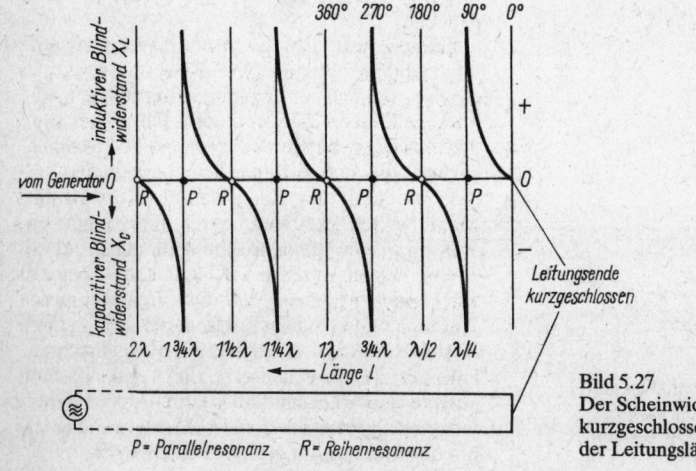

Bild 5.27
Der Scheinwiderstandsgang einer am Ende kurzgeschlossenen Zweidrahtleitung als Funktion der Leitungslänge

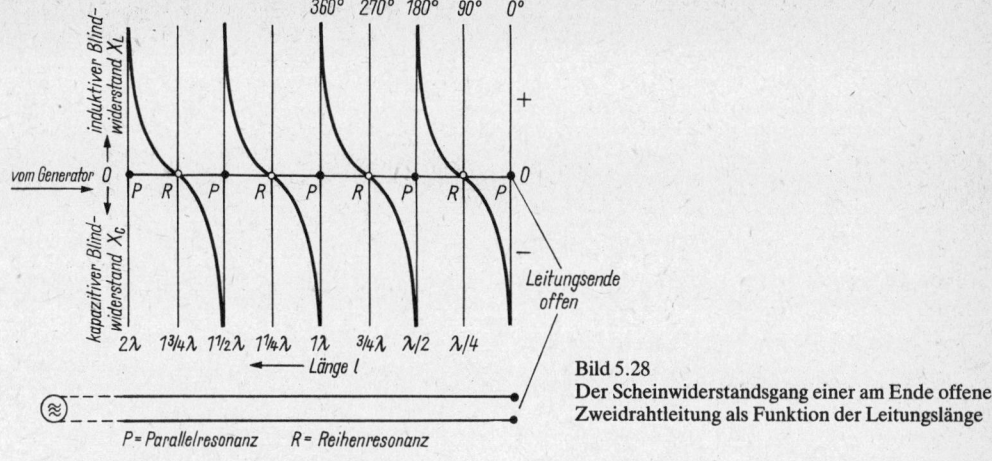

360° 270° 180° 90° 0°

induktiver Blind-widerstand X_L

vom Generator 0

kapazitiver Blind-widerstand X_C

2λ 1³/₄λ 1¹/₂λ 1¹/₄λ 1λ ³/₄λ λ/2 λ/4

← Länge l

Leitungsende offen

P = Parallelresonanz   R = Reihenresonanz

Bild 5.28
Der Scheinwiderstandsgang einer am Ende offenen Zweidrahtleitung als Funktion der Leitungslänge

Das Abstimmverhalten von offenen und kurzgeschlossenen Zweidrahtleitungen zeigt Bild 5.29 noch einmal in übersichtlicher Form. Das Anwendungsgebiet solcher Leitungen ist sehr vielseitig. Durch ihren Einsatz können z.B. Blindwiderstände kompensiert und Scheinwiderstände transformiert werden. Wenn man einen Leitungsabschnitt als Blindwiderstand verwendet, ist der Wert des Blindwiderstandes von der elektrischen Länge l der Leitung und ihrem Wellenwiderstand Z abhängig. Unter der Voraussetzung, daß die Leitung keine oder nur geringe Verluste aufweist, ergibt sich bei einer kurzgeschlossenen Leitung $<λ/4$ der induktive Blindwiderstand X_L in Ω aus

$$X_L = Z \tan 180° \, l/_λ. \qquad (5.26.)$$

Aus dieser Beziehung resultiert noch eine wichtige Feststellung: Da der Tangens von $45° = 1$ beträgt, ist auch 45° (λ/8) vom Kurzschluß entfernt X_L stets gleich dem Wellenwiderstand Z der Leitung.

Analog ergibt sich der kapazitive Blindwiderstand X_C einer offenen Leitung $>λ/4$ aus

$$X_C = Z \cot 180° \, l/_λ. \qquad (5.27.)$$

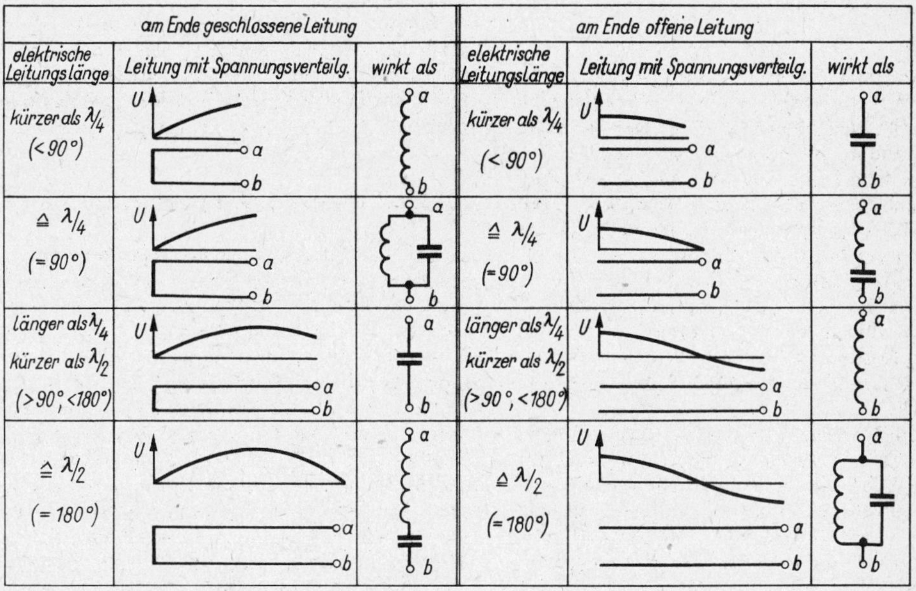

	am Ende geschlossene Leitung			am Ende offene Leitung		
elektrische Leitungslänge	Leitung mit Spannungsverteilg.	wirkt als	elektrische Leitungslänge	Leitung mit Spannungsverteilg.	wirkt als	
kürzer als λ/4 (< 90°)	U	a b	kürzer als λ/4 (< 90°)	U	a b	
≙ λ/4 (= 90°)	U	a b	≙ λ/4 (= 90°)	U	a b	
länger als λ/4 kürzer als λ/2 (> 90°, < 180°)	U	a b	länger als λ/4 kürzer als λ/2 (> 90°, < 180°)	U	a b	
≙ λ/2 (= 180°)	U	a b	≙ λ/2 (= 180°)	U	a b	

Bild 5.29
Das Abstimmverhalten von kurzgeschlossenen und offenen Leitungen mit Längen bis λ/2

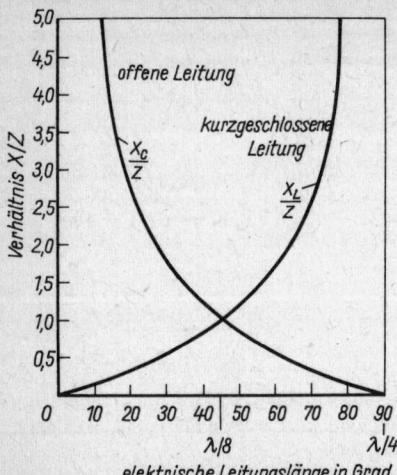

Bild 5.30
Diagramm zur Ermittlung des Blindwiderstandes
(siehe Text)

Da auch der Kotangens 45° = 1 ist, wird X_C im $\lambda/8$-Abstand vom offenen Leitungsende ebenfalls gleich Z.

In Auswertung der Gl. (5.26.) und Gl. (5.27.) läßt sich aus Bild 5.30 der Blindwiderstandswert von Leitungsabschnitten $<\lambda/4$ in Abhängigkeit von der elektrischen Länge als das Verhältnis X/Z für offene (X_C) und kurzgeschlossene (X_L) Leitungsstücke ersehen.

Beispiel
Ein kurzgeschlossener Leitungsabschnitt mit einem Wellenwiderstand Z von 400 Ω hat eine elektrische Länge von $\lambda/12 = 30°$. Der induktive Widerstand X_L soll festgestellt werden.

Ausgehend vom Punkt 30° auf der Abszisse senkrecht nach oben bis zum Schnittpunkt mit der X_L-Kurve findet man in gleicher Höhe auf der Ordinate den Wert X/Z mit etwa 0,6. Daraus ergibt sich $X_L = 400\ \Omega \cdot 0,6 = 240\ \Omega$.

Wäre die gleiche Leitung offen, würde man den kapazitiven Blindwiderstand X_C über den Schnittpunkt der X_C-Kurve mit $X/Z = 1,75$ finden und erhielte als Ergebnis $X_C = 400\ \Omega \cdot 1,75 = 700\ \Omega$.

Natürlich können die Kurven auch in umgekehrter Weise verwendet werden. Wird z. B. ein Leitungsstück gebraucht, das einen vorgegebenen Blindwiderstand haben soll, errechnet man zunächst den Quotienten aus X/Z und sucht diesen Wert auf der Ordinate. Von dort ausgehend bis zum Schnittpunkt mit der entsprechenden Kurve findet man auf der Abszisse die erforderliche elektrische Leitungslänge in Grad.

Die den induktiven oder kapazitiven Blindwiderständen äquivalenten Induktivitäten und Kapazitäten sind frequenzabhängig. Sie können nach den bekannten Beziehungen

$$X_L = \omega L = 2\pi f L \tag{5.28.}$$

und

$$X_C = \frac{1}{\omega C} = \frac{1}{2\pi f C} \tag{5.29.}$$

errechnet oder aus den entsprechenden Nomogrammen entnommen werden (z. B. Bild 6.20 und Bild 6.21).

5.3. Die Speisungsarten

Da im allgemeinen eine Antenne so hoch und so frei wie möglich angebracht werden soll, muß man in der Regel eine mehr oder weniger lange Energieleitung zwischen Sender bzw. Empfänger und Antenne vorsehen. Nur in Ausnahmefällen ist eine Speiseleitung nicht notwendig, z. B. bei Handfunksprechgeräten und Fuchsjagdempfängern.

Für den Funkamateur bieten sich 2 Arten der Antennenspeisung an, die Erregung über eine *abgestimmte Speiseleitung* und die Speisung über eine *angepaßte Leitung*. In einigen Fällen ist es zweckmäßig, Kombinationen von abgestimmten und angepaßten Leitungen einzusetzen; es könnte dann von einer *gemischten Speisung* gesprochen werden.

Im VHF- und UHF-Bereich arbeitet man ausschließlich mit angepaßten Speiseleitungen, nur im Kurzwellenbereich bedient sich der Funkamateur manchmal noch der abgestimmten Speiseleitung bzw. der gemischten Speisung.

5.3.1. Die angepaßte Speiseleitung

Ist bei einer Speiseleitung die Anpassungsbedingung nach Gl. (5.14.) erfüllt, verteilen sich Spannung und Strom in gleichmäßiger Höhe entsprechend Bild 5.21 auf der Leitung. Da an keiner Stelle der Leitung eine Welligkeit auftritt, darf eine angepaßte Leitung beliebig lang sein. Es tritt dann – zumindest bei Koaxialkabeln – nur die unvermeidbare frequenzabhängige Leitungsdämpfung auf (siehe Abschnitt 5.1.4.). Bei symmetrischen, nicht geschirmten Zweidrahtleitungen muß noch mit geringen Strahlungsverlusten gerechnet werden, wie bereits in Abschnitt 5.2.2.1. ausgeführt wurde. Grundsätzlich läßt sich mit einer exakt angepaßten Speiseleitung unter sonst gleichen Bedingungen immer die verlustärmste Leistungsübertragung durchführen.

Kleine Anpassungsfehler lassen sich selten ganz vermeiden; es entstehen dann sogenannte *pseudo-fortschreitende* Wellen. Das sind fortschreitende Wellen (Wanderwellen), die mit einem mehr oder weniger großen Anteil stehender Wellen behaftet sind, etwa wie in Bild 5.24 dargestellt. Eine Welligkeit $s = 2$ ist für Amateurzwecke meist noch vertretbar.

Fehlanpassungen, die am Eingang der Speiseleitung durch die Senderendstufe (bzw. den Empfängereingang) verursacht werden, lassen sich verhältnismäßig einfach beseitigen, da moderne Amateursender leicht zugängliche Koppelelemente enthalten, die eine Widerstandsanpassung ermöglichen. Blindanteile, die vom Antennenspeisepunkt über die Speiseleitung zum Senderausgang transformiert werden, lassen sich dort ebenfalls kompensieren. Reichen die Abstimmmittel des Senders dazu nicht aus, muß man ein zusätzliches Anpassungsnetzwerk einschalten. Dadurch ist es in allen Fällen möglich, dem Sender eine reine Wirklast anzubieten. Die Ankopplung von Speiseleitungen an den Sender wird in Abschnitt 8. beschrieben. Schwieriger oder zumindest unbequemer lassen sich Fehlanpassungen kompensieren, die am meist schwer zugänglichen Antenneneingang vorhanden sind. Durch Manipulationen am senderseitigen Leitungsende können sie nicht beeinflußt werden oder wenigstens nicht so, daß die Welligkeit auf der Speiseleitung verschwindet. Deshalb muß man Fehlanpassungen, die die Antenne verursacht, auch an der Antenne beseitigen. Dazu verwendet man Anpassungs- und Transformationsglieder, die in Abschnitt 6. beschrieben sind. Die Widerstandsanpassung führt nur zum Erfolg, wenn dabei auch vorhandene induktive oder kapazitive Blindanteile kompensiert werden. Diese treten immer auf, wenn sich die Antenne nicht genau in Resonanz bei der sie erregenden Frequenz befindet.

Wie Blindanteile kompensiert werden können, ist ebenfalls in Abschnitt 6. ausgeführt. Wie in Abschnitt 5.2.2. erläutert, ist es nicht immer sinnvoll, die Fehlanpassung am Antennenspeisepunkt völlig beseitigen zu wollen. Eine Fehlanpassung durch Blindanteile tritt dort außerdem unvermeidlich auf, wenn die Sendefrequenz innerhalb des Amateurbandes verändert wird.

Als angepaßte Speiseleitungen sind alle Zweileitertypen brauchbar, auch selbstgebaute «Hühnerleitern» mit definiertem Wellenwiderstand. Am zweckmäßigsten sind Koaxialkabel, die an symmetrische Antennen (z.B. Dipole) über Symmetriewandler angeschlossen werden sollen (siehe Abschnitt 7.).

Im Bereich der Meterwellen und der Dezimeterwellen wird ausschließlich mit angepaßten Speiseleitungen gearbeitet. Für Einbandantennen ist auch im Kurzwellenbereich die angepaßte Leitung als Optimallösung zu empfehlen. Für Sendeantennen, die durch Oberwellenerregung im Mehrbandbetrieb arbeiten sollen, läßt sich eine angepaßte Speiseleitung nur bedingt einsetzen. Wie später noch ausgeführt wird, ändern sich bei Harmonischenerregung einer Antenne der Eingangswiderstand und die Resonanzlage, so daß genaue Anpassung immer nur für *ein* Amateurband herbeigeführt werden kann. Auf allen anderen Bändern sind Fehlanpassungen und Blindkomponenten vorhanden. Lösungswege für solche Fälle zeigt Abschnitt 5.3.3. auf. Bild 5.31 zeigt ein praktisches Beispiel für eine selbsthergestellte Leitung.

5.3.2. Die abgestimmte Speiseleitung

In Abschnitt 5.2.3. wurde bereits festgestellt, in welcher Weise ein Leitungsstück als Abstimmelement wirkt. Aus Bild 5.27, Bild 5.28 und Bild

Bild 5.31
Speiseleitung ($Z = 300\,\Omega$)

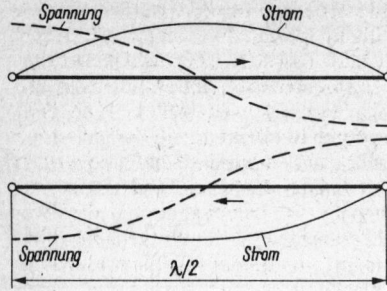

Bild 5.32
Stehende Wellen auf einer Paralleldrahtleitung,
elektrische Länge λ/2

5.29 kann weiterhin ersehen werden, daß der Scheinwiderstand einer abgestimmten Leitung an jedem Stromknoten und an jedem Spannungsknoten reell wird. Strom- und Spannungsknoten bilden sich abwechselnd im Abstand von elektrisch λ/4 auf einer Leitung aus. Man bezeichnet deshalb eine Leitung als *abgestimmt*, wenn ihre Länge elektrisch λ/4 oder ganzzahlige Vielfache von λ/4 beträgt (2 · λ/4, 3 · λ/4 usw.). Obwohl eine solche abgestimmte Leitung stehende Wellen führt, sind ihr Eingangswiderstand und der Ausgangsscheinwiderstand reell (rein ohmisch).

Bild 5.32 zeigt die Verteilung von Spannung und Strom auf einer abgestimmten Zweidrahtleitung. Die beiden Richtungspfeile deuten an, daß die Ströme beider Leiter in entgegengesetzten Richtungen fließen, was auch aus der Lage der Strombäuche zu erkennen ist. Wie ausgeführt, heben sich deshalb die Felder gegenseitig weitgehend auf, und die Strahlung der Leitung wird stark herabgemindert. Die Strahlung ist um so

geringer, je kleiner der Leiterabstand und je niedriger die Frequenz ist. Da enger Leiterabstand gleichbedeutend mit kleinem Wellenwiderstand ist, kann man allgemein folgern, daß eine Leitung mit kleinem Wellenwiderstand bei gegebener Frequenz weniger in ihre Umgebung abstrahlt (kleinere Strahlungsverluste) als eine Leitung mit großem Wellenwiderstand.

Bild 5.32 läßt weiterhin erkennen, daß am Eingang und am Ausgang einer Halbwellenleitung der gleiche Leitungsscheinwiderstand auftritt, denn der Quotient aus Spannung und Strom ergibt in beiden Fällen den gleichen Wert. Daß die Spannung um 180° phasenverschoben ist, hat für diese Betrachtungen keine Bedeutung. Aus diesen Erkenntnissen kann für die Praxis folgende Regel abgeleitet werden:

Eine abgestimmte Speiseleitung der elektrischen Länge λ/2 oder eines ganzzahligen Vielfachen der halben Betriebswellenlänge (2 · λ/2, 3 · λ/2 usw.) stellt an ihrem Ende das am Leitungsanfang vorhandene Strom-/Spannungs-Verhältnis wieder her. Der Eingangsscheinwiderstand der Antenne wird deshalb im Verhältnis 1 : 1 zum Leitungsanfang übertragen.

Das bedeutet, daß an der Antenne selbst keinerlei Maßnahmen zur Anpassung des Eingangswiderstandes erforderlich sind, denn er wird, unabhängig von seiner Größe, im Verhältnis 1 : 1 zum Leitungsanfang übertragen. Dort kann er mit einfachen Mitteln an den Scheinwiderstand der Senderendstufe oder des Empfängereingangs angepaßt werden. Mit einer abgestimmten Leitung läßt sich eine Antenne auch im Mehrbandbetrieb durch Oberwellenerregung verwenden, was mit angepaßter Speiseleitung nur bedingt möglich ist. Bild 5.33 zeigt einen solchen Betriebsfall. Hier wird ein Halbwellendipol, dessen Resonanzfrequenz z. B. 7 MHz beträgt, über eine

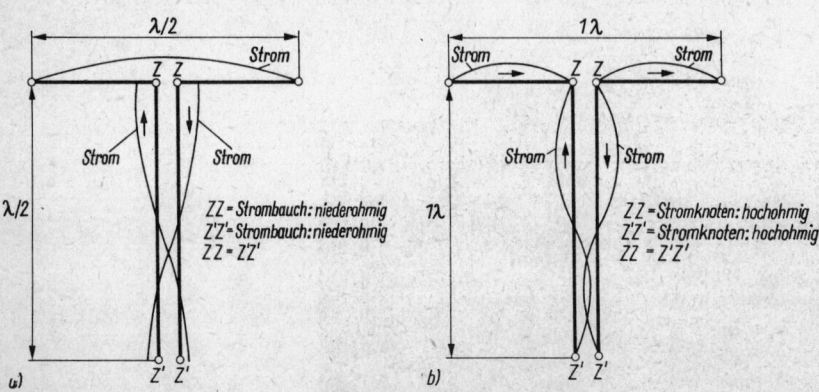

Bild 5.33
Dipole mit abgestimmter Speiseleitung; a – λ/2-Leitung, b – der gleiche Dipol mit doppelter Frequenz erregt

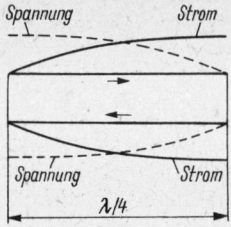

Bild 5.34
Die Strom- und Spannungsverteilung auf einer
elektrisch λ/4 langen Leitung

abgestimmte Halbwellenleitung erregt (Bild
5.33a). Den Eingangswiderstand ZZ des Halbwellendipols von etwa 60 Ω überträgt die Halbwellenleitung – deren Wellenwiderstand in diesem Fall von untergeordneter Bedeutung ist – im
Verhältnis 1:1 als Z'Z' zum Leitungsanfang.
Der gleiche Dipol, mit der doppelten Frequenz
erregt (14 MHz), würde dann einen Ganzwellendipol mit großem Eingangswiderstand ZZ
darstellen (siehe Abschnitt 4.2.). Aus der Halbwellenspeiseleitung ist eine Ganzwellenleitung
geworden (2 · λ/2), wie Bild 5.33b zeigt. Der
hochohmige Antenneneingangswiderstand ZZ
wird als Z'Z' mit gleichem Wert zum Leitungsanfang übertragen und muß dort an den Senderausgang angepaßt werden.

Bekanntlich sind Eingangs- und Ausgangsscheinwiderstand einer Paralleldrahtleitung bereits bei einer elektrischen Länge von λ/4 reell
(siehe Abschnitt 5.2.3.). Eine Viertelwellenleitung läßt sich deshalb ebenfalls als abgestimmte
Leitung einsetzen. Die Strom- und Spannungsverteilung der λ/4-Leitung ist in Bild 5.34 dargestellt. Die Strom-/Spannungs-Verhältnisse sind
am Anfang und am Ende der Leitung umgekehrt.
Daraus läßt sich die Schlußfolgerung ziehen,
daß ein hochohmiger Scheinwiderstand am Lei

tungsanfang als niederohmig am Leitungsende
erscheint und umgekehrt. Eine Viertelwellenleitung bezeichnet man deshalb auch direkt als *Viertelwellentransformator* (in Abschnitt 6. ausführlich beschrieben). Bei der Viertelwellenleitung
spielt wieder der Wellenwiderstand Z eine wichtige Rolle, denn er bestimmt das Transformationsverhältnis nach der Beziehung

$$Z = \sqrt{Z_E \cdot Z_A}; \qquad (5.30.)$$

Z_E – Eingangsscheinwiderstand der Leitung
Z_A – Ausgangsscheinwiderstand der Leitung.

Für die abgestimmte Viertelwellenleitung
kann folgende Regel aufgestellt werden:
Eine abgestimmte Speiseleitung der elektrischen Länge λ/4 oder eines ungeradzahligen Vielfachen von λ/4 der Betriebswellenlänge (3/4 λ,
5/4 λ, 7/4 λ usw.) hat an ihrem Ende die umgekehrte Strom-/Spannungs-Verteilung wie am
Anfang. Es findet deshalb eine Impedanztransformation statt.

In Bild 5.35 sind Antennen mit Viertelwellenspeiseleitung dargestellt. Bild 5.35a zeigt einen
Halbwellendipol, dessen niedriger Eingangswiderstand ZZ (etwa 60 Ω) als hochohmiger
Scheinwiderstand Z'Z' am Leitungsende entsprechend Gl. (5.30.) erscheint. In Bild 5.35b
wird der hochohmige Eingangswiderstand ZZ
eines Ganzwellendipols als Z'Z' am Leitungsende niederohmig, wie auch aus der Stromverteilung hervorgeht.

Man kann die abgestimmte Speiseleitung als
die nichtstrahlende Verlängerung der Antenne
betrachten. Speiseleitung und Antenne müssen
als Ganzes resonant sein. Das heißt, daß der
strahlende und der nichtstrahlende Abschnitt –
einzeln betrachtet – außer Resonanz sein dürfen,
wenn die Zusammenschaltung beider Resonanz
ergibt. Deshalb kann man z. B. bei einem zu kurz
oder zu lang bemessenen Strahler die daraus resultierenden Blindanteile durch Verlängern oder

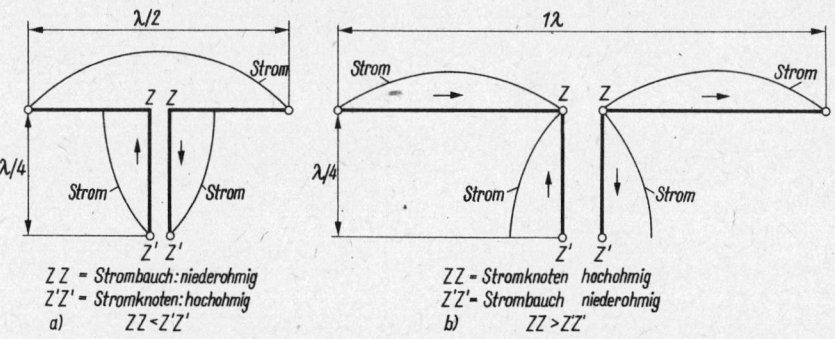

Bild 5.35
Dipole mit abgestimmter Speiseleitung; Halbwellendipol mit λ/4-Leitung, b – Ganzwellendipol mit λ/4-Leitung

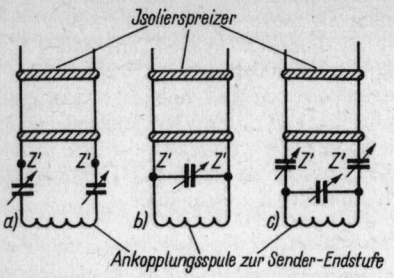

Bild 5.36
Ankopplung der Speiseleitung; a – an den Sender,
Z'Z' niederohmig (Stromkopplung), b – an den Sender,
Z'Z' hochohmig (Spannungskopplung),
c – Universalkoppler für wahlweise Strom- oder
Spannungskopplung

Verkürzen der Speiseleitung am antennenfernen Ende eliminieren. In der Praxis wird die Speiseleitung nicht mechanisch, sondern elektrisch verlängert oder verkürzt. Dazu verwendet man einen geeigneten Antennenkoppler am Ende der Speiseleitung (Bild 5.36).

Dabei muß zunächst festgestellt werden, ob das Leitungsende hochohmig (Stromknoten) oder niederohmig (Strombauch) ist. Bei Stromkopplung wendet man die Serienspeisung nach Bild 5.36a und bei Spannungskopplung die Parallelspeisung nach Bild 5.36b an. Für Mehrbandantennen ist ein Universalkoppler nach Bild 5.36c zweckmäßig, da man ihn wahlweise für Stromkopplung und für Spannungskopplung ver-

wenden kann. Auch symmetrische π-Filter (*Collins*-Filter) sind sehr gut geeignet. Solche Ankoppelsysteme werden in einem gesonderten Abschnitt beschrieben.

Es ist noch zu erwähnen, daß man die abgestimmte Speiseleitung geometrisch nicht genau für Resonanz bemessen sollte, da in diesem Fall Gleichtaktwellen gegen Erde auftreten könnten (sogenannter *Marconi*-Effekt). Die abgestimmte Leitung wirkt dann selbst als Antenne und strahlt stark. Es ist deshalb ratsam, die abgestimmte Leitung stets etwas länger oder kürzer als für Resonanz erforderlich zu bemessen und mit dem Antennenkoppler auf exakte Resonanz nachzustimmen.

Die gemischte Speisung, eine Kombination von abgestimmter und angepaßter Speiseleitung, wird in Abschnitt 8. beschrieben.

Literatur zu Abschnitt 5.

Huber, F. R./Neubauer, H.: Die Goubau-Leitung im praktischen Einsatz, Rohde & Schwarz-Mitteilungen, 1960
Maxwell, W.: Eine andere Betrachtungsweise über Reflektionen auf Speiseleitungen. Niedriges SWR aus falschem Grund. Nach QST April 1974 übersetzt von Kawan in: cq-DL, Baunatal, 47 (1976) Heft 1, Seite 2 bis 5, Heft 2, Seite 47 bis 49, Heft 4, Seite 113 bis 115, Heft 6, Seite 199 bis 202, Heft 7, Seite 238 bis 240, Heft 8, Seite 272 bis 273
Nibler, F.: Reflektionsfaktor, Rückflußdämpfung, Stehwellenverhältnis und Anpassungsfaktor, cq-DL, Baunatal, 49 (1978) Heft 1, Seite 10 bis 13

6. Anpassungs- und Transformationsglieder

Der Einsatz von Anpassungs- und Transformationsgliedern am Antenneneingang beschränkt sich auf den Anschluß angepaßter Speiseleitungen, denn nur bei diesen ist eine Scheinwiderstandsanpassung erforderlich. Bei der abgestimmten Leitung stellt die Leitung selbst bereits ein Transformationsglied dar.

Aus elektrischen und mechanischen Gründen ist eine Antenne, die ohne zusätzliche Anpassungsglieder auskommt, immer die bessere Lösung. Darüber hinaus haben einige Transformationsglieder die unerwünschte Eigenschaft, die Bandbreite einer Antenne einzuengen. Es sollte deshalb immer versucht werden, Strahlerkonstruktionen zu verwenden, bei denen der Eingangswiderstand dem Wellenwiderstand der vorgesehenen Speiseleitung bereits entspricht. Im VHF-Bereich ist das verhältnismäßig einfach, in diesem Fall hat sich der Faltdipol am besten bewährt. Bei ihm kann man durch entsprechende Ausführung praktisch jeden gewünschten Eingangswiderstand herstellen (siehe Abschnitt 4.1.). Im Kurzwellenbereich lassen sich allerdings Faltdipole aus mechanischen Gründen nicht oder nur unvollkommen verwirklichen.

Anpassungs- und Transformationsglieder werden nicht nur am Antenneneingang, sondern häufig auch als Verbindungselemente in Dipolkombinationen gebraucht.

6.1. Die Delta-Anpassung
(J. F. Morrison – US Pat. 2153768 – 1936)

Die *Delta-Anpassung* nach Bild 6.1 wird gern verwendet, wenn ein Kurzwellendipol an selbsthergestellte Zweidrahtleitungen mit Wellenwiderständen zwischen 400 und 600 Ω angepaßt werden soll. Analog der Strom-/Spannungs-Verteilung und der daraus resultierenden Scheinwiderstandsverteilung auf einem $\lambda/2$-Dipol, greift man bei der Delta-Anpassung 2 symmetrisch zur Strahlermitte liegende Anschlußpunkte ab, bei denen der Scheinwiderstand dem Wellenwiderstand der Speiseleitung entspricht. Das dabei erforderliche Auseinanderspreizen der Speiseleitung ergibt das Aussehen eines Delta.

Der Leitungsanschluß wirkt sich wie eine Verlängerung des Antennenleiters aus und verschiebt deshalb dessen Resonanzlage nach niedrigen Frequenzen hin. Darum ist für die Betriebsfrequenz, für die der Strahler ohne Delta-Anpassung bemessen wurde, ein mehr oder weniger großer induktiver Blindanteil am Antennenspeisepunkt vorhanden, d. h., daß mit einer bestimmten Welligkeit auf der Speiseleitung gerechnet werden muß. Sie wird verringert oder völlig beseitigt, wenn man die Länge des Antennenleiters für eine etwas höhere als die gewünschte Betriebsfrequenz bemißt (Leiter zusätzlich etwas verkürzen). Der dadurch bedingte kapazitive Blindanteil der Antenne kann dann durch die induktive Blindkomponente der Delta-Anpassung weitgehend kompensiert werden.

Allgemein ist zu sagen, daß das Längenverhältnis $x : D$ etwa $1 : 1{,}25$ betragen soll. Für die Anpassung einer 600-Ω-Speiseleitung an einen Halbwellendipol können folgende Näherungsformeln benutzt werden:

$$\frac{x}{\mathrm{mm}} = \frac{36000}{f/_{\mathrm{MHz}}} \text{ für Kurzwellenantennen} \quad (6.1.)$$

$$\frac{x}{\mathrm{mm}} = \frac{34500}{f/_{\mathrm{MHz}}} \text{ für VHF-Antennen} \quad (6.2.)$$

$$\frac{D}{\mathrm{mm}} = \frac{45100}{f/_{\mathrm{MHz}}} \quad (6.3.)$$

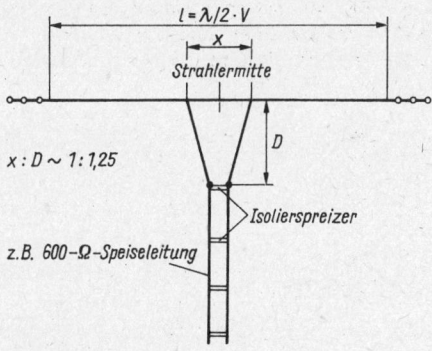

Bild 6.1
Die Delta-Anpassung

Die Delta-Anpassung hat den mechanischen Vorzug, daß der Antennenleiter in der geometrischen Mitte nicht aufgetrennt wird, wie das beim Halbwellendipol im allgemeinen erforderlich ist. Die Strahlermitte läßt sich ohne Bedenken mit einer metallischen Trägerkonstruktion leitend verbinden bzw. erden.

6.2. Die T-Anpassung

Die *T-Anpassung* nach Bild 6.2 ist aus der Delta-Anpassung hervorgegangen. Sie stellt eine mechanisch starre Abwandlung der Delta-Anpassung dar und eignet sich deshalb besonders für Strahler mit rohrförmigem Leiter. Daraus geht hervor, daß die T-Anpassung hauptsächlich im VHF-Bereich verwendet wird. In etwas abgewandelter und elektrisch verbesserter Form findet man sie jedoch oft als Anpassungsglied an Kurzwellendrehrichtstrahlern (Gamma- und Omega-Anpassung).

Außer einer geringen Materialeinsparung hat die T-Anpassung im VHF-Bereich keine Vorzüge gegenüber Faltdipolen. Im Gegenteil, die Abgriffe am Strahler verursachen – ebenso wie bei der Delta-Anpassung – eine Blindkomponente. Diese wird durch die Parallelführung der Leiterstücke im geringen Abstand zum Antennenleiter noch größer als bei der Delta-Anpassung. Die damit verbundenen Schwierigkeiten kann man bei der Verwendung entsprechend bemessener Faltdipole umgehen, wie bereits zu Beginn des Abschnittes erwähnt wurde.

Der Eingangswiderstand einer T-Anpassung nach Bild 6.2 ist reell, wenn der Abstand $x = 0,475$ der Dipollänge l beträgt. Dabei wird $D = 0,033\lambda$ vorausgesetzt, wobei $d_1 = d_2$ und λ/d_1 mit etwa 150 zu wählen sind. Unter diesen Bedingungen ist am Speisepunkt des T-Gliedes ein reeller Eingangswiderstand von etwa 650 Ω vorhanden, sofern der Strahler aus einem einfachen Halbwellendipol besteht. Da der Eingangswiderstand eines $\lambda/2$-Dipols zwischen 60 und 70 Ω liegt, wird mit einer auf diese Weise dimen-

sionierten T-Anpassung ein Widerstandsübersetzungsverhältnis von 1 : 10 erreicht. Alle anderen möglichen Strahlerabgriffe ergeben komplexe Eingangswiderstände. Ihre Blindkomponente kann beseitigt werden, wenn gleichzeitig die Strahlerlänge verkürzt wird. Reelle Eingangswiderstände zwischen etwa 270 und 680 Ω lassen sich dann mit einer T-Anpassung einstellen.

Unter den vorstehend genannten Bedingungen ergibt sich bei einem Abstand $x = 0,5l$ ein Widerstandsübersetzungsverhältnis von etwa 1 : 6, bezogen auf den Eingangswiderstand eines gestreckten $\lambda/2$-Dipols (etwa 400 Ω). Die erforderliche Strahlerlänge l muß in diesem Fall nach der Beziehung

$$l/_{mm} = \frac{138\,250}{f/_{MHz}} \qquad (6.4.)$$

berechnet werden. In diese Berechnungsformel ist die erforderliche zusätzliche Strahlerverkürzung bei einem λ/d von 150 eingearbeitet.

Für einen Abstand x von $0,7l$ beträgt das Widerstandsübersetzungsverhältnis 1 : 4,5 (etwa 300 Ω), und l errechnet sich nach

$$l/_{mm} = \frac{130\,580}{f/_{MHz}}. \qquad (6.5.)$$

Eine Möglichkeit zum Verändern der T-Abgriffe in kleinen Grenzen sollte vorgesehen werden (Bild 6.2). Wird $x = l$, entsteht der bekannte Faltdipol.

Für den Einsatz in den hochfrequenten Amateurbändern des Kurzwellenbereiches ist die normale T-Anpassung zu unförmig. In diesem Fall zieht man es vor, den Durchmesser d_2 und den Abstand D zu verringern. Praktische Werte für einen Eingangswiderstand von etwa 300 Ω gehen aus Bild 6.3 hervor. Eine zusätzliche Strahlerverkürzung ist nicht vorgesehen, die Blindkomponente wird durch 2 Serienkondensatoren am Speisepunkt kapazitiv kompensiert. Nach einer Faustregel soll die Maximalkapazität jedes Drehkondensators 8 pF je 1 m Wellenlänge betragen. Für das 10-m-Amateurband wären demnach je 80 pF Maximalkapazität erforderlich. Es ist zweckmäßig, nach erfolgtem Abgleich die an den

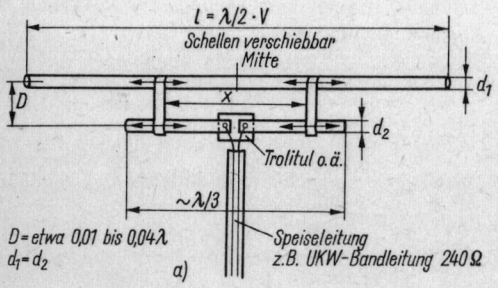

$l = \lambda/2 \cdot V$
Schellen verschiebbar
Mitte
d_1
D
x
d_2
Trolitul o.ä.
$\sim\lambda/3$
$D =$ etwa 0,01 bis 0,04 λ
$d_1 = d_2$
a)
Speiseleitung
z.B. UKW-Bandleitung 240 Ω

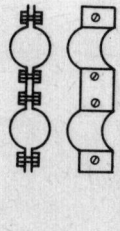

b)

Bild 6.2
Die T-Anpassung;
a – Vorschlag für die praktische Lösung, b – Ausführungsvorschlag für die verschiebbaren Schellen

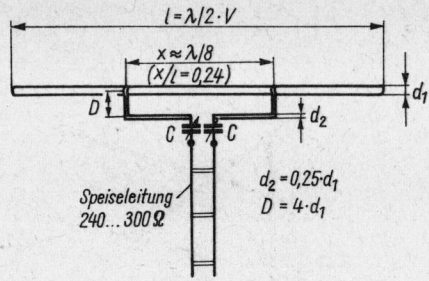

$l = \lambda / 2 \cdot V$

$x \approx \lambda / 8$
$(x/l = 0.24)$

d_1

D

d_2

$C \quad C$

$d_2 = 0.25 \cdot d_1$
$D = 4 \cdot d_1$

Speiseleitung
240...300 Ω

Bild 6.3
T-Glied-Anpassung mit kapazitiver Kompensation

Drehkondensatoren eingestellten Kapazitätswerte genau auszumessen und die Drehkondensatoren dann durch entsprechende Festkondensatoren zu ersetzen. Zum Schutz vor Witterungseinflüssen empfiehlt es sich, die Kondensatoren in wasserdicht verklebten Kunststoffgehäusen unterzubringen. Ausführlichere Angaben zur Berechnung von T-Glied-Anpassungen sind in [1] enthalten.

6.3. Die Gamma-Anpassung

Die *Gamma-Anpassung* verwendet man, um einen symmetrischen Strahler (vorzugsweise Drehrichtstrahler) ohne besonderen Symmetriewandler direkt mit einem Koaxialkabel speisen zu können. Gleichzeitig wird damit eine Widerstandsanpassung analog zur T-Anpassung ermöglicht. Praktisch handelt es sich beim Gamma-Glied um ein halbes T-Glied (Bild 6.4). Elektrisch scheint eine solche Lösung nicht ganz einwandfrei zu sein; denn es ist zu erwarten, daß die beiden Dipolzweige nicht gleichmäßig erregt werden. In der Praxis hat sich aber die Gamma-Anpassung sehr gut bewährt.

Tabelle 6.1.
Abmessungen der Gamma-Anpassung
(Näherungswerte)

	Länge l_1 des Anpassungsrohres in mm	Abstand D in mm	Maximalkapazität von C in pF	Verhältnis $d_2 : d_1$
10-m-Band	800	100	50	0,15 ... 0,25
15-m-Band	1200	140	80	0,33
20-m-Band	1700	160	150	0,15

Da bei Kurzwellendrehrichtstrahlern wegen der geringen Elementabstände im allgemeinen mit Eingangswiderständen von 20 bis 39 Ω am gespeisten Halbwellenelement gerechnet werden muß, wird die Gamma-Anpassung für ein Widerstandsübersetzungsverhältnis von etwa 1 : 3 ausgelegt. Dadurch erreicht man eine günstige Abschlußmöglichkeit für handelsübliches Koaxialkabel. Die Blindkomponente wird auch in diesem Fall kapazitiv kompensiert.

Für einen Aufbau nach Bild 6.4 sind die praktischen Angaben der Abmessungen von Gamma-Gliedern in Tabelle 6.1. aufgeführt.

Die metallische Verbindungsstelle zwischen Strahler und Anpassung ist verstellbar und wird bei eingedrehtem Kondensator so lange verschoben, bis sich auf dem Koaxialkabel ein Minimum an stehenden Wellen feststellen läßt. Dann kann durch entsprechende Veränderung des Drehkondensators die Blindkomponente und damit die restliche Welligkeit beseitigt werden.

6.4. Die Omega-Anpassung

Eine weitere Verbesserung der Gamma-Anpassung – unter der Bezeichnung *Omega-Anpassung* bekannt – hat besonders bei solchen Kurzwellen-

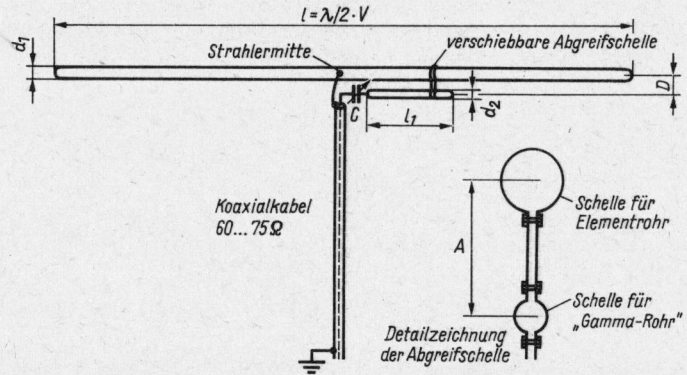

$l = \lambda / 2 \cdot V$

d_1

Strahlermitte

verschiebbare Abgreifschelle

D

$C \quad l_1 \quad d_2$

Koaxialkabel
60...75 Ω

A

Schelle für Elementrohr

Schelle für „Gamma-Rohr"

Detailzeichnung der Abgreifschelle

Bild 6.4
Gamma-Glied zur Anpassung von Rohrelementen an ein beliebiges Koaxialkabel

antennen Vorteile, bei denen das Verschieben der Abgreifschelle eines Gamma-Gliedes auf schwankendem Mast zu umständlich und zu gefährlich ist. Bei der Omega-Anpassung wird die Abgreifschelle nicht verstellbar, sondern fest montiert. Das Anpaßglied wird mit 2 Drehkondensatoren, die nahe der Strahlermitte angebracht sind, abgestimmt. Notfalls können diese Kondensatoren beim Abgleich über provisorische Schnurzüge vom Erdboden aus fernbedient werden.

Ein weiterer Vorzug der Omega-Anpassung besteht darin, daß das Anpassungsrohr nur halb so lang ist wie beim Gamma-Glied. Neben einer Materialeinsparung kommt dieser Umstand der mechanischen Festigkeit des Anpassungssystems zugute.

Bild 6.5 zeigt die empfehlenswerte Omega-Anpassung. C_1 soll den induktiven Blindanteil kompensieren. C_2 hat die Aufgabe der verschiebbaren Abgreifschelle übernommen. Mit diesem Drehkondensator kann schnell und genau der Impedanzwert eingestellt werden, der dem Wellenwiderstand des verwendeten Koaxialkabels entspricht.

Die Angaben für die Gamma-Anpassung (Tabelle 6.1.) gelten bei der Omega-Anpassung mit der Einschränkung, daß die Länge l nur halb so groß ist wie beim Gamma-Glied. Der zusätzliche

Bild 6.7
Omega-Anpassung an einer 5-Element-Yagi-Antenne

Drehkondensator C_2 soll etwa folgende Endkapazitäten aufweisen:

10-m-Band 20 pF,
15-m-Band 25 pF,
20-m-Band 30 pF.

Für C_1 und C_2 genügen einfache Ausführungen mit geringem Plattenabstand, da am Strahlerfußpunkt keine großen Spannungen auftreten. Nach dem Abgleich können die Drehkondensatoren gegen Festkondensatoren der gleichen Kapazität ausgetauscht werden. Dabei sollte man den an den Drehkondensatoren eingestellten Kapazitätswert genau messen. Die festgestellten Kapazitäten werden dann durch entsprechendes Zusammenschalten von Festkondensatoren mit geringem Temperaturgang nachgebildet (Luftblockkondensatoren, Glimmerkondensatoren). Die Kapazitäten lassen sich auch durch die weniger kostspieligen Tauchtrimmer ersetzen, die dann in der Schaltung verbleiben können, aber vor Witterungseinflüssen absolut geschützt werden müssen. Dazu bringt man Drehkondensatoren oder Festkondensatoren in einer Kunststoffdose wettergeschützt unter.

Die mechanische Halterung des Anpassungsrohres muß man im Speisepunkt vom Strahler isolieren. Dazu werden entweder einfache Abstandsisolatoren oder Rohrschellen verwendet, die durch einen Isolierstreifen miteinander verbunden sind (Bild 6.6, Bild 6.7).

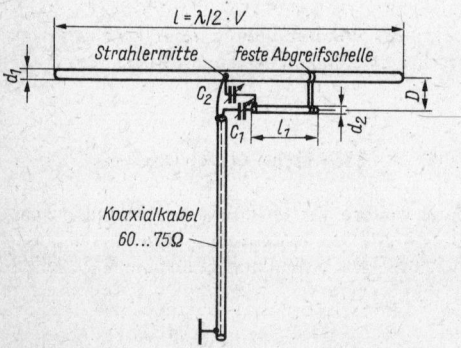

Bild 6.5
Die Omega-Anpassung für Antennen mit nicht unterbrochenem Strahlerelement

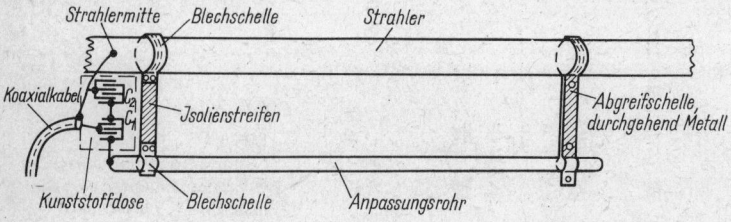

Bild 6.6
Vorschlag für den machanischen Aufbau des Anpassungsgliedes

Das Kriterium der Omega-Anpassung bildet der Temperaturgang des Kapazitätswertes der verwendeten Kondensatoren. In [2] wird die Omega- und Gamma-Anpassung ausführlicher beschrieben.

6.5. Der Viertelwellentransformator (Q-Match)

(H. O. Roosenstein – Dt. Pat. 515121 – 1928)

Zwischen dem Wellenwiderstand Z einer elektrisch $\lambda/4$ langen Doppelleitung, deren Eingangsscheinwiderstand Z_E und dem Ausgangsscheinwiderstand Z_A besteht nach Gl. (5.30.) die Beziehung

$$Z = \sqrt{Z_E \cdot Z_A}.$$

Das bedeutet, der erforderliche Wellenwiderstand einer $\lambda/4$-Leitung muß immer dem geometrischen Mittel der beiden anzupassenden Scheinwiderstände Z_E und Z_A entsprechen. Durch Umstellung dieser Formel ergibt sich

$$Z_E = \frac{Z^2}{Z_A}. \tag{6.6.}$$

Wird für Z_E der Wellenwiderstand der vorhandenen Speiseleitung und für Z_A der Eingangswiderstand der Antenne eingesetzt, so kann man aus den obigen Beziehungen den für genaue Anpassung erforderlichen Wellenwiderstand Z der Viertelwellentransformationsleitung errechnen. Bild 6.8 zeigt einen solchen Viertelwellen-

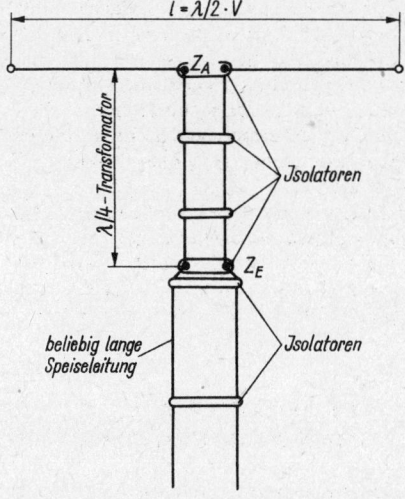

Bild 6.8
Der Viertelwellentransformator (Q-Match)

transformator, auch Q-Match genannt (Q steht für Quarterwave und heißt Viertelwelle).

Diese Transformationsleitung läßt sich für alle symmetrisch gespeisten Antennensysteme und sämtliche Arten von symmetrischen Speiseleitungen verwenden, sofern sich für den Wellenwiderstand Z der Transformationsleitung ein Wert ergibt, der mechanisch noch verwirklicht werden kann. Das ist praktisch bei Wellenwiderständen zwischen 50 und 600 Ω möglich.

Beispiel
Ein Antennensystem mit einem Eingangswiderstand von 120 Ω soll über eine symmetrische Doppelleitung, Wellenwiderstand 280 Ω, gespeist werden. Wie groß ist der Wellenwiderstand Z der zur Anpassung erforderlichen Viertelwellentransformationsleitung?

$$Z = \sqrt{120\,\Omega \cdot 280\,\Omega} = \sqrt{33\,600\,\Omega^2} \approx 183\,\Omega.$$

Nach Bild 5.4 läßt sich eine Doppelleitung mit einem Z von 183 Ω herstellen, wenn das Verhältnis Leiterabstand zu Leiterdurchmesser gleich 2,5 : 1 ist und Luftisolation verwendet wird.

Nimmt man etwas größere Verluste in Kauf, dann können für die Herstellung einer solchen $\lambda/4$-Transformationsleitung auch handelsübliche HF-Leitungen verwendet werden, wenn ihr Wellenwiderstand dem geforderten Wert entspricht. Weiterhin lassen sich auch durch Parallelschaltung solcher HF-Leitungen andere Werte des resultierenden Wellenwiderstandes erreichen. Wird beispielsweise ein Wellenwiderstand von 140 Ω benötigt, so kann man zwei $\lambda/4$-Stücke aus 280-Ω-Bandleitung parallelschalten. Die Parallelschaltung einer 240-Ω-Bandleitung mit einer solchen von 300 Ω würde einen Wellenwiderstand von etwa 133 Ω ergeben.

Dabei dürfen sich die beiden parallelen Leitungen gegenseitig nicht beeinflussen (möglichst weit auseinanderbiegen und festlegen!), und der Verkürzungsfaktor der Bandleitung muß bei der Längenbemessung berücksichtigt werden. Der Verkürzungsfaktor läßt sich aus den einschlägigen Datenblättern ersehen und liegt bei Bandleitungen mit Kunststoffdielektrikum im allgemeinen um 0,82.

Es ist ein Nachteil dieser Transformationsleitung, daß man die Anpassung nachträglich kaum noch korrigieren kann. Zu diesem Zweck müßte der Wellenwiderstand der Leitung in kleinen Grenzen geändert werden.

Für den VHF-Bereich lassen sich mit etwas mechanischem Aufwand solche Viertelwellentransformatoren herstellen (Bild 6.9). Dazu verwendet man eine Kunststoffgrundplatte, die auf der linken Seite mit Querschlitzen versehen ist. Diese ermöglichen das Führen der beiden Halteblöcke des linken Parallelrohres und können

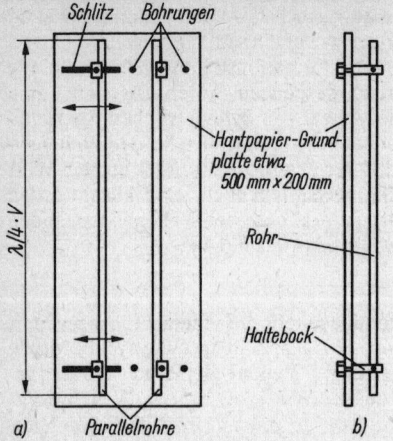

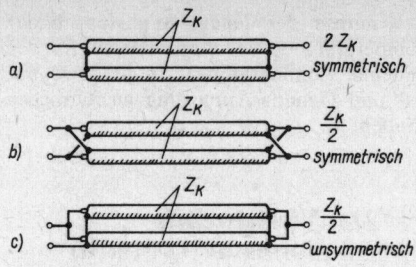

a)

b)

c)

Bild 6.10
Aus Koaxialkabeln hergestellte Viertelwellentransformatoren; a – symmetrische Serienschaltung, $Z = 2Z_K$, b – symmetrische Parallelschaltung, $Z = Z_K/2$, c – unsymmetrische Parallelschaltung, $Z = Z_K/2$

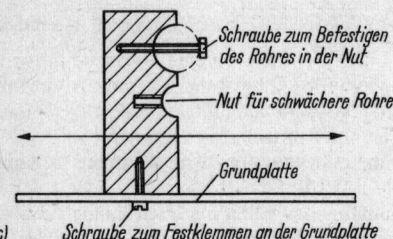

Bild 6.9
Ausführungsvorschlag für einen Viertelwellentransformator veränderbaren Wellenwiderstandes; a – Frontansicht, b – Seitenansicht, c – Detaildarstellung des Haltebocks

kontinuierlich verschoben werden. Die rechte Seite erhält 3 Bohrungen, in denen man die Halteblöcke des rechten Rohres befestigen kann. Damit wird der Rohrabstand auch stufenweise veränderbar. Die Halteblöcke selbst fertigt man aus einem verlustarmen, wetterbeständigen Kunststoff. Sie erhalten 2 oder mehr halbkreisförmige Nuten, in denen Rohre verschiedener Durchmesser festgeschraubt werden können. Dadurch hat man die Möglichkeit, mit Parallelrohren verschiedener Durchmesser zu arbeiten. Mit einer solchen Anordnung lassen sich Wellenwiderstände zwischen etwa 150 und 500 Ω herstellen.

Das Q-Match kann selbstverständlich auch unsymmetrisch aufgebaut und dann zum Anpassen eines Koaxialkabels an eine unsymmetrische Antenne verwendet werden (z. B. Groundplane). Nicht immer wird allerdings ein Koaxialkabel des für einen Viertelwellentransformator erforderlichen Wellenwiderstandes handelsüblich sein, so daß der Selbstbau einer koaxialen λ/4-Leitung oft nicht zu umgehen ist (siehe Bild 5.5 und Bild 5.6).

Wegen der sich daraus ergebenden mechanischen Schwierigkeiten sind koaxiale Viertelwellentransformatoren bei Amateuren selten zu finden.

In manchen Fällen können Koaxialkabel zum Anfertigen von Viertelwellentransformatoren sehr nützlich sein, insbesondere dann, wenn der für die Transformation geforderte Wellenwiderstand so klein ist, daß er sich mit einer selbsthergestellten Paralleldrahtleitung nicht mehr verwirklichen läßt. Durch Parallelschalten handelsüblicher Koaxialkabel halbiert sich deren Wellenwiderstand, so daß Viertelwellentransformatoren mit Wellenwiderständen zwischen 25 und 37 Ω problemlos hergestellt werden können (Bild 6.10). Solche Leitungen haben den Vorteil, daß der Wellenwiderstand über die ganze Leitungslänge absolut konstant ist und daß die Länge der Leitung – bedingt durch den Verkürzungsfaktor des Koaxialkabels mit durchschnittlich $V = 0,66$ – erheblich kürzer als die einer luftisolierten Paralleldrahtleitung ist.

Betreibt man die beiden Kabelstücke in Serienschaltung, so beträgt der resultierende Wellenwiderstand $2Z_k$ unsymmetrisch. Somit lassen sich auch Wellenwiderstände zwischen 100 und 150 Ω leicht herstellen.

Alle Leitungen, deren elektrische Länge ungeradzahlige Vielfache von λ/4 beträgt (3/4, 5/4, 7/4 usw.) weisen theoretisch die gleichen Transformationseigenschaften wie ein Viertelwellentransformator auf.

6.6. Die Viertelwellenanpaßleitung (Stichleitung)

Die *Viertelwellenanpaßleitung* bietet eine bequeme Einstellmöglichkeit der optimalen Anpassung und dürfte die Schaltung sein, die den ge-

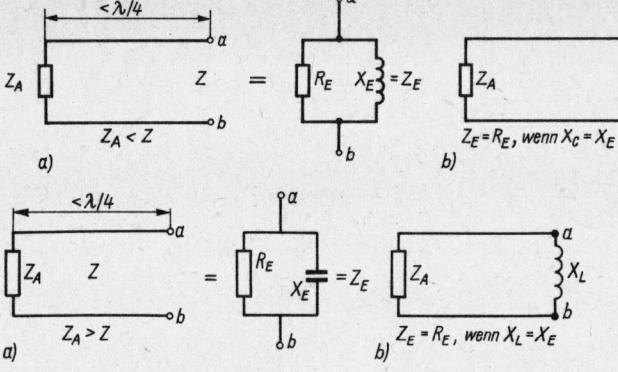

Bild 6.11
Die Kompensation
des induktiven Blindanteils
bei Leitungen $< \lambda/4$;
a – Ersatzschaltung,
b – Kompensation von X_E
durch X_C

Bild 6.12
Die Kompensation des kapazitiven
Blindanteils bei Leitungen $< \lambda/4$;
a – Ersatzschaltung, b – Kompensation
von X_E durch X_L

ringsten mechanischen Aufwand erfordert. Sie ist auch unter dem Namen $\lambda/4$-*Stichleitung* oder *Matching-Stub* bekannt.

Ihr Anwendungsgebiet erstreckt sich in erster Linie auf die Anpassung von Kurzwellendrahtantennen an eine beliebige symmetrische Speiseleitung. Als frequenzabhängiges Gebilde beschneidet sie die Bandbreite der Antenne in bestimmten Grenzen. Ihr Einsatz in Verbindung mit breitbandigen Antennenformen ist daher nicht sinnvoll.

In Abschnitt 5.2.3. wurde bereits das Abstimmverhalten von Zweidrahtleitungen beschrieben und festgestellt, daß ein Leitungsstück $< \lambda/4$ immer als ein reiner Blindwiderstand wirkt. Diese Reaktanz ist bei geschlossener Leitung induktiv (X_L), bei offener Leitung kapazitiv (X_C), wie auch aus Bild 5.29 hervorgeht.

Wird eine Leitung der Länge $< \lambda/4$ mit einem reellen Widerstand Z_A abgeschlossen, dessen Widerstandswert kleiner ist als der Wellenwiderstand Z der Leitung, dann erscheint Z_E am anderen Leitungsende als die Parallelschaltung eines Wirkwiderstandes R_E und eines Blindwiderstandes X_E (Bild 6.11a). Um einen reellen Z zu erhalten, muß der induktive Blindanteil durch einen gleich großen parallelen kapazitiven Blindwiderstand kompensiert werden. (Bild 6.11b)

Der umgekehrte Fall liegt vor, wenn der Abschlußwiderstand Z_A einen größeren Wert hat als der Wellenwiderstand Z der Leitung (Bild 6.12a). Dann ist Z_E mit einem kapazitiven Blindanteil X_E beaufschlagt, der durch die Parallelschaltung einer Induktivität kompensiert werden muß (Bild 6.12b).

Damit besteht die Eingangsimpedanz Z_E nur noch aus dem Realteil R_E. Je nach Leitungslänge kann $R_E = Z_E$ einen Wert zwischen Z_A (bei Leitungslänge 0) und Z^2/Z_A (Leitungslänge elektrisch $= \lambda/4$) annehmen.

Die Viertelwellenanpaßleitung ist die praktische Anwendung dieser Erkenntnisse. Nach Bild 6.13 schließt man eine Speiseleitung mit einem Wellenwiderstand Z direkt an den Eingang der Antenne Z_A an, der durch einen Widerstand dargestellt wird. Wenn Z nicht gleich Z_A ist, besteht keine Anpassung, und es treten stehende Wellen auf. Deren Welligkeit s wird direkt zum Verhältnis Z_A zu Z bestimmt.

In der Entfernung C vom Speisepunkt Z_A entspricht der Scheinwiderstand dem Wellenwiderstand Z der Speiseleitung, aber er ist dort mit einem Blindwiderstand behaftet. Kompensiert man an dieser Stelle den Blindanteil durch eine Stichleitung («Blindschwanz»), dann hat Z einen reellen Wert, und die Antenne ist angepaßt.

Hat Z_A einen kleineren Wert als Z, dann muß mit einem offenen Stub (Bild 6.13a) kompensiert werden (Kapazität). Wird dagegen Z_A größer als Z, verwendet man einen kurzgeschlossenen Stub (Induktivität) nach Bild 6.13b.

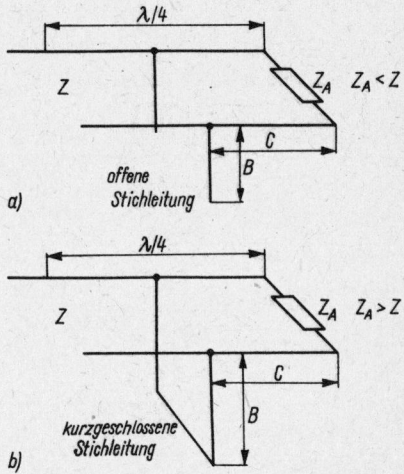

Bild 6.13
Schema der Viertelwellenanpaßleitung; a – offene Stichleitung, b – kurzgeschlossene Stichleitung

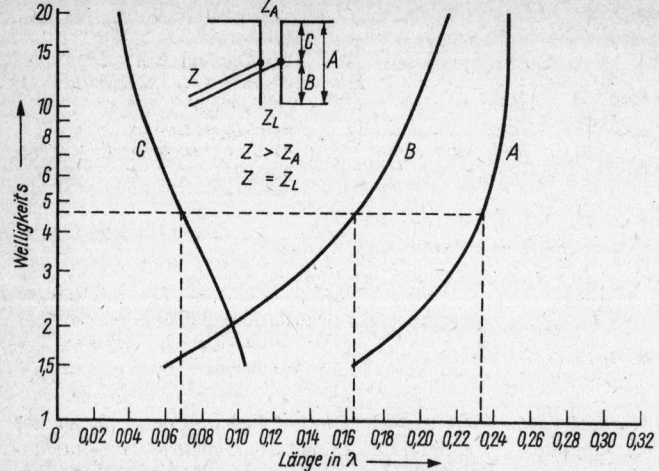

Bild 6.14
Die Länge der offenen
Stichleitung B sowie der Strecken C
und A in Abhängigkeit von der
Welligkeit

Daraus geht hervor, daß man zunächst feststellen muß, ob Z_A größer oder kleiner als Z ist. Diese Entscheidung bereitet keine Schwierigkeiten, denn der Wellenwiderstand Z der Speiseleitung dürfte immer genau bekannt sein (siehe Abschnitt 5.1.1.), und der Eingangswiderstand Z_A der üblichen Kurzwellenantennen wird meist in den Beschreibungen angegeben oder läßt sich mit hinreichender Genauigkeit abschätzen. Der Eingangswiderstand einer im Strombauch gespeisten Antenne weist im allgemeinen niedrige Werte auf (z. B. Halbwellendipol), deshalb ist in diesem Fall praktisch immer $Z_A < Z$. Handelt es sich um eine spannungsgespeiste Antenne (z. B. Ganzwellendipol oder endgespeister Strahler), so liegt eine große Eingangsimpedanz vor ($Z_A > Z$).
Der Abstand C zwischen dem Antenneneingang Z_A und den Anschlußpunkten für den Stub

sowie die Länge B der Stichleitung sind vom Wellenwiderstand Z der Speiseleitung und dem der Stichleitung bzw. dem Verhältnis Z_A zu Z abhängig. Weil Z_A/Z bzw. Z/Z_A gleichzeitig die Welligkeit s darstellen, sind der Abstand C und die Länge B eine Funktion der Welligkeit s. Wenn Speiseleitung und Stichleitung den gleichen Wellenwiderstand haben, gelten für den Fall, daß $Z_A > Z$ ist, die Beziehungen

$$\tan C = \sqrt{s} \qquad (6.7.)$$

und

$$\cot B = \frac{s-1}{\sqrt{s}}. \qquad (6.8.)$$

Wenn $Z_A < Z$, so errechnen sich die Längen nach

$$\cot C = \sqrt{s} \qquad (6.9.)$$

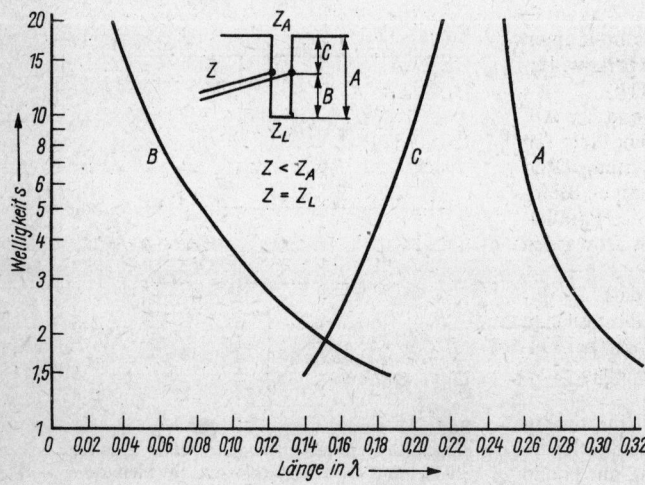

Bild 6.15
Die Länge der kurzgeschlossenen
Stichleitung B sowie der Strecken C
und A in Abhängigkeit von der
Welligkeit

und

$$\tan B = \frac{s - 1}{\sqrt{s}}. \qquad (6.10.)$$

Die Längen C und B sind in Grad ausgedrückt und lassen sich mit der Beziehung

$$\text{Länge in Grad} = 360 \cdot \text{Länge in } \lambda \qquad (6.11.)$$

umrechnen. In Auswertung der Gleichung sind die Kurven in Bild 6.14 und Bild 6.15 entstanden. Aus ihnen lassen sich ohne besonderen Aufwand die Werte für A, B und C (A = B + C) in Abhängigkeit von der Welligkeit s entnehmen.

Dabei wird vorausgesetzt, daß der Wellenwiderstand der Anpaßleitung Z_L gleich dem Wellenwiderstand der Speiseleitung Z ist. Darüber hinaus darf der Eingangswiderstand der Antenne Z_A keine Blindanteile enthalten. Das bedeutet, daß sich die Antenne in Resonanz bei der Betriebswellenlänge befinden muß.

Da es sich bei der Viertelwellenanpassung um eine abgestimmte Leitung handelt, muß der Verkürzungsfaktor der dazu verwendeten Leitungsstücke berücksichtigt werden. Bei luftisolierten Paralleldrahtleitungen beträgt V durchschnittlich 0,975; mit diesem Wert sind die ermittelten Streckenwerte zu multiplizieren. Für handelsübliche Leitungen mit Kunststoffdielektrikum werden die Verkürzungsfaktoren in den Datenblättern angegeben.

Beispiel

Ein Halbwellendipol für das 40-m-Band (Resonanzfrequenz 7025 kHz, entsprechend etwa 42,7 m Wellenlänge) hat einen Eingangswiderstand von 65 Ω. Er soll über eine Viertelwellenanpaßleitung in eine symmetrische Zweidrahtleitung (Wellenwiderstand $Z = 300\,\Omega$, Verkürzungsfaktor $V = 0,8$) angepaßt werden. Die Anpaßleitung wird aus dem gleichen Leitungstyp hergestellt.

Zunächst stellt man fest, daß der Wellenwiderstand größer ist als der Eingangswiderstand. Es muß deshalb ein *offener* Stub verwendet werden, und die Kurven in Bild 6.14 haben Gültigkeit.

Die Welligkeit s ergibt sich aus $Z : Z_A = 300 : 65 \approx 4,6$. Man sucht auf der senkrechten Teilung den Punkt 4,6 und geht von dort aus waagrecht bis zum Schnittpunkt mit Kurve C. Vom Schnittpunkt aus fällt man das Lot und findet auf der waagrechten Wellenlängenteilung für die Strecke C eine Länge von 0,068 λ. Der Schnittpunkt mit Kurve B ergibt eine Stublänge B von 0,165 λ. Die Feststellung der Gesamtlänge A über Kurve A könnte entfallen, denn sie ergibt sich bereits aus B + C = 0,233 λ.

Für die Wellenlänge von 42,7 m ergibt

C = 42,7 m · 0,068 = 2,9036 m und
B = 42,7 m · 0,165 = 7,0455 m.

Mit dem Verkürzungsfaktor der Leitung erhält man:

C = 2,9036 m · 0,8 = 2,32288 m,
B = 7,0455 m · 0,8 = 5,63640 m.

Daraus ergibt sich, daß Anpassung besteht, wenn etwa 2,32 m vom Antennenspeisepunkt entfernt (Strecke C) die Speiseleitung angezapft wird und man dort einen etwa 5,64 m langen offenen Stub (Länge B) aus der gleichen Bandleitung anlötet. Dieses Beispiel ist in Bild 6.14 gestrichelt eingezeichnet.

Die besten Anpassungsergebnisse werden erzielt, wenn ein Welligkeitsmeßgerät zur Verfügung steht. Dann wird zunächst die Antenne direkt mit der vorgesehenen Speiseleitung (*ohne* angesetzten Stub) verbunden und die auftretende Welligkeit gemessen. Da die Messung den exakten Wert der Welligkeit ergibt, lassen sich auch aus Bild 6.14 bzw. 6.15 genaue Werte für B und C ermitteln. Ohne die Speiseleitung noch einmal entfernen zu müssen, kann dann im Abstand C vom Antenneneingang die Stichleitung B an die Speiseleitung angelötet werden, und die Anpassung ist hergestellt.

Die zeichnerisch unterschiedliche Darstellung der Stichleitung in Bild 6.13 und die als Viertelwellenanpaßleitung in Bild 6.14 und Bild 6.15 könnte vermuten lassen, daß es sich hier um 2 verschiedene Anpassungsarten handelt. Tatsächlich besteht nur ein kleiner Unterschied in der konstruktiven Gestaltung, elektrisch sind beide Arten der Zusammenschaltung völlig gleichwertig. In Bild 6.16 werden verschiedene Anwendungsbeispiele für die Viertelwellenanpassung zeichnerisch dargestellt, während Bild 6.17 die gleichen und auch elektrisch gleichwertigen Beispiele mit Stichleitung zeigt. Endgespeiste Strahler sind am Speisepunkt hochohmig, sie müssen deshalb eine kurzgeschlossene Stichleitung erhalten.

Die Leitung B soll möglichst im rechten Winkel von der Speiseleitung weggeführt werden. Dieser Forderung entsprechend muß man nach den örtlichen Verhältnissen entscheiden, ob die konstruktive Ausführung nach Bild 6.16 als Viertelwellenanpaßleitung oder die nach Bild 6.17 als Stichleitung günstiger ist.

Auf allen abgestimmten Leitungen befinden sich stehende Wellen. Zur Vermeidung von größeren Verlusten sollen deshalb die Leitungsstücke B und C aus möglichst dicken Drähten hergestellt und hochwertige Isolatoren verwendet werden. Das gilt besonders, wenn das Verhältnis $Z_A : Z$ bzw. $Z : Z_A$ sehr hoch ist. Bis zu einer Welligkeit von etwa s = 5 braucht man jedoch auch bei Verwendung von dünneren Drähten und mäßiger Isolation noch nicht mit nennenswerten Verlusten zu rechnen. In solchen Fäl-

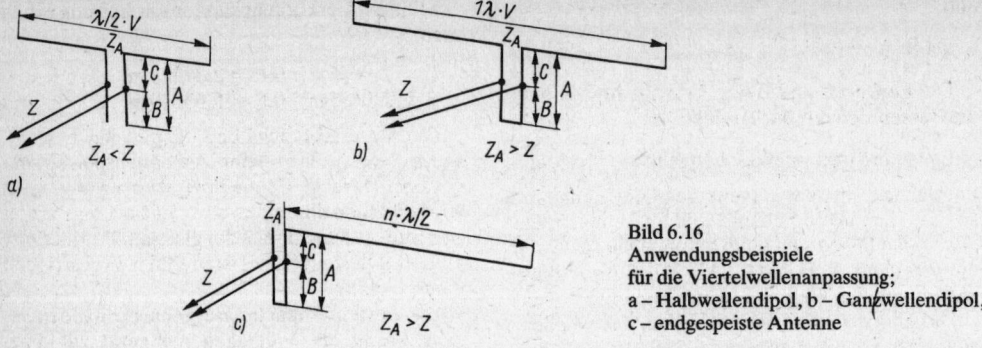

Bild 6.16
Anwendungsbeispiele
für die Viertelwellenanpassung;
a – Halbwellendipol, b – Ganzwellendipol,
c – endgespeiste Antenne

len kann die handelsübliche UKW-Bandleitung verwendet werden.

Mit einer Stichleitung läßt sich auch Anpassung erzielen, wenn der Antennenspeisepunktwiderstand Z_A einen Blindanteil aufweist. Ist Z_A komplex, dann verschiebt sich die Strom- und Spannungsverteilung auf der Leitung in Abhängigkeit von der Größe und dem Vorzeichen des Blindanteiles. Dadurch treten die Strom- und Spannungsmaxima bzw. -minima der stehenden Welle nicht mehr um elektrisch genau $\lambda/4$ (bzw. $n \cdot \lambda/4$) vom Antenneneingang entfernt auf der Leitung auf, wie das bei einem reellen Eingangswiderstand der Fall ist. Deshalb muß man mit geeigneten Meßmitteln beim Antenneneingang beginnend den ersten Stromknoten oder auch Strombauch auf der Leitung suchen. Von diesem Punkt ausgehend *in Richtung zum Sender* (bzw. Empfänger), müssen dann die Längen C und B hergestellt werden. Geht man von einem Strombauch aus (Spannungsminimum), ist für die Errechnung von C und B Bild 6.14 maßgebend, handelt es sich bei dem Beziehungspunkt um einen Stromknoten (Spannungsmaxima), gilt Bild 6.15. Für Amateure, die nur über unzurei-

chende Meßmittel verfügen, läßt sich diese Methode kaum anwenden. Im übrigen wird man immer versuchen, die Antenne in Resonanz bei der Betriebsfrequenz zu betreiben, dann ist auch ihr Eingangswiderstand Z_A reell.

Die unsymmetrische Stichleitung

Für das Erregen einer endgespeisten Antenne über eine Viertelwellenanpaßleitung eignet sich Koaxialkabel besonders günstig. Der unsymmetrische Einspeisungspunkt findet im ebenfalls unsymmetrischen Koaxialkabel seine ideale Fortsetzung. Das Koaxialkabel ist überdies wetterfest und verhindert wegen seiner nahezu vollkommenen Abschirmung unerwünschte Abstrahlungen (TVI und BCI). Selbstverständlich stellt man in diesem Fall die Stichleitung und die Speiseleitung aus dem gleichen Koaxialkabeltyp her. Die vorherigen Ausführungen haben auch für die koaxiale Viertelwellenanpassung volle Gültigkeit.

Da am offenen Ende eines abgestimmten Antennenleiters der Länge $\lambda/2$ (oder $n \cdot \lambda/2$) immer ein Spannungsmaximum vorhanden ist, muß auch der Speisepunkt einer endgespeisten Antenne sehr hochohmig sein. Das Koaxialkabel

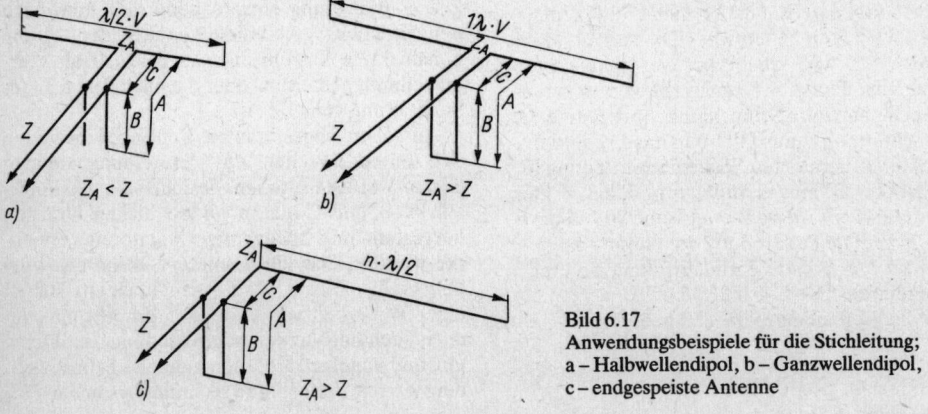

Bild 6.17
Anwendungsbeispiele für die Stichleitung;
a – Halbwellendipol, b – Ganzwellendipol,
c – endgespeiste Antenne

hingegen hat einen Wellenwiderstand von etwa 50 Ω. Deshalb ist Z_A in jedem Fall viel größer als Z. Daraus geht hervor, daß eine kurzgeschlossene Stichleitung verwendet werden muß, wobei die Abmessungen C und B aus Bild 6.15 zu ersehen sind. Da die Eingangsimpedanz dieser endgespeisten Antennen immer >1000 Ω ist, kann man mit einer Welligkeit $s = 20$ rechnen. Das besagt, daß sich der Anzapfpunkt für die Stichleitung (Länge C) etwa $0{,}216\,\lambda$ vom Speisepunkt entfernt befindet und daß die dort angesetzte kurzgeschlossene Stichleitung eine Länge B von $0{,}034\,\lambda$ haben muß.

Beim Errechnen der erforderlichen Kabellängen und der Lage des Anzapfpunktes ist der Verkürzungsfaktor des Koaxialkabels zu berücksichtigen. Da dieser durchschnittlich bei 0,66 liegt (siehe Kabelliste im Anhang), sind die errechneten Werte mit diesem Faktor zu multiplizieren.

Für die Stichleitung wird ein Stück Koaxialkabel so zugeschnitten, daß die elektrische Länge $0{,}034\,\lambda$ beträgt. Am unteren Ende dieses Leitungsstückes verlötet man den Innenleiter mit dem Außenleiter (kurzgeschlossener Stub!); dort entsteht also ein Kurzschluß. Der einwandfreie Anschluß der Anzapfung erfordert etwas Geschick. Man entfernt an der Stelle des zukünftigen Anzapfpunktes einige Zentimeter von dem Außenschutzmantel (PVC) des Speisekabels. Dann drückt man den nunmehr freiliegenden Außenleiter des Kabels (Abschirmgeflecht) möglichst weit auseinander, so daß das Dielektrikum (meist *Polyisobutylen*) gut zugänglich ist. Das Dielektrikum wird jetzt so weit entfernt, daß man den Innenleiter der Stichleitung an den freiliegenden Innenleiter des Speisekabels löten kann. Anschließend muß die Verbindungsstelle wieder gut mit einem geeigneten Kleber vergossen werden. Dabei dürfen sich Innen- und Außenleiter am Anzapfpunkt nicht berühren. An der Anzapfstelle wird dann der Außenleiter des Stubs mit dem Außenleiter des Speisekabels sauber verlötet. Die gesamte Verbindungsstelle muß schließlich noch mit einem guten Kunststoffklebeband wasserdicht umwickelt werden. Bild 6.18 zeigt die koaxiale Stichleitung.

Eine mechanisch und elektrisch ideale, aber nicht ganz billige Lösung ergibt sich, wenn im Anzapfpunkt eines der käuflichen T-Stücke für Koaxialkabel eingesetzt wird. Dazu braucht man dann noch 3 passende Koaxialkabelschraubstecker.

Den freihängenden Kabelschwanz darf man zu einem Ring aufwickeln. Das Speisekabel selbst kann beliebig verlegt werden, da es keinerlei äußeren Einflüssen mehr unterliegt.

Oft werden koaxiale Stichleitungen auch zum Anpassen von Viertelwellenstrahlern verwendet, die senkrecht über einem Erdnetz oder über Ge-

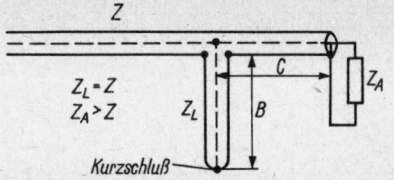

Bild 6.18
Die koaxiale Stichleitung

gengewichten errichtet sind. Bei diesen sogenannten Groundplane-Antennen ist der Speisepunkt ebenfalls unsymmetrisch, und der Eingangswiderstand liegt bei 30 Ω (siehe Abschnitt 19.4.1.). Zum Rechnen mit komplexen Zahlen und zur Lösung von Anpassungsaufgaben mit dem *Smith*-Diagramm wird auf Abschnitt 32. verwiesen.

6.7. Die Anpassung mit konzentrierten Schaltelementen

(C. S. Franklin – Brit. Pat. 282905 – 1927)

Analog dem Viertelwellentransformator kann die elektrische Wirkung eines Q-Match auch durch die entsprechende Zusammenschaltung von Spulen und Kondensatoren erreicht werden. Eine solche Anpassungsschaltung zeigt Bild 6.19.

Vorausgesetzt, der Eingangswiderstand Z_A des Strahlers ist kleiner als der Wellenwiderstand Z der symmetrischen Speiseleitung, so errechnen sich die erforderlichen induktiven Widerstände der Spulen X_L nach

$$X_L = \frac{Z_A}{2}\sqrt{\frac{Z}{Z_A} - 1}. \qquad (6.12.)$$

Beispiel

$$Z_A = 30\,\Omega, \qquad Z = 300\,\Omega$$

$$X_L = \frac{30\,\Omega}{2}\sqrt{\frac{300\,\Omega}{30\,\Omega} - 1} = 15\,\Omega\,\sqrt{9} = 45\,\Omega.$$

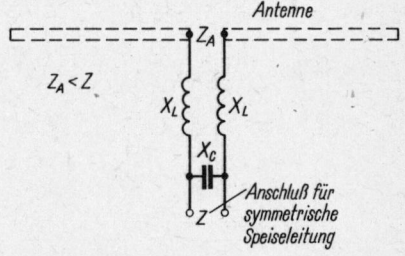

Bild 6.19
Die Anpassung mit konzentrierten Schaltelementen

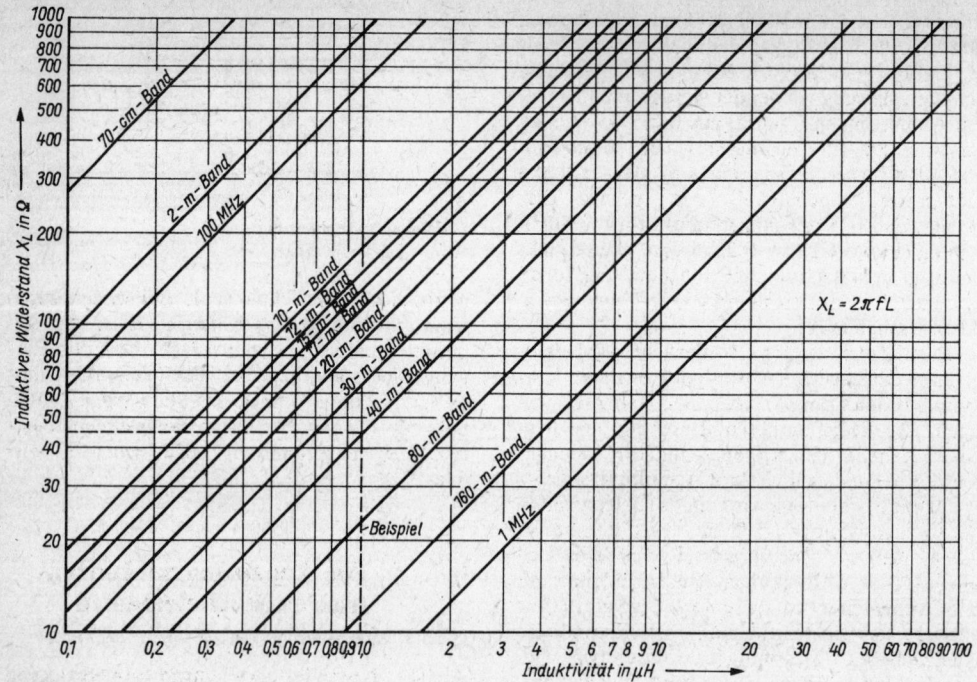

Bild 6.20
Induktiver Widerstand X_L und Induktivität einer Spule in Abhängigkeit von der Frequenz

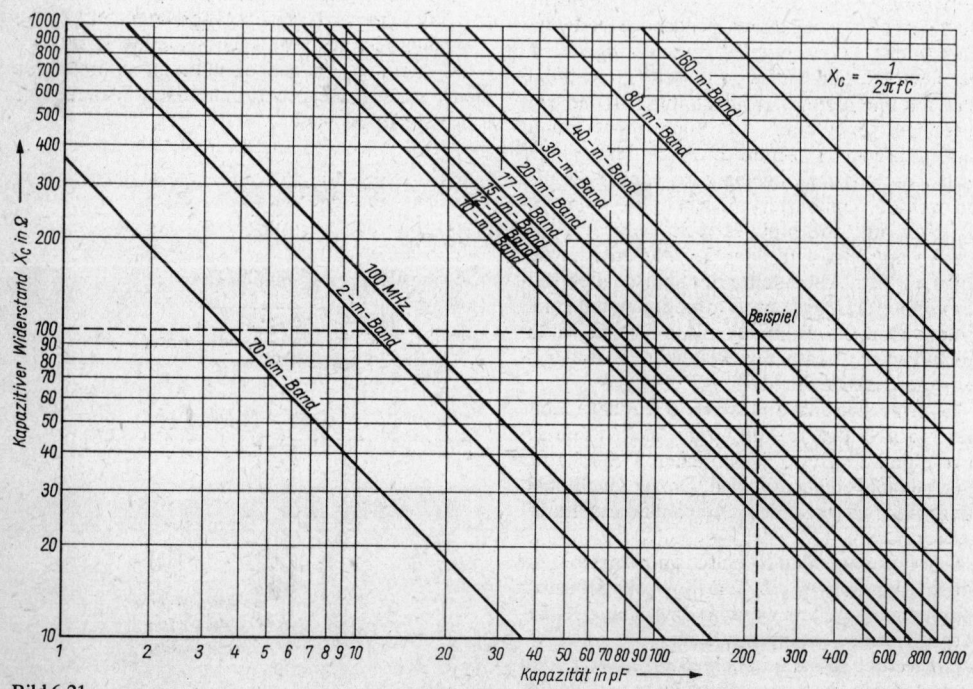

Bild 6.21
Kapazitiver Widerstand X_C und Kapazität eines Kondensators in Abhängigkeit von der Frequenz

Der induktive Widerstand der Spulen X_L beträgt je 45 Ω. Den kapazitiven Widerstand erhält man aus

$$X_C = \frac{Z}{\sqrt{\dfrac{Z}{Z_A} - 1}}.\qquad (6.13.)$$

Mit den Werten des Beispiels wird

$$X_C = \frac{300\,\Omega}{\sqrt{\dfrac{300\,\Omega}{30\,\Omega} - 1}} = \frac{300\,\Omega}{9^\cdot} = 100\,\Omega.$$

Um zu den praktischen Werten für die Spulen in µH und für den Kondensator in pF zu kommen, müßte man nun errechnen, welche Induktivität dem festgestellten induktiven Widerstand und welche Kapazität dem festgestellten kapazitiven Widerstand bei der vorgesehenen Betriebsfrequenz entspricht (Gl. 5.28. bzw. Gl. 5.29.). Durch die Verwendung der Diagramme (Bild 6.20 und Bild 6.21) kann dieser etwas umständliche Rechengang erspart werden; das Ergebnis ist für die Praxis ausreichend genau. Für einen induktiven Widerstand von 45 Ω erhält man aus Bild 6.20 für das 40-m-Band eine Induktivität von etwa 1 µH (gestrichelt eingezeichnet). Aus Bild 6.21 ist ersichtlich, daß für eine Betriebsfrequenz im 40-m-Band der geforderte kapazitive Widerstand X_C von 100 Ω durch einen Kondensator von 225 pF dargestellt werden kann. Auch dieses Beispiel ist in Bild 6.21 eingezeichnet.

Leider benutzt der Amateur diese Anpassungsmethode nur sehr selten. Sie ist besonders im Kurzwellenbereich recht zweckmäßig, da der Kondensator und die beiden Spulen bequem in einer wasserdichten Kunststoffdose untergebracht werden können. Letztere wird direkt am Speisepunkt des Strahlers befestigt. Es ist günstig, den Kondensator in bestimmten Grenzen variabel zu halten (Drehkondensator oder Festkondensator mit parallelgeschaltetem Lufttrimmer); mit ihm kann dann fein auf geringste Welligkeit abgeglichen werden.

6.7.1. Die *Boucherot*-Brücke als Anpassungsglied

(R. Wundt, H. Hornung – Dt. Pat. 603816 – 1932)

Durch die Kombination von Spulen und Kondensatoren nach Art einer *Boucherot*-Brücke läßt sich die Impedanz ebenfalls wandeln (Bild 6.22).

Die Berechnung der erforderlichen Werte für die Schaltelemente ist einfach. Zuerst wird die benötigte Brückenimpedanz Z_T festgestellt.

$$Z_T = \sqrt{Z_1 \cdot Z_2}.$$

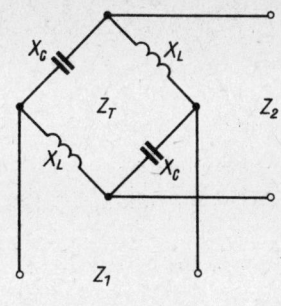

a)

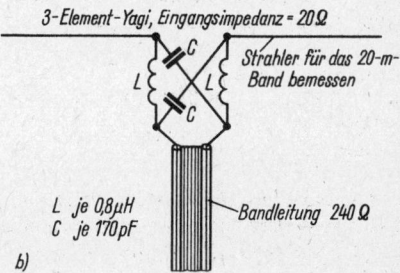

b)

Bild 6.22
Die Anpassung mit einer Boucherot-Brücke;
a – Prinzipschaltung, b – praktisches Beispiel

Da $Z_T = X_L = X_C$ ist, kann für die gewünschte Betriebsfrequenz der erforderliche Wert von X_L in µH aus Bild 6.20 und X_C in pF aus Bild 6.21 abgelesen werden.

Beispiel
Eine 3-Element-*Yagi*-Antenne für das 20-m-Band hat einen Eingangswiderstand Z_1 von 20 Ω. Sie soll mit einer 240-Ω-Bandleitung Z_2 gespeist werden. Die Brückenimpedanz ergibt sich aus

$$Z_T = \sqrt{20\,\Omega \cdot 240\,\Omega} = \sqrt{4800\,\Omega^2} \approx 70\,\Omega.$$

Da $Z_T = X_L = X_C$ ist, beträgt der induktive Widerstand der Spulen X_L je 70 Ω ebenso wie der kapazitive Widerstand X_C jedes Kondensators. Aus Bild 6.20 ist ersichtlich, daß für $X_L = 70\,\Omega$ im 20-m-Band die Induktivität etwa 0,8 µH beträgt; aus Bild 6.21 läßt sich für $X_C = 70\,\Omega$ eine Kapazität von 170 pF ablesen.

6.7.2. Das Transformationsglied nach *Seefried*

Eine weitere Anpassungsschaltung mit konzentrierten Elementen ist das Transformationsglied nach *Seefried* (Bild 6.23). Es läßt sich überall dort verwenden, wo ein unsymmetrisches Speisekabel

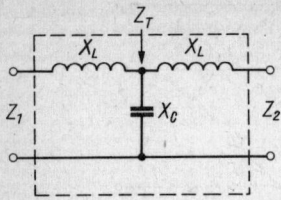

Bild 6.23
Das Transformationsglied nach Seefried

an eine unsymmetrische Antenne (z. B. Viertel-wellenstab, Groundplane usw.) angepaßt werden soll.

Die erforderliche Impedanz des Transforma-tionsgliedes Z_T errechnet sich nach der bereits be-kannten Formel

$$Z_T = \sqrt{Z_1 \cdot Z_2}.$$

Der erhaltene Wert für Z_T stellt gleichzeitig den induktiven Widerstand von X_L und den kapa-zitiven Widerstand von X_C dar. Die Induktivität der beiden Spulen X_L in µH und die Kapazität von X_C in pF, abhängig von der Betriebswellen-länge, kann aus Bild 6.20 und Bild 6.21 abgelesen werden.

Ein praktisches Beispiel für die Berechnung und Anwendung des Transformationsgliedes nach *Seefried* wird in Abschnitt 19.4.1. beschrie-ben. Es ist zu beachten, daß die beiden Spulen möglichst nicht miteinander koppeln. Ein Auf-bau ähnlich Bild 19.15 wird empfohlen.

6.8. Behelfsmäßige Methoden der Antennenanpassung

Einige Amateure besitzen keine geeigneten Meßgeräte zum Anpassen der Antenne an den Empfangseingang. Für sie wird nachstehend be-schrieben, wie die Anpassung behelfsmäßig kor-rigiert und die Blindwiderstände kompensiert werden können.

Bekannt ist der kapazitive Schieber, der an ge-eigneter Stelle auf einer UKW-Bandleitung befe-stigt wird. Wie aus Bild 6.24 ersichtlich, besteht er aus einem Blechstreifen, der so um die Band-leitung gelegt wird, daß sich seine Enden über-lappen, aber nicht berühren. Die Breite des Blechstreifens kann im Frequenzbereich von 100 ... 250 MHz etwa 20 ... 40 mm betragen. Im Be-reich von 30 ... 100 MHz verbreitert man ihn auf 50 ... 100 mm. Dieser kapazitive Schieber wird nun so lange auf der Bandleitung verschoben, bis eine Stellung mit bestem Empfang bzw. kontra-streichstem Fernsehbild festzustellen ist. An die-sem Punkt klemmt man den Metallstreifen fest. Besser, jedoch viel umständlicher ist es, die Spei-seleitung etwas länger als räumlich erforderlich zu bemessen und diese dann am empfängerseiti-gen Ende so lange Zentimeter für Zentimeter zu verkürzen, bis sich bester Empfang bzw. bestes Fernsehbild einstellt.

Eine weitere Korrekturmethode der Speise-leitungsanpassung besteht darin, einen behelfs-mäßigen Anpassungsstub nach Bild 6.25 an den Empfängereingang anzuschließen. Das Band-leitungsstück wird etwas länger als $\lambda/4$ geschnit-ten und bleibt unten offen. Dann werden die beiden Leiter mit der Schnittfläche einer Rasierklinge an verschiedenen Punkten kurzgeschlossen, bis die Stelle besten Empfanges gefunden ist. Dort wird dann eine feste Kurzschlußbrücke eingelötet.

Alle genannten behelfsmäßigen Korrekturen am Empfängereingang sind als Notlösungen zu betrachten. Sie können eine technisch einwand-freie Anpassung am Speisepunkt der Antenne nicht ersetzen, denn stehende Wellen auf der Speiseleitung lassen sich durch behelfsmäßige Korrekturmaßnahmen am Empfängereingang nicht beseitigen. Sie bewirken lediglich, daß sich

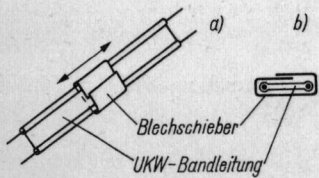

Bild 6.24
Die behelfsmäßige Anpassung durch einen kapazitiven Schieber

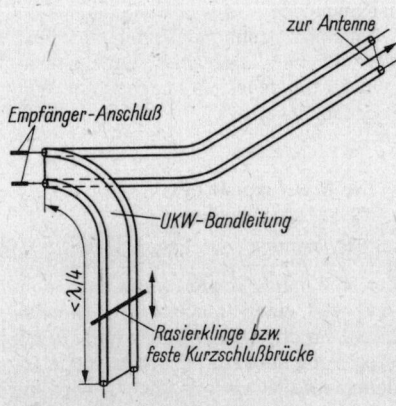

Bild 6.25
Der behelfsmäßige Anpassungsstub am Empfängereingang

die Speiseleitung wie eine abgestimmte Leitung (siehe Abschnitt 5.3.2.) verhält.

Stehende Wellen auf einer an sich richtig angepaßten Paralleldrahtleitung können durch eine unzweckmäßige Speiseleitungsführung auftreten. Das kann z. B. dann der Fall sein, wenn die Leitung auf anderen Leitern aufliegt (Dachrinnen usw.), oder mit diesen Leitern in geringem Abstand parallelläuft. Dadurch wird an diesen Stellen der Wellenwiderstand der Speiseleitung herabgesetzt, und es werden stehende Wellen ausgebildet. In solchen oft vorkommenden Fällen können die geschilderten behelfsmäßigen Korrekturmaßnahmen Erfolg haben, ohne daß damit der Grund des Übels beseitigt wäre.

Literatur zu Abschnitt 6.

[1] *Shulman, J.:* T-network impedance matching to coaxial feedlines, ham radio, Greenville, N. H., (1978) Heft 9, Seiten 22 bis 23
[2] *Tolles, H.:* how to design gamma-matching networks, ham radio, Greenville, N. H. (1973) Heft 5

7.   Symmetriewandler

Fast alle gebräuchlichen VHF-Antennen und ein
großer Teil der Kurzwellenstrahler sind symmetrische Gebilde. Wird die Symmetrie an einer
Stelle der Antennenanlage gestört, treten Strahlungsverluste auf. UKW-Bandleitungen, abgeschirmte symmetrische Zweidrahtleitungen und
alle Selbstbau-Zweidrahtleitungen sind symmetrisch aufgebaut und deshalb zum Speisen symmetrischer Antennen geeignet.

Speist man eine symmetrische Antenne über
ein koaxiales Kabel, so wird – auch wenn der Eingangswiderstand der Antenne mit dem Wellenwiderstand des Kabels übereinstimmt – die Antenne durch das Kabel unsymmetrisch belastet.
Als Folge davon treten auf dem Kabelmantel
Ausgleichströme (sogenannte Mantelwellen)
auf; sie verursachen eine Verluststrahlung. Die
ungleichförmige Erregung der Antenne bewirkt
außerdem, daß die Richtcharakteristik der Antenne verformt wird, die Antenne «schielt». Weitere unbeabsichtigte Richt- und Auslöschungs-
effekte können sich darüber hinaus durch Inter-
ferenz der vom Kabel abgestrahlten Mantelwellen
mit der von der Antenne abgegebenen Strahlung
einstellen.

Auf die Vorzüge koaxialer Kabel muß jedoch
auch bei der Speisung symmetrischer Antennen
nicht verzichtet werden, denn es gibt einige Möglichkeiten, die Kabelanschlüsse am Antenneneingang erdsymmetrisch auszuführen oder Mantelwellen zu verhindern. Derartige Vorrichtun-
gen sind unter den Begriffen *Symmetrierglieder*
oder *Mantelwellensperren* bekannt.

In der Fachsprache ist auch die englische Abkürzung *Balun* (*bal*anced/*un*balanced) gebräuchlich.

7.1.   Der Viertelwellensperrtopf
(N. E. Lindenblad – US Pat. 2131108 – 1936)

Der *Viertelwellensperrtopf*, manchmal auch als
Sleeve oder *Bazooka* bezeichnet, wurde bereits
1936 von *Lindenblad* beschrieben. Bild 7.1 zeigt
seine Aufbauskizze.

Aus mechanischen Gründen bleibt die Anwendung des λ/4-Sperrtopfes in der gezeigten Aus-

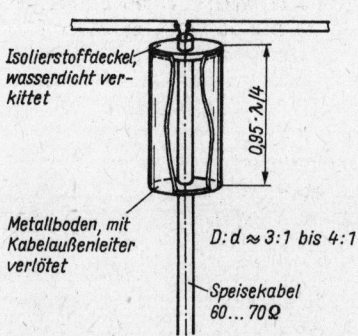

Bild 7.1
Der Viertelwellensperrtopf als Symmetriewandler

führung auf das Meter- und Dezimeterwellengebiet beschränkt. Die Länge des metallischen
Außenrohres beträgt 0,95 λ/4. Der Durchmesser
D ist nicht besonders kritisch und liegt – wenn handelsübliche Koaxialkabel verwendet werden –
zwischen 25 und 40 mm (Durchmesserverhältnis
zwischen Außenrohr und Koaxialkabel etwa
3 : 1 ... 4 : 1). Der Sperrtopf ist unten durch eine
Metallscheibe verschlossen. Das durch eine zentrale Bohrung ins Rohrinnere führende Speisekabel befreit man auf λ/4-Länge von seinem
Kunststoffschutzmantel. Der nun freiliegende
Außenleiter wird an seinem Eintrittspunkt in den
Sperrtopf mit dem Topfboden verlötet. Die an-
tennenseitige Topföffnung ist aus mechanischen
Gründen mit einem Isolierstoffdeckel zu ver-
schließen, der in seinem Mittelpunkt eine Bohrung zur konzentrischen Durchführung des Speisekabels erhält. Der Topfdeckel muß das Topf-
innere gut gegen Regenwasser abdichten. Es darf
mit geeigneten Dichtungsmitteln nicht gespart
werden. Geeignete Kleber führen Fachgeschäfte
in reicher Auswahl (z. B. Silikonkautschuk).

Im Topfboden ist noch eine kleine Bohrung für
den Wasserabfluß vorzusehen.

7.2. Das *Pawsey*-Symmetrierglied

(E. C. Cork, I. L. Pawsey –
Brit. Pat. 462911 – 1935)

Besonders einfach und im Kurzwellenbereich verwendbar ist das *Pawsey*-Symmetrierglied (Bild 7.2). Für die Anfertigung dieses Symmetriewandlers genügt ein Stück Koaxialkabel mit beliebigem Wellenwiderstand (Länge $0{,}95 \times \lambda/4$). Da der Kabelinnenleiter nicht gebraucht wird, kann sogar Kabel verwendet werden, das durch Wassereinwirkung «Abgesoffen» ist und dadurch unbrauchbar wurde.

Bedeutung hat ausschließlich der Kabelaußenleiter, dessen Durchmesser gleich dem des Speisekabels sein muß. Das $\lambda/4$-Kabelstück hat an seinem unteren Ende metallische Verbindung mit dem Außenleiter des Speisekabels. Der Abstand X ist nicht kritisch und kann etwa 20 ... 40 mm betragen.

Bei gleicher Wirkungsweise und mit gleichem Erfolg kann das Viertelwellenkabelstück auch durch ein gleich langes Stück Rohr oder Rundmaterial ersetzt werden. Der Außendurchmesser des Viertelwellenstückes muß wieder dem Außenleiterdurchmesser des Koaxialkabels entsprechen. Wie festgestellt wurde, ist der Einsatz des *Pawsey*-Glieds im VHF-Bereich problematisch. Als Symmetriewandler für den Kurzwellenbereich wird man einen Ringkern-Balun nach Abschnitt 7.7.2. verwenden.

Die Tonna-Einspeisung

Diese Art der Symmetriewandler wurde vom Antennenhersteller *Tonna* entwickelt und mit Erfolg eingesetzt. Der materielle Aufwand ist äußerst gering, er besteht lediglich darin, daß die koaxiale Speiseleitung um geometrisch $\lambda/4$ verlängert werden muß. Der *Tonna*-Symmetriewandler wird bevorzugt zum Speisen von symmetrischen Dipolerregern (z. B. *Yagi*-Systeme) im

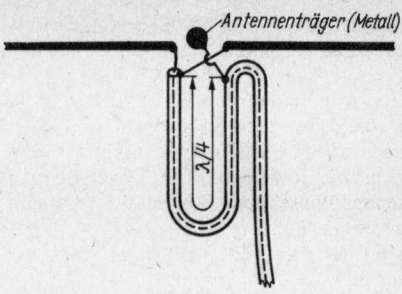

Bild 7.3
Das Anschlußschema der *Tonna*-Einspeisung

VHF- und UHF-Bereich über Koaxialkabel eingesetzt. Die Prinzipschaltung zeigt Bild 7.3. Es handelt sich um einen Sonderfall des Viertelwellensperrtopfes.

Das Koaxialkabel wird direkt an den Dipol angeschlossen und gleich zu einer U-förmigen Schleife mit der mechanischen Länge von $\lambda/4$ gebogen. Am Ende dieser $\lambda/4$-Strecke wird der Kabelaußenleiter freigelegt und elektrisch gut leitend mit dem Antennenträger (Boom) verbunden. Das Koaxialkabel wird dann ohne Unterbrechung beliebig weitergeführt. Die Viertelwellenschleife schafft $\lambda/4$ vom Speisepunkt entfernt eine Stoßstelle für Mantelwellen. Wenn der elektrisch einwandfreie Anschluß an den Außenleiter des Kabels hergestellt ist, muß der Kabelschutzmantel wieder sorgfältig gegen Feuchtigkeitseinwirkung abgedichtet werden.

7.3. Die *EMI*-Schleife

(W. S. Percival, E. L. C. White –
Brit. Pat. 438506 – 1934)

Wenn im Bild 7.4 die sogenannte *EMI*-Schleife gezeigt wird, so erkennt der aufmerksame Leser sofort, daß es sich hier um ein verfeinertes *Paw-*

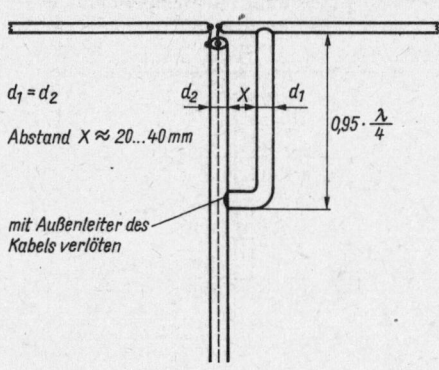

$d_1 = d_2$

Abstand $X \approx 20 ... 40$ mm

mit Außenleiter des Kabels verlöten

$0{,}95 \cdot \dfrac{\lambda}{4}$

Bild 7.2
Das *Pawsey*-Symmetrierglied

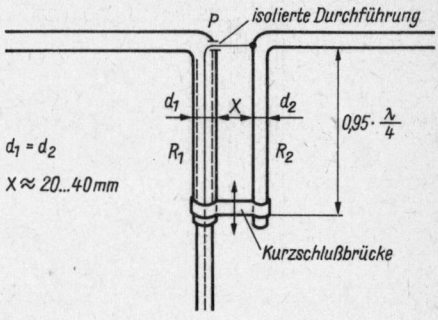

$d_1 = d_2$

$X \approx 20 ... 40$ mm

$0{,}95 \cdot \dfrac{\lambda}{4}$

Kurzschlußbrücke

Bild 7.4
Die EMI-Schleife

sey-Symmetrierglied handelt. Die *EMI*-Schleife erfordert lediglich einen besonderen mechanischen Aufwand.

Das speisende Koaxialkabel wird in einer entsprechenden Länge (etwas länger als $\lambda/4$) von seinem isolierenden Außen-Schutzmantel befreit und in das linke Rohr R_1 eingeschoben. Der Außenleiter des Speisekabels bekommt dabei metallischen Kontakt mit dem Rohr R_1. Der Innenleiter des Kabels darf weder mit dem Außenrohr noch mit dem Rohr R_1 verbunden sein. Es wird im Punkt P isoliert herausgeführt und mit dem gegenüberliegenden Rohr R_2 verlötet. Die Kurzschlußbrücke am Eingang der *EMI*-Schleife bildet man gewöhnlich zum genauen Abgleich verstellbar aus. In gewissen Grenzen können mit dem verstellbaren Kurzschlußschieber auch Blindanteile des Antenneneingangs kompensiert werden.

7.4.   Der Symmetrierstub

Eine sehr einfache Methode zum Symmetrieren, die sich auch noch im Kurzwellenbereich gut ausführen läßt, zeigt Bild 7.5.

Das am Ende kurzgeschlossene Stück Koaxialkabel (Innenleiter mit Außenleiter verlötet) hat eine elektrische Länge von $\lambda/4$. Um die geometrische Länge zu erhalten, muß man die elektrische Länge $\lambda/4$ mit dem Verkürzungsfaktor 0,66 multiplizieren. Der Abstand des $\lambda/4$-Stückes vom Speisekabel sollte mindestens 50 mm betragen. Am Antenneneingang sind Speisekabel und Symmetrierleitung über Kreuz parallelgeschaltet.

Dieser kurzgeschlossene $\lambda/4$-Sperrtopf (siehe Abschnitt 7.1.) ist kein «echtes» Symmetrierglied und sollte eigentlich als *Kompensationsglied* bezeichnet werden. Es hat den umgekehrten Widerstandsverlauf wie die Antenne (unter der Resonanzfrequenz induktiv und darüber kapazitiv) und gleicht dadurch in Resonanznähe den Antennenimpedanzverlauf aus.

Ein solches Kompensationsglied eignet sich in den Kurzwellenbereichen; für VHF und UHF ist er jedoch nicht zu empfehlen.

Symmetrierglieder der bisher beschriebenen Art verändern die Widerstandsverhältnisse am Antenneneingang nicht.

7.5.   Die Umwegleitung
(A. Gothe, H. O. Roosenstein, L. Walter – Dt. Pat. 568559 – 1931)

Eine Symmetrierung, die zusätzlich noch die Eigenschaften eines Transformationsgliedes hat, ist die *Halbwellenumwegleitung* (Bild 7.6).

Die Umwegleitung besteht aus einer Koaxialschleife mit der elektrischen Länge von $\lambda/2$. Die geometrische Länge läßt sich, wie in Abschnitt 7.4. beschrieben, ermitteln. Die Umwegschleife kann aus dem gleichen Kabelmaterial wie die Speiseleitung hergestellt werden. Da es sich um eine abgestimmte Leitung handelt, bei der die Widerstandsumwandlung nicht vom Wellenwiderstand der Leitung abhängig ist, können beliebige Koaxialkabelsorten für die Umwegschleife verwendet werden.

Wie Bild 7.6 zeigt, wird der Außenleiter des Speisekabels mit dem Außenleiter der Umwegschleife verbunden. Eine metallische Verbindung zwischen den Außenleitern der beiden Kabel und dem Strahler besteht jedoch nicht. Die Verbindung der Innenleiter mit dem Strahler ist ebenfalls aus Bild 7.6 zu ersehen.

Das Transformationsverhältnis der Halbwellenumwegleitung beträgt 1 : 4. Es kann demnach ein Koaxialkabel mit einem Wellenwiderstand Z von $60\,\Omega$ über eine Halbwellenumwegleitung erdsymmetrisch und impedanzrichtig an einen Antenneneingangswiderstand Z_A von $240\,\Omega$ angepaßt werden. Die gleiche Umwegleitung läßt sich auch für die Impedanzverhältnisse $50/200\,\Omega$ oder $70/280\,\Omega$ bzw. $75/300\,\Omega$ verwenden, ohne daß man an der Leitung etwas ändern müßte.

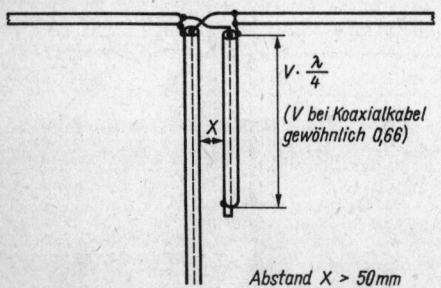

Bild 7.5
Der Viertelwellensymmetriestub

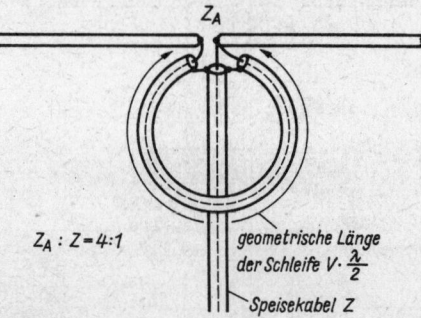

Bild 7.6
Die Halbwellenumwegleitung als symmetrierendes Transformationsglied

Eine solche Umwegschleife wird auch als *Balun-Transformator* bezeichnet. Die relative Bandbreite *b* nach Gleichung 3.3. beträgt etwa 0,3 und eignet sich damit gut für alle praktischen Anwendungen im Amateurfunk.

Die Schleifenform einer Umwegleitung ist nicht bindend, sie kann den Erfordernissen entsprechend auch zu mehreren Windungen aufgerollt oder in beliebiger anderer Form verlegt werden.

Handelsübliche Empfangsantennen für den VHF- und UHF-Bereich haben fast ausschließlich einen Nennwiderstand von 240 Ω, symmetrisch. Diese Antennen können entweder direkt über eine symmetrische Bandleitung gespeist werden, oder sie sind über eine Halbwellenumwegleitung erdsymmetrisch an ein Koaxialkabel anzupassen.

7.6. Die Balun-Leitung

Wenn 2 gleich lange und gleichartige Leitungsstücke an ihrem einen Ende parallelgeschaltet werden und am entgegengesetzten Ende in Serie liegen, so findet ebenfalls – wie bei der Halbwellenumwegleitung – eine Widerstandstransformation, verbunden mit Symmetriewandlung, statt. Bei solchen Balun-Leitungen (Bild 7.7) erscheint deren Wellenwiderstand *Z* am parallelgeschalteten Ende mit dem halben Wert *Z*/2 und ist dort unsymmetrisch. Das gegenüberliegende, in Serie geschaltete Leitungsende ist symmetrisch und hat eine Anschlußimpedanz, die dem doppelten Wellenwiderstand (2*Z*) der Balun-Leitung entspricht. Das mit der Symmetriewandlung verbundene Widerstands-Übersetzungsverhältnis beträgt deshalb 1 : 4.

Die Länge der beiden Leitungsstücke ist je λ/4. Durch den sinnvollen Einsatz einer Balun-Leitung kann manche schwierig erscheinende Anpassungsaufgabe oft leicht und zweckmäßig gelöst werden.

7.7. Die aufgewickelte Zweidrahtleitung als Symmetriewandler

(F. Gerth – Dt. Pat. 592184 – 1932)

Eine aufgewickelte Zweidrahtleitung entsprechender Windungszahl wirkt über einen sehr großen Frequenzbereich für unsymmetrische Ströme wie eine Drossel, schwächt dagegen symmetrische Ströme nur unmerklich. Sie stellt demnach einen fast frequenzunabhängigen Symmetriewandler dar. Sie läßt sich einfach und raumsparend herstellen, indem nach Bild 7.8 ein Stück UKW-Bandleitung mit passendem Wellenwiderstand zu einer Spule aufgewickelt wird. Die Länge der aufzuwickelnden Doppelleitung ist nicht kritisch; sie beträgt im Optimum etwa λ/4 und kann zwischen 1/10 λ und 3/8 λ schwanken. Die Anschaltung dieser Symmetrierleitung an einen Dipol zeigt Bild 7.9.

In der dargestellten Form wird die Impedanz nicht umgewandelt, der Wellenwiderstand der aufgewickelten Leitung muß deshalb gleich der Anschlußimpedanz sein.

Die Einsatzmöglichkeiten dieses aperiodischen Symmetriewandlers sind vielseitig. So kann z. B. ein symmetrischer Dipol von 60 Ω Eingangswiderstand mit einem unsymmetrischen Koaxialkabel von 60 Ω Wellenwiderstand gespeist werden, indem nach Bild 7.9 eine aufgewickelte 60-Ω-Bandleitung zwischen Antenneneingang und Speisekabel geschaltet wird. Ebenso läßt sich

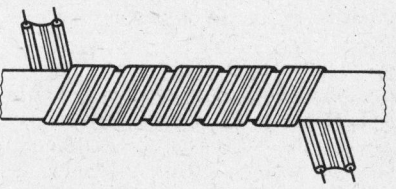

Bild 7.8
Zur Spule aufgewickelte UKW-Bandleitung

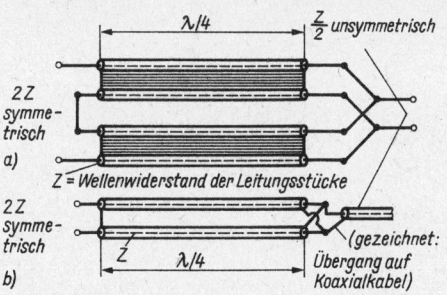

Bild 7.7
Die Balun-Leitung; a – für Bandleitung,
b – für Koaxialkabel

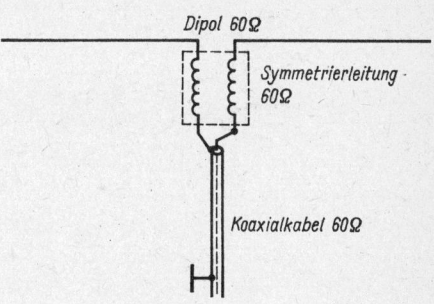

Bild 7.9
Die aufgewickelte Leitung als Symmetrierglied

z.B. an eine unsymmetrische Eintaktendstufe oder ein «einbeiniges» *Collins*-Filter mit einer zwischengeschalteten aufgewickelten Doppelleitung eine symmetrische Zweidrahtspeiseleitung anschließen.

7.7.1. Aufgewickelte Zweidrahtleitungen als Symmetrie- und Impedanzwandler

(G. Guanella – Schweiz. Pat. 233050 – 1942)

Verwendet man 2 aufgewickelte Zweidrahtleitungen in der gleichen Serienparallelschaltung wie die Balun-Leitung, so weist dieses Gebilde auch die gleichen elektrischen Eigenschaften auf: Impedanzwandlung 4:1 und Übergang symmetrisch zu unsymmetrisch bzw. umgekehrt. Darüber hinaus zeichnet sich eine solche Balun-Spule noch durch einen sehr großen Frequenzbereich und geringen Platzbedarf aus (Bild 7.10).

Über eine solche Balun-Spulenanordnung kann z.B. ein 240-Ω-Faltdipol an ein koaxiales 60-Ω-Speisekabel impedanzrichtig angeschlossen werden (Bild 7.11). Der Wellenwiderstand der Balun-Spulen muß in diesem Fall 120 Ω betragen ($Z/2 = 60\,\Omega$, $2Z = 240\,\Omega$).

Verwendet man eine symmetrische 120-Ω-Bandleitung ($2 \times 0,4\,\text{Cu}$), dann bereitet die Selbstherstellung solcher Balun-Spulen keine Schwierigkeiten und kann für den Einsatz im Kurzwellenbereich empfohlen werden. Der Einsatz von Balun-Spulen in Verbindung mit VHF- oder UHF-Antennen ist jedoch einfacher und im Endeffekt auch billiger, wenn sich der Amateur der industriell hergestellten Symmetrie- und Impedanzwandler bedient. Diese werden in verschiedenen Ausführungen geliefert, und zwar sowohl für Mastmontage als auch zum direkten Anstecken an das Gerät. Sie entsprechen in ihrem Aufbau der Schaltung nach Bild 7.11 und haben eine Bandbreite von 40 bis etwa 800 MHz. Innerhalb dieses Frequenzbereiches ist die maximale Welligkeit $s = 1,35$ und die mittlere Dämpfung 0,15 dB. Dieses praktische Bauteil wurde entwik-

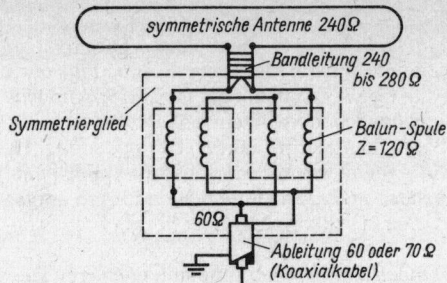

Bild 7.11
Praktisches Beispiel für den Einsatz einer Balun-Spule

kelt, um symmetrische Antennen mit dem genormten Eingangswiderstand von 200...300 Ω an ein Koaxialkabel mit 50...75 Ω Wellenwiderstand impedanzrichtig anpassen zu können. Für den Sendebetrieb sind solche Wandler meist nicht geeignet.

Derartige aufgewickelte Zweidrahtleitungen werden nach ihrem Erfinder auch als *Guanella*-Übertrager bezeichnet.

7.7.2. Koaxialkabeldrosseln als Breitband-Symmetriewandler

Zum Speisen von Kurzwellendipolen sind Koaxialkabel am besten geeignet, weil deren Eingangswiderstände den Wellenwiderständen der Koaxialkabel weitgehend entsprechen. Da der Dipol jedoch erdsymmetrisch aufgebaut ist und Koaxialkabel erdunsymmetrisch sind, treten bei direkter Speisung über Koaxialkabel die bereits erwähnten Verluststrahlungen in der Form von Mantelwellen sowie Unsymmetrien im Strahlungsdiagramm des Dipols auf. Deshalb ist ein Symmetriewandler (Balun) erforderlich.

Am einfachsten kann das Koaxialkabel selbst die Ausbildung von Mantelwellen unterdrücken, wenn man es am antennenseitigen Ende ringförmig zu einer Drossel aufwickelt (Bild 7.12). Die

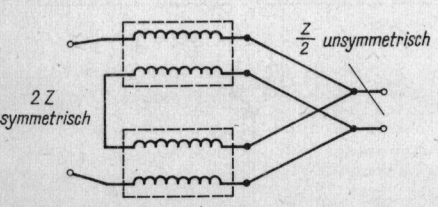

Z = Wellenwiderstand der aufgewickelten Leitung

Bild 7.10
Die aufgewickelte Balun-Leitung als Anpassungs- und Symmetrierglied

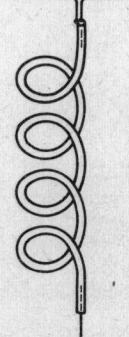

Bild 7.12
Einspeisedrossel aus Koaxialkabel zur Unterdrückung von Mantelwellen

Kabelwindungen sind in der Zeichnung zur besseren Verdeutlichung auseinandergezogen. Tatsächlich werden sie als Ringbündel gewickelt und mit wetterfestem Klebeband zusammengehalten. 8 ... 10 Windungen bei einem Spulendurchmesser von 100 ... 150 mm sind für den Kurzwellenbereich ausreichend. Die Vorteile einer solchen breitbandigen Einspeisedrossel bestehen darin, daß das koaxiale Speisekabel nicht unterbrochen werden muß, daß keinerlei Abstimm- oder Abgleicharbeiten erforderlich sind und daß die Drossel Breitbandeigenschaften hat. Die Nachteile bestehen in der relativ großen Gewichtsbelastung am Speisepunkt, die besonders bei Drahtantennen hinderlich sein kann. Außerdem läßt die Drosselwirkung bei hohen Frequenzen wegen der verteilten Kapazitäten zwischen den Windungen nach. Man darf deshalb diese Drossel nur als eine brauchbare Behelfslösung ansprechen.

Sehr interessant ist ein von *W1JR* entwickelter Breitband-Symmetriewandler [1]. Wie Bild 7.13 a zeigt, wird ein Ferrit-Ringkern (siehe auch Abschnitt 7.7.3.) mit einem Koaxialkabel in besonderer Weise bewickelt. Man kann erkennen, daß sich nach der halben Windungsanzahl der Wicklungssinn umkehrt. Abhängig vom Ringkernmaterial sollen für den Kurzwellenbereich von 3,5 ... 30 MHz 10 ... 12 Windungen aufgebracht werden. Gewöhnlich sind die Innendurchmesser handelsüblicher Ringkerne zu klein, um z. B. 10 Windungen eines «normalen» Koaxialkabels unterbringen zu können. Man wählt deshalb der Größe des Ringkerns entsprechend dünnes Koaxialkabel. Da es sich hierbei nur um

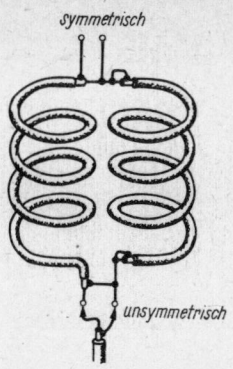

Bild 7.14
Prinzipschema einer Balun-Doppeldrossel
(W. Buschbeck, H. J. v. Baeyer – Dt. Pat. 724131 – 1937)

kleine Leitungslängen handelt, deren Verluste im Kurzwellenbereich sehr gering sind, erscheint dies als eine brauchbare Ausweichlösung. Natürlich geht man am unsymmetrischen Ausgang dieses Baluns auf «normales» Koaxialkabel gleichen Wellenwiderstandes über. Mit der in Bild 7.13b hinzugefügten Kompensationswicklung aus Kupferlackdraht wird das Breitbandverhalten verbessert [9]. Eingangs- und Ausgangswiderstand entsprechen dem Wellenwiderstand des verwendeten Koaxialkabels.

Ein wirkungsvoller Symmetriewandler für Mehrbandkurzwellenantennen ist die Koaxialdoppeldrossel nach Bild 7.14. Im Prinzip entspricht sie einem *Pawsey*-Symmetrierglied (siehe Abschnitt 7.2.), welches durch spulenförmiges Aufrollen Breitbandeigenschaften erhält. Eine solche Doppeldrossel wird in [2] ausführlich beschrieben. Es werden etwa 8 m Koaxialkabel mehr als bei direktem Anschluß benötigt. Bild 7.15 zeigt die praktische Ausführung. Das koaxiale Speisekabel braucht nicht aufgetrennt zu werden, denn es geht etwa 8 m vor seinem antennenseitigen Ende direkt in die Doppeldrossel über. Nach 10 Windungen entfernt man auf einer Strecke von 30 ... 50 mm den Kabelaußenleiter und das Dielektrikum, ohne dabei den Innenleiter zu verletzen. Dort werden später gemäß Teilskizze die Antennenanschlüsse befestigt. Es folgen nun im gleichen Wicklungssinn die nächsten 10 Windungen (B). Der übrigbleibende Kabelschwanz wird nun an seinem Ende kurzgeschlossen (Innenleiter mit Außenleiter verbinden) und mit dem Außenleiter des Zuführungskabels verlötet.

Die Anordnung ist breitbandig und für die 3 hochfrequenten Kurzwellenamateurbänder brauchbar. Mit dieser symmetrierenden Doppeldrossel werden die Verluste durch Mantelwellen

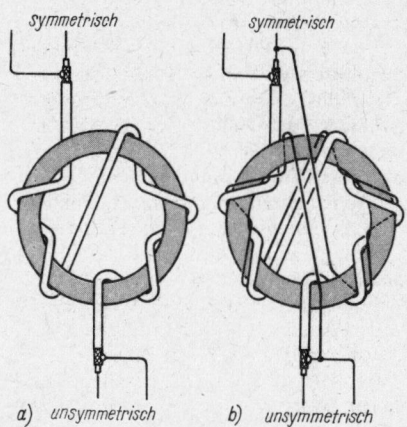

Bild 7.13
Ringkern-Koaxialkabel-Balun 1:1; a – einfache Ausführung nach Reisert [1], b – Ausführung mit Kompensationswindung nach [9]

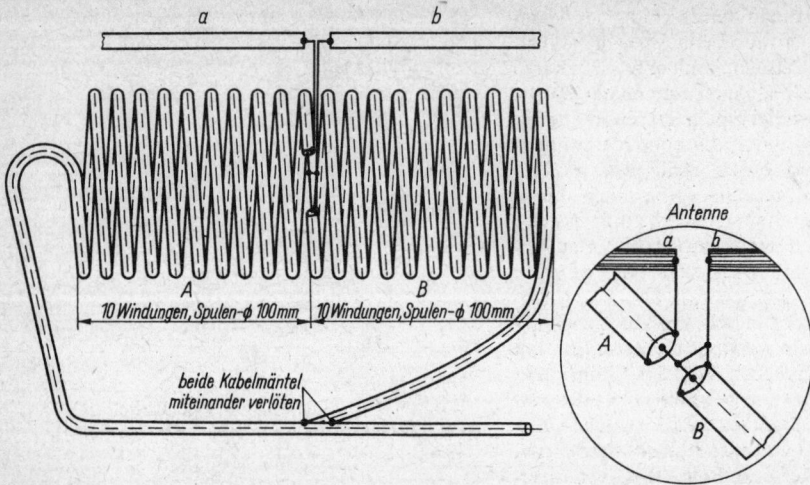

Bild 7.15
Die Doppeldrossel als Symmetrierglied

weitgehend beseitigt. Die zusätzlichen Leitungsverluste betragen nur maximal 0,5 dB und fallen wegen der erzielten Verbesserung des Antennenwirkungsgrades überhaupt nicht ins Gewicht.

Eine im Aufbau gleichartige Doppeldrossel wurde von *WA2 SON* erprobt (ham radio, May 1981). Dabei erwies sich, daß insgesamt 7 Windungen Koaxialkabel ($2 \times 3{,}5$ Wdg.) bei einem Spulendurchmesser von 100 mm für 14,21 und 28 MHz ausreichend waren.

Die Koaxialdoppeldrossel stellt eine relativ große Gewichtsbelastung für den Antennenspeisepunkt dar und enthält mehrere Anschlußstellen auf dem Koaxialkabel, die sehr sorgfältig gegen eindringende Feuchtigkeit abgedichtet werden müssen. Ringkern-Balun-Übertrager nach Abschnitt 7.7.3. sind leichter und raumsparender, sie haben außerdem eine größere Bandbreite. Fehlen geeignete Ferrit-Ringkerne, so bietet die Doppeldrossel oft eine brauchbare Ausweichlösung.

7.7.3.   Ringkern-Balun-Übertrager

Leichte und materialsparende Symmetriewandler für den Kurzwellenbereich erhält man, wenn die Balun-Spulen auf einen Ringkern aus Eisen (Ferrit) aufgewickelt werden. Die Bandbreite von Ringkernübertragern ist groß, bei geeignetem Ferritmaterial reicht sie von etwa 3 ... 30 MHz. Somit sind sie besonders gut für den Einsatz bei Mehrband-Kurzwellenantennen geeignet. Je nach Bedarf können die Symmetriewandler mit Übersetzungsverhältnissen von 1 : 4, 4 : 1 sowie 5 : 1 bis 10 : 1 hergestellt werden.

Das Aufwickeln einer Balun-Leitung auf einen Körper aus ferromagnetischem Werkstoff bewirkt, daß die Windungsanzahl beziehungsweise Leiterlänge für eine bestimmte Induktivität – verglichen mit einer kernlosen Spule – erheblich geringer wird. Außerdem verringert sich mit wachsender Frequenz die wirksame Permeabilität von Ferriten. Daraus resultieren in Verbindung mit einer entsprechenden Wickeltechnik die guten Breitbandeigenschaften. Dabei wird die untere Frequenzgrenze von den Materialeigenschaften des Ringkerns und die obere weitgehend vom Übertrageraufbau bestimmt.

Die Abmessungen der handelsüblichen Ferrit-Ringkerne stehen fast immer in einem bestimmten Verhältnis zueinander. Es gilt allgemein: $d_1 : d_2 : h = 10 : 6 : 3$. Dabei bedeuten: d_1 – äußerer Ringdurchmesser, d_2 – innerer Ringdurchmesser und h – Ringhöhe. Entsprechend der geforderten Belastbarkeit werden äußerer Ringdurchmesser und Durchmesser der Wickeldrähte gewählt. Als Erfahrungswerte gelten, daß bis zu HF-Leistungen von 25 W Ringkerne mit einem Außendurchmesser von 25 mm ausreichend sind. Für die Bewicklung genügt Kupferlackdraht von 0,6 mm Durchmesser. Für Leistungen bis etwa 250 W sollte d_1 mit 40 mm gewählt werden. Der Durchmesser der Wickeldrähte beträgt dann 1,6 ... 2,2 mm. Höhere HF-Leistungen beherrscht man durch Vergrößern der Ringhöhe h, indem 2 oder 3 Ringkerne vom 40 mm Außendurchmesser übereinander gestapelt werden. Dies ist eine Ausweichlösung, wenn Ringkerne größeren Außendurchmessers schwer erhältlich sind.

Ferritringkerne haben praktisch kein Streufeld, sie können daher direkt auf Metallflächen befestigt oder ohne größeren Abstand von solchen umschlossen werden. Allerdings empfiehlt es sich, zum Schutz vor Spannungsüberschlägen eine Isolierschicht zwischen Ringkernübertrager und geerdeter Metallfläche vorzusehen. Meistens werden die Übertrager mit einem geeigneten Zweikomponentenkleber auf ihre Tragefläche aufgeklebt. Solche Kleber haben fast immer sehr gute Isoliereigenschaften. Scharfe Kanten an Ringkernen können die Lackisolation der Wickeldrähte beschädigen. Deshalb entgratet man die Kanten mit Schmirgelleinen oder umwickelt den Kern mit einer dünnen Schutzfolie.

Wie aus Bild 7.16 hervorgeht, sind die Spulen L_1 und L_2 bei allen Ausführungsformen als bifilare Wicklung angebracht, wobei man die Windungen über den Ringkernumfang verteilt. Als Spulenmaterial eignen sich Kupferlackdrähte, isolierte Kupferlitzen oder auch 2adrige Stegleitungen mit einem Leiterquerschnitt von $\geq 1\,mm^2$. Für gute Wirksamkeit kommt es darauf an, daß die beiden Drähte sehr eng miteinander gekoppelt (Verdrillung) sind, deshalb muß die sie umgebende Isolierschicht möglichst dünn sein. Wegen ihres dicken Isoliermantels aus verlustreichem PVC sind deshalb z. B. Stegleitungen, wie man sie in der Starkstromtechnik verwendet, wenig geeignet.

Abhängig von den Eigenschaften des Kernmaterials sind für einen Breitbandübertrager von 3...30 MHz 6...10 bifilare Windungen erforderlich. Besonders gut geeignet sind Kerne aus einem Nickelzinkkobaltferrit (z. B. FERROXCUBE 4 oder MANIFER aus der Gruppe MF 300). Aber auch Manganzinkferrite sind brauchbar (z. B. FERROXCUBE 3 bzw. MANIFER aus der Gruppe MF 100).

Bild 7.16 a zeigt Prinzipschaltung und Wickelschema für einen Breitband-Symmetriewandler ohne Transformationseigenschaften (1 : 1). L_1, L_2 und L_3 haben gleiche Windungsanzahl bzw. gleiche Drahtlänge (6...10 Wdg.). L_1 und L_2 werden bifilar gewickelt und bedecken etwa 2/3 des Ringkernumfanges; in das freie Drittel wird L_3 als unifilare Wicklung aufgebracht. Häufig wird für den 1 : 1-Übertrager auch eine trifilare Bewicklung vorgeschlagen, wobei L_3 mit L_1 und L_2 gemeinsam (trifilar) über den Ringkern aufgebracht wird. Die Wicklungen sind dann ebenfalls nach dem gegebenen Prinzipschema zu verdrahten.

Bild 7.16 b zeigt einen Symmetriewandler, der gleichzeitig im Verhältnis 4 : 1 transformiert. Er benötigt nur eine bifilare Wicklung, bestehend aus L_1 und L_2, deren Windungen über den Ringkernumfang verteilt werden. Durch die Verbindung der Anschlüsse 2 und 3 entsteht eine Serienparallelschaltung, die bewirkt, daß die Impedanz des unsymmetrischen Anschlusses R_1 (1–4) am unsymmetrischen Anschluß R_2 (3–4) im Verhältnis 4 : 1 transformiert erscheint ($R_2 = R_1/4$). Um die Wirksamkeit in der Nähe der oberen Frequenzgrenze zu verbessern, werden oft die beiden Leiterdrähte miteinander verdrillt, wobei sich 1,5...2,5 Umdrehungen je Zentimeter Leitungslänge als günstig erwiesen haben. Ergänzend sei hier bemerkt, daß die Wellenwiderstände Z von in solcher Weise verdrillten Kupferlackdrähten mit Drahtdurchmessern von 0,25 mm bei 70 Ω, mit 0,65 mm bei 50 Ω und mit 0,8 mm bei 40 Ω liegen [3].

Durch Anbringen einer Anzapfung an L_2 können nach [4], in Abhängigkeit von der Lage des Anzapfpunktes 5, Übersetzungsverhältnisse von

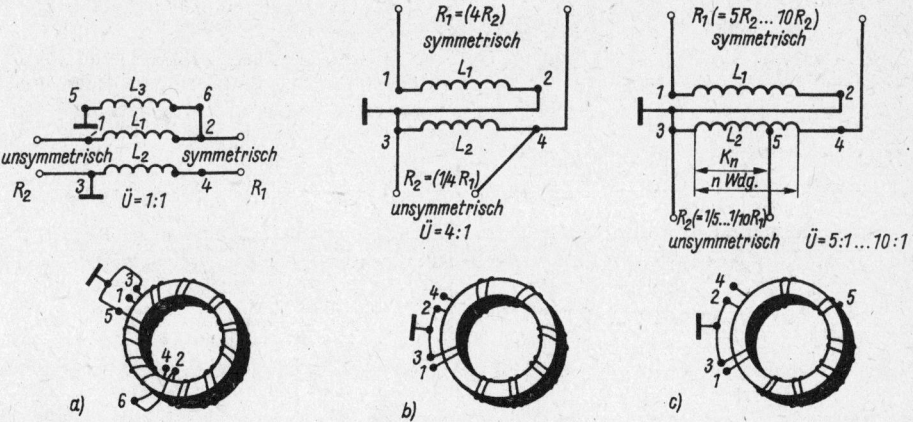

Bild 7.16
Ringkern-Balun-Breitbandübertrager; a – Prinzipschaltung und Wickelschema für Ü = 1:1, b – Prinzipschaltung und Wickelschema für Ü = 4:1, c – Prinzipschaltung für Ü = 5:1 bis 10:1

Tabelle 7.1.
Die Lage des Abgriffs 5 in Abhängigkeit vom Übersetzungsverhältnis $R_1 : R_2$ bei Ringkern-Balun-Übertragern nach Bild 7.16 c

Übersetzungs- verhältnis $(R_1 : R_2)$	Abgriff 5 $(K_n : n)$	Windungszahl K_n bei	
		$n = 8$ Wdg.	$n = 7$ Wdg.
5 : 1	0,9	7,2	6,3
6 : 1	0,82	6,5	5,7
7 : 1	0,76	6,1	5,3
8 : 1	0,71	5,6	5,0
9 : 1	0,67	5,3	4,7
10 : 1	0,64	5,1	4,5

5:1 ... 10:1 eingestellt werden (Bild 7.16c). Die Lage des Anzapfpunktes 5 errechnet man aus der Beziehung

$$R_1 = 4 \cdot \frac{R_2}{K^2}. \qquad (7.1.)$$

In dieser Formel bedeutet K das Verhältnis der Anzahl der abgegriffenen Windungen zur Anzahl der Gesamtwindungen ($K < 1$). Auf dieser Berechnungsgrundlage wurden in Tabelle 7.1. die Werte für die Lage des Abgriffs 5, ausgedrückt als Dezimalbruchteil ($K_n : n$) und als Windungsanzahl 3–5 für $n = 8$ Wdg. und $n = 7$ Wdg. errechnet.

Soll das Anbringen einer Spulenanzapfung vermieden werden, kann man statt dieser eine 3. Wicklung aufbringen und damit Übersetzungs-

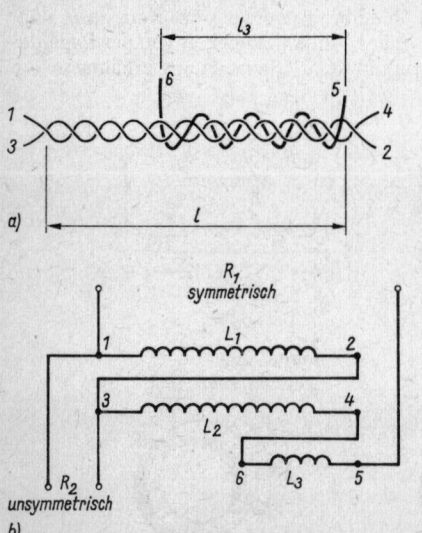

a)

b)

Bild 7.17
Die Erweiterung von Ringkern-Balun-Breitbandübertragern 4:1 auf Übersetzungsverhältnisse bis 9:1; a – Wickeltechnik, b – Prinzipschaltung

verhältnisse bis 9:1 realisieren [3]. Es wird jedoch davon abgeraten, mit dieser Schaltung über ein Verhältnis von 6:1 hinauszugehen. In der Praxis baut man sich zunächst einen 4:1-Transformator nach Bild 7.16b, der allerdings mit verdrillten Bifilarwicklungen ausgeführt werden soll. Über einen Teil der verdrillten Leitung l wird nach Bild 7.17a eine 3. Leitung l_3 gewickelt, deren Länge – bezogen auf l – vom gewünschten Übersetzungsverhältnis abhängt. Für die Leitungslänge l_3 gilt die Bemessungsformel

$$l_3 = l \, (\sqrt{R_1 : R_2} - 2). \qquad (7.2.)$$

Berechnungsbeispiel
Die gestreckte Leitungslänge l der verdrillten Zweidrahtleitung beträgt 150 mm; es wird ein Übersetzungsverhältnis von 5,5 : 1 gefordert. Die gesuchte Leitungslänge l_3 beträgt

$$l_3 = 150 \, \text{mm} \, (\sqrt{5,5} - 2) = 150 \, \text{mm} \cdot 0,345$$
$$= 51,8 \, \text{mm}.$$

Bild 7.17a zeigt die Wickeltechnik, aus Bild 7.17b ist zu entnehmen, in welcher Weise die Leitungsenden zu verbinden sind. Es läßt sich ausrechnen, daß mit $l_3 = l$ ein Übersetzungsverhältnis von 9:1 auftreten würde.

In ähnlicher Weise lassen sich auch Übersetzungsverhältnisse <4:1 verwirklichen. Wie bei jedem Transformator entspricht das Windungsverhältnis dem Quadrat des Impedanzverhältnisses bzw. das Impedanzverhältnis der Quadratwurzel des Windungsverhältnisses. Wenn z. B. in Bild 7.16b L_1 und L_2 je 10 Windungen aufweisen, so liegt für die symmetrische Seite eine Reihenschaltung von L_1 und L_2 mit je 20 Windungen vor. Die unsymmetrische Seite greift nach dem Prinzip des Spartransformators 10 Windungen davon ab. Das Übersetzungsverhältnis beträgt somit 20 : 10 = 2 : 1, entsprechend einem Impedanzverhältnis von $2^2 : 1 = 4 : 1$.

Um kleinere Impedanzverhältnisse als 4:1 zu erhalten, muß man das Übersetzungsverhältnis von L_2 verändern (Bild 7.18). Angenommen L_1

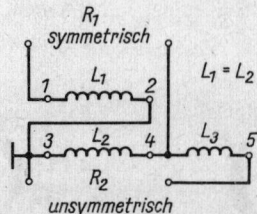

Bild 7.18
Prinzipschaltung von Ringkern-Breitbandübertragern mit Ü ≤ 4:1; Wicklung bifilar, Wickelschema sinngemäß Bild 7.16 b

Tabelle 7.2.   Die Windungszahl von $L_2 + L_3$ in Abhängigkeit von n_1 und n_2 für Übersetzungsverhältnisse $\leqq 4 : 1$ bei Ringkern-Balun-Übertragern nach Bild 7.18

Übersetzungs-verhältnis $\ddot{U}$ $(R_1 : R_2)$	$\sqrt{\ddot{U}}$	Windungszahl von $L_2 + L_3$ bei $n_1 = n_2 =$			
		10 Wdg.	8 Wdg.	7 Wdg.	6 Wdg.
4 : 1	2	10	8	7	6
3,5 : 1	$\approx 1,87$	10,7	8,6	7,5	6,4
3 : 1	$\approx 1,73$	11,6	9,3	8,1	6,9
2,5 : 1	$\approx 1,58$	12,7	10,1	8,9	7,6
2 : 1	$\approx 1,41$	14,2	11,3	10	8,5
1,5 : 1	$\approx 1,22$	16,4	13	11,5	9,8
1 : 1	1	20	16	14	12

und L_2 haben je 10 Windungen, so sind für die symmetrische Seite 20 Windungen wirksam. L_3 möge 4 Windungen aufweisen, so daß für die unsymmetrische Seite 14 Windungen vorhanden sind. Es ergibt sich dann: Übersetzungsverhältnis $\ddot{U} = 20 : 14$, entsprechend $1,4 : 1$, daraus folgt mit $\ddot{U}^2$ ein Impedanzverhältnis von $2 : 1$.

Aus Tabelle 7.2. ist ersichtlich, welche Windungsanzahl $L_2 + L_3$ erforderlich ist, wenn Impedanzverhältnisse $< 4 : 1$ hergestellt werden sollen, wobei die im Kurzwellenbereich gebräuchlichen Windungsanzahlen n_1 bzw. $n_2 (n_1 = n_2)$ berücksichtigt sind.

Als Wickelschema gilt Bild 7.16b sinngemäß. Man kann diesen Transformator auch trifilar wickeln und geht damit von der «Sparschaltung» zur normalen Transformatorschaltung über. Dabei ist dann $L_1 + L_2$ die symmetrische Primärwicklung, und der dritte Draht mit der Windungszahl $n_2 + n_3$ bildet die unsymmetrische Sekundärwicklung.

Stehen keine Ferrit-Ringkerne zur Verfügung, können auch Ferrit-Antennenstäbe als Wicklungsträger verwendet werden. Bild 7.19 zeigt als Beispiel einen bifilar bewickelten Ferritstab mit einem Übersetzungsverhältnis von $4 : 1$, der im Prinzipschema und in der Anschlußbezeichnung der Ringkernausführung von Bild 7.16b entspricht. Es sollten möglichst dicke Stäbe verwendet werden. Alle vorstehend beschriebenen Ringkernausführungen können auch mit entsprechenden Ferritstäben verwirklicht werden.

Weitere Hinweise zur Herstellung von Breitband-, Symmetrie- und Impedanzwandlern werden in [5] gegeben, während [6] allgemein über weichmagnetische Ferritbauelemente und ihre Anwendung informiert.

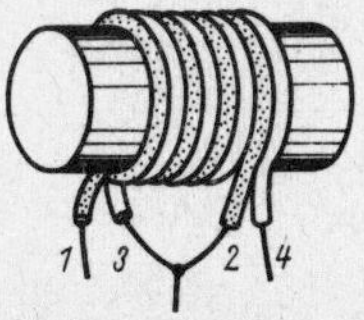

Im Gegensatz zur kommerziellen Antennentechnik verzichtet der Funkamateur häufiger auf eine Symmetriewandlung. Es gibt verschiedene Antennenformen, bei denen meßtechnisch nachgewiesen wurde, daß die theoretisch erforderliche Symmetriewandlung praktisch kaum Verbesserungen bringt (z. B. Hybrid-Doppelquad Abschnitt 27.3.4. u. a.). Bei der Beschreibung solcher Antennenformen wird jeweils auf diesen Umstand hingewiesen.

Man kann einen Dipol direkt mit Koaxialkabel speisen, wenn die Koaxialkabellänge $\lambda/4$ oder ein ungeradzahliges Vielfaches davon beträgt und wenn das untere Ende des Kabelaußenleiters geerdet ist [7]. Der niederohmige reelle Widerstand, der sich außen am unteren Kabelende aus dem Strahlungswiderstand des Kabelaußenleiters und den Erdverlusten ergibt, transformiert sich hochohmig an das obere Koaxialkabelende und verhindert dadurch die Bildung einer Mantelwelle [8]. Dort wird auch auf eine scheinbar in Vergessenheit geratene Möglichkeit zur Verhinderung von Mantelwellen hingewiesen. Sie besteht darin, passende Ferrit-Ringkerne über den Koaxialkabelmantel zu schieben (*H. O. Roosenstein*: Dt. Pat. 718.695 – 1938).

Weitere ausführliche Angaben über Ringkern-Balun-Übertrager sind in [10] und [11] enthalten.

Literatur zu Abschnitt 7.

[1] *Reisert, J. R.*: Simple and efficient broadband balun, ham radio, Greenville, N. H. (1978) Sept., Seite 12
[2] *Auerbach, R.*: Coax-Speisung symmetrischer Antennen, DL-QTC, 1961, Heft 4, Seite 156, W. Körner-Verlag, Stuttgart
[3] *Krause, H./Allen, C.*: Designing toroidal transformers to optimize wideband performance, ELECTRONICS 46 (1973) August, Seite 113 bis 116

Bild 7.19
Beispiel für die Ausführung eines Ferrit-Stabkernübertragers 4:1

[4] ...: The ARRL Antenna Book, 13th Edition, Seite 103, Newington, Conn. 1974

[5] *Rohländer, W.:* Symmetriewandler und Breitbandübertrager für Kurzwelle, FUNKAMATEUR 25 (1976), Heft 11, Seite 550 bis 551

[6] *Becker, E./Beyer, P.:* Weichmagnetische Ferritbauelemente und ihre Anwendung, Amateurreihe «electronica», Band 124 und Band 125, Militärverlag der DDR (VEB) – Berlin 1974

[7] *Dome, R.:* Balanced dipole antenna fed by coaxial cable, QST, Newington, Conn. 63 (1979) May, Seite 43 bis 44

[8] *DJ 0 TR/OE 8 AK:* Symmetrierglieder, cq-DL, Baunatal, 50 (1979) Heft 9, Seite 425

[9] *Titterington, R. G.:* The ferrite cored balun transformer, RADIO COMMUNICATION, London (1982), March, Seite 216 bis 220

[10] ...: 50-Ohm-Technik, beam, Zeitschrift für Amateurfunk, HF-Technik, Elektronik, D-3500 Marburg, (1986), Heft 3, Seite 12 bis 15

[11] ...: Breitband-Übertrager, beam, Zeitschrift für Amateurfunk, HF-Technik, Elektronik, D-3500 Marburg, (1986), Heft 4, Seite 18 bis 19

Ellis, M.: how to use ferrite beads, ham radio, Greenville, N. H., (1973) Heft 3

Hilberg, W.: Einige grundsätzliche Betrachtungen zu Breitband-Übertragern, Nachrichtentechnische Zeitschrift, 19 (1966) Heft 9, Seite 527 bis 538

Jasik, H.: Antenna Engineering Handbook, 1. Auflage, 31. 6. Balun, McGraw-Hill Book Company Inc., New York 1961

Oepen, W.: Die praktische Seite der Ringkern-Spulen, cq-DL, Baunatal, 56 (1985), Heft 9, Seite 496 bis 499

Orr, W. I., W 6 SAI: Beam Antenna Handbook, 2. Auflage, Seite 58, Radio Publications Inc., Wilton, Conn.

Ruthroff, C.: Some Broad-Band Transformers, PROCEEDINGS OF THE IRE, 47 (1959) August, Seite 1337 bis 1342

Wollweber, I.: Wickeln von Ringkernen, cq-DL, Baunatal, 57 (1986), Heft 7, Seite 398

8. Die Ankopplung der Speiseleitung an die Senderendstufe

Die größtmögliche Leistungsübertragung von der Senderendstufe über die Speiseleitung zum Strahler erzielt man, wenn 2 grundsätzliche Forderungen beachtet werden.

a – Der Verbraucher (Antenne) muß für den Generator (Senderausgangskreis), der einen reellen Innenwiderstand aufweist, einen reinen Wirkwiderstand ohne kapazitive oder induktive Blindanteile darstellen.

b – Impedanzanpassung zwischen Verbraucher und Generator.

Die erste Bedingung ist immer dann erfüllt, wenn die Resonanzfrequenz des Strahlers der des Senderausgangskreises entspricht. Da zwischen dem eigentlichen Strahler und dem Generator in den meisten Fällen eine Speiseleitung eingefügt wird, muß auch diese so beschaffen sein, daß sie die Resonanzbeziehungen zwischen Generator und Verbraucher nicht stört.

Diese Forderung gilt als erfüllt, wenn am senderseitigen Ende einer *abgestimmten* Speiseleitung ein Strombauch (Stromkopplung) oder ein Spannungsbauch (Spannungskopplung) vorhanden ist, was besagt, daß Speiseleitung und Antenne insgesamt resonant sind. Eine *angepaßte* Speiseleitung entspricht der Bedingung, wenn auf ihr keine stehenden Wellen auftreten.

Die Impedanz des Senderausgangskreises liegt bei Röhrensendern im allgemeinen in der Größenordnung von einigen tausend Ohm, während die Impedanz einer abgestimmten Speiseleitung entweder hochohmig (Spannungskopplung) oder niederohmig (Stromkopplung) sein kann.

Dagegen bewegt sich der Wellenwiderstand einer unabgestimmten Speiseleitung im Amateurbetrieb immer zwischen 50 und 600 Ω. Die Anpassung der Speiseleitung an den Scheinwiderstand im Speisepunkt eines Strahlers wurde bereits in Abschnitt 5. ausführlich behandelt. Es kann deshalb für die weiteren Betrachtungen angenommen werden, daß der Verbraucher für den Tankkreis der Endstufe gemäß Forderung a eine reine Wirklast darstellt. Es gilt nun, diesen Wirkwiderstand impedanzrichtig an den Scheinwiderstand des Generators anzupassen, ein Vorgang, der im Prinzip der Anpassung eines Lautsprechers oder Kopfhörers (Verbraucher) an den Ausgangswiderstand eines Niederfrequenzverstärkers (Generator) gleicht.

Die Widerstandsanpassung nach Bild 8.1 ist zwar sehr einfach, wird jedoch in der Praxis kaum angewendet. Jede Endröhre muß für maximale Leistungsabgabe mit einer bestimmten Impedanz Z_R belastet werden. Man erhält sie aus den Röhrendaten oder errechnet sie aus dem Verhältnis der Anodenspannung U_a zum Anodenstrom I_a.

Für Röhrensender gilt mit hinreichender Genauigkeit

A-Betrieb: $$Z_R = \frac{U_A}{I_A \cdot 1,3}; \qquad (8.1.)$$

B-Betrieb: $$Z_R = \frac{U_A}{I_A \cdot 1,57}; \qquad (8.2.)$$

C-Betrieb: $$Z_R = \frac{U_A}{I_A \cdot 2,3}; \qquad (8.3.)$$

C-Betrieb-Gegentakt: $$Z_R = \frac{U_A}{I_A \cdot 1,17}. \qquad (8.4.)$$

Soll eine bestimmte Impedanz Z_E an die Anodenimpedanz Z_R angepaßt werden, so ergibt sich

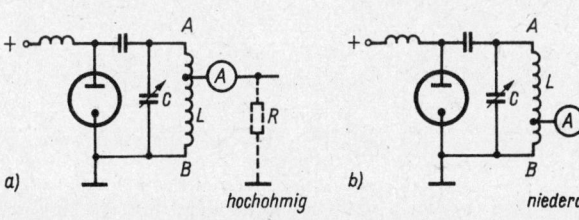

a) hochohmig   b) niederohmig

Bild 8.1
Die einfachste Art der Antennenankopplung;
a – Verbraucherwiderstand hochohmig (spannungsgekoppelte Antennen), b – Verbraucherwiderstand niederohmig (stromgekoppelte Antennen und unabgestimmte Speiseleitungen)

das dazu erforderliche Übersetzungsverhältnis aus

$$\ddot{U} = \sqrt{\frac{Z_R}{Z_E}}.\qquad(8.5.)$$

In der Schaltung Bild 8.1 läßt sich $\ddot{U}$ direkt auf die Windungszahl n der Anodenkreisspule mit $n/\ddot{U}$ beziehen.

Beispiel
Bei einem Aufbau nach Bild 8.1 beträgt Z_R 6000 Ω. Es ist festzustellen, bei welcher Windungszahl die Anodenkreisspule für die Anpassung einer Impedanz Z_E von 60 Ω angezapft werden muß. Die Anodenkreisspule hat 20 Windungen.
Das Übersetzungsverhältnis $\ddot{U}$ beträgt

$$\sqrt{\frac{6000\,\Omega}{60\,\Omega}} = \sqrt{100} = 10.$$

Die Anzapfung liegt daher bei

$$\frac{n}{\ddot{U}} = \frac{20}{10} = 2\,\text{Wdg}.$$

Zur Anpassung muß deshalb Z_E 2 Wdg. vom «kalten Ende» B der Spule entfernt angeschlossen werden.
Ist die Anpassung optimal, kann man am Strommesser A ein Maximum ablesen. Aus der Größe des Antennenstromes läßt sich jedoch nicht immer auf die abgestrahlte Leistung schließen, denn der Antennenstrom ist bei Stromkopplung (Strombauch) sehr hoch und bei Spannungskopplung (Spannungsbauch) so gering, daß er sich mit den üblichen HF-Stromanzeigern oft gar nicht mehr messen läßt.
Bei der in Bild 8.1 gezeigten Antennenankopplung werden alle im Tankkreis vorhandenen Oberwellen und Nebenwellen mit abgestrahlt, deshalb sollte man sie nicht einsetzen.
Im Amateurfunk verwendet man möglichst nur solche Ankopplungsarten, die unzulässige Nebenausstrahlungen möglichst stark unterdrücken und damit Rundfunk- und Fernsehstörungen vermeiden.
Zum schaltungsmäßigen Aufbau des Sendeanodenkreises ist noch zu erwähnen, daß moderne Amateursender immer mit einem unsymmetrischen, niederohmigen Ausgang für den direkten Anschluß eines koaxialen Speisekabels (Wellenwiderstand 50...75 Ω) versehen sind. Dies gilt auch für Transistorstufen. Das stellt sozusagen eine Amateurnorm nach industriellem Vorbild dar, die bei Neuaufbauten beachtet werden sollte. Auf die Vorzüge dieser Technik wird in Abschnitt 8.4. noch eingegangen.

8.1. Die Ankopplung angepaßter Speiseleitungen

Moderne Kurzwellenantennen für Einbandbetrieb werden fast immer, VHF-Antennen ausschließlich über angepaßte Speiseleitungen erregt. Sie bieten den sichersten Schutz vor Störungen des Rundfunk- und Fernsehempfanges. Beim Speisen von VHF-Antennen beschränkt man sich auf 2 Leitungstypen: Koaxialkabel mit Wellenwiderständen von 50 und 75 Ω – manchmal auch 60 Ω – und die UKW-Bandleitung mit Wellenwiderständen von 240...300 Ω. Im Kurzwellenbereich hat neben dem Koaxialkabel noch die angepaßte, offene Zweidrahtleitung («Hühnerleiter») mit Wellenwiderständen von etwa 300 ...600 Ω einige Bedeutung, weil sie die verlustärmste und zugleich billigste Speiseleitung ist.

8.1.1. Die Ankopplung von Koaxialkabeln

Die einfachste Art der Ankopplung eines Koaxialkabels an die Sendestufe zeigt Bild 8.2. Bei dieser Ankopplung soll die Güte Q des Tankkreises mindestens 10 betragen, andernfalls gelingt es meist nicht, daß die erforderliche Kopplung von L_K zur Tankkreisspule L_T ausreichend fest wird. Der induktive Widerstand der Koppelspule L_K für die Betriebsfrequenz soll gleich dem Wellenwiderstand des Koaxialkabels sein.
Um den günstigsten Kopplungsgrad einstellen zu können, ist die Kopplungsspule L_K in ihrer Stellung zu L_T veränderbar. Angekoppelt wird immer am «kalten» Ende von L_T. Für eine möglichst geringe kapazitive Kopplung zwischen den beiden Spulen sollte die geerdete Seite von L_K dem «heißen» Spulenende A von L_T am nächsten liegen. Beim Gegentaktkreis nach Bild 8.2b wird L_K über der Spulenmitte angekoppelt, da sich dort das Nullpotential befindet. Dabei spielt es keine Rolle, nach welcher Seite das geerdete Spulenende von L_K gelegt wird, da sowohl Punkt A als auch Punkt B «heiß» sind.
Ankopplungsschwierigkeiten werden vermieden, wenn man nach Bild 8.3 eine veränderbare Kapazität C_K in Serie zu L_K schaltet und den Kreis L_K–C_K auf die Betriebsfrequenz abstimmt. Ein solcher Resonanzkreis bringt zusätzliche Selektivität und hilft damit, Störabstrahlungen zu unterdrücken.
Für den Kopplungskreis sind Güten Q von 2...4 gebräuchlich. Je geringer Q ist, desto fester muß man L_K mit L_T koppeln. Bei $Q = 2$ kann meist schon optimal angekoppelt werden, und der Kreis ist noch so breitbandig, das man C_K über die Breite eines Amateurbandes nicht nachstimmen muß. Höhere Güten vereinfachen die

Tabelle 8.1. Richtwerte für die Maximalkapazität und Induktivität von Ankopplungskreisen bei einer Güte $Q \approx 2$, abhängig vom Wellenwiderstand des Speisekabels

| Amateurband | Maximalkapazität C_K und Induktivität L_K bei Wellenwiderständen des Speisekabels | | | | | |
| | 50 Ω | | 60 Ω | | 75 Ω | |
in m	C_K	L_K	C_K	L_K	C_K	L_K
160	890 pF	8,6 µH	800 pF	9,6 µH	600 pF	12,8 µH
80	450 pF	4,3 µH	400 pF	4,9 µH	300 pF	6,5 µH
40	230 pF	2,2 µH	200 pF	2,5 µH	150 pF	3,4 µH
30	160 pF	1,6 µH	145 pF	1,7 µH	110 pF	2,3 µH
20	115 pF	1,1 µH	100 pF	1,3 µH	80 pF	1,6 µH
17	90 pF	0,9 µH	80 pF	1,0 µH	60 pF	1,3 µH
15	80 pF	0,7 µH	70 pF	0,8 µH	50 pF	1,1 µH
12	65 pF	0,6 µH	60 pF	0,7 µH	45 pF	0,9 µH
10	60 pF	0,5 µH	50 pF	0,6 µH	40 pF	0,8 µH

Ankopplung dahingehend, daß man L_K/L_T loser koppeln kann, jedoch wird die Bandbreite des Kreises geringer, und C_K muß gegebenenfalls bei Frequenzwechsel innerhalb eines Amateurbandes korrigiert werden (siehe Tabelle 8.1.).

Die für Resonanz dazugehörigen Induktivitäten L_K enthält Tabelle 8.1. ebenfalls als Näherungswerte.

Beim Einstellen eines solchen Koppelkreises mit angeschlossener Speiseleitung wird zunächst zwischen L_K und L_T ziemlich lose gekoppelt, so daß sich beim Durchstimmen von C_K der Endstufenantennenstrom deutlich erhöht. In dieser Maximumstellung, die etwa bei den oben aufgeführten Kapazitätswerten eintreten soll, bleibt C_K stehen. Nun koppelt man L_K zu L_T wieder so fest, daß von der Endröhre die volle Anodeneingangsleistung aufgenommen wird, ohne dabei jedoch die vorher festgelegte Stellung von C_K zu verändern.

Die Kreisgüte Q verbessert man bekanntlich durch Vergrößern des L/C-Verhältnisses. Wenn erforderlich, muß deshalb C_K verkleinert und L_K vergrößert werden.

Elektrisch gesehen ist es gleichgültig, ob der Drehkondensator C_K – wie in Bild 8.3 dargestellt – zwischen Koppelspule L_K und Kabelinnenleiter

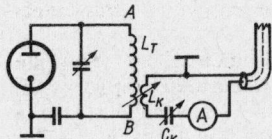

Bild 8.3
Verbesserte Ankopplungsschaltung für Koaxialkabel

liegt oder ob er am anderen Spulenende eingefügt wird. Letztere Möglichkeit wendet man an, wenn der Rotor von C_K auf Nullpotential liegen soll. Da nur geringe Spannungen auftreten, sind für C_K normale Empfängerdrehkondensatoren ausreichend, sofern die für Amateurzwecke zugelassenen Sendeleistungen nicht überschritten werden.

Bei vielen Sendern ist der Endstufenanodenkreis (Tankkreis) als π-Filter (*Collins*-Filter) ausgebildet. In solchen Fällen erübrigt sich ein besonderer Koppelkreis, und das Koaxialkabel kann direkt an den Senderausgang angeschlossen werden. Das *Collins*-Filter als Anpaßtransformator unterdrückt die Oberwellen gut (Tiefpaßfilter) und vermeidet Rundfunk- und Fernsehstörungen besser als die Ankopplung nach Bild 8.3.

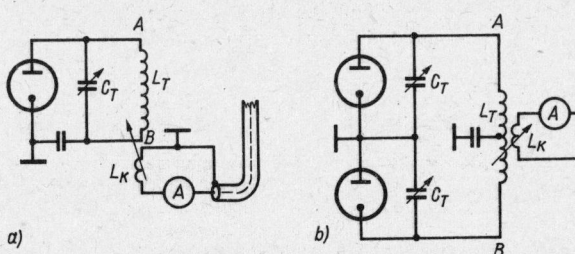

Bild 8.2
Die Ankopplung eines Koaxialkabels;
a – an eine Eintaktstufe, b – an eine
Gegentaktstufe

125

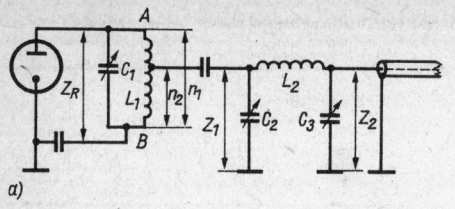

a)

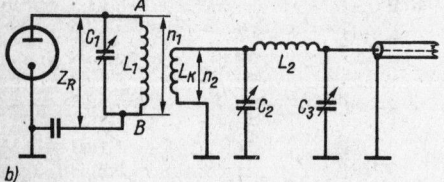

b)

Bild 8.4
Ankopplung eines Koaxialkabels über ein π-Filter;
a – kapazitiv, b – induktiv

8.1.1.1. Die Berechnung eines *Collins*-Filters

Bild 8.4 zeigt ein unsymmetrisches *Collins*-Filter in Verbindung mit einem Senderanodenkreis. Die Anodenimpedanz Z_R ist nach Gl. (8.1.) bis Gl. (8.4.) zu errechnen. Soll das π-Filter voll an den Anodenkreis angekoppelt werden (an den Punkt A, entsprechend Bild 8.4a), muß die Filtereingangsimpedanz Z_1 gleich Z_R sein. Gewöhnlich wird aber das *Collins*-Filter an eine Anzapfung der Anodenkreisspule kapazitiv nach Bild 8.4a oder über eine Koppelspule induktiv (Bild 8.4b) angeschlossen. Z_1 ergibt sich dann in Abhängigkeit vom Übersetzungsverhältnis $\ddot{U}$ aus

$$Z_1 = \frac{Z_R}{\left(\dfrac{n_1}{n_2}\right)^2}. \tag{8.6.}$$

Für n_1 und n_2 sind die entsprechenden Spulenwindungszahlen einzusetzen.

Für die Kreisdaten des Filters wünscht man einerseits hohe Kreisgüte Q (großes L/C-Verhältnis), andererseits dürfen die Kapazitäten nicht zu klein werden, da sie einen guten Nebenschluß für die Oberwellen bilden sollen. In der Praxis bewähren sich Kreisgüten Q zwischen 10 und 15, im allgemeinen nimmt man $Q = 12$.

Zunächst ergibt sich die Kapazität C_2 aus

$$C_2 = \frac{Q}{\omega Z_1}; \tag{8.7.}$$

ω – Kreisfrequenz $= 2\pi f = 6,28 f$.
f – Bandmittenfreuqenz.

Einfacher für die Berechnung und ausreichend genau ist die Näherungsformel

$$C_{2/\text{pF}} = \frac{2000}{f/_{\text{MHz}} \cdot Z_{1/\text{k}\Omega}}. \tag{8.8}$$

Aus der Beziehung

$$C_3 = \sqrt{\frac{Z_1}{Z_2}} \cdot C_2 \tag{8.9.}$$

kann der Kapazitätswert von C_3 errechnet werden. Z_2 stellt die Ausgangsimpedanz des Filters dar, sie ist gleich dem Wellenwiderstand des Koaxialkabels.

Die Induktivität errechnet sich zu

$$L_2 = \frac{QZ_1 + \omega C_3 Z_1 Z_2}{\omega \,(Q^2 + 1)}. \tag{8.10.}$$

Daraus kann man nachstehende Näherungsformel ableiten:

$$L_{2/\mu\text{H}} \approx 13 \cdot \frac{Z_{1/\text{k}\Omega}}{f/_{\text{MHz}}}. \tag{8.11.}$$

Die Näherungsformeln haben Gültigkeit, wenn $Z_1 \geqq 10 \cdot Z_2$ und $Q \geqq 10$.

Für das Abstimmen eines π-Filters gilt: Senderanodenkreis bei abgeklemmtem π-Filter mit C_1 auf Resonanz abstimmen (Anodenstromdip). Dann Filter mit angeschlossener Speiseleitung bzw. Antenne an den Sender ankoppeln. C_3 steht etwa auf Mittelstellung, mit C_2 wird auf Anodenstrommaximum abgestimmt. Diesen Vorgang mit jeweils verändertem C_3 so lange wiederholen, bis der Anodenstrom seinen größtmöglichen Wert erreicht. Es herrscht dann Resonanz und Anpassung. Während dieser Einstellarbeiten darf der Senderanodenkreis (C_1) nicht verändert werden, er bleibt immer in seiner ursprünglichen Resonanzstellung und wird nur bei Frequenzwechsel nachgestimmt.

8.1.1.2. Die Ankopplung von Koaxialkabeln an VHF-Endstufen

Mit einem angepaßten Koaxialkabel gespeiste VHF-Antennen werden teilweise etwas anders an die Senderendstufe angekoppelt. Bild 8.5 bringt dafür einige Beispiele.

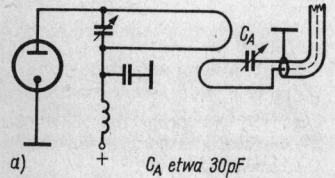

a) + C_A etwa 30 pF

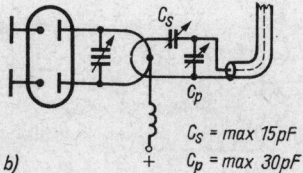

b) + $C_S = max\ 15 pF$
$C_p = max\ 30 pF$

Bild 8.5
Die Ankopplung des Koaxialkabels bei VHF-Endstufen;
a – übliche Schaltung,
b – verbesserte Ankopplung für Gegentaktschaltungen

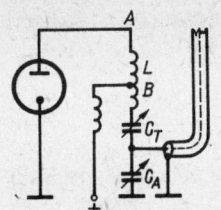

Bild 8.6
Die Ankopplung des
Koaxialkabels
durch kapazitive
Spannungsteilung

Die Schaltung nach Bild 8.5a entspricht dem Stromlaufplan nach Bild 8.3 und wird für Eintakt- und bei Gegentaktstufen verwendet. Die gleiche Ankopplungsschaltung für symmetrische Tankkreise zeigt Bild 8.5b. In diesem Fall liegt noch zusätzlich ein Drehkondensator C_p parallel zur Koppelschleife. Mit C_p können in Verbindung mit C_s gegebenenfalls vorhandene Blindanteile kompensiert werden.

Im 2-m-Band (145 MHz) stellt die Röhrenkapazität der Endstufe bereits einen großen Teil der gesamten Kreiskapazität dar. Es gelingt deshalb mit der Schaltung nach Bild 8.5a oft nicht, ein angemessenes L/C-Verhältnis für den Tankkreis zu verwirklichen. Wegen der dadurch bedingten geringeren Güte des Tankkreises kann dann meist nicht fest genug angekoppelt werden, denn die Ankoppelspule muß man um so enger an die Tankkreisspule bringen, je geringer die Kreisgüte Q ist. Bei Gegentaktendstufen tritt diese Schwierigkeit schneller auf, weil in diesem Fall die Ausgangskapazitäten der Röhrensysteme zum Schwingkreis in Reihe liegen. Bei Eintaktstufen dagegen liegt die Röhrenausgangskapazität dem Kreis parallel.

Höhere Kreisgüten und damit günstigere Ankoppelverhältnisse bietet die Schaltung nach Bild 8.6. Äußerlich gleicht sie einer Serienresonanzschaltung; es handelt sich aber um einen Parallelresonanzkreis, bei dem die Röhrenkapazitäten, C_T und C_A in einer Reihenschaltung liegen.

Die gesamte Kreiskapazität wird dadurch sehr gering und die Kreisgüte hoch. Zur impedanzrichtigen Ankopplung des Koaxialkabels bilden die Kapazitäten C_T und C_A einen kapazitiven Spannungsteiler. Damit kann man leicht ein Kapazitätsverhältnis einstellen, bei dem das Koaxialkabel mit seinem Wellenwiderstand an die Impedanz des Tankkreises angepaßt ist. Dieser Zustand gilt als erreicht, wenn der größtmögliche Anodenstrom fließt. Da C_A und C_T Teile des Tankkreises sind, muß bei einer Veränderung von C_A auch C_T immer wieder auf Resonanz nachgestimmt werden.

8.1.2. Die Ankopplung von symmetrischen, angepaßten Speiseleitungen

Für die Art der Ankopplung symmetrischer Speiseleitungen ist es gleichgültig, ob eine UKW-Bandleitung mit 240 bzw. 300 Ω Wellenwiderstand oder eine offene Zweidrahtleitung mit 400 ... 600 Ω Wellenwiderstand verwendet wird.

Solche Leitungen könnten einfach induktiv an die Tankkreisspule angekoppelt werden. Da aber der Wellenwiderstand mit 240 bis 600 Ω schon recht groß ist, müßte die Kopplungsspule Werte annehmen, die annähernd der Hälfte der Kreisspulenwindungszahl entsprechen. Die zur Kopplungsspule induzierte Spannung weist verhältnismäßig geringe Werte auf, und es bereitet Schwierigkeiten, genügend Leistung auszukoppeln. Außerdem ist es aus Raumgründen oft nicht möglich, große Kopplungsspulen im Sendergehäuse unterzubringen.

Diese Nachteile können beseitigt werden, wenn die Speiseleitung mit einem abgestimmten Zwischenkreis abgeschlossen und dieser über eine *Link*-Leitung an den Tankkreis angekoppelt wird. Bild 8.7 zeigt geeignete Schaltungen für Eintakt- und Gegentaktendstufen.

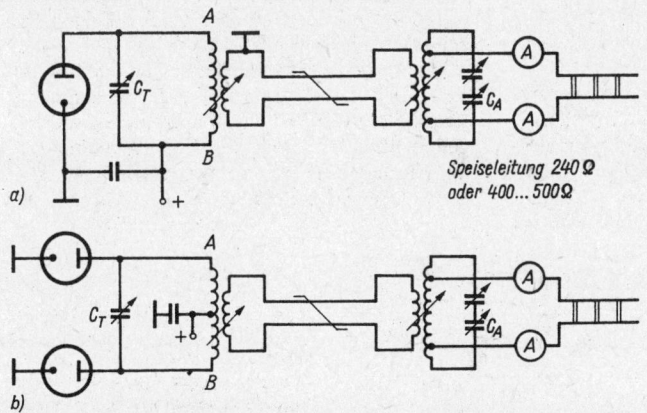

Speiseleitung 240 Ω
oder 400...500 Ω

Bild 8.7
Die verbesserte Ankopplung einer
unabgestimmten, symmetrischen
Zweidrahtleitung;
a – Eintaktendstufe,
b – Gegentaktendstufe

Zur Abstimmung werden die *Link*-Spulen vorerst sehr lose mit den Kreisspulen gekoppelt. Nachdem C_T auf Resonanz abgestimmt (Anodenstromdip) ist, stellt man die Abgriffe der Zwischenkreisspule auf einen Mittelwert symmetrisch zur Spulenmitte ein und bringt den Zwischenkreis durch Verändern von C_A in Resonanz (Anodenstrommaximum). Meist kann man feststellen, daß jetzt der Tankkreis nicht mehr genau in Resonanz ist; er muß deshalb etwas nachgestimmt werden. Den Kopplungsgrad der *Link*-Spulen ändert man danach etwas, wobei die Resonanzeinstellung des Tankkreises und des Zwischenkreises jeweils wiederholt wird. Wenn sich beim Verändern von C_A die Resonanz des Tankkreises nicht mehr verschiebt, sondern lediglich zu beiden Seiten der Resonanzeinstellung einen Abfall des Anodenstromes verursacht, ist alles richtig eingestellt. Damit ist die Widerstandsanpassung rein ohmisch. Gelingt es nicht, diesen Zustand herzustellen, so muß man den Vorgang mit veränderten Zwischenkreisabgriffen bis zum Erfolg wiederholen.

Die Verbindungsleitung zwischen den beiden *Link*-Spulen darf beliebig lang sein und kann aus einer Bandleitung, am besten aber aus einem Stück Koaxialkabel bestehen. Eine weiter verbesserte Schaltung, bei der die *Link*-Spulen abgestimmt werden und die Verbindung der *Link*-Spulen aus Koaxialkabel besteht, zeigt Bild 8.8. Der senderseitige Koppelkreis L_2–C_2 hat dabei die gleichen Daten wie der nach Bild 8.3 angegebene abgestimmte Koppelkreis.

Die Induktivität L_3 ergibt sich entsprechend aus

$$I_{3/\mu H} = \frac{Z_{K/\Omega}}{\pi \cdot f_{/MHz}}; \qquad (8.12.)$$

Z_K – Wellenwiderstand des L_2 und L_3 verbindenden Koaxialkabels.

Beispiel
$f = 14\,\text{MHz}$
$Z_K = 60\,\Omega$
$$L_3 = \frac{60}{\pi \cdot 14}\,\mu\text{H} = 1,36\,\mu\text{H}$$

C_3 muß man so wählen, daß sich mit L_3 Resonanz für die Betriebsfrequenz ergibt. Der Resonanzkreis L_4–C_4 hat etwa die gleichen Daten wie der Tankkreis L_1–C_1. Die Anschlüsse für die symmetrische Speiseleitung an L_4 richten sich nach dem

Wellenwiderstand dieser Leitung und werden durch Versuch ermittelt. Am sichersten gelingt das mit einem Reflektometer, das in das verbindende Koaxialkabel eingeschleift wird. Durch Verändern der Abgriffe an L_4 und wechselseitiges Abstimmen mit C_4 und C_3 versucht man eine Welligkeit $s = 1$ zu erhalten. Mit C_2 wird dann auf optimale Belastung der Endstufe eingestellt.

Die nachfolgend beschriebenen Ankopplungsschaltungen für abgestimmte Speiseleitungen eignen sich auch für die Anpassung angepaßter symmetrischer Leitungen.

8.2. Die Ankopplung abgestimmter Speiseleitungen

Für die Ankopplung einer abgestimmten Speiseleitung an die Senderendstufe muß zunächst festgestellt werden, ob das Ende der Leitung hochohmig (Spannungsbauch) oder niederohmig (Strombauch) ist. Für die Stromkopplung verwendet man die Serienspeisung nach Bild 8.9a und bei Spannungskopplung die Parallelspeisung nach Bild 8.9b. Da Antennen mit abgestimmter Speiseleitung fast immer als Mehrbandstrahler verwendet werden, ist es empfehlenswert, gleich das Universalabstimmgerät nach Bild 8.9c zu benutzen. Dieses läßt sowohl Spannungskopplung als auch Stromkopplung zu. Wegen der guten Oberwellenunterdrückung eignet sich das *Collins*-Filter besonders. Da abgestimmte Leitungen im allgemeinen aber erdsymmetrisch sind, muß auch das π-Filter symmetrisch sein (Bild 8.9d). Diese Koppelsysteme gestatten es, den Gesamtkomplex Antenne–Speiseleitung zur Resonanz mit der Betriebsfrequenz nachzustimmen, was bei Mehrbandantennen immer erforderlich sein wird.

Eine abgestimmte Speiseleitung ist erdsymmetrisch, die Ankopplung an eine Gegentaktendstufe daher besonders einfach, weil auch diese ein erdsymmetrisches Gebilde darstellt. Diesen Fall zeigt Bild 8.10a.

Will man die symmetrische Speiseleitung an eine Eintaktendstufe ankoppeln, so kann der Tankkreis nach Bild 8.10b erdsymmetrisch ausgelegt werden, wenn das HF-Nullpotential zur Spulenmitte verlegt wird. An dieser Stelle führt man die Anodenspannung zu. Da dieser Punkt

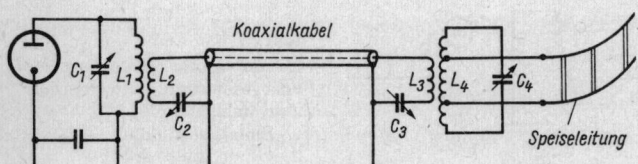

Bild 8.8
Ankopplungsschaltung für beliebige, angepaßte, symmetrische Leitungen

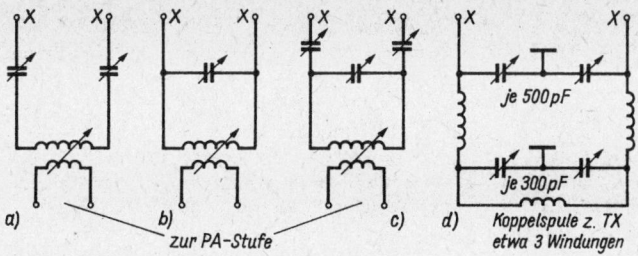

Bild 8.9
Schaltungen für die Ankopplung einer abgestimmten Speiseleitung an die Senderendstufe; a – Stromkopplung (Serienspeisung), b – Spannungskopplung (Parallelspeisung), c – Universalkopplung (Strom- und Spannungskopplung), d – symmetrisches *Collins*-Filter

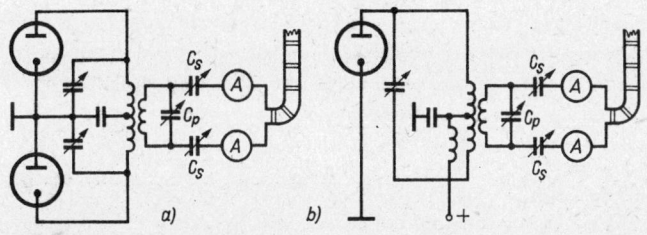

Bild 8.10
Die Ankopplung einer abgestimmten Speiseleitung; a – an eine Gegentaktendstufe, b – an eine Eintaktendstufe

gegen Masse abgeblockt ist, befindet sich nunmehr dort das «kalte» Potential, und die beiden Spulenenden sind «heiß». Damit ist der Eintakttankkreis erdsymmetrisch geworden, wobei man allerdings beachten muß, daß der Rotor des Abstimmdrehkondensators nun ebenfalls HF-Potential hat. Es scheint deshalb günstiger, einen Zweifachdrehkondensator einzusetzen, dessen Rotoren gemeinsam geerdet werden können, während die Statoren mit je einem Spulenende verbunden sind.

Die induktive Kopplung zwischen Tankkreisspule und Ankopplungsspule soll veränderbar sein. Daraus ergeben sich oft Platzschwierigkeiten innerhalb der Senderendstufen. Es ist deshalb in vielen Fällen zweckmäßiger und auch elektrisch günstiger, den Antennenkoppler von der Endstufe räumlich zu trennen und die Verbindung über eine *Link*-Kopplung herzustellen (Bild 8.11).

Eine *Link*-Leitung kann aus verdrillter, 2adriger Litze mit möglichst großem Leiterquerschnitt, einer Netzschnur, einer UKW-Bandleitung oder am günstigsten aus einem Koaxialkabel bestehen. Sie darf beliebig lang sein und wird an beiden Enden mit einer Koppelspule abgeschlossen. Die erforderliche Windungszahl n_K der *Link*-Spulen ermittelt man durch Versuch, im allgemeinen genügen 3 Wdg. Für eine optimale Bemessung der Koppelspulen verwendet man folgende Formel:

$$n_K = n_t \cdot \sqrt{\frac{Z_1}{Z_R}}; \qquad (8.13.)$$

n_K – Windungszahl der Koppelspulen,
n_t – Windungszahl der Tankkreisspule,
Z_1 – Wellenwiderstand der *Link*-Leitung,
Z_R – Impedanz des Anodenkreises.

Für verdrillte Litzenleitungen kann ein Wellenwiderstand um $80\,\Omega$ angesetzt werden.

Mit den *Link*-Spulen läßt sich dann der Kopplungsgrad zwischen Tankkreis und Abstimmgerät bequem einstellen. Die *Link*-Leitung stellt eine angepaßte Leitung dar, da sie mit ihrem Wellenwiderstand an die Impedanz des Ab-

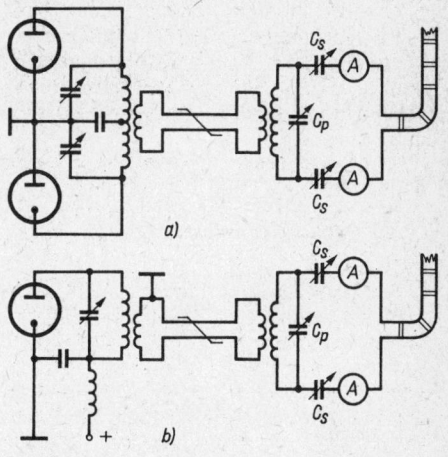

Bild 8.11
Die Ankopplung unter Zwischenschaltung einer Linkleitung; a – an eine Gegentaktendstufe, b – an eine Eintaktendstufe

stimmgerätes angepaßt ist. Deshalb darf sie beliebig lang sein und strahlt praktisch nicht. Diese Feststellung trifft besonders zu, wenn die *Link*-Leitung aus Koaxialkabel besteht. Dieser Fall wurde in Abschnitt 5.3.2. als gemischte Speisung bezeichnet. Eine abgestimmte Leitung geht in eine angepaßte Leitung über und läßt sich nun innerhalb des Gebäudes praktisch strahlungsfrei, in beliebiger Länge und bei beliebiger Verlegung bis zum Sender führen.

Das Antennenabstimmgerät kann in der Nähe der Antenneneinführung oder außerhalb des Gebäudes an leicht zugänglicher Stelle aufgestellt werden und erhält dort auch die erforderlichen Blitzschutzeinrichtungen. Die Vorzüge einer solchen Anordnung dürften die kleine Unbequemlichkeit, die das Nachstimmen des abgesetzten Abstimmgerätes bei Frequenzwechsel verursacht, in den meisten Fällen aufwiegen. Da die auf der abgestimmten Leitung vorhandenen stehenden Wellen von den Wohnräumen mit ihren Netzleitungen ferngehalten werden und die angepaßte *Link*-Leitung niederohmig ist, werden Rundfunk- und Fernsehstörungen weitgehend vermieden.

Mit der Anordnung nach Bild 8.11 wird zweckmäßig in folgender Reihenfolge abgestimmt:

a – Tankkreis der Endstufe ohne Antennenlast auf Resonanz abstimmen, dabei gegebenenfalls die Anodenspannung herabsetzen. Diese Einstellung bleibt während des ganzen Abstimmvorganges bestehen.

b – Bei Spannungskopplung werden die beiden Kondensatoren C_s auf ihren Kapazitätshöchstwert gebracht und bleiben in dieser Stellung stehen. Mit C_p wird nun abgestimmt, bis die beiden Strommesser A einen Höchstwert anzeigen. Der Antennenstrom ist bei Spannungskopplung sehr gering, gegebenenfalls muß das Spannungsmaximum durch eine in die Nähe der Kondensatoren C_s gehaltene Glimmlampe nachgewiesen werden.

Den Kopplungsgrad zwischen den Spulen und die Einstellung von C_p verändert man nur so lange, bis ein maximaler und in beiden Stromanzeigen gleicher Antennenstrom gemessen wird.

Bei Stromkopplung bringt man den Kondensator C_p auf seinen Kleinstwert. Auf diesem Wert bleibt er stehen. Mit den Kondensatoren C_s sowie durch Verändern der Ankopplung wird nun ebenfalls auf maximalen und in beiden Zweigen gleichen Antennenstrom abgestimmt. (Auf die Meßinstrumente achten, denn bei Stromkopplung fließt ein sehr hoher Antennenstrom!)

Erst wenn tatsächlich das Optimum erreicht ist, kann man durch ein geringes und

vorsichtiges «Nachziehen» der Tankkreisabstimmung versuchen, noch eine weitere Verbesserung zu erzielen.

Das *Collins*-Filter ist ein geradezu ideales Antennenabstimmgerät und bei vielen Kurzwellenamateuren vorhanden. Oft werden jedoch über ein solches Antennenfilter mehr oder weniger gute Behelfsdrähte zum Strahlen gezwungen.

Das bekannte π-Filter, dessen Grundlagen bereits in Abschnitt 8.1.1.1. besprochen wurden, vereinigt in sich eine ganze Reihe von Vorzügen. Es konnte deshalb bisher noch durch keine andere Anordnung verdrängt werden. Zu diesen Vorteilen zählen:

a – Mit dem *Collins*-Filter lassen sich fehlbemessene Strahler oder Speiseleitungen auf Resonanz bringen.

b – Mit dem *Collins*-Filter können praktisch alle auftretenden Strahler- oder Speiseleitungsimpedanzen optimal an die Senderendstufe angepaßt werden.

c – Das *Collins*-Filter wirkt als Tiefpaßfilter, d. h., es läßt nur die Betriebsfrequenz und alle tiefer liegenden («langsameren») Frequenzen passieren. Damit wird sämtlichen oberhalb der Betriebsfrequenz liegenden Frequenzen der Weg zur Antenne gesperrt. Es findet also eine wirksame Oberwellenunterdrückung statt, die der BCI- und TVI-Sicherheit zugute kommt.

Von einem *Collins*-Filter ist jedoch kein Wunder zu erwarten. Wenn nicht bereits in Schaltung und Aufbau des Senders alles getan wurde, um unerwünschte Oberwellen zu unterdrücken, so

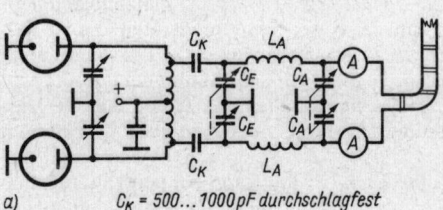

$C_K = 500 ... 1000 pF$ durchschlagfest

a)

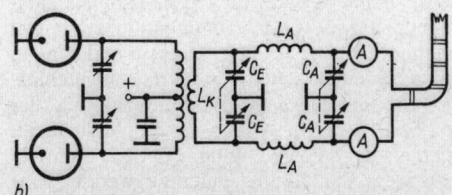

b)

Bild 8.12
Symmetrisches *Collins*-Filter für Antennen mit abgestimmter Speiseleitung; a – kapazitive Ankopplung an den Anodenkreis, b – induktive Ankopplung an den Anodenkreis

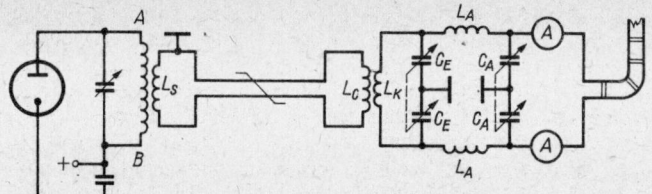

Bild 8.13
Die Ankopplung des symmetrischen
Collins-Filters
an einen unsymmetrischen Tankkreis

kann man von einem derartigen Antennenfilter nicht erwarten, daß es die Oberwellen in so starkem Maße ausfiltert, wie das die immer empfindlicher werdenden Fernsehempfänger mit ihren Richtantennen fordern. Die Verwendung eines *Collins*-Filters ist *eine* der zur Oberwellenunterdrückung notwendigen Maßnahmen.

Für Antennen mit abgestimmter Speiseleitung kommen nur symmetrische π-Filter in Frage. Bild 8.12 zeigt, wie man ein symmetrisches *Collins*-Filter an eine Gegentaktendstufe anschließt. Ist eine Eintaktendstufe an das symmetrische π-Filter anzuschalten, so kann der Tankkreis nach Bild 8.10b symmetriert und dann wie ein Gegentakttankkreis behandelt werden. Will man jedoch den Eintakttankkreis nicht verändern und trotzdem die Symmetrie der Speiseleitung wahren, wird das symmetrische *Collins*-Filter nach Bild 8.13 über eine *Link*-Leitung induktiv an den Tankkreis angekoppelt. Dabei ist zu beachten, daß man die senderseitige *Link*-Spule L_S auf der Seite erden muß, die zum «heißen» Ende A der Tankkreisspule zeigt. Die Kopplung zwischen L_S und der PA-Spule (engl.: PA = **P**ower **A**mplifier = Leistungsverstärker) sowie zwischen L_C und L_K wird sehr fest eingestellt.

L_S und L_C haben für alle Kurzwellenbänder etwa 2 ... 3 Wdg. L_K ist gleich L_C oder auch etwas größer. Die Spulen L_C und L_S sollen in ihrer Stellung etwas veränderbar sein, da sich durch kleine Lageverschiebungen die Symmetrie oft verbessern läßt. Gebräuchliche Werte für C_E sind 2×300 pF, für C_A 2×500 pF. Auf möglichst kleine Anfangskapazität ist zu achten. Die passende Windungszahl von L_A muß für jedes Band ausprobiert werden. Je 30 Wdg. 3-mm-CuAg auf 50 mm Spulendurchmesser sind für das 80-m-Band ein Anhaltswert.

Abgestimmt wird in der nachstehenden Reihenfolge:

a – Tankkreis von *Collins*-Filter trennen und ihn auf Resonanz mit der Steuerfrequenz abstimmen. Vorher gegebenenfalls Anoden- und Schirmgitterspannung der PA-Röhre herabsetzen. Die Resonanzeinstellung des PA-Kreises darf nun keinesfalls mehr verändert werden!

b – Man koppelt das *Collins*-Filter mit angekoppelter Antenne an den Tankkreis. Durch ent-

sprechendes Variieren von C_E ist die Resonanz des Tankkreises wiederherzustellen. Dabei befindet sich C_A ungefähr in Mittelstellung.

c – C_A wird in geringen Grenzen stufenweise verändert und mit C_E jeweils auf Tankkreisresonanz nachgestimmt. Man kann dabei sofort feststellen, nach welcher Seite C_A verstellt werden muß, um ein Ansteigen des Antennenstromes zu bewirken. Auf diese Weise ist die Stellung von C_A und C_E schnell gefunden, bei der maximaler Antennenstrom erreicht wird. Hat er in beiden Leitungszweigen gleiche Größe, beendet man den Abstimmvorgang.

Bei der erstmaligen Abstimmung eines neuen *Collins*-Filters oder einer neuen Antenne ist es erforderlich, den Abstimmvorgang unter a, b und c mit verschiedenen Windungszahlen von L_A zu wiederholen, um auch in diesem Fall den günstigsten Induktivitätswert zu finden.

Sind die Antennenströme in beiden Zweigen unterschiedlich, so wird die Kopplung zwischen *Collins*-Filter und Tankkreis so lange verändert, bis beide Antennenstrommesser gleiche Werte anzeigen. Mit dieser Spulenstellung sind b und c dann noch einmal zu wiederholen.

Ein Allband-Anpaßgerät, das besonders geeignet ist, abgestimmte symmetrische Speiseleitungen an einen Sender mit Koaxialkabelausgang anzupassen, wird als Z-Koppler bezeichnet. Wie aus Bild 8.14 hervorgeht, hat er symmetrische Eingänge für alle Kurzwellenamateurbänder. Der Drehkondensator C_1 muß isoliert montiert

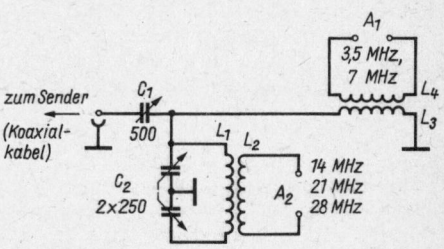

Bild 8.14
Ein Mehrband-Z-Match zur Anpassung symmetrischer Speiseleitungen an einen niederohmigen Senderausgang

werden, der Rotor darf keine Masseverbindung haben. C_2 ist ein Split-Stator-Drehkondensator mit $2 \cdot 250\,$pF, er kann durch einen normalen 2fach-Drehkondensator ersetzt werden. Die Spulenpaare L_1/L_2 und L_3/L_4 sollen nicht miteinander koppeln; man ordnet deshalb ihre Achsen rechtwinklig zueinander an.

Alle Spulen werden aus Cu-Draht = 2 mm Durchmesser gewickelt. Die Wickeldaten lauten:

L_1 – 5 Windungen mit
   65 mm Spulendurchmesser
L_2 – 5 Windungen mit
   75 mm Spulendurchmesser
L_3 – 8 Windungen mit
   65 mm Spulendurchmesser
L_4 – 6 Windungen mit
   75 mm Spulendurchmesser

Der Windungsabstand beträgt für alle Spulen 6 mm. L_2 liegt über L_1, und L_4 befindet sich über L_3, so daß die zusammengehörigen Spulen fest miteinander gekoppelt sind.

8.3. Industriell gefertigte Antennen-Anpaßgeräte

Antennen-Anpaßgeräte werden von der Industrie in vielfältigen Ausführungen angeboten. Ihre Schaltungstechnik bietet kaum Besonderheiten, wohl aber der Einsatz bestimmter Spezialbauelemente, die zum Teil eine besonders einfache und zielsichere Bedienung ermöglichen. Bei der Dimensionierung dieser Anpaßgeräte wird davon ausgegangen, daß alle neuzeitlichen Amateursender einen erdsymmetrischen Ausgang für den Anschluß eines koaxialen Speisekabels von $50 \ldots 75\,\Omega$ Wellenwiderstand haben. Meistens ist der Sender-Tankkreis als π-Filter

(*Collins*-Filter) ausgeführt und so bemessen, daß Impedanzen zwischen etwa 25 und 100 Ω angepaßt werden können. Liegt die Anschlußimpedanz außerhalb dieser Grenzen, ist eine direkte Anpassung nicht mehr möglich, und man muß ein Anpassungsnetzwerk zwischen Senderausgang und Speiseleitungsanfang einfügen. Das ist z.B. bei Eindrahtleitungen (L- und T-Antennen, Eindraht-Windom) sowie bei abgestimmten Speiseleitungen immer der Fall. Es genügt somit, das Anpassungsnetzwerk so auszulegen, daß dessen Eingangsimpedanz etwa 50 Ω beträgt, während die Ausgangsimpedanz in weiten Grenzen (etwa $25 \ldots 8000\,\Omega$) einstellbar sein muß, so daß jedes beliebige «Stück Draht» angepaßt werden kann. Ausgangsseitig sind z.T. mehrere Anschlüsse für die Speiseleitungsarten Koaxialkabel, Eindrahtleitung und symmetrische Speiseleitung vorhanden. Für letztere wird ein Ringkern-Balun-Übertrager 1:4 eingesetzt (siehe Abschnitt 7.7.3.), da die Anpaßgeräte erdunsymmetrisch aufgebaut sind. Bei den meisten industriellen Antennen-Anpaßgeräten ist ein Reflektometer eingebaut, das die optimale Anpassung anzeigt.

In Bild 8.15 ist der Übersichtsschaltplan des Transmatch der Firma JOHNSON dargestellt. Das Gerät ist für die Amateurbänder von $3,5 \ldots 28\,$MHz ohne Umschaltung brauchbar. Dies ermöglicht die kontinuierlich einstellbare Rollspule L_1, deren Induktivität über eine Handkurbel mit Zählwerkanzeige abgestimmt wird. Für den Anschluß symmetrischer Speiseleitungen ist ein Ringkern-Balun-Übertrager 1:4 eingesetzt, der in seiner Schaltung Bild 7.16b entspricht (gleiche Anschlußnummern). Das Reflektometer befindet sich im Gerät.

Der in Bild 8.16 dargestellte LC-Anpaßtuner 160-10 At (DENTRON) besteht im Prinzip aus der gleichen Schaltung. Die Induktivität L_1 ist

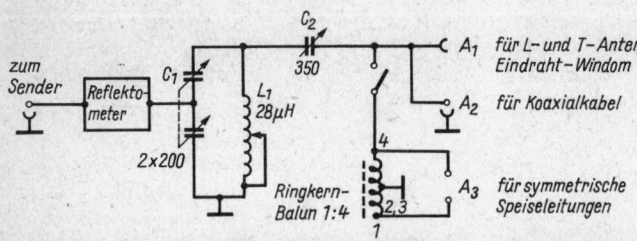

Bild 8.15
Das Transmatch, ein universelles Anpassungsnetzwerk für alle Speiseleitungsarten

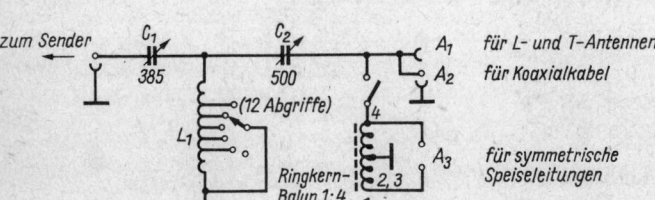

Bild 8.16
Prinzipschaltung des LC-Anpaßtuners *160-10 AT* (DENTRON)

hier mit 12 festen Abgriffen versehen, die über einen Stufenschalter geschaltet werden. Dieser Tuner ist auch noch im 160-m-Band einsetzbar.

Nach dem Prinzip des *Collins*-Filters (π-Filter) arbeitet die Matchbox MN-4 von DRAKE (Bild 8.17). Eine sinnreiche Umschaltvorrichtung schaltet gleichzeitig die Spulenabgriffe von L_2 und die Festkondensatoren $C_6 \ldots C_{10}$ entsprechend dem eingeschalteten Amateurband. C_{12} kompensiert am Speiseleitungsanfang vorhandene Blindwiderstände. Auch bei diesem Gerät ist ein Reflektometer eingebaut.

8.4. Allgemeine Empfehlungen für den Einsatz von Antennen-Anpaßgeräten

Als Sicherheitsforderung gilt, daß die Anodengleichspannung des Senders im Fall eines Defektes nicht in den Antennenkreis übertreten kann. Diese Gefahr besteht immer dann, wenn der Antennenanschluß kapazitiv an den Senderanodenkreis gekoppelt ist (z. B. in Bild 8.4a und 8.12b). Der Durchschlag des hochbelasteten Kopplungskondensators würde das ganze Antennensystem unter Hochspannung setzen. Deshalb sollte man immer eine gute Hochfrequenzdrossel von der Speiseleitung zum Erdanschluß legen (z. B. in Bild 8.4a parallel zu C_3). Die Drossel bildet keinen Nebenschluß für die Hochfrequenz, aber sie leitet übertretende Gleichspannung zum Erdpotential ab und bewirkt dabei das Auslösen der möglichst knapp bemessenen Anodensicherung. Gleichzeitig verhindert die Drossel auch statische Aufladungen der Antenne.

Beim Selbstbau von Sendern sollte man immer der «Amateurnorm» folgen und den Senderausgang für den Anschluß eines Koaxialkabels mit $50 \ldots 75\,\Omega$ Impedanz auslegen. In der Praxis wird dies am häufigsten realisiert, indem der Tankkreis als π-Filter gestaltet ist, wie man aus den einschlägigen Bauanleitungen entnehmen kann.

Auch bei Transistorsendern ist es möglich, dieser «Amateurnorm» zu folgen. Während beim Röhrensender die Anodenkreisimpedanz einige Kiloohm beträgt und auf etwa 50 Ω transformiert werden muß, liegt die Kollektorkreisimpedanz von Transistorenendstufen in der Größenordnung von 5 Ω und muß somit hochtransformiert werden.

Für den 50-Ω-Ausgang des Senders spricht die Tatsache, daß alle Reflektometer für den Amateurgebrauch mit Koaxialkabelanschlüssen versehen sind (siehe Abschnitt 31.2.). Außerdem benötigen die dazu passenden unsymmetrisch aufgebauten Anpaßgeräte nur etwa die Hälfte an Bauelementen als symmetrische Antennenkoppler (vergleiche Bild 8.4 und Bild 8.12). Weiterhin kann durch die Koaxialkabel-Verbindungstechnik innerhalb des Senderraumes keine vagabundierende Hochfrequenz auftreten, wie das bei symmetrischen Leitungen oft der Fall ist.

Sehr viele Antennen sind für die Erregung über Koaxialkabel eingerichtet. Sie können direkt an den Koaxialkabelausgang des Senders angeschlossen werden. Kleinere Fehlanpassungen und geringe Blindanteile liegen im Abstimmbereich des Senders. Ein Antennen-Anpaßgerät wird nur erforderlich, wenn Fehlanpassung und Blindkomponenten den Sender-Abstimmbereich überschreiten oder wenn Antennen mit symmetrischer Speiseleitung und beliebige Eindrahtleitungen angepaßt werden sollen (siehe Bild 8.15 und Bild 8.16).

Die Koaxialkabeltechnik ist die technisch optimale und wirtschaftlich günstigste Lösung für die Energieübertragung zwischen Sender und Antenne.

Auf den Einsatz eines Reflektometers sollte der Funkamateur keinesfalls verzichten. Es ist das wichtigste und zugleich einfachste Anzeigegerät, mit dem man die optimale Anpassung der Antenne an den Senderausgang einstellen und dauernd überwachen kann. Der Aufbau eines solchen Gerätes ist nicht schwierig, und es wird nur wenig Material benötigt (siehe Abschnitt 31.2.). Die Genauigkeit der Anzeige solcher

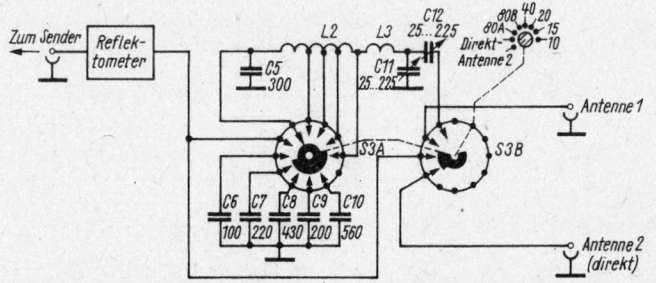

Bild 8.17
Prinzipschaltung
der Matchbox *MN-4* (DRAKE)

Selbstbau-Reflektometer ist in der Praxis immer ausreichend, denn es kommt hier in erster Linie darauf an, die Abgleichtendenz zu erkennen. Es empfiehlt sich, das Reflektometer nicht in das Anpaßgerät einzubauen, weil es dann vielseitiger werden kann.

Die Anordnung, bei der das Reflektometer als ständige Betriebsanzeige arbeitet, zeigt Bild 8.18a. Hier liegt es zwischen Senderausgang und Anpaßgerät. Sender und Anpaßgerät stimmt man dabei so ab, daß am Reflektometer maximaler Vorlauf und kein Rücklauf angezeigt wird. Dazu muß das Anpaßgerät die Antenne optimal an den Senderausgang anpassen. Es gibt somit am Senderausgang weder reflektierte Leistung noch Blindanteile, und der Sender kann seine volle Leistung an das Antennensystem abgeben.

Diese richtige Betriebseinstellung sagt natürlich nichts über die tatsächliche Welligkeit am antennenseitigen Eingang des Anpaßgerätes aus. Dieses interessiert, wenn die Gesamtverluste bei der Energieübertragung zwischen Sender und Antenne festgestellt werden sollen. Es ist jene Welligkeit, die vielen Funkamateuren große – aber unbegründete – Sorgen macht, wie in Abschnitt 5.2.2. nachgewiesen wurde. Man kann sie messen, wenn das Reflektometer nach Bild 8.18b zwischen Anpaßgerät und Speiseleitung geschaltet wird, wobei die vorherige Einstellung des Anpaßgerätes (Anpassung an den Senderausgang) nicht verändert werden soll. Das Reflektometer zeigt nun die Welligkeit auf der Speiseleitung an, welche das nachfolgende Anpaßgerät zu «verarbeiten» hat. Ist diese Welligkeit ermittelt, kann man nach Abschnitt 5.2.2. ausrechnen, welcher Anteil der vom Sender abgegebenen Leistung in der Speiseleitung «verheizt» wird bzw. welcher Anteil zur Abstrahlung kommt. Das Reflektometer kommt dann wieder in seine Betriebsposition nach Bild 8.18a, wo es die ständige Kontrolle der richtigen Anpassung übernimmt. Bei Frequenzänderungen des Senders muß das Anpaßgerät so nachgestimmt werden, daß das Reflektometer wieder maximalen Vorlauf ohne Rücklauf anzeigt. Ein Antennenanpaßgerät bietet auch beim Empfang große Vorteile, denn Anpassung bedeutet auch für diesen Betriebsfall, daß dem Empfängereingang die größtmögliche Empfangsspannung zugeführt wird. Das Anpaßgerät stimmt man in diesem Fall auf stärkstes Eingangsrauschen des Empfängers ab. Es bewährt sich besonders beim Empfang im 40-m-Band, da es durch seine selektiven Eigenschaften Phantomsignale unterdrückt.

Literatur zu Abschnitt 8.

Anderson, L.: Pi Network Design, ham radio Greenville, N. H., (1978) March, Seite 36

Chester, A. S.: A pi-tuned balun antenna coupler for the hf bands, RADIO COMMUNICATION, London, (1980) Nov., Seite 1146 bis 1150

Fleischmann, U.: Breitband-Transformation mit 3 Reaktanzen, nachrichten elektronik, 32 (1978) Heft 11, Seite 362 bis 366

Fleischmann, U.: Impedanztransformation mit der 3-Reaktanzen-TP-Schaltung, Elektronikschau, Wien (1980) Heft 3, Seite 24 bis 31

Fleischmann, U.: Breitband-Anpassung mit 4 Reaktanzen unter Berücksichtigung des Übertragungsverhaltens, nachrichten elektronik, 34 (1980) Heft 1, Seite 20 bis 24

Fleischmann, U.: Transformierende Hoch- und Tiefpässe, nachrichten elektronik, 34 (1980) Heft 2, Seite 76 bis 79, Heft 3, Seite 123 bis 126

Fleischmann, U.: Optimum pi-network design, ham radio, Greenville, N. H. (1980) Seite 50 bis 56

Gruhle, W.: Das Collins-Filter, Funk-Technik, Berlin 7 (1952) Heft 4, Seite 104 bis 105

Hoff, I.: Pi Matching Networks-Tables of Values, ham radio, Greenville, N. H., (1977) June

Kleine, K.-H.: Zur Dimensionierung von Pi-Filtern, cq-DL, Baunatal, 51 (1980) Heft 9, Seite 405 bis 408

Leo, R.: How to Design L networks, ham radio, Greenville, N. H., (1974) February, Seite 26

McAlister, J.: Simplified Impedance Matching and the Mac Chart, QST, Newington, Conn. 56 (1972) December, Seite 33 bis 37

McNally, I.: graphical solution of impedance-matching problems, ham radio, Greenville, N. H., (1978) March, Seite 82 bis 89

Noel, E.: A Convenient Antenna-Switching and Transmatch Unit, QST, Newington, Conn. 56 (1972) August, Seite 32 bis 34

Rayer, F.: Design for a Multi-Match Coupler, THE SHORT WAVE MAGAZINE; Buckingham, 24 (1971) December, Seite 606 bis 610

Shulman, J.: T – network impedance matching to coaxial feedlines, ham radio, Greenville, N. H., (1978) September, Seite 22 bis 27

Simon, A.: Anpassungsschaltungen für unsymmetrische Drahtantennen, FREQUENZ, Berlin, 8 (1954) Heft 2, Seite 48 bis 56

Williams, L. L.: The two-inductor «T» impedance matching network, RADIO COMMUNICATION, London, (1980), March, Seite 256 bis 257

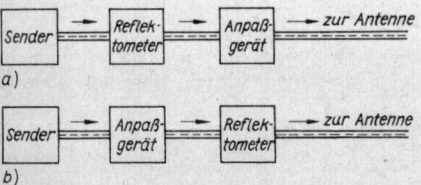

Bild 8.18
Meßanordnung für das Reflektometer; a – Anzeige der durch das Anpaßgerät herbeigeführten Senderanpassung, b – Anzeige der Welligkeit auf der Speiseleitung

9.   Die Praxis der Kurzwellenantennen

Der Neuling steht zunächst einer Vielzahl von Antennenformen mit mehr oder weniger geheimnisvollen Namen gegenüber. Wer soll ihm bei der Auswahl der für seine Verhältnisse zweckmäßigsten Antenne die richtigen Ratschläge geben? Meist führt sein Weg zum nächsten Kurzwellenamateur, der bereits Erfolge erzielt hat. Nicht immer wird er dort gut beraten, denn oft bezeichnet dieser den Draht, den er gerade als Sendeantenne verwendet, als die mit Abstand beste Antenne.

Auch «alte Hasen» glauben teilweise noch an Wunderantennen und investieren Geld und Arbeit in die erfolglose Suche. Hier hat die Physik Grenzen gesetzt, die sich nicht überschreiten lassen.

Eine sehr günstige topografische Lage kann in Verbindung mit guten ionosphärischen Ausbreitungsbedingungen eine «Wunderantenne» vortäuschen, aber unter diesen Voraussetzungen wird sich jede vergleichbare andere Kurzwellenantenne als gleichwertig erweisen. Als topografische Lage bezeichnet man die Geländeform und die Bebauung im Umkreis von etwa 1 km, aber auch die HF-Leitfähigkeit des Erdbodens in diesem Bereich wird dazu gezählt. Nach *DL 1 BU* [2] lautet die Reihenfolge der Güte eines Antennenstandortes: Wasserfläche – Wiesenboden – Sandboden – Buschgelände – bebautes Gelände – Wald. Durch Bebauung und Wald entsteht eine diffuse Erdreflexion, deren Strahlungsanteile sich nicht zum Direktstrahl in flachem Erhebungswinkel addieren (siehe auch Abschnitt 3.3.3.). Tallagen sind meistens ungünstig, durch größere Geländeerhebungen im Nahbereich des Antennenstandortes werden die Erdreflexionen in unbrauchbare Richtungen abgelenkt. Eine Kurzwellenantenne muß man deshalb immer in Verbindung mit den Gegebenheiten ihres Standortes betrachten, und dem Ringen um die «Gewinn dB» kommt längst nicht die Bedeutung zu, die man ihm oft beimißt.

Eine gute drehbare Richtantenne erleichtert die DX-Arbeit; es ist aber unwahr, wenn behauptet wird, man könne in der heutigen Zeit nur noch mit einer gewinnbringenden Richtantenne gute DX-Ergebnisse erzielen. Nach einer Faustregel ist eine 3-Element-*Yagi*-Antenne (Antennengewinn 6 dBd) einem einfachen Dipol in der Hauptstrahlrichtung nur um 1 S-Stufe überlegen. Dieses «Plus» der Richtantenne wird bei mittleren bis starken Signalen nicht unbedingt gebraucht, bei schwachen Zeichen ist es natürlich sehr hilfreich, zumal die Richtantenne auch einen geringeren Störpegel aufweisen kann, indem sie Störer aus nicht interessierenden Richtungen ausblendet.

Der «kleine Mann» mit dürftiger Antenne profitiert indirekt von jenen Funkamateuren, die sich kostspielige Richtantennen aufbauen können, denn diese erzeugen ein starkes Signal, das auch von einfachen Antennen aufgenommen werden kann; gleichzeitig wird durch die Richtantenne das schwache Signal des Partners verstärkt empfangen.

Antenne und Standort sind allein noch nicht entscheidend für den Erfolg. Mindestens ebenso wichtig ist ein gutes Sendersignal (Frequenzkonstanz, Modulationsgüte bzw. Tonqualität) in Verbindung mit einer ausgezeichneten Betriebstechnik, die der Funkamateur nur in der Praxis erwerben und verbessern kann. Ausnahmefall: Funkamateure, die ein sehr seltenes Land oder Rufzeichen vertreten, haben immer Erfolg, auch wenn die vorgenannten Bedingungen nicht zutreffen!

Die folgenden Ausführungen sollen die vielfältigen Antennenarten für den Anfänger ordnen und in eine übersichtlichere Form bringen.

Halbwellenstrahler

Horizontale Halbwellenstrahler strahlen bevorzugt senkrecht zu ihrer Längsachse (siehe Bild 3.8). Die in Bild 3.10 dargestellte räumliche Strahlungsverteilung ist idealisiert, in Abhängigkeit von der Aufbauhöhe kann man etwa mit den in Bild 3.12 dargestellten Diagrammen rechnen. Zu diesen einfachen Halbwellenantennen gehören:

– der Dipol mit Kabelspeisung,
– der Dipol mit verdrillter Speiseleitung,
– die Y-Antenne,
– der Faltdipol,
– alle Breitbandhalbwellendipole.

Die Mehrbandausführungen wie *W 3 DZZ*-Antenne, Zeppelin-Antenne, Windom-Antenne, *G 5 RV*-Multibandantenne und alle sonstigen Mehrbanddipole kommen noch bedingt hinzu. Besonders beliebt ist die *W 3 DZZ*-Allbandantenne.

Diese Formen sind bezüglich ihrer Leistungsfähigkeit gleichwertig; sie unterscheiden sich nur durch die gewählte Speisung. Das Richtdiagramm wird durch die Art der Energieeinspeisung etwas beeinflußt.

Knicken horizontaler Halbwellendrähte in der Horizontalebene kann das horizontale Richtdiagramm (E-Ebene) verändern; durch Neigen in der Vertikalebene verschiebt sich der vertikale Erhebungswinkel.

Ungewollte Veränderungen des Richtdiagramms entstehen durch Parasitärstrahler im Nahbereich (Freileitungen, Dachrinnen usw.) sowie bei niedrig aufgehängten Antennen durch die Erdverhältnisse. Die letztgenannten Faktoren führen zur unterschiedlichen Beurteilung an sich gleichartiger Antennen. Bezüglich BCI- und TVI-Sicherheit bestehen jedoch bei den angeführten Halbwellenstrahlern Unterschiede.

Grundsätzlich verursachen niederohmig gespeiste und gut angepaßte Antennen die geringsten Störungen des Rundfunk- und Fernsehempfanges. Die störenden Ober- und Nebenwellen entstehen nicht in der Antenne, sondern werden vom Sender erzeugt. Dort muß man sie zuerst bekämpfen. Der Rest der vorhandenen Störwellen kann von Speiseleitung und Antenne stark in die Umgebung abgestrahlt werden (z. B. bei der Windom-Antenne), er läßt sich aber von einer niederohmigen Speiseleitung wirksam unterdrücken. Deshalb sollten in dichtbesiedelten Wohngebieten die Formen Dipol mit Kabelspeisung, *W 3 DZZ*-Allbandantenne, Halbwellendipol und Faltdipol bevorzugt verwendet werden. Sie sind untereinander gleichwertig; lediglich die *W 3 DZZ*-Allbandantenne arbeitet im 20-m-, 15-m- und 10-m-Band mit geringfügig erhöhtem Antennengewinn.

Langdrahtantennen

sind Strahler, die aus mehreren kolinear angeordneten Halbwellenstücken bestehen. Dabei werden aufeinander folgende $\lambda/2$-Stücke zwangsläufig gegenphasig erregt. Mit steigender Antennenlänge blättert sich das Richtdiagramm in viele Keulen auf, die sich immer mehr der Spannrichtung nähern (siehe Bild 11.1).

Zu den Langdrahtantennen gehören außerdem:
– die *DL 7 AB*-Allbandantenne,
– die V-Antenne,
– die Rhombusantenne.

Diese Langdrahtformen zeigen bereits gut ausgeprägte Richtwirkung und können deshalb in ihren Hauptstrahlrichtungen ausgezeichnete Er-

gebnisse aufweisen. Zu beachten ist allerdings, daß sich z. T. die Lage der Hauptstrahlrichtungen mit der Frequenz ändert. Innerhalb eines Amateurbandes kann man dies i. a. vernachlässigen, bei Übergang auf ein anderes Band liegt jedoch möglicherweise eine Nullstelle genau dort, wo im vorher benutzten Band das Strahlungsmaximum war. Abgesehen von diesem Problem sind sie in ihrer Bemessung nicht besonders kritisch.

Langdrahtantennen verursachen geringe Baukosten, ihr Aufbau erfordert aber viel Platz, und gewöhnlich kann nur der auf dem Lande wohnende Funkamateur die Vorteile dieser Antennen ausnutzen. Die empfehlenswerteste Bauform ist der V-Stern, da er gleichzeitig eine Mehrbandantenne darstellt und alle Strahlrichtungen erfaßt. Antennengewinn und Richtwirkung steigen mit der Strahlerlänge.

Querstrahler

sind Antennengruppen, die gebündelt senkrecht zu ihrer Hauptausdehnung strahlen. Es handelt sich dabei um Kombinationen von gleichphasig erregten Halbwellendipolen, die teilweise auch senkrecht übereinander gestaffelt werden. Als der einfachste Querstrahler kann der gleichphasig gespeiste Ganzwellendipol angesehen werden. Seine größeren Ausführungen nennt man *Fauler Heinrich*, *W 8 JK*-Antenne, Bisquare, ZL-Beam und *HB 9 CV*-Antenne. Alle zeichnen sich bei geeignetem Bodenabstand durch relativ flache Abstrahlung aus (niedriger Erhebungswinkel in der H-Ebene), bringen guten Antennengewinn und lassen sich ohne große Kosten herstellen. Zum Teil sind sie nur in einer Hauptstrahlrichtung wirksam. Nur der Faule Heinrich strahlt nach 2 gegenüberliegenden Seiten.

Drehrichtstrahler

haben den unschätzbaren Vorzug, alle Himmelsrichtungen selektiv mit gutem Antennengewinn bestreichen zu können. International am stärksten verbreitet dürfte die 3-Element-*Yagi*-Antenne sein, gefolgt vom 2-Element-Cubical-Quad. Ungeachtet der immer wieder aufkommenden Diskussion, welche dieser beiden Antennenformen besser sei, sollte sie der Funkamateur als in der Praxis gleichwertig betrachten. Eine gute 3-Element-*Yagi* erreicht einen Gewinn von 5,5 ... 6 dBd, die Quad kann um etwa 0,5 dB darunter liegen.

Wer einen teuren Tragemast aufstellt und diesen mit einer kostspieligen motorischen Antennendrehvorrichtung versieht, möchte, daß der Drehrichtstrahler möglichst für die 3, neuerdings sogar 5 hochfrequenten Amateurbänder verwendbar ist. Solche Mehrbandstrahler gibt es in den verschiedensten Ausführungen. Der Nachbau ist nicht einfach. Man achte ganz besonders auf die mechanische Stabilität und die Korrosionsfestigkeit, denn wer möchte schon einen kostspieligen Richtstrahler, der nach kurzer Zeit nur noch Schrott darstellt!

Die verschiedensten Varianten von *Yagi* und Quad werden beschrieben, sie unterscheiden sich im mechanischen Aufbau teilweise erheblich von ihrer Stammform (z. B. Delta-Loop-Antenne), in der physikalischen Wirkungsweise und in der Leistungsfähigkeit sind die Unterschiede zur Ursprungsform jedoch meistens unerheblich.

Gegenüber besonders hohen Gewinnangaben, die gerade bei Richtstrahlern häufig sind, sollte sich der Funkamateur kritisch verhalten. In diesem Zusammenhang sei darauf hingewiesen, daß heute der Kugelstrahler als Vergleichsantenne international üblich ist, was um 2,15 dB höhere Gewinnwerte zur Folge hat als Bezug auf den Halbwellendipol (siehe Abschnitt 3.2.3.).

Vertikalantennen

benötigen als einfache Stabantennen den geringsten Platz und sind Rundstrahler. Die am stärksten verbreitete Bauform ist die Groundplane, die trotz Rundstrahlung bei richtigem Aufbau als Folge ihrer flachen Abstrahlung noch einen Antennengewinn liefert. Die Halbwellenvertikalantennen benötigen gegenüber λ/4-Strahlern die doppelte Bauhöhe, ohne jedoch die Leistung einer Groundplane wesentlich zu überbieten. Eine besonders günstige Abstrahlung hat der 5/8-λ-Strahler, der wegen seiner Länge gewöhnlich nur für die hochfrequenten Amateurbänder realisiert werden kann.

Bei Funkamateuren, die sich einen Drehrichtstrahler nicht leisten können, erfreuen sich die Vertikalstrahler mit ihren vielfältigen Bauformen wachsender Beliebtheit. Leider brauchen Vertikalantennen eine ausgezeichnete HF-Erde, die meistens nur mit einer Vielzahl knapp unter der Erdoberfläche eingegrabener Radials erreicht werden kann. Mißerfolge mit Vertikalstrahlern sind im Weitverkehr fast ausschließlich auf zu hohe Erdverluste zurückzuführen.

Damit sind bereits die wichtigsten Antennenbauformen hinsichtlich ihrer Eigenschaften und der Verwendungsmöglichkeiten klassifiziert.

Leider lassen sich die Antennenwünsche oft nicht mit den gegebenen Realitäten vereinbaren. Dazu gehören:

a – die örtlichen Gegebenheiten wie Bebauung, Lage und Richtung von Freileitungen und öffentlichen Verkehrsflächen; mögliche Antennenstützpunkte, deren Eignung und Besitzverhältnisse; vorhandene Blitzschutzeinrichtungen und Erdungsmöglichkeiten; städtebauliche und gestalterische Gesichtspunkte;

b – die entstehenden Kosten, bei denen gegebenenfalls auch Aufwendungen für die Inanspruchnahme von Fachleuten (z. B. Dachdeckern) und Sicherheitseinrichtungen (Gerüste, Sicherheitsleinen usw.) zu berücksichtigen sind;

c – Möglichkeit der Materialbeschaffung;

d – die persönlichen handwerklichen und mechanischen Fähigkeiten.

Eine sorgfältige Vorausplanung ist also wichtig und notwendig.

Bei der Beurteilung von Kurzwellenantennen muß stets davon ausgegangen werden, daß sich diese weder «im freien Raum» noch über «idealer Erde» befinden. Bezogen auf die Betriebswellenlänge λ, sind sie immer in einer relativ geringen Höhe über einer unvollkommen leitenden Erdoberfläche aufgebaut. Dadurch erreicht ein Teil der von der Antenne ausgehenden Strahlung den Erdboden und wird von diesem wieder mehr oder weniger gut reflektiert. Es entstehen dabei Interferenzen, die im vertikalen Strahlungsdiagramm eine libellenflügelartige Auffiederung verursachen. Diese Feststellung gilt für horizontal polarisierte Antennen (siehe Abschnitt 3.2.2.1.) ebenso wie für vertikal polarisierte Strahler (siehe Abschnitt 3.2.2.2. und Abschnitt 19.3.).

Das Vertikaldiagramm, das am Einsatzort entsteht, sagt praktisch alles über die Brauchbarkeit einer Kurzwellenantenne für einen bestimmten Zweck aus. Mit der Kenntnis des tatsächlichen Vertikaldiagramms kann man das «Geheimnis» einer besonders gut – aber auch besonders schlecht – arbeitenden Antenne ergründen [6]. Leider lassen sich die Vertikaldiagramme ungleich schwieriger messen als die Horizontaldiagramme. *DL 1 BU* hat sich dieser in jeder Hinsicht aufwendigen Aufgabe unterzogen und deren Ergebnisse, untermauert von Meßdaten, in [1], [2], [3], [4] und [5] sehr anschaulich erklärt. Die Schlußfolgerungen von *DL 1 BU* machen sehr deutlich, worauf es bei einer guten Antenne ankommt und wo die materiellen Grenzen für einen wirtschaftlich vertretbaren Einsatz liegen.

Unter diesen Gesichtspunkten sind auch die üblichen Angaben des Gewinnes, bezogen auf einen Vergleichsstrahler «im freien Raum» oder «über idealer Erde» nur als das zu sehen, was sie wirklich sind, nämlich Vergleichsdaten. Die Aussagekraft von Gewinnangaben als Propagandadaten wird in Abschnitt 20.2. näher untersucht.

Die nachfolgend beschriebene Vielzahl von im Amateurfunk bewährten Antennensystemen soll dem Funkamateur Anregungen geben und ihm helfen, die für seine Verhältnisse günstigste Antennenform zu finden.

Literatur zu Abschnitt 9.

[1] *Schwarzbeck, G.:* Streifzug durch den Antennenwald, 1. Teil, cq-DL, Baunatal, 49, (1978), Heft 8,
Seite 342 bis 344

[2] *Schwarzbeck, G.:* KW-Antennenmeßtechnik, Messungen an einem Dreiband-Telrex-Beam TB 6 EM,
cq-DL, Baunatal, 49, (1978), Heft 11, Seite 502 bis
507

[3] *Schwarzbeck, G.:* DX-Antennen für 80 m und
160 m, cq-DL, Baunatal, 50, (1979), Heft 4, Seite 150
bis 155

[4] *Schwarzbeck, G.:* Vergleich Quad mit Yagiantennen, cq-DL, Baunatal, 50, (1979), Heft 6, Seite 246
bis 255

[5] *Schwarzbeck, G.:* Bedeutung des vertikalen Abstrahlwinkels von KW-Antennen, cq-DL, Baunatal,
56, (1985), Heft 3, Seite 130 bis 135, Heft 4, Seite 184
bis 189

[6] *Vogelsang, E.:* Vertikaldiagramme typischer Kurzwellenantennen, cq-DL, Baunatal, 56, (1985), Heft 6,
Seite 300 bis 303

Nitschke, W.: Datensammlung für Kurzwellenantennen, Franzis-Verlag, München 1987

Schwarzbeck, G.: Yagi-, Quad- und LP-Richtantennen-
Messungen von Gewinn und Richtdiagrammen, cq-
DL, Baunatal, 57 (1986), Heft 4, Seite 197 bis 204

10. Die Bauformen der Halbwellenstrahler

Die im Kurzwellenbereich verwendeten Halbwellenantennen unterscheiden sich hauptsächlich durch die Art ihrer Speisung, haben aber weitgehend die in Abschnitt 3.1. behandelten Eigenschaften. Entsprechend ihrem Verwendungszweck können Halbwellenstrahler unterteilt werden in:

– Einbandantennen,
– Mehrbandantennen,
– raumsparende Dipole.

Letztere arbeiten vorwiegend mit mechanisch verkürztem Leiter.

10.1. Einbanddipole

Wie aus der Bezeichnung hervorgeht, eignen sich diese Halbwellendipole wegen der Art ihrer Speisung (angepaßte Leitungen) nicht für die Erregung mit Oberwellen. Das bedeutet, daß sie nur für *ein* Amateurband brauchbar sind.

10.1.1. Die Y-Antenne

Die sogenannte *Y-Antenne* ist ein Halbwellendipol mit angepaßter Speiseleitung. Die Speiseleitung kann man in der Art der bereits in Abschnitt 6.1. besprochenen Delta-Anpassung anschlie-

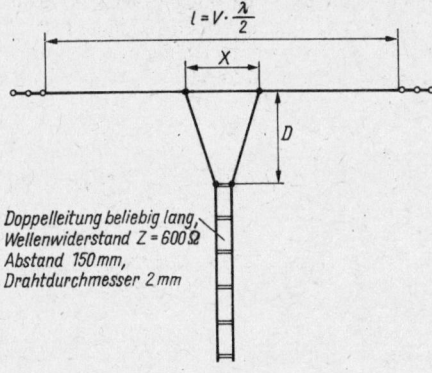

Bild 10.1
Die Y-Antenne

ßen. Die Strahlerlänge beträgt immer $\lambda/2$ mal Verkürzungsfaktor und kann – wie bei allen Halbwellenantennen im Kurzwellenbereich – nach der Formel

$$l/_{\mathrm{m}} = \frac{142\,500}{f/_{\mathrm{kHz}}} \qquad (10.1.)$$

berechnet werden.

Nach Bild 10.1 beträgt der Abstand X der symmetrisch zur Strahlermitte liegenden Anschlußpunkte für die Delta-Anpassung

$$X/_{\mathrm{m}} = \frac{36\,000}{f/_{\mathrm{kHz}}} \qquad (10.2.)$$

und die Länge

$$D/_{\mathrm{m}} = \frac{45\,100}{f/_{\mathrm{kHz}}}. \qquad (10.3.)$$

Die unabgestimmte Speiseleitung hat einen Wellenwiderstand von 600 Ω und kann nach Bild 5.4 durch eine luftisolierte Doppelleitung («Hühnerleiter») dargestellt werden. Die Y-Antenne hat als Halbwellendipol eine Strahlungscharakteristik nach Bild 3.10.

10.1.2. Der Halbwellendipol mit verdrillter Speiseleitung

Beim Halbwellendipol mit verdrillter Speiseleitung (Bild 10.2) wird oft als Speiseleitung 2adriges, verdrilltes Gummikabel verwendet. Derartige Leitungen werden als Netzkabel in vielfältiger Auswahl hergestellt. Der Wellenwiderstand dieser Leitungen liegt gewöhnlich bei 80 ... 100 Ω. Die Dämpfung solcher zweckentfremdeter Netzkabel ist besonders für die hochfrequenten Amateurbänder groß. Deshalb sollte die verdrillte Gummileitung nur für Antennen im 80-m- und 40-m-Band verwendet und die Speiseleitung möglichst kurz gehalten werden.

Dies ist eine Behelfslösung, die aus der Zeit stammt, als den Funkamateuren noch keine hochwertigen Speiseleitungen zur Verfügung standen.

Günstiger in bezug auf Leitungsverluste sind die viel verarbeiteten *Stegleitungen*. Bei dieser Leitung laufen die Leiter parallel. Als Isolier-

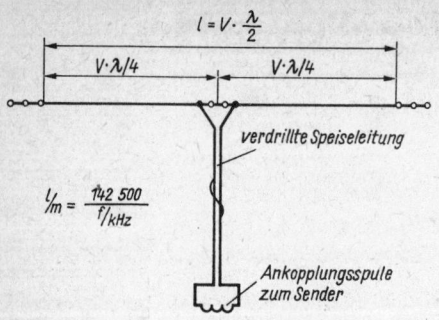

$$l = V \cdot \frac{\lambda}{2}$$

$$V \cdot \lambda/4 \qquad V \cdot \lambda/4$$

verdrillte Speiseleitung

$$l/_m = \frac{142\,500}{f/_{kHz}}$$

Ankopplungsspule zum Sender

Bild 10.2
Der Dipol mit verdrillter Speiseleitung

material wird Kunststoff auf PVC-Basis verwendet, der verlustärmer und witterungsbeständiger ist als Gummi.

Der Halbwellendipol hat bekanntlich einen Eingangswiderstand von etwa 65 Ω. Den im allgemeinen etwas höher liegenden Wellenwiderstand der verdrillten Speiseleitung paßt man an den Strahler an, indem – wie in Bild 10.2 angedeutet – die Anschlüsse symmetrisch von Strahlermitte aus nach beiden Seiten verschoben werden, bis keine stehenden Wellen mehr auf der angepaßten Leitung vorhanden sind.

10.1.3. Der Dipol mit Koaxialkabelspeisung

Koaxialkabel ist auch im Kurzwellenbereich die ideale Speiseleitung. In der einfachsten Art wird ein Halbwellendipol nach Bild 10.3 direkt über ein beliebig langes Koaxialkabel gespeist.

Dem aufmerksamen Leser wird auffallen, daß in diesem Fall eine symmetrische Antenne über ein unsymmetrisches Kabel gespeist wird. Solange der Dipol in Halbwellenresonanz betrieben wird, ist dies ohne größere Nachteile möglich, sofern die Kabellänge nicht zufällig in einer Resonanzbeziehung zur Betriebsfrequenz steht (Mantelwellen).

Wegen der unsymmetrischen Erregung der Strahlerzweige kann sich die Richtcharakteristik

leicht ändern. Symmetriert wird am einfachsten durch Anfügen eines Symmetrierstubs (siehe Abschnitt 7.4.) oder durch einen Ringkern-Balun-Übertrager nach Abschnitt 7.7.3.

Nach [5] kann man auf einfache Weise die Mantelwellen unterdrücken, wenn der Außenleiter des Koaxialkabels geometrisch $\lambda/4$ vom Antennenanschluß entfernt geerdet wird. Es entsteht dann die Wirkung eines Pawsey-Symmetriewandlers (siehe Abschnitt 7.2.). Erreicht das Kabel mit $\lambda/4$ Länge noch nicht die Erdoberfläche, kann diese Erdung auch bei 3/4 oder anderen ungeradzahligen Vielfachen von $\lambda/4$ angebracht werden.

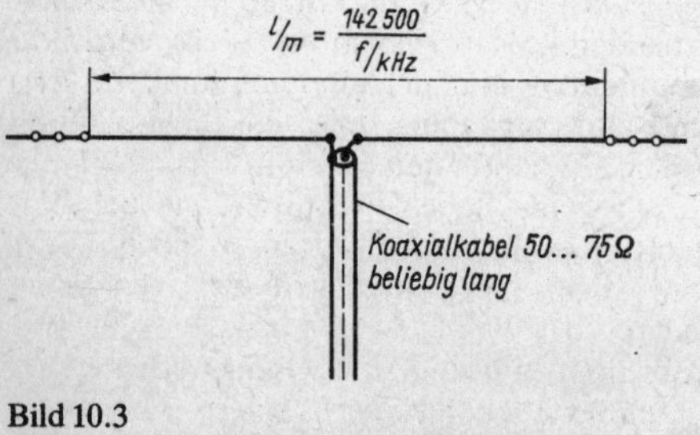

10.1.4. Der Faltdipol

Der im VHF-Bereich dominierende *Faltdipol* kann auch als Kurzwellenantenne verwendet werden. Seine Bandbreite ist etwas größer als die des gestreckten Dipols. Man verwendet ihn vor allem deshalb, weil sein Eingangswiderstand von 240 Ω die direkte Speisung über eine handelsübliche UKW-Bandleitung erlaubt. In allen übrigen Eigenschaften entspricht der Faltdipol dem gestreckten Halbwellendipol.

Der Faltdipol eignet sich ausschließlich für Einbandbetrieb. Sein Verkürzungsfaktor V beträgt 0,95 (Bild 10.4).

Die Abstände D der beiden parallelen Strahlerdrähte sind nicht kritisch. Sie betragen etwa 300 mm für 1,8 MHz, 200 mm für 3,5 MHz, 150 mm für 7 MHz, 130 mm für 10 MHz, 100 mm für 14 MHz, 90 mm für 18 MHz, 80 mm für 21 MHz, 70 mm für 25 MHz, 50 mm für 28 MHz.

Der Faltdipol kann über Koaxialkabel gespeist werden, wenn man am Speisepunkt einen Ringkern-Balun-Transformator 4 : 1 nach Bild 7.16b einsetzt. Ein Faltdipol für Kurzwellen läßt sich aber auch aus UKW-Bandleitung herstellen (Bild 10.5).

Dabei sind jedoch folgende Überlegungen notwendig: Zwischen den beiden parallelen Halbwellenstücken des Strahlers befindet sich das Isoliermaterial der Bandleitung. Betrachtet man

$$l/_m = \frac{142\,500}{f/_{kHz}}$$

Koaxialkabel 50...75 Ω beliebig lang

Bild 10.3
Halbwellendipol, über Koaxialkabel gespeist

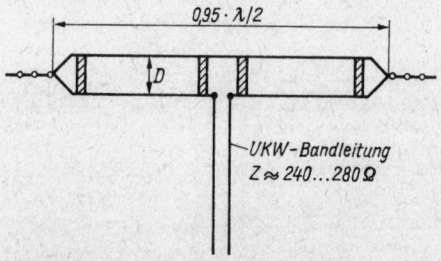

$$0{,}95 \cdot \lambda/2$$

$$D$$

UKW-Bandleitung $Z \approx 240...280\ \Omega$

Bild 10.4
Der Faltdipol als Kurzwellenantenne

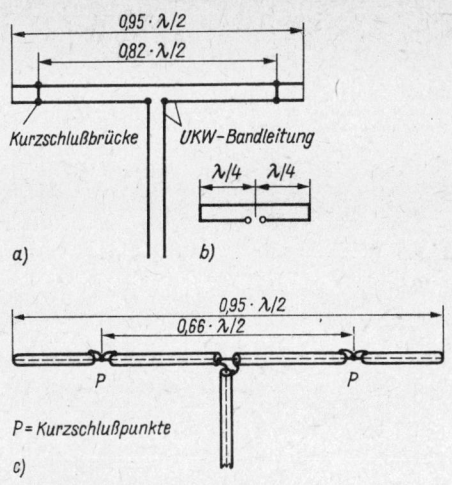

Bild 10.5
Dipol mit integrierten Viertelwellenstücken;
a – Faltdipol aus UKW-Bandleitung, b – die Lage der
Viertelwellenstücke, c – Dipol aus Koaxialkabel

den Faltdipol als die Parallelschaltung zweier Halbwellenstücke, so ist die Dielektrizitätskonstante des Isoliermaterials ohne besonderen Einfluß auf den Verkürzungsfaktor V. Er beträgt demnach 0,95. Gleichzeitig kann man den Faltdipol auch als Hintereinanderschaltung zweier kurzgeschlossener Viertelwellenleitungen darstellen (Bild 10.5b). Bei einer Doppelleitung wird die Dielektrizitätskonstante des dazwischenliegenden Mediums aber voll wirksam, und man müßte von einem Verkürzungsfaktor $V = 0,82$ ausgehen. Beträgt die Strahlerlänge $0,95 \cdot \lambda/2$, so ist wohl der Strahler resonant, aber die Viertelwellenstücke sind zu lang und verursachen eine zusätzliche induktive Blindkomponente. Wählt man als Verkürzungsfaktor $V = 0,82$ und verkürzt die Strahlerlänge entsprechend, dann ist die Antenne als Strahler nicht mehr in Resonanz, und der Antenneneingang ist mit einem Blindwiderstand behaftet. Bild 10.5 zeigt, wie man diese Probleme auf einfachste Weise beherrschen kann: Die geometrische Strahlerlänge wird mit $0,95 \cdot \lambda/2$ bemessen, und bei einer Länge von $0,82 \cdot \lambda/2$ fügt man Kurzschlußbrücken ein.

Antennen aus Bandleitung sind infolge ihres geringen Gewichtes und ihrer Flexibilität besonders für transportable Stationen geeignet. Gewöhnlich lassen sich die als Isoliermaterial verwendeten Kunststoffe auch leicht und haltbar verschweißen (heißer Lötkolben usw.) oder verkleben. Die Speiseleitung läßt sich dadurch mit dem Strahlerteil leicht mechanisch verbinden. Wie Bild 10.5c zeigt, kann ein solcher Dipol auch aus Koaxialkabel hergestellt werden. Er wirkt dann als gestreckten Dipol mit etwa 50 Ω Ein-

gangswiderstand. Hier beträgt die Gesamtlänge des Strahlers ebenfalls $0,95 \cdot \lambda/2$, jedoch muß für die Festlegung der beiden Kurzschlußpunkte P der Verkürzungsfaktor des Koaxialkabels – im allgemeinen mit 0,66 – berücksichtigt werden. Wie gezeigt, wird die Antenne mit Koaxialkabel direkt gespeist. Dipole dieser Art zeichnen sich durch eine relativ große Bandbreite aus; bei einem für eine Resonanzfrequenz von 3,6 MHz bemessenen Koaxdipol steigt die Welligkeit über die Bandbreite von 3,5 ... 3,8 MHz nicht über 1,5 : 1.

10.2. Strahler für Mehrbandbetrieb

Will man Halbwellenstrahler in elektrisch einwandfreier Weise im Oberwellenbetrieb erregen, so muß man sie über eine abgestimmte Leitung speisen. Mehrbandantennen mit *angepaßter* Speiseleitung sind immer Kompromißlösungen, bei denen der Mehrbandbetrieb mit mehr oder weniger stark strahlender Speiseleitung oder anderen Nachteilen erkauft wird. Die Bänder 12, 17 und 30 m können in ein solches Mehrbandsystem nicht einbezogen werden, weil weder untereinander noch zu den anderen Amateurbändern Resonanzbeziehungen bestehen.

10.2.1. Die Zeppelin-Antenne
(H. Beggerow – Dt. Pat. 225204 – 1909)

Die klassische *Zeppelin-Antenne*, auch kurz *Zepp* genannt, stellt einen einfachen Halbwellenstrahler dar, der an seinem Ende (Spannungsbauch) über eine abgestimmte Zweidrahtleitung gespeist wird (Bild 10.6). Ein Draht der Speiseleitung ist dabei an den Strahler angeschlossen, der andere endet blind, aber isoliert.

Die Länge der Speiseleitung beträgt $\lambda/4$ oder ganzzahlige Vielfache davon. Bei Längen von

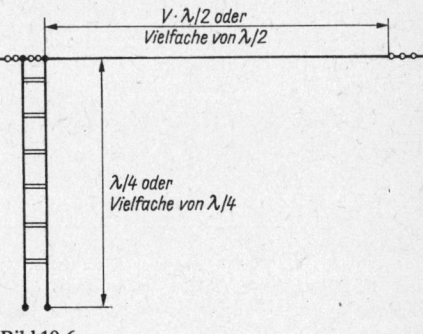

Bild 10.6
Die Zeppelin-Antenne

2 · λ/4, 4 · λ/4, 6 · λ/4 usw., also bei geradzahligen Vielfachen einer Viertelwellenlänge, ist die Strom- und Spannungsverteilung am Anfang und Ende der Speiseleitung gleich. Dimensioniert man jedoch die Speiseleitung 3 · λ/4, 5 · λ/4 usw. lang, also ungeradzahlige Vielfache von λ/4, so entsteht am Ende der Speiseleitung die umgekehrte Strom- und Spannungsverteilung wie am Anfang. An den Enden des Strahlers bildet sich ein Spannungsmaximum aus. Speist man ihn dort über eine 2 · λ/4 lange Leitung, so besteht an deren unterem Ende ebenfalls ein Spannungsmaximum, und man spricht von *Spannungskopplung*. Ist die Speiseleitung nur 1/4-λ, 3/4-λ, 5/5-λ usw. lang, dann kehren sich die Verhältnisse um; am Strahlerende bleibt immer ein Spannungsmaximum, während sich am Anfang der Speiseleitung ein Spannungsminimum (Strommaximum) ausbildet. Wird die Speiseleitung in einem Strommaximum an den Sender angekoppelt, so spricht man von einer *Stromkopplung*.

Ein für das 80-m-Band bemessener Halbwellen-Zepp kann gleichzeitig als Mehrbandantenne benutzt werden. Sie wird beim 40-m-Betrieb zum Ganzwellen-Zepp, auf 20, 15 und 10 m ein 2-λ-, 3-λ- oder 4-λ-Langdraht mit Zeppelin-Speisung. Beträgt die Länge der Speiseleitung etwa 40 m, also 2 · λ/4 für 80-m-Betrieb, so liegt auf allen Bändern Spannungskopplung vor. Ist dagegen die Speiseleitung nur 20 m lang (entsprechend λ/4 für 80 m), dann ergibt sich für 3,5 MHz Stromkopplung und für alle anderen Amateurbänder Spannungskopplung.

Die Ankopplung einer abgestimmten Speiseleitung an die Senderendstufe erfordert *immer* einen geeigneten Antennenkoppler. In diesem Zusammenhang wird auf Abschnitt 5.3.2. verwiesen. Geeignete Antennenkoppler sind in Abschnitt 8.2. beschrieben.

Es ist zweckmäßig, die Speiseleitung nicht genau λ/4 oder ganzzahlige Vielfache einer Viertelwelle lang auszulegen, da in diesem Fall leicht Störungen durch unerwünschte Gleichtaktwellen gegen Erde auftreten können. Die Strahlungsneigung der Speiseleitung nimmt dann zu. Leitungslängen zwischen 12,50 und 14 m sind für eine Mehrbandantenne günstig. Sie vermeiden die erwähnten Störungen auf allen Bändern und können mit dem Antennenkoppler leicht zur Resonanz gebracht werden.

10.2.1.1. Der Mehrband-Zepp

Ein nach diesen Überlegungen konstruierter Mehrband-Zepp wird in Bild 10.7 dargestellt.

Diese Antenne ist für 80, 40, 20 und 15 m stromgekoppelt, während bei 10-m-Betrieb Spannungskopplung vorliegt. Sie kann auch mit

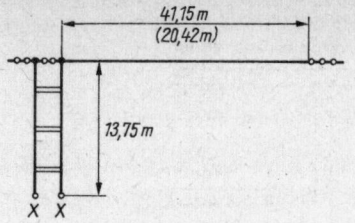

Bild 10.7
Die Mehrband-Zeppelin-Antenne

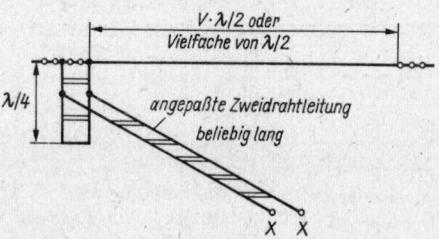

Bild 10.8
Endgespeister Strahler mit unabgestimmter Speiseleitung

einer Strahlerlänge von nur 20,42 m aufgebaut werden. Dabei ist jedoch ein 80-m-Betrieb mit Zeppelin-Speisung nicht durchführbar. Als Behelfslösung kann die Speiseleitung am senderseitigen Ende kurzgeschlossen und über ein *Collins*-Filter angekoppelt werden. Damit läßt sich dieser Strahler im 80-m-Betrieb noch als einfache L-Antenne verwenden.

Soll eine endgespeiste Antenne nur im Einbandbetrieb genutzt werden, so ist es vorteilhaft, den Antenneneingang mit einer kurzgeschlossenen Viertelwellenleitung abzuschließen und über eine angepaßte Zweidrahtleitung nach Bild 10.8 zu speisen.

Für die Wirkungsweise und Bemessung der Anpaßleitung gelten die in Abschnitt 6.6. gebrachten Ausführungen. Als angepaßte Zweidrahtleitung beliebiger Länge können dann sowohl UKW-Bandleitungen als auch selbstgebaute Zweidrahtleitungen verwendet werden.

10.2.1.2. Der Doppel-Zepp

Ein symmetrisch in seiner Mitte erregter Strahler hat eine symmetrische Richtcharakteristik. Ein solcher zentralgespeister Dipol kann als *Doppel-Zepp* bezeichnet werden. Manchmal nennt man symmetrisch gespeiste Antennen mit abgestimmter Speiseleitung *Doublet* als älteren Ausdruck für Dipol. Solche Antennen sind für den Mehrbandbetrieb brauchbar (Bild 10.9).

Auch beim Doppel-Zepp können störende Gleichtaktwellen gegen Erde auftreten, wenn Speiseleitung und angeschlossene Strahlerhälfte ganzzahlige Vielfache einer Halbwelle ergeben. Deshalb sollte man auch in diesem Fall die Speiseleitung sebst nicht resonant auslegen. Tabelle 10.1. enthält die erprobten Abmessungen für verschiedene Dipole, deren Speiseleitungslängen so bemessen sind, daß Gleichtaktwellen vermieden werden.

Die in Bild 10.9 a eingetragenen Abmessungen für den «klassischen» Doppel-Zepp entsprechen denen von Tabelle 10.1. Für den Mehrbandbetrieb ist immer ein Antennenabstimmgerät erforderlich. Es eignen sich die in Abschnitt 8.2. besprochenen Anordnungen.

Wird ein Doppel-Zepp ausschließlich als Einbandantenne verwendet, kann eine Viertelwellenanpaßleitung nach Abschnitt 6.6. den Übergang zu einer beliebig langen angepaßten

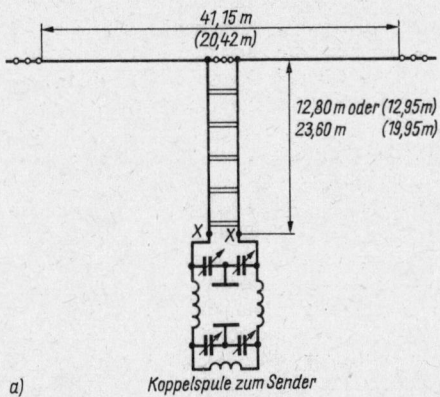

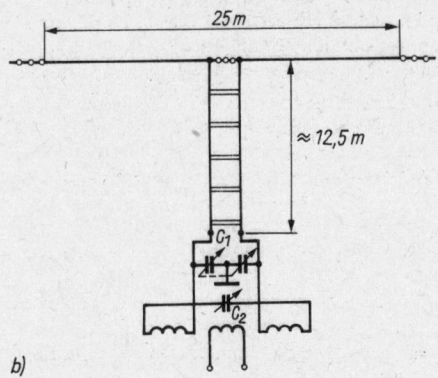

Bild 10.9
Zentralgespeiste Mehrbandantenne mit abgestimmter Speiseleitung (Doppel-Zepp); a – herkömmlicher Doppel-Zepp mit symmetrischem π-Filter, b – Multibandausführung nach *VK 5 RG*

Tabelle 10.1.
Erprobte Abmessungen für verschiedene Mehrbanddipole

Gesamte Strahlerlänge in m	Länge der abgestimmten Speiseleitung in m	Amateurband in m	Art der senderseitigen Ankopplung
41,15	12,80	80	Spannungskopplung
		40	Spannungskopplung
		20	Spannungskopplung
		15	Spannungskopplung
		10	Stromkopplung
41,15	23,60	80	Spannungskopplung
		40	Spannungskopplung
		20	Spannungskopplung
		15	Spannungskopplung
		10	Spannungskopplung
20,42	12,95	40	Spannungskopplung
		20	Spannungskopplung
		15	Spannungskopplung
		10	Spannungskopplung
20,42	19,95	40	Stromkopplung
		20	Spannungskopplung
		15	Stromkopplung
		10	Spannungskopplung

Speiseleitung herstellen. Bei einer gesamten Strahlerlänge von mindestens 1λ und ganzzahligen Vielfachen von λ (Spannungsbauch im Speisepunkt) wird eine kurzgeschlossene Viertelwellenanpaßleitung verwendet; ist die Strahlerlänge $\lambda/2$ oder ein ungeradzahliges Vielfaches von $\lambda/2$, kommt eine offene Viertelwellenanpaßleitung in Frage.

Ein Doppel-Zepp mit geringer Spannweite, der einen Allbandbetrieb ermöglicht, wurde von *VK5 RG* entwickelt (Bild 10.9 b). Diese Antenne wirkt im 80-m-Band als verkürzter Dipol, für 40 m als verlängerter Dipol und stellt im 30-m-Band einen verkürzten Ganzwellendipol (Gewinn $\approx 1,8$ dBd) dar. Mit einem Gewinn von ≈ 3 dBd arbeitet die Antenne im 20-m-Band als verlängerter Ganzwellendipol. Die *VK5 RG*-Antenne wirkt in den Bändern 17, 15, 12 und 10 m als zentralgespeiste Langdrahtantenne, wobei Gewinne in der Größenordnung von 2 dBd auftreten. Schließlich ist auch noch Betrieb im 160-m-Band möglich, wenn die Speiseleitung kurzgeschlossen wird. Die Antenne arbeitet dann als verkürzter Vertikalstrahler mit Dachkapazität gegen Erde.

Die Paralleldrahtleitung ist als «Hühnerleiter» nach Bild 5.8 ausgeführt. Das eingezeichnete Antennenabstimmgerät stellt nur ein Beispiel dar. Der Zweifachdrehkondensator C_1 ist ein Empfängertyp mit 2 × 500 pF Endkapazität; dagegen wird für C_2 (Endkapazität 100 pF) ein Sendertyp mit größerem Plattenabstand gefordert.

10.2.2. Die Windom-Antenne

1923 ... 1925 wurden in den USA mehrere vertikale und horizontale eindrahtgespeiste Antennen in der Zeitschrift QST beschrieben.

An der Ohio State University fanden *Everitt* und *Byrne* eine exakte Methode der Resonanzabstimmung und Speiseleitungsanpassung, die in Proc. IRE Oct. 1929 beschrieben wurde. Aber die Veröffentlichung von *Loren Windom, W 8 GZ,* in QST Sept. 1929 hatte das größere Echo und führte dazu, daß diese Antenne im Ausland den Namen «Windom» erhielt. Es ist ein Halbwellenstrahler mit einer beliebig langen, angepaßten Eindrahtspeiseleitung.

Die angepaßte Eindrahtspeiseleitung geht von der Tatsache aus, daß ein einzelner Draht über einer guten Erde einen Wellenwiderstand von etwa 500 Ω aufweist, wenn der Drahtdurchmesser 1,5 ... 2 mm beträgt. Findet man einen Punkt auf dem Antennenleiter, dessen Scheinwiderstand 500 Ω beträgt, so kann dort die Eindrahtspeiseleitung angeschlossen werden, und es herrscht Anpassung. Bei einer Halbwellendrahtantenne liegt dieser Punkt etwa 0,18 λ vom Strahlerende entfernt (Bild 10.10).

Voraussetzung für die einwandfreie Arbeitsweise einer *Windom* sind gute Erdverhältnisse, denn die Erde bildet sozusagen den 2. Leiter der Speiseleitung. Außerdem soll die Eindrahtleitung über eine möglichst große Länge senkrecht zur Antennenleiterlängsachse verlaufen. Auch scharfe Knicke der Eindrahtleitung sollte man vermeiden.

Die Bemessungsformeln für Strahlerlänge *l* und Entfernung des Anschlußpunktes *A* vom Strahlerende lauten

$$l/_m = \frac{143\,000}{f/_{MHz}} \qquad (10.4.)$$

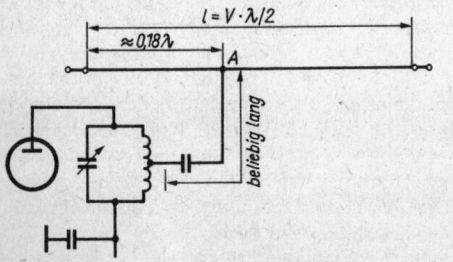

Bild 10.11
Windom-Antenne mit Zwischenkreis und Verlängerungsstück

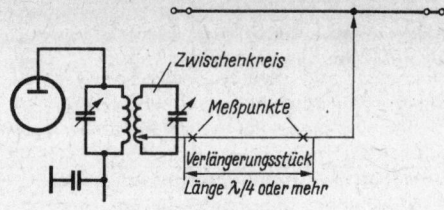

Bild 10.10
Die *Windom*-Antenne

und

$$A/_m = \frac{54\,000}{f/_{MHz}}. \qquad (10.5.)$$

Der richtige Anschlußpunkt A läßt sich am einfachsten feststellen, indem man die Eindrahtspeiseleitung um mindestens λ/4 länger als notwendig ausführt und das Verlängerungsstück so ausspannt, daß es leicht zugänglich ist. Der fließende HF-Strom (oder die vorhandene HF-Spannung) wird nun an verschiedenen Punkten des Verlängerungsstückes gemessen. Durch entsprechendes Verschieben des Anschlußpunktes auf dem Strahler muß erreicht werden, daß der HF-Strom (bzw. die HF-Spannung) an allen Meßpunkten gleich wird. Die Größe des gemessenen Stromes hat dabei keine Bedeutung, und man hüte sich, etwa auf Strommaximum (bzw. Spannungsmaximum) abzugleichen. Wenn ein gleichmäßiger, mittlerer HF-Strom an allen Meßpunkten fließt, weist die Leitung keine Welligkeit mehr auf, denn sie ist angepaßt. Das Verlängerungsstück wird nach dem Anpassen wieder entfernt (Bild 10.11).

Weniger umständlich ist diese Methode, wenn man mit einem HF-Millivoltmeter (Tastkopf) die Spannung auf der Verlängerungsleitung mißt, die Leitung braucht dann nicht aufgetrennt zu werden. Anpassung besteht, wenn an allen Meßpunkten gleich große HF-Spannung vorhanden ist.

Bei mittleren bis größeren Sendeleistungen genügt als Spannungsindikator auch eine einfache Glimmlampe, die man an der Leitung entlangführt. Sie muß an allen Stellen der Leitung gleichmäßig hell aufleuchten. Schließt man die Eindrahtleitung direkt an eine Anzapfung des Senderanodenkreises kapazitiv an, so können alle vorhandenen Oberwellen ungehindert mit abgestrahlt werden. Man sollte deshalb immer einen Zwischenkreis nach Bild 10.11 einfügen. Noch besser ist ein «einbeiniges» *Collins*-Filter (siehe Abschnitt 8.1.1.1.). Bewährte Kreisdaten für den Zwischenkreis sind in Tabelle 10.2. aufgeführt.

Tabelle 10.2.
Näherungswerte für die Daten
von Zwischenkreisen

Amateur-band	Indukti-vität	Drehkonden-sator-End-kapazität	Spulendaten für 1lagige Luftspulen		
			Windungs-zahl	Spulen-durch-messer	Spulen-breite
in m	in µH	in pF		in mm	in mm
80	18	150	19	50	60
40	10	100	17	50	50
30	6,5	75	14	50	50
20	4,3	50	12,5	40	40
17	3,1	50	10,5	40	40
15	2,6	50	9,8	40	40
12	2,1	50	8,8	40	40
10	1,5	50	7	30	30

Sowohl bei kapazitiver Kopplung mit dem Tankkreis (siehe Bild 10.10) als auch bei Verwendung eines Zwischenkreises muß der Anzapfpunkt an der Kreisspule so gewählt werden, daß die Speiseleitung mit ihrem Wellenwiderstand von etwa 500 Ω impedanzrichtig abgeschlossen wird. Man versucht deshalb zuerst, durch Verändern der Kreisanzapfung bzw. Variation der *Collins*-Filterabstimmung die Einstellung der geringsten Welligkeit zu finden. Die dann noch vorhandene Fehlanpassung beseitigt man durch Verschieben des Anschlußpunktes *A* auf dem Strahler.

Bild 10.12 enthält die meßtechnisch ermittelten Diagramme für die Bemessung der Strahlerlänge *l* und die Lage des Anschlußpunktes *B*, von Strahlermitte aus gerechnet, für eine 80-m-Windom. Besteht dabei die Eindrahtleitung aus einem 1,5 ... 2 mm starken Draht und ist eine gute Erde vorhanden, so kann mit ziemlich genauer Anpassung gerechnet werden.

Beispiel

Strahlerlänge *l* und Abstand *B* von Strahlermitte sollen für eine *Windom*-Antenne mit einer Resonanzfrequenz von 3700 kHz ermittelt werden.

Die Strahlerlänge *l* ergibt sich aus der Frequenzgeraden und ihrem Schnittpunkt mit der Längengeraden *l* auf der oberen Längenskala mit 39,18 m (gestrichelt eingezeichnet). Der Abstand *B* des Anzapfpunktes von der geometrischen Mitte des Strahlers wird auf der unteren Längeneinteilung mit 5,38 m abgelesen (rechts unten gestrichelt eingezeichnet).

Die bisher dargestellten Ankopplungsformen der *Windom*-Antenne sollte man nur dann anwenden, wenn der Sender in unmittelbarer Nähe der Antenneneinführung steht. Muß die Speiseleitung erst noch durch einen Raum geführt werden, so ist damit zu rechnen, daß das Lichtnetz mit Hochfrequenz verseucht wird und deshalb Störungen des Rundfunk- und Fernsehempfanges auftreten können.

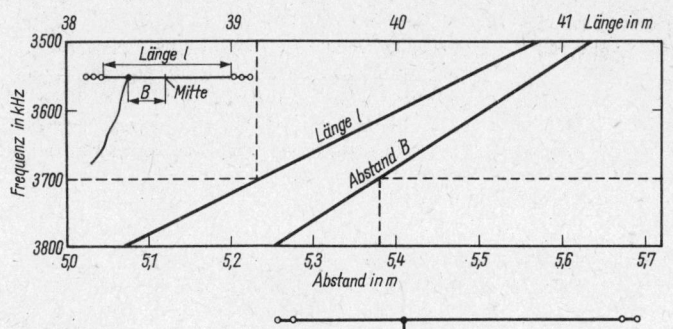

Bild 10.12
Die geometrische Länge *l* einer *Windom*-Antenne für das 80-m-Band und der Abstand B des Speiseleitungsanschlusses von der Strahlermitte aus gerechnet, in Abhängigkeit von der Frequenz

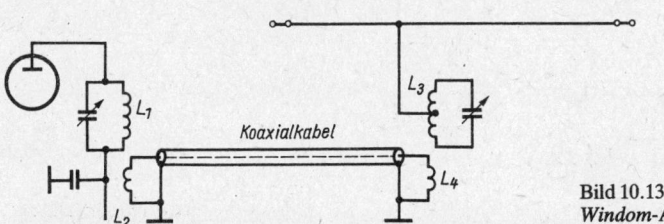

Bild 10.13
Windom-Antenne mit Linkkopplung

Durch die Annäherung an Wände usw. verändert sich der Wellenwiderstand der Eindrahtenergieleitung, und es treten besonders innerhalb des Raumes kräftige Fehlanpassungen auf. Zur Energieübertragung innerhalb des Hauses soll deshalb immer eine *Link*-Leitung nach Bild 10.13 verwendet werden. Die Dimensionierung der *Link*-Leitung wurde in Abschnitt 8. ausführlich behandelt.

10.2.3. Mehrband-*Windom*-Antennen

Durch *VS 1 AA* wurde 1937 eine Mehrband-*Windom* bekannt. Bei dieser ist die Drahtstärke der Energieleitung geringer als die des Strahlers. Bei einem Drahtdurchmesser des Strahlers von 2 mm wählt man die Speiseleitung mit 1 mm Durchmesser (Durchmesser-Verhältnis etwa 2 : 1).

Bild 10.14 zeigt eine solche Kompromiß-*Windom* nach *VS 1 AA* mit den erforderlichen Angaben. Sie ist auf allen Amateurbändern brauchbar; man muß aber immer mit einer gewissen Fehlanpassung rechnen. Das am Anfang der Leitung vorhandene «einbeinige» *Collins*-Filter sorgt aber dafür, daß immer auf Resonanz abgestimmt werden kann. Damit ist die Eindrahtleitung weder optimal angepaßt noch abgestimmt. Das ist aber keinesfalls eine schlechte Lösung des Anpassungsproblems.

Die Mehrband-*Windom* arbeitet im 80-m-Band als Halbwellenantenne mit senkrechter Hauptstrahlrichtung zur Strahlerlängsachse. Ein Ganzwellen-Langdraht ist sie beim 40-m-Betrieb, beim 20-m-Betrieb befinden sich 2 Ganzwellen und bei 10 m 4 Ganzwellen auf dem Strahler. Für 15-m-Betrieb ist die Antenne fehlangepaßt. Die dazugehörigen angenäherten Richtdiagramme sind aus Bild 11.1 zu ersehen. Für eine Mehrband-*Windom* mit geringer Baulänge sind die Abmessungen als Klammerwerte in Bild 10.14 eingetragen.

Bei dieser Antenne soll die Länge der Speiseleitung 10 ... 15 m betragen. Sie muß über ein *Collins*-Filter angekoppelt werden. Allerdings arbeitet sie beim 80-m-Betrieb nicht als *Windom;* die Eindrahtspeiseleitung wirkt in diesem Fall selbst als Viertelwellenstrahler über Erde, dessen zu geringe Länge durch den als Dachkapazität wirkenden horizontalen Strahlerteil ausgeglichen wird. Das *Collins*-Filter stellt dann die Abstimmung bei der Betriebswellenlänge her. Im 40-m-Betrieb wird die Antenne eine Halbwellen-*Windom* mit dem bekannten Doppelkreisdiagramm, während bei 20, 15 und 10 m (1λ, $1,5\lambda$ und 2λ) wieder mit den entsprechenden horizontalen Richtdiagrammen nach Bild 11.1 zu rechnen ist.

Zum 15-m-Betrieb der beschriebenen Mehrband-*Windom*-Antenne muß einschränkend darauf hingewiesen werden, daß für diesen Bereich am *Windom*-Anzapfpunkt eine Impedanz von mehreren tausend Ohm vorhanden ist. Daraus resultiert eine erhebliche Fehlanpassung mit ihren negativen Folgen.

Man sollte heute die *Windom* mit Eindrahtspeiseleitung nur noch gelegentlich (z.B. für den Portable-Betrieb) einsetzen, da die Gefahr des BCI und TVI sehr groß ist. Weitaus günstiger sind die nachstehend beschriebenen symmetrisch gespeisten Mehrband-*Windom*-Antennen.

10.2.3.1. Symmetrisch gespeiste Mehrband-*Windom*-Antennen

Die Theorie unterstellt der Eindrahtspeiseleitung einer *Windom*-Antenne einen Wellenwiderstand von etwa 500 Ω. In der Praxis dürften sowohl der Wellenwiderstand der Speiseleitung wie auch die Impedanz des *Windom*-Anzapfpunktes in Abhängigkeit von der Antennenumgebung und der Aufbauhöhe kleinere Werte annehmen. Geht man von der *FD 4-Windom* aus [1], bei der für bestmögliche Anpassung an ein Koaxialkabel ein Impedanztransformator von 6 : 1 zwischengeschaltet wird, so kommt man bei den üblichen Antennenaufbauhöhen auf eine tatsächliche Eingangsimpedanz von etwa 300 bis 400 Ω. Demnach könnte bei tragbarem Anpassungsfehler eine Mehrband-*Windom*-Antenne auch direkt

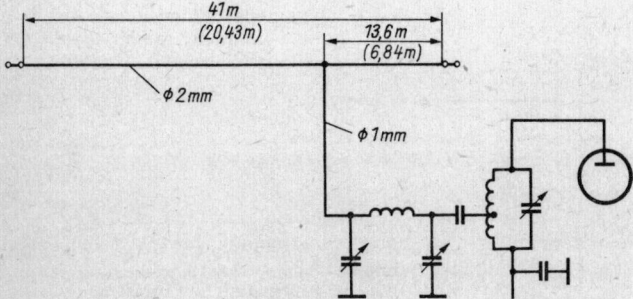

Bild 10.14
Mehrband-*Windom* nach *VS 1 AA*

über eine 300-Ω-Bandleitung gespeist werden. Eine solche Bandleitung wahrt die Symmetrie, sie hat im Gegensatz zur Eindrahtspeiseleitung einen über ihre Gesamtlänge genau definierten Wellenwiderstand, ihre Eigenstrahlung ist deshalb relativ gering. Somit liegen bei bandleitungsgespeisten Mehrband-*Windom*-Antennen bezüglich BCI und TVI günstigere Verhältnisse vor als bei *Windoms* mit Eindrahtspeiseleitung.

Bild 10.15a zeigt eine Dreiband-*Windom*, die mit den angegebenen Abmessungen als Halbwellenstrahler für 40 m und als Ganzwellenantenne für 20 m arbeitet. Die Antenne läßt sich auch im 10-m-Band verwenden, wenn man eine gewisse Welligkeit der Speiseleitung in Kauf nimmt. Für diesen Betriebsfall sollte jedoch ein *Collins*-Filter am Leitungsende wie in Bild 10.15b vorgesehen werden. Dieses *Collins*-Filter ermöglicht auch einen Betrieb der Antenne im 80-m-Band. Dazu ist es erforderlich, das Ende der Bandleitung kurzzuschließen und das symmetrische *Collins*-Filter «einbeinig» zu betreiben. Die Anordnung wirkt für diesen Betriebsfall als Vertikalantenne mit Dachkapazität.

Eine weitere Mehrbandantenne mit Speisung über eine angepaßte UKW-Bandleitung arbeitet auf den Bändern 10, 20, 40 und 80 m nach dem *Windom*-Prinzip (Bild 10.15b). Auch bei dieser Kompromißlösung ist auf der Speiseleitung eine mehr oder weniger große Fehlanpassung vorhan-

den. Deshalb sind sie über ein symmetrisches *Collins*-Filter an den Sender angekoppelt. Es beseitigt nicht die Fehlanpassung, bringt aber das ganze System in Resonanz und bietet somit der Senderendstufe eine reine Wirklast an. Auch diese Speiseleitung muß man als eine Kreuzung von angepaßter und abgestimmter Leitung ansehen.

Genau betrachtet, sind die klassischen Eindraht-*Windoms* nach Bild 10.14 in ihren Längenbemessungen weitgehend gleich den symmetrisch erregten Ausführungen in Bild 10.15. Sie unterscheiden sich nur durch die Art der Erregung. Wenn geeignete Ferrit-Ringkerne zur Verfügung stehen, kann jede dieser Windom-Ausführungen modernisiert werden, indem man in den aufgetrennten Einspeisepunkt auf dem Strahler einen Ringkern-Balun-Übertrager einsetzt (siehe Bild 7.16b) und dann über ein beliebig langes Koaxialkabel speist. Je nach Wellenwiderstand des Speisekabels beträgt das Übersetzungsverhältnis des Ringkernübertragers 5:1 (75-Ω-Kabel) bis 7:1 (50-Ω-Kabel). Solche Ringkern-Balun-Übertrager werden in Abschnitt 7.7.3. ausführlich beschrieben.

Mit einer Horizontalausdehnung von etwa 35 m bei einer Aufbauhöhe von 12...15 m kommt die abgewinkelte Vierband-*Windom*-Antenne nach Bild 10.16 aus. Sie stellt einen Halbwellendipol voller Länge für 80 m dar, ist ein

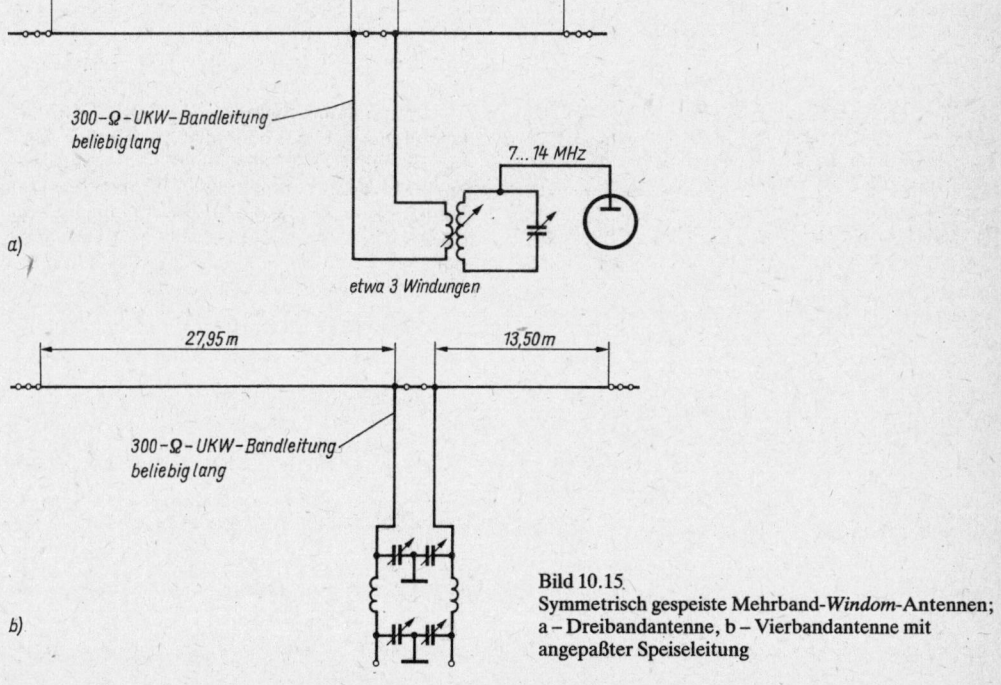

Bild 10.15
Symmetrisch gespeiste Mehrband-*Windom*-Antennen; a – Dreibandantenne, b – Vierbandantenne mit angepaßter Speiseleitung

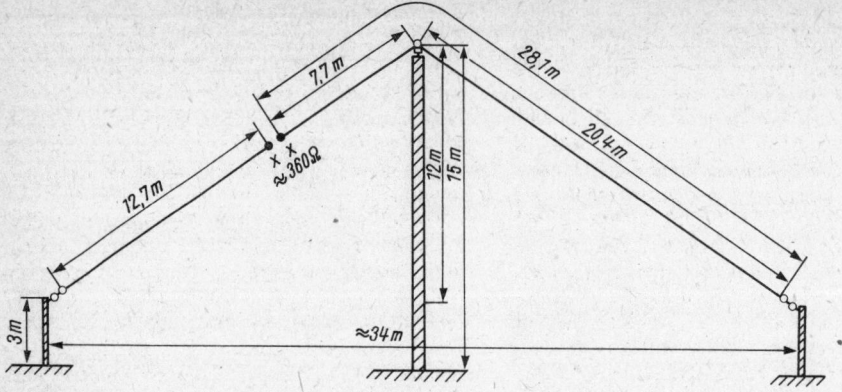

Bild 10.16
Die abgewinkelte Vierband-*Windom*-Antenne mit Kabelspeisung

Ganzwellendipol für 40 m, hat 2 λ bei 20 m und 4 λ beim 10-m-Betrieb. Bei den eingetragenen Längenangaben handelt es sich um die von *DL 7 KM* erprobten Abmessungen, mit denen die Welligkeit *s* auf allen 4 Bändern 1,3 war. Die gegenüber Bild 10.15b etwas abweichende Längenbemessung dürfte auf die größere kapazitive Belastung durch geringe Bauhöhe in Verbindung mit Abwinkelung zum Erdboden zurückzuführen sein. Die Abwinkelung soll keinen Stützpunkt einsparen, sondern sie ist absichtlich zur Verbesserung der Eigenschaften gewählt worden (siehe auch Bild 10.32 und Bild 11.17). Der Rückgang des Wirkungsgrades und daher der Strahlungsleistung durch den geringeren Bodenabstand ist dabei jedoch zu berücksichtigen.

Am Auftrennpunkt XX könnte man den Strahler direkt über eine beliebig lange 300-Ω-Leitung erregen, wobei die Fehlanpassung in tragbaren Grenzen bleibt. Günstiger ist jedoch die Speisung über Koaxialkabel. Es ist haltbarer als Bandleitung und gewährleistet eine größere TVI-Sicherheit. Darüber hinaus sind die meisten Amateursender für den Anschluß von Koaxialkabeln eingerichtet. Um ein Koaxialkabel symmetrie- und impedanzrichtig an den Speisepunkt XX anschließen zu können, muß ein weitgehend frequenzunabhängiges Transformationsglied zwischengeschaltet werden, das den Eingangswiderstand der Antenne im Verhältnis 6 : 1 herabtransformiert und gleichzeitig die Symmetrie wandelt. Da es sich um eine Mehrbandantenne handelt, muß das Transformationsglied außerdem gute Breitbandeigenschaften aufweisen. Diese Forderungen erfüllen Ringkern-Balun-Übertrager nach Abschnitt 7.7.3. Im vorliegenden Fall ist die Ausführungsform nach Bild 7.16c zu wählen. Soll ein 50-Ω-Koaxialkabel verwendet werden, wählt man ein Übersetzungsverhält-

nis von 7 : 1 bis 8 : 1, während für 75-Ω-Kabel 5 : 1 richtig ist.

Mit der Vierband-*Windom*-Antenne nach Bild 10.16, versehen mit einem Ringkern-Balun-Transformator 6 : 1, und über 60-Ω-Koaxialkabel gespeist, ermittelte *DL 7 KM* im 80-m-Band eine Welligkeit von *s* = 1,2, im 40-m-Band *s* = 1,1 und im 20-m-Band *s* nahezu 1,0. Für das 15-m-Band eignet sich diese *Windom*-Antenne weniger (*s* > 2,5), während im 10-m-Band die Anpassung wieder gut ist.

Gute Erfahrungen liegen beim Verfasser für eine 41 m lange, geneigt ausgespannte *Windom*-Antenne vor (größte Höhe am Hausgiebel 11 m, am Endpunkt 5 m über Grund). Über einen Ringkern-Balun-Übertrager 5 : 1, gefolgt von 75-Ω-Koaxialkabel, wird der Strahler erregt. Ein π-Filter ermöglicht das Ankoppeln an den Sender. Mit ihm gelingt es, der Senderendstufe auf allen Bändern (auch für 15 m!) eine reelle Last anzubieten. Ungeachtet der besonders beim 15-m-Betrieb auf dem Speisekabel vorhandenen Fehlanpassung arbeitet diese Antenne auf 5 Kurzwellenbändern sehr gut.

Umfassendere Angaben über die *Windom*-Antenne in Theorie und Praxis sind in [2] enthalten.

10.2.3.2. Doppel-*Windom*-Antennen

Zur Erweiterung der Vierband-*Windom* für den 15-m-Betrieb wurde bereits von *DJ 2 KY* in [1] angeregt, der üblichen etwa 41,5 m langen Mehrbandausführung eine gesonderte Einband-Windom für 15 m parallel zu schalten. Es entstand somit die Doppel-*Windom* nach Bild 10.17a. Häufig wird die 15-m-Zusatz-*Windom* als stumpfwinklige V-Antenne aufgebaut, wobei die Leiterenden über Kunststoffschnüre zum Erdboden

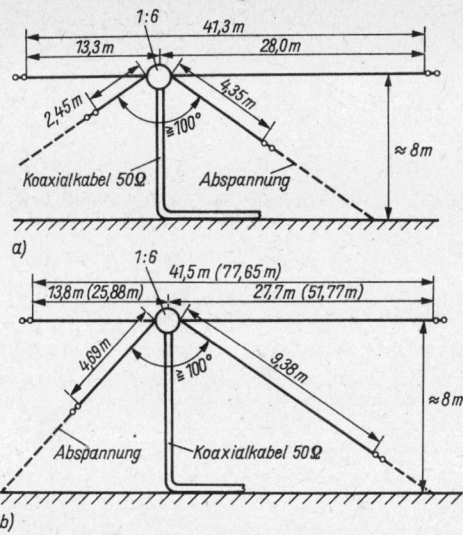

Bild 10.17
Doppel-*Windom*-Antennen; a – Fünfbandausführung
(10, 15, 20, 40 und 80 m), b – Allbandausführung für 8
bzw. 9 Bänder (Klammerwerte sind gültig für
Neunbandbetrieb)

abgespannt sind. Dabei soll der Spreizwinkel zwischen beiden Schenkeln nicht kleiner als 100° sein.

Diese und die folgenden Ausführungen werden mit einem beliebig langen 50-Ω-Koaxialkabel über einen Ringkern-Balun-Übertrager 1:6 nach Abschnitt 7.7.3. gespeist. Bei einem 75-Ω-Koaxialkabel wählt man das Übersetzungsverhältnis 1:4, da der Eingangswiderstand etwa 300 Ω beträgt. Entsprechend der Aufbauhöhe und den örtlichen Gegebenheiten können kleine Längenkorrekturen erforderlich sein. Mit den angegebenen Abmessungen hat sich diese Ausführung im 5-Band-Betrieb gut bewährt.

Mit der Freigabe weiterer Amateurfunk-Kurzwellenbänder lag es nahe, die Doppel-*Windom* auch für diese neuen Frequenzbereiche brauchbar zu machen. *DJ 7 SH* und *DL 1 BBC* lösten diese Aufgabe mit gutem Erfolg [3]. Wie Bild 10.17b zeigt, ist die Zusatz-Windom für Resonanz im 30-m-Band bemessen, womit gleichzeitig auch Oberwellenresonanz für das 15-m-Band vorhanden ist. Die Messungen ergaben, daß auch beim Betrieb im 17-m-Band und im 12-m-Band eine gute Anpassung auftrat (Welligkeit $s < 1,5$). Somit bietet diese Doppel-*Windom* gute Betriebsbedingungen für 8 Kurzwellen-Amateurbänder. Auch bei dieser Ausführungsform wurde die zusätzliche Windom in V-Form mit einem Spreizwinkel von etwa 100° aufgebaut und mit

Kunststoffschnur zum Erdboden hin abgespannt. Durch Veränderung des Spreizwinkels kann eine Feinabstimmung der gesamten Antenne beim Endabgleich herbeigeführt werden. Das koaxiale Speisekabel soll man unbedingt vom Speisepunkt senkrecht bis zum Erdboden herabführen, da andernfalls eine Verstimmung der Gesamtantenne auftritt. Die Musterantenne hat eine Aufbauhöhe von 8 m über Grund, sie wurde über einen Ringkern-Balun-Übertrager 1:6 über 50-Ω-Koaxialkabel gespeist. Die Welligkeitsdiagramme lassen erkennen, daß über den Frequenzbereich aller 8 Bänder die Welligkeit $s < 1,5$ beträgt.

Beim weiteren Ausbau der Doppel-*Windom* für alle 9 Amateurfunk-Kurzwellenbänder [4] wurde das 160-m-Amateurband zugefügt, indem man die Grundantenne auf 77,65 m zur Halbwellenresonanz verlängerte (Klammerwerte in Bild 10.17b). Die Zusatz-*Windom* bleibt unverändert, die Welligkeit ist für alle 9 Bänder <1,5. Auch für diese Antenne betrug die Aufbauhöhe 8 m, der kürzere Schenkel der Grundantenne (25,88 m) wurde um etwa 90° abgewinkelt, so daß dieser Antennenteil einem liegenden L gleicht. Wo genügend Platz vorhanden ist, sollte man der gestreckten Form den Vorzug geben und auch eine größere Aufbauhöhe anstreben.

Diese Doppel-*Windom*-Antennen bieten dem Funkamateur noch ein weites Experimentierfeld. Entsprechend den örtlichen Gegebenheiten dürften häufig Modifizierungen erforderlich werden, zu denen Abschnitt 10.2.6. einige Anhaltspunkte vermittelt. Über Gewinn und Richtcharakteristik für die einzelnen Bänder können keine allgemein gültigen Aussagen gemacht werden. Durch die gegenseitige Beeinflussung in Verbindung mit der Antennenumgebung, der Aufbauhöhe und den Erdverhältnissen treten unüberschaubare Einflußgrößen auf. Für die meisten frequenzhöheren Bänder entspricht die Doppel-*Windom* einer Langdrahtantenne; für die Bemessungsfrequenzen (80 m bzw. 160 m und 30 m) ist sie einem Halbwellendipol gleichzusetzen. Die Möglichkeit, mit relativ geringem Aufwand einen echten Allbandbetrieb verwirklichen zu können, wird der beliebten *Windom*-Antenne weitere Verarbeitung sichern.

Wie *DF 4 UW* im praktischen Versuch ermittelte [22], hat eine Doppel-*Windom*-Antenne außer den 8 erwünschten Resonanzen, die in die Amateurbänder fallen, auch noch eine Vielzahl von Nebenresonanzen. Daraus ergibt sich ein umfangreiches Oberwellenspektrum im VHF-Bereich, welches Störungen des Rundfunk- und Fernsehempfanges verursachen kann. Es wird deshalb dringend empfohlen, die Antenne über ein Tiefpaßfilter mit etwa 30 MHz Grenzfrequenz zu betreiben (siehe Abschnitt 30.).

10.2.4. Angepaßte Dreibandantenne mit Koaxialkabelspeisung

Wo die Möglichkeit besteht, die Antenne zum Bandwechsel einseitig so weit abzusenken, daß der zentrale Speisepunkt zugänglich wird, kann man eine sehr einfache, raumsparende Dreibandantenne für die Bänder 10, 20 und 40 m aufbauen. Da dieser in Bild 10.18 dargestellte Strahler für alle 3 Bänder gut an das beliebig lange koaxiale Speisekabel angepaßt ist, kann der Bandwechsel in Kauf genommen werden.

Für das 40-m-Band bildet diese Antenne einen normalen Halbwellendipol mit Schenkellängen von je 10,10 m. Das Koaxialkabel ist an die 40-m-Speisepunkte AA angeschlossen, dort beträgt der Eingangswiderstand etwa 60 Ω. Die von AA ausgehende 5,20 m lange offene Zweidrahtleitung übt keinen merkbaren Einfluß auf die Resonanzlage oder die Strahlungscharakteristik beim 40-m-Betrieb aus.

Soll die Antenne im 20-m-Band arbeiten, muß das Koaxialkabel an die Punkte CC am Ende der offenen Zweidrahtleitung angeschlossen werden. Für diesen Betriebsfall bilden die beiden Strahlerhälften einen symmetrischen Ganzwellendipol, dessen Eingangswiderstand hochohmig ist (Spannungsbauch). Die 5,20 m lange Zweidrahtleitung stellt für 20 m einen Viertelwellentransformator dar (siehe Abschnitt 6.5.), der eine Impedanzwandlung auf etwa 60 Ω bei CC bewirkt. Für die Paralleldrahtleitung wählt man einen Wellenwiderstand von 500...600 Ω, der z. B. für Leiterdurchmesser von 1,5 mm mit einem Leiterabstand von 70 mm realisiert werden kann (siehe Bild 5.4).

Beim Betrieb im 10-m-Band befinden sich 4 Halbwellen auf dem Strahler. Das Strahlungsdiagramm enthält daher senkrecht zur Drahtachse eine Nullstelle, also dort, wo im 40-m- und 20-m-Band die Hauptstrahlrichtung liegt, wenn man Störungen durch die Umgebung vernachlässigen kann. Die Stromverteilung zeigt auch für diesen Betriebsfall einen Stromknoten bei AA (hochohmig). Durch den Anschluß des Koaxialkabels an die Punkte BB wirkt die Zweidrahtleitung als Viertelwellentransformator für 10 m; das unbenutzte offene Leitungsstück zwischen BB und CC hat dabei keine nachteilige Wirkung.

Um die günstigste Lage der Anschlußpunkte BB und CC festzulegen und zu markieren, gleicht man die Antenne ab. Begonnen wird mit dem 10-m-Band, indem man das Koaxialkabel etwa in der Mitte der Zweidrahtleitung anklemmt und durch anschließendes Verschieben der Anschlüsse nach oben und unten die Punkte der geringsten Welligkeit sucht. Als Welligkeitsindikator arbeitet ein in das Koaxialkabel eingeschleiftes Reflektometer. In gleicher Weise wird anschließend für das 20-m-Band abgeglichen, wobei die Koaxialkabelanschlüsse für CC variiert werden. Das Optimum liegt hier gewöhnlich etwas oberhalb des Leitungsendes.

Da vom symmetrischen Antennensystem zum unsymmetrischen Koaxialkabel ohne Zwischenschaltung eines Symmetriewandlers übergegangen wird, können auf dem Koaxialkabel Mantelwellen entstehen, und es besteht dann die Gefahr von BCI und TVI. Verlängern oder Verkürzen des Koaxialkabels um 1...2 m wirkt diesem Nachteil entgegen.

10.2.5. Ein angepaßter Mehrbanddipol

Bei den vorgenannten Antennen wurde die Möglichkeit genutzt, auf dem Antennenleiter einen Punkt zu finden, der für mehrere Bänder annähernd gleiche Impedanz aufweist. An dieser Stelle wird der Strahler aufgetrennt und eine Speiseleitung eingefügt, deren Wellenwiderstand etwa gleich der für mehrere Bänder einheitlichen Eingangsimpedanz der Antenne ist.

Das gleiche Prinzip kann man auch auf einen offenen Viertelwellenstub anwenden. Ein für die niedrigste Arbeitsfrequenz bemessener Halbwellendipol wird im zentralen Speisepunkt mit einer offenen Viertelwellenleitung versehen (Bild 10.19). Ist der Halbwellendipol im 80-m-Band resonant, dann besteht auch annähernd Harmonischenresonanz für 40, 20 und 10 m. Die offene Viertelwellenleitung stellt gleichzeitig eine Halbwellenleitung für 40 m, eine Ganzwellenleitung für 20 m und eine 2-λ-Leitung im 10-m-Band dar. Auf dieser offenen Zweidrahtleitung läßt sich ein Punkt finden, der für alle angegebenen Amateurbänder eine Impedanz von etwa 300 Ω aufweist (siehe Abschnitt 6.6.). Dort kann man eine belie-

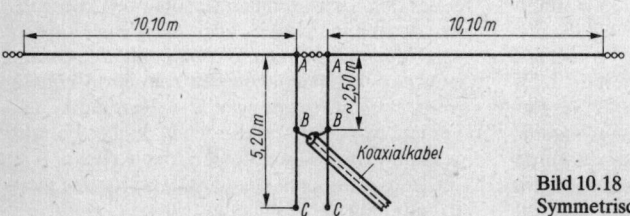

Bild 10.18
Symmetrische Dreiband-Antenne mit Kabelspeisung

big lange Speiseleitung von 300 Ω Wellenwiderstand anschließen und damit die Antenne auf allen Bändern annähernd impedanzrichtig speisen. Theorie und Praxis haben ergeben, daß dieser Anschlußpunkt sich bei einem Drittel der Stublänge vom Speisepunkt des Strahlers entfernt befindet.

Stub und Speiseleitung können aus UKW-Bandleitung bestehen. In diesem Fall ist für die Länge der Viertelwellenleitung der Verkürzungsfaktor der Bandleitung zu berücksichtigen. Bei handelsüblichen UKW-Bandleitungen mit 240 Ω Wellenwiderstand rechnet man mit $V = 0,8$ (Stublänge $= 0,8 \cdot \lambda/4$).

Die 300-Ω-Speiseleitung kann durch ein Koaxialkabel ersetzt werden, indem man an den Anzapfpunkten auf dem Stub einen Ringkern-Balun-Übertrager mit einem Übersetzungsverhältnis von 6 : 1 nach Abschnitt 7.7.3. anschließt.

Mit den in Bild 10.19 angegebenen Abmessungen beträgt die Welligkeit am Anfang des 80-m-Bandes (3500 kHz) $s = 1,8$ und steigt bis zum Bandende auf $s = 4$. Im 40-m-Band ist die Anpassung sehr gut und hat $s \leq 1,5$. Auch im Bereich 14000 ... 14200 kHz beträgt die Welligkeit weniger als 2. Überraschend ist, daß der Strahler auch im 15-m-Band noch gut arbeitet, denn die Welligkeit wurde über den ganzen Bereich nicht schlechter als 2,5 gemessen. Im 10-m-Band befindet sich bei 29500 kHz eine ausgesprochene Resonanzstelle mit einer Welligkeit von nur etwa 1,2. Sie steigt zum hochfrequenten Bandende bis $s = 2,5$ und am Bandanfang auf $s = 3$.

Allbandantennen mit angepaßter Speiseleitung sind immer Kompromißlösungen. Es scheint, daß diese Antenne einen besonders günstigen Kompromiß darstellt. Zu beachten ist allerdings, daß die Strahlungsdiagramme im 20-, 15- und 10-m-Band eine zunehmende Zahl von Einzügen aufweisen und die Hauptstrahlrichtungen sich ändern (siehe Bild 11.1).

10.2.6. Mehrfachdipol mit Kabelspeisung
(V. D. London, J. D. Reid – Brit. Pat. 460570 – U.S. Prior. 1934)

Eine sehr übersichtliche Lösung, Halbwellendipole für den Betrieb auf mehreren Amateurbändern in Resonanz zu betreiben, besteht darin, für jedes gewünschte Band einen resonanten Dipol vorzusehen und diese verschiedenen Dipole, am zentralen Speisepunkt zusammengefaßt, über ein gemeinsames Koaxialkabel zu erregen. Mehrfachdipole dieser Art sind seit 1937 bekannt. Industrielle Ausführungen nach diesem Prinzip der parallelen Dipole arbeiten mit einem speziell hergestellten Antennenleiter, bei dem der längste Dipol aus einer zugfesten Stahllegierung besteht. Er hat die Aufgabe, alle kürzeren Dipole zu tragen. Letztere sind etwa wie bei einer breiten Stegleitung längengestaffelt in ein gemeinsames Dielektrikum eingebettet.

Es leuchtet ein, daß bei einer derart engen Verkopplung der Dipole untereinander in Verbindung mit gemeinsamer Speisung die Halbwellenresonanz der Einzeldipole nicht mehr nach der allgemein gültigen Bemessungsgleichung Gl. (10.1.) berechnet werden kann. Dies stellte auch *Claudet* [6] in einer größeren Versuchsreihe fest, wobei sich folgende Tendenz ergab:

Werden 2 unterschiedlich lange, einander angenäherte Dipole am Einspeisepunkt nach Bild 10.20a parallelgeschaltet, erfährt der kürzere

a)

b)

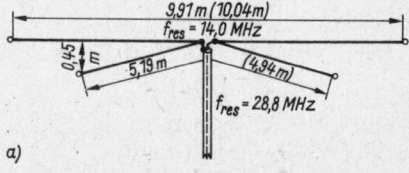

c)

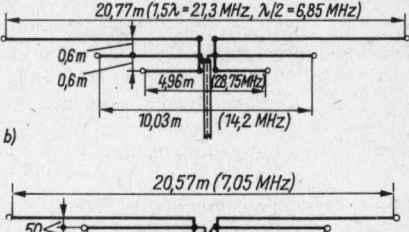

Bild 10.20
Mehrfachdipol mit Kabelspeisung; a – der Einfluß enger Kopplung und gemeinsamer Speisepunkte auf die Resonanzfrequenz, b – Vierband-Mehrfachdipolantenne nach *G 3 ESP*, c – Vierband-Mehrfachdipolantenne nach *GI 4 JTF*

Bild 10.19
Der angepaßte Mehrbanddipol

Dipol eine deutliche elektrische Verkürzung (Resonanzfrequenz steigt), während der längere Dipol elektrisch verlängert wird (Resonanzfrequenz fällt).

Ein Beispiel aus diesen Versuchen ist in Bild 10.20a an einem Zweifachdipol für 20 m (f_{res} = 14,0 MHz) und für 10 m (f_{res} = 28,8 MHz) skizziert. Um die gegenseitige Beeinflussung etwas zu mindern, sind die Enden des 10-m-Dipols um 450 mm vom 20-m-Dipol weggespreizt, die Speisepunkte liegen jedoch unmittelbar zusammen. Die Dipole wurden zunächst mit den aus Gl. (10.1.) ermittelten Längen bemessen, deren Werte in Klammern gesetzt sind. Dabei ergab sich, daß der vorausberechnete 20-m-Dipol für die gewünschte Resonanz zu lang war, während sich der 10-m-Dipol als zu kurz erwies. Erst als der 10-m-Dipol von 4,94 m auf 5,19 m verlängert und gleichzeitig der 20-m-Dipol von 10,04 m auf 9,91 m verkürzt wurden, stellten sich die erwünschten Resonanzen innerhalb beider Bänder ein. Dazu muß noch bemerkt werden, daß der mit 10,04 m nach Gl. (10.1.) berechnete 20-m-Dipol für eine Resonanzfrequenz von 14,175 MHz bestimmt war, während seine Verkürzung auf 9,91 m nur 14,0 MHz erbrachte. Man kann sich leicht ausrechnen, daß dieser Dipol noch weiter verkürzt werden müßte, nämlich auf eine Länge von 9,79 m, um auf die vorherige Resonanzfrequenz von 14,175 MHz zu kommen.

Für den vorliegenden Fall stellt man fest: Werden die nach Gl. (10.1.) ermittelten Längen (10,04 m + 4,94 m) und die berichtigten Längen (9,79 m + 5,19 m) addiert, so erhält man das gleiche Ergebnis, nämlich 14,98 m Gesamtlänge. Daraus geht hervor, daß sich auch bei einem solchen Zweifachdipol die Resonanzlänge nach Gl. (10.1.) berechnen läßt, es müssen dann nur die Längen des 20-m-Dipols mit dem Faktor 0,975 und die des 10-m-Dipols mit 1,051 multipliziert werden.

Sicher vergrößern sich die Probleme, wenn man Dipolkombinationen mit 3 und mehr Einzeldipolen in dieser Weise aufbaut; zumindest bedarf es dazu noch umfangreicher experimenteller Untersuchungen.

Ähnliche Bemessungsprobleme scheint es bei dem von *G 3 ESP* entwickelten Multibanddipol nach Bild 10.20b [7] nicht zu geben. Hier befinden sich die angegebenen Dipollängen ganz im Einklang mit den bekannten Bemessungsgleichungen. Bei diesem Aufbau werden die Dipole in einem gegenseitigen Abstand von 600 mm parallel geführt, und – was entscheidend erscheint – diesen gegenseitigen Abstand haben auch die Speisepunkte. Das Speisekabel wird an den mittleren Dipol angeschlossen. Als Spreizer verwendet *G 3 ESP* imprägnierte Holzstreifen, die besser durch passende Kunststoffprofilstäbe (z. B.

Gardinenlaufschienen) ersetzt werden können. Der mittlere Dipol besteht aus kunststoffummantelter Kupferlitze, für die beiden äußeren Dipole wird 2-mm-Hartkupfer-Blankdraht verwendet.

Der längste Dipol mit 20,77 m Spannweite ist als $3 \cdot \lambda/2$-Strahler für das 15-m-Band bemessen. Sein Eingangswiderstand ist deshalb etwas größer als der eines Halbwellendipols; die leichte Fehlanpassung fällt bei Speisung mit 75-Ω-Kabel kaum ins Gewicht.

Für den Halbwellenbetrieb im 40-m-Band ist dieser Dipol etwas zu lang (Resonanzfrequenz 6,85 MHz). Wird auf gute Wirksamkeit im 40-m-Band besonderer Wert gelegt, verkürzt man den Dipol auf 20,21 m (Resonanzfrequenz 7,05 MHz). Soll in diesem Fall auch das 15-m-Band noch gut angepaßt sein, könnte man nach *DL 7 AB* (siehe Abschnitt 11.3.) kleine Verlängerungsspulen in die äußeren 15-m-Strombäuche einbringen, welche den Strahler für den 15-m-Betrieb elektrisch verlängern. Bei den Dipolen für 20 m und für 10 m gibt es keine Besonderheiten. Ein Symmetriewandler am Antennenspeisepunkt wurde von *G 3 ESP* nicht vorgesehen; wenn erforderlich, kann dort eine Koaxialkabeldrossel nach Abschnitt 7.7.2. oder ein Ringkernbalun 1 : 1 nach Abschnitt 7.7.3. eingefügt werden.

Eine Vierbandausführung paralleler Dipole mit nur 50 mm gegenseitigem Abstand der einzelnen Dipole wurde von *GI 4 JTF* entwickelt [8]. Das Aufbauschema mit den Abmessungen und den Resonanzfrequenzen ist in Bild 10.20c dargestellt. Diese Antenne erfordert eine Aufbauhöhe von etwa 10 m über Grund und arbeitet auch im 15-m-Band mit einer Welligkeit von 1,8 über den Frequenzbereich. Für die Verwendung im Telegrafieteil sollte der 20-m-Dipol auf 10,46 m verlängert werden (Resonanzfrequenz 14,05 MHz), für den 10-m-Dipol wäre eine Verlängerung auf 5,20 m (Resonanzfrequenz 28,1 MHz) erforderlich. Die Bemessungsformeln für die einzelnen Dipole sind unterschiedlich und lauten

für den oberen Dipol: $\quad l/\text{m} = \dfrac{145,02}{f/\text{MHz}}$, (10.6.)

für den mittleren Dipol: $l/\text{m} = \dfrac{146,9}{f/\text{MHz}}$, (10.7.)

für den unteren Dipol: $\quad l/\text{m} = \dfrac{146,18}{f/\text{MHz}}$. (10.8.)

Diese Gleichungen sind nur für parallele Dipole mit 50 mm Abstand gültig, deren Aufbauhöhe etwa 10 m beträgt. Bei kleineren Aufbauhöhen sinken die Resonanzfrequenzen, und die Dipole müssen entsprechend verkürzt werden.

Die Musterantenne wurde mit 75-Ω-Flachbandleitung gespeist. Erfahrungsgemäß kann ohne Nachteil auch 75-Ω-Koaxialkabel verwendet werden, gegebenenfalls ist ein Ringkern-Balun 1:1 nach Abschnitt 7.7.3. einzusetzen.

10.2.7. Die *G 5 RV*-Multibandantenne

Diese beliebte Mehrband-Drahtantenne wurde 1946 von *L. Varney, G 5 RV*, entwickelt. Sie hat äußerlich eine sehr große Ähnlichkeit mit dem Dipol-Zepp nach Abschnitt 10.2.1.2., unterscheidet sich aber von diesem durch einige Feinheiten in der Bemessung (Bild 10.21 a). Wegen der zweckmäßigen Aufteilung von Horizontalteil und Vertikalteil wird erreicht, daß für mehrere

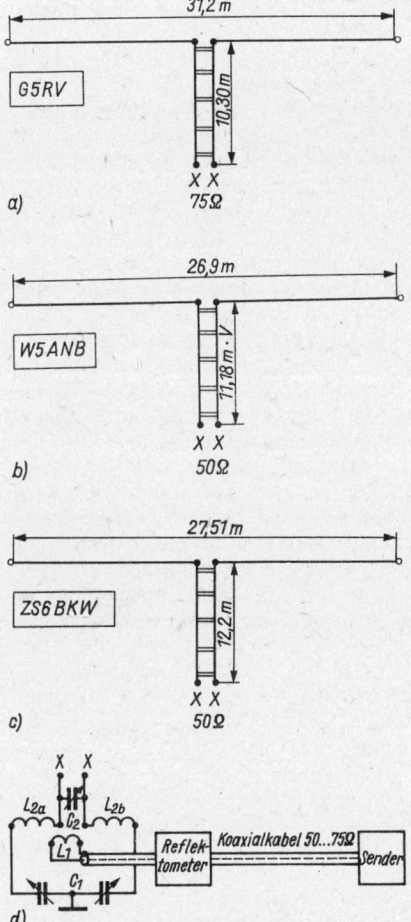

Bild 10.21
Multibandantennen nach dem *G 5 RV*-Prinzip;
a – Ausführung nach *G 5 RV*, b – Ausführung nach *W 5 NB*, c – Ausführung nach *ZS 6 BKW*, d – Beispiel für ein geeignetes Anpaßgerät

Amateurbänder ein reeller Eingangswiderstand von etwa 75 Ω vorhanden ist, so daß sich in diesen Fällen ein Antennenabstimmgerät erübrigt und mit einem beliebig langen 75-Ω-Kabel gespeist werden kann. Für den Multibandbetrieb ist allerdings immer ein Antennenabstimmgerät erforderlich [9].

In [19] untersucht *Varney* noch einmal die Brauchbarkeit der *G 5 RV*-Multibandantenne unter dem Gesichtspunkt der neuen «WARC-Bänder». Beim Betrachten der elektrischen Wirkungsweise geht man zunächst vom Betrieb im 20-m-Band aus. Auf dem Horizontalteil mit 31,2 m Gesamtlänge stehen genau 3 Halbwellen (siehe Bild 11.5), wobei sich in der geometrischen Mitte ein Strombauch befindet. Dort ist mit einem reellen Widerstand von 100 Ω zu rechnen (abhängig von der Aufbauhöhe). Da bei mit Oberwellen erregten Strahlern die Resonanzlänge nach Gl. (11.1) ermittelt wird, kommt man durch Zurückrechnen auf eine Resonanzfrequenz von 14,2 MHz. Die angeschlossene Transformationsleitung befindet sich längenmäßig ebenfalls in Halbwellenresonanz für 14,2 MHz. Unter Berücksichtigung ihres Verkürzungsfaktors $V \approx 0,975$ (Paralleldrahtleitung als «Hühnerleiter» nach Abschnitt 5.1.2.) beträgt die mechanische Länge 10,3 m. Da eine Halbwellenleitung die Eingangsimpedanz im Verhältnis 1:1 zu ihrem Ausgang überträgt, kann man dort mit einem reellen Widerstand von 100 Ω für 14,2 MHz rechnen. Für ein bei X-X angeschlossenes 75-Ω-Kabel würde die Welligkeit nur $s = 1,33$ betragen. Das Umrechnen der Längen für andere Resonanzfrequenzen im 20-m-Band ist zulässig und ohne Schwierigkeiten möglich.

Die 3 Halbwellen auf dem Horizontalteil verursachen eine Aufzipfelung des horizontalen Richtdiagramms; es entstehen 4 Hauptkeulen und 2 Nebenkeulen.

Im 10-m-Band hat der Horizontalteil eine Länge von etwas mehr als $6 \cdot \lambda/2$, der obere Anschlußpunkt der Transformationsleitung ist daher hochohmig. Mit dem Längenüberschuß des Horizontalteils kommt sie auf eine elektrische Länge von $5/4\,\lambda$, also ungeradzahlig und in gleicher Weise transformierend. Der Eingang X-X ist somit sehr hochohmig, ein Antennenabstimmgerät ist erforderlich.

Günstig liegen die Anpassungsverhältnisse im 12-m-Band. Hier befinden sich 5 Halbwellen auf dem Horizontalteil; die Transformationsleitung ist im Strombauch angeschlossen, so daß bei X-X mit einem reellen Eingangswiderstand von 90 ... 100 Ω gerechnet werden kann.

Für den Betrieb im 15-m-Band beträgt die Länge des Horizontalteils annähernd 2,5 λ. Entsprechend der Spannungsverteilung wird die Transformationsleitung im Bereich eines Strombauches angeschlossen; der Eingang X-X liegt im Stromknoten und ist daher hochohmig. Der Einsatz eines Antennenabstimmgerätes ist erforderlich.

Im 17-m-Band handelt es sich um einen 2-λ-Dipol, der in seiner Mitte gleichphasig erregt wird. Der Eingang X-X ist hochohmig und muß durch ein Anpaßgerät auf den geforderten Eingangswiderstand von 75 Ω gebracht werden.

Beim 30-m-Band handelt es sich um einen mittengespeisten Ganzwellendipol, der im Stromknoten gleichphasig erregt wird. Die Länge der Transformationsleitung kann jedoch keine Resonanzbedingungen schaffen, so daß der Eingang X-X mit einem Blindwiderstand beaufschlagt ist. Für den Betrieb im 30-m-Band ist deshalb ein Antennenabstimmgerät erforderlich.

Ähnliche Verhältnisse liegen für den Betrieb im 40-m-Band vor. Der 31,2 m lange Horizontalteil ergänzt sich mit einem 4,87 m langen Stück der Paralleldrahtleitung zu einem Ganzwellendipol. Durch die verbleibende Restlänge der Paralleldrahtleitung wird der Eingang X-X mit einem kapazitiven Blindwiderstand beaufschlagt, so daß auch in diesem Betriebsfall mit einem Antennenabstimmgerät gearbeitet werden sollte.

Beim Betrieb im 80-m-Band entspricht die Antenne einem verkürzten Halbwellendipol, dessen zur Resonanz fehlende Länge von etwa 5,18 m durch ein entsprechendes Stück der Paralleldrahtleitung gebildet wird. Der verbleibende Leitungsrest verursacht im Eingang X-X einen induktiven Blindwiderstand. Somit ist auch für den 80-m-Betrieb ein Antennenabstimmgerät erforderlich.

Die Abstimmprinzipien verlängerter bzw. verkürzter Halbwellendipole entsprechen denen eines gespeisten Elements im G 4 ZU-Dreibandbeam. Sie werden in Abschnitt 18.1. ausführlicher besprochen.

Blindwiderstände am Antenneneingang kann man mit einem an die Punkte X-X angeschlossenen LC-Netzwerk beseitigen. Bild 10.21 d zeigt die Schaltung, dazugehörige Bemessungsangaben befinden sich in Tabelle 10.3. Mit dieser Anordnung kann man alle Bänder an ein koaxiales Speisekabel anpassen. Die Welligkeit läßt sich durch ein in die Speiseleitung eingeschleiftes Reflektometer kontrollieren. Die Praxis hat gezeigt, daß ein Symmetriewandler beim Übergang von der erdsymmetrischen Transformationsleitung zum erdunsymmetrischen Koaxialkabel nicht erforderlich ist. Mantelwellen auf dem Außenleiter des Koaxialkabels können mit einer Koaxialkabeldrossel nach Bild 7.12 verhindert werden.

Ohne Anpaßgerät ist die G 5 RV-Antenne eine gute Zweibandausführung für das 20- und 12-m-Band. Da das vom Stationsraum abgesetzte Abstimmgerät bei jedem Bandwechsel bedient werden muß, ist es in der Handhabung unbequem.

Die W 5 ANB-Antenne

Eine Variante der G 5 RV-Antenne wurde von W 5 ANB entwickelt [20]. Die Abmessungen zeigt Bild 10.21 b. Sie kann als Dreibandantenne für 40, 17 und 10 m ohne Antennenanpaßgerät verwendet werden. Der Eingangswiderstand bei X-X beträgt 50 Ω. Die Anpassung für 40 und 17 m ist über den Frequenzbereich dieser Bänder sehr gut (s < 2). Im 10-m-Band liegt das Welligkeitsminimum mit s = 1,1 bei 29,3 MHz mit einem nutzbaren Frequenzbereceih (s $\leqq$ 2) von etwa 29,0 ... 29,6 MHz. Um auch im niederfrequenten Teil des 10-m-Bandes (z. B. Telegrafieteil) arbeiten zu können, müßte man ein Antennenabstimmgerät einsetzen.

Die ZS 6 BKW-Multibandantenne

Auf der Grundlage des G 5 RV-Prinzips entwickelte Brian Austin, ZS 6 BKW, eine Fünfbandantenne, die ohne Antennenanpaßgerät auskommt und am Eingang X-X einen reellen Widerstand von etwa 50 Ω aufweist. Sie entstand mit Unterstützung durch ein Rechnerprogramm, verbunden mit entsprechenden Kontrollmessungen und wird in [21] ausführlich beschrieben. Die ermit-

Tabelle 10.3.   Bemessungsangaben zum Anpaßgerät nach Bild 10.21 d

Amateurband in m	Spule L_1	Spule L_2	Spulendurchmesser in mm	Windungsabstand in mm
80	4–5 Wdg.	17 + 17 Wdg.	65	ohne
40	3 Wdg.	9 + 9 Wdg.	65	ohne
30	3 Wdg.	7 + 7 Wdg.	65	ohne
20	3 Wdg.	5 + 5 Wdg.	60	3
17	3 Wdg.	5 + 5 Wdg.	60	3
15				
12	1 Wdg.	4 + 4 Wdg.	45	6
10				

Drehkondensatoren: $C_1 = 2 \times 200$ bis 250 pF (Sendertyp)
$C_2 = 2 \times 500$ bis 550 pF, parallelgeschaltet (Empfängertyp)

telten optimalen Abmessungen sind in Bild 10.21 c eingetragen.

Auch bei der *ZS 6 BKW*-Antenne ist die günstigste Lösung für die Transformationsleitung eine selbstgefertigte Paralleldrahtleitung mit 400 Ω Wellenwiderstand. Sie kann nach Abschnitt 5.1.2. hergestellt werden, wobei der Wellenwiderstand in Abhängigkeit vom Abstands-/Durchmesser-Verhältnis nach Gl. (5.2.) bzw. Gl. (5.3.) errechnet wird. *ZS 6 BKW* gibt z. B. einen Drahtdurchmesser d von 1,63 mm und einen Abstand D von 23 mm an, wobei ein Verkürzungsfaktor V von etwa 0,9 gemessen wurde.

Der Horizontalteil der Antenne wurde in verschiedenen Höhen über dem Erdboden ausgespannt. Als sehr günstig bezüglich des Eingangswiderstandes erwies sich eine Aufbauhöhe von 13 m, aber auch eine Höhe von nur 7 m ergab noch gute Werte. Die Antenne kann auch als geneigte V-Antenne an einem 12 m hohen Mittelmast aufgebaut werden. Dabei verringern sich die Resonanzfrequenzen wegen des größten Endeffektes. Nähere Angaben dazu sind in [21] enthalten.

Mit der in Bild 10.21 c gezeigten Ausführung wurden folgende Ergebnisse gemessen:
Wellenwiderstand der Zweidrahtleitung 400 Ω ($V = 0,9$),
Eingangswiderstand an X-X 50 Ω, Welligkeit $s \leqq 2$.
Frequenzbereich 40-m-Band:
7,0 ... 7,1 MHz,
Frequenzbereich 20-m-Band:
14,05 ... 17,29 MHz,
Frequenzbereich 17-m-Band:
18,068 ... 18,168 MHz,
Frequenzbereich 12-m-Band:
24,890 ... 24,990 MHz,
Frequenzbereich 10-m-Band:
28,60 ... 29,20 MHz.

In diesen angegebenen Bereichen kann die Antenne an den Punkten X-X direkt über ein beliebig langes 50-Ω-Koaxialkabel gespeist werden. Es ist dabei darauf zu achten, daß die Verbindung des Koaxialkabels mit der Paralleldrahtleitung wasserdicht ausgeführt wird. Ein Symmetriewandler ist aus bereits erwähnten Gründen nicht unbedingt erforderlich (siehe [49]). Möglicherweise auftretende Mantelwellen auf dem Koaxialkabel können mit einer Koaxialkabeldrossel nach Bild 7.12 beseitigt werden. Für die Bänder 15 m und 30 m ist die Antenne ungeeignet.

10.2.8. Mehrband-Trap-Antennen
(H. K. Morgan – US Pat. 2229856 – 1938)

Bereits im Jahre 1940 wurden Trap-Antennen von *Morgan* in ELECTRONICS beschrieben. Aber erst nachdem *Buchanan* 1955 die von ihm konstruierte *W 3 DZZ*-Allbandantenne in der Zeitschrift QST veröffentlichte, wurden die Trap-Antennen von den Funkamateuren mehr beachtet. Heute kann man beim Abhören der Kurzwellen-Amateurbänder immer wieder feststellen, daß die *W 3 DZZ*-Allbandantenne sehr häufig verwendet wird und schon fast zur Standardausrüstung der Funkamateure gehört. Als Trap (engl.: Trap = Falle) bezeichnet man einen Parallelresonanzkreis, der in den Antennenleiter eingefügt wird. Für seine Resonanzfrequenz bildet er einen Sperrkreis; bei Frequenzen, die unterhalb seiner Resonanzfrequenz liegen, wirkt der Trap wie eine Serieninduktivität, für höhere Frequenzen als Serienkapazität. Aus Bild 10.22 kann die Wirkungsweise erklärt werden.

Die beiden in den Antennenleiter eingefügten Sperrkreise haben eine Resonanzfrequenz von 7,05 MHz. Die inneren Dipolabschnitte mit je 10,07 m Länge befinden sich in Halbwellenresonanz bei 7,05 MHz, denn die Sperrkreise mit der gleichen Resonanzfrequenz wirken wie Isolatoren, so daß die äußeren Dipolabschnitte ohne Einfluß bleiben. Wird der Dipol mit 3,5 MHz erregt, so ist die Sperrkreiswirkung aufgehoben, denn es besteht keine Resonanz. Der Trap wirkt nun induktiv wie eine Verlängerungsspule und verlängert die Außenabschnitte elektrisch so, daß der Strahler insgesamt für 3,5 MHz als Halbwellendipol resonant ist. Bei den hochfrequenten Amateurbändern betragen die Strahlerlängen etwa 1,5 λ für 20 m, 2,5 λ für 15 m und 3,5 λ für 10 m. Rechnet man nach Gl. (11.1.) die geometrischen Längen dieser oberwellenerregten Drähte aus, ergibt sich, daß sie für Oberwellenresonanz im 20-m-Band etwas zu lang sind, dagegen für 15 m und besonders für 10 m zu kurz. Die Überlänge für 20 m wird weitgehend durch die Traps kompensiert, die sich oberhalb ihrer Resonanzfrequenz kapazitiv verhalten und somit elektrisch verkürzend wirken. Die bereits zu kurzen Leiter für 10 und 15 m werden durch das Trap-C noch weiter verkürzt. Die Praxis erweist, daß es trotz unterschiedlicher Bemessungsvariationen kaum gelingt, gleichzeitig alle 3 Strahlerresonanzen annähernd in Bandmitte zu bringen.

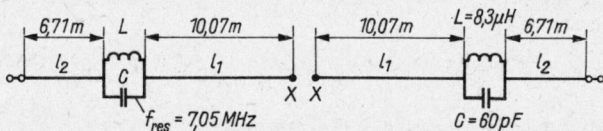

Bild 10.22
Die *W 3 DZZ*-Antenne

Die in den Antennenleiter eingefügten Sperrkreise sind das äußere Kennzeichen der *W 3 DZZ*-Antenne, sie bilden gleichzeitig deren Kriterium. Es wird nicht nur eine hohe Kreisgüte, sondern auch eine sehr gute Temperaturkonstanz der Kreise gefordert. Man muß immer berücksichtigen, daß die Sperrkreise im Freien extremen Temperaturschwankungen ausgesetzt sind, die sich mehr oder weniger stark auf die Resonanzfrequenz auswirken. So kann es vorkommen, daß die *W 3 DZZ* nur in einem bestimmten Bereich der Außentemperatur funktioniert und bei größeren Temperaturänderungen versagt. Deshalb sollten die Kreise vor dem endgültigen Einbau einer Temperaturkompensation unterzogen werden. Dazu schaltet man der Spule, die im allgemeinen einen leicht positiven Temperaturbeiwert aufweist, einen Kondensator mit entgegengesetztem, also leicht negativem Temperaturkoeffizienten parallel. Oft sind für eine ausreichende Temperaturkompensation Kombinationen von Kondensatoren verschieden großer Temperaturbeiwerte erforderlich. Dabei ist zu berücksichtigen, daß die resultierende Kapazität der Parallelschaltung immer den vorgeschriebenen Wert behalten muß. Vom Erfolg der Kompensationsbemühungen überzeugt man sich, indem der Sperrkreis abwechselnd erwärmt und abgekühlt wird. Dabei ist jeweils die Resonanzfrequenz nachzumessen und der Temperaturgang entsprechend zu korrigieren. Die Frequenz der Parallelresonanzkreise mißt man mit dem Resonanzprüfer (Grid-Dip-Meter), wobei dessen Schwingfrequenz mit einem geeichten Empfänger oder Frequenzzähler kontrolliert werden soll.

Eine hochwertige Spule erhält man, wenn diese aus etwa 2 mm dickem versilbertem Kupferdraht freitragend angefertigt wird. Den Kondensator muß man in einem Röhrchen aus Polystyrol feuchtigkeitssicher unterbringen (mit Polystyrolkleber dichten!). Der gesamte Sperrkreis kann auch von einem isolierenden Schutzgehäuse aufgenommen werden. Teilweise eignen sich dazu die vielfach angebotenen Kunststoffbehälter oder leere Plastikflaschen aus der Haushaltchemie.

An den Sperrkreisen treten hohe Spannungen auf. Es ist deshalb zu empfehlen, Kondensatoren möglichst hoher Durchschlagfestigkeit zu verwenden. In diesem Fall sind Prüfspannungen von 3 kV kein Luxus, 5 kV werden oft vorgeschrieben. Es gibt eine empfehlenswerte Möglichkeit, den Kondensator aus einem Stück Koaxialkabel selbst herzustellen. Bekanntlich haben diese Kabel einen ganz bestimmten Kapazitätswert je Meter Länge. Er beträgt bei 50-Ω-Kabeln mit Polyäthylen-Dielektrikum (Verkürzungsfaktor 0,66) ziemlich genau 100 pF/m, bei 60-Ω-Kabeln etwa 85 pF/m und bei 75-Ω-Kabeln 67 pF/m und ist

den Herstellerlisten zu entnehmen. Man nimmt ein dem gewünschten Kapazitätswert entsprechendes Kabelstück und schaltet es mit einem Ende parallel zur Spule, das untere Kabelende bleibt offen (dort keine Verbindung des Innenleiters mit dem Außenleiter herstellen). Dieser Kabelkondensator kann frei herabhängen; am besten ist es aber, wenn man ihn an einen der beiden Antennenleiter parallellaufend anbindet. Träger des Kabelstücks ist immer der Antennendraht, an dessen Ende der Kabelaußenleiter angeschlossen wird.

Wie man hochwertige Sperrkreise nur aus Koaxialkabel herstellen kann, beschreibt *W 3 JIP* in [10]. In Bild 10.23 wird das Prinzip erklärt. Zunächst ist in Bild 10.23a der vorher geschilderte Austausch der konzentrierten Kapazität durch ein offenes Stück Koaxialkabel dargestellt, wobei als Induktivität eine Drahtspule verwendet wird. Eine Drahtspule kann man auch durch ein entsprechend aufgewickeltes Koaxialkabel ersetzen, wobei der relativ großflächige Kabelaußenleiter eine hohe Spulengüte sichert. Der Kabelinnenleiter hat keinen Einfluß auf die Induktivität, er kann aber bei entsprechendem Anschluß die Kreiskapazität bilden. Dieser Fall eines Parallelresonanzkreises ist in Bild 10.23b dargestellt; seine Vorzüge sind Temperaturkonstanz, große Durchschlagfestigkeit und hohe Kreisgüte.

Gemäß Bild 10.23b ist der Außenleiter des Kabels als Spulenleiter zwischen den Punkten x und y angeschlossen. Der linksseitige Innenleiter endet frei und wird wegen der Gefahr von Spannungsüberschlägen gut isoliert; den rechtsseitigen Innenleiteranschluß verbindet man mit dem Punkt y. *W 3 JIP* verwendete 50-Ω-Koaxialkabel vom Typ *RG 58/U* (Äquivalenztypen nach IEC 50-3-4 siehe Tabelle 34.14.), welches auf ein Kunststoffrohr (z. B. Polyäthylen) mit 38 mm Durchmesser aufgewickelt wurde. Eine Zugentlastung ist vorzusehen; nach dem Endabgleich sollte der Sperrkreis einen schützenden Überzug erhalten (z. B. Silikonkautschuk) Tabelle 10.4. erleichtert den Nachbau. Den Feinabgleich kann man durch Verschieben der Windungen auf dem Wickelkörper durchführen.

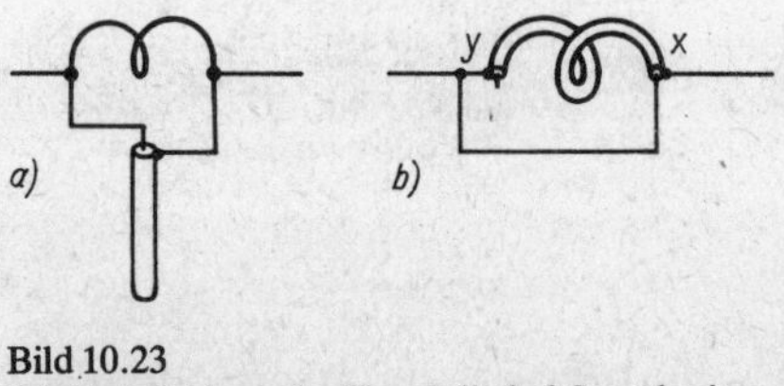

Bild 10.23
Die Entwicklung des Koaxialkabel-Sperrkreises;
a – Koaxialkabel als Kreiskapazität, b – Koaxialkabel als Induktivität und Kapazität

Tabelle 10.4.
Konstruktionsdaten für Koaxialkabel-Traps nach *W3 JIP* gemäß Bild 10.23b

Amateurband in m	Windungszahl	Spulenbreite in mm
40	12 3/4	75
30	9 3/4	60
20	6 3/4	45
17	5 3/4	35
15	5	35
12	4 1/2	30
10	3 3/4	30

Mit zunehmender Popularität der *W3 DZZ*-Allbandantenne fehlte es nicht an Versuchen, durch gezielte Veränderungen eine «ideale» Multiband-Trap-Antenne zu konstruieren. Tabelle 10.5. soll einen Überblick über unterschiedliche Bemessungsangaben vermitteln. Die Daten wurden der Amateurliteratur entnommen. Sie sagen nichts aus über die Meßbedingungen und Meßverfahren, man darf sie deshalb nicht überbewerten. Trotzdem lassen sich aus dieser Aufstellung einige hilfreiche Erkenntnisse über Trap-Allbandantennen gewinnen.

Aus der Tabelle geht klar hervor, daß alle Bauformen mit $l_1 < 10$ m (Nr. 4 . . . 9) für den Einsatz in Ländern der Region 2 bestimmt sind, weil dort das 80-m-Band von 3500 . . . 4000 kHz und das 40-m-Band von 7000 . . . 7300 kHz zugelassen ist. Für Europa (Region 1) mit den in diesen Bändern eingeengten Bereichen sind die Bemessungen Nr. 1 . . . 3 erheblich günstiger.

Alle Ausführungen zeigen für das 10-m-Band den «Schönheitsfehler», daß die Resonanz am hochfrequenten Bandende oder zumeist schon außerhalb der Bandgrenzen liegt. Bild 10.24c läßt den Grund erkennen: Die hier wirksamen Kapazitäten C der Schwingkreise befinden sich bei diesem Betriebsfall in einem Stromknoten; der ohne Trap bereits zu kurze Strahler wird dadurch zusätzlich verkürzt, so daß für Resonanz in

Bandmitte eine kapazitive Blindkomponente besteht (gestrichelt eingezeichnet). Eine entsprechende Verlängerung von l_2 könnte die Resonanz in Bandmitte rücken. Wie aus Tabelle 10.5. hervorgeht, ist der Einfluß jedoch relativ gering, denn auch die zusätzliche Drahtlänge wird durch diese Maßnahme wieder verkürzt. Eine drastische Verlängerung würde jedoch gleichzeitig die 14-MHz-Resonanz außerhalb des Bandes in Richtung 13 MHz verschieben. Von *G6LX* kommt der Vorschlag, dem 6,71 m langen Draht von l_2 einen 2. Leiter mit 7,77 m Länge nach Art des Mehrfachdipols in Bild 10.20a zuzuschalten.

Die Verhältnisse im 15-m-Band sind relativ günstig, in Berichten wird manchmal von einer «breiten Resonanz» in diesem Band gesprochen (siehe Bild 10.24d). Aber auch hier liegen laut Tabelle 10.5. die Resonanzen größtenteils oberhalb der Bandgrenze, so daß sich eine Verlängerung von l_2 günstig auswirken würde. Ein Vergrößern von C bei gleichzeitigem Vermindern von L bringt auch nicht die Lösung, denn dann würde die 80-m-Resonanz außerhalb der Region-1-Bandgrenze fallen (siehe Tabelle 10.5. Nr. 7 . . . 9), weil die Verlängerungswirkung der verkleinerten Kreisspule nicht mehr ausreicht.

Wird die für 14,2 MHz erforderliche Strahlerlänge nach Gl. (11.1.) bestimmt, kommt man zu dem Ergebnis, daß die Antenne für $3\lambda/2$-Resonanz um etwa 3 m zu lang ist. Das geht auch aus Bild 10.24c hervor (gestrichelt gezeichneter Stromverlauf). Die Verkürzungswirkung von C reicht nicht für alle Bemessungen aus, um die Strahlerresonanz in Bandmitte zu bringen, teilweise liegt die Resonanz außerhalb des Bandes (Nr. 2 und 9).

Zusammenfassend kann festgestellt werden, daß es eine sehr große Anzahl von Variationsmöglichkeiten für Allband-Trap-Antennen gibt, die aber alle mit dem Mangel behaftet sein werden, daß entweder gute Resonanzbedingungen für 10 m und für 15 m bestehen, wobei die Antenne beim 20-m-Betrieb nicht mehr in Resonanz innerhalb des Bandes kommt, oder man bemißt

Tabelle 10.5.   Aufstellung von Bemessungsangaben für Trap-Mehrbandantennen nach Bild 10.22

Nr.	l_1 in m	l_2 in m	L in µH	C in pF	Antennenresonanzen in MHz				
					3,5	7	14	21	28
1	10,07	6,71	8,3	60	3,70	7,05	14,0	21,2	> 30
2	10,10	6,75	8,3	60	3,70	7,0	13,75	21,2	30,2
3	10,00	6,57	8,3	60	3,68	7,03	?	21,6	> 30
4	9,75	6,93	8,2	60	3,75	7,2	14,15	?	29,5
5	9,76	6,71	8,2	60	3,74	7,2	14,15	21,4	30
6	9,76	6,71	8,0	65	3,70	7,2	14,10	21,5	30
7	9,76	6,71	5,8	85	3,85	7,28	14,00	21,4	29,8
8	9,76	6,40	5,0	100	3,90	7,25	14,10	21,5	29,9
9	9,76	6,71	4,6	102	3,92	7,24	13,80	21,35	29,9

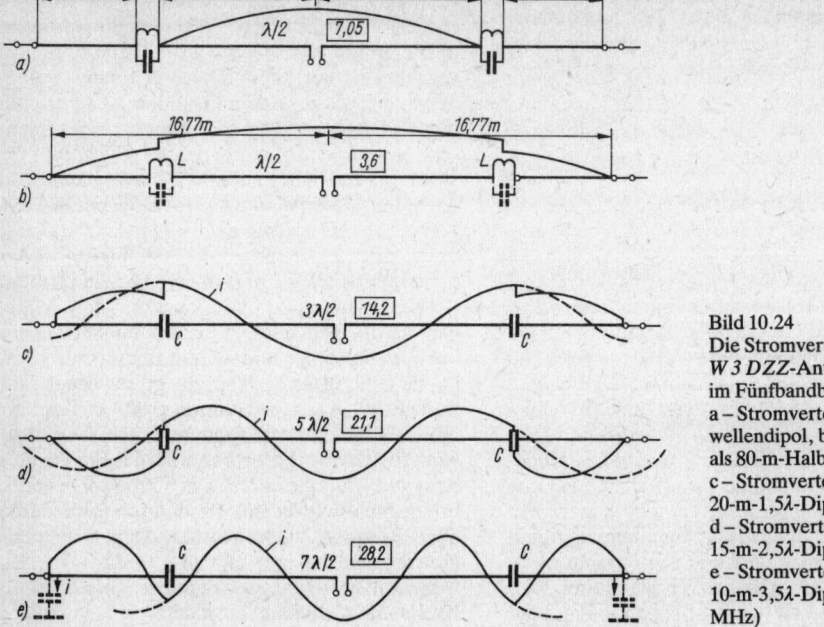

Bild 10.24
Die Stromverteilung auf einer
W 3 DZZ-Antenne
im Fünfbandbetrieb;
a – Stromverteilung als 40-m-Halb-
wellendipol, b – Stromverteilung
als 80-m-Halbwellendipol,
c – Stromverteilung als
20-m-1,5λ-Dipol,
d – Stromverteilung als
15-m-2,5λ-Dipol,
e – Stromverteilung als
10-m-3,5λ-Dipol (Frequenzen in
MHz)

für beste Anpassung im 20-m-Band und verzichtet auf Resonanz für 10 und 15 m.

Bei diesen Betrachtungen wurden so wichtige Faktoren wie die Aufbauhöhe des Strahlers über Grund, die Antennenumgebung und die Erdbodenleitfähigkeit nicht beachtet. Sie können alle Antenneneigenschaften drastisch verändern. Deshalb gilt für Allbandantennen die Forderung, daß ihre Mindestaufbauhöhe 10 m betragen soll, denn nur dann kann man näherungsweise damit rechnen, daß die Kenndaten eingehalten werden.

Wie aus der Stromverteilung in Bild 10.24 hervorgeht, werden alle Bänder in einem Strombauch erregt, so daß man bei den Halbwellendipolen für 80 und 40 m mit einer Eingangsimpedanz von annähernd 60 Ω rechnen kann. Für die hochfrequenten Amateurbänder besteht Oberwellenerregung, und der Strahlungswiderstand im Strombauch steigt an. Nach Bild 11.2 ergeben sich für 20 m etwa 100 Ω, beim 15-m-Betrieb 120 Ω und für 10 m 130 Ω.

Speist man über ein 75-Ω-Koaxialkabel, so besteht für 80 und 40 m nahezu vollkommene Anpassung, wenn der Strahler mit seiner Resonanzfrequenz erregt wird. Bei gleichen Bedingungen beträgt die Welligkeit für 10 m mindestens 1,73, für 15 m 1,6 und für 20 m 1,33. In der Praxis werden sich je nach Bemessung erheblich schlechtere Werte einstellen, weil die Resonanzbedingung zumeist nicht erfüllt ist. Wie schon in Abschnitt 5.5.2. näher ausgeführt wurde, müssen Fehlanpassungen auf dem Speisekabel – wenn dieses nicht überdurchschnittlich lang ist – nicht zu größeren Verlusten führen. Man muß nur am Senderausgang ein Anpaßgerät einschalten, das dafür sorgt, daß die Senderendstufe eine reine Wirklast «sieht» und somit die volle Leistung an die Antenne abgeben kann.

Für das Erregen einer symmetrischen Antenne über ein unsymmetrisches Koaxialkabel sollte zweckmäßigerweise ein Symmetriewandler eingesetzt werden. Bei einer modernen Allbandantenne kommt hier in erster Linie ein Ringkern-Balun-Übertrager 1:1 nach Abschnitt 7.7.3. in Frage. Wie in [11] ausführlicher dargelegt wird, können aufgewickelte Zweidrahtleitungen als Symmetriewandler bei der *W 3 DZZ*-Antenne Schwierigkeiten bereiten, weil sie – offenbar abhängig von ihrer Induktivität – mehr oder weniger starke Verschiebungen der Antennenresonanzen verursachen. Ob eine solche Abhängigkeit auch beim Ringkern-Balun besteht, wurde nicht untersucht. In [11] wird auch eine ganz ungewöhnliche Art der «Symmetrierung» angegeben, die einfach darin besteht, über die Antennenanschlußpunkte einen 47-pF-Kondensator zu schalten. Diese Versuche wurden an der Antenne Nr. 3 aus Tabelle 10.5. durchgeführt. Die Meßkurven zeigen für diese «Kondensator-Symmetrierung» einen erheblichen Anstieg der Welligkeit für 10 m. Auf allen anderen Bändern steigt die Welligkeit jedoch kaum über 2 an.

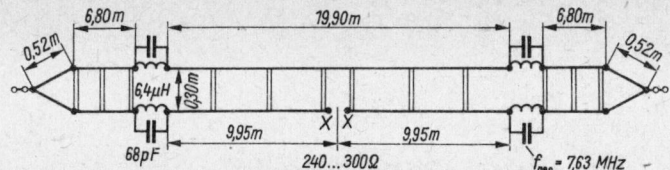

Bild 10.25
Die Mehrband-Trap-Antenne
nach *HA 5 DM*

Notfalls kann man auf einen Symmetriewandler ganz verzichten, wie das viele Praktiker schon getan haben. Auftretende Mantelwellen können oft durch Verändern der Speisekabellänge unterdrückt werden. Ein senderseitiges Anpaßgerät sollte jedoch in jedem Fall vorgesehen werden!

10.2.9. Mehrband-Trap-Antenne nach *HA 5 DM*

Die von *HA 5 DM* entwickelte Mehrband-Trap-Antenne ist nach dem *W 3 DZZ*-Prinzip konstruiert, es wurde aber ein Faltdipol als Antenne verwendet, wodurch 4 Traps erforderlich werden (Bild 10.25). Die Spannweite beträgt 34,5 m, die Leiterdrähte sind in einem gegenseitigen Abstand von 0,3 m parallelgeführt und werden mit Isolierstoffspreizern in ihrer Lage fixiert. Für die Sperrkreise wird eine Induktivität von 6,4 µH und eine Kapazität von 68 pF vorgeschrieben, woraus sich rechnerisch eine Resonanzfrequenz von 7,63 MHz ergibt.

Mit den in Bild 10.25 angegebenen Bemessungsdaten und beim Speisen über eine beliebig lange UKW-Bandleitung (Wellenwiderstand 240 ... 300 Ω) sollen für alle Kurzwellen-Amateurbänder gute Anpassungsverhältnisse bestehen. Es werden folgende Welligkeiten angegeben: 3,5 MHz, s = 1,2; 7 MHz, s = 1,3; 14 MHz, s = 1,5; 21 MHz, s = 1,8; 28 MHz, s = 2,0. Über die Lage der Resonanzfrequenzen innerhalb der Amateurbänder sind keine Aussagen vorhanden. Wenn man einen Ringkern-Balun-Übertrager nach Abschnitt 7.7.3. einfügt, läßt sich diese Anordnung auch über Koaxialkabel speisen.

10.2.10. Dreiband-Trap-Antennen

Die von *K 2 GU* konstruierte und in Bild 10.26 skizzierte Dreibandantenne [12] verzichtet auf das 80-m-Band und kommt deshalb mit einer Gesamtlänge von knapp 17 m aus. Die beiden dem Speisepunkt benachbarten Leiterstücke sind je 5,08 m lang und haben somit Halbwellenresonanz für 20 m. Die Sperrkreise befinden sich ebenfalls in Resonanz für 14,1 MHz, die durch eine Induktivität von 4,7 µH und eine Kapazität

von 27 pF erreicht wird. Die Gesamtlänge der Antenne in Verbindung mit den Trap-Induktivitäten ergibt Halbwellenresonanz im 40-m-Band.

Zu einem 3 λ/2-Dipol wird die Antenne im 10-m-Band. Der dabei vorhandene Längenüberschuß des Antennenleiters wird durch die Verkürzungswirkung der Traps kompensiert. Notfalls kann diese Antenne auch als Ganzwellendipol im 15-m-Band eingesetzt werden; für diesen Betriebsfall ist der Speisepunkt hochohmig, und man muß mit starker Fehlanpassung rechnen. Die Speiseleitung sollte dann als abgestimmte Leitung mit einer elektrischen Länge von λ/4 oder ungeradzahligen Vielfachen von λ/4 ausgeführt werden.

Speisung und Aufbau entsprechen der *W 3 DZZ*-Antenne; die dort gegebenen Hinweise sind sinngemäß auch für diese Bauform gültig.

Eine weitere Dreiband-Trap-Antenne wurde von *W 7 QB* entwickelt. Wie Bild 10.27 zeigt, beträgt die Spannlänge etwa 32,5 m, und es wird ein für den Dreibandbetrieb im 80-, 20- und 15-m-Band relativ großer Aufwand von 4 Sperrkreisen getrieben. Es fällt auf, daß die speisepunktseitigen Enden des Dipols über eine Länge von 2,13 m nach unten abgeknickt sind. Damit wird die Spannlänge der Antenne verringert, ohne daß sich die Resonanzlänge insgesamt ändert. Da sich auf den senkrechten Leiterabschnitten durch die Parallelführung gegenphasige Ströme ausbilden, strahlen die kurzen Leitungsstücke nicht. Dieser Umstand beeinflußt die Strahlungsdiagramme für den 15- und 20-m-Betrieb in günstiger Weise, so daß hier mit einem Antennengewinn von 1,8 dBd gerechnet werden kann.

Durch die beiden inneren Traps L_1/C_1 mit der Resonanzfrequenz 21,2 MHz (2 µH/25 pF) wird die Strahlerlänge für den 15-m-Betrieb begrenzt.

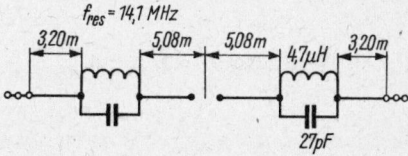

Bild 10.26
Abgewandelte *W 3 DZZ*-Antenne für 3 Bänder

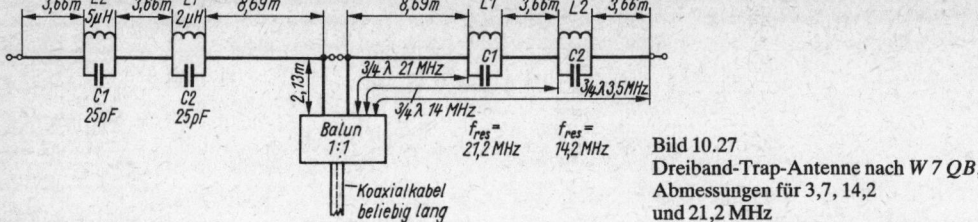

Bild 10.27
Dreiband-Trap-Antenne nach *W 7 QB*,
Abmessungen für 3,7, 14,2
und 21,2 MHz

Zusammen mit den senkrechten Abschnitten beträgt daher die Resonanzlänge $2 \times 10,82$ m, entsprechend $2 \times 3\lambda/4$. Daraus ergibt sich ein im Strombauch erregter $1,5$-λ-Dipol, mit einem Eingangswiderstand von rund $100 \, \Omega$.

Elektrisch gleichwertig sind die Verhältnisse für den 20-m-Betrieb. Hier wird die Resonanzlänge von den beiden äußeren Sperrkreisen L_2/C_2 begrenzt, die für eine Resonanzfrequenz von $14,1$ MHz bemessen sind ($5 \, \mu H/25 \, pF$). In diesem Fall beträgt die geometrische Länge der Dipolarme je $14,48$ m. Für die $3\lambda/4$-Resonanz bei $14,1$ MHz sind diese Abschnitte etwas zu kurz. Da die inneren Traps L_1/C_1 nun induktiv wirken, verlängern sie den Strahler bis zum Sollwert.

Für 80 m beträgt die gesamte Strahlerlänge $36,28$ m, das sind für Halbwellenresonanz $4,26$ m zu wenig. Jedoch werden hier alle 4 Traps induktiv wirksam und verlängern den Strahler elektrisch bis zur Resonanz. Sie ist im vorliegenden Fall mit $3,7$ MHz bemessen. Man kann sie jedoch durch Längenveränderung der äußeren Strahlerabschnitte für beliebige Resonanzfrequenzen innerhalb des Bandes abstimmen, ohne daß die Resonanzfrequenzen für 20 oder 15 m davon beeinflußt werden.

Der reelle Eingangswiderstand beträgt für $3,7$ MHz rund $60 \, \Omega$, für die beiden anderen Bänder muß man mit etwa $100 \, \Omega$ rechnen, so daß die Welligkeit auf einem 75-Ω-Speisekabel etwa $1,3$ beträgt. Zur Symmetrierung bei Koaxialkabelspeisung ist ein Balun $1:1$ vorgesehen.

Von der Antennenindustrie werden Traps häufig zur Herstellung vorgefertigter Mehrbandantennen verwendet, insbesondere bei den bekannten «Trap-Verticals». Weitere Ausführungen über Traps sind in [13] enthalten.

10.3.   Raumsparende Antennenanordnungen

Der Wunsch nach leistungsfähigen Antennensystemen dürfte bei den meisten Funkamateuren durch die örtlich gegebenen Montagemöglichkeiten begrenzt sein.

Oft wird auf dem Hausdach noch so viel Platz vorhanden sein, daß wenigstens für die hochfrequenten Amateurbänder eine wirkungsvolle Antenne errichtet werden kann. Erfahrungsgemäß beginnt aber der junge Funkamateur seine Tätigkeit auf der «Spielwiese», dem beliebten 80-m-Band. Dort werden Antennenfragen wegen der erforderlichen großen Strahlerlängen oft zum Problem. Wer sich mit der Thematik befaßt hat, wird jedoch auch unter schwierigen Verhältnissen noch eine brauchbare Möglichkeit für den Aufbau einer guten Antenne finden. Eine Patentlösung kann es natürlich nicht geben, weil die örtlichen Verhältnisse zu verschieden sind.

Die nachstehend beschriebenen raumsparenden Antennenanordnungen für 80 und 40 m sollen – sofern ein direkter Nachbau nicht möglich ist – brauchbare Hinweise und Anregungen vermitteln.

10.3.1.   Die Zweiband-T-Antenne

Die in Bild 10.28 gezeigte T-Antenne hat eine sehr kompakte, raumsparende Form. Trotzdem handelt es sich um einen vollwertigen Strahler für 80 und 40 m.

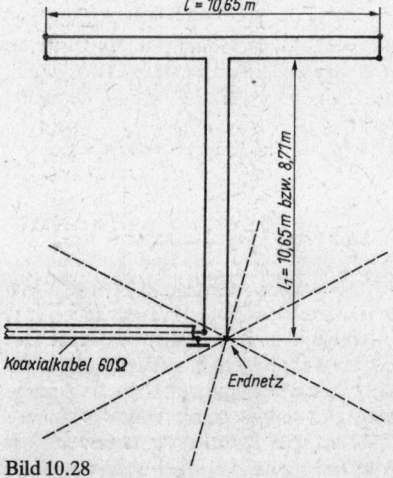

Bild 10.28
Die Zweiband-T-Antenne

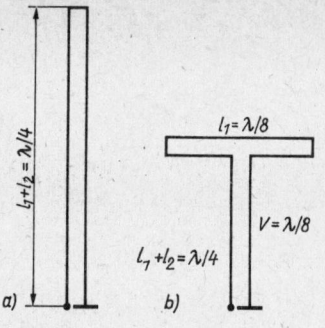

Bild 10.29
Die T-Antenne bei 80-m-Betrieb; a – vertikaler
λ/4-Strahler, b – vertikale Verkürzung unter
Beibehaltung der λ/4-Resonanz

Die Antenne wirkt beim 80-m-Betrieb als vertikal polarisierter Zweidrahtstrahler mit einer Länge von λ/4. Bild 10.29 soll die Arbeitsweise für diesen Betriebsfall erklären. Dargestellt wird ein senkrechter, als halber Faltdipol ausgebildeter Viertelwellenstrahler (Bild 10.29a). Bild 10.29b zeigt den gleichen Strahler mit dem Unterschied, daß dessen obere Hälfte vertikal zusammengedrückt ist. Es entsteht dadurch eine T-Form, wobei fast die gesamte HF-Leistung durch den vertikalen Abschnitt der Antenne abgestrahlt wird, während der horizontale Teil die Funktion einer Dachkapazität übernimmt. Die den Strahler ergänzende 2. Viertelwellenlänge befindet sich spiegelbildlich in der Erde (*Marconi*-Antenne). Deshalb sind für diesen Betriebsfall günstige Erdverhältnisse von entscheidender Bedeutung für die gute Funktion der Antenne. Die Ausführungen des Abschnittes 19.1. sollten aus diesem Grund besonders beachtet werden.

Beim 40-m-Betrieb hat der vertikale Teil des Strahlers die Länge λ/4. Er wirkt deshalb als Viertelwellentransformator (siehe Abschnitt 6.5.), der das niederohmige Speisekabel (Koaxialkabel) an den hochohmigen Speisepunkt im Horizontalteil der Antenne anpaßt.

Strahlerabschnitt l_1 hat eine Länge von 10,65 m, sein Aufbau entspricht einem Faltdipol. Der Leiterabstand ist nicht kritisch, man kann ihn für beide Abschnitte mit Wellenwiderständen zwischen etwa 300 und 500 Ω bemessen (siehe Bild 5.4). Auch der senkrechte Abschnitt l_2 ist 10,65 m lang, sofern er aus einer luftisolierten Zweidrahtleitung («Hühnerleiter») besteht. Es kann jedoch auch eine handelsübliche UKW-Bandleitung mit 300 Ω Wellenwiderstand verwendet werden. Hierbei muß man den Verkürzungsfaktor dieser Leitung berücksichtigen, der im allgemeinen 0,8 beträgt. Daraus ergibt sich eine Länge l_2 von nur 8,71 m. Die gesamte Antennenhöhe verringert sich dadurch um fast 2 m, was in manchen Fällen erwünscht sein dürfte.

Da die Antenne im 80-m-Betrieb als vertikal polarisierter Viertelwellenstrahler arbeitet, ist es wichtig, daß der untere Abschnitt möglichst senkrecht herabgeführt wird. Er endet in unmittelbarer Erdbodennähe, damit man ihn ohne Umwege an das Erdnetz anschließen kann. Dort wird auch das 2.«Bein» der Antennenzuleitung mit dem Innenleiter des Koaxialkabels verbunden. Dieses darf beliebig lang sein und kann auch unter der Erdoberfläche verlegt werden.

Da die Antenne durch die Leitung direkt geerdet ist, erübrigen sich besondere Blitzschutzmaßnahmen.

10.3.2. Verschachtelte Mehrbanddipole für 80, 40 und 15 m

Die in Bild 10.30a skizzierte Dreiband-Antenne für 80, 40 und 15 m hat eine horizontale Ausdehnung von nur 29,1 m und kann direkt über ein 50-Ω-Koaxialkabel erregt werden. Auch für 80 m wurde die volle Drahtlänge eines Halbwellendipols untergebracht, so daß Verluste durch mechanische Strahlerverkürzung entfallen. Die Abwinkelung und teilweise Rückführung der Strahlerenden für das 80-m-Band hat nur geringen Einfluß auf die Strahlungseigenschaften, da

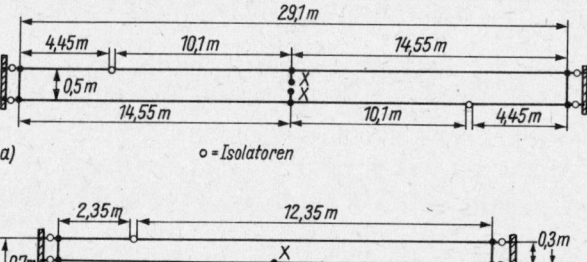

Bild 10.30
Verschachtelte Mehrbanddipole für
80, 40 und 15 m; a – Bemessungsangaben für die Zweileiterausführung,
b – räumlich verkürzte Vierleiterausführung

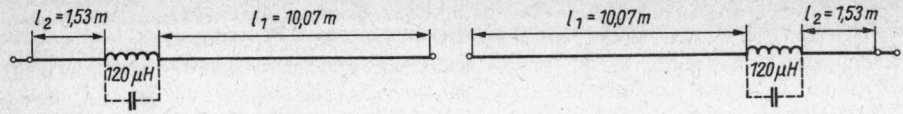

Bild 10.31
Zweibandkurzdipol für 80 und 40 m

jeder Halbwellendipol aus dem Strombauch (Strahlermitte) maximal abstrahlt. Der «eingeschachtelte» 40-m-Halbwellendipol bildet gleichzeitig einen 1,5-λ-Dipol für das 15-m-Band.

Eine noch kürzere Version dieses Dreibanddipols mit nur 14,7 m Längenausdehnung zeigt Bild 10.30b. In diesem Fall verteilt sich der 80-m-Dipol auf vier parallele Leiterabschnitte und muß wegen der sich überlappenden Viertelwellenabschnitte als noch brauchbare Kompromißlösung angesprochen werden. Nach einem Bericht von *DL 6 ZAC* besteht bei beiden Ausführungen auch gute Anpassung für das 10-m-Band.

Die eingezeichneten Drahtlängen sind Richtwerte. Die genauen Resonanzlängen hängen von der Antennenumgebung ab; sie werden um so kürzer, je mehr sich die Antenne dem Erdboden oder den sie umgebenden Bauwerken nähert. Da die Dipole nirgend an einem Spannungsmaximum aufgehangen werden, kann man die eingezeichneten Isolatoren notfalls weglassen. Die Abstandsspreizen fertigt man dann z. B. aus astfreien Besenstielstücken, die imprägniert und zur Aufnahme der Drähte entsprechend durchbohrt werden.

Im zentralen Speisepunkt X-X darf man mit einem Eingangswiderstand von 50 Ω rechnen. Direkte Speisung mit einem 50-Ω-Koaxialkabel ist somit möglich, auf einen Symmetriewandler kann in den meisten Fällen verzichtet werden. Da es sich um eine Mehrbandantenne handelt, käme nur ein Ringkern-Balun-Übertrager nach Bild 7.16a in Betracht.

Nach dem gleichen Prinzip kann man durch Ineinanderschachteln eine räumlich sehr kleine Fünfbandantenne herstellen, die in [14] beschrieben wurde. Eine weitere Fünfbandantenne auf der Grundlage von Bild 10.30a entwickelte *DL 6 ZAC* [15].

10.3.3. Verkürzte Dipole für 80 und 40 m

Häufig bestehen Schwierigkeiten, die Drahtlänge eines Halbwellendipols für 80 m unterzubringen. Durch Verlängerungsspulen kann man die freie Drahtlänge nach Bedarf kürzen.

Je näher eine Spule zum Strombauch der Antenne gerückt wird, desto größer ist ihre verkürzende Wirkung. Man findet einen Punkt auf dem Antennenleiter, in dem sich eine dort eingeschaltete Spule gerade so auswirkt, daß der Strahler für zwei harmonisch zueinander liegende Frequenzen resonant ist. Dabei tritt allerdings der unangenehme Effekt auf, daß die Antenne um so schmalbandiger wird, je stärker man die freie Drahtlänge verkürzt. Bei einer 80-m-/40-m-Antenne wird deshalb das 40-m-Band in jedem Fall ganz überdeckt; denn der Strahler hat für diesen Betriebsfall annähernd volle Länge. Dagegen beträgt die Bandbreite im 80-m-Band nur etwa 80 kHz, da der Strahler stark verkürzt ist.

Jede durch den Einsatz von Verlängerungsspulen geometrisch verkürzte Antenne hat 3 variable Größen: die Strahlerlänge, die Lage der Verlängerungsspule und deren Induktivität. Für einen Dipol, der für 40 sowie für 80 m resonant und auch entsprechend verkürzt sein soll, sind Spulen mit einer Induktivität von 120 µH besonders geeignet. Bild 10.31 zeigt einen Dipol, der für den Telegrafieteil des 80-m-Bandes bemessen ist, während er im 40-m-Band volle Bandbreite aufweist. Die gesamte Spannlänge dieser Zweibandantenne beträgt etwa 26 m. Da es sich um einen verkürzten Halbwellendipol handelt, ist der Widerstand im Speisepunkt reduziert, also <60 Ω. Die Induktivität der beiden Verlängerungsspulen wird mit je 120 µH angegeben. Mit einer Spulenkapazität von 5 pF ergibt sich damit ein Sperrkreis für 7 MHz. Diesen Wert erreicht man, wenn

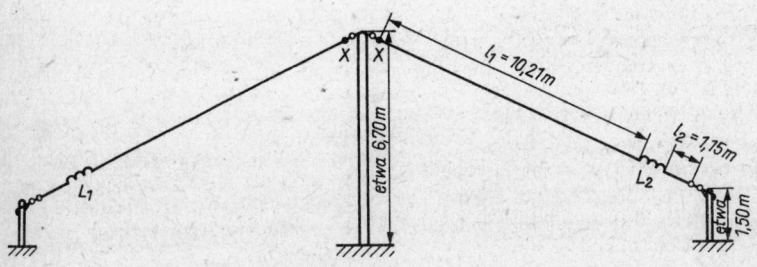

Bild 10.32
Geneigter Kurzdipol
für 80 und 40 m

ein Kunststoffrohr von etwa 26 mm Durchmesser mit 200 Wdg. eines 1 mm dicken Kupferdrahtes eng bewickelt wird. PVC-Rohr, 3/4 Zoll dick (Wasserleitungsrohr), ist als Wicklungsträger geeignet. Die Wicklung benötigt einen Oberflächenschutz durch einen guten Isolierlack, da bei hoher Leistung Koronagefahr besteht.

Soll die 80-m-Resonanz mehr zum hochfrequenten Bandende hin verschoben werden, so kann man die Längen l_2 etwas kürzen (z. B. auf je 1,25 m).

Eine gleichartige Antenne, jedoch in der Form einer «inverted-V-Antenne», zeigt Bild 10.32. Sie braucht nur einen etwa 7-m-Mittelmast sowie 2 Haltepfosten von je 1,50 m Höhe.

Die 80-m-Resonanz dieser Antenne liegt im Telefonieteil des 80-m-Bandes (etwa 3700 kHz). Die Daten beider Verlängerungsspulen sind identisch mit denen aus Bild 10.31. Da die Antenne durch die geringe Bauhöhe von den Erdverhältnissen stark beeinflußt wird, hat sie einen reduzierten Wirkungsgrad, außerdem muß man ihre Resonanz in jedem Fall mit dem Grid-Dip-Meter nachprüfen.

Der Mittelmast kann voll ausgenutzt und gleichzeitig zusätzlich abgespannt werden, wenn man rechtwinklig zur Spannrichtung der 80-m-/ 40-m-Antenne noch einen geneigten Halbwellenstrahler für das 20-m-Band anbringt. Die Forderung nach rechtwinkliger Verspannung besteht nur aus mechanischen Gründen. Man kann die beiden Strahler auch im spitzen Winkel zueinander anordnen. Die Schenkellänge für den 20-m-Dipol beträgt je 5,04 m. Bei Bedarf lassen sich auch noch Dipole für 15 und 10 m anbringen. Der Mittelmast kann aber auch noch eine Vertikalantenne tragen, eine Lösung, die für die hochfrequenten Amateurbänder sicher günstiger wäre.

Weitere in dieser Art verkürzte Dipole für 80 m werden in [17] und für 160 m in [18] mit umfassenden Längen- und Spulenangaben beschrieben.

10.3.4. Die Drahtpyramide

In den Jahren des Sonnenfleckenminimums belebt sich das 80-m-Band, weil die Bereiche 10 und 15 m dann nicht oder nur sehr selten brauchbar sind. Dem DX-Spezialisten bieten sich gerade zu Zeiten des Sonnenfleckenminimums auf 80 m manchmal gute Möglichkeiten. Diese kann er allerdings nur nutzen, wenn er eine geeignete Antenne besitzt.

Ein guter 80-m-Strahler benötigt leider viel Platz und hohe Aufhängepunkte. Die Mindestforderung wäre ein Halbwellenstrahler mit reichlich 40 m Spannlänge, der in der luftigen Höhe von mindestens 20 m über dem Erdboden schweben sollte. Selbst dann kann nicht in allen Fällen

mit einer günstigen Abstrahlung gerechnet werden, weil umliegende Hindernisse (insbesondere waagrecht verlaufende Drahtleitungen, Dachrinnen, Metallkonstruktionen usw.) den Strahler stark beeinflussen können. Es entstehen dabei unkontrollierbare Absorptionen und Reflexionen; die wirksame Antennenlänge erscheint gegenüber der geometrischen Länge stark vermindert. Ein solcher Halbwellendipol weist dann keinesfalls mehr den theoretischen Eingangswiderstand von $60 \ldots 70 \, \Omega$ auf, sondern einen wesentlich geringeren, 80-m-Strahler mit guten Strahlungseigenschaften sind daher bei Funkamateuren ziemlich selten zu finden.

Oft begnügt man sich bewußt mit verkürzten Behelfsausführungen und ist bemüht, die Verluste durch Leistungserhöhung auszugleichen.

Wenig bekannt ist bisher eine Antennenform, die man als Drahtpyramide bezeichnen kann (Bild 10.33). Bei ihr reicht eine Aufbaufläche von etwa 14 m × 14 m und ein etwa 13 m hoher Mast. Trotzdem handelt es sich um eine vollwertige Antenne mit guten Abstrahleigenschaften, die sich besonders für den 80-m-Betrieb eignet [16].

Die gesamte Drahtlänge der Pyramide beträgt 1λ. Die Antennendrähte wirken gleichzeitig als mechanische Abspannung für den Mittelmast. Der Verlauf des Antennenleiters und dessen Einspeisepunkte sind in Bild 10.34 gesondert dargestellt. Man kann daraus erkennen, daß er 2 gleichseitige Dreiecke mit je $\lambda/6$ Seitenlänge bil-

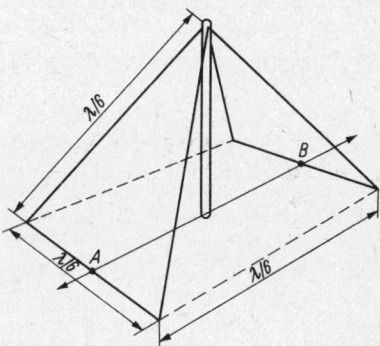

Bild 10.33
Das Schema der Drahtpyramide

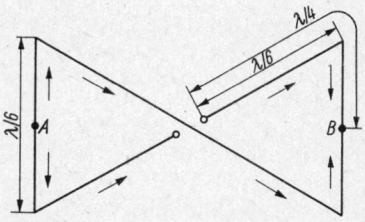

Bild 10.34
Leiterschema mit Stromrichtung für die Drahtpyramide

det. Durch die Art der Speisung verlaufen die Ströme der dem Speisepunkt benachbarten 4 geneigten Drahtabschnitte gleichphasig (siehe Strompfeile). Die beiden waagrechten und erdbodennächsten λ/6-Abschnitte führen eine gegenphasige Stromverteilung, wobei in ihrer Mitte (Punkte A und B) Spannungsmaximum besteht. Daraus kann gefolgert werden, daß die horizontalen Drähte nur unbedeutend an der Strahlung beteiligt sind.

Das Strahlungsdiagramm zeigt eine Auffüllung in der Richtung A–B. Das Strahlungsminimum liegt rechtwinklig dazu. Maxima und Minima sind aber nicht sehr ausgeprägt, und man kann sagen, daß die Antenne nach allen Richtungen gut abstrahlt. Das Richtdiagramm und der Eingangswiderstand werden durch den Knickwinkel der Drähte, durch die Aufbauhöhe und durch die Erdverhältnisse beeinflußt. Der Eingangswiderstand liegt etwa zwischen 35 und 75 Ω. Eine direkte Speisung mit Koaxialkabel beliebiger Länge ist deshalb möglich. Die idealisierten Strahlungsdiagramme der Drahtpyramide wurden über ein Rechnerprogramm für unterschiedliche Aufbauhöhen ermittelt und in [23] veröffentlicht.

Der Antennenwirkungsgrad steigt mit der Aufbauhöhe. Eine Länge des Mittelmastes von 13 m und eine Höhe der waagrechten Drahtabschnitte von 3 m über dem Erdboden sind Mindestforderungen. Die Pyramide ist sehr resonanzscharf (schmalbandig). Da sie außerdem über eine angepaßte Speiseleitung erregt wird, läßt sich die Antenne nicht mit den Abstimmmitteln eines Antennenkopplers jeweils in Resonanz bringen. Sollte der Leistungsabfall an den Bandenden zu groß werden, so gibt es eine verhältnismäßig einfache Möglichkeit, die Resonanz den Bedürfnissen entsprechend zu verändern. Man legt dabei die Antennenresonanz in die Nähe des hochfrequenten Bandendes (z. B. 3750 kHz) und setzt die Resonanzfrequenz bei Bedarf durch Anklemmen je eines Drahtstückes an die Punkte A und B (Mittelpunkte der horizontalen Abschnitte) herab. Als Faustregel gilt, daß eine Verlängerung von je 45 cm die Resonanzfrequenz um 50 kHz vermindert. Es ist im allgemeinen ausreichend, die Antenne für eine Resonanzfrequenz von 3700 kHz zu bemessen.

Man kann damit gut im Telefoniebereich von 3600 ... 3800 kHz arbeiten. Für Telegrafiebetrieb stimmt man die Antenne auf 3550 kHz um. Dazu wird mit einer Krokodilklemme an den Punkten A und B je ein 1,35 cm langer Drahtschwanz angebracht. Wer auf gutes Aussehen und besonders stabile Verhältnisse Wert legt, kann zwischen dem Mittelmast und den Punkten A bzw. B feste Leitungen verlegen, die alle 450 mm oder 900 mm durch Isolatoren unterbrochen sind. Mit Über-

brücken der Isolatoren läßt sich die Resonanz in Intervallen von 50 kHz bzw. 100 kHz verändern.

Da die Punkte A und B im Spannungsmaximum liegen, müssen hochwertige Isolatoren zum Einsatz kommen. Die Resonanzfrequenz mißt man über eine Koppelspule am senderseitigen Ende des Speisekabels mit dem Grip-Dip-Meter. Die in Bild 10.35 eingetragenen Abmessungen wurden für eine Resonanz von 3700 kHz vorausberechnet.

Zum Verbessern der Standfestigkeit sollte man die 4 Außenpfeiler in Zugrichtung abstreben. Für das Koaxialkabel empfiehlt sich eine Länge von λ/2. Bei Kabel mit einem Verkürzungsfaktor von 0,66 beträgt die geometrische Länge 26,75 m.

Ein Symmetrieren ist nicht unbedingt erforderlich. Der vorhandene Mittelmast läßt sich noch für weitere Antennensysteme nutzen.

Hinsichtlich der guten Eigenschaften einer Drahtpyramide kann noch hervorgehoben werden, daß wegen der geneigten Strahlerdrähte die Kopplung mit benachbarten waagrechten Netz- und Fernmeldefreileitungen wesentlich geringer ist als bei einem horizontal aufgebauten Strahler. Dadurch wird die umgebungsbedingte Beeinflussung erheblich gemindert.

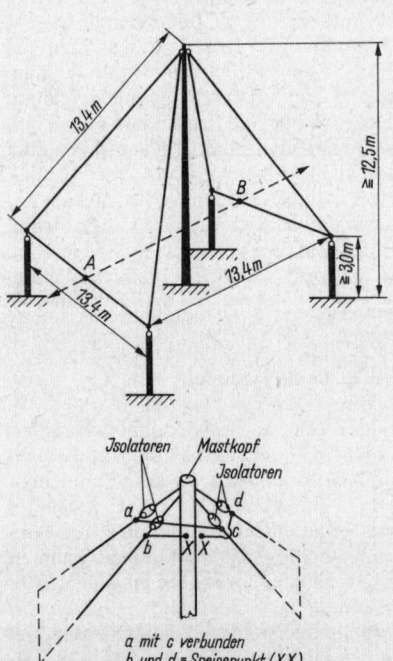

Bild 10.35
Aufbau und Abmessungen einer Drahtpyramide
(Resonanzfrequenz 3700 kHz)

10.4. Rundstrahlende Winkeldipole
(P. S. Carter – US Pat. 2258406–1938)

In vielen Fällen, wie beispielsweise im 80-m-Band und bei Rundspruchstationen, sind Antennen mit horizontaler Rundcharakteristik sehr erwünscht. Vertikal aufgestellte Dipole haben in der Horizontalebene ein kreisförmiges Strahlungsdiagramm. Leider sind vertikale Halbwellendipole für die «langwelligen» Amateurbänder kaum zu verwirklichen, denn eine solche Antenne für 80 m würde eine Mindestbauhöhe von 40 m erfordern. Selbst eine Viertelwellen-Vertikalantenne über Erde, wie die Groundplane oder die *Marconi*-Antenne, müßte mindestens 20 m hoch werden.

Weniger Aufwand erfordern horizontal ausgespannte Drahtantennen, denen man durch geeignete Formgebung annähernd eine Rundstrahlcharakteristik in der E-Ebene geben kann. Wie aus Bild 10.36 hervorgeht, ändert sich das Richtdiagramm horizontaler Dipole, wenn sie waagrecht abgeknickt werden. Die im Doppelkreisdiagramm des gestreckten Dipols vorhandenen Strahlungsminima (Bild 10.36 a 1 und b 1) verschwinden beim Abwinkeln zugunsten einer mehr oder weniger ausgeprägten Rundstrahlung (Bild 10.36, Reihe 2 ... 4). In Auswertung dieser Diagramme ist es möglich, Winkeldipole zu kon-

struieren, die den verschiedensten Wünschen gerecht werden können.

Leider tritt bei keinem Knickwinkel dieser Winkeldipole ein rein kreisförmiges Richtdiagramm auf. In der Praxis des Kurzwellenamateurbetriebes begnügt man sich jedoch meist damit, daß keine ausgesprochenen Minima mehr in der Strahlungscharakteristik vorhanden sind.

10.4.1. Der Ganzwellenwinkeldipol

Eine einfache horizontale Drahtantenne mit einem Knickwinkel von 90° (siehe Bild 10.36 b 3) kann als Ganzwellenwinkeldipol bezeichnet werden. Sie strahlt in der Horizontalebene annähernd kreisförmig und ist außerdem als Allbandantenne verwendbar.

Der Ganzwellenwinkeldipol nach Bild 10.37 hat bisher in Amateurkreisen kaum Beachtung gefunden, obwohl er durchaus «guter Abstammung» ist. Er gehört zur Familie der im UKW- und Fernsehbereich als Sendeantennen gebräuchlichen U-Antennen, Quadratstrahler und ihrer modernen Weiterentwicklungen.

Wird der 90°-Ganzwellenwinkeldipol für das 40-m-Band bemessen, so läßt er sich gleichzeitig als Halbwellenwinkeldipol für 80 m verwenden. Für diesen Betriebsfall gilt das Horizontaldiagramm in Bild 10.36 a 3, das keine ausgesprochene Rundstrahlung mehr zeigt, aber auch nicht die ausgeprägten Strahlungsminima eines gestreckten Dipols aufweist. Gleichzeitig kann dieser Strahler noch in den DX-Bändern 20, 15 und 10 m benutzt werden. In diesen hochfrequenten Bändern wird der Strahler zu einer V-Antenne mit ausgeprägter Richtwirkung. Dabei erfolgt die Hauptstrahlung nach 2 Seiten in Richtung der Winkelhalbierenden.

Allbandbetrieb erfordert die Erregung über eine abgestimmte Speiseleitung. Nur beim aus-

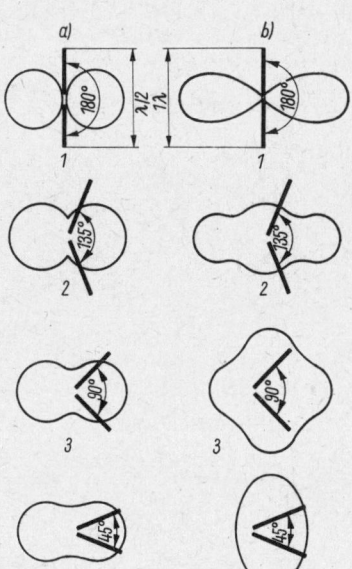

Bild 10.36
Horizontaldiagramme waagerechter Winkeldipole;
a – Halbwellendipole (1 – gestreckter λ/2-Dipol,
2 – 135°-λ/2-Dipol, 3 – 90°-λ/2-Dipol, 4 – 45°-λ/2-Dipol)
b – Ganzwellendipole (1 – gestreckter 1λ-Dipol,
2 – 135°-1λ-Dipol, 3 – 90°-1λ-Dipol, 4 – 45°-1λ-Dipol)

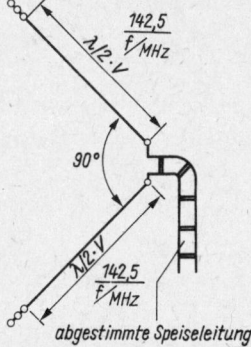

Bild 10.37
Der rundstrahlende Ganzwellenwinkeldipol

schließlichen Einbandbetrieb ist die Anpassung an eine beliebige unabgestimmte Speiseleitung über eine geschlossene Viertelwellenanpaßleitung zweckmäßig. Ein Ganzwellenwinkeldipol mit 60° Knickwinkel hat besonders günstige Rundstrahleigenschaften. Sein Horizontaldiagramm hat die Form eines verrundeten Sechsecks.

Es lassen sich noch einige horizontal polarisierte Rundstrahldipole nennen (Drehkreuzantennen, Kleeblattstrahler usw.), die jedoch in der Bemessung für den Kurzwellenbereich zu unförmig sind. Sie werden im Zusammenhang mit den VHF-Antennen beschrieben.

10.4.2. Der geneigte Halbwellendipol (Slooper)

Die meisten Funkamateure bezeichnen diese Antenne als *Slooper* (Bild 10.38). Der geneigte Halbwellendipol, der gewöhnlich mit einem Neigungswinkel φ von 45° aufgebaut wird, hat eine annähernde Rundstrahlcharakteristik. Es liegt lineare 45°-Schrägpolarisation vor, gute Erdverhältnisse sind vorteilhaft.

Die minimale Masthöhe h sollte $0,35\,\lambda$ betragen, die optimale Höhe h liegt bei $0,6\,\lambda$. Der Gewinn ist geringer als der eines «normalen» horizontalen Halbwellendipols. Dies bedingt das Fehlen einer ausgeprägten Hauptstrahlrichtung zugunsten einer annähernden Rundstrahlcharakteristik. Der Eingangswiderstand X-X schwankt abhängig von der Masthöhe h (bezogen auf λ) zwischen etwa $88\,\Omega$ ($h = 0,4\,\lambda$) und $69\,\Omega$ ($h = 0,7\,\lambda$). Somit kann die Antenne bei kleiner Welligkeit über ein 75-Ω-Koaxialkabel erregt werden.

Entsprechend den örtlichen Verhältnissen kann man den Neigungswinkel φ zwischen 15° und 75° wählen. Der Eingangswiderstand bleibt in diesen Fällen weitgehend konstant, es muß

aber dann mit einer mehr oder weniger starken Verformung der Rundstrahlcharakteristik gerechnet werden. Die rechnergestützten «Idealwerte» für die Strahlungsdiagramme, Eingangswiderstände und Gewinne bei unterschiedlichen Höhen h werden in [23] veröffentlicht.

10.4.3. Der geknickte Halbwellen-Vertikaldipol

Dieser in Bild 10.39 dargestellte Winkeldipol ist unter günstigen Aufbauverhältnissen ein guter Rundstrahler, der sich durch die für DX-Verbindungen vorteilhafte «flache Abstrahlung» ($\triangleq$ kleinem vertikalem Erhebungswinkel) auszeichnet. Vergleicht man ihn mit dem Slooper nach Bild 10.38, ist er diesem bei gleichem Materialaufwand um etwa 2 dB überlegen. Dies ist darauf zurückzuführen, daß eine ausgesprochene Steilstrahlung fehlt, zugunsten einer guten Rundstrahlung in der Vertikalebene bei kleinem Erhebungswinkel. Für den Nahverkehr kann diese Antenne enttäuschen, um so mehr eignet sie sich für den DX-Verkehr.

Im allgemeinen wird ein Knickwinkel φ von 135° bevorzugt. Die Masthöhe h sollte minimal $0,45\,\lambda$ betragen. Bei $\varphi = 135°$ bleibt der Gewinn für alle Aufbauhöhen h nahezu konstant, und der Eingangswiderstand liegt zwischen 63 und 74 Ω.

Möglich sind Knickwinkel zwischen 90° und 150°. Bei der Auswertung der Daten in [23] ergibt sich dabei folgende Tendenz: Bei $\varphi = 90°$ fällt der Gewinn (verglichen mit $\varphi = 150°$) um etwa 1 dB ab, gleichzeitig sinkt der Eingangswiderstand auf rund 40 Ω. $\varphi = 150°$ verursacht einen leichten Gewinnanstieg, und der Durchschnittswert des Eingangswiderstandes beträgt etwa 70 Ω. Dies gilt für alle Aufbauhöhen h zwischen $0,45\,\lambda$ und $1,6\,\lambda$.

Bei der Errechnung vorstehender Antennendaten wurden ideale Verhältnisse angenommen.

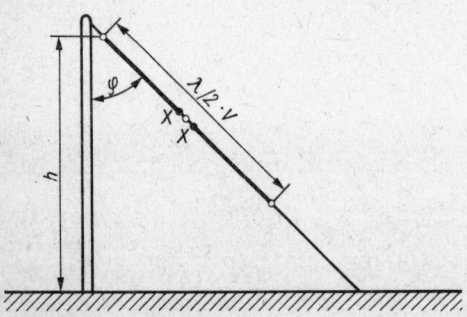

Bild 10.38
Der geneigte Halbwellendipol (Slooper)

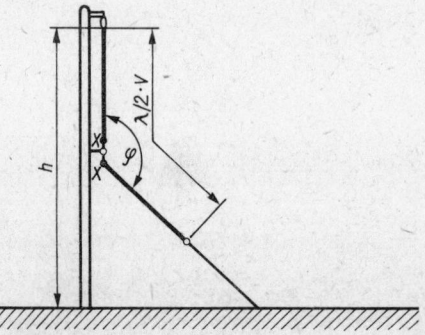

Bild 10.39
Der geknickte Halbwellen-Vertikaldipol

Diese beziehen sich bei Vertikalstrahlern insbesondere auf eine «ideale Erde». Die vorhandene «schlechte Erde» kann durch ein Erdnetz (siehe Abschnitt 19.1.) verbessert werden. Leider wird der Funkamateur nur selten einen hohen Aufhängestützpunkt für den Betrieb im 40-, 80- oder gar 160-m-Band haben. Aber für die frequenzhöheren Amateurbänder könnte diese einfache Antenne schon einen brauchbaren DX-Rundstrahler darstellen.

Literatur zu Abschnitt 10.

[1] *Spillner, F.:* Die FD4-*Windom*-Antenne, QRV, Stuttgart, 25, (1971), Dezember, Seite 13 bis 20
[2] *Nagle, I.:* *Windom* antennas, ham radio, Greenville, N. H. (1978) May, Seite 10 bis 19
[3] *Scholle, H./Steins, R.:* Eine Doppel-*Windom*-Antenne für acht Bänder, cq-DL, Baunatal, 54, (1983), Heft 9, Seite 427
[4] *Scholle, H./Steins, R.:* Eine Doppel-*Windom*-Antenne für neun Bänder, cq-DL, Baunatal, 55, (1984), Heft 7, Seite 332
[5] *Dome, R.:* Balanced dipole antenna fed by coaxial cable, QST, Newington, Conn., (1979), May, Seite 43 bis 44
[6] *Claudet, A.:* Erfahrungen mit Mehrband-Dipolantennen, QRV, Gerlingen, 33, (1979) Heft 1, Seite 31 bis 32
[7] *Farrar, W.:* multiband dipole for the hf bands, RADIO COMMUNICATION, London, (1979) June, Seite 527
[8] *Squance, E.:* Multiple hf parallel dipoles – some further thoughts, RADIO COMMUNICATION, London, (1982) March, Seite 225
[9] *Varney, L.:* The *G 5 RV* aerial – some notes on theory and operation, RSBG Bulletin, London, (1966), November, Seite 705 bis 707
[10] *Johns, R. H.:* Coaxial Cable Antenna Traps, QST, Newington, Conn., (1981) May, Seite 15 bis 17
[11] *Bienkowski, Z./Lipinski, E.:* amatorskie anteny KF i UKF, Kap. 5.2.4.4. Antene wielopasmowa *W 3 DZZ*, «WKL», Warszawa 1978
[12] *Schafer, D.:* Four-Band Dipole with Traps, QST, Newington, Conn. (1958), October, Seite 38
[13] *Thurber, K.:* all about traps and trap antennas, ham radio, Greenville, N. H., (1979) August, Seite 34 bis 41
[14] *Appel, H.:* Eine verkürzte Multiband-Antenne (Squashed multibander), cq-DL, Baunatal, 46, (1975), Heft 9, Seite 535 bis 538
[15] *Mahall, R.:* Erfahrungsbericht über eine «Verschachtelte Mehrband-Dipol-Antenne» für 80 m, 40 m, 20 m, 15 m und 10 m nach «Rothammel», cq-DL, Baunatal, 54, (1983), Heft 9, Seite 426
[16] *Pieterson, G. H.:* The Guywire Pyramid, Antenna Roundup, Cowan Publishing Corp., New York 36, N. Y., 1963
[17] ...: the 80-meter compact dipole, ham radio, Greenville, N. H., (1985), March, Seite 84
[18] ...: the 160-meter compact dipole, ham radio, Greenville, N. H., (1985), February, Seite 60 bis 61
[19] *Varney, L.:* *G 5 RV* Multiband Antenna ... Up-To-Date, RADIO COMMUNICATION, London, (1984), July, Seite 572 bis 575
[20] *Nicholson, T.:* Compact multiband antenna without traps, QST, Newington, C. T., (1981), November, Seite 26 bis 27
[21] *Austin, B.:* Computer-aided design of a multiband dipole – based on the *G 5 RV* principle, RADIO COMMUNICATION, London, (1985), August, Seite 614 bis 617 und Seite 624
[22] *Günther, W.:* Eine echte Allbandantenne ohne Traps, cq-DL, Baunatal, 56, (1985), Heft 7, Seite 378
[23] *Nitschke, W.:* Datensammlung für Kurzwellenantennen, Franzis-Verlag, München, 1987
Glanzer, K.: The Inverted-V-Shaped Dipole, QST, West Hartford, Conn., (1960), August
Koch, E.: Eine neuartige Multiband-Antenne, FUNK-TECHNIK, Berlin, (1961), Heft 19, Seite 696
Krischke, A.: Theorie und Praxis der *G 5 RV*-Allbandantenne, QRV, Stuttgart, 34, (1980), Heft 2, Seite 65 bis 69
Orr, B.: More on the *G 5 RV* antenna, ham radio, Greenville, N. H., (1986), March, Seite 63 bis 64
Pyykko, P.: The One-Third Multiband Antenna, CQ, Cowan Publishing Corp., New York 36, N. Y., 1961
Uebel, H.: Die geänderte *G 5 RV*, FUNKAMATEUR, Berlin, 19, (1970), Heft 6, Seite 282
Varney, L.: The *G 5 RV* aerial – some notes on theory and operation, RSGB Bulletin, London, (1966), November, Seite 705 bis 707

11. Langdrahtantennen

Im Kurzwellenamateurverkehr wird zum Senden häufig eine *Langdrahtantenne* verwendet. Der Ausdruck *Langdraht* sagt aus, daß die Drahtlänge des Strahlers groß ist gegenüber der Betriebswellenlänge. Das bedeutet, die Antenne wird mit ihren harmonischen Resonanzen (Oberwellen) erregt. Je nach Art der Speisung und der sonstigen konstruktiven Merkmale bezeichnet man spezielle Ausführungen als *Fuchs*-Antenne, V-Antenne, Rhombus-Antenne usw. Alle Langdrahtantennen unterliegen den gleichen allgemeinen Gesetzmäßigkeiten.

Der Aufbau einer Langdrahtantenne ist einfach und billig. Sie erfordert lediglich viel Platz, denn je länger eine solche Antenne ist, desto größer werden Richtwirkung und Gewinn.

Bei entsprechender Bemessung und Speisung kann die Langdrahtantenne als Allbandantenne in den Kurzwellenamateurbereichen verwendet werden.

Die mechanische Drahtlänge einer Langdrahtantenne ergibt sich aus der Beziehung

$$l/_\mathrm{m} = \frac{150 \cdot (n - 0{,}05)}{f/_\mathrm{MHz}} ; \qquad (11.1.)$$

n – Anzahl der Halbwellen auf der Antenne;
f – Resonanzfrequenz.

Mit zunehmender Antennenlänge nähert sich die Hauptstrahlung mehr und mehr der Antennenlängsrichtung. Gleichlaufend damit findet eine immer stärkere Konzentration der Strahlung in den Hauptrichtungen statt, wobei sich mit steigender Antennenlänge auch die Anzahl der Nebenkeulen erhöht. Bild 11.1 zeigt solche E-Diagramme von Langdrahtantennen verschiedener Längen.

Es ist auffällig, daß mit der Vergrößerung der Strahlerlänge gleichzeitig Nebenkeulen der Strahlung auftreten. Diese Aufzipfelung des Richtdiagramms stellt keinen ausgesprochenen Nachteil dar, denn die Langdrahtantenne bringt in der Richtung der Nebenkeulen fast die gleichen Ergebnisse wie ein Halbwellenstrahler; dazwischen liegen allerdings tiefe Diagrammeinzüge. In den Hauptstrahlrichtungen wird ein beachtlicher Richtfaktor erzielt, der mit wachsender Strahlerlänge ansteigt. Außerdem zeichnet

sich die Langdrahtantenne durch die zur Überbrückung großer Entfernungen besonders erwünschte Flachstrahlung (kleiner Erhebungswinkel in der H-Ebene) aus.

Beispiel
Für den Betrieb im 20-m-Amateurband soll eine Langdrahtantenne gebaut werden. Die örtlichen Gegebenheiten ermöglichen die Verwendung einer Drahtlänge bis 85 m in Richtung Ost-West.

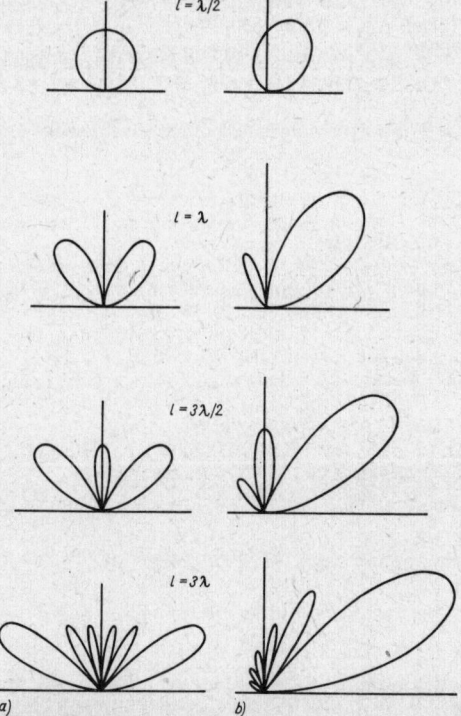

a)   b)

Bild 11.1
Strahlungsdiagramme von endgespeisten Langdrahtantennen im freien Raum (zweite Diagrammhälfte symmetrisch zur Drahtachse nicht gezeichnet); a – mit stehenden Wellen, b – mit fortschreitenden Wellen. Die praktischen Ergebnisse liegen im allgemeinen zwischen diesen beiden Extremen (nach: Meinke/Gundlach, Taschenbuch der Hochfrequenztechnik)

Es sind festzustellen:

a – die genaue Drahtlänge für eine 4-λ-Antenne;
b – der zu erwartende Gewinn im Strahlungsmaximum;
c – der Strahlungswiderstand und die Richtungen der maximalen Abstrahlung.

Die Drahtlänge wird nach Gl. (11.1.) errechnet. Auf einer 4-λ-Antenne befinden sich 8 Halbwellen, deshalb $n = 8$. Die Mittenfrequenz des 20-m-Bandes wird mit etwa 14,1 MHz eingesetzt:

$$l/_\mathrm{m} = \frac{150 \cdot (8 - 0,05)}{14,1\,\mathrm{MHz}} \approx 84,57.$$

Die Drahtlänge beträgt 84,57 m. Aus Bild 11.2 ist zu ersehen, daß man bei einer Antennenlänge von 4λ (Schnittpunkt in Kurve I) einen Gewinn von etwa 3 dBd in den Hauptstrahlrichtungen erwarten kann.

Den Strahlungswiderstand stellt man aus Kurve II mit 130 Ω fest, es ist gleichzeitig der Widerstand, wenn in einem *Strombauch* eingespeist wird.

Aus Kurve III ergibt sich der Winkel zwischen Strahlungsmaximum und Antennenlängsachse mit 26°. Bei einer Spannrichtung Ost-West, entsprechend 270°, liegen gemäß Bild 11.1a die Hauptstrahlrichtungen in

270° + 26° = 296°,
270° − 26° = 244°,
 90° + 26° = 116°,
 90° − 26° = 64°.

Auf einer Weltkarte mit winkeltreuer Projektion können die Gebietsteile der Erde ermittelt werden, die sich mit dieser Antenne bevorzugt erreichen lassen.

Die in Bild 11.1 dargestellten Richtdiagramme zeigen zwei Extremfälle. In der Praxis sind rein stehende Wellen auch dann nicht vorhanden, wenn die Antenne am Ende offen ist; durch die Strahlungsdämpfung erhält man nämlich schon eine mehr oder weniger fortschreitende Welle. Eine rein fortschreitende Welle ist i. allg. auch nicht vorhanden, weil sich der hierfür nötige korrekte Abschluß am Ende der Antenne unter Berücksichtigung von Umgebungseinflüssen (Boden) und Frequenzabhängigkeit nur schwer realisieren läßt.

Fortschreitende Wellen haben eine unsymmetrische Strahlungscharakteristik. Die Strahlungsmaxima verschieben sich in Richtung zum offenen Drahtende, während die in Richtung zum Speisepunkt liegenden Strahlungskeulen gleichzeitig eine Verringerung erkennen lassen. Ein

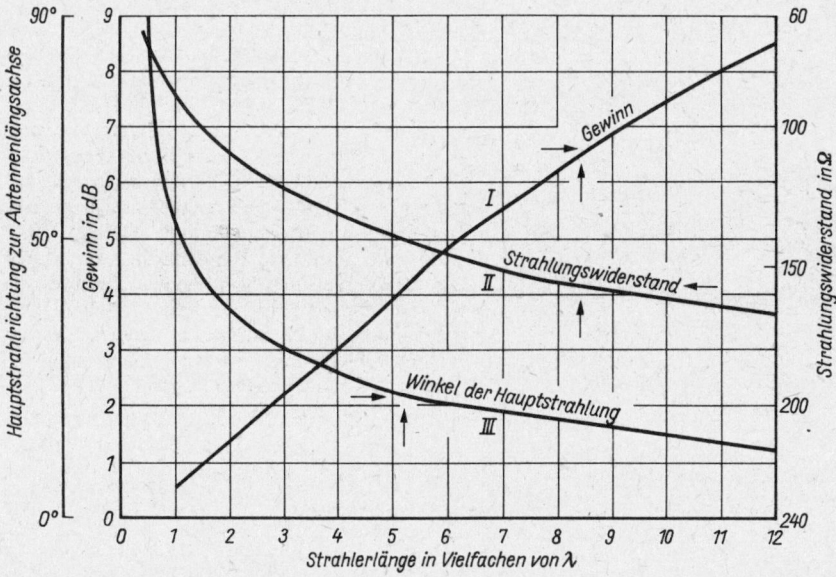

Bild 11.2
Gewinn, Strahlungswiderstand und Winkel der Hauptstrahlrichtung einer Langdrahtantenne in Abhängigkeit von der Strahlerlänge; Kurve I: Gewinn einer verlustlosen Antenne (dBd) in Abhängigkeit von der Drahtlänge, gemessen in Vielfachen der Betriebswellenlänge λ, Kurve II: Strahlungswiderstand im Strombauch in Abhängigkeit von der Drahtlänge, gemessen in Vielfachen der Betriebswellenlänge λ, Kurve III: Winkel zwischen Strahlungsmaximum und Strahlerlängsachse in Abhängigkeit von der Drahtlänge, gemessen in Vielfachen der Betriebswellenlänge λ

endgespeister Langdraht zeigt demnach mit zunehmender relativer Länge immer mehr in Richtung des offenen Drahtendes maximale Abstrahlung.

Die Richtdiagramme verändern sich weiter, wenn der Draht etwas geneigt über Grund ausgespannt oder die Antenne über abfallendem Gelände errichtet ist (Bild 11.3). Dabei wird der Erhebungswinkel der Strahlung in der Vertikal-Ebene beeinflußt.

Wenn man die Antenne – nach dem offenen Ende zu – abwärts neigt oder das Gelände nach der gleichen Richtung abfällt (Bild 11.3), können solche Strahler auf den kurzwelligen Amateurbändern oft verblüffend gute DX-Ergebnisse in der durch Pfeile angedeuteten Hauptrichtung bringen.

Zur Überbrückung großer Entfernungen ist der vertikale Erhebungswinkel der Hauptstrahlung einer Antenne von besonderer Bedeutung. Von ihm hängt die Sprungdistanz bei der ionosphärischen Reflexion ab. Es wurde bereits erwähnt, daß eine «flache» Abstrahlung, also ein kleiner Erhebungswinkel des Vertikal-Diagramms, für den DX-Verkehr besonders günstig ist. Langdrahtantennen strahlen flach, besonders wenn die Bauhöhe groß gehalten werden kann. Eine Höhe von 2λ über Grund ergibt beispielsweise einen kleinsten vertikalen Erhebungswinkel der Abstrahlung von 10°. Bei einem nur $0,5\lambda$ über Grund befindlichen Langdraht muß mit etwa 35° gerechnet werden. Mit geringen Bauhöhen kann man durch Neigung des Strahlers – wie oben besprochen – den vertikalen Erhebungswinkel der Strahlung absenken und damit bessere DX-Ergebnisse auf den kurzwelligen Amateurbändern erreichen.

11.1. Die L-Antenne als Mehrbandantenne

(G. Marconi – Brit. Pat. 14788 – 1905)

Die L-Antenne kann als die primitivste Form einer Kurzwellenantenne bezeichnet werden. Ihr äußeres Bild unterscheidet sich nicht von dem der früher üblichen Mittelwellenrundfunkantennen (Bild 11.4).

Die gesamte Drahtlänge l, bis zur Antennenbuchse des angeschlossenen Gerätes gemessen, beträgt mindestens $\lambda/2$ mal Verkürzungsfaktor. Die L-Antenne ist eine Mehrbandantenne, wenn sie als Halbwellenstrahler für das 80-m-Band bemessen wird. Sie arbeitet dann im 40-m-Band als Ganzwellenantenne, im 20-m-Band als 2-λ-Strahler, im 15-m-Band als 3-λ- und im 10-m-Band als 4-λ-Antenne.

Leider stimmt diese Rechnung nicht ganz. Wenn nach Gl. (11.1.) die Länge eines Halbwellenstrahlers für $f_{res} = 3500$ kHz ausgerechnet wird, beträgt sie 40,71 m. Der gleiche Draht als Ganzwellenantenne für die harmonisch zu 3,5 MHz liegende Frequenz von 7,0 MHz müßte nach der gleichen Berechnungsformel aber eine Länge von 41,78 m haben. Der Ganzwellenstrahler wäre demnach mehr als 1 m zu kurz. Diese Unterschiede treten nicht nur bei der L-Antenne, sondern bei allen Antennen auf, die mit Harmonischen der Sendefrequenz betrieben werden. Der Grund dafür ist der unterschiedliche Verkürzungsfaktor.

Der Verkürzungsfaktor einer Antenne wird zum großen Teil von der kapazitiven Randwirkung an den Strahlerenden bestimmt. Bei einem in seinen Harmonischen erregten Draht, der also mehrere Halbwellen lang ist, findet die verkürzende kapazitive Einwirkung nur an den äußeren Drahtenden statt, während die innenliegenden Halbwellenstücke unbeeinflußt bleiben (Bild 11.5). Die kapazitive Randwirkung muß durch eine Strahlerverkürzung kompensiert werden, da sie antennenverlängernd wirkt. Aus Bild 11.5 geht hervor, daß ein Strahler mit einer Länge von mehreren Halbwellen nur mit seinen Enden der kapazitiven Randwirkung ausgesetzt ist und deshalb nicht so stark verkürzt werden darf wie ein Halbwellenstrahler.

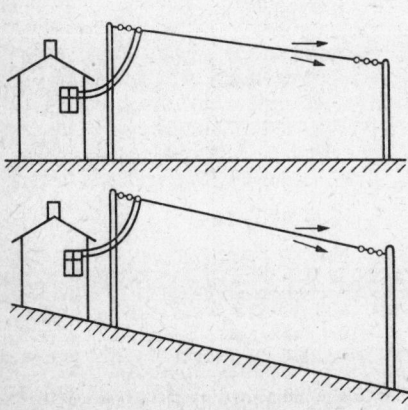

Bild 11.3
Geneigte Langdrahtantennen über ebenem und abfallendem Gelände

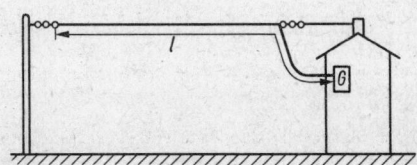

Bild 11.4
Die L-Antenne

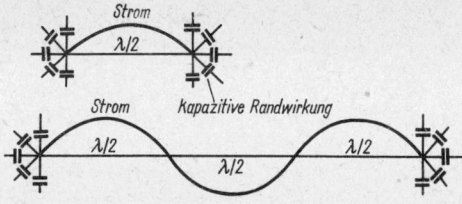

Bild 11.5
Die kapazitive Randwirkung und ihr Einfluß auf den
Verkürzungsfaktor eines Strahlers

Die nachfolgende Aufstellung läßt erkennen,
daß ein für 3500 kHz richtig bemessener Halbwellenstrahler beim Oberwellenbetrieb in den
harmonisch gelegenen Amateurbändern höherer
Frequenz in jedem Fall zu kurz wird.

Resonanzfrequenz	Strahlerlänge
3500 kHz = 0,5 λ	40,71 m
7000 kHz = 1,0 λ	41,78 m
14000 kHz = 2,0 λ	42,32 m
21000 kHz = 3,0 λ	42,50 m
28000 kHz = 4,0 λ	42,60 m

Die Strahlerresonanz liegt also beim Oberwellenbetrieb einer Antenne nicht genau harmonisch
zur Grundwelle.

In der Praxis bietet eine Strahlerlänge l von
42,2 m einen brauchbaren Kompromiß. Die Resonanz liegt dann bei den DX-Bändern innerhalb
des Bandes (14040, 21140 und 28230 kHz), während die Strahlerlänge für das 40-m- und 80-m-
Band zu lang ist.

Die L-Antenne für Allbandbetrieb
Die Überlegungen zur Resonanzlänge werden
gegenstandslos, wenn die L-Antenne über ein
unsymmetrisches *Collins*-Filter (siehe Abschnitt
8.1.1.1.) nach Bild 11.6 an den Senderausgang
angepaßt wird. Da sich beliebige Drahtlängen
verwenden lassen, kann man den vorhandenen
Verdrahtungsraum voll nutzen. Das heißt in der
Praxis, der frei ausgespannte Draht wird auf
größtmögliche Länge und Höhe ausgelegt und
dann mit dem entsprechend bemessenen *Collins-*

Filter für jedes beliebige Amateurband abgestimmt an den Senderausgang angepaßt. So stellt
sich diese Antenne als echte Allbandantenne dar,
die auch die «neuen» Amateurbänder 30, 17, 12
sowie 160 m einschließt. Weitere geeignete umschaltbare Antennen-Anpaßgeräte sind in Abschnitt 8.3. und Abschnitt 30.2. beschrieben.

Abhängig von der Antennenlänge und dem gewählten Amateurband können am antennenseitigen Ausgang des *Collins*-Filters Strom- oder
Spannungsmaxima sowie alle Zwischenwerte davon auftreten. Besonders wenn Stromspeisung
überwiegt, tritt häufig «vagabundierende» Hochfrequenz auf, die sich auf dem Sendergehäuse
nachweisen läßt. Beim Betrieb auf den höherfrequenten Amateurbändern ist oft zu beobachten,
daß eine Glimmlampe beim einpoligen Anlegen
an das Sendergehäuse aufleuchtet oder daß beim
Anfassen des Gehäuses mit den Fingerspitzen ein
leichtes Prickeln oder Brennen bemerkt wird.
Häufig entsteht schlechte Modulation, oder der
Elbug (eletronische Morsetaste) «spielt ver-
rückt». Dies sind Anzeichen für eine mangelhafte Hochfrequenzerdung des Senders (siehe
Abschnitt 19.1.2.). Der Schutzleiter des Netzka-
bels stellt keine gute Hochfrequenzerde dar, er
verliert seine Wirkung mit steigender Frequenz.
Auch die beliebte Wasserleitungserdung ist oft
nicht ausreichend, insbesondere bei langer Zuleitung oder bei Installationen mit Kunststoffroh-
ren. Brauchbar können Zentralheizungssysteme
und sonstige ausgedehnte Metallkonstruktionen
sein. Es gilt, alle erreichbaren Metallmassen als
Hilfserden in das Erdungsnetz einzubeziehen.
DL 2 RM und *DL 1 VU* verwenden eine «künstliche Erde», deren Wirksamkeit an einer 52 m
langen L-Antenne erfolgreich erprobt wurde [1].
Dabei wird von der Tatsache ausgegangen, daß
alle stromgespeisten Antennen (z. B. Groundplane oder 5/8-λ-Antenne) entweder eine sehr
gute Hochfrequenzerde oder Gegengewichte
niedriger Impedanz, die sogenannten Radials,
benötigen. Bei der erwähnten 52 m langen L-Antenne hat man deshalb versuchsweise je Band ein
Viertelwellenradial im Stationsraum verspannt
und an den Erdbezugspunkt angeschlossen. Aus
diesem Grund wurde das Sendergehäuse frei von

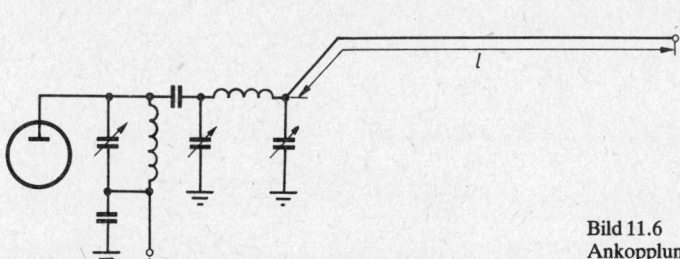

Bild 11.6
Ankopplung der L-Antenne über *Collins*-Filter

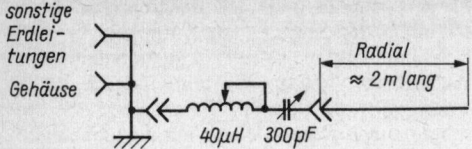

Bild 11.7
Abgestimmtes Gegengewicht als künstliche Erde

«vagabundierender» Hochfrequenz, und der Antennenstrom stieg an. Natürlich konnte das keine Dauerlösung sein, und es galt, eine ebenso wirkungsvolle aber viel kleinere und abstimmbare «künstliche Erde» zu entwickeln. Die Lösung bestand in einem Serienresonanzkreis nach Bild 11.7, der zwischen Sendergehäuse und einem etwa 2 m langen Radial eingeschaltet wurde. Die optimale Länge dieses Radials läßt sich experimentell ermitteln. Die 40-µH-Rollspule kann durch eine entsprechende Zylinderspule mit Abgriffen ersetzt werden. Für Leistungen bis etwa 100 W genügt ein stabiler 500-pF-Drehkondensator, wie man ihn aus dem Rundfunkempfänger kennt. An das Sendergehäuse werden neben der «künstlichen Erde» auch alle vorhandenen Hilfserden mit angeschlossen. Das etwa 2 m lange Gegengewicht sollte nach Möglichkeit im Freien angebracht werden; dessen Abstimmelemente kann man, sofern der Platz im vorhandenen Antennenanpaßgerät ausreicht, in dieses mit einbauen. Die Radials werden immer auf maximalen Antennenstrom abgestimmt. Die Abstimmung ist optimal, wenn die Hochfrequenzspannung auf dem Sendergehäuse ein Minimum bildet. Der anwachsende Antennenstrom zeigt die Verbesserung des Antennenwirkungsgrades an.

Rundfunk- und Fernsehstörungen (BCI und TVI) werden durch das abgestimmte Radial erheblich gemindert. Trotzdem bleibt diese Gefahr bestehen, denn die L-Antenne strahlt mit ihrer Gesamtlänge (sie hat keine Speiseleitung!), wodurch von Fall zu Fall durch deren Annäherung an elektrische Hausinstallationen und Fernsehantennen TVI und BCI entstehen können.

11.2. Die *Fuchs*-Antenne
(J. Fuchs – Österr. Pat. 110357 – 1927)

Als der Amateurfunk noch in den Kinderschuhen steckte, entwickelte der österreichische Funkamateur Dr. *Josef Fuchs* (*OE1JF, UO1JF, EAAA*) die nach ihm benannte *Fuchs*-Antenne. Sie war lange Zeit eine der beliebtesten KW-Sendeantennen, hat aber jetzt kaum noch Bedeutung. Es handelt sich um eine normale L-Antenne, die lediglich durch die besondere Art der Ankopplung an den Tankkreis gekennzeichnet ist.

Wie Bild 11.8a zeigt, arbeitet die *Fuchs*-Antenne mit einem Zwischenkreis, der induktiv an das «kalte Ende» der Anodenkreisspule angekoppelt wird. Für den Zwischenkreis ist ein großes L/C-Verhältnis erwünscht (hohe Güte!), seine Daten können aus Tabelle 10.2. entnommen werden. In diesem Kreis treten auch bei kleinen Sendeleistungen große Ströme auf. Um die Verluste klein zu halten, soll die Spule aus möglichst dickem Draht oder Rohr gefertigt werden. Das Amperemeter A ist ein Hitzdrahtinstrument oder ein anderes, für HF-Stromanzeige geeignetes Meßgerät. Notfalls kann auch eine entsprechend geshuntete kleine Glühlampe als Stromanzeiger verwendet werden.

Die Resonanzfrequenz des Zwischenkreises L_2C_2 entspricht der gewünschten Arbeitsfrequenz, die Strahlerlänge l berechnet man nach Gl. (11.1.). Daraus folgt, daß auch die *Fuchs*-Antenne auf ihren Harmonischen betrieben werden kann und sich deshalb als Mehrbandantenne be-

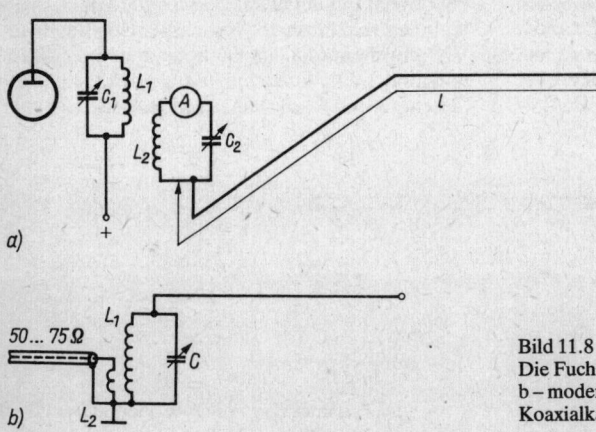

Bild 11.8
Die Fuchs-Antenne; a – Ursprungsform,
b – modernisierte Ausführung mit Speisung über
Koaxialkabel

dingt anwenden läßt. In diesem Fall muß der *Fuchs*-Kreis auf die jeweilige Arbseitsfrequenz umgeschaltet werden.

Die direkt gespeisten Antennen (L-Antenne und *Fuchs*-Antenne) strahlen mit ihrer Gesamtlänge. Durch die strahlende Zuleitung treten Verluste auf, die durch die in ihrer Nähe befindlichen Freileitungen, Gebäudeteile, Metallkonstruktionen usw. hervorgerufen werden. Neben den Strahlungsverlusten verursacht diese «vagabundierende» Hochfrequenz mehr oder weniger starke Störungen in benachbarten Rundfunk- und Fernsehempfängern.

Die modernisierte Ausführung einer *Fuchs*-Antenne, bei der ein beliebig langes koaxiales Speisekabel induktiv an den Zwischenkreis gekoppelt wird, zeigt Bild 11.8b. Auch eine galvanische Kopplung nach Bild 19.36a ist möglich. Dies hat den Vorteil einer nichtstrahlenden angepaßten Speiseleitung, aber auch den Nachteil, daß der sich am Antennenende befindliche Zwischenkreis dem direkten Zugriff entzogen ist. Damit wird ein Mehrbandbetrieb erschwert, und beim Einbandbetrieb ist nur ein relativ kleiner Frequenzbereich nutzbar, ohne daß der Zwischenkreis nachgestimmt werden muß. Man muß sich deshalb auf die Bänder mit kleinem Frequenzumfang beschränken (40, 30, 17 und 12 m).

Die praktische Ausführung einer solchen modernisierten *Fuchs*-Antenne wurde von *DF 2 BC* in [5] beschrieben. Er verwendete sie als Einbandantenne für das 40-m-Band mit einer Antennenlänge von 21 m nach Bild 11.8b. Gemäß Tabelle 10.2. wurde die Induktivität der Zwischenkreisspule L_1 mit 10 µH gewählt. Nach der Näherungsformel

$$C/_{pF} = \frac{25\,330}{(f/_{MHz})^2 \cdot L/_{\mu H}}$$

ergibt sich die Kreiskapazität C mit 50 pF. Die Spule L_1 wurde auf einen Ferrit-Ringkern von 50 mm Außendurchmesser aufgewickelt. Für eine Induktivität von 10 µH waren 24 Windungen erforderlich. Die Auskoppelspule L_2 erhielt 4 Windungen. Mit der auf Bandmitte 7,05 MHz abgestimmten Antenne war die Welligkeit an den Bandenden nicht größer als 1,1. Die Ankopplung des Koaxialkabels an die Senderendstufe ist in Abschnitt 8.1. beschrieben.

11.3. Die *DL 7 AB*-Mehrbandantenne

Nach einem Vorschlag von *DL 7 AB* läßt sich ein Langdraht leicht für alle Amateurbänder resonant auslegen. Der *DL 7 AB*-Antenne liegt folgender Gedankengang zugrunde: Durch eine in den Strahler eingeschaltete Spule kann man diesen elektrisch verlängern. Die Verlängerungswirkung ist am größten, wenn sich die Spule in einem Strombauch befindet; sie nimmt ab, je mehr die Spule dem Stromknoten genähert wird. Bild 11.9 läßt erkennen, wie sich die Strommaxima auf einem Strahler verteilen, der für 80 m eine Länge von $\lambda/2$ hat und den man als Mehrbandantenne verwendet.

Schaltet man etwa 2,5 m vom Strahlerende entfernt eine Verlängerungsspule in den Strahler ein, so liegt diese beim 10-m-Betrieb genau im ersten Strombauch; die Verlängerungswirkung ist demnach am stärksten. Bei 15 m befindet sich die Spule noch ein wenig neben dem Strommaximum, so daß der Einfluß der Spule etwas abgeschwächt wird. Mit größer werdender Wellenlänge nähert sich die Lage der Verlängerungsspule immer mehr dem Stromminimum; gleichzeitig verringert sich damit auch ihre Wirkung als elektrische Antennenverlängerung.

Wird für eine Mehrbandantenne nach *DL 7 AB* eine Strahlerlänge von 40 m zugrunde gelegt, so ist ihre Länge als Halbwellenstrahler für das 80-m-Band etwas zu gering. Obwohl sich die Verlängerungsspule fast im Stromknoten befindet, reicht ihre Wirkung noch aus, den Strahler für 80 m in Resonanz zu bringen. Für den 40-m-Betrieb wäre der Strahler bereits etwa 1,7 m zu kurz, doch die Verlängerungsspule liegt schon etwas näher zum Strombauch und gleicht die Verkürzung aus. Auf 20 m fehlen bereits 2,3 m, auf 15 m 2,5 m und auf 10 m 2,6 m. Die Verlängerungsspule rückt jedoch mit steigender Frequenz immer näher zum Strombauch und bringt die Antenne jeweils in Resonanz. Durch die unterschiedliche Verlängerungswirkung der Spule wird erreicht, daß der Strahler für alle Amateurbänder die richtige elektrische Länge hat.

Exakte Angaben über Lage und Größe der Verlängerungsspule können nicht vermittelt werden, da jede Antenne durch Erdverhältnisse,

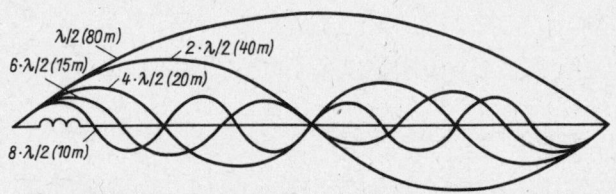

λ/2 (80 m)
6·λ/2 (15 m)
2·λ/2 (40 m)
4·λ/2 (20 m)
8·λ/2 (10 m)

Bild 11.9
Die Stromverteilung auf einem Mehrbandstrahler

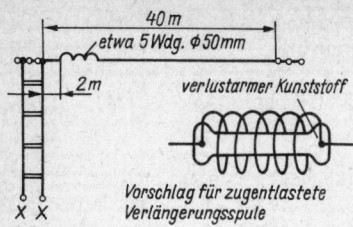

Bild 11.10
Die *DL 7 AB*-Mehrbandantenne mit Zeppelin-Speisung

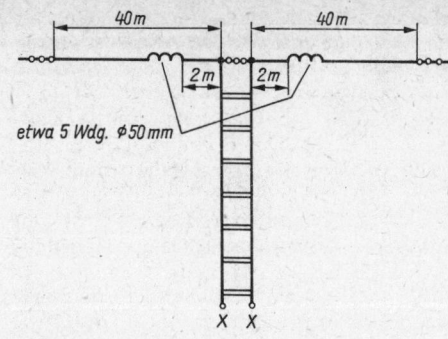

Bild 11.11
Symmetrisch gespeiste Mehrbandantenne
nach *DL 7 AB*

Antennenhöhe, Strahlerumgebung und Speisungsart unterschiedlichen Einflüssen unterliegt. Gute Richtwerte findet man in Bild 11.10.

Natürlich kann auch bei jedem anderen Mehrbandlangdraht nach der Methode von *DL 7 AB* der Strahler für alle Bänder resonant gehalten werden. Bild 11.11 zeigt als Beispiel eine symmetrisch gespeiste Allbandantenne, die bereits im 80-m-Betrieb als Ganzwellendipol arbeitet.

Der Vorzug der *DL 7 AB*-Methode besteht darin, daß beim Mehrbandbetrieb am Speisepunkt der Antenne keine Blindanteile vorhanden sind. Man könnte deshalb – trotz Mehrbandbetrieb – angepaßte Speiseleitungen verwenden. Da die *DL 7 AB*-Antenne aber immer in einem Spannungsbauch (hochohmig) gespeist wird, ist eine Widerstandsanpassung an die Speiseleitung kaum zu umgehen. Interessante Perspektiven können sich für die Entwicklung einer Mehrband-*Windom*-Antenne mit Verlängerungsspule nach *DL 7 AB* ergeben.

Als Amateurantenne konnte der *DL 7 AB*-Strahler bisher keine besondere Bedeutung erlangen: Die zugrunde liegende Idee findet man aber bei modernen Formen von Mehrbanddrehrichtstrahlern wieder.

11.4. Die V-Antenne
(P.S. Carter – US Pat. 1974387 – 1930)

Durch die V-förmige Anordnung zweier horizontaler Langdrahtantennen läßt sich die Richtwirkung und der Gewinn erhöhen. Es entsteht ein bidirektionaler (nach 2 Richtungen wirksamer) Richtstrahler, dessen Antennengewinn um 3 dB größer ist als der eines gleich langen Einzeldrahtes, vorausgesetzt, daß der Spreizwinkel α optimal gewählt wird (Bild 11.12).

Mit wachsender Schenkellänge *l* steigt der Gewinn in der Hauptstrahlrichtung, und die Bündelung wird schärfer. Die Hauptstrahlung liegt in der Richtung der Winkelhalbierenden. Der optimale Spreizwinkel α ist von der Schenkellänge *l* abhängig, er wird mit steigender Schenkellänge kleiner (Bild 11.13).

Durch den kleinen Erhebungswinkel der Strahlung im H-Diagramm ergibt die V-Antenne auf den hochfrequenten Amateurbändern einen besonders guten DX-Strahler.

Die V-Antenne wird in einem Spannungsbauch gespeist, sie hat daher eine hochohmige Eingangsimpedanz. Man benutzt oft eine abgestimmte Speiseleitung, da in diesem Fall Mehrbandbetrieb möglich ist. Beim Einbandbetrieb erweist es sich als vorteilhafter, eine unabgestimmte Speiseleitung über eine abgeschlossene Viertelwellenstichleitung an den Strahler anzupassen. Bei sehr großen Schenkellängen kommt der Eingangswiderstand in die Größenordnung von 600 Ω, und die V-Antenne kann dann mit einer angepaßten 600-Ω-Leitung direkt gespeist werden.

Die Schenkellänge ist bei einem V-Richtstrahler nicht sehr kritisch, sie läßt sich nach Gl. (11.1.) errechnen. Deshalb arbeitet diese Antenne verhältnismäßig breitbandig. Dagegen ist

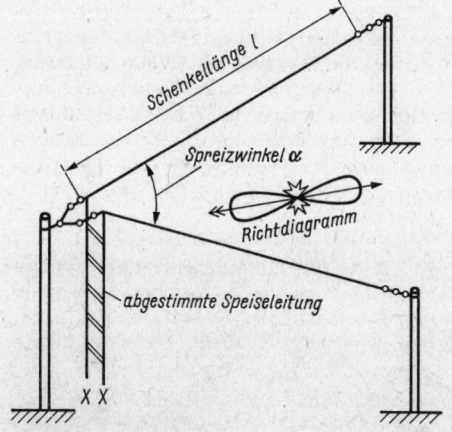

Bild 11.12
Schematische Darstellung eines V-Richtstrahlers

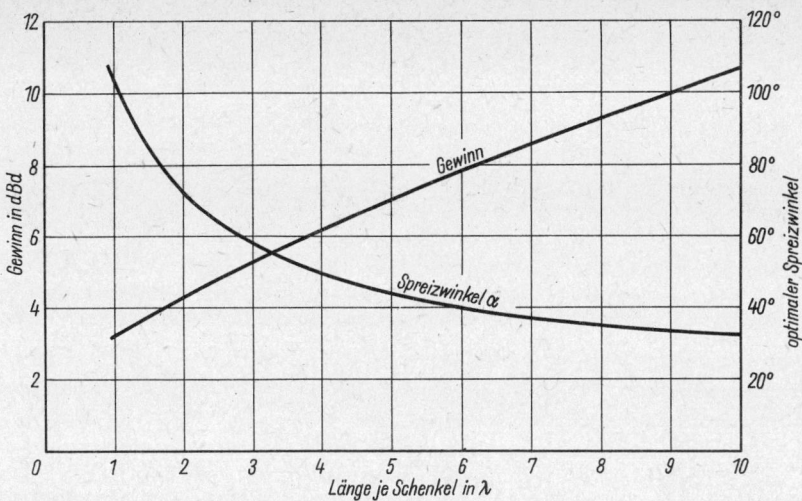

Bild 11.13
Angenäherter Gewinn (Bezug: λ/2-Dipol und optimaler Spreizwinkel einer V-Richtantenne in Abhängigkeit von der Schenkellänge, ausgedrückt in Vielfachen der Betriebswellenlänge λ

besonders bei größeren Schenkellängen die richtige Einstellung des optimalen Spreizwinkels α sehr kritisch, denn er bewirkt, daß sich die Hauptkeulen im Richtdiagramm der beiden Antennenzweige phasengleich zusammensetzen.

Eine V-Antenne, deren Spreizwinkel $\alpha = 47°$ bei einer Schenkellänge von je 63,05 m beträgt, ist optimal für das 15-m-Amateurband bemessen ($l = 4,5\lambda$, Gewinn knapp 6,5 dBd). Gleichzeitig kann mit diesem Strahler noch ausgezeichnet auf 10 m ($l = 6\lambda$) mit etwa gleichem Gewinn und 20 m ($l = 3\lambda$) mit einem verminderten Gewinn von knapp 5 dBd gearbeitet werden. Für 20- und 10-m-Betrieb ist der Spreizwinkel nicht optimal, es wird deshalb nicht der auf die Schenkellänge bezogene Maximalgewinn erreicht. Beim Betrieb auf 40 und 80 m ergibt sich nur ein geringer Gewinn. Der größer werdende Erhebungswinkel der Hauptstrahlrichtung bedeutet bei diesen Frequenzen keinen Nachteil. Die angegebenen Gewinne sind theoretische Werte unter idealen Bedingungen, die in der Praxis meistens nicht erreicht werden.

11.4.1. Der V-Stern

Ist viel Platz vorhanden, kann eine sehr wirkungsvolle Kombination von V-Antennen aufgebaut werden, die nicht nur auf allen Amateurbändern brauchbar ist, sondern darüber hinaus für alle Richtungen hohen Gewinn bringt (Bild 11.14).

Von einem mindestens 10 m hohen Mittelmast aus verlaufen radial 5 Drähte von je 42,25 m Länge mit einem Spreizwinkel von je 72° zu 5 Außenmasten (Bild 11.14a). Die Außenmasten können

niedriger sein als der Mittelmast, das ist sogar günstig, denn dadurch ergibt sich ein kleinerer Erhebungswinkel der Hauptstrahlrichtung.

Vom Mittelmast aus führt man die abgestimmten Speiseleitungen in Form einer Reuse zum Stationsraum. Diese Reuse besteht aus 5 Einzeldrähten, deren Abstand 10 ... 15 cm betragen kann (Bild 11.14b). Jeweils 2 einander benachbarte Drähte bilden eine abgestimmte Speiseleitung für den am oberen Ende angeschlossenen V-Strahler. Das einfache und sichere Umschalten auf die V-Systeme wird erreicht, indem man die 5 Speiseleitungsdrähte einzeln an die Buchsen einer 5poligen Buchsenleiste führt und mit 2 kurzen Steckerschnüren dann jeweils die gewünschte Verbindung zum Antennenabstimmgerät hergestellt.

Im vorliegenden Fall besteht der V-Stern aus 5 V-Strahlern. Es können deshalb 5 einzelne V-Antennen, die gleichmäßig über den Azimut verteilt sind, wahlweise angeschlossen werden. Da jeder V-Beam jedoch bidirektional ist, ergeben sich daraus bereits 10 Hauptstrahlrichtungen. Mit jeder einzelnen Hauptstrahlungskeule erfaßt man einen Azimutbereich von 36°; der vorliegende V-Stern bietet demnach eine in 10 Schritten über 360° schwenkbare Richtstrahlung. Da die Zusammenschaltung der einzelnen V-Schenkel frei wählbar ist, können sich besonders beim 40- und 80-m-Betrieb experimentell ermittelte Strahlerkombinationen ergeben, die entweder eine annähernde Rundstrahlung oder auch besondere Richtwirkungen verursachen. Bei welchen Bedingungen Rundstrahleigenschaften zu erwarten sind, geht aus Abschnitt 10.4. hervor.

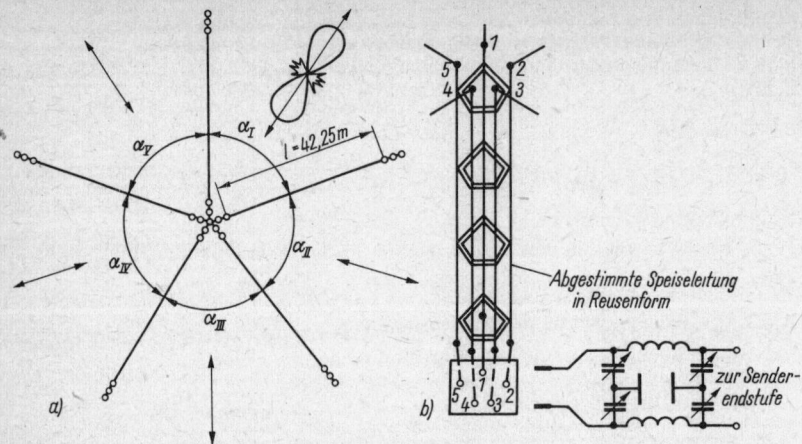

Bild 11.14
Der V-Stern, eine Mehrbandantenne mit
veränderbarer Richtcharakteristik

Gegenüber einem handelsüblichen drehbaren Richtstrahler aus Leichtmetallrohren hat der V-Stern den Vorteil, daß er auch für 40- und 80-m-Betrieb eine vollwertige Antenne darstellt. Es wird kein teures Rohr verwendet, es gibt keine komplizierte Mechanik und keine schwierigen Abgleicharbeiten.

Weitere Vorschläge für besonders leistungsfähige V-Sterne:

7 Drähte je 4λ Länge, Spreizwinkel 51,5°,
8 Drähte je 5λ Länge, Spreizwinkel 45°,
9 Drähte je 6λ Länge, Spreizwinkel 40°.

Unter Verzicht auf die Erfassung sämtlicher Richtungen mit maximalem Gewinn können auch ein oder mehrere Drähte weggelassen werden.

Bild 11.15 zeigt eine Ausführung, bei der 4 Schenkel mit einer Länge von je 3λ für 15 m und einem Spreizwinkel von 60° verwendet werden.

Es ist zweckmäßig, die Schenkellänge und den Spreizwinkel eines Mehrband-V-Sternes für das 15-m-Band zu bemessen. Da für den Mehrbandbetrieb in jedem Fall eine abgestimmte Speiseleitung verwendet werden muß, lassen sich Ungenauigkeiten in der Bemessung der Strahler- und Speiseleitungslängen immer durch den senderseitigen Antennenkoppler ausgleichen. Die Strahlerlängen sind nach der für die Bemessung von Langdrahtantennen angegebenen Gl. (11.1.) zu berechnen. Einfacher ist es, die entsprechenden Werte aus der Tabelle 34.2. im Anhang zu entnehmen.

11.4.2. Gestockte V-Antennen

Der Gewinn einer V-Antenne kann durch vertikale Bündelung um etwa 3 dB gesteigert werden, ohne daß sich dabei der horizontale Öffnungswinkel verringert. Dazu stockt man 2 gleichartige V-Antennen vertikal übereinander (Bild 11.16). Der Stockungsabstand soll etwa $\lambda/2 \ldots \lambda$ betragen, das Optimum liegt bei $\approx 0,7\lambda$. Daraus geht hervor, daß die erforderliche Bauhöhe der Antenne sehr groß ist und deshalb im Kurzwellenbereich nur sehr selten verwirklicht werden kann.

Wird der Stockungsabstand mit $\lambda/2$ gewählt, vereinfacht sich die Speisung des Systems. Beide V-Strahler müssen gleichphasig erregt werden. Eine $\lambda/2$-Verbindungsleitung transformiert Widerstände im Verhältnis 1:1, sie dreht aber die Phase einer anliegenden Spannung um 180°. Damit beide Ebenen phasengleich gespeist werden,

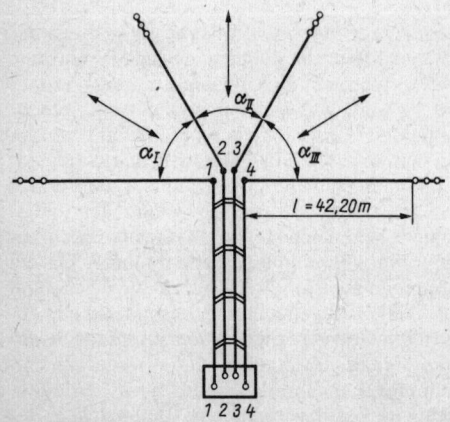

Bild 11.15
Der vereinfachte V-Stern

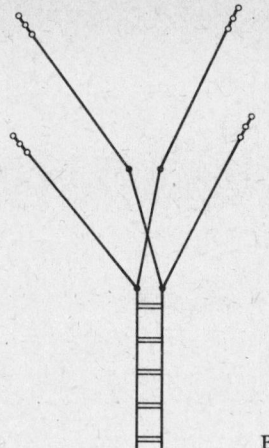

Bild 11.16
Die gestockte V-Antenne

muß man die Drähte der Halbwellenverbindungsleitung kreuzen (Bild 11.16).

Es wurden mitunter 2 horizontale V-Antennen nebeneinander angeordnet, so daß die Form eines W entsteht. Außerdem läßt sich hinter dem V-Strahler in $\lambda/4$ Entfernung ein zweites V als Reflektor anordnen. Die Strahlung wird dann unidirektional (nach einer Seite wirksam), wenn man beide Strahler mit einer gegenseitigen Phasenverschiebung von 90° speist.

11.4.3. Die stumpfwinklige V-Antenne

Eine Abart des V-Strahlers ist die stumpfwinklige V-Antenne, die man auch als *halbe Rhombusantenne* bezeichnet (Bild 11.17). Sie wird nur in Sonderfällen verwendet, da sie fast die doppelte Längenausdehnung einer spitzwinkligen V-Antenne hat. Außerdem erzielt man mit einem vergleichbaren «Normal-V» (gleiche Schenkellänge) einen höheren Gewinn.

Das stumpfwinklige V wird über eine abgestimmte Speiseleitung wie eine Zeppelin-An-

tenne gespeist. Der optimale Winkel α beträgt für Schenkellängen l von:

$2\lambda - 110°$,	$7\lambda - 142°$,
$3\lambda - 122°$,	$8\lambda - 144°$,
$4\lambda - 130°$,	$9\lambda - 146°$,
$5\lambda - 137°$,	$10\lambda - 147°$.
$6\lambda - 140°$,	

11.5. Die offene Rhombusantenne

Aus der Verbindung zweier V-Strahler ist die Rhombusantenne entstanden, die leistungsfähigste der mit Amateurmitteln noch darstellbaren Drahtrichtantennen. Der Rhombus hat eine größere Bandbreite als eine V-Antenne gleicher Gesamtlänge.

Bild 11.18 zeigt das Schema einer einfachen *offenen* Rhombusantenne. Sie endet an ihren Schenkelenden offen, im Gegensatz zum bekannteren abgeschlossenen Rhombus, der als aperiodische Breitbandantenne in Abschnitt 12. beschrieben wird.

Wie aus Bild 11.18 hervorgeht, ist die offene Rhombusantenne annähernd bidirektional. Ihr Gewinn ist größer als der eines vergleichbaren verlustlosen V-Strahlers. Beispielsweise hat ein verlustloser Rhombus mit einer Schenkellänge l von 3λ einen Gewinn von 8,5 dBd (siehe Tabelle 11.1.), während ein V-Strahler mit $l = 6\lambda$ nach

Tabelle 11.1.
Optimaler Spreizwinkel und Gewinn von offenen verlustlosen Rhombusantennen in Abhängigkeit von der Schenkellänge l

Schenkellänge l in λ	Spreizwinkel α in °	Gewinn in dBd
1,0	105	6,5
1,5	85	7,0
2,0	73	7,5
2,5	64	8,0
3,0	58	8,5
3,5	54	9,0
4,0	50	9,5
4,5	48	10,0
5,0	45	10,5

Bild 11.17
Die stumpfwinklige V-Antenne

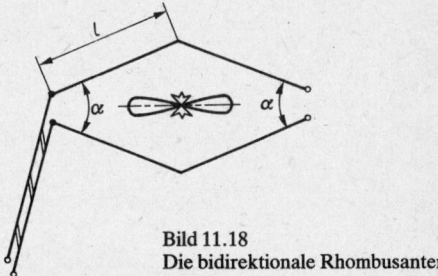

Bild 11.18
Die bidirektionale Rhombusantenne

Bild 11.13 nur einen Gewinn von etwa 7,8 dBd erreicht. In beiden Fällen wird die gleiche Drahtlänge benötigt. Außerdem ist das Richtdiagramm des Rhombus weniger frequenzabhängig als das der V-Antenne.

Die Gewinnangaben in Tabelle 11.1. beziehen sich auf einen Halbwellendipol als Bezugsantenne.

Die Tatsache, daß sich ein offener Rhombus bezüglich Schenkellänge und Spreizwinkel genauso verhält wie eine V-Antenne, gibt die Möglichkeit, einen vorhandenen und richtig bemessenen V-Strahler einfach durch entsprechendes Ansetzen eines zweiten gleichartigen V zu einem Rhombus zu erweitern. Ein auf diese Weise entstandener offener Rhombus ist dann ebenfalls optimal bemessen. Der Gewinn liegt mehr als 3 dB über dem Gewinn des V-Strahlers, und die Bandbreite ist angestiegen.

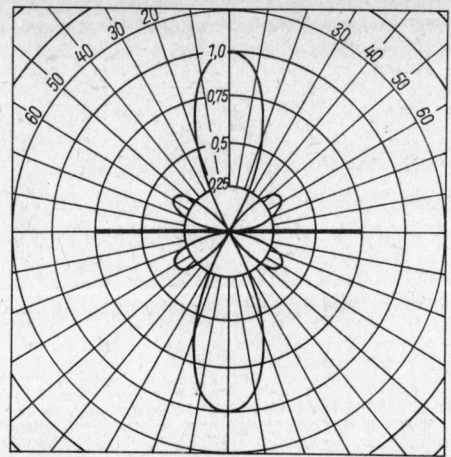

Bild 11.20
Das idealisierte E-Diagramm des verlängerten Doppel-Zepp

11.6. Der verlängerte Doppel-Zepp
(V.E.O. – Dt. Pat. 562306 – SU Prior, 1931)

Man kann den verlängerten Doppel-Zepp als Langdrahtantenne einstufen, weil seine Drahtlänge $>1\lambda$ ist. «Doppel-Zepp» kennzeichnet nur die Art seiner Erregung über eine abgestimmte Zweidrahtleitung. In der elektrischen Wirkungsweise stellt er eine Dipollinie dar (siehe Abschnitt 13.1.).

Bereits 1931 wurde diese Antennenform als «Gerichtete horizontale Kurzwellenantenne» in der UdSSR und später auch in anderen Ländern patentiert. Abgestimmt auf die Belange der Funkamateure, beschrieb *H. Romander* diese Antenne 1938 ausführlicher [2].

Wie Bild 11.19 zeigt, handelt es sich um einen Dipol, dessen Schenkellänge je etwa $0,64\lambda$ beträgt. Die Kennwerte eines solchen $1,28$-λ-Dipols sind in Tabelle 3.1. als Nr. 6 aufgeführt. Aus dem idealisierten E-Diagramm Bild 11.20 geht hervor, daß die Hauptstrahlung bidirektional mit einer Halbwertsbreite von etwa 35° erfolgt. Außerdem

sind noch 4 symmetrisch angeordnete Nebenzipfel vorhanden. Der Gewinn beträgt 3 dBd, während der um $\lambda/4$ kürzere Ganzwellendipol bei einer Halbwertsbreite von rund 50° nur 1,7 dBd aufweist (Kennwerte des Ganzwellendipols in Tabelle 3.1. Nr. 5). Wie aus der Stromverteilung in Bild 11.19 hervorgeht, ist die Erregung der Antenne nur über eine abgestimmte Speiseleitung möglich, welche die Resonanzbedingungen herstellt.

Werden die Dipolarme länger als $0,64\lambda$, fällt der Gewinn steil ab, während bei einem verkürzten Arm die Gewinnsenkung nur allmählich eintritt. Es ist deshalb ratsam, die Schenkellängen mit $0,64\lambda$, bezogen auf die höchste Frequenz, die innerhalb des Amateurbandes verwendet werden soll, zu bemessen. Unter dieser Voraussetzung ist die Längenbemessung unkritisch, da die Reso-

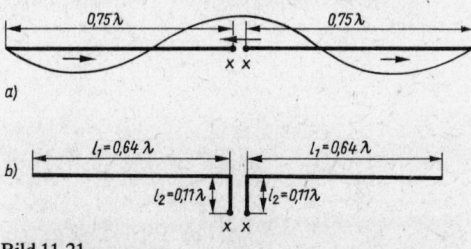

Bild 11.21
Die Entwicklung des verlängerten Doppel-Zepp mit angepaßter Speiseleitung aus dem $1,5\lambda$-Dipol; a – $1,5\lambda$-Dipol mit Stromverteilung, b – verlängerter Doppel-Zepp für angepaßte Speiseleitung (Stromverteilung siehe Bild 11.19)

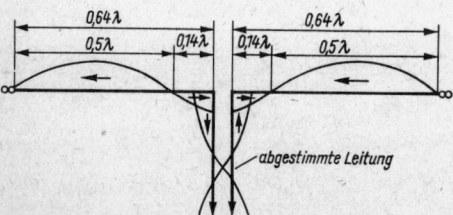

Bild 11.19
Der verlängerte Doppel-Zepp und seine Stromverteilung

nanz in jedem Fall durch die abgestimmte Speiseleitung hergestellt werden kann. Diese Speisungsart wird auch in Abschnitt 10.2.1.2. beim Doppel-Zepp erläutert (Bild 10.9). Bei einer abgestimmten Speiseleitung ist auch Mehrbandbetrieb möglich, mit den entsprechenden Konsequenzen für Gewinn und Richtcharakteristik.

Beschränkt man sich auf den Einbandbetrieb, kann über eine beliebig lange angepaßte symmetrische Speiseleitung erregt werden. Bekanntlich ist ein $1,5\lambda$ langer Dipol resonant, sein Speisepunkt liegt in einem Strombauch, man kann deshalb mit einem reellen Eingangswiderstand von etwa $90\,\Omega$ rechnen. Wie Bild 11.21 zeigt, lassen sich diese Betriebsverhältnisse auch beim verlängerten Doppel-Zepp herstellen, indem man einen Doppelleitungsabschnitt einfügt, dessen Länge $0,11\lambda$ beträgt. Damit sind die Dipolschenkel auf eine Resonanzlänge von je $0,75\lambda$ gebracht, ohne daß sich an den Strahlungseigenschaften etwas verändert. Nun kann der Strahler bei X-X über eine beliebig lange 90-Ω-Zweidrahtleitung erregt werden. Aus bereits erwähnten Gründen ist es jedoch günstiger, ein 75-Ω-Koaxialkabel zu verwenden, wobei eine Symmetriewandlung $1:1$ (Balun) empfehlenswert ist. Angepaßte Antennen sollten möglichst genau für die gewünschte Frequenz zugeschnitten sein, denn die Resonanzfrequenz kann man nur durch Verlängern oder Verkürzen des Abstimmstubs nachträglich verändern.

In Tabelle 11.2. sind die Abmessungen für Strahler nach Bild 11.21b für verschiedene Resonanzfrequenzen in den Kurzwellen-Amateurbändern aufgeführt. Selbstverständlich kann die Länge l auch für Ausführungen mit abgestimmter Speiseleitung nach Bild 11.19 verwendet werden.

Tabelle 11.2.
Abmessungen des verlängerten Doppel-Zepp nach Bild 11.21 b für alle Amateurbänder

Resonanzfrequenz in MHz	Länge l_1 in m	Länge l_2 in m
1,83	103,11	17,70
3,55	53,16	9,13
3,70	51,00	8,76
7,05	26,77	4,60
10,12	18,65	3,20
14,05	13,43	2,31
14,20	13,29	2,28
18,10	10,43	1,79
21,05	8,96	1,54
21,30	8,86	1,52
24,95	7,56	1,30
28,05	6,73	1,16
28,50	6,62	1,14
29,00	6,51	1,12

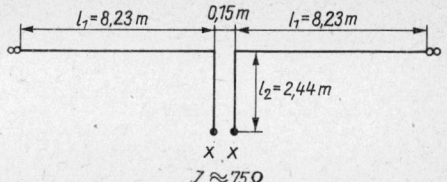

Bild 11.22
Zweibandausführung nach *G 3 TKN*, Abmessungen für 7 und 21 MHz

Der aus Gl. (11.1.) abgeleitete Verkürzungsfaktor V von $0,983$ ist bei der Bemessung berücksichtigt.

Zum Umrechnen für andere Resonanzfrequenzen eignen sich die Gleichungen

$$l_{1/\mathrm{m}} = \frac{188,7}{f/_{\mathrm{MHz}}} \qquad (11.2.)$$

und

$$l_{2/\mathrm{m}} = \frac{32,4}{f/_{\mathrm{MHz}}} \qquad (11.3.)$$

Die praktisch erprobte Ausführung eines verlängerten Doppel-Zepp für 21 MHz, der gleichzeitig als Halbwellendipol für 7 MHz verwendbar ist, wurde von *G 3 TKN* in [3] beschrieben. Die Abmessungen enthält Bild 11.22. Bei dieser Antenne beträgt die Schenkellänge l_1 für 21 MHz nur $5/8\,\lambda$ ($0,625\,\lambda$), dementsprechend wird die Länge $l_2 = 1/8\,\lambda$. Beim 7-MHz-Betrieb ist der strahlende Teil rund $0,4\,\lambda$ lang, die zur Halbwellenresonanz fehlenden $0,1\,\lambda$ werden von der Leitung l_2 eingebracht. Die Eigenschaften gegenüber einem Halbwellendipol voller Länge sind etwas schlechter. Gespeist wird über einen Balun $1:1$ mit einem beliebig langen 75-Ω-Koaxialkabel.

11.7. Die *K 4 EF*-Sechsband-Langdrahtantenne

Eine äußerlich recht einfach wirkende, aber in ihrer Funktion sehr sinnreiche Sechsband-Langdrahtantenne wurde von *K 4 EF* entwickelt [4]. Das in Bild 11.23 dargestellte Schema zeigt 3 waagrecht aufgebaute Antennenleiter l_1, l_2 und l_3, die unterschiedliche Längen haben, wobei l_1 etwa rechtwinklig zu l_2 und l_3 angeordnet ist. Mit der angegebenen Bemessung besteht Resonanz in den Amateurbändern 30, 20, 17, 15, 12 und 10 m, wobei für alle Bänder am Antenneneingang XX eine Impedanz von etwa $200\,\Omega$ auftritt. Die Lage von XX außerhalb der Leitermitten läßt eine Verwandtschaft zum Windom-Prinzip vermuten (siehe Abschnitt 10.2.3.).

System	Wirksame Länge in m	Amateurband in m	Anzahl der Halbwellen	Frequenzbereich in MHz	**Tabelle 11.3.** Resonanzbeziehungen und Frequenzbereiche der *K4EF*-Antenne nach Bild 11.23
$l_1 + l_2$	73,45	30	5 ·	9,953 ... 10,256	
$l_1 + l_2$	73,45	20	7 ·	13,975 ... 14,400	
$l_1 + l_2$	73,45	17	9	17,995 ... 18,544	
$l_1 + l_3$	77,40	15	11	20,892 ... 21,528	
$l_1 + l_3$	77,40	12	13	24,707 ... 25,460	
$l_1 + l_3$	77,40	10	15	28,523 ... 29,305	

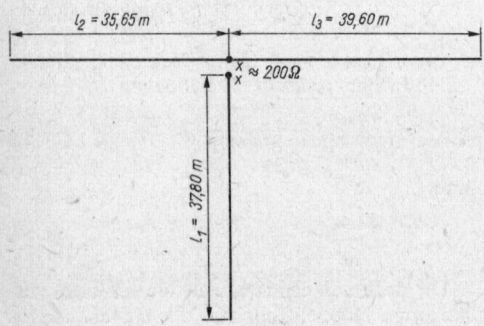

Bild 11.23
Die *K4EF*-Sechsband-Langdrahtantenne,
Bemessungsschema (Draufsicht)

Es handelt sich um die Kombination von 2 Systemen; das eine besteht aus $l_1 + l_2$ mit einer wirksamen Gesamtlänge von 73,45 m, das andere aus $l_1 + l_3$ mit 77,40 m Länge. Tabelle 11.3. veranschaulicht die Resonanzbeziehungen für die einzelnen Bänder und gibt den von *K4EF* ermittelten Frequenzbereich an, in dem die Welligkeit *s* nicht größer als 2 ist. Die Tabelle zeigt, daß lediglich im 10-m-Band der Frequenzbereich nicht ganz ausreichend ist, so daß man bei Frequenzen <28,5 MHz gegebenenfalls mit einem Anpaßgerät arbeiten muß.

Die unterschiedlichen Strahlungseigenschaften für die einzelnen Bänder lassen sich schwierig beurteilen, da auch die Abwinkelung der Leiterschenkel berücksichtigt werden muß. Zu einer groben Abschätzung kann man Bild 11.1 und Bild 11.2 heranziehen. Sicher darf mit kleinen Erhebungswinkeln und damit guten DX-Eigenschaften gerechnet werden.

Die Leiterlängen sollte man exakt einhalten. Weniger kritisch ist dagegen die Abwinkelung zwischen den 3 Leiterschenkeln; die Summe der Winkel kann je nach den örtlichen Gegebenheiten zwischen 180 (Normalfall) und 120° liegen. Vom Mittelmast ausgehend können die Leiter-

schenkel auch geneigt zu den Außenmasten geführt werden («inverted-V»-Form). Natürlich soll man auch diese Antenne möglichst hoch und frei von Hindernissen aufbauen; als Mindestforderung ist ein Mittelmast von 10 m Höhe anzusehen.

Der Eingangswiderstand von 200 Ω ermöglicht die symmetrie- und impedanzrichtige Anpassung eines beliebig langen 50-Ω-Koaxialkabels über einen Ringkern-Balun-Breitbandübertrager 1 : 4 nach Bild 7.16. Für gewittergefährdete Gegenden empfiehlt *K4EF*, eine 200-Ω-Zweidrahtleitung am Mittelmast entlang bis in Erdbodennähe herabzuführen und dort erst den Ringkernübertrager anzufügen. Man kann dann bei Gewittergefahr das System über die leicht zugängliche 200-Ω-Leitung direkt erden.

Literatur zu Abschnitt 11.

[1] *Wolf, R./Hille, K. H.*: Einfache DX-Antenne mit künstlicher Erde, cq-DL, Baunatal 50 (1979) Heft 11, Seite 493 bis 495

[2] *Romander, H.*: The Extended Double-Zepp Antenna, QST, West Hartford, Conn., 22 (1938) June, Seite 12 bis 16 und 76

[3] *Lear, V. C.*: A 21 MHz space saver, RADIO COMMUNICATION, London (1979) November

[4] ...: the *K4EF* antenna for 10–30 MHz, ham radio, Greenville, N. H., (1985) January, Seite 77

[5] *Klüß, A.*: Die optimierte Fuchsantenne, cq-DL, Baunatal, 56, (1985), Heft 7, Seite 377

Bäz, B., DL7AB: Die *DL7AB*-Antenne, Funk-Technik 19, Seite 576, Verlag für Radio-Foto-Kino-Technik GmbH, Berlin 1949

Bäz, B., DL7AB: Die Langdrahtantenne im Amateurfunk, Funk-Technik 8, Seite 216; Funk-Technik 9, Seite 236, Verlag für Radio-Foto-Kinotechnik GmbH, Berlin 1952

Issakowitsch-Kosta, S.: Anpassung von Speiseleitungen an Kurzwellen-Sendeantennen, Elektrische Nachrichtentechnik, Berlin, 10 (1933) Heft 1, Seite 9 bis 19

Simon, A.: Anpassungsschaltungen für unsymmetrische Drahtantennen, FREQUENZ, Berlin, 8 (1954) Heft 2, Seite 48 bis 56

12. Aperiodische Antennen

Strahler, die mit einem Lastwiderstand abgeschlossen sind, nennt man *aperiodische* oder auch *abgeschlossene Antennen* (Bild 12.1). Der Wert des Lastwiderstandes – er wird auch als *Schluck-widerstand* bezeichnet – ist gleich dem Wellenwiderstand der Antenne Z_A und muß für die Betriebsfrequenz reell sein.

Auf einer mit ihrem Wellenwiderstand abgeschlossenen Antenne bilden sich – im Gegensatz zu einer resonanten, nicht abgeschlossenen Antenne – keine stehenden Wellen aus. Die Energie, die am Antennenende ankommt, wird vom dort befindlichen Lastwiderstand aufgenommen und von ihm in Wärme umgesetzt. Theoretisch kann man die abgeschlossene Antenne als eine angepaßte Übertragungsleitung betrachten, deren zweiten Leiter bei manchen Formen die Erde darstellt. Die Übertragungsleitung ist durch den Lastwiderstand R_L mit ihrem Wellenwiderstand Z_A abgeschlossen. Es bilden sich fortschreitende Wellen (Wanderwellen) aus, die dadurch gekennzeichnet sind, daß der Strom längs der Leitung vom Antenneneingang ausgehend gleichförmig sinkt.

Im allgemeinen strahlen mit ihrem Wellenwiderstand abgeschlossene Paralleldraht-Leitungen nicht oder nur sehr wenig. Bei der abgeschlossenen Antenne aber sind die beiden Leiter Antennendraht und Erde so weit voneinander entfernt, daß sich die gegenphasigen Feldkomponenten nicht aufheben. Das System ist deshalb strahlungsfähig und kann als Sende- und als Empfangsantenne verwendet werden.

Der Eingangswiderstand einer aperiodischen Antenne ist in weiten Grenzen frequenzunabhängig. Dieser Vorzug wiegt z.T. den Nachteil

auf, daß im Abschlußwiderstand ein Teil der HF-Energie in nutzlose Wärme umgesetzt wird. Die ausgeprägte Frequenzabhängigkeit der Strahlungsdiagramme bestimmt oft den nutzbaren Frequenzbereich.

12.1. Abgeschlossene Langdrahtantennen

Das Richtdiagramm eines abgeschlossenen Langdrahtes ähnelt dem einer etwa gleich langen offenen Langdrahtantenne. Die Strahlungskeulen werden aber um so kleiner, je mehr sie in Richtung zum Einspeisungspunkt zeigen (Bild 12.2). Eine gleichartige offene Antenne wirkt annähernd bidirektional (nach 2 Seiten), die abgeschlossene Antenne dagegen wirkt unidirektional (nach 1 Seite).

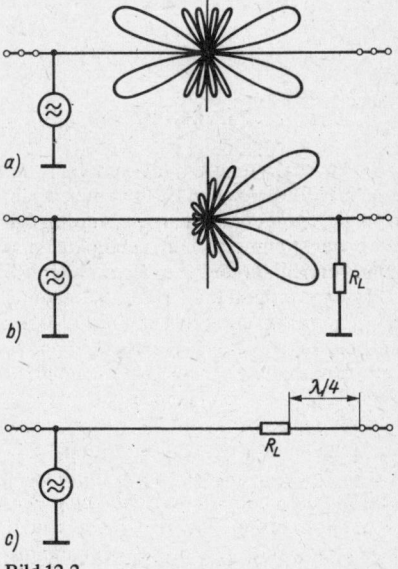

Bild 12.2
Vergleich von Horizontaldiagrammen;
a – abgestimmter Langdraht, Länge 3λ,
b – abgeschlossener Langdraht gleicher Länge (Strahlungsdiagramm idealisiert), c – abgeschlossener Langdraht mit $\lambda/4$-Gegengewicht

Bild 12.1
Aperiodische Antenne; der Wert des Abschlußwiderstandes R_L ist gleich dem Wellenwiderstand der Antenne Z_A

Da man für die abgeschlossene Langdrahtantenne als zweiten Leiter die Erdoberfläche
benutzt, soll eine gute Bodenleitfähigkeit vorhanden sein. Da das selten der Fall ist, kann man
ein gleich langes Gegengewicht auf der Erdoberfläche verlegen und dieses als Ersatzerde benutzen. Weniger Aufwand erfordert ein $\lambda/4$-Draht
nach Bild 12.2c als Gegengewicht. Durch das
Einfügen eines frequenzabhängigen Gliedes geht
allerdings die Möglichkeit für einen effektiven
Mehrbandbetrieb verloren, es sei denn, man
bringt fächerartig für jedes gewünschte Band bemessene $\lambda/4$-Gegengewichte an.

Der Gewinn einer aperiodischen Langdrahtantenne steigt mit der Vergößerung des Verhältnisses von Drahtlänge zu Betriebswellenlänge.
Der Wellenwiderstand Z der Antenne liegt in
Abhängigkeit vom Leiterdurchmesser d und der
Aufbauhöhe h über Erde bei $300 \ldots 600\,\Omega$ und
errechnet sich nach:

$$Z = 60 \ln \frac{2h}{0,5\,d} \quad \text{oder} \quad Z = 138 \log \frac{2h}{0,5\,d}$$

$$(12.1.)$$

Diesen Wert muß auch der Lastwiderstand R_L
haben. Er soll im Sendefall mit der Hälfte der
verfügbaren HF-Leistung belastbar sein und darf
keine Blindwiderstände aufweisen. Die geforderte Belastbarkeit des Widerstandes sinkt mit
wachsender Drahtlänge. Bei einer Drahtlänge
von 2λ sind bereits 25 % der Sender-HF-Leistung
ausreichend.

Die *Beverage*-Antenne
(H. H. Beverage – US Pat. 1381089 – 1920)

Sehr lange abgeschlossene Drahtantennen in relativ geringer Höhe über dem Erdboden bezeichnet man als *Beverage*-Antennen. Sie wurden früher auch in der kommerziellen Technik hauptsächlich im Bereich der längeren Kurzwellen für
Empfangszwecke eingesetzt. Für Funkamateure
sind sie als Empfangsantennen im 160-m-Band
unübertroffen. Eine solche *Beverage*-Antenne ist
wegen ihrer Breitbandigkeit gleichzeitig auch für
80 und 40 m hervorragend geeignet.

Die Drahtlänge soll mindestens 1λ betragen,
bezogen auf die niedrigste Arbeitsfrequenz. Üblich sind Drahtlängen von mehreren Wellenlängen. Daraus geht schon hervor, daß diese Antenne nur an dünn besiedelten Stadträndern oder
in ländlichen Gegenden errichtet werden kann.
Eine leichte Bebauung durch Waldstreifen,
Obstbäume, Hecken, einzelne Zweckgebäude
usw. stört nicht. Die Bodenleitfähigkeit ist von
untergeordneter Bedeutung, lediglich für den
Abschlußwiderstand benötigt man eine gute

Hochfrequenzerde (siehe Abschnitt 19.1.). Auch
an die Aufbauhöhe werden keine besonderen
Forderungen gestellt, üblich sind $2 \ldots 3$ m.

In ihrer einfachsten Form entspricht die *Beverage*-Antenne einer abgeschlossenen Langdrahtantenne nach Bild 12.2b. Eine etwas verfeinerte
Ausführung nach [1] zeigt Bild 12.3. Mit etwa
460 m Länge ($\approx 2,8\lambda$) und einer Aufbauhöhe von
3 m über Grund ist sie für den Empfang im 160-m-
Band bestimmt. Die gute Hochfrequenzerde am
Leitungsende soll durch möglichst viele flach in
den Erdboden eingegrabene Radiale verwirklicht werden. T1 ist ein HF-Transformator mit
dem Windungsverhältnis $1:2,5$ (entspricht einer
Impedanztransformation von etwa $1:6$), der die
Antenne an einen üblichen niederohmigen Empfängereingang anpaßt. Primär- und Sekundär-
windungen sind gegensinnig auf einen Ferrit-
Ringkern hoher Permeabilität gewickelt. Um
Einstrahlungen nahegelegener Mittelwellen-
Rundfunksender zu unterdrücken, soll die Primärwicklung am Empfängergehäuse geerdet
werden und die Sekundärwicklung eine gesonderte Erde erhalten.

Belrose veröffentlichte in [2] folgende experimentell ermittelte Feststellungen, die an einer
100 m langen *Beverage*-Antenne bei einer Arbeitsfrequenz von 2 MHz gewonnen wurden (gekürzt):

1. Die Wirksamkeit ist besser, wenn die Bodenleitfähigkeit unterhalb des Antennendrahtes
   schlecht ist. Bei einer Antennenhöhe von 1 m
   über Grund war der Gewinn über schlecht
   leitendem Boden um $5,7$ dB größer als über
   guter Erdbodenleitfähigkeit. Bei höheren
   Frequenzen (z.B. 25 MHz) kehrt sich dieser
   Trend um.
2. Der Gewinn steigt mit der Antennenhöhe
   über Grund nur geringfügig an. Der Unterschied zwischen 1 und 3 m Aufbauhöhe betrug
   nur $1,3$ dB; selbst wenn der Draht nur in $0,3$ m
   Höhe gespannt war, wurde nur ein Gewinnabfall gegenüber 3 m Aufbauhöhe von 2 dB
   verzeichnet.
3. Der Gewinn steigt mit der Antennenlänge.

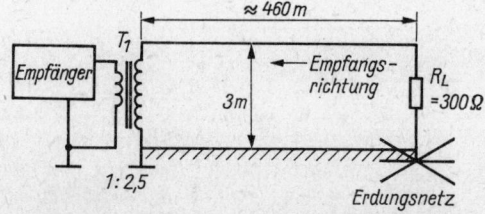

Bild 12.3
Einfache *Beverage*-Antenne für das 160-m-Band nach
W 8 HHS (Pfeil für Empfangsrichtung um 180° drehen)

Die 100 m lange Antenne war in 1 m Höhe über trockenem Erdboden gespannt. Die Verdoppelung der Länge auf 200 m brachte einen Gewinnanstieg von 3,5 dB, mit 400 m Antennenlänge stieg der Gewinn um 5 dB auf −7 dBi.

Belrose stellte weiter fest, daß die 100 m lange *Beverage*-Antenne in 1 m Höhe über Grund aufgebaut bei 2 MHz eine horizontale Halbwertsbreite von 77° aufwies, die vertikale Halbwertsbreite betrug 60° bei einem Erhebungswinkel von etwa 42°. Dabei ist jedoch zu beachten, daß die Antennenlänge für diesen Fall nur $0{,}67\,\lambda$ betrug. Wichtig ist aber die Tendenz, daß die vertikale Halbwertsbreite kleiner ist als die horizontale.

Aus der Kenntnis der Richtdiagramme könnte man folgern, daß *Beverage*-Antennen einen großen Richtfaktor aufweisen. Aber leider ist ihr Gewinn für die Bänder 160, 80 und 40 m bei noch darstellbaren Längen immer geringer als der des Kugelstrahlers. Messungen bei Drahtlängen von 400 m ergaben «Gewinne» von −3 dBi bei 40 m, etwa −4 dBi bei 80 m und −6 dBi bei etwa 160 m [2]. Die *Beverage*-Antenne hat somit einen sehr niedrigen Wirkungsgrad. Gründe dafür sind der Lastwiderstand, die unvermeidlichen Erdverluste – besonders bei geringer Aufbauhöhe –, die ohmschen Leiterverluste des relativ langen und dünnen Antennendrahtes und die dielektrischen Verluste an den vielen erforderlichen Stützisolatoren. Für den Sendefall müßte man daher mit weit mehr als 50 % Leistungsverlust rechnen. Wertet man aber die Strahlungseigenschaften für den Empfang aus, zeigt sich eine einseitig gerichtete, horizontal polarisierte, scharf gebündelte Richtcharakteristik mit flachem Erhebungswinkel. Das bedeutet, daß Wellen, die nicht aus der Hauptempfangsrichtung kommen, wirksam unterdrückt werden. Europa-QRM und örtlicher Störpegel fallen deshalb stark ab, und selbst atmosphärische Störungen werden richtungsselektiv verringert. Die unter kleinem Erhebungswinkel aus dem erfaßten Azimutbereich einfallenden DX-Signale erscheinen verstärkt, und insgesamt ergibt sich daraus ein großer Störabstand. auf den

es beim Empfang ankommt. Man darf außerdem erwarten, daß die *Beverage*-Antenne bei großer Länge bestimmte Schwunderscheinungen mildert.

Eine Weiterentwicklung der *Beverage*-Antenne ist deren Zweidrahtausführung (Bild 12.4). Sie wurde von *W 9 UCW* in [3] beschrieben und ist mit einer Leiterlänge von 162 m für den Betrieb im 160-m-Amateurband bestimmt. Ihre Vorzüge bestehen in geringeren Erdverlusten, größerer Signalspannung und Verlegung des Lastwiderstandes R_L zur Empfängerseite, so daß dort über das leicht zugängliche *RLC*-Netzwerk optimale Betriebsbedingungen eingestellt werden können. Durch Variation von R_L und C lassen sich störende Sender und Rauschquellen ausblenden.

Wenngleich das Richtdiagramm in bestimmten Grenzen beeinflußt werden kann, bleiben die bisher beschriebenen *Beverage*-Formen unidirektionale Richtantennen, die nur über einen relativ schmalen azimutalen Sektor brauchbar sind. Durch entsprechende Maßnahmen kann man aber erreichen, daß durch Umschalten bzw. Umstecken das Horizontaldiagramm um 180° gedreht wird. Bild 12.5 zeigt diese von *W 9 UCW* durchgeführte Veränderung der Zweidraht-*Beverage* von Bild 12.4.

Es werden folgende Spulendaten angegeben:

L_1, L_5 – 6 Windungen CuL 1,6 mm Durchmesser auf Wickelkörper 60 mm Durchmesser

L_2 – 56 Windungen CuL 0,4 mm Durchmesser mit Mittenzapfung, auf Wickelkörper 80 mm Durchmesser (L_1 zentrisch innerhalb von L_2).

L_6 – 56 Windungen CuL 0,4 mm Durchmesser auf Wickelkörper 80 mm Durchmesser (L_6 zentrisch innerhalb von L_5).

L_3 – 60 Windungen CuL 0,4 mm Durchmesser mit Mittenanzapfung auf Wickelkörper 100 mm Durchmesser. Diese Wicklung wird von einer geerdeten Metallfolie umschlossen, welche mit einem etwa 20 mm breiten Schlitz versehen ist, der verhindert, daß eine

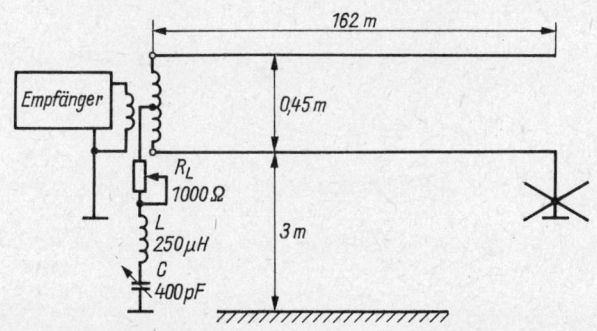

Bild 12.4
Zweidrahtausführung einer *Beverage*-Antenne für das 160-m-Band nach *W 9 UCW*; maximales Signal kommt von rechts

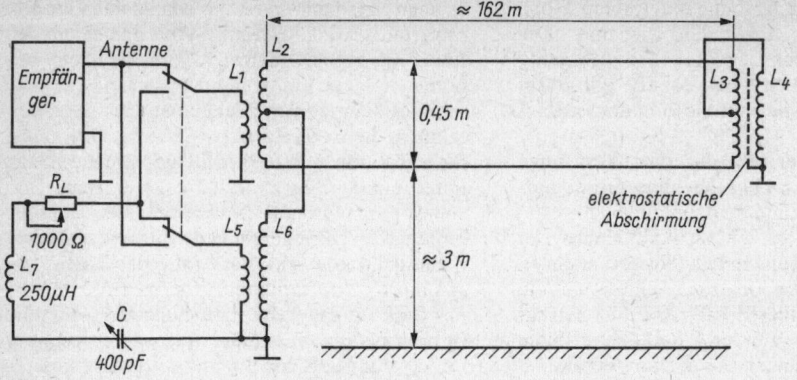

Bild 12.5
Zweidraht-*Beverage*-Antenne mit Richtungsumschaltung nach *W 9 UCW*; Schaltstellung: maximales Signal kommt von rechts

Kurzschlußwindung entsteht (elektrostatischer Schirm).

L_4 — 40 Windungen CuL 0,4 mm Durchmesser. Wird als Sekundärwicklung über L_3 auf die Metallfolie aufgewickelt. Auf Symmetrie ist zu achten.

L_7 — 40 Windungen CuL 0,5 mm Durchmesser auf Wickelkörper mit 25 mm Durchmesser, Wicklungsbreite 25 mm, Induktivität 250 µH.

Der Lastwiderstand R_L soll induktivitätsarm sein (kein Drahtpotentiometer).

Eine Eindraht-*Beverage* für das 40-m-Amateurband wird in [4] ausführlich beschrieben.

Die *Beverage* ist eine hervorragende DX-Empfangsantenne, sie eignet sich aber als Sendeantenne weniger gut. Diese Aufgabe widerspricht nicht dem Reziprozitätstheorem, welches besagt, daß die charakteristischen Eigenschaften und Kenngrößen einer Antenne für den Empfangsfall und für den Sendefall sinngemäß die gleichen bleiben. Der Unterschied liegt hier auf der betriebstechnischen Seite. Wie allgemein bekannt ist, leiden die Amateurbänder 160, 80 und 40 m unter außerordentlichen Störungen unterschiedlichster Zusammensetzung. Dabei ist es verwunderlich, daß bei solchen Bedingungen überhaupt noch DX-Verbindungen möglich sind. Eine hohe Empfängerempfindlichkeit wird unter diesen Umständen sinnlos, sie kann das Übel nur verschlimmern. Man muß also den Störabstand zwischen DX-Signal und Störpegel bereits antennenseitig vergrößern. Wie kaum eine andere Antennenform weist die *Beverage*-Antenne diese Eigenschaft auf. Das Erfolgsrezept vieler DXer für 40, 80 und 160 m lautet deshalb: *Beverage*-Antenne für den Empfang und vertikaler Viertelwellenstrahler (siehe Abschnitt 19.) zum Senden.

12.2. Die T2FD-Antenne

Ein abgeschlossener, geneigter Faltdipol ist unter der Bezeichnung T2FD-Antenne bekannt geworden; er wird auch kommerziell hergestellt. T2FD entspricht TTFD, und diese Abkürzung entstammt dem Englischen (**T**ilted **T**erminated **F**olded **D**ipole), was schräger abgeschlossener Faltdipol bedeutet. Teilweise spricht man auch von einer *W 3 HH*-Antenne, weil sie von *W 3 HH* propagiert wurde.

Die in Bild 12.6 dargestellte T2FD-Antenne hat eine Längenausdehnung von nur $\lambda/3$, bezogen auf die niedrigste Betriebsfrequenz. Da sie mit einem Neigungswinkel von etwa 30° aufgebaut wird, verringert sich der Platzbedarf noch etwas. Außerdem werden nur ein etwa 10 m langer Mast und ein kurzer Maststummel von 1,85 m freier Länge für die Montage benötigt.

Bestechend ist die große Bandbreite des aperiodischen Strahlers mit einem Frequenzverhältnis von etwa 1 : 5. Bemißt man ihn z.B. für eine niedrigste Frequenz von 7000 kHz, so beträgt die Spannweite 14,35 m, und man kann die Antenne

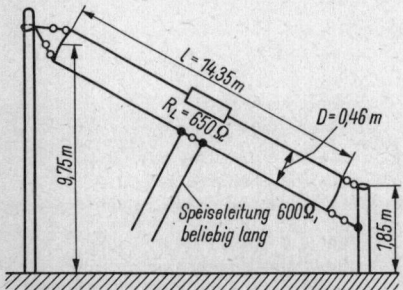

Bild 12.6
Die *T 2 FD*-Antenne nach *W 3 HH*

184

für alle frequenzhöher liegenden Amateurbänder einsetzen. Es handelt sich dabei nicht um eine Harmonischenresonanz, sondern um die durch Bedämpfung erzielte Bandbreite. Das bedeutet, daß die T2FD für alle dazwischenliegenden Frequenzen ebenso brauchbar ist. Somit kann die T2FD den «Einstieg» zu den neu zugelassenen Amateurbändern ohne zusätzlichen Aufwand ermöglichen.

Mit dem vorgeschriebenen Neigungswinkel strahlt die Antenne nach vielen Richtungen. Das zerklüftete Strahlungsdiagramm zeigt keine Rundcharakteristik, aber auch keine eindeutige Hauptstrahlrichtung. Es hat vielmehr einige breite Strahlungskeulen, viele Nebenzipfel, jedoch keine ausgeprägten Nullstellen. Die T2FD kann deshalb nach vielen Richtungen mit annähernd gleichem Ergebnis arbeiten. In gleicher Weise ist sie auch als Empfangsantenne geeignet.

Über den Gewinn einer T2FD wurden bisher keine konkreten Werte angegeben. Es ist bei dem zerklüfteten Strahlungsdiagramm auch kaum möglich, einen Gewinnvergleich mit dem Halbwellendipol anzustellen, da es bei der T2FD keine eindeutige Hauptstrahlrichtung gibt. In manchen Berichten wird die T2FD um 1 bis 2 S-Stufen besser als ein Halbwellendipol herausgestellt. Dies widerspricht der Theorie, könnte aber aus den Strahlungsdiagrammen als Zufallserscheinung erklärt werden. Der Vergleichsdipol hat eine annähernd reine Doppelkreischarakteristik, an deren Diagrammeinzügen die T2FD durchaus eine kräftige Strahlungskeule aufweisen kann. Im günstigsten Fall darf man vielleicht mit einem «Gewinn» von −3 dBd rechnen, abhängig von der Arbeitsfrequenz. Als normal sind −6 dBd bis −15 dBd anzusehen. Diese Feststellung sollte jedoch nicht davon abhalten, einmal eine T2FD zu erproben, denn der Gewinn ist nur **eine** von vielen Eigenschaften einer Antenne.

Die in Bild 12.6 dargestellte T2FD-Antenne weist die von *W3HH* angegebenen Abmessungen auf. Sie ist für das 40-m-Band dimensioniert, sie kann von 7 ... 35 MHz (1:5) eingesetzt werden. Mit einem geringeren Wirkungsgrad arbeitet sie auch noch auf 80 m zufriedenstellend. Wenn volle Leistung für den 80-m-Betrieb gewünscht wird, können die in Bild 12.6 angegebenen Längen und Abstände verdoppelt werden.

Grundsätzlich beträgt die Länge $l = \lambda/3$ bezogen auf die niedrigste Arbeitsfrequenz, d.h.

$$l/_\mathrm{m} = \frac{100}{f/_\mathrm{MHz}} \qquad (12.2.)$$

Der Abstand D ist optimal $\lambda/100$ und wird errechnet

$$D/_\mathrm{m} = \frac{3}{f/_\mathrm{MHz}} \qquad (12.3.)$$

Der Neigungswinkel der schräg aufgehängten Antenne soll 30° betragen; Abweichungen bis 20° bzw. 40° sind noch zulässig.

Es können Speiseleitungen mit 300 ... 600 Ω Wellenwiderstand verwendet werden. Besonders günstig, weil verlustarm, sind luftisolierte Zweidrahtleitungen («Hühnerleitern»), deren Wellenwiderstand sich nach Bild 5.4. ermitteln läßt. Auch UKW-Bandleitung kann man einsetzen.

Der Abschlußwiderstand ist das wichtigste und am schwierigsten zu beschaffende Bauteil der Antenne. Er muß induktionsfrei und kapazitätsarm sein, d.h., daß er innerhalb des Arbeitsfrequenzbereiches der Antenne keine nennenswerte Blindanteile aufweisen darf. Drahtgewickelte Widerstände sind deshalb unbrauchbar. Im Sendefall muß der Widerstand mindestens 35 % der von der Endstufe abgegebenen HF-Leistung in Wärme umsetzen können. Für einen 100-W-Sender käme deshalb ein Typ mit 35 W Belastbarkeit in Frage. Wird die Antenne nur für Empfangszwecke eingesetzt, entfällt selbstverständlich die Belastbarkeitsforderung, und es kann jeder beliebige Schichtwiderstand (möglichst ungewendelt) entsprechenden Widerstandwertes eingesetzt werden.

Der Wert des Schluckwiderstandes ist gleich dem Wellenwiderstand der beliebig langen Speiseleitung. Eine 600-Ω-Leitung verlangt einen Abschlußwiderstand von ebenfalls 600 Ω. Praktische Versuche haben jedoch ergeben, daß es besonders günstig ist, wenn der Abschlußwiderstand etwas größer gewählt wird.

Wellenwiderstände < 300 Ω sind für die Speiseleitung nicht zu empfehlen, da dann der optimale Wert des Abschlußwiderstandes sehr kritisch wird.

Wellenwiderstand der Speiseleitung in Ω	Optimaler Abschlußwiderstand in Ω
600	650
450	500
300	390

Im Gegensatz zu diesen Angaben ermittelte *DK9FN* einen optimalen Abschlußwiderstand von 340 Ω, wenn die T2FD über einen Ringkern-Balun 6:1 mit einem 75-Ω-Koaxialkabel gespeist wird. Im praktischen Versuch war die T2FD, verglichen mit einem abgestimmten Dipol, jeweils um 1 ... 2 S-Stufen im Nachteil.

Die angepaßte Speiseleitung läßt sich über eine Koppelspule direkt an den Tankkreis der Senderendstufe ankoppeln. Bei einer 600-Ω-Speiseleitung werden 6 Wdg. für 40- und 80-m-Betrieb angegeben, für den 20-m-Betrieb genügen 3 Wdg. Da eine T2FD-Antenne wegen ihres sehr großen

Frequenzbereiches auch alle Ober- und Nebenwellen unvermindert abstrahlen kann, ist es aus Gründen der Störungssicherheit besser, wenn eine selektive Ankopplungsschaltung gewählt wird. Die Ankopplung nach Bild 8.8 eignet sich für alle angepaßten symmetrischen Leitungen und ist besonders zu empfehlen. Wenn man am Antenneneingang einen Ringkern-Balun-Übertrager nach Abschnitt 7.7.3. einsetzt und dessen Übersetzungsverhältnis mit 8:1 wählt, kann die T2FD-Antenne über ein beliebig langes Koaxialkabel erregt werden.

Zur mechanischen Abstützung und Wahrung der Parallelität der Faltdipolleiter können zusätzliche Querstützen eingefügt werden. Da an keinem Punkt der Antenne Spannungsspitzen auftreten, müssen diese Stützen nicht besonders verlustarm sein. Imprägnierte Rundhölzer (in Paraffin auskochen!), Bambusstäbe, Kunststoffstreifen usw. sind ausreichend.

Abgeschlossener Breitbanddipol

Dieser interessante Wanderwellendipol wurde von *Guertler* und *Collyer* zur Australian IREE Convention Melbourne im August 1973 vorgestellt. Er ist nur 40,6 m lang, und innerhalb eines Frequenzbereiches von 3,5 ... 30 MHz bewegt sich die Welligkeit *s* zwischen 1,3 und 2,6. Bild 12.7a zeigt das Aufbauschema, in Bild 12.7b ist der Welligkeitsverlauf über den Arbeitsbereich dargestellt.

In den 4 Zweidrahtsektionen werden die waagrechten Drähte durch 8 jeweils 1,80 m lange Aluminiumrohre mit 25 mm Außendurchmesser auf den geforderten Abstand gebracht. Zwischen den äußeren und inneren Sektionen befinden sich die Lastwiderstände mit je 330 Ω, denen eine Induktivität von je 16 μH parallelgeschaltet ist. Die Werte der Lastwiderstände und die der Spulen sind nicht besonders kritisch; die Induktivität beeinflußt geringfügig die Welligkeit am niederfrequenten Ende des Arbeitsbereiches, und ein Verkleinern der Widerstandswerte auf 150 Ω verursacht eine größere Schwankung der Welligkeit.

Der Eingangswiderstand beträgt 300 Ω symmetrisch, er kann durch einen geeigneten Ringkern-Balun-Übertrager (siehe Abschnitt 7.7.3.) an ein beliebiges Koaxialkabel angepaßt werden.

Über die geforderte Belastbarkeit der induktivitätsarmen Widerstände werden keine Angaben gemacht; da sich aber die Dämpfung auf 2 Lastwiderstände verteilt und diese außerdem durch Spulen überbrückt werden, dürfte eine Belastbarkeit von 20 W für einen 100-W-Sender ausreichend sein. Erfahrungsberichte über die Wirksamkeit dieser Antenne sind noch nicht bekannt geworden.

Die Verwendung von Spreizen aus Aluminium in Verbindung mit Kupferdrähten ist problematisch (Elementbildung bei Feuchtigkeitszutritt). Da es sich bei den Zweidrahtsektionen jeweils um geschlossene Rechtecke handelt, können die Spreizen auch aus mechanisch geeignetem Isoliermaterial bestehen (z. B. Bambusrohr); man muß dann nur für die metallische Verbindung an den Enden der Zweidrahtleitungen sorgen. Diese Antenne kann als ein lohnendes Versuchsobjekt für den experimentierfreudigen Funkamateur betrachtet werden.

12.3. Abgeschlossene V-Antennen
(P.S. Carter – US Pat. 2099296 – 1933)

Abgeschlossene V-Antennen verwendet man hauptsächlich in der Form eines senkrecht aufgebauten, stumpfwinkligen V-Strahlers, der als offene, resonante Antenne in Abschnitt 11.4.3. erwähnt wurde. Durch Einfügen des Abschlußwiderstandes R_L ergibt sich ein Schema nach Bild 12.8.

Der vertikale Aufbau hat den Vorzug, daß nur ein Mittelmast benötigt wird und daß der Abschlußwiderstand unmittelbar geerdet werden kann. In dieser Ausführung ist die Antenne gemischt polarisiert, und die Hauptstrahlung verläuft einseitig in Richtung zum mit R_L abgeschlossenen Antennenende. Ebenso wie bei der offe

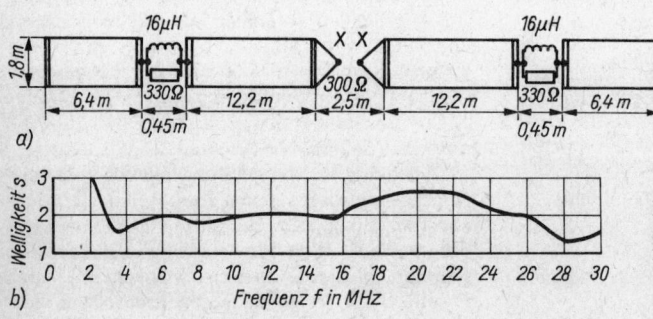

Bild 12.7
Abgeschlossener Breitbanddipol für 2,5...30 MHz; a – Aufbauschema, b – Verlauf der Welligkeit *s* über den Arbeitsbereich

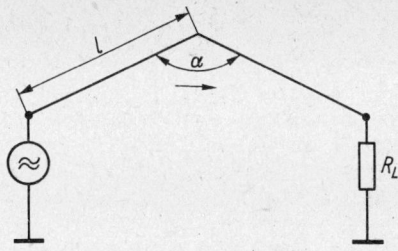

Bild 12.8
Die abgeschlossene stumpfwinklige V-Antenne

braucht. Es ist darum vorteilhafter, die abzuschließenden Schenkel so weit zum Erdboden zu neigen, daß sich die Schluckwiderstände direkt erden lassen. Die Größe der Schluckwiderstände beträgt je Schenkel 500 Ω. Die angepaßte, symmetrische Speiseleitung hat einen Wellenwiderstand von etwa 600 Ω. Auch diese Antenne kann über ein beliebig langes Koaxialkabel erregt werden, wenn man am Speisepunkt einen Ringkern-Balun-Übertrager mit $\ddot{u} = 8:1$ einsetzt (siehe Abschnitt 7.7.3.).

Leider benötigen V-Antennen sehr viel Platz. Wer darüber verfügt, sollte besser der Rhombusantenne den Vorzug geben.

nen Version hängt der optimale Spreizwinkel α von der Schenkellänge l ab, und es ergeben sich für die geschlossene Ausführung etwa die gleichen Werte. Der günstigste Abschlußwiderstand beträgt annähernd 600 Ω; er hat damit den gleichen Wert wie der Wellenwiderstand der Antenne. Da der Wellenwiderstand kaum von der Frequenz abhängt, ergibt sich auch eine Eingangsimpedanz von etwa 600 Ω, die über einen sehr großen Frequenzbereich reell ist.

Auch die normale V-Antenne (siehe Abschnitt 11.4.) kann in aperiodischer Form aufgebaut werden, sie erhält dann ebenfalls eine einseitige Richtwirkung bei vergrößertem Frequenzbereich. Im Amateursektor dürfte sich ihr Einsatz auf sehr seltene Ausnahmefälle beschränken, denn sie benötigt 3 Maste und 2 Abschlußwiderstände. Schwierigkeiten bereitet die Erdung der Schluckwiderstände, denn ihre Entfernung von der Erde entspricht im Normalfall der Masthöhe.

Man kann sich dabei mit einer künstlichen Erde helfen. Diese wird nach Bild 12.9 durch $\lambda/4$ lange Drähte gebildet, die man statt der Erde an die Abschlußwiderstände anschließt. Leider wird dadurch die Antenne wieder frequenzabhängiger, und es werden deshalb bei Mehrbandbetrieb für jedes Band gesonderte $\lambda/4$-Leitungen ge-

12.4. Abgeschlossene Rhombusantennen

(E. Bruce – Brit. Pat. 392201 – US Prior. 1931)

In den meisten Fällen baut man den Rhombus als unidirektionale (einseitig strahlende) Richtantenne auf. Dabei wird das offene Ende durch den Schluckwiderstand R abgeschlossen (Bild 12.10). Der Wert dieses Widerstandes liegt bei 750... 880 Ω. Er muß mindestens mit der Hälfte der vom Sender gelieferten HF-Strahlungsleistung belastbar sein.

Die abgeschlossene Rhombusantenne hat einen außerordentlich großen Frequenzbereich. Daraus folgt, daß die Bemessung der Strahlerlänge l unkritisch geworden ist; die «Zentimeterarbeit» bei der Errechnung der Strahlerdimensionen entfällt. Der nutzbare Frequenzbereich beträgt 1:2. Allerdings muß dabei gleichzeitig mit einer mehr oder weniger großen Verformung der Richtcharakteristik gerechnet werden, da der Spreizwinkel α nur für eine bestimmte Frequenz optimal ist. Damit tritt auch ein Frequenzgang des Gewinnes auf.

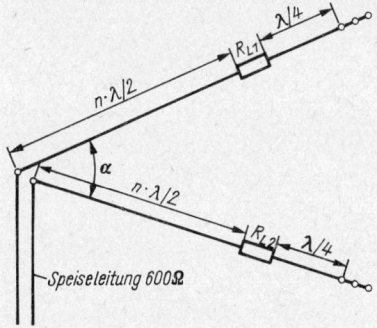

Bild 12.9
Die abgeschlossene V-Antenne

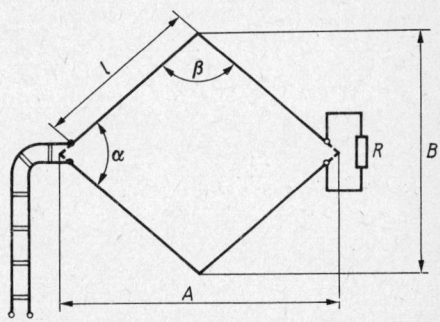

Bild 12.10
Die unidirektionale Rhombusantenne

187

Der Gewinn steigt mit wachsender Schenkellänge l. Das horizontale und das vertikale Richtdiagramm werden hauptsächlich durch die Winkel α und β bestimmt. Die Bauhöhe über Grund soll mindestens der halben Betriebswellenlänge entsprechen.

Geringere Aufbauhöhen verursachen ein besonders auf den kurzwelligen Amateurbändern unerwünschtes Anheben des vertikalen Abstrahlwinkels. Wird die Schenkellänge l größer als etwa 6λ, so ist die Bündelung sehr scharf, und der optimale Spreizwinkel läßt sich schwierig einstellen.

12.4.1. Die Speisung der Rhombusantenne

Da der Widerstand am Antenneneingang einer abgeschlossenen Rhombusantenne $700 \ldots 800\ \Omega$ beträgt, kann sie über eine beliebig lange Leitung gleichen Wellenwiderstandes gespeist werden. Eine übliche 600-Ω-«Hühnerleiter» zeigt noch keine merkliche Fehlanpassung und stellt die günstigste Lösung – auch für den Mehrbandbetrieb – dar. Natürlich kann auch der abgeschlossene Rhombus über die bekannten und bereits besprochenen Anpassungsglieder an jede andere Leitung beliebigen Wellenwiderstandes angepaßt werden. Da solche Anpassungsglieder frequenzabhängig sind, geht jedoch der Vorteil des großen Frequenzbereiches zum Teil verloren, und es bleibt nur noch die Möglichkeit des Einbandbetriebes.

Die angepaßte 600-Ω-Leitung sollte man auch einer abgestimmten Speiseleitung vorziehen, weil sie verlustärmer arbeitet und zum Ankoppeln an die Senderendstufe keinen besonderen Aufwand an Abstimmitteln erfordert. Das Abstrahlen von Oberwellen und sonstigen Störwellen unterdrückt man am besten, indem man die Speiseleitung an die Senderendstufe ankoppelt. Die Schaltung nach Bild 8.8 eignet sich dazu besonders. Man kann die Rhombusantenne auch über ein beliebig langes Koaxialkabel erregen, wenn am Antenneneingang ein Ringkern-Balun-Übertrager 10:1 nach Abschnitt 7.7.3. eingesetzt wird. Dabei entsteht keine Einengung des Frequenzbereiches, und die Anpassung an die Ausgangsimpedanz moderner Amateursender bereitet keinerlei Schwierigkeiten.

12.4.2. Der Abschlußwiderstand

Der Schluckwiderstand R muß induktions- und kapazitätsarm sein. Bei kleinen Senderleistungen läßt sich diese Forderung durch Schichtwiderstände entsprechender Belastbarkeit erfüllen. Die schädliche Kapazität des Abschlußwiderstandes läßt sich gering halten, wenn man ihn in mehrere hintereinandergeschaltete Teilwiderstände aufteilt. Ungewendelte Widerstände sind zu bevorzugen. Drahtwiderstände kann man hoch belasten, sind aber wegen ihrer großen Induktivität völlig unbrauchbar.

Bei größeren Senderleistungen werden Schichtwiderstände sehr umfangreich und damit teurer. Empfehlenswert ist es, Hochlastwiderstände zu verwenden, die durch ein spezielles Herstellungsverfahren induktions- und kapazitätsarm ausgeführt sind und die besonders auch als Belastungswiderstände in Absorbern («künstliche Antennen») vorgesehen sind.

Die Größe des Abschlußwiderstandes liegt bei $800\ \Omega$. Man muß ihn in einem wasserdichten Gehäuse unterbringen und auf dem kürzesten Weg mit den Strahlerenden verbinden.

In jeder Langdrahtantenne werden bei Gewittern erhebliche Ströme induziert. Diese können beim Rhombus den Schluckwiderstand zerstören. Es ist deshalb vorteilhaft, wenn man den Abschlußwiderstand in leicht erreichbarer Höhe am Mast befestigt und ihn über eine beliebig lange Zweidrahtleitung von $700 \ldots 800\ \Omega$ Wellenwiderstand nach Bild 12.11 mit den Strahlerenden verbindet.

Das Gehäuse mit dem Abschlußwiderstand kann auch ansteckbar ausgeführt und dann vor Gewittern einfach entfernt werden. Sofern man hochbelastbare Schluckwiderstände verwendet, braucht man mit ihrer Zerstörung bei Gewittern kaum zu rechnen. Im übrigen ist es Vorschrift, den ganzen Antennenkomplex vor Gewittern zu erden.

Hochbelastbare Abschlußwiderstände kann man einsparen, wenn besonders in der kommerziellen Technik mit sogenannten Schluckleitungen gearbeitet wird. Das sind Dämpfungsleitungen, die als Zweidrahtleitung wie eine offene Speiseleitung ausgeführt sind, zum Unterschied von diesen aber aus Widerstandsdrähten bestehen. Es werden Chromnickel-Widerstandsdrähte mit einem Durchmesser von $0{,}4 \ldots 0{,}5$ mm empfohlen, die im Abstand von etwa 15 cm parallel zu führen sind. Die Länge dieser Widerstandsparal-

Zweidrahtleitung
Z ≈ 700 Ω
beliebig lang

Abschlußwiderstand
im Gehäuse

Bild 12.11
Abschlußwiderstand
einer Rhombusantenne,
über eine beliebig lange
Leitung angeschlossen

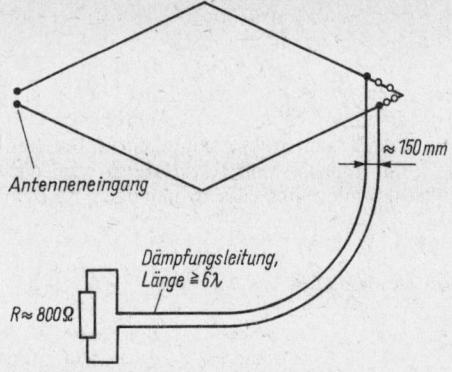

Antenneneingang

≈ 150 mm

Dämpfungsleitung,
Länge ≥ 6λ

R ≈ 800 Ω

Bild 12.12
Abgeschlossene Rhombusantenne mit Dämpfungsleitung

leldrahtleitung soll mindestens 6 λ – bezogen auf
die mittlere Betriebswellenlänge – betragen. Das
Ende dieser Dämpfungsleitung muß mit dem
Schluckwiderstand abgeschlossen werden. Die
Belastbarkeit des Schluckwiderstandes braucht
aber dann nur noch etwa 1/10 der maximalen Senderleistung zu betragen (Bild 12.12).

12.4.3 Die Konstruktion des Rhombus

Um eine nebenkeulenarme Richtcharakteristik
und einen möglichst hohen Gewinn zu erzielen,
müssen der Spreizwinkel und die Seitenlängen l
in einem bestimmten Verhältnis zueinander stehen. Diese Werte können aus Bild 12.13 abgelesen werden.

In Bild 12.13 ist der theoretische Maximalgewinn in dB unter der Seitenlänge l eingetragen,
denn zwischen Gewinn in der Hauptstrahlrichtung und Seitenlänge l besteht Proportionalität,
sofern der Spreizwinkel α optimal gewählt
wurde. Bei diesen Angaben wird bereits der
Strahlungsverlust, der im Abschlußwiderstand
auftritt, mit 3 dB berücksichtigt.

Der vertikale Erhebungswinkel im H-Diagramm einer Rhombusantenne hängt von der
Aufbauhöhe ab. Für eine möglichst «flache» Abstrahlung in den hochfrequenten Kurzwellenbändern soll man eine Bauhöhe von $\lambda/2$ nicht unterschreiten. Die Schenkel dürfen vertikal nicht
geneigt werden, sondern sollen in gleicher Höhe
parallel zur Erdoberfläche verlaufen.

Bei der Planung einer Rhombusantenne wird
es immer gut sein, sich vorher eine Übersicht
ihrer Ausdehnung in Länge und Breite zu verschaffen. Tabelle 12.1. enthält alle Konstruk-
tionsunterlagen zum Bau von Rhomben für die
Amateurbänder 10 ... 160 m. Die angegebenen
Seitenlängen wurden annähernd für Amateurbandmitte berechnet. Infolge des großen Frequenzbereiches von Rhombusantennen erübrigt
sich ein zentimetergenauer Zuschnitt. Die Entfernungen A und B, die zur Bestimmung der Auf-
stellungspunkte für die Tragemaste wichtig sind,
wurden aufgerundet. Es empfiehlt sich, die Maste noch etwas weiter auseinander aufzustellen,
damit für einen Feinabgleich noch die Möglichkeit besteht, kleinere Korrekturen von α und β
vorzunehmen. Das wird besonders bei großen
Schenkellängen l erforderlich, weil dann die Bündelung extrem scharf ist.

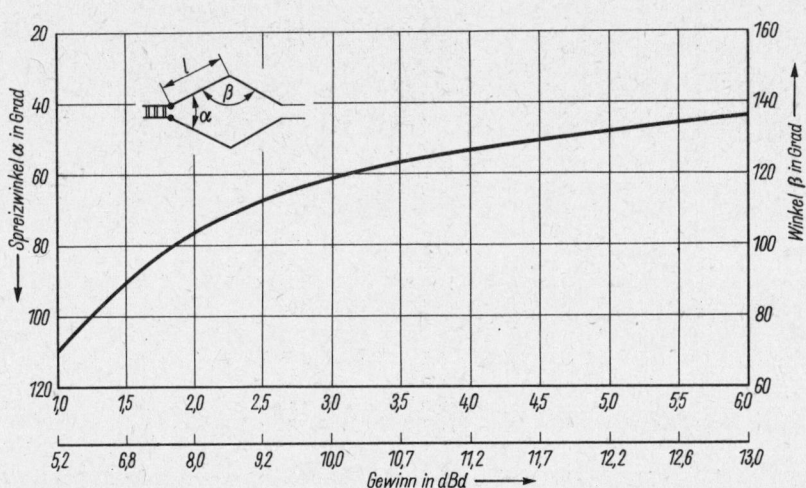

Bild 12.13
Optimaler Spreizwinkel α und Winkel β in Abhängigkeit von der Seitenlänge l bei der abgeschlossenen
Rhombusantenne

12.4.4 Der Mehrbandbetrieb

Aus Tabelle 12.1. ist weiterhin zu ersehen, daß der Mehrbandbetrieb mit einem Rhombus leicht durchgeführt werden kann. Eine Seitenlänge von beispielsweise 42 m hat 1 λ beim 40-, 2 λ beim 20-, 3 λ beim 15- und 4 λ beim 10-m-Betrieb. Den Spreizwinkel bemißt man optimal für 15 oder 20 m; er ist dann für 10 m etwas zu groß und für 40 m zu klein. Im Fall des 10-m-Betriebes (α zu groß) wird die Hauptkeule schmaler; es treten etwas stärkere Nebenkeulen und eine etwas höhere Rückwärtsstrahlung auf. Das beeinflußt den Gewinn in der Hauptstrahlrichtung jedoch nur wenig. Beim 40-m-Betrieb (α zu klein) wird das Richtdiagramm aufgeblättert, und es ergibt sich

Tabelle 12.1. Abmessungen für Amateurband-Rhombusantennen nach Bild 12.10

Seitenlänge l in λ	Seitenlänge l in m	optimaler Spreizwinkel α in °	Winkel β in °	Gewinn in dBd	Längsausdehnung A in m	Breitenausdehnung B in m
1,0	2	3	4	5	6	7
160-m-Amateurband						
1,0	160	111	69	5,2	182	264
1,5	243	91	89	6,8	341	347
2,0	326	76	104	8,0	514	401
80-m-Amateurband						
1,0	82	111	69	5,2	92	134
1,5	123	91	89	6,8	173	176
2,0	165	76	104	8,0	260	204
40-m-Amateurband						
1,0	41,5	111	69	5,2	47	69
1,5	62,8	91	89	6,8	88	90
2,0	84,1	76	104	8,0	133	104
2,5	105	68	112	9,2	176	118
30-m-Amateurband						
1,0	29	111	69	5,2	33	48
1,5	44	91	89	6,8	62	63
2,0	59	76	104	8,0	93	72
20-m-Amateurband						
1,0	21	111	69	5,2	24	34
1,5	32	91	89	6,8	44	45
2,0	42	76	104	8,0	66	52
3,0	63	63	117	10,0	108	67
4,0	85	54	126	11,2	151	77
17-m-Amateurband						
1,0	16,5	111	69	5,2	18,5	27
1,5	24,5	91	89	6,8	34,5	35
2,0	33	76	104	8,0	52	40,5
3,0	50	63	117	10,0	84	52
4,0	66	54	126	11,2	118	60
15-m-Amateurband						
1,0	14	111	69	5,2	16	23
2,0	28	76	104	8,0	44	35
3,0	42	63	117	10,0	72	44
4,0	56	54	126	11,2	100	51
12-m-Amateurband						
1,0	12	111	69	5,2	13,5	20
2,0	24	76	104	8,0	38	30
3,0	36	63	117	10,0	62	38
4,0	48	54	126	11,2	86	44
10-m-Amateurband						
1,0	10,3	111	69	5,2	12	17
2,0	21	76	104	8,0	33	26
3,0	31,5	63	117	10,0	54	33
4,0	42	54	126	11,2	75	38

ebenfalls eine Strahlung nach rückwärts. Diese Antenne wäre dann für 40 m mit noch gutem Gewinn nach mehreren Richtungen brauchbar. Auch Seitenlängen von 21,00 und 63,00 m ergeben ausgezeichnete Mehrbandrhomben.

12.4.5. Sonderformen der Rhombusantennen

Eine kommerzielle Form der Rhombusantenne, die sich durch noch größeren Frequenzbereich auszeichnet, ist der «dicke» oder Breitbandrhombus (Bild 12.14).

Durch die Parallelschaltung von 3 oder mehr Drähten nach Bild 12.14 wird der Frequenzbereich größer, und der Eingangswiderstand sinkt auf etwa 600 Ω ab.

Wenn mehrere gleichartige Rhomben vertikal übereinandergestockt werden, erreicht man eine weitere Gewinnsteigerung durch Bündelung in der H-Ebene (Bild 12.15). Der Aufbau solcher

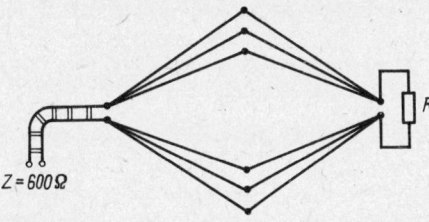

Bild 12.14
Der Breitbandrhombus

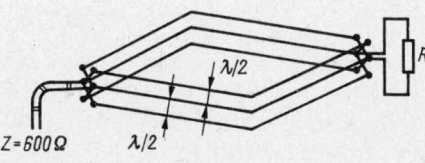

Bild 12.15
Die gestockte Rhombusantenne

Rhomben ist allerdings auf die VHF-und UHF-Bereiche beschränkt. Mit Doppelrhomben und -rhomboiden werden Gewinne um 17 dBd erreicht.

Literatur zu Abschnitt 12.

[1] *Beverage, H. H.; DeMaw, D.*: The Classic Beverage-Antenna, Revisited, QST, Newington, Conn. 66 (1982) January, Seite 11 bis 17
[2] *Belrose, J. S./Litva, J./Moss, G. E./Stevens, E. E.*: Beverage Antennas for Amateur Communications, QST, Newington, Conn. 67 (1983) January, Seite 22 bis 27 und 65 (1981) September, Seite 51
[3] *Boothe, B.*: Weak-Signal Reception on 160 – some Antenna Notes, QST, Newington, Conn. 61 (1977) June, Seite 35 bis 39
[4] *Brunemeier, B.H.*: Short Beverage for 40 meters, ham radio, Greenville, N. H., (1979) July, Seite 40 bis 43
Aisenberg, G. S.: Kurzwellen-Antennen, Kapitel X, Fachbuchverlag, Leipzig, 1954
Countryman, G.L.; W 3 HH: Performance of the Terminated Folded Dipole, Antenna Roundup, Cowan Publishing Corp., New York 36, N.Y. 1963
Countryman, G.L., W 3 HH: More on the T2FD, Antenna Roundup, Cowan Publishing Corp. New York 36, N.Y. 1963
Jasik, H.: Antenna-Engineering Handbook, Chapter 4, McGraw-Hill-Book Company Inc., New York 1961
Liedtke, R.: Die T2FD, eine Breitband-Antenne für alle Bänder, cq-DL, Baunathal 52 (1981), Heft 10, Seite 484 bis 485, und Leserzuschrift DK 9 FN; Heft 12/1981, Seite 619
Minarik, R.G.: Multi-Band Vertical, «CQ», 1959, September, Cowan Publishing Corp., New York 36, N.Y.
Schulz, W.: Die Beverage-Antenne zum Empfang der Mittel- und Langwelle, Wilhelm Herbst Verlag, Köln 1985
Soudhauß, C.: Die T2FD-Antenne, Bericht einer amateurmäßigen Untersuchung, QRV, Stuttgart, 30 (1976) Heft 2, Seite 84 bis 86
Tauer, S.G.: Die T2FD – eine Antenne mit ausgezeichneten Empfangseigenschaften, «FUNKAMATEUR», (1968) Heft 2, Seite 68, Deutscher Militärverlag, Berlin

13. Gleichphasig erregte Dipolkombinationen (Querstrahler)

Der Halbwellendipol stellt das Grundelement vieler Antennen dar. Durch entsprechende Kombinationen mehrerer gespeister Dipole kann man die Richtcharakteristik (siehe Abschnitt 3.) nahezu beliebig verändern und dabei auch den Gewinn in der Hauptstrahlrichtung vergrößern.

13.1. Die Dipollinie (kollineare Dipole)

Die Dipollinie ist eine lineare Gruppe von Dipolen, deren Achsen in einer geraden Linie liegen.

Werden mehrere Halbwellenstrahler linienförmig nebeneinander angeordnet und alle Elemente gleichphasig erregt, so ändert sich an der Hauptstrahlrichtung – bezogen auf den Halbwellendipol – nichts. Die Halbwertsbreite wird jedoch zugunsten einer verstärkten Abstrahlung in der Hauptrichtung geringer. Daraus resultiert ein Gewinn, bezogen auf den einzelnen Halbwellendipol.

Bild 13.1 zeigt Dipollinien mit 4 kollinearen Dipolen, bei denen die bei gleichphasiger Erregung auftretende Stromverteilung eingezeichnet ist. Alle Ströme sind nach Phase, Richtung und Größe gleich. Mit einem kollinearen Strahlersystem lassen sich gegenüber einem Halbwellendipol etwa folgende Gewinne erzielen (Dipolabstand klein; Bild 13.1a):

2 kollineare Halbwellenstücke 1,7 dBd,
3 kollineare Halbwellenstücke 3,2 dBd,
4 kollineare Halbwellenstücke 4,3 dBd,
5 kollineare Halbwellenstücke 5,2 dBd,
6 kollineare Halbwellenstücke 5,9 dBd,
7 kollineare Halbwellenstücke 6,5 dBd,
8 kollineare Halbwellenstücke 7,1 dBd.

Eine weitere geringe Gewinnsteigerung kann erreicht werden, wenn der Raum zwischen den einzelnen Halbwellenantennen auf $\lambda/4 \ldots \lambda/2$ vergrößert wird (Bild 13.1b). In diesem Fall ist jedoch die gleichphasige Erregung der Elemente schwieriger und umständlicher. Die einfachste Dipollinie stellt der zentralgespeiste Ganzwellendipol dar. Bei ihm werden 2 kollineare Halbwellenstücke gleichphasig erregt, wie aus der Stromverteilung in Bild 13.2a hervorgeht. Dabei tritt ein Gewinn von 1,7 dBd auf. Im Gegensatz dazu zeigt Bild 13.2b einen endgespeisten Ganzwellenstrahler (Zeppelin-Antenne), der durch die Art der Speisung gegenphasig erregt wird (siehe Stromverteilung). Bei ihm ist das E-Diagramm in 4 Hauptkeulen aufgeblättert, und der Gewinn beträgt bei gleicher Antennenlänge nur 0,5 dBd. Um einen solchen endgespeisten Ganzwellenstrahler gleichphasig zu erregen, müßte man nach Bild 13.2c die beiden Halbwellenstücke voneinander trennen und bei der Trennstelle ein phasendrehendes Glied einfügen. Dieses Glied läßt sich durch eine kurzgeschlossene Viertelwellenleitung darstellen (Phasendrehung 180°). Es können beliebig viele Halbwellenstücke zeilenförmig aneinandergereiht werden. Sie sind gleichphasig erregt, wenn man jeweils die einzelnen Halbwellenstücke über phasendrehende Glieder miteinander verbindet.

Der Strahlungswiderstand R_S in einem Strombauch der Dipollinie steigt beim Vergrößern der Dipolanzahl schneller an als bei einer linearen Antenne mit gegenphasig erregten Halbwellenstücken (Langdrahtantenne). Für Dipollinien

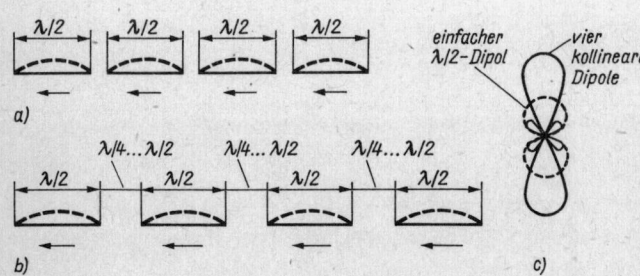

Bild 13.1
Die Dipollinie; a – kollineare Dipole, gleichphasig erregt, mit jeweils kleinem Abstand, b – kollineare Dipole, gleichphasig erregt, mit einem jeweiligen Abstand von 1/4 Wellenlänge, c – Vergleich der Richtcharakteristik (E-Ebene) eines einfachen Halbwellendipols (gestrichelt) mit der einer Dipollinie, bestehend aus 4 kollinearen Dipolen

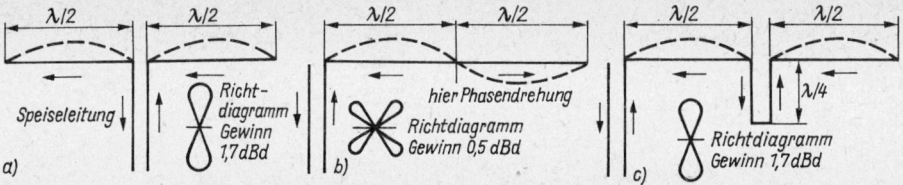

Bild 13.2
Der Einfluß der gleichphasigen und der gegenphasigen Erregung; a – 2 kollineare Halbwellendipole, gleichphasig erregt, b – 2 Halbwellenstücke, endgespeist und gegenphasig erregt (endgespeister Ganzwellenstrahler), c – endgespeister Ganzwellenstrahler, durch Viertelwellenleitung gleichphasig erregt

mit gleichphasig erregten Halbwellenelementen gilt als Faustregel

$$R_S = 73 + 120\,(n - 1) \qquad (13.1.)$$

(n – Anzahl der Halbwellen).

In Bild 13.3 sind als Beispiel einige Dipollinien aufgeführt. Die eingezeichneten Pfeile kennzeichnen die Stromrichtung. Die Ausführung nach Bild 13.3a wird in einem Strombauch gespeist, deshalb ist der Eingangswiderstand gleich dem Strahlungswiderstand. Er beträgt 313 Ω bei einem Gewinn von 3,2 dBd. In Bild 13.3b wird in einem Spannungsbauch gespeist, dementsprechend ist der Antenneneingang hochohmig. Abhängig vom Schlankheitsgrad der Leiter kann in diesem Fall die Eingangsimpedanz zwischen etwa 1000 und 6000 Ω betragen; der Gewinn ergibt sich mit 4,3 dBd.

Kollineare Dipole können auch senkrecht stehend angeordnet werden (Bild 13.3c). Polarisation und Bündelung sind dann vertikal, es ergibt sich eine Rundstrahlcharakteristik in der Horizontalebene. Entsprechend Bild 13.3c wird aus mechanischen Gründen am unteren Zeilenende eingespeist, obwohl eine symmetrische Speisung im Zentrum des mittleren Halbwellenstückes elektrisch günstiger wäre. Die geschlossene Viertelwellenleitung verursacht die Phasendrehung

von 180° und wirkt wie ein zwischen die Halbwellenstücke eingefügter Parallelresonanzkreis (siehe Bild 5.29). Die gleiche Wirkung hat eine an beiden Enden offene Halbwellenparalleldrahtleitung. Ebenso könnten die Leitungsstücke auch durch hochwertige Sperrkreise (Parallelresonanzkreise) ersetzt werden, eine Praxis, die man manchmal im Kurzwellenbereich anwendet (*W 3 DZZ*-Antenne). Die geschlossene Viertelwellenleitung ist jedoch das gebräuchliche Mittel zur Herstellung einer gleichphasigen Erregung bei Dipollinien, weil man mit solchen Leitungskreisen bei geringem Aufwand hohe Kreisgüten erzielt.

13.2. Die Dipolzeile (parallele Dipole)

Die Dipolzeile ist eine Gruppe von parallelen Dipolen, deren Achsen senkrecht zur Linie gerichtet sind. Der Anschaulichkeit halber spricht man in Bild 13.4 von *gestockten Dipolen*. Das E-Diagramm gestockter λ/2-Dipole entspricht dem eines Einzeldipols. Die Anordnung bündelt in der H-Ebene. Bild 13.4 zeigt als Beispiel eine Di-

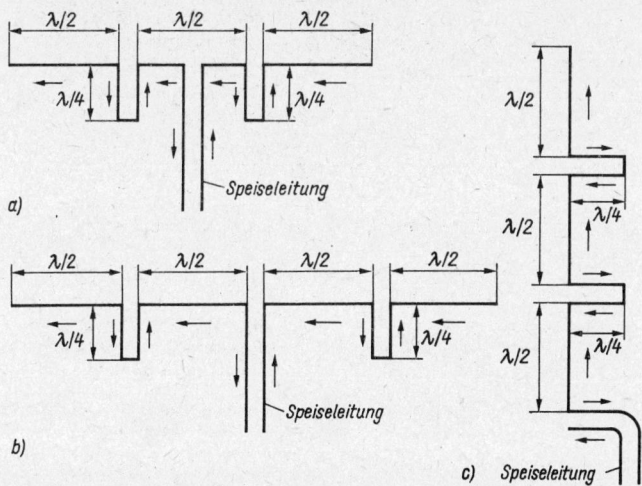

Bild 13.3
Beispiele für Dipollinien;
a – 3 kollineare Halbwellenstrahler, zentral gespeist und gleichphasig erregt (Gewinn 3,2 dB),
b – 4 kollineare Halbwellendipole, zentral gespeist und gleichphasig erregt (Gewinn 4,3 dB),
c – 3 kollineare Halbwellenstrahler vertikal polarisiert, endgespeist und gleichphasig erregt (Gewinn 3,2 dB)

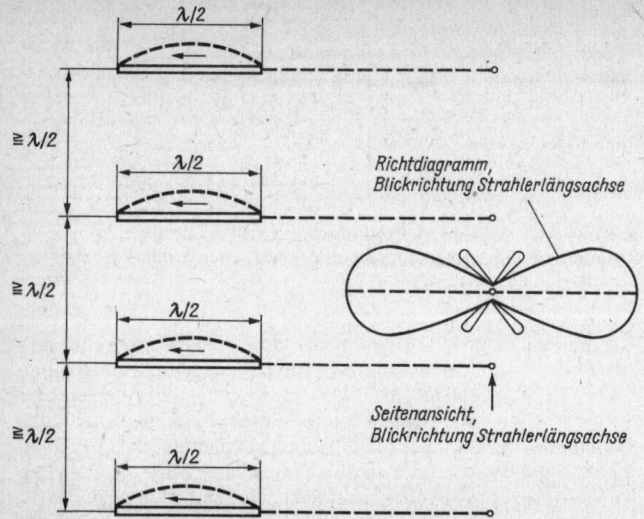

Bild 13.4
Dipolzeile mit 4 gleichphasig erregten
horizontalen Halbwellendipolen

polzeile aus 4 gleichphasig erregen Halbwellenstücken, die im Abstand von $\geqq \lambda/2$ gestockt sind. Das vertikale Richtdiagramm (H-Ebene) ist eingezeichnet.

Der durch Bündelung in der H-Ebene erzielbare Gewinn hängt von der Anzahl der parallelen Dipole und deren Stockungsabstand S ab. Aus Bild 13.5 ist der mögliche Gewinn von 2 gestockten, gleichphasig erregten Halbwellendipolen in Abhängigkeit vom Stockungsabstand S zu ersehen. Als Richtwert kann man annehmen, daß der Gewinn beim Verdoppeln der Elementzahl mit $0,4\lambda$ Stockungsabstand um etwa 3 dB steigt. Beim optimalen Abstand S ist der Gewinnanstieg höher. Die Elemente müssen alle in der gleichen Ebene liegen.

Wie auch aus Bild 13.5 hervorgeht, erreicht man mit einem Stockungsabstand S von $0,5\lambda$ nicht den möglichen Maximalgewinn, er wird aber trotzdem allgemein bevorzugt, weil er in mechanischer und elektrischer Hinsicht bestimmte Vorteile bietet. Bei 2 gestockten Halbwellenelementen sind im H-Diagramm keine Nebenkeulen vorhanden, wenn der Abstand $S = \lambda/2$

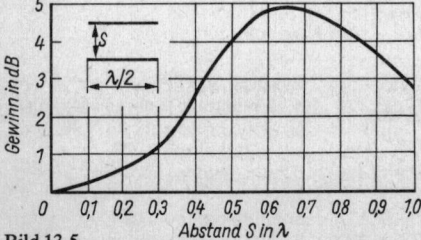

Bild 13.5
Der Maximalgewinn von 2 gestockten, gleichphasig erregten Halbwellendipolen in Abhängigkeit vom Stockungsabstand S in λ (nach ARRL-Antennen Bock)

beträgt, sie erscheinen aber beim Vergrößern von S, wenn der Abstand für den Gewinn optimal mit etwa $0,65\lambda$ bemessen wird. Die Gewinnsteigerung bedingt ein Verkleinern des Öffnungswinkels, wobei gleichzeitig einige kleine Nebenkeulen im Richtdiagramm vorhanden sind.

Eine Dipolzeile läßt sich auf verschiedene Weise gleichphasig erregen. Die bekannteste Methode ist die Speisung über abgestimmte Halbwellen-*Lecher*-Leitungen (entspricht 2-Leiter-Paralleldrahtleitung). Eine offene $\lambda/2$-Paralleldrahtleitung transformiert einen Widerstand im Verhältnis 1:1, sie dreht jedoch die Phase einer anliegenden HF-Spannung um 180°. Werden nach Bild 13.6a 2 parallele Halbwellendipole mit $\lambda/2$ Stockungsabstand einfach über eine Halbwellen-*Lecher*-Leitung verbunden, so sind beide Dipole gegenphasig erregt, wie aus den Strompfeilen hervorgeht. Die geforderte gleichphasige Erregung wird erst erreicht, wenn man nach Bild 13.6b die Halbwellenverbindungsleitung überkreuzt. Würden beide Dipole mit einer Leitung verbunden, deren elektrische Länge 1λ beträgt, so dürfte diese nicht überkreuzt werden, da Ganzwellen-*Lecher*-Leitungen sowohl gleiche Widerstände als auch gleiche Phasenlage herstellen (Bild 13.6c).

Die Einspeisung in den unteren Dipol nach Bild 13.6 ist mechanisch bequem, elektrisch jedoch nicht sehr günstig. Der unterste Dipol, an den man die Speiseleitung anschließt, bekommt seine Energie sozusagen «aus erster Hand», während zu den folgenden oberen Etagen verschieden lange Wege zurückzulegen sind. Als Folge der Laufzeitunterschiede tritt eine leicht phasenverschobene Strom- und Spannungsverteilung auf, die sich meist in einem unerwünschten Anheben des H-Diagramms äußert (größere Erhe-

194

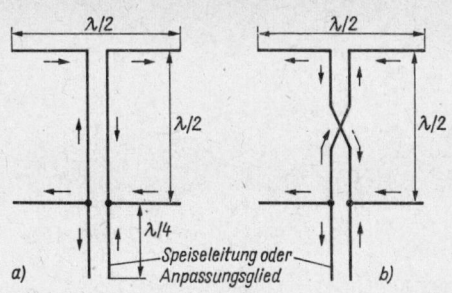

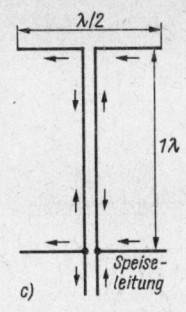

a) Speiseleitung oder Anpassungsglied   b)   c) Speise-leitung

Bild 13.6
Erregung zweier paralleler Dipole;
a – gegenphasige Erregung zweier paralleler Dipole in $\lambda/2$-Abstand,
b – gleichphasige Erregung zweier paralleler Dipole in $\lambda/2$-Abstand durch Überkreuzen der Verbindungsleitung,
c – gleichphasige Erregung zweier paralleler Dipole durch eine nicht überkreuzte Ganzwellenverbindungsleitung

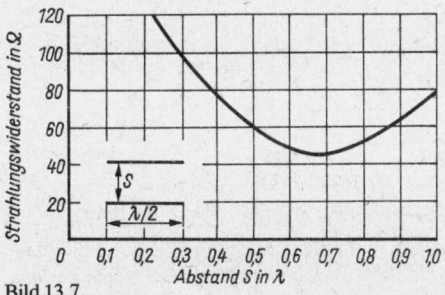

Bild 13.7
Der Strahlungswiderstand im Strombauch jedes Einzelelementes von 2 gleichphasig erregten, parallelen Dipolen in Abhängigkeit vom Stockungsabstand S

pollinien und die Richtwirkung in der H-Ebene durch die Dipolreihen erreicht. Solche Anordnungen nennt man *Dipolwände* oder *Gruppenantennen*. Da Dipollinien und Dipolzeilen bidirektionale Systeme sind, versieht man häufig jedes Halbwellenstück mit einem abgestimmten gespeisten oder parasitären Reflektor und erreicht damit eine einseitige Richtwirkung, wobei gleichzeitig der Gewinn der Gesamtanordnung um knapp 3 dB ansteigt. Setzt man die Dipole vor eine Reflektorwand, kann sich der Gewinn bis um 6 dB steigern. Umfangreiche Dipolkombinationen lassen sich aus mechanischen Gründen nur im VHF/UHF-Bereich ausführen, sie werden deshalb bei den VHF-Antennen besprochen.

bungswinkel). Die Antenne «schielt» nach oben, und der Frequenzbereich wird eingeengt. Dipolzeilen sollten deshalb zentral in der geometrischen Mitte der Höhenausdehnung gespeist werden.

Als Folge der parallelen Anordnung gleichphasig erregter Dipole verändert sich ihr Strahlungswiderstand in Abhängigkeit vom Stockungsabstand S. Wie man aus Bild 13.7 ersehen kann, beträgt bei 2 parallelen Dipolen der Strahlungswiderstand jedes Einzeldipols 60 Ω, wenn der Abstand $S = 0{,}5\,\lambda$ ist; er fällt bei $S = 0{,}72\,\lambda$ auf etwa 45 Ω und steigt bei einem Abstand S von $1\,\lambda$ auf knapp 80 Ω.

Für Kurzwellenantennen ist wegen der erforderlichen Aufbauhöhe die Dipolzeile auf 2 parallele Dipole begrenzt. Im VHF-Bereich dagegen lassen sich parallele Dipole in mehreren Ebenen stocken. Die dabei auftretenden Speisungsprobleme werden in Abschnitt 23.1. behandelt.

Die Dipollinie wurde in älteren Veröffentlichungen als Dipolzeile bezeichnet, für die Dipolzeile verwendet man auch den Ausdruck Dipolspalte.

13.3. Dipolgruppen

Es ist üblich, Kombinationen von Dipollinien und Dipolzeilen zu bauen, wobei man die Bündelung in der E-Ebene durch die vorhandenen Di-

13.4. Praktische Bauformen von Drahtrichtantennen

Gleichphasig erregte Dipole waren als *Drahtrichtantennen* im Kurzwellenbereich sehr beliebt. Sie werden als Dipollinien, Dipolzeilen oder in kleineren Kombinationen von beiden verwendet. Bei einigen Formen läßt sich auch Mehrbandbetrieb ermöglichen, generell handelt es sich aber um Einbandantennen, und der Mehrbandbetrieb ist immer eine Kompromißlösung. Die Anwendung solcher Richtstrahler beschränkt sich wegen ihrer räumlichen Ausdehnung auf die hochfrequenten Kurzwellenbänder (DX-Bänder).

13.4.1. Der Doppeldipol

Die einfachste Dipollinie besteht aus 2 kollinearen, gleichphasig erregten Halbwellendipolen nach Bild 13.8. Als Besonderheit weist in diesem Fall jeder Dipol seine eigene Speiseleitung auf. Das hat den Vorteil, daß durch Umschalten der Speiseleitung die Richtcharakteristik verändert werden kann.

Bei gleichphasiger Erregung der beiden Dipole – wie gezeichnet – erfolgt die Hauptstrahlung nach Bild 13.8b senkrecht zur Dipolachse mit

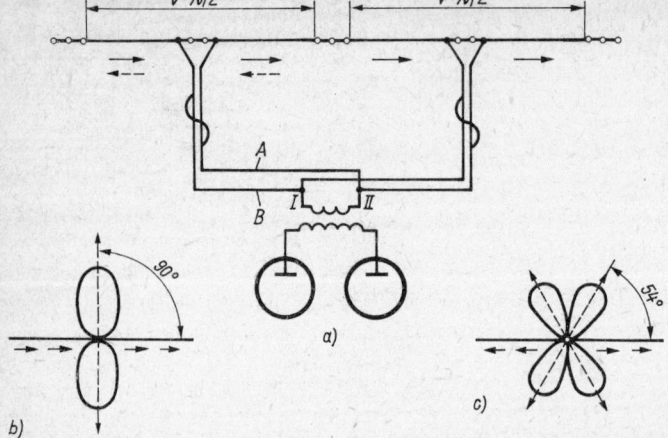

Bild 13.8
Doppeldipol mit veränderbarem Richtdiagramm; a – Umschaltung des Richtdiagramms durch Vertauschen der Anschlüsse A und B, b – Richtdiagramm des Doppeldipols bei gleichphasiger Erregung (Gewinn 1,7 dBd), c – Richtdiagramm des Doppeldipols bei gegenphasiger Erregung (Gewinn 0,5 dBd)

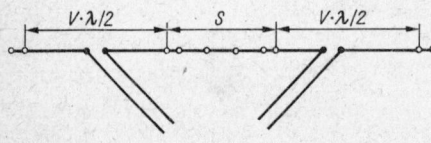

Bild 13.9
Doppeldipol mit erhöhtem Gewinn durch Vergrößerung des Abstandes S

einem Gewinn von 1,7 dBd. Durch einfaches Umpolen einer der beiden Speiseleitungen an der Ankopplungsspule werden die Dipole gegenphasig gespeist, und es entsteht das Strahlungsdiagramm eines Ganzwellenlangdrahtes nach Bild 13.8c mit einem Gewinn von 0,5 dBd. Besteht die Möglichkeit, beide Dipole in einem größeren Abstand S nach Bild 13.9 aufzubauen, erhöht sich bei gleichphasiger Erregung der Gewinn. Bei $S = 0,2\lambda$ beträgt der Gewinn 2,5 dBd, er steigt bei $S = 0,3\lambda$ auf 3 dBd an und erreicht seinen Höchstwert bei $0,5\lambda$ Abstand mit etwa 3,3 dBd.

13.4.2. Die *Franklin*-Antenne
(C.S. Franklin – Brit. Pat. 242342 – 1924)

Werden mehr als 2 gleichphasig erregte Dipole in einer Zeile zusammengeschaltet, spricht man auch von einer *Franklin*-Antenne. Die kleinste *Franklin*-Antenne besteht aus 3 kollinearen Dipolen (Bild 13.10a).

Der Eingangswiderstand dieses Systems ist gleich dem Strahlungswiderstand (Speisung in einem Strombauch) und beträgt etwas über 300 Ω. Die Antenne kann deshalb mit einer beliebig langen Speiseleitung von 300 Ω Wellenwiderstand direkt gespeist werden.

Der mittlere Dipol (l_2) ist etwas länger bemessen als die beiden Außendipole, da er nicht dem sogenannten Endeffekt unterliegt.

Die Resonanzlängen l_3 der beiden kurzgeschlossenen Viertelwellenglieder beziehen sich auf luftisolierte Paralleldrahtleitungen, deren Leiterabstand etwa 100 mm betragen kann (nicht kritisch!). Verwendet man Bandkabelstücke, so muß deren Verkürzungsfaktor V ($V \approx 0,8$) berücksichtigt werden.

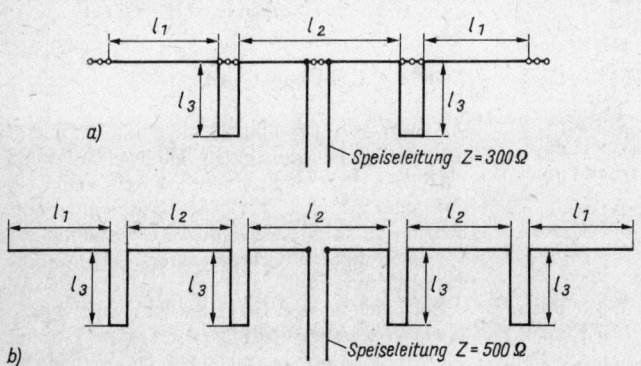

Bild 13.10
Franklin-Antennen (Bemessung nach Tabelle 13.1.);
a – 3 kollineare Dipole, Gewinn 5,2 dBd, b – 5 kollineare Dipole, Gewinn 5,2 dBd

Der Gewinn dieser Anordnung beträgt 3,2 dBd, er wird ausschließlich durch Bündelung in der E-Ebene erreicht. Die praktischen Bemessungsangaben für l_1, l_2 und l_3 sind aus Tabelle 13.1. zu ersehen.

Ergänzt man die Antenne nach Bild 13.10b durch 2 weitere Halbwellenstücke zu 5 kollinearen Dipolen, so steigt der Gewinn auf 5,2 dBd, und der Widerstand am Antenneneingang beträgt etwa 550 Ω. Diese Antenne kann mit einer beliebig langen Zweidrahtleitung von 500 Ω Wellenwiderstand gespeist werden.

Für den Amateurfunkverkehr wäre eine solche Antenne aus praktischen Gründen besonders sinnvoll, wenn man die Dipole vertikal aufbauen könnte. Dann würde diese vertikal polarisierte Dipollinie als ein hervorragender Rundstrahler mit sehr kleinem Erhebungswinkel und einem Gewinn von 5,2 dBd nach allen Richtungen strahlen. Leider können die dabei erforderlichen Bauhöhen nur in seltenen Ausnahmefällen verwirklicht werden. Die Resonanzlängen für beide Antennentypen kann man aus Tabelle 13.1. ablesen. Da kollineare Dipole eine geringere Frequenzabhängigkeit als Dipolzeilen haben, sind die Abmessungen für Amateurbandmitte berechnet. Deshalb sind sie über die ganze Breite des jeweiligen Amateurbandes brauchbar.

Die JF-Antenne

Die von *Schellenbach* in [1] beschriebene JF-Antenne ist im Prinzip eine *Franklin*-Antenne, die durch ihre konstruktive Gestaltung einen Mehrbandbetrieb ermöglicht. Wie Bild 13.11 zeigt, kommt hier eine besondere Form der Phasendrehglieder zum Einsatz, die nur für die Bemessungsfrequenz wirksam sind. Sie stellen sich als offene Zweidrahtleitungen mit einer Länge von $2 \cdot \lambda/4$ dar, die im $\lambda/2$-Abstand von den Speisepunkten mit einem Leiterabstand von 75 mm in den Antennenleiter eingefügt sind.

Es handelt sich um eine Doppellinie mit 4 kollinearen Halbwellenstücken, die für den Betrieb im 15-m-Band bemessen ist. Durch die eingefügten Phasendrehglieder beträgt der wirksame Abstand der Dipole jeweils $\lambda/2$, daraus resultiert ein Gewinn von etwa 5,2 dBd (vergleichsweise bei kleinem Abstand: 4,3 dBd). Erregt wird im Spannungsbauch, somit ist der Antenneneingangswiderstand hochohmig. Man speist die Anordnung über eine symmetrische Zweidrahtleitung, die über ein senderseitiges Anpaßgerät als abgestimmte Leitung betrieben wird.

Mit der Gesamtlänge von 40,3 m sind 2 kollineare Halbwellendipole (entspricht Ganzwellendipol) für das 40-m-Band mit einem Gewinn von 1,7 dBd vorhanden. Außerdem kann die Antenne als Halbwellendipol für das 80-m-Band verwendet werden, wobei Stromspeisung besteht.

Das Anpaßgerät an den Sender sollte man so auslegen, daß die Antenne auch für alle anderen Kurzwellen-Amateurbänder angepaßt wird. Für den vorliegenden Fall empfiehlt W 1 JF eine unharmonische Speiseleitungslänge von 7,6 ...

Tabelle 13.1.
Bemessungsdaten für Franklin-Antennen nach Bild 13.10

Amateur-band in m	Länge l_1 in m	Länge l_2 in m	Länge l_3 in m
10	5,09	5,18	2,50
12	5,72	5,86	2,95
15	6,90	7,02	3,52
17	7,90	8,15	4,10
20	10,30	10,50	5,27
30	14,20	14,50	7,30
40	20,70	21,13	10,60
80	40,50	41,35	20,70

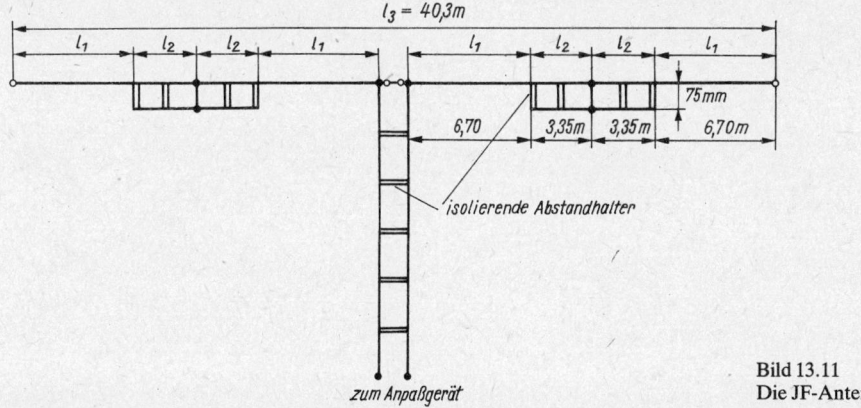

Bild 13.11
Die JF-Antenne

8,3 m oder Vielfache davon. Als Abstandshalter kann man Streifen aus Polyäthylen oder Plexiglas verwenden.

Weitere Kombinationen für den Mehrbandbetrieb werden in [2] angegeben. Günstig ist z. B. eine Gesamtlänge l_3 von 84,7 m, dabei betragen $l_1 = 14,1$ m und $l_2 = 7,05$ m. Für das 30-m-Band ist bei dieser Ausführung ein Gewinn von 5,2 dBd vorhanden, er beträgt für das 80-m-Band 1,7 dBd, und für das 160-m-Band besteht ein Halbwellendipol.

13.4.3. Der «Faule Heinrich» (Lazy-H)

Die scherzhafte Bezeichnung «Fauler Heinrich» soll die äußere Erscheinungsform dieser Drahtrichtantenne kennzeichnen (liegendes H). Sie wird in Bild 13.12 dargestellt.

Es handelt sich dabei um die Kombination einer Dipollinie mit 2 kollinearen Dipolen und einer Dipolzeile aus 2 parallelen Dipolen, deren Stockungsabstand $\lambda/2$ beträgt. Die überkreuzte Verbindungsleitung bewirkt, daß alle Dipole gleichphasig erregt werden.

Gespeist wird im dargestellten Fall über eine beliebig lange angepaßte Zweidrahtleitung. Diese Speiseleitung paßt man an den hochohmigen Antennenspeisepunkt über eine geschlossene Viertelwellenleitung (siehe Abschnitt 6.6.) an.

Das Strahlungsdiagramm in der Horizontalebene entspricht dem eines Ganzwellendipols (2 kollineare Dipole). Die Hauptstrahlung ist deshalb bidirektional senkrecht zur Leiterlängsachse (Querstrahler). Man kann mit einer Halbwertsbreite von etwa 60° rechnen. Als Folge der senkrechten Staffelung (Dipolreihe) bündelt das System auch vertikal (H-Ebene). Die Bündelung in der H-Ebene bewirkt, daß eine Dipolzeile

nicht ganz so empfindlich auf die Bauhöhe über Grund reagiert wie eine Einebenenantenne. Entsprechend dem Vertikaldiagramm gelangen nur geringe Strahlungsanteile zum Erdboden, somit können Erdbodenreflexionen auch nur in begrenztem Umfang auftreten (siehe Abschnitt 3.2.2.1.). Trotzdem unterliegt der für die Fernausbreitung so wichtige Erhebungswinkel der Aufbauhöhe über Grund, und wie für jede andere Antenne gilt auch in diesem Fall die Forderung, die Antenne in möglichst großer Höhe aufzubauen. Die besten Ergebnisse sind zu erwarten, wenn sich die untere Ebene $\lambda/2$ über dem Erdboden befindet. Aber auch bei geringeren Höhen ist noch mit guten Leistungen zu rechnen.

Der theoretische Gewinn des dargestellten Systems beträgt 5,6 dBd. Er verändert sich mit dem Stockungsabstand, wie aus Tabelle 13.2. hervorgeht. Der praktische Gebrauchswert eines «Faulen Heinrich» im Amateurverkehr übertrifft jedoch den von Einebenenantennen mit gleichem Gewinn erheblich. Das ist auf die Bündelung in der H-Ebene bei kleinem Erhebungswinkel zurückzuführen. Im praktischen Funkverkehr wird es außerdem als angenehm empfunden, daß die horizontale Halbwertsbreite von fast 60° immerhin 1/3 des Vollkreises bei hohem Gewinn zu überdecken gestattet (bidirektional).

Allgemein wird ein Ebenenabstand von $\lambda/2$ bevorzugt. Geringere Abstände ergeben einen kleineren, größere einen höheren Gewinn. Ausnahme: Wie aus Tabelle 13.2. ersichtlich ist, bringt ein Abstand von $5\lambda/8$ mehr Gewinn bei kleinerem Raumbedarf als ein Abstand von $3\lambda/4$. Dies hängt mit dem optimalen Stockungsabstand zusammen.

Für einen «Faulen Heinrich» lassen sich verschiedene Speisungsmöglichkeiten anwenden. Das Speisen in die untere Ebene über eine abgestimmte Leitung nach Bild 13.13. ist mechanisch

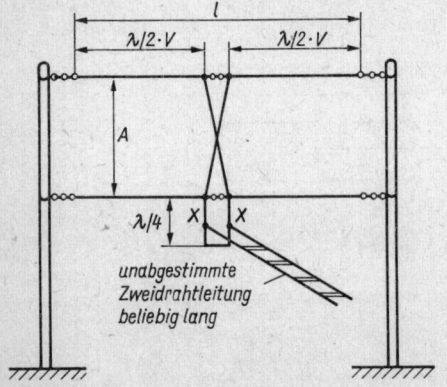

Bild 13.12
Der «Faule Heinrich» für Einbandbetrieb

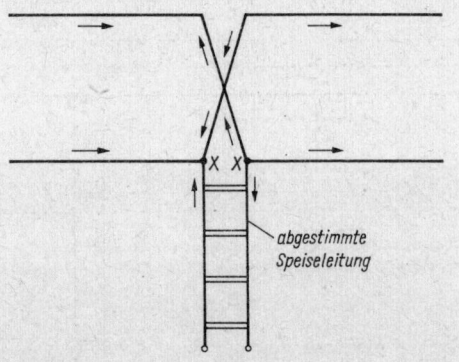

Bild 13.13
Der «Faule Heinrich» mit abgestimmter Speiseleitung

Tabelle 13.2.
Bemessungsunterlagen für den «Faulen Heinrich»
nach Bild 13.12

Amateur-band in m	Länge l in m	Abstand A in m	Gewinn in dBd
20	20,30	$3/8\lambda$ = 7,80	4,3
		$1/2\lambda$ = 10,40	5,6
		$5/8\lambda$ = 13,00	6,4
		$3/4\lambda$ = 15,60	6,3
17	15,85	$3/8\lambda$ = 6,25	4,3
		$1/2\lambda$ = 8,30	5,6
		$5/8\lambda$ = 10,40	6,4
		$3/4\lambda$ = 12,45	6,3
15	13,60	$3/8\lambda$ = 5,30	4,3
		$1/2\lambda$ = 7,10	5,6
		$5/8\lambda$ = 8,90	6,4
		$3/4\lambda$ = 10,65	6,3
12	11,55	$3/8\lambda$ = 4,50	4,3
		$1/2\lambda$ = 6,00	5,6
		$5/8\lambda$ = 7,50	6,4
		$3/4\lambda$ = 9,00	6,3
10	10,20	$3/8\lambda$ = 4,00	4,3
		$1/2\lambda$ = 5,30	5,6
		$5/8\lambda$ = 6,65	6,4
		$3/4\lambda$ = 8,00	6,3

In der Länge l ist der Abstand der Speisepunkte mit 100 mm enthalten

und elektrisch am einfachsten zu beherrschen. Durch die eingezeichneten Stromrichtungspfeile kann man erkennen, daß dabei alle Dipole gleichphasig erregt werden. Der Nachteil besteht darin, daß sich – wie bereits erwähnt – durch den Laufzeitunterschied beide Dipolebenen nicht genau gleichphasig erregen lassen. Dadurch kann der Erhebungswinkel etwas größer werden, die Antenne «schielt nach oben». Außerdem sind die Verluste einer abgestimmten Speiseleitung immer etwas größer als die einer angepaßten Leitung.

Die zentrale Speisung, bei der beide Ebenen symmetrisch erregt werden, zeigt Bild 13.14. Dabei fällt auch die mechanisch etwas schwierige

Überkreuzung der Verbindungsleitung weg. Durch das Speisen in der Mitte der Halbwellen-verbindungsleitung wird diese in 2 Viertelwellen-stücke aufgeteilt, wobei jeder Strahlerebene eine $\lambda/2$-Leitung zuzuordnen ist. Somit kann man sich jede Strahlerebene als einen Ganzwellendipol mit Viertelwellentransformator (siehe Abschnitt 6.5.) vorstellen. Nimmt man den Eingangswiderstand des Ganzwellendipols mit großem Schlankheitsgrad Z_A bei etwa 4000 Ω an und bemißt die Viertelwellenleitung mit einem Wellenwiderstand Z von etwa 600 Ω, so läßt sich der Wert der zu den Speisepunkten XX transformierten Impedanz Z_E leicht nach Gl. (6.6.) errechnen.

Werden die annähernd richtig angenommenen Werte in Gl. (6.6.) eingesetzt, dann erhält man

$$Z_E = \frac{(600\,\Omega)^2}{4000\,\Omega} = 90\,\Omega.$$

Da beide Ebenen im Punkt XX parallelgeschaltet sind, liegen auch die Widerstände parallel, so daß der Wellenwiderstand der angepaßten Speiseleitung nicht 90 Ω, sondern nur 45Ω werden muß. Eine Speisung über 50-Ω-Koaxialkabel wäre deshalb möglich.

Im allgemeinen bevorzugt man auch beim zentralen Speisen eine abgestimmte Speiseleitung, weil man mit ihr, als Kompromißlösung, auch Mehrbandbetrieb durchführen kann. Zu beachten ist noch, daß die Speiseleitung von den Punkten XX möglichst rechtwinklig über eine größere Strecke weggeführt werden soll.

Einen «Faulen Heinrich» mit den eingetragenen Abmessungen für den Mehrbandbetrieb auf 10, 15 und 20 m zeigt Bild 13.15. Er ist etwa für Resonanz im 15-m-Band bemessen und muß über eine abgestimmte Speiseleitung in Verbindung mit einem *Collins*-Filter oder einem anderen geeigneten Anpaßgerät betrieben werden. Abstimmung für 12 und 17 m ist ebenfalls möglich.

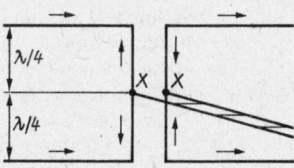

Bild 13.14
Der «Faule Heinrich» mit zentraler Speisung

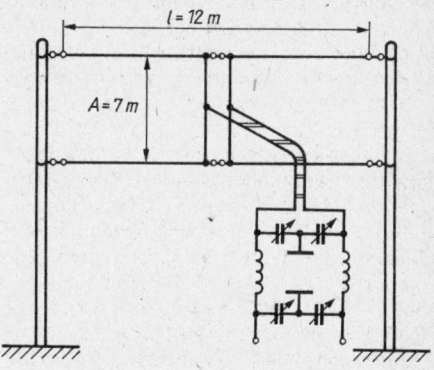

Bild 13.15
Der «Faule Heinrich» für Dreibandbetrieb

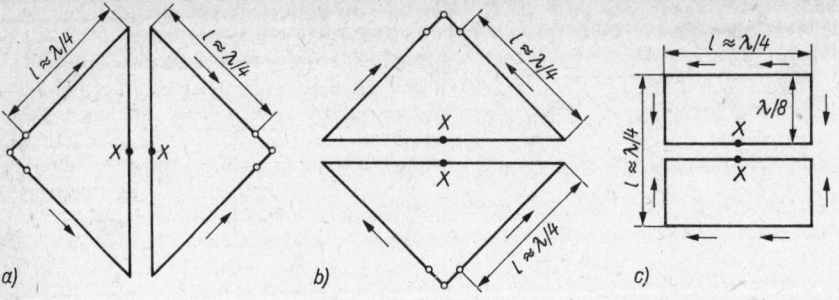

Bild 13.16
Varianten einer *DJ 4 VM*-Quad; a – Rhombusform horizontal polarisiert, b – Rhombusform vertikal polarisiert, c – Quadratform horizontal polarisiert

13.4.3.1. Die *DJ 4 VM*-Quad-Antenne

Die *DJ 4 VM-Quad-Antenne wurde 1968 von Boldt* in [3] beschrieben. Wie Bild 13.16a erkennen läßt, hat sie wohl die Umrisse eines Quadrates (Quad), ist aber kein Quad-Element, das in der Terminologie der Funkamateure als ein geschlossenes Ganzwellenviereck verstanden wird (siehe Abschnitt 15.1.). Es ist eine Variante des zentral gespeisten «Faulen Heinrich», die klar wird, wenn man mit Bild 13.14 vergleicht. Beim *DJ 4 VM*-Quad sind lediglich die Schenkel der unteren Ebene mit einem Winkel von 45° nach oben geführt und die der oberen Ebene in gleicher Weise nach unten. Der Vorteil eines solchen Aufbaus besteht vor allem darin, daß man mit nur einem Mast auskommt.

Alle zum «Faulen Heinrich» gemachten Angaben sind sinngemäß auch für die *DJ 4 VM*-Quad gültig; die Längenangaben aus Tabelle 13.2. können übernommen werden. Beim Gewinn sind jedoch Abstriche zu machen (etwa 1 dB), da der wirksame Ebenenabstand bei der *DJ 4 VM*-Quad geringer ist.

Diese neuartige Bauform wurde im Hinblick auf eine Mehrbandbetrieb entwickelt, der beim Speisen über eine symmetrische Zweidrahtleitung zusammen mit einem Antennenanpaßgerät wie in Bild 13.15 möglich ist. Die erprobten Seitenlängen *l* für den Dreibandbetrieb 10, 15 und 20 m betragen 4 × 5,65 m, sie sind nicht kritisch, sollten aber nicht größer als 4 × 6,50 m werden. Gleichermaßen kann diese Mehrbandausführung auch für 12 und 17 m abgestimmt werden. Einzelheiten über die Strahlungseigenschaften beim Mehrbandbetrieb sind in [4] enthalten.

Eine weitere Anwendungsform ist in Bild 13.16b dargestellt. Aus den eingezeichneten Stromrichtungspfeilen erkennt man, daß das Element einfach um 90° axial verdreht wurde, so daß Vertikalpolarisation entsteht.

Diese Rhombusformen lassen sich an einem nicht geerdeten Holzmast – etwa wie in Bild 13.18 dargestellt – aufbauen. Dies kann Probleme mit dem Blitzschutz aufwerfen. Ferner besteht bei den zentral gespeisten Ausführungen die Forderung, daß die Speiseleitung von den Speisepunkten X-X ausgehend rechtwinklig abgeführt werden soll.

Die Zentralspeisung gewährleistet einen Mehrbandbetrieb, wobei die Ströme immer symmetrisch auf die Seiten verteilt sind [6]. Für den Multibandbetrieb zwischen 10 und 40 m haben sich Seitenlängen *l* zwischen etwa 5,10 und 6,40 m bewährt. Diese Längen sind nicht kritisch, da sie für die einzelnen Bänder immer am Anpaßgerät abgestimmt werden. Dabei nimmt der Eingangswiderstand bei X-X die verschiedensten Werte an.

Eine weitere Bauform der *DJ 4 VM*-Quad-Antenne zeigt Bild 13.16c. Aus der eingezeichneten Stromverteilung läßt sich eindeutig Horizontalpolarisation erkennen. Vertikalpolarisation würde auftreten, wenn man das Viereck um 90° axial dreht.

Ein Dreiband-Drehrichtstrahler mit *DJ 4 VM*-Elementen wird in Abschnitt 18.6. beschrieben.

13.4.3.2. Der Bisquare-Strahler

Eine einfache, aber wenig bekannte bidirektionale Drahtrichtantenne ist das sogenannte *Bisquare*. In der deutschen Sprache könnte man die Antenne sinngemäß als zweiseitig wirksames Quadrat bezeichnen. Obwohl das Bisquare äußerlich kaum Ähnlichkeit mit dem «Faulen Heinrich» hat, ist es ein vereinfachter, direkter Abkömmling von diesem. Bild 13.17 zeigt das elektrische Schema eines Bisquare. Die 4 Seiten des Quadrates l_1, l_2, l_3 und l_4 haben eine Länge von je $\lambda/2$. Die Phasenlage der Ströme ist durch Richtungspfeile gekennzeichnet. Daraus kann man

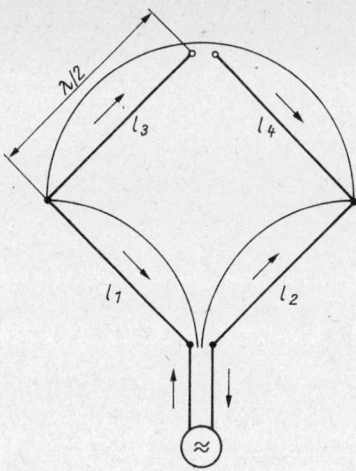

Bild 13.17
Die Stromverteilung eines Bisquare

entfernt und entspricht damit der Forderung: Abstand vom Erdboden $\geqq \lambda/4$.

Der Widerstand am Antenneneingang liegt hoch (Spannungsbauch). Deshalb wird das Bisquare im allgemeinen über eine abgestimmte Speiseleitung erregt. Dann kann es gleichzeitig noch mit der halben Frequenz als vertikal polarisierter Halbwellenstrahler betrieben werden.

Die bisher besprochenen Drahtrichtstrahler waren bidirektional, d. h. nach 2 Seiten wirksam. Konzentriert man die Hauptstrahlung in eine Richtung, indem die Rückwärtsstrahlung größtenteils in die Vorwärtsrichtung reflektiert wird, kann in der Vorwärtsrichtung durch Addition der Strahlungsanteile ein größerer Gewinn erzielt werden. Strahler, die nur nach einer Seite maximal strahlen, nennt man unidirektional (nach einer Richtung wirksam). Das bestehende Restverhältnis zwischen Vorwärtsstrahlung und noch vorhandener Rückwärtsstrahlung nennt man *Vor-/Rück-Verhältnis* oder manchmal auch *Rückdämpfung*.

Es werden *gespeiste* Reflektoren und *ungespeiste* Reflektoren unterschieden. Letztere nennt man *parasitäre* Reflektoren; sie wurden durch die Japaner *H. Yagi* und *S. Uda* bekannt. Beide arbeiteten erstmalig mit Reflektoren und Direktoren, die lediglich durch Strahlungskopplung wirksam sind.

Das beschriebene bidirektionale Bisquare kann durch ein Parasitärelement nach Bild 13.19 zu einem unidirektionalen Doppel-Bisquare erweitert werden. Das gespeiste Element wird über eine abgestimmte Zweidrahtleitung erregt; das parasitäre Element hat einen Abstand von $\leqq 0,4\,\lambda$ (unkritisch) und läßt sich durch Umschalten wahlweise als Direktor oder als Reflektor betreiben.

erkennen, daß die rechtwinklige Knickung der Strahlerabschnitte eine gleichphasige Erregung der Halbwellenstücke $l_1 \ldots l_4$ bewirkt (alle Pfeilspitzen zeigen nach rechts). Dabei können l_1 und l_2 als untere, l_3 und l_4 als obere Ebene betrachtet werden. Im elektrischen Aufbau und in der Wirkungsweise entspricht demnach das Bisquare dem «Faulen Heinrich».

Wegen der geringeren Bedeckungsfläche ist der Gewinn eines Bisquare mit knapp 4 dBd etwas geringer als der eines «Faulen Heinrich». Dafür benötigt das Bisquare nur einen Tragmast, während beim «Faulen Heinrich» 2 Stützpunkte erforderlich sind.

Das Aufbauschema des Bisquare zeigt Bild 13.18. Die Abmessungen für Resonanz im 10-m-Band sind dort eingetragen. Das Bisquare wird hauptsächlich im 10-m-Betrieb verwendet, da man in diesem Fall mit einer freien Mastlänge von 10 m auskommt. Der Antenneneingang befindet sich dann noch mehr als $\lambda/4$ vom Erdboden

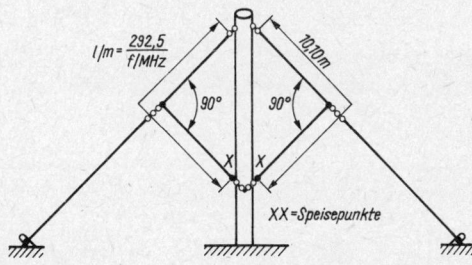

Bild 13.18
Das Bisquare

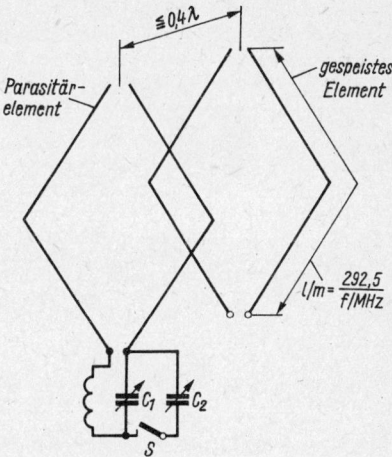

Bild 13.19
Das Doppel-Bisquare

Das Parasitärelement für Reflektorwirkung oder Direktorwirkung wird durch einen an seinem Eingang angebrachten *LC*-Kreis abgestimmt. Die richtigen Werte für die Spule, C_1 und C_2 muß man durch Versuch ermitteln. Zweckmäßig ist es, die Seitenlänge des Parasitärelementes gegenüber denen des gespeisten Elementes etwas zu verkürzen, damit auch noch auf Direktorwirkung abgestimmt werden kann.

Abstimmvorgang

Schalter S öffnen, mit C_1 das Parasitärelement so abstimmen, daß Direktorwirkung eintritt, d. h. eine maximale Abstrahlung vom gespeisten Element in Richtung parasitäres Element. Dann S schließen und mit C_2 auf beste Reflektorwirkung abstimmen, ohne C_1 wieder zu verändern. Man dreht damit die Richtung der Hauptstrahlung um 180° in der Horizontalebene. Die gefundenen Kondensatoreinstellungen werden dann nicht mehr verändert. Im Betrieb wird die Richtcharakteristik lediglich durch Öffnen (Direktorwirkung) oder Schließen (Reflektorwirkung) des Schalters S umgeschaltet. S kann auch über ein Relais fernbedient werden.

Durch das Parasitärelement läßt sich ein Gewinnzuwachs von etwa 3 dB erreichen. Dieser Zuwachs tritt auch auf, wenn man die Antenne mit der halben Frequenz erregt und als Halbwellenvertikalstrahler betreibt. Das Parasitärelement hat dann noch einen Abstand von knapp $0,2\lambda$, wodurch ebenfalls Reflektor- bzw. Direktorwirkung gegeben ist.

Der findige Funkamateur wird den vorhandenen Bisquare-Mast noch für andere Antennenformen nutzen. Es wäre z. B. möglich, rechtwinklig zum vorhandenen Bisquare ein zweites gleichartiges System am selben Mast aufzubauen, wodurch dann auch die Richtungen erreicht werden, die in den Nullstellen des ersten Bisquare liegen. Gleichzeitig ist dadurch der Mast nach 4 Richtungen abgespannt. Auch für eine T2FD-Antenne (siehe Abschnitt 12.2.), für einen geeigneten Kurzdipol für 80/40 m nach Bild 10.31 oder für eine Drahtpyramide für 40 m nach Bild 10.35 wäre noch Platz vorhanden. Schließlich könnte die Mastspitze noch durch einen Vertikalstab oder eine 2-m-Richtantenne «gekrönt» werden.

13.4.3.3. Der gestockte Ganzwellendipol

Winkelt man die beiden Dipolarme eines «Faulen Heinrich» nach Bild 13.20 um 90° ab, entsteht daraus ein gestockter Ganzwellenwinkeldipol, der wegen seiner Richtcharakteristik für den Amateur sehr interessant ist.

Ein um 90° abgewinkelter Ganzwellendipol hat nach Abschnitt 10.4.1. in der E-Ebene annähernd Rundstrahlcharakteristik (siehe Bild

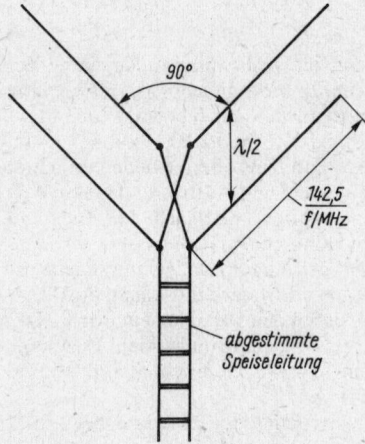

Bild 13.20
Gestockte Ganzwellenwinkelantenne als horizontaler Rundstrahler mit vertikaler Bündelung

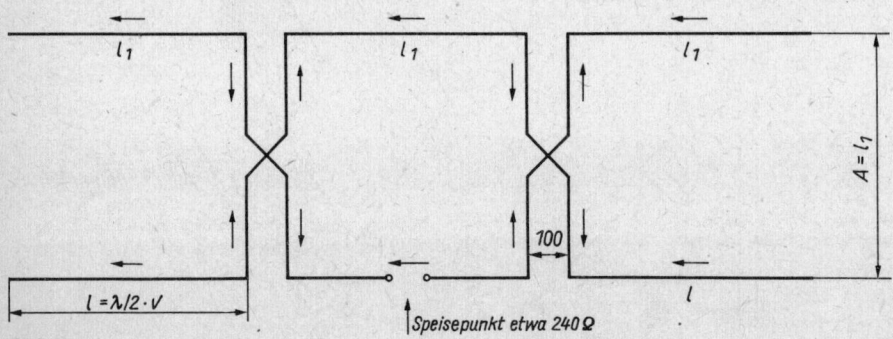

Bild 13.21
Der «Six-Shooter»; siehe Text Seite 204

10.36b). Ordnet man 2 oder mehr solcher Winkeldipole in einer Dipolzeile an, so bleibt die horizontale Rundcharakteristik (E-Ebene) voll erhalten, und durch Bündelung in der H-Ebene wird ein angemessener Gewinn erzielt. Bei 2 gestockten Dipolebenen – also einem abgewinkelten «Faulen Heinrich» – kann mit einem Gewinn von etwa 3 dBd gerechnet werden. Alle beim «Faulen Heinrich» angegebenen Daten lassen sich sinngemäß auch auf dessen abgewinkelte Version übertragen. Die Horizontaldiagramme, die bei anderen Abwinkelungsgraden auftreten, kann man aus Bild 10.36 ersehen. Durch die Stockung werden sie nicht beeinflußt.

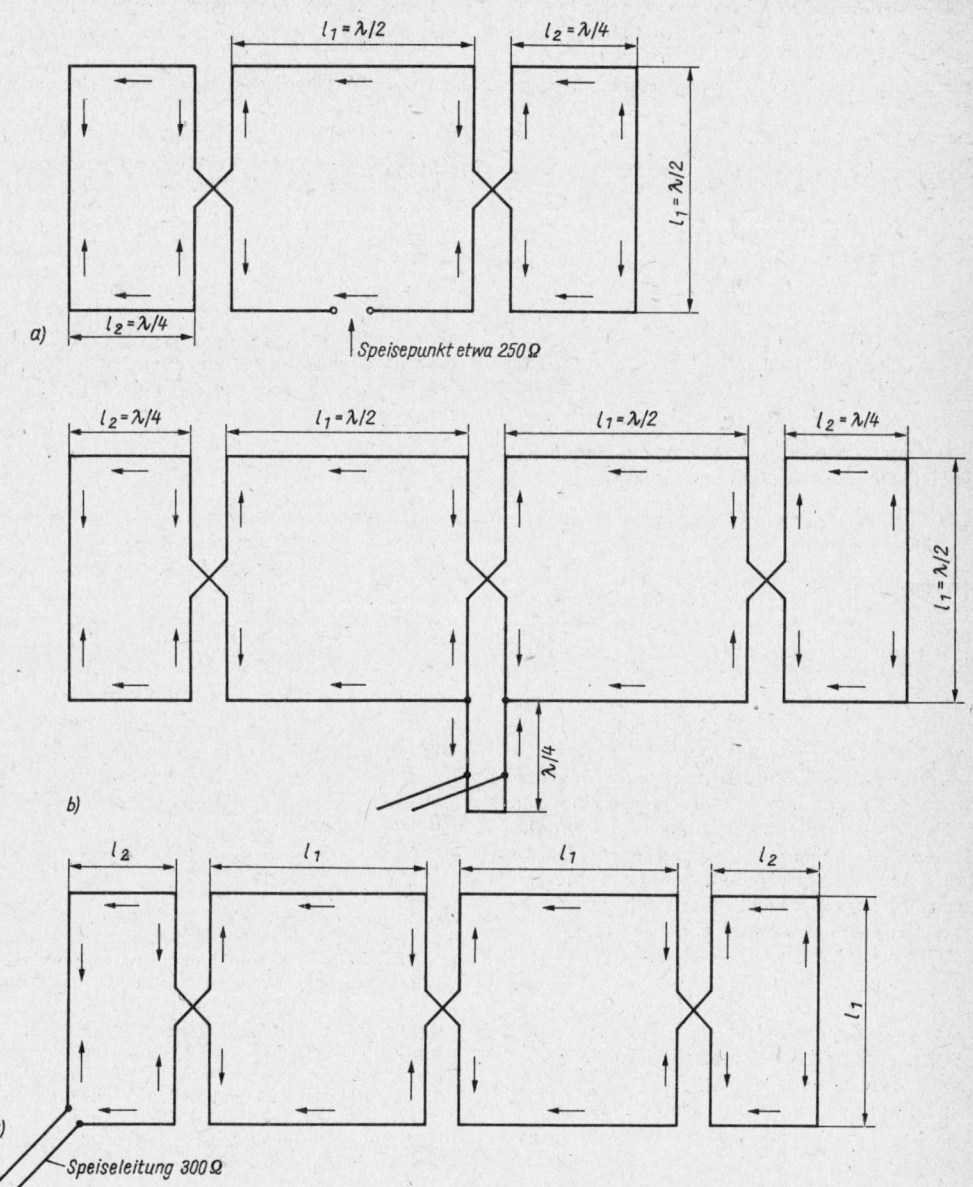

Bild 13.22
Sterba-Antennen; a – einfache Form, 4 Elemente, b – erweiterte Form, 6 Elemente; zentralgespeist, c – 6 Elemente, endgespeist; siehe Text Seite 204

13.4.4. Der Six-Shooter

Eine weitere Variante des «Faulen Heinrich» ist ein bidirektionaler Querstrahler, bei dem je 3 kollineare Dipole mit einer Dipolzeile kombiniert werden, so daß sich insgesamt 6 gespeiste Halbwellenelemente ergeben. Die Vorliebe der Amateure für treffende Kurzbezeichnungen hat dieser Antenne den Namen *Six-Shooter* (Sechsschüssiger) gegeben. Es handelt sich praktisch um einen «Faulen Heinrich», der durch 2 Elemente erweitert wurde. Bei gleicher vertikaler Halbwertsbreite (H-Ebene) werden die horizontalen Strahlungskeulen schmaler, und der Gewinn steigt auf etwa 7 dBd.

Bild 13.21 zeigt diesen Richtstrahler. Die untere Dipolebene sollte frei und mindestens $\lambda/2$ über der Erdoberfläche hängen. Die praktischen Abmessungen für den Six-Shooter errechnet man mit hinreichender Genauigkeit aus der Beziehung

$$ l_{1/m} = \frac{143,5}{f_{/MHz}}. \qquad (13.2.) $$

Der Eingangswiderstand der Antenne beträgt etwa 240 Ω, man kann sie deshalb mit einer beliebig langen UKW-Bandleitung direkt speisen.

Sterba-Antennen
(E.J. Sterba – US Pat. 1885151 – 1929)

Ebenfalls zur Gruppe der bidirektionalen Querstrahler gehört die *Sterba*-Antenne. Es ist auch eine Erweiterung des «Faulen Heinrich». Amateure haben diesen Strahler bisher nur selten verwendet, denn sein Raumbedarf ist sehr groß, und die horizontale Halbwertsbreite wird bei größeren Systemen extrem schmal. Dagegen hatte die *Sterba* im kommerziellen Sektor der Antennentechnik für Sonderanwendungen gewisse Bedeutung. Von den Speisepunkten aus betrachtet, besteht sie aus einer nicht unterbrochenen Drahtschleife. Dadurch hat man z. B. die Möglichkeit, eine vereiste Antenne einfach durch einen starken Strom abzutauen.

Bild 13.22 a zeigt das Schema einer einfachen *Sterba*-Antenne, die mit 4 Elementen einem «Faulen Heinrich» entspricht. Die beiden Viertelwellenstücke an den waagrechten Antennenenden werden dabei als je 1 Halbwellendipol betrachtet. Der Gewinn einer solchen einfachen *Sterba*-Antenne entspricht dem eines «Faulen

Heinrich». Eine Bauform mit 6 Elementen zeigt Bild 13.22 c. Sie entspricht in ihren Eigenschaften weitgehend dem Six-Shooter; man stellt sie aber diesem gegenüber mit einem etwas höheren Gewinn (8 dBd) heraus.

Man kann *Sterba*-Antennen durch gleichartiges Aneinanderreihen mit den dazugehörigen Phasenleitungen beliebig erweitern.

Die einfachste Form nach Bild 13.22 a wird im Strombauch gespeist. Der Eingangswiderstand liegt um 250 Ω. Deshalb läßt sie sich über beliebig lange UKW-Bandleitungen erregen. Bei der erweiterten Form nach Bild 13.22 b liegt der Antenneneingang in einem Spannungsbauch und ist deshalb hochohmig. Es empfiehlt sich eine abgestimmte Speiseleitung oder besser – wie eingezeichnet – eine kurzgeschlossene Viertelwellenleitung, über die dann jede beliebige unabgestimmte Speiseleitung angepaßt werden kann. Noch einfacher ist es allerdings, diese Antenne in einem Strombauch zu speisen, wie in Bild 13.22 c als Endspeisung dargestellt; es ergibt sich dann ein Eingangswiderstand von etwa 300 Ω.

Alle Längen l_1 errechnet man nach Gl. (13.2.), für l_2 gilt:

$$ l_{2/m} = \frac{73,5}{f_{/MHz}}. \qquad (13.3.) $$

Antennen mit flächenhafter Anordnung von Elementen in der Form einer Dipolwand, wie sie auch die in Abschnitt 13.4.4 beschriebenen Antennen darstellen, werden in der Literatur häufig auch als Vorhang- oder *Curtain-Antennen* bezeichnet (engl.: Curtain = Vorhang oder Gardine). Der Ausdruck *Curtain* bezieht sich auf die äußere Erscheinungsform des Antennensystems und ist dem deutschen Begriff Dipolwand gleichzusetzen.

Literatur zu Abschnitt 13.

[1] *Schellenbach, R.R.*: The JF Array, QST, Newington, Conn. (1982) November, Seite 26 bis 27
[2] *Schellenbach, R.R.*: Other bands for the JF Array, QST, Newington, Conn. (1983) April, Seite 39
[3] *Boldt, W.*: Die DJ 4 VM-Quad, Das DL-QTC, Gerlingen 39, (1968) Heft 9, Seite 515 bis 526
[4] *Gaysert, G.*: Quad-Antennen mit zentraler Elementspeisung, cq-DL, Baunatal, 52 (1981) Heft 5, Seite 216 bis 220
[5] ...: More on the vertically-polarized UA3 IAR quad, RADIO COMMUNICATION, London, (1979) June Seite 530 bis 531
[6] *Moxon, L.A.*: hf antennas for all locations, RSGB, London 1982, Chapter 7, Chapter 11

14. Längsstrahlende Dipolanordnungen

Parallele Dipole, die mit unterschiedlicher Phasenlage erregt werden, strahlen bevorzugt in Richtung der größten Längsausdehnung der Antenne; man bezeichnet sie deshalb mit dem Sammelbegriff *Längsstrahler*. Gewinn und Richtwirkung der Längsstrahler werden vom gegenseitigen Abstand der parallelen Elemente und deren relativer Phasenlage bestimmt. Die bekannteste Form eines Längsstrahlers ist die *Yagi*-Antenne. Bild 14.1 zeigt ein einfaches Längsstrahlersystem. Die beiden Dipole A und B sind im Abstand von $\lambda/2$ parallel zueinander angeordnet und über eine Halbwellenzweidrahtleitung miteinander verbunden. Die eingezeichneten Stromrichtungspfeile lassen erkennen, daß Dipol A gegenüber Dipol B um 180° phasenverschoben erregt wird. Man kann sich die Wirkungsweise dieser Anordnung so vorstellen, daß Dipol A die Strahlung von Dipol B reflektiert und umgekehrt. In Abhängigkeit vom Abstand S und der Phasenlage addiert bzw. subtrahiert sich die Strahlung vektoriell. Daraus resultiert eine verstärkte bidirektionale Strahlung, die – wie eingezeichnet – längs der Antennenstruktur in der gleichen Richtung verläuft wie die verbindende Zweidrahtleitung.

Der Gewinn – bezogen auf einen einfachen Halbwellendipol –, der als Folge der gerichteten Strahlung auftritt, kann aus Bild 14.2 ersehen werden. Dabei wird vorausgesetzt, daß die beiden Dipole um 180° phasenverschoben erregt sind. Der theoretische Maximalgewinn von 4,3 dB ergibt sich, wenn 2 Halbwellendipole einander im Abstand von $0,15\,\lambda$ parallelliegen. Werden im System Ganzwellendipole verwendet, so steigt der Maximalgewinn bei gleichem Abstand um 1,8 dB auf insgesamt 6,1 dB.

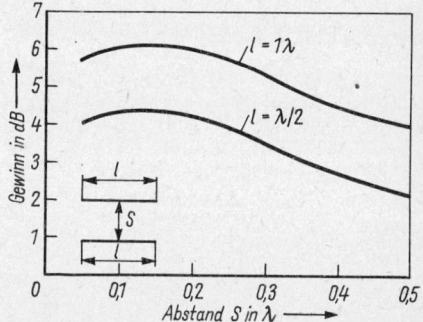

Bild 14.2
Der Gewinn von 2 parallelen Dipolen ($1/2\lambda$ oder 1λ lang), 180° phasenverschoben erregt. In Abhängigkeit vom Abstand S ($W\,8\,JK$-Antennen)

Bei der Betrachtung des Strahlungswiderstandes, der im Strombauch eines Dipols gemessen wird, fällt in Bild 14.3 auf, daß beim gleichen System der Strahlungswiderstand mit 12 bzw. 20 Ω sehr niedrig ist, wenn maximaler Gewinn auftritt. Das bedeutet große Ströme und Spannungen auf dem Antennenleiter und damit erhöhte I^2R-Verluste. Deshalb läßt sich der theoretisch ermittelte Gewinn nicht erreichen; der praktisch ermittelte Gewinn liegt meist um knapp 1 dB niedriger.

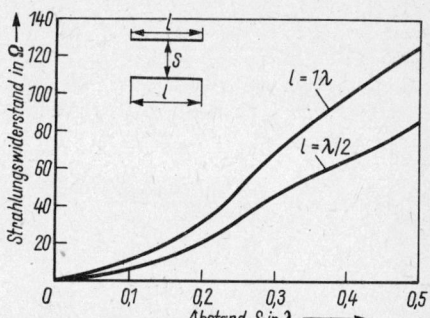

Bild 14.3
Der Strahlungswiderstand im Strombauch eines Dipols ($1/2\lambda$ oder 1λ lang) bei Systemen aus 2 parallelen Dipolen, 180° phasenverschoben erregt, in Abhängigkeit vom Dipolabstand S ($W\,8\,JK$-Antennen)

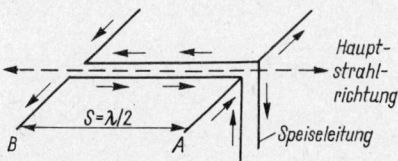

Bild 14.1
Erregung und Stromverlauf eines Längsstrahlers

205

Längsstrahler werden in vielfältigen Varianten konstruiert, die sich hauptsächlich durch die Art der Erregung der in ihnen enthaltenen Elemente unterscheiden.

14.1. *W 8 JK*-Richtantennen

Eine bekannte längsstrahlende Richtantenne ist der von *J.D. Kraus* entwickelte *W 8 JK-Beam*. Bild 14.4 zeigt seine äußere Erscheinungsform in horizontaler (Bild 14.4a) und vertikaler (Bild 14.4b). Polarisation. Die Hauptstrahlrichtungen dieses bidirektionalen Systems sind durch Richtungspfeile gekennzeichnet. Auch Schrägpolarisation ist möglich, wenn man nach [1] von einem vorhandenen Mast ausgehend die Antenne mit 45° Neigung nach unten aufbaut.

Die *W 8 JK*-Antennen können in verschiedenen Größen und mit unterschiedlicher Speisung ausgeführt werden. Dabei beträgt der Abstand A immer $\lambda/8 \ldots \lambda/4$ und die Phasenverschiebung 180°.

Die kleinstmögliche *W 8 JK*-Antenne enthält 2 parallele Halbwellendipole (Bild 14.5a), bei der nächstfolgenden Größe sind die Halbwellendipole durch Ganzwellendipole ersetzt (Bild 14.5b), man bezeichnet sie als *W 8 JK* mit 2 Sektionen. Ausführungen mit 3, 4 oder mehr Sektionen lassen sich ermöglichen, werden aber nur sehr selten verwendet.

Aus Tabelle 14.1. kann man in Verbindung mit Bild 14.5 alle praktischen Abmessungen für *W 8 JK*-Richtstrahler verschiedener Größen ersehen. Der errechnete Gewinn dieser Anordnung ist in Bild 14.5 angegeben.

Eine *W 8 JK* mit einer Sektion (Abstand $\lambda/8$) kann gleichzeitig für das harmonisch liegende frequenzhöhere Band als 2-Sektionen-Antenne mit einem Abstand A von $\lambda/4$ verwendet werden. Speist man über eine abgestimmte Speiseleitung, ist auch noch eine Erregung mit der 4. Harmonischen möglich. Allerdings sind dann die kollinearen Dipole in sich nicht mehr gleichphasig erregt, und das E-Diagramm bekommt deshalb die Form eines vierblätterigen Kleeblattes. Die zentralgespeisten *W 8 JK*-Typen werden bei XX in einem Spannungsbauch erregt. Will man angepaßte Speiseleitungen verwenden, z. B. eine beliebig lange 600-Ω-Zweidrahtleitung, die besonders verlustarm ist, so lassen sie sich am günstigsten über eine Stichleitung nach Abschnitt 6.6. anpassen. Für A = $\lambda/8$ beträgt die Länge der Stichleitung S $\approx 3\ \lambda/16$, bei größeren Abständen A verringert sich S entsprechend. Die kurzgeschlossene Stichleitung nach Bild 14.6 wird an den Antenneneingang XX angeschlossen. Richtwerte für die Abmessungen der Antennen und die ungefähre Lage der Anschlußpunkte ZZ für eine angepaßte 600-Ω-Leitung sind in Tabelle 14.1. enthalten (Abmessungen S und B nach Bild 14.6). Bei der Ausführung mit 2 Sektionen nach Bild 14.5b

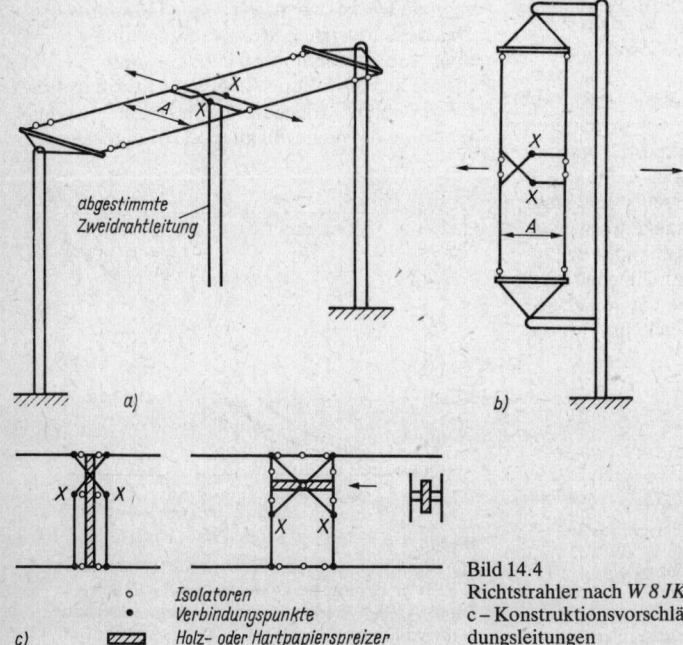

Bild 14.4
Richtstrahler nach *W 8 JK*; a – horizontal, b – vertikal, c – Konstruktionsvorschläge für gekreuzte Verbindungsleitungen

o   *Isolatoren*
●   *Verbindungspunkte*
▨   *Holz- oder Hartpapierspreizer*

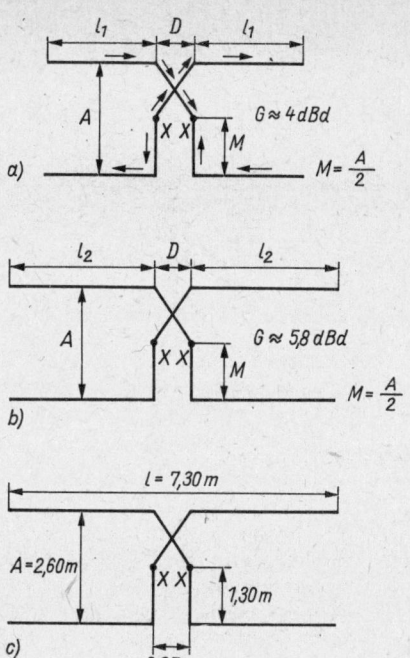

a) $G \approx 4\,dBd$

$M = \dfrac{A}{2}$

b) $G \approx 5{,}8\,dBd$

$M = \dfrac{A}{2}$

c) $l = 7{,}30\,m$

$A = 2{,}60\,m$

$1{,}30\,m$

$0{,}25\,m$

Bild 14.5
Schemata von *W 8 JK*-Antennen; a – 1 Sektion ≙ 2
Elementen, b – 2 Sektionen ≙ 4 Elementen,
c – Abmessungen für Multibandbetrieb nach *W 8 JK*
(praktische Bemessungsangaben siehe Tabelle 14.1.)

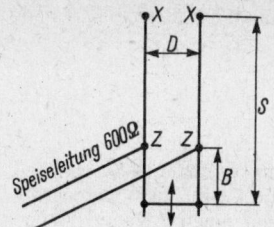

Speiseleitung 600 Ω

Bild 14.6
Die Stichleitung für eine *W 8 JK*-Antenne
(Bemessungsangaben siehe Tabelle 14.1.)

kann die Länge der Stichleitung S etwa der Länge
von l_2 entsprechen.

Man erleichtert sich das Einstellen, wenn der
Kurzschluß am Ende der Stichleitung in seiner
Lage veränderbar ist. Es ist deshalb auch zweckmäßig, die Stichleitung etwas länger als in Tabelle 14.1. angegeben zu bemessen.

Wird die Speisung über ein beliebig langes
Koaxialkabel vorgezogen, dann muß man die
Stichleitung so ausführen, daß sich bei ZZ eine
Impedanz von 240...300 Ω einstellt (Länge B
verkleinern). Über eine Halbwellenumglei-
tung nach Abschnitt 7.5. oder einem Ringkern-
Balun 4:1 nach Abschnitt 7.7.3. kann dann ein
beliebig langes Koaxialkabel symmetrie- und impedanzrichtig angeschlossen werden. Dies ist
eine Einbandlösung.

Tabelle 14.1. Bemessungsunterlagen für *W 8 JK*-Antennen nach Bild 14.5

| Amateurband | Abstand A | | Längen | | Stichleitung | | |
in m	in λ	in m	l_1 in m	l_2	D in m	S in m	B in m
40	0,125	5,20	10,20	18,00	0,6	7,95	1,20
	0,150	6,35	10,20	18,00	0,6	7,95	1,20
30	0,125	3,70	7,10	12,55	0,4	5,60	0,85
	0,150	4,45	7,10	12,55	0,4	5,60	0,85
20	0,125	2,65	5,10	9,00	0,3	3,95	0,60
	0,150	3,20	5,10	9,00	0,3	3,65	0,56
	0,200	4,25	5,10	9,00	0,3	3,05	0,47
17	0,125	2,07	4,00	7,05	0,3	3,10	0,48
	0,150	2,48	4,00	7,05	0,3	2,85	0,44
	0,200	3,30	4,00	7,05	0,3	2,40	0,38
15	0,125	1,77	3,40	6,00	0,3	2,65	0,40
	0,150	2,12	3,40	6,00	0,3	2,45	0,38
	0,200	2,83	3,40	6,00	0,3	2,05	0,32
12	0,125	1,50	2,90	5,10	0,3	2,25	0,35
	0,150	1,80	2,90	5,10	0,3	2,10	0,32
	0,200	2,40	2,90	5,10	0,3	1,75	0,27
10	0,125	1,30	2,55	4,45	0,3	2,00	0,30
	0,150	1,60	2,55	4,45	0,3	1,80	0,28
	0,200	2,10	2,55	4,45	0,3	1,50	0,23

Die Angaben S und B für die Stichleitung (Bild 14.6) haben nur für Ausführungen nach Bild 14.5a Gültigkeit. Bei
2 Sektionen nach Bild 14.5b kann die Länge der Stichleitung S etwa der Länge von l_2 entsprechen.

Wie *W 8 JK* in [2] feststellt, kann diese Richtantenne über einen Frequenzbereich von etwa 3:1 kontinuierlich betrieben werden. Die Bemessungen für den Multibandbetrieb sind nicht kritisch, da es sich um ein über die Speiseleitung abstimmbares System handelt. Für den Betrieb auf 20, 17, 15, 12 und 10 m empfiehlt *W 8 JK* gemäß Bild 14.5c eine Gesamtlänge l der beiden Elemente von 7,30 m und einen Abstand A von 2,60 m. Für den gleichen Frequenzbereich hatte *OD5CG* guten Erfolg mit $l = 9{,}15$ m und $A = 2{,}45$ m (RADIO COMMUNICATION, London, 1981, Heft 10). Vergrößert man l auf 12,20 m und A auf 3,35 m, kann auch noch das 30-m-Band einbezogen werden. Für den Multibandbetrieb ist immer ein Antennenanpaßgerät vorzusehen. Weitere Angaben zum Speisen sind in [2] enthalten.

W 8 JK-Antennen mit schleifenförmigen Elementen

Wenn die Dipole einer einfachen *W 8 JK*-Antenne (eine Sektion) als Faltdipole ausgeführt werden, ist der Strahlungswiderstand höher, und

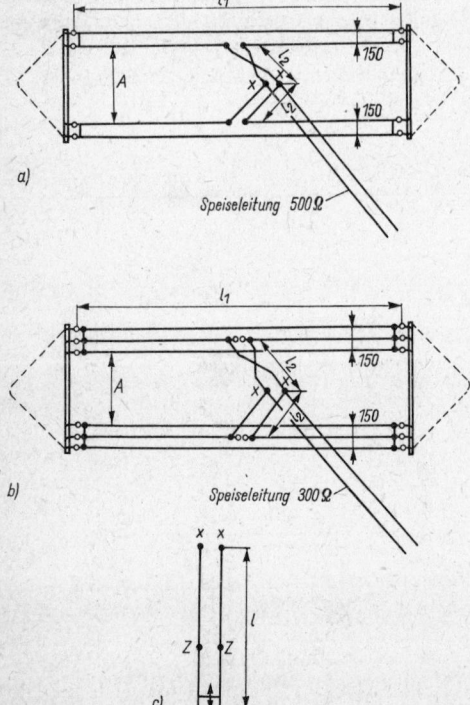

Bild 14.7
W 8 JK-Antennen mit schleifenförmigen Elementen;
a – *W 8 JK* mit Faltdipolen, Leitungen l_2 aus Bandleitung
240 Ω, b – *W 8 JK* mit Doppelfaltdipolen, Leitungen l_2
aus Bandleitung 300 Ω, c – Stichleitung zu a und b

Tabelle 14.2.
Bemessungsunterlagen für *W8JK*-Strahler
mit gefalteten Elementen nach Bild 14.7

Amateurband in m	Abstand A in m	Längen l_1 in m	l_2 in m	Stichleitung l in m
40	6,60	19,60	8,75	10,50
30	4,60	13,65	6,10	7,30
20	3,55	9,80	4,37	5,25
17	2,57	7,65	3,40	4,10
15	2,30	6,55	2,90	3,55
12	1,87	5,55	2,48	2,98
10	1,55	4,85	2,18	2,55

der Frequenzbereich wird etwas größer. Da kleinere Ströme fließen, sind auch die Leitungsverluste geringer, und damit steigt der Wirkungsgrad, bezogen auf eine *W 8 JK* mit gestreckten Dipolen. Mit dieser gefalteten Bauform kann der theoretisch ermittelte Gewinn nahezu erreicht werden. Harmonischenresonanz ist bei Faltdipolen nicht vorhanden, deshalb lassen sich diese Antennen nur für das Band verwenden, für das sie bemessen sind.

Bild 14.7 zeigt Ausführungen mit einfachen Faltdipolen und Doppelfaltdipolen (Bild 14.7b). Die dazugehörigen Bemessungsangaben enthält Tabelle 14.2.

Bei der Bauform mit einfachen Faltdipolen nach Bild 14.7a ist zu beachten, daß die zentralen Viertelwellenverbindungsleitungen l_2 aus 240-Ω-Bandleitung bestehen. Die Längenangaben in Tabelle 14.2. berücksichtigen den Verkürzungsfaktor V dieser Leitungen mit 0,82. Eine der beiden Leitungen l_2 ist überkreuzt, was durch einfaches Verdrehen der Leitung um 180° erreicht wird. Jede der beiden Leitungen l_3 wirkt als Viertelwellentransformator (siehe Abschnitt 6.5.), so daß am Antenneneingang XX eine Impedanz von etwa 500 Ω vorhanden ist. Die Antenne kann dort mit einer beliebig langen 500-Ω-Leitung gespeist werden. Über einen Ringkern-Balun 10:1 nach Bild 7.16c läßt sich auch ein beliebig langes Koaxialkabel anschließen. Eine andere Möglichkeit zeigt Bild 14.7c. Dabei wird an XX eine Viertelwellenstichleitung angeschlossen, deren Länge l_3 aus Tabelle 14.2. zu ersehen ist. Auf der Stichleitung werden die Speisepunkte ZZ gesucht, deren Schweinwiderstand 240 Ω beträgt. Dort wird eine Halbwellenumwegleitung angefügt und an diese das koaxiale Speisekabel angeschlossen.

Bei Ausführungen mit Doppelfaltdipolen nach Bild 14.7b liegen die Impedanzverhältnisse etwas anders. Die beiden Verbindungsleitungen l_2 – von denen ebenfalls eine überkreuzt ist – bestehen aus 300-Ω-Bandleitung. Deren Verkürzungsfaktor wurde in Tabelle 14.2. mit 0,82 berücksichtigt. Bei XX ist dann ein Scheinwiderstand von etwa 300 Ω vorhanden, und das System kann dort über eine 300-Ω-Bandleitung beliebiger Länge direkt gespeist werden. Sind die Leitungen l_2 aus 240-Ω-Leitung hergestellt, läßt sich der Strahler bei XX direkt über eine angepaßte 240-Ω-Leitung erregen. In beiden Fällen ergibt sich außerdem die Möglichkeit, bei XX eine Halbwellenumwegleitung anzuschließen, und man kann dann die Antenne über ein beliebig langes Koaxialkabel speisen.

14.2. Längsstrahler mit einseitiger Richtcharakteristik

Werden 2 parallele Dipole mit gleichen Strömen, jedoch phasenverschoben erregt, so wird deren Richtcharakteristik bei bestimmten Abständen und Phasenwinkeln undirektional. Das Richtdiagramm bekommt z. B. ungefähr die Form einer herzfömigen Kurve (Kardioide), wenn der Abstand der parallelen Dipole $\lambda/4$ beträgt und diese gleichzeitig mit 90° Phasenverschiebung erregt werden. Der gleiche Richteffekt tritt auch bei einem Abstand von $3\lambda/8$ und 45° Phasenverschiebung sowie bei $\lambda/8$ Abstand und 135° Phasenwinkel auf.

Die gewünschte Phasenverschiebung erreicht man bei gespeisten Elementen, indem der 2. Dipol über eine Umwegleitung erregt wird, deren elektrische Länge dem geforderten Phasenwinkel entspricht (siehe Bild 1.1). Ist z. B. eine Leitung elektrisch $\lambda/4$ lang, so verursacht sie eine Phasenverschiebung von 90° ($\lambda/4 = 1/4$ der vollen Periode von 360° = 90°).

Die Felder der beiden parallelen Dipole, die mit 90° Phasenunterschied erregt werden, summieren sich in bestimmten Richtungen, d. h. an den Stellen im Raum, an denen der Phasenunterschied der Felder 360° beträgt (Gleichphasigkeit). Sie löschen sich dort aus, wo eine Phasenverschiebung von 180° vorhanden ist (Gegenphasigkeit). Die Verteilung der Strahlungsmaxima, der Strahlungsauslöschung und der Zwischenwerte beider Extremfälle ergibt die Strahlungscharakteristik. Sie hat – wie erwähnt – bei $\lambda/4$ Abstand und 90° Phasenverschiebung die Form einer Kradioide nach Bild 14.8. Man erkennt daraus, daß die Halbwertsbreite in der Hauptstrahlrichtung groß und die Rückwärtsstrahlung extrem gering ist.

Typische Vertreter der unidirektionalen Längsstrahler mit gespeistem Reflektor werden nachstehend beschrieben.

14.2.1. Der ZL-Spezial-Beam

Dieses Antennensystem (Bild 14.9) wurde von *ZL 3 MH* entwickelt und gleicht äußerlich einer aus Faltdipolen aufgebauten *W 8 JK*-Antenne (siehe Bild 14.7a), unterscheidet sich jedoch in seiner Wirkungsweise von dieser. Der als Reflektor benutzte Faltdipol R ist etwa 5% länger als der Strahler S. Der Abstand Strahler-Reflektor beträgt $\lambda/8$. Die gekreuzte $\lambda/8$-Verbindungsleitung führt zu einer Erregung des Reflektors mit einer Phasenverschiebung von 135°. Dabei bewirkt die Leitungslänge von elekrisch $\lambda/8$ den Phasenwinkel 45°; da die Leitung überkreuzt wird, beträgt der Phasensprung weitere 180°. Daraus resultiert eine Pasenverschiebung von 180° – 45° = 135°.

Die Hauptstrahlung richtet sich senkrecht zur Strahlerebene und einseitig in Richtung vom Reflektor zum Strahler. Der Gewinn in der Hauptstrahlrichtung beträgt etwa 4 dBd bei einer Rückdämpfung von etwa 20 dB.

Die Impedanz am Speisepunkt XX liegt bei

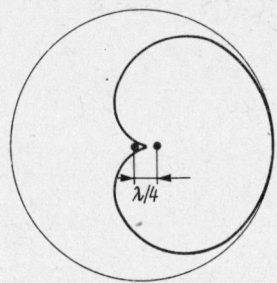

Bild 14.8
Herzförmige Richtcharakteristik (Kardioide) eines Längsstrahlers mit 2 parallelen Dipolen in
1/4-λ-Abstand, mit 90° Phasenverschiebung erregt (gilt auch für 3/8-λ-Abstand und 45° Phasenunterschied sowie für 1/8-λ-Abstand und 135° Phasenverschiebung)

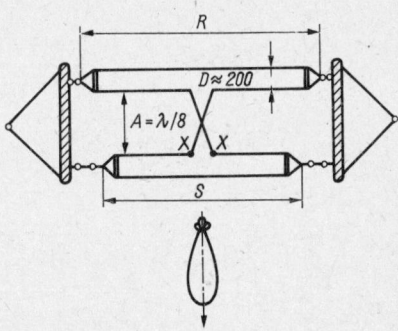

Bild 14.9
Die ZL-Spezial-Antenne

90 Ω. Ein direktes Speisen mit 75-Ω-Koaxialkabel wäre bei noch tragbarer Welligkeit möglich, wobei eine Symmetrierung des Kabels zu empfehlen ist. Auch eine abgeschirmte 120-Ω-Leitung könnte bei geringer Welligkeit noch eingesetzt werden. Eine weitere Lösung besteht darin, daß am Antenneneingang ein Viertelwellentransformator (siehe Abschnitt 6.5.) aus 240-Ω-Bandleitung angeschaltet wird. Es ist dann eine Impedanz von reichlich 600 Ω vorhanden, und man kann deshalb mit einer beliebig langen 600-Ω-«Hühnerleiter» verlustarm speisen.

Aus Faltdipolen aufgebaute Antennen lassen sich nur im Einbandbetrieb verwenden. Durch axiales Umkippen des horizontal aufgehängten Antennensystems kann die Hauptstrahlrichtung um 180° geschwenkt werden. Dieser Maßnahme stehen jedoch meistens mechanische Schwierigkeiten im Wege. Die Antenne hat senkrecht aufgehängt die gleiche Wirkung. Durch entsprechendes Drehen in der Vertikalachse sind alle Richtungen erreichbar.

Die beiden Faltdipole stellt man aus üblicher Antennenlitze her; der Abstand D kann für die 3 hochfrequenten Kurzwellenamateurbänder etwa 200 mm betragen. Die gesamte Antenne läßt sich aus handelsüblicher UKW-Flachbandleitung anfertigen. Die Bandleitungs-Faltdipole kann man nach Bild 10.5 gestalten, wobei zu beachten ist, daß diese Leitungen axial nicht verdreht werden dürfen, weil dies die Faltdipolwirkung stören würde. Das traditionelle Trägermaterial für die Faltdipoldrähte bzw. für die Bandleitung sind Bambusrohre; als modernste Version bieten sich für diesen Zweck Glasfiberstäbe an. Auch PVC-Rohre, wie sie für Hausinstallationen verwendet werden, sind zur Aufnahme der Bandleitungs-Schleifendipole gut geeignet. Um Durchhang zu vermeiden, werden sie über einen Spannturm abgespannt. Recht stabile Faltdipolausführungen bestehen aus Leichtmetallrohren.

In [3] wurden von *Jordan* Untersuchungser-

Tabelle 14.3.
Bemessungsunterlagen für ZL-Spezial-Antennen mit Rohrelementen nach Bild 14.10

Resonanz-frequenz in MHz	Längen l_1 in m	l_2 in m	l_3 in m	Abstände A_1 in m	A_2 in m
7,05	19,00	19,29	5,60	4,40	0,43
10,12	13,24	13,44	3,90	3,06	0,30
14,10	9,50	9,65	2,80	2,20	0,20
18,10	7,40	7,52	2,18	1,70	0,17
21,15	6,34	6,43	1,87	1,47	0,14
24,93	5,38	5,46	1,58	1,24	0,12
28,50	4,70	4,77	1,39	1,09	0,10
Bemessungs-gleichungen	$134/f$	$136/f$	$39,5/f$	$31/f$	$3/f$

gebnisse zur Optimierung von ZL-Spezial-Antennen veröffentlicht. Dabei stellte sich heraus, daß maximaler Gewinn bei einem Faltdipolabstand von 0,123 λ auftritt. Die Länge der überkreuzten Verbindungsleitung soll elektrisch etwa 0,16 λ betragen, woraus sich ein Phasenwinkel von 58° ergibt. Somit beträgt die wirksame Phasenverschiebung 122° (180°–58°). In der Praxis haben sich Phasenverschiebungen zwischen 115° und 125° als günstig erwiesen.

Bild 14.10 zeigt eine aus Leichtmetallrohren aufgebaute Ausführung, deren Abmessungen aus Tabelle 14.3. hervorgehen. Die für die überkreuzte Verbindungsleitung l_3 angegebene Länge gilt für UKW-Bandleitung mit einem Verkürzungsfaktor $V = 0,82$. Werden Bandleitungen mit davon abweichendem Verkürzungsfaktor eingesetzt, muß man deren mechanische Länge mit der unter l_3 angegebenen Bemessungsgleichung errechnen. Alle Daten für andere Resonanzfrequenzen können mit den beigegebenen Gleichungen bestimmt werden.

Erheblich leichter, jedoch von gleicher Leistungsfähigkeit, ist eine Ausführung, die ausschließlich aus UKW-Bandleitung besteht (Bild

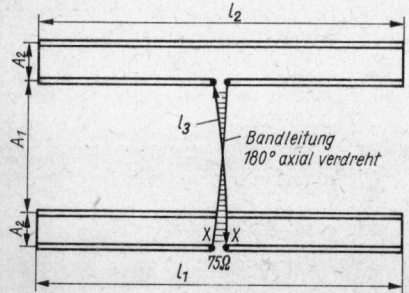

Bild 14.10
Bemessungsskizze zu Tabelle 14.3 für ZL-Spezial-Antenne

Tabelle 14.4.
Bemessungsunterlagen für ZL-Spezial-Antennen aus Bandleitung nach Bild 14.11

Resonanz-frequenz in MHz	Längen l_1 in m	l_2 in m	l_3 in m	Abstand A in m
7,05	19,33	20,57	5,67	5,25
10,12	13,47	14,33	3,95	3,66
14,10	9,67	10,28	2,84	2,62
18,10	7,53	8,00	2,21	2,04
21,15	6,45	6,86	1,90	1,75
24,93	5,47	5,82	1,60	1,48
28,50	4,78	5,10	1,40	1,30
Bemessungs-gleichungen	$136,3/f$	$145/f$	$40/f$	$37/f$

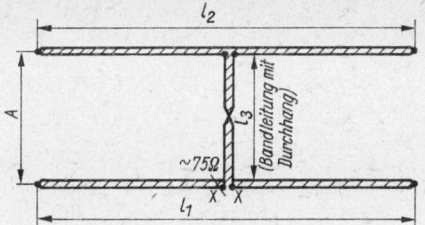

Bild 14.11
Bemessungsskizze zu Tabelle 14.4 für ZL-Spezial-Antenne aus UKW-Bandleitung

14.11). Wie aus Tabelle 14.4. hervorgeht, sind alle Abmessungen etwas größer als bei der Rohrausführung. Das ist primär auf die bei Bandkabel sehr enge Annäherung der Leiter innerhalb des Faltdipols zurückzuführen. Die Phasenleitung l_3 ist etwa 9 % länger als der Elementabstand A, deshalb ist ein entsprechender Durchhang der Leitung vorhanden. Auch bei dieser Ausführung beziehen sich die für l_3 angegebenen Längen auf Bandleitung mit einem Verkürzungsfaktor V von 0,82.

Da der Eingangswiderstand XX für beide Ausführungen zwischen 70 Ω und etwa 90 Ω liegt (abhängig von Aufbauhöhe und Antennenumgebung), kann über ein 75-Ω-Koaxialkabel direkt gespeist werden. Sollten dabei Mantelwellen auf dem Speisekabel auftreten, muß über eines der in Abschnitt 7. beschriebenen Balun-Glieder eine Symmetriewandlung am Antenneneingang vorgenommen werden.

Der Gewinn wird in [3] mit 6 ... 7 dBi angegeben, wobei die Rückdämpfung 15 ... 18 dB betragen soll. Eine Gewinnsteigerung ist durch zusätzliche parasitäre Elemente möglich, z. B., wenn man in $\lambda/8$ Abstand von l_2 ein gestrecktes Reflektorelement anbringt, das 6 % länger ist als l_2, und in $\lambda/8$ Abstand vor l_1 ein gestrecktes Dipolelement anordnet, das 6 % kürzer ist als l_1. Der Eingangswiderstand sinkt dabei auf etwa 40 Ω ab.

Die ZL-Spezial-Antenne hat den Vorzug eines relativ großen Frequenzbereiches. Da sie nur eine Einbandantenne ist, wird man sie vorzugs-

weise im 10- und 12-m-Band einsetzen, gegebenenfalls auch für das 15-m-Band. Für 20 m und mehr noch für 40 m werden die Abmessungen und der damit verbundene mechanische Aufwand so groß, daß man sie nur in Sonderfällen aufbauen kann.

14.2.2. Die *HB 9 CV*-Antenne

Verwandt mit der ZL-Antenne ist der *HB 9 CV*-Beam. Es handelt sich um eine Entwicklung des Schweizer Funkamateurs *R. Baumgartner* [4]. Der *HB 9 CV*-Beam stellt eine vollgespeiste Richtantenne mit 2 Elementen dar, die – verglichen mit dem ZL-Beam – einen geringeren Materialaufwand und weniger Platz beansprucht. Allerdings sollte diese Antenne in starrer Form aus Leichtmetallrohren aufgebaut werden. Es sind aber auch Drahtkonstruktionen in der Bauart einer *W 8 KJ*-Antenne möglich.

Das elektrische Schema des *HB 9 CV*-Richtstrahlers zeigt Bild 14.12. Es handelt sich um 2 ungleich lange Dipole, die im Abstand von $\lambda/8$ parallel zueinander angeordnet sind. Beide Dipole werden gespeist, sie sind außerdem durch Strahlung miteinander gekoppelt. Bei dem gewählten Abstand von $\lambda/8$ kommt die beste einseitige Richtwirkung zustande, wenn die Elemente so erregt werden, daß die Phasenverschiebung zwischen den Elementen 225° beträgt. Beim *HB 9 CV*-Beam stellt man durch Überkreuzen der Phasenleitung eine Phasenverschiebung von 180° her. Die Laufzeit vom Speisepunkt über die $\lambda/8$ lange Verbindungsleitung ergibt eine zusätzliche Phasenverschiebung von 45°, so daß die geforderte Phasendifferenz der Erregung erreicht wird. Es besteht somit das gleiche Wirkungsprinzip wie bei der ZL-Spezial-Antenne. Gleichzeitig muß aber auch die Strahlungskopplung zwischen beiden Elementen den gleichen Phasenunterschied ergeben, da andernfalls die Strahlungskopplung der direkten Speisung entgegenwirkt. Das geschieht – wie auch bei Yagi-Antennen üblich –, indem man das vordere Element verkürzt (Direktorwirkung) und das hintere Element ver-

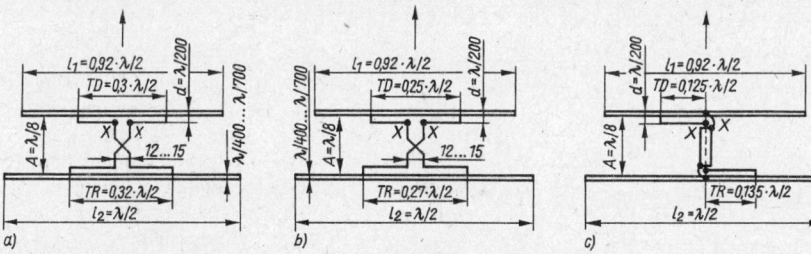

Bild 14.12
Aufbau- und Bemessungsschema des *HB 9 CV*-Beam; a – Eingangswiderstand = 300 Ω, b – Eingangswiderstand = 150 Ω, c – Eingangswiderstand = 75 Ω

längert (Reflektorwirkung). Die Elementlängen sind außerdem so bemessen, daß sich die induktive Blindkomponente des Reflektors und die kapazitive des Direktors, einschließlich der durch die T- bzw. Gamma-Anpassungen eingebrachten Blindanteile, am Antenneneingang gerade kompensieren. In der Praxis erweist es sich jedoch, daß eine kleine induktive Blindkomponente auch durch Längenveränderungen an den Elementen nicht wegzustimmen ist. Man beseitigt sie durch Serienkondensatoren C_S am Antenneneingang, deren kapazitiver Blindwiderstand X_C dem zu kompensierenden induktiven Blindwiderstand X_L entspricht (siehe Bild 14.13).

Beide Elemente werden durch T-Anpassungen (bzw. Gamma-Anpassungen) erregt, die über die Phasenleitung miteinander verbunden sind. Die T-Glieder greifen auf den Elementen eine der Speiseleitung entsprechende Impedanz ab. Somit befinden sich auf dem gesamten Speisesystem fortschreitende Wellen. Es wäre deshalb ein Luxus, wollte man die T-Glieder und die Phasenleitung aus kostspieligen Rohren herstellen. Einfache PVC-isolierte Leitungen, wie sie für elektrische Hausinstallationen verwendet werden, sind völlig ausreichend (Volldrähte mit PVC-Mantel, Leiterdurchmesser möglichst >2 mm). Für die Konstruktion der Phasenleitung stellt *HB 9 CV* folgende Bedingungen auf:

a – Damit die Phasenleitung nicht strahlt, soll der Leiterabstand zwischen 12 und 25 mm liegen. Er ist innerhalb dieser Grenzen unkritisch. Der Wellenwiderstand der Phasenleitung spielt bei der geringen Länge von $\lambda/8$ keine große Rolle.

b – Die Phasenleitung soll isoliert sein, damit die beiden Leiter keinen gegenseitigen Kurzschluß hervorrufen oder andere Metallteile galvanisch berühren können. Die PVC- isolierten Phasenleitungen werden vom Querträger etwas entfernt montiert, aber auch wenn sie am Querträger anliegen, wird in der Praxis die Funktion der Antenne nicht merkbar beeinträchtigt, zumal durch die Kunststoffumhüllung der Leitungen immer ein bestimmter Mindestabstand gewährleistet ist.

c – Die elektrische Länge der Phasenleitung soll $\lambda/8$ betragen. Bekanntlich ist die Fortpflanzungsgeschwindigkeit der Wellen auf isolierten Leitern geringer als die Lichtgeschwindigkeit. Bei PVC-isolierten Leitern beträgt der Verkürzungsfaktor etwa 0,9. Für die elektrische Länge von $\lambda/8$ ist deshalb ihre mechanische Länge etwa 10 % kürzer. Die Anordnung der T- oder Gamma-Glieder in der Ebene der Elemente bewirkt, daß auch der geometrische Abstand A der beiden Elemente mit $\lambda/8$ eingehalten wird. Praktische Versuche haben ergeben, daß Längenabweichungen der Phasenleitungen ohne merkliche Nachteile bis ± 10 % betragen dürfen.

Bis zu Leistungen von 200 W kann der *HB 9 CV*-Beam über UKW-Bandleitungen mit 240 oder 300 Ω Wellenwiderstand gespeist werden, sofern ihre Länge nicht mehr als 12 m beträgt. Häufig wird das Speisen mit Koaxialkabel bevorzugt. In solchen Fällen verwendet man an Stelle der T-Glied-Anpassung die Gamma-Speisung nach Bild 14.12c. Alle in Bild 14.12 genannten Werte sind auf die Wellenlänge bezogen; es können damit *HB 9 CV*-Antennen für beliebige Frequenzen ausgerechnet werden. Es handelt sich dabei um die von *HB 9 CV* erprobten Erfahrungswerte.

Soll eine *HB 9 CV*-Antenne aus Drähten hergestellt werden, etwa in der Bauart einer *W 8 JK*-Antenne, so ist folgendes zu beachten: Auf Grund des niedrigen Strahlungswiderstandes treten hohe Antennenströme auf, deshalb soll man möglichst dicke Drähte mit guter Oberflächenleitfähigkeit wählen. Ebenfalls sind die Spannungen an den Dipolenden hoch und erfordern gute, genügend lange Isolatoren. Wenn die Elemente aus Draht bestehen, muß ihre Länge etwas größer sein als bei Rohrelementen. Es wird vorgeschlagen, als Reflektorlänge $1,02 \cdot \lambda/2$ und als Direktorlänge $0,94 \cdot \lambda/2$ zu wählen.

Eine zu hohe Welligkeit läßt sich durch kleine Längenveränderungen an den Elementen verringern. Dabei ist aber zu beachten, daß die Längendifferenz zwischen Reflektor und Direktor immer 8 % betragen muß.

Von *DL 1 BU* wurde die *HB 9 CV*-Antenne sehr gründlich untersucht und vermessen [5]. Mit einer Arbeitsfrequenz von 28,4 MHz war die Versuchsantenne nach Bild 14.13 aufgebaut. Sie wurde über ein 50-Ω-Koaxialkabel erregt, wobei sich durch den Serienkondensator C_S der noch vorhandene induktive Blindwiderstand kompensieren läßt. In der Praxis sind die Elementrohre von 16 mm Durchmesser nach den Enden hin bis auf 10 mm Durchmesser teleskopartig verjüngt.

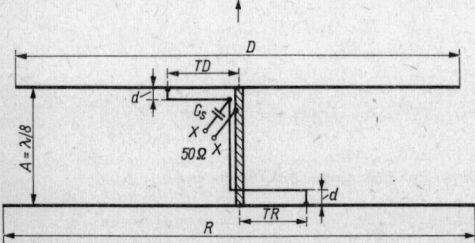

Bild 14.13
Bemessungsschema für *HB 9 CV*-Antennen nach Tabelle 14.5.

Tabelle 14.5. Bemessungsunterlagen für *HB 9 CV*-Antennen nach Bild 14.13

Resonanz-frequenz in MHz	Längen l_1 in m	l_2 in m	Abstand A in m	Strecken TD in m	TR in m	d in mm	C_s in pF
14,15	10,24	11,03	2,50	1,53	1,61	130	≈ 330
18,10	8,00	8,63	1,96	1,19	1,26	100	≈ 260
21,10	6,83	7,37	1,67	1,02	1,07	87	≈ 220
24,94	5,80	6,26	1,42	0,87	0,91	75	≈ 190
28,50	5,08	5,48	1,25	0,76	0,80	65	≈ 165
Bemessungs-gleichungen	$145/f$	$156/f$	$35,5/f$	$21,6/f$	$22,7/f$		

Sie wurden mit dem Antennenträger (Boom) metallisch leitend verbunden. Der lichte Abstand d bezieht sich nur auf die Gamma-Glieder, die $\lambda/8$-Verbindungsleitung läuft dicht am Boom entlang. Als Baumaterial für diese Leitungen wird Aluminium-Runddraht von 6 mm Durchmesser empfohlen. Verwendet man Kupferblankdraht, sollten die Drahtenden durchgehend verzinnt werden. Sie vertragen sich dann ausreichend gut mit dem Aluminium, wenn für gute Abdeckung mit einem elastischen Überzugsmaterial gesorgt wird. Setzt man PVC-isolierte Drähte ein, muß der $\lambda/8$-Abstand A um etwa 5 % verkürzt werden.

Entsprechend den in [5] gegebenen Bemessungsgrundlagen von *DL 1 BU* werden in Tabelle 14.5. die praktischen Abmessungen von *HB 9 CV*-Antennen für die hochfrequenten Kurzwellen-Amateurbänder aufgeführt.

Mit den in Tabelle 14.5. angegebenen Werten in Verbindung mit einem höhen- und umgebungsabhängigen Feinabgleich, der sich vor allem auf kleine Längenveränderungen an den Elementen bezieht, gelten folgende Werte als gesichert:
Gewinn = 4,2 dBd ± 0,2 dB,
Halbwertsbreite in der E-Ebene = 68°,
Halbwertsbreite in der H-Ebene = 130°,
Rückdämpfung höhenabhängig = 20 dB,
Gewinnbandbreite für 1 dB Abfall >4 %,
Eingangswiderstand 50 Ω (höhen- und frequenzabhängig).

Hervorzuheben ist die gute Rückdämpfung, die durchaus mit der von größeren Richtantennen vergleichbar ist. Die Meßverfahren werden in [5] ausführlich erläutert.

14.2.3. Der umschaltbare 2-Element-Richtstrahler

Einen weiteren unidirektionalen Längsstrahler, dessen Hauptstrahlrichtung jedoch durch einfaches Umschalten auf elektrischem Wege um 180° verändert werden kann, zeigt Bild 14.14. Diese Richtantenne enthält 2 parallele Faltdipole im Abstand von $\lambda/4$. Beide Elemente sind gleich lang. Jedes Element ist an eine UKW-Bandleitung angeschlossen. Die Zuleitungen können beliebig lang sein, müssen aber untereinander genau gleiche Länge aufweisen. Beide Bandleitungen sind an ihrem Ende über eine elektrisch $\lambda/4$ lange Leitung aus gleichem Material miteinander verbunden.

Durch einen doppelpoligen Umschalter oder ein entsprechendes Relais kann jede der beiden Verbindungsstellen von Dipolableitung und Viertelwellenstücke wahlweise mit dem Senderausgang verbunden werden.

Die Wirkungsweise ist aus Bild 14.14 ersichtlich. Es wird jeweils 1 Element – und zwar das als Strahler vorgesehene – über die ihm zugeordnete Bandleitung direkt mit dem Senderausgang verbunden. Das andere Element ist ebenfalls gespeist, jedoch über einen Umweg, dessen elektrische Länge $\lambda/4$ beträgt. Dadurch wird dieses Element um 90° phasenverschoben erregt und wirkt als Reflektor.

Durch einfaches Umschalten, wie in Bild 14.14 dargestellt, kann die Hauptstrahlrichtung um 180° geschwenkt werden. Die im Bild gezeigte

Tabelle 14.6.
Bemessungsunterlagen für eine 2-Element-Antenne nach Bild 14.14

Resonanz-frequenz in MHz	Länge l_1 in m	Abstand A in m	Länge der $\lambda/4$-Umwegleitung in m
7,05	20,57	10,64	8,72
10,12	14,33	7,41	6,08
14,10	10,28	5,32	4,36
18,10	8,01	4,14	3,40
21,15	6,86	3,55	2,91
24,93	5,82	3,01	2,47
28,50	5,09	2,63	2,16
Bemessungs-gleichungen	$145/f$	$75/f$	$61,5/f$

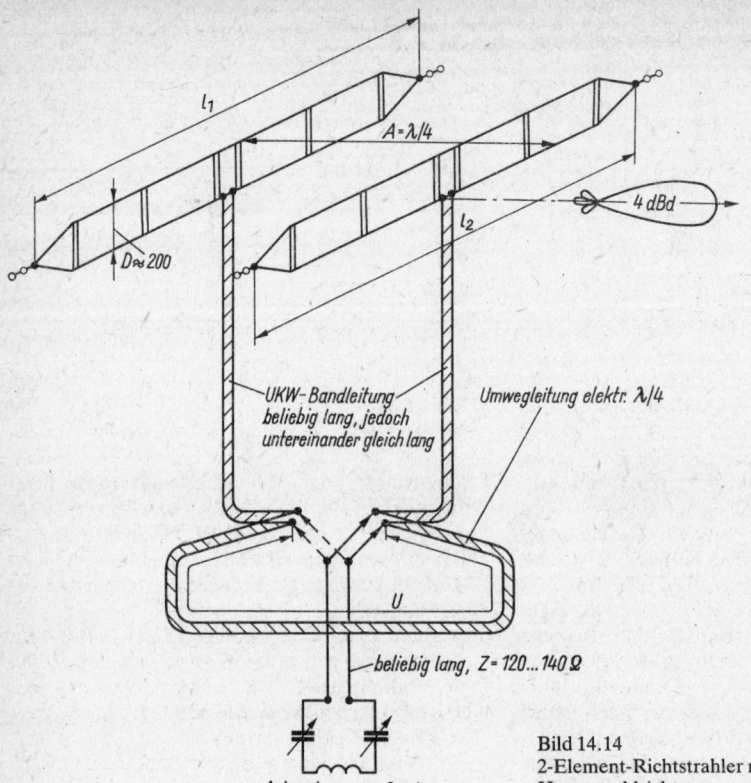

l_1
$A = \lambda/4$

4 dBd

l_2

$D \approx 200$

UKW-Bandleitung
beliebig lang, jedoch
untereinander gleich lang

Umwegleitung elektr. $\lambda/4$

U

beliebig lang, $Z = 120 \ldots 140 \, \Omega$

Ankopplung zum Sender

Bild 14.14
2-Element-Richtstrahler mit elektrisch veränderbarer
Hauptstrahlrichtung

Schalterstellung entspricht der eingezeichneten Hauptstrahlrichtung.

Die Leitung vom Umschalter zur Senderendstufe kann beliebig lang sein; es ist jedoch zu beachten, daß der Wellenwiderstand dieser Leitung etwa 120 ... 150 Ω betragen soll. Eine abgeschirmte symmetrische Zweidrahtleitung mit 120 Ω Wellenwiderstand ist dazu besonders gut geeignet.

Die vertikale Richtcharakteristik dieser Antenne hat ebenfalls die Form einer Kardioide, und die Rückdämpfung beträgt durchschnittlich 20 dB. Es kann mit einem Antennengewinn von etwa 4 dBd gerechnet werden.

Auch dieses System ist nur für Einbandbetrieb brauchbar. Tabelle 14.6. enthält alle für den Nachbau erforderlichen Abmessungen.

Literatur zu Abschnitt 14.

[1] *Bissonnette, C.*: The *WA 1 AKR* 40- and 75-Meter slopers, QST, Newington, Conn. (1980) August, Seite 42
[2] *Kraus, J.*: The *W 8 JK* Antenna: recap and update, QST, Newington, Conn. (1982) Juni, Seite 11 bis 14
[3] *Jordan, G.B.*: understanding the ZL Special antenna, ham radio, Greenville, N.H., (1976) May, Seite 38 bis 40
[4] *Baumgartner, R.*: Die *HB 9 CV*-Richtstrahlantenne, W. Körner-Verlag Stuttgart 1961
[5] *Schwarzbeck, G.*: Streifzug durch den Antennenwald, a) Aufbau und Funktionsweise einer 2-Element-Richtantenne (HB 9 CV), cq-DL, Baunatal, 54, (1983), Heft 1, Seite 10 bis 19
Kneitel, T.: Antenna Roundup, Vol. 2, Seite 65, Modified «ZL» Special, Cowan Publishing Corp., Port Washington, New York 36, N.Y. 1966

15. Richtantennen mit Ganzwellenschleifen

Antennen, deren Elemente aus Ganzwellenschleifen bestehen, haben einige elektrische, mechanische und auch ökonomische Vorzüge gegenüber den heute meistverbreiteten Halbwellendipolelementen. Diese Feststellung gilt besonders für den Einsatz von Richtantennen mit Ganzwellenschleifen im hochfrequenten Teil des Kurzwellenbereiches. Im Amateurfunk findet diese Antennenart international immer stärkere Beachtung und Verbreitung. Ihr bekanntester Vertreter ist das sogenannte Cubical Quad, das man als die Urform dieser Antennen bezeichnen kann.

Die Entstehung des ersten Cubical Quad hat eine kleine Vorgeschichte. Im Jahre 1938 wurde bei Quito in Ecuador die Rundfunkstation *HCJB* aufgebaut. Als Antenne wurde zunächst mit gutem Erfolg ein 4-Element-Richtstrahler verwendet. Jedoch bereits nach einigen Tagen war diese Antenne unbrauchbar geworden. Am etwa 3000 m hohen Standort in den Anden war die Atmosphäre zeitweise so stark ionisiert, daß sich an den Elementenden starke Koronaentladungen ausbildeten, die schließlich eine Lichtbogenbildung verursachten. Dabei war die Hitzeentwicklung so groß, daß die dicken Aluminiumrohre an ihren Enden abschmolzen, wobei das flüssige Leichtmetall in großen Tropfen zur Erde fiel. Zunächst behalf man sich mit Kupferhohlkugeln von etwa 15 cm Durchmesser, die an den Elementenden befestigt wurden. Sie bewirkten, daß Koronaentladungen nun viel seltener und nur noch bei diesigem Wetter auftraten.

Ein Ingenieur dieser Station, *Clarence C. Moore (W 9 LZX)*, kam zu der Erkenntnis, daß sich durch die Anwendung in sich geschlossener Ganzwellen-Drahtschleifen Koronaentladungen ganz vermeiden lassen müßten. Auf diese Weise entstand im Jahre 1942 in Quito das erste Cubical Quad. Damit war nicht nur das Problem der Koronaentladungen gelöst, sondern es zeigte sich auch, daß das Cubical Quad bei einfachem und raumsparendem Aufbau ausgezeichnete Strahlungseigenschaften hat. Heute ist die Antenne zu einer der beliebtesten Bauformen der Kurzwellenamateure geworden, und nicht zu Unrecht bezeichnet man sie oft als die «Königin der DX-Antennen».

Diese Stellung behauptet sie sicher unter den Selbstbau-Richtantennen und besonders bei jenen Funkamateuren, die sich lange Leichtmetallrohre oder industriell hergestellte Richtstrahler nicht beschaffen können.

15.1. Das Quad-Element
(C. C. Moore – US Pat. 2537191 – 1947)

Die Ganzwellen-Rahmen- oder -Schleifenantenne kann man sich aus dem Faltdipol (siehe Abschnitt 4.1.) entstanden denken. Von ihm lassen sich das Quad-Element und dessen Varianten ableiten.

Wird nach Bild 15.1 ein waagrechter Faltdipol senkrecht auseinandergezogen, so kann daraus ein auf der Spitze stehendes Quadrat mit einer Seitenlänge von je λ/4 gebildet werden. Am Stromverlauf ändert sich bei einem solchen deformierten Faltdipol nichts gegenüber der Normalausführung. Dagegen sind die beiden Strommaxima dieses quadratischen Ganzwellenelements nicht eng benachbart wie bei Faltdipol, sondern etwa 0,35λ voneinander entfernt. Dadurch verändert sich die Richtcharakteristik gegenüber der eines Faltdipols, gleichzeitig sinkt der Eingangswiderstand auf etwa 120 Ω.

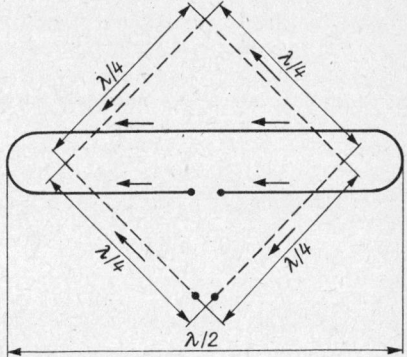

Bild 15.1
Die Entwicklung eines Quad-Elementes aus einem Faltdipol

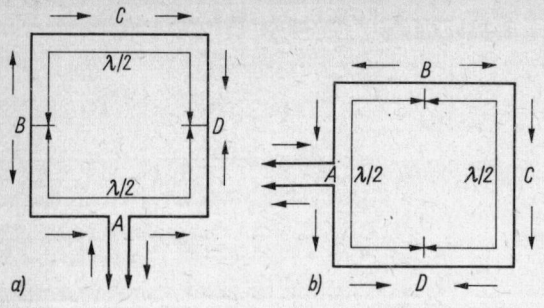

Bild 15.2
Der Stromverlauf in den Quad-Elementen;
a – horizontal polarisiert, b – vertikal polarisiert

Man kann ein Ganzwellen-Quad-Element als zwei gleichphasig erregte und gestockte Halbwellendipole betrachten; es ist die einfachste Form einer Dipolzeile. Solche Systeme bündeln bekanntlich in der H-Ebene (siehe Abschnitt 13.3.), d. h., daß bei einem horizontal polarisierten Quad-Element ein Gewinn gegenüber einem Halbwellendipol auftritt, der als Folge der Verkleinerung der vertikalen Halbwertsbreite entsteht. Diese Tatsache wurde auch durch Messungen des ARRL-Laboratoriums (engl.: ARRL = American Radio Relay League) bestätigt, das für ein einfaches Quad-Element nach Bild 15.1 (gestrichelt) einen Gewinn von 1 dBd (genauer 0,98 dBd) ermittelte.

Bei der überwiegenden Anzahl praktisch ausgeführter Quads wendet man die Bauform nach Bild 15.2 an. Aus den eingezeichneten Stromrichtungspfeilen ist zu erkennen, daß die waagrechten Abschnitte entsprechend Bild 15.2a und die senkrechten Abschnitte nach 15.2b gleichphasig erregt werden. Somit liegt eindeutig lineare Polarisation vor. Am Antenneneingang A herrschen die gleichen Stromverhältnisse wie bei jedem Halbwellendipol. Der Strahler wird im Strombauch gespeist, beide Dipoläste sind gleichphasig erregt (die Strompfeile zeigen in die gleiche Richtung). An den äußeren Enden B und D der beiden am Speisepunkt A anliegenden Dipoläste befindet sich ein Stromknoten, dort ändert sich die Stromrichtung (siehe Richtungspfeile). Somit werden die Seiten A und C phasengleich erregt, während sich die Abschnitte B und D in Gegenphase befinden. Das bedeutet, daß nach Bild 15.2a die Polarisation eindeutig horizontal ist, da die waagrecht liegenden Seiten gleichphasig erregt sind. Bei einer Anordnung nach Bild 15.2b wird dagegen an einer senkrechten Seite eingespeist, und die waagrechten Abschnitte befinden sich in Gegenphase. In diesem Fall ist die Polarisation eindeutig vertikal. Man kann also bei einem Quad-Element die Polarisation durch entsprechende Wahl des Antenneneinganges A festlegen, wobei die Regel gilt:

– Einspeisen in eine waagrechte Seite ≙ horizontale Polarisation,

– Einspeisen in eine senkrechte Seite ≙ vertikale Polarisation.

Dem Antenneneingang des Quad-Elements genau gegenüber befindet sich ein Spannungsminimum; dort kann das Element geerdet werden (Bild 15.3). Es ist für die Wirkungsweise gleichgültig, ob das Element für horizontale Polarisation bei A oder bei C bzw. für vertikale Polarisation bei B oder D gespeist wird. Diese Feststellung kann bei der praktischen Konstruktion wichtig werden. Wenn man über eine T-Anpassung einspeist oder mit einer Gamma-Anpassung arbeitet, wird das Element nicht aufgetrennt und kann an den Punkten A und C bzw. B und D direkt am Tragemast metallisch leitend befestigt werden.

Von dieser «Zwangserdung» wird häufig abgeraten, und zwar hauptsächlich dann, wenn man an den symmetrischen Speisepunkt ein unsymmetrisches Koaxialkabel direkt anschließen möchte. An die Isolationsgüte werden keine besonderen Ansprüche gestellt, da sich dort ein Spannungsminimum befindet.

Der Umfang eines gespeisten Quad-Elementes beträgt für die Resonanz theoretisch 1λ. Während man bei üblichen Dipolen aus physikalischen Gründen immer mit einer mechanischen Verkürzung des Antenneleiters gegenüber der

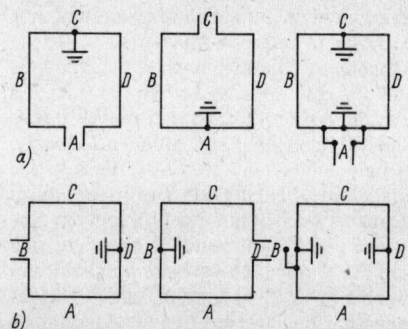

Bild 15.3
Polarisation und Erdungsmöglichkeit beim Quad-Element; a – horizontal polarisiert, b – vertikal polarisiert

Wellenlänge rechnen muß, ist das bei Quad-Elementen nicht der Fall. Verschiedene Untersuchungen haben übereinstimmend ergeben, daß für Quad-Elemente der Verkürzungsfaktor > 1, also ein «Verlängerungsfaktor» ist. Das gilt für sämtliche Formen von Ganzwellenschleifen und alle Wellenbereiche. Der Verlängerungseffekt erklärt sich aus der Tatsache, daß es bei einer Ganzwellenschleife im Gegensatz zu einem gestreckten Dipol keine offenen Enden gibt und deshalb die kapazitive Randwirkung (siehe Abschnitt 3.1.5.) sehr gering ist. Weiterhin wird durch das Abwinkeln der Leiterdrähte ein Verlängerungseffekt hervorgerufen. Die Parallele dazu findet man beim Faltdipol, für dessen Resonanzbemessung die den Abstand der beiden parallelen Leiter bestimmenden Leitungsstücke nicht berücksichtigt werden. Bei Einbeziehung dieses Abstandes ist somit die gesamte Leiterlänge eines Faltdipols ebenfalls $\geqq 1\lambda$. Beim Quad-Element rechnet man mit einem Gesamtumfang von $1{,}02 \ldots 1{,}03\lambda$. Frühere Angaben über Seitenlängen von Quad-Antennen sind meist zu klein. Die Resonanz wurde bei diesen zu kurz bemessenen Anordnungen durch Blindleitungen (Stubs) erzwungen.

Bei einem Draht-Quad gibt es eine einfache Möglichkeit, nachträglich die genaue Resonanz zu korrigieren (Bild 15.4). Dabei muß die gesamte Drahtlänge etwas kürzer als erforderlich bemessen sein. Beiderseits des Antenneneingangs wird je ein Isolator eingehängt, der mit einer Drahtschleife überbrückt ist. Durch Vergrößern oder Verkleinern der Drahtschleifen erhält man beim Feinabgleich die gewünschte exakte Resonanz. Mit gleichem Erfolg bei geringerem Aufwand kann man nach Bild 15.4b auch auf der dem Antenneneingang gegenüberliegenden Seite abstimmen. Es wird dann nur ein Isolator mit einer Drahtschleife benötigt.

Eine weitere Möglichkeit nachträglicher Resonanzveränderungen zu höheren Frequenzen hin besteht in der «Bypass-Methode». Dabei werden die Eckstücke je nach Bedarf durch Drähte überbrückt, woraus sich eine «Wegverkürzung» ergibt, die die Resonanzfrequenz erhöht.

Resonanzverschiebungen treten im allgemeinen bei allen Kurzwellenantennen auf, da es in diesem Wellenbereich gewöhnlich nicht gelingt, die Antenne in einer solchen Höhe aufzubauen, daß man die Erdboden- und Umgebungseinflüsse vernachlässigen kann. Je näher eine Antenne dem Erdboden ist, desto mehr verschiebt sich ihre Resonanzfrequenz nach niedrigen Frequenzen hin. Der Eingangswiderstand einer Antenne wird in ähnlicher Weise von der Erdbodennähe beeinflußt. Wenngleich ein Quad-Element als gestocktes System nicht so empfindlich auf die Erdbodeneinflüsse reagiert wie eine Einebenenantenne, sollte man es möglichst hoch über dem Erdboden aufbauen. Abhängig von der Aufbauhöhe beträgt der Eingangswiderstand des einfachen Drahtquadrates $80 \ldots 100\,\Omega$. Der errechnete Strahlungswiderstand R_S eines verlustfreien Quad-Elementes im freien Raum beträgt $110\,\Omega$.

Mit steigender Aufbauhöhe verringert sich der für die ionosphärische Ausbreitung über sehr große Entfernungen wichtige Erhebungswinkel der Hauptstrahlung. Deshalb sollte die Höhe eines Quad möglichst $> \lambda/2$ betragen. Bei einer Aufbauhöhe von 1λ und darüber wird die Abstrahlung durch die Einflüsse des Erdbodens praktisch nicht mehr beeinflußt. Natürlich kommen die Vorzüge des relativ kleinen Erhebungswinkels eines Quad nicht nur bei Horizontalpolarisation zur Geltung. Aus mechanischen Gründen, werden vertikal polarisierte Quads nur selten verwendet.

15.2. Das Oblong

Oft besteht der Wunsch, die Vorzüge von Ganzwellenschleifen auch im 40-m-Band zu nutzen. Ein 80-m-Element würde jedoch mindestens je 25 m hohe Tragemaste erfordern. Experimentierfreudige Funkamateure ermittelten deshalb, bis zu welcher vertikalen Verkürzung eine Ganzwellenschleife noch ihre guten Abstrahlungseigenschaften behält [1]. Da das Element resonant bleiben sollte, mußte die vertikale Verkürzung durch eine horizontale Verlängerung ausgeglichen werden. So entstand ein rechteckförmiges Ganzwellenelement nach Bild 15.5. In der Amateurliteratur wird es kurz als Oblong bezeichnet. G 6 LX baute und erprobte ein solches Rechteckelement für das 80-m-Band und kam zu nachstehenden Ergebnissen.

Den örtlichen Verhältnissen entsprechend wurde das Verhältnis V : H mit $\approx$ 1 : 2,3 gewählt. Dabei hatten die vertikalen Seiten V eine Länge

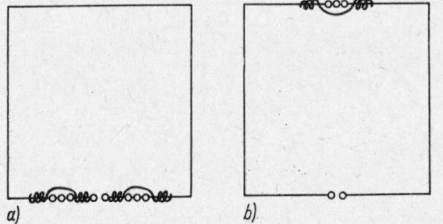

Bild 15.4
Drahtschleifen als Abstimmhilfsmittel beim Quad-Element

von je 12,20 m, während die waagrechten Längen H 28,25 m betrugen. Das entspricht einem Gesamtumfang des Elementes von 80,90 m. Die untere Waagrechte befand sich nur etwa 3 m über dem Erdboden ($\approx \lambda/27$!). Die gemessene Resonanzfrequenz des Strahlers betrug dabei 3670 kHz. Das bedeutet eine geringfügige mechanische Verkürzung gegenüber 1λ, die sicher durch den sehr geringen Abstand von der Erdoberfläche hervorgerufen wurde. Für den Nachbau bei gleichem Seitenverhältnis und sehr geringer Höhe über dem Erdboden ergibt sich daraus die Bemessungsformel mit

$$\text{Gesamtumfang} \quad U/_\text{m} = \frac{297}{f/_\text{MHz}}. \quad (15.1.)$$

Bei horizontaler Polarisation (Bild 15.5a) ergab sich eine Eingangsimpedanz von 115 Ω, wobei die Welligkeit s innerhalb $\pm$ 150 kHz von der Resonanzfrequenz nicht über 1,5 lag. Beim Umstellen der gleichen Antenne auf Vertikalpolarisation (Bild 15.5b) verkleinert sich die Eingangsimpedanz, so daß die Antenne über ein 70-Ω-Koaxialkabel direkt gespeist werden kann. Außerdem vergrößert sich der Frequenzbereich merklich gegenüber Horizontalpolarisation.

G 6 LX erzielte hervorragende DX-Resultate mit diesem 80-m-Oblong, das wegen der einfacheren Speisungsmöglichkeit vorwiegend mit Vertikalpolarisation betrieben wurde. Im Funkverkehr über mittlere Entfernungen ist Horizontalpolarisation etwas günstiger, im DX-Verkehr ergaben sich keine Unterschiede. Zu ähnlich guten DX-Ergebnissen mit 80-m-Oblongs kamen skandinavische Funkamateure.

Das Seitenverhältnis des Rechtecks von 1:2,4 kann und soll nach Möglichkeit unterschritten werden. Überschreitet man es durch weitere Ver-

kürzung der vertikalen Abschnitte, geht die erwünschte «flache» Abstrahlung verloren, der Eingangswiderstand steigt an, und das Rechteck wirkt wie ein normaler Faltdipol.

15.3. Die Delta-Schleife

Im Jahre 1967 wurde von *W 6 DL* als Abwandlung des Quad-Elementes erstmalig ein dreieckförmiges Ganzwellenelement vorgeschlagen und als Delta-Loop bezeichnet. Wie Bild 15.6 zeigt, handelt es sich dabei um ein gleichseitiges Dreieck, dessen Seitenlängen mit je $\lambda/3$ bemessen sind. Das Dreieck steht auf einer Spitze und wird im allgemeinen an diesem Punkt gespeist. Eine solche Bauform bietet als selbsttragende Konstruktion gegenüber dem Quad eine Materialeinsparung sowie weitere mechanische Vorteile. Allerdings müssen die beiden Schenkel A und B aus starrem Material, z. B. kräftigem Leichtmetallrohr, hergestellt werden, während die waagrechte Seite C aus Draht bestehen kann. Die erforderlichen Rohre von je $\lambda/3$ Länge setzen dem selbsttragenden Delta-Loop mechanische Grenzen, welche die Anwendung auf das 10-m- und 15-m-Band begrenzen dürften.

Wie aus Tabelle 3.1. hervorgeht, ist der errechnete Gewinn der Ganzwellen-Delta-Schleife mit 0,67 dBd etwas geringer als der eines Ganzwellen-Quad-Elementes. Ihr Strahlungswiderstand R_S beträgt 106 Ω. In Abhängigkeit von der Aufbauhöhe beträgt ihr Eingangswiderstand 90...110 Ω. Verwendet man großflächige Leichtmetallrohre, dann sind die Hochfrequenzverluste durch den Skineffekt gegenüber dünnen Drahtelementen geringer, und es scheint, daß auch der Frequenzbereich des Delta-Loop größer ist als der eines Quad-Elementes. Die Resonanzlänge eines Delta-Loop nach Bild 15.6 kann

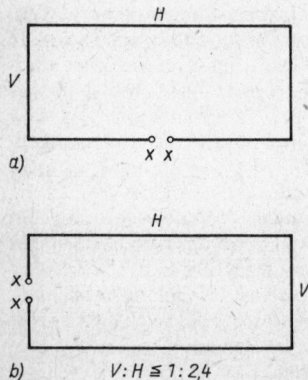

Bild 15.5
Das Ganzwellen-Oblong; a – horizontal polarisiert,
b – vertikal polarisiert

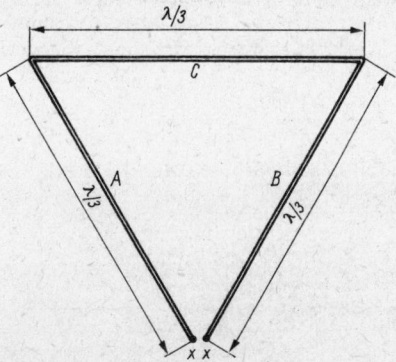

Bild 15.6
Die Delta-Schleife

mit der folgenden auch für Quad-Elemente gültigen Bemessungsformel errechnet werden:

$$\text{Gesamtumfang} \quad U/_\text{m} = \frac{306,6}{f/_\text{MHz}}. \qquad (15.2.)$$

Voraussetzung ist dabei, daß sich das Element
mindestens $\lambda/2$ über dem Erdboden befindet.

Auch das Ganzwellen-Dreieck-Element wurde
in den niederfrequenten Amateurbändern erprobt und dabei in verschiedenen Abwandlungen
betrieben (Bild 15.7). Diese Drahtaufbauten
wurden für den 80- und 40-m-Amateurbetrieb,
den örtlichen Gegebenheiten entsprechend, verdreht oder verformt. Die Ausführungen a und b
sind horizontal polarisiert, während c und d mit
Vertikalpolarisation arbeiten. Die Formen b und
d stellen aus Gründen einer vertikalen Verkleinerung keine gleichseitigen Dreiecke mehr dar. In
diesem Fall muß beachtet werden, daß das Verhältnis B : A den Wert 1 : 1,3 nicht überschreiten
soll. Da diese abgewandelten Ausführungen fast
immer in geringer Höhe über Grund – bezogen
auf die Betriebswellenlänge – aufgebaut werden,
nimmt die Eingangsimpedanz Werte an, die ein
direktes Speisen über 75-Ω-Kabel ermöglichen.

Alle vorstehend beschriebenen einfachen
Ganzwellenschleifen weisen annähernd gleiche
Richtcharakteristik auf. Sie strahlen bidirektional aus ihrer Breitseite mit einer Halbwertsbreite
in der E-Ebene von etwa 80° und leichter Bündelung in der H-Ebene. Bei horizontaler Polarisation der Schleife treten gleichzeitig noch kleine
vertikal polarisierte Strahlungsteile auf, die sich
quer zur Hauptstrahlungsrichtung ausbreiten.
Sinngemäß ist bei Vertikalpolarisation der
Schleife die parasitäre Querstrahlung horizontal
polarisiert.

Mehrband-Delta-Schleifen

Um eine Ganzwellenschleife für den Mehrbandbetrieb brauchbar zu machen, bietet sich die
«Trap-Methode» an, die in Abschnitt 10.2.8. beschrieben wurde. Man trennt eine Delta-Schleife
(Umfang 1λ) an der dem Antenneneingang gegenüberliegenden Mitte auf und fügt dort einen
Sperrkreis ein, der für die doppelte Frequenz bemessen ist (Bild 15.8). Für die Bemessungsfrequenz (Ganzwellenresonanz) hat der Sperrkreis
nur geringen Einfluß, er wirkt aber für die doppelte Frequenz als Sperre. Eine für z. B. 14 MHz
bemessene Delta-Schleife ist mit einem 28-MHz-
Sperrkreis gleichzeitig auch bei einer Schenkellänge von je 1λ wie ein Bisquare (siehe Abschnitt
13.4.3.2.) verwendbar. Sinngemäß läßt sich diese
Maßnahme für den Zweibandbetrieb auch bei
allen anderen Formen von Ganzwellenschleifen
durchführen.

Wie aus Bild 5.29 hervorgeht, kann ein Parallelresonanzkreis auch durch eine offene Zweidrahtleitung mit einer Länge von $\lambda/2$ ersetzt
werden. Diese wirkt dann bei der doppelten Wellenlänge als offene $\lambda/4$-Leitung mit den Eigenschaften eines Serienresonanzkreises. Die praktische Anwendung dieses Gedankens wird von W7
AAK in [2] beschrieben.

Bild 15.9 zeigt die Ausführung mit den Bemessungsangaben für den 20, 40 und 80-m-Betrieb.
Die als «Phantom Stub» bezeichnete offene
Zweidrahtleitung hat mit 10,37 m eine Länge von
$\lambda/2$, bezogen auf das 20-m-Band, so daß sie hier
als Sperrkreis wirkt und die Antenne wie ein Bisquare arbeitet. Mit 14,33 m Seitenlänge ($\triangleq$ 43 m
Gesamtlänge) ist eine Ganzwellen-Delta-
Schleife für 40 m. Dabei hat die offene Zweidrahtleitung eine elektrische Länge von $\lambda/4$ und
entspricht nach Bild 5.29 einem Serienresonanzkreis, der die elektrische Verbindung der beiden
Auftrennpunkte selektiv wieder herstellt. Die
gleiche Antenne kann auch noch im 80-m-Band
betrieben werden, wobei annähernd Halbwellen-

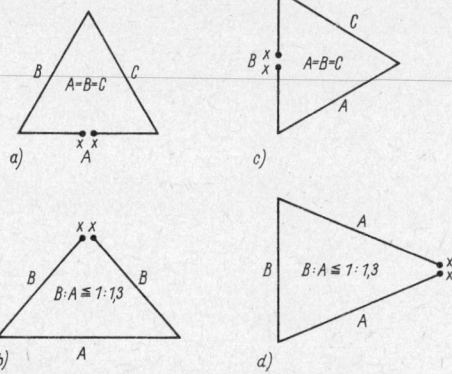

Bild 15.7
Abwandlung des Delta-Loop-Elementes; a und b –
horizontal polarisiert, c und d – vertikal polarisiert

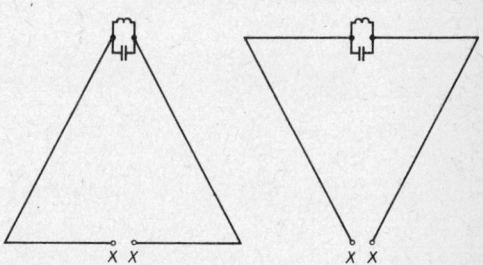

Bild 15.8
Zweiband-Delta-Loop-Elemente

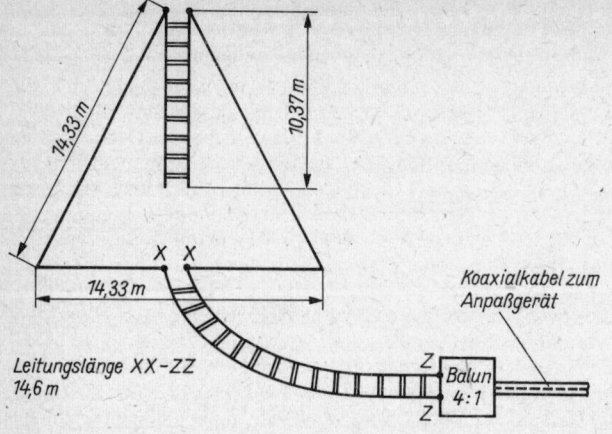

Leitungslänge XX–ZZ
14,6 m

Koaxialkabel zum
Anpaßgerät

Bild 15.9
Mehrband-Delta-Antenne nach *W 7 AAK*;
Bemessung für 20, 40 und 80 m

resonanz besteht, der Phantom Stub eine elektrische Länge von λ/8 bekommt und somit als Kapazität wirkt.

Für die offene Zweidrahtleitung wurde ein Wellenwiderstand Z von 450 Ω gewählt (Verhältnis D/d nach Bild 5.4 ≈ 20), wobei ein Verkürzungsfaktor V von 0,98 berücksichtigt ist. Die 450-Ω-Zweidraht-Speiseleitung hat eine Länge von 14,6 m, ihr schließt sich ein Breitband-Balun-Übertrager 4:1 (siehe Abschnitt 7.7.3.) an. Die Leitung wird dann als Koaxialkabel bis zum Antennenanpaßgerät weitergeführt.

Es besteht für alle Bänder Horizontalpolarisation mit bidirektionaler Richtcharakteristik. Halbiert man die angegebenen Abmessungen, ist Mehrbandbetrieb für 40, 20, 15 und 10 m möglich. *W 7 AAK* macht in der gleichen Veröffentlichung auch Angaben für die Erweiterung zu einer 2-Element-Mehrband-Richtantenne. Eine 3-Element-Delta-Loop für 20, 15 und 10 m, die auf ähnlichen Konstruktionsprinzipien beruht, wurde von *K 5 NE* in [3] ausführlich beschrieben.

15.4. Ganzwellenschleifen mit Reflektoren

Die einfachen Grundformen der Ganzwellenschleifen können durch Hinzufügen eines gleichartig aufgebauten Reflektors oder Direktors zu hochwirksamen unidirektionalen Richtstrahlern erweitert werden, wobei der Gewinnanstieg bei optimalen Bedingungen fast 5 dBd betragen kann. Diese erhebliche Gewinnsteigerung wird mit relativ geringem Mehraufwand und ohne besondere konstruktive oder mechanische Schwierigkeiten erzielt.

15.4.1. Das Cubical-Quad

Das Cubical-Quad (Bild 15.10) hat als Richtantenne für den DX-Verkehr bei den Funkamateuren geradezu Berühmtheit erlangt. Die gespeiste Schleife besteht aus einem Quad-Element, dem in einem Abstand von 0,08...0,25 λ ein zweites, entsprechend gleichartig aufgebautes Drahtviereck gegenübersteht, das oft durch einen zusätzlichen Abstimm-Stub so abgeglichen wird, daß es als Reflektor wirkt. Dieser Stub ist eine zusätzliche Induktivität und soll die für Reflektorwirkung erforderliche induktive Phasenverschiebung herstellen. Sein Vorzug besteht darin, daß man mit der in ihrer Länge veränderbaren Kurzschlußbrücke sehr genau auf größte Rückdämpfung abstimmen kann. In neuerer Zeit geht man immer häufiger dazu über, den Reflektor als in sich geschlossenes Drahtviereck ohne Stub aufzubauen, weil inzwischen die für beste Reflektorwirkung erforderlichen Seitenlängen ziemlich genau ermittelt wurden.

Für die Tragekonstruktion der Antenne gibt es eine Reihe von Möglichkeiten. Ein Einband-Quad für 10 oder 15 m kommt mit astfreien, imprägnierten Holzlatten und Rundstäben bei spar-

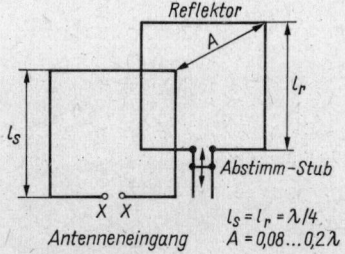

Bild 15.10
Cubical Quad, schematisch

samer Verwendung von Metallbeschlägen aus. Beim 20-m-Quad sollten aus Gründen der Gewichtsersparnis, der Bruchsicherheit und der Elastizität die Tragarme aus Bambusrohr bestehen. Noch besser eignen sich für diesen Zweck glasfaserverstärkte Polyester-Stäbe, wie sie für die Herstellung von Angelruten verwendet werden. Verschiedene Formen von Tragegerüsten sind in Abschnitt 18.8. und Abschnitt 18.9. beschrieben. Darüber hinaus werden in diesen Abschnitten Hinweise für den Aufbau gegeben.

Bild 15.11 zeigt den Konstruktionsvorschlag für ein einfaches, rhombusförmiges Cubical-Quad. Diese Art des Aufbaus kann auch für eine auf einer Seite stehende, quadratförmige Antenne verwendet werden, indem man die Tragearme um 45° axial verdreht und in der Mitte des waagrechten Abschnittes einspeist. Der letztgenannten Aufbauform unterstellt man günstigere Abstrahlungseigenschaften, sie wird deshalb fast ausschließlich angewendet. Ein merkbarer Leistungsunterschied zwischen beiden Bauformen besteht jedoch nicht. Verspannungen aus Kunststoffdrähten erhöhen die Stabilität der Konstruktion. Noch besser eignen sich Abspannschnüre, die mit Glasseide verflochten sind, weil sich diese nicht ausdehnen. Verwendet man Bambusrohre oder Kunststoffstäbe als Tragearme, so kann der Antennenleiter ohne Isolatoren an diesen befestigt werden. Mitunter stellt man die Tragearme auch aus Leichtmetallrohren her, deren Enden mit etwa 200 mm langen Kunststoffisolatoren versehen sind.

Der Durchmesser der als Antennenleiter benutzten Kupferdrähte oder -litzen ist ohne besondere Bedeutung für die elektrische Wirkungsweise. Aus mechanischen Gründen werden Drahtdurchmesser von $\geqq 1,5$ mm bevorzugt. Litzen sind geschmeidiger als Drähte und lassen sich deshalb besser verarbeiten. Die verwendeten Drähte oder Litzen dürfen auch mit Kunststoff ummantelt sein.

Wie schon in Abschnitt 15.1. ausgeführt wurde, muß der Umfang eines resonanten Ganzwellen-Quad-Elementes größer als λ sein. Beim gespeisten Element eines Cubical Quad rechnet man mit einem Verkürzungsfaktor von 1,015 ... 1,020 gegenüber der Resonanzwellenlänge. Der Umfang des Reflektorelementes kann gleich dem des gespeisten Elementes sein, in diesem Fall muß jedoch der Reflektor durch einen Abstimmstub induktiv verlängert werden. Neuerdings läßt man diesen Abstimmstub oft weg und vergrößert den Reflektorumfang entsprechend. Für diesen Anwendungsfall beträgt der Reflektorumfang $1,113\lambda$. Die nachstehenden Berechnungsformeln für die Resonanzbemessung eines Cubical Quad können für Kurzwellenausführungen aller Bereiche benutzt werden:

Gespeistes Element

$$\text{Gesamtumfang} \quad U/_\text{m} = \frac{304}{f/_\text{MHz}}; \qquad (15.3.)$$

bzw.

$$\text{Seitenlänge} \quad l/_\text{m} = \frac{76}{f/_\text{MHz}}; \qquad (15.4.)$$

Reflektorelement

$$\text{Gesamtumfang} \quad U/_\text{m} = \frac{320}{f/_\text{MHz}}; \qquad (15.5.)$$

bzw.

$$\text{Seitenlänge} \quad l/_\text{m} = \frac{80}{f/_\text{MHz}}. \qquad (15.6.)$$

Der Einfluß des Reflektorabstandes A auf den Gewinn des Systems ist relativ gering. Der Maximalgewinn von 5,7 dBd wird bei einem Reflektorabstand von $0,12\lambda$ erreicht. Nach größeren

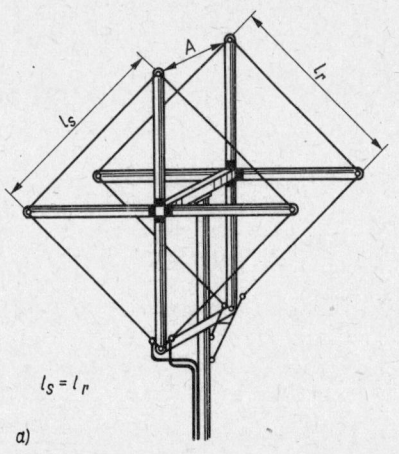

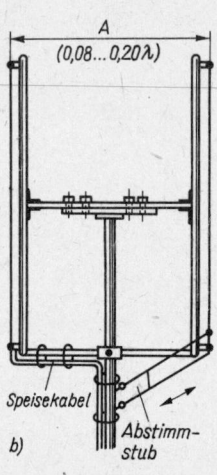

Bild 15.11
Konstruktionsvorschlag für ein
einfaches *Cubical* Quad;
a – Vorderansicht,
b – Seitenansicht

221

und nach kleineren Abständen hin fällt die Gewinnkurve allmählich ab, so daß bei $0,08\lambda$ und bei $0,22\lambda$ Reflektorabstand noch Gewinne von 5,2 dBd vorhanden sind.

Bei einem für maximalen Gewinn mit $0,12\lambda$ Reflektorabstand ausgelegten Cubical Quad beträgt der Strahlungswiderstand etwa $55\,\Omega$ unter der Voraussetzung, daß sich die Antenne $\lambda/2$ über Grund befindet. Eine Absenkung auf z. B. $\lambda/4$ Bauhöhe bewirkt einen Abfall des Strahlungswiderstandes auf etwa $40\,\Omega$. Sehr günstig ist ein Reflektorabstand von $0,13\lambda$, da in diesem Fall ein Gewinn von 5,6 dBd bei einem Eingangswiderstand von $60\,\Omega$ erreicht werden kann. Dadurch läßt sich eine direkte Speisung mit einem Koaxialkabel ermöglichen. Allerdings erregt man dann das symmetrische Cubical Quad über ein unsymmetrisches Speisekabel, und es können die bekannten Erscheinungen wie Mantelwellen auf dem Koaxialkabel und leichtes «Schielen» in der Richtcharakteristik auftreten. Trotzdem bevorzugen die meisten Funkamateure diese direkte Speisung ohne erkennbare Nachteile.

Günstigere Bedingungen bei der Speisung mit Koaxialkabel schafft eine Gamma-Anpassung (siehe Abschnitt 6.3.) nach Bild 15.12. Hier verwendet man auch für das gespeiste Element ein in sich geschlossenes Drahtviereck. Mit dem Gamma-Match wird das Speisekabel exakt angepaßt, wobei die erforderliche Symmetriewandlung eintritt und gleichzeitig die Einflüsse der Antennenumgebung auf den Eingangswiderstand kompensiert werden. Das Gamma-Glied wird aus Draht von etwa 2 mm Durchmesser hergestellt. Der durch schmale Kunststoffspreizer fixierte Abstand D zum Antennenleiter sollte nicht größer als 50 mm sein. Nach dem Abgleich kann man den Drehkondensator durch einen Festkon-

Tabelle 15.1.
Bemessungsunterlagen für Cubical-Quad-Antennen nach Bild 15.10 und Bild 15.11

Amateurband in m	20	17	15	12	10
f_{res} in MHz	14,1	18,1	21,2	24,94	28,5
Abmessungen mit Reflektorstub in m					
Seitenlänge l_s	5,40	4,21	3,60	3,05	2,67
Seitenlänge l_r	5,40	4,21	3,60	3,05	2,67
Länge des Reflektorstubs	1,50	1,20	1,00	0,85	0,75
Abmessungen mit resonantem Reflektor in m					
Seitenlänge l_s	5,40	4,21	3,60	3,05	2,67
Seitenlänge l_r	5,68	4,43	3,78	3,21	2,81
Elementabstände A in mm					
$0,08\lambda$ (5,2 dBd/40 Ω)		1,70	1,33	1,13	0,96	0,84
$0,10\lambda$ (5,6 dBd/50 Ω)		2,13	1,66	1,42	1,20	1,05
$0,12\lambda$ (5,7 dBd/55 Ω)		2,55	2,00	1,70	1,44	1,26
$0,20\lambda$ (5,4 dBd/75 Ω)		4,25	3,32	2,83	2,40	2,10
Abmessungen der Gamma-Anpassung nach Bild 15.12					
Länge l		0,90	0,80	0,70	0,55	0,46
Kapazität C in pF	100	85	75	60	50

densator entsprechenden Kapazitätswertes ersetzen. Die für die einzelnen Amateurbänder empfohlenen Längen l des Gamma-Gliedes sowie die erforderlichen Maximal-Kapazitätswerte des Drehkondensators C sind in Tabelle 15.1. aufgeführt.

In [4] wird eine Gamma-Anpassung für Quad-Elemente beschrieben, die den Kondensator C in sinnvoller Konstruktion durch ein Koaxialkabelstück ersetzt, welches gleichzeitig Anpassungsglied und Serienkondensator darstellt.

Die erprobten Bemessungsunterlagen für Cubical-Quad-Antennen werden in Tabelle 15.1. gegeben, wobei sowohl die Bauformen mit abstimmbarem Reflektor als auch jene mit in sich resonantem Reflektor berücksichtigt sind.

Neuere Untersuchungen haben ergeben, daß man ein Cubical Quad immer direkt über Koaxialkabel speisen soll; Symmetrierglieder verursachen Verluste. Die Unsymmetrie der Erregung wirkt sich nur geringfügig auf die Symmetrie der Strahlungscharakteristik aus, alle anderen elektrischen Daten bleiben unbeeinflußt. In diesem Zusammenhang wird empfohlen, die Elemente auch an den Punkten des Spannungsminimums zu isolieren. Dadurch kann sich die durch die unsymmetrische Erregung etwas «verschobene» Stromverteilung besser ausgleichen, und es werden Verluste, die bei der Zwangserdung entstehen können, vermieden. Wenn ein Cubical Quad

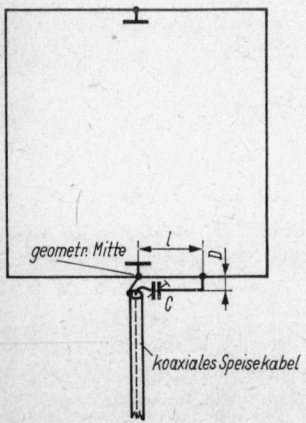

Bild 15.12
Gespeistes Quad-Element mit Gamma-Anpassung

jeweils über ein ganzes Amateurband mit niedriger Welligkeit betrieben werden soll, bemißt man die Strahlerresonanz nicht für Amateurbandmitte, sondern verschiebt diese mehr nach höheren Frequenzen hin (z. B. 14, 18, 21, 28 und 29,2 MHz). Es darf dann damit gerechnet werden, daß die Welligkeit im Koaxialkabel über das ganze Amateurband nicht größer als s = 1,75 wird.

Im Vergleich mit Richtstrahlern der *Yagi*-Bauformen sind folgende Fakten erwähnenswert:

– Ein Cubical-Quad liegt im Gewinn um 1,7 dB höher als eine 2-Element-Antenne vom *Yagi*-Typ und um 0,5 ... 0,8 dB niedriger als eine optimal bemessene 3-Element-*Yagi*.

– Verglichen mit der 3-Element-*Yagi* ist der Frequenzbereich des Cubical-Quad größer, gleichzeitig ist gute Rückdämpfung über einen breiteren Frequenzbereich vorhanden.

– Bei Aufbauhöhen $\geqq 1\lambda$ ist der Erhebungswinkel der Hauptstrahlung für beide Antennen weitgehend identisch. Bei geringeren effektiven Antennenhöhen ist das Cubical-Quad etwas überlegen, da sein Erhebungswinkel nicht so stark angehoben wird wie der einer 3-Element-*Yagi*. Das Cubical-Quad ist somit etwas umgebungsunempfindlicher.

Frühere Angaben über extrem hohe Gewinne von Kurzwellenbauformen des Cubical-Quad (bis zu 11 dB) sind sicher auf Fehlmessungen zurückzuführen, die sich auf Lautstärkevergleiche im Weitverkehr stützten oder durch unkontrollierbare Inhomogenitäten im Meßfeld entstanden (z. B. Reflexionen). Es ist bekanntlich außerdem sehr schwierig, absolute Gewinnmessungen an Kurzwellenantennen durchzuführen; der Amateur kann weder die dazu erforderliche Aufbauhöhe der Antenne erreichen noch ein homogenes Meßfeld schaffen. Einfacher kommt man zum Ziel, wenn die Antenne für Betriebsfrequenzen im VHF- oder besser im Dezimeterwellenbereich dimensioniert und dann gemessen wird. Das ist nach dem Modellgesetz zulässig. Man erhält dabei absolute Gewinnaussagen, die sich auf den Kurzwellenbereich vollgültig übertragen lassen. Für die praktische Brauchbarkeit einer Kurzwellenantenne im Weitverkehr haben jedoch solche absoluten Gewinnangaben nur sehr geringe Aussagekraft. Wie in Abschnitt 2.2.2. und Abschnitt 3.2.2. erläutert ist, kommt es bei der Fernausbreitung über Reflexionen an der Ionosphäre vor allen darauf an, eine möglichst große Sprungdistanz zu erzielen. Das bedeutet, daß der Erhebungswinkel der Hauptstrahlung in der Vertikal-Ebene möglichst klein sein soll.

Es läßt sich nicht bestreiten, daß das Cubical-Quad im Kurzwellenweitverkehr die gleichen Vorzüge aufweist wie eine 3-Element-*Yagi*-Antenne. In der Praxis des DX-Verkehrs treten oft Unterschiede in der Wirksamkeit zugunsten des Cubical-Quad auf.

15.4.2. Der Ringbeam

Der Ringbeam unterscheidet sich von einem Cubical Quad hauptsächlich dadurch, daß an Stelle der viereckigen Antennenelemente solche in Form eines Ringes verwendet werden (Bild 15.13). Wer die vorhergehenden Ausführungen über die Wirkungsweise von Quad-Elementen aufmerksam gelesen hat, wird erkennen, daß sich der Ringbeam auch bezüglich seiner Abstrahlung nicht anders als das Cubical Quad verhalten kann.

Vorausgesetzt, daß man den Ringbeam als Ganzwellenschleife ausführt, ist er bei Speisung von unten oder oben wie das Cubical Quad überwiegend horizontal und bei seitlicher Einspeisung vertikal polarisiert. Auch bezüglich des Gewinns und des Aufwandes entspricht der Ringbeam

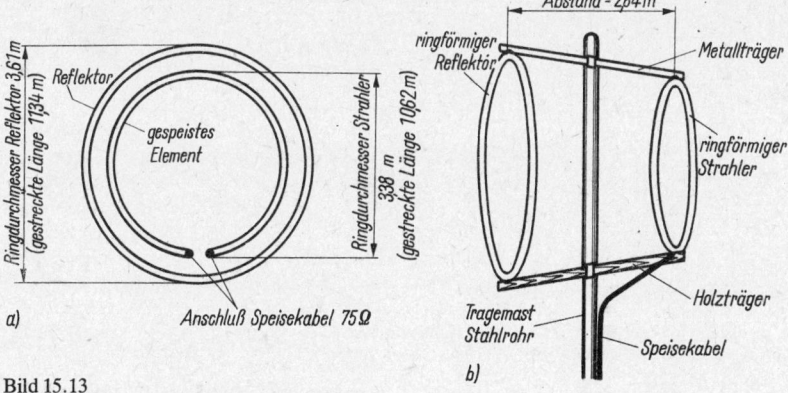

Bild 15.13
Der 2-Element-Ringbeam für das 10-m-Band

etwa einem Cubical Quad gleicher Elementezahl. Da jedoch für den Ringbeam Rohr oder tragfähiges Vollmaterial verwendet werden muß, ist er kostspieliger als ein Quad und auch mechanisch etwas schwieriger aufzubauen. Das mag der Grund dafür sein, daß diese Bauform in Europa bisher noch keine größere Verbreitung finden konnte.

15.4.2.1. Der 2-Element-Ringbeam

In Bild 15.13 bildet der Reflektor einen geschlossenen Ring und befindet sich in $\lambda/4$-Abstand vom gespeisten Element, das für den Anschluß der Speiseleitung aufgetrennt ist. Der Eingangswiderstand wird mit etwa 75 Ω angegeben. Der obere waagrechte Träger kann aus Metall bestehen; an ihm lassen sich die Elemente ohne isolierende Zwischenlagen befestigen. Als untere Tragestange wurde eine imprägnierte Hartholzplatte verwendet. Noch besser eignet sich PVC-Rohr, das sehr leicht und relativ witterungsbeständig ist. Es kann mit einem Gewinn von etwa 5 dBd gerechnet werden. Die Resonanzabmessungen sind in Bild 15.13 eingetragen. Zum Umrechnen für andere Resonanzfrequenzen eignen sich die nachstehenden Formeln:

Umfang U_S des gespeisten Elementes

$$U_{S/m} = \frac{307}{f/_{MHz}}, \qquad (15.7.)$$

Umfang U_R des Reflektors

$$U_{R/m} = \frac{329}{f/_{MHz}}. \qquad (15.8.)$$

15.4.2.2. Der 3-Element-Ringbeam

Ein 3-Element-Ringbeam ist für den 10-m-Betrieb gerade noch darstellbar. Diese leistungsfähige Richtantenne zeigt Bild 15.14.

Eingezeichnet sind wieder die Abmessungen für das 10-m-Band. Da der Eingangswiderstand des Systems sehr niedrig liegt, wird die Speiseleitung über ein Omega-Match angepaßt (siehe Abschnitt 6.4.). Nun läßt sich die Ganzmetallbauweise anwenden, d. h., der obere und der untere Elemententräger bestehen aus Metall. Die Elemente kann man oben und unten ohne isolierende Zwischenlagen auf dem Metallträger befestigen. Natürlich ist es möglich, eine Omega-Anpassung auch bei 2-Element-Ringbeam zu verwenden; damit läßt sich auch für diese Bauform die Ganzmetallbauweise durchführen.

Der Reflektorabstand beträgt bei der 3-Element-Ausführung etwa $0,21\lambda$, der Direktorabstand $0,14\lambda$.

Die 3-Element-Ringantenne kann man nach Gl. (15.7.) und Gl. (15.8.) auch für andere Frequenzen berechnen. Der Direktorumfang U_D ergibt sich aus

$$U_{D/m} = \frac{289}{f/_{MHz}}. \qquad (15.9.)$$

Es handelt sich immer um die gestreckten Längen, die man zu einem geschlossenen Ring biegen muß. Alle Rohrstärken, die die mechanische Stabilität gewährleisten, sind für die Anfertigung der Elemente geeignet.

Es fällt auf, daß auch bei Ringbeam die gestreckte Länge des gespeisten Elementes für Resonanz größer als 1 ist. Dieser Umstand verdeutlicht die Verwandtschaft mit dem Cubical Quad besonders.

15.4.3. Die Vogelkäfig-Antenne nach *G 4 ZU*

Die *Vogelkäfig-Antenne (Bird-Cage)* wurde von dem bekannten englischen Antennenkonstrukteur *G 4 ZU*, *Dick Bird*, entwickelt. Sie ist ebenfalls ein direkter Abkömmling des Cubical Quad.

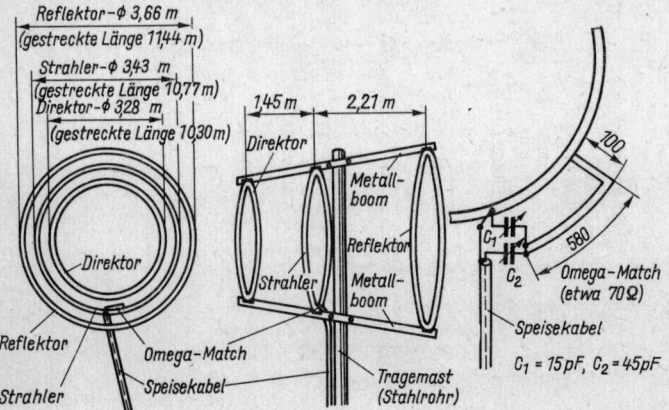

Bild 15.14
Der 3-Element-Ringbeam für das 10-m-Band

Das Bird-Cage unterscheidet sich vom Cubical Quad dadurch, daß die Elemente um 90° abgewinkelt sind. Bild 15.15 zeigt ein solches Quad-Element, das auf der Speiseseite und der ihr gegenüberliegenden Seite rechtwinklig abgeknickt ist. Bei solchen kurzen V-Elementen bleibt die Doppelkreischarakteristik eines gestreckten Dipols erhalten; es läßt sich lediglich ein leichter Gewinnanstieg aus Richtung Winkelöffnung feststellen. Auch in diesem Fall wird bei horizontaler Polarisation in der Mitte einer waagrechten Seite eingespeist, wobei es gleichgültig ist, ob die Speiseleitung an der unteren oder an der oberen Ebene angeschlossen wird.

Das in gleicher Weise abgewinkelte Reflektorelement ordnet man so an, daß sich die Winkelspitzen des Strahlers und die des Reflektors mit etwa 25 mm Abstand gegenüberstehen (Bild 15.15 c).

Antennengewinn und Richtcharakteristik entsprechen bei diesem System fast denen des Cubical Quad. Von *G4 ZU* wurden sogar 0,5 dB mehr Gewinn gegenüber einem Quad und eine etwas größere Rückdämpfung festgestellt. Der Eingangswiderstand beträgt etwa 60 Ω.

Es ist ein besonderer Vorzug des Bird-Cage, daß die ganze Antenne an einem Tragerohr befestigt werden kann, wobei die waagrechten Elementanteile die Funktion der Tragearme mit übernehmen. Das ganze System ist sehr kompakt und hat nur geringen Windwiderstand. Ein Bird-Cage für 10 m hat eine Auskragung von nur 1,30 m Radius um den Mittelmast. Dieser Halbmesser steigt bei 15 m auf etwa 1,95 m und bei 20 m auf etwa 2,60 m an. Nur für die waagrechten λ/8-Stücke werden Leichtmetallrohre benötigt; die 4 senkrechten λ/4-Leitungen können aus Draht beliebigen Durchmessers bestehen. Es ist zweckmäßig, wenn die Elementenrohre und die λ/4-Drähte aus dem gleichen Metall hergestellt werden, da andernfalls an den Verbindungsstellen elektrolytische Zersetzungsvorgänge (Kontaktkorrosion) auftreten können. Bild 15.15 c zeigt einen Aufbauvorschlag für eine Vogelkäfig-Antenne. Das Strahlerelement wird in diesem Fall von oben gespeist, weil dann die Speiseleitung leicht im Rohrinnern des Tragemastes nach unten geführt werden kann.

Die Isolation der Winkelspitzen vom Tragemast braucht nicht sehr hochwertig zu sein, da

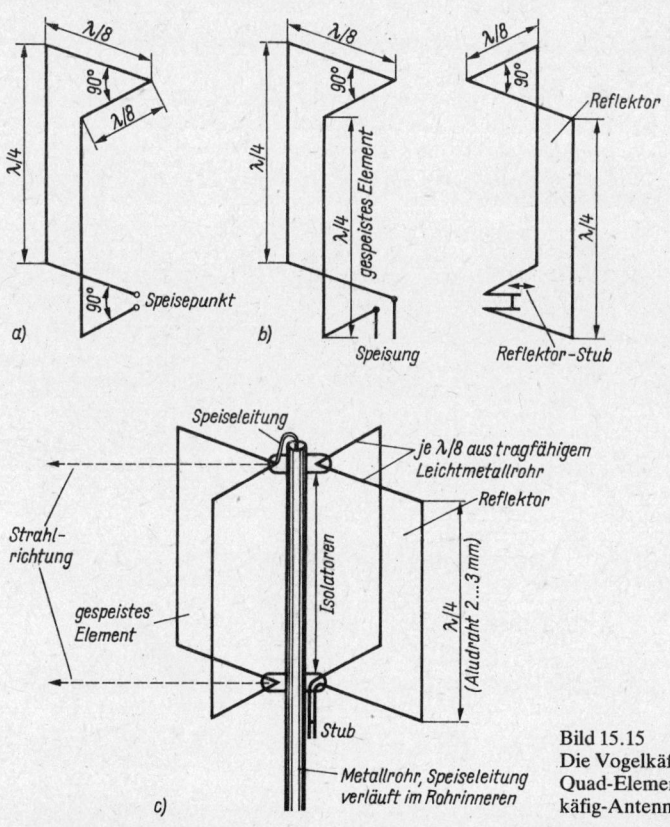

Bild 15.15
Die Vogelkäfig-Antenne; a – abgewickeltes Quad-Element 90°, b – Schema der Vogelkäfig-Antenne, c – Aufbauvorschlag

sich dort ein Spannungsminimum befindet. Es genügen passende Holzformteile, die in Paraffin ausgekocht werden. Allerdings wirken beim gezeigten Aufbau starke mechanische Kräfte auf die Isolierstücke, und es dürfte erforderlich sein, diese Kräfte durch geeignete Verspannungen teilweise abzufangen. Zu diesem Zweck kann man den Tragemast entsprechend verlängern und sich dadurch einen Spannturm schaffen, von dem die oberen waagrechten Elementenarme abgespannt werden.

Die von *DK 4 NA* im praktischen Versuch ermittelten Resonanzlängen für eine Vogelkäfig-Antenne sind in Tabelle 15.2. aufgeführt. Dabei ergibt sich gegenüber den Quad-Abmessungen aus Tabelle 15.1. eine Verlängerung der Elemente, die übrigens auch bei der nachfolgend beschriebenen Swiss-Quad-Antenne auftritt. Die Ursachen für die Erscheinung sind noch nicht geklärt, möglicherweise stehen sie im Zusammenhang mit der Annäherung der strahlenden Sektoren an den metallischen Tragemast.

Im vorliegenden Fall ist die Reflektorlänge gleich der des gespeisten Elementes. Die für die Reflektorwirkung erforderliche elektrische Verlängerung des Parasitärelementes wird durch den Reflektor-Stub mit verstellbarem Kurzschlußbügel hergestellt.

Mit den Abmessungen aus Tabelle 15.2. wird bei den angegebenen Resonanzfrequenzen eine Welligkeit s von nahe 1 erzielt. Am Anfang und am Ende des 20-m-Bandes steigt s nicht über 1,5. Innerhalb der Grenzen des 15-m-Bandes ist eine maximale Welligkeit von 1,3 zu erreichen (21,0 MHz). Dagegen wird im 10-m-Band nur der Bereich zwischen etwa 28,3 MHz ($s = 1,7$) und 29,0 MHz ($s = 1,7$) mit noch tragbarer Welligkeit erfaßt. Am Bandanfang und am Bandende steigt s bis auf Werte von 2,8 (28,0 MHz) bzw. 2,5 (29,7 MHz). Wenn Telegrafiebetrieb im 10-m-Band bevorzugt wird, sollte man deshalb die Seitenlängen der Elemente auf 2,96 m vergrößern. Die Resonanzfrequenz liegt dann bei 28,1 MHz.

Tabelle 15.2.
Bemessungsunterlagen für die Vogelkäfig-Antenne nach Bild 15.15

Amateurband in m	20	17	15	12	10
f_{res} in MHz	14,10	18,10	21,10	24,94	28,5
Seitenlängen gespeistes Element in m	5,90	4,60	3,95	3,33	2,92
Reflektorelement in m	5,90	4,60	3,95	3,33	2,92
Gesamtumfang je Element in m	23,60	18,40	15,80	13,32	11,68
Länge des Reflektorstubs in m		1,50	1,30	1,00	0,85	0,70

Gespeist wird über ein beliebig langes Koaxialkabel, das Zwischenschalten eines Symmetriewandlers erwies sich bei *DK 4 NA* als überflüssig. Eine Dreiband-Ausführung der Vogelkäfig-Antenne wird in Abschnitt 18.12. vorgestellt.

Die Bird-Cage-Antenne ist durch Patent geschützt.

15.4.4. Ganzwellenschleifen mit gespeistem Reflektor

Im Abschnitt 14.2. wurde ausgeführt, daß 2 parallele Dipole, die mit gleichen Strömen, jedoch phasenverschoben erregt werden, bei bestimmten Abständen und Phasenwinkeln eine unidirektionale Richtcharakteristik erhalten. Das H-Diagramm hat die Form einer Kardioide nach Bild 14.8, wenn der Abstand der parallelen Dipole $\lambda/4$ beträgt und diese gleichzeitig mit 90° Phasenverschiebung erregt werden. Der gleiche Richteffekt tritt auch bei $3\lambda/8$ Abstand und 45° Phasenverschiebung, sowie bei $\lambda/8$ Abstand und 135° bzw. 225° Phasenwinkel auf. Gegenüber Dipolen mit parasitärem (strahlungsgekoppeltem) Reflektor haben Anordnungen mit gespeistem Reflektor eine erheblich bessere Rückdämpfung. Typische Vertreter «vollgespeister» Antennen sind der ZL-Spezial-Beam (Abschnitt 14.2.1.) und die *HB 9 CV*-Antenne (Abschnitt 14.2.2.). Diese Erkenntnisse sind auch auf alle Arten von Ganzwellenschleifen übertragbar. Einige bekannte Bauformen werden nachstehend beschrieben.

15.4.4.1. Vollgespeiste Ganzwellen-Richtantennen

In [6] und [7] wurden von *DL 2 FA* verschiedene Formen von vollgespeisten Richtantennen mit Ganzwellenschleifen vorgestellt. Die Ausführung Bild 15.16a zeigt 2 Quadelemente mit gleichem Umfang (Seitenlänge l_s und l_r je $\lambda/4$), die im Abstand A von $\lambda/4$ über eine Doppelleitung miteinander verbunden sind. Der für die unidirektionale Richtwirkung erforderliche Phasenunterschied von 90° ($\lambda/4$) wird sowohl durch den räumlichen Abstand der beiden Elemente wie auch durch die Verbindungsleitung hergestellt. Deshalb spricht man auch – nicht ganz exakt – von «Vollspeisung».

Der Strahlungswiderstand R_s eines Quadelementes beträgt rund 120 Ω, deshalb soll auch die Verbindungsleitung mit einem Wellenwiderstand von 120 Ω bemessen werden. Wegen des möglichst geringen Verkürzungsfaktors muß die Verbindungsleitung luftisoliert sein. Das Durchmesserverhältnis D/d 1,5 : 1 (siehe Bild 5.4) ist mechanisch nur mit starren Leichtmetallrohren

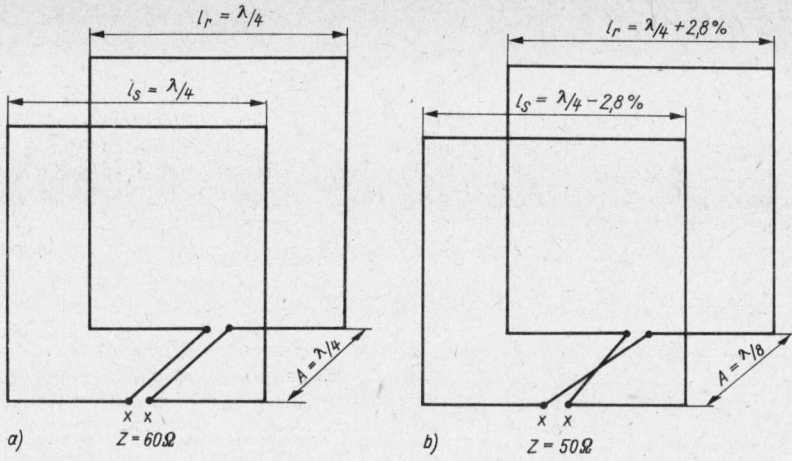

Bild 15.16
Vollgespeiste Richtantennen mit Ganzwellenschleifen; a – gespeister Reflektor in λ/4-Abstand, b – gespeister Reflektor in λ/8-Abstand

beherrschbar. Da auch der Elementabstand von λ/4 für die Anwendung im Kurzwellenbereich relativ groß ausfällt, wird man eine andere Bauform bevorzugen, die bei kleinerem Elementabstand und weniger kritischer Verbindungsleitung annähernd gleiche Strahlungseigenschaften aufweist. Eine solche ist in Bild 15.16c dargestellt.

Wie in Abschnitt 14.2.2. bereits näher ausgeführt wurde, kommt bei einem Elementabstand von λ/8 die beste einseitige Richtwirkung zustande, wenn der Phasenunterschied zwischen den Elementen 225° beträgt. Dieser Regel folgt die Ausführung in Bild 15.16b. Entsprechend dem Abstand A von λ/8 hat die beide Ganzwellenschleifen verbindende Phasenleitung ebenfalls eine Länge von λ/8, was eine Phasenverschiebung von 45° bedeutet. Die Doppelleitung ist überkreuzt, dies bewirkt eine zusätzliche Phasendrehung von 180°, die man zu den 45° addie-

ren muß. Die effektive Phasenverschiebung ist also 225°. Damit auch die Strahlungskopplung zwischen beiden Elementen diesen Wert annimmt, müssen die Umfänge der beiden Quadschleifen unterschiedliche Längen aufweisen. Deshalb wurden die Seitenlängen l_s mit λ/4 − 2,8% und die des Reflektors l_r mit λ/4 + 2,8% bemessen. Der Wellenwiderstand der luftisolierten überkreuzten Doppelleitung ist nicht kritisch, sollte aber < 300 Ω sein. Die gleiche vollgespeiste Erregungsart kann man sinngemäß auch bei rhombusförmigen Quad und bei Ganzwellen-Richtantennen anwenden.

15.4.4.2. Die Swiss-Quad-Antenne
(R. Baumgartner – Schweiz. Pat. 384644 – 1960)

Eine moderne Weiterentwicklung des Quad stellt die *Swiss-Quad-Antenne* dar. Ihr Konstrukteur ist der bekannte Schweizer Funkamateur *R. Baumgartner, HB 9 CV*, daher auch der Name *Swiss-Quad (Schweizer Quad)*. Unter dem Titel *Vollgespeiste Richtantenne* wurde das Swiss-Quad in der Schweiz patentiert [8].

Wie aus Bild 15.17 hervorgeht, besteht das Swiss-Quad aus 2 parallelen Quadraten mit λ/4 Seitenlängen, die in einem gegenseitigen Abstand von 0,075...0,1λ angeordnet werden. Die Mittelpartien beider Horizontalteile sind um 45° einwärts gebogen, so daß die Mittelpunkte beider Horizontalteile jeder Ebene gemeinsam am Tragemast zusammentreffen.

Im Kreuzungspunkt der beiden Rohre fließt maximaler Strom, sie müssen deshalb gut leitend miteinander verbunden werden. Da ein Strombauch einem Spannungsknoten entspricht, kann

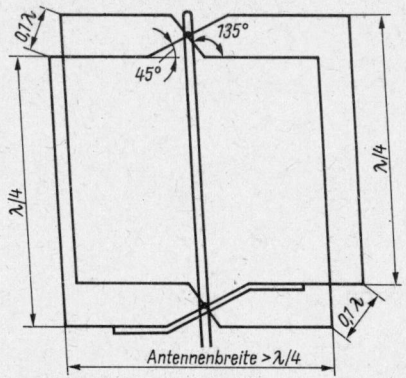

Bild 15.17
Das Schema der Swiss-Quad-Antenne

man die Rohre in diesen Punkten des Spannungsminimums erden, d. h. mit dem Tragemast elektrisch leitend verbinden.

Die kreuzförmigen Antennenabschnitte beider Ebenen wirken elektrisch wenig störend, denn die dort einander benachbarten Rohrstücke führen gegenphasige Ströme, wodurch die Strahlung praktisch aufgehoben wird.

Das hervorstehende Merkmal des Swiss-Quad ist seine Speisung. Von wenigen Ausnahmen abgesehen, erregt man den Reflektor parasitär, also durch reine Strahlungskopplung. Die ausgezeichneten Erfolge mit einer kombinierten Erregung durch Strahlungskopplung und direkte Speisung des Reflektors, die man z. B. bei der ZL-Spezial und beim *HB 9 CV*-Beam erzielte (siehe Abschnitt 14.2.1. und Abschnitt 14.2.2.), können folgerichtig auch auf das Swiss-Quad übertragen werden. Die volle Speisung bewirkt, daß sich die Energie gleichmäßig auf alle 4 Elemente verteilt. Dadurch bleibt der Strahlungswiderstand in der Größenordnung von 30 ... 40 Ω.

Das System kann man wahlweise in der unteren oder in der oberen Ebene speisen. Soll das Speisekabel innerhalb des Mastrohres nach unten geführt werden, so speist man zweckmäßiger Weise in der oberen Ebene. Über eine doppelte T-Anpassung (Bild 15.18a) lassen sich symmetrische Speiseleitungen anpassen. Koaxialkabel schließt man an eine doppelte Gamma-Anpassung an (Bild 15.18b). Aus Bild 15.18 wird außerdem ersichtlich, daß beide Elemente auf einfache Weise in Gegenphase direkt gespeist werden. Überraschend hat sich herausgestellt, daß man die für einseitige Richtwirkung notwendige, von 180° etwas abweichende Phasenlage zwischen den beiden Antennenquadraten bei der Speisung nicht berücksichtigen muß. Die richtige Phasenlage wird in der Antenne selbst erzwungen, wenn der Längenunterschied im Umfang beider Quadrate 5% beträgt. Das kleinere Quadrat wird dann zum Direktor, das größere zum Reflektor.

Bei 2 direkt gespeisten, elektrisch gleichwertigen Quadraten heben sich die induktive Blindkomponente des Reflektors und die kapazitive des Direktors (auf den Antenneneingang bezogen) auf. Diese Behauptung bestätigt die Tatsache, daß die Resonanzfrequenz des Systems, am

Speisepunkt gemessen, in der Mitte zwischen den Eigenresonanzen der beiden Antennenquadrate liegt. Die Differenz in der Umfangslänge von 5% wurde durch zahlreiche Messungen ermittelt. Bei Differenzen unter 5% vergrößern sich die Nebenkeulen, während bei Differenzen über 5% die Hauptkeule breiter wird und der Gewinn abnimmt. Von wesentlicher Bedeutung ist ferner, daß sich das Swiss-Quad bei 5% Längendifferenz zwischen Direktor und Reflektor hinsichtlich Energieaufnahme und Ankopplung ungefähr so verhält wie ein einfacher Halbwellendipol. Das weist auf die offensichtliche Bedeutung des mathematisch kaum erfaßbaren Zusammenwirkens zwischen direkter Speisung, Strahlungskopplung und Kopplung mit dem Raum hin. Die erprobten Bemessungsdaten für das Swiss-Quad betragen:

Umfang Direktor – 1,092 λ,

Umfang Reflektor – 1,148 λ,

Abstand Direktor – Reflektor – 0,075 ... 0,1 λ.

Für die praktische Ausführung verteilt man die Längenunterschiede zwischen Reflektor und Direktor nur auf die Horizontalteile, während die Vertikalteile in gleicher Länge zu fertigen sind. Die Abgreifpunkte für die Gamma- oder die T-Anpassung auf den horizontalen Antennenrohren müssen beim Abgleich ermittelt werden, da ihre richtige Lage von Umgebungseinflüssen, Antennenhöhe und Antennenkonstruktion bestimmt wird. Tabelle 15.3. enthält die erprobten Abmessungen von Swiss-Quad-Antennen für die hochfrequenten Kurzwellenamateurbänder.

Tabelle 15.3.
Bemessungsunterlagen für die Swiss-Quad-Antenne nach Bild 15.17

Amateurband in m	20	17	15	12	10
f_{res} in MHz	14,10	18,10	21,10	24,94	28,50
Antennenhöhe in m	5,96	4,64	3,96	3,37	2,95
Antennenbreite Direktor in m	5,66	4,41	3,76	3,20	2,80
Antennenbreite Reflektor in m	6,25	4,87	4,16	3,53	3,09
Abstand Direktor/Reflektor in m	2,13	1,66	1,42	1,20	1,05

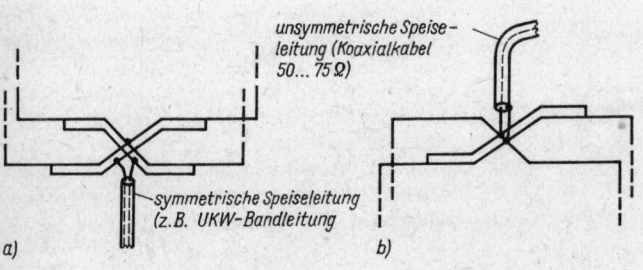

unsymmetrische Speiseleitung (Koaxialkabel 50 ... 75 Ω)

symmetrische Speiseleitung (z.B. UKW-Bandleitung

a)   b)

Bild 15.18
Speisung und Erregung des Swiss-Quad; a – doppelte T-Anpassung und Speisung, b – doppelte Gamma-Anpassung und Speisung

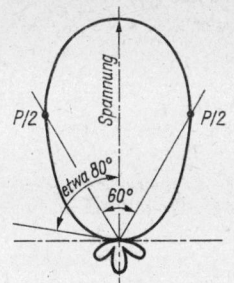

Bild 15.19
Das Strahlungs-
diagramm einer Swiss-
Quad-Antenne

Mit Antennenhöhe wird in Tabelle 15.3. die Länge der Vertikaldrähte bezeichnet. Die Antennenbreite ist die Länge der Horizontalteile von einem Ende zum anderen. Die Einknickung zum Fixpunkt am Mast wird dabei nicht berücksichtigt. Die notwendigen Rohrlängen lassen sich am einfachsten geometrisch finden, wenn man die Antenne, von oben gesehen, in verkleinertem Maßstab auf Millimeterpapier genau aufzeichnet.

Das von *HB 9 CV* ermittelte Strahlungsdiagramm eines Swiss-Quad ist in Bild 15.19 wiedergegeben. Es zeigt eine horizontale Halbwertsbreite von 60°. Die ersten Minima liegen etwa 80° beiderseits der Hauptstrahlrichtung. Die Rückdämpfung beträgt – wie beim Cubical Quad – im Mittel 13 dB. Der Gewinn kann wegen des gespeisten Reflektors etwas höher liegen als der eines Cubical Quad. Von *HB 9 CV* werden 6 dBd angegeben. Ebenso wie beim Cubical Quad treten auch beim Swiss-Quad im Verkehr über sehr große Entfernungen ausbreitungsbedingte gute Ergebnisse auf, die mit der flachen Abstrahlung gestockter Systeme zu erklären sind. Sie sichert dem Quad-System eine geringfügige Überlegenheit im Weitverkehr gegenüber vergleichbaren Einebenenantennen.

Hinweise für den Nachbau einer Swiss-Quad-Antenne

Die vertikalen Abschnitte der Antenne bestehen aus dünnen Drähten oder Litzen. Zum Bau der horizontalen Abschnitte verwendet man Leicht-

metallrohre aus Legierungen, die den mechanischen Anforderungen gewachsen sind. Falls erforderlich, müssen die Rohrenden mit Kunststoffdrähten (Hechtsehnen) oder besser mit kunststoffummanteltem Glasgarn über einen einfachen Spannturm mechanisch abgespannt werden. Das Leichtmetallrohr wird zunächst mit trockenem Sand gefüllt und dann an beiden Enden mit Korken verschlossen. Nun biegt man das Rohr um einen festen Gegenstand mit passender Rundung. Mittelharte und harte Leichtmetallrohre müssen jedoch an der Biegestelle vorher erwärmt werden und verlieren dadurch an Festigkeit. Deshalb sollte man diese Arbeit besser in einer Werkstatt von einer Biegemaschine erledigen lassen.

Bild 15.20 zeigt eine Mastbefestigung, die mit einfachem Werkzeug selbst angefertigt werden kann. Ein Stück gleichschenkliges, rechtwinkliges Profil aus Leichtmetall wird mit sogenannten Schlauchbändern am Mast verschiebbar aufgespannt. Es ermöglicht das genau rechtwinklige Befestigen der sich kreuzenden Horizontalrohre mit Hilfe von leicht herstellbaren Bügeln aus Aluminiumblech. Die Kreuzungsstelle beider Diagonalrohre ist die geometrische und elektrische Mitte der Antenne. Dort müssen die Rohre elektrisch miteinander und mit dem Mast verbunden sein. Bei dieser Bauart liegen die Befestigungsbügel etwas außerhalb des Kreuzungspunktes. Daher werden die Antennenrohre an diesen Stellen am besten mit einer dauerhaften Isolation versehen. Die HF-Spannungen sind dort sehr klein; es genügt also schon eine dünne Schicht.

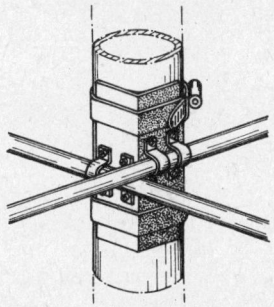

Bild 15.20
Konstruktionsvorschlag für einfache Mastbefestigung

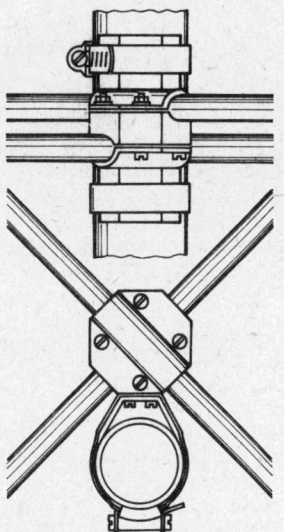

Bild 15.21
Verbesserte Mastbefestigung

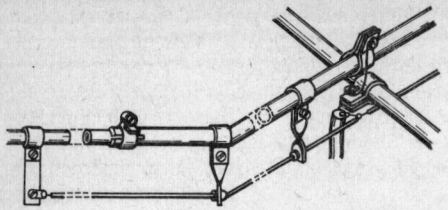

Bild 15.22
Die mechanische Konstruktion der Gamma-Anpassung

Eine vorzügliche, für den Amateur aber nicht ganz einfach herzustellende Befestigung zeigt Bild 15.21. Dabei kann jegliche Isolation wegfallen, weil Kreuzungsstelle, elektrischer Nullpunkt und Mastbefestigung genau zusammenfallen.

Das Speisesystem geht aus Bild 15.22 hervor. Für die Gamma- und T-Anpassung hat sich PVC-isolierter Draht gut bewährt. Der Drahtdurchmesser soll etwa dem der Speiseleitung entsprechen. Größere Drahtdicken oder gar Rohre sind unnötig. Der Abstand zwischen Speisedraht und Antennenelement ist nicht kritisch, Richtwert $\lambda/200$. Die Isolation wird nur an den Anschlußstellen entfernt.

Zum Abgleich des Swiss-Quad genügt ein geeichtes Dipmeter in Verbindung mit einem einfachen Welligkeitsanzeigegerät. Für die ersten Abstimmversuche stellt man die T-Glieder (bzw. die Gamma-Anpassung) auf einen Mittelwert zwischen 45° = Biegung und Rohrende. Am senderseitigen Ende der Speiseleitung wird dann über eine dort angebrachte Koppelspule mit dem Griddipper die Antennenresonanz gemessen. Sie unterscheidet sich von den möglichen Kabelresonanzen durch einen geringeren und breiteren Dip, da die Antenne durch ihren Strahlungswiderstand gedämpft ist. Würde direkt an den Elementen gemessen, so könnte man nur die Eigenresonanz der Quadrate feststellen, aber nicht die eindeutige Gesamtresonanz der Antenne. Abweichungen von der gewünschten Resonanz lassen sich durch Verkürzen oder Verlängern der Vertikaldrähte korrigieren. Man fertigt deshalb die Vertikaldrähte etwas länger als erforderlich.

Zur richtigen Einstellung der T- bzw. Gamma-Abgriffe wird das Welligkeitsanzeigegerät in die Speiseleitung eingeschleift. Dann erregt man die Antenne mit dem Dipmeter in ihrer Resonanzfrequenz. Durch Verändern der Abgreifpunkte wird die niedrigste Welligkeit eingestellt. Im allgemeinen läßt sich eine Welligkeit von 1,2 erreichen. Da beim Verschieben der Anpassung auch die Resonanzfrequenz der Antenne etwas beeinflußt wird, sollten als Schlußkontrolle noch einmal Resonanzfrequenz und Welligkeit geprüft werden. Die Swiss-Quad-Antenne bietet, kurz zusammengefaßt, folgende Vorzüge:

mechanisch
- Ganzmetallkonstruktion, Gesamtsystem in sich geerdet,
- Wegfall aller Hilfsträger,
- mechanische Stabilität durch Befestigung beider Quadrate direkt am Vertikalmast,
- geringer Windwiderstand, erprobte Wetterfestigkeit gegenüber Sturm, Schnee und Eis;

elektrisch
- einfache, einwandfrei arbeitende Vollspeisung,
- geringe Stromwärmeverluste wegen gleichmäßiger Verteilung der Energie auf alle 4 Dipole und Verwendung von Rohren im Bereich hoher Ströme,
- Wegfall jeglicher Ableitungsverluste, weil alle spannungführenden Teile frei im Raum stehen,
- alle handelsüblichen Speisekabel können angepaßt werden.

15.4.5. Richtantennen mit Delta-Schleifen

Der Wunsch, das Cubical-Quad mechanisch noch weiter zu vereinfachen, führte zum Einsatz von Delta-Schleifen (siehe Abschnitt 15.3.), die – beschränkt auf das 10- und 15-m-Band – robuste und raumsparende Konstruktion ermöglichen. In den bisherigen Veröffentlichungen werden dieser neuen Bauform die gleichen guten Eigenschaften unterstellt, wie sie für ein Cubical-Quad typisch sind. Aussagekräftige Vergleiche wurden jedoch bisher nicht bekannt.

Delta-Schleife und Quad-Element unterscheiden sich weder im Resonanzumfang noch im Strahlungswiderstand. Im Gewinn gibt es eine kleine Differenz; denn das einfache Quad-Element hat – bezogen auf den Halbwellendipol – einen Gewinn von 1 dB (genauer 0,98 dBd), während man der Delta-Schleife einen Gewinn von 0,67 dBd zuordnet. Das hängt sicher damit zusammen, daß bei gleichem Umfang ein Dreieck eine kleinere Fläche bedeckt als ein Quadrat.

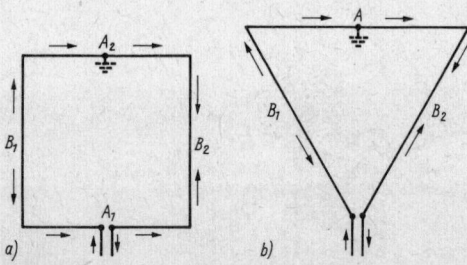

Bild 15.23
Die Stromverteilung auf Ganzwellenschleifen; a – beim Quad-Element, b – beim Delta-Element

Solch kleine Gewinnunterschiede sind im allgemeinen bedeutungslos. Im vorliegenden Fall können sie aber auf unterschiedliche Strahlungseigenschaften hindeuten, vor allem, wenn man sie mit der Stromverteilung auf den beiden Elementen in einen vergleichenden Zusammenhang bringt.

Bild 15.23a zeigt die bekannte Stromverteilung – gekennzeichnet durch Richtungspfeile – bei einem gespeisten, horizontal polarisierten Quad-Element. Man kann eindeutig erkennen, daß die beiden waagrechten Abschnitte A_1 und A_2 gleichphasig erregt werden. Da sich diese Abschnitte parallel zueinander in einem vertikalen Abstand von $\lambda/4$ befinden, bilden sie ein gestocktes System, dessen Strahlung in der H-Ebene gebündelt ist. Der Gewinn dieser Anordnung wird ausschließlich durch die – bezogen auf den Halbwellendipol – kleinere vertikale Halbwertsbreite verursacht. Die bedeutungsvollste Nebenerscheinung besteht aber darin, daß hierdurch auch nur ein entsprechend verringerter Strahlungsanteil «nach unten» zur Erdoberfläche gelangt. Wie in Abschnitt 3.2.2.1. näher ausgeführt ist, können Erdbodenreflexionen in Antennennähe den vertikalen Erhebungswinkel vergrößern. Dieser für die Fernausbreitung sehr unerwünschten Erscheinung begegnet man durch möglichst große Aufbauhöhe über dem Erdboden und durch Bündeln der Strahlung in der Vertikalebene. Die Tatsache, daß das Cubical-Quad als gestocktes System eine kleine vertikale Halbwertsbreite und einen kleinen Erhebungswinkel aufweist, begründet ihre Überlegenheit gegenüber vergleichbaren Einebenenantennen gleichen Gewinns.

Unter diesen Gesichtspunkten betrachtet, hat das Delta-Element nach Bild 15.23 nur einen waagrechten Abschnitt A, der allerdings gegenüber A_1 bzw. A_2 bei Quad-Element um etwa 25 % länger ist. Die Abschnitte B_1 und B_2 sind bei bei-

den Strahlerformen gegenphasig erregt und tragen deshalb zur Ausstrahlung nur wenig bei; zumindest sind aus diesen Abschnitten nur kleine horizontal polarisierte Strahlungsanteile zu erwarten.

Diese rein theoretischen Überlegungen können vielleicht durch die Praxis widerlegt werden, denn der schwer überschaubare Einfluß der Delta-Seiten B_1 und B_2 auf die Strahlungseigenschaften wurde möglicherweise nicht genügend berücksichtigt.

Delta-Loop-Antennen für das 10- und 15-m-Band

Bild 15.24a zeigt das Aufbauschema für ein 3-Element-Delta-Loop. Wird eine 2-Element-Ausführung gewünscht, läßt man einfach das Direktorelement weg. Die Dreieckselemente sind in sich geschlossen, stehen senkrecht auf dem kräftigen Rohrträger und haben mit diesem metallische Verbindung. Die Schenkel B bestehen aus Leichtmetallrohr und weisen einen Spreizwinkel von 75° auf. Das waagrechte Tragerohr muß sehr stabil sein, denn es unterliegt einer erheblichen Torsionsbeanspruchung. Die waagrecht orientierten Dreieckseiten bestehen aus Draht. Eine mechanisch sicher nicht ideale Befestigungsmöglichkeit der Leichtmetallschenkel im Tragerohr ist in Bild 15.24b skizziert. Der Rohrträger wird durch das doppelte Durchbohren geschwächt.

Sowohl die 2-Element-Ausführung wie auch den 3-Element-Beam könnte man über ein 50-Ω-Koaxialkabel direkt speisen, müßte dann aber mit einer Welligkeit s von $\geq 1{,}6$ rechnen. In diesem Fall ist am gespeisten Element ein Schenkel B_S getrennt und isoliert zu haltern. Mechanisch und elektrisch günstiger ist es, das System – wie dargestellt – über ein Gamma-Glied an ein beliebiges Koaxialkabel anzupassen. Man kann dann auf ein s von $\geq 1{,}2$ einstellen und erreicht gleichzeitig die erforderliche Symmetriewandlung

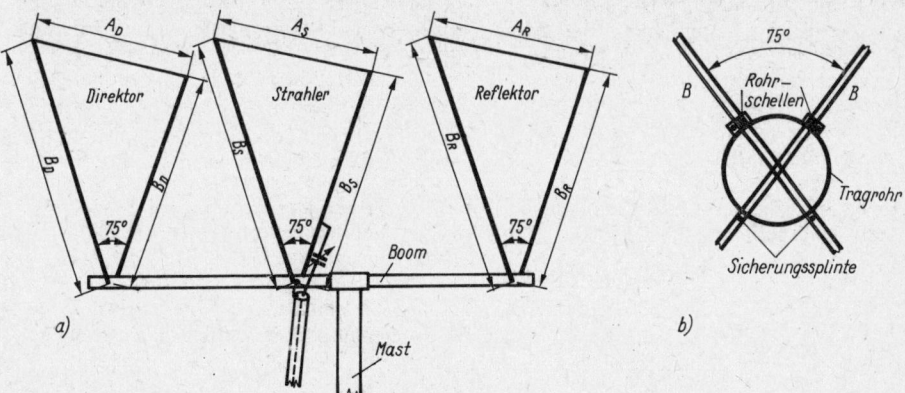

Bild 15.24
Der Delta-Loop-Beam (Bemessung siehe Tabelle 15.4.); a – Aufbauschema, b – Befestigung der Rohrschenkel B im Tragerohr

Tabelle 15.4.
Bemessungsunterlagen für die Delta-Loop-Antennen nach Bild 15.24

Amateurband in m	20	17	15	12	10
f_{res} in MHz	14,10	18,10	21,20	24,94	25,50
Gespeistes Element					
Drahtlänge A_S in m	8,22	6,40	5,45	4,68	4,07
Schenkellänge B_S in m	6,75	5,26	4,50	3,80	3,34
Gesamtumfang in m	21,72	16,92	14,45	12,28	10,75
Reflektor					
Drahtlänge A_R in m	8,86	6,90	5,90	5,00	4,40
Schenkellänge B_R in m	7,23	5,64	4,80	4,10	3,57
Gesamtumfang in m	23,32	18,18	15,50	13,20	11,54
Direktor					
Drahtlänge A_D in m	7,90	6,20	5,30	4,50	3,94
Schenkellänge B_D in m	6,55	5,10	4,35	3,70	3,24
Gesamtumfang in m	21,05	16,40	14,00	11,90	10,42
Reflektorabstände					
$0,19\lambda$	4,04	3,15	2,69	2,29	2,00
$0,13\lambda$	2,77	2,15	1,84	1,56	1,37
Direktorabstand					
$0,095\lambda$	2,02	1,57	1,34	1,14	1,00

(siehe Abschnitt 6.3.). Brauchbare Abmessungen für das Gamma-Glied sind aus Tabelle 6.1. zu ersehen. Wie in Abschnitt 5.2.2. nachgewiesen wurde, ist es jedoch ohne praktische Bedeutung für die Leistungsbilanz einer Antenne, ob die Welligkeit s 1,6 oder 1,2 beträgt.

Für das 2-Element-Delta-Loop ist ein Reflektorabstand von $0,19\lambda$ zu empfehlen. Bei der 3-Element-Ausführung sollte man aus Gründen der mechanischen Stabilität möglichst kleine Abstände wählen. Ein Reflektorabstand von $0,13\lambda$ bei einem Direktorabstand von $0,095\lambda$ bildet eine günstige Kompromißlösung.

Zum Umrechnen von Delta-Loop-Antennen für andere Resonanzfrequenzen sind folgende Bemessungsformeln gültig:

$$\text{Umfang Strahler} \quad U_{S/m} = \frac{306,3}{f/_{MHz}}, \quad (15.10.)$$

$$\text{Umfang Reflektor} \quad U_{R/m} = \frac{329}{f/_{MHz}}, \quad (15.11.)$$

$$\text{Umfang Direktor} \quad U_{D/m} = \frac{297}{f/_{MHz}}. \quad (15.12.)$$

Von *N2GW* wird in [9] eine Delta-Loop-Antenne mit 2 Elementen für das 20-m-Band beschrieben. Sie entspricht in ihrem Aufbau der Form in Bild 15.24 und wird über eine in ihrer mechanischen Ausführung sehr sinnreiche Gamma-Anpassung erregt. Das gespeiste Element bildet ein gleichseitiges Dreieck, alle 4 Leichtmetallrohrschenkel haben gleiche Länge. Der größere Reflektorumfang bedingt einen größeren Spreizwinkel der Reflektorschenkel, so daß die für den waagrechten Abschnitt erforderliche größere Drahtlänge untergebracht werden kann. Ausführliche Hinweise zur mechanisch stabilen Befestigung der Rohrschenkel auf dem Boom und zur Gestaltung der Gamma-Anpassung sind in [9] vorhanden. Die Bemessungsgleichungen für eine solche erprobte 2-Element-Ausführung lauten:

$$\text{Umfang Strahler} \quad U_{S/m} = \frac{311}{f/_{MHz}}, \quad (15.13.)$$

$$\text{Umfang Reflektor} \quad U_{R/m} = \frac{319,5}{f/_{MHz}}, \quad (15.14.)$$

$$\text{Reflektorabstand in} \quad m = \frac{52,5}{f/_{MHz}}. \quad (15.15.)$$

Die zu dieser Delta-Loop-Antenne veröffentlichten Meßergebnisse lassen einen erstaunlich großen Frequenzbereich erkennen. Bei einer Bemessungsfrequenz von 14,2 MHz liegt die Welligkeit s über die ganze Breite des Bandes konstant bei 1,1; läßt man eine Welligkeit von 1,5 zu, beträgt der Frequenzbereich 1 MHz (13,7 ... 14,7 MHz). Es wird der unwahrscheinlich hohe Gewinn von 8 dBd, verbunden mit einer Rückdämpfung > 20 dB angegeben. Die horizontale Halbwertsbreite beträgt 65°.

Ähnlich wie früher das Cubical-Quad ist nun die Delta-Loop-Antenne bei den Funkamateuren im Gespräch. Das geht auch aus der Fülle der «Delta-Loop-Literatur» hervor (siehe Literaturverzeichnis). Wie ehemals und auch noch heute bei der Quad, gibt es über die Leistung der Delta-Loop unterschiedliche Meinungen, die zumeist auf theoretischen Überlegungen basieren. Messungen am verkleinerten Modell ermöglichen einige zutreffende Aussagen zu den Antennendaten, sie können aber die Verhältnisse am endgültigen Antennenstandort nur sehr unvollkommen reproduzieren. Wie bereits in Abschnitt 9. erklärt wurde, entscheidet das Strahlungsdiagramm der Vertikalebene über die Güte einer Kurzwellenantenne im Weitverkehr. Dieses Vertikaldiagramm entspricht nicht mehr der Idealform im freien Raum, sondern wird von der Antennenumgebung drastisch beeinflußt. Dabei gelten als Hauptfaktoren die Aufbauhöhe der Antenne, die frequenzabhängige Leitfähigkeit der Erdoberfläche und Hindernisse im Ausbreitungsweg. Kein Standort gleicht dem anderen, deshalb sind allgemein gültige Werturteile über die DX-Tauglichkeit von Kurzwellenantennen nicht einfach.

15.5. Ganzwellenschleifen im Vergleich

In früheren Jahren, als die verschiedenen Formen von Ganzwellenschleifen bei den Funkamateuren populär wurden, gab es häufig Diskussionen um die wirkungsvollste Bauart.

Am stärksten verbreitet haben sich quadratförmige Elemente (Quad), die man entweder in der Mitte einer Seite erregt oder in der Form eines Rhombus aufbaut, wobei sich der Eingang an einer Ecke befindet (siehe Abschnitt 15.1.). Meßtechnisch sind beide Aufbauformen gleichwertig. Der Gewinn beträgt 0,98 dBd bei einer Antennenwirkfläche A_e von $0,163\lambda^2$.

Die Ringform mit 1λ Umfang konnte sich bei den Funkamateuren nicht durchsetzen, da ihre praktische Konstruktion – insbesondere im Kurzwellenbereich – sehr schwierig ist (siehe Abschnitt 15.4.2.). Dieser Kreisring ist die wirkungsvollste Ganzwellenschleife, ihr Gewinn beträgt 1,34 dBd (Wirkfläche $A_e = 0,178\lambda^2$).

Mit der Delta-Schleife, dargestellt durch ein gleichseitiges Dreieck mit $\lambda/3$ Seitenlänge, wurde eine Bauform gefunden, die in manchen Fällen konstruktive Vorteile bieten kann (siehe Abschnitt 15.3.). Der errechnete Gewinn beträgt 0,67 dBd, entsprechend einer Wirkfläche A_e von $0,153\lambda^2$.

SM 5 AGM und weitere Autoren haben die Kennwerte der verschiedenen Bauformen von Ganzwellenschleifen errechnet und miteinander verglichen [5]. Dabei wurde angenommen, daß sich die Antennen im freien Raum befinden und die Stromverteilung auf dem Antennenleiter rein

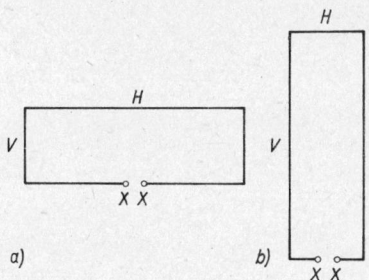

a) b)

Bild 15.25
Gewinnvergleich von rechteckigen Ganzwellenelementen, abhängig vom Seitenverhältnis V:H;
a – V:H = 1:3, b – V:H = 3:1

sinusförmig ist. Ferner werden die Ganzwellenschleifen als verlustlos und angepaßt betrachtet. Diese Daten sind in Tabelle 3.1. als Nr. 13 (Ringelement), 14 (Quadelement) und 15 (Delta-Schleife) aufgeführt.

Die unterschiedlichen Gewinne bei gleichem Umfang resultieren aus den unterschiedlichen Antennenwirkflächen A_e, die nach Gl. (3.20.) errechnet wurden. Dies geht auch aus einem einfachen Flächenvergleich hervor: Bei gleichem Umfang verhalten sich die Flächen von Kreis, Quadrat und gleichseitigem Dreieck etwa wie $1:0,8:0,6$. Da sich die Ganzwellenschleifen als Zweiebenenantennen darstellen, muß der relative Abstand zwischen den beiden Ebenen berücksichtigt werden. Dies läßt sich anschaulich im Beispiel des Oblong (siehe Abschnitt 15.2.) feststellen. In Bild 15.25 sind 2 Rechtecke gezeichnet, deren Umfang je 1λ beträgt. Die Ausführung Bild 15.25a weist ein Seitenverhältnis V:H von 1:3 auf. Der Ebenenabstand V ist sehr gering, der Gewinn beträgt deshalb nur 0,21 dBd bei einer Antennenwirkfläche A_e von $0,134\lambda^2$. Bei der Ausführung Bild 15.25b ist das Seitenverhältnis V:H mit 3:1 und damit der Ebenenabstand groß. Daraus resultiert ein Gewinn von 2,37 dBd mit einer Wirkfläche A_e von $0,225\lambda^2$. Leider ist eine solche vertikal stark ausgedehnte Ganzwellenschleife in der Praxis kaum brauchbar, denn mit dem Vergrößern von V sinkt der Eingangwiderstand ab (ansteigende Verluste!), der Frequenzbereich wird eingeschränkt, und insgesamt ist das Bemessen kritisch. Die gleiche Tendenz zeigen auch alle anderen, von den Stammformen Kreis, Rhombus und Dreieck abgeleiteten Ganzwellenschleifen, wenn man den Ebenenabstand V verändert.

Die in Tabelle 3.1. aufgeführten Antennenkennwerte sollen nur den Vergleich ermöglichen und können nicht direkt in die Praxis übernommen werden. Jede praktisch darstellbare Antenne unterliegt den Einflüssen ihrer Umgebung, d. h., der «freie Raum» ist eine Idealvorstellung. Außerdem gibt es keine verlustfreie Antenne.

Im praktischen Fall muß man deshalb mit Abweichungen rechnen, die sich besonders auf die Strahlungsdiagramme, den Gewinn und den Strahlungswiderstand auswirken.

Literatur zu Abschnitt 15.

[1] *Gleisher, R. L.:* Odd-shaped Antennas, The Short Wave Magazine, London, (1971) June, Seite 228 bis 231

[2] *Gullstad, H. E.:* The Phantom Stub, QST, Newington, Conn., (1979) December, Seite 37 bis 39

[3] *Glover, P.:* The Mono-Loop Delta Antenna, QST, Newington, Conn., (1979) September, Seite 33 bis 36

[4] *Schreiber, N.:* Einfacher Serienkondensator für Gamma-Anpassung, cq-DL, Baunatal, 51 (1980), Heft 7, Seite 312 bis 313

[5] *Rasvall, F.:* The gain of the quad, RADIO COMMUNICATION, London, (1980), August, Seite 784 und 789

[6] *Würtz, H.:* DX-Antennen mit spiegelnden Flächen – Die vollgespeiste Quad-, cq-DL, Baunatal, 52, (1981), Heft 4, Seite 162 bis 163

[7] *Würtz, H.:* DX-Antennen mit spiegelnden Flächen – German-Quad, German-Diamond-Quad, German-Ring-Loop, cq-DL, Baunatal, 52, (1981), Heft 12, Seite 583

[8] *Baumgartner, R.:* Die Swiss-Quad-Antenne, DL-QTC, Stuttgart, (1963), Heft 10

[9] *Williman, G.:* 20 meter delta-loop array, ham radio, Greenville, N. H., (1978) September, Seite 16 bis 20

Boettcher, W.: Delta-Loop-Antenne für 15 m, «DL-QTC», Stuttgart (1971) Heft 1

Flor, W.: Messungen an Quad-Antennen, «DL-QTC», Stuttgart (1956), Heft 11

Habig, H. R.: The HRH Delta-Loop Beam «QST», West Hartford, Conn. (1969) January, Seite 26 bis 29

Huber, R./Paperlein, D.: Messungen an einer 2-Element-Cubical-Antenne im UKW-Bereich, «DL-QTC», Stuttgart (1966) Heft 3

Kharbanda, S. R.: Trends in Aerial Design for the Amateur, «RSGB-Bulletin», London (1958) March

Laufs, G.: Man sprach von Gewinnen um 19 dB, UKW-Berichte, Erlangen, 5 (1965) Heft 2, Seite 76

Lindsay, Jr., J. E.: Quads and Yagis, «QST», West Hartford, Conn. (1968) May, Seite 11

McCoy, L. G.: The Delta-Loop Beam on 15, «QST», West Hartford, Conn. (1969) January, Seite 29 bis 32

Orr, W. I.: All about Cubical Quad Antennas, Radio Publications Inc., Wilton, Conn.

Rohländer, W.: Der Delta-Loop-Beam nach *K 8 ANY*, FUNKAMATEUR, (1969), Heft 10, Seite 500 bis 502

Rumell, G. C.: More on Quad Dimensions, «QST», West Hartford, Conn. (1958) September

Schick, R.: Loop-, Dipol- und Vertikalantennen, Vergleiche und Erfahrungen, cq-DL, Baunatal, 50 (1979), Heft 3, Seite 115 bis 119

Schwarzbeck, G.: Vergleich Quad mit Yagiantennen (1.Teil), cq-DL, Baunatal, 50 (1979), Heft 6, Seite 246 bis 255

Watson, N. B.: Triangular Loop Antenna, «QST», West Hartford, Conn. (1969) April, Seite 54

16. Drehrichtstrahler mit strahlungsgekoppelten Elementen

(H. Yagi – Dt. Pat. 475293 – jap. Priorität 1925)

Für den Funkverkehr über große Entfernungen verwendet der Funkamateur gern drehbare Richtantennen. Zu ihrem Bau braucht man im allgemeinen Leichtmetallrohre und entsprechenden Platz auf dem Hausdach. Hinzu kommen ein stabiler Tragemast und eine zuverlässige Drehvorrichtung. Neben handwerklichen Fähigkeiten sind gute sicherheitstechnische Kenntnisse beim Aufbau erforderlich.

Bereits ein einfacher, drehbar ausgeführter Halbwellendipol kann schon als brauchbarer Richtstrahler angesehen werden. Auf Grund seiner bidirektionalen Horizontalcharakteristik (siehe Bild 3.8) genügt ein Drehwinkel von 180°, um alle Himmelsrichtungen mit maximaler Strahlungsleistung zu erreichen.

Der Halbwellendipol wird zum unidirektionalen 2-Element-Richtstrahler, wenn man parallel zu ihm, in etwa Viertelwellenabstand, einen strahlungsgekoppelten Reflektor anbringt. Dieser Reflektor ist einfach ein Stab oder Draht, etwa 5 % länger als der Halbwellenstrahler und nicht mit dem Sender oder dem gespeisten Element verbunden. Solche ungespeisten Elemente, die lediglich durch die Strahlung mit dem gespeisten Element verkoppelt sind, heißen *Parasitärelemente* oder auch *Sekundärstrahler*.

Antennen mit mehreren parasitären Elementen wurden erstmalig 1926 von dem Japaner S. Uda (Professor an der Universität Tohoku) in japanischer Sprache und später von seinem Kollegen *H. Yagi* in englischer Sprache beschrieben [1]. Sie werden deshalb *Yagi-Uda*-Antennen oder kurz *Yagi*-Antennen genannt.

Ein nicht gespeistes (parasitäres) Element wirkt durch induktive Phasenverschiebung als *Reflektor* (länger als das gespeiste Element) oder durch kapazitive Phasenverschiebung als *Wellenrichter* oder *Direktor* (kürzer als das gespeiste Element).

Der Leistungsgewinn, der durch parasitäre Elemente in der Hauptstrahlrichtung zu erzielen ist, hängt vom Abstand des Sekundärelementes zum gespeisten Element ab. Bild 16.1 läßt erkennen, wie sich der Reflektorabstand auf den praktisch erzielbaren Gewinn auswirkt. Demnach liegt bei einem Reflektorabstand S von etwa $0{,}23\lambda$ ein breites Gewinnmaximum vor, das unter

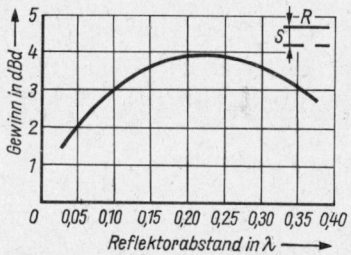

Bild 16.1
Der praktisch erreichbare Gewinn mit Anordnungen, bestehend aus Strahler und parasitärem Reflextor

den Bedingungen der Praxis etwa 4 dBd (bezogen auf einen Halbwellendipol) betragen kann. Für die Kombination gespeistes Element – Direktor ist nach Bild 16.2 der erzielbare Gewinn etwas größer, er liegt bei einem Direktorabstand S von $0{,}11\lambda$ um 4,3 dBd.

Diese Gewinnangaben basieren auf Untersuchungen von *H. W. Ehrenspeck* und *H. Poehler* [2]. *P. Viezbicke* kommt in [3] zu Maximalwerten von nur 2,6 dBd für die Anordnung Strahler – Reflektor (Abstand $0{,}2\lambda$). Andere Quellen weisen den Gewinn für Anordnungen Strahler – Reflektor oder Strahler – Direktor bei optimalem Elementenabstand mit $\geqq 5$ dBd aus, wobei allerdings die ohmschen Verluste nicht berücksichtigt sind. Man sollte die Gewinnangaben für Kurzwellenantennen nicht überbewerten, denn es handelt sich fast immer um die Ergebnisse von Modellmessungen im UHF-Bereich unter nahezu idea-

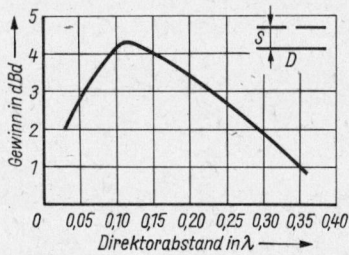

Bild 16.2
Der praktisch erreichbare Gewinn mit Anordnungen, bestehend aus Strahler und parasitärem Direktor

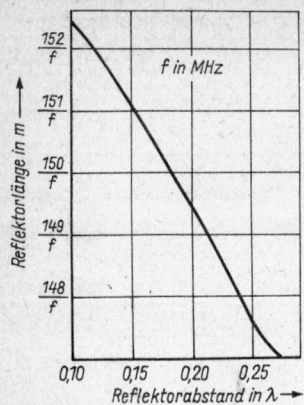

Bild 16.3
Die Reflektorlänge in Abhängigkeit vom
Reflektorabstand

len Bedingungen. Kurzwellenantennen befinden
sich aber immer in Erdnähe (bezogen auf die
Wellenlänge) und sind dadurch Veränderungen
ihrer Strahlungscharakteristik ausgesetzt, die
von den Idealdiagrammen abweichen und somit
auch den Gewinn beeinflussen. Hinzu kommen
Erdverluste und ohmsche Verluste, die oft nicht
berücksichtigt werden. Der im Kurzwellenbereich praktisch erzielbare Gewinn liegt deshalb
immer unter dem theoretisch erreichbaren Maximalgewinn.

Im Kurzwellenbereich werden 2-Element-
Richtstrahler häufig mit einem Direktor als Parasitärelement ausgeführt. Das tut man weniger
wegen des geringfügig höheren Gewinns, verglichen mit einem System aus Strahler und Reflek-

tor, denn dieser hat in der Praxis kaum Einfluß.
Entscheidend für die Wahl der Kombination
Strahler–Direktor ist die Tatsache, daß mit ihr
schon bei einem Direktorabstand S von etwa $\lambda/10$
maximaler Gewinn erzielt wird, während ein Reflektor dazu fast $\lambda/4$ vom gespeisten Element entfernt sein müßte (vgl. Bild 16.1 mit Bild 16.2).
Außerdem ist ein Direktor um etwa 10 % kürzer
als ein Reflektor. Solche «Einsparungen» spielen
im VHF-Bereich keine besondere Rolle, sind
aber im Kurzwellenbereich schon von großer
Bedeutung.

Die optimale Länge des parasitären Elementes
hängt von seinem Abstand zum gespeisten Element ab. Allgemein gilt, daß ein Reflektor um so
länger sein muß, je weiter er vom Strahler entfernt ist. Dagegen wird ein Direktor um so kürzer, je größer der Abstand S ist. Richtwerte geben Bild 16.3 und Bild 16.4. Es handelt sich um
Näherungswerte für maximalen Gewinn. Andere
Längenabmessungen ergeben sich, wenn z.B.
das System besonders großen Frequenzbereich
und verhältnismäßig hohen Strahlungswiderstand haben soll. Dazu wählt man längere Reflektoren bzw. kürzere Direktoren. Der Eingangswiderstand des gespeisten Elementes wird
von den Faktoren Abstand und Länge der Elemente bestimmt. Allgemein gilt, daß der Strahlungswiderstand und damit auch der Eingangswiderstand um so stärker absinkt, je mehr sich
das oder die parasitären Elemente dem gespeisten Element nähern. Richtwerte werden in Bild
16.5 gegeben. Sie gelten annähernd, wenn die

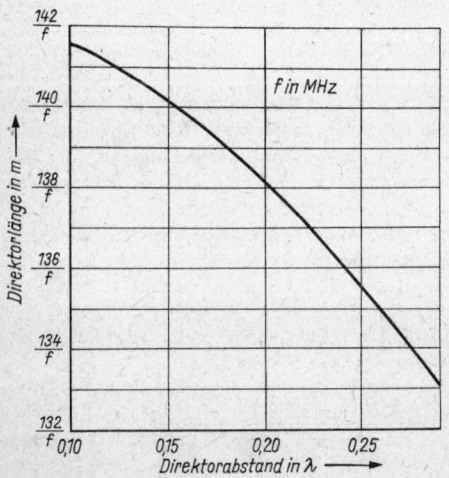

Bild 16.4
Die Direktorlänge in Abhängigkeit vom
Direktorabstand

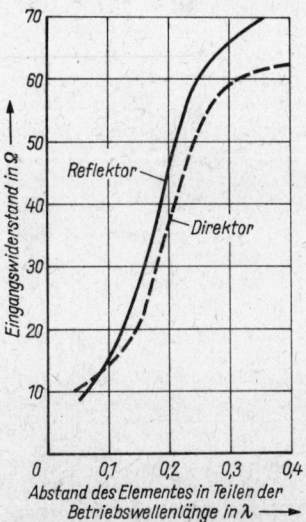

Bild 16.5
Der Widerstand eines Halbwellendipols mit Reflektor
oder mit Direktor in Abhängigkeit vom Abstand des
parasitären Elementes

236

Elementlängen für maximalen Gewinn bemessen sind. Bei Elementabständen S ≦ 0,1λ sinkt der Eingangswiderstand auf Werte < 15 Ω ab. Wegen der dabei auftretenden großen Ströme steigen die Leiterverluste deshalb sehr an, und der theoretisch mögliche Gewinn kann in der Praxis nicht annähernd erreicht werden. Gleichzeitig nimmt bei kleinen Elementabständen der Frequenzbereich stark ab, so daß die Resonanzbemessung des Systems kritisch wird. Verhältnismäßig große Elementabstände sind deshalb zu bevorzugen; sie ergeben nicht immer den Maximalgewinn, bewirken dafür aber einen relativ großen Strahlungswiderstand (geringere Verluste), größeren Frequenzbereich und damit eine weniger kritische Resonanzbemessung. Bandbreite und Strahlungswiderstand lassen sich außerdem durch die Elementlängen so beeinflussen, daß auch bei verhältnismäßig kleinen Elementabständen ausreichende Frequenzbereiche bei relativ großen Eingangswiderständen zu verwirklichen sind. Damit ergeben sich bereits bei einfachen *Yagi*-Systemen sehr viele Möglichkeiten der Bemessung, die jeweils für einen bestimmten Zweck optimal sein können.

Bei Kurzwellenrichtantennen werden im allgemeinen nicht mehr als 2 Parasitärelemente verwendet, sie bestehen in diesem Fall aus dem gespeisten Halbwellendipol, einem Reflektor und einem Direktor. Es ist die kleinste Bauform einer *Yagi*-Antenne; weil sie insgesamt 3 wirksame Elemente aufweist, nennt man sie 3-Element-*Yagi*. Ausnahmen findet man hauptsächlich im 10-m-Amateurband, wo mitunter auch *Yagi*-Antennen mit mehr als 3 Elementen eingesetzt werden.

Der praktisch erzielbare Gewinn einer 3-Element-*Yagi* kann bis etwa 7 dBd betragen. Bei den üblichen Amateurantennen im Kurzwellenbereich ist mit einem durchschnittlichen Gewinn zwischen 5,5 und 6,5 dBd zu rechnen. Bild 16.6 zeigt ein Beispiel.

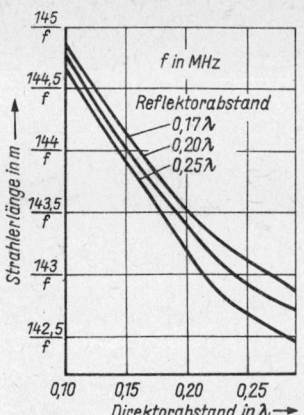

Bild 16.7
Die Länge des gespeisten Elementes einer 3-Element-*Yagi* in Anhängigkeit vom Abstand des Direktors und des Reflektors

Bei der optimalen Bemessung einer *Yagi*-Antenne müssen nicht nur Abstand und Länge der Parasitärelemente zweckentsprechend eingestellt werden, es ist auch die erforderliche Resonanzlänge des gespeisten Elementes in Abhängigkeit vom Abstand der Sekundärelemente jeweils zu verändern. Die optimale Länge des gespeisten Dipols wird um so kleiner, je mehr sich die Parasitärelemente ihm nähern. Das geht aus Bild 16.7 hervor. Auch in diesem Fall handelt es sich um Richtwerte bei der Bemessung für maximalen Gewinn. Dabei ist außerdem der Schlankheitsgrad des gespeisten Elementes zu berücksichtigen.

16.1. Betrachtungen zur Wirtschaftlichkeit von Drehrichtstrahlern

Die oft aufgestellte Behauptung, daß die drehbare horizontale *Yagi* eine der wirtschaftlichsten Antennenformen für den Amateurfunkverkehr über große Entfernungen sei, mag zunächst paradox erscheinen, da diese immerhin einen beträchtlichen Aufwand an Trage- und Drehkonstruktion erfordert. Auch ist Leichtmetallrohr, aus dem die Elemente hergestellt werden sollten, nicht gerade billig.

Eine 3-Element-*Yagi*-Antenne liefert in ihren Hauptstrahlrichtungen einen Gewinn von durchschnittlich 6 dBd, das entspricht einem etwa 4fachen Leistungszuwachs. Für die Praxis bedeutet das, daß z. B. ein 20-W-Sender mit einer

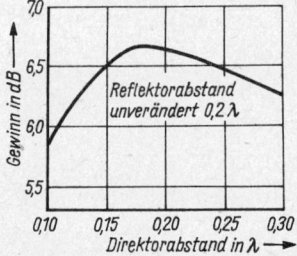

Bild 16.6
Gewinn einer 3-Element-Antenne mit einem Reflektorabstand von 0,2λ in Abhängigkeit vom Direktorabstand

3-Element-*Yagi* an einem Empfangsort in der Hauptstrahlrichtung die gleiche Signalstärke wie ein 80-W-Sender mit einem Halbwellendipol erzeugt. Bei bestimmten Bedingungen – auf die noch eingegangen wird – ist dieser Unterschied noch viel größer. Jeder Amateur weiß, daß eine Leistungserhöhung von 20 auf 80 W sehr kostpielig sein kann. Allein das Vergrößern des Netzteiles kann die Kosten einer Drehrichtantenne übersteigen. Außerdem verursacht ein Erhöhen der Senderleistung fast immer ein Anwachsen der BCI- und TVI-Schwierigkeiten, besonders dann, wenn die große Energie durch eine einfache Antenne praktisch nach allen Richtungen abgestrahlt wird. Gewicht und Volumen, Stromverbrauch und Kühlung sind weitere nachteilige Faktoren bei Amateursendern großer Ausgangsleistung.

Selbst mit 80 W wird ein Halbwellendipol nicht die gleichen guten DX-Ergebnisse bringen wie ein 20-W-Sender mit einer 3-Element-*Yagi*. Werden die vertikalen Strahlungsdiagramme beider Strahlerarten bei gleicher Aufbauhöhe über der idealen Erde miteinander verglichen, so stellt man fest, daß der Halbwellendipol einen großen Teil der Energie in steilem Winkel nach oben abstrahlt, während die 3-Element-*Yagi* die für den DX-Verkehr so wichtige Flachstrahlung bevorzugt (siehe Abschnitt 3.2.2.). Die Bilder 16.8 a, b zeigen Beispiele. Beide Strahler haben eine Bauhöhe von 1,25 λ. Winkel und Anzahl der vertikalen Strahlungskeulen sind in beiden Fällen gleich; bei der 3-Element-*Yagi* wird jedoch der Hauptanteil der Strahlung in einem kleinen Erhebungswinkelbereich zusammengedrängt (siehe auch Bild 3.13). Dieses verstärkte Zusammendrängen der Hauptstrahlung bei flachen Erhebungswinkeln kann im praktischen Weitverkehr außerordentlich große Unterschiede in der Signalstärke zugunsten der 3-Element-Antenne bewirken.

Verwendet man den Richtstrahler gleichzeitig als Empfangantenne – was wohl immer der Fall sein wird –, so treten dessen Vorzüge noch stärker in Erscheinung. Neben großen Signalstärken

der aus der Hauptstrahlrichtung einfallenden, weit entfernten Stationen werden die näher liegenden Europastationen merklich geschwächt empfangen. Diese Erscheinung erklärt sich ebenfalls aus dem vertikalen Strahlungsdiagramm. Der Erhebungswinkel der Welle einer verhältnismäßig nahe liegenden Station ist groß, während DX-Stationen die Empfangsantenne unter flachen Erhebungswinkeln erreichen. Bild 16.8b läßt erkennen, daß die 3-Element-*Yagi* im Gegensatz zum Halbwellendipol (Bild 16.8 a) kleine Erhebungswinkel stark bevorzugt empfängt und den Empfang von Signalen aus großen Einfallswinkeln unterdrückt. Die gute Bündelung in der Horizontalebene bewirkt, daß praktisch nur Signale aus der Hauptstrahlrichtung lautstark empfangen werden. Dieser Umstand ist bei den heute überfüllten Amateurbändern besonders bedeutungsvoll, denn man hat mit dem Drehrichtstrahler die Möglichkeit, auch schwache Signale aus dem «globalen QRM» herauszupeilen.

Die alte Amateurweisheit: «Man kann nur so weit senden, wie man auch empfangen kann» ist nach wie vor gültig. Was nützt es, wenn bei der Gegenstelle ein starkes Signal erzeugt wird, aber infolge «Europa-QRM» sich die Antwort des weit entfernten Partners nicht aufnehmen läßt? In solchen Fällen versagen oftmals selbst die trennschärfsten Großempfänger, während ein guter Richtstrahler in Verbindung mit einem mittleren Empfänger diese Schwierigkeiten häufig noch meistert. Der «Beam» führt dem Empfängereingang praktisch nur einen Bruchteil des am Empfangsort vorhandenen Signalgemisches zu, dieses jedoch verstärkt und aus einem bestimmten Raumsektor kommend. Zudem wird – wie schon erwähnt – die unter steilen Erhebungswinkeln eintreffende Strahlung störender Europastationen von einem Richtstrahler auf Grund seiner Strahlungscharakteristik bereits wirksam unterdrückt.

Die Rückdämpfung erreicht bei einem 3-Element-Richtstrahler im Sende- und im Empfangsbetrieb 15...20 dB und ist sehr vom Erhebungs-

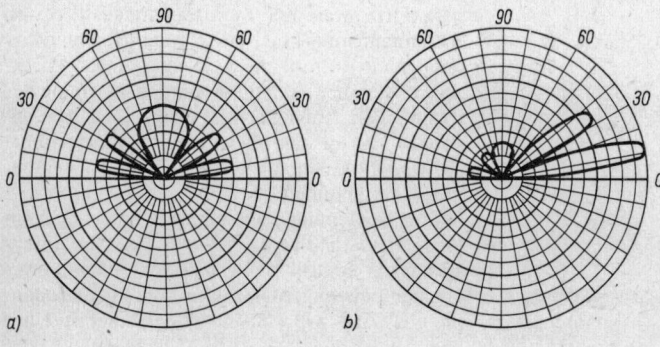

a)   b)

Bild 16.8
Das Vertikaldiagramm; a – eines waagrechten Halbwellendipols in 1,25 λ Bauhöhe, b – einer waagrechten 3-Element-*Yagi*-Antenne in 1,25 λ Bauhöhe

winkel abhängig. Die Dämpfung der beiden Minima kann bis etwa 30 dB betragen.

Die hervorstechendsten Vorzüge von Drehrichtstrahlern mit parasitären Elementen bestehen in mechanischer Hinsicht hauptsächlich darin, daß nur ein gespeistes Element vorhanden ist und deshalb jegliche «Verdrahtung» entfällt. Wer die Fragwürdigkeit von Lötverbindungen kennt, die zu allen Jahreszeiten der Witterung ausgesetzt sind, wird diesen Umstand zu schätzen wissen. Ein weiterer großer Vorzug ist die Ganzmetallbauweise. Dabei werden alle Elemente und Metallträger direkt geerdet. Es gibt dann keine statischen Aufladungen, und man ist der Sorge um den Blitzschutz weitgehend enthoben.

16.2. Horizontale 2-Element-Drehrichtstrahler

Der horizontale 2-Element-Richtstrahler wird hauptsächlich für das 20-m-Amateurband verwendet, denn ein 3-Element-Beam ist bei dieser Wellenlänge oft schon zu umfangreich. Eine solche Antenne kann in 2 Arten konstruiert werden, entweder als Kombination von Strahler mit Reflektor oder in der Anordnung Strahler–Direktor. Aus erwähnten Gründen wird die letztere bevorzugt.

Bild 16.9 zeigt das Aufbauschema eines 2-Element-Richtstrahlers, es bezieht sich auf die in Tabelle 16.1. enthaltenen geometrischen Abmessungen.

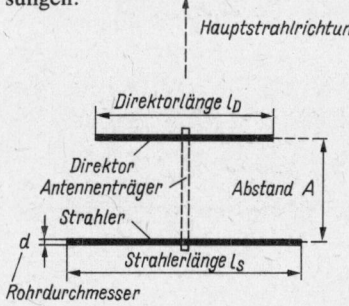

Bild 16.9
Schema des 2-Element-Richtstrahlers

Die horizontale Halbwertsbreite α_E solcher 2-Element-Strahler beträgt etwa 75°, die vertikale Halbwertsbreite α_H um 130°, vorausgesetzt, daß man die Antenne in großer Höhe aufgebaut hat. Bei Erdbodennäherung, die bei den im Kurzwellenbereich eingesetzten Horizontalantennen praktisch immer gegeben ist, verändert sich das H-Diagramm entsprechend den im Abschnitt 3.2.2.1. genannten Angaben.

Mit den in Tabelle 16.1. aufgeführten Abmessungen kann ein Gewinn von etwa 4 dBd erreicht werden. Abhängig vom Erhebungswinkel der empfangenen Strahlung liegt die Rückdämpfung zwischen annähernd 7 und 15 dBd. Die Resonanzfrequenzen sind so gewählt, daß im Telegrafiebereich der Amateurbänder die Welligkeit einer angepaßten Speiseleitung den Wert 1,3 nicht überschreitet; sie steigt am hochfrequenten Bandende bis maximal 1,7 an. Die Ausführung für das 10-m-Band mit der Resonanzfrequenz von 28 500 kHz weist im Bereich von 28 000…29 000 kHz eine Welligkeit < 1,3 auf; sie steigt am hochfrequenten Bandende (29 700 kHz) auf den Faktor 2 an. Bei der Bemessung für den Telegrafieteil des 10-m-Bandes ist nur ein Bereich von 200 kHz (28 000…28 200 kHz) zu bestreichen. Der Frequenzbereich kann deshalb zugunsten eines leichten Gewinnanstiegs eingeengt werden, wobei die Welligkeit auf der angepaßten Speiseleitung innerhalb des Telegrafieteiles 1,2 nicht übersteigt. Will man die Antenne ausschließlich für den Telefonieverkehr verwenden, so empfiehlt es sich, die Resonanz etwa in die Mitte des Telefoniebereiches bei 29 000 kHz zu verlegen. Die Welligkeit wird dann über die Breite des Telefoniebereiches (28 200 bis 29 700 kHz) nicht größer als 1,6.

Die vorstehenden Angaben sind nur dann gültig, wenn sich die Antenne mindestens $\lambda/2$ über dem Erdboden befindet. In diesem Fall wird die Abweichung von der vorherberechneten Resonanzfrequenz nicht größer als 50 kHz sein. Ist die Antennenhöhe $\lambda/2$, so verschiebt sich die Resonanz infolge der größeren Erdkapazität in Bodennähe nach unten. Es kann dann beispielsweise eine für 21 200 kHz berechnete Antenne eine tatsächliche Resonanzfrequenz von 20 800 kHz haben. Wie bereits angeführt, verur-

Tabelle 16.1. **Bemessungsunterlagen für 2-Element-Richtstrahler nach Bild 16.9**

Amateurband in m	40	30	20	17	15	12	10	10
f_{res} in MHz	7,05	10,12	14,15	18,10	21,20	24,94	28,50	28,10
Länge l_S in m	20,53	14,30	10,23	8,00	6,83	5,81	5,04	5,15
Länge l_D in m	19,37	13,50	9,65	7,54	6,44	5,48	4,65	4,86
Abstand A in m	5,22	3,62	2,58	2,02	1,73	1,47	1,28	1,30
Durchmesser d in mm	50	40	35	30	25	25	35	25

Strahlungswiderstand $R_S = 18…20\ \Omega$

sachen geringe Bauhöhen außerdem eine Anhebung des vertikalen Strahlungsdiagramms und heben damit die guten DX-Eigenschaften des Richtstrahlers zum Teil wieder auf.

Hindernisse in Antennennähe rufen oft unvorhergesehene Reflexions- und Absorptionserscheinungen hervor. Besonders unangenehm wirken z. B. Netzfreileitungen, Fernsprechleitungen, Hochspannungsmaste, Dachrinnen, Blitzableiter usw. Meistens stören solche Objekte aber nur, wenn die Hauptstrahlrichtung der Antenne zum betreffenden Hindernis zeigt. Je nach Art und Entfernung des «Störenfrieds» muß dann mit einer mehr oder weniger großen Verschlechterung der Antenneneigenschaften in einem bestimmten Raumsektor gerechnet werden.

Der Durchmesser der Elementrohre beeinflußt sowohl die Resonanzfrequenz als auch den Frequenzbereich der Antenne. Dünnere Rohre erfordern eine geringe Verlängerung der Elemente, dabei wird aber die Bandbreite der Antenne kleiner. Dickere Rohre müssen etwas verkürzt werden; der Frequenzbereich steigt etwas an. Diesen Umstand muß man jedoch nur dann berücksichtigen, wenn der Rohrdurchmesser um mehr als 50 % vom vorgeschriebenen abweicht.

nen Antenne ist die Welligkeit der angepaßten Speiseleitung über die Breite dieses Bandes <1,4. Für das 10 und das 20-m-Band werden mehrere Ausführungen angegeben, die sich – entsprechend dem vorgesehenen Verwendungszweck – durch ihre Resonanzfrequenz innerhalb des Bandes unterscheiden. Im übrigen gelten auch für die 3-Element-*Yagi* die beim 2-Element-Strahler gegebenen Erklärungen über den Einfluß von Aufbauhöhe und Schlankheitsgrad der Elemente auf die Antenneneigenschaften.

Der Gewinn der aufgeführten 3-Element-*Yagi*-Antennen beträgt bis etwa 6,5 dBd, die Rückdämpfung liegt bei 15 dB und höher. Es kann mit einer horizontalen Halbwertsbreite α_E von etwa 65° gerechnet werden, die vertikale Halbwertsbreite α_H beträgt annähernd 110°. Wegen der in der Praxis immer vorhandenen Erdbodennähe ist das Vertikaldiagramm jedoch aufgeblättert (siehe Abschnitt 3.2.2.1.).

Wird die 20-m-Ausführung für eine Resonanzfrequenz von 14150 kHz bemessen, beträgt die Welligkeit der angepaßten Speiseleitung innerhalb des Telegrafieteils <1,4, sie steigt am hochfrequenten Bandende auf etwa 1,8 an. Bei der für den Telegrafieteil bemessenen Konstruktion (Resonanzfrequenz 14050 kHz) ist die Welligkeit <1,2, wird diese Antenne am hochfrequenten Bandende betrieben, muß mit einer Welligkeit

16.3. Horizontale 3-Element-*Yagi*-Antennen

Eine weitere Verbesserung der Strahlungseigenschaften wird erzielt, wenn man dem 2-Element-Richtstrahler noch ein Parasitärelement – diesmal einen Reflektor – hinzufügt. Solche 3-Element-*Yagi*-Antennen sind für den 10-, 12- und 15-m-Betrieb noch leicht zu bauen, während dieser Beam für das 20-m-Band infolge seiner Größe bereits an der Grenze des mit amateurmäßigen Mitteln Erreichbaren liegen dürfte.

Bild 16.10 zeigt das Aufbauschema für 3-Element-*Yagi*-Antennen, die in Tabelle 16.2. aufgeführt sind.

Bei der für das 15-m-Amateurband bemesse-

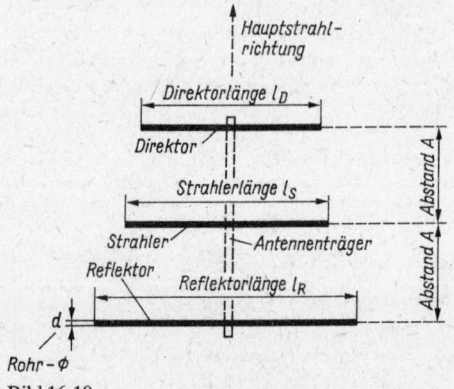

Bild 16.10
Schema der 3-Element-*Yagi*-Antenne

Tabelle 16.2.   Bemessungsunterlagen für 3-Element-Yagi-Antennen nach Bild 16.10

Amateurband in m	20	20	20	17	15	12	10	10
f_{res} in MHz	14,15	14,05	14,25	18,10	21,20	24,94	28,20	29,00
Länge l_S in m	10,19	10,26	10,12	7,96	6,83	5,78	5,13	5,00
Länge l_D in m	9,58	9,65	9,52	7,49	6,27	5,44	4,71	4,58
Länge l_R in m	10,79	10,87	10,72	8,44	7,26	6,12	5,46	5,31
Abstand A in m	3,02	3,04	3,00	2,36	2,66	1,71	2,00	1,95
Durchmesser d in mm	38	38	38	38	25	25	38	38

Strahlungswiderstand $R_S = 20 \ldots 22\,\Omega$

von 2,5 gerechnet werden. Die Ausführung mit der Resonanzfrequenz 14 250 kHz zeigt über den ganzen Telefonieteil des Bandes eine Welligkeit < 1,3; sie steigt auf etwa 2 an, wenn die Antenne am niederfrequenten Bandanfang arbeitet.

Die 10-m-Ausführung mit der Resonanzfrequenz 28 200 kHz hat im Telegrafieteil des Bandes eine maximale Welligkeit von 1,3, die in einem Frequenzintervall von 28 000 ... 28 500 kHz eingehalten wird. Ist die Resonanzfrequenz für 29 000 kHz bemessen, erreicht man über die ganze Breite des Telefoniebereiches auf der angepaßten Speiseleitung eine Welligkeit ≦ 1,8. Sie steigt am niederfrequenten Bandanfang (28 000 kHz) auf 2 an.

16.4. Die Speisung der Drehrichtstrahler

Alle in diesem Abschnitt vorgeschlagenen Drehrichtstrahler haben einen Strahlungswiderstand von etwa 20 Ω. Direktes Speisen der Strahler ist nicht möglich, weil verlustarme Speiseleitungen mit einem Wellenwiderstand von 20 Ω technisch nicht darstellbar sind. Da aus mechanischen Gründen das gespeiste Element in seiner geometrischen Mitte möglichst nicht unterbrochen werden soll, scheiden Anpassungsglieder wie Viertelwellentransformator oder Stichleitung aus. Würde man über ein T-Glied anpassen (siehe Abschnitt 6.2.), könnte man die Ganzmetallbauweise beibehalten. Wenn schon ein hochwertiger Richtstrahler errichtet wird, sollte man auch an der Speiseleitung nicht sparen. Aus erwähnten Gründen kommt für die Speiseleitung nur ein Koaxialkabel in Frage. Dieses müßte aber am Speisepunkt des T-Gliedes durch einen Viertelwellensperrtopf oder einen anderen Symmetriewandler symmetriert werden. Das wäre ein umständlicher Weg, der großen Materialaufwand erfordern würde.

Eine nahezu ideale Lösung ermöglicht eine Gamma-Anpassung oder deren verfeinerte Bauform, die Omega-Anpassung. Trotz ihrer einfachen Ausführung ist die Gamma-Anpassung keineswegs eine Behelfslösung, sondern tatsächlich die mechanisch und elektrisch günstigste Art, einen Rohrbeam mit durchgehendem Strahlerelement an ein beliebiges Koaxialkabel anzupassen. Alle Einzelheiten über die Gamma-Anpassung und ihre Gestaltung kann man aus Abschnitt 6.3. in Verbindung mit Bild 6.4 sowie Tabelle 6.1. ersehen. Die Angaben in Tabelle 6.1. können für die beschriebenen Drehrichtstrahler direkt verwendet werden, da sie für ein Widerstands-Übersetzungsverhältnis von 1:3 bemessen sind. Die ebenso geeignete Omega-Anpassung, deren An-

passungsrohre nur die halbe Länge der Gamma-Anpassung aufweisen, wird in Abschnitt 6.4. ausführlich beschrieben. Sie bietet außerdem noch den Vorteil einer bequemeren Abstimmöglichkeit.

16.5. Der Antennenträger

Der Ganzmetallbauweise kommt die Tatsache entgegen, daß Halbwellenelemente in ihrer geometrischen Mitte – also im Spannungsminimum – ohne Nachteil direkt mit einem metallischen Elementträger verbunden werden können. Ein solcher Richtstrahler benötigt keine Isolatoren, bietet den geringsten Windwiderstand, ist verhältnismäßig leicht und trotzdem sehr robust. Leider bereitet es Schwierigkeiten, ein allen Anforderungen genügendes Trägerrohr ausreichender Länge zu beschaffen. Geeignete Leichtmetallrohre finden im Flugzeugbau Verwendung. Sie werden auch im Bauwesen zum Gerüstbau eingesetzt. Für die Leichtmetallgerüstrohre gibt es passende Armaturen wie T-Stücke, Winkelstücke usw.

Die Elementrohre werden auf dem Träger (Boom) durch geeignete Schellen befestigt. Ein Durchbohren der Elemente ist aus Festigkeitsgründen unbedingt zu vermeiden. Bild 16.11 zeigt als Beispiel, wie man ein Elementrohr mit dem Trägerrohr stabil verbinden kann, ohne daß die Rohre durchbohrt werden. Alle Eisenteile sind mit einem guten Oberflächenschutz zu versehen.

Eine Antennenhalterung, wie sie von der Industrie hergestellt wird, zeigt Bild 16.12. Es werden 2 Ausführungen geliefert, für Rohrdurchmesser bis 42 mm und bis 70 mm. Die Antennenhalter sind mit einem Oberflächenschutz versehen und

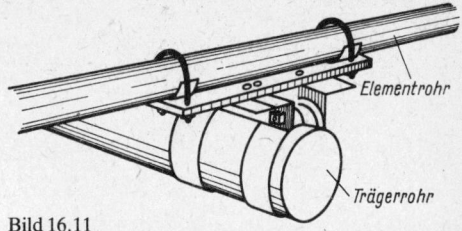

Bild 16.11
Konstruktionsvorschlag für eine Verbindungsarmatur

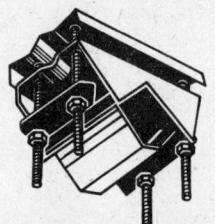

Bild 16.12
Antennenhalter

eignen sich gut zum Befestigen nicht zu langer Elemente auf dem Antennenträger.

Erfordert die Erhöhung der Stabilität Verspannungen, z. B. bei übermäßigem Durchhang der Elemente, kann zum Verspannen Kunststoffseil verwendet werden. Es ist reißfest, isoliert gut und verwittert nicht. Haushaltwarengeschäfte bieten Kunststoffseil, etwa 2,5 mm dick, als Wäscheleine an. Noch besser eignet sich Glasgarn (mit Kunststoff ummantelt), da es sich nicht ausdehnt.

16.6. Die Befestigung des Richtstrahlers auf dem Tragemast

Als Mastrohr eignen sich Stahlrohre entsprechenden Durchmessers. Manchmal sind auch dazu passende Flanschstücke erhältlich. Wie Bild 16.13 als Beispiel zeigt, wird auf das Mastrohrende ein möglichst großflächiger Flansch geschraubt, der mit einer kräftigen Stahlblechwanne verschweißt ist. Diese Wanne bildet das Ruhelager für den waagrechten Elementträger, den man mit 2 kräftigen Bolzen in seiner endgültigen Lage fixiert. Die Schraubverbindung am Flansch muß gegen unbeabsichtigtes Lösen gesichert werden.

Diese Ausführung hat den Vorteil, daß der fertig montierte Richtstrahler senkrecht am Mast hochgezogen werden kann, bis sich das im Schwerpunkt durchbohrte Trägerrohr in der Höhe der Bohrung des Wannenstückes befindet.

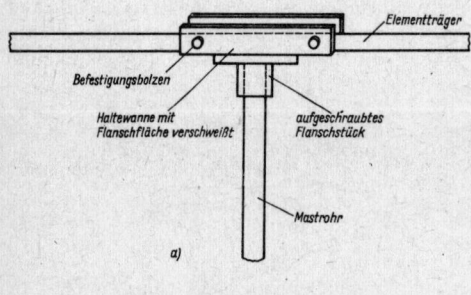

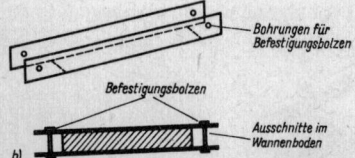

Bild 16.13
Verbindung des waagrechten Elementeträgers mit dem senkrechten Mastrohr; a – Konstruktionsvorschlag, b – Teilzeichnung der Haltewanne

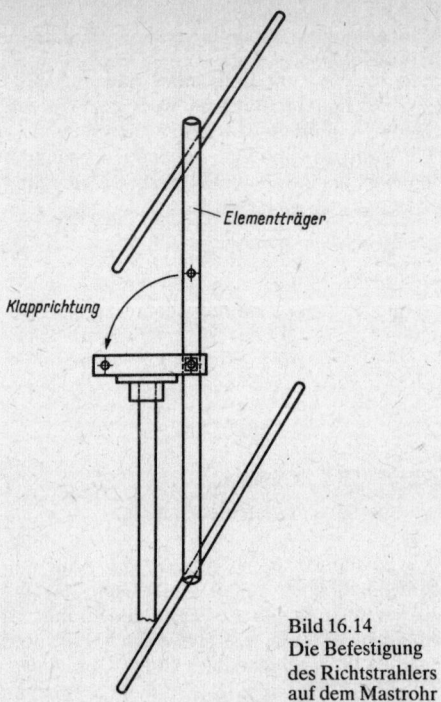

Bild 16.14
Die Befestigung
des Richtstrahlers
auf dem Mastrohr

Mit dem durchgesteckten Bolzen wird der Boom vorerst in der in Bild 16.14 dargestellten Lage festgelegt.

Dann klappt man die Antenne in die waagrechte Lage um und sichert sie dort durch den 2. Bolzen. Neben der einfachen Montage hat eine solche Konstruktion den großen Vorzug, daß der ganze Richtstrahler durch Entfernen des einen oder des anderen Bolzens jederzeit in eine senkrechte Lage an den Mast herangeklappt werden kann. Dadurch lassen sich notwendige Arbeiten an der Antenne bequem durchführen.

16.7. Holzkonstruktionen als Elementträger

In vielen Fällen ist der Amateur gezwungen, die Elemente seiner Richtantenne einer Tragekonstruktion aus Holz anzuvertrauen. Gut abgelagertes, astfreies Kiefern- oder Fichtenholz bildet das geeignete Baumaterial. Von den vielen Möglichkeiten, stabile Holzträger anzufertigen, wurde eine herausgegriffen. Bild 16.15 zeigt ein leicht herzustellendes Tragegerüst.

Die Elemente werden auf der Holzkonstruktion mit kleinen Standisolatoren befestigt. Die Elemente können aber auch ohne besondere Nachteile durch einfache Schellen auf dem Holzträger befestigt werden, wobei man die Elemente

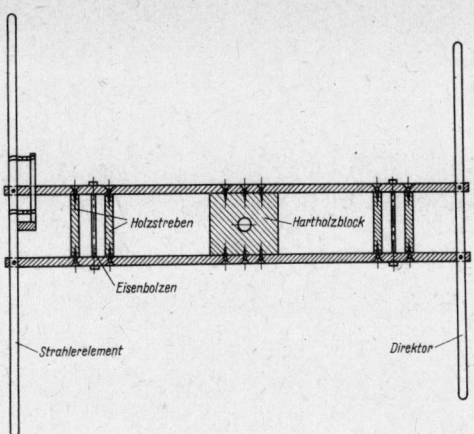

Bild 16.15
Holzkonstruktion als Tragegerüst für einen 2-Element-Richtstrahler

an der Befestigungsstelle mit einer dünnen *Polyäthylen*-Folie umwickelt. Der in der Mitte befindliche Hartholzblock nimmt den Tragemast auf. Ein Blechbeschlag, der Hartholzblock und Längsträger umfaßt, erhöht im Bedarfsfall die Festigkeit. Um eine längere Lebensdauer der Konstruktion zu gewährleisten, ist eine gründliche Imprägnierung erforderlich. Auch dabei kann aus Gründen des Blitzschutzes die Ganzmetallbauweise durchgeführt werden. Zu diesem Zweck verbindet man die geometrischen Mitten der Elemente über ein breites Metallband oder einen kräftigen Draht miteinander. Dieser Erdungsleiter wird mit dem tragenden, geerdeten Stahlmast kontaktsicher verschraubt.

16.8. Sonderformen von Einband-Drehrichtstrahlern

Der Wunsch, einen leistungsfähigen Richtstrahler mit verringertem Drehradius zu entwickeln, führte zu einigen Sonderformen. Ihre Kennzeichen sind abgewinkelte Elemente als gespeiste Dipole mit parasitärem Direktor oder Reflektor. Damit entstanden brauchbare Kompromißlösungen, die sich durch verringerten Windwiderstand, Kompaktheit und kleinen Drehradius auszeichnen.

16.8.1. Der X-Beam

Für den Betrieb im 20-m-Amateurband ist der X-Beam gut geeignet, weil sein Drehradius nur 4,20 m beträgt. Dieser ist bei einem 2-Element-

Beam mit gestreckten Elementen um etwa 1 m größer. *W9PNE* beschreibt den horizontalen X-Beam in [4]. Wie Bild 16.16. veranschaulicht, entsteht er aus einem 2-Element-Strahler mit einem Direktor in 0,1 λ Abstand (Bild 16.16a), dessen Elemente wie in Bild 16.16b abgewinkelt werden. Damit hat sich jedoch der Drehradius noch nicht verringert. Man bemißt deshalb die Leiterschenkel nur mit etwa 80% der erforderlichen Resonanzlänge und fügt an die Elementenenden abgewinkelte Drahtstücke an, die selbst nichts zur Strahlung beitragen, aber durch ihre Wirkung als kapazitive Endbelastung die Resonanz herstellen (Bild 16.16c).

Bild 16.17 zeigt als Beispiel den von *W9PNE* aufgebauten und erfolgreich beschriebenen 2-Element-X-Beam mit den Abmessungen für 20 m; die Klammerwerte haben für den 15-m-Betrieb Gültigkeit. Mit einer Aufbauhöhe von 11 m liegt die Resonanz für die 20-m-Ausführung bei 14,1 MHz. Abgeglichen wird durch symmetrisches Verlängern oder Verkürzen der angefügten Drahtschwänze. Da der Eingangswiderstand etwa 50 Ω beträgt, hat *W9PNE* direkt über 50-Ω-Koaxialkabel gespeist. Zu empfehlen ist jedoch

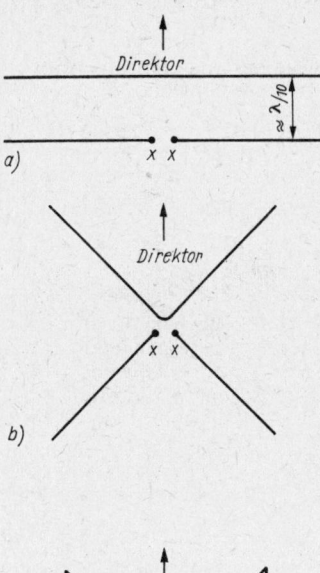

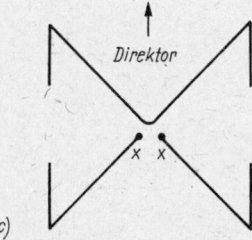

Bild 16.16
Die Entwicklung des X-Beam

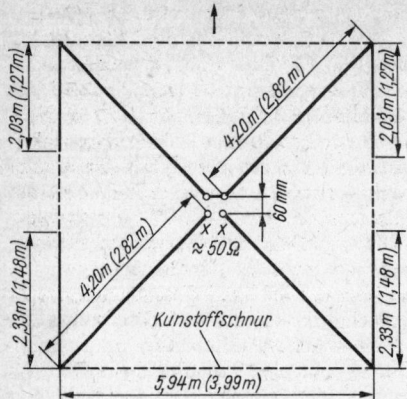

Bild 16.17
Aufbauschema und Bemessungsangaben für den
20-m-X-Beam nach *W 9 PNE*; die Klammerwerte sind
für den 15-m-Betrieb gültig

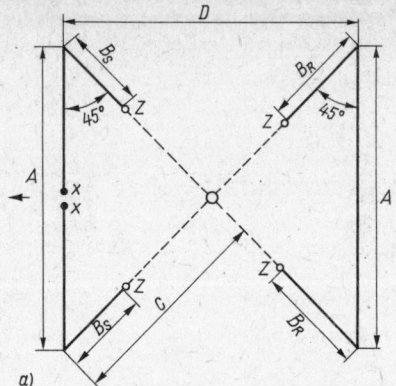

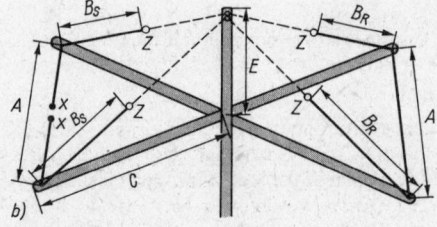

Bild 16.18
Bemessungsschema für den *G 3 LDO*-Doppel-D-Beam;
a – Draufsicht, b – Seitenansicht (z = Kleinisolatoren,
gestrichelt = Kunststoffschnüre)

das Zuschalten eines Symmetriewandlers 1 : 1
(siehe Abschnitt 7.). Es wurde ein relativ großer
Frequenzbereich gemessen, bei beiden Ausführungen war die Welligkeit $s < 1,5$; im Telegrafieteil 1,2. Die angegebenen Schenkellängen
sind nicht als starre Werte zu betrachten. Man
kann sie je nach gewünschtem Drehradius
und vorhandenem Rohrmaterial in gewissen
Grenzen verlängern oder verkürzen, muß dann
aber die Längen der Drahtschwänze entsprechend so verändern, daß sich wieder Resonanz
einstellt.

Wie in Bild 16.17 gestrichelt eingezeichnet, ist
das ganze System mit Kunststoffschnüren verspannt. Für die zentrale Halterung der 4 Leiter-
rohre gibt es verschiedene Möglichkeiten. Die
beste Lösung dürfte eine kräftige quadratische
Hartholz- oder Kunststoffplatte bieten, auf der
die 4 Leiterschenkel diagonal mit je 2 Halbschel-
len festgeschraubt werden. Dabei empfiehlt es
sich, die Rohre an den Klemmstellen mit einem
wetterfesten Kunststoffband zu umwickeln.

16.8.2. Das *G 3 LDO*-Doppel-D

Einen nachbausicheren 2-Element-Beam mit
verringertem Drehradius konstruierte *G 3 LDO*
[5]. Er nennt ihn *G 3 LDO*-Doppel-D (Bild
16.18). Seine Verwandtschaft mit dem X-Beam
ist unverkennbar. Allerdings verwendet
G 3 LDO einen Reflektor als Parasitärelement,
der in etwa $0,3 \lambda$ Abstand angeordnet ist. Es sind
keine teuren Leichtmetallrohre erforderlich, die
ganze Antenne kann mit Drähten aufgebaut werden.

Wie Bild 16.18b zeigt, sind die Elementenden
mit 45° so abgewinkelt, daß sie in der Richtung
der diagonalen Tragespeichen liegen. Sie verlaufen aber nicht auf den Speichen, sondern über
diesen in Richtung zum verlängerten Tragemast,
der als Spannturm ausgebildet ist. Dort sind die
Elementenden über Kunststoffschnüre (gestrichelt eingezeichnet) abgespannt. Diese Bauweise
ergibt große Abstände zwischen den Elementenden in Verbindung mit hochwertiger Isolation;
außerdem wird einem Durchhang der Speichen
durch das Abspannen entgegengewirkt.

G 3 LDO macht präzise Bemessungsangaben,
die einen einfachen Nachbau und Abgleich ermöglichen. Die abgewinkelten Elementenden
bewirken ein elektrisches Verkürzen, so daß die
Halbwellenresonanz des gespeisten Elementes
erst bei einer geometrischen Länge von etwa
$0,52 \lambda$ eintritt. Daraus ergibt sich die Bemessungsformel für das gespeiste Element l_S aus
Blankdraht

$$l_{S/m} = \frac{156,5}{f/_{MHz}} \qquad (16.1.)$$

Werden PVC-umhüllte Drähte verwendet,
sind die Elemente etwas zu verkürzen. Der Ver-

Tabelle 16.3.
Bemessungsunterlagen für den *G 3 LDO*-Beam

Resonanzfrequenz in MHz	14,2	21,25	28,5
Resonanzlänge in m			
l_S	11,02	7,36	5,50
l_R	11,94	7,98	5,94
Teillängen in m			
A	6,22	3,90	2,90
B_S	2,40	1,73	1,30
B_R	2,86	2,04	1,52
C	4,55	2,85	2,15
D	6,68	4,20	3,10
E	0,84	0,56	0,58

kürzungsfaktor V wurde mit etwa 0,96 festgestellt. Daraus ergibt sich

$$l_{S/m} = \frac{150,5}{f/_{MHz}} \qquad (16.2.)$$

In gleicher Weise muß mit der Längenbemessung des Reflektors l_R verfahren werden:

$$l_{R/m} = \frac{169,4}{f/_{MHz}} \qquad (16.3.)$$

bzw.

$$l_{R/m} = \frac{162,88}{f/_{MHz}}. \qquad (16.4.)$$

Tabelle 16.3. bezieht sich auf Bild 16.18.
Die Elementlängen gelten beim Einsatz von blankem Kupferdraht. Bei PVC-isolierten Drähten sind die Längen mit dem Verkürzungsfaktor 0,96 zu multiplizieren oder nach Gl. (16.2.) bzw. Gl. (16.4.) zu errechnen. Die Resonanzlängen l_S (Gespeistes Element) und l_R (Reflektor) ergeben sich aus der Addition A + 2B_S bzw. A + 2B_R. Für beliebige andere Resonanzfrequenzen können die Elementlängen nach den Bemessungsgleichungen (16.1.) bis (16.4.) berechnet werden. Die Speichenarme wurden etwas länger als erforderlich bemessen. Beim Abgleich mit Dip-Meter sind bei den in der Tabelle vorgegebenen Frequenzen für die Reflektorresonanz 13,56, 20,25 und 27,2 MHz einzustellen. Der Eingangswiderstand XX beträgt etwa 50 Ω, so daß der Direktanschluß eines Koaxialkabels möglich wäre. Günstiger ist es jedoch, über ein Gamma-Glied anzupassen.
Das stabile Tragegestell fordert dazu heraus, Mehrbandausführungen mit ineinandergeschachtelten Elementen zu bauen. Es bereitet auch keine Schwierigkeiten, weitere Elemente z. B. für die neuen Amateurbänder 12 und 17 m nachträglich einzusetzen. Der Mehraufwand an Material und an Gewicht ist dabei minimal. Ge-

meinsames Speisen aller Elemente über ein Koaxialkabel wird jedoch nicht empfohlen, da der Abgleich dann erhebliche Schwierigkeiten bereiten kann. Viel günstiger ist es, wenn jedes Band sein eigenes Koaxialkabel erhält, das über ein Gamma-Glied an das gespeiste Element angepaßt wird.
Der *G 3 LDO*-Beam zeichnet sich durch große Nachbausicherheit und unkomplizierten Abgleich aus. Auch als Mehrbandausführung bietet er keine mechanischen oder elektrischen Probleme. Wenn das Tragegerüst ausreichend mit geeigneten Kunststoffschnüren abgespannt wird, ist das System sturmsicher, dauerhaft und leicht. Somit ist diese Drahtrichtantenne auch für den Anfänger ein geeignetes Nachbauprojekt.
Mit diesen wenigen Beispielen von Drehrichtstrahlern mit parasitären Elementen ist die Auswahl längst nicht erschöpft. Es gibt noch eine ganze Reihe von Sonderformen, die aus wirtschaftlichen Gründen als Mehrband-Drehrichtstrahler ausgeführt sind. Diese werden in Abschnitt 18. ausführlicher besprochen.

Literatur zu Abschnitt 16.

[1] *Yagi, H./Uda, S.:* Proceedings of the Imperial Academy (1926) February und Journal of the Institute of Electrical Engineers of Japan, Volume 47 bis 48 (1927, 1928)
[2] *Ehrenspeck, H. W.; Poehler, H.:* Eine neue Methode zur Erzielung des größten Gewinnes bei *Yagi*-Antennen, Nachrichtentechnische Fachberichte, Band 12, Funktechnik (1958)
[3] *Viezbicke, P.:* Yagi Antenna Design, NBS Technical Note 688, National Bureau of Standards, Boulder, 1976 December
[4] *Anderson, B.:* Horizontal X Beams for 15 and 20 Meters QST, Newington, Conn., (1983), March, Seite 33 bis 35
[5] *Dodd, P.:* Wire beam antennas and the evolution of the *G 3 LDO* double-D, RADIO COMMUNICATION, London (1980) June, Seite 616 bis 619
Greenblum, C.: Notes on the Development of *Yagi*-Antennas, «QST», West Hartford Conn. (1956) August, Seite 11; September, Seite 23
Lawson, J. L.: antenna gain and directivity over ground, ham radio, Greenville, N. H. (1979), August, Seite 12 bis 15
Lawson, J. L.: Yagi antenna design: performance calculations, ham radio, Greenville, N. H., (1980) January, Seite 22 bis 27
Moxon, L. A.: high performance small beams, ham radio, Greenville, N. H. (1979) March, Seite 12 bis 24
Orr, W. I.: Beam antenna handbook, 2nd edition, Radio Publications, Inc., Wilton, Conn., 1966
Reisert, I. H.: how to design Yagi antennas, ham radio, Greenville, N. H. (1977) August, Seite 22 bis 31
Uda, S.; Mushiake, Y.: Yagi-Uda Antenna, Research Institute of Electrical Communication, Tohoku University, Sendai, Japan, 1954

17. Richtantennen mit verkürzten Elementen

Richtstrahler mit verkleinerten Abmessungen erregen das gesteigerte Interesse solcher Amateure, die sich aus Platzmangel oder aus anderen Gründen keinen umfangreichen «Normalbeam» leisten können. Es sind verschiedene Konstruktionen bekannt, die mit mehr oder weniger stark verkürzten Elementen arbeiten, sie werden im Amateurjargon allgemein als *«Minibeam»* oder – wenn es sich um besonders kleine Ausführungen handelt – als *«Vest-Pocket-Beam»* (Westentaschenrichtstrahler) bezeichnet.

Grundsätzlich lassen sich viele Antennen mechanisch stark verkürzen, wenn man gleichzeitig dafür sorgt, daß der durch die Verkürzung bedingte Verlust an Induktivität und Kapazität in anderer Weise so ersetzt wird, daß die ursprüngliche Antennenresonanz wieder eintritt. In den meisten Fällen kompensiert man die geometrische Antennenverkürzung durch Induktivitäten (Spulen oder Leitungsabschnitte), die an der Stelle eines *Strommaximums* oder in dessen Nähe eingesetzt werden. Seltener verwendet man kapazitive Belastungen, die als Endkapazitäten in der Form von Blechscheiben oder anderen Strukturen großer Umgebungskapazität am Strahlerende im *Spannungsmaximum* angefügt werden.

Das Verkürzen der natürlichen Strahlerlänge verschlechtert immer die Antenneneigenschaften; wäre das nicht der Fall, gäbe es keine besonderen Antennenprobleme mehr. Vor allem bewirkt eine Verkürzung der Antenne einen Gewinnabfall und ein Verringern des Frequenzbereiches.

Als Faustregel gilt, daß der Frequenzbereich und der Strahlungswiderstand mit dem Quadrat der Verkürzung abfallen.

Der Gewinnabfall wird in erster Näherung dadurch verursacht, daß man einen Abschnitt des strahlenden Elementes durch eine Spule ersetzt. Sie leistet einen wesentlich geringeren Beitrag zum elektromagnetischen Feld als der ersetzte Leiterabschnitt und führt zu höheren Stromwärmeverlusten. Auch die praktische Empfangsleistung sinkt, da die Wirkfläche proportional zum abnehmenden Gewinn kleiner wird.

Die verringerte Strahlungsleistung bzw. verkleinerte Wirkfläche ist mit einem Absinken des Strahlungswiderstandes verbunden. Dadurch wird der Frequenzbereich eingeengt, und die Leiterverluste steigen an (große Ströme!). Bei Richtantennen mit parasitären Elementen ist der Strahlungswiderstand ohnehin meist klein, bei Verkürzung der Elemente kann er beispielsweise auf 5 Ω absinken. Beträgt der – vorwiegend durch die Verlängerungsspulen eingebrachte – Verlustwiderstand ebenfalls 5 Ω (ein durchaus realer Wert), ist der Wirkungsgrad nur noch 50%. Um diese zusätzlichen Leiterverluste so gering als möglich zu halten, müssen die Verlängerungsspulen von extrem hoher Güte sein. Wegen der im Strombauch fließenden, bei kleinem Strahlungswiderstand besonders hohen Ströme muß die Leiteroberfläche der Verlängerungsspulen möglichst groß und von sehr guter Leitfähigkeit sein (Skineffekt!). Es bringt auch wenig Nutzen, wenn man die Spule verlegt; dann wird ihre Verlängerungswirkung geringer, folglich müssen mehr Windungen angebracht werden, und im Endeffekt sind deshalb die Verluste auch nicht geringer.

Durch Verlängerungsspulen in der Antenne werden außerdem die sinusförmige Strom- und Spannungsverteilung am Strahler gestört und dadurch die Richtwirkung beeinträchtigt. Die einzige Eigenschaft, die bei einem räumlich verkürzten Richtstrahler weitgehend erhalten bleibt, ist dessen Rückdämpfung. Wenn ein guter Antennenwirkungsgrad eine untergeordnete Rolle spielt, aber Kleinheit der Richtantenne und Peilfähigkeit gefordert werden (z. B. bei Fuchsjagdantennen), können räumlich verkürzte Strahler Vorteile bringen. Kurzwellenantennen für den Mobilbetrieb muß man fast immer durch Verlängerungsspulen zur Resonanz bringen, und wenn schließlich keine Möglichkeit besteht, einen Richtstrahler voller Länge aufzubauen, ist ein «Minibeam» immer noch besser als eine andere Behelfsantenne.

Verlängerungsspulen im Strombauch können mit Vorteil durch lineare Verlängerungselemente ersetzt werden, wie ein von der Firma *Hy-Gain* hergestellter 40-m-Beam mit längenverkürzten Elementen zeigt. Das gespeiste Element dieser Antenne ist in Bild 17.1 dargestellt. Durch das Einfügen von haarnadelförmigen Verlängerungsschleifen – sie bestehen aus etwa 2 mm dik-

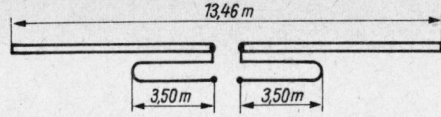

Bild 17.1
Längenverkürztes 40-m-Element mit Verlängerungs-
schleife

17.1. Der *VK 2 AOU*-Miniatur-
beam

Von *VK 2 AOU* wurde die Beschreibung eines
verkürzten 3-Element-Richtstrahlers für das
20-m-Band veröffentlicht, der für den Nachbau
besonders geeignet ist, zumal sehr ausführliche Bemessungswerte angegeben werden
(Bild 17.2).

Gegenüber einer normalen 3-Element-*Yagi*-
Antenne für das 20-m-Band wurde bei dieser
Ausführung der Flächenbedarf von annähernd
$65 \, \text{m}^2$ auf etwa $32 \, \text{m}^2$ gesenkt. Verglichen mit
einem 2-Element-Beam üblicher Abmessungen,
dürfte der Miniaturbeam nach *VK 2 AOU* etwa
gleichen Gewinn bei geringerem Frequenzbereich, jedoch größerer Rückdämpfung erreichen.

kem Kupferdraht – wird in diesem Fall erreicht,
daß die Gesamtlänge eines Halbwellenelementes
für das 40-m-Band statt etwa 20,50 m nur etwa
13,50 m beträgt. Das ist eine Verkürzung auf
etwa 65% der Normallänge. Die linearen Verlän-
gerungsstücke verursachen vergleichsweise kleinere Verluste als die üblichen Verlängerungsspulen; auch das Absinken des Strahlungswiderstandes scheint geringer zu sein; denn es wird für
einen auf diese Weise verkürzten 2-Element-
Richtstrahler eine maximale Welligkeit s < 2
über die ganze Breite des 40-m-Bandes angegeben. Ein auf diese Art verkürzter 2-Element-
Beam für 20 m wird in [1] ausführlich beschrieben.

Strahlerverkürzende Endkapazitäten setzt
man vorwiegend bei Vertikalstrahlern in Form
einer Dachkapazität ein. An horizontalen Drehrichtstrahlern werden sie nur selten angebracht,
weil sie die Strahlerenden beschweren und deshalb mechanisch zu stark belasten (Hebelwir-
kung).

Die für die einzelnen Elemente genannten Resonanzfrequenzen werden mit dem Grid-Dip-
Meter festgestellt und sind gültig, wenn sich der
Richtstrahler in seiner Betriebshöhe befindet. Es
ist natürlich sehr unbequem – wenn nicht sogar
unmöglich –, die bereits auf hohem Mast montierte Antenne genau abzugleichen. *VK 2 AOU*
hat deshalb den gesamten Abgleich vom Erdboden aus durchgeführt. Zu diesem Zweck wurde
der gesamte Miniaturbeam mit seinem Schwerpunkt auf einer Stehleiter etwa 1,80 m über dem
Erdboden befestigt und in dieser «Betriebshöhe»
abgeglichen. Selbstverständlich muß bei einer
solchen Methode der kapazitive Einfluß der nahen Erdoberfläche berücksichtigt werden. Bei

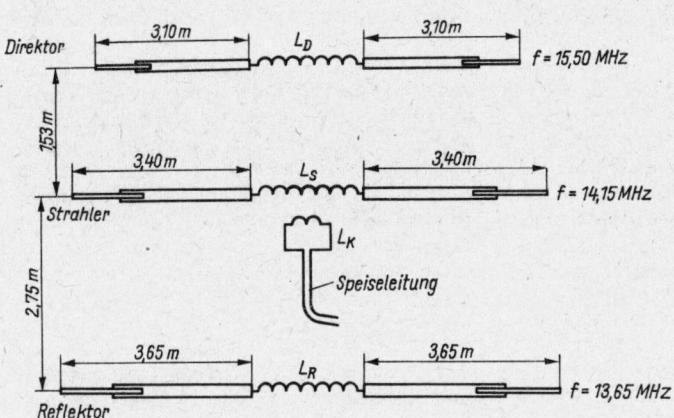

Bild 17.2
3-Element-Miniaturbeam für das 20-m-Band nach *VK 2 AOU*
Abmessungen der Verlängerungsspulen
L_D = 9 Wdg., Spulenlänge 65 mm, Spulendurchmesser 60 mm
L_S = 11 Wdg., Spulenlänge 80 mm, Spulendurchmesser 60 mm
L_R = 10 Wdg., Spulenlänge 75 mm, Spulendurchmesser 60 mm
L_K = 3 Wdg., Spulenlänge 50 mm, Spulendurchmesser 100 mm
(L_K ist freitragend über L_S gewickelt)
Spulendrähte: Al oder Cu oder CuAg $\geq$ 3 mm Durchmesser, für L_D, L_S, L_R: Cu oder CuAg $\geq$ 3 mm

gut leitendem Tonboden ergab sich eine Frequenzverschiebung von annähernd 300 kHz nach tieferen Frequenzen hin. Bei weniger gut leitenden Böden dürfte der Einfluß etwas geringer sein. Beim Nachbau dieses Richtstrahlers wird wohl immer die bequemere Möglichkeit des Abgleichens vom Erdboden aus bevorzugt werden. Die Elemente stimmt man mit dem Grid-Dip-Meter etwa auf folgende Resonanzfrequenzen ab:

Direktor   15,20 MHz,
Strahler   13,90 MHz,
Reflektor   13,40 MHz.

Es ist zu beachten, daß beim Abgleich eines Elementes jeweils die beiden anderen durch Überbrücken der Verlängerungsspulen verstimmt werden müssen, damit eine störende gegenseitige Beeinflussung vermieden wird.

Nach dieser Grobeinstellung folgt die eigentliche Feinabstimmung. Der Miniaturbeam wird beim Abgleich vom Erdboden aus durch einen Sender mit der Strahler-Resonanzfrequenz erregt, demnach mit 13,90 MHz. Gleichzeitig bringt man einen einfachen Feldstärkeanzeiger in möglichst großer Entfernung vom Strahler in Antennenhöhe an. Durch geringfügiges Verändern der Elementlängen oder der Verlängerungsspulen von Reflektor und Direktor wird dann unter Beobachtung des Feldstärkeindikators auf beste Vorwärtsstrahlung und größte Rückdämpfung abgestimmt. Es sei noch erwähnt, daß die teleskopartig verschiebbare Ausführung der Elemente nicht erforderlich ist, da sich durch entsprechendes Verändern der Verlängerungsspulen (Zusammendrücken oder Auseinanderziehen) der gleiche Abstimmeffekt erzielen läßt.

Die in Bild 17.2 angegebenen Abmessungen sind praktisch erprobte Richtwerte. Die Rohrlängen können bei gleichzeitigem Verkleinern der Verlängerungsspulen vergrößert werden; dadurch steigt der Gewinn etwas an. Verkürzte Rohre bei vergrößerten Verlängerungsspulen verursachen einen Gewinnabfall und ein weiteres Verkleinern des Frequenzbereiches. Werden die einzelnen Rohrstücke kürzer als etwa 2,50 m, so fällt der erzielbare Gewinn sehr stark ab.

Der Rohrdurchmesser kann 20 ... 40 mm betragen und wird ausschließlich von mechanischen Gesichtspunkten bestimmt. Die durch verschiedene Rohrdurchmesser auftretenden elektrischen Veränderungen sind sehr gering und werden beim Abgleich mit erfaßt.

Die Verlängerungsspulen müssen eine hohe Güte haben. Sie sind luftisoliert und werden aus Aluminiumdraht von mindestens 3 mm Durchmesser hergestellt. Versilberter Kupferdraht ist zwar elektrisch besser, doch sind die Verbindungsstellen zwischen einer Kupferdrahtspule und den Leichtmetallelementen für die Dauer

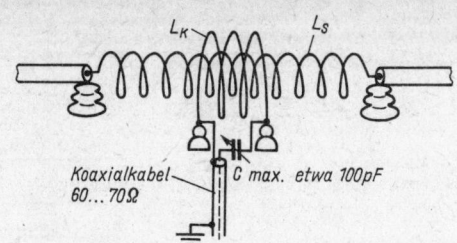

Bild 17.3
Die verbesserte induktive Anpassung

kaum einwandfrei herzustellen. Bei Feuchtigkeitszutritt entsteht Korrosion durch Elementbildung; als Folge davon treten Kontaktschwierigkeiten auf. Die über der Verlängerungsspule des gespeisten Elementes befindliche Kopplungsspule L_k wird aus Kupferdraht hergestellt, da das angeschlossene Speisekabel ebenfalls Kupferleiter enthält.

Die Richtantenne speist man über eine induktive Ankopplung, die es bei entsprechend bemessener Kopplungsspule erlaubt, Speiseleitungen jeder Ausführung und jedes beliebigen Wellenwiderstandes anzupassen. Die Kopplungsspule mit dem angeschlossenen Speisekabel verursacht Rückwirkungen auf die Verlängerungsspule und verschiebt damit die Strahlerresonanz ein wenig. Ein geringfügiges Nachstimmen des gespeisten Elementes ist erforderlich. Die von *VK 2 AOU* ermittelten Werte für die Kopplungsspule L_k beziehen sich auf eine 70-Ω-Bandleitung oder ein 70-Ω-Koaxialkabel. Sie können unverändert auch für 60-Ω-Koaxialkabel zugrunde gelegt werden. Wird eine 240-Ω-Bandleitung benutzt, so muß man die Windungszahl vergrößern. Durch geringes Variieren der Kopplungsspulenabmessungen läßt sich eine Welligkeit s von besser als 1,3 erzielen. Die Blindkomponente, die durch die induktive Ankopplung eingebracht wird, kann nach Bild 17.3 durch einen eingefügten Drehkondensator kompensiert werden. Die Welligkeit auf der Speiseleitung läßt sich damit noch etwas verringern.

Alle Elemente sind auf dem Tragegestell isoliert zu haltern. Als hölzernes Tragegestell ist eine Ausführung nach Bild 16.15 gut geeignet. Passende Abstandsisolatoren, die mit entsprechenden Rohrschellen zur Befestigung der Elemente versehen werden, sind nur selten erhältlich. Eine gute Halterungsmöglichkeit bieten Abstandsböcke aus feuchtigkeitsunempfindlichen Kunststoffen (*Polyäthylen* usw.), die nach Art einer Lagerschale das Elementrohr aufnehmen. Einen solchen Lagerblock zeigt Bild 17.4. Die Bohrung der Lagerschale entspricht dem

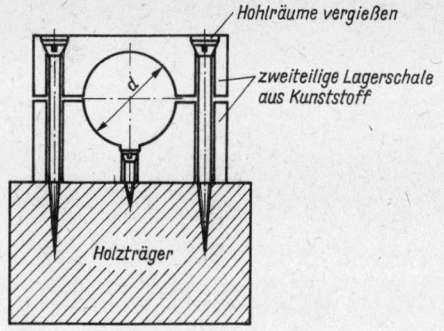

Bild 17.4
Schnitt durch einen Lagerbock zur isolierten Halterung
von Antennenelementen

17.2. Der Miniaturbeam nach *W 8 YIN*

Bei diesem 2-Element-Drehrichtstrahler für das 20-m-Band werden die Antennenelemente in Form von Wendeln aufgewickelt. Jedes Element hat deshalb nur noch eine Längsausdehnung von 2,55 m. Bild 17.5 enthält die von *W 8 YIN* angegebenen Abmessungen, während Bild 17.6 eine praktische Ausführung zeigt. Die Wendeln werden über eine dünne Haltestange gewickelt und von dieser durch Stützen aus Isoliermaterial distanziert. Um die zusätzlichen Leiterverluste möglichst gering zu halten, sollte man für die Herstellung der Wendeln starke Drähte verwenden; aus Gründen der Gewichtsersparnis wird man Aluminium bevorzugen. Seine Leitfähigkeit ist nicht wesentlich schlechter als die von Kupfer. Es werden Drähte von mindestens 4 mm, besser 6 mm Durchmesser oder möglichst breite Leichtmetallbänder empfohlen.

Der Elementabstand beträgt 0,1 λ, d. h. etwa 2,05 m. Das Parasitärelement wirkt als Direktor; das muß man bei der Abstimmung des Systems berücksichtigen. Von *W 8 YIN* werden für Strahler und Parasitärelemente gleiche Abmessungen angegeben. Durch kleine Veränderungen der Spulen am Parasitärelement wird auf die erwünschte Direktorwirkung abgestimmt. Das koaxiale Speisekabel koppelt man induktiv durch eine entsprechende Spule an.

Rohrdurchmesser des zu haltenden Antennenrohres. Um die Elemente gut festklemmen zu können, werden sie an der Auflagefläche mit 2 oder mehr Lagen einer *Polyäthylen*-Folie oder ähnlichem Material umwickelt. Damit schafft man gleichzeitig einen ausgezeichneten zusätzlichen Isolator. Insgesamt sind für den 3-Element-Miniaturbeam 12 solcher Isolierböcke erforderlich. Auf dem Tragegerüst nach Bild 16.15 werden in ensprechendem Abstand (2,75 und 1,53 m) 3 etwa 1,50 m lange Querlatten zur Befestigung der Elementrohre angebracht. Die Länge der tragenden Holzkonstruktion beträgt 4,30 m.

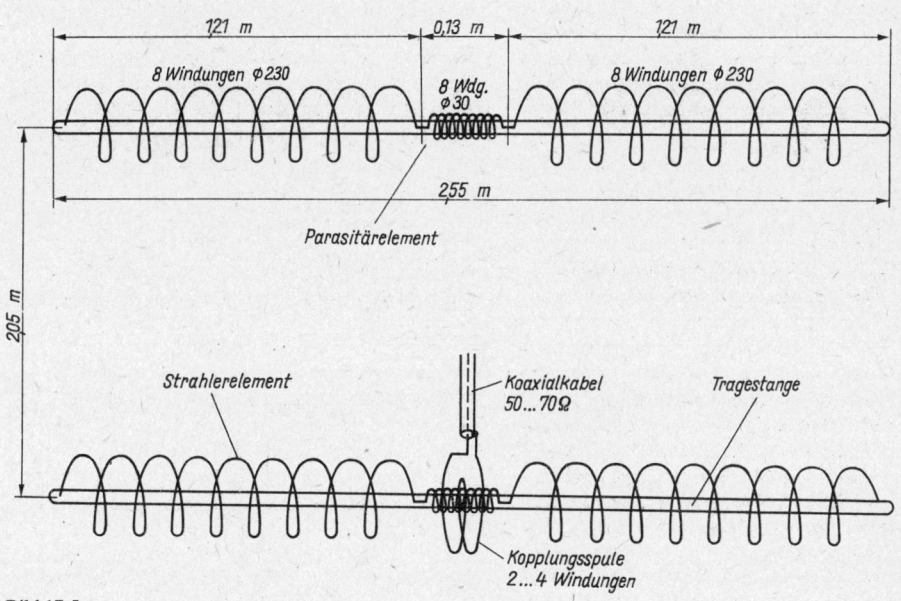

Bild 17.5
2-Element-Miniaturbeam für das 20-m-Band nach *W 8 YIN*

Bild 17.6
Ansicht einer Richtantenne nach *W 8 YIN*

Zum Vorabgleich des Systems ist ein Grid-Dip-Meter unerläßlich. Wenn das gespeiste Element beispielsweise bei 14 100 kHz Resonanz zeigt, muß man den Direktor auf eine Resonanzfrequenz von etwa 14 500 kHz einstellen.

Bei solchen starken Verkürzungen der Elemente kann von einem Gewinn gegenüber einem Halbwellendipol voller Länge nicht mehr gesprochen werden. Es ist eine Notlösung, die aber im praktischen Funkbetrieb wegen ihrer guten Rückdämpfung einem einfachen Dipol überlegen ist.

Entsprechend den vorhandenen Möglichkeiten lassen sich die Wendeln mehr oder weniger weit auseinanderziehen, so daß sich eine größere Länge der Elementzweige ergibt. Dadurch werden die Antenneneigenschaften entsprechend verbessert.

tors werden je 2,50 m Draht in gleicher Weise aufgebracht. Diese beiden Drahtenden verbindet man in der geometrischen Mitte des Reflektorelementes miteinander.

Der Reflektorabstand muß 2,50 m aufweisen, dann beträgt am Antenneneingang XX die Impedanz etwa 60 Ω. Dort kann das System über ein 60-Ω-Koaxialkabel direkt gespeist werden. Der Abgleich wird – wie bereits beschrieben – mit Hilfe eines Grid-Dip-Meters durchgeführt. Soll die Frequenz niedriger werden, schiebt man die Wendel in der Nähe des Strombauches (Elementmitte) etwas zusammen (kleinerer Windungsabstand), im umgekehrten Fall zieht man dort die Windungen etwas auseinander. Die beste Reflektorwirkung wird am einfachsten bei strahlender Antenne eingestellt, indem man die Spulenwindungen am Strombauch so verschiebt, daß

17.3. Der verkürzte Angelrutendrehrichtstrahler für das 10-m-Band

Eine besonders leichte Konstruktion nach dem gleichen Prinzip verwendet als Wendelträger Angelruten aus glasfaserverstärktem *Polyester*-Harz. Da sie sehr gute Isoliereigenschaften aufweisen, werden die erforderlichen Drahtwendeln direkt aufgebracht. Für einen 2-Element-Richtstrahler nach Bild 17.7 verwendet man je Element 2 solcher Angelruten von je 2 m Länge. Um Resonanz bei etwa 29 MHz zu erreichen, wird jede Rute des gespeisten Elementes mit je 2,20 m eines 2 mm dicken Kupferdrahtes gleichmäßig bewickelt. Auf die beiden Schenkel des Reflek-

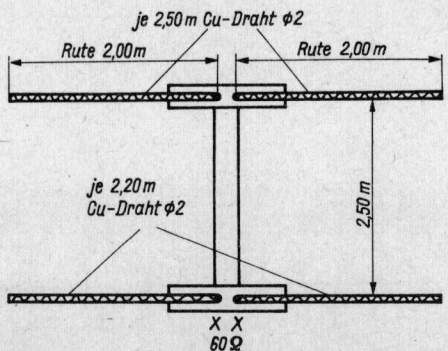

Bild 17.7
Verkürzter Angelrutendrehrichtstrahler für das
10-m-Band

250

sich am Feldstärkeindikator die größte Vorwärtsverstärkung oder die beste Rückdämpfung feststellen läßt.

Da die Elemente etwa 4/5 der vollen Länge haben, kommen die Antenneneigenschaften denen eines 2-Element-Richtstrahlers voller Länge sehr nahe. Allerdings muß wegen des relativ dünnen Antennenleiters mit größeren Leiterverlusten und einem verringerten Frequenzbereich gerechnet werden. Weitere Drehrichtstrahler dieser Art werden u. a. in [2], [3] und [4] beschrieben.

17.4.   Verkürzte Quad-Antennen

Auch Quad-Antennen (siehe Abschnitt 15.1.) lassen sich räumlich verkleinern. Damit wird der Drehradius vermindert, wenn man an die seitlichen Spannungsmaxima Drahtstücke anfügt, die an diesen Punkten als kapazitive Endbelastung wirken (Bild 17.8). Im Gegensatz zu Antennen mit gestreckten Elementen können bei den Quad-Formen solche kapazitive Endbelastungen konstruktiv sehr gut eingepaßt werden, so daß die zusätzliche Windlast und die statische Belastung nur sehr gering sind. Auf verlustbehaftete Verlängerungsspulen im Strombauch, die den Antennenwirkungsgrad stark herabsetzen, wird ganz verzichtet. Der Strahlungswiderstand verringert sich gegenüber dem eines Quad voller Länge nur geringfügig. Dementsprechend bleibt auch ein relativ großer Frequenzbereich erhalten.

Einige Bauformen von kapazitiv belasteten, verkürzten Quad-Elementen sind in Bild 17.8 dargestellt. Für die Rhombusform ist die Ausführung Bild 17.8 a gut geeignet. Die Isolatorenkette im Zentrum soll möglichst lang und verlustarm sein, da sie im Spannungsmaximum liegt. Die um 45° abgewinkelten Drahtstücke nutzt man zum Feinabgleich. Die Gestaltung nach Bild 17.8 b ist als C-T-Quad bekannt (C-T $\triangleq$ Capacitor-Tuned). Sie ermöglicht eine bequeme Frequenzabstimmung, aber der Drehkondensator muß eine sehr große Spannungsfestigkeit aufweisen.

Als mechanisch und elektrisch günstigste Bauform darf man das das Bild 17.8 c ansehen. Solcherart verkürzte Quadschleifen werden vor allem für den Betrieb im 20-m-Band

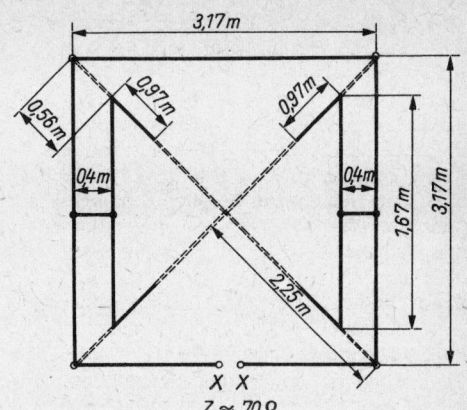

Bild 17.9
Mini-Quad-Element für 20 m nach *G 3 YDX*

gebaut, wobei man in der Praxis eine Längenverkürzung von etwa 40 % bevorzugt. Das bedeutet z. B., daß bei einem 20-m-Quad die Seitenlänge von etwa 5,30 auf 3,18 m vermindert wird.

Von *G 3 YDX* wurde in [5] eine 20-m-Mini-Quad in der Bauform von Bild 17.8 c beschrieben. Das Aufbauschema mit den erprobten Abmessungen ist in Bild 17.9 dargestellt. Gegenüber einem Quad voller Länge ist der Umfang um 40 % verringert. Das tragende Kreuzstück stellt man aus 4 je 2,25 m langen Bambus- oder besser Glasfiberstäben her. Auf deren Schenkeln sind die je 0,97 m langen Drahtstücke befestigt, mit denen man den Frequenzabgleich durchführt. Abgeglichen wird mit Hilfe eines Dip-Meters in der endgültigen Aufbauhöhe. Das Einzelelement speist man über einen Symmetriewandler 1:1 mit 75-Ω-Koaxialkabel. Erfahrungsgemäß kann in vielen Fällen beim Quad-Element der Symmetriewandler entfallen.

Der Ausbau zu einem 2-Element-Mini-Quad ist ohne Schwierigkeiten möglich, indem man in 2,60 m Abstand ($0,122 \lambda$) ein Reflektorelement anbringt. Es hat die gleichen Abmessungen wie das gespeiste Element; Reflektorwirkung erreicht man durch einen etwa 1,5 m langen Abstimm-Stub, wie er in Bild 15.10 dem Reflektorelement angefügt wird.

Wie aus Tabelle 15.1. zu entnehmen ist, hat eine 2-Element-Quad voller Länge bei einem Re-

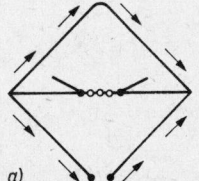
a)

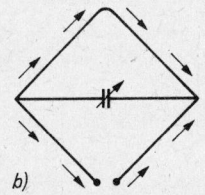
b)

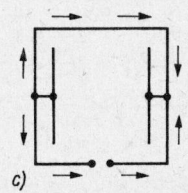
c)

Bild 17.8
Bauformen verkürzter
Quad-Elemente

251

flektorabstand von $0,12\lambda$ einen Eingangswiderstand von 55 Ω. Bei der Mini-Quad kann wegen der Elementverkürzung nur mit etwa 22 Ω Eingangswiderstand gerechnet werden. Um mit einem beliebigen Koaxialkabel speisen zu können, wird das gespeiste Element mit einer Gamma-Anpassung nach Bild 15.12 versehen. Dabei kann die Länge l 0,90 m betragen; bei einem Drahtdurchmesser von 2 mm wählt man einen Abstand D von 40 mm, und C ist ein Drehkondensator mit 100 pF Endkapazität. Die Gamma-Anpassung erspart auch einen Symmetriewandler. Weitere Einzelheiten zur Gamma-Anpassung enthält Abschnitt 15.4.1.

Wegen der verminderten Elementabmessungen muß mit einem Gewinnabfall gegenüber dem eines Quad voller Länge gerechnet werden. Nach den Feststellungen von $G3YDX$ beträgt die Minderung jedoch nur etwa 0,5 dB, so daß bei sorgfältigem Abgleich ein Gewinn von 5 dBd erreichbar sein dürfte. Aus gleichem Grund ist auch der Frequenzbereich etwas eingeengt. Innerhalb einer Welligkeit $s \leqq 2$ beträgt er etwa 200 kHz. Das Strahlungsdiagramm entspricht weitgehend dem eines vergleichbaren 2-Element-Quad voller Länge.

Literatur zu Abschnitt 17.

[1] ARRL: The ARRL Antenna Book, 14th Edition, Chapter 9.4, A Linear Loaded 20-Meter Beam, ARRL, Newington CT, 1982
[2] *Hazelden, W.:* A helical duobander, RADIO COMMUNICATION, London, (1982) August, Seite 683
[3] ARRL: The ARRL Antenna Book, 14th Edition, Chapter 10.8, Shortened Yagi Beam Antenna With Loading Coils, ARRL, Newington CT, 1982
[4] ARRL: The ARRL Antenna Book, 14th Edition, Chapter 10.10, A Yagi Antenna With Helically Wound Elements, ARRL, Newington CT, 1982
[5] *Stone, R.G.D.:* Practical design for a top hat loaded 14 MHz miniquad, RADIO COMMUNICATION, London (1976) October
Moxon, L.A.: high performance small bemas, ham radio, Greenville, N.H., (1978) March, Seite 12 bis 24

18. Mehrbandrichtstrahler

Wer auf allen DX-Bändern mit Drehrichtstrahlern arbeiten will, müßte eigentlich für jedes Band einen gesonderten Beam haben. Die wenigsten Amateure können aber einen so großen Aufwand treiben. Es hat deshalb nie an Versuchen gefehlt, den horizontalen Drehrichtstrahler so zu konstruieren, daß er für 2 oder 3 Amateurbänder gleichzeitig verwendbar ist. Im Ergebnis entstanden verschiedene brauchbare Lösungen.

Zunächst sind 2 völlig verschiedene Arten von Mehrbandantennen zu unterscheiden. Die eine Lösung, die als «unechter» Mehrbandstrahler bezeichnet werden könnte, besteht lediglich aus der konstruktiven Zusammenfassung mehrerer Antennen für verschiedene Bänder an einer gemeinsamen Trageeinrichtung. Man findet Ausführungen, bei denen die verschiedenen Antennensysteme über eine gemeinsame Speiseleitung erregt werden, in vielen Fällen hat aber jede Antenne ihre eigene Energieleitung. Ein typischer Vertreter ist das Dreiband-*Cubical*-Quad.

Bei echten Mehrbandantennen wird nur ein einziges Strahlersystem verwendet, das meist nach dem Grundprinzip der Multibandschwingungskreise für mehrere Bänder in Resonanz ist. Beide Lösungen haben Vor- und Nachteile.

Multibandantennen mit mehreren ineinandergeschachtelten Antennensystemen sind etwas unförmig; sie kommen aber – sofern es sich dabei um Quad-Antennen handelt – mit einfachen Drahtelementen aus, haben einen guten Wirkungsgrad auf allen Bändern und lassen sich im Abgleich leicht beherrschen. Der Trend im Selbstbau von Mehrbanddrehrichtstrahlern weist deshalb immer mehr zu solchen Dreiband-Quad-Antennen. Echte Multibanddrehrichtstrahler erfordern teilweise einen recht hohen Aufwand an mechanischer und elektrischer Präzision. Sie erreichen im allgemeinen nur für 1 Amateurband knapp den Wirkungsgrad einer vergleichbaren Einbandantenne voller Länge, für die anderen Bänder liegt die Leistung mehr oder weniger weit darunter. Bei diesen echten Mehrbandantennen sind häufig die im vorhergehenden Abschnitt 17. beschriebenen Verlängerungsspulen, lineare Verlängerungselemente und Sperrkreise zu finden. Auch sie verursachen Zusatzverluste, die nicht darüber hinwegtäuschen, daß echte Mehr-

bandantennen immer mehr oder weniger sinnvolle Kompromißlösungen darstellen. Allerdings sind solche Multibandstrahler mit geringem Platzbedarf oft die einzige Bauform, die für einen brauchbaren DX-Verkehr verwirklicht werden kann. Der erfahrene Funkpraktiker weiß darüber hinaus, daß es beim DX-Verkehr weniger auf den Gewinn ankommt, sondern viel mehr auf die gesamte Richtcharakteristik einer Antenne, wobei das Vertikaldiagramm die größte Rolle spielt.

Eine Sonderstellung nehmen die logarithmisch periodischen Richtantennen ein. Es sind echte Breitbandantennen, die den gesamten Frequenzbereich, für den sie bemessen sind, lückenlos überdecken. Leider sind Raumbedarf und Materialaufwand so groß, daß sie von Funkamateuren nur in Ausnahmefällen und beschränkt auf den Frequenzbereich 14 ... 30 MHz aufgebaut werden können.

18.1. Der Dreibanddrehrichtstrahler nach *G 4 ZU*

(G. A. Bird – US Pat. 2 881 430 – Brit. Prior. 1955)

G 4 ZU entwickelte einen Dreiband-Beam, der einen geringen mechanischen Aufwand erfordert, einfach abgeglichen werden kann und sehr leistungsfähig ist. Dieser Drehrichtstrahler wurde in England unter der Bezeichnung *Panda-Beam* produziert und erfreute sich großer Beliebtheit.

Das gespeiste Element
In diesem Fall wird eine Erregungsart angewendet, die im allgemeinen bei *Yagi*-Systemen nicht üblich ist: Man speist die Antenne über eine abgestimmte Leitung. Um die Wirkungsweise verstehen zu können, vergegenwärtige man sich vorerst die Stromverhältnisse auf einer 20 m langen Zweidraht-*Lecher*-Leitung (Bild 18.1). Wie aus den eingezeichneten Strömen ersichtlich, besteht für diese Paralleldrahtleitung Resonanz bei 20 m mit 2mal $\lambda/2$, bei 15 m mit 3mal $\lambda/2$ und bei 10 m mit 4mal $\lambda/2$. Dabei werden kleine Maßungenauigkei-

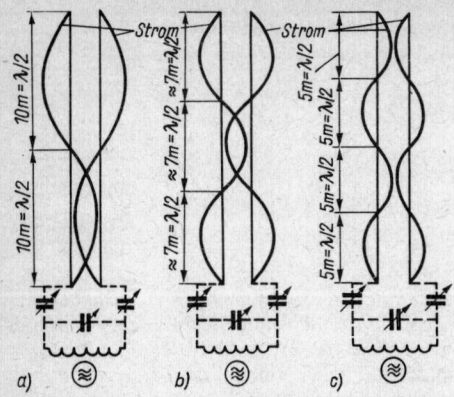

Bild 18.1
Die 20 m lange Zweidrahtleitung; a – mit 2mal λ/2 erregt
(≈ 20 m Wellenlänge), b – mit 3mal λ/2 erregt (≈ 15 m
Wellenlänge), c – mit 4mal λ/2 erregt (≈ 10 m Wellenlänge)

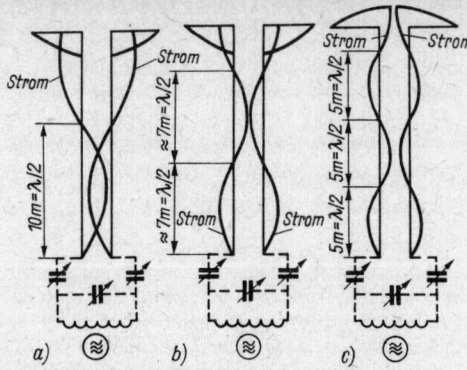

Bild 18.2
Die Verwandlung der 20-m-Lecher-Leitung durch
Auseinanderklappen der Enden über eine Länge von
3,50 m; a – Erregung mit 20 m Wellenlänge (14 MHz),
b – Erregung mit 15 m Wellenlänge (21 MHz),
c – Erregung mit 10 m Wellenlänge (28 MHz)

ten für die verschiedenen Wellenlängen mit einem
Universalabstimmgerät ausgeglichen.

Wird die gleiche Leitung an ihrem oberen Ende
rechtwinklig auseinandergeklappt, so ändert sich
nichts an der Resonanzlage. Der abgewinkelte
Abschnitt der Leitung strahlt jedoch nun die zugeführte Hochfrequenzenergie ab – er ist zum Strahler geworden (Bild 18.2). Die Darstellung der
Ströme in Bild 18.1 und Bild 18.2 ist nicht exakt,

da durch das Abstimmgerät das ganze Gebilde jeweils genau auf Resonanz gebracht wird. Dadurch
befindet sich am Eingang der Speiseleitung nicht
immer genau ein Stromknoten. Wegen der besseren Übersichtlichkeit wurde dieser Umstand
nicht berücksichtigt. Aus Bild 18.2 kann man ersehen, daß sich in allen dargestellten Fällen Resonanz erzielen läßt, obgleich sich das abgewinkelte Strahlerstück allein nicht in Resonanz mit

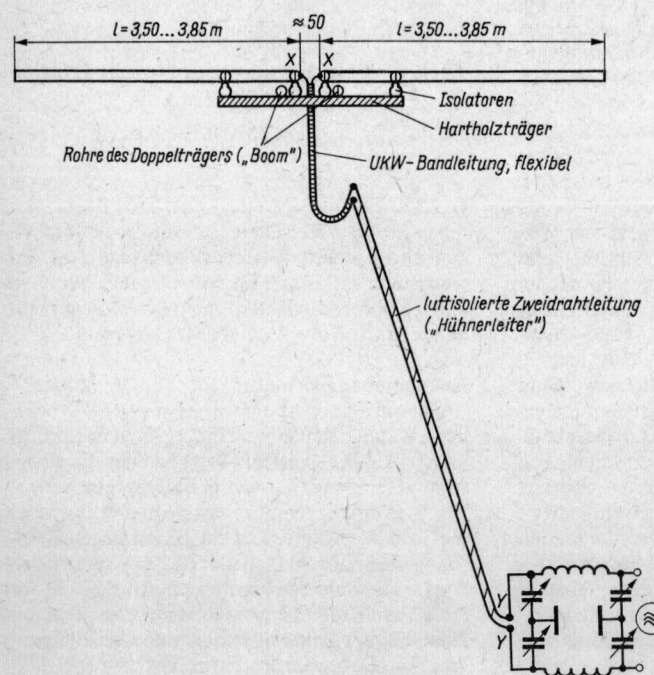

Bild 18.3
Das gespeiste Element eines
Drehrichtstrahlers nach *G 4 ZU*

der Betriebsfrequenz befindet. Ein Teil des Strahlers steckt sozusagen in der Speiseleitung. Mit einem gewissen Verlust an Strahlungsleistung muß dabei gerechnet werden, besonders, wenn der abgewinkelte, strahlende Abschnitt viel kleiner als $\lambda/2$ ist.

In der Praxis bemißt man das gespeiste Element mit einer Länge von 2mal 3,65 ... 3,85 m und kommt damit der Halbwellenresonanz im 15-m-Band nahe. Für die Länge der abgestimmten Speiseleitung verbleiben dann noch knapp 16,5 m, wobei die exakte Resonanz jeweils durch das Antennenabstimmgerät am Eingang der Energieleitung hergestellt wird.

Die Speiseleitung, deren Wellenwiderstand zwischen 300 und 600 Ω liegen kann, sollte möglichst verlustarm sein. Deshalb ist eine luftisolierte Zweidrahtleitung («Hühnerleiter») zweckmäßig. Das Speisen über UKW-Bandleitung ist möglich, bringt jedoch erhöhte Verluste. In diesem Fall mußte man auch den Verkürzungsfaktor berücksichtigen (etwa 0,80; Leitungslänge demnach etwa 13,50 m). Da der Übergang von der drehbaren Antenne zur fest montierten Zweidrahtspeiseleitung flexibel sein muß, wird in diesem Fall ein kurzes Stück 300-Ω-Bandleitung eingesetzt. Der unterschiedliche Verkürzungsfaktor und die damit verbundene veränderte elektrische Leitungslänge kann meist durch das Abstimmgerät ausgeglichen werden.

Unabhängiger von der Länge der abgestimmten Speiseleitung ist man, wenn der Eingang der Energieleitung über ein symmetrisches *Collins*-Filter nach Bild 18.3 mit dem Tankkreis der Endstufe verbunden wird. Ein solches Tiefpaßfilter ermöglicht nicht nur ein einfaches und genaues Abstimmen des gesamten Systems, sondern unterdrückt auch die Oberwellen. Dies ist besonders bei einem Mehrband-Beam sehr wichtig, weil er auch für Oberwellen resonant ist. Der strahlende Abschnitt des *G 4 ZU*-Dreiband-Beams nach Bild 18.3 beträgt etwas mehr als eine halbe Wellenlänge für den 15-m-Betrieb, er hat im 10-m-Bereich die Länge eines verkürzten Ganzwellendipols und wirkt im 20-m-Band als verkürztes Halbwellenelement. Die Eingangsimpedanz bei XX ist daher für die verschiedenen Betriebsarten sehr unterschiedlich und mit Blindkomponenten behaftet. Deshalb muß eine abgestimmte Speiseleitung verwendet werden.

Die parasitären Mehrbandelemente

Bild 18.4a zeigt einen Direktor, der durch das Einfügen einer Verlängerungsspule in Verbindung mit einer offenen Viertelwellenleitung gleichzeitig für 21 und 28 MHz Direktorwirkung hat. Dieses Element ist mit einer Gesamtlänge von 4,90 m als Direktor für das 10-m-Band bemessen. Die in der geometrischen Mitte eingefügte Spule L_D bewirkt eine elektrische Verlängerung, so daß auch Direktorwirkung im 15-m-Band auftritt. Nun kommt es darauf an, für den 10-m-Betrieb diese Spule auszuschalten, ohne daß dabei gleichzeitig ihre Wirkung für die 15-m-Resonanz verlorengeht. Das wird erreicht, indem man parallel zur Verlängerungsspule L_D eine offene Zweidrahtleitung schaltet, deren elektrische Länge Viertelwellenresonanz für 28 MHz ergibt. Aus Bild 5.29 ist zu ersehen, daß eine offene Viertelwellenleitung wie ein Serienresonanzkreis wirkt. Bekanntlich hat ein Serienresonanzkreis für seine Resonanzfrequenz einen sehr geringen Durchlaßwiderstand, während er alle anderen Frequenzen mehr oder weniger stark sperrt. Man kann diesen Leitungskreis deshalb auch für seine Resonanzfrequenz wie einen Kurzschluß betrachten, der die Verlängerungsspule L_D für die Frequenz 28 MHz unwirksam macht, weil er ihr parallelgeschaltet ist. Beim 15-m-Betrieb dagegen hat der offene Stub eine Länge $< \lambda/4$ und wirkt darum nach Bild 5.29 wie eine Kapazität, die man lediglich bei der Bemessung der Verlängerungsspule berücksichtigen muß. Somit wird der offene Viertelwellenstub als frequenzselektiver automatischer Umschalter eingesetzt, der den Zweibandbetrieb des Direktors ermöglicht.

Bei gleicher Wirkung kann die Induktivität der Verlängerungsspule auch durch eine geschlossene Zweidrahtleitung dargestellt werden, deren elektrische Länge $< \lambda/4$ ist (siehe Bild 5.29).

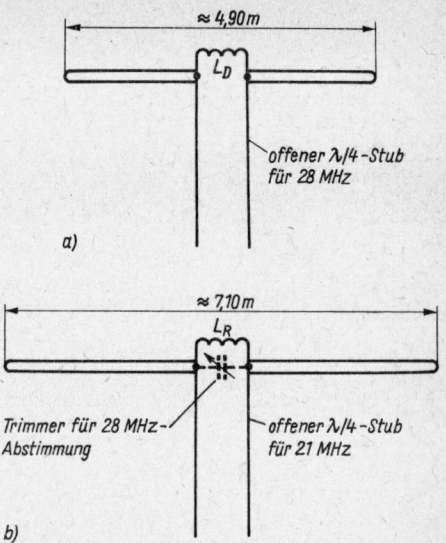

Bild 18.4
Parasitäre Mehrbandelemente; a – Direktor für 21 und 28 MHz, b – Reflektor für 14, 21 und 28 MHz

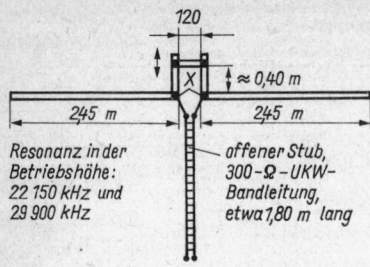

120

X ↕ $\approx$ 0,40 m

245 m — 245 m

Resonanz in der
Betriebshöhe:
22 150 kHz und
29 900 kHz

offener Stub,
300-Ω-UKW-
Bandleitung,
etwa 7,80 m lang

Bild 18.5
Der Direktor des *G 4 ZU*-Beam

Dann erhält man den in Bild 18.5 dargestellten Direktor des *G 4 ZU*-Beam.

Der in Bild 18.4b gezeigte Reflektor mit etwa 7,10 m Länge ist in Verbindung mit dem für etwa 20 MHz bemessenen Viertelwellenstub als Reflektor für das 15-m-Band wirksam. Die Verlängerungsspule L_R stellt die Reflektorresonanz für das 20-m-Band her. In gleicher Weise wie beim Direktor ist somit beim 21-MHz-Betrieb die Verlängerungsspule L_R durch den Viertelwellenstub elektrisch kurzgeschlossen. Beim Erregen mit 14 MHz wird die Verlängerungsspule bei einer kleinen kapazitiven Belastung durch den offenen Stub wirksam. Obwohl der Reflektor für den 28-MHz-Betrieb zu lang ist, weist er auch in diesem Bereich noch eine gute Reflektorwirkung auf. Ein Reflektor muß nicht unbedingt abgestimmt sein, vorausgesetzt, daß er elektrisch länger als das gespeiste Element ist (Beispiel: Reflektorwände). Es besteht aber auch bei dieser Anordnung die Möglichkeit, das Mehrbandreflektorelement als Doppelreflektor für 28 MHz abzustimmen. Zu diesem Zweck wird – wie in Bild

18.4b gestrichelt eingezeichnet – noch ein Trimmer parallel zur Verlängerungsspule eingefügt. Nun wirkt der offene Viertelwellenstub (f_{res} = 20 MHz) für 28 MHz als Induktivität, weil seine elektrische Länge für diese Frequenz $\lambda/4$ ist. Dieser Induktivität liegt die Verlängerungsspule L_R parallel, die Gesamtinduktivität weist deshalb sehr kleine Werte auf (*Kirchhoffsches* Gesetz), und es gelingt bei entsprechend eingestelltem Trimmer, Parallelresonanz für 28 MHz zu finden, wobei jeder Dipolast zu einem abgestimmten Reflektor wird. Im allgemeinen verzichtet man aber auf diese Möglichkeit, da das Abstimmen etwas kompliziert ist; denn dabei muß ebenfalls die Verlängerungsspule verändert werden. Es besteht aber auch ohne besondere Abstimmung Reflektorwirkung für 28 MHz, und der geringfügige verbesserte Reflektorwirkungsgrad steht in keinem Verhältnis zur zusätzlichen Abgleicharbeit.

Beim Reflektorelement kann die Induktivität der Verlängerungsspule auch durch einen kurzgeschlossenen Stub ersetzt werden, wie das beim Reflektor des *G 4 ZU*-Beam in Bild 18.6 dargestellt ist. Seine Länge beträgt etwa 1,30 m, sie wird durch den veränderbaren Kurzschlußschieber so eingestellt, daß die Resonanz bei 13,5 MHz liegt. Den offenen Viertelwellenstub bemißt man für eine Resonanzfrequenz von 20,3 MHz, dies entspricht einer Wellenlänge von 14,778 m. Die Viertelwellenlänge davon beträgt etwa 3,70 m. Da für den offenen Stub eine 300-Ω-UKW-Bandleitung gewählt wurde, ist deren Verkürzungsfaktor mit 0,80 ... 0,82 einzusetzen, daraus ergibt sich die entsprechende geometrische Leitungslänge von etwa 3 m. Für den Viertelwellenstub können auch andere Leitungstypen verwendet werden, wobei man für die Längenbemessung jeweils den zugehörigen Verkürzungs-

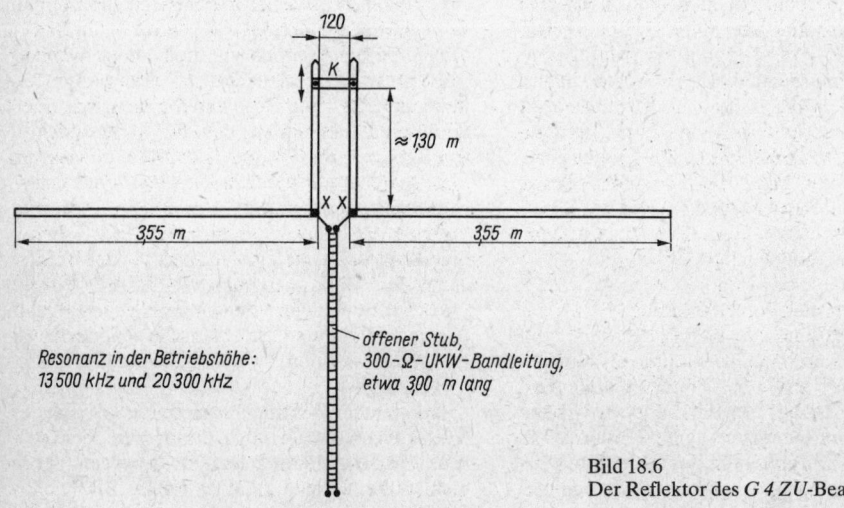

120

K

$\approx$ 1,30 m

X X

355 m — 355 m

Resonanz in der Betriebshöhe:
13 500 kHz und 20 300 kHz

offener Stub,
300-Ω-UKW-Bandleitung,
etwa 3,00 m lang

Bild 18.6
Der Reflektor des *G 4 ZU*-Beam

faktor berücksichtigen muß. Die Resonanz läßt sich mit einem geeichten Grid-Dip-Meter einfach und schnell ermitteln.

Ähnliche Verhältnisse ergeben sich für den Zweibanddirektor nach Bild 18.5. In diesem Fall wird mit dem nur etwa 0,4 langen geschlossenen Stub auf eine Resonanzfrequenz von 22,15 MHz abgeglichen, während der offene Stub bei 29,9 MHz Viertelwellenresonanz aufweisen soll. Da aber das gestreckte Direktorelement für Direktorwirkung im 10-m-Band etwas zu lang ist, muß der offene Viertelwellenstub gegenüber $\lambda/4$ verkürzt werden, um für die Zusammenschaltung insgesamt bei 29,9 MHz Resonanz zu erhalten. Es wurde eine Stublänge von 1,80 m gewählt, woraus sich unter Berücksichtigung des Verkürzungsfaktors (0,80) eine elektrische Länge von 2,25 m ergibt.

Das Gesamtschema des *G 4 ZU*-Beam

Bild 18.7 stellt den gesamten *G 4 ZU*-Beam dar. Bei dieser Ausführung werden durchgehende Trägerrohre in etwa 120 mm Abstand verwendet. Mit ihnen wurde gleichzeitig der geschlossene Stub für Reflektor und Direktor hergestellt. Das gespeiste Element ist von diesen Parallelrohrträgern isoliert, wie auch aus Bild 18.3 hervorgeht. Dagegen sind Reflektor und Direktor, wie gezeichnet, metallisch leitend mit den Trägerroh-

ren verbunden. Selbstverständlich ist es auch möglich, ein hölzernes Tragegerüst zu verwenden und die geschlossenen Stubs durch entsprechend lange Abschnitte aus Leichtmetallrohr oder -band herzustellen. Die offenen Bandleitungsstubs, die frei herabhängend gezeichnet wurden, lassen sich ohne Nachteil in ein offenes Rohrende einschieben. Sie sind dort witterungsgeschützt und nicht sichtbar. Man muß dann auch in diesem Zustand abgleichen.

Für den Betrieb im 20-m-Band ist keine Direktorwirkung vorhanden, die Antenne wirkt als verkürzter 2-Element-Richtstrahler. Da der Reflektorabstand für diesen Betriebsfall nur etwa $\lambda/10$ beträgt, bereitet der Abgleich Schwierigkeiten; Frequenzbereich und Gewinn sind geringer als bei einem 2-Element-Beam voller Länge und größerem Reflektorabstand.

Für den 15-m-Betrieb ist der *G 4 ZU*-Beam mit 3 Elementen wirksam. Die Elementabstände sind normal bemessen, es kann deshalb mit einem Gewinn von etwa 6 dBd und allen übrigen charakteristischen Eigenschaften einer üblichen 3-Element-*Yagi*-Antenne gerechnet werden.

Die günstigsten Eigenschaften zeigt der *G 4 ZU*-Beam jedoch im 10-m-Band, weil er in diesem Bereich mit verlängerten Elementen arbeitet. Der Gewinn kann etwa 7 dBd betragen. Der Abgleich für den 10- und 15-m-Betrieb ist nicht so kritisch wie der für das 20-m-Band.

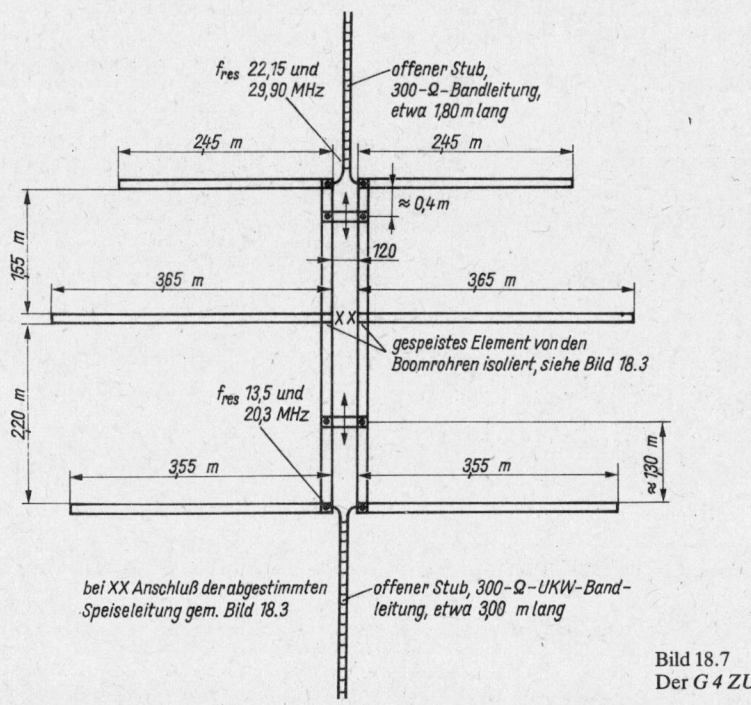

Bild 18.7
Der *G 4 ZU*-Dreiband-Beam

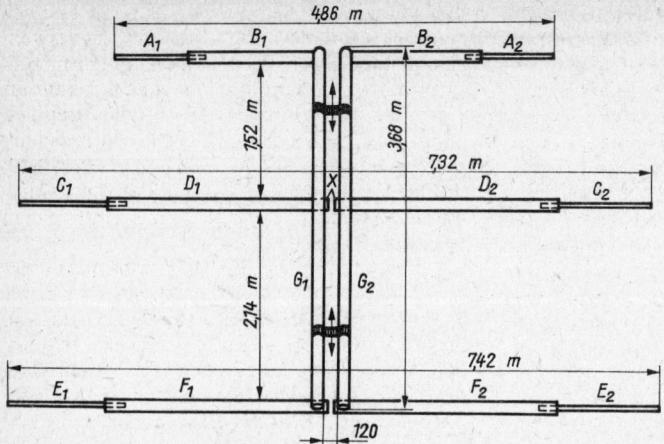

Bild 18.8
Schema der Abmessungen für
einen erprobten
G 4 ZU-Dreiband-Beam

18.1.1. Ein nachbausicherer *G 4 ZU*-Dreiband-Beam

Bild 18.8 zeigt das Schema der Abmessungen für einen erprobten *G 4 ZU*-Beam. Es handelt sich dabei um die Dimension einer industriell gefertigten Ausführung, die sich gut bewährte.

Aus mechanischen Gründen werden die Dipolhälften in ein stärkeres und in ein schwächeres Rohr aufgeteilt. Dabei sind die Abmessungen der Leichtmetallrohre so gewählt, daß sich das dünne äußere Rohr in das dickere innere Rohr teleskopartig einschieben läßt. Dadurch wird neben einer Gewichtsverminderung auch der Windwiderstand des Systems geringer, und die mechanische Festigkeit verbessert sich. Wie tief man die Rohre ineinanderschieben muß, ergibt sich aus der gesamten Längenausdehnung für jedes Element.

Folgende Rohrabmessungen werden dazu benötigt:

A_1, A_2 je 1,25 m Duralrohr, 18 mm Durchmesser, 1 mm Wandstärke;

B_1, B_2 je 1,25 m Duralrohr, 22 mm Durchmesser, 2 mm Wandstärke;

C_1, C_2 je 1,75 m Duralrohr, 18 mm Durchmesser, 1 mm Wandstärke;

D_1, D_2 je 2,00 m Duralrohr, 22 mm Durchmesser, 2 mm Wandstärke;

E_1, E_2 je 1,85 m Duralrohr, 18 mm Durchmesser, 1 mm Wandstärke;

F_1, F_2 je 2,00 m Duralrohr, 22 mm Durchmesser, 2 mm Wandstärke;

G_1, G_2 je 3,68 m Duralrohr, 30 mm Durchmesser, 2 mm Wandstärke.

Alle 3 Elemente sind in ihrer geometrischen Mitte unterbrochen; dabei wurden Reflektor und Direktor mit den Tragerohren metallisch verbunden. Das gespeiste Element ist vom Trageboom isoliert, wie aus Bild 18.9 hervorgeht. Als mechanische Stütze für die Elemente benutzt man je 1 U-Profilschiene aus Leichtmetall von 0,7 m Länge, auf der über passende Standisolatoren die Elemente befestigt sind (siehe Bild 18.9 und Bild 18.10). Der Antennenträger besteht aus 2 parallelgeführten Duralrohren mit je 3,68 m Länge. Der Schwerpunkt des Systems liegt etwa 1,70 m vom direktorseitigen Ende des Booms entfernt, dort sollte der senkrechte Tragemast befestigt werden. 2 Kurzschlußbügel auf den parallelen

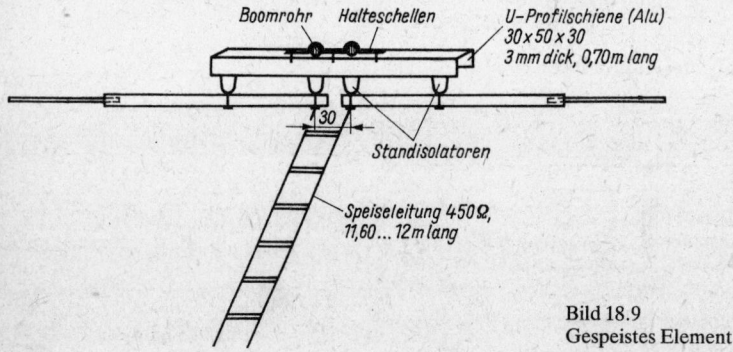

Bild 18.9
Gespeistes Element mit Speiseleitung

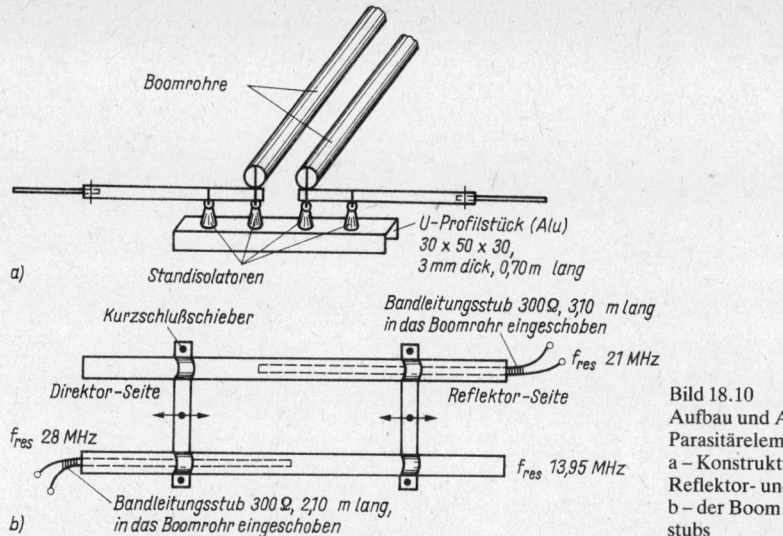

Boomrohre

U-Profilstück (Alu)
30 x 50 x 30,
3 mm dick, 0,70 m lang

a) Standisolatoren

Kurzschlußschieber

Bandleitungsstub 300 Ω, 3,10 m lang
in das Boomrohr eingeschoben

f_{res} 21 MHz

Direktor-Seite   Reflektor-Seite

f_{res} 28 MHz

f_{res} 13,95 MHz

Bandleitungsstub 300 Ω, 2,10 m lang,
b)   in das Boomrohr eingeschoben

Bild 18.10
Aufbau und Abstimmung der
Parasitärelemente;
a – Konstruktionseinzelheiten zum
Reflektor- und Direktorelement,
b – der Boom mit den Abstimmstubs

Tragerohren nutzen deren äußere Abschnitte gleich als geschlossene induktive Stubs. Die offenen Bandleitungsviertelwellenstücke werden gemäß Bild 18.10b in das Innere der Tragerohre eingeschoben. Alle weiteren konstruktiven Einzelheiten gehen aus Bild 18.9 und Bild 18.10 hervor.

Zum Abgleich des Systems ist ein Grid-Dip-Meter unbedingt erforderlich. Nach dem Fertigstellen des Parallelrohrträgers werden die beiden offenen Bandleitungsstubs gemäß Bild 18.10b in die Boomrohre eingeschoben. An die herausragenden Bandleitungsenden wird das Grid-Dip-Meter angekoppelt und die Resonanzfrequenz der offenen Stubs festgestellt. Diese soll beim direktorseitigen Stub genau 28 MHz und bei dem auf der Reflektorseite 21 MHz betragen. Ist dieser Resonanzzustand durch entsprechendes Verkürzen oder Verlängern der Bandleitungsstubs erreicht, werden die Leitungsenden durch kleine Holzkeile im Rohrinnern festgelegt und die Rohrenden wasserdicht verkittet. Nun erst schraubt man die Elemente an den Trageboom an. Aus Gründen der Korrosionsbeständigkeit sollen alle verwendeten Schrauben und Muttern verzinkt sein bzw. einen anderen guten Oberflächenschutz erhalten. Um mechanische Spannungen an den Standisolatoren auszugleichen, empfiehlt es sich, an ihren Befestigungsstellen kleine Lederscheiben unterzulegen. Die aus den Boomrohren herausragenden Enden der offenen Bandleitungsstubs werden mit den Direktor- bzw. Reflektorelementen gut leitend verbunden. Nun bringt man das ganze System zum weiteren Abgleich in eine Höhe von etwa 2 m über den Erdboden. Der Griddipper wird an die durch die Boomrohre gebildeten geschlossenen Stubs angekoppelt. Durch entsprechendes Verstellen der Kurzschlußschieber auf den Boomrohren muß erreicht werden, daß die Resonanz auf der Direktorseite 20,55 MHz und am geschlossenen Reflektorstub 13,95 MHz beträgt. Damit ist der Grobabgleich beendet, und man kann die Richtantenne an ihrem endgültigen Standpunkt befestigen. Der nachfolgende Feinabgleich beschränkt sich auf kleine Veränderungen der geschlossenen Stubs an deren Kurzschlußschiebern. Ein abgesetzt errichtetes Feldstärkeanzeigegerät läßt den Erfolg dieser Bemühungen erkennen.

Am Strahlerelement werden keine Abgleicharbeiten vorgenommen, da dieses selbst nicht resonant ist, sondern erst durch die abgestimmte

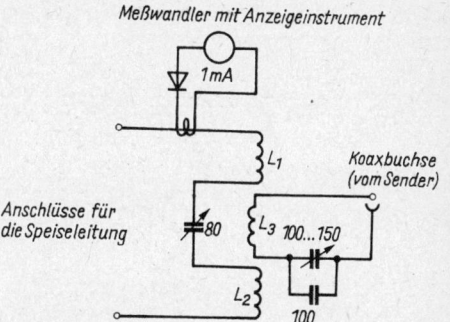

Meßwandler mit Anzeigeinstrument

1mA

L_1

Koaxbuchse
(vom Sender)

Anschlüsse für
die Speiseleitung

80

L_3 100...150

L_2

100

Bild 18.11
Abstimmgerät für den G 4 ZU-Beam, L_1 und L_2 je
4 Wdg., 1,5-mm-Cu-Draht, L_3 = 3 Wdg., 1,5-mm-Cu-Draht, die Spulen sind freitragend mit einem Windungsdurchmesser von 40 mm zu wickeln

Speiseleitung zur Resonanz kommt. Die Speiseleitung wird durch eine «Hühnerleiter» mit 450 Ω Wellenwiderstand und einer Länge von 11,60 ... 12 m dargestellt. Ein bewährtes Abstimmgerät, das für einen niederohmigen und unsymmetrischen Senderausgang (Koaxialausgang) bemessen ist, zeigt Bild 18.11.

Bild 18.13
Konstruktionsvorschlag für die Halterung der Elemente beim *G 4 ZU*-Beam nach Bild 18.12

18.1.2. Der abgewandelte *G 4 ZU*-Beam

Wie bereits aus Bild 18.4 hervorgeht, läßt sich der geschlossene Stub des *G 4 ZU*-Beam beim Reflektor und beim Direktor bei gleicher elektrischer Wirksamkeit durch eine Spule ersetzen. Dabei können die Parallelrohre eingespart und die Elemente durch ein hölzernes Gerüst (z. B. nach Bild 16.15) getragen werden. Allerdings sind die Verluste einer Spule größer als die eines aus dicken Rohren gebildeten Stubs. Die mechanischen und elektrischen Unstabilitäten einer Spule unter dem stetigen Einfluß der Witterung ergeben weitere Unsicherheitsfaktoren, die eindeutig für den geschlossenen Stub sprechen. Trotzdem mag in manchen Fällen die Spulenausführung des *G 4 ZU*-Beam nach Bild 18.12 vorgezogen werden.

Als Besonderheit bestehen in diesem Fall die beiden offenen Stubs aus Koaxialkabeln, die in die offenen Elementrohre eingeschoben werden können. Die Koaxialstubs sind aber kein typisches Merkmal dieser Ausführung, sie lassen sich

bei jedem *G 4 ZU*-Beam an der Stelle der sonst üblichen Bandleitungsstubs verwenden (Verkürzungsfaktor beachten!). Will man die Koaxialstubs nicht in die Elementrohre einschieben, sollten sie mit passenden Schellen auf dem Holzträger festgelegt werden.

Die Elemente kann man nach Bild 18.13 über eine Hartholztraverse auf dem Holzträger befestigen. Sind keine passenden Standisolatoren vorhanden, können auch einfache Lagerböcke nach Bild 17.4 verwendet werden. Bild 18.14 zeigt eine praktische Ausführung des Mittelteils von Reflektor und Direktor. Die Spule ist über den Isolierkörper aus Polystyrol gewickelt, der gleichzeitig die mechanische Verbindung der beiden Elementhälften bildet. Auch alle anderen hochwertigen Kunststoffe, die keine Feuchtigkeit aufnehmen, sind geeignet (*Polyäthylen*, *Acrylglas* usw.). Glasfaserverstärkte Kunststoffe dürften das zur Zeit geeignetste Baumaterial darstellen.

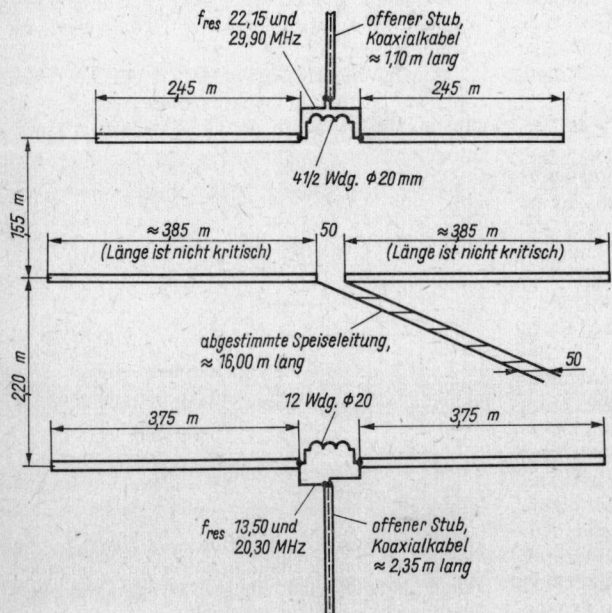

Bild 18.12
Der abgewandelte *G 4 ZU*-Beam

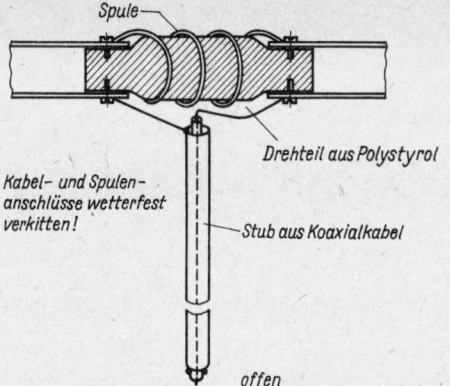

Bild 18.14
Ausführung des Mittelteiles von Reflektor und Direktor

Bild 18.15 zeigt einen besonders schlanken und leichten *G 4 ZU*-Beam, der nach dem Schema von Bild 18.12 konstruiert ist. Er wiegt nur 15 kp und wurde von *DM 2 AKN* gebaut. Die beiden Boomrohre haben einen Abstand von 1,75 m. Sie werden deshalb nicht als geschlossene Stubs verwendet, sondern sind lediglich zur mechanischen Stabilisierung eingesetzt. Zahlreiche Verspannungen unterstützen die Festigkeit. Zur isolierten Befestigung der Elemente auf den Trägerrohren verwendet man Preßstoffhalterungen. Die Koaxialkabelstubs sind deutlich zu erkennen; sie werden an den Elementen entlanggeführt und enden in einem der beiden Trägerrohre.

18.2. Der *VK 2 AOU*-Dreiband-Beam

Die parasitären Elemente des *G 4 ZU*-Beam sind nur für 2 Frequenzen resonant. *VK 2 AOU* bewies durch einige Versuche, daß nach Hinzufügen eines 3. Schwingungskreises – analog zum Multibandkreis – auch eine 3. Resonanz erzielt werden kann. Dabei darf dieser 3. Kreis entweder ein Serienschwingkreis oder ein Parallelresonanzkreis sein.

Bild 18.16a zeigt ein Zweibandelement mit Parallelresonanzkreis. Diesem schaltet man entsprechend Bild 18.16b einen Serienresonanzkreis parallel, wodurch sich die erwünschten 3 Resonanzen ergeben. Der gleiche Effekt wird in der Schaltung nach Bild 18.16c erzielt, bei der 2 in Serie geschaltete Parallelresonanzkreise bei XX angeschlossen sind. Alle Kapazitäten lassen sich auch in diesem Fall durch offene Stubs entsprechender Länge herstellen. Von *VK 2 AOU* werden jedoch auf Grund der besseren Abgleichmöglichkeit und des geringeren mechanischen Aufwandes Drehkondensatoren und Spulen verwendet.

Eine vorherige Berechnung der *L*- und *C*-Werte ist kaum möglich, da sich jede Veränderung an einem Bauelement auf den gesamten Komplex auswirkt. Die richtigen Werte und Einstellungen werden am schnellsten experimentell ermittelt. Dazu muß man ein Dip-Meter verwenden.

VK 2 AOU hat einen Dreiband-Beam entwikkelt, der auf allen 3 Bändern mit 3 Elementen

Bild 18.15
Der *G 4 ZU*-Beam in Leichtbauausführung von *DM 2 AKN*

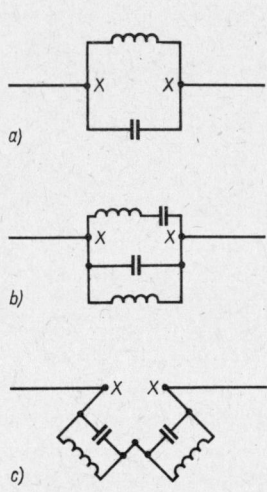

Bild 18.16
Mehrbandelemente

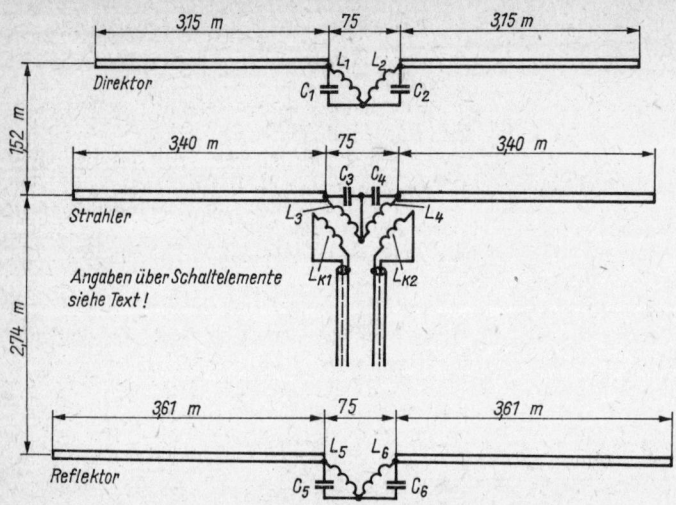

wirksam ist. Man kann ihn wahlweise über beliebige angepaßte Leitungen speisen. Es sind 2 Speiseleitungen erforderlich. Die eine nutzt man bei 10-m-Betrieb, mit der anderen wird der Beam auf 15 und 20 m erregt. Durch die genauen und umfassenden Angaben von *VK 2 AOU* führt ein gewissenhafter Nachbau sicher zum gewünschten Erfolg.

Der Dreiband-Beam ist aus dem *VK 2 AOU*-Miniatur-Beam (siehe Abschnitt 17.1.) entstanden. Die Elementabmessungen und Abstände wurden beibehalten; es sind lediglich an Stelle der Verlängerungsspulen Parallelresonanzkreise eingesetzt worden. Das Aufbauschema des *VK 2 AOU*-Dreiband-Beam zeigt Bild 18.17.

Die Bemessung der Schaltelemente

Die in Bild 18.7 aufgeführten Schaltelemente haben folgende Werte:

Direktor

Spule L_1	– 4 Wdg., 45 mm Spulenlänge, 40 mm Durchmesser
Spule L_2	– 6 Wdg., 70 mm Spulenlänge, 40 mm Durchmesser
Kondensator C_1	– Mittelwert etwa 65 pF
Kondensator C_2	– Mittelwert etwa 100 pF

Gespeistes Element

Spule L_3	– 5 Wdg., 50 mm Spulenlänge, 40 mm Durchmesser
Spule L_4	– 7 Wdg., 45 mm Spulenlänge, 40 mm Durchmesser
Spule L_{K1}	– 2 Wdg., freitragend über L_3 (Ankopplungsspule für 10-m-Band bei Speisung mit beliebig langem 60-Ω-Koaxialkabel
Spule L_{K2}	– 3 Wdg., freitragend über L_4 (Ankopplungsspule für 15 und 20 m bei Speisung mit beliebig langem 60-Ω-Koaxialkabel)
Kondensator C_3	– Mittelwert etwa 62 pF
Kondensator C_4	– Mittelwert etwa 85 pF

Reflektor

Spule L_5	– 6 Wdg., 47 mm Spulenlänge, 40 mm Durchmesser
Spule L_6	– 8 Wdg., 60 mm Spulenlänge, 40 mm Durchmesser
Kondensator C_5	– Mittelwert etwa 60 pF
Kondensator C_6	– Mittelwert etwa 70 pF

Die Zuleitungslänge zu allen Spulen beträgt je 50 mm, zu den Kondensatoren je 100 mm.

Die Abmessungen der Ankopplungsspulen L_{K1} und L_{K2} stellen Richtwerte dar, wenn zum Speisen Koaxialkabel mit einem Wellenwiderstand von 60 ... 75 Ω verwendet wird. Für Energieleitungen mit größerem Wellenwiderstand müssen auch die Windungszahlen von L_{K1} und L_{K2} entsprechend erhöht werden.

Die beiden Spulen jedes Elementes sollten sich gegenseitig möglichst wenig beeinflussen. Die Spulenachsen sind deshalb rechtwinklig zueinander angeordnet, wie auch aus Bild 18.17 hervorgeht. *VK 2 AOU* verwendete stabile freitragende Spulen mit 4 mm Durchmesser. Für den mechanischen Aufbau der gesamten Antenne gelten sinngemäß die Ausführungen wie beim *VK 2 AOU*-Miniatur-Beam (siehe Abschnitt 17.1.). Bei der Musterantenne werden Elemente mit 21 mm Rohrdurchmesser (Duralrohr) verwendet. Prak-

262

tisch sind alle Rohrdurchmesser und Rohrsorten brauchbar, die den mechanischen Anforderungen entsprechen.

Der Abgleich

Zuerst muß man die einzelnen Elemente mit dem Grid-Dip-Meter auf die vorher errechneten Resonanzfrequenzen abstimmen. Da sich der Grid-Dip-Oszillator sehr leicht an die Spulen ankoppeln läßt, werden die Resonanzfrequenzen ausgeprägt und eindeutig angezeigt. Zum groben Erstabgleich wird der Griddipper ziemlich fest mit den Spulen gekoppelt; beim nachfolgenden Feinabgleich hält man die Kopplung so lose, daß der Resonanzdip gerade noch gut zu erkennen ist.

Die 3 Resonanzen des gespeisten Elementes entsprechen den gewünschten Arbeitsfrequenzen. Man legt sie im allgemeinen in Bandmitte; 14,15, 21,20 und 28,50 MHz. Der Reflektor wird auf eine um 5% niedrigere Frequenz abgestimmt: 13,45, 20,14 und 27,07 MHz.

Die Direktorfrequenzen liegen um 4% höher: 14,72, 22,05 und 29,65 MHz.

Diese Resonanzfrequenzen sind gültig, wenn die Antenne in ihrer Betriebshöhe abgeglichen wird. Der Vorabgleich kann in Erdbodennähe durchgeführt werden. Dabei ist jedoch zu beachten, daß sich infolge des kapazitiven Einflusses der nahen Erde die Resonanz nach niedrigeren Werten verschiebt. $VK\,2\,AOU$ stellte fest, daß diese Verstimmung beim Vorabgleich in 2 m Höhe über gut leitendem Erdboden für die 14-MHz-Resonanz 350 kHz betrug. Man wird deshalb beim Vorabgleich in Bodennähe die Resonanzfrequenzen entsprechend tiefer legen und z. B. den Strahler auf 13,85, 20,90 und 28,20 MHz abstimmen. Bei den parasitären Elementen werden die Resonanzfrequenzen ebenfalls entsprechend vermindert. Man kann dann damit rechnen, daß die Frequenzen in der Betriebshöhe bereits annähernd richtig liegen.

Der Spulenabgleich ist nicht besonders kritisch; die großen Spulen L_2, L_4 und L_6 beeinflussen in erster Linie die 14-MHz-Resonanz. Die dazugehörigen Kondensatoren C_2, C_4 und C_6 sind hauptsächlich für die 21-MHz-Resonanz wirksam, obwohl bei ihrer Einstellung natürlich auch die 14-MHz-Abstimmung etwas «mitgezogen» wird. Mit den kleinen Spulen L_1, L_3 und L_5 werden die 21-MHz-Resonanzpunkte bevorzugt abgestimmt, dagegen wirken sich die Kondensatoren C_1, C_3 und C_5 besonders stark auf die Veränderung der 28-MHz-Resonanzen aus. Das Einstellen dieser Kondensatoren ist sehr kritisch; das gilt besonders für C_5 und C_6. Es erweist sich deshalb als zweckmäßig, alle Kondensatoren als Drehkondensatoren auszubilden. Zumindest sollten sehr gute Lufttrimmer verwendet werden.

Zum Schutz gegen Witterungseinflüsse ist es ratsam, die Abstimmkreise in Kunststoffgehäuse zu setzen.

Nachdem die Antenne mit dem Grid-Dip-Meter «kalt» auf die Resonanzfrequenzen abgestimmt wurde, gleicht man im Betriebszustand ab. Zu diesem Zweck wird der Dreiband-Beam über die vorgesehene Speiseleitung vom Sender erregt. Dann stimmt man mit einem möglichst weit entfernten Feldstärkeanzeigegerät auf größte Vorwärtsstrahlung bei bester Rückdämpfung ab.

Als erstes wird der Beam auf Höchstleistung im 14- und 21-MHz-Band abgeglichen. Die Kondensatoren sind jeweils nur sehr geringfügig zu verändern. Die Einstellungen müssen stetig wechselnd für 14 und für 21 MHz vorgenommen werden. Eine geänderte Abstimmung für 20 m bedingt gleichzeitig eine Mitnahme der 15-m-Resonanz und umgekehrt. Ist auf diesen beiden Bändern das Optimum erreicht, werden die Einstellungen markiert und nicht mehr verändert. Der Abgleich für 10 m beschränkt sich hauptsächlich auf eine leichte Korrektur der Kondensatoren C_1, C_3 und C_5. Diese Einstellung ist nicht kritisch, das Optimum liegt sehr breit.

Abgleichfehler können in erster Linie beim Abstimmen der parasitären Elemente auftreten. Wird z. B. der Reflektor «zu kurz» getrimmt, so kann der Reflektor zum Direktor werden und umgekehrt. Es kommt auch vor, daß nur ein Element fehlabgestimmt ist. Dann wird möglicherweise der Reflektor zum Direktor, oder der Direktor bekommt Reflektorwirkung. Dieser Umstand äußert sich durch eine stark verringerte Vorwärtsstrahlung. Um solche Fehler sofort richtig zu erkennen, empfiehlt $VK\,2\,AOU$ zwei Feldstärkeanzeiger, den einen in der Richtung der Vorwärtsstrahlung, den anderen zur gleichzeitigen Kontrolle der Rückdämpfung. Nur ein systematisches Vorgehen beim Abgleich garantiert den vollen Erfolg. Der ganze Vorgang ähnelt dem Einstellen des Gleichlaufs beim Superhet.

Eine bestimmte Vereinfachung bei gleicher Wirksamkeit ist möglich, wenn das gespeiste Element nach Art des $G\,4\,ZU$-Beam (Bild 18.3) ausgeführt und die Antenne über eine abgestimmte Speiseleitung erregt wird. Es müssen dann nur Reflektor und Direktor auf die entsprechenden Resonanzen getrimmt werden, während man das gespeiste Element durch das Antennenabstimmgerät am Ende der Speiseleitung zur Resonanz bringt.

Der $VK\,2\,AOU$-Dreiband-Beam hat beim 10- und 15-m-Betrieb etwa die gleichen Eigenschaften wie der $G\,4\,ZU$-Dreiband-Beam; er übertrifft diesen etwas im 20-m-Band, weil in diesem Fall 3 verkürzte Elemente mit allerdings sehr kleinen Elementabständen wirksam sind.

263

18.3. Der *DL 1 FK*-Dreiband-Beam

Der *DL 1 FK*-Dreiband-Beam zeichnet sich durch einen sehr leichten und mechanisch unkomplizierten Aufbau aus. In der Leistung ist er seinen gewichtigeren Brüdern mindestens ebenbürtig. Das Besondere an diesem 3-Element-Drehrichtstrahler stellt jedoch die neuartige Konstruktion der parasitären Elemente dar. Da es sich um eine neue, sehr sinnvolle Lösung des Mehrbandproblems handelt, wird der Nachbau etwas ausführlicher beschrieben.

Das gespeiste Element

Beim Prinzip nach Bild 18.18 handelt es sich um das gleiche stahlende Element wie beim *G 4 ZU*-Beam (siehe Abschnitt 18.1.), es weist jedoch einige konstruktive Feinheiten auf, die der Leichtbauweise entgegenkommen. Das gespeiste Element hat eine Gesamtlänge von knapp 8 m und ist demnach für das 15-m-Band annähernd resonant (etwas zu lang). Die exakte Resonanz für alle 3 Bänder wird über eine abgestimmte Speiseleitung und ein Antennenabstimmgerät an deren Eingang hergestellt. Die verwendeten Duralrohre verjüngen sich stufenweise nach außen.

Einzelabmessungen zu Bild 18.18

u – je 2,00 m Duralrohr, 20 mm Durchmesser, 1 mm Wanddicke

v – je 1,00 m Duralrohr, 18 mm Durchmesser, 1 mm Wanddicke

w – je 0,20 m Kunststoffrohr (verlustarm und feuchtigkeitsunempfindlich), 16 mm Durchmesser, 2 ... 4 mm Wanddicke

x – je 0,6 m Duralrohr, 10 ... 12 mm Durchmesser, 1 mm Wanddicke

y – je eine Drahtschleife, 100 mm Windungsdurchmesser, Aluminiumdraht, 2 ... 4 mm Durchmesser

Z – Haltetraversen, bestehend aus 2 Duralschienen mit U-Profil, Länge je 1,30 m

L – Spule über w gewickelt, 6 Wdg. mit 30 mm Spulendurchmesser bei 100 mm Spulenlänge, Material: Aluminiumdraht, 3 ... 6 mm Durchmesser.

Die Wanddicke von 1 mm für die Duralrohre ist ausreichend. Man richte sich aber nach dem handelsüblichen und verfügbaren Material, zu-

mal die Abmessungen der Einzelrohre und des gesamten gespeisten Elementes durchaus nicht kritisch sind.

Beide Strahlerhälften werden über Standisolatoren auf einer Haltetraverse befestigt, die nach *DL 1 FK* aus 2 parallellaufenden U-Profilschienen besteht. Holzträger erfüllen den gleichen Zweck, sind aber schwerer. Der Trageboom wird aus 2 parallelen, je 4,20 m langen Duralrohren gebildet. Auf diesem befestigt man die U-Schienen. Hängen die Strahlerhälften zu stark durch, dann kann leicht eine zusätzliche Abspannung über einen kleinen Spannturm angebracht werden. Grundsätzlich läßt sich auch jedes andere Dreiband-Strahlerelement (z. B. nach *VK 2 AOU* oder *W 3 DZZ*) verwenden.

Wichtig ist, daß das gespeiste Element für 20 m mindestens *elektrisch* $\lambda/2$ lang sein muß; es darf für 10 m elektrisch nicht länger als $1,2 \, \lambda$ werden $(2 \cdot 0,6 \, \lambda)$. Bei einigen Konstruktionen wird diese Forderung nicht erfüllt, und der Strombauch, der das stärkste magnetische Feld erzeugt, liegt dann entweder in der Speiseleitung oder in den Abstimmitteln.

Das gespeiste Element bildet für 10 m und für 15 m je 2 kollineare Halbwellenstücke (Dipollinie), die gleichphasig erregt werden. Dadurch wird für diese beiden Bänder durch den Strahler allein bereits ein Gewinn von 1,7 dB erreicht. Für 20 m ist der verkürzte Strahler etwas schlechter als ein Halbwellendipol voller Länge.

Das frequenzabhängige elektrische Verlängern des Strahlers wird durch die beiden Verlängerungsspulen L in Verbindung mit den als Endkapazität wirkenden Drahtschleifer y bewirkt. Dadurch ist dafür gesorgt, daß die Strommaxima optimal zur Ausstrahlung beitragen können.

Die Speisung

Die abgestimmte Speiseleitung muß man so bemessen, daß sie für keines der benutzten Bänder in einem Strom- oder Spannungsmaximum endet. Andernfalls können sich – wie bereits beschrieben – Gleichtaktwellen auf der Speiseleitung ausbilden, und die Speiseleitung strahlt dann ebenso intensiv wie die Antenne selbst. Bei *DL 1 FK* wird diese Forderung durch eine 17,2 m lange Speiseleitung erfüllt. Auch Feederleitungen von etwa 12 und 23 m dürften geeignet sein.

Eine sehr leichte und geschmeidige Speislei-

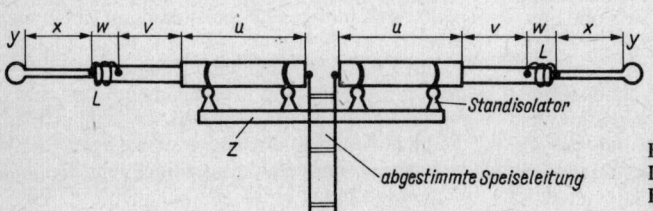

— Standisolator

Z

abgestimmte Speiseleitung

Bild 18.18
Das gespeiste Element des *DL 1 FK*
Beam

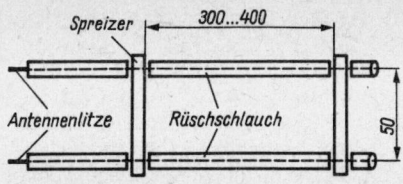

Spreizer 300...400

Antennenlitze Rüschschlauch 50

Bild 18.19
Die Speiseleitung

tung stellt man aus Antennenlitze her, die durch Spreizer auf einem Abstand von 50 mm gehalten wird. Das umständliche Abbinden oder Festklemmen der Spreizer kann bei folgender Methode entfallen: Von einer entsprechenden Menge Rüschschlauch mit etwa 8 mm Außendurchmesser werden 0,3 ... 0,4 m lange Stücke geschnitten. Auf jede Ader der Speiseleitung wird dann je 1 Rüschschlauch aufgeschoben; es folgt ein Spreizer, ein Rüschrohr, ein Spreizer usw., bis die gesamte Leitung abwechselnd mit Schlauch und Spreizer versehen ist (Bild 18.19). Die Speiseleitung hat den zusätzlichen Vorzug, isoliert zu sein. Die Spreizer werden aus geeigneten Kunststoffstreifen hergestellt. Die beiden Bohrungen (50 mm Abstand) sind so zu halten, daß die Antennenlitze ohne Mühe durchgleiten kann. Der Rüschschlauch hält die Spreizer in ihrer Lage fest. Die Speiseleitung wird an die Senderendstufe über einen der bekannten Antennenkoppler (siehe Abschnitt 8.2.) angebracht.

Die parasitären Elemente
Während sich die bisherigen Angaben zum strahlenden Element und zu dessen Speisung in durchaus bekannten Gebieten bewegten, stellen die nun zu besprechenden parasitären Elemente des *DL 1 FK*-Beam das grundsätzlich Neue dieser Antenne dar. Die Resonanz der parasitären Elemente wird für die verschiedenen gewünschten Frequenzen hergestellt, indem man mit Teilen des Elementes symmetrisch zur Mitte Resonanzkreise für die betreffenden Frequenzen bildet. Infolge ihrer Konstruktion haben diese eine hohe Güte, und die Teile der Elemente, die nicht innerhalb des Resonanzkreises liegen, schließen sich, konstruktiv bedingt, an die Stelle des Re-

sonanzkreises an, die ihrem Impedanzwert entsprechen (Bild 18.20). Die Konstruktion enthält zusätzlich zum eigentlichen Element 2 lineare Abstimmungsglieder K_1 und K_2. Damit ist es grundsätzlich möglich, 3 Frequenzen abzustimmen. Durch Verschieben der Abgriffe S_1 bzw. S_2 werden die L-Werte, durch Verändern der Drehkondensatoren die C-Werte variiert.

Wird das Element selbst in seiner Längenausdehnung für die mittlere benutzte Frequenz (z. B. 21 MHz) etwa richtig bemessen – zweckmäßig ein wenig länger als errechnet –, so erlaubt C_2 die elektrische Verkürzung. Mit C_2 und dem Teil zwischen den beiden Schellen S_2 läßt sich aber gleichzeitig die Resonanz für die gewünschte niedrigere Frequenz, also z. B. 14 MHz einstellen. Dabei wird das Element für 14 MHz selektiver, als es ein normal bemessenes 20-m-Element sein würde (verringerter Frequenzbereich). K_1 mit C_1 und S_1 bilden analog den Resonanzkreis für die gewünschte höhere Frequenz, in vorliegendem Fall 28 MHz. Der Kreis muß sehr sorgfältig abgestimmt werden, denn es besteht die Gefahr, daß man falsch abgleicht. Dann kann das Element für 28 MHz wie ein Ganzwellenstück wirken. Ein solches Ganzwellenstück ist aber wegen der Phasendrehung von $2 \cdot 180°$ als parasitäres Element ungeeignet (beide Halbwellenstücke sind gegenphasig erregt).

Nach diesen theoretischen Erörterungen des Prinzips soll nun die Praxis der *DL 1 FK*-Elemente beschrieben werden. Bild 18.21 zeigt ein parasitäres Element, wie es im *DL 1 FK*-Beam als Reflektor bzw. Direktor verwendet wird. Die sehr leichte und praktische Konstruktion ergibt sich, wenn man den langen, gestreckten Teil des Sekundärstrahlers so bemißt, daß seine Länge A annähernd für das 15-m-Band paßt. Damit die dünnen, sich nach den Enden hin verjüngenden Rohre nicht zu stark durchhängen, werden sie über einen etwa 200 mm hohen Spannturm B abgespannt. Dazu benutzt man Antennenlitze, die vom gestreckten Element durch je einen Porzellanring (F_1 und F_2) isoliert wird. Diese Abspannung läßt sich gleichzeitig als Parasitärelement für 10 m verwenden, indem man ihre Gesamtlänge entsprechend bemißt. Für das 20-m-Band wirkt der Bügel D_1-E_1-E_2-D_2, der mit dem Dreh-

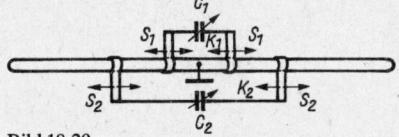

Bild 18.20
Schematische Darstellung eines Dreibandelementes nach *DL 1 FK*; S_1, S_2 – Rohrschellen, auf dem Element verschiebbar, C_1, C_2 – Drehkondensatoren 50 oder 100 pF Endkapazität

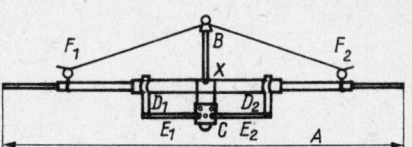

Bild 18.21
Parasitäres Element nach *DL 1 FK*

kondensator C abgestimmt wird. Die Abmessungen sind aus nachstehender Aufstellung zu ersehen.

Einzelabmessungen zu Bild 18.21

D_1, D_2 – Abstandsschellen, Aluminium, je 100 mm lang

F_1, F_2 – Porzellanringe

B – Spannturm, 200 mm hoch; ein Dachrinnen-Standisolator für Bandleitung ist gut geeignet

C – Drehkondensator 12...50 pF zwischen den Enden von E_1 und E_2

X – geometrische Mitte des gestreckten Elementes. An dieser Stelle kann der Traceboom metallisch leitend befestigt werden (Spannungsminimum).

Für C genügt bei mittleren Senderleistungen ein Plattenabstand von 0,5 ... 1 mm. Den Drehkondensator befestigt man zweckmäßig über eine isolierende Stütze an der Elementmitte (Punkt X). Der Drehkondensator ist vor Witterungseinflüssen zu schützen. Zu diesem Zweck kann er in ein wasserdichtes Gehäuse gesetzt werden.

Einen Gesamteindruck des *DL 1 FK*-Beam vermittelt Bild 18.22 (schematische Darstellung). Der Tragemast ist im Schwerpunkt befestigt.

Auffällig sind die kurzen Drahtenden, die von den Abspannungen an den Porzellanringen überstehen. Mit diesen «Drahtschwänzchen» (je etwa 100 mm lang) wird das parasitäre Element für 10 m abgestimmt. Beim Abgleich wird jeweils so viel Draht von den «Schwänzchen» abgeschnitten, bis Resonanz als Reflektor bzw. Direktor im 10-m-Band hergestellt ist.

Der Abgleich

Zur optimalen Abstimmung dieser Antenne benötigt man ein Grid-Dip-Meter und ein einfaches Feldstärkeanzeigegerät. Die Antenne kann etwa 2 m über dem Erdboden montiert und abgeglichen werden. Zuerst wird provisorisch auf 20 m abgestimmt. Anschließend wickelt man die überstehenden Enden der 10-m-Abspanndrähte auf einen isolierten Schraubendreher auf (Handkapazität vermeiden), um die Abschneidepunkte festzustellen. Zum Ausgleich des Unterschiedes zwischen Bodennähe und späterem Standort werden je Seite wieder 30 mm zugegeben. Dann schneidet man die für 15 m etwas zu lang bemessenen Elemente stückweise an den Enden ab, bis man in die Nähe der gewünschten Resonanz kommt. Diese Länge paßt dann gerade für den Standort auf dem Mast. Möglichst nach der endgültigen Montage werden die Drehkondensatoren für 20 m nachgestimmt. Dazu muß man das Feldstärkeanzeigegerät genau beobachten, da die Abstimmung sehr scharf ist. Es empfiehlt sich, erst den Reflektor und dann den Direktor auf das Rückwärtsminimum abzustimmen, weil dieses schärfer und eindeutiger auftritt als das Vorwärtsmaximum.

Die einzustellenden Resonanzfrequenzen sind in Tabelle 18.1. enthalten.

Beim Abstimmen auf 20 m ist zu beachten, daß sich der Widerstand am Eingang des Strahlers stark ändert und sehr gering wird, wenn der

Tabelle 18.1.
Resonanzfrequenzen des *DL 1 FK*-Dreiband-Beam für die Abstimmung mit Dip-Meter

Betriebs-frequenz	Reflektor-abstimmung	Direktor-abstimmung
28 400 kHz	27 600 kHz	29 400 kHz
21 250 kHz	20 800 kHz	21 700 kHz
14 250 kHz	13 950 kHz	14 555 kHz

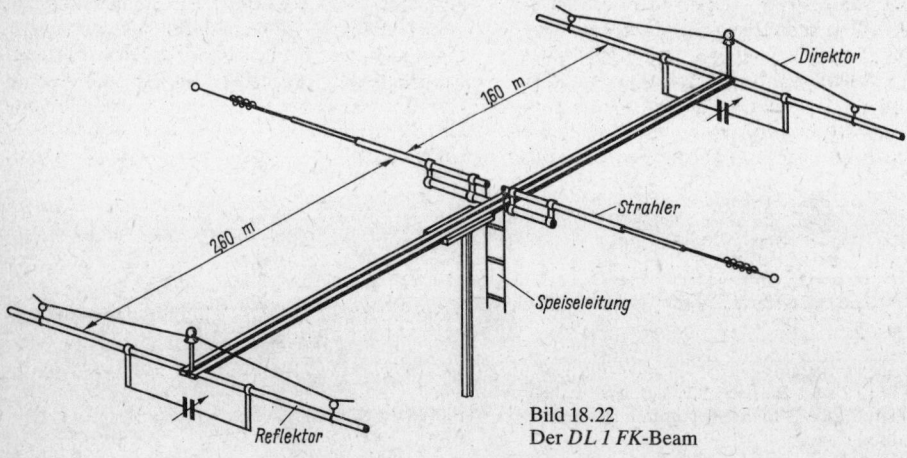

Bild 18.22
Der *DL 1 FK*-Beam

Direktor bei dem minimalen Abstand zum Strahler in Resonanz kommt. Wird eine offene Leitung benutzt, so muß man deshalb gleichzeitig am Senderausgang nachstimmen.

Das Prinzip der linearen Wellenfallen bzw. der Abstimmglieder des *DL 1 FK*-Elementes läßt sich auch auf viele andere Anwendungsgebiete ausdehnen.

18.4. Der *W 3 DZZ*-Dreiband-Beam

Eine sehr zweckmäßige und leistungsfähige Lösung für den Dreiband-Beam wurde von *W 3 DZZ* vorgeschlagen. Bei dieser Antenne werden keine Kompromisse eingegangen, sie erreicht die gleichen Leistungsdaten, die für 3 entsprechende Einzel-*Yagis* charakteristisch sind. Dieser Drehrichtstrahler erfordert allerdings einen beachtlichen mechanischen Aufwand und außerdem den Selbstbau einiger Präzisionsteile.

Da der *W 3 DZZ*-Beam für amerikanische Verhältnisse konstruiert ist, wurde von *D 1 AU* mit Unterstützung von *W 3 DZZ* eine europäische Version entwickelt, die sich auf unser metrisches System stützt und handelsübliche Rohrsorten verwendet.

Die Wirkungsweise

Der *W 3 DZZ*-Beam unterliegt den gleichen Gesetzmäßigkeiten wie die *W 3 DZZ*-Allband-Drahtantenne (siehe Abschnitt 10.2.8.). Die Wirkungsweise wird am Beispiel des gespeisten Elementes noch behandelt (Bild 18.23).

Der 10-m-Dipol nach Bild 18.23a ist längenmäßig wie üblich für dieses Band bemessen. Die freien Enden sind mit je einem Parallelresonanzkreis $L_1–C_2$ und $L_2–C_2$ abgeschlossen. Bei genügend hoher Kreisgüte bilden die Sperrkreise für ihre Resonanzfrequenz einen sehr hohen Widerstand; sie wirken wie Isolatoren. Die Kreise sind auf die Arbeitsfrequenz im 10-m-Band abgestimmt, und die nach Bild 18.23b bei YY ange-

schlossenen Leiterstücke beeinflussen die Resonanz des 10-m-Dipols nicht mehr. Wird der Strahler bei XX dagegen mit einer Frequenz von beispielsweise 21 MHz erregt, so sind die beiden Sperrkreise für diese Frequenz außer Resonanz; sie haben demnach keine Sperrwirkung mehr. Die Kreise $L_1–C_1$ und $L_2–C_2$ wirken nun als Verlängerungsinduktivitäten für den 15-m-Dipol. Bei geeigneter Bemessung der Leiterstücke B_1 und B_2 ergeben diese zusammen mit A_1 und A_2 sowie den Induktivitäten L_1 und L_2 einen Halbwellenstrahler für 21 MHz, ohne daß sich an der Resonanzlage für 28 MHz etwas ändert. Da das Element jedoch auch für 14 MHz brauchbar sein soll, werden nach Bild 18.23c an die Enden der Leiterstücke B_1 und B_2 noch einmal 2 Sperrkreise $L_3–C_3$ sowie $L_4–C_4$ geschaltet und auf Sperrwirkung für 21 MHz abgestimmt.

Nach Bild 18.23c sind bei den Punkten ZZ noch 2 offene Leiterstücke E_1 und E_2 angefügt. Mit ihnen kann man die Halbwellenresonanz herstellen; denn das Element bei XX wird mit einer Frequenz von 14 MHz erregt. Weder die Kreise $L_1–C_1$ und $L_2–C_2$ noch $L_3–C_3$ und $L_4–C_4$ sind im 20-m-Band in Resonanz. Alle Kreise wirken demnach für 14 MHz als Verlängerungsspulen. Die Leiterstücke A_1, A_2, B_1, B_2 und E_1, E_2 ergeben zusammen mit den Induktivitäten L_1, L_2, L_3 und L_4 Halbwellenresonanz im 20-m-Band. Die Anordnung nach Bild 18.23c ist deshalb für 3 Bänder gleichzeitig abgestimmt.

In gleicher Weise sind auch die parasitären Elemente ausgeführt, wobei lediglich die Resonanzen für den Reflektor entsprechend niedriger und für den Direktor höher gelegt werden. Da diese Elemente parasitär erregt sind, entfällt auch ein Auftrennen in der geometrischen Mitte. Die Sekundärelemente können dort geerdet werden.

Bild 18.24 zeigt das Schema des vollständigen *W 3 DZZ*-Dreiband-Beam. Es fällt auf, daß zwischen Strahler und Reflektor sowie zwischen Strahler und Direktor noch je ein kurzes Parasitärelement angebracht wurde. Dabei handelt es sich um einen Reflektor und einen Direktor für

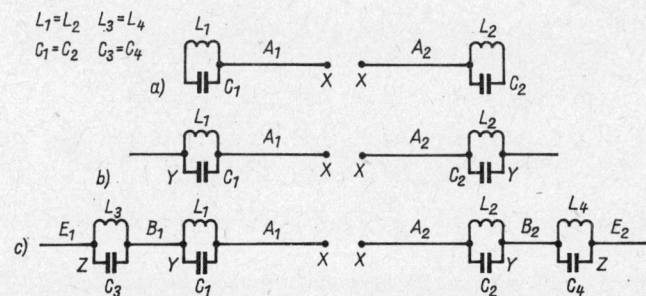

Bild 18.23
Die Entwicklung eines Halbwellendipols zum Dreibandelement;
a – der 10-m-Dipol, b – die Erweiterung zum 15-m-Dipol, c – das vollständige Dreibandelement für 10, 15 und 20 m

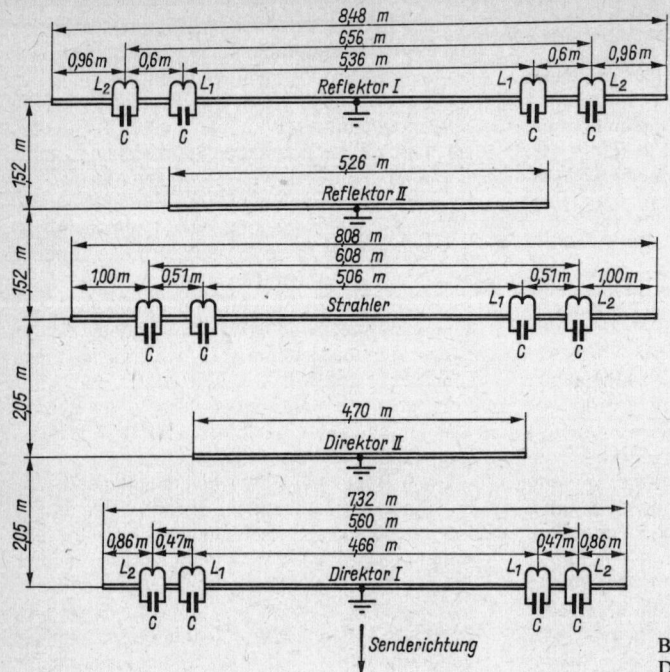

Bild 18.24
Der *W 3 DZZ*-Dreiband-Beam

den 10-m-Betrieb. Da die Abstände Strahler–Reflektor und Strahler–Direktor in einem 3-Element-System bei Dreibandbetrieb für das 10-m-Band etwas zu groß werden, fügte man diese zusätzlichen Elemente ein. Dadurch arbeitet die Antenne bei 28 MHz mit insgesamt 5 Elementen, wobei allerdings der 2. Reflektor kaum etwas zum Gewinn beitragen dürfte. Es kann deshalb beim 10-m-Betrieb mit einem Gewinn von etwa 7 dBd gerechnet werden. Für 21 und 14 MHz sind 3 Elemente wirksam, wobei sich im 15-m-Band ein Gewinn von knapp 6 dBd und im 20m-Band, weil etwas verkürzt, etwa 5 dBd erreichen lassen.

Die praktische Ausführung

Für alle Spulen L_1 werden 5 Wdg. 4-mm-CuAg-Draht bei einem Innendurchmesser der Spule von 62 mm angegeben. Die Spule L_2 weist bei sonst gleichen Abmessungen 7 Wdg. auf. Alle Kondensatoren C haben eine Kapazität von 25 ... 29 pF.

Für die Sperrkreise L_1–C beträgt die Abgleichfrequenz 28 MHz, während die Kreise L_2–C auf 20,2 MHz abgestimmt werden. Dabei ist zu beachten, daß man zum Abgleich nur die Spulenlänge ändert, denn die Kreiskapazität von 25 ... 29 pF muß in jedem Fall erhalten bleiben. Als besonders günstig erwies es sich bei der Originalausführung des *W 3 DZZ*-Beam, daß die Kondensatoren durch die Elementrohre selbst

dargestellt wurden. Diese Rohre lassen sich unter Zwischenlage eines Isolierstoffzylinders teleskopartig ineinanderschieben, wodurch sich eine Kapazität ergibt, deren Dielektrikum durch die Isolierstoffzwischenlage gebildet wird. Eine solche Konstruktion erfordert natürlich große mechanische Präzision und passende Rohre mit den entsprechenden Durchmessern und Wandstärken. Eine mechanisch einfachere Lösung besteht darin, die Rohre über einen passenden Dorn aus Isoliermaterial gemäß Bild 18.25 miteinander zu verbinden. Als Isoliermaterial eignet sich dafür Hartgewebe; denn es ist sehr bruchsicher. Bei einigen Sorten ist aber die Verlustarmut nicht besonders groß, es besteht außerdem bei solchen Schichtpreßstoffen die Tendenz, Feuchtigkeit aufzunehmen. Ein zusätzlicher Oberflächenschutz ist deshalb erforderlich. Es gibt aber auch sehr verlustarme Kunststoffe, die eine genügende Elastizität und Bruchsicherheit aufweisen.

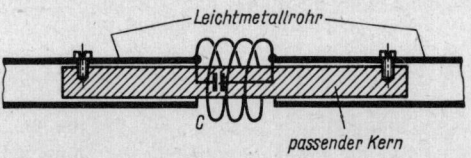

Bild 18.25
Vorschlag für die Ausführung der Sperrkreise

In mechanischer und in elektrischer Beziehung dürften sich glasfaserverstärkte *Polyester*-Rundstäbe (Kunststoffangelruten) am besten eignen. Der Kondensator *C* muß dabei durch einen hochwertigen Festkondensator mit geringem Temperaturgang gebildet werden, der witterungsgeschützt unterzubringen ist. Sein Kapazitätswert darf allerdings nur bei 15 ... 20 pF liegen, da durch die Annäherung der beiden Elementrohre bereits eine gewisse Anfangskapazität auftritt.

Das System läßt sich in der Art der bewährten Gamma-Anpassung speisen (siehe Abschnitt 6.3.). In diesem Fall kann man über ein beliebig langes Koaxialkabel speisen. Wenn das Gamma-Glied für den 15-m-Betrieb auf optimale Anpassung eingestellt wird, bleibt die Welligkeit der Speiseleitung bei 10 und 20 m noch in tragbaren Grenzen.

Es ist auch möglich, für den *W 3 DZZ*-Beam das gespeiste Element eines *DL 1 FK*-Beam zu verwenden (siehe Bild 18.18) und dann über eine abgestimmte Leitung zu speisen. Dabei fallen auch die Sperrkreise im Strahlerelement weg, und die Resonanzlage wird für jedes Band am senderseitigen Ende der abgestimmten Speiseleitung hergestellt.

18.5. Das Dreiband-Quad mit Einfachschleifen nach *VK 2 AOU*

Von *VK 2 AOU* wurde eine vollwertige Dreiband-Cubical-Quad-Antenne entwickelt, erprobt und genau beschrieben, die elektrisch und mechanisch kaum noch Wünsche offen läßt [1]. Auch bei dieser Dreibandantenne geht *VK 2 AOU* vom Prinzip des Multibandkreises aus, das sich bei der bekannten *VK 2 AOU*-Dreiband-*Yagi* bereits bewährt hat (siehe Abschnitt 18.2.). Dadurch gelingt es, mit nur einer gespeisten Schleife und einer Reflektorschleife Resonanz für alle drei Bänder (10, 15 und 20 m) zu erreichen. In Bild 18.26 sind Dreibandschwingkreise in 2 Varianten schematisch dargestellt. Betrachtet man die einzelnen Resonanzkreise für sich, dann liegt keine der Einzelresonanzen auf je einer der gewünschten Arbeitsfrequenzen, jedoch ist das gesamte Netzwerk für alle 3 Betriebsfrequenzen resonant. Wird in der Schaltung nach Bild 18.26a der Serienresonanzkreis f_1 durch ein Antennenelement ersetzt, ändert sich die Charakteristik der abgestimmten Dreibandschaltung nicht. Ist dieses Element eine Quad-Schleife, so entsteht daraus das Schema nach Bild 18.27a, wobei das Quad-Element nun den Serienresonanzkreis f_1 mit verteiltem *L* und *C* darstellt. Aus

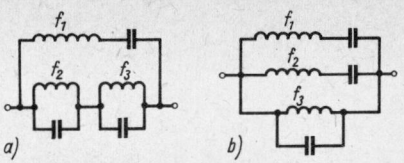

Bild 18.26
Prinzip der Dreibandresonanzkreise in 2 Varianten

Gründen der mechanischen und elektrischen Symmetrie ordnet man nach Bild 18.27b die Kreise f_2 und f_3 zu beiden Seiten des Antenneneingangs an. Das Schema nach Bild 18.27c mit paarweiser Anordnung der Kreise in beiden Ebenen wird angewendet, wenn die Gesamtlänge der Quad-Schleife das 1,5fache der kleinsten Betriebswellenlänge übersteigt.

Die elektrische Konzeption der Dreiband-Quad

Die Antenne besteht aus 2 gleichen Drahtquadraten mit je 4,27 m Seitenlänge; ihr Aufbauschema ist in Bild 18.28 dargestellt. Eine solche Ausführung hat nur die Hälfte des Windwiderstandes einer voll dimensionierten Dreiband-Quad-Antenne mit ineinandergeschachtelten Elementen. Kleinere oder größere Elementseitenlängen können nach dem Mehrbandprinzip ebenfalls eingesetzt werden, dabei geht dann der Wirkungsgrad entsprechend zurück oder steigt an. Es hat sich erwiesen, daß eine Seitenlänge von 4,27 m bezüglich Leistung und Aufwand dem Optimum sehr nahe kommt.

Das gespeiste Einschleifen-Element ist für 3 Bandfrequenzen resonant, z. B. für 14,15, 21,3 und 28,6 MHz. Für das Reflektor-Element müssen dann die Resonanzfrequenzen entsprechend niedriger liegen, nämlich bei 13,43 und 27,30 MHz.

Allgemein gilt für solche Dreiband-Quad-Elemente:

– Die Betriebsfrequenzen können über einen Bereich von 1,6 : 1 bis 3 : 1 verteilt liegen.
– Es brauchen keine harmonischen Resonanzbeziehungen zwischen den gewählten Arbeitsfrequenzen zu bestehen.
– Die Antenne spricht auf Oberwellen ihrer Arbeitsfrequenzen nicht an (Ausnahme: wenn die Frequenz der Harmonischen praktisch gleich einer der Arbeitsfrequenzen ist).
– Die gesamte Elementlänge strahlt für alle Arbeitsfrequenzen.
– In Quad-Anwendungen genügt ein einziges Paar abgestimmter Parallelresonanzkreise je Element (Bild 18.27b), sofern die Gesamtlänge des Quad-Elementes das 1,5fache der kleinsten Betriebswellenlänge nicht übersteigt. Für längere Quad-Elemente sind 2 Paare abgestimmter Resonanzkreise je Ele-

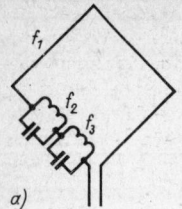

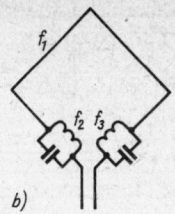

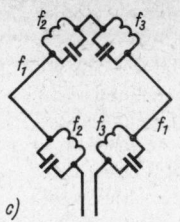

Bild 18.27
Das Schema des Dreiband-Quad-Elements nach *VK 2 AOU*;
a – Aufbauschema nach Bild 18.26a, b – symmetrische Einfügung von f_2 und f_3 am Antenneneingang, c – paarweise Anordnung von f_2 und f_3

ment erforderlich (Bild 18.27c). Dadurch werden Abstimmschwierigkeiten auf dem frequenzhöchsten Band vermieden.

Da bei der dargestellten Ausführung die gesamte Elementlänge (17,08 m) 1,5 Wellenlängen für 10 m überschreitet, werden je Element 2 Paare abgestimmter Parallelresonanzkreise verwendet.

Die Kreiskapazitäten können aus Lufttrimmern oder aus keramischen Topftrimmern bestehen. Mindestens ebensogut eignen sich Kapazitäten, die aus offenen Koaxialkabelstücken gebildet werden. Bekanntlich hat jedes Koaxialkabel eine bestimmte Kapazität zwischen Innen- und Außenleiter, die in pF/m angegeben wird. Bei handelsüblichen 50-Ω-Kabeln mit *Polyäthylen*-Dielektrikum beträgt die Kapazität 100 pF/m. Die für die vorgegebene Kapazität erforderliche Länge des offenen Kabelstücks läßt sich somit leicht berechnen. Es können alle gängigen Koaxialkabeltypen beliebigen Wellenwiderstandes

verwendet werden; wichtig ist lediglich, daß man die Kapazität je Meter Länge kennt.

Als Kreisinduktivitäten werden Haarnadelschleifen aus möglichst dicken Drähten ($\geqq 2$ mm Durchmesser) mit einem Leiterabstand von etwa 60 mm (unkritisch) eingesetzt. Die gesamte Leiterdrahtlänge im gespeisten Element plus den Drahtlängen der vier Haarnadelschleifen entspricht annähernd der Wellenlänge der niedrigsten Betriebsfrequenz.

Der Konstruktionsvorschlag von *VK 2 AOU*

Der waagrechte Rohrträger A (Boom) für die beiden Quad-Elemente ist je 2,60 m lang und legt so den Reflektorabstand auf etwa 2,45 m fest. Das entspricht bei 20 m einem Reflektorabstand von 0,115 λ, bei 15 m von 0,173 λ und bei 10 m von 0,232 λ.

Der Boom A ist ein stabiles Hartaluminiumrohr mit etwa 50 mm Durchmesser bei einer Wanddicke von mindestens 3 mm. Die kreuzför-

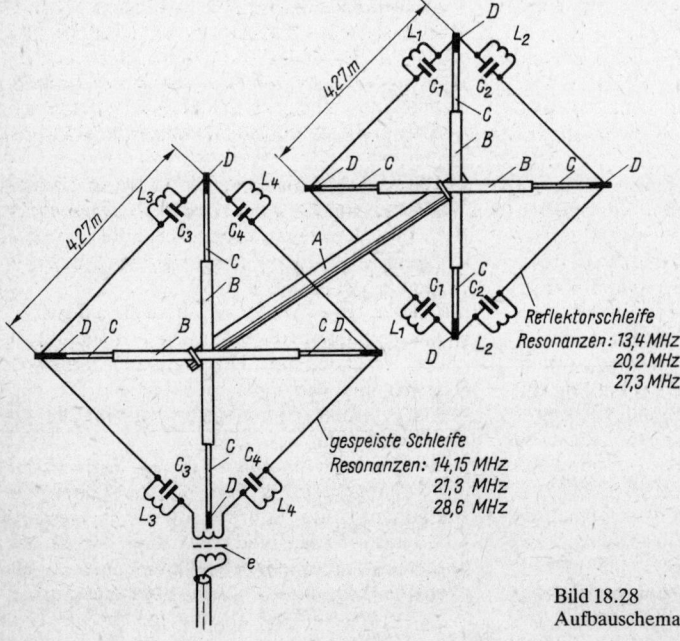

Bild 18.28
Aufbauschema der *VK 2 AOU*-Dreiband-Antenne

270

migen Elementspreizen bestehen nicht, wie sonst üblich, aus Bambusrohr oder Glasfiberrohren, sondern sind ebenfalls aus Hartaluminiumrohr gefertigt. Die aus den Teilen B, C und D aufgebauten Spreizen werden kreuzförmig auf dem Boom befestigt. Die Teile B bestehen aus je 3,66 m langen 7/8-Zoll-Rohren ($\approx 22,2$ mm Durchmesser) mit 1/16-Zoll Wanddicke ($\approx 1,6$ mm) aus Hartaluminium. In ihre 4 offenen Enden sind teleskopartig 4 je 1,22 m lange 3/4-Zoll-Leichtmetallrohre ($\triangleq 19$ mm Durchmesser) etwa 200 mm tief eingeschoben und befestigt (Teil C). Die Isolatoren für die Elementdrähte bilden 250 mm lange PVC-Rohre (Teil D) mit 3/4-Zoll Durchmesser ($\triangleq 19$ mm). Damit sie an den Leichtmetallrohrenden C befestigt werden können, muß man sie erwärmen und so aufweiten, daß sie sich auf etwa 100 mm Länge straff über die Rohrenden C schieben lassen. Die freien Enden der PVC-Rohre werden ebenfalls im warmen Zustand flachgedrückt und mit je einer Bohrung zur

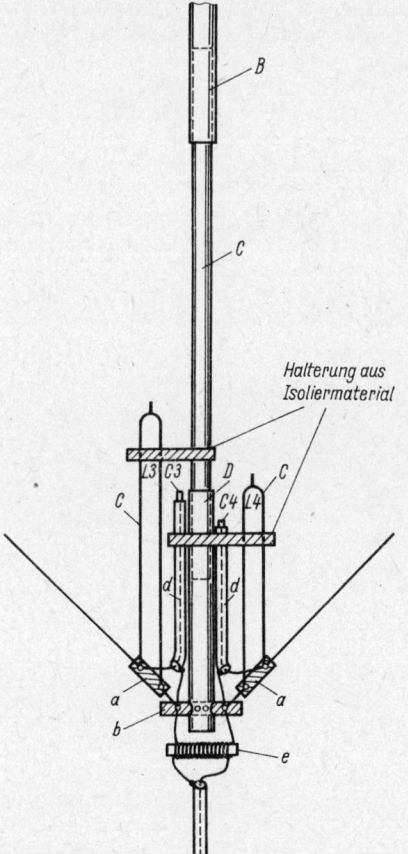

Bild 18.29
Mechanischer Aufbau der Parallelresonanzkreise und des Speisepunkts (nicht maßstabgerecht)

Aufnahme des Leiterdrahtes versehen. Die gesamte Spreizerlänge von Isolator zu Isolator beträgt somit 6,15 m; daraus ergibt sich auch rechnerisch eine Seitenlänge von 4,30 m je Element.

Die Spreizen werden mit passenden U-Bolzen kreuzförmig im gegenseitigen Winkel von 90° befestigt. Um die rechtwinklige Stellung der Spreizen am Boom zu sichern, sollte man noch entsprechende Verstrebungen anbringen. Natürlich kann der mechanische Aufwand dem jeweils beschaffbaren Material entsprechend abgewandelt werden.

Die Parallelresonanzkreise sind unmittelbar an den oberen und unteren Ecken des Elementes eingesetzt. Dazu wird der Elementleiter an diesen Stellen durch je einen Kunststoffstreifen (Abmessungen 75 mm × 13 mm × 6 mm) elektrisch unterbrochen (siehe Bild 18.29). Die Resonanzkreise – bestehend aus je einer Haarnadelschleife c und einem Koaxialkabel-Kondensator d – werden an diesem Isolierstück a befestigt und mit den anliegenden Leiterdrähten verbunden.

Die Haarnadelschleifen c bestehen aus dickem Kupferlackdraht (Durchmesser $\geqq 2$ mm); sie werden über entsprechende Plasthalterungen mechanisch stabil an den senkrechten Spreizerarmen befestigt. Die als Kapazitäten verwendeten Koaxialkabelstücke legt man mit geeigneten Befestigungsbändern direkt an den Spreizerarmen fest. Dabei soll der Kabelaußenleiter (Abschirmgeflecht) mit den Punkten der niedrigeren HF-Spannung verbunden werden. Das sind immer die Anschlußstellen, die den senkrechten Spreizerarmen am nächsten liegen. Um die Isolation zwischen Innen- und Außenleiter an den Kabelenden sicherzustellen, wird dort der Kabelaußenleiter auf etwa 20 mm Länge entfernt. Die Kabelenden werden nach dem Abgleich mit geeigneten Isolierklebern vor Feuchtigkeit geschützt. Die mechanischen Bemessungsangaben für die Parallelresonanzkreise enthält Tabelle 18.2.

Zur Wahrung der Symmetrie wird am Speisepunkt eine Balunspule eingesetzt. Sie ermöglicht

Tabelle 18.2.
Bemessungsangaben für Parallelresonanzkreise

Drahtlänge der Schleifen in m	Ergibt etwa Schleifenlänge in m	Benötigte Kapazität in pF	Kabellänge bei 85 pF/m in m
$l_1 = 1,75$	0,84	$C_1 = 56$	0,66
$l_2 = 1,32$	0,62	$C_2 = 26$	0,31
$l_3 = 1,45$	0,66	$C_3 = 53$	0,63
$l_4 = 1,07$	0,50	$C_4 = 23$	0,27

Der Leiterabstand der Harnadelschleifen beträgt 60 mm. Die Längen der Verbindungsdrähte sind in den Werten nicht enthalten.

das symmetrische Erregen des Strahlers über ein beliebig langes Koaxialkabel mit 50 ... 75 Ω Wellenwiderstand. Die Balunspule ist auf einem Ferritstab von etwa 13 mm Durchmesser und 75 mm Länge aufgebracht. In bifilarer Wicklung erhält sie primär und sekundär je 9 Wdg. eines Kupferlackdrahtes von 1,6 mm Durchmesser. Es kann auch ein Ringkern-Balun 1:1 nach Abschnitt 7.7.3. verwendet werden. Der Transformator ist in einem Kunststoffgehäuse witterungsgeschützt untergebracht. Man versieht dieses Gehäuse mit einer Kabelbuchse für den Anschluß der Speiseleitung.

Die Abstimmung der Dreiband-Quad-Antenne

Werden die Elemente genau nach der Beschreibung aufgebaut, dann dürften nur noch geringe Feinabstimmungen erforderlich sein. Diese sollte man nach der von *VK 2 AOU* benutzten Methode durchführen.

Ein in allen Teilen fertiggestelltes Quad-Element wird horizontal zum Erdboden auf die oberste Sprosse einer etwa 1,5 m hohen hölzernen Stehleiter gelegt, so daß alle Abgleichelemente leicht zu erreichen sind. Vorher eicht man ein transistorisiertes Dip-Meter durch Vergleich mit dem Stationsempfänger und markiert auf der Dip-Meter-Skale die vorgesehenen Betriebsfrequenzen nach Tabelle 18.3. Da das waagrecht nur 1,5 m über dem Erdboden befindliche Element eine größere Kapazität gegen Erde hat als im endgültigen Betriebszustand (wenn es sich vertikal orientiert in viel größerer Höhe über Grund befindet), muß man zum Abgleich dieser größeren kapazitiven Belastung von den angegebenen Abgleichfrequenzen 3 ... 4 % abziehen.

Mit dem Dip-Meter, das an die Rundungen der Haarnadelschleifen angekoppelt wird, stellt man zunächst die vorhandenen Resonanzfrequenzen fest. Es werden dabei jeweils 3 Resonanzdips gefunden: die Resonanz der Haarnadelschleife selbst, die nicht auf einer Betriebsfrequenz liegt, und 2 weitere Frequenzen, die mit Betriebsfre-

Tabelle 18.3.
Resonanzfrequenzen an den Haarnadelschleifen

Element	Resonanzfrequenzen	
	lange Schleifen	kurze Schleifen
Strahler	L_3 14,15 MHz	L_4 21,3 MHz
	18,0 MHz	28,6 MHz
	21,3 MHz	31,0 MHz
Reflektor	L_1 13,43 MHz	L_2 20,2 MHz
	15,8 MHz	26,9 MHz
	20,2 MHz	27,3 MHz

Damit die Symmetrie gewahrt bleibt, sollen die Schwingkreispaare in der oberen Ecke mit denen in der unteren Ecke mechanisch und elektrisch identisch sein.

quenzen identisch oder ihnen angenähert sind (siehe Tabelle 18.3.). Das mittlere Betriebsband wird an den kurzen und an den langen Haarnadelschleifen gefunden (21 MHz). Dagegen tritt das 28-MHz-Band nur an den kurzen Schleifen auf. Zum Abgleich werden verändert:
beim 14-MHz-Band – Drahtlänge der langen Haarnadelschleifen L_3 bzw. L_1 oder Leiterlänge der Quad-Schleife,
beim 21-MHz-Band – Kondensator an der langen Haarnadelschleife oder Drahtlänge der kleinen Haarnadelschleife L_4 bzw. L_2,
beim 28-MHz-Band – Kondensator an der kleinen Haarnadelschleife.

Soll z. B. die Betriebsfrequenz bei 14,25 MHz liegen und die Resonanz wird bei 14,0 MHz gefunden, so muß entweder die Quad-Schleife verkürzt oder die Induktivität der langen Haarnadelschleifen verringert werden. Die Induktivität verringert man in kleinen Schritten, indem man über jeweils etwa 5 cm Länge die abgerundeten Enden der Schleife verdrillt, so daß die Paralleldrahtleitung mechanisch kürzer wird. Beim Abstimmen der Kapazitäten ist zu beachten, daß bei der 28-MHz-Resonanz ein Vermindern der Kapazität um 2 pF bereits eine Frequenzerhöhung von 500 kHz verursachen kann. Bei den frequenzniedrigeren Bändern ist der Einfluß der Kapazitätsänderung entsprechend geringer. Die Kapazität wird verkleinert, indem man den Außenleiter des Koaxialkabels am offenen Ende um jeweils etwa 1 cm zurückschiebt.

Mit dem Abgleich beginnt man bei 14 MHz, es folgen 21 MHz und zuletzt 28 MHz. Zum Abstimmen des gespeisten Elementes ist ein Reflektormeter sehr nützlich. Die Resonanzen dieses Elementes liegen immer auf den Frequenzen, bei denen die Welligkeit am kleinsten ist.

Der Reflektor wird in gleicher Weise auf die in der Tabelle 18.3. aufgeführten Resonanzfrequenzen abgeglichen. Es besteht auch die Möglichkeit, eine Direktorschleife als 3. Element anzubringen. In diesem Fall erhält man die Abgleichfrequenzen für den Direktor, indem man die für das gespeiste Element angegebenen Frequenzen um 5 % erhöht.

Ein eventueller Feinabgleich auf größte Rückdämpfung oder maximale Vorwärtsstrahlung muß an der in der vorgesehenen Höhe betriebsfertig aufgebauten Antenne vorgenommen werden. Dabei überprüft man zunächst die Strahlerresonanzen, indem man in die Speiseleitung einen Welligkeitsanzeiger einschleift und die Antenne über den Betriebssender erregt. Durch Variieren der Sendefrequenzen stellt man die Frequenzen fest, bei denen die Welligkeit am geringsten ist. Diese Frequenzen entsprechen dann den Strahlerresonanzen, die – falls erforderlich – etwas korrigiert werden müssen. Mit den festgestellten Resonanzfrequenzen wird anschließend die Antenne zum Feinabgleich erregt. Wie üblich, benutzt man dabei zur Abstrahlungskontrolle einen abgesetzten Feldstärkeanzeiger mit Testdipol. Der Feinabgleich an der Antenne beschränkt sich ausschließlich auf ein Nachstimmen am Reflektorelement. Eine Welligkeit s von 1,5 ist auf allen Betriebsfrequenzen zu erreichen: sie kann an den Bandenden bis auf 2 ansteigen.

Materialaufstellung für Dreiband-Quad nach Bild 18.28 bzw. Bild 18.29
Teil A – 1 Stück Rohr 50 × 3
    AlCuMg F 40, 2,60 m lang;
Teil B – 4 Stück Rohr 22 × 2
    AlCuMg F 40, je 3,66 m lang;
Teil C – 8 Stück Rohr 18 × 1,5
    AlCuMg F 40, je 1,22 m lang;
Teil D – 8 Stück PVC-Rohr, Innendurchmesser
    zwischen 16 und 18 mm, je 0,25 m lang;
Teil a – 8 Stück Polystyrolstreifen
    75 mm × 13 mm × 6 mm;
Teil b – 4 Stück Hartgewebestreifen
    100 mm × 13 mm × 6 mm;
Teil c – 8 Stück, Haarnadelschleifen nach Tabelle
    18.2.;
Teil d – 8 Stück, Koaxialkabelstücke nach Tabelle
    18.2.;
Teil e – 1 Stück Balun-Spule im Kunststoffgehäuse
    nach Beschreibung.
Außerdem werden etwa 20 m Kupferlitze oder -draht für Antennenleiter sowie Kleinmaterial zum Befestigen, Abspannen und Verstreben benötigt.

18.6.   Die *DJ 4 VM*-Multiband-Quad

Das zentral gespeiste, von *DJ 4 VM* entwickelte Mehrband-Quad-Element wurde in Abschnitt 13.4.3.1. beschrieben. Es ist wegen der streng symmetrischen Erregung z. B. einem unten gespeisten Quad-Element beim Mehrbandbetrieb überlegen. Wie *DJ 4 VM* in [2] näher ausführt, ist die Phasenlage eines von unten (oder oben) gespeisten, für 20 m bemessenen Quad-Elementes noch exakt symmetrisch. Betreibt man dieses Element im 15-m-Band, stellt sich bereits eine erhebliche Asymmetrie ein, und beim 10-m-Betrieb tritt eine ausgesprochene Gegenphasigkeit auf, die das Strahlungsdiagramm verformt. Dies ist auf die unsymmetrische Erregung zurückzuführen, die erkennbar wird, wenn man sich das Quad-Element als die Stockung von 2 abgewinkelten Halbwellenelementen vorstellt, bei denen die untere Ebene zuerst erregt wird. Betreibt man ein solches Quad-Element außerhalb der Ganzwellenresonanz, müssen zwangsläufig Unsymmetrien in der Phasenlage entstehen, die nur

durch zusätzliche Maßnahmen, wie Einfügen von Sperrkreisen, Entkopplungs-Stub, Umschaltrelais usw. zu beseitigen sind.

Beim *DJ 4 VM*-Element wird durch die zentrale Speisung immer eine symmetrische Stromverteilung und Phasenlage erzwungen. Ein solches, für z. B. 20 m bemessenes Element, entspricht mit seinen Strahlungseigenschaften etwa einem resonanten 20-m-Quad-Element, es wirkt im 15-m-Betrieb wie ein verlängertes Quad-Element (Extended Quad) und beim 10-m-Betrieb als Bisquare (siehe Abschnitt 13.4.3.2.) mit entsprechendem Gewinn. Dabei sind am Element keinerlei mechanische oder elektrische Umschaltungen erforderlich.

Die Resonanz des Elementes wird, wie auch beim *G 4 ZU*-Dreibanddrehrichtstrahler in Abschnitt 18.1. beschrieben, über eine abgestimmte Speiseleitung mit nachfolgendem Abstimmgerät abgestimmt. Deshalb ist der Umfang des Rahmens nicht kritisch, man bemißt ihn etwa für Ganzwellenresonanz bei der niedrigsten gewünschten Betriebsfrequenz und kann dann nach *DJ 4 VM* mit der Abstimmeinheit eine Frequenzvariation von 1 : 2,4 erreichen.

Wenn man dem *DJ 4 VM*-Element nach Bild 13.16a in entsprechendem Abstand ein gleichartiges Reflektorelement parallel hinzufügt, erhält man einen 2-Element-Multiband-Richtstrahler (Bild 18.30). Ebenso wie das gespeiste Element muß auch der Reflektor auf beste Wirkung abgestimmt werden. Bei einem strahlungsgekoppelten Reflektor im Multibandbetrieb tritt jedoch folgende Schwierigkeit auf:

Bemißt man den Reflektorabstand A für die niedrigste Frequenz mit z. B. 0,12 λ bei 14 MHz, beträgt der relative Abstand bei 28-MHz-Betrieb 0,24 λ, damit wird das Vor-Rück-Verhältnis schlechter und der Gewinn fällt etwas ab. *DJ 4 VM* fand die Optimallösung in der Mitspeisung des Reflektors, eine Maßnahme, die auch in Abschnitt 15.4.4. beschrieben wird.

Die Ausführung nach Bild 18.30 hat Gültigkeit für die Quad mit parasitärem Reflektor und für die Ausführung mit gespeistem Reflektor; der Unterschied besteht nur in der Schaltung der Abstimm- und Umschalteinheit. Beide *DJ 4 VM*-Elemente haben gleiche Abmessungen, die offenen Speiseleitungen sind beliebig lang, sollen aber untereinander gleiche Längen aufweisen. Da sie als abgestimmte Leitungen wirken, ist ihr Wellenwiderstand nicht kritisch. Im allgemeinen verwendet man selbstgebaute «Hühnerleitern» mit Wellenwiderständen zwischen 240 und 450 Ω (siehe Abschnitt 5.1.2.). Nicht ganz so dauerhaft und verlustarm sind industriell gefertigte Zweidrahtleitungen (Wellenwiderstand etwa 240 ... 300 Ω), die sich ebenfalls eignen. Die Abstimmeinheit kann am Antennenmast in leicht zugänglicher

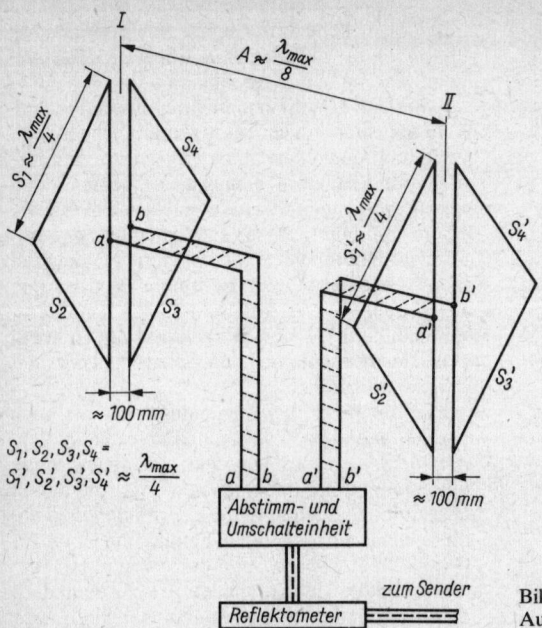

$A \approx \dfrac{\lambda_{max}}{8}$

$S_1 \approx \dfrac{\lambda_{min}}{4}$

$S_1' \approx \dfrac{\lambda_{max}}{4}$

$\approx 100\,mm$

$S_1, S_2, S_3, S_4 = S_1', S_2', S_3', S_4' \approx \dfrac{\lambda_{max}}{4}$

$\approx 100\,mm$

Abstimm- und
Umschalteinheit

zum Sender

Reflektometer

Bild 18.30
Aufbauschema einer *DJ 4 VM*-Multiband-Quad

Höhe angebracht werden. Von dort führt ein beliebig langes Koaxialkabel zum Stationsraum. In diesem Fall wird das Band mit Schaltrelais umgeschaltet, die sich in der Abstimmeinheit befinden. Man kann aber auch die Zweidrahtleitungen bis zum Stationsraum führen und dort die Abstimmeinheit installieren. Es ist dabei zu beachten, daß die Länge der abgestimmten Zweidrahtleitungen nicht einem Vielfachen von $\lambda/4$ der jeweils in Frage kommenden Wellenlänge entsprechen sollen.

Die *DJ 4 VM*-Elemente werden immer für die größte Betriebswellenlänge, i. a. für das 20-m-Band bemessen. Irgendwelche Abstimmarbeiten an diesen Elementen gibt es nicht, Abgleich und Bandumschaltung werden in ihrer Gesamtheit mit der Abstimmeinheit durchgeführt.

Dem kritischen Leser fällt auf, daß in Bild 13.16a die seitlichen Elementabschnitte voneinander isoliert sind, während sie in Bild 18.30 miteinander verbunden werden. Dies ist zulässig, weil dort die Spannungen gleiche Polarität haben.

Für den mechanischen Aufbau gibt Bild 15.11 ein Beispiel, wobei sich Glasfiberstäbe im Tragekreuz gut eignen. Für eine Multiband-Quad mit $f_{min} = 14\,MHz$ können nach *DJ 4 VM* Seitenlängen S von $5,00 \ldots 6,40\,m$ verwendet werden. Als Mittelwert gilt $5,40\,m$ (siehe Tabelle 15.1.); im allgemeinen wird man sich bei der Wahl der Seitenlängen auch nach dem vorhandenen Material für die Tragekreuze richten. Es ist ein Vorzug dieser Antenne, daß man sie nicht nur für 20, 15 und

10 m verwenden kann, sondern mit erweiterter Abstimmeinheit auch für 17 und 12 m. Im Prinzip ist die Abstimmung für jede beliebige Frequenz im Bereich zwischen 14 und etwa 33 MHz möglich. Bei entsprechendem Gewinnabfall kann diese Antenne auch noch im 30-m-Band als verkürzte Quad betrieben werden, wobei die Resonanz mit der Abstimmeinheit hergestellt wird.

Die Abstimmeinheit ist das Herz der Antennenanlage und erfordert einigen Aufwand in der Form von Spulen, Kondensatoren und Umschaltern. Bild 18.31a zeigt das Schaltschema für den Betriebsfall mit strahlungsgekoppeltem Reflektor. Für jedes gewünschte Band sind je 2 Parallelresonanzkreise mit geerdeter Spulenmitte vorhanden. Sie werden so bemessen, daß sich mit einem 50-pF-Drehkondensator Resonanz im gewünschten Amateurband herstellen läßt. Rechnerisch ergeben sich für die Induktivität der Kreisspulen bei einer mittleren Kapazität von 30 pF folgende Näherungswerte:
20-m-Band = 4,3 µH; 17-m-Band = 2,6 µH; 15-m-Band = 1,9 µH; 12-m-Band = 1,36 µH und 10-m-Band = 1,04 µH. Als Richtwerte für die praktische Ausführung der Spulen gibt *DJ 4 VM* an: 20-m-Band = 10 Windungen, Spulendurchmesser 40 mm; 15-m-Band = 8 Windungen, Spulendurchmesser 35 mm; 10-m-Band = 8 Windungen, Spulendurchmeser 30 mm. Beide Spulen haben gleichen Wicklungssinn. Die Zweidrahtleitungen a–b bzw. a'–b' werden erdsymmetrisch an Spulenanzapfungen geführt, die ihrer Impedanz ent-

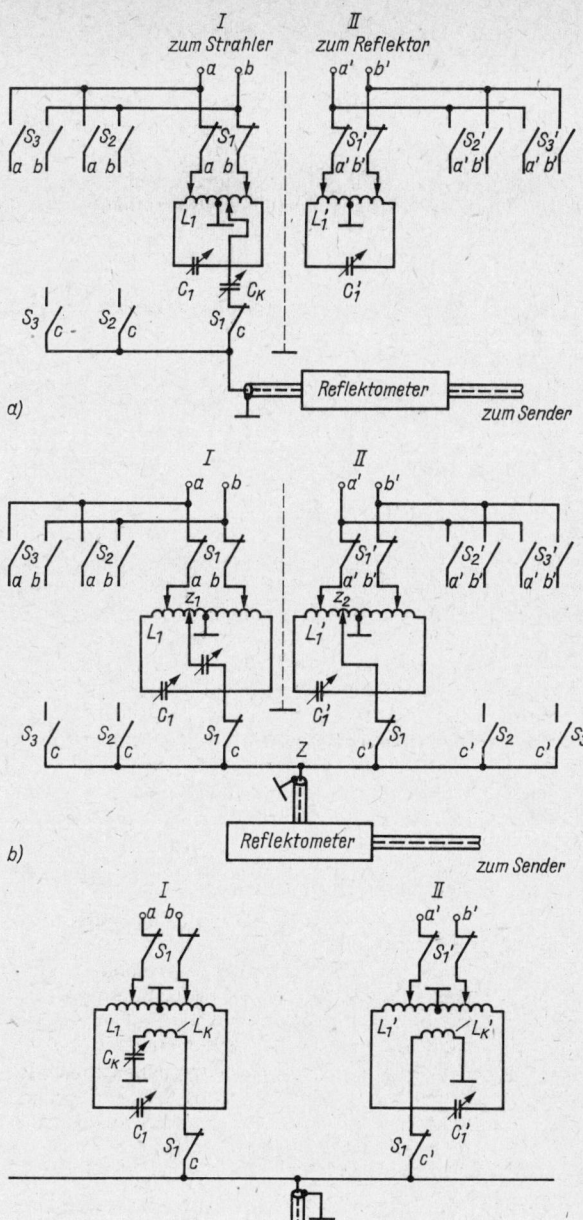

Bild 18.31
Die Abstimmeinheit einer *DJ 4 VM*-Multiband-Quad; a – Ausführung mit parasitärem Reflektor, b – Ausführung für Vollspeisung, c – Variante mit induktiver Auskopplung

sprechen. Eine weitere Anzapfung in der Nähe des Erdungspunktes ermöglicht das niederohmige, unsymmetrische Ankoppeln für ein beliebiges Koaxialkabel, wobei mit C_K (50 pF) minimale Welligkeit eingestellt werden kann.

Die Bandumschaltung wird durch entsprechende Kontakte innerhalb der Abstimmeinheit vorgenommen. Befindet sich diese innerhalb des Stationsraumes, können handbetätigte Umschal-ter verwendet werden; ist sie außerhalb untergebracht, wird man fernbetätigte Schaltrelais einsetzen. Das eingezeichnete Reflektormeter kann nach dem Abgleich auf minimale Welligkeit wieder entfernt werden.

Zum Abgleich wird ein Dip-Meter benötigt. Zunächst stimmt man den Kreis L_1–C_1 ohne angeschlossene Zweidrahtleitungen mit C_1 auf die vorgesehene Resonanzfrequenz ab, dann wird

$L_1'–C_1'$ auf eine um etwa 5 % tiefere Frequenz eingestellt. Der richtige Anschluß von a–b bzw. a'–b' ist dort vorhanden, wo die geringstmögliche Kreisverstimmung auftritt (Kontrolle mit Dip-Meter). Dann sucht man für die Ankopplung des Koaxialkabels den Punkt der geringsten Welligkeit und stimmt mit C_K auf deren Minimum nach. Die Ankopplung kann auch induktiv wie in Bild 18.31 c ausgeführt werden. Zum Feinabgleich auf größtes Vor-Rück-Verhältnis benutzt man C_1'.

Die Schaltung mit 2 gespeisten Elementen in Bild 18.31 b erfordert einen nur geringfügig größeren Aufwand, bedarf aber zu ihrem Verständnis sorgfältiger Überlegungen. Man kann in diesem Fall die Elemente nicht mehr als «Strahler» und «Reflektor» bezeichnen, weil beide je nach Zusammenschaltung die Funktion eines Reflektors oder eines Direktors annehmen können. Die Elemente werden deshalb mit I und II gekennzeichnet. In [3] wird von DK 1 UJ die Wirkungsweise an einem Beispiel ausführlicher erklärt. Von Element I gehen die Leitungen a–b aus, Element II hat die Anschlüsse a'–b'. In der gezeichneten Schaltung wirkt Element I als Reflektor. Vertauscht man die Anschlüsse a'–b' (oder a–b), tritt eine Phasenverschiebung von 180° ein, und Element II wird zum Reflektor (die Hauptstrahlrichtung dreht sich um 180°). Deshalb ist die gleichsinnige Wicklung der Kreisspulen wichtig, und man muß darauf achten, daß die Zweidrahtleitungen nicht in sich verdreht werden.

Besondere Aufmerksamkeit verdient die gegenphasige Erregung der beiden Elemente über das Koaxialkabel, das mit seinem Innenleiter an den Punkt Z angeschlossen wird. Von dort aus führt ein Leiterzug über C_K (50 pF) zur Anzapfung an L_1, der andere zur Anzapfung von L_1'. Durch entsprechendes Einstellen von C_K wird die erforderliche Phasenverschiebung erreicht. Verzichtet man auf C_K, dann muß die Anzapfung von L_1 auf die Seite rechts vom Erdungspunkt verlegt werden (Gegenphasigkeit). Analog ist bei der induktiven Ankopplung nach Bild 18.31 c zu verfahren.

Der Abgleich erfordert Systematik und Geduld. Wie bereits beschrieben, werden zunächst alle Parallelresonanzkreise für die gewünschte Resonanzfrequenz vorabgeglichen. Die Anzapfpunkte für a–b und a'–b' findet man dort, wo die Kreisverstimmung am geringsten ist (Anpassung). Für die Anschlußpositionen von Z_1 und Z_2 gibt DJ 4 VM folgende Richtwerte an, die auf den Erdungspunkt (Spulenmitte) bezogen sind: 20 m – 1,5 ... 3 Windungen; 15 m – 1 ... 2 Windungen und 10 m – 0,5 ... 1,5 Windungen. C_K wird etwa in Mittelstellung gebracht. C_1 und C_1' variiert man abwechselnd so, daß das Reflektometer die geringstmögliche Welligkeit anzeigt. Dann versucht man, mit C_K das Minimum der Welligkeit

zu vertiefen. Gelingt dies nicht, wird der Vorgang mit verändertem C_K (ggf. auch Anzapfpunkte) bis zum Erfolg wiederholt. Eine Welligkeit $s < 1,5$ sollte erreicht werden.

Bestes Vor-Rück-Verhältnis wird am Reflektorelement durch Variieren von C_1 eingestellt. Das rückwärtige Minimum ist sehr scharf ausgeprägt; gegebenenfalls muß man mit C_K etwas nachstimmen. DK 1 UJ [3] erreichte bei exaktem Abgleich eine maximale Rückdämpfung bis >50 dB. Sie ist innerhalb des Bandes frequenzabhängig und liegt normalerweise zwischen 20 und 40 dB. Der Frequenzbereich, in dem die Welligkeit nicht über $s = 2$ anstieg, betrug im 20-m-Band ≈ 250 kHz und im 10-m-Band ≈ 600 kHz. Diese Ergebnisse beziehen sich auf Seitenlängen S von 5,65 m bei einem Abstand A von 2,50 m. Die horizontale Halbwertsbreite liegt nach DJ 4 VM im 20-m-Band bei 50°, für 15 m bei 40° und im 10-m-Band bei 30°.

Die etwas umfangreiche Abstimmeinheit (2 Spulen, 3 Drehkondensatoren und 6 Umschaltkontakte je Band) in Verbindung mit einer vielleicht etwas mühseligen Abstimmarbeit mag manchen Funkamateur von einem Nachbau dieser Antenne abschrecken. Berücksichtigt man aber die ausgezeichneten Leistungsdaten und die Universalität (5 DX-Bänder) des DJ 4 VM-Multiband-Richtstrahlers, so erscheint dieser Aufwand gerechtfertigt.

18.7. Mehrband-Delta-Loop-Antennen mit Einfachschleifen

Auch für die bekannte Delta-Loop-Antenne (siehe Abschnitt 15.4.5.) gibt es Mehrbandausführungen, die sich bereits im praktischen Betrieb bewährt haben. Das bedeutet jedoch nicht, daß diese Delta-Loops schon völlig ausgereifte Konstruktionen mit eindeutig bekannter Strahlungscharakteristik darstellen. Aussagekräftige Leistungsvergleiche, z. B mit dem Cubical Quad, sind dem Amateur kaum möglich, und mehr oder weniger «gefühlsgeeichte» Einzelbeobachtungen haben keine Allgemeingültigkeit.

18.7.1. Verkürzte Zweiband-Delta-Loop

In [4] wird die interessante Ausführung eines kompakten Delta-Loop-Elementes mit Mehrfachresonanz für das 20-m- und 15-m-Band beschrieben. Bild 18.32 zeigt das Schema des gespeisten Delta-Loop-Elementes, dessen Erscheinungsform sich dem Faltdipol stark nähert. Auf möglichst kleinem Raum wird durch entspre-

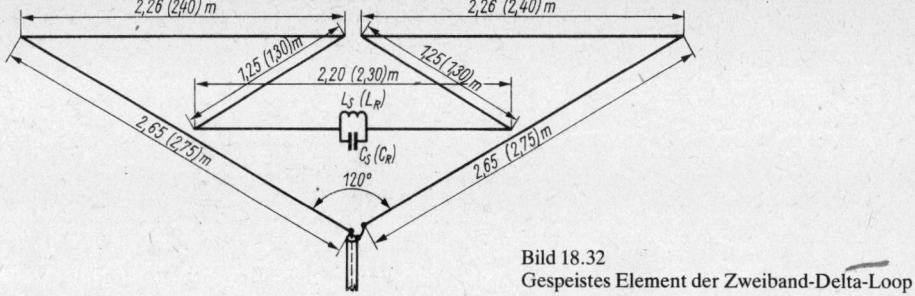

Bild 18.32
Gespeistes Element der Zweiband-Delta-Loop

chende Drahtführung eine Leiterlänge von insgesamt 14,55 m untergebracht und damit Ganzwellenresonanz im 15-m-Band erreicht. Durch das Einfügen eines Parallelresonanzkreises L_S–C_S in den Strombauch tritt gleichzeitig die 2. Resonanzstelle im 20-m-Band auf.

Der Parallelresonanzkreis L_S–C_S wird vor dem Einbau in den Antennenleiter auf eine Resonanzfrequenz von 15 000 kHz abgeglichen. Die Richtwerte betragen dabei für $L_S = 1,82\,\mu H$ und für $C_S = 55\,pF$. Im eingebauten Zustand lassen sich dann am Schwingkreis 2 Resonanzen feststellen: 14 050 und 21 100 kHz.

In einem Abstand von 2,50 . . . 3 m befindet sich das gleichartig aufgebaute Reflektorelement. Für seine Leiterabmessungen sind die Klammerwerte in Bild 18.32 gültig. Die gesamte Leitungslänge beträgt beim Reflektorelement 15,20 m, der Parallelresonanzkreis L_R–C_R wird vor dem Einbau auf 14 300 kHz abgeglichen ($L_R \approx 1,82\,\mu H$; $C_R \approx 60\,pF$). Das zusammengebaute Reflektorelement muß bei 13 350 kHz und bei 20 200 kHz eindeutig ausgeprägte Resonanzstellen zeigen.

Ein Vorschlag für den Gesamtaufbau dieser Antenne ist in Bild 18.33 skizziert. Natürlich können in diesem Fall – abhängig vom verwendeten Material – zusätzliche Verstrebungen und Verspannungen erforderlich werden. Elektrisch und mechanisch bieten sich dem experimentierfreudigen Funkamateur noch einige Verbesserungsmöglichkeiten.

18.7.2. Die Dreiband-Delta-Loop-Antenne

Eine Dreiband-Ausführung mit den äußeren Abmessungen einer 15-m-Delta-Loop-Antenne entwickelte *WA 0 UDJ* [5]. Wie Bild 18.34 zeigt, kann man bei einem für das 15-m-Band bemessenen Delta-Loop-Element durch den Einsatz von 2 Parallelresonanzkreisen $L_1 C_1$ und $L_2 C_2$ 3 Strahlerresonanzen erzielen, so daß sich das Element für den Betrieb im 10-, 15- und 20-m-Band einsetzen läßt. Für $L_1 C_1$ wird eine Resonanzfrequenz von 28 800 kHz gefordert, während $L_2 C_2$ auf 15 000 kHz abzugleichen ist. Bei dieser Reso-

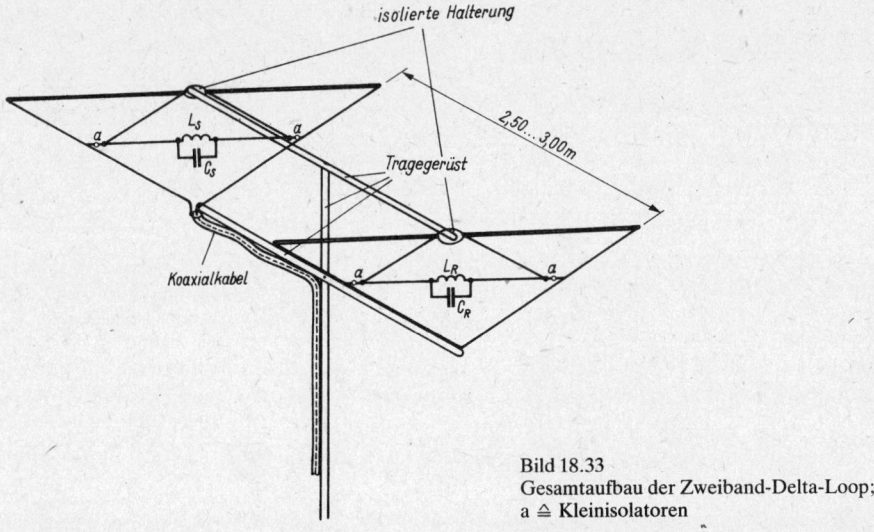

Bild 18.33
Gesamtaufbau der Zweiband-Delta-Loop;
a ≙ Kleinisolatoren

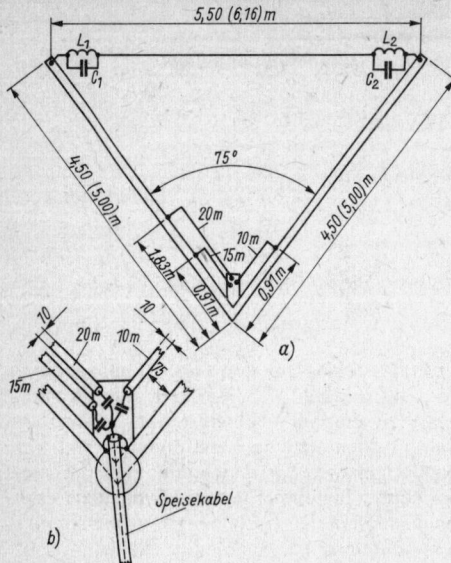

Bild 18.34
Das gespeiste Dreiband-Delta-Loop-Element;
a – Aufbauschema (die Klammerwerte sind für das
Reflektorelement gültig), b – Detailzeichnung der
Gamma-Anpassung des gespeisten Elements

nanzmessung sind die Kreise noch nicht in die Antenne eingebaut. Die Kreisspulen werden mit
möglichst dickem Draht auf einen Spulendurchmesser von 32 mm gewickelt. Dabei erhält L_1
4 Wdg. (entsprechend etwa 0,45 µH) und L_2
7 Wdg. (etwa 1,0 µH). Um auf die geforderten Resonanzfrequenzen zu kommen, muß die Kapazität C_1 bei 60 pF und C_2 bei 100 pF liegen.

Das Reflektorelement enthält die gleichen Parallelresonanzkreise, allerdings mit etwas niedriger liegenden Resonanzfrequenzen. Im Reflektor
wird L_1C_1 auf 27 900 kHz und L_2C_2 auf 14 550 kHz
eingestellt. Das bedingt eine geringfügige Vergrößerung der Spulen bei annähernd gleichen Kapazitäten. Der Reflektorabstand darf 2,50 … 3 m
betragen.

Besondere Beachtung verdient die 3fache
Gamma-Anpassung. Wie aus Bild 18.34 b ersichtlich ist, wird ein gemeinsames Koaxialkabel als
Speiseleitung verwendet, wobei die einzelnen
Gamma-Anpassungen getrennt über Kondensatoren an den Kabelinnenleiter angeschlossen werden. Die optimalen Kapazitätswerte muß man jeweils empirisch nach geringster Welligkeit ermitteln.

Alle Kapazitäten – auch die der Resonanzkreise
– können zweckmäßiger aus offenen Koaxialkabelstücken geeigneter Länge hergestellt
werden. Diese Kabelenden kann man oft inner-

halb der rohrförmigen Leichtmetallschenkel unterbringen. Dort sind sie unauffällig und witterungsgeschützt.

18.7.3. Die *HB 9*-Multiband-Delta-Loop-Antenne

Von *HB 9 ADO* wurde in [6] die Ausführung
einer Delta-Schleife veröffentlicht, die sich für
die Amateurbänder 28, 21, 14 und 7 MHz eignet.
Bild 18.35 enthält die Abmessungen und die
Stromverteilung für die einzelnen Kurzwellenbänder.

Mit einem Umfang der Dreieckschleife von
20 m besteht Ganzwellenresonanz im 14-MHz-
Band; die etwa 11 m lange Paralleldrahtleitung
sorgt als λ/2-Leitung für einen Strombauch am
Leitungsende.

Für 28 MHz ist der Schleifenumfang etwas größer als 2 λ, hinzu kommt die elektrische Länge
der abgestimmten Leitung mit etwas mehr als 1 λ,

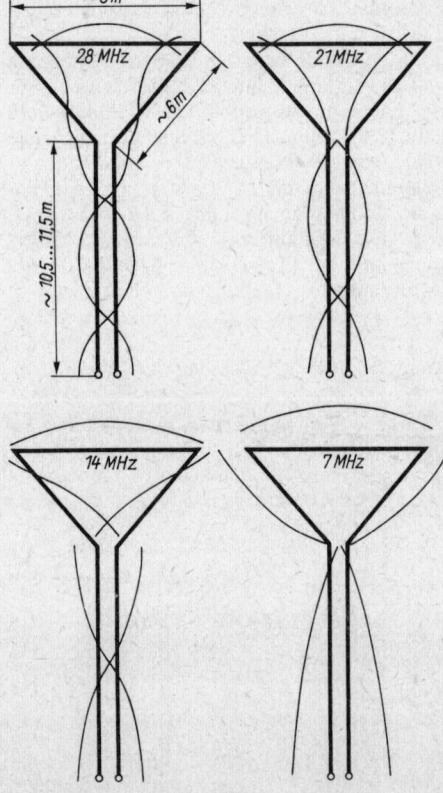

Bild 18.35
Schema und Stromverteilung der *HB 9*-Multiband-
Delta-Loop

278

so daß sich eine Gesamtleitungslänge von 3,25 λ ergibt und auch in diesem Fall am Leitungsende ein Strombauch erscheint.

Beim 21-MHz-Betrieb ist die Schleifenlänge etwa 1,5 λ, an ihrem Ende bildet sich somit ein Stromknoten aus. Die abgestimmte Leitung mit rund 0,75 λ Länge transformiert wie ein Viertelwellentransformator, und am Antenneneingang ist deshalb ein Strombauch vorhanden.

Der Betriebsfall 7 MHz stellt eine Kompromißlösung dar, weil hier der Schleifenumfang nur knapp λ/2 beträgt. Die Paralleldrahtleitung wirkt als λ/4-Impedanzwandler, an ihrem Ende befindet sich deshalb ebenfalls ein Strombauch.

Durch die abgestimmte Paralleldrahtleitung mit etwa 600 Ω Wellenwiderstand (unkritisch!) wird somit gewährleistet, daß am Leitungsende für alle 4 Amateurbänder ein Strombauch vorhanden ist. Die Eingangsimpedanz beträgt dort für die 3 hochfrequenten Bänder zwischen 100 Ω und 180 Ω, während man bei 7 MHz mit etwa 60 Ω rechnen kann.

Zum Speisen des Systems über ein beliebig langes 50-Ω-Koaxialkabel wird von *HB 9 ADO* eine aufgewickelte Balun-Leitung 4:1 (siehe Bild 7.10) verwendet. Deren praktische Ausführung zeigt Bild 18.36. Die Wicklungsträger bilden 2 PVC Rohre von 60 mm Durchmesser und je 300 mm Länge. Sie werden mit je 7,5 m einer kunststoffummantelten Doppellitze (Stegleitung) von 2 × 0,75 mm² einlagig bewickelt, deren Leiterabstand 3,2 mm beträgt. Daraus resultiert ein Wellenwiderstand von etwa 100 Ω. Da in der Versuchsanordnung von *HB 9 ADO* eine induktive Blindkomponente vorhanden war, die sich hauptsächlich beim 28-MHz-Betrieb bemerkbar machte, wurde diese durch eine Kapazität von etwa 20 pF an Leitungsende kompensiert. Im praktischen Fall wird die Kapazität durch ein offenes Kabelstück dargestellt (siehe Bild 18.36). Nach *HB 9 ADO* soll die Welligkeit s auf dem Koaxialkabel 2 nicht übersteigen; lediglich beim 7-MHz-Betrieb muß mit s > 3 gerechnet werden. Gleiche Ergebnisse dürfte der Einsatz eines Ringkern-Balun-Übertragers nach Abschnitt 7.7.3., Bild 7.16b liefern.

Verwendet man 75-Ω-Koaxialkabel, kann auf eine Transformation ganz verzichtet werden, denn für 7 MHz besteht dann nahezu perfekte Anpassung, und für die anderen Bänder liegt die Welligkeit im ungünstigsten Fall bei etwa 2,4. Ein Balun 1:1 ist für diesen Betriebsfall vorzusehen. Eine Kabeldrossel nach Bild 7.12 kann ausreichend sein, günstiger ist die Ausführung nach Bild 7.13.

Die Bemessung der Dreiecksschleife ist nicht kritisch, man muß nur beachten, daß die gesamte Drahtlänge (Dreiecksschleife und abgestimmte Leitung) zwischen 41 und 42,5 m liegt. Die Länge wird abhängig von Aufbauhöhe und Umgebungseinflüssen bemessen. Notwendige Resonanzkorrekturen werden am Ende der abgestimmten Paralleldrahtleitung durchgeführt. Diese könnte auch aus handelsüblicher UKW-Bandleitung bestehen. Für diesen Fall muß bei der Längenbemessung der Verkürzungsfaktor berücksichtigt werden.

18.8. Verschachtelte Mehrband-*Yagi*-Antennen

Als verschachtelt können solche Elemente bezeichnet werden, die – für verschiedene Bandfrequenzen bemessen – auf einem gemeinsamen Antennenträger ineinander verschachtelt untergebracht sind. Dabei wählt man die Elementabstände so, daß der gegenseitige Einfluß auf die Strahlungseigenschaften der nicht zum gleichen Band gehörigen Elemente möglichst gering bleibt.

18.8.1. Die Zweiband-*Yagi* für 20 und 15 m nach *KH 6 OR*

Dieser von *KH 6 OR* entwickelte Zweiband-Beam ist die Kombination eines gespeisten «echten» Mehrbandelementes mit verschachtelten Parasitärelementen. Bild 18.37a zeigt das Schema dieser Antenne, während man aus der Teilzeichnung (Bild 18.37b) Einzelheiten des gespeisten Elementes ersehen kann.

Das gespeiste Element hat 2 Sperrkreise nach Art der *W 3 DZZ*-Antenne, die auf eine Resonanzfrequenz von 20,5 MHz abgestimmt sind. Die Kondensatoren haben dabei eine Kapazität von je 25 pF; die beiden Spulen (2,4 μH) weisen je 6 Wdg. eines 3 ... 3,5 mm dicken Aluminiumdrahtes auf. Der Windungsdurchmesser beträgt 75 mm, die Wdg. sind auf eine Länge von 50 mm verteilt. Neu ist die Art, 2 verschieden lange Gamma-Anpassungen parallelzuschalten, um

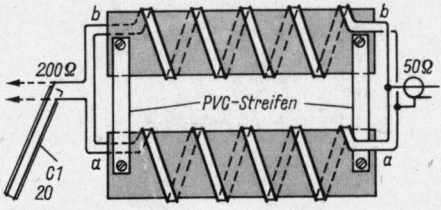

Bild 18.36
Aufbauskizze des Balun-Transformators 4:1

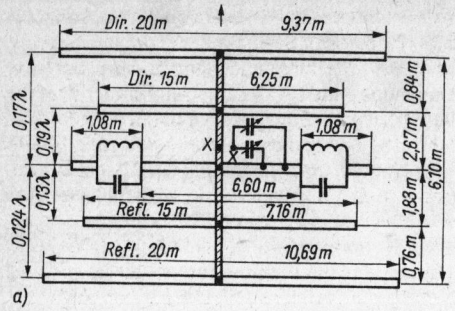

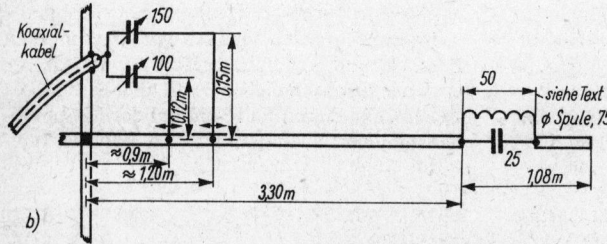

Bild 18.37
Der Zweiband-Beam für 20 m und 15 m
nach *KH 6 OR*; a – Gesamtschema,
b – Teilzeichnung gespeistes Element

eine gute Anpassung an das koaxiale Speisekabel für beide Bänder zu erhalten. Die für die Gamma-Anpassungen angegebenen Maße sind Richtwerte, die beim Endabgleich so korrigiert werden müssen, daß auf dem Koaxialkabel die geringste Welligkeit auftritt. Mit den angegebenen Abmessungen des gespeisten Elementes betragen die beiden Resonanzfrequenzen der Antenne 14,3 und 21,3 MHz.

Die parasitären Elemente haben volle Länge und sind so auf dem Tragemast verschachtelt, daß eine gegenseitige Beeinflussung weitgehend vermieden wird. Der Reflektorabstand beträgt für 20 m 0,12 λ und für 15 m 0,13 λ. Die Direktorabstände sind bei 20 m mit 0,17 λ und für 15 m mit 0,19 λ gewählt. Insgesamt ergibt sich daraus eine Boomlänge von 6,10 m. Selbstverständlich läßt sich das gespeiste Element durch jedes andere Mehrbandelement ersetzen; man sollte dabei aber beachten, daß stark verkürzte Strahlerelemente wenig Sinn haben. Wenn man schon Parasitärelemente voller Länge verwendet, dann sollten die guten Eigenschaften dieser Elemente nicht durch einen verkürzten Strahler mit verschlechtertem Abstrahlungswirkungsgrad herabgemindert werden. Einen vollwertigen Ersatz der gespeisten Zweibandelemente würde das gespeiste Dreibandelement des *DL 1 FK*-Beam nach Bild 18.18 darstellen. Außerdem besteht zusätzlich noch die Möglichkeit, auf dem Antennenträger parasitäre 10-m-Elemente unterzubringen, womit ein Dreibandbetrieb möglich ist.

18.8.2. Verschachtelte Zweiband-*Yagi* für 20 und 15 m nach *W 8 FYR*

Das in Bild 18.38 dargestellte Schema dieser Antenne zeigt keine Besonderheiten; es handelt sich um 2 normal bemessene 3-Element-*Yagi*-Antennen, die getrennt über Gamma-Anpassungen gespeist werden und auf einem gemeinsamen Träger untergebracht sind.

Wer Komplikationen beim Bau eines Mehrbandrichtstrahlers aus dem Weg gehen möchte und außerdem über genügend Platz sowie das erforderliche Material verfügt, sollte eine Ausführung dieser Art wählen.

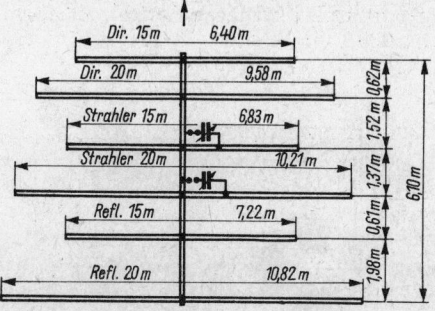

Bild 18.38
Verschachtelter Zweiband-Beam für 15 und 20 m

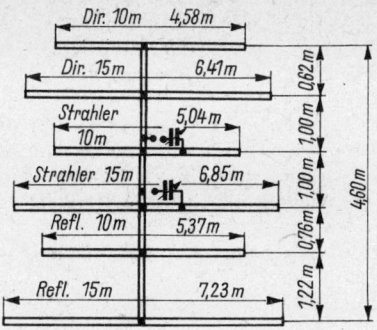

Bild 18.39
Verschachtelter Zweiband-Beam für 10 und 15 m

Die gegenüber dem *KH 6 OR*-Beam etwas vergrößerten Elementlängen lassen erkennen, daß die Resonanzfrequenzen dieser Antenne näher dem niederfrequenten Bandanfang (Telegrafieteil) liegen. Die Gamma-Anpassungen bemißt man nach Abschnitt 6.3. Es sind zwei getrennte koaxiale Speisekabel erforderlich. Das 2. Speisekabel kann eingespart werden, wenn man den Strahler über ein Koaxialrelais umschaltet, das auf dem Antennenträger befestigt ist.

Eine verschachtelte Zweiband-*Yagi* für 15 und 10 m, die im Prinzip genau der in Bild 18.38 dargestellten Antenne entspricht, zeigt Bild 18.39. Sinngemäß sind für diese Antennen auch die für die 20/15-m-Ausführung gegebenen Daten gültig.

18.8.3. Verschachtelte Zweiband-*Yagi* für 15 und 10 m

Eine kleine Besonderheit weist der Zweiband-Beam nach *W 4 KFC* (Bild 18.40) auf. Bei ihm

wird ein Parasitärelement eingespart, da man das mittlere Sekundärelement gleichzeitig als Reflektor für 10 m und als Direktor für 15 m nutzt. Als Reflektor für 10 m ist dieses Element allerdings etwas zu lang. Die Doppelnutzung bedingt auch eine etwas andere Elementverteilung, so daß der Elementträger eine Länge von 6,05 m erhält. Da die kompakte Ausführung nach Bild 18.39 bei mindestens gleicher Leistung mit nur 4,60 m Trägerlänge auskommt, ist die Einsparung eines Elementes kein entscheidender Vorzug der Ausführung von *W 4 KFC*.

18.8.4. Bauformen des *VK 2 ABQ*-Beam

Am anschaulichsten läßt sich die Wirkungsweise dieser Antenne erklären, wenn man vom Halbwellendipol mit einem parasitären Element ausgeht (Bild 18.41a). Dieses ist die einfachste unindirektionale 2-Element-Richtantenne, deren Gewinn rund 4 dBd beträgt. Wird das Parasitärelement als Reflektor abgestimmt und beträgt der Reflektorabstand $0{,}25\lambda$, stellt sich dieser Gewinn bei einem Eingangswiderstand von etwa $50\ldots60\,\Omega$ ein. Um spätere Vergleichsmöglichkeiten zu schaffen, soll die Elementlänge mit 10 m ($\lambda/2$) und der Elementabstand mit 5 m ($\lambda/4$) angenommen werden, womit näherungsweise Resonanz im 20-m-Band besteht. Ein solcher Beam hat einen Drehradius von reichlich 7 m, und er bedeckt vergleichsweise eine Fläche von $50\,\mathrm{m}^2$.

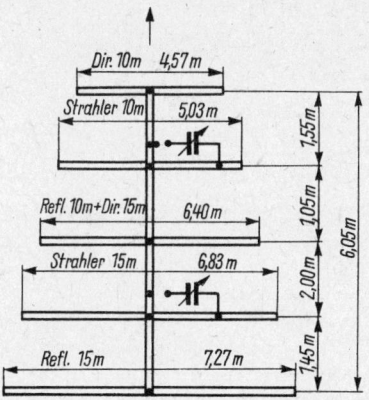

Bild 18.40
Verschachtelter Zweiband-Beam nach *W 4 KFC* für 10 und 15 m

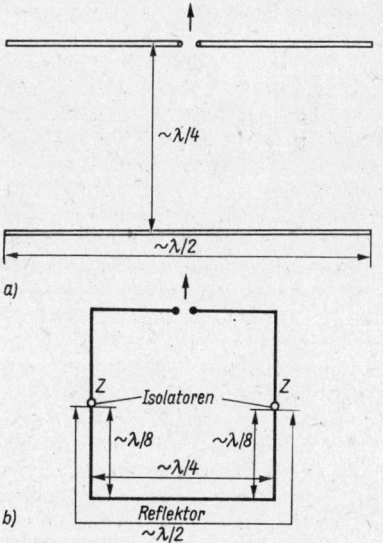

Bild 18.41
Die Entwicklung eines *VK 2 ABQ*-Elementes:
a – 2-Element-Richtstrahler mit $0{,}25\lambda$ Reflektorabstand, b – 2-Element *VK 2 ABQ*-Beam

Allgemein strahlt die Antenne aus dem Strombauch ab, dessen Maxima hier in den Dipolmitten liegen. Deshalb können die äußeren Dipolenden abgeknickt werden, ohne daß sich die Strahlungseigenschaften des Systems grundlegend verändern. Das wurde in Bild 18.41 b praktiziert; beide Elemente sind $\lambda/8$ von ihren Enden entfernt rechtwinklig abgeknickt, so daß sich die Elementenden gegenüberstehen, aber voneinander isoliert sind. Der effektive Elementabstand ist dabei etwas geringer als $\lambda/4$ geworden. Es ist ein 2-Element-Richtstrahler entstanden, der gegenüber der «weiträumigen» Ausführung nach Bild 18.41 a einige mechanische Vorzüge aufweist: Der Drehradius für den 20-m-Beam nach *VK 2 ABQ* beträgt nur noch etwa 3,60 m, und der Flächenbedarf ist auf die Hälfte (25 m^2) gesunken.

Natürlich muß mit einem Gewinnabfall gegenüber der normalen Ausführung nach Bild 18.41 a gerechnet werden, und auch die Erklärung der physikalischen Wirkungsweise bedarf einer Ergänzung. Tatsächlich liegen die elektrischen Verhältnisse beim *VK 2 ABQ*-Beam etwas komplizierter, denn man kann das Reflektorelement nicht als rein parasitär betrachten. Durch die enge Verkopplung der Elementenden (Spannungsbauch), die nur durch Isolatoren voneinander getrennt sind, entsteht ein mit 90° Phasenunterschied spannungsgekoppelter Reflektor. Demnach müßte das Richtdiagramm die Form einer Kardioide aufweisen. Meßtechnisch untermauerte Untersuchungen zu diesem Wirkungsprinzip beim *VK 2 ABQ*-Beam stehen noch aus.

Bei der mechanischen Verwirklichung dieser Richtantenne wird als Antennenträger ein X-förmiges Gestell verwendet, dessen Speichen aus Rundholz, Bambus oder glasfaserverstärktem Polyesterharz bestehen. Die Elemente werden aus Metalldrähten mit beliebigem Durchmesser gefertigt und auf den Tragespeichen abgestützt. Im Zentrum des Tragegestells befindet sich eine geeignete Platte aus Holz oder Hartgewebe, auf der die Speichen befestigt sind. Zusammenhängende Metallmassen innerhalb des Tragegerüstes sind zu vermeiden. Metallrohrstutzen, die möglicherweise zur Aufnahme der Speichen verwendet werden, sollen untereinander und mit dem Tragemast keine metallische Verbindung haben. Die Speichenenden sind mit einer umlaufenden kräftigen und dehnungsbeständigen Kunststoffschnur (z. B. Angelsehne) verspannt, so daß diese gleichzeitig die Führung für die Elementdrähte übernehmen kann. Diese Verfahrensweise ergibt eine gute Isolation, verbunden mit der einfachen Möglichkeit von Längenkorrekturen an den Elementen.

Der *VK 2 ABQ*-Beam hat das Aussehen und den Umfang eines «liegenden» Quad-Elemen-

tes, unterscheidet sich aber grundlegend in der Wirkungsweise. Er ist ein unidirektionaler 2-Element-Richtstrahler, dessen Gewinn nach Angaben von *VK 2 ABQ* etwa 4 dBd beträgt, während das Quad-Element bei gleichem Materialaufwand und Platzbedarf eine bidirektionale Ganzwellenschleife mit einem Gewinn von knapp 1 dBd darstellt, die in vertikaler Position betrieben wird.

Kritische Punkte beim *VK 2 ABQ*-Beam sind die Isolatoren Z an den Elementenden, wo diese sich in geringem Abstand gegenüberstehen. Dort befinden sich Spannungsmaxima in Verbindung mit einer kapazitiven Endbelastung. Es ist deshalb verständlich, daß die bekannten Bemessungsformeln für Halbwellendipole keine brauchbaren Ergebnisse bringen; sie reichen aber als Richtwerte, wenn man sich die Möglichkeit nachträglicher Längenkorrekturen sichert. Eisbehang und Rauhreif beeinträchtigen die Funktion.

Bild 18.42 zeigt, daß man den Einband-Beam durch Verschachteln der Elemente ohne großen Mehraufwand in einen Mehrbandstrahler umwandeln kann; im vorliegenden Fall in einen Dreiband-Beam für 14, 21 und 28 MHz. Interessant ist hier die Dreibandspeisung über ein einziges Koaxialkabel, welches ohne Symmetriewandlung an den Punkten X–X angeschlossen wird. Als Verbindungsleitung wählte *VK 2 ABQ* eine 72-Ω-Paralleldrahtleitung, aber auch eine 300-Ω-Flachbandleitung ist brauchbar. Die Verbindungsleitungen dürfen nicht in sich verdreht werden. Der Abgleich für den Dreibandbetrieb erfordert viel Geduld und besteht hauptsächlich darin, für die gespeisten Elemente die Halbwel-

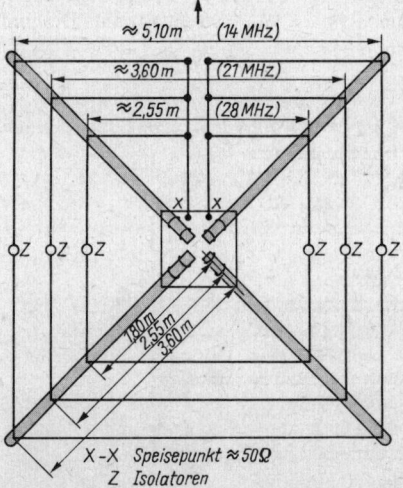

Bild 18.42
Der *VK 2 ABQ*-Dreiband-Beam

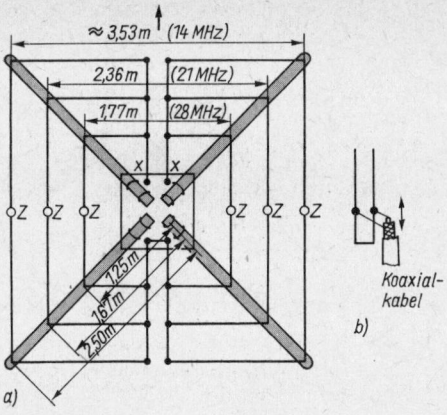

Bild 18.43
Miniaturausführung des *VK 2 ABQ*-Dreiband-Beam;
a – Draufsicht, b – Variante zur besseren Kabelanpassung

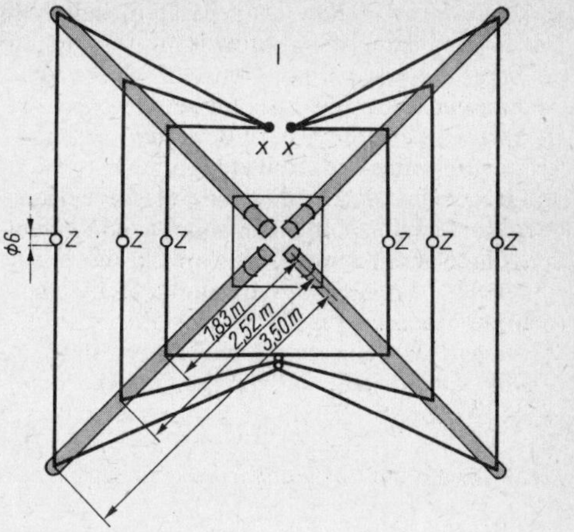

Bild 18.44
Variante des *VK 2 ABQ*-Dreiband-Beam nach *G 3 LZR*

lenresonanz durch Verändern der Elementlänge und der Abgriffe auf der Zweidrahtleitung (dies gilt für 21 und 28 MHz) herzustellen. Wenn in Erdbodennähe abgeglichen wird (z. B. in 2 m Höhe), sollte man die Resonanzen auf den niederfrequenten Bandanfang oder etwas darunter verlegen; dann liegen die Resonanzen am endgültigen Standort in größerer Höhe etwa bei Bandmitte. Für 14 MHz schwanken die (gestreckten) Elementlängen zwischen 9,30 und 10,40 m, 21 MHz erfordert Werte zwischen 6,70 und 7,20 m, und für 28 MHz werden Längen von 4,95 ... 5,20 m angegeben. Die Speichenlänge beträgt – wie in Bild 18.42 eingetragen – für 14 MHz 3,60 m, für 21 MHz 2,55 m und bei 28 MHz 1,80 m.

Die in Bild 18.43 a dargestellte Miniaturausführung des Dreiband-Beam kommt mit einem Drehradius (Speichenlänge) von 2,50 m aus. Die zur Halbwellenresonanz fehlenden Drahtlängen befinden sich in den Paralleldrahtleitungen. Diese sollen mit einem Leiterabstand von nicht weniger als 50 mm hergestellt werden. Am Speisepunkt X-X kann ein 50-Ω-Koaxialkabel direkt angeschlossen werden, wobei sich eine noch tragbare Welligkeit ergibt. Eine günstigere Lösung für die Koaxialkabelspeisung ist in Bild 18.43b dargestellt; durch Verschieben der Anschlüsse ist hier eine bessere Anpassung an beliebige Wellenwiderstände des Koaxialkabels möglich. Die Speichenlänge beträgt für 14 MHz 2,50 m, bei 21 MHz 1,67 m und bei 28 MHz 1,25 m. *VK 2 ABQ* gibt für diese Minibauform einen Gewinn von 3 dBd bei einer Rückdämpfung von 12 ... 15 dB an. Die Elemente für 21 und 28 MHz müssen durch entsprechendes Verschieben der An-

schlußpunkte auf den Paralleldrähten abgeglichen werden.

Eine von Bild 18.42 etwas abweichende Aufbauart konstruierte *G 3 LZR* (Bild 18.44). Dabei wurden eine Paralleldrahtleitung umgangen und die Elementmitten direkt zusammengeführt. Die Mitten der Reflektorelemente sind durch kleine Isolatoren galvanisch voneinander getrennt. *G 3 LZR* schreibt vor, daß sich die Elementenden an den Isolatoren Z nur mit einem Abstand von höchstens 6 mm gegenüberstehen dürfen. Es werden nur die Speichenlängen angegeben (eingezeichnet), sondern auch der Gesamtumfang der einzelnen Systeme. Er beträgt für 14 MHz 21,03 m, für 21 MHz 14,17 m und für 28 MHz 10,62 m. Diese Angaben sind geeignet, den Abgleich etwas zu erleichtern. Wenn es sich als notwendig erweist, können die Reflektorelemente in ihrer geometrischen Mitte aufgetrennt werden, und man fügt dort einen Abstimmstub ein. Zum Speisen kann an die Punkte X–X ein beliebig langes 75-Ω-Koaxialkabel ohne Symmetriewandler angeschlossen werden.

Weitere Varianten des *VK 2 ABQ*-Beam werden in [7], [8] und [9] vorgeschlagen und beschrieben.

18.9. Verschachtelte Dreiband-*Cubical*-Quad-Antennen

Die rahmenartige Bauform des *Cubical* Quad (siehe Abschnitt 15.1.) ist für die Konstruktion einer verschachtelten Mehrbandantenne besonders gut geeignet, da sich die Elemente für die höherfrequenten Bänder organisch innerhalb des Rahmengestelles einordnen lassen. Die Seitenlänge eines Quad für 20 m beträgt allerdings bereits über 5 m, und nicht jeder Amateur beherrscht diese großen Dimensionen. Dennoch gibt es Beispiele für Dreiband-Quad-Antennen, die trotz sehr leichter Bauweise stärkeren Stürmen standhielten. Ein Dreiband-Quad aus Bambusrohren wiegt etwa 20 kp. Sowohl der Windwiderstand als auch das Gesamtgewicht lassen sich vermindern, wenn man glasfaserverstärkte *Polyester*-Stäbe einsetzen kann (Angelruten).

Die nachfolgend beschriebenen Dreiband-Quad-Antennen können unter Verzicht auf Wirksamkeit im 20-m-Band auch als Zweiband-Quad für 15 und 10 m aufgebaut werden.

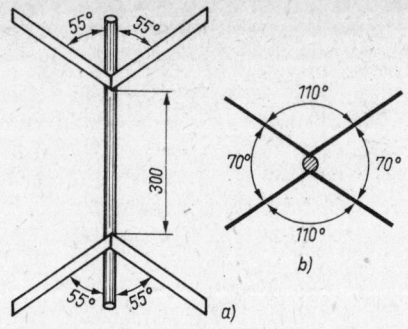

Bild 18.46
Das Mittelstück des Dreiband-*Cubical*-Quad; a – Seitenansicht, b – Draufsicht

18.9.1.   Das Dreiband-Quad nach *W 4 NNQ*

Die Konstruktion eines leichten und trotzdem verwindungsfreien Tragegerüstes bereitet beim Bau eines Quad die größten Schwierigkeiten. Erstmalig schlug *W 4 NNQ* ein speichenartiges Mittelstück vor, das sowohl in mechanischer als auch in elektrischer Beziehung als eine besonders günstige Lösung angesehen werden kann.

Bild 18.45 zeigt die Dreiband-Quad-Antenne in schematischer Darstellung. Im Zentrum der Konstruktion befindet sich ein Rohrstück, an dem speichenartig 8 Stutzen angeschweißt sind, die ihrerseits die Bambusstreben aufnehmen.

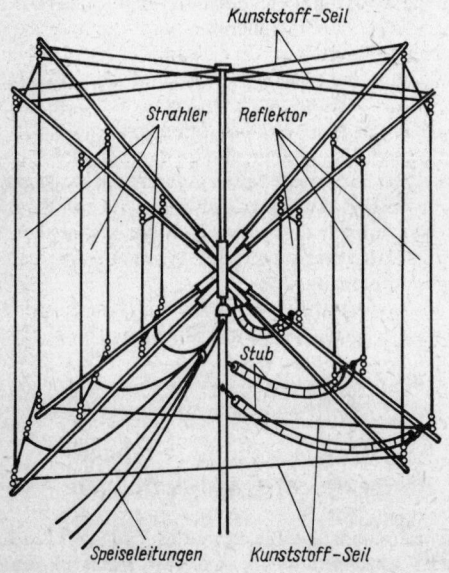

Bild 18.45
Dreiband-*Cubical*-Quad

Die 8 Stutzen bestehen aus je 500 mm langen Winkeleisen 40 mm × 40 mm × 5 mm. Das Rohrstück hat eine Länge von 400 ... 600 mm, sein Innendurchmesser ist gleich dem Außendurchmesser des vorgesehenen Tragemastrohres. Allgemeingültige Hinweise, in welchen Winkeln die Speichenstücke jeweils an das Mittelrohr anzuschweißen sind, lassen sich kaum geben, da der Anstellwinkel vom gewählten Reflektorabstand abhängt. Aus mechanischen Gründen werden die einzelnen Streben auch nicht in der gleichen horizontalen Ebene befestigt, sondern man wird einen gewissen Abstand zwischen den 4 oberen und den 4 unteren Streben einhalten müssen.

Die Konstruktion des Mittelstückes nach *W 4 NNQ* zeigt Bild 18.46a. Die Winkeleisen werden an einem Ende so bearbeitet, daß sie gut am Mittelrohr anliegen und sich mit diesem stabil verschweißen lassen. Der Anstellwinkel zum Mittelrohr beträgt in diesem Fall 55°. Die Strebenpaare sind derart um das Rohr herum verteilt, daß sich in der Draufsicht nach Bild 18.46b jeweils Winkel von 110 bzw. 70° ergeben. Das Herstellen des Mittelstückes erfordert mechanische Präzisionsarbeit. Es ist der wichtigste und zugleich schwierigste Teil des Dreiband-Quad.

An jedem Winkeleisen wird ein mindestens 4 m langer Bambusstab befestigt, der im Mittel etwa 30 mm dick sein sollte. Es wird empfohlen, die Oberfläche der Bambusrohre mit grobem Schmirgelpapier aufzurauhen und anschließend mit Alkydharzlack zu streichen. Ohne diesen Schutzanstrich würden die Bambusrohre in kurzer Zeit verwittern. Ein Aufplatzen des Rohres verhindert man, indem in jede Kammer ein Luftloch von 3 mm Durchmesser gebohrt wird. Es erfüllt den gleichen Zweck, wenn man jede Kammer des Bambusrohres mit einigen Windungen eines weichen Kupferdrahtes straff umwickelt und die Drahtwindungen anschließend miteinander verlötet.

Die Bambusrohre befestigt man an den Winkeleisenstreben entweder durch je 2 kräftige Schlauchbänder oder mit Bindedraht. Im letzten Fall werden in die Dachkanten der Winkeleisen Kerben eingefeilt, um ein Abrutschen des Bindedrahtes zu verhindern. Gleichzeitig empfiehlt es sich, die Enden der Bambusrohre mit einer Kunststoffolie zu umwickeln, damit ein Einschneiden des Befestigungsdrahtes vermieden wird. Da Bambusrohr verhältnismäßig gut isoliert und die isolierende Strecke sehr lang ist, kann man die Antennendrähte ohne Bedenken direkt an den Stäben befestigen. Strahler und Reflektor für das 20-m-Band, die ja die äußeren Drähte bilden, werden einmal um jedes Bambusrohr herumgewickelt und dann noch mit Bindedraht festgelegt. Dadurch wird das gesamte Gebilde stabiler. Für die 15- und die 10-m-Elemente genügt ein einfaches Befestigen mit einem weichen Bindedraht. Es können auch leichte Isolatoren verwendet werden. Eine ähnliche «Spinnenquad» wird in [10] beschrieben und mit ausführlichen Hinweisen für die Herstellung der «Spinne» versehen.

Die Elemente
Als Baumaterial eignen sich Kupferdrähte oder Litzen mit weitgehend beliebigem Querschnitt. Kupferbronzedraht von 1,5 ... 2 mm Durchmesser wird jedoch bevorzugt. Für den 20-m-Band-Strahler und -Reflektor benötigt man je etwa 25 m Draht. Die Mitte des Drahtstückes wird markiert, links und rechts davon werden je 2,60 m nach außen abgemessen. Die auf diese Weise erhaltene Spannweite von 5,20 m ergibt eine Seitenlänge, und zwar die obere waagerechte Seite. Der Draht wird an den entsprechenden Bambusrohrenden befestigt. Die beiden senkrechten Abschnitte mit ebenfalls je 5,20 m freier Spannlänge schließen sich an, und zuletzt stellt man die untere waagrechte Seite mit dem Antenneneingang fertig. Dort ist der Draht in der geometrischen Mitte durch einen Isolator (Isolierei oder «Calit-Knochen») unterbrochen. Die überschüssigen Drahtenden hängen vorerst noch frei herab. Dann folgt in gleicher Weise die Montage der Drähte für das 15-m-Band und zuletzt für das 10-m-Band. Die freie Länge je Seite beträgt 3,50 m für das 15-m-Band und 2,55 m für das 10-m-Band. Natürlich ist die Lage dieser Drähte auf den Bambusstreben so zu wählen, daß die angegebenen Seitenlängen jeweils durch zwei Streben begrenzt werden. Man kann diese Punkte mathematisch berechnen (Winkelfunktionen), kommt aber auch durch Ausprobieren zum Ziel. Die Seitenlängen der Reflektoren sind denen der gespeisten Elemente gleich. Die Reflektorwirkung wird durch je 1 Stück Doppelleitung am Fußpunkt jedes Reflektors erzielt. Diese kurz-

geschlossenen Stubs bewirken eine elektrische Verlängerung der Elemente und verschieben ihre Resonanzfrequenzen nach tieferen Werten hin. Die Länge der Reflektorstubs beträgt vorerst

für den 20-m-Reflektor 2,00 m,
für den 15-m-Reflektor 1,50 m,
für den 10-m-Reflektor 1,00 m.

Die endgültige Länge der Stubs wird beim Abgleich gefunden. Die Reflektorabstände beeinflussen Eingangswiderstand und Gewinn des Systems. Es ist naheliegend und zweckmäßig, die Distanz Strahler–Reflektor so zu wählen, daß der Eingangswiderstand der Anordnung dem Wellenwiderstand der vorgesehenen Speiseleitung entspricht. Tabelle 18.4. vermittelt annähernd die zu erwartenden Widerstände am Antenneneingang in Abhängigkeit vom Abstand Strahler–Reflektor und gibt gleichzeitig die entsprechenden mechanischen Abstände für die hochfrequenten Amateurbänder.

Natürlich muß man sich über die Größe des zu wählenden Reflektorabstandes bereits vor dem Anfertigen des Mittelstückes klar sein, da dieser den Anstellwinkel der Winkeleisenhalterstreben bestimmt. Wenn die Elemente montiert sind, wird das gesamte System in sich noch mit geeigneten Kunststoffdrähten verspannt, damit es die erforderliche Stabilität erhält. Das ideale Material für diesen Zweck ist ein Glasgarn mit geschmeidigem PVC-Mantel. Es garantiert große Reißfestigkeit, isoliert gut und – das ist besonders wichtig – dehnt sich kaum aus.

Die Speisung
Da sich der Eingangswiderstand des Systems in der Größenordnung von 70 Ω bewegt, bietet sich das direkte Speisen über ein beliebig langes Koaxialkabel an. Die praktische Erfahrung hat gezeigt, daß es im Kurzwellenbereich nicht unbedingt nötig ist, das Koaxialkabel zu symmetrieren, und fast alle im Kurzwellenbereich praktisch ausgeführten Cubical-Quad-Antennen arbeiten mit direkter Koaxialkabelspeisung.

Die herkömmliche Art, ein Dreiband-Quad zu speisen, besteht darin, daß man für jedes Band eine eigene Speiseleitung verwendet. Das schafft klare Verhältnisse. Es wird aber – besonders bei großen Leitungslängen – viel Koaxialkabel benötigt. Ist jedes einzelne System auf Anpassungsoptimum abgeglichen, können die gespeisten Elemente eines Dreiband-Quad an den Eingängen einander parallelgeschaltet und über ein einziges, gemeinsames Koaxialkabel gespeist werden (Bild 18.47). Dieses wird zweckmäßig vom Speisepunkt des 15-m-Strahlers weggeführt. Vom 20- und vom 10-m-Strahler verlaufen Verbindungs-

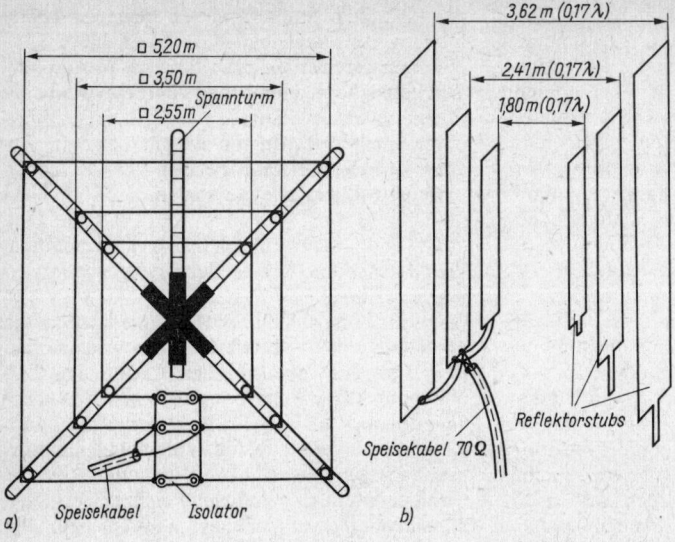

Bild 18.47
Anordnung und Speisung der
Elemente; a – Ansicht der
gespeisten Elemente von vorn,
b – gespeiste Elemente und
Reflektoren, Seitenansicht

doppelleitungen zum zentralen 15-m-Speise-
punkt. Dabei werden jedoch die freien Strahlerlängen durch diese Verbindungsleitungen beaufschlagt, und die Resonanzfrequenzen der normal
bemessenen Strahler liegen tiefer als vorausberechnet. Es ist deshalb erforderlich, die Strahlerlängen um die Länge der Verbindungsleitungen
zu verkürzen. Diese Strahlerverkürzung läßt sich
auch elektrisch durch Einschalten von Kondensatoren in den Leitungsweg herbeiführen. Beim
Speisen der 3 Strahlerelemente über ein gemeinsames Koaxialkabel ist die Wirkung im 15-m-
Band häufig eingeschränkt. In solchen Fällen
wird das problemlose Einzelspeisen empfohlen.

Der Abgleich

Zuerst muß man die gespeisten Elemente auf ihre
Resonanzlänge einstellen. Dazu wird die Speiseleitung an das jeweils abzugleichende Element
angeschlossen, wobei in die Energieleitung ein
Reflektometer eingeschleift ist. Durch den Betriebssender, einen Meßgenerator oder ein Dip-
Meter erregt man nun den Strahler und variiert
dabei die Betriebsfrequenz in weiten Grenzen.
Dabei beobachtet man das Reflektometer. Die
Frequenz, bei der die Welligkeit auf der Leitung
den geringsten Wert hat, ist die Resonanzfrequenz des gespeisten Elementes. Sollte sie nicht
an der gewünschten Stelle im Band liegen, muß
die Elementlänge entsprechend verändert werden (z. B. nach Bild 15.4).

Nun folgt der Feinabgleich der Reflektoren auf
größte Rückdämpfung. Man verwendet dazu ein
einfaches Feldstärkeanzeigegerät (Hilfsantenne,
Germaniumdiode und Anzeigeinstrument), das
etwa 50 m entfernt und möglichst in gleicher

Höhe wie der Beam aufzustellen ist. Das Dreiband-Quad wird nun so gedreht, daß das Reflek-
torquadrat seine Breitseite dem Feldstärkeanzeiger zuwendet. Bei strahlendem Sender werden
die Kurzschlußschieber an den Reflektorstubs so
eingestellt, daß der Feldstärkeanzeiger ein ausgeprägtes Minimun anzeigt. Dieses Einstellen ist
kritisch, das Minimum erscheint sehr scharf ausgeprägt. Da durch den Reflektorabgleich die
Strahlerresonanz etwas beeinflußt wird, empfiehlt sich eine anschließende Kontrolle mit dem
Reflektometer.

18.9.2. Das *CQ-PA*-Dreiband-Quad

Von *PA 0 XE* wurde in der holländischen Ama-
teurzeitschrift *CQ-PA* ein Dreiband-Quad beschrieben, dessen mechanischer Aufbau sehr
einfach ist und wohl eine der zweckmäßigsten
Lösungen für den Amateur darstellen dürfte.
Weitere Vorzüge des *CQ-PA*-Quad bestehen
darin, daß man keinerlei Stubs oder sonstige Abstimmhilfsmittel benötigt und daß für alle Bänder
der optimale Reflektorabstand eingehalten wird.
Beachtet man alle Abmessungen genau, so kann
auf einen Abgleich verzichtet werden.

PA 0 XE verwendet als Kreuzstück keine
geschweißte Eisenkonstruktion, sondern einen
stabilen und zweckentsprechenden Aufbau aus
20 mm dicken Sperrholzplatten, der in Bild 18.48
erläutert wird. Die Teilzeichnung (Bild 18.48a)
zeigt zwei quadratischen Sperrholzplatten aus
20 mm dickem Material mit einer Seitenlänge von
je 300 mm. Jede dieser Platten hat in der Mitte
einer Seite einen 150 mm langen und 20 mm brei-

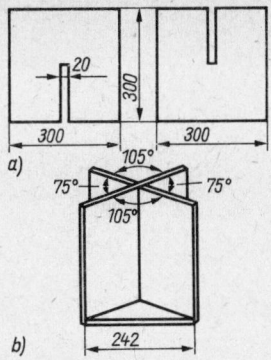

Bild 18.48
Das Mittelstück des CQ-PA-Quad; a – Einzelplatten,
b – Mittelstück zusammengefügt

ten Schlitz. Diese Schlitze müssen so ausgearbeitet werden, daß sich nach dem Zusammenstecken beider Platten gemäß Bild 18.48b die gegenüberliegenden Winkel mit 105° bzw. 75° ergeben (Schräge Schlitzflanken!). Aus dem gleichen Material wird noch eine rechteckige Grundplatte mit den Seitenlängen 242 mm × 184 mm zugeschnitten. Stimmen die Abmessungen dieser Grundplatte und wird das Plattenkreuz auf die Grundplatte aufgesetzt, so ergeben sich auch die geforderten Winkel von 105° und 75° (Winkelfunktion).

Dieses mechanische Hauptteil der Antenne wird gut verleimt und verschraubt. Die Schrauben in der Grundplatte sind zu versenken. Das Kreuzstück wird mehrmals mit Leinölfirnis oder einem guten Bootslack gestrichen. Noch stabiler und witterungsbeständiger sind entsprechend

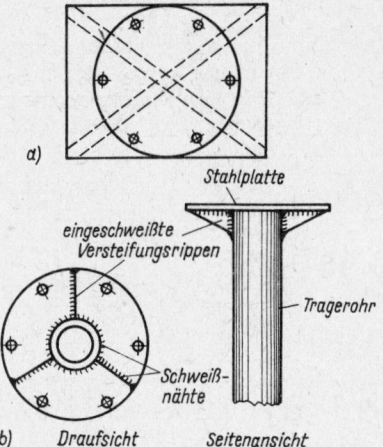

Bild 18.49
Die Mastbefestigung am Kreuzstück; a – Grundplatte,
b – Metallflansch verschweißt

starke Schichtpreßstoffplatten mit Gewebeeinlage.

Im nächsten Arbeitsgang bereitet man das Befestigen des Tragemastes an der Grundplatte des Kreuzstückes vor. Eine 3 ... 5 mm dicke kreisförmige Stahlplatte von 180 mm Durchmesser legt man – wie in Bild 18.49 gezeigt – auf die Unterseite der Grundplatte. Nun versieht man die Stahlplatte mit sechs gleichmäßig auf den Umfang verteilten Bohrungen von etwa 5 mm Durchmesser, dabei wird die Grundplatte gleichzeitig mit durchbohrt. Die Bohrlöcher sind so zu verteilen, daß beim späteren Zusammenschrauben die Schraubenköpfe auf der Grundplattenoberseite genügend Spielraum gegenüber dem Plattenkreuz haben. Die Stahlblechscheibe muß nicht unbedingt kreisförmig sein, sie kann auch die Abmessungen der Grundplatte aufweisen (242 mm × 184 mm).

Als Tragemast empfiehlt *PA 0 XE* 1,5-Zoll-Wasserleitungsrohr. Vorerst wird ein etwa 3 m langes Stück benötigt, das an einem Ende ein Außengewinde erhält. Dieses Gewinde ist nötig, um den Maststummel über eine Rohrmuffe verlängern zu können. Auf das andere Rohrende wird die vorbereitete Stahlblechplatte genau zentrisch stumpf aufgeschweißt. Der Maststummel muß senkrecht auf der Stahlplatte stehen. Es empfiehlt sich, noch drei Versteifungsrippen in der Form rechtwinkliger Blechdreiecke einzuschweißen, die den seitlichen Druck aufnehmen können. (Bild 18.49b).

Es sind acht Bambusstäbe von je 4,50 m Länge als Tragearme erforderlich. Um sie am Kreuzstück festklemmen zu können, werden insgesamt 16 U-förmige Bolzen benötigt, die jeder Schmied oder Mechaniker anfertigt. Die Abmessungen dieser Bolzen richten sich nach dem Durchmesser der Bambusarme. Die Bolzen, Muttern, Unterlegscheiben und alle sonstigen Metallteile sollten möglichst verzinkt oder kadmiert sein, zumindest aber mit einem guten Rostschutzlack gestrichen werden.

Bild 18.50 zeigt, wie man die Tragearme am Kreuzstück befestigt. Der Übersichtlichkeit halber wurden nur 4 Tragearme eingezeichnet; die restlichen 4 Bambusstäbe muß man ebenso im gegenüberliegenden Winkel von 105° montieren. Die Neigung der Tragearme gegenüber der Senkrechten soll genau 52,5° betragen. Dieser Winkel wird sehr einfach gefunden, indem man sich vom 105°-Winkel des Plattenkreuzes eine Papierschablone anfertigt und diese durch Zusammenfalten halbiert (105 : 2 = 52,5). Durch entsprechendes Anlegen dieser Schablonen können dann die Bohrlöcher für die U-Bolzen markiert werden. Es ist ratsam, die inneren U-Bolzen nicht zu nahe an die Kreuzungslinie der Platten zu setzen, damit noch genügend Spielraum für das Aufsetzen

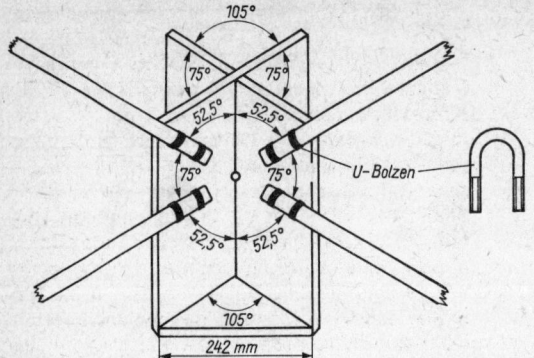

Bild 18.50
Die Befestigung der Tragearme

und Anziehen der Gegenmuttern verbleibt. Um einem Platzen der Bambusstäbe beim Festziehen der Muttern vorzubeugen, werden die dickeren Rohrenden, die man einklemmt, gut mit Isolierband oder einem anderen geeigneten Material umwickelt. Wie man Bambusrohre richtig behandelt, wurde bereits zu Beginn dieses Abschnittes beschrieben.

Nun werden die Elemente vorbereitet und zurechtgelegt. Als Material eignen sich alle Kupferdrähte oder Litzen, die der mechanischen Beanspruchung gewachsen sind. Insgesamt braucht man etwa 100 m.

PA 0 XE verwendete eine kunststoffisolierte Litze, die sich besonders gut verarbeiten läßt, Strahler und Reflektoren sind in sich resonant, man benötigt deshalb keine Stubs oder sonstigen Abstimmhilfsmittel. Das bedingt jedoch, daß jedes Strahlerelement seine eigene Speiseleitung erhält; es werden demnach 3 Koaxialkabel zum Stationsraum geführt. Es sind alle Arten von Koaxialkabeln zwischen 50 und 75 Ω Wellenwiderstand brauchbar.

Die Reflektoren bestehen aus in sich geschlossenen Leitervierecken (Bild 18.51b); die Strahlervierecke sind in der geometrischen Mitte der unteren waagrechten Seite zum Anschluß der

Speisekabel aufgetrennt (Bild 18.51a). Es werden folgende Leitungslängen für die Elemente zugeschnitten:

20-m-Band
Strahlerelement-Leiterlänge 21,06 m, davon 2 mal 50 mm zum Befestigen am Trennisolator. Das ergibt eine ausgespannte Strahlerlänge von 20,96 m, entsprechend einer Seitenlänge von 5,24 m.

15-m-Band
Strahlerelement-Leiterlänge 14,34 m, davon 2mal 50 mm zum Befestigen am Trennisolator. Das ergibt eine ausgespannte Strahlerlänge von 14,24 m, entsprechend einer Seitenlänge von 3,56 m.

Reflektorelement-Leiterlänge 15,13 m, davon 50 mm zum Verschrauben und Verlöten der Leitungsenden. Das ergibt eine ausgespannte Reflektorlänge von 15,08 m, entsprechend einer Seitenlänge von 3,77 m.

10-m-Band
Strahlerelement-Leiterlänge 10,66 m, davon 2mal 50 mm zum Befestigen am Trennisolator. Das ergibt eine ausgespannte Strahlerlänge

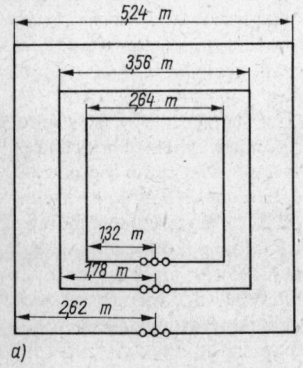

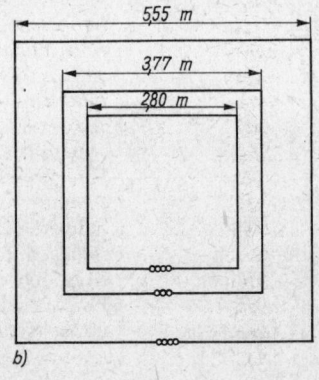

Bild 18.51
Die Quad-Elemente;
a – gespeiste Elemente,
b – Reflektoren

von 10,56 m, entsprechend einer Seitenlänge von 2,64 m.

Reflektorelement-Leiterlänge 11,25 m, davon 2mal 50 mm zum Verschrauben und Verlöten der Leitungsenden. Das ergibt eine ausgespannte Reflektorlänge von 11,20 m, entsprechend einer Seitenlänge von 2,80 m.

Die zugeschnittenen Leitungsstücke werden nun der Länge nach waagrecht ausgespannt. Danach markiert man sie an den Stellen, wo später die Tragearme befestigt werden müssen, mit schnell trocknendem Lack. Oft genügt es auch, einen kräftigen Kunststoffaden an der gefundenen Stelle fest zu verknoten; seine reichlich bemessenen Enden kann man später zum Festbinden des Leiters an den Tragearmen nutzen. Die Anordnung der Elemente und ihre Seitenlängen sind in Bild 18.51 wiedergegeben. Aus dieser Zeichnung kann die Lage der zu markierenden Eckpunkte entnommen werden.

Der Zusammenbau des gesamten Systems vollzieht sich zweckmäßig in folgender Reihenfolge:

a – Die 4 schräg nach oben zeigenden Tragearme an das Kreuzstück montieren.

b – Die oberen waagrechten Seiten der Strahler und Reflektoren einpassen und an den nach oben weisenden Tragearmen befestigen. Die Elemente hängen zwischen 2 Bambusschenkeln, die in einem Winkel von 75° zueinander stehen. Es empfiehlt sich außerdem, die jetzt noch leicht zugänglichen oberen Tragearme mit Kunststoffdrähten bzw. Glasgarn zu verspannen.

c – Grundplatte des Kreuzstückes mit dem etwa 3 m langen Maststummel verschrauben. Maststummel mit Kreuzstück zur weiteren Montage senkrecht aufstellen. *PA 0 XE* empfiehlt als behelfsmäßigen Mastfuß eine größere Holzkiste, deren Deckel und Boden mit je einem dem Mastdurchmesser entsprechenden Loch versehen sind. In dieser Kiste kann die Antenne bis zum Abschluß der Montage frei stehen.

d – Die 4 schräg nach unten zeigenden Tragearme an das Kreuzstück anschrauben und die senkrecht verlaufenden Sektionen der Elemente an den unteren Tragearmen befestigen.

e – An den Reflektorelementen die Leitungsenden miteinander verlöten, so daß sie die untere waagrechte Seite bilden. Zwischen die Enden der Strahlerelemente wird je ein kleiner Isolator eingesetzt. Diese Isolatoren bilden auf der Mitte der unteren waagrechten Seiten die Speisepunkte.

f – Tragearme untereinander mit geeigneten Kunststoffdrähten verspannen. Das verleiht dem ganzen System die erforderliche Stabilität und eine saubere Kubusform. Die Ko-

axialkabel mit einem Wellenwiderstand von 50...75 Ω werden an den Speisepunkten angeschlossen und durch Abfangen am Kreuzstück zugentlastet.

Damit ist das *CQ-PA*-Dreiband-Quad betriebsfertig, und dem Erbauer bleibt nur noch die sicher nicht leichte Aufgabe, das Gebilde auf das Hausdach oder auf einen Mast zu bringen.

18.9.3.   Das verspannte Dreiband-Quad von DM 2 ARD

Bei allen elektrischen Vorzügen des *Cubical Quad* ist die Standfestigkeit seiner Tragekonstruktion den Witterungsunbilden häufig nicht gewachsen, und es kommt ziemlich oft vor, daß eine «Spinnenquad» dem ersten größeren Sturm zum Opfer fällt. Auch die Lebensdauer der bevorzugt verwendeten Bambusspreizen ist nur relativ kurz, abhängig von den klimatischen Verhältnissen kann man damit rechnen, daß sie in spätestens 5 Jahren erneuert werden müssen. Ausgehend von diesen Tatsachen entwikkelte *DM 2 ARD* ein Tragesystem, dem man große Lebensdauer, kleines Gewicht, geringe Windlast und gute innere Stabilität bescheinigen kann.

Bild 18.52 läßt das Konstruktionsprinzip erkennen; Abkehr von der allgemein bevorzugten Spinnenquad-Bauweise; an einem kurzen Boom sind die beiden gekrümmt verspannten kreuzförmigen Elementeträger befestigt. Die notwendige Elastizität für eine solche Verspannung ist nur mit Glasfiberpeitschen erreichbar, deren Durchmesser bei der Originalausführung 14 mm beträgt. Für Zweibandausführungen ist ein Durchmesser von 12 mm ausreichend.

Die Krümmung der Trageelemente hat folgende Vorteile:

– Es ergibt sich für jedes Band näherungsweise der richtige Abstand zwischen Strahler und Reflektor.

– Ähnlich wie ein Bogen die Sehne strafft, werden von den elastischen Glasfiberpeitschen die Antennenelemente (Sehnen) gespannt, und dem Trägerelement wird zusätzlich Stabilität verliehen.

– Auf Grund der verwendeten Glasfiberstäbe können die Antennenelemente ohne Isolatoren direkt durch Umwickeln befestigt werden. Da es dabei an den Drähten keine scharfen Knickstellen gibt, wird die Gefahr eines Drahtbruches vermindert.

Die Tragevorrichtung

Der Tragemast ist aus 5 m 3-Zoll- und 6 m 2 1/2-Zoll-Stahlrohr zusammengesetzt. Wie Bild 16.13 zeigt, ist am freien Ende des 2 1/2-Zoll-Rohres

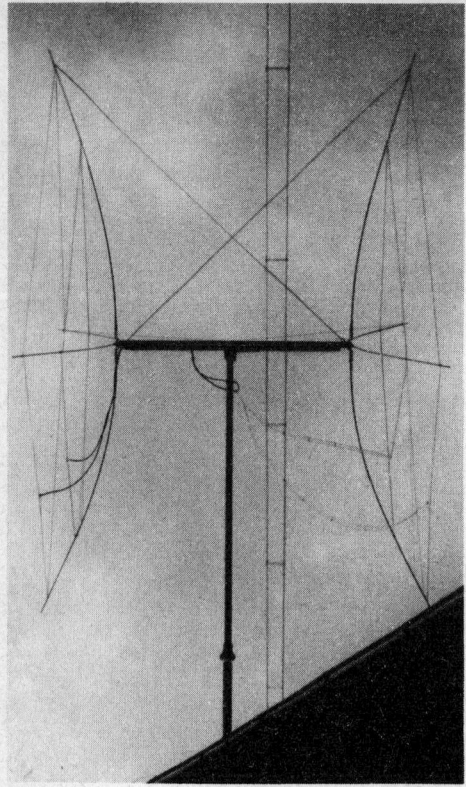

Bild 18.52
Die verspannte Dreiband-Quad-Antenne
von *DM 2 ARD* (Foto *F. Traxler*)

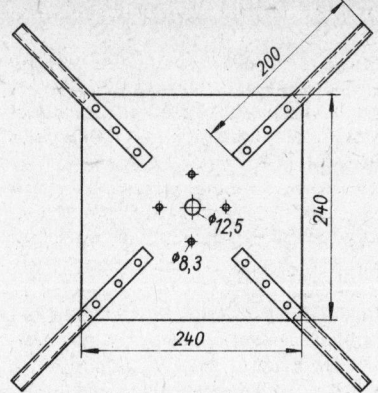

Bild 18.54
Die Kreuzträgerplatte

sich nach dem Innendurchmesser des Querrohres. Wichtig sind die plangedrehten Auflageflächen, auf die die Kreuzhalteplatten (Bild 18.54) aufgeschraubt sind. Die Bohrungen B_1 und B_2 reichen durch den Querträger und den Zapfen des Flanschstückes hindurch (Bolzen M8). Sie sollten erst bei einem Probezusammenbau hergestellt werden, um zu sichern, daß die Antenne ein geometrisch exaktes Aussehen erhält.

Die in Bild 18.54 dargestellten Kreuzhalteplatten bestehen aus 5 mm dickem Leichtmetallblech. Die Zentralbohrung und die 4 umliegenden Bohrungen korrespondieren mit den entsprechenden Bohrungen des Drehteils von Bild 18.53. Die 4 diagonal auf die Trägerplatte aufgeschraubten Hülsen werden aus Leichtmetall-Rundmaterial von 18 ... 24 mm Durchmesser angefertigt. Dabei soll die Bohrung für die Aufnahme der Glasfiber-Rundstäbe mindestens 100 mm tief sein. Der Bohrungsdurchmesser muß einen straffen Sitz der Stäbe gewährleisten. Die Hülsen werden gemäß Bild 18.54 mit je drei M5-Schrauben auf der Grundplatte befestigt.

Die Berechnung der Abmessungen
Da die Elementlängen und deren Abstände vorgeschrieben sind, bedarf es einiger Berechnun-

ein 600 mm langer U-Profil-Träger aufgesetzt, der den Querträger in sich aufnimmt. Aus Gründen der Gewichtsersparnis wird für den Boom ein 2-Zoll-Leichtmetallrohr empfohlen, das natürlich auch durch ein entsprechendes Stahlrohr ersetzt werden kann.

In das Querrohr wird beidseitig je ein Leichtmetalldrehteil nach Bild 18.53 straff eingepaßt. Der Zapfendurchmesser dieser Flansche richtet

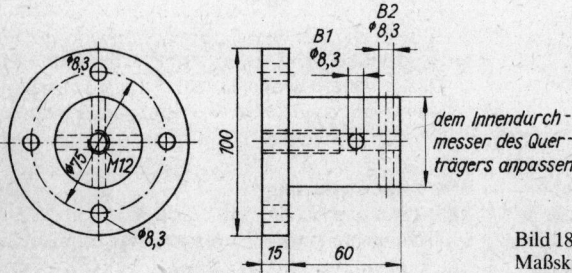

dem Innendurch-
messer des Quer-
trägers anpassen

Bild 18.53
Maßskizze für die Herstellung der Leichtmetalldrehteile

gen, die vor allem darüber Aufschluß geben sollen, wie Boomlänge und Krümmungsradius der Glasfiberpeitschen zu wählen sind, um optimale Verhältnisse zu erreichen. Ausgehend von der elektrischen Konzeption der Dreiband-Quad nach *W 4 NNQ* (siehe Abschnitt 18.8.1.), sind die Elementabstände für 52 ... 75 Ω Eingangswiderstand aus Tabelle 18.4. zu entnehmen.

Entsprechend Bild 18.55 gilt für die Berechnung der Bogenlänge l bei einer geforderten Sehnenlänge a

$$a = \frac{\lambda}{4} \cdot \sqrt{2}; \qquad a^2 = \frac{\lambda^2}{8}; \qquad (18.1.)$$

$$l \approx \sqrt{a^2 + \frac{16}{3} \cdot h^2}. \qquad (18.2.)$$

Da a die Diagonale eines Quadelementes darstellt, erscheint der Faktor $\sqrt{2}$. Die Näherungsgleichung (18.2.) ist hinreichend genau, bei $h/a = 0,25$ ist der Fehler für l nur 0,44 %, und mit $h/a = 0,5$ steigt er auf < 3 %.

Mit den nach Tabelle 18.4. festgelegten Elementabständen ergeben sich für die «Kreisbögen» keine Kurven konstanter Krümmung. Als

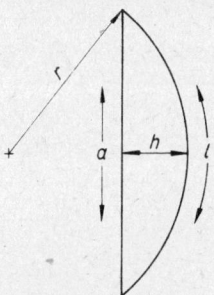

Bild 18.55
Bemessungsskizze zur Berechnung der mechanischen Abmessungen; a – Sehne, h – Sehnenhöhe, l – Länge des Kreisbogens, r – Krümmungsradius

Tabelle 18.4.
Widerstände am Eingang von Quad-Antennen in Abhängigkeit vom Reflektorabstand

Eingangs-widerstand in Ω	Reflektorabstand in λ	Entsprechende Distanz für		
		20-m-Band in m	15-m-Band in m	10-m-Band in m
52	0,11	2,34	1,56	1,17
60	0,13	2,76	1,85	1,38
70	0,17	3,62	2,41	1,80
72	0,18	3,83	2,56	1,91
75	0,20	4,25	2,84	2,12

Kompromiß wurden deshalb mit den nachfolgenden Gleichungen die Abmessungen neu bestimmt:

$$h = r - \sqrt{r^2 - \frac{a^2}{4}}; \qquad (18.3.)$$

$$a = 2 \cdot \sqrt{2hr - h^2}. \qquad (18.4.)$$

Die Ergebnisse sind in Tabelle 18.5. für Speisepunktwiderstände von 60 Ω und 75 Ω aufgeführt.

Hinweise für Aufbau und Wartung
Die Strahler- und Reflektorbaugruppen können einzeln auf der Erde fertig montiert werden. Wegen des geringen Gewichtes der Kreuze kann man die fertiggestellte Baugruppe über eine Leiter hochtragen und am Querträger befestigen.

Beim Verspannen der Antennenelemente beginnt man mit der größten Drahtschleife. Die anschließend anzubringenden kürzeren Schleifen sind so auszurichten, daß alle Antennendrähte die gleiche Spannung aufweisen und parallel geführt werden. Ein An- oder Durchbohren der Glasfiberstäbe ist unbedingt zu vermeiden. Die Abmessungen für die Drahtschleifen und Reflek-

Tabelle 18.5.   Maße der Quadkonstruktion nach *DM 2 ARD*

Z in Ω	f in MHz	λ/4 in m	λ/4 · √2 in m	r in m	h in m	s in m	ϑ_s in %	s_Q in m	l in m	Δl in m/%
75	14,1	5,24	7,39	7,75	0,95	3,90	−8	2,00	7,73	0,34/4,5
75	21,15	3,56	5,03	7,75	0,42	2,84	0	2,00	5,14	0,11/2
75	28,2	2,64	3,73	7,75	0,23	2,46	+16	2,00	3,77	0,04/1
60	14,1	5,24	7,39	7,75	0,95	2,90	+5	1,00	7,73	0,34/4,5
60	21,15	3,56	5,03	7,75	0,42	1,84	−0,5	1,00	5,14	0,11/2
60	28,2	2,64	3,73	7,75	0,23	1,46	+6	1,00	3,77	0,04/1

s – Abstand Dipol/Reflektor (Elementabstand)
ϑ_s – relativer Fehler von S gegenüber den Werten von Tabelle 18.4.
s_Q – für den Querträger verbleibende Länge ($s = 2h - s_a$)
Δl – absolute Längenabweichung von l gegenüber $\lambda/4$

torstubs sind Abschnitt 18.8.1. bzw. Bild 18.47 zu entnehmen. Eine Parallelerregung über ein Speisekabel – wie in Bild 18.47 dargestellt – wird bei der Dreibandausführung nicht empfohlen, weil hier erfahrungsgemäß Schwierigkeiten bei der Erregung im 15-m-Band auftreten. Das Speisen über 3 Koaxialkabel vermeidet solche Komplikationen; man sollte aber dann die Schleifenlängen etwas vergrößern, indem die in Bild 18.51 a angegebenen Längen verwendet werden.

Bei einer Störung (z. B. Drahtbruch) wird jedes Kreuz durch Drehen um seinen Mittelpunkt in eine beliebige Lage gebracht, man braucht dazu nur die 4 M8-Bolzen zu entfernen und die zentrische M12-Schraube etwas zu lockern. Damit kann die Arbeitshöhe um mehr als 5 m reduziert werden.

Weitere mechanische Einzelheiten, wie zusätzliche Verspannungen sowie Führung und Befestigung der Reflektorstubs, sind aus Bild 18.52 zu entnehmen. Die für eine Dreiband-Quad-Antenne dieser Bauart errechnete Windlast beträgt frontal etwa 330 N, seitlich etwa 280 N (siehe Abschnitt 33.2.).

18.9.4.   Mehrband-Quad-Antennen mit Direktoren

Soll der Gewinn einer *Cubical*-Quad-Antenne erhöht werden, kann man ihr parasitäre Direktoren in Quadform hinzufügen. Damit steigen der Aufwand und die mechanischen Forderungen erheblich an. Die bewährte Spinnenkonstuktion ist nicht mehr anwendbar, und die Quad-Kreuze müssen auf einem entsprechend langen, waagrechten Träger (Boom) aufgereiht und stabil gehaltert werden. Da die Boomlängen zwischen etwa 6 und 12 m liegen, müssen 3-Zoll-Stahlrohre als Träger verwendet werden, die man durch einen Spannturm abstützt. Das bedeutet bereits eine erhebliche Gewichtsbelastung und hohe Windlast, die einen sehr kräftigen Tragemast erfordert.

Aus Gewichts- und Haltbarkeitsgründen eignen sich als Tragearme für die Elementschleifen praktisch nur Glasfiber-Rundstäbe. Manchmal werden auch Stäbe empfohlen, wie man sie beim Stabhochsprung verwendet. Sie können jeder vorkommenden mechanischen Belastung standhalten, dürften aber in den meisten Fällen finanziell unerschwinglich sein.

Ein weiteres Problem bilden die Haltearmaturen, welche die jeweils 4 Glasfiberstäbe unverrückbar auf dem Boom festhalten müssen. Sie sind großen Belastungen ausgesetzt und sollen daher möglichst stabil sein; andererseits darf ihr Gewicht nicht zu groß werden. Für die beiden äußeren Elementhaltekreuze könnte man Kon-

struktionen nach Bild 18.53 bzw. Bild 18.54 einsetzen. Einfachere Haltevorrichtungen werden in [1] angegeben. Allgemeingültige mechanische Lösungen gibt es kaum, denn der Bau einer solchen Antenne ist immer von der Beschaffbarkeit des meist nicht handelsüblichen Materials abhängig.

Ungeachtet der aufwendigen Konstruktion und der Kosten wurden solche «Mammutantennen» von Funkamateuren schon häufig gebaut und mit großem Erfolg betrieben. Das weitaus «billigste» an einer solchen Antennenanlage ist die Antenne selbst, das heißt der Antennendraht. Es war deshalb naheliegend, die kostspielige Tragekonstruktion so auszubilden, daß sie die Drähte für mehrere Bänder aufnehmen kann, wobei mit fast dem gleichem Aufwand eine Mehrbandantenne entsteht. Die Schwierigkeit bei diesem Vorhaben besteht darin, daß für alle 3 Bänder (20, 15 und 10 m) die geometrischen Elementabstände gleich sein müssen, weshalb die für die Wellenlänge λ bezogenen Elementabstände und damit die Eingangswiderstände für die einzelnen Bänder unterschiedlich werden. Wegen der beim konzentrischen Aufbau der Elemente größeren gegenseitigen Beeinflussung und der ungleichen Eingangswiderstände kann man die 3 Antenneneingänge nicht ohne weiteres parallelschalten. Es gibt bereits Lösungen, die mit Gamma-Gliedern, Kondensatoren und Transformationsleitungen arbeiten [12]; dabei sind aber 4 Kompensationskondensatoren der Witterung ausgesetzt, und es müssen zusätzliche Lötstellen an den Drähten ausgeführt werden, so daß es ratsamer erscheint, jedes System über ein eigenes Koaxialkabel zu erregen. Es hat sich auch herausgestellt, daß beim konzentrischen Aufbau einer Dreiband-Quad die Erregung im 15-m-Band oft Schwierigkeiten bereitet, die bei der Spinnenbauform nicht auftreten.

Die Frage, ob man die Elemente als Rhombusform oder als Quadrat montieren soll, ist leicht zu entscheiden, denn in der elektrischen Wirksamkeit sind beide Formen gleichwertig. Für die Rhombusform spricht, daß sie günstiger bezüglich Eisbehang ist, da Wasser von den schräggeführten Drähten schnell abläuft. Wie bereits erwähnt, benötigen Quad-Antennen bei der direkten Erregung über Koaxialkabel keinen Symmetriewandler.

18.9.4.1.   Dreiband-Quad-Antenne mit 4 Elementen

Alle Elementgruppen in Bild 18.56 haben gleiche Abstände. Sie betragen für das 20-m-Band 0,143 λ, für das 15-m-Band 0,213 λ und für das 10-m-Band 0,28 λ. Bedingt durch den für das 10-m-Band relativ großen Elementabstand kommt dessen Eingangswiderstand auf etwa 110 Ω, so daß für den Anschluß eines 50-Ω-Koaxialkabels ein Transformationsglied eingesetzt werden muß. Es besteht aus einem elektrisch λ/4 langen Stück 75-Ω-Koaxialkabel, das als Viertelwellentransformator arbeitet (siehe Abschnitt 6.5.). Es liegt zwischen dem Antenneneingang und dem beliebig langen 50-Ω-Speisekabel. Obwohl für 20 und 15 m direktes Speisen mit 50-Ω-Kabel angegeben ist, darf man annehmen, daß zur Speisung der 15-m-Sektion ein 75-Ω-Koaxialkabel optimal wäre. Auch 60-Ω-Kabel ist für alle Fälle gut geeignet.

Die Elementabmessungen sind in Tabelle 18.6. aufgeführt. Der Gewinn ist für die einzelnen Bänder etwas unterschiedlich, er dürfte näherungsweise 8 dBd betragen.

18.9.4.2. Dreiband-Quad-Antenne mit 4 und 5 Elementen

Wie aus Bild 18.57 hervorgeht, hat diese in [11] beschriebene Bauform Elemente für die Bänder 20 und 15 m, wobei die Elementabstände einheitlich 0,19 λ bzw. 0,29 λ betragen. Für den 10-m-Betrieb wurde das gespeiste Element zwischen Reflektorbaugruppe und Strahlersektion eingefügt, so daß sich ein Reflektorabstand von 0,19 λ und ein Abstand zum 1. Direktor von ebenfalls 0,19 λ ergibt. Die Abstände des 2. und 3. Direktors betragen 0,39 λ. Damit ergeben sich für 20 und 10 m Eingangswiderstände von nahezu 50 Ω, und diese Systeme können über ein beliebig langes Koaxialkabel von 50-Ω – oder 60-Ω-Wellenwiderstand direkt erregt werden. Beim Betrieb

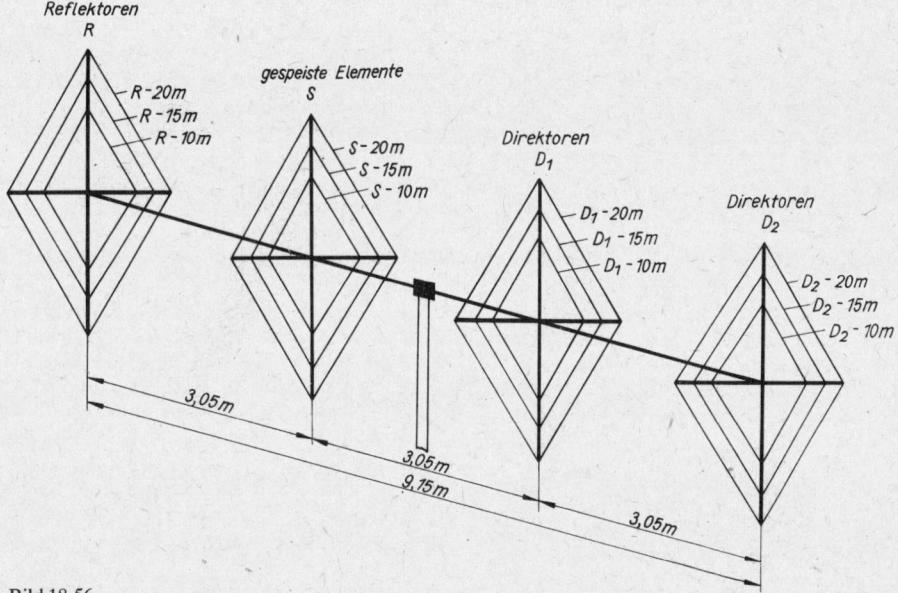

Bild 18.56
Aufbau- und Bemessungsschema für 4-Element-Quad-Antennen nach Tabelle 18.6.

Tabelle 18.6. Die Abmessungen der Dreiband-4-Element-Quad-Antenne nach Bild 18.56

	20-m-Band	15-m-Band	10-m-Band
Reflektorlänge R	21,98 m (22,07 m)*	14,83 m	10,88 m
Länge des gespeisten Elementes S	21,37 m (21,46 m)	14,43 m	10,58 m
Direktorlänge D_1	21,06 m	14,12 m	10,24 m
Direktorlänge D_2	21,06 m	14,12 m	10,24 m
Erregung	direkt über 50-Ω-Koaxial-kabel	direkt über 50-Ω-Koaxial-kabel	elektrisch λ/4-75-Ω-Koaxial-kabel, dann weiter mit 50 Ω

Boomlänge 9,15 m, größte Strebenlänge (Diagonale) 7,80 m

* Die Klammerwerte haben Gültigkeit, wenn für optimale Wirksamkeit im Telegrafieteil des 20-m-Bandes bemessen werden soll

im 15-m-Band wirken sich die verhältnismäßig großen Elementabstände von 0,29 λ so aus, daß der Eingangswiderstand annähernd 110 Ω erreicht. Somit muß an den Antenneneingang ein koaxialer Viertelwellentransformator mit 75-Ω-Wellenwiderstand eingeschleift werden, wie in Abschnitt 18.9.4. bereits beschrieben wurde. Die Länge des 75-Ω-Kabelstückes beträgt 2,33 m bei einem Verkürzungsfaktor $v = 0,66$ und 2,94 m bei $v = 0,83$.

Die Elementabmessungen sind aus Tabelle 18.7. zu entnehmen. Über den Antennengewinn dieser Anordnung werden in [11] keine Angaben gemacht.

18.9.4.3. Dreiband-Quad-Antenne mit 3, 4 und 5 Elementen

Mit dem kürzesten Boom kommt diese Antenne aus (7,93 m lang). Wie aus Bild 18.58 hervorgeht, hat sie 3 Elemente bei 20 m (Elementabstand 0,17 λ), 4 Elemente für 15 m (Reflektorabstand 0,26 λ, Direktorabstände je 0,15 λ) und 5 Elemente beim 10-m-Betrieb, wobei der Reflektor und der 1. Direktor 0,17 λ Abstand haben und die Abstände D_1–D_2 sowie D_2–D_3 je 0,2 λ betragen. Somit wurden für alle 3 Bänder annähernd optimale Elementabstände realisiert, und es stellen

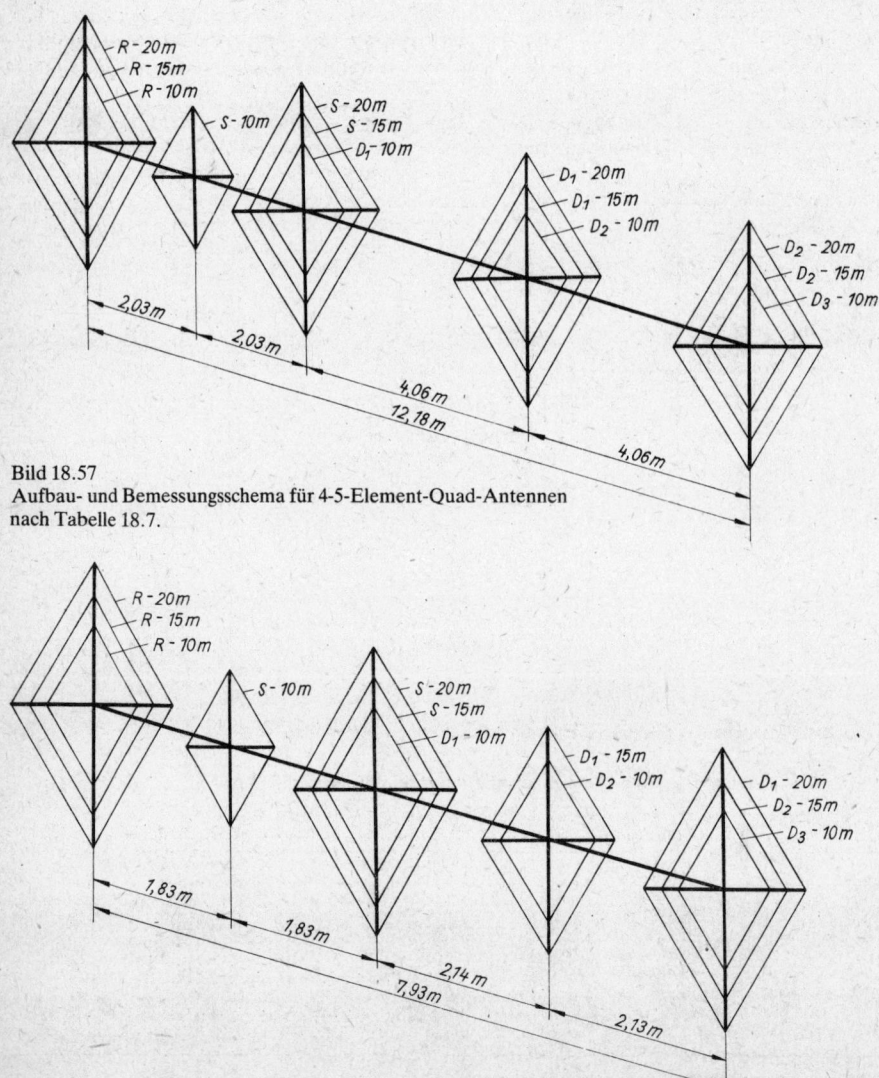

Bild 18.57
Aufbau- und Bemessungsschema für 4-5-Element-Quad-Antennen nach Tabelle 18.7.

Bild 18.58
Aufbau- und Bemessungsschema für 3-4-5-Element-Quad-Antennen nach Tabelle 18.8.

294

Tabelle 18.7. Die Abmessungen der 3-Band-4-5-Element-Quad-Antenne nach Bild 18.57

	20-m-Band	15-m-Band	10-m-Band
Reflektorlänge R	22,07 m	14,73 m	10,88 m
Länge des gespeisten Elementes S	21,46 m	14,33 m	10,58 m
Direktorlänge D_1	21,06 m	14,05 m	10,24 m
Direktorlänge D_2	21,06 m	14,05 m	10,24 m
Direktorlänge D_3	–	–	10,24 m
Erregung	direkt über 50-Ω-Koaxialkabel	elektrisch λ/4-75-Ω-Koaxialkabel, dann weiter mit 50 Ω	direkt über 50-Ω-Koaxialkabel

Boomlänge 12,18 m, größte Strebenlänge (Diagonale) 7,80 m

sich auch weitgehend gleiche Eingangswiderstände ein. Es sind deshalb keine Transformationsglieder erforderlich, alle 3 Systeme können
über 50-Ω-Koaxialkabel erregt werden. Diese
sehr kompakte, ansprechende Lösung wurde
ebenfalls in [11] ohne Gewinnangaben beschrieben. Die einzelnen Elementabmessungen sind
aus Tabelle 18.8. zu entnehmen.

18.9.4.4. Dreiband-Quad-Antenne mit 5 und 7 Elementen nach *W 7 KAR*

Landskov beschreibt in [13] die Eigenentwicklung
einer Dreiband-Quad-Antenne, bei der ein Gewinn von mindestens 8 dBd für alle 3 Bänder gefordert wurde. Auf der Grundlage von Modellver-
suchen im UHF-Bereich entstand die in Bild 18.59

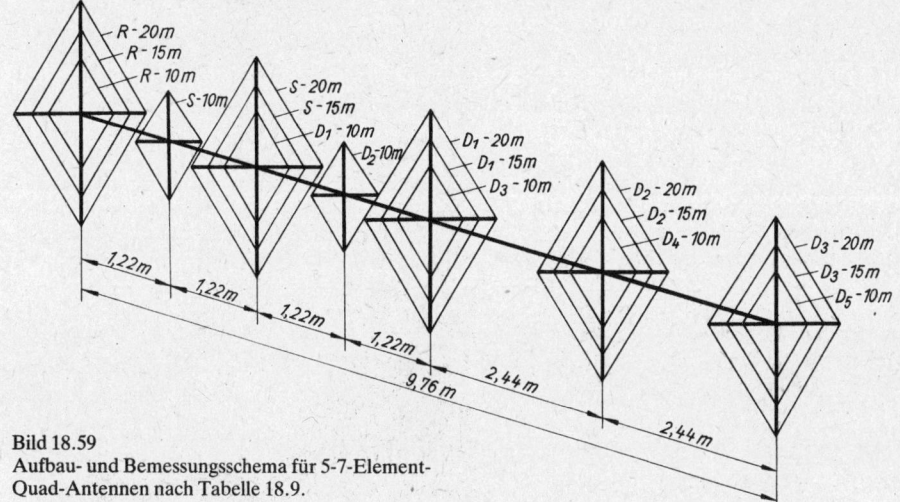

Bild 18.59
Aufbau- und Bemessungsschema für 5-7-Element-
Quad-Antennen nach Tabelle 18.9.

Tabelle 18.8. Die Abmessungen der 3-Band-Quad-Antenne mit 3, 4 und 5 Elementen nach Bild 18.58

	20-m-Band	15-m-Band	10-m-Band
Reflektorlänge R	22,15 m	14,80 m	11,04 m
Länge des gespeisten Elementes S	21,72 m	14,52 m	10,82 m
Direktorlänge D_1	21,18 m	14,15 m	10,54 m
Direktorlänge D_2	–	14,15 m	10,54 m
Direktorlänge D_3	–	–	10,54 m
Erregung	direkt über 50-Ω-Koaxialkabel	direkt über 50-Ω-Koaxialkabel	direkt über 50-Ω-Koaxialkabel
Resonanzfrequenz	14,1 MHz	21,1 MHz	28,3 MHz

Boomlänge 7,95 m, größte Strebenlänge (Diagonale) 7,85 m

Tabelle 18.9.   Die Abmessungen der Dreiband-Quad-Antenne mit 5 und 7 Elementen nach Bild 18.59

	20-m-Band (14,1 MHz)	15-m-Band (21,22 MHz)	10-m-Band (28,7 MHz)
Reflektorlänge R	22,25 m	14,96 m	11,14 m
Länge des gespeisten Elementes S	21,49 m	14,53 m	10,77 m
Direktorlänge D_1	20,84 m	14,10 m	10,49 m
Direktorlänge D_2	20,84 m	14,10 m	10,49 m
Direktorlänge D_3	20,84 m	14,10 m	10,49 m
Direktorlänge D_4	–	–	10,49 m
Direktorlänge D_5	–	–	10,49 m
Erregung	direkt über 50-Ω-Koaxialkabel	direkt über 50-Ω-Koaxialkabel	direkt über 50-Ω-Koaxialkabel

Boomlänge 9,76 m, größte Strebenlänge (Diagonale) 7,87 m

dargestellte Bauform mit je 5 Elementen für 20 und 15 m, wobei der Elementabstand einheitlich 2,44 m beträgt. Das entspricht $0,115 \lambda$ bei 20 m und $0,17 \lambda$ bei 15 m. Für den 10-m-Betrieb sind 7 Elemente vorhanden, deren Abstände bis zum 3. Direktor jeweils $0,12 \lambda$ betragen. Für D_3–D_4 und D_4–D_5 bestehen Abstände von je $0,23 \lambda$. Mit dieser Elementaufteilung wird erreicht, daß für alle 3 Systeme ein Eingangswiderstand von 50 Ω besteht. Die bezüglich größtem Frequenzbereich in den einzelnen Amateurbändern optimierten Elementlängen sind aus Tabelle 18.9. zu entnehmen, wo auch die sich einstellenden Resonanzfrequenzen aufgeführt sind. Bedingt durch den großen Frequenzbereich des 10-m-Bandes steigt oberhalb etwa 28,8 MHz die Welligkeit steil an, ein Effekt, der auch bei allen anderen Mehrbandantennen beim Betrieb im 10-m-Band zu beobachten ist.

Es wird für alle Quad-Antennen empfohlen, die zu verwendenden Drähte vor dem Abmessen gut zu recken, da die meisten Kupferdrähte unter betriebsmäßiger Zugbelastung um bis zu etwa 3 % länger werden.

18.9.5.   Die Dreiband-Vogelkäfig-Antenne

Da von *DK 4 NA* eine nachbausichere Dreiband-Version der Vogelkäfig-Antenne entwickelt wurde, dürfte diese sehr kompakte und mechanisch unkomplizierte aufgebaute Quad-Variante bald sehr verbreitet sein.

Aus Bild 18.60 kann man die mechanischen Einzelheiten ersehen. Elektrisch hat diese Antennenanlage 3 ineinandergeschachtelte Einzelsysteme für 20, 15 und 10 m, die jeweils nach dem Schema in Bild 15.15 und mit den Abmessungen aus Tabelle 15.2. aufgebaut sind.

Im Interesse klarer Speisungsverhältnisse wird jedes System getrennt über Koaxialkabel erregt; eine Symmetriewandlung an den Antennenein-

Bild 18.60
Die Dreiband-Vogelkäfig-Antenne von *DK 4 NA* (Foto *DK 4 NA*)

gängen hat sich als unnötig erwiesen. Versuche mit einer gemeinsamen Kabelleitung verursachten eine erheblich schlechtere Anpassung. Aus Gründen der mechanischen Stabilität und um Kabel einzusparen, werden die Systeme, wie in den unteren Strahlerebenen nach Bild 15.15b, gespeist. Die Reflektorstubs sollen bei dieser Bauform nicht frei herabhängen. Zu diesem

Zweck wird eine Kunststoffschnur als Trageelement jeweils zwischen den beiden unteren Reflektorschenkeln verspannt. An ihrer Mitte ist das Ende des Reflektorstubs befestigt, so daß dieses Abstimmglied auf der Winkelhalbierenden der Reflektorschenkel waagrecht zur Kunststoffschnur verläuft. Auf diese Weise ist die kapazitive Beeinflussung der Stubs durch den metallischen Tragemast sehr gering.

Der über die obere Antennenebene hinausragende Mast trägt noch eine 3-Element-Delta-Loop-Antenne für das 2-m-Band. Diesen verlängerten Mast nutzt man gleichzeitig als Spannturm für die mechanisch am stärksten belasteten waagrechten 20-m-Elemente, die durch die Abspannschnüre entlastet werden. Dadurch wird es möglich, die je 2,90 m langen 20-m-Schenkel aus Hartaluminiumrohren 18 mm × 1,5 mm zu fertigen (z. B. Rohr 18 × 1,5 AlCuMg F 40). Für die je 1,98 m langen 15-m-Schenkel genügt die gleiche Rohrqualität mit den Abmessungen 15 mm × 1,5 mm, die auch für die 10-m-Schenkel gewählt werden kann. Die Rohrdurchmesser wählt man nur nach mechanischen Gesichtspunkten aus, für die elektrische Funktion sind sie von untergeordneter Bedeutung. Das trifft auch für die senkrechten Drahtsektionen zu, die man aus Leichtmetalldrähten herstellt. Haltbarer und geschmeidiger sind Kupferlitzen, diese erfordern jedoch an den Verbindungsstellen mit den Leichtmetallrohren besondere Schutzmaßnahmen gegen elektrolytische Zersetzungsvorgänge.

Der Abgleich der Einzelsysteme beschränkt sich auf die optimale Abstimmung der Reflektorstubs. Die Kurzschlußbrücken werden dabei so eingestellt, daß ein in die Speiseleitung eingeschleiftes Reflektometer geringstmöglichen Rücklauf anzeigt.

Beim Vergleich der Vogelkäfig-Antenne mit ihrer «Stammform», dem *Cubical* Quad, erkennt man, daß mechanischer Aufwand und räumliche Ausdehnung des Bird-Cage erheblich geringer sind.

18.10. Sonstige Mehrband-Delta-Loop-Antennen

Mit Ganzwellen-Dreieckschleifen experimentieren die Funkamateure sehr viel. Das mag seinen Grund in der gegenüber der Quad-Schleife einfacheren mechanischen Ausführung haben. Fast immer wird auf einen parasitären Reflektor verzichtet. In verschiedenen Ausführungen werden diese Antennen als einfache horizontal polarisierte, bidirektionale Richtstrahler verwendet. Vertikal polarisierte Delta-Loops werden in Abschnitt 19.7.4. beschrieben.

18.10.1. Verschachtelte Mehrband-Delta-Loop-Antennen

Ebenso wie beim *Cubical* Quad nach Abschnitt 18.9. bietet sich auch beim Delta-Loop-Element ein Mehrbandbetrieb durch Ineinanderschachteln von Elementen an (Bild 18.61). Da man ein ungekürztes Delta-Loop-Element für 20 m mit der geforderten Stabilität nur schwer realisieren kann, beschränkt man sich bei dieser Mehrbandmethode allgemein auf eine Zweibandausführung 15/10 m. Die dazu erforderlichen Elemente können nach Tabelle 15.4. bemessen oder mit Gl. (15.10.) und Gl. (15.11.) errechnet werden.

Das in das stabile 15-m-Element geschachtelte 10-m-Element besteht aus Kupferlitze. Es wird mit Kunststoffäden oder Glaseideschnüren a innerhalb des 15-m-Elementes verspannt. Es empfiehlt sich, an den oberen Befestigungsecken des eingeschachtelten Elementes kleine Isolatoren b einzuschalten, die eine mechanische Reibung zwischen Drahtelement und Aufhängeschnüren verhindern. Beide Elemente werden einzeln und direkt mit je einem Koaxialkabel gespeist. Dabei ist das tragende 15-m-Element über eine Gamma-Anpassung erregt.

Das Reflektorelement wird mit seinen Längen A_R und B_R ebenfalls nach Tabelle 15.4. bemessen. Wie bereits ausgeführt, ist der Reflektorabstand nicht kritisch. Es kann für die 15/10-m-Ausführung 2,00 ... 2,50 m betragen.

18.10.2. Eine Mehrband-Delta-Loop-Kombination

Eine sehr leistungsfähige Mehrbandantenne für die Amateurbänder 160, 80 und 40 m wird von *W 2 EGH* als *Inverted Dipole Delta Loop* be-

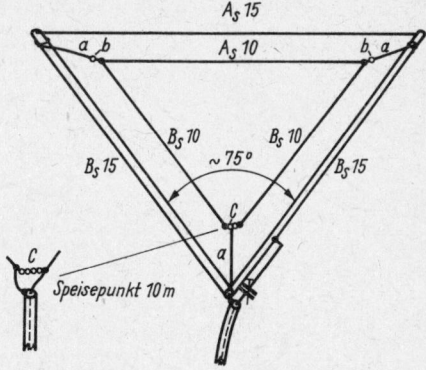

Bild 18.61
Aufbauvorschlag für eine verschachtelte Zweiband-Delta-Loop-Antenne 15/10 m (Abmessungen A_S und B_S siehe Tabelle 15.4.)

schrieben [14]. Wie Bild 18.62 zeigt, handelt es sich um eine Ganzwellenschleife für 80 m in Dreieckform (Delta-Loop), die entgegen der üblichen Aufbauweise mit der dem Antenneneingang X–X gegenüberliegenden Seite parallel zur Erdoberfläche verläuft. Dem Speisepunkt X–X ist außerdem noch ein geneigter Dipol für 80 m parallelgeschaltet. Für den Betrieb im 160-m-Band wird die waagrechte Seite in der Mitte bei Z–Z aufgetrennt, und es entsteht ein abgeknickter Halbwellendipol voller Länge für 160 m. Für das 40-m-Band hat der Dipol annähernd Ganzwellenresonanz, während die ihm parallelgeschaltete Delta-Schleife mit einer bei Z–Z eingeschalteten Verlängerungsspule in 2-λ-Resonanz kommt.

Die Hauptvorzüge dieser Antennenform bestehen darin, daß sie sich bei mäßigem Aufwand durch einfaches Umschalten für die 3 «langwelligen» Amateurbänder benutzen läßt und mit einem beliebig langen 50-Ω-Koaxialkabel direkt erregt werden kann. Die Frequenzbandbreite der Antenne ist relativ groß, die Welligkeit steigt an den Bandgrenzen nur bis maximal 1,5 an. *W 2 EGH* erzielte mit diesem Strahler ausgezeichnete Ergebnisse, die auch in einem umfangreichen Erfahrungsbericht von *DL 8 FP* [15] voll bestätigt wurden.

Die «umgekehrte» Delta-Schleife benötigt einen Tragemast von 14 m Höhe – gerechnet ab Erdoberfläche – sowie 2 Hilfsmaste je 4 ... 5 m hoch. Umliegende Gebäude oder Bäume können als Stützpunkte genutzt werden. Die untere Seite des Dreiecks verläuft in 3 m Höhe parallel zum Erdboden. Beim Unterschreiten dieses Wertes würden sich Resonanzlage, Eingangswiderstand und Wirkungsgrad der Antenne verändern. Da bei dieser Strahleranordnung eine Reihe neuer Überlegungen zum Thema Mehrbandantennen erfolgreich verwirklicht wurden, lohnt es sich, auf die Theorie dieser Bauform näher einzugehen.

Wie aus Bild 18.62 hervorgeht, beträgt das Verhältnis der waagrechten Länge zur Länge eines der beiden geneigten Abschnitte etwa 1,73 : 1. Somit nähert sich diese Delta-Schleife der Form eines Faltdipols, woraus sich die Konsequenz ergibt, daß der Eingangswiderstand gegenüber dem «echten» Delta-Loop ansteigt. Der Eingangswiderstand X–X dürfte in diesem Fall bei 160 Ω liegen. Das ist für Mehrbandsysteme ein recht ungeeigneter Wert, denn man möchte möglichst für alle Bänder mit einem gemeinsamen 50-Ω-Speisekabel auskommen. *W 2 EGH* fand die einfache Lösung des Problems, indem er dem Antenneneingang X–X einen geeigneten Halbwellendipol parallelschaltete. Da ein sehr schlanker Drahtdipol für 80 m einen Eingangswiderstand von 65 Ω aufweist, ergibt sich aus der Parallelschaltung mit dem Delta-Loop ein resultierender Widerstand von

$$\frac{65\,\Omega \cdot 160\,\Omega}{65\,\Omega + 160\,\Omega} = 46,2\,\Omega.$$

Somit ist die Anpassung an ein 50-Ω-Kabel vorhanden (s etwa 1,08). Der parallele Dipol vergrößert den Frequenzbereich der Antenne, besonders wenn man seine Resonanzfrequenz gegenüber der des Delta-Loop etwas versetzt (z. B. Dipol 3600 kHz, Delta-Loop 3700 kHz oder umgekehrt).

Aber auch eine verbesserte Abstrahlung ist zu erwarten, denn man hat insgesamt 1,5 λ Drahtlänge bei 80 m «in der Luft». Wird die Verbindung Z–Z geöffnet, um die Antenne als Halbwellendipol für 160 m zu benutzen, stört der 80-m-Dipol nicht, er bildet lediglich eine kapazitive Belastung und beeinflußt den Eingangswiderstand kaum. Für den 40-m-Betrieb ist ein Ganzwellendipol mit hohem Eingangswiderstand vorhanden, der dem 2-λ-Delta-Loop parallelliegt. Man könnte daher mit einer größeren Fehlanpas-

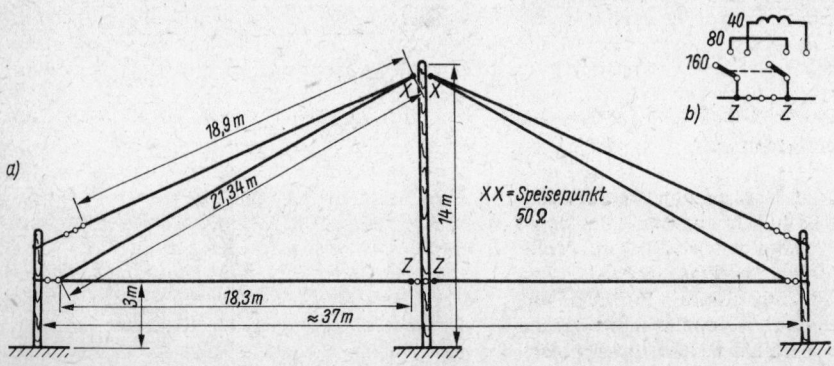

Bild 18.62
Inverted Dipol-Delta-Loop für 160, 80 und 40 m; a – Aufbau mit Bemessungsangaben nach *W 2 EGH*, b – Einzelheiten der Umschalteinrichtung

sung rechnen. *W 2 EGH* weist jedoch auch für den 40-m-Betrieb eine Eingangsimpedanz von 50 Ω aus, und bei den Messungen von *DL 8 FP* ergab sich beim Speisen über 60-Ω-Koaxialkabel eine Welligkeit s von 1,2, die lediglich an den Bandgrenzen bis 1,5 anstieg. Selbst in den Bändern 20, 15 und 10 m konnte *DL 8 FP* noch gute Erfolge erzielen, obwohl die Welligkeit s bei 20 m 1,9, bei 15 m 2,4 und bei 10 m 2,8 betrug (Durchschnittswerte). Sicher ließen sich beim Allbandbetrieb Verbesserungen erreichen, wenn man für jedes der hochfrequenten Amateurbänder zusätzlich einen Halbwellendipol bei X–X parallelschalten würde.

Nach den Meßergebnissen von *W 2 EGH* stellen sich bei der Antenne nach Bild 18.62 folgende Einzelresonanzen ein:
– 80-m-Delta-Loop: 3,7 MHz

entsprechend $l/_m = \dfrac{293,34}{f/_{MHz}}$; $\qquad$ (18.5.)

– 80-m-Halbwellendiol: 3,9 MHz,

entsprechend $l/_m = \dfrac{147,4}{f/_{MHz}}$; $\qquad$ (18.6.)

– 40-m-2-λ-Delta-Loop: 7,4 MHz,

entsprechend $l/_m = \dfrac{586,7}{f/_{MHz}}$; $\qquad$ (18.7.)

– 160-m-Halbwellendipol: 1,825 MHz,

entsprechend $l/_m = \dfrac{144,7}{f/_{MHz}}$; $\qquad$ (18.8.)

l bezeichnet den Gesamtumfang des Delta-Loop bzw. die Gesamtlänge der Halbwellendipole. Die Bemessungsgleichungen wurden aus den Meßergebnissen rechnerisch abgeleitet.

Der mit 3,9 MHz bemessene 80-m-Zusatzdipol ist für Europa ungeeignet, man sollte beim Nachbau die Dipolhälften auf je 20,45 m verlängern (Resonanzfrequenz 3,6 MHz). Aus dem Resonanzverhältnis des Delta-Loop bei 40-m-Betrieb wird ersichtlich, daß man bei Z–Z eine Verlängerungsspule einschalten muß. Sie besteht aus 20 Windungen 2-mm-Kupferdraht, die mit einem Spulendurchmesser von 65 mm und 2 mm Windungsabstand gewickelt werden. Die gewünschte Resonanzfrequenz läßt sich durch entsprechendes Kurzschließen von Windungen einstellen. Da das 160-m-Band nicht in allen Ländern für den Amateurfunk freigegeben ist, kann man häufig

darauf verzichten. Es wird dann eine günstige Bemessung möglich, indem man das Delta-Loop für 3,6 MHz bemißt (Umfang 81,5 m) und den Zusatzdipol für 3,7 MHz auslegt (Schenkellängen 2 × 19,9 m). Für den 40-m-Betrieb ergibt sich eine 2-λ-Resonanz von 7,2 MHz. Aus diesem Grund benötigt man nur noch eine kleine Spule, um für 40 m in Bandmittenresonanz zu kommen. Diese Spule hat für 80 m nur eine geringe Verlängerungswirkung. Das Umschalten bei Z–Z könnte damit ganz entfallen (Verlängerungsspule fest eingebaut).

Mit etwas Experimentieren dürfte es möglich sein, dieses Delta-Loop nach dem Prinzip der *DL 7 AB*-Antenne (siehe Abschnitt 11.3.) zu einem für alle Amateurbänder optimal angepaßten Strahler zu erweitern. Die vorgegebenen Bemessungsgleichungen erlauben es, die Antenne auch für andere Frequenzen umzurechnen. Bei einer feststehenden Masthöhe gelingt es auch ohne Mathematik, nur mit Millimeterpapier und Zirkel, die Dimensionen einer Inverted-Dipol-Delta-Loop durch maßstäbliches Auftragen zu ermitteln.

18.11. Einfache Kompromiß-Mehrbandantennen

Bereits mit einfachen Kompromißlösungen von Mehrbandantennen können oft erstaunlich gute Resultate erzielt werden, besonders wenn es gelingt, eine solche Antenne in großer Höhe aufzubauen. Nachfolgend wird eine Auswahl solcher vereinfachter Mehrbandstrahler beschrieben.

18.11.1. Die *Maria-Maluca*-Dreibandantenne

Eine in Lateinamerika verbreitete einfache Dreibandantenne nennt sich *Maria-Maluca*. Sie ist für die Amateurbänder 10, 15 und 20 m brauchbar, wobei das gespeiste Element über eine abgestimmte Speiseleitung erregt und zur Resonanz gebracht wird.

Bild 18.63 zeigt die *Maria-Maluca* mit allen Einzelheiten und Abmessungen für den Nachbau. Sie wirkt als 2-Element-Richtstrahler für 10 m, wobei das parasitäre Element einen etwas zu lang bemessenen Direktor in $\lambda/6$ Abstand ergibt. Das gespeiste Element stellt für 10 m einen verlängerten Dipol dar, der in gleicher Weise wie beim *G 4 ZU*-Beam über Speiseleitung und Antennenkoppler zur Resonanz gebracht wird. Im 15-m-Band arbeitet die Antenne als Halbwellendipol voller Länge mit geringerer Wirksamkeit des Direktors, da dieser sich wohl in $\lambda/8$-Abstand befindet, jedoch für 21 MHz zu kurz

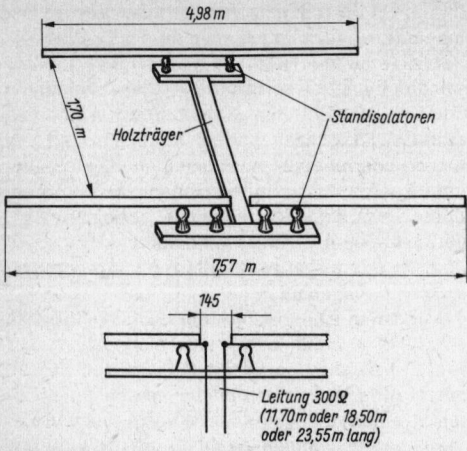

Bild 18.63
Die Maria-Maluca-Dreibandantenne

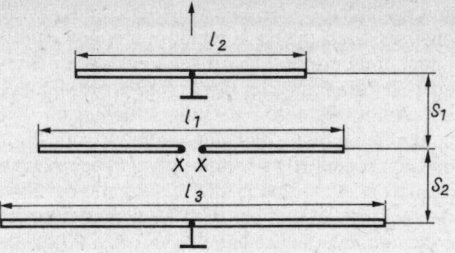

Bild 18.65
Schema der 2-Element-Richtantenne für 2 Bänder

Tabelle 18.10.
Bemessungsunterlagen für einfache Zweiband-Antennen nach Bild 18.64 und Bild 18.65

Amateurbänder	20 + 15 m	15 + 10 m	20 + 10 m
Länge l_1 (Strahler)	10,19 m	6,83 m	10,19 m
Länge l_2 (Direktor)	6,40 m	4,57 m	4,57 m
Länge l_3 (Reflektor)	10,77 m	7,25 m	10,77 m
Abstand S_1	1,70 m	1,27 m	1,27 m
Abstand S_2	3,05 m	1,70 m	3,05 m

bemessen ist. Eine Direktorwirkung läßt sich noch einwandfrei feststellen. Schießlich wirkt die *Maria-Maluca* im 20-m-Band als verkürzter Dipol. Der Direktor soll auch im 20-m-Band noch eine – wenn auch sehr geringe – Wirkung haben; deshalb wird behauptet, daß die Leitung im 20-m-Band der eines Halbwellendipols voller Länge gleichkommt.

Die Antenne wird über eine 300-Ω-Speiseleitung bestimmter Länge erregt. Die Leitungslänge kann wahlweise 11,70, 18,50 oder 23,55 m betragen. Nur damit lassen sich die günstigsten Betriebsergebnisse erzielen.

Die *Maria-Maluca* kann und will keine Hochleistungsantenne sein. Sie ist jedoch die Kompromißlösung einer mit einfachsten Mitteln herzustellenden, nachbausicheren Dreibandantenne, die sich für den DX-Verkehr eignet.

18.11.2. Einfache Zweibandbauformen

Die einfachsten Ausführungen für den Zweibandbetrieb bestehen aus einem abgestimmten Halbwellendipol, der für das niederfrequentere

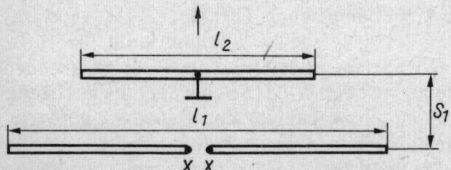

Bild 18.64
Schema der 1-2-Element-Antenne für 2 Bänder

Band volle Länge aufweist. Der dem Halbwellendipol zugeordnete Direktor ist für das höherfrequente Amateurband bemessen, so daß dort die Antenne als 2-Element-Richtstrahler wirkt.

Das Schema einer solchen Zweibandantenne zeigt Bild 18.64, ihr mechanischer Aufbau gleicht dem der *Maria-Maluca-Antenne*. Nach Bedarf können Ausführungen für 20 m + 15 m, 15 m + 10 m und 20 m + 10 m gebaut werden. Dabei besteht jeweils für das erstgenannte Band Wirksamkeit als Halbwellendipol, während das zweitgenannte immer einen 2-Element-Richtstrahler darstellt. Bei der erweiterten Form nach Bild 18.65 sind in jedem Fall 2 wirksame Elemente vorhanden, und zwar besteht die Anordnung im niederfrequenten Band aus gespeistem Halbwellendipol und Reflektor und im höherfrequenten Amateurband aus Strahler und Direktor (siehe auch Tabelle 18.10).

Beide Antennenarten sind über eine abgestimmte 300-Ω-Leitung erregt, wobei die Resonanz des gespeisten Elementes mit einem geeigneten Antennenkoppler abgestimmt werden muß (siehe Abschnitt 8.2.). Daraus ergibt sich, daß auch ein behelfsmäßiger Betrieb im 3. Band möglich ist, wenn man den Antennenkoppler entsprechend abstimmt. Dabei kann sich die Hauptstrahlrichtung umkehren und unter Umständen auch bidirektional werden.

18.12. Logarithmisch periodische Kurzwellenantennen

(R. H. Du Hamel – US Pat. 2985879 und
D. E. Isbell – US Pat. 3011168 – 1958)

Als *logarithmisch periodische* Antennen (abgekürzt LPA) bezeichnet man bestimmte Formen von Breitbandantennen, die für beliebig große Frequenzbereiche konstruiert werden können und die innerhalb ihres Arbeitsbereiches unabhängig von der Arbeitsfrequenz die nahezu gleichen elektrischen Eigenschaften aufweisen.

Die meisten Breitbandantennen können Frequenzbereiche im Verhältnis $f_{max}:f_{min}$ bis etwa 4:1 überstreichen, wobei lediglich der Eingangswiderstand innerhalb des Arbeitsbereiches nahezu konstant bleibt, während sich die Strahlungsdiagramme frequenzabhängig verändern. Im allgemeinen wird dabei mit steigender Frequenz die Hauptkeule schmaler, und die Anzahl der Nebenkeulen steigt an.

Bei den logarithmisch periodischen Antennen tritt diese Erscheinung nicht auf, die Strahlungsdiagramme bleiben über den ganzen Arbeitsbereich konstant. Die untere Frequenzgruppe f_u wird allein durch die Antennengröße bestimmt, während die höchste Arbeitsfrequenz f_o von der Art und Größe der Speisesysteme und der erreichbaren Herstellungsgenauigkeit abhängig ist [16]. Arbeitsbereiche mit einem Frequenzverhältnis bis zu etwa 20:1 können erreicht werden. Bezogen auf den materiellen Aufwand ist der Gewinn von LPA relativ gering, er beträgt bei einer Rückdämpfung von 15 ... 25 dB und üblicher Dimensionierung etwa 4 ... 8,5 dBd.

LPA sind vielseitig verwendbar und deshalb im kommerziellen Funk weit verbreitet. Sie werden erfolgreich im Kurzwellenbereich eingesetzt, wo wegen der rasch wechselnden Übertragungsbedingungen oft ein schneller Frequenzwechsel erforderlich wird. Man wendet sie zur Funküberwachung, in der Radioastronomie beim Verfolgen von Satelliten und Raketen, in der Militärtechnik und auf anderen Spezialgebieten an.

Da nach VO Funk Genf 1979, Artikel N 7, den Funkamateuren zusätzliche Kurzwellenbänder zur Verfügung stehen, wächst das Interesse an Antennen, die für mehrere Amateurbänder mit gleichen elektrischen Eigenschaften eingesetzt werden können. Beschreibungen von LPA mit verschiedenen Varianten speziell für den Amateurgebrauch in den hochfrequenten Kurzwellenbändern gibt es in großer Anzahl (z. B. [17], [18], [20].

LPA lassen sich in vielen Ausführungsformen linear oder zirkular polarisiert aufbauen. Die Strahlungsdiagramme sind fast immer 1seitig gerichtet, möglich ist aber auch 2seitige Richtwir-

kung oder linear polarisierte Rundstrahlung [20]. Von allen möglichen Bauformen sind die logarithmisch periodischen Dipolantennen (abgekürzt: LPDA) am stärksten verbreitet. Sie haben einen übersichtlichen Aufbau, und ihre Konstruktionsdaten lassen sich leicht errechnen. Für den Funkamateur ist es die geeignetste Bauform.

18.12.1. Logarithmisch periodische Dipolantennen (LPDA)

Bild 18.66 vermittelt die Struktur einer LPDA mit den eingezeichneten Parametern, die man als Berechnungsgrundlage für die Konstruktion nutzen kann. Die LPDA besteht aus mehreren Dipolen mit unterschiedlichen Längen und Abständen, die durch überkreuzte Doppelleitungen miteinander verbunden werden.

Die symmetrische Speiseleitung wird bei der LPDA immer an den Punkten X–X des kürzesten Dipols angeschlossen. Im Sendefall breitet sich die Welle zunächst strahlungsfrei auf der Erregerleitung aus. Die angeschlossenen, bezogen auf die Betriebswellenlänge viel zu kurzen Dipole wirken lediglich als kapazitive Blindbelastung. Erst wenn die Dipole in die Größenordnung von $\lambda/3$ der Betriebswellenlänge kommen, beginnt die Abstrahlung, an der dann mehrere einander folgende Dipole beteiligt sind. Diese strahlungsaktive Region B_{ar} wird durch den Dipol begrenzt, dessen Länge etwa $\lambda/2$ der Betriebswellenlänge entspricht. Alle folgenden längeren Dipole tragen fast nichts mehr zur Abstrahlung bei. Diese Theorie wurde durch *Isbell* experimentell bestätigt [19]. Die aktive Region B_{ar} reicht vom Dipol, der maximalen Strom führt, bis zu den beiden Dipolen rechts und links davon, bei denen der Strom um 10 dB gegenüber dem Maximum abgefallen ist [16]. Bei üblicher Bemessung befinden sich in der aktiven Region 3 ... 5 Dipole.

Der Arbeitsbereich ist durch die Längen l_{max} des längsten Dipols und l_{min} des kürzesten Dipols eingegrenzt. Dabei gelten für übliche Bemessung

$$l_{max} \approx \frac{\lambda_{max}}{2} \quad \text{und} \quad l_{min} \approx \frac{\lambda_{min}}{3}. \quad (18.9.)$$

Bezogen auf die Frequenz entspricht λ_{max} der unteren Grenzfrequenz f_u und λ_{min} der oberen Grenzfrequenz f_o. Daraus folgt das Frequenzverhältnis des Arbeitsbereiches B mit

$$B = \frac{f_o}{f_u} \left(\triangleq \text{Wellenlängenverhältnis } \frac{\lambda_{max}}{l_{min}} \right). \quad (18.10.)$$

Die Belegungsdichte mit Dipolen zwischen l_{max} und l_{min} wird durch den dimensionslosen Faktor τ

und den Öffnungswinkel α festgelegt. τ bezeichnet man auch als *Periodizität* oder *Stufungsfaktor*, definiert als Quotient der Längen zweier benachbarter Dipole. Aus Bild 18.66 geht hervor, daß

$$\tau = \frac{l_{n+1}}{l_n} = \frac{R_{n+1}}{R_n} = \frac{R_n - R_{n+1}}{R_{n-1} - R_n}. \tag{18.11.}$$

Der Zusammenhang zwischen τ und dem Öffnungswinkel α lautet:

$$\tau = \frac{1}{1 + \tan \alpha/2} \quad \text{und} \tag{18.12.}$$

$$\tan \alpha/2 = \frac{1 - \tau}{\tau} \quad \text{sowie} \tag{18.13.}$$

$$\cot \alpha/2 = \frac{\tau}{1 - \tau} = \frac{1}{\tan \alpha/2}. \tag{18.14.}$$

Eine weitere wichtige Kenngröße ist der *relative Dipolabstand* σ, den man auch als *Abstandfaktor* bezeichnet. σ ist in bestimmten Grenzen frei wählbar und legt den «Startabstand» S_1 fest.

$$S_1 = \sigma \cdot \lambda_{max} \left[= 0,5 \cdot (l_1 - l_2) \right] \cdot \cot \alpha/2. \tag{18.15.}$$

Ist S_1 festgestellt, wird $S_2 = S_1 \cdot \tau$; $S_3 = S_1 \cdot \tau^2$ usw. Zwischen σ, τ und α besteht der Zusammenhang

$$\sigma = 0,25 \, (1 - \tau) \cdot \cot \alpha/2. \tag{18.16.}$$

Mit der Änderung des Abstandsfaktors σ ändert sich auch der Öffnungswinkel α, und $\cot \alpha/2$ kann nicht mehr nach Gl. (18.14.) errechnet werden. Es gilt dann:

$$\cot \alpha/2 = \frac{4\sigma}{1 - \tau}. \tag{18.17.}$$

Für jeden Stufungsfaktor τ gibt es einen bestimmten Abstandfaktor σ_{opt}, mit dem maximaler Gewinn erreicht wird:

$$\sigma_{opt} = 0,258\tau - 0,066. \tag{18.18.}$$

Wählt man $\sigma < \sigma_{opt}$, verringert sich der Gewinn, wird $\sigma > \sigma_{opt}$, verschlechtert sich das Strahlungsdiagramm (Auftreten von Nebenkeulen). Optimale σ-Werte liegen etwa zwischen 0,12 und 0,19, abhängig von τ.

Die Zusammenhänge für eine Gewinnoptimierung einer LPDA nach Bild 18.66 zeigt Bild 18.67. Allgemein gilt, daß der Gewinn um so größer wird, je kleiner der Öffnungswinkel α ist und je mehr sich der Stufungsfaktor τ dem Wert 0,98 nähert. Ein Anstieg von τ bedeutet mehr Elemente, ein Verkleinern von τ bedingt eine größere Antennenlänge A.

Kurven gleichen Gewinnes in Abhängigkeit von σ und τ sind in Bild 18.68 dargestellt. Nach oben sind diese Gewinnkurven durch σ_{opt} begrenzt. Eine weitere Übersicht, die für die Planung von LPDA nützlich ist, verschafft Tabelle 18.11. Es handelt sich dabei um die tabellarische Auswertung von Diagrammen, die in [26] und [27] enthalten sind.

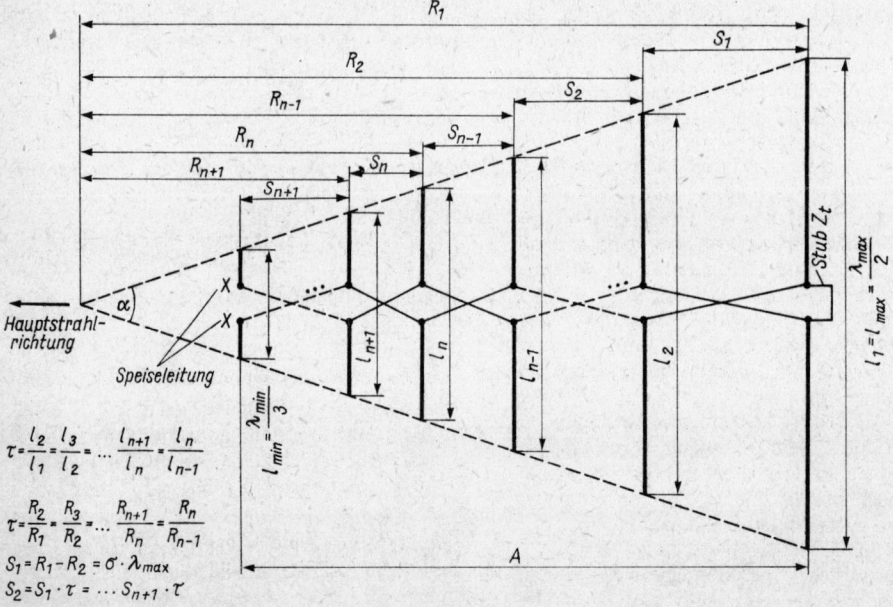

Bild 18.66
Skizze für die Bemessung logarithmisch periodischer Dipolantennen

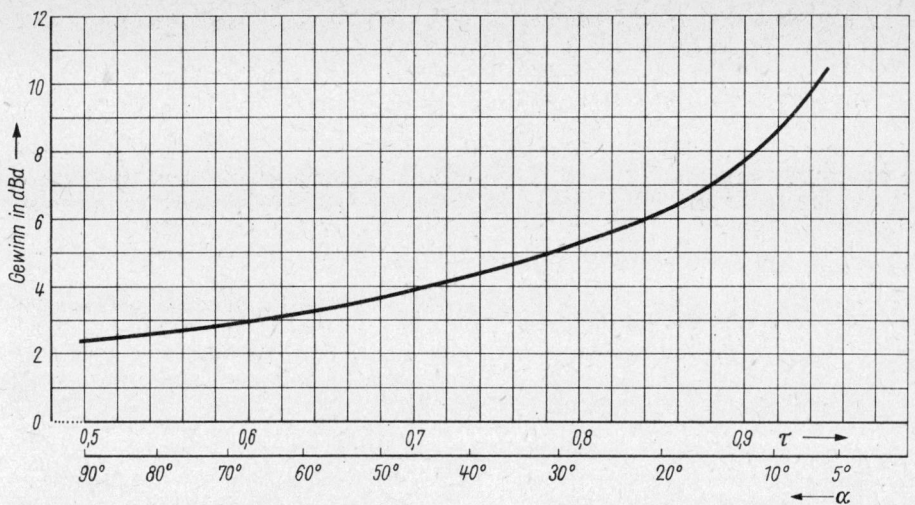

Bild 18.67
Näherungswerte für den Maximalgewinn von LPDA in Abhängigkeit von α und τ bei Optimalbemessung mit σ_{opt}

Tabelle 18.11.
Näherungswerte für den Gewinn von LPDA
nach Bild 18.66 in Abhängigkeit von verschiedenen
Faktoren τ und σ

τ	Gewinn in dBd bei				σ_{opt}
	$\sigma = 0,05$	$\sigma = 0,10$	$\sigma = 0,15$	$\sigma = \sigma_{opt}$	
0,750	3,3	4,4	5,3	5,4	0,128
0,775	3,8	4,9	5,8	5,6	0,134
0,800	4,3	5,2	6,0	5,8	0,140
0,825	4,8	5,4	6,3	6,2	0,147
0,850	5,3	5,8	6,5	6,7	0,153
0,875	5,8	6,1	6,8	7,5	0,160
0,900	6,3	6,4	7,2	8,0	0,166
0,925	6,8	6,8	7,5	8,6	0,173
0,950	7,2	7,1	7,9	9,1	0,179
0,975	7,7	7,4	8,5	9,5	0,186

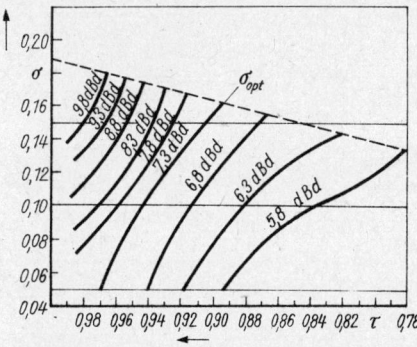

Bild 18.68
Kurven gleichen Gewinnes für LPDA in Abhängigkeit
von τ und σ (nach [27])

Sind der Arbeitsbereich mit λ_{max} und λ_{min} vorgegeben [bzw. B nach Gl. (18.10.)] und die Faktoren τ und σ ausgewählt, kann man sich einen schnellen Überblick zur Größe der Antenne verschaffen, indem die Anzahl der erforderlichen Elemente E_n und die Antennenlänge errechnet werden. Dazu muß man zunächst die Strukturbreite B_s ermitteln, die mit dem Arbeitsbereich B und der aktiven Region B_{ar} in folgendem Zusammenhang steht:

$$B_s = B \cdot B_{ar}. \qquad (18.19.)$$

B_S ist das Längenverhältnis vom längsten zum kürzesten Element. Zum Errechnen von B_{ar} wird in [27] die Näherungsgleichung

$$B_{ar} = 1,1 + [30,8 \cdot (1 - \tau) \cdot \sigma] \qquad (18.20.)$$

angegeben.
Wenn B_S ermittelt ist, kann die Anzahl der erforderlichen Elemente E_n ausgerechnet werden:

$$E_n = 1 + \frac{\lg B_s}{\lg (1/\tau)} \qquad (18.21.)$$

Das Ergebnis wird immer zu einer ganzen Zahl aufgerundet. Für die Antennenlänge A ergibt sich:

$$A = \left(1 - \frac{1}{B_s}\right) \cdot \left(\frac{4}{1 - \tau}\right) \cdot \frac{\lambda_{max}}{4}. \qquad (18.22.)$$

Der längste Dipol hat nach Gl. (18.9.) die Länge $l_1 = \lambda_{max}/2$ (siehe Bild 18.66). Ein Verkürzungsfaktor V wird meistens nicht berücksichtigt. Soll er zum Ansatz kommen, kann man für Drahtantennen im Kurzwellenbereich die Näherungsgleichung Gl. (3.7.) verwenden. Für Dipole, die aus Rohren hergestellt sind (z. B. im VHF- und UHF-Bereich), kann der Verkürzungsfaktor aus Bild 3.7 entnommen werden.

Ist die Länge von l_1 ermittelt, kann man alle folgenden Dipollängen durch Multiplikation mit dem Stufungsfaktor τ errechnen:
$l_2 = l_1 \cdot \tau; l_3 = l_2 \cdot \tau; l_4 = l_3 \cdot \tau$ usw.
Für den Stub Z_t wird angegeben:

$$Z_t \leqq \frac{\lambda_{max}}{8}. \qquad (18.23.)$$

Man verwendet den Stub Z_t konsequent im VHF- und UHF-Bereich. Für Kurzwellenantennen genügt es, wenn man Z_t durch eine etwa 150 mm lange Drahtbrücke ersetzt, sofern man Kompromisse bei der Welligkeit schließen kann. Die Art des Abschlusses am Ende der Zweidrahtleitung ist dann von untergeordneter Bedeutung, denn durch die Energieabstrahlung wird die Leitungswelle in der aktiven Region so stark gedämpft, daß sie hinter dem längsten Dipol der aktiven Region vernachlässigbar gering ist. Der Abschluß Z_t kann die Rückdämpfung für die niedrigste Arbeitsfrequenz f_u etwas verbessern.

Über den gesamten Arbeitsbereich B sind die Strahlungsdiagramme von LPDA für jede beliebige Frequenz nahezu indentisch; sie unterliegen nur ganz geringfügigen periodischen Veränderungen. Bei den normalerweise vorkommenden Werten von α und τ beträgt die Halbwertsbreite in der E-Ebene α_E etwa 60°. Nur die Halbwertsbreite in der H-Ebene α_H ist abhängig von α und τ. Sie wird um so kleiner, je größer τ und je keiner α ist. Erst wenn die H-Ebenen-Halbwertsbreite in die Nähe der E-Ebenen-Halbwertsbreite kommt, hängt auch letztere von α und τ ab [16].

Das Berechnen der Konstruktionsdaten von LPDA

Die Eigenentwicklung von LPDA «nach Maß» ist nicht schwierig, wenn man die erforderlichen Rechenoperationen mit einem elektronischen Taschenrechner vornimmt. Im übrigen ist es bei der Verwirklichung der errechneten Werte durchaus nicht erforderlich, diese mit höchstmöglicher Präzision einzuhalten, d. h., daß man die «krummen» Werte auf- oder abrunden kann. Breitbandantennen sind tolerant und verlangen zumindest im Kurzwellenbereich keine «Millimeterarbeit».

Man wird zunächst den gewünschten Arbeitsbereich, z. B. 14 ... 30 MHz festlegen. Nach Gl. (18.10.) ist B in diesem Fall 30 MHz : 14 MHz = 2,14. Um im praktischen Fall bei der unteren Grenzfrequenz $f_u = 14$ MHz noch gute Rückdämpfung zu erhalten, sollte man f_u um etwa 5 % niedriger wählen, z.B. 14 MHz · 0,95 = 13,3 MHz. Dann wird B = 30 MHz : 13,3 MHz

= 2,25. Beim Ermitteln der Daten wird folgende Reihenfolge empfohlen:
1. Auswahl des gewünschten Arbeitsbereiches und Feststellen des Frequenzbereiches B nach Gl. (18.1.)
2. Auswahl von τ und δ aus Bild 18.68 oder Tabelle 18.11., wobei gleichzeitig der zu erwartende Gewinn in dBd abgelesen werden kann.
3. Errechnen von B_{ar} nach Gl. (18.20.).
4. Errechnen von B_s nach Gl. (18.19.).
5. Errechnen des halben Öffnungswinkels $\alpha/2$ bzw. cot $\alpha/2$ nach Gl. (18.17.). Den zum cot $\alpha/2$ gehörigen Winkel $\alpha/2$ kann man entsprechenden Tabellen entnehmen. Mit dem Tachenrechner verfährt man wie folgt: Eingabe cot $\alpha/2$, umwandeln in tan $\alpha/2$ [= 1/(cot $\alpha/2$)], mit arc tan erscheint dann der gesuchte Winkel $\alpha/2$.
6. Als Vorausinformation kann nun schon die zu erwartende Antennenlänge A nach Gl. (18.22.) errechnet werden. Sollte sich A für die örtlichen Verhältnisse als zu lang erweisen, vergrößert man $\alpha/2$ und wiederholt den Rechengang.
7. Errechnen der Anzahl der Dipole E_n nach Gl. (18.21.) und Aufrunden zur nächsthöheren ganzen Zahl.
8. Errechnen der Dipollänge l_1 nach Gl. (18.9.) und der folgenden Dipollängen $l_2 \ldots l_n$.
9. Errechnen des Abstandes S_1 nach Gl. (18.15.) und der Folgeabstände $S_2 \ldots S_n$.

Berechnungsbeispiel:
Es soll eine LPDA nach Bild 18.66 berechnet werden, die eine möglichst geringe Antennenlänge A aufweist und deren Arbeitsbereich von 14 ... 30 MHz reicht. Innerhalb dieses Frequenzumfanges liegen 5 Amateurbänder (10, 12, 15, 17 und 20 m). Es wird ein Gewinn von etwa 6 dBd angestrebt.

zu 1.: Zunächst wird $f_u = 14$ MHz korrigiert (−5%) auf 13,3 MHz.
Es ergibt sich
B = 30 MHz : 13,3 MHz = 2,25

zu 2.: Aus Bild 18.68 oder Tabelle 18.11. wird $\tau = 0,9$ und $\sigma = 0,05$ ausgewählt, wobei gleichzeitig der zu erwartende Gewinn mit 6 dBd + 0,3 dB abgelesen werden kann.

zu 3.: $B_{ar} = 1,1 + [30,8 \cdot (1 - \tau) \cdot \sigma] = 1,1$
$+ (30,8 \cdot 0,1 \cdot 0,05) = 1,1 + 0,154$
$= 1,254$

zu 4.: $B_s = B \cdot B_{ar} = 2,25 \cdot 1,254 = 2,82$

zu 5.: cot $\alpha/2 = \dfrac{4\delta}{1 - \tau} = \dfrac{0,2}{0,1} = 2$;
$\alpha/2 \approx 26,5°$

zu 6.: $A = \left(1 - \dfrac{1}{B_s}\right) \cdot \cot \alpha/2 \cdot \dfrac{\lambda_{max}}{4}$

$ = \left(1 - \dfrac{1}{2,82}\right) \cdot 2 \cdot \dfrac{22,5}{4}$

$ = 0,645 \cdot 2 \cdot 5,625 = \underline{7,26\,m}$

zu 7.: $E_n = 1 + \dfrac{\lg B_s}{\lg (1/\tau)} = 1 + \dfrac{\lg 2,82}{\lg 1,11}$

$ = 1 + \dfrac{0,45}{0,0458} = \underline{10,83\,m}.$

Es werden <u>11 Elemente</u> gewählt.

zu 8.: $l_1 = \dfrac{\lambda_{max}}{2}$; $\quad \lambda_{max} = \dfrac{300}{13,3\,\text{MHz}}$

$ = 22,5\,m; \quad l_1 = \underline{11,25\,m}$

$l_2 = 10,13\,m; \quad l_3 = 9,11\,m; \quad l_4 = 8,20\,m;$
$l_5 = 7,38\,m; \quad l_6 = 6,64\,m; \quad l_7 = 5,98\,m;$
$l_8 = 5,38\,m; \quad l_9 = 4,84\,m; \quad l_{10} = 4,36\,m;$
$l_{11} = 3,92\,m.$

zu 9.: $S_1 = \lambda_{max} \cdot \sigma = 22,5\,m \cdot 0,05 = \underline{1,125\,m}.$

$S_2 = 1,012\,m; \quad S_3 = 0,911\,m;$
$S_4 = 0,820\,m; \quad S_5 = 0,738\,m;$
$S_6 = 0,664\,m; \quad S_7 = 0,598\,m;$
$S_8 = 0,538\,m; \quad S_9 = 0,484\,m;$
$S_{10} = 0,436\,m.$

Die Addition der Abstände S ergibt eine Antennenlänge A von 7,33 m. Unter Punkt 8. wurde A mit 7,26 m errechnet. Die geringfügige Abweichung der Werte kann toleriert werden.

Das Speisen von LPDA

Um den an den Punkten X–X einer LPDA auftretenden reellen Eingangswiderstand R_e näherungsweise feststellen zu können, benötigt man neben den vorgegebenen Faktoren τ und δ noch die Werte des mittleren Wellenwiderstand Z_a der angeschlossenen Dipole sowie den Wellenwiderstand Z_o der unbelasteten Zweidraht-Verbindungsleitung.

Für Z_a gilt:

$$Z_a = 120 \left[\left(\ln \frac{l}{d}\right) - 2,25\right]. \qquad (18.24.)$$

l ist die Doppellänge und d der Durchmesser des Leiters. Bei aus Draht hergestellten Dipolen für den Kurzwellenbereich liegt l/d bei Werten zwischen etwa 2000 und 6000, woraus sich Wellenwiderstände Z_a zwischen etwa 600 und 800 Ω errechnen lassen. Rohrförmige dicke Leiter haben einen entsprechend niedrigen Z_a. Gleichen Wellenwiderstand Z_a für alle im System vorhandenen Dipole erhält man nur, wenn jeder Dipol das gleiche Verhältnis l/d aufweist, d. h., daß man unterschiedliche Elementdurchmesser verwenden müßte. Da dies in der Amateurpraxis kaum möglich ist, rechnet man bei gleichen Elementdurchmessern mit einem Mittelwert.

Man kann annehmen, daß die Zweidraht-Verbindungsleitung auf Grund kurzer Dipole kapazitiv belastet wird und am Ende durch die aktive Region reflexionsfrei abgeschlossen ist. Der Eingangswiderstand Z_o der Zweidrahtleitung ist dann gleich dem Eingangswiderstand R_e [16]. Für Z_o besteht der Zusammenhang:

$$Z_o = \frac{R_e^{\,2}}{8\sigma' \cdot Z_a} + \left[R_e \sqrt{\left(\frac{R_e}{8\sigma' \cdot Z_a}\right)^2 + 1}\right]. \qquad (18.25.)$$

σ' ist der mittlere Abstandsfaktor:

$$\sigma' = \frac{\sigma}{\sqrt{\tau}}. \qquad (18.26.)$$

Mit Z_o werden die Abmessungen der Zweidraht-Verbindungsleitung festgelegt [siehe Gleichung (5.2.) und Bild 5.4]. Sie haben praktisch keinen Einfluß auf die Strahlungseigenschaften der Antenne. Der Abstand in Dipolmitte zwischen den Anschlüssen der Zweidrahtleitung ist nicht kritisch. Er kann im Kurzwellenbereich etwa 50 ... 150 mm betragen. Im VHF- und UHF-Bereich ist er geringer und sollte etwa $\lambda_{min}/8$ nicht überschreiten.

Der gewünschte Eingangswiderstand R_e kann näherungsweise vorgegeben werden. Bei Drahtdipolen mit ihrem relativ großen Z_a wird in der Praxis R_e in der Größenordnung von etwa 200 Ω angesetzt. Man kommt dann für Z_o zu Werten, die als Zweidrahtleitung noch gut darstellbar sind. Da zum Speisen mit Koaxialkabel ein Symmetriewandler (Balun) erforderlich ist, kann man diesen gleich als Ringkern-Balun-Übertrager nach Abschnitt 7.7.3. ausführen und dessen Übersetzungsverhältnis so bemessen, daß die Kabelimpedanz an Z_o angepaßt ist. Auf diese Weise wird die Welligkeit s über den ganzen Arbeitsbereich i. a. gering. Der Einsatz eines einfachen Anpaßgerätes (siehe Abschnitt 8.) am senderseitigen Ende des Koaxialkabels wird empfohlen, es gleicht nicht nur die vorhandenen Fehlanpassungen aus, sondern verhindert auch eine Oberwellenabstrahlung über die Antenne, welche bei Breitbandantennen oft gegeben ist.

Als Beispiel soll für die vorher berechnete LPDA der Eingangswiderstand R_e bzw. Z_o und dessen Anpassung an ein Koaxialkabel bestimmt werden.

Gegeben:

$\tau = 0,9$; $\sigma = 0,05$; Längen $l_1 \ldots l_{11}$, gefertigt aus Kupferdraht mit 2 mm $\emptyset$; R_e mit 220 Ω.

Für jedes Amateurband, das im Arbeitsbereich liegt, wird der mittlere Wellenwiderstand Z_a des zugehörigen Dipols ausgerechnet. Es gilt Gl. (18.24.).

Ergebnisse:

Frequenz in MHz   14   21   24   28
Wellenwiderstand   760 Ω 705 Ω 685 Ω 676 Ω

Vereinfacht wird mit einem durchschnittlichen Wellenwiderstand $Z_a = 705\ \Omega$ weitergerechnet.

Zunächst stellt man den mittleren Abstandsfaktor σ' nach Gl. (18.26.) fest:

$$\sigma' = \frac{\sigma}{\sqrt{\tau}} = \frac{0,05}{0,9487} = \underline{0,0527}$$

Nun wird Z_o nach Gl. (18.25.) errechnet:

$$Z_o = \frac{220\,\Omega^2}{8\sigma' \cdot 705\,\Omega}$$
$$+ \left[220\,\Omega \cdot \sqrt{\left(\frac{220\,\Omega}{8\delta' \cdot 705\,\Omega}\right)^2 + 1} \right]$$
$$= \frac{220\,\Omega^2}{297,228\,\Omega}$$
$$+ \left[220\,\Omega \cdot \sqrt{\left(\frac{220\,\Omega}{297,228\,\Omega}\right)^2 + 1} \right]$$
$$= 162,8\,\Omega + 220\,\Omega \cdot 1,244 = 436\,\Omega.$$

Für $R_e = 220\ \Omega$ muß $Z_o \approx 436\ \Omega$ betragen.

Zum Anpassen an ein beliebiges Koaxialkabel schaltet man bei X–X einen Ringkern-Balun-Übertrager nach Abschnitt 7.7.3. an, der gleichzeitig die erforderliche Symmetriewandlung übernimmt. Bei einem Übersetzungsverhältnis von 6:1 wird ein 75-Ω-Koaxialkabel nahezu ideal angepaßt, und für ein 50-Ω-Koaxialkabel bestehen mit einem Übersetzungsverhältnis von 9:1 die gleichen günstigen Bedingungen. Solche Übertrager werden teilweise industriell gefertigt (z. B. Fritzel-Balun). Bild 7.16 und Tabelle 7.1. enthalten Informationen zum Selbstherstellen.

Errechnet man zusätzlich Z_o für die Bereichsenden 14 und 28 MHz mit den jeweils zugehörigen $Z_a = 760\ \Omega$ bzw. $Z_a = 676\ \Omega$, erhält man $Z_o = 418\ \Omega$ bzw. $Z_o = 448\ \Omega$. Daraus kann abgeleitet werden, daß die Welligkeit s auf dem Koaxialkabel über den ganzen Arbeitsbereich $\leqq 1,1$ wird.

In Bild 18.69 ist diese errechnete LPDA mit allen erforderlichen Abmessungen skizziert. Mechanisch abweichend von Bild 18.66 wird dort die Zweidraht-Verbindungsleitung ausgeführt. Es werden Abstandsstreifen aus Isoliermaterial verwendet, über die umgepolt wird. Im Prinzip handelt es sich um die gleiche Schaltung wie in Bild 18.66, diese Zweidrahtleitung ist jedoch mechanisch einfacher herzustellen, und man kann ihren Wellenwiderstand besser definieren. Im vorlie-

genden Fall beträgt der Abstand $D = 40$ mm und der Drahtdurchmesser $d = 2$ mm. Somit ergibt sich der Wellenwiderstand nach Gl. (5.2.) oder Bild 5.4, zu 443 Ω. Bei einem Drahtdurchmesser von z. B. 1,6 mm wählt man den Abstand D mit nur 32 mm (D/d = 20).

Es gibt unzählbare Möglichkeiten, LPDA mit den verschiedensten Eigenschaften zu konstruieren, und auch mechanisch sind viele Varianten denkbar. Auf diese wird in Abschnitt 26.6. bei der Beschreibung von VHF- und UHF-Ausführungen näher eingegangen. Drehbare Ausführungen von Kurzwellen-LPDA sind bei kommerziellen Funkdiensten üblich, der Funkamateur kann sie nur in seltenen Ausnahmefällen verwirklichen. Feststehende Drahtausführungen sind häufig möglich, wenn genügend Aufbauplatz und 4 erhöhte Stützpunkte zum Aufhängen vorhanden sind. Der materielle Aufwand ist dann sehr gering.

18.12.2. Logarithmisch periodische Yagi-Antennen

Als eine Kreuzung von LPDA und Yagi erweist sich die logarithmisch periodische Yagi-Antenne (abgekürzt: Log-Yag). Sie besteht aus einer LPDA, der in entsprechenden Abständen ein Reflektor sowie ein oder mehrere Direktoren angefügt sind. Das Schema einer solchen Antenne, die in [32] ausführlich beschrieben wurde, zeigt Bild 18.70.

Der logarithmisch periodische Erreger besitzt 4 Elemente und ist für den Frequenzbereich 14,00 ... 14,35 MHz bemessen (B = 1,025). Der parasitäre Reflektor in 0,85 λ Abstand erhöht die Rückdämpfung, und der Direktor in 0,15 λ Abstand bewirkt ein Verkleinern der Halbwertsbreite. Bei nur 8,09 m Antennenlänge wird für diese Anordnung ein rechnerisch ermittelter Gewinn von 11,5 dBd angegeben. Die horizontale Halbwertsbreite beträgt 42°, und es darf mit einer Rückdämpfung von 32 dB gerechnet werden. Die drehbare Musterantenne wurde aus Leichtmetallrohren hergestellt. Als Eingangsimpedanz ($R_e = Z_o$) werden 37 Ω angegeben, so daß die Antenne über einen Symmetriewandler 1:1 mit einem beliebig langen 50-Ω-Koaxialkabel gespeist werden kann. In diesem Fall beträgt die Welligkeit $s = 1,35$.

Den logarithmisch periodischen Erreger berechnet man nach Abschnitt 18.12.1. auf der Grundlage von Bild 18.66. Es ergeben sich folgende Werte:
Frequenzbereich: 14,00 ... 14,35 MHz;
B = 1,025; B_s = 1,1788; B_{ar} = 1,15; τ = 0,9467; σ = 0,05; $\alpha/2$ = 14,92° (cot $\alpha/2$ = 3,753); Gewinn (nach Bild 18.68 oder Tabelle 18.11.) $\approx$ 7 dBd.

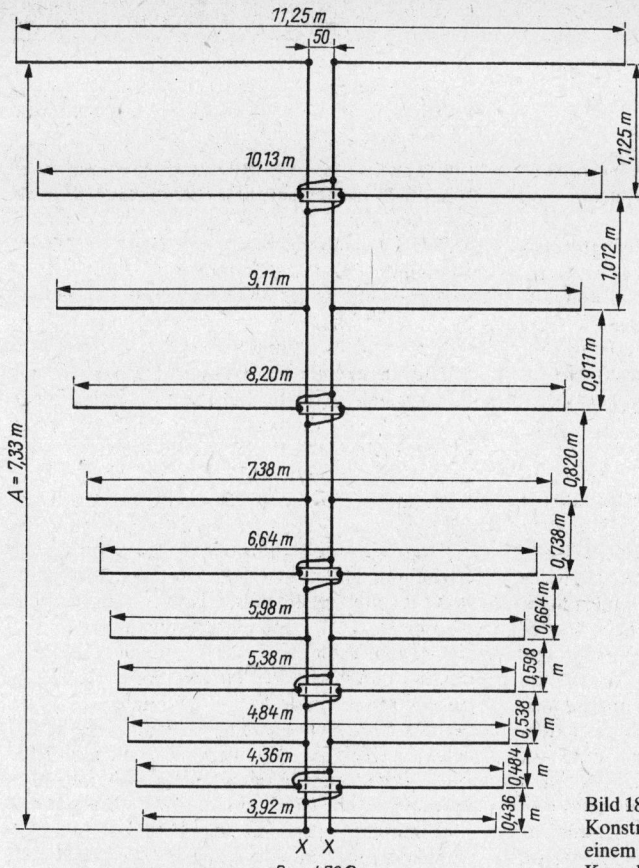

11,25 m
50

10,13 m

9,11 m

8,20 m

7,38 m

6,64 m

5,98 m

5,38 m

4,84 m

4,36 m

3,92 m

A = 7,33 m

1,125 m
1,012 m
0,911 m
0,820 m
0,738 m
0,664 m
0,598 m
0,538 m
0,484 m
0,436 m

X X
$R_e \approx 470\,\Omega$

Bild 18.69
Konstruktionsschema für eine LPDA mit
einem Arbeitsbereich von 14 ... 30 MHz.
Kenndaten: $\tau = 0{,}9$; $\sigma = 0{,}05$, $\alpha = 53°$

Zum Gewinn des logarithmisch periodischen Erregers addiert sich noch der von den Parasitärelementen durch Verbessern der Rückdämpfung und Verringern der Halbwertsbreite eingebrachte Gewinn, so daß ein Gesamtgewinn von ≈ 11 dBd als durchaus glaubhaft angenommen werden kann.

Allerdings wird durch das Hinzufügen von parasitären Elementen der Frequenzbereich einer solchen Antenne eingeschränkt, denn mit steigender Frequenz verliert der Reflektor seine Wirkung und der Direktor übernimmt dessen Funktion. Deshalb setzt man die Log-Yag im Kurzwellenbereich nur als Einbandantenne ein. Für das Bemessen der Parasitärelemente gilt, wenn man die Frequenz im MHz und Längen und Abstände in m bemißt:

$$\text{Reflektorlänge} = \frac{155,3}{f_{min}}, \qquad (18.27.)$$

$$\text{Reflektorabstand} = \frac{25,6}{f_{min}}, \qquad (18.28.)$$

$$\text{Direktorlänge} = \frac{137,4}{f_{min}}, \qquad (18.29.)$$

$$\text{Direktorabstand} = \frac{45,1}{f_{min}}. \qquad (18.30.)$$

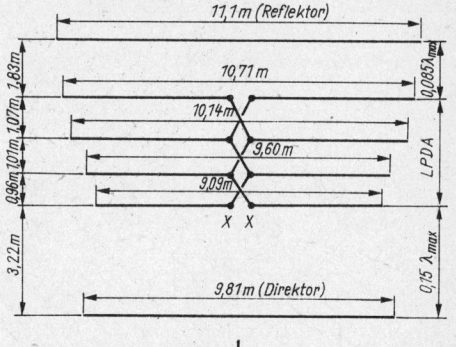

11,1 m (Reflektor)
10,71 m
10,14 m
9,60 m
9,09 m
X X
9,81 m (Direktor)
1,83 m 1,07 m 1,01 m 0,96 m
3,22 m
0,0653 m
LPDA
0,15 λmax

Bild 18.70
Schema einer Log-Yag-Antenne; eingetragene Abmessungen für einen Frequenzbereich von 14 ... 14,35 MHz

Ausführliche mechanische Hinweise zur Konstruktion drehbarer Log-Yag-Antennen werden in [32] gegeben. Eine etwas verkürzte Beschreibung ist außerdem in [33] enthalten.

18.12.3. Logarithmisch periodische V-Antennen

Äußerlich unterscheidet sich die logarithmisch periodische V-Antenne von einer LPDA dadurch, daß ihre Dipole zur fiktiven Antennenspitze hin V-förmig abgeknickt sind (Bild 18.71). Elektrisch werden die V-Dipole so bemessen, daß sie in verschiedenen Schwingungsmoden erregt werden können. Bei f_{min} strahlen jene V-Dipole, deren Länge etwa $\lambda/2$ beträgt. Mit steigender Frequenz bewegt sich die aktive Region zu den kürzeren V-Dipolen hin, bis schließlich die längsten Dipole mit ihrer $3\lambda/2$-Resonanz erregt werden. Erhöht sich die Frequenz noch weiter, wird ab einem bestimmten Wert in der $5\lambda/2$-Resonanz (usw. bei allen ungeradzahligen Vielfachen von $\lambda/2$) erregt. Die Schwingungsmoden wechseln nicht kontinuierlich, sondern es entstehen zwischen den verschiedenen Schwingungsmoden Übergangsgebiete, in denen die Antenne nicht verwendbar ist [16]. Die Antenne ist also nicht frequenzunabhängig, obwohl sie nach dem logarithmisch periodischen Prinzip aufgebaut wurde. Bis auf die Übergangsgebiete können theoretisch beliebig große Frequenzbandbreiten erreicht werden. Das Abknicken der Dipole bewirkt bei den höheren Schwingungsmoden einen zusätzlichen Gewinn, der vom Spreizwinkel und von der Schenkellänge abhängt (siehe Abschnitt 11.4.).

Wird eine logarithmisch periodische V-Antenne mit Halbwellen V-Elementen für den Frequenzbereich von 7 ... 14 MHz bemessen, so kann sie gleichzeitig mit der $3\lambda/2$-Resonanz im Bereich von 21 ... 42 MHz arbeiten. Eine solche praktisch erprobte Antenne wurde von *Rhodes* in [34] beschrieben. Ihr Bemessungsschema ist in Bild 18.71 dargestellt. Die Richtantenne besteht aus Leichtmetallrohren und ist drehbar ausgeführt. Im praktischen Fall wurde das längste V-Element (Gesamtlänge 21,42 m) auf 17,12 m verkürzt und an seinen Enden mit Ringen aus Leichtmetalldraht kapazitiv belastet.

Für 7 und 14 MHz wird ein Gewinn von etwa 7 dBd angegeben (horizontale Halbwertsbreite 70° bzw. 68°); für den Betrieb im Bereich von 21 ... 42 MHz erhöht sich der Gewinn auf 10 dBd (horizontale Halbwertsbreite für 21 MHz = 59°, für 28 MHz = 58°). Mit ähnlichen Werten darf auch für die Bänder 10,1, 18 und 25 MHz gerechnet werden. Die Antenne wird bei X–X mit einer 300-Ω-Zweidrahtleitung direkt gespeist. Nach Zwischenschalten eines Balun-Übertragers 4:1 kann man über ein Koaxialkabel speisen. Weitere mechanische und elektrische Angaben sind in [34] enthalten.

Eine ähnliche Richtantenne mit V-förmigen logarithmisch periodischen Elementen wurde von *YV 5 DLT* entwickelt [31]. Wegen ihres Aussehens erhielt sie den treffenden Namen *Telerana*, womit man in der spanischen Sprache ein Spinnengewebe bezeichnet (engl. = spiderweb). Das Bemessungsschema zeigt Bild 18.72. Es handelt sich um eine drehbare Leichtbau-Drahtantenne für den Frequenzbereich von 13 ... 30 MHz. Sie wird von kreuzförmig angeordneten verspannten Glasfiberstäben getragen. Für die

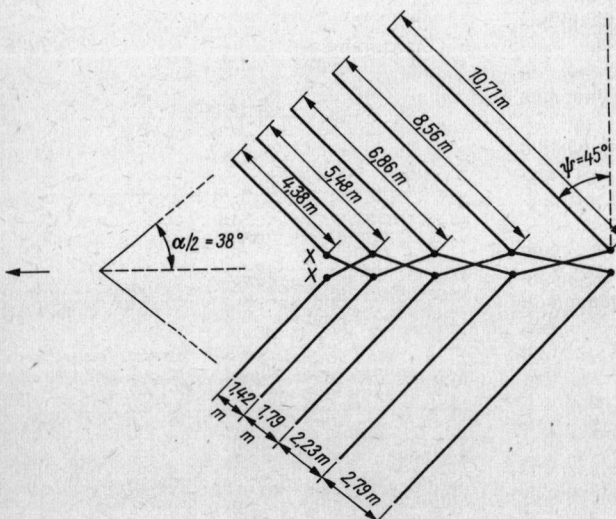

Bild 18.71
Bemessungsschema einer logarithmisch periodischen V-Antenne nach
K 4 EWG; Frequenzbereich
7 ... 30 MHz; $\tau = 0,8$; $\sigma = 0,05$;
beide Schenkelhälften haben gleiche Abmessungen

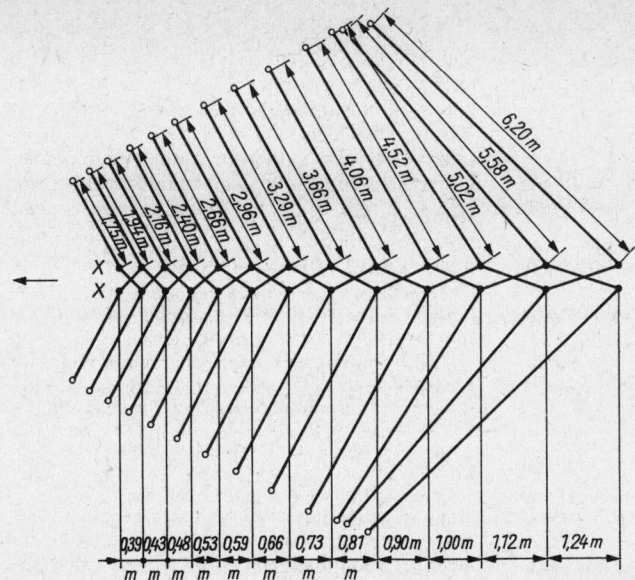

X
X

←

0,39 0,43 0,48 0,53 0,59 0,66 0,73 0,81 0,90 m 1,00 m 1,12 m 1,24 m
m m m m m m m m

1,75m 1,94m 2,16m 2,40m 2,66m 2,96m 3,29m 3,66m 4,06m 4,52m 5,02m 5,58m 6,20m

Bild 18.72
Bemessungsschema der Telerana-
Richtantenne nach *YV DLT*; Frequenz-
bereich 13 ... 30 MHz; $\tau = 0,9$; $\sigma = 0,05$;
beide Schenkelhälften haben gleiche
Abmessungen

Musterantenne wird ein Gesamtgewicht von
18 kg angegeben. Die etwas umfangreichen mechanischen Einzelheiten sind in [31] enthalten.

Die überkreuzte Erregerleitung wurde nur zur
besseren Übersicht eingezeichnet, tatsächlich
wird sie nach Bild 18.69 ausgeführt, wobei ihr
Wellenwiderstand 400 Ω betragen soll. Bei X–X
wird ein Balun-Übertrager 4 : 1 angeschlossen;
man kann dann die Antenne über ein 50-Ω-Ko-
axialkabel speisen.

Die $3\lambda/2$-Resonanz dieser Antenne liegt im
VHF-Bereich zwischen 39 und 90 MHz, sie wird
im vorliegenden Fall nicht genutzt. Man darf annehmen, daß die Elemente vor allem aus mechanischen Gründen abgewinkelt wurden, um eine
möglichst kompakte Ausführung zu erhalten.

Literatur zu Abschnitt 18.

[1] *Rückert, H.:* The Mono-Loop Tri-Band *Cubical*
Quad, CQ, Cowan Publishing Corp., New York,
(1971) January, Seite 41
[2] *Boldt, W.:* Die *DJ 4 VM*-Multiband-Quad, Das DL–
QTC, Gerlingen, 39, (1968) Heft 9, Seite 515 bis 526
[3] *Gaysert, G.:* Quad-Antennen mit zentraler Elementspeisung, cq-DL, Baunatal, 52 (1981) Heft 5,
Seite 216 bis 220
[4] *Nanasi, K.:* Mini Delta Loop, Radiotechnika, Budapest (1973) Heft 4, Seite 140
[5] *Grossmann, R.:* Triband-Delta-Loop Beam, QST,
West Hartford, Conn., (1969) December, Seite 52 bis
53

[6] *Richartz, W.:* HB 9-Multiband-Delta-Loop-An-
tenne, cq-DL, Baunatal, 51 (1980) Heft 3, Seite 129
[7] *Hawker, P.:* Making antennas work, RADIO
COMMUNICATION, London, (1980), May, Seite
487 bis 489
[8] *Hawker, P.:* Amateur Radio Techniques, Sixth Edition, RSGB, London, 1978, The *VK 2 ABQ* Three-
band Beam, Seite 291 bis 292; Miniature *VK 2 ABQ*
«X» Bemas, Seite 296 bis 297
[9] *Dale, G. N.:* HF antennas: a practical application of
the *VK 2 ABQ*, RADIO COMMUNICATION, Lon-
don (1980), September, Seite 891 bis 892
[10] *Schmid, F.:* «Big Bamboo», QRV, Gerlingen 33,
(1979), Heft 1, Seite 22 bis 30
[11] ARRL: The ARRL Antenna Book, 13th Edition,
Chapter 9, Chapter 14, Newington 1974
[12] *Rückert, H.:* Quad-Probleme und deren Lösung,
cq-DL, Baunatal, 48 (1977), Heft 1, Seite 6 bis 9
[13] *Landskov, H.:* Evolution of a Quad Array, QST,
Newington, CT, (1977), March, Seite 32 bis 36
[14] *Van Zant, F.:* 160, 75 und 40 Meter Inverted Dipole
Delta Loop, QST, Newington CT, (1973) January,
Seite 37 bis 39
[15] *Henkes, J.:* Erfahrungsbericht mit einer 160-, 80-
und 40-Meter-Inverted-Dipol-Delta-Loop, CQ-DL,
Baunatal, 45, (1974), Heft 12, Seite 706 bis 711
[16] *Nowatzky, D.:* Logarithmisch periodische Dipolantennen, Technische Mitteilungen RFZ, Berlin, 7,
(1963), Juni, Heft 2, Seite 77 bis 80 und September,
Heft 3, Seite 127 bis 133
[17] *Smith, C.E.:* Log Periodic Antenna Design Handbook, Smith Electronics Inc., Cheveland, Ohio
[18] *Rumsey, V.H.:* Frequency Indepedent Antennas,
Academic Press, New York – London, 1966, Seite 71
bis 78
[19] *Isbell, D.E.:* Log-Periodic Dipole Arrays, IRE
Transactions on Antennas and Propagation, Vol. AP-
8, No. 3, 1960, May, Seite 260 bis 267

[20] *Greif, R.:* Logarithmisch periodische Antennen, Nachrichtentechnische Fachberichte, Braunschweig, (1961), Band 23, Seite 81 bis 92

[21] *Fischer, H.-J.:* Ausführungsformen und Anwendungsbeispiele frequenzunabhängiger Antennen, «radio und fernsehen», 12, (1963), Heft 18, VEB Verlag Technik, Berlin

[22] *Jasik, H.:* Antenna Engineering Handbook, Chapter 18, Frequenzy Indepedent Antennas, McGraw Hill Book Company, Inc., New York, 1961

[23] *Führling, H.W.:* Logarithmisch-periodische Antennen für den UHF-Bereich, Funkschau, München, 38, (1966), Heft 1, Seite 111 bis 112

[24] *Greif, R./Scheuerecker, F.:* Dipolantenne mit großer Bandbreite, «radio mentor», Berlin, (1961), Heft 8, Seite 622 bis 627

[25] *Hoslin, R.F.:* Three-Band Log-Periodic-Antenna, QST, West Hartford, Conn., (1963), June

[26] *Rhodes, P.D.:* The log-Periodic Dipole Array, QST, Newington, Conn., 57, (1973), November, Seite 16 bis 22

[27] *Scholz, P.A./Smith, G.E.:* log-periodic antenna design, ham radio, Greenville, N.H., (1979), December, Seite 34 bis 39

[28] *Spindler, E.:* Antennen, Abschnitt 4.1.15 und Abschnitt 4.2.1.2.2., VEB Verlag Technik, Berlin, 1968

[29] *Carrel, R.:* The Design of Log-Periodic Dipole Antennas, IRE International Convention Record, Part 1, Antennas and Propagation, Seite 61 bis 75

[30] *Smith, G.E.:* Log-periodic antennas for the high-frequency Amateur bands, ham radio, Greenville, N.H., (1980), January, Seite 66 bis 68

[31] *Eckols, A.:* The TELERANA – A Broadband 13- to 30-MHz Directional Antenna, QST, Newington, Conn., (1981) July Seite 24 bis 27

[32] *Anderson, M.S.:* Antenna Anthology, The Log-Yag Array, Seite 49 bis 52, ARRL, Newington, CT, 1978

[33] ARRL: The ARRL Antenna Bock, 14 th Edition, 1982, The Log-Yag Array, Chapter 9, Seite 9.14 bis 9.15, ARRL, Newington, CT, 1982

[34] *Rhodes, P.D.:* The Log-Periodic V Array, QST, Newington, CT, (1979), October, Seite 40 bis 43

Bird, G.A.: The Story of the Three Band Minibeam, CQ, 1957, March, Cowan Publishing Corp., New York 36, N.Y., 1957

Rohländer, S.: Dreiband-Delta-Loop-Antenne für 20 m, 15 m und 10 m, FUNKAMATEUR, Deutscher Militärverlag, Berlin (1971), Heft 5, Seite 240,

Rothammel, K.: Die *VK 2 AOU* Dreiband-*Cubical*-Quad mit Einfachschleifen, FUNKAMATEUR, Militärverlag der DDR, Berlin, (1972), Heft 12, Seite 603 bis 606

Uebel, H.: Die 4-Element-*Yagi* bei *DM 2 DGO*, FUNK-AMATEUR, Militärverlag der DDR, Berlin, (1971), Heft 6, Seite 290 bis 292

19. Vertikal polarisierte Kurzwellenantennen

Die viel gelobten Kurzwellen-Drehrichtstrahler, seien es Yagi, *Cubical*-Quad- oder Delta-Loop-Antennen, bleiben für die meisten Funkamateure Wunschträume, deren Erfüllung gewöhnlich an den örtlichen Aufbaumöglichkeiten, aus materiellen und finanziellen Gründen zum Scheitern verurteilt sind. Zudem können Drehrichtstrahler im allgemeinen auch nur für die 5 hochfrequenten Amateurbänder zwischen 10 und 20 m verwirklicht werden. Die bei solchen Anlagen immer erforderliche Drehvorrichtung ist – wenn Handantrieb möglich – mechanisch kompliziert, bei elektromotorischem Antrieb mit Fernbedienung recht kostspielig und manchmal auch etwas störanfällig. Somit wird mancher Funkamateur auf den Drehrichtstrahler verzichten müssen und an dessen Stelle einen Rundstrahler einsetzen.

Horizontal polarisierte Rundstrahler könnten im Kurzwellenbereich höchstens in der Form von Winkeldipolen (siehe Abschnitt 10.4.) verwirklicht werden; andere Bauarten wie Drehkreuzantenne, Malteserkreuz usw. (siehe Abschnitt 25.2.) sind als Kurzwellenausführung viel zu umfangreich und mechanisch kompliziert. Dagegen erhält man mit vertikal polarisierten Strahlern ohne großen Aufwand eine einwandfreie Rundstrahlung in der Horizontalebene. Für die ionosphärische Ausbreitung bestehen bei Fernverbindungen keine bemerkenswerten Unterschiede zwischen horizontaler und vertikaler Polarisation, da in der Inonosphäre immer Polarisationsänderungen auftreten.

Grundsätzlich hat jede einfache vertikal polarisierte Antenne Rundstrahlcharakteristik in der Horizontalebene. Je nach Verwendungszweck kann die Rundstrahlung als vorteilhaft oder als nachteilig betrachtet werden. Zunächst ist festzustellen, daß beim Empfang mit einem vertikal polarisierten Rundstrahler die örtlichen und die atmosphärischen Störpegel höher sind als beim Empfang mit einer vergleichbaren horizontal polarisierten Antenne. Es ist auch klar, daß der Rundempfang einen sehr selektiven Empfänger mit großer Intermodulationsfestigkeit erfordert. Die horizontale Rundcharakteristik bietet aber die Gewähr, daß keine Richtung benachteiligt wird, wie dies bei horizontal polarisierten Antennen praktisch immer der Fall ist. Die Feststellung, daß ein vertikal polarisierter Strahler bei richtiger Bemessung eine ausgezeichnete DX-Antenne für Senden und Empfang darstellt, sei hier vorweggenommen.

Der Platzbedarf eines senkrechten Antennenleiters ist sehr gering, die Mindestlänge bei $\lambda/4$-Eigenresonanz beträgt für das 20-m-Band rund 5 m, für das 10-m-Band etwa 2,50 m und dürfte zumindest für die hochfrequenten Kurzwellenbänder in allen Fällen realisierbar sein. Der Windwiderstand ist sehr gering, er wird minimal, wenn sich der Antennenleiter nach oben teleskopartig verjüngt. Vertikalstrahler sind sehr blitzgefährdet und bilden bei vorschriftsmäßiger Ausführung einen wirksamen Blitzableiter. Am wichtigsten für guten Wirkungsgrad und flache Abstrahlung sind eine erstklassige Hochfrequenzerde (nicht gleichzusetzen mit einer guten Blitzerde!) oder ein Netz von abgestimmten Viertelwellen-Gegengewichten (Radials). Grob verallgemeinernd kann man sagen, daß die Probleme horizontal polarisierter Strahler *über* der Erde liegen, das heißt, daß sie um so besser sind, je höher sie über der Erdoberfläche aufgebaut werden können. Das Kriterium vertikal polarisierter Strahler liegt hingegen im oder auf dem Erdboden, ihre Güte ist in erster Linie von der Erdbodenleitfähigkeit abhängig.

19.1.   Die gute Erdung

Die meisten wissenschaftlichen Untersuchungen an Vertikalstrahlern beziehen sich auf das Vorhandensein einer idealen Erde, das ist eine Erde mit dem Erdwiderstand $R_e = 0$. Eine ideale Erde gibt es praktisch nicht, ihren Eigenschaften kann man aber bei entsprechendem Aufwand nahe kommen.

Die weitverbreitete Ansicht, daß eine gute Blitzschutzerde auch gleichzeitig eine gute HF-Erdung für Vertikalantennen darstellt, ist ein Irrtum. Das betrifft hauptsächlich die oft verwendeten Tiefenerder, bei denen die Blitzenergie über große Leiterquerschnitte zum Grundwasserspiegel abgeleitet wird. Handelt es sich um Flächenerder, die man z. B. bei felsigem Untergrund bevorzugt, so können diese oft als gute HF-Erden angesehen werden, sofern sie nicht tiefer als etwa 0,5 m eingegraben sind. Vertikalantennen benötigen eine gute Blitzerde *und* eine gute HF-Erde. Durch entsprechende Kombinationen lassen sich beide Forderungen erfüllen.

19.1.1. Die Blitzschutzerdung

Oft besteht die Meinung, daß eine Verbindung mit dem Wasserleitungsrohrnetz der Forderung nach einer guten Blitzschutzerdung völlig entspricht. Wer ein Stück Rohr in die Erde getrieben hat und auf diese Weise Besitzer einer «eigenen» Erde ist, glaubt meist, Verhältnisse geschaffen zu haben, die nicht nur eine gute HF-Abstrahlung sichern, sondern auch zuverlässig vor Blitzschäden schützen. Leider erweisen sich diese beliebten Erdungsmöglichkeiten oft als ungeeignet. Wasserleitungen werden teilweise mit PVC-Rohren verlegt, und die Wasserzähler enthalten mitunter Kunststoffteile, durch die die Rohrleitungen galvanisch unterbrochen sein können. Die Kontaktgabe an den Verschraubungen der Rohrleitungen ist nicht immer einwandfrei. Obwohl es sich um großflächige Verbindungsstellen handelt, tritt oft eine mangelhafte elektrische Kontaktgabe auf, hauptsächlich verursacht durch Dichtungsmittel und Rostansatz. Brauchbare bis gute Erdungsverhältnisse findet man meist nur dann, wenn die Erdungsleitung an die Wasserrohrhauptleitung kurz vor ihrem Eintritt in den Erdboden oder innerhalb des Erdbodens großflächig angeklemmt wird. Es sei darauf hingewiesen, daß die Benutzung von Rohrnetzen als Erder der Genehmigung des Rohrnetzinhabers bedarf.

Rohrerder genügen den Anforderungen einer Blitzerde, wenn sie bis ins Grundwasser eingetrieben werden können. Selbst dann sollte man aber mindestens 2 Erderrohre im Abstand von 2 ... 3 m einbringen, damit sich der Erdüber-

gangswiderstand verringert. In der ausländischen Literatur wird manchmal empfohlen, die Rohrerder nach Bild 19.1 mit einem Graben zu umgeben, der mit einem hygroskopischen Salz gefüllt wird. Brauchbar sind u. a. Steinsalz (Viehsalz), Magnesiumsulfat oder Kupfersulfat. Das Salz wird nach dem Einbringen mit Wasser überflutet und dann wieder mit Erde bedeckt. Diese Salze begünstigen die Erdbodenleitfähigkeit. Eine Füllung mit 30 ... 50 kg Salz soll eine Wirkungsdauer von 2 ... 3 Jahren haben.

Wo kein Zugang zu einem weiträumigen Wasserleitungsrohrnetz besteht und auch Rohrerder z.B. wegen Felsenuntergrunds nicht möglich sind, müssen Flächenerder hergestellt werden. Diese bestehen aus möglichst tief und weiträumig in der Erde verlegten Leiternetzen, welche die Aufgabe haben, die Blitzenergie großflächig abzuleiten. Solche Flächenerder gewährleisten auch bei sehr trockenen Böden einen ausreichend kleinen Erdübergangswiderstand; sie sind oft günstiger als Rohrerder.

Als der Rundfunk noch in den Kinderschuhen steckte, verabschiedeten sich die Sender immer mit dem Hinweis: «Bitte vergessen Sie nicht, Ihre Antenne zu erden.» Zur Sicherheit für Vergeßliche waren die meisten der Erdungsschalter (Messerschalter) noch mit einem Grobschutz in der Form einer gezackten Überschlagstrecke versehen. Später kam dann noch ein Feinschutz hinzu. Heute ist der Erdungsschalter nicht mehr im Gebrauch, man vertraut auf die handelsüblichen Blitzschutzeinrichtungen, die einen Grobschutz und einen Feinschutz enthalten.

Vertikalantennen, die keine galvanische Verbindung mit der Blitzerde haben, müssen mit einem Grobschutz versehen werden. Den üb-

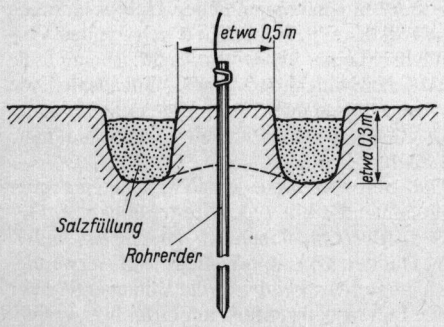

Bild 19.1
Der Rohrerder

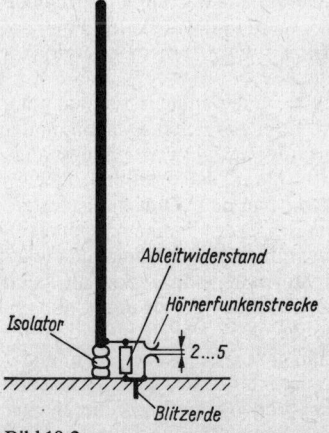

Bild 19.2
Blitzschutz eines Vertikalstabes mit Überschlagstrecke und Ableitwiderstand

lichen Feinschutz kann man nicht verwenden, da er im Sendefall auf die Hochfrequenzspannung ansprechen könnte. Als Grobschutz gelten Schutzfunkenstrecken, Trennfunkenstrecken, Überschlagstrecken, Isolatoren oder sonstige isolierende Zwischenschichten, wenn die Schlagweite in Luft höchstens 10 mm beträgt. Für die im Amateurfunk verwendeten Senderleistungen genügen für den Grobschutz bei niederohmiger Einspeisung (Koaxialkabel) Schlagweiten von 2 ... 5 mm als Hörnerfunkenstrecke ausgeführt (Bild 19.2). Die Funkenstrecke besteht aus 2 Blechstreifen, die hornförmig gebogen sind und die sich so gegenüberstehen, daß der geringste Abstand 2 ... 5 mm beträgt. Es wird sehr empfohlen, der Funkenstrecke einen Widerstand parallelzuschalten, der statische Aufladungen des Strahlers zur Erde ableitet. Diese treten verstärkt bei heranziehenden Gewittern, auch bei manchen Regen- oder Schneefällen auf und verursachen ein starkes Prasseln im Empfänger. Der Ableitwiderstand vermindert diese Prasselstörungen ganz erheblich und wirkt Koronaentladungen – auch als Elmsfeuer bekannt – entgegen. Man verwendet Widerstände zwischen etwa 50 und 100 kΩ (unkritisch) mit einer Belastbarkeit von 2 ... 5 W. Nach der Theorie würden sich ungewendelte Kohleschichtwiderstände am besten eignen, *Y 21 RD* verwendete jedoch mit gutem Erfolg einen 100-kΩ-Drahtwiderstand. Eine weitere Maßnahme, Koronaentladungen zu vermindern, besteht darin, daß man das Strahlerende kugelig oder ballig ausbildet. Nähere Bestimmungen sind im Abschnitt 33. enthalten.

19.1.2. Die Hochfrequenzerde

Bei der HF-Abstrahlung einer senkrechten Antenne bilden sich nach Bild 19.3 im freien Raum

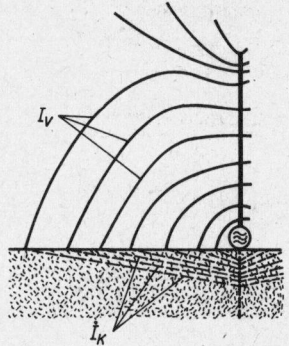

Bild 19.3
Angenommener Verlauf der Verschiebungsströme I_v des Außenraumes und der Konvektionsströme L_k in der Erde bei einem Vertikalstrahler

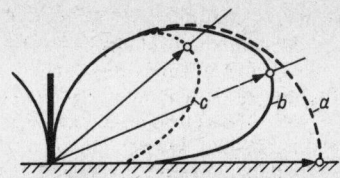

Bild 19.4
Vertikaldiagramme einer elektrisch kurzen Vertikalantenne bei verschiedener Bodenleitfähigkeit; Kurve a – bei idealer Bodenleitfähigkeit, Kurve b – bei guten Bodenverhältnissen, Kurve c – bei schlechter Bodenleitfähigkeit

um den Vertikalstab Verschiebungsströme I_v aus, die sich nach ihrem Auftreffen auf die Erdoberfläche als Konvektionsströme I_k rückläufig wieder zum Strahlereingang (bzw. dessen spiegelbildlicher Verlängerung in der Erde) hinbewegen. Je nach der vorhandenen Bodenbeschaffenheit ist der Ausbreitungswiderstand R_e in der Erde mehr oder weniger groß. Dementsprechend entsteht am Erdwiderstand durch die Erdrückströme ein Spannungsgefälle, und es treten Stromwärmeverluste auf, die den Antennenwirkungsgrad herabsetzen. In der Nähe des Antenneneingangs ist die Stromdichte am größten, weil dort die Erströme radial zusammenlaufen; deshalb entstehen in diesem Bereich auch die größten Verluste.

Der Ausbreitungswiderstand des Erdbodens schwächt und verzerrt außerdem das Außenfeld in Erdbodennähe, wobei die vertikale Richtcharakteristik der Antenne verformt wird. Bild 19.4 zeigt, wie sich die unterschiedliche Bodenleitfähigkeit auf das Strahlungsdiagramm der Vertikalebenen auswirken kann. Die gestrichelte Kurve a bildet einen reinen Halbkreis; es ist eine theoretische Idealkurve für den Erdwiderstand $R_e = 0$. Entsprechend Kurve b könnte das Vertikaldiagramm bei guter bis mittlerer Bodenleitfähigkeit aussehen, während Kurve c für Böden mit schlechter Leitfähigkeit gilt. Kurve c läßt die erheblichen Strahlungsverluste erkennen, die mit einer unerwünschten Anhebung des Vertikaldiagramms verbunden sind.

Die Eindringtiefe der Hochfrequenzstrahlung in den Erdboden ist umgekehrt proportional der Wurzel aus dem Produkt Bodenleitfähigkeit mal Frequenz (*Skin*-Effekt). Aus der Frequenzabhängigkeit der Eindringtiefe geht hervor, daß hohe Frequenzen nur in die oberste Bodenschicht eindringen können, während sich niedrige Frequenzen tiefer im Erdboden ausbreiten. Für Kurzwellen ist die Leitfähigkeit des Bodens bis in die Tiefe von mehreren Metern ausschlaggebend. Für die Hochfrequenzleitfähigkeit des Bodens gibt es äußerlich keine prägnanten und sicheren Kennzeichen. So ist ein feuchter Boden oder niedriger Grundwasserstand nicht unbedingt ein Merkmal für besonders geringen Ausbreitungswiderstand; viele trokkene Böden haben eine bessere Leitfähigkeit als manche feuchte Lagen. Das Wasser mit seiner großen Dielektrizitätskonstante vermindert hauptsächlich die Eindringtiefe der Ströme in die Erde. Salzwasserflächen oder mit Salzwasser angereicherte sumpfige Böden haben immer eine gute Hochfrequenzleitfähigkeit.

Eine gute HF-Erde soll den in Oberflächennähe fließenden Erdrückströmen einen gut leitenden Ausbreitungsweg bieten. Ein Tiefenerder (z. B. Rohrerder) kann diese Bedingung nicht erfüllen; dafür kommt nur ein Oberflächenerdnetz in Frage. Dieses wird aus möglichst vielen und langen Metalldrähten hergestellt, die, vom Antenneneingang ausgehend, strahlenförmig nach außen verlegt werden. Die Radialleiter sollten auf dem Erdboden aufliegen, im allgemeinen gräbt man sie aber zum Schutz fingertief bis spatentief in das Erdreich ein. Je flacher die Radials eingebracht werden können, desto günstiger ist das für die Wellen der hochfrequenten Kurzwellenbänder mit ihrer geringen Eindringtiefe. Die radiale Verlegung entspricht dem Ausbreitungsweg der Erdrückströme und hat in der Nähe des Antenneneingangs (wo die größte Stromdichte vorhanden ist) auch die größte Leiterdichte.

Viele und umfangreiche Untersuchungen über den Wirkungsgrad der Vertikalantennen in Abhängigkeit vom verwendeten Erdnetz wurden durchgeführt und in der Fachliteratur veröffentlicht, z. B. in [1], [2], [3] und [4]. Da solche Arbeiten bei unterschiedlichen Umweltbedingungen und mit verschiedenen Meßfrequenzen ausgeführt wurden, sind die Ergebnisse nicht allgemeingültig, aber sie lassen einige wissenswerte Tendenzen erkennen, die durchaus auf andere Standorte übertragbar sind.
- Bei der Optimierung des HF-Erdnetzes besteht ein Zusammenhang zwischen der Länge des Radials und ihrer Anzahl.
- Durch den Erdboden werden die Radials so stark gedämpft, daß eine Resonanz mit der den Strahler erregenden Hochfrequenz nicht auftreten kann. Deshalb ist eine exakte Längenbemessung der Radials (bezogen auf die Wellenlänge) ganz unnötig. Nutzanwendung: Alle in greifbarer Nähe befindlichen Metallgegenstände können und sollen – unabhängig von ihrer räumlichen Ausdehnung – an das Erdnetz mit angeschlossen werden.
- Es gilt der Grundsatz: So viele Radials wie möglich und diese so lang, wie es jeweils das vorhandene Gelände zuläßt.

Bild 19.5 zeigt die Zusammenhänge etwas deutlicher. Es interpretiert die Untersuchungsergebnisse verschiedener Autoren (vorzugsweise aus [2] und [4]) in Diagrammform, wobei sich die Ergebnisse auf einen senkrechten Viertelwellenstab beziehen, dessen Fußpunkt sich unmittelbar über der Erdoberfläche befindet. Selbstverständlich können aus einem solchen Diagramm nur durchschnittliche Näherungswerte entnommen werden. Man erkennt, daß es wohl kaum einem Funkamateur gelingen wird, ein Erdnetz zu errichten, das der idealen Erde nahekommt. Mit einem Mindestaufwand von 8 Radials, je etwa $\lambda/2$ lang, dürfte ein Wirkungsgrad von knapp 75% erreichbar sein; ein um 5% besserer Wirkungsgrad erfordert bereits 20 lange Radials ($\approx \lambda/2$) oder 30 kürzere ($\approx \lambda/4$).

Alle Erdleiter sind am zentralen Mittelpunkt gut leitend miteinander zu verbinden. Es ist günstig, wenn an dieser Stelle zusätzlich noch ein Rohrerder in die Erde eingetrieben wird. Diesen kann man als Befestigungspunkt für die Drähte des Erdnetzes nutzen. Da am Antenneneingang die größte Stromdichte herrscht, stellt man das Antennenende gern auf eine möglichst großflächige Metallplatte. Vielfach wird auch vorgeschlagen, die freien Enden der einzelnen Radials zusätzlich mit kurzen Rohrerdern zu versehen. Als preisgünstiges Leitermaterial bietet sich verzinkter Eisendraht an (z. B. Spanndraht), teurer, aber nicht merkbar wirkungsvoller, sind Kupferdrähte. Leichtmetalldraht ist unbrauchbar, weil er im Erdreich mit der Zeit zersetzt wird. Die Drahtdurchmesser sind von untergeordneter Bedeutung. Ein speichenartiges Erdnetz ist keine starre Vorschrift, es stellt lediglich eine elektrisch und mechanisch besonders günstige Form dar. Entsprechend den örtlichen Gegebenheiten wird man oft anders verfahren müssen. Maßgebend ist dabei immer, daß die Erddrähte eine

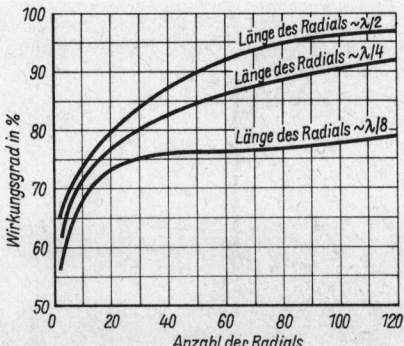

Bild 19.5
Der annähernd erreichbare Wirkungsgrad von senkrechten Viertelwellenstrahlern mit Eingang auf der Erdoberfläche in Abhängigkeit vom verwendeten HF-Erdnetz

möglichst große Fläche durchdringen und sich um den Antenneneingang konzentrieren.

Das Radialnetz kann natürlich für den Mehrbandbetrieb unverändert benutzt werden, wobei der Wirkungsgrad für die frequenzhöheren Bänder ansteigt. Der Aufwand für ein umfangreiches Erdnetz wird oft durch die Tatsache gerechtfertigt, daß solche Flächenerdnetze meistens einen sehr kleinen Erdübergangswiderstand haben und deshalb gleichzeitig eine gute Blitzerde darstellen.

19.2. Die Kenngrößen von Viertelwellenvertikalantennen

Wenn der Antennenleiter senkrecht über einer für Hochfrequenz gut leitfähigen Erdoberfläche errichtet wird, kommt man bereits mit einer elektrischen Strahlerlänge von $\lambda/4$ aus; das heißt, daß bei dieser Länge der Eingangswiderstand reell und damit in Resonanz ist. Im Prinzip handelt es sich dabei ebenfalls um einen Halbwellenstrahler, denn durch die Erde, die man als mehr oder weniger guten Leiter betrachten kann, ergänzt sich der Viertelwellenstab spiegelbildlich in der Erde zum Halbwellendipol. In seiner einfachsten Form ist ein solcher Viertelwellenstrahler über Erde als *Marconi*-Antenne bekannt (Bild 19.6.).

Viertelwellenstäbe über Erde werden auch als unsymmetrische Antennen bezeichnet, denn sie sind – im Gegensatz zum horizontalen Halbwellendipol – nicht erdsymmetrisch. Zur Unterscheidung vom Dipol werden sie vielfach auch *Monopol* genannt. Die Ersatzschaltung des Eingangswiderstandes einer vertikalen Viertelwellenantenne besteht aus der Reihenschaltung des Strahlungswiderstandes R_S, eines Blindwiderstandes X_s (im Resonanzfall 0) und des Erdwiderstandes R_e (Bild 19.7). Daraus geht hervor, daß die einer resonanten *Marconi*-Antenne zugeführte Gesamtleistung P_a im Strahlungswiderstand R_S und im Erdwiderstand R_e verbraucht wird. Es gilt dafür die Beziehung

$$P_a = I^2 (R_S + R_e);\qquad (19.1.)$$

I – Antennenstrom (Effektivwert)

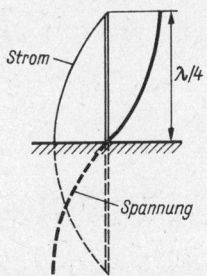

Bild 19.6
Marconi-Antenne mit Strom- und Spannungsverteilung

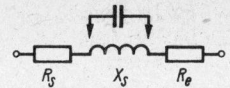

Bild 19.7
Ersatzschaltung für den Eingangswiderstand eines Viertelwellenstrahlers über Erde

Der Erdwiderstand R_e ist ein reiner Verlustwiderstand, an dem die HF-Energie in Wärme umgesetzt wird. Daraus ergibt sich der Zusammenhang zwischen der Strahlungsleistung $P_S = I^2 R_S$ und der Verlustleistung

$$\begin{aligned}P_V &= I^2 R_e \quad \text{zu}\\ P_S &= P_a - P_V.\end{aligned}\qquad (19.2.)$$

Um eine *Marconi*-Antenne mit gutem Wirkungsgrad betreiben zu können, besteht die Grundforderung, den Erdwiderstand R_e extrem klein zu halten, damit das Verhältnis $R_S : R_e$ möglichst groß ist. In der Praxis müssen zum Erdwiderstand R_e alle weiteren Verlustwiderstände hinzugerechnet werden, die in einer Vielzahl vorhanden sein können. Da die Länge (bzw. Höhe) eines Viertelwellenstrahlers nur die Hälfte der eines Halbwellendipols beträgt, ist auch seine wirksame Höhe h_{eff} nur halb so groß:

$$h_{eff} = \frac{\lambda}{2\pi} \approx \frac{\lambda}{6{,}28}\,. \qquad (19.3.)$$

Wird die Wellenlänge durch die Frequenz f ersetzt, so ergibt sich

$$h_{eff/m} = \frac{47{,}75}{f/_{MHz}}\,. \qquad (19.4.)$$

Allgemeine Ausführungen über die Bedeutung der wirksamen Höhe bzw. Länge sind in Abschnitt 3.1.6. enthalten.

Die effektive Höhe wird gebraucht, wenn nach der *Rüdenbergschen* Beziehung der Strahlungswiderstand R_S ermittelt werden soll. Sie lautet:

$$R_{S/\Omega} = 1579\,\frac{h_{eff/m}}{\lambda/_m}\,. \qquad (19.5.)$$

Für einen Viertelwellenstrahler ergibt sich daraus ein Strahlungswiderstand R_S von $40\,\Omega$. Nach einer Theorie von *E. Siegel* beträgt der exakte Wert $36{,}6\,\Omega$, vorausgesetzt, daß der resonante Viertelwellenstrahler direkt über der Erdfläche steht.

Der Eingangswiderstand R_E eines resonanten $\lambda/4$-Strahlers über Erde ist gleich der Summe aus Strahlungswiderstand R_S und Verlustwiderstand R_V

$$R_E = R_S + R_V. \qquad (19.6.)$$

In R_V sind alle vorhandenen Verlustwiderstände enthalten, wobei die Erdverluste dominieren.

Bei idealen Bedingungen ist der Eingangswiderstand R_E im Resonanzfall gleich dem Strahlungswiderstand R_S, welcher bei der *Marconi*-Antenne 36,6 Ω beträgt. Da aber Erdwiderstand R_e und Strahlungswiderstand R_S eine Reihenschaltung bilden, muß der Eingangswiderstand R_E mit dem Erdwiderstand R_e addiert werden. Bei jeder praktisch ausgeführten *Marconi*-Antenne wird man deshalb nie den idealen Eingangswiderstand R_E von 36,6 Ω messen können, sondern größere Werte. So kann es durchaus vorkommen, daß der Eingangswiderstand 75 Ω beträgt, womit ein 75-Ω-Koaxialkabel perfekt angepaßt wäre. Das ist jedoch kein Grund zur Zufriedenheit, denn diese Messung sagt außerdem aus, daß die gesamten Verlustwiderstände 38,4 Ω betragen, die fast ausschließlich vom Erdwiderstand R_e verursacht werden. Fazit: Die der Antenne zugeführte Leistung P_a wird knapp zur Hälfte als Strahlungsleistung P_S abgestrahlt, die andere Hälfte heizt als Verlustleistung P_V den Erdboden. In solchen Fällen kann man den Wirkungsgrad verbessern, wenn der Erdwiderstand R_e durch ein entsprechend vergrößertes Netz von Radials verringert wird. Ein weiterer Weg, den Antennenwirkungsgrad bei schlechten Erdungsverhältnissen zu verbessern, besteht in der Erhöhung des Strahlungswiderstandes R_S, durch konstruktive Veränderung des Strahlers (z.B. Mehrleiterausführungen), damit R_S groß gegenüber R_e wird.

Der *Verkürzungsfaktor V* eines Viertelwellenstabes ist von seinem Längen/Durchmesser-Verhältnis l/d abhängig. l und d haben gleiche Dimensionen (z. B. mm); ihr Quotient wird auch als Schlankheitsgrad S bezeichnet. In Bild 19.8 handelt es sich hier um Näherungswerte, die sich bei freier Antennenumgebung und gut leitfähiger Erdoberfläche einstellen. In der Praxis sind kleine Längenkorrekturen erforderlich.

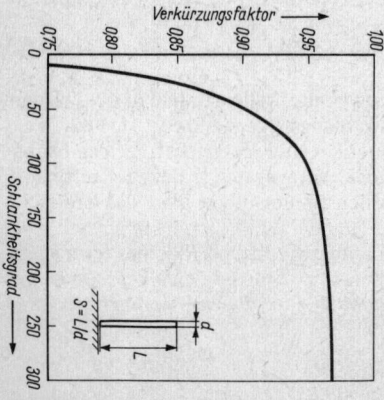

Bild 19.8
Der Verkürzungsfaktor V eines Viertelwellenstabes in Abhängigkeit von dessen Schlankheitsgrad S ($= L/d$)

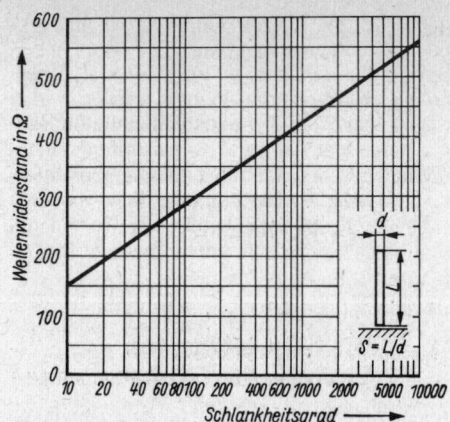

Bild 19.9
Der mittlere Wellenwiderstand Z_A eines gegen Erde erregten Vertikalstrahlers in Abhängigkeit von dessen Schlankheitsgrad S

Der Schlankheitsgrad S bestimmt auch den mittleren Wellenwiderstand Z_A einer Stabantenne nach der Beziehung

$$Z_{A/\Omega} = 60 \ln (1{,}15\ S). \qquad (19.7.)$$

In Bild 19.9 ist diese Gleichung in einem Diagramm ausgewertet, von dem man ohne Rechenoperationen die gesuchten Werte ablesen kann. Aus der Beziehung geht hervor, daß Z_A der Antenne um so kleiner wird, je kleiner deren Schlankheitsgrad S ist. Andererseits weiß man, daß «dicke» Strahler eine größere Bandbreite B haben als «dünne» Antennenleiter. Die bekannten Breitbanddipole sind dafür ein anschauliches Beispiel (siehe Abschnitt 4.3.). Die Zusammenhänge von Schlankheitsgrad S und Bandbreite B können rechnerisch leicht erfaßt werden, wenn man von der Strahlergüte Q ausgeht. Es ist eine dimensionslose Größe, die sich aus dem Verhältnis des Wellenwiderstandes der Antenne Z_A zu ihrem Eingangswiderstand R_E ergibt.

$$Q = \frac{Z_A}{R_E} . \qquad (19.8.)$$

Da die Bandbreite B in Hz nach

$$B = \frac{f_{res}}{Q} \qquad (19.9.)$$

definiert wird, kann man

$$B = f_{res} \cdot \frac{R_E}{Z_A} \qquad (19.10.)$$

setzen.

Aus der Beziehung ist allgemein zu erkennen, daß die Bandbreite einer Antenne um so größer wird, je größer deren Eingangswiderstand R_E und je kleiner der Wellenwiderstand der Antenne Z_A ist. Da Z_A eine Funktion des Schlankheitsgrades S ist, ergibt sich nach Gl. (19.7.), daß die Bandbreite B mit kleiner werdendem Schlankheitsgrad S wächst.

19.3. Die Strahlungseigenschaften von Vertikalantennen

Das Vertikaldiagramm senkrechter Strahler über Erde zeichnet sich durch kleine Erhebungswinkel aus, was für den DX-Verkehr sehr erwünscht ist. Allerdings wird dabei vorausgesetzt, daß man die Antenne unmittelbar über gut leitfähiger Erdoberfläche errichtet hat bzw. die Leitfähigkeit durch ein entsprechendes Erdnetz verbessert wurde (siehe Abschnitt 19.1.1.) Bild 19.10 zeigt noch einmal, wie sich eine unzureichende Erdbodenleitfähigkeit bei einem Vertikalstrahler nicht nur auf den Antennenwirkungsgrad, sondern auch gleichzeitig auf sein Vertikaldiagramm negativ auswirkt, indem sich der Erhebungswinkel vergrößert. Die Kurve 1 ist eine Idealkurve, die in der Praxis nicht vorkommen kann, denn sie setzt die ideale HF-Leitfähigkeit der Erde voraus. Theoretisch beträgt hier der Erhebungswinkel 0°. Bei Kurve 2 befindet sich der Viertelwellenstab über schlecht leitendem Erdboden. Wegen der hohen Erdverluste liegt der Antennenwirkungsgrad deutlich unter 50% der Erhebungswinkel des Maximums ist auf etwa 30° angestiegen. Die Verhälnisse der Kurve 3 können bei guter Erdbodenleitfähigkeit erreicht werden, wobei der Wirkungsgrad annähernd 65% beträgt, verbunden mit einem Erhebungswinkel des Maximums von etwa 20 ... 25°. Mit solchen Diagrammen kann nur gerechnet werden, wenn sich der Strahlereingang unmittelbar an der Erdoberfläche befindet. Hebt man den Antenneneingang auf größere Höhen an, treten je nach Höhe Nebenzipfel auf.

In der Horizontalebene besteht bei einfachen Vertikalstrahlern Rundstrahlung, die von den Erdverhältnissen beeinflußt wird; auch umliegende Hindernisse können das Horizontaldiagramm verformen.

Die Vertikaldiagramme von senkrechten Strahlern zeigen auch eine große Abhängigkeit von deren Länge l (Höhe), bezogen auf die Betriebswellenlänge λ. Hierzu muß bemerkt werden, daß es durchaus nicht erforderlich ist, die geometrische Länge des Strahlers so zu bemessen, daß Selbstresonanz eintritt. Man kann die mechanische Stablänge ganz beliebig wählen, sofern dafür gesorgt wird, daß die elektrische Resonanz ($\lambda/4$, $\lambda/2$, $3\lambda/4$ usw.) durch konzentrierte Schaltelemente wie Verlängerungsspulen oder Verkürzungskondensatoren hergestellt wird. Von dieser Möglichkeit macht man sehr häufig Gebrauch.

Bild 19.11 zeigt als Beispiel die Vertikaldiagramme von senkrechten Strahlern verschiedener Längen, die unmittelbar über einer Erde von mittlerer Leitfähigkeit errichtet sind. Beim Viertelwellenstrahler liegt die vertikale Halbwertsbreite bei 45°, wobei der Erhebungswinkel des Maximums etwa 30° beträgt (Bild 19.11a). Der $5\lambda/8$-Stab zeigt nach Bild 19.11b bereits eine Einengung der Halbwertsbreite auf rund 32° bei einem Erhebungswinkel des Maximums von etwa 23°. Noch günstiger ist ein vertikaler Halbwellendipol über Erde (Bild 19.11c), dessen Halbwertsbreite bei 30° liegt, wobei der Erhebungswinkel annähernd 17° erreicht. Die brauchbarsten Strahlungseigenschaften hat der beliebte $5/8$-λ-Strahler mit einer Halbwertsbreite von 24°; der Erhebungswinkel beträgt in diesem Fall nur 12° (Bild 19.11d). Wird die Strahlerlänge über $5\lambda/8$ hinaus verlängert, so verschlechtern sich die Strahlungseigenschaften wieder. Ein Vergleich der vertikalen Strahlungsdiagramme horizontaler Halbwellendipole aus Bild 3.12 mit den Vertikaldiagrammen senkrechter Strahler nach Bild 19.11 ergibt hinsichtlich der Erhebungswinkel eine eindeutige Überlegenheit der Vertikalstrahler für den DX-Verkehr.

Diese Feststellung gilt auch für den Vergleich mit horizontalen *Yagi*-Antennen, wenn man davon ausgeht, daß ein kleiner Erhebungswinkel

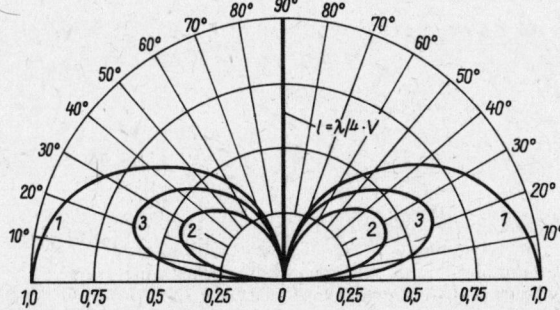

Bild 19.10
Vertikaldiagramme eines senkrechten Viertelwellenstrahlers in Abhängigkeit von der HF-Erdbodenleitfähigkeit (siehe Text)

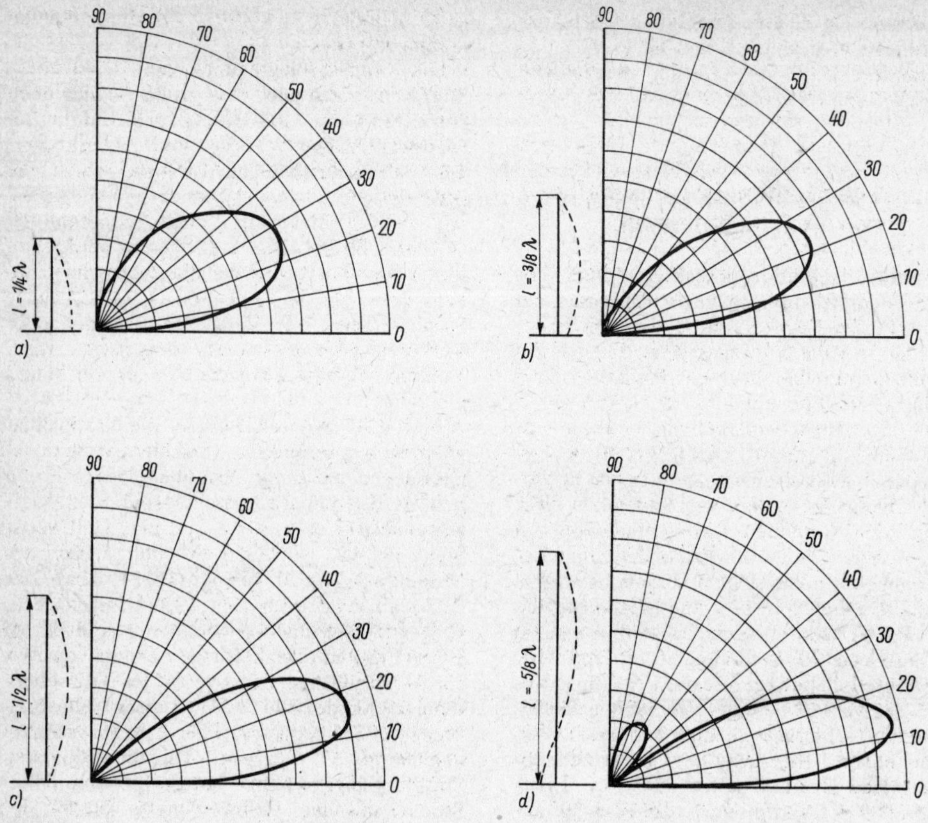

$l = \tfrac{1}{4}\,\lambda$

a)

$l = \tfrac{3}{8}\,\lambda$

b)

$l = \tfrac{1}{2}\,\lambda$

c)

$l = \tfrac{5}{8}\,\lambda$

d)

Bild 19.11
Vertikaldiagramme von Vertikalstäben verschiedener Länge über einer Erdoberfläche von mittlerer Leitfähigkeit

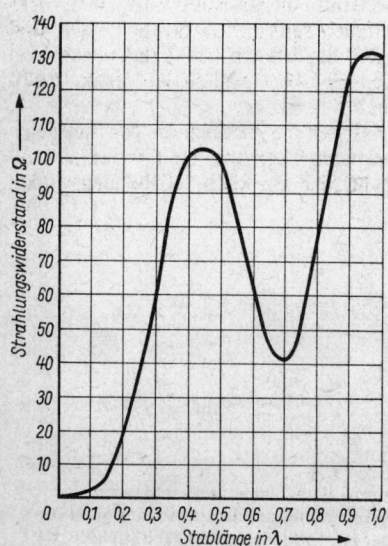

Strahlungswiderstand in Ω

Stablänge in λ ⟶

Bild 19.12
Der Strahlungswiderstand R_S im Strombauch schlanker Vertikalstäbe über idealer Erde in Abhängigkeit von der Stablänge in λ (nach *Brown* [5] und *Labus* [6])

die wichtigste Voraussetzung für eine günstige ionosphärische Fernausbreitung ist.

Die geometrische Strahlerlänge von $5\lambda/8$ kann als optimal für die DX-Ausbreitung bezeichnet werden. Bei einer Verlängerung über $5\lambda/8$ hinaus wird das Vertikaldiagramm für die DX-Arbeit ungünstig, weil sich der Erhebungswinkel der Hauptkeule sehr schnell vergrößert. Es tritt dann die hier unerwünschte Steilstrahlung auf.

Eine Strahlerverlängerung $>\lambda/4$ ist auch günstig bezüglich des Strahlungswiderstandes R_S. Wie Bild 19.12 erkennen läßt, steigt der Strahlungswiderstand R_s zwischen $>\lambda/4$ und $<\lambda/2$ an, wobei sich der Wirkungsgrad verbessern läßt und gleichzeitig auch der Frequenzbereich des Strahlers vergrößert wird.

Eine Vertikalantenne verfehlt ihren Zweck, wenn sie nicht über einer in weitem Sinne freien und möglichst ebenen Fläche aufgebaut werden kann. Das bedeutet, daß man sie z.B. nicht in einer Baulücke innerhalb der Stadt errichten sollte. In eng bebautem Gelände muß man die Vertikalantenne am höchstmöglichen Befestigungspunkt errichten, dabei soll sie die umgebenden Hindernisse überragen. Natürlich kann ein von der Erde entfernt aufgebauter Vertikalstab nicht mehr einwandfrei «gegen Erde» arbeiten, denn er würde sich – bildlich gesprochen – seine Gegenpole hauptsächlich in den näher liegenden metallischen Hausinstallationen suchen und dabei seine Kennwerte in unüberschaubarer Weise negativ verändern. In diesem Fall besteht außerdem die vergrößerte Gefahr, Rundfunk- und Fernsehstörungen zu verursachen. Man muß deshalb, vom erhöhten Antenneneingang ausgehend, ein künstliches Gegengewicht (Groundplane) schaffen. Dieses kann als unabgestimmtes Radialnetz – wie in Abschnitt 19.1.2. beschrieben – aufgebaut werden. Wenn vorhanden, können auch alle in erreichbarer Nähe befindlichen Metallstrukturen in dieses Radialnetz mit einbezogen werden. Das sind z.B. Blechdächer, Regenrinnen und Fallrohre, Wasserleitungs- und Heizungsrohrsysteme sowie Blitzableiter.

In den meisten praktischen Fällen wird es nicht möglich sein, solche ausgedehnten Leitungssysteme auf einem erhöhten Standpunkt unterzubringen. Deshalb verwendet man dort fast immer *abgestimmte* Radials, das sind Gegengewichte, die sich genau in Viertelwellenresonanz mit der Betriebswellenlänge befinden.

3 abgestimmte Viertelwellenradials sind bereits ausreichend, fast immer verwendet man 4 Radials, häufig mehr. Die Radials werden speichenartig gleichmäßig über 360° verteilt und in der Nähe des Antenneneingangs, wo sie zusammenlaufen, galvanisch leitend miteinander verbunden. An diesem Verbindungspunkt kann auch die Blitzerde angeschlossen werden.

Im allgemeinen verlaufen die abgestimmten Radials waagrecht. In diesem Fall beträgt die Eingangsimpedanz für einen Viertelwellenstrahler etwa $40\,\Omega$. Liegt sie viel höher (z.B. bei $70\,\Omega$), so ist das ein Zeichen dafür, daß große Verlustwiderstände im System vorhanden sind (schlechter Antennenwirkungsgrad). Auf «natürliche» Weise steigt der Eingangswiderstand an, wenn man die Radials nach unten neigt; je stärker die Neigung, desto größer der Widerstandsanstieg. Im Extremfall, wenn die Radials senkrecht nach unten verlaufen, erreicht man einen Eingangswiderstand von rund $60\,\Omega$, denn es ist dann ein senkrechter Halbwellendipol entstanden.

Vertikalantennen sind erdunsymmetrisch und sollen deshalb immer über erdunsymmetrische Speiseleitungen – das sind Koaxialkabel – erregt werden.

19.4. Bauformen rundstrahlender Vertikalantennen

Die klassische *Marconi*-Antenne wird von den Funkamateuren nur noch selten verwendet, weil es aus erwähnten Gründen meist vorteilhafter ist, den Vertikalstrahler möglichst hoch zu montieren und die natürliche Erde durch ein Netz von Gegengewichten am Antenneneingang zu ersetzen. Diese Gegengewichte nennt man Radials, weil sie radial vom Fußpunkt ausgehen. Das gesamte Netz der Gegengewichte wird als Groundplane (Erdungsebene) bezeichnet. Im Amateurjargon ist eine Vertikalantenne mit einer Reihe von abgestimmten Viertelwellenradials eine *Groundplane*-Antenne.

Im Prinzip stellt eine Groundplane mit abgestimmten Radials einen zentralgespeisten Halbwellendipol dar und hat den gleichen Gewinn von theoretisch $6,83\,\mathrm{dBi}$ (bezogen auf den Kugelstrahler). Bei der *Marconi*-Antenne hingegen beträgt der Gewinn $5,16\,\mathrm{dBi}$ (siehe Tabelle 3.1.). Dabei werden verlustlose und angepaßte Vertikalantennen über idealer Erde vorausgesetzt. Der gegenüber einer horizontalen Halbwellenantenne größere Gewinn der vertikalen $\lambda/2$-Antenne ist auf die Spiegelwirkung der idealen Erde (totale Reflexion) zurückzuführen, die jedoch in der Praxis nie gegeben ist.

19.4.1. Die Groundplane-Antenne
(M.-Ponte – Franz. Pat. 764473 – 1933)

Bild 19.13. zeigt das Schema einer Groundplane-Antenne. Die Radials werden aus einer möglichst großen Anzahl von $\lambda/4$ langen Drähten gebildet, die man am Eingang des vertikalen Vier-

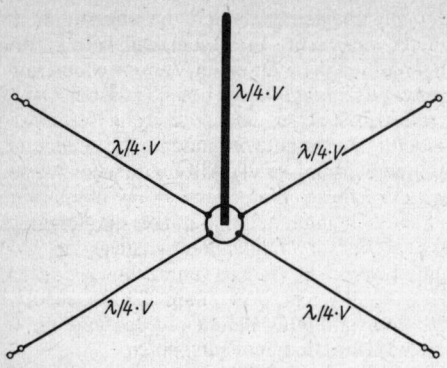

Bild 19.13
Groundplane-Antenne mit horizontalen Radials

telwellenstrahlers horizontal verspannt. In der Nähe des Antenneneingangs sind die Radials miteinander verbunden, der Vertikalstab ist von den Radials isoliert. Man sollte mindestens 4 Radials vorsehen; da es sich um resonante Viertelwellenstücke mit einem Spannungsbauch am Leitungsende handelt, sollen sie isoliert aufgehängt werden.

Der Eingangswiderstand einer Groundplane liegt mit etwa 36 Ω sehr niedrig. Deshalb tritt beim direkten Speisen mit Koaxialkabel eine Fehlanpassung auf. Diese läßt sich vermeiden, wenn man die Radials nicht waagrecht, sondern schräg nach unten, in einem Winkel von etwa 135° zum Strahler, spannt. Dabei ergibt sich ein Eingangswiderstand von etwa 50 Ω.

Um mit 60-Ω-Koaxialkabel Anpassung zu erzielen, müßten die Radials senkrecht nach unten geführt werden. Aus der Groundplane wird dann ein senkrecht stehender Halbwellendipol mit der doppelten Bauhöhe einer Groundplane.

Die exakte Anpassung von Koaxialkabel an den Eingangswiderstand einer Groundplane ist über eine Viertelwellenanpaßleitung nach Ab-

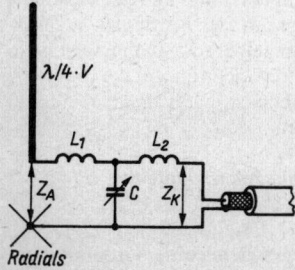

Radials

Bild 19.14
Anpassung der Groundplane über ein Transformationsglied nach Seefried

schnitt 6.6.1. möglich. Die Herstellung einer koaxialen Stichleitung ergibt jedoch mechanische Probleme, sofern man nicht über ein passendes T-Stück für Koaxialkabel verfügt. Wer sich die elektrisch einwandfreie und feuchtigkeitssichere Anzapfung eines Koaxialkabels nicht zutraut, sollte mit konzentrierten Schaltelementen anpassen.

Sehr empfehlenswert ist eine von *W. Seefried* entwickelte Transformationsschaltung, die Bild 19.14 zeigt. Es handelt sich um ein T-Glied, das bei gleichen elektrischen Eigenschaften als Ersatz für ein λ/4-Transformationsstück genutzt wird. Die Spulen L_1 und L_2 haben die gleiche Induktivität. Räumlich sind sie so anzuordnen, daß sie nicht aufeinander koppeln können. Es empfiehlt sich, die Spulen freitragend aus starkem Draht auszuführen, um durch Dehnen oder Zusammendrücken die Induktivität in bestimmten Grenzen variieren zu können. Als Kondensator C verwendet man zweckmäßig einen Drehkondensator mit Luftdielektrikum, damit die Anpassungsanordnung so verlustarm wie möglich gestaltet wird.

Die Berechnung ist einfach. Es besteht die Forderung, die Kabelimpedanz Z_K reflexionsfrei an den Antenneneingangswiderstand Z_A anzupassen. Die Impedanz des Transformationsgliedes Z_{tr} errechnet man nach der bekannten Gl. (5.30.).

$$Z_{tr} = \sqrt{Z_K \cdot Z_A}.$$

Ferner gelten folgende Beziehungen:

$$Z_{tr} = \omega L_1 = \omega L_2 = \frac{1}{\omega C};$$

$$\omega = 2\pi f = 6,28 \cdot f.$$

Beispiel
Der Eingangswiderstand der Antenne wird mit 32 Ω angenommen. Zum Speisen steht Koaxialkabel mit einem Wellenwiderstand von 60 Ω zur Verfügung.

$$Z_{tr} = \sqrt{32\,\Omega \cdot 60\,\Omega} = 43,8\,\Omega = \omega L_1 = \omega L_2.$$

Für eine Betriebsfrequenz von 14,15 MHz ergibt sich

$$L_1 = L_2 = \frac{Z_{tr}}{\omega} = \frac{43,8}{2 \cdot 14,15 \cdot 10^6\,\text{Hz}}$$

$$= 0,493\,\mu\text{H}.$$

Die Größe des Kondensators C errechnet sich zu

$$C = \frac{1}{\omega Z_{tr}} = \frac{1}{2\pi \cdot 14,15 \cdot 10^6\,\text{Hz} \cdot 43,8\,\Omega}$$

$$= 257\,\text{pF}$$

(siehe auch Bild 6.20 und Bild 6.21).

Gewählt wird ein Drehkondensator von 300 pF, um Faktoren ausgleichen zu können, die durch die Rechnung nicht zu erfassen sind.

Spulen und Kondensator müssen in einem wetterfesten Gehäuse untergebracht werden. Bewährt hat sich dafür eine große rechteckige Feuchtraumdose (siehe Bild 19.15.). Den genauen Abgleich ermöglicht am sichersten ein Reflektometer. Ist es nicht vorhanden, kann man auch mit einem abgesetzten Feldstärkeanzeigegerät auf maximale Abstrahlung abgleichen.

Zur Anpassung über frequenzabhängige Glieder muß erwähnt werden, daß diese den Frequenzbereich einer Antenne einengen. Man muß deshalb immer abwägen, ob eine etwas verringerte Bandbreite zugunsten exakter Anpassung gewählt wird (z. B. beim ausschließlichen Telegrafiebetrieb) oder ob man lieber eine Welligkeit von knapp 2 bei direkter Ankopplung in Kauf nehmen will, um einen größeren Frequenzbereich zu erhalten. In der Amateurpraxis wird häufig das direkte Speisen der Groundplane über ein 50-Ω-Koaxialkabel gewählt. Es muß dann mit einer Welligkeit von etwa 1,5 gerechnet werden, die man als durchaus annehmbar bezeichnen kann.

Eine sehr einfache, aber auch etwas kostspielige Methode der direkten Anpassung einer Groundplane besteht darin, die Speiseleitung aus 2 parallelgeschalteten 75-Ω-Koaxialkabeln herzustellen. Der resultierende Wellenwiderstand dieser Parallelschaltung beträgt dann etwa 38 Ω, womit man dem Eingangswiderstand der Groundplane sehr nahekommt. Allerdings dürfte sich diese Art der direkten Speisung aus Kostengründen auf Fälle beschränken, in denen die Entfernung vom Antennenspeisepunkt bis zum Sender gering ist.

Um bei einem koaxialen Viertelwellentransformator mit handelsüblichen Kabelsorten auszukommen, muß das λ/4-Stück aus einem 50-Ω-Koaxialkabel und die Speiseleitung aus 75-Ω-Koaxialkabel bestehen (siehe Abschnitt 6.5.). Aus Gl. (6.6.) ergibt sich dabei Anpassung, wenn der Eingangswiderstand der Groundplane 33,3 Ω beträgt. Der 50-Ω-Transformator würde außerdem bei einem 70-Ω-Speisekabel Anpassung an einen Antenneneingangswiderstand von 35,7 Ω und mit einem 60-Ω-Speisekabel Anpassung an einen Eingangswiderstand von 41,7 Ω herstellen. In allen angegebenen Fällen kann mit ausreichend genauer Anpassung gerechnet werden, sofern sich die Antenne in Resonanz befindet.

19.4.1.1. Die geerdete Groundplane

Beim amateurmäßigen Antennenbau wird das vorschriftsmäßige Erden der Antenne und des Antennenträgers oft wenig beachtet. Eine Lösung dieses teilweise schwierigen Problems wurde von *DM 2 AXO* in technisch einwandfreier Form für die Groundplane vorgeschlagen.

Beim Viertelwellenstrahler befindet sich am Antenneneingang ein Spannungsminimum (siehe Bild 19.6). Deshalb kann man den Strahler direkt dort erden. Die Erdung im Spannungsknoten hat kaum Einfluß auf die Strahlungseigenschaften. Das beweisen die UKW- und Fernsehantennen in Ganzmetallausführung, die ebenfalls im Spannungsminimum mit dem geerdeten Antennenträger metallisch verbunden sind.

Um eine am Antenneneingang geerdete Groundplane an ein koaxiales Speisekabel anpassen zu können, sucht man – analog zur Gamma-Anpassung im Bild 6.4 – den Punkt auf dem Viertelwellenstab, dessen Impedanz dem Wellenwiderstand des Speisekabels entspricht. Nach Bild 19.16 wird der Innenleiter des Koaxialkabels über eine Schelle mit einem bestimmten Anschlußpunkt auf dem Vertikalteil verbunden. Den Kabelmantel erdet man am Antenneneingang.

Bild 19.15
Transformationsglied in Feuchtraumdose

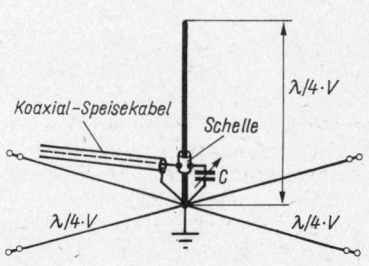

Bild 19.16
Die geerdete Groundplane-Antenne

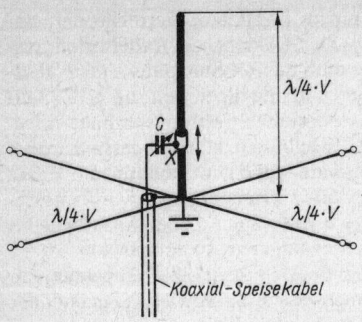

Bild 19.17
Abgeänderte Ausführung der geerdeten Groundplane

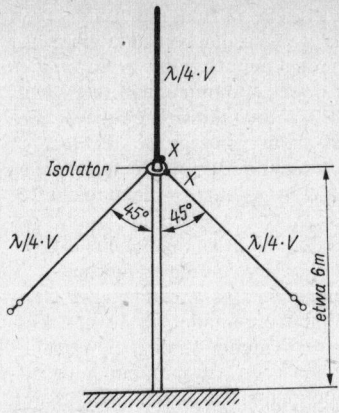

Bild 19.18
Die Triple-Leg-Antenne

Der Anschlußpunkt für den Kabelinnenleiter kann rechnerisch kaum exakt ermittelt werden, da seine Lage stark von den Einflüssen der Antennenumgebung abhängig ist. Diese Abgreifschelle muß deshalb in weiten Grenzen verschiebbar sein. Durch Versuch kann die Einstellung gefunden werden, bei der die Welligkeit der Speiseleitung am geringsten ist (Reflektometer). Mit Hilfe des Drehkondensators C wird dann fein abgeglichen. Vertikalstrahler, Radials und Koaxialkabel sind dauernd geerdet, die Antenne bietet deshalb ein Maximum an Blitzsicherheit, und die unangenehmen statischen Aufladungen der Antennenanlage entfallen.

Eine Variante der geerdeten Groundplane zeigt Bild 19.17. In diesem Fall liegt der Drehkondensator in Reihe mit dem Kabelinnenleiter. Mit ihm kann die durch die Gamma-Anpassung eingebrachte induktive Blindkomponente kapazitiv kompensiert werden. Rundfunkdrehkondensatoren mit 300 oder 500 pF Endkapazität sind für beide Anwendungsfälle geeignet. Der Drehkondensator wird in einem wetterdichten Gehäuse untergebracht, das an der Abgreifschelle befestigt ist.

19.4.1.2. Die Triple-Leg-Antenne

Untersuchungen von *HB 90 P* ergaben, daß sich mit der Groundplane bestimmte Richtwirkungen in der Horizontalebene erzielen lassen, wenn die Zahl der Radials auf 3 vermindert wird. Bei der *Triple-Leg-Antenne* werden 3 Radials – um je 120° voneinander versetzt und mit einem Winkel von 45° nach unten geneigt – verwendet (Bild 19.18). Diese Antenne strahlt horizontal bevorzugt in die Richtungen der Winkelhalbierenden der Radials mit einem vertikalen Maximum bei 6 ... 7°. Der Strahler hat ein annähernd kleeblattförmiges Horizontaldiagramm (Bild 19.19). Der sehr günstige Erhebungswinkel von 7° ist nur

dann zu erreichen, wenn sich der Antenneneingang in optimaler Höhe über dem Erdboden befindet. Diese günstigste Aufbauhöhe wurde von *HB 90 P* mit 6 m ermittelt, wobei die am Aufbauort vorhandenen Bodenverhältnisse eine Rolle spielen. Diese Höhenangabe sollte deshalb nur als Richtwert betrachtet werden.

Die Anzahl der Radials beeinflußt beim angegebenen Neigungswinkel von 45° den Eingangswiderstand des Strahlers. Dieser wurde bei der Triple-Leg-Antenne mit 50 ... 53 Ω gemessen; somit läßt sich dieser Strahler über handelsübliches Koaxialkabel direkt speisen. Bei der Anordnung von 4 gleichmäßig verteilten Radials würde der Eingangswiderstand auf etwa 44 Ω absinken.

Die Triple-Leg von *HB 90 P* hat sich an verschiedenen Standorten gut bewährt.

19.4.1.3. Die Mehrleiter-Groundplane

Eine Möglichkeit, den Eingangswiderstand und den Frequenzbereich einer Groundplane zu er-

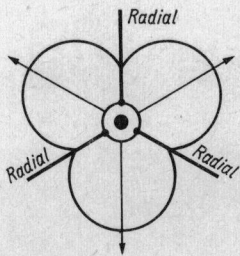

Bild 19.19
Horizontaldiagramm der Triple-Leg-Antenne

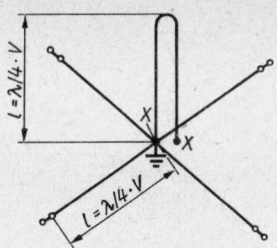

Bild 19.20
Die 2-Leiter-Groundplane

höhen, besteht darin, Mehrleitersysteme nach Art von Faltdipolen zu bauen. Im einfachsten Fall besteht eine Mehrleiter-Groundplane aus einem halben Faltdipol nach Bild 19.20. Haben beide Leiterschenkel gleiche Durchmesser, so kann am Antenneneingang XX mit einem Widerstand von etwa $145\,\Omega$ gerechnet werden. Das dem Eingang gegenüberliegende Schenkelende bildet den zentralen Verbindungspunkt für die Radials und darf an diesem Punkt auch geerdet werden.

Eine solche Zweileiter-Groundplane wäre für das direkte Speisen über eine abgeschirmte Zweidrahtleitung mit $120\,\Omega$ Wellenwiderstand anpassungsmäßig geeignet.

Regelwidrig ist hier jedoch, daß die unsymmetrische Antenne über ein symmetrisches Kabel gespeist wird; deshalb sollte man die Ausführung nach Bild 19.22 bevorzugen.

Dieser halbe Faltdipol verhält sich bezüglich der Widerstandstransformation nicht anders als ein üblicher Faltdipol mit einer Länge von $\lambda/2$ (siehe Abschnitt 4.1.). Das bedeutet, daß der Eingangswiderstand einer 1-Leiter-Groundplane von etwa $30\,\Omega$ im Verhältnis 1 : 4 bei der 2-Leiter-Groundplane auf $120\,\Omega$ übersetzt wird. Deshalb kann auch bei einer 3-Leiter-Groundplane nach Bild 19.21 mit einer Eingangsimpedanz bei XX von etwa $270\,\Omega$ gerechnet werden; denn sie entspricht einem Doppel-Faltdipol mit dem Transformationsverhältnis 1 : 9. Voraussetzung dafür ist, daß alle Schenkel gleiche Durchmesser

aufweisen und gleiche Abstände vom Mittelleiter haben. Für die Funktion der Antenne hat es keine Bedeutung, welcher der 3 Leiter zum Speisen aufgetrennt wird.

Es dürfte wenig bekannt sein, daß mit einem Faltdipol auch kleinere Widerstands-Übersetzungsverhältnisse als 1 : 4 hergestellt werden können. Dieser Fall tritt dann ein, wenn der Durchmesser d_2 des nicht unterbrochenen Leiterzweiges kleiner ist als der des zum Speisen aufgetrennten Leiters d_1. Das trifft auch bei der 2-Leiter-Groundplane zu (Bild 19.22). Sie ist gut dazu geeignet, den Eingangswiderstand der Groundplane auf beliebige Werte zwischen 60 und $120\,\Omega$ zu transformieren, so daß exakte Anpassung an ein koaxiales Speisekabel besteht. Das Übersetzungsverhältnis am Antenneneingang XX ist vom Durchmesserverhältnis d_2/d_1 und vom Abstand/Durchmesser-Verhältnis D/d_2 abhängig. Das Diagramm nach Bild 19.23 ist gleichermaßen für Halbwellenfaltdipole und für die 2-Leiter-Groundplane nach Bild 19.22 gültig.

Beispiel
Es soll eine 2-Leiter-Groundplane mit einer Eingangsimpedanz von $60\,\Omega$ konstruiert werden. Der Eingangswiderstand der üblichen 1-Leiter-Groundplane wird mit etwa $30\,\Omega$ angenommen. Demnach muß bei der 2-Leiter-Ausführung der Eingangswiderstand um den Faktor 2 heraufgesetzt werden. Aus Bild 19.23 ist zu ersehen, daß bei einem Verhältnis D/d_2 von 7,5 und d_2/d_1 = 0,2 das gewünschte Übersetzungsverhältnis auftritt. Bei $D/d_2 = 3$ müßte $d_2/d_1 = 0,34$ betragen. Diese beiden Möglichkeiten sind im Bild 19.23 gestrichelt eingetragen; sie ließen sich beliebig erweitern und werden nur durch mechanische Durchführbarkeit begrenzt. Steht z. B. für

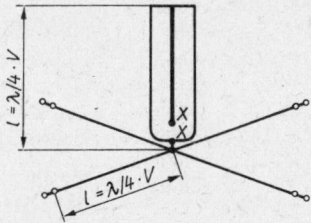

Bild 19.21
Die 3-Leiter-Groundplane

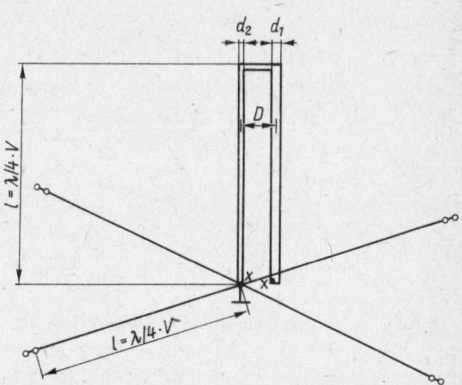

Bild 19.22
Die 2-Leiter-Groundplane mit unterschiedlichen Schenkeldurchmessern

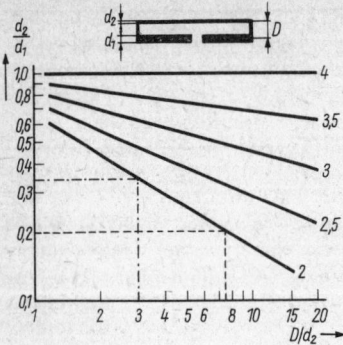

Bild 19.23
Das Widerstandsverhältnis am Eingang von Faltdipolen mit ungleich großen Elementdurchmessern, bezogen auf einen gestreckten Dipol in Abhängigkeit von den Durchmesserverhältnissen d_2/d_1 und D/d_2 (eingezeichnete Beispiele siehe Abschnitt 19.4.1.3.)

Tabelle 19.1.
Rechenwerte für die Länge von Viertelwellen-Groundplane-Antennen

Element- durchmesser	2 mm	6 mm	10 mm	20 mm	40 mm
	Länge l in m				
10-m-Band					
28,3 MHz	2,59	2,58	2,58	2,57	2,55
28,8 MHz	2,54	2,53	2,53	2,52	2,50
12-m-Band					
24,94 MHz	2,94	2,93	2,93	2,92	2,89
15-m-Band					
21,10 MHz	3,47	3,46	3,45	3,45	3,44
21,30 MHz	3,43	3,43	3,42	3,42	3,41
17-m-Band					
18,10 MHz	4,05	4,04	4,03	4,02	4,01
20-m-Band					
14,05 MHz	5,22	5,21	5,20	5,19	2,17
14,15 MHz	5,18	5,17	5,16	5,15	5,13
30-m-Band					
10,12 MHz	7,25	7,24	7,22	7,20	7,18
40-m-Band					
7,05 MHz	10,41	10,40	10,39	10,36	10,36

den dicken Leiter d_1 ein Metallrohr von 10 mm Durchmesser zur Verfügung, müßte der dünnere Leiter einen Durchmesser von $d_2 = 2$ mm haben ($d_2/d_1 = 0,2$) und der Abstand $D = 15$ mm ($D/d_2 = 7,5$) betragen. Das ergibt einen lichten Abstand der beiden Leiter von 9 mm und ist deshalb mechanisch durchführbar. Dagegen würde bei einem Verhältnis $D/d_2 = 3$ unter gleichen Bedingungen der lichte Abstand nur 3,5 mm betragen; das wäre mechanisch und elektrisch viel ungünstiger und ließe sich praktisch kaum einwandfrei verwirklichen.

19.4.1.4. Bemessungshinweise für einfache Groundplane-Antennen

Die mechanischen Strahlerlängen und die Resonanzlängen der Viertelwellenradials von einfachen Groundplane-Antennen sind aus Tabelle 19.1. zu ersehen. Dabei ist der durch den Schlankheitsgrad bei verschiedenem Elementdurchmesser bedingte Verkürzungsfaktor berücksichtigt. Je nach Breite des Amateurbandes sind die Resonanzlängen für verschiedene Frequenzen gegeben, so daß zwischen der Bemessung für den Telegrafiebereich und der für annähernde Bandmitte gewählt werden kann. Umgebungseinflüsse können die Resonanzlänge beeinflussen!

Auch die Radials müssen die Resonanzbedingungen exakt erfüllen. Man muß ihnen in dieser Hinsicht die gleiche Aufmerksamkeit schenken wie dem Vertikalteil der Groundplane. Die Angaben über die Länge der Radials sind immer mehr oder weniger theoretische Werte. Sie kön-

nen sich in einigen Fällen mit den praktisch erforderlichen Baulängen decken, vielfach müssen sie aber korrigiert werden. Meistens erweisen sich die angegebenen Abmessungen als etwas zu lang. Die Radials befinden sich oft in Erdnähe oder in unmittelbarer Nachbarschaft geerdeter Gebäudeteile. Deshalb werden sie mehr oder weniger stark kapazitiv beeinflußt, wodurch die Resonanz nach der niederfrequenten Seite hin verschoben wird. Darum muß man die Radials meist entsprechend verkürzen.

DL 6 DO stellte umfassende Angaben über die Methodik der nachträglichen Längenkorrektur einer Groundplane zur Verfügung. Man benötigt dazu ein Antennascope und ein Dip-Meter.

Abgleichvorgang
Sämtliche Radials vom zentralen Befestigungspunkt (Basis) trennen; 2 sich gegenüberliegende Viertelwellenradials durch Zwischenschalter des Antennascopes zu einem Halbwellendipol zusammenfassen. Da der Eingangswiderstand eines Halbwellendipols etwa 73 Ω beträgt, muß auch der Drehwiderstand des Antennascopes auf einen Wert von 73 Ω eingestellt werden. Speist man nun das Antennascope mit einem Dip-Meter, so wird man in den meisten Fällen feststellen, daß die Resonanzfrequenz mehr oder weniger weit außerhalb des vorgesehenen Frequenzbereiches liegt. Dann muß man die Länge der beiden untersuchten Radials entsprechend korrigieren. Danach werden die nächsten beiden Radials in gleicher Weise untersucht und korrigiert, ohne

daß die vorher abgeglichenen Viertelwellenstücke an die Basis angeklemmt werden. Erst wenn alle vorhandenen Radialpaare in der beschriebenen Art abgeglichen worden sind, wird die Verbindung zum zentralen Punkt wiederhergestellt. Damit ist der Grobabgleich der Radials durchgeführt.

Zum nun folgenden Feinabgleich wird jeweils ein Radial von der Basis abgeklemmt und über das Antennascope wieder mit dieser verbunden. Die übrigen Radials bleiben dabei am zentralen Verbindungspunkt. Mit dem Griddipper stellt man erneut die Resonanzlänge fest und verlängert oder verkürzt das Viertelwellenstück, bis die Betriebsfrequenz erreicht ist. Ebenso verfährt man nacheinander mit den übrigen Radials, wobei man die bereits abgeglichenen Elemente immer wieder mit der Basis verbinden muß. Bei jeder Messung sind demnach alle Radials mit der Basis verbunden, mit Ausnahme des zu messenden Viertelwellenstückes. Das exakte Minimum am Antennascope wird nun nicht mehr bei der Stellung $73\,\Omega$, sondern zwischen 30 und $60\,\Omega$ auftreten. Nach einwandfreiem Abgleich ist das gesamte System der Radials in Resonanz, und der vertikale Viertelwellenstrahler kann nun ebenfalls auf die Betriebswellenlänge abgestimmt werden. Auch in diesem Fall leistet die beschriebene Meßanordnung mit Antennascope und Dip-Meter gute Hilfe.

Der gesamte Abgleich erscheint etwas umständlich; dafür kann aber auch mit großer Sicherheit angenommen werden, daß eine in dieser Art abgestimmte Groundplane ihren Erbauer nicht enttäuschen wird.

19.4.1.5. Die verlängerte Groundplane

Wenn man den vertikalen Strahlerteil einer Groundplane über $\lambda/4$ hinaus verlängert, so erhöht sich auch ihr Eingangswiderstand. Man kann sich das so vorstellen, daß durch die Strahlerverlängerung der Antenneneingang aus dem Spannungsminimum in einen Bereich ansteigender Spannung gerückt wird. Steigende Spannung bei fallendem Strom ergibt einen höheren Widerstand.

Durch entsprechendes Verlängern des Strahlers kann der Wert gefunden werden, bei dem man das verwendete koaxiale Speisekabel genau mit seinem Wellenwiderstand an den Eingangswiderstand des Strahlers angepaßt hat. Jetzt ist die Antenne aber nicht mehr in Resonanz mit der vorgegebenen Betriebsfrequenz; sie wurde zu lang und hat deshalb eine induktive Blindkomponente. Um diese am Antenneneingang zu kompensieren, fügt man dort einen kapazitiven Blindwiderstand in Form eines Kondensators

ein, dessen kapazitiver Widerstand der induktiven Reaktanz des verlängerten Strahlers entspricht. Dadurch heben sich die Blindanteile gegenseitig auf, und der Eingangswiderstand wird reell.

Das Schema einer solchen verlängerten Groundplane zeigt Bild 19.24. Um Korrekturmöglichkeiten zu haben, ist die in Serie mit dem Kabelinnenleiter geschaltete Kapazität C als Drehkondensator ausgebildet. Es genügen einfache Ausführungen, da nur sehr geringe Spannungen auftreten. Dagegen ist auf gute Kontaktgabe des Rotoranschlusses zu achten, denn es fließen hohe Ströme!

Zweckmäßig wird der Drehkondensator in einem Kunststoffgehäuse untergebracht, das man wetterfest verklebt. Diese Abstimmbox schraubt man direkt am unteren Strahlerende fest, wobei der Befestigungsbolzen gleichzeitig als metallische Verbindung zwischen Strahlerende und Drehkondensator genutzt wird. Das Koaxialkabel wird in die Kunststoffdose eingeführt und sein Innenleiter dort mit dem freien Drehkondensatorende verlötet. Der Außenleiter des Koaxialkabels ist mit der Basis der Radials zu verbinden. Auf diese Weise erzielt man auch einen wasserdichten Abschluß des Speisekabels. Ein einmal «abgesoffenes» Koaxialkabel läßt sich nie wieder richtig trocknen und ist damit unbrauchbar.

Nach dem Abgleich kann man den Drehkondensator auch durch einen passenden Festkondensator ersetzen, dessen Wert genau der am Drehkondensator eingestellten Kapazität entspricht.

Die Radials werden – wie bei jeder «echten» Groundplane – waagrecht verspannt. Es ist üblich, dazu Drähte oder Litzen mit etwa 2 mm Durchmesser zu verwenden. Die Resonanzlängen werden normal bemessen und sind für Leiterdurchmesser von 2 mm aus Tabelle 19.2. zu ersehen.

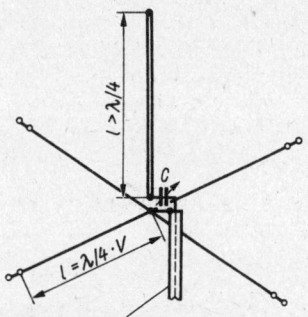

koaxiales Speisekabel, beliebig lang

Bild 19.24
Die verlängerte Groundplane

Tabelle 19.2. Bemessungsunterlagen für verlängerte Groundplane-Antennen nach Bild 19.24

Element-durchmesser	2 mm Länge l in m	6 mm	10 mm	20 mm	40 mm	Radials	C_{max} in pF
10-m-Band (28,10 MHz)							
$Z = 52\,\Omega$	2,97	2,94	2,92	2,89	2,84	2,60	100
$Z = 60\,\Omega$	3,11	3,08	3,05	3,02	2,97	2,60	100
$Z = 75\,\Omega$	3,29	3,25	3,23	3,19	3,14	2,60	100
12-m-Band (24,94 MHz)							
$Z = 52\,\Omega$	3,35	3,31	3,29	3,26	3,20	2,94	110
$Z = 60\,\Omega$	3,50	3,47	3,44	3,40	3,35	2,94	110
$Z = 75\,\Omega$	3,71	3,66	3,64	3,59	3,54	2,94	110
15-m-Band (21,10 MHz)							
$Z = 52\,\Omega$	3,96	3,95	3,91	3,87	3,83	3,47	130
$Z = 60\,\Omega$	4,14	4,13	4,09	4,05	4,01	3,47	130
$Z = 75\,\Omega$	4,40	4,39	4,34	4,30	4,25	3,47	130
17-m-Band (18,10 MHz)							
$Z = 52\,\Omega$	4,62	4,60	4,56	4,51	4,46	4,04	140
$Z = 60\,\Omega$	4,82	4,81	4,77	4,72	4,67	4,04	140
$Z = 75\,\Omega$	5,13	5,12	5,06	5,01	4,95	4,04	140
20-m-Band (14,10 MHz)							
$Z = 52\,\Omega$	5,93	5,91	5,90	5,88	5,76	5,20	150
$Z = 60\,\Omega$	6,20	6,19	6,18	6,15	6,02	5,20	150
$Z = 75\,\Omega$	6,58	6,56	6,55	6,53	6,40	5,20	150
30-m-Band (10,12 MHz)							
$Z = 52\,\Omega$	8,26	8,23	8,22	8,19	8,03	7,25	200
$Z = 60\,\Omega$	8,64	8,62	8,61	8,57	8,39	7,25	200
$Z = 75\,\Omega$	9,17	9,14	9,12	9,10	8,92	7,25	200
40-m-Band (7,05 MHz)							
$Z = 52\,\Omega$	11,86	11,85	11,83	11,77	11,64	10,41	250
$Z = 60\,\Omega$	12,40	12,39	12,36	12,30	12,17	10,41	250
$Z = 75\,\Omega$	13,11	13,10	13,07	13,00	12,86	10,41	250

Z = Wellenwiderstand des koaxialen Speisekabels

Die verlängerte Groundplane läßt sich sehr leicht auf maximale Abstrahlung abstimmen. Es wird dabei lediglich mit dem Drehkondensator die geringste Welligkeit des Speisekabels eingestellt, wobei ein in die Speiseleitung eingeschleiftes Reflektometer als Anzeige arbeitet.

19.4.1.6. Geerdete Vertikalantennen mit Omega-Anpassung

Als sehr günstig erweist sich die Omega-Anpassung (siehe Abschnitt 6.4.) insbesondere bei Vertikalantennen für das 80- und 40-m-Amateurband. Mit ihr gelingt es, weitgehend beliebig lange, geerdete Vertikalantennen in Resonanz zu bringen und gleichzeitig an ein koaxiales Speisekabel anzupassen. Zur praktischen Ausführung einer solchen Antenne wurden von *DL 1 BU* in [7] umfassende Angaben gemacht. Der Hauptvorzug einer solchen Antenne besteht darin, daß sich ein vorhandener metallischer Rohr- oder Gittermast als «selbstschwingende» Vertikalantenne verwenden läßt, wobei sich am Mast noch andere Antennen befinden können (z.B. Drehrichtstrahler). Auch die vom Mast herabführenden Speiseleitungen und Steuerleitungen für Antennenrotoren stören die Funktion nicht!

In Bild 19.25a ist das Schema dargestellt. Die am Fußpunkt geerdete Metallstruktur kann von beliebiger Länge sein, für die DX-Arbeit sollte sie jedoch $0,63\lambda$ nicht überschreiten, da sich oberhalb 5λ/8 zunehmend Steilstrahlung ausbildet. Die Länge des dem Mast parallelen Gamma-Leiters ist nicht kritisch, denn die für die Resonanzabstimmung richtige Länge wird elektrisch durch entsprechendes Variieren des Abstimmdrehkondensators C_a eingestellt. Das koaxiale Speisekabel paßt man mit C_s an. Am Zusammenführungspunkt der beiden Kondensatoren bildet sich eine hohe HF-Spannung aus, deshalb sind dort gute Isolation, überschlagfeste Kondensatoren und Schutzmaßnahmen gegen Berührung notwendig.

Der einfachste Berührungsschutz besteht darin, daß man den Bereich großer Spannungen in eine Höhe von etwa 3 Meter verlegt, wie in Bild 19.25b dargestllt. Auch für die Hochspannungskondensatoren gibt es eine preiswerte Ausweichlösung. Nachdem die erforderlichen Kapazitätswerte bei verminderter Leistung mit einfachen Rundfunkdrehkondensatoren ausgemessen wurden, ersetzt man sie durch entsprechend längenbemessene offene Koaxialkabelstücke. Bekanntlich haben Koaxialkabel eine bestimmte Kapazität, die in den Datenblättern angegeben wird. Je nach Wellenwiderstand und Dielektrikum liegen diese Kapazitäten zwischen etwa 50 und 500 pF/m. Solche «Koaxialkabelkondensatoren» sind billiger und wetterfester als Senderdrehkondensatoren, und sie haben eine hohe Spannungsfestigkeit. Die erforderlichen Kapazitätswerte sind von Fall zu Fall verschieden. Als Anhaltspunkt für die Größenordnung sei erwähnt, daß im Beispiel von *DL 1 BU* (Bild 19.25b) für $C_s = 86$ pF erforderlich waren, C_a ergab sich mit etwa 150 pF. Die gleiche Anordnung konnte auch im 160-m-Band erregt werden mit $C_s = 210$ pF und $C_a = 640$ pF.

Die gesamte Mastlänge in Bild 19.25b beträgt 18,5 m. Auf dem Rohrmast befinden sich 2 Drehrichtstrahler, die eine nützliche kapazitive Endbelastung des Strahlers darstellen. Zusammen mit dieser Dachkapazität kommt man mit dieser Anordnung bereits in die Nähe der Viertelwellenresonanz für 3,5 MHz. Als Leiter der Omega-Anpassung verwendet *DL 1 BU 2* einander parallelgeschaltete, je 7,5 m lange, dicke Aluminiumseile, die über 2 Metalltraversen dem Mast parallelgeführt werden. Die obere Traverse bildet die metallische Verbindung zwischen Mast und Omega-Leitung, die untere Traverse trägt Isolatoren, an denen die Leitungen isoliert befestigt sind (siehe Detailzeichnung Bild 19.25c). Weitere mechanische Einzelheiten sind in [7] enthalten. Die Ausführung als 2drähtige Omega-Anpassung wurde hauptsächlich wegen der geringen Verluste gewählt; sie ist nicht bindend und kann durch ein Einleitersystem ersetzt werden. Ein ausreichend bemessenes Erdnetz ist auch bei solchen geerdeten Vertikalstrahlern Voraussetzung für guten Wirkungsgrad. Wegen fehlender Steilstrahlung sind die Ergebnisse im Bereich der Bodenwelle gut, über mittlere Entfernungen dürftig, jedoch ausgezeichnet für DX.

19.4.1.7. Die gefaltete 3/8-λ-Vertikalantenne

Diese Form einer Groundplane-Antenne wurde von *W 8 JK* vorgeschlagen und ist in Bild 19.26a skizziert. Ihre Entstehung wird vom weitgehend ungebräuchlichen 3/4-λ-Faltdipol abgeleitet (Bild 19.26b). Bei ihm sind beide Leiterhälften in der geometrischen Mitte unterbrochen, und der Eingangswiderstand beträgt 450 Ω. Läßt man

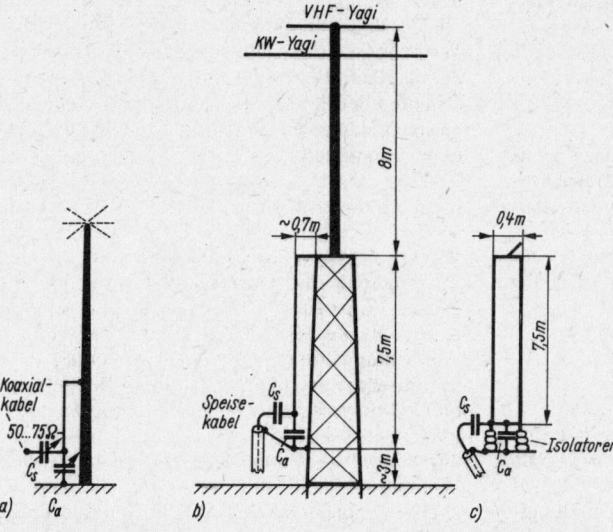

Bild 19.25
Die Erregung eines Metallmastes über eine Omega-Anpassung;
a – schematische Darstellung,
b – Ausführungsbeispiel nach *DL 1 BU*,
c – Detailzeichnung der zweidrähtigen Omega-Anpassung

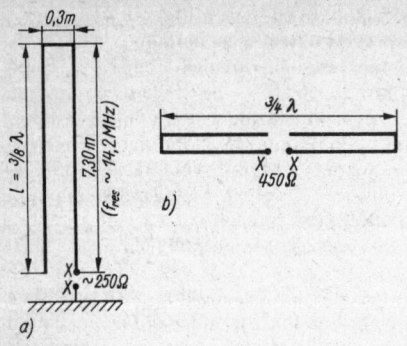

Bild 19.26
Der gefaltete 3/8-λ-Faltdipol; a – Aufbauschema mit
Bemessung für das 14-MHz-Band, b – Ableitung vom
3/4-λ-Faltdipol

winkel des Strahlungsmaximums, der von keiner anderen Vertikalantenne mit horizontaler Rundcharakteristik im Längenbereich zwischen $\lambda/4$ und λ erreicht wird. Der mit etwa 60° steilstrahlende Nebenzipfel im Vertikaldiagramm sorgt für eine noch befriedigende Leistung im Bereich mittlerer Entfernungen. Trotz seiner hervorragenden Eigenschaften ist dieser Strahler im Kurzwellenbereich nicht sehr verbreitet, wahrscheinlich bedingt durch die relativ große Strahlerhöhe, die sich meistens nur für die hochfrequenten Kurzwellenamateurbänder verwirklichen läßt. Um so größere Bedeutung hat der 5/8-λ-Strahler im VHF-Bereich.

Verglichen mit einer Viertelwellen-Groundplane-Antenne erreicht der 5/8-λ-Strahler einen Gewinn von durchschnittlich 3 dB. Die mechanische Strahlerlänge liegt zwischen $0,625\,\lambda$ (Strahlungswiderstand $R_r \approx 54\,\Omega$) und $0,64\,\lambda$ ($R_r \approx 49\,\Omega$). $5\lambda/8$ ist keine resonante Länge; um einen reellen Eingangswiderstand zu erhalten – was gleichbedeutend mit Resonanz ist –, muß man den Strahler elektrisch bis zur 6/8-λ-Resonanz ($3\lambda/4$) verlängern. Es stellt sich dann ein reeller Eingangswiderstand von rund $60\,\Omega$ ein.

Bild 19.27 zeigt einige Möglichkeiten, wie die Resonanzanpassung an ein Koaxialkabel hergestellt werden kann. In der elektrischen Wirkungsweise wird der mechanisch $5\lambda/8$ lange Strahler von diesen unterschiedlichen Anpassungsarten nicht beeinflußt. In Bild 19.27a ist die vor allem im VHF-Bereich übliche Bauweise dargestellt, bei der sich die Verlängerungsspule im Leiterzug befindet. Elektrisch identisch, nur mechanisch abgewandelt ist die Ausführung nach Bild 19.27b, die im Kurzwellenbereich bevorzugt wird. Die Spule kann auch durch eine Haarnadelschleife ersetzt werden, die als Induktivität wirkt (siehe Bild 5.29); diese Bauweise ist in Bild 19.27c skizziert. Praktischer, aber von gleicher Wirkung ist ein geschlossener Koaxialkabelstub, der nach Bild 19.27d die Aufgabe der Haarnadelschleife übernimmt. Mechanisch etwas schwieriger herzustellen ist die Resonanzanpassung über eine unsymmetrische Strichleitung nach Bild 19.27e, die man jedoch im Kurzwellenbereich häufiger findet. Die bekannte Gamma-Anpassung (siehe Abschnitt 6.3.) ist für diese Anwendung in Bild 19.27f dargestellt, sie könnte auch zur einfacheren Resonanzabstimmung in eine Omega-Anpassung (siehe Abschnitt 6.4.) umgewandelt werden. Bei Gamma- und Omega-Anpassung ist der Strahler direkt geerdet. Eine selten verwendete Ausführung zeigt Bild 19.27g; hier befindet sich am Antenneneingang ein Parallelresonanzkreis, der auf die Betriebsfrequenz abgestimmt ist. An der Kreisspule wird die dem Wellenwiderstand des Koaxialkabels entsprechende Impedanz abgegriffen. Über die Spule

eine Dipolhälfte weg und ersetzt diese durch die Erde oder besser ein Erdnetz, wird aus dem 3/4-λ-Faltdipol ein gefalteter 3/8-λ-Monopol. Dabei halbiert sich auch der Eingangswiderstand auf theoretisch $225\,\Omega$. Da aber der Eingang auch noch mit den vorhandenen Verlustwiderständen beaufschlagt ist (vorwiegend Erdverluste), kann man in der Praxis mit $250\,\Omega$ rechnen. Bezogen auf eine $\lambda/4$-Groundplane beträgt der Gewinn etwa 0,6 dB.

Der Eingangswiderstand ist reell, denn es besteht 3/4-λ-Resonanz, wobei man sich die «fehlende» 3/4-λ-Länge als spiegelbildlich in der Erde befindlich vorstellen muß. Der relativ große Strahlungswiderstand R_r mit etwa $200\,\Omega$ läßt einen guten Antennenwirkungsgrad erwarten (siehe Abschnitt 19.2.), da bei der vorliegenden Reihenschaltung von R_r mit den Verlustwiderständen R_l die Größe von R_r immer überwiegen wird. Anders ausgedrückt: Auch diese Antenne kommt keinesfalls ohne Gegengewicht aus, aber wenn der Erdübergangswiderstand relativ groß ist, fällt der Antennenwirkungsgrad bei weitem nicht so drastisch ab wie z. B. bei der Viertelwellen-Groundplane. Ein weiterer Vorzug des 3/8-λ-Strahlers besteht in seinem relativ großen Frequenzbereich. An ein beliebiges Koaxialkabel paßt man am besten über eine koaxiale Stichleitung nach Abschnitt 6.6.1. oder auch über ein Transformationsglied nach *Seefried* (Abschnitt 6.7.2.) an.

19.4.1.8. Die 5/8-λ-Vertikalantenne

Wie aus Bild 19.11d zu entnehmen ist, hat eine Vertikalantenne von $5\lambda/8$ Länge hervorragende Strahlungseigenschaften für die DX-Arbeit, gekennzeichnet durch einen kleinen Erhebungs-

Tabelle 19.3.
Richtwerte für die Induktivität der Verlängerungsspule von 5/8-λ-Strahlern in Abhängigkeit vom Schlankheitsgrad l/d

l/d	Induktivität in μH				
	10-m-Band	12-m-Band	15-m-Band	17-m-Band	20-m-Band
50	0,6	0,7	0,8	0,9	1,2
100	0,9	1,0	1,2	1,3	1,7
200	1,2	1,3	1,5	1,8	2,3
500	1,5	1,7	2,0	2,3	3,0
1000	1,7	1,9	2,3	2,6	3,4
2000	2,0	2,3	2,7	3,1	4,0
4000	2,3	2,6	3,0	3,5	4,5

besteht hier ebenfalls eine galvanische Verbindung des Strahlers mit der Erde.

Alle im Bild 19.27 aufgeführten Arten der Resonanzanpassung erfordern Korrekturen am fertigen Objekt, die darin bestehen, durch Verändern der Anpassungsglieder zu erreichen, daß die Welligkeit auf dem Speisekabel minimal wird. Es kann deshalb auf eine exakte Vorausberechnung verzichtet werden. Wenn man den kapazitiven Blindwiderstand durch eine Spule (induktiver Blindwiderstand) wie in Bild 19.27a und b kompensieren will, können die vom Schlankheitsgrad des Strahlers abhängigen Induktivitätsrichtwerte für die hochfrequenten Kurzwellenamateurbänder aus Tabelle 19.3 entnommen werden. Als Schlankheitsgrad l/d ist das Verhältnis mechanische Strahlerlänge l zum Durchmesser des Strahlers d zu verstehen, wobei gleiche Dimensionen zu verwenden sind (z. B. l in mm und d in mm).

Der geschlossene Stub in der Form einer Haarnadelschleife (Bild 19.27c) wird im Kurzwellen-

bereich kaum verwendet, weil der Koaxialkabelstub nach Bild 19.27d kürzer und flexibel ist. Seine elektrische Länge liegt bei etwa 0,2λ; da der Verkürzungsfaktor V des verwendeten Koaxialkabels berücksichtigt werden muß, kommt man mit mechanisch relativ kurzen Kabelschwänzen aus. Im praktischen Fall wird man mit einem etwas zu langen Kabelstück beginnen (z. B. elektrisch 0,23λ lang) und dieses nach und nach so lange kürzen, bis Welligkeitsminimum eintritt. Nach jedem Abschneiden müssen an der Schnittstelle Innen- und Außenleiter des Kabels wieder miteinander verbunden werden.

Die Bemessung der koaxialen Stichleitung in Bild 19.27e könnte nach Abschnitt 6.6. errechnet werden. Einfacher ist es, die erprobten Abmessungen für die 5 hochfrequenten Kurzwellenamateurbänder aus Tabelle 19.4 zu entnehmen. Die Tabellenangaben beziehen sich auf die in Bild 19.28 eingezeichneten Bemessungssymbole.

Die Antenne ist mit 2 ... 4 Viertelwellenradials versehen, die auch etwas nach unten geneigt angebracht werden dürfen. Da an der fertiggestellten Stichleitung mechanische Veränderungen

Tabelle 19.4.
Die Abmessungen einer 5/8-λ-Vertikalantenne mit koaxialer Stichleitung nach Bild 19.28

Band in m	Abmessungen in m			
	l	R	A	B
10	6,48	2,52	1,32	0,32
12	7,17	2,84	1,51	0,36
15	8,46	3,35	1,78	0,43
17	9,85	3,93	2,06	0,50
20	12,65	5,05	2,64	0,64

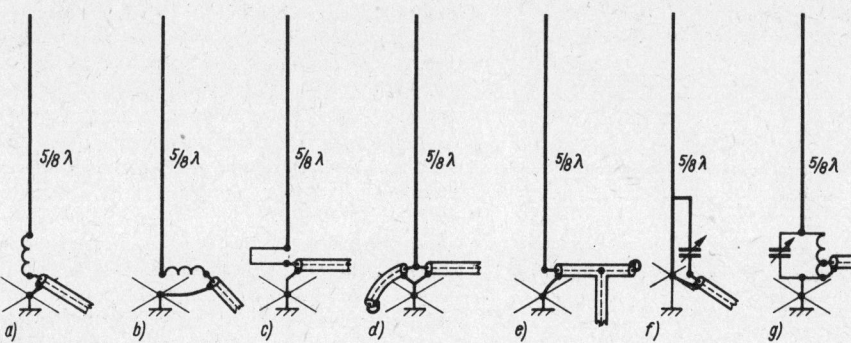

a) b) c) d) e) f) g)

Bild 19.27
Methoden der Resonanzabstimmung und gleichzeitiger Anpassung an ein koaxiales Speisekabel für mechanisch 5λ/8 lange Vertikalantennen über einem Gegengewicht (Groundplane); a – Anpassung über einen induktiven Blindwiderstand im Leiterverzug (Verlängerungsspule), b – seitlich angeordnete Verlängerungsspule, c – Induktivität in Form einer Haarnadelschleife (geschlossener Stub), d – Koaxialkabelstück als geschlossener Stub, e – Anpassung über eine koaxiale Stichleitung, f – Strahler mit Gamma-Anpassung, g – Parallelschwingkreis als Resonanz- und Anpassungsglied

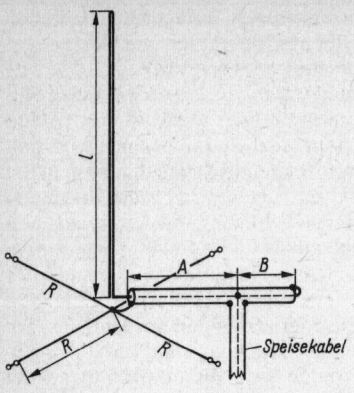

Bild 19.28
Bemessungsschema für eine 5/8-λ-Vertikalstrahler mit koaxialer Stichleitung (siehe Tabelle 19.4.)

zwecks Abgleich kaum noch vorgenommen werden können, muß man das Welligkeitsminimum durch leichtes Verlängern oder Verkürzen der Vertikalantenne herbeiführen. Die in Tabelle 19.4. angegebenen mechanischen Längen für die Stichleitung beziehen sich auf ein 50-Ω-Koaxialkabel mit einem Verkürzungsfaktor $V = 0,66$. Stichleitung und beliebig lange Speiseleitung können aus dem gleichen Koaxialkabeltyp bestehen.

19.4.1.9. Die verkürzte Groundplane

Oft wird es nicht möglich sein, die volle Länge eines vertikalen Viertelwellenstrahlers aufzubauen. Das ist z.B. meist der Fall, wenn eine Groundplane für den 40-m- oder 80-m-Betrieb errichtet werden soll. Fast ausschließlich trifft diese Feststellung für Mobilantennen (Fahrzeug-

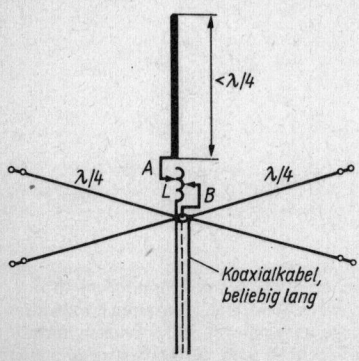

Bild 19.29
Die verkürzte Groundplane

antennen) zu. Man ist dann gezwungen, den Vertikalstab kürzer als λ/4 zu bemessen.

Eine auf diese Weise verkürzte Antenne befindet sich nicht mehr in Resonanz mit der Betriebsfrequenz, ihr Eingangswiderstand wird mit einer kapazitiven Blindkomponente beaufschlagt. Um die Blindanteile des Eingangswiderstandes zu beseitigen, muß der kapazitive Blindwiderstand durch eine Induktanz (induktiver Blindwiderstand) kompensiert werden. Wird dadurch der Eingangswiderstand reell, ist auch die Resonanzbedingung wieder erfüllt.

Den zuzuschaltenden induktiven Widerstand bildet im allgemeinen eine Spule, die man auch als Verlängerungsspule bezeichnet. Damit wird zum Ausdruck gebracht, daß die Spule als elektrische Verlängerung des Strahlers wirkt. Das Schema der verkürzten Groundplane mit Verlängerungsspule zeigt Bild 19.29. Eine Verlängerungsspule verschlechtert die Antenneneigenschaften; wäre das nicht der Fall, würde man nur noch extrem kleine Spulenantennen herstellen. Da die Spule selbst nicht oder nur geringfügig strahlt, aber andererseits den Einsatz für die fehlende Strahlerlänge darstellt, wird der Wirkungsgrad der Antenne entsprechend vermindert. Die durch die Leitungsverluste verursachten Spulenverluste kommen hinzu, und bei sehr stark verkürzten Antennen (z.B. Mobilantennen) sind deshalb Wirkungsgrade <10% keine Seltenheit. Um die Verluste so gering wie möglich zu halten, soll die Verlängerungsspule von hoher Güte Q sein. Sie bildet dann ein frequenzabhängiges, sehr resonanzscharfes Glied, das den Frequenzbereich verringert. Verkürzte Antennen sind deshalb immer mehr oder weniger schmalbandige Kompromißlösungen mit vermindertem Wirkungsgrad. Gelingt es jedoch, die Erdverluste und die Spulenverluste extrem gering zu halten, so können auch stark verkürzte Groundplane-Antennen sehr gute DX-Ergebnisse liefern, die denen einer Groundplane voller Länge kaum nachstehen. Der Gewinnunterschied zwischen einer 0,25-λ-Groundplane und einer verkürzten 0,1-λ-Groundplane beträgt weniger als 0,25 dB. Leider sind die Erdverluste stark standortabhängig, und man muß zu ihrer Verminderung mit sehr umfangreichen Erdnetzen arbeiten. Näheres zur Lage und Berechnung der Verlängerungsspulen enthält Abschnitt 28.2.

Die schwierigste Aufgabe beim Bau einer verkürzten Groundplane stellt das Herstellen der hochwertigen Verlängerungsspule dar. Sind die mechanischen Schwierigkeiten des 2fachen Spulenabgriffs gelöst, so ist der weitere Abgleich relativ einfach. Durch ein an die Spule L gekoppeltes Dip-Meter wird die Resonanzfrequenz des Strahlers festgestellt, indem man den Abgriff A verändert und die Einstellung sucht, bei der die

Resonanzfrequenz der gewünschten Betriebsfrequenz entspricht. Nun wird an den Abgriff B der Innenleiter des Speisekabels angeschlossen und das System vom Betriebssender erregt. Zur Anzeige der Welligkeit ist in das Koaxialkabel ein Reflektometer eingeschleift. Durch Verändern des Abgriffs B wird nun auf der Verlängerungsspule der Impedanzwert gesucht, der dem Wellenwiderstand des Speisekabels entspricht. Es ist der Punkt, bei dem das Reflektometer die geringste Welligkeit anzeigt.

Ausführliche Angaben über verkürzte Viertelwellenstrahler mit Berechnungen und Bemessungsbeispielen sind in Abschnitt 28.2. enthalten.

19.4.1.10. Die kapazitiv belastete Groundplane

Die Bauhöhe eines vertikalen Strahlers läßt sich auch verringern, indem man das freie Ende mit einer sogenannten Dachkapazität belastet. Sie kann aus einzelnen Drähten oder aus flächigen Metallstrukturen bestehen. Bild 19.30 zeigt eine kleine Auswahl von Vertikalantennen mit Dachkapazität.

Die kapazitive Belastung im Spannungsmaximum bildet eine zusätzliche Kapazität gegen Erde. Wie bei einem Schwingkreis, dessen Resonanzfrequenz durch das Hinzufügen einer Zusatzkapazität niedriger wird, verkleinert sich auch bei einer Antenne durch das Anfügen einer Endkapazität die Resonanzfrequenz. Das bedeutet, daß sich ein zu kurz bemessener Strahler durch eine Dachkapazität zur Resonanz bringen läßt. Solange die Größe der Endkapazität in bestimmten Grenzen bleibt, kann eine kapazitiv belastete

Antenne keineswegs als Kompromißlösung betrachtet werden. Solche Antennen haben sogar grundsätzlich einen größeren Strahlungswiderstand als unbelastete Vertikalantennen und damit auch einen besseren Wirkungsgrad. Bei großen Dachkapazitäten wird allerdings unter Umständen die Richtcharakteristik der Antenne etwas verformt, und die mechanische Ausführung der Endkapazität ist meist mit Schwierigkeiten verbunden. Endbelastete Antennen werden vorwiegend als Vertikalantennen für den 40-m-, 80-m- und 160-m-Betrieb (sofern die statische Endbelastung nicht zu groß wird) ausgeführt. Die kapazitive Endbelastung läßt sich nicht nur bei Viertelwellenvertikalantennen, sondern auch bei allen anderen abgestimmten Antennentypen mit freiem Strahlerende anwenden.

Eine kapazitive Endlast ist in der Praxis z. B. als kreisrunde Metallscheibe ausgeführt. Diese relativ schwere Fläche mit großem Windwiderstand kann man ohne Nachteil durch eine speichenradähnliche Ausführung ersetzen (Bild 19.31). Es sollten 4 ... 8 Metallspeichen vorgesehen werden, die durch einen Metalldraht miteinander verbunden sind. Bei gleicher Wirkung erhält man auf diese Weise eine leichte und windschlüpfige Dachkapazität. Im VHF- und UHF-Bereich verwendet man manchmal auch kugel- und zylinderförmige Endkapazitäten. Abhängig von Form und Ausdehnung repräsentieren sie eine bestimmte Kapazität. Diese kann für Scheiben-, Kugel- und Zylinderform aus Bild 19.32 entnommen werden. Die Nutzanwendung des Diagramms sei an einem Beispiel [8] erläutert:

Es soll eine λ/4-Groundplane-Antenne für das 40-m-Band errichtet werden, deren Resonanz-

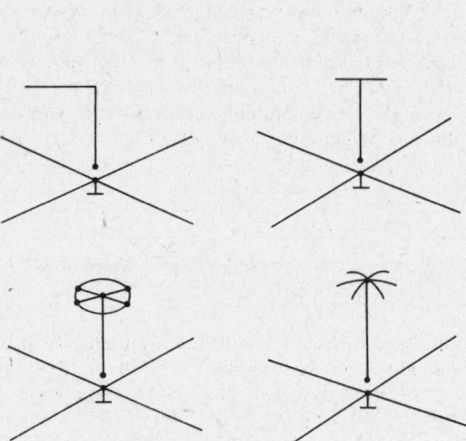

Bild 19.30
Gebräuchliche Bauform von Vertikalantenen mit Dachkapazität

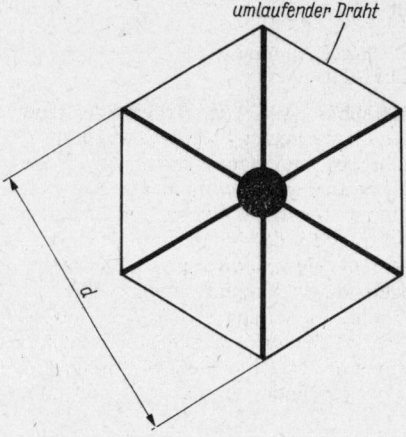

Bild 19.31
Ausführungsbeispiel für den Aufbau einer Dachkapazität in Skelettform (d entspricht dem Scheibendurchmesser in Bild 19.32)

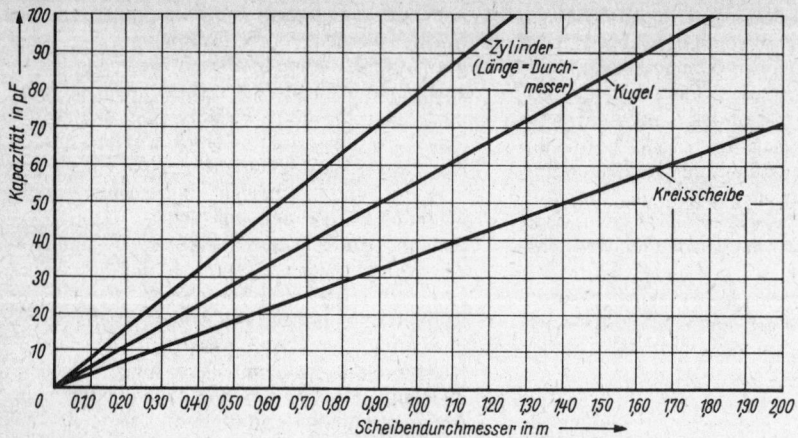

Bild 19.32
Die Kapazität von metallischen Kreisscheiben, Kugeln und Zylindern in Abhängigkeit von ihrem Durchmesser d

länge von etwa 10 m jedoch nicht zu erreichen ist. Wollte man den $\lambda/4$-Strahler auf eine mechanische Länge von $\lambda/6$ verkürzen, würden bei elektrischer Verlängerung nach Bild 19.29 der Strahlungswiderstand und der Wirkungsgrad abfallen. Einfacher und elektrisch günstiger ist es, wenn man die zur Viertelwellenresonanz fehlende Länge durch eine Dachkapazität ersetzt.

Die mechanische Länge der Antenne soll $\lambda/6$ betragen und entspricht somit 60° ($1\lambda \triangleq 360°$). Man errechnet l nach der Gleichung

$$l/_m = \frac{0,832 \cdot l/_{\text{Grad}}}{f/_{\text{MHz}}} \qquad (19.11.)$$

und erhält

$$l = \frac{0,832 \cdot 60°}{7,05\,\text{MHz}} = 7,08\,\text{m}.$$

Nun muß aus Gl. (19.7.) der Wellenwiderstand Z_A des Strahlers errechnet werden. Vorhanden ist ein Rohrmast mit einem Durchmesser d von 0,05 m. l/d beträgt in diesem Fall 7,08 m/0,05 m = 141,6. Eingesetzt in Gl. (19.7.) ergibt sich der Wellenwiderstand $Z_A = 60\,\Omega \quad \ln(11,5 \cdot 141,6)$ = 305,6 Ω. Aus Bild 5.30 wird nun das Verhältnis X_C/Z_A abgelesen, das den zur Resonanz fehlenden 30° entspricht; es beträgt 1,7. Der kapazitive Widerstand X_C der erforderlichen kapazitiven Endbelastung ergibt sich aus der Multiplikation des Wellenwiderstandes Z_A (305,6 Ω) mit dem Faktor 1,7.

$$X_C = 305,6\,\Omega \cdot 1,7 = 519\,\Omega.$$

Jetzt kann aus Bild 6.21 abgelesen werden, welche Kapazität in pF dem kapazitiven Wider-

stand X_C für das 40-m-Band entspricht; es ergibt sich eine Kapazität von rund 40 pF. Nun folgt die Nutzanwendung von Bild 19.32, es sagt aus, daß ein Scheibendurchmesser von 1,125 m der gewünschten Kapazität von 40 pF entspricht. Die Scheibe wird durch einen skelettartigen Aufbau mit 6 radialen Metallspeichen nach Bild 19.31 ersetzt.

Trotz verminderter mechanischer Länge sinkt bei einer solchen Ausführung der Strahlungswiderstand nicht ab; der Eingangswiderstand ist reell und beträgt wie bei einer Viertelwellen-Groundplane voller Länge 36,6 Ω zuzüglich der auftretenden Verlustwiderstände R_1.

Umfassendere Angaben und Meßergebnisse zu mechanisch verkürzten Strahlern mit Dachkapazität wurden u. a. von *Sevick* in [9] veröffentlicht. Dort sind auch mechanisch extrem stark verkürzte Vertikalantennen beschrieben, welche aus einem spulenartig gewendelten Leiter mit kapazitiver Endlast bestehen.

19.4.2. Vertikale Halbwellenstrahler und Dipolzeilen

Für den Betrieb in den DX-Bändern besteht manchmal die Möglichkeit, Vertikalantennen mit einer Höhe von $\lambda/2$ oder größer zu errichten. Dabei wird man wegen der mechanischen Schwierigkeiten in den meisten Fällen auf selbsttragende Strahler verzichten; denn sie müssen immer auf einem sehr guten Isolator am Fußpunkt gelagert werden (Spannungsmaximum!).

Bei solchen Konstruktionen müssen die Abspannungen alle seitlich wirkenden Kräfte aufnehmen. Ein geeigneter Holzmast als Antennenträger ist nicht nur viel billiger, sondern er bietet auch elektrische Vorteile. Bei dieser Holzbauweise kann der Antennenleiter notfalls auch aus einfachen Drähten bestehen. Der Holzmast ist besteigbar, er läßt sich bei Bedarf auch umlegen, sofern man ihn als Klappmast ausführt.

19.4.2.1. Der vertikale Halbwellendipol

Auch er zeichnet sich durch einen kleinen vertikalen Erhebungswinkel aus; dieser wird um so flacher, je höher die Antenne über dem Erdboden montiert werden kann. In der Horizontalebene besteht Rundcharakteristik. Den $\lambda/2$-Vertikaldipol stellt man im allgemeinen aus Leichtmetallrohr her, wobei das Schema nach Bild 19.33 gewählt werden kann. Ist ein genügend hoher Holzmast als Träger vorhanden, lassen sich auch Drähte beliebigen Durchmessers als Antennenleiter verwenden. Da es sich um einen Halbwellendipol handelt, kann die Antenne mit einem 60-Ω-Kabel impedanzrichtig gespeist werden. Das Speisekabel sollte man allerdings über eine möglichst große Strecke waagrecht vom Speisepunkt wegführen. Insbesondere beim Einsatz rohrförmiger Antennenleiter wird empfohlen, die untere Strahlerhälfte gegenüber der oberen etwas zu verkürzen, weil das untere Strahlerende wegen der Erdnähe eine größere Endkapazität hat. Eine wesentlich günstigere Lösung des vertikalen Halbwellendipols stellt die Koaxialantenne dar.

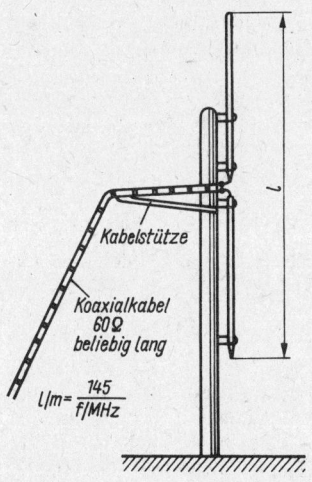

Bild 19.33
Der vertikale Halbwellendipol

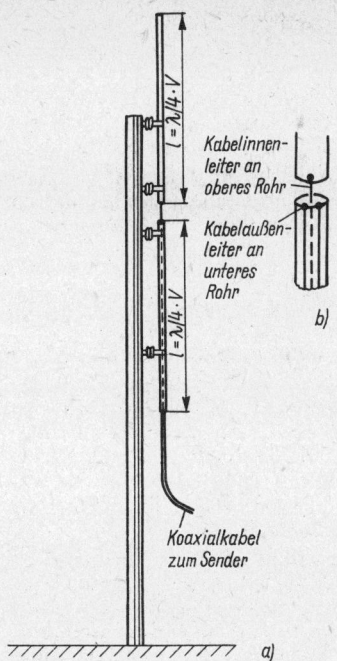

Bild 19.34
Die Koaxialantenne (Sleeve-Antenne);
a – Aufbauschema, b – Teilzeichnung Speisepunkt

Die Koaxialantenne (Sperrtopfantenne)
(A. B. Bailey – MS Pat. 2184729 – 1937)
Bild 19.34 zeigt einen üblichen, an einem Holzmast befestigten Halbwellendipol mit rohrförmigen Antennenleitern. Kennzeichnend für diese Antenne ist die sehr zweckmäßige Art der Speisung. Das koaxiale Speisekabel wird in diesem Fall in das untere Viertelwellenrohr eingeschoben und bis zum zentralen Speisepunkt geführt. Der PVC-Außenschutzmantel des Kabels verhindert, daß das Kabel innerhalb des Rohres metallischen Kontakt mit diesem bekommt. Erst am Speisepunkt wird der Kabelaußenleiter freigelegt und mit dem Antennenleiter kontaktsicher verbunden (siehe Bild 19.34b). Den Kabelinnenleiter schließt man am Speisepunkt des oberen Dipolrohres an.

Die untere Strahlerhälfte hat bei dieser Antenne eine Doppelfunktion: Sie ist strahlende Dipolhälfte und bildet gleichzeitig zusammen mit dem sie durchlaufenden Abschnitt des Koaxialkabels einen Viertelwellensperrtopf (siehe Abschnitt 7.1.). Durch diese Symmetrierung werden Mantelwellen auf dem Kabel unterbunden, und es ergibt sich für die meisten Anwendungsfälle eine verkürzte und vereinfachte Leitungsführung des Speisekabels. Man nennt diese Antenne auch Sleeve-Antenne (engl.: Sleeve = Ärmel).

19.4.2.2. Endgespeiste vertikale Halbwellenstrahler

In der Amateurtechnik speist man vertikale Halbwellenstrahler häufig an ihrem unteren Ende im Spannungsbauch. Da dort die Anschlußimpedanz immer hochohmig ist, muß entweder transformiert oder über eine abgestimmte Leitung gespeist werden.

Der Vertikal-Zepp
Der in Bild 19.35 dargestellte Vertikal-Zepp wird über eine abgestimmte Speiseleitung erregt. Betreibt man ihn mit Halbwellenresonanz und befindet sich der Antenneneingang unmittelbar über gut leitfähiger Erde, so kann mit einem vertikalen Strahlungsdiagramm nach Bild 19.11c gerechnet werden. Die Veränderungen der Strahlungscharakteristik, die bei verschiedenen Aufbauhöhen über idealer Erde beim vertikalen Halbwellenstrahler auftreten, verdeutlicht Bild 3.16. Bezogen auf eine $\lambda/4$-Groundplane ist mit einem Gewinn von etwa 1,6 dB zu rechnen.

Die Zeppelinspeisung einer Antenne wird kaum noch verwendet, weil moderne Amateursender immer mit einem unsymmetrischen Antennenanschluß für Koaxialkabelspeisung ausgerüstet sind. Man wird deshalb Speisungsmethoden suchen, welche die Erregung über ein Koaxialkabel ermöglichen. Dazu wird der sehr hochohmige Antenneneingang (Spannungsmaximum), der – abhängig vom Schlankheitsgrad des Strahlers – in der Größenordnung von $\geqq 1000\,\Omega$ liegt, auf den Wellenwiderstand des Koaxialkabels transformiert. Eine Lösung besteht darin, an den Antenneneingang einen Parallelresonanzkreis anzuschalten und die dem Wellenwider-

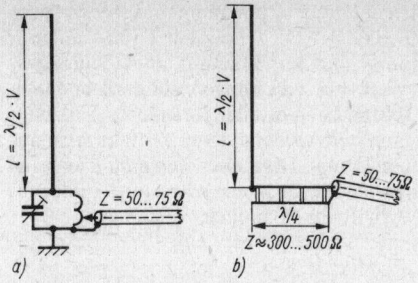

Bild 19.36
Die Erregung vertikaler Halbwellenstrahler über Koaxialkabel

stand des Koaxialkabels entsprechende Impedanz an der Spule abzugreifen (Bild 19.36a). Eine andere Lösung zeigt Bild 19.36b. Hier wird an den Antenneneingang ein Viertelwellentransformator (siehe Abschnitt 6.5.) angeschlossen, dessen Wellenwiderstand zwischen etwa 300 und 500 Ω liegen kann. Nach Gl. (6.6.) läßt sich errechnen, daß mit solchen Transformatoren Eingangswiderstände zwischen etwa 1000 und 5000 Ω auf Kabelimpedanzen von 50 ... 75 Ω herabtransformiert werden können. Leider ist der hochohmige Eingangswiderstand mit herkömmlichen Mitteln nicht meßbar, so daß man den anpassungsoptimalen Wellenwiderstand des $\lambda/4$-Transformators nur experimentell ermitteln kann. Im übrigen dürfte gute Anpassung in jedem Fall gegeben sein, wenn man den antennenseitigen Anfang der Viertelwellenleitung nicht erdet. Dann kann die Viertelwellenleitung als eine Verlängerung des $\lambda/2$-Strahlers auf $3\lambda/4$ betrachtet werden, woraus sich ebenfalls – unabhängig vom Wellenwiderstand der Viertelwellenleitung – ein reeller Anschlußwiderstand von etwa 50 Ω ableiten läßt.

Wegen des Spannungsmaximums am Antenneneingang ist dort eine sehr gute Isolation erforderlich. Bei der Methode a ist der Strahler über die Schwingkreisspule galvanisch geerdet. An die Erdungsverhältnisse stellt der vertikale Halbwellenstrahler keine großen Ansprüche, da er in sich resonant ist. Es genügt eine gute Blitzerde.

Die J-Antenne
(Brit. Pat. 237584 – Dt. Prior. 1924)
Besonders günstig läßt sich die vertikale Halbwellenantenne speisen, wenn eine geschlossene Viertelwellenanpaßleitung an den hochohmigen Antenneneingang angeschlossen und auf ihr die dem Wellenwiderstand des Speisekabels entsprechende Impedanz abgegriffen wird. Da auf dieser Viertelwellenleitung jede Impedanz zwischen

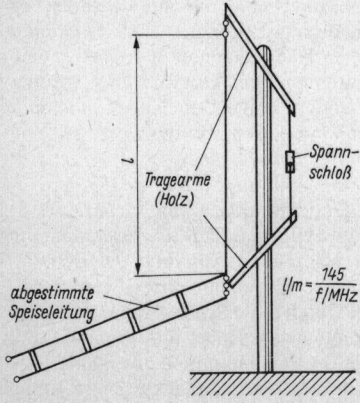

Bild 19.35
Vertikale Halbwellenstrahler mit Zeppelin-Speisung

mehreren tausend Ohm am Antenneneingang (Spannungsmaximum) und nahezu $0\,\Omega$ am Kurzschlußpunkt der Anpaßleitung auftritt, können sowohl beliebig lange Koaxialkabel als auch UKW-Bandleitungen und 600-Ω-«Hühnerleitern» optimal angepaßt werden. Derartig angepaßte Halbwellenstrahler bezeichnet man als J-Antennen (Bild 19.37).

Der Halbwellenstrahler und ein Zweig der Anpaßleitung können mechanisch ein Ganzes bilden, d. h. es läßt sich ein durchgehendes Rohr von $3\lambda/4$ Länge verwenden. Es ist ein besonderer Vorzug dieser Speisungsart, daß der Eingang der $\lambda/4$-Anpassung direkt und dauernd geerdet werden kann. Bei entsprechendem mechanischem Aufbau wirkt eine solche J-Antenne als Blitzableiter, ohne ihre Wirksamkeit als gute Sendeantenne einzubüßen.

Die optimale Anpassung einer J-Antenne läßt sich leicht feststellen. Eine Glimmlampe wird an den Antenneneingang gehalten und auf der Viertelwellenanpaßleitung so lange verschoben, bis die Stelle gefunden ist, an der die Glimmlampe am hellsten leuchtet.

Für die Strahlerlänge gilt mit ausreichender Genauigkeit

$$l/_\mathrm{m} = \frac{145}{f/_\mathrm{MHz}}.$$

Bei der Herstellung aus Paralleldrähten ergibt sich für die Länge der $\lambda/4$-Anpaßleitung

$$l/_\mathrm{m} = \frac{73}{f/_\mathrm{MHz}}.$$

Verwendet man Rohre mit verhältnismäßig großem Durchmesser, dann gilt

$$l/_\mathrm{m} = \frac{71,25}{f/_\mathrm{MHz}}.$$

Um einen genauen Abgleich herstellen zu können, sollte die Viertelwellenanpaßleitung etwas länger als errechnet bemessen werden, wobei man die Kurzschlußbrücke am Ende der Leitung in ihrer Lage veränderlich auslegt. Dann wird die Antenne parasitär durch eine in der Nähe ausgespannte, vom Sender gespeiste Hilfsantenne erregt. Dabei ist noch keine Speiseleitung an die Viertelwellenanpassung der Vertikalantenne angeschlossen. Diese wird ausschließlich durch Strahlungskopplung von der Hilfsantenne erregt. Nun verschiebt man die Kurzschlußbrücke der Viertelwellenleitung so lange, bis eine an den Antenneneingang gehaltene Glimmlampe größte Helligkeit zeigt. Strahler und Viertelwellenanpassung sind damit in Resonanz mit der Sendefrequenz. Anschließend wird die Hilfsantenne entfernt und der Strahler normal über das vorgesehene Speisekabel gespeist. Der richtige Kabelanschlußpunkt auf der Viertelwellenleitung ist, wie bereits beschrieben, zu ermitteln. Ein auf diese Weise optimal abgestimmter Strahler bildet eine gute DX-Rundstrahlantenne, wenn sie in genügend großer Höhe aufgebaut werden kann.

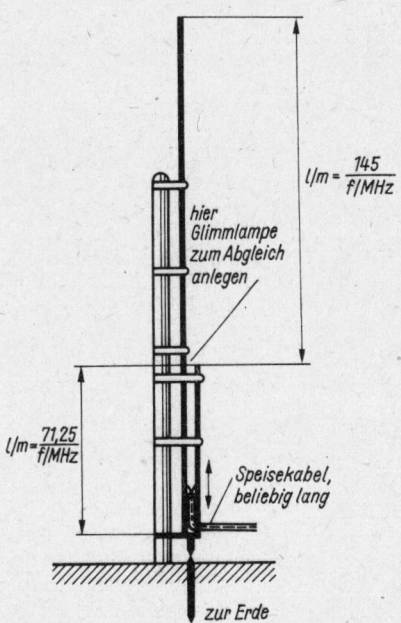

Bild 19.37
Die Halbwellenvertikalantenne mit Viertelwellen-Anpassung (J-Antenne)

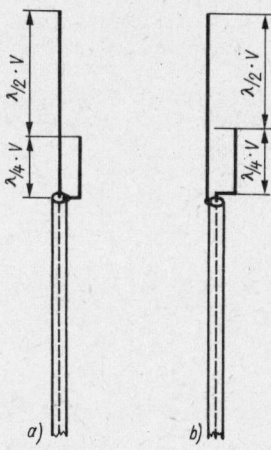

Bild 19.38
J-Antennen mit unterschiedlicher Speisung; a – übliche Ausführung, b – Ausführung mit verbessertem Blitzschutz

Der Vollständigkeit halber werden in Bild 19.38 zwei Schaltungsvarianten für die Erregung der J-Antenne gezeigt. Man bezeichnet sie auch als Flagpole-Typen (engl.: Flagpole ≙ Fahnenmast). Die Viertelwellenstücke arbeiten als $\lambda/4$-Transformatoren, die freien Halbwellenstücke werden spannungserregt (hochohmig). Den Wellenwiderstand Z der Viertelwellentransformatoren errechnet man nach Gl. (5.30.), er liegt in der Größenordnung von $200\ldots350\,\Omega$. Die Ausführungen a und b sind elektrisch gleichwertig, Variante b gewährleistet einen verbesserten Blitzschutz, weil das Halbwellenstück über den Kabelaußenleiter direkt geerdet ist.

19.4.2.3. Endgespeiste vertikale Dipolzeilen

Wo es möglich ist, größere Aufbauhöhen als $\lambda/2$ zu verwirklichen, können mit bestem Erfolg vertikal gestockte, gleichphasig erregte Vertikaldipole gebaut werden. Die Aufbauhöhe ist in diesem Fall die mögliche Antennenlänge vom Erdboden bis zum Strahlerende. An einem Holzmast von 12 m freier Länge könnte man z. B. einen Vertikalstrahler befestigen, der noch 3 m über das Mastende hinausragt, womit eine gesamte Antennenlänge von 15 m gegeben wäre. Das reicht aus, um elektrisch $1{,}5\lambda$ für 10 m und etwa 1λ für den 15-m-Betrieb unterzubringen. Sorgt man dafür, daß die einzelnen Halbwellenabschnitte gleichphasig erregt werden, erhält man einen ausgezeichneten Rundstrahler mit dem Gewinn einer Dipolzeile. Der Gewinn resultiert aus der Verkleinerung der vertikalen Halbwertsbreite. Die Zusammenhänge können aus Abschnitt 13.1. hergeleitet werden. Bekanntlich findet eine unmittelbar über gut leitfähiger Erde errichtete Vertikalantenne ihre spiegelbildliche Fortsetzung in der Erde. Für den Anwendungsfall der vertikalen Dipolzeile bedeutet das zum Beispiel, daß sich eine Antenne nach Bild 19.39 in der Erde zu einer Dipolzeile mit 3 kollinearen Halbwellenstücken ergänzt, obwohl ihre Gesamtlänge

nur $3\lambda/4$ beträgt. Der Gewinn einer Dipolzeile, die aus 3 gleichphasig erregten $\lambda/2$-Abschnitten besteht, beträgt nach Abschnitt 13.1. 3,2 dB. Dem gleichphasig erregten $3/4$-λ-Vertikalstrahler kann deshalb ebenfalls ein Gewinn von 3,2 dB zugeordnet werden, sofern er sich unmittelbar über einer idealen Erde befindet. Da man aber immer mit mehr oder weniger großen Erdverlusten rechnen muß, erreicht auch der Gewinn nicht den Maximalwert; er kann ihm aber sehr nahe kommen, wenn ein gutes Erdnetz vorhanden ist.

Die Phasenumkehr, die für gleichphasige Erregung erforderlich ist, wird wie üblich durch eine geschlossene Viertelwellenleitung erreicht. Über einen Abgriff auf diesem Paralleldrahtabschnitt könnte das System gespeist werden. Das in Bild 19.39 dargestellte Vertikaldiagramm, das bei guten Erdverhältnissen auftreten kann, zeigt eine vertikale Halbwertsbreite von etwa 20°, wobei der Erhebungswinkel des Maximums nur etwa 10° beträgt.

19.4.3. Vertikal polarisierte T- und L-Antennen

Manche Vertikalantennen, die in T- oder L-Form aufgebaut sind, gehören zur Kategorie der kapazitiv belasteten Groundplane (siehe Abschnitt 19.4.1.10.). Es wird lediglich die übliche scheibenförmige Dachkapazität (siehe Bild 19.31.) durch einen horizontalen Draht ersetzt, wie in Bild 19.30 oben. Unsymmetrische T- und L-Formen haben neben der überwiegenden Vertikalpolarisation noch einen mehr oder weniger großen Anteil horizontal polarisierter Strahlung.

Die L-Antenne wählt man häufig als Drahtantenne bei vorübergehenden Einsätzen im 80-m-Band, wenn die Möglichkeit besteht, den Draht zwischen Bäumen auszuspannen. Eine Gesamtlänge von etwa 21 m genügt, wenn die L-Antenne als $\lambda/4$-Strahler betrieben wird. Bild 19.40 zeigt ein Beispiel, in welchem der Vertikalteil 7,5 m hoch ist und der horizontale Abschnitt 13,5 m beträgt; beide Längen addiert ergeben $\lambda/4$-Resonanz im 80-m-Band. Wie jede Groundplane braucht auch diese Bauform einige Radials, die sich unterhalb des Horizontalteils konzentrieren sollten. Da die Hauptstrahlung immer aus dem Strombauch erfolgt, strahlt die Antenne trotz des kürzeren Vertikalteils vorwiegend vertikal polarisiert mit einem kleineren Anteil von Horizontalpolarisation. Mit dem Serienkondensator im Vertikalteil läßt sich die Resonanz innerhalb des 80-m-Bandes genau bestimmen. Solche L-Antennen kann man für alle Bänder bauen. Das Verhältnis Vertikalteil zu Horizontalteil ist belie-

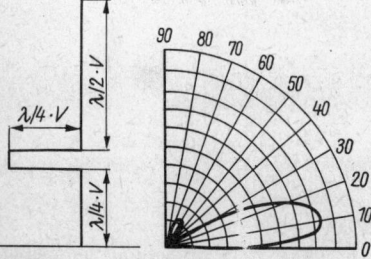

Bild 19.39
Vertikale Dipolzeile über gut leitfähiger Erde

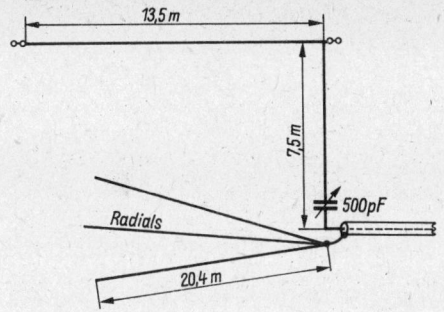

Bild 19.40
Beispiel einer L-Antenne für 3,5 MHz

big, es kommt nur darauf an, daß die Gesamtlänge etwas größer als $\lambda/4$ ist; die Antenne wirkt dann als verlängerte Groundplane, die durch den Kondensator auf Resonanz abgestimmt wird. Man speist über ein beliebig langes Koaxialkabel.

Ganz anders liegen die Verhältnisse bei den L-Antennen, wenn deren Vertikalteil und der Horizontalabschnitt je $\lambda/4$ betragen. Bild 19.41a zeigt, daß es sich hier um einen geknickten $\lambda/2$-Strahler handelt, der elektrisch dem vertikalen Halbwellenstrahler in Bild 19.35 entspricht. Ein Koaxialkabel läßt sich an den hochohmigen Eingang, wie in Bild 19.36 dargestellt, anpassen.

Der nächste Schritt geht zur T-Antenne, indem das obere $\lambda/4$-Stück eines vertikalen Halbwellenstrahlers wie in Bild 19.41b beidseitig rechtwinklig abgeknickt wird. Es entsteht die unter dem Namen *Inverted Groundplane* (umgedrehte Groundplane) bekannte selbstresonante Antenne. Bei ihr sind somit die Viertelwellenradials an die Strahlerspitze verlegt; das hat den Vorteil, daß der Antennenwirkungsgrad bei weitem nicht mehr so stark von der Erdbodenleitfähigkeit abhängt wie bei der «normalen» Groundplane und

daß sich der Strombauch in relativ großer Höhe befindet. Für die Anpassung eines Koaxialkabels an den hochohmigen Antenneneingang gilt ebenfalls Bild 19.36.

Es ist ein Nachteil der Inverted Groundplane, daß bei ihr neben der Vertikalpolarisation noch ein gewisser horizontal polarisierter Anteil als Steilstrahlung auftritt. Diese mag sich mitunter für den Funkverkehr über kurze und mittlere Entfernungen nützlich auswirken, sie schwächt aber gleichzeitig die für den Weitverkehr wichtige flache, vertikal polarisierte Abstrahlung.

Bei der von *Hille* in [10] beschriebenen optimierten T-Antenne wird die horizontal polarisierte Steilstrahlung völlig unterdrückt. Die Lösung beruht auf dem britischen Patent 1 454 101. Dabei wird der $\lambda/2$ lange Horizontalabschnitt in 3 gleichlange Einzelabschnitte zu je $\lambda/6$ aufgeteilt, die so zusammengeschaltet sind, daß sich die Ströme in den Leitungsstücken gegenseitig aufheben. Zum Verstehen dieses Vorgangs stellt man sich zunächst vor, daß eine resonante Paralleldrahtleitung nicht strahlt, weil die Stromverteilung auf den Leitern entgegengesetzt gerichtet ist (180° phasenverschoben), wie aus Bild 5.32 und Bild 5.34 hervorgeht. Im vorliegenden Fall wird der Horizontalleiter so gefaltet, daß seine $\lambda/6$-Stücke im Abstand von $\lambda/100$ parallel gegenüberstehen, wie Bild 19.42a zeigt. Es ist mathematisch beweisbar, daß sich bei dieser Anordnung die Ströme gegenseitig aufheben und deshalb nichts abgestrahlt wird. In [10] ist dazu ein sehr anschaulicher graphischer Nachweis geführt. Die optimierte T-Antenne baut man nach Bild 19.42b auf, ein praktisches Beispiel für das 40-m-Band ist in [10] angegeben. Hier wird der Horizontalteil in der Form einer Reuse mit dem Querschnitt eines gleichseitigen Dreiecks ausgeführt. Zur Anpassung des Eingangswiderstands von etwa 2800 Ω an ein 52-Ω-Koaxialkabel eignet sich ein L-Glied (unsymmetrisches Halbglied als Reaktanztransformator nach Bild 19.48). Es wirkt elektrisch wie ein Viertelwellentransforma-

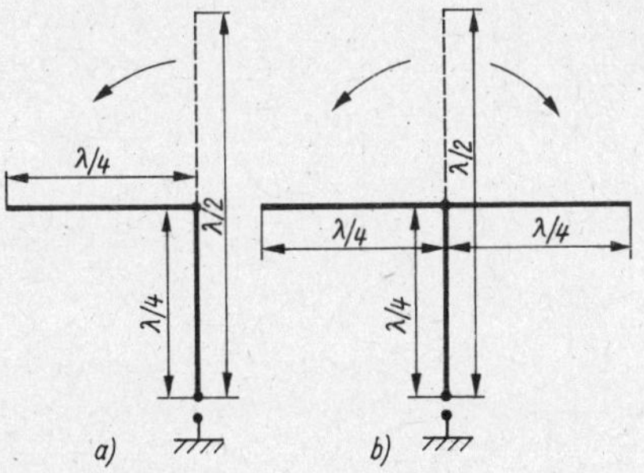

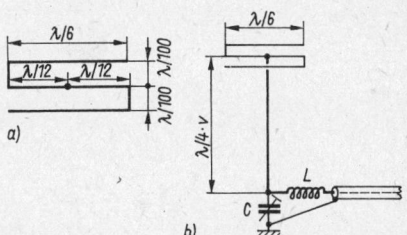

Bild 19.41
Die Ableitung von L- und T-Antennen aus dem Halbwellenstrahler; a – L-Antenne, b – Inverted Groundplane

Bild 19.42
Die optimierte T-Antenne; a – die Gestaltung des gefalteten Horizontalteiles, b – der Antennenaufbau mit L-Anpassung
(*K. H. Hille* – Brit. Pat. 1454101 – 1973)

tor. Wie man die Werte eines solchen Reaktanz-transformators berechnet, ist in Abschnitt 19.5.1. ausführlich beschrieben. Weitere Anpassungs-möglichkeiten zeigt Bild 19.36; auch das Trans-formationsglied nach *Seefried* (Abschnitt 6.7.2.) wäre denkbar.

Setzt man den von *Hille* ermittelten Eingangs-widerstand R_A mit 2800 Ω als annähernden Durchschnittswert ein und rechnet mit einem durchaus realen Verlustwiderstand R_e des Erders von 28 Ω, kann man erkennen, daß die Erdverlu-ste in diesem Fall nur wenig über 1% der zuge-führten HF-Leistung betragen. Ein solch hoher Antennenwirkungsgrad ist mit einer «normalen» λ/4-Groundplane auch bei ausgedehntestem Ra-dialnetz nicht zu erreichen. Selbst wenn R_e ex-trem hoch sein würde, z. B. 500 Ω, wären die Erd-verluste nur rund 18%. Man kann sich somit das aufwendige Erdradialnetz in jedem Fall ersparen und kommt mit einem einfachen Erder aus, der als Blitzschutzerdung nach Abschnitt 19.1.1. aus-geführt sein kann. Die T-Antenne eignet sich auch gut für erhöhten Aufbau, z. B. auf einem Hausdach, weil die bei allen Antennen gefor-derte Blitzschutzerdung in diesem Fall auch als HF-Erdung ausreicht [11].

19.4.4. Koaxiale Vertikalantennen

Bei dieser Antenne handelt es sich um eine Groundplane mit integrierter kurzgeschlossener Viertelwellenleitung, die aus einem Koaxial-kabel besteht. Der Hauptvorzug dieser Bauform ist ihr großer Frequenzbereich.

Die Funktion läßt sich anhand von Bild 19.43 er-

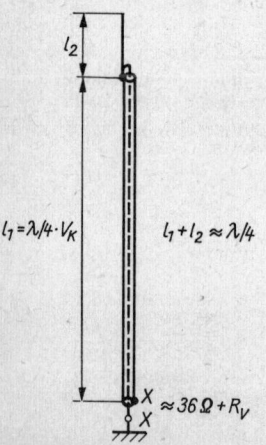

Bild 19.43
Schema einer koaxialen Vertikalantenne
(V_K = Verkürzungsfaktor des Koaxialkabels,
R_V = Summe der Verlustwiderstände)

klären. Die Antenne besteht aus einem senkrecht aufgebauten Koaxialkabel mit beliebigem Wel-lenwiderstand, sein Innenleiter ist am unteren Ende mit dem Erdnetz verbunden, am oberen Ende ist der Innenleiter mit dem Außenleiter kurzgeschlossen. Die Länge *l* des Koaxialkabels beträgt $\lambda/4 \cdot V_K$, wobei als Verkürzungsfaktor V_K der in den Kabellisten angegebene Wert einzu-setzen ist (häufig 0,66). Es handelt sich somit um eine koaxiale, kurzgeschlossene Viertelwellen-leitung nach Bild 5.29, welche die Wirkung eines Parallelresonanzkreises hat. An der Freiraum-abstrahlung ist nur der Kabelaußenleiter betei-ligt. Für diesen gilt aber – entsprechend seinem *l/d*-Verhältnis – ein Verkürzungsfaktor *V* von etwa 0,95, so daß er für Viertelwellenresonanz zu kurz ist. Man muß somit den Außenleiter l_1 und l_2 bis zur λ/4-Resonanz verlängern, so daß eine Viertelwellen-Groundplane entsteht.

Beispiel

Es wird ein Koaxialkabel mit $V_K = 0,66$ verwen-det. Die mechanische Viertelwellenlänge beträgt dann $l_1 = 0,25\lambda \cdot 0,66 = 0,165\lambda$. Setzt man für den Außenleiter des Kabels, abhängig von seinem *l/d*-Verhältnis, einen mittleren Wert des Verkür-zungsfaktors *V* von 0,95 ein, dann beträgt die Soll-Länge $l_1 + l_2 = 0,25\lambda \cdot 0,95 = 0,2376\lambda$. Die Länge von l_2 ist $0,2375\lambda - 0,165\lambda = 0,0725\lambda$.

Die integrierte Viertelwellenleitung ist im Re-sonanzfall wirkungslos, da ihr Eingangswider-stand sehr hoch ist (Parallelresonanzkreis!). Ver-stimmt man nun die Sendefrequenz nach höheren Frequenzen hin, wird der Abschnitt $l_1 + l_2$ zu lang, d. h. er bekommt einen induktiven Blindan-teil. Gleichzeitig wird auch die kurzgeschlossene Viertelwellen-Koaxialleitung zu lang. Wie aus Bild 5.29 zu entnehmen ist, wirkt eine Leitung >λ/4 kapazitiv mit dem Ergebnis, daß sich in-duktiver Blindanteil des Strahlerabschnitts und kapazitiver Blindanteil der Viertelwellenleitung kompensieren. Gleichzeitig steigt der Strah-lungswiderstand R_S an.

Verringert man die Sendefrequenz, tritt der umgekehrte Fall ein: Der Strahlerabschnitt wird kapazitiv, die Viertelwellenleitung induktiv, was ebenfalls eine Kompensation der Blindanteile bewirkt. Die kompensierenden Eigenschaften der koaxialen Viertelwellenleitung verleihen der Antenne einen großen Frequenzbereich, der nach höheren Frequenzen hin durch unerwünschte Veränderungen des Vertikaldiagramms und zu niedrigeren Frequenzen hin durch drastisches Verringern des Strahlungswiderstandes einge-grenzt wird. Durch diese Breitbandeigenschaften ist die Längenbemessung sehr unkritisch. Der Strahlungswiderstand und damit der Eingangs-widerstand verändern sich innerhalb des Fre-quenzbereiches wie aus Bild 19.46 ersichtlich und in Abschnitt 19.5.1. näher beschrieben ist. Voraussetzung für hohen Wirkungsgrad ist – wie bei allen Vertikalantennen – ein gutes Erdnetz.

Koaxiale Antennen werden von *DL2FA* in [12] näher beschrieben. Die einfachste Bauform ist in Bild 19.44a dargestellt. Als Verkürzungsfaktor V_K des Koaxialkabels wird 0,66 angenommen, daraus ergibt sich die mechanische Länge des Kabels mit $0,25\lambda \cdot 0,66 = 0,165\lambda$; dies ist zugleich die Strahlerlänge, da keine Verlängerungsmaßnahmen an diesem Abschnitt vorgenommen werden. Somit handelt es sich um eine verkürzte Groundplane mit einer Länge von $\approx 60°$ ($1\lambda = 360°$). Aus Bild 19.46 kann man für diese Ausführung einen Strahlungswiderstand R_r von 13 Ω entnehmen. Wie in Abschnitt 19.5.1. näher erläutert wird, müssen für einen guten Antennenwirkungsgrad die Verlustwiderstände um so geringer sein, je kleiner der Strahlungswiderstand wird. Etwas günstigere Verhältnisse ermöglichen Koaxialkabel mit luftraumreichem Dielektrikum. Ihr V_K beträgt gewöhnlich 0,82. Dann ergibt sich die Kabellänge l_1 zu $0,25\lambda \cdot 0,82 = 0,205\lambda$, das entspricht einer Länge von etwa 74°, und aus Bild 19.46 kann man einen Strahlungswiderstand von 20 Ω entnehmen. Durch die bereits geschilderte Wirkung der koaxialen Viertelwellenleitung bleibt der Eingangswiderstand über einen großen Frequenzbereich reell, seine Größe verändert sich mit wechselndem Strahlungswiderstand. An den Wellenwiderstand eines beliebigen Koaxialkabels kann man problemlos mit dem Omega-Glied ($C_A - C_K$) anpassen.

Bild 19.44b entspricht im Prinzip Bild 19.43, es sind lediglich die zu erwartenden Antennendaten und die Omega-Anpassung eingetragen. Bild 19.44c zeigt eine stark verkürzte Groundplane

mit Verlängerungsspule und Dachkapazität. Weitere Bauformen werden in [12] angegeben.

Koaxiale Antennen sind Breitbandantennen, die einen Mehrbandbetrieb ermöglichen. Beim Mehrbandbetrieb sind das von Band zu Band sich ändernde Vertikaldiagramm (siehe Bild 19.11) und der Gang des Strahlungswiderstandes (siehe Bild 19.46) zu berücksichtigen, wobei das Omega-Glied bei Bandwechsel nachzustimmen ist. Beim Einbandbetrieb ist dies nicht erforderlich.

Der große Frequenzbereich solcher Antennen bietet viele Möglichkeiten für Abwandlungen, die den gegebenen örtlichen Verhältnissen entgegenkommen. Das Koaxialkabel ist nicht selbsttragend, und man muß sich nach den vorhandenen oder beschaffbaren Tragemöglichkeiten richten. Ideal wären Glasfiberrohre, deren Innenraum das Koaxialkabel aufnehmen könnte. Manchmal kann sich auch die Möglichkeit ergeben, das Koaxialkabel zwischen zwei hochgelegenen Stützpunkten (z. B. Bäumen) aufzuhängen.

19.5. Vertikal polarisierte Antennen für den Mehrbandbetrieb

Für den Mehrbandbetrieb mit Vertikalantennen gibt es verschiedene Methoden. Geht man von einer Viertelwellen-Groundplane aus und ist die für das Band mit der größten vorgesehenen Wellenlänge erforderliche Bauhöhe zu verwirklichen, läßt sich eine einfache mechanische Längenumschaltung über Seilzug oder Relais durchführen. Solche Anordnungen werden im folgen-

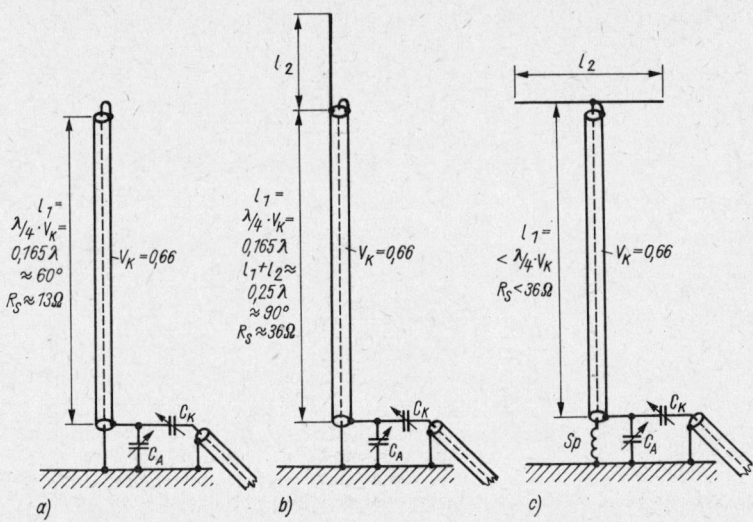

Bild 19.44
Bauformen koaxialer Vertikalantennen; a – als verkürzte Groundplane, b – als Groundplane voller Länge, c – als stark verkürzte Groundplane mit Verlängerungsspule L und Dachkapazität C_D; (statt R_S lies R_r)

den Abschnitt 19.5.1. beschrieben. Mit geringeren Bauhöhen und weniger komplizierter Mechanik kommt man aus, wenn der Strahler durch L/C-Glieder am Eingang entsprechend elektrisch verlängert oder verkürzt wird. Bei dieser Methode ist allerdings immer mit mehr oder weniger großen Zusatzverlusten zu rechnen. Schließlich können auch analog zur $W3DZZ$-Allbandantenne (Abschnitt 10.2.8.) Sperrkreise in den Leiterweg eingeschaltet werden, wobei auf mechanische Umschaltung verzichtet wird und echter Mehrbandbetrieb vorhanden ist. Solche Anordnungen sind aber bei Vertikalantennen hinsichtlich der mechanischen Verwirklichung etwas schwierig zu beherrschen, außerdem setzt die elektrisch und mechanisch einwandfreie Gestaltung der Sperrkreise Erfahrungen voraus. Die Herstellung solcher Bauformen ist deshalb überwiegend der Antennenindustrie vorbehalten.

Mit der Freigabe zusätzlicher Amateurbänder verdienen die Breitbandantennen besonderes Interesse. Die Vielfalt der Bauformen von vertikal polarisierten Mehrbandantennen ist groß, aber für alle besteht die Forderung nach einem umfangreichen Netz von Radials bzw. einem guten Erdnetz.

19.5.1. Mehrband-Groundplane-Antennen mit umschaltbaren Verlängerungsspulen

Viele praktisch ausgeführte Mehrband-Groundplane-Antennen arbeiten mit umschaltbaren Verlängerungsspulen und teilweise auch mit Verkürzungskondensatoren. Im Prinzip wird dabei die Vertikalantenne für ein Amateurband annähernd mit Viertelwellenresonanz ausgelegt. Damit auf frequenztieferen Amateurbändern gearbeitet werden kann, kompensiert man den für diesen Betriebsfall am Eingang vorhandenen kapazitiven Blindwiderstand durch eine induktive Reaktanz (Verlängerungsspule), so daß sich eine reelle Eingangsimpedanz ergibt. Für höherfrequente Amateurbänder ist die Vertikalantenne zu lang, d. h. sie hat einen induktiven Blindwiderstand, den man durch einen gleich großen kapazitiven Blindwiderstand (Verkürzungskondensator) kompensieren muß.

In Bild 19.45 handelt es sich um grobe Richtwerte, wobei ein l/d-Verhältnis des Strahlers von 1000 angenommen wurde. Für dickere Antennen (kleinerer Schlankheitsgrad) werden die Blindwiderstände kleiner, bei größeren Schlankheitsgraden steigen sie an. Das Diagramm läßt erkennen, daß der Nulldurchgang des Blindwiderstandes und damit die Viertelwellenresonanz bei einer Strahlerlänge von etwa 87° auftritt (also nicht bei genau 90° $\triangleq \lambda/4$). Das ist auf den Ver-

kürzungsfaktor des Strahlers zurückzuführen, den der Schlankheitsgrad des Strahlers bestimmt. Bei Strahlerlängen >87° wird der Blindwiderstand induktiv («zu lang»), im umgekehrten Fall kapazitiv («zu kurz»).

Um eine verkürzte oder verlängerte Groundplane zur Viertelwellenresonanz zu bringen, ermittelt man zunächst aus Bild 19.45 näherungsweise den Blindwiderstand und bestimmt dann aus Bild 6.20 die Induktivität der Verlängerungsspule bzw. aus Bild 6.21 die Kapazität des Verkürzungskondensators in Abhängigkeit von der Frequenz. Da Bild 19.45 nur Richtwerte für den Blindwiderstand gibt, sollten sich Spulen bzw. Kondensatoren in ihren Werten verändern lassen.

Aus Bild 19.46 kann der Strahlungswiderstand einer Vertikalantenne über idealer Erde in Abhängigkeit von ihrer Länge ermittelt werden. Bei einer Länge von $\lambda/4$ ($= 90°$) ist der für Viertelwellen-Groundplane-Antennen charakteristische Strahlungswiderstand von $36{,}6\,\Omega$ abzulesen; er steigt bei $\lambda/3$ ($\triangleq 120°$) auf $100\,\Omega$ an und fällt bei $\lambda/6$ ($\triangleq 60°$) auf etwa $13\,\Omega$. Bei noch stärkerer Verkürzung (<60°) – die z. B. bei Mobilantennen häufig vorkommt – wird der Strahlungswiderstand extrem klein, wie aus Bild 19.46b hervorgeht.

Aus Gl. (19.6.) kann man erkennen, daß der Eingangswiderstand R_E gleich der Summe aus dem Strahlungswiderstand R_r und dem Verlustwiderstand R_l ist. Zur Abstrahlung kommt jedoch nur die auf R_r entfallende Energie, während

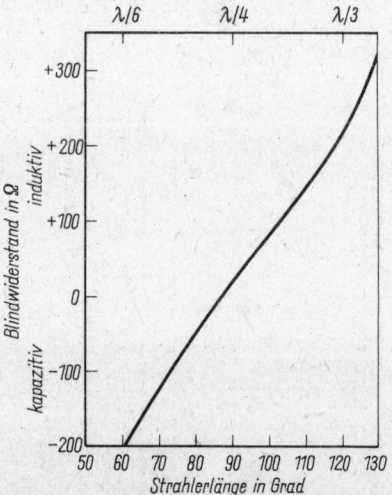

Bild 19.45
Näherungswerte für den Blindwiderstand von Vertikalantennen über idealer Erde in Abhängigkeit von der Strahlerlänge ($1\lambda \triangleq 360°$, $\lambda/4 \triangleq 90°$)

der Anteil von R_l in Verlustwärme umgesetzt wird. Für die Praxis bedeutet das, daß bei gleichem Verlustwiderstand R_l der Wirkungsgrad der Antenne um so schlechter ist, je kleiner der Strahlungswiderstand wird. Die Zusammenhänge sollen an einem einfachen Beispiel veranschaulicht werden.

Beispiel
Eine Vertikalantenne über Erde wurde mit einer Länge von 30° = $\lambda/12$ bemessen. Der dabei am Eingang auftretende kapazitive Blindwiderstand ist durch eine Induktivität (Verlängerungsspule) kompensiert worden, so daß man die Eingangsimpedanz R_E als reell annehmen kann.

Nach Bild 19.46b beträgt bei der Strahlerlänge von 30° der Strahlungswiderstand $R_r = 3\,\Omega$. Mit einer Impedanzmeßbrücke wird der Eingangswiderstand R_E mit $10\,\Omega$ festgestellt. Da nach Gl. (19.6.) $R_E = R_r + R_l$ ist, darf man annehmen, daß die Summe der Verlustwiderstände $R_l = 7\,\Omega$ beträgt $[R_l = R_E - R_r = (10 - 3)\,\Omega = 7\,\Omega]$.

Der Antennenwirkungsgrad η wird nach

$$\eta = \frac{R_r}{R_r + R_l} = \frac{R_r}{R_E} \qquad (19.12.)$$

errechnet.

Werden die Zahlen des Beispiels eingesetzt, erhält man

$$\eta = \frac{3\,\Omega}{10\,\Omega} = 0,3.$$

Wäre bei gleichem Verlustwiderstand R_l der Strahler 60° lang, ergäben sich für den Strahlungswiderstand R_r nach Bild 19.46b $13\,\Omega$, und der Wirkungsgrad würde auf

$$\eta = \frac{13\,\Omega}{20\,\Omega} = 0,65$$

ansteigen.

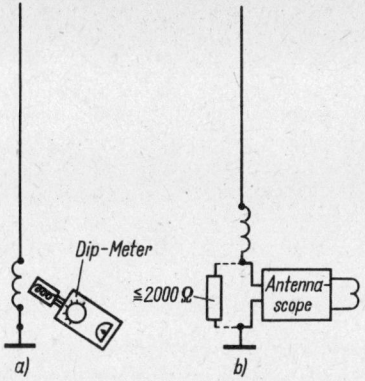

Bild 19.47
Messungen an elektrisch verlängerten Vertikalantennen; a – Messung der Resonanzfrequenz mit Dip-Meter, b – Messung der Eingangsimpedanz mit Antennascope

Es soll angenommen werden, daß eine Vertikalantenne für mehrere Amateurbänder durch umschaltbare Verlängerungsspulen bzw. Verkürzungskondensatoren zur Resonanz gebracht wurde, d. h. daß ein Eingangswiderstand R_E für jeden Betriebsfall reell ist. Mit einem Dip-Meter läßt sich dieser Zustand leicht kontrollieren. Wird das Dip-Meter nach Bild 19.47a an die jeweils mit dem Strahler verbundene Verlängerungsspule angekoppelt, so muß es Resonanz innerhalb des betreffenden Amateurbandes anzeigen. Dabei soll das Spulenende mit dem Erdnetz verbunden werden, wie auch aus Bild 19.47a hervorgeht.

Der Eingangswiderstand R_E muß nun an den Wellenwiderstand Z des Speisekabels angepaßt werden. Dann stellt man zunächst die Größe von R_E fest, was am einfachsten mit der Hilfe einer Im-

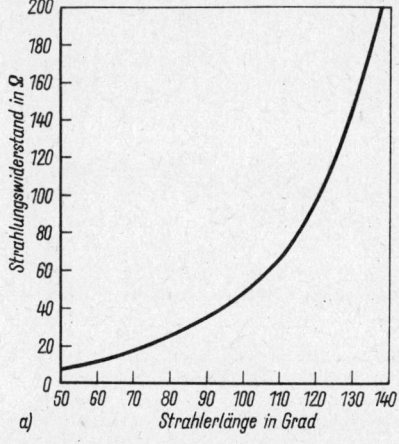

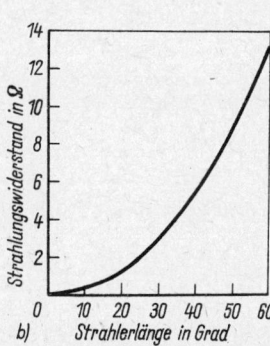

Bild 19.46
Der Strahlungswiderstand von Vertikalantennen über idealer Erde in Abhängigkeit von der Strahlerlänge in °;
a – für Strahlerlängen zwischen 50° und 140°, b – für Strahlerlängen <60°

pedanzmeßbrücke (Antennascope, siehe Abschnitt 3.1.) möglich ist. Berechnungen ergeben meist nur Näherungswerte, weil die Verlustwiderstände, die bekanntlich in den Eingangswiderstand mit eingehen, im allgemeinen nur abgeschätzt werden können. Das Antennascope wird nach Bild 19.47 b an Stelle des Speisekabels angeschlossen. Die Brücke muß mit der jeweils festgestellten Resonanzfrequenz gespeist werden. Es kommt vor, daß sich als Folge von Streufeldern kein eindeutiges Brückennull finden läßt. Abhilfe schafft in den meisten Fällen die Parallelschaltung eines induktionsfreien Widerstandes $\leq 2000\,\Omega$, dessen Einfluß auf das Meßergebnis zu vernachlässigen ist. Weicht der gemessene Wert R_E nur geringfügig vom Wellenwiderstand Z des Speisekabels ab, so lohnt es nicht, zusätzliche Anpassungsmaßnahmen durchzuführen, und der Strahler kann für diesen Bereich direkt gespeist werden. In allen anderen Fällen ist es am einfachsten, die Anpassung mit einem Reaktanztransformator herzustellen.

Ein als Reaktanztransformator wirkendes L-Netzwerk zeigt Bild 19.48. Der größere der beiden Widerstände befindet sich dabei immer im parallelen Zweig und wird daher als R_par bezeichnet. Sinngemäß liegt der kleinere Widerstand R_ser in Serie. Das bedeutet: Hat der Eingangswiderstand R_E des Strahlers einen größeren Wert als der Wellenwiderstand Z des Speisekabels, so ist R_E gleich R_par, die Antenne muß deshalb an Punkt A angeschlossen werden, der Kabelinnenleiter liegt dann an Punkt B. Im umgekehrten Fall ($Z > R_\mathrm{E}$) nimmt der Kabelwiderstand Z die Stelle von R_par ein, und die Antenne wird an Punkt B angeschlossen ($R_\mathrm{E} = R_\mathrm{ser}$).

Nach dieser einleitenden Erklärung sollen nun die Werte des induktiven Widerstandes X_ser und des kapazitiven Widerstandes X_par errechnet werden. Dazu wird zunächst die Betriebsgüte Q festgestellt:

$$Q = \sqrt{\frac{R_\mathrm{par}}{R_\mathrm{ser}} - 1}. \qquad (19.13.)$$

Daraus ergibt sich der induktive Widerstand X_ser zu

$$X_\mathrm{ser} = Q \cdot R_\mathrm{ser} \qquad (19.14.)$$

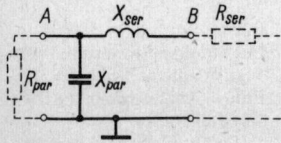

Bild 19.48
Der Reaktanztransformator ($R_\mathrm{par} > R_\mathrm{ser}$)

und der kapazitive Widerstand X_par zu

$$X_\mathrm{par} = \frac{R_\mathrm{par}}{Q}. \qquad (19.15.)$$

Beispiel
Der Eingangswiderstand R_E einer Vertikalantenne wurde mit $10\,\Omega$ gemessen, es soll über ein $50\text{-}\Omega$-Koaxialkabel gespeist werden.

$$R_\mathrm{E} < Z, \quad \text{deshalb} \quad R_\mathrm{E} = R_\mathrm{ser} \quad \text{und} \quad Z = R_\mathrm{par}.$$

Die Antenne wird somit an Punkt B angeschlossen, das Speisekabel an Punkt A.
Nach Gl. (19.12.) ist

$$Q = \sqrt{\frac{50\,\Omega}{10\,\Omega} - 1} = \sqrt{4} = 2.$$

Gemäß Gl. (19.14.) wird

$$X_\mathrm{ser} = 2 \cdot 10\,\Omega = 20\,\Omega$$

und nach Gl. (19.15.)

$$X_\mathrm{par} = \frac{50\,\Omega}{2} = 25\,\Omega.$$

Nun könnte aus Bild 6.20 die für einen induktiven Blindwiderstand von $20\,\Omega$ erforderliche Induktivität in Abhängigkeit von der Frequenz entnommen werden und sinngemäß aus Bild 6.21 die dem kapazitiven Blindwiderstand von $25\,\Omega$ entsprechende Kapazität. Diese Diagramme reichen aber teilweise nicht aus, und man kommt fast ebenso schnell und mit größerer Genauigkeit zum Ziel, wenn man die nachstehenden Berechnungsformeln anwendet:

$$L/_\mathrm{\mu H} = 0{,}159 \cdot \frac{X_\mathrm{ser/\Omega}}{f/_\mathrm{MHz}} \qquad (19.16.)$$

$$C/_\mathrm{pH} = \frac{159000}{X_\mathrm{par/\Omega} \cdot f/_\mathrm{MHz}} \qquad (19.17.)$$

Die beschriebenen Reaktanztransformationen sind bei allen unsymmetrischen Vertikalantennen anzuwenden und beschränken sich keineswegs auf umschaltbare Mehrbandantennen mit Verlängerungsspulen.

Für diese umschaltbaren Mehrbandvertikalantennen lassen sich kaum «Kochbuchrezepte» geben, da viele variable Größen zu berücksichtigen wären. Es ist nicht schwierig, Vertikalantennen in der beschriebenen Art für mehrere Amateurbänder anzupassen, wenn man über ein Dip-Meter, ein Antennascope und eventuell auch über ein Reflektometer verfügt (siehe Abschnitt 31. und Abschnitt 32.). Strahlerlängen zwischen 5 und 10 m, vorzugsweise 7 m, sind üblich. Das mechanische Umschalten der Anpassungsglieder am Antenneneingang ist unbequem und außerdem verlustbehaftet, so daß man im allgemeinen für den ortsfesten Betrieb andere Mehrbandvertikalantennen vorziehen sollte. Dagegen ist man beim Mobilbetrieb, bei dem im allgemeinen mit sehr stark verkürzten Vertikalantennen gearbeitet werden muß, auf Verlängerungsspulen in Verbindung mit L-Netzwerken angewiesen.

19.5.2. Umschaltbare Mehrband-Vertikalantennen

Die in Bild 19.49 dargestellte Lösung wird heute kaum noch verwendet. Der Bau der durch Seilzug zu betätigenden Umschalter stellt an die mechanischen Fähigkeiten des Amateurs einige Anforderungen. Es ist nicht einfach, diese Umschalter so zu konstruieren, daß sie über einen längeren Zeitraum und bei jeder Wetterlage einwandfrei arbeiten. Alle Abmessungen enthält Bild 19.49. Resonanz im 20-m-Band ergibt sich, wenn die Schalter I und II geschlossen sind; die Strahlerlänge beträgt dann 5,05 m, wobei ein Rohrdurchmesser von etwa 40 mm vorausgesetzt wird. Öffnet man Schalter II, so besteht mit einer Länge von 3,40 m Resonanz im 15-m-Band. Schließlich müssen für den 10-m-Betrieb beide Schalter geöffnet werden, wobei dann nur noch der untere, 2,50 m lange Abschnitt erregt wird. Die 5,20 m langen Radials sind schräg nach unten geführt, damit sich der Eingangswiderstand so weit erhöht, daß sich die Antenne direkt mit einem 50-Ω-Koaxialkabel speisen läßt.

Eine weitere Ausführungsform der umschaltbaren Dreiband-Groundplane zeigt Bild 19.50. Die Bandumschalter befinden sich am Antenneneingang und sind deshalb leichter zugänglich. Der Vertikalstab selbst ist nicht resonant.

Durch die Abstimmelemente, die jeweils aus einer Spule und einem Drehkondensator bestehen, wird die Strahlerresonanz hergestellt. Die Abstimmung wird mit einem Dip-Meter kontrolliert, das man an die jeweilige Spule ankoppelt.

Durch Schalter kann auf das 20-, 15- oder 10-m-Band wahlweise umgeschaltet werden. Für die Drehkondensatoren kommt man mit einer Endkapazität von je 100 pF aus; die Größe der Spulen ist durch Versuch zu ermitteln. Es wird empfohlen, für die erste Resonanzmessung eine freitragende Luftspule mit 15 Wdg. eines starken, versilberten Kupferdrahtes bei 40 mm Spulendurchmesser einzusetzen.

Bei dieser Groundplane verwendet man für jedes Band eine Serie resonanter Radials, die nach Bild 19.51 vom zentralen Verbindungspunkt aus verteilt werden und dort miteinander verbunden sind. Man gleicht sie nach der bereits beschriebenen Art mit Antennascope und Dip-Meter genau für jedes Band ab.

Zum Anpassen des koaxialen Speisekabels wird auf der Spule durch Abgriff der Punkt gesucht, dessen Impedanz dem Wellenwiderstand des Speisekabels entspricht. Dazu schließt man das Antennascope zwischen Basis und Spulenabgriff an, speist es mit dem Dip-Meter und verändert den Spulenabgriff so lange, bis die gewünschte Impedanz angezeigt wird. Dieser Abgleich ist sehr sorgfältig durchzuführen; es empfiehlt sich, dabei die Frequenz des Dip-Meters mit einem Empfänger laufend zu überprüfen.

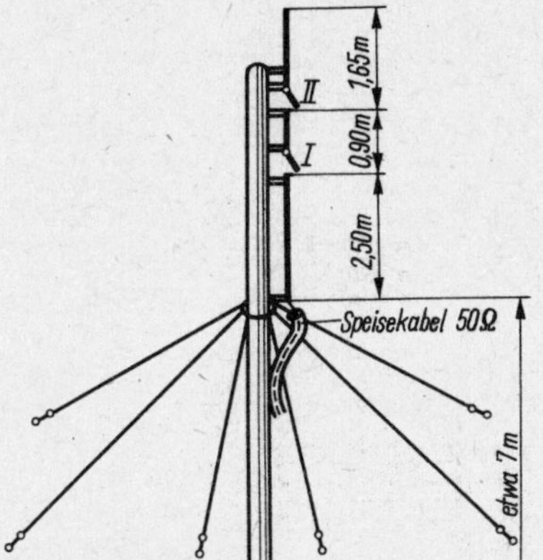

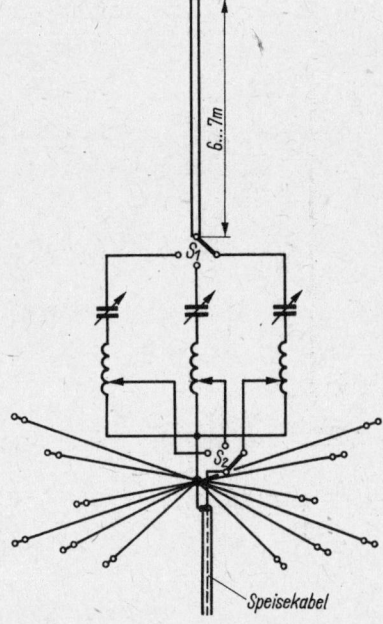

Bild 19.49
Umschaltbare Groundplane für Dreibandbetrieb

Bild 19.50
Schema einer Dreiband-Groundplane

343

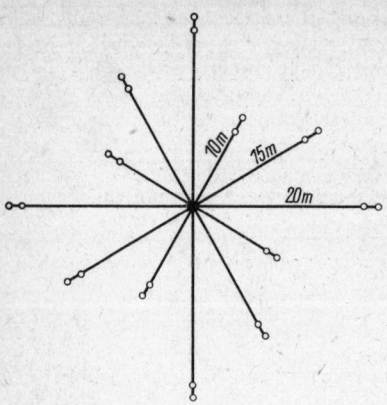

Bild 19.51
Anordnung der Radials

von $0,72\lambda$; man kann annehmen, daß unter Berücksichtigung des Verkürzungsfaktors elektrisch 3/4-λ-Resonanz besteht. Deshalb wird der Antenneneingang ohne Verlängerungsspule L direkt an das Koaxialkabel geschaltet. Mit dem in die Zuleitung eingeschleiften Drehkondensator C ($\approx 100\,pF$) kann man auf die geringste Welligkeit abstimmen; es ist nicht unbedingt erforderlich. Das Vertikaldiagramm für den 10-m-Betrieb ist nicht optimal, weil bei $0,72\lambda$ Strahlerlänge bereits ein größerer Steilstrahlungsanteil auftritt.

Für eine Resonanzfrequenz von 21,2 MHz beträgt die geometrische Strahlerlänge $0,54\lambda$, man kann deshalb auf ein sehr günstiges Vertikaldiagramm schließen (siehe Bild 19.10c). Um einen reellen Eingangswiderstand von etwa 50 Ω zu erhalten, muß der Strahler über eine Verlängerungsspule bis zur 3/4-λ-Resonanz verlängert werden.

Beim 40-m-Betrieb beträgt die Strahlerlänge nur etwa $0,18\lambda$, das bedingt ein elektrisches Verlängern bis zur λ/4-Resonanz, wobei sich ein reeller Eingangswiderstand von etwa 40 Ω einstellt. Es hat sich herausgestellt, daß man die Spulenabgriffe für 15 und 40 m zusammenlegen kann; wenn der für beide Bänder günstigste Anzapfungspunkt gefunden wird, bleibt die Welligkeit unter 2. Mit separaten Spulenabgriffen erreicht man bessere Werte.

Den Status einer Behelfsantenne hat der Strahler für den 80-m-Betrieb, denn er ist mit einer mechanischen Länge von nur $0,09\lambda$ erheblich zu kurz. Mit der Verlängerungsspule wird er elektrisch zur Viertelwellenresonanz verlängert.

Die Verlängerungsspule soll von hoher Güte sein, um die Verluste gering zu halten. Man wik-

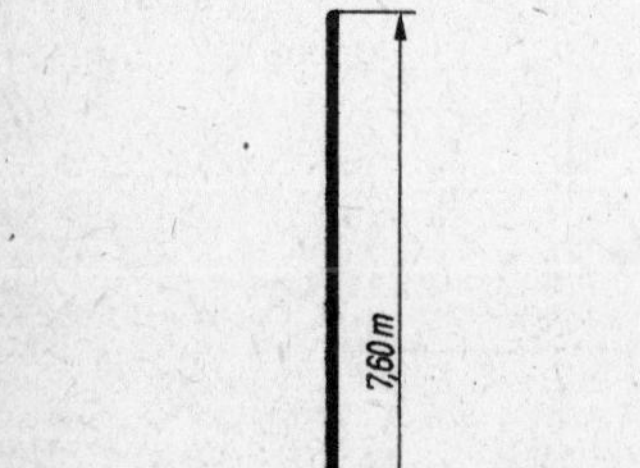

Das Kriterium dieser Dreiband-Groundplane stellen die Bandumschalter dar. Ob man diese mechanisch durch Seilzug fernbetätigt oder ob mit Relaissteuerung gearbeitet wird, bleibt dem Geschick des Erbauers überlassen. Große Bedeutung hat die Güte der Spulen. Sie liegen jeweils im Strombauch, deshalb ist eine besonders gute Oberflächenleitfähigkeit bei großem Leiterquerschnitt erforderlich.

Die in Bild 19.52 dargestellte Vierband-Vertikalantenne wurde von *WB 1 FSB* in [13] beschrieben. Sie hat eine Stablänge von 7,6 m. Geometrisch entspricht das für 28,5 MHz einer Länge

Bild 19.52
Umschaltbare Dreiband-Vertikalantenne für 80, 40, 15 und 10 m

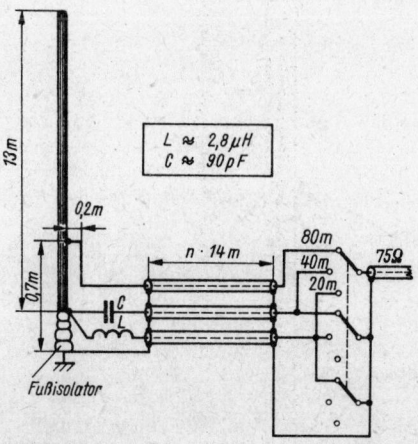

Bild 19.53
Umschaltbarer Dreiband-Vertikalstrahler nach *LA 1 EI*

kelt die Spule freitragend aus 2-mm-Cu-Draht mit einem Spulendurchmesser von 65 mm; es werden 30 Windungen auf eine Spulenlänge von 130 mm verteilt. Die Spulenabgriffe müssen experimentell ermittelt werden, indem man die Abgriffe sucht, bei denen die geringstmögliche Welligkeit auftritt. Zum Speisen der Antenne ist ein beliebig langes 50-Ω-Koaxialkabel am besten geeignet. Bei Kabeln mit 75 Ω Wellenwiderstand vergrößert sich das Stehwellenverhältnis. Die Antenne benötigt ein gutes Erdradialnetz, kann aber auch erhöht mit einer Serie von abgestimmten Radials nach Bild 19.51 aufgebaut werden.

Eine verbesserte Ausführung dieser Antenne, erweitert auf 5-Band-Betrieb, bei einer Stablänge von 6,34 m, wurde von *W 1 RN* in [14] beschrieben.

19.5.2.1. Umschaltbare Dreiband-Vertiaklantenne für 20, 40 und 80 m nach *LA 1 EI*

Im allgemeinen muß man bei Mehrband-Vertikalantennen das Umschalten auf die einzelnen Amateurbänder in unmittelbarer Nähe des Antenneneingangs vornehmen, was zumindest etwas unbequem ist. *LA 1 EI* fand eine Lösung, die es ermöglicht, diese Bandumschaltung in den Stationsraum zu verlegen. Diese Vereinfachung erfordert nur einen größeren Aufwand an Koaxialkabel. Bild 19.53 zeigt die Schaltung einer solchen Anlage.

Die mechanische Strahlerlänge entspricht rund $0,62\lambda$ für 20 m, $0,31\lambda$ für 40 m und $0,16\lambda$ für 80 m. Somit handelt es sich um einen 5/8-λ-Strahler für 20 m, eine verlängerte Groundplane für 40 m und eine verkürzte λ/4-Groundplane für 80 m. Um einen reellen Eingangswiderstand zu erhalten, wird der Strahler zum 20-m-Betrieb auf 3/4 elektrisch verlängert (Spule *L* mit etwa 2,8 µH) und für 40 m auf λ/4 mit $C \approx 90$ pF elektrisch verkürzt. Zum 80-m-Betrieb wird eine Gamma-Anpassung eingesetzt.

Man könnte nun an den strahlerseitigen Anschlüssen einen einfachen Umschalter wie in Bild 19.52 vorsehen und hätte dann die übliche am Eingang umschaltbare Antenne. Für das Umschalten entfernt vom Strahler werden 3 gleichlange, parallelgeführte Koaxialkabel als Leitungsverlängerung zwischen Antenne und Schalter eingefügt. Ihre Länge beträgt je 14 m oder ganzzahlige Vielfache davon. Es handelt sich um abgestimmte Leitungen, bei denen ein Verkürzungsfaktor *V* des Koaxialkabels von 0,66 berücksichtigt ist. Daraus ergibt sich eine elektrisch wirksame Länge von je 21,21 m; dies bedeutet λ/4 für 80 m, λ/2 für 40 m und 1λ für 20 m. Ist der Stationsraum mehr als 14 m von der Antenne ent-

fernt, müssen die Koaxialkabel auf 28 m bzw. 42 m verlängert werden. Bei dieser Lösung nutzt man die Übertragungseigenschaften abgestimmter Leitungen (siehe Abschnitt 5.3.2.). In der Originalveröffentlichung (Norwegen: *Amator Radio*, 1970, Heft 9) werden umfassendere Angaben zum Wirkungsprinzip dieser Antenne gemacht.

19.5.2.2. Umschaltbare Vierband-T-Antenne nach *DL 2 EO*

Aus der T-Antenne nach Bild 19.41b entwickelte *DL 2 EO* einen sehr bemerkenswerten Vierbandstrahler [15], der in Bild 19.54 dargestellt ist. Es handelt sich um eine Drahtantenne, die primär als Inverted Groundplane für das 40-m-Band bemessen ist (siehe Abschnitt 19.4.3.). Um den Eingangswiderstand nicht unnötig groß werden zu lassen, ist der 9 m lange Vertikalteil 2drähtig ausgeführt; das vermindert den Schlankheitsgrad.

Der Eingangswiderstand wurde bei dieser Ausführung mit 1500 Ω beim 40-m-Betrieb gemessen, er betrug etwa 800 Ω für 20 m, 700 Ω für 15 m und 600 Ω für 10 m. Die hohen Eingangswiderstände (Spannungsbauch!) ergeben auch bei schlechten Erdverhältnissen noch einen hohen Antennenwirkungsgrad.

Die zur Anpassung an ein Koaxialkabel erforderlichen L-Glieder können als Reaktanztransformatoren nach Bild 19.48 berechnet werden. Die dazugehörigen Bemessungsgleichungen und Berechnungsbeispiele befinden sich im Abschnitt 19.5.1., die von *DL 2 EO* für diese Ausführung ermittelten Werte sind in Tabelle 19.5. aufgeführt.

Es wurde festgestellt, daß sich mit dem für 20 m bestimmten *LC*-Glied die Antenne auch im 80-m-Band erregen läßt. Da für das 80-m-Band der Eingangswiderstand jedoch recht niederohmig ist, wird empfohlen, einige Radials für 80 m auszulegen.

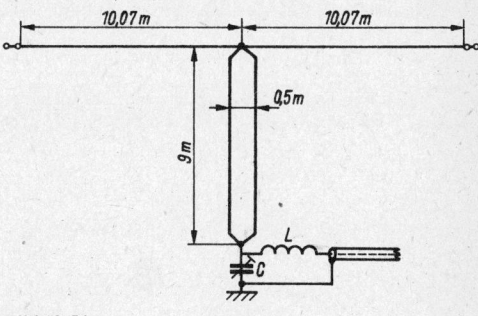

Bild 19.54
Vierband-T-Antenne nach *DL 2 EO*

Tabelle 19.5.
Richtwerte für die Bemessung der Reaktanztransformatoren zur T-Antenne nach Bild 19.55

| | Amateurbänder in m | | | |
	40	20	15	10
L in µH	6,0	2,3	1,4	1,0
C in pF	80	50	40	30

Damit wäre eine leistungsfähige Kurzwellen-Mehrbandantenne mit sehr geringem Material-aufwand verwirklicht. Unbequem ist nur das Umschalten oder Umstecken der LC-Glieder zum Bandwechsel am Antenneneingang. Aber auch zu diesem Problem könnten Möglichkeiten einer Fernschaltung gefunden werden.

19.5.3. Mehrband-Vertikalantennen ohne Umschalter

Von *F. Regier* wurde eine Vertikalantenne für die Bänder 10, 15 und 20 m entwickelt, die ohne Umschalter oder Traps im Antennenleiter auskommt und trotz sehr geringen Aufwands hervorragende Strahlungseigenschaften für die DX-Arbeit aufweist. Der strahlende Vertikalabschnitt in Bild 19.55 besteht aus einer 300-Ω-Bandleitung, die beidseitig kurzgeschlossen ist. Man kann sie auch durch ein gleichlanges Metallrohr oder einen anderen metallischen Leiter ersetzen.

Für das 10-m-Band ist die Antenne $0,63\lambda$ lang und entspricht damit dem für flache Abstrahlung optimalen $5/8$-λ-Strahler. Bei 15 m liegt annähernd $\lambda/2$-Resonanz vor, und man kann auch für diesen Betriebsfall mit sehr guten Strahlungseigenschaften rechnen (Bild 19.11). Im 20-m-Band arbeitet die Antenne als verlängerte $\lambda/4$-Groundplane mit einer Länge von $0,32\lambda$.

Ein Netz aus 12 abgestimmten Radials wurde aus Gründen der Übersichtlichkeit nicht mitgezeichnet; es ist nach Bild 19.51 auszuführen (je

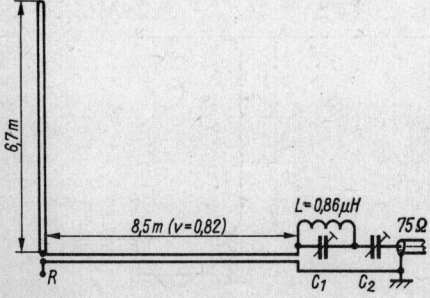

Bild 19.55
Die Dreiband-Vertikalantenne nach *OD 5 CG*

Band 4 Radials) und wird an den Punkt R angeschlossen. Am Antenneneingang beginnt eine 8,5 m lange Zweidrahtleitung, die aus einem handelsüblichen symmetrischen 300-Ω-Bandkabel mit einem Verkürzungsfaktor V von 0,82 besteht (UKW-Bandleitung). Andere Verkürzungsfaktoren erfordern geänderte Leitungslängen (z. B. $V = 0,08 = 8,3$ m; $V = 0,85 = 8,8$ m). Für 15 m hat diese Leitung eine elektrische Länge von $3\lambda/4$ und wirkt somit wie ein Viertelwellentransformator, der den hochohmigen Eingangswiderstand des $\lambda/2$-Strahlers auf einen reellen Wert von rund 65 Ω am Leitungsende herabsetzt. Da die Leitungslänge für 10 m elektrisch 1λ und für 20 m $0,5\lambda$ beträgt, werden die am Antenneneingang herrschenden Impedanzverhältnisse fast unverändert zum Leitungsende übertragen. Somit muß man dort für 20 m mit einem Wirkwiderstand von etwa 95 Ω rechnen, der mit einem induktiven Blindwiderstand X_L von etwa 180 Ω beaufschlag ist; für 10 m ergibt sich eine reelle Komponente von 75 Ω, belastet mit einer kapazitiven Reaktanz X_C von 280 Ω. Diese Blindwiderstände werden im nachfolgenden Reaktanztransformator, bestehend aus L, C_1 und C_2, beseitigt, so daß an dessen Ausgang für alle 3 Bänder ein reeller Widerstand von durchschnittlich 75 Ω vorhanden ist.

Die berechneten Kapazitätswerte betragen 23 pF für C_1 und 41,7 pF für C_2. Es ist zweckmäßig, für C_1 einen Drehkondensator mit 30 pF Endkapazität und für C_2 einen solchen von 100 pF einzusetzen. Für den Abgleich des Reaktanztransformators gibt *OD 5 CG* folgende Anleitung: Parallelschaltung L–C_1 mit dem Dip-Meter durch Variieren von C_1 auf eine Resonanzfrequenz von 35,85 MHz einstellen. Nun wird C_2 vorübergehend dem Kreis L–C_1 parallelgeschaltet und mit C_2 so abgestimmt, daß die Kreisresonanz 21,37 MHz beträgt. Dann nimmt C_2 wieder seinen ursprünglichen Platz in der Schaltung ein, der Abgleich ist damit beendet. Die Spule L mit der Induktivität 0,86 µH bestand bei der Musterantenne aus 7 Windungen eines 1,3 mm dicken Kupferdrahtes; Spulendurchmesser und Spulenlänge je 25 mm.

Der *OD 5 CG*-Dreibandstrahler besticht durch die Lösung des Anpassungsproblems für 3 Bänder ohne Umschalter. In seinen Strahlungseigenschaften kann er mit der Dreiband-Groundplane nach Bild 19.50 verglichen werden.

Vierband-Groundplane ohne Umschalter

Eine Vierband-Groundplane, die ohne komplizierte Umschalteinrichtung auskommt und auf sonstige verlustbehaftete Schaltelemente ver-

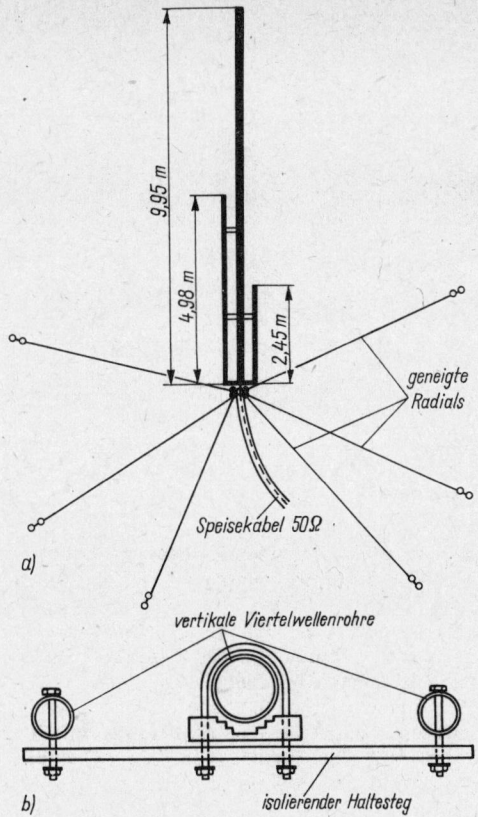

Bild 19.56
Die Vierband-Groundplane ohne Umschalter;
a – Aufbauschema, b – Konstruktionsvorschlag für die isolierende Halterung

zichtet, zeigt Bild 19.56. Man kann diese Antenne von den in Abschnitt 10.2.6. beschriebenen Mehrfachdipolen ableiten. Es handelt sich um ein stabiles Viertelwellenrohr für 40 m, das gleichzeitig als Tragmast für einen 20- und einen 10-m-Viertelwellenstrahler genutzt wird. Am Antenneneingang sind die 3 Einzelstrahler leitend miteinander verbunden, dort wird auch der Innenleiter des koaxialen 50-Ω-Speisekabels angeschlossen. Der Kabelaußenleiter liegt an der Basis der Radials, die mit einer Länge von je 10,35 m in möglichst großer Anzahl vorhanden sein sollen. Um annähernd Anpassung an das 50-Ω-Speisekabel zu erhalten, müssen die Radials mit einem Winkel von etwa 135° nach unten geneigt werden (siehe Abschnitt 19.4.1.). Das bedingt, daß sich der Antenneneingang der Vertikalstäbe einige Meter über der Erdoberfläche befindet. Eine Aufteilung der Radials nach Bild 19.51 ist zu empfehlen, wobei zusätzlich noch die

Radials für den 40-m-Betrieb angebracht werden müssen.

Die Viertelwellenrohre lassen sich entsprechend Bild 19.56 b am tragenden 50-m-Vertikalrohr befestigen, wobei der Verbindungssteg aus einem verlustarmen Kunststoff besteht (z. B. *Piacryl*). Die gleiche Befestigungsart kann auch am Antenneneingang verwendet werden, dort besteht der Verbindungssteg aus Metall.

Die Wirkungsweise dieser Vierband-Groundplane läßt sich leicht übersehen. Beim 40-m-Betrieb wirkt der 9,95 m lange Stab; er ist etwas kürzer als üblich, weil sein relativ großer Durchmesser in Verbindung mit den beiden parallelgeschalteten Elementen eine stärkere Verkürzung bedingt. Dieser Stab weist gleichzeitig für den 15-m-Betrieb als 3λ/4 langer Strahler Resonanz auf, wobei allerdings in der Strahlungscharakteristik eine Aufspaltung des Vertikaldiagramms eintritt. Für 20 und 10 m sind normal bemessene Viertelwellenstäbe vorhanden.

Wie bereits ausgeführt, ist bei freier Antennenumgebung die Errichtung von Vertikalantennen unmittelbar über der Erdoberfläche am günstigsten. In solchen Fällen müßten aber die Radials waagerecht verspannt werden, und der Eingangswiderstand würde deshalb nur in der Größenordnung von 30 Ω liegen. In diesem Fall kann man sich mit dem in Abschnitt 19.1.5. behandelten Prinzip der verlängerten Groundplane helfen. Dazu werden die Stäbe für 10 m und für 20 m auf etwa 5λ/16 verlängert und analog zu Bild 19.24 durch einen Serienkondensator wieder auf eine elektrische Länge von λ/4 verkürzt. Man rückt damit sozusagen den Antenneneingang in ein Gebiet größerer Impedanz, und es bereitet keinerlei Schwierigkeiten, an ein beliebiges Koaxialkabel anzupassen. Alle erforderlichen Angaben sind aus Tabelle 19.2. zu ersehen.

Bild 19.57 zeigt einen Konstruktionsvorschlag für diese Bauart. Aus mechanischen Gründen ist für das 40-m-Element keine Verlängerung vorgesehen, es wird als geerdete Groundplane nach Bild 19.17 gestaltet. Dabei ist das Strahlerende direkt geerdet, und das Anpassen wird über eine kompensierte Gamma-Anpassung sichergestellt. Die beiden anderen Viertelwellenstäbe sind entsprechend Tabelle 19.2. verlängert und durch Drehkondensatoren elektrisch verkürzt. Diese Elemente trägt der geerdete Mittelstab. Die Elemente sind aber durch den Haltesteg vom Mittelstab isoliert. Nur die Rotoren der 3 Drehkondensatoren werden miteinander verbunden und bilden den Anschlußpunkt für den Innenleiter des koaxialen Speisekabels. Der Kabelaußenleiter ist an den Eingang des geerdeten 40-m-Strahlers angeschlossen, wo auch das Erdnetz bzw. die Radials zusammenlaufen. Bei einer solchen Konstruktion wird man für den tragenden 40-m-

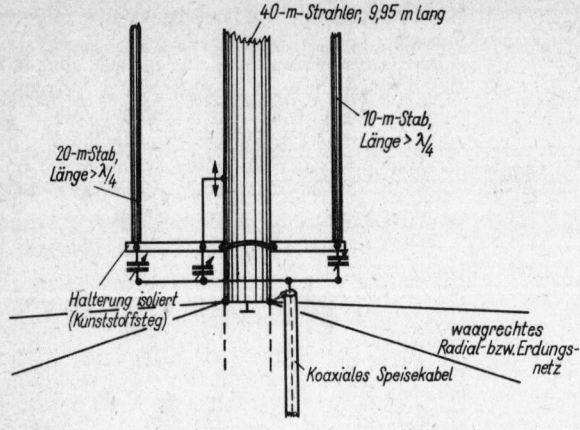

40-m-Strahler, 9,95 m lang

10-m-Stab,
Länge > λ/4

20-m-Stab,
Länge > λ/4

Halterung isoliert
(Kunststoffsteg)

waagrechtes
Radial- bzw. Erdungs-
netz

Koaxiales Speisekabel

Bild 19.57
Die Vierband-Groundplane mit
Kabelanpassung

Strahler ein kräftiges Stahlrohr verwenden, dessen unteres Ende im Erdreich so verankert ist, daß die freie Länge über der Erdoberfläche 9,90 m beträgt. Das Rohrende sollte man in einen Betonklotz eingießen. Die beiden verlängerten Viertelwellenstücke werden dann mit ihren Fußpunkten nahe der Erdoberfläche isoliert am Tragerohr befestigt (siehe Bild 19.57). Eine solche Anlage ist gleichzeitig ein ausgezeichneter Blitzableiter.

19.5.4. Vertikale Mehrbandantennen mit Multibandkreisen

Es liegt nahe, auch für die Konstruktion einer Mehrband-Groundplane das Prinzip der Mehrbandelemente anzuwenden, das sich beim *VK 2 AOU*-Dreiband-Beam (siehe Abschnitt 18.2.) und beim *VK 2 AOU*-Dreiband-Quad (siehe Abschnitt 18.5.) bewährt hat. Von *VK 2 AZN* wurde dieser Gedanke mit Erfolg verwirklicht [16].

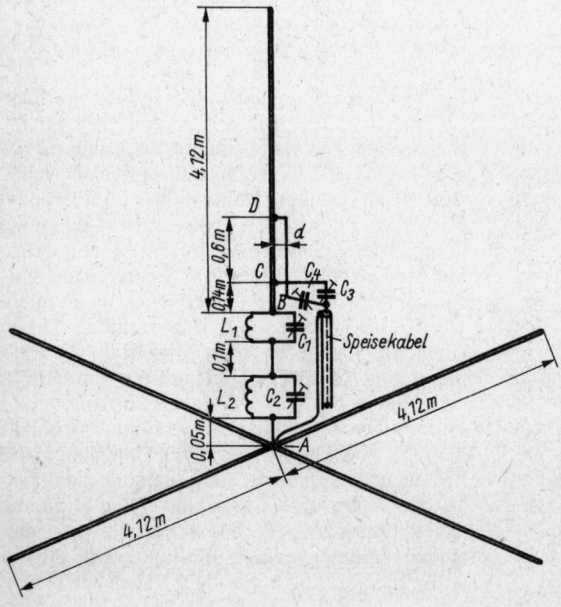

Bild 19.58
Das Aufbauschema der Dreiband-Groundplane mit Mehrbandkreisen

19.5.4.1. Dreiband-Groundplane mit Mehrbandkreisen für 10, 15 und 20 m nach *VK 2 AZN*

Bild 19.58 zeigt das Schema einer Dreiband-Groundplane, die mit einer freien Länge des Vertikalstabes von 4,12 m und 4 ebenso langen Radials auskommt. Mit diesen Abmessungen liegt die Strahlerresonanz zwischen 20 und 15 m. Ein Verkürzen von Strahler und Radials bis auf minimal 3,35 m wäre möglich; in diesem Fall würde aber der Wirkungsgrad abfallen, und die beiden Mehrbandkreise müßten entsprechen verändert werden. Es empfiehlt sich daher, die von *VK 2 AZN* erprobten Abmessungen einzuhalten.

Alle Elemente bestehen aus Leichtmetallrohr mit 25 mm Durchmesser. Rohrdurchmesser und Profile sind nicht kritisch. Die am Eingang des Vertikalteils in Reihe geschalteten Parallelresonanzkreise $L_1 - C_1$ und $L_2 - C_2$ stellen die Mehrbandresonanz des Vertikalteils und der Radials her. L_1 besteht aus einem Drahtstück von 165 mm Länge (Drahtdurchmesser 2,0 bis 2,5 mm), das zu einem Halbkreis gebogen wird. L_2 hat 2 Wdg. gleichen Drahtes, wobei der Spulendurchmesser 38 mm und die Spulenlänge 13 mm betragen soll. Die Verbindungsleitung zwischen L_2 und dem zentralen Anschlußpunkt A ist 50 mm lang; die Leiterlänge zwischen L_2 und L_1 beträgt 100 mm. C_1 (160 pF) und C_2 (60 pF) sind Lufttrimmer bzw. Kombinationen von geeigneten Festkondensatoren und Lufttrimmern, die wie üblich in Kunststoffbüchsen witterungsgeschützt untergebracht werden sollen.

Ein koaxiales Speisekabel könnte man induktiv über L_1 und L_2 anpassen. *VK 2 AZN* hat jedoch eine mechanisch günstigere und auch elektrisch einwandfreie Methode gefunden, die im Prinzip eine Gamma-Anpassung darstellt (siehe Abschnitt 6.3.) Der Außenleiter des Speisekabels wird mit dem zentralen Punkt A verbunden. Dicht am Kabelinnenleiter befinden sich die Lufttrimmer C_3 und C_4 (55 pF bzw. 52 pF). C_3 benutzt man zum Anpassen für 28 MHz und ist beim Einstellen etwas kritisch. Über C_4 wird das Koaxialkabel für 14 und 21 MHz angepaßt; diese Abstimmung liegt relativ breit. Die Leitung zwischen C_3 und dem Punkt C auf dem Vertikalstab besteht aus dickem Draht und wird auf kürzestem Weg zu C geführt. Dabei beträgt der Abstand B–C etwa 140 mm (nicht kritisch). Bei der Verbindung von C_4 zu Punkt D ist zu beachten, daß diese Leitung parallel zum Vertikalelement geführt werden muß. Im Interesse einer guten Anpassung für 14 MHz sollte der Abstand d möglichst klein sein. Ist d aber zu klein, wird die Welligkeit für 28 MHz zu groß. Eine günstige Kompromißlösung wurde mit einem Abstand D von 20 mm gefunden. Es ist erforderlich, die Gamma-

Leitung zu Punkt D mechanisch so festzulegen, daß die Parallelität zum Vertikalrohr ständig gewahrt bleibt.

Als Basis für den mechanischen Aufbau wählte *VK 2 AZN* eine Hartholzkonstruktion nach Bild 19.59. Sie besteht aus einer 25 mm dicken, viereckigen Grundplatte aus Holz oder geeignetem Kunststoff mit 300 mm Seitenlänge. Wie in der Zeichnung dargestellt, sind auf dieser Platte 4 je 600 mm lange, 80 mm breite und 50 mm dicke Holzlatten aufgeschraubt, die man als Tragearme für die 4 rohrförmigen Radials nutzt, 2 weitere, etwa 300 mm lange Holz- und Kunststoffstreifen sind zur Halterung der Schwingkreiselemente bzw. des Speisesystems bestimmt. Im Zentrum der Grundplatte befindet sich ein Standisolator, der den Vertikalstab aufnimmt. An die elektrische Güte dieses Isolators werden keine hohen Anforderungen gestellt, da am Eingang der Vertikalantenne nur geringe Hochfrequenzspannungen auftreten. Um dem vertikalen Element genügende Standfestigkeit zu verleihen, spannt man es nach 4 Richtungen ab. Die 4 Abspannungen setzen etwa 1,20 m oberhalb des Fußpunktes an und verlaufen zu den 4 Radials, an denen man sie ebenfalls 1,20 m vom Zentrum entfernt befestigt. Fertigt man die Abspannungen aus Metalldrähten, dann müssen diese mindestens nach 0,6 m durch einen Eierisolator elektrisch unterbrochen werden.

Für den Vorabgleich der Anordnung benutzt man ein Dip-Meter, wobei das Speisesystem noch nicht angeschlossen ist. Es wird dabei vorausgesetzt, daß sich die Radials mindestens 0,3 m über Grund befinden. Das Dip-Meter koppelt man jeweils an L_1 bzw. L_2 an. Veränderungen an L_1 beeinflussen vor allem die 14-MHz-Resonanz. Mit L_2 und C_1 wird die Resonanz für 21 MHz hergestellt, und C_2 reagiert hauptsächlich für

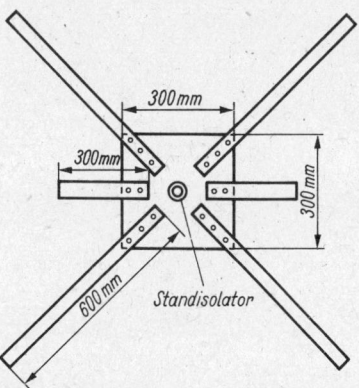

Bild 19.59
Vorschlag eines hölzernen Tragegestelles für die Dreiband-Groundplane

28 MHz. Eine bestimmte Abhängigkeit der Einstellungen untereinander ist vorhanden.

Zunächst stellt man C_1 auf 160 pF und C_2 auf 60 pF ein. Im allgemeinen liegen dann die 3 vom Dip-Meter angezeigten Resonanzfrequenzen schon innerhalb oder in der Nähe der 3 Amateurbänder. Die gewünschten Bandfrequenzen werden durch abwechselndes Verändern der Abgleichelemente L_1–C_1–L_2– C_2 eingestellt. Anschließend wird das Speisesystem angeschlossen, wobei der Anschluß C 140 mm oberhalb von Punkt B liegt. Der Abstand B–D beträgt 740 mm. C_3 stellt man zunächst auf 55 pF und C_4 auf 52 pF. Als Anzeigegerät zum Einstellen der bestmöglichen Anpassung für alle 3 Bänder und gleichzeitig zur exakten Feinabstimmung der Strahlerresonanzen ist ein Reflektometer nach Abschnitt 31.2.2. gut geeignet. Es wird am Antenneneingang oder in dessen unmittelbarer Nähe in das Speisekabel eingeschleift. Den Betriebssender stimmt man zunächst auf die gewünschte Resonanzfrequenz im 14-MHz-Band ab und erregt die Antenne bei entsprechend verminderter Senderleistung mit dieser Frequenz. Das auf Rücklaufanzeige geschaltete Reflektometer wird einen mehr oder weniger großen Anteil reflektierter Wellen anzeigen. Nun führt man einen Ferritstab in die Spule L_2 ein. Wird dadurch die angezeigte Welligkeit geringer, muß man L_1 vergrößern; im umgekehrten Fall wird L_1 verkleinert. Anschließend stellt man C_4 ebenfalls auf Welligkeitsminimum.

Nun wird die Antenne mit der gewünschten Resonanzfrequenz im 21-MHz-Band vom Sender erregt. C_1 verstellt man so, daß wieder Minimum der Welligkeitsanzeige auftritt, das bedeutet, daß die Resonanz für 21 MHz korrigiert wird. Schließlich erregt man das System mit 28 MHz und verstellt C_2 so, daß wieder Minimum der Welligkeitsanzeige auftritt. Mit C_3 wird dann dieses Minimum noch weiter vertieft.

Da sich alle Einstellungen gegenseitig beeinflussen, muß man den gesamten Abstimmvorgang so lange wiederholen, bis für alle 3 Bänder ein Optimum des Abgleichs gefunden ist. Dabei beschränkt man sich auf das Nachstimmen der Kondensatoren, wobei immer zuerst mit C_1 bzw. C_2 die Resonanz nachgestimmt wird und man dann mit C_4 bzw. C_3 die Anpassung korrigiert. Veränderungen an L_2 bzw. an den Abgriffen C oder D sind nur ausnahmsweise erforderlich.

19.5.4.2. Zweiband-Groundplane mit Mehrbandkreis für 80 und 40 m

Die guten Ergebnisse, die mit der Dreiband-Groundplane auf der Basis von Mehrbandkreisen erzielt wurden, veranlaßten *VK 2 AZN*, auch eine Zweibandversion zu entwickeln. Diese wurde mit nur 2 Radials von je 13,40 m Länge ausgeführt, wobei die Gesamtlänge des Vertikalrohres etwa 9,15 m beträgt.

Bild 19.60 zeigt das Aufbauschema. Es ist nur ein Parallelresonanzkreis L_1–C_1 vorhanden. Die Verlängerunsspule L_2 hat die Aufgabe, den Vertikalteil induktiv auf eine elektrisch wirksame Länge von 13,40 m zu bringen. L_2 besteht aus 8 Wdg. eines 2 ... 3 mm dicken Kupferlackdrahtes, der Spulendurchmesser beträgt 60 mm und die Spulenlänge 35 mm. Das freie Strahlerstück E–F ist 8,23 m lang, falls erforderlich, kann es verkürzt werden: dann muß man L_2 vergrößern, und der Wirkungsgrad verschlechtert sich. Beim Verlängern von E–F verbessert sich der Wirkungsgrad, und L_2 muß kleiner werden.

Die Schwingkreisspule L_1 hat 18 Wdg. mit einem Drahtdurchmesser von 2,0 ... 2,5 mm. Der Spulendurchmesser beträgt 60 mm, die Spulenlänge 65 mm. Es ist zweckmäßig, diese Spule auf einen keramischen Rippenkörper aufzubringen. Um die Induktivität beim Abgleich verändern zu können, wurde L_1 mit 18 Wdg. etwas größer als erforderlich bemessen. Beim Aufbau von *VK 2 AZN* wurden für optimalen Abgleich die letzten 4 Wdg. nach Punkt B kurzgeschlossen, so daß nur noch etwa 14 Wdg. als Kreisinduktivität wirksam waren. Der Kondensator C_1 ist wieder ein Lufttrimmer mit etwa 100 pF Endkapazität, den man zunächst auf 45 pF einstellt.

Zum Abgleich wird ein Dip-Meter an L_1 angekoppelt und mit C_1 Resonanz im 7-MHz-Band eingestellt. Die 2. Resonanzstelle im 3,5-MHz-Band korrigiert man durch entsprechendes Kurz-

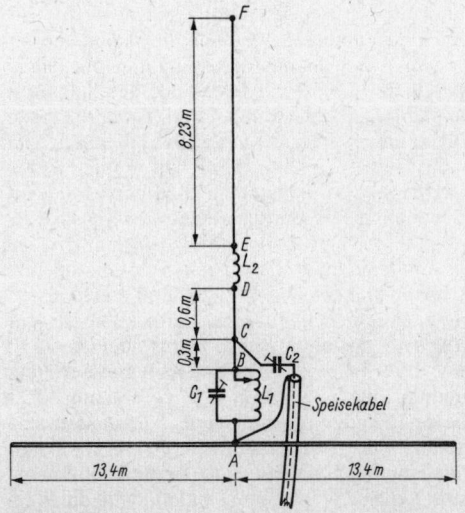

Bild 19.60
Das Aufbauschema der Zweiband-Groundplane für 80 und 40 m

schließen von Windungen der Spule L_1. Liegen die Resonanzstellen annähernd richtig, wird das Speisesystem angeschlossen. Dabei ist der Außenleiter des Speisekabels an Punkt A geführt; unmittelbar am Kabelinnenleiter befindet sich ein Lufttrimmer C_2 mit etwa 150 pF Endkapazität, den man vorerst auf 85 pF einstellt. Von C_2 aus verläuft die Gamma-Leitung nach Punkt C, 300 mm oberhalb von Punkt B.

Zum Endabgleich von Resonanz und Anpassung wird ein Reflektometer in unmittelbarer Nähe des Antenneneingangs gesetzt. Der Betriebssender ist zunächst auf die gewünschte Frequenz im 80-m-Band abgestimmt und erregt das System. Zum Feststellen der Abgleichtendenz taucht man einen Ferritstab in die Spule L_1 ein. Wird dabei der Anteil reflektierter Wellen geringer, muß L_1 vergrößert werden, d. h., daß der Kurzschlußabgriff in Richtung B zu verstellen ist. Im umgekehrten Fall müssen mehr Windungen kurzgeschlossen werden. Hat man auf diese Weise ein Minimum an Welligkeit erreicht, läßt sich das Minimum durch entsprechendes Abstimmen von C_2 noch vertiefen. Den gleichen Abstimmvorgang wiederholt man mit einer Sendefrequenz im 40-m-Band, wobei man die Resonanz mit C_1 abstimmt und die Anpassungskorrektur mit C_2 vornimmt. Den gesamten Abgleichvorgang wiederholt man so lange, bis für beide Frequenzen Resonanz und bestmögliche Anpassung eintritt. Wenn die optimale Einstellung von C_2 für 3,5 MHz und 7 MHz Unterschiede aufweist, muß ein Kompromiß geschlossen werden, indem man C_2 so zwischen beiden Welligkeitsminima einstellt, daß für beide Bänder noch eine brauchbare Anpassung gewährleistet ist.

Auch mit dieser Zweibandantenne wurden gute Ergebnisse erzielt, so daß sich ein Nachbau bei beschränkten Platzverhältnissen durchaus lohnt. Selbstverständlich kann man auch mehr Radials verwenden. Wie sich eine Variation der Anzahl der Radials auf die Strahlungscharakteristik dieser Antennenform auswirkt, wurde bisher noch nicht untersucht.

Eine mechanisch einfachere Anordnung, welche sich als die Hälfte einer Mehrband-Trap-Antenne nach Abschnitt 10.2.8. darstellt, zeigt Bild 19.61. Für den 80- und 40-m-Betrieb hat sie die leider schwer darstellbare Länge von 16,78 m. Bemißt man sie für 40 und 20 m, kommt man mit einer Bauhöhe von 8,30 m aus. Diese Bemessungsangaben sind in Bild 19.61 als Klammerwerte enthalten.

Der Strahlungswiderstand für beide Betriebsfälle beträgt etwa 36 Ω. Da die Eingangsimpedanz gleich der Summe aus Strahlungswiderstand und Gesamtverlustwiderstand ist, kann es durchaus vorkommen, daß Anpassung an ein 50-Ω-Koaxialkabel besteht. In diesem Fall würde die Summe der Verlustwiderstände etwa 14 Ω betragen. Bei mangelhaftem Erdnetz ist dies ein realistischer Wert. Ist eine leichte Fehlanpassung festzustellen, so kann dies auf ein relativ gutes Erdnetz hindeuten (kleiner Verlustwiderstand). Die manchmal vorgeschlagene Methode, die Antenne über die Parallelschaltung von 2 Kabeln mit je 75 Ω Wellenwiderstand (resultierender Widerstand ≈ 37 Ω) zu speisen, ist nicht sehr sinnvoll, weil sie eine verlustfreie Antenne voraussetzt. Im übrigen sind alle im Abschnitt 10.2.8. gemachten Angaben für diese Antenne sinngemäß gültig.

19.5.4.3. Vertikalantennen mit Mehrbandkreisen nach *VK 2 AOU*

Die in Abschnitt 18.2. beschriebenen Mehrbandkreise nach *VK 2 AOU* können auch für Dreiband-Groundplane-Antennen eingesetzt werden. Die praktische Anwendung dieses Prinzips beschreibt *DK 9 FN* in [17]. Das Aufbauschema zeigt Bild 19.62, es bezieht sich auf die Ausführungsformen für das 10-, 15- und 20-m-Band. Mit anderer Bemessung ist es auch für die neu zugelassenen Bänder 12, 17 und 30 m geeignet. Die von *DK 9 FN* angegebenen Daten sind in Tabelle 19.6. aufgeführt.

Die Spulen L_1 und L_2 müssen räumlich so angeordnet werden, daß sie nicht aufeinander koppeln können (z. B. Spulenachsen rechtwinklig zueinander mit möglichst großem Abstand). Ausführliche Angaben zur Herstellung der beiden Schwingkreise sind in [17] enthalten. Die beiden

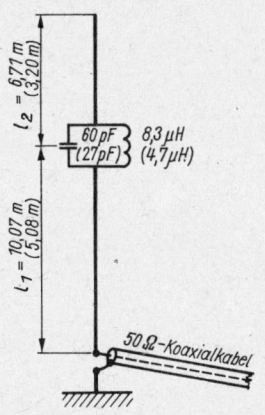

Bild 19.61
Vertikale Trap-Antenne für 80 und 40 m, Klammerwerte sind für 40 und 20 m gültig

Tabelle 19.6. Bemessungsangaben für Dreiband-Groundplane nach Bild 19.62

Amateur-bänder in m	Länge l in m	C_1 in pF	C_2 in pF	L_1 in µH	L_2 in µH	Res. 1 in MHz	Res. 2 in MHz
12, 17, 30	4,00	168	64	1,17	0,74	11,4	23,2
10, 15, 20	3,40	88	56	0,95	0,66	17,4	26,2

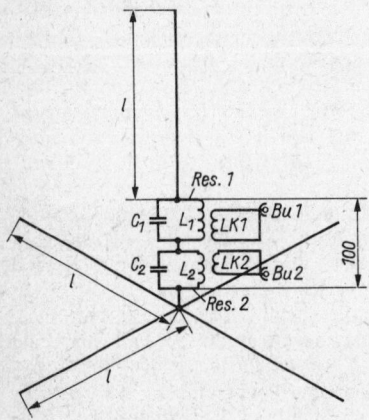

Bild 19.62
Schema für Dreiband-Groundplane mit Mehrbandkreisen nach *VK 2 AOU*

Anschlußbuchsen Bu1 und Bu2 können wahlweise verwendet werden. Es hat sich bei *DK 9 FN* herausgestellt, daß beim Anschluß an Bu1 die Welligkeit im frequenzhöchsten Band relativ groß war, beim Anschluß an Bu2 war das frequenztiefste Band von dieser Erscheinung betroffen.

Die 4 gleichlangen Radials waren bei *DK 9 FN* mit einem Winkel von 45° nach unten geneigt; Neigungswinkel zwischen 30° und 60° sind zulässig. Abgleichhinweise und Meßergebnisse werden in [17] gegeben.

19.5.5. Die JF-Zweiband-Vertikalantenne für 30 und 12 m

W 1 JF bezeichnet diese in Bild 19.63 dargestellte Bauform als «J²-Antenne» [18]; sie ist für die neu zugelassenen Amateurbänder 30 und 12 m bemessen. Abgeleitet wird diese Bauform von der in Abschnitt 13.4.2.1. beschriebenen JF-Antenne (Bild 13.11), die durch die jeweils für das frequenzhöhere Band wirksamen Phasendrehglieder gekennzeichnet ist.

Im 30-m-Band beträgt die Länge $5\lambda/8$ mit einem Gewinn von etwa 3 dB, bezogen auf eine

$\lambda/4$-Vertikalantenne. Weitere Einzelheiten zur $5/8$-λ-Vertikalantenne sind in Abschnitt 19.4.1.8. enthalten.

Für den Betrieb im 12-m-Band hat die Antenne 2 Halbwellenstücke, die durch das Phasendrehglied gleichphasig erregt werden. Es handelt sich somit um eine vertikal angeordnete Dipollinie mit 2 kollinearen Halbwellenstücken (siehe Abschnitt 13.1.)

Für guten Wirkungsgrad im 30-m-Band werden einige Radials von je etwa 7,25 m Länge benötigt. Der Antenneneingang sollte sich unmittelbar über dem Erdboden befinden (maximal 0,6 m). Beim 12-m-Betrieb sind keine Radials erforderlich.

Im 40-m-Band ist Betrieb als verkürzte Halbwellenantenne möglich (Länge $\approx 0,4\lambda$), und im 80-m-Band kann der Strahler noch als verkürzte $\lambda/4$-Groundplane (Länge $\approx 0,21\lambda$) eingesetzt werden. Für diese Betriebsfälle ist ein erweitertes Radialnetz erforderlich.

Wegen der sehr unterschiedlichen Anpassungsverhältnisse muß die Antenne über umschaltbare Anpassungsnetzwerke oder eine offene Zweidrahtleitung mit anschließendem Anpaßgerät erregt werden.

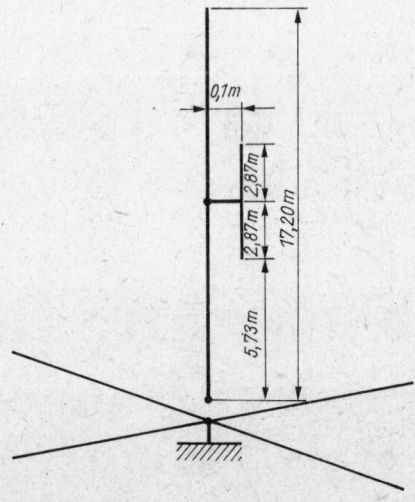

Bild 19.63
Die JF-Vertikalantenne für 30 und 12 m

19.6 Vertikal polarisierte Ringantennen

Durch eine extrem geringe Bauhöhe zeichnen sich die nachstehend beschriebenen vertikal polarisierten Ringantennen aus. Sie wurden für kommerzielle Anwendungen entwickelt, können aber in manchen Fällen auch für den Funkamateur von Interesse sein.

19.6.1. Die DDRR-Antenne
(J. M. Boyer – US Pat. 3151328 – 1962)

W 6 UYH entwickelte eine Antennenform mit unüblicher Strahlenausführung (engl.: **D**irectional **D**iscontinuity **R**ing **R**adiator [19], [20], [21] [22]. Wie in Bild 19.64 dargestellt, ist eine $0,007\lambda$ lange Vertikalantenne mit einer ringförmigen Dachkapazität belastet. Der Ringdurchmesser d_1 beträgt $0,078\lambda$; das entspricht einer Antennenlänge von etwa $0,25\lambda$, wobei unter Berücksichtigung des Verkürzungsfaktors und der kapazitiven Belastung Viertelwellenresonanz auftritt. Der Drehkondensator C_1 ermöglicht eine Frequenzfeinabstimmung des Strahlers.

Für die gezeigte Speisung über Koaxialkabel benutzt man eine Gamma-Anpassung (siehe Abschnitt 6.3.) Dabei ist der Kabelaußenleiter mit dem Gegengewicht verbunden. Für den Innenleiter sucht man auf dem Ring den Punkt, dessen Impedanz dem Wellenwiderstand des Kabels entspricht. Durch entsprechende Wahl dieses Anzapfungspunktes kann jedes Koaxialkabel an den Strahler angepaßt werden.

Die DDRR-Antenne strahlt trotz ihres im wesentlichen horizontalen Aufbaus eindeutig vertikal polarisiert. Sie ist ein Rundstrahler und entspricht somit hinsichtlich Polarisation und Strahlungscharakteristik einer kurzen resonanten Vertikalantenne. Der eigentliche Strahler ist

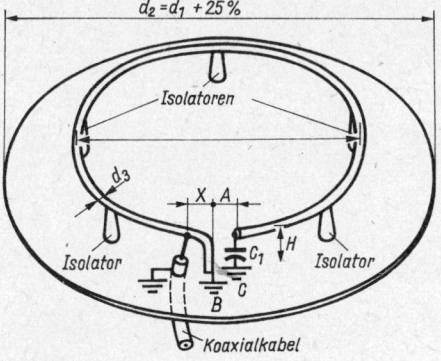

Bild 19.64
Das Schema der DDRR-Antenne

der Vertikalteil des Ringes. Auf Grund der extrem geringen Bauhöhe in Verbindung mit der kleinen Flächenausdehnung ist die DDRR-Antenne auch für den Funkamateur mit räumlich beschränkten Aufbaumöglichkeiten und für den Mobilbetrieb von Bedeutung. Es liegen Erfahrungen über den Einsatz dieser Ringantenne als Amateurkurzwellenstrahler vor, die ihre guten Gebrauchseigenschaften erkennen lassen [23], [24].

Leider weist der durch Messungen und Berechnungen nach Gl. (19.5.) ermittelte Strahlungswiderstand R_r der DDRR-Antenne einen extrem kleinen Wert auf. Die Summe der Verlustwiderstände R_l ist daher so gering zu halten, daß noch ein brauchbarer Wirkungsgrad erreicht wird. Der Ringleiter muß deshalb aus Kupfer oder Aluminium mit möglichst großer Oberfläche bestehen (Skineffekt!), und für die Halteisolatoren und den Drehkondensator sind nur Exemplare von bester, verlustarmer Qualität zu verwenden. Da sich der Abstimmkondensator im Spannungsmaximum befindet, wird außerdem hohe Durchschlagfestigkeit gefordert. Parallele, schwenkbare Endplatten mit völliger Luftisolation als Eigenkonstruktion für die Abstimmkapazität dürften deshalb die günstigste Lösung sein. Es ist nicht ratsam, große Abstimmkapazitäten bei verkleinertem Ringumfang zu verwenden, da der Wirkungsgrad des Strahlers mit wachsender kapazitiver Endbelastung stark abfällt.

Voraussetzung für einen guten Wirkungsgrad ist außerdem – wie bei der Groundplane – ein gutes Gegengewicht, das beim Prototyp der DDRR-Antenne durch eine ebene kreisförmige Metallscheibe guter Oberflächenleitfähigkeit gebildet wird. Ihr Durchmesser d_2 soll mindestens 25% größer als der des Ringleiters sein. Der Erhebungswinkel des Strahlungsmaximums wird um so kleiner, je größer das Gegengewicht im Verhältnis zum Ringdurchmesser ist. Einer Vergrößerung entspricht auch der Anschluß möglichst vieler $0,25\lambda$ langer Radials, die von der Peripherie der Blechscheibe ausgehen und strahlenförmig nach außen geführt werden. Man muß auf eine gute leitende Verbindung der Radials mit dem Gegengewicht achten.

Beim Bau einer DDRR-Antenne für die hochfrequenten Amateurbänder 10 und 15 m dürfte es kaum besondere Probleme der Materialbeschaffung geben. Allerdings kann auch bei sehr beschränkten Aufbaumöglichkeiten für diese Bereiche mit etwa gleichem Aufwand eine Groundplane aufgebaut werden, die bei voller $\lambda/4$-Höhe einen höheren Wirkungsgrad aufweist und – wie Messungen ergaben – um etwa 2,5 dB «besser» ist als der DDRR-Strahler. Für den Mobileinsatz auf diesen Bändern dagegen sind die mechanischen Vorzüge der DDRR-Antenne unverkennbar.

Besondere Schwierigkeiten bereiten dem Kurzwellenamateur bekanntlich Auswahl und Aufbau von wirkungsvollen Antennen für die Bänder 160, 80 und 40 m. Nicht immer ist der Platz vorhanden, um einen horizontalen Dipol voller Länge spannen zu können. Und selbst wenn keine Raumnot besteht, finden sich nur selten ausreichend hohe Antennenstützpunkte. Relativ wenig Platz benötigt eine 80-m-Groundplane, die außerdem noch den Vorzug der Rundstrahlung hat. Aber wer ist schon in der Lage, einen knapp 20 m hohen Vertikalstrahler zu errichten? Die DDRR-Antenne für 80 m dagegen hat eine Aufbauhöhe h von nur 70 cm, sie benötigt allerdings eine Metallplatte mit etwa 7 m Durchmesser, die wohl nur in Sonderfällen, z. B. in Form eines flachen Blechdaches, vorhanden sein dürfte. Es hat sich jedoch herausgestellt, daß diese Metallplatte durch einen zweiten, gleich großen Metallring ersetzt werden kann (Bild 19.65), wenn ein Wirkungsgradrückgang in Kauf genommen werden kann. Durch diese Lösung dürfte die DDRR-Antenne auch für den 80-m-Amateur interessant sein.

Die in der Tabelle 19.7. aufgeführten Bemessungsunterlagen beziehen sich auf beide Ausführungen. Bei der vereinfachten Variante nach Bild 19.65 hat der untere Ring die gleichen Abmessungen wie der obere. Abstand H ist ein Minimalwert; vergrößert man ihn, dann steigt der Wirkungsgrad rasch an. X ist nur ein Richtwert. Die optimale Lage des Anschlußpunktes für das Koaxialkabel wird beim Abgleich ermittelt. Die angegebenen Abmessungen für den Ringdurchmesser d_1 sind Mindestwerte; es wird daher empfohlen, sie etwas zu vergrößern, um mit möglichst kleinen Endkapazitäten auszukommen. Diese Maßnahme verbessert außerdem den Wirkungsgrad.

Für den Leiterdurchmesser d_2 gilt allgemein, daß man ihn so groß wie möglich wählen sollte, weil als Folge des extrem kleinen Strahlungswiderstandes die Leiterverluste den Wirkungsgrad stark herabsetzen können. Gleichzeitig wird durch dünne Leiter die an sich schon geringe Bandbreite der DDRR-Antenne vermindert.

Die in der Tabelle 19.7 aufgeführten Leiterdurchmesser d_2 beziehen sich auf Kupfer bzw. auf Reinaluminium, sie sollten als Mindestwerte betrachtet werden. Der durch den Skineffekt hervorgerufene frequenzabhängige Verlustwiderstand der verwendeten Leiter beträgt jeweils etwa $0,16\,\Omega$. Das bedeutet, daß bei einem Strahlungswiderstand von $0,3\,\Omega$ mit einem Wirkungsgrad η von 0,6 gerechnet werden kann.

Bereitet das Biegen des Leitermaterials Schwierigkeiten, dann läßt sich der Ringleiter auch aus einzelnen geraden Leiterstücken zu einem Polygon (Vieleck) zusammensetzen.

Zum Abgleich der DDRR-Antenne wird vorerst die Speiseleitung entfernt. Mit einem Dip-Meter, das an die Biegung des geerdeten Leiterschenkels angekoppelt ist, mißt man zuerst die Resonanzfrequenz und korrigiert diese mit C_1, bis sich die gewünschte Frequenz innerhalb des Amateurbandes einstellt. Nun wird die Antenne über das Speisekabel mit der vorher festgestellten Resonanzfrequenz erregt. Durch Verändern des Anschlußpunktes für den Kabelinnenleiter (Strecke X) sucht man den Punkt auf dem Ringleiter, bei dem ein in die Speiseleitung eingeschleiftes Reflektometer die geringste Welligkeit anzeigt. Dort wird der Kabelinnenleiter stabil und gut leitend befestigt. Frequenzänderungen innerhalb des Amateurbandes erfolgen dann nur noch durch Betätigen von C_1. Das Reflektometer sollte als Betriebsmeßgerät ständig eingeschaltet bleiben, denn es arbeitet gleichzeitig als Kontrollinstrument für die Resonanzeinstellung von C_1. Resonanz besteht bei der geringsten angezeigten Welligkeit.

Über praktische Erfahrungen mit einer DDRR-Antenne nach Bild 19.65 berichtet DJ 2 RE [24]. Die Versuchsantenne war für das 10-m-Band nach Tabelle 19.7. bemessen; die beiden Ringleiter wurden aus Kupferrohr mit 7 mm Außendurchmesser gefertigt. Für den Feinabgleich der Antenne brachte man 2 gegeneinander schwenkbare Kupferplatten (60 mm × 60 mm) am heißen Ende des oberen und benachbart am unteren Ring an (C_1). Als Vergleichsantenne stand ein 12 m über Grund aufgebauter 3-Ele-

Tabelle 19.7.   Bemessungsunterlagen für DDR-Antennen nach Bild 19.64 und 19.65

	Amateurbänder in m							
	10	12	15	17	20	30	40	80
Ringumfang in m	2,58	2,95	3,47	4,06	5,19	7,26	10,42	20,14
d_1 in m	0,82	0,94	1,11	1,29	1,65	2,31	3,32	6,41
H in m	0,08	0,09	0,10	0,12	0,15	0,21	0,30	0,65
A in m	0,05	0,05	0,05	0,06	0,08	0,10	0,15	0,30
X in m	0,15	0,20	0,30	0,40	0,50	0,80	1,00	2,00
d_2 in mm	7	8	8,5	9	10	12	14	20
C_1 in pF	25	30	35	40	50	60	75	100

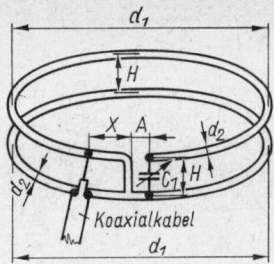

Bild 19.65
Aufbauskizze für die modifizierte DDRR-Antenne (die Abstandsisolatoren sind nicht eingezeichnet)

ment-Drehrichtstrahler zur Verfügung. Die DDRR-Antenne befand sich 9 m über Grund. Ihr unterer Ring war nur über den Kabelmantel geerdet. Bei Empfangsversuchen ließ sich die Rundcharakteristik der DDRR-Antenne sofort deutlich erkennen; die Empfangssignale lagen im Mittel um 2 S-Stufen niedriger als die des Drehrichtstrahlers, dessen Gewinn mit knapp 8 dB angegeben wird. Im Sendebetrieb wurden bei einer auf 150 W begrenzten Eingangsleistung 125 Verbindungen in Telegrafie und SSB abgewickelt und damit alle Kontinente sowie sämtliche W-Rufzeichengebiete erreicht.

In Auswertung der Versuchsergebnisse kommt *DJ 2 RE* zu der Feststellung, daß die DDRR-Antenne in Anbetracht ihrer geringen Abmessungen äußerst brauchbar und zumindest im untersuchten Frequenzbereich keineswegs mehr als Behelfsantenne zu bezeichnen ist. Für den Nahverkehr eignet sie sich – ähnlich wie die Groundplane-Antenne – aufgrund ihres Vertikaldiagramms weniger.

Ein Zweibandbetrieb läßt sich ermöglichen, wobei jeweils das frequenztiefere Amateurband benutzt werden kann. Wenn z. B. eine DDRR-Antenne für das 10-m-Band optimal bemessen ist, kann man diese Antenne auch noch im 15-m-Band betreiben. Allerdings muß dann bei 15-m-Betrieb mit einem Abfall des Wirkungsgrades gerechnet werden. Damit man auch im niederfrequenteren Band mit C_1 noch Resonanz einstellen kann, soll dieser Drehkondensator etwa die 5fache der in Tabelle 19.7. angegebenen Endkapazität aufweisen. Selbstverständlich muß der Drehkondensator vor Witterungseinflüssen geschützt werden. Da auch beim Einbandbetrieb ein Nachstimmen von C_1 bei Frequenzwechsel innerhalb des Bandes ratsam ist, wird eine Fernbedienung von C_1 empfohlen. Es bieten sich einige Möglichkeiten an, z. B. einfache Schnurzüge mit Seilscheiben, elastische Wellen und Drehfeldsysteme.

Die patentierte DDRR-Antenne wird auch für kommerzielle Zwecke eingesetzt. Es wurden bisher Rindurchmesser bis zu 1500 m realisiert (Längstwellenantenne). Wegen ihrer Form wird die DDRR-Antenne manchmal auch als *Hula-Hoop-Antenne* bezeichnet. Inzwischen wurde der Antennenname neu definiert: **DDRR** $\triangleq$ **Di**rectly **D**riven **R**esonant **R**adiator. Die neue Definition erklärt die Wirkungsweise der Antenne besser. Diese Art von Antennen werden auch als «transmission line antennas» bezeichnet (z. B. **HHTL** = **H**ula **H**oop **T**ransmission **L**ine).

19.6.2. Die $\lambda/2$-Ringantenne
(J. M. Boyer – US Pat. 3247515 – 1963)

Die entscheidenden Nachteile der $\lambda/4$-DDRR-Antenne sind ihr außerordentlich kleiner Strahlungswiderstand, der einem brauchbaren Antennenwirkungsgrad entgegensteht, und der sehr geringe Frequenzbereich ($< 2\%$). Mit der in Bild 19.66 skizzierten $\lambda/2$-Ringantenne gelang es, diese Nachteile weitgehend zu beseitigen. Sie unterscheidet sich von der $\lambda/4$-DDRR-Antenne durch den größeren Ringumfang von $\lambda/2$. Sie wird mit geschlossenem Ring ausgeführt.

Der Innenleiter des zum Speisen verwendeten 50-Ω-Koaxialkabels wird etwa 0,14λ vom Anschlußpunkt des Ringleiters entfernt angeschlossen (Strecke X). Dieser Punkt ist nicht kritisch und bedarf keines besonderen Abgleichs. Es kann mit einem Frequenzbereich von 10% gerechnet werden; er nimmt noch zu, wenn man die Strecke X vergrößert (maximal bis etwa 0,22λ), ohne daß sich dabei der Eingangswiderstand von knapp 50 Ω merklich verändert. Die Aufbauhöhe h soll 0,05λ betragen. Höhenänderungen von h beeinflussen den Eingangswiderstand und die Resonanzfrequenz. Der Drehkondensator C_1 ermöglicht eine Frequenzfeinabstimmung.

Was bei der DDRR-Antenne über das Gegengewicht gesagt wurde, gilt auch für die $\lambda/2$-Ringantenne; da man ihr aber einen größeren Strahlungswiderstand zuordnen kann, reagiert ihr

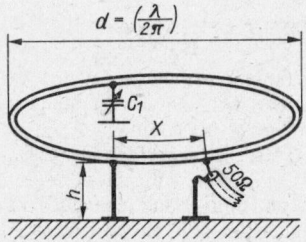

Bild 19.66
Bemessungsskizze für die $\lambda/2$-Ringantenne

Tabelle 19.8.   Bemessungsunterlagen für Antennen mit $\lambda/2$-Ring nach Bild 19.66

	Amateurbänder in m							
	10	12	15	17	20	30	40	80
Ringumfang in m	5,26	6,00	7,08	8,29	10,60	14,80	21,30	41,10
d in m	1,68	1,92	2,25	2,64	3,38	4,72	6,78	13,00
h in m	0,53	0,60	0,70	0,83	1,06	1,48	2,13	4,11
X in m	1,47	1,68	1,98	2,32	2,97	4,15	5,95	11,51

Wirkungsgrad nicht so empfindlich auf vorhandene Erd- und Leiterverluste.

Die Aussagen zur $\lambda/2$-Ringantenne wurden an einem Modell für 400 MHz gewonnen, konkrete Angaben über Strahlungsdiagramme sowie Erfahrungsberichte zur Brauchbarkeit in den Kurzwellenbereichen liegen noch nicht vor. Um einen Eindruck zu vermitteln, mit welchen Abmessungen für die Kurzwellenbänder zu rechnen ist und um eine praktische Unterlage für Versuche zu schaffen, wurde Tabelle 19.8 errechnet.

19.7.   Vertikal polarisierte Breitbandantennen

Wegen der größeren Anzahl der seit 1982 für den Amateurfunk zugelassenen Kurzwellenbänder wünschen sich manche Funkamateure eine Rundstrahlantenne, die man ohne besondere Abgleich- und Anpassungsmaßnahmen für möglichst viele Frequenzbänder einsetzen kann; also eine echte Breitbandantenne. Bei den Empfangsamateuren besteht darüber hinaus oft der Wunsch, neben den Amateurbändern auch die Kurzwellen-Rundfunkbänder mit der gleichen Antenne gut zu empfangen. Die gewünschte Rundstrahlcharakteristik erreicht man am einfachsten mit Vertikalpolarisation. Nachfolgend werden einige vertikal polarisierte Breitbandantennen beschrieben, die solche Wünsche erfüllen können.

19.7.1.   Eine vertikale Multiband-$T\,2\,FD$-Antenne

Auch vertikal aufgehängt bringt die $T\,2\,FD$-Antenne gute Ergebnisse. Bild 19.67 zeigt den Aufbau, der bei einer Gesamthöhe von knapp 7,50 m für die DX-Bänder 10 ... 20 m geeignet ist. In Berichten wird hervorgehoben, daß sich diese Antenne auch im 40- und 80-m-Band noch gut erregen läßt, wobei allerdings die Ergebnisse nicht besonders günstig waren. Somit ist mit einer vertikalen $T\,2\,FD$ ein Allbandbetrieb möglich.

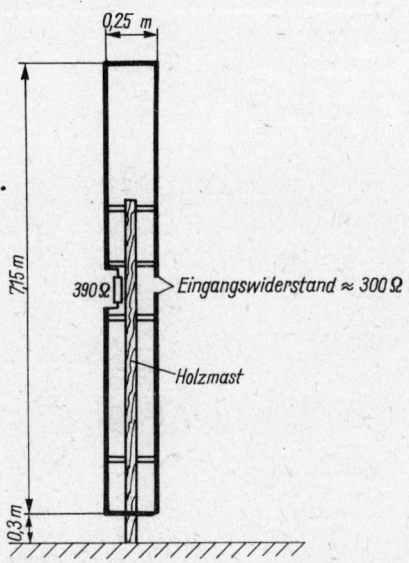

Bild 19.67
Multiband-Vertikalantenne nach dem $T\,2\,FD$-Prinzip

Bei Verwendung eines 390-Ω-Abschlußwiderstands, der mit mindestens 1/3 der Senderleistung belastbar sein muß, beträgt der Eingangswiderstand etwa 300 Ω. Ein direktes Speisen mit UKW-Bandleitung ist deshalb möglich. Um mit einem Koaxialkabel speisen zu können, wird empfohlen, am tragenden Holzmast in der Nähe des Antenneneingangs ein wasserdichtes Kästchen zu befestigen, das die Schaltelemente für einen Symmetrie- und Impedanzwandler enthält. Für diese Antenne werden keine Radials benötigt. Weitere Ausführungen zu $T\,2\,FD$-Antennen sind in Abschnitt 12.2. enthalten.

19.7.2.   Discone-Breitbandantennen
(A. G. Kandoian – US Pat. 2368663 – 1943)

Bei der in [25] veröffentlichten Antenne handelt es sich um einen vertikal polarisierten Strahler mit horizontaler Rundcharakteristik, die weitge-

356

hend der eines vertikalen Halbwellendipols entspricht. Der Hauptvorzug der Discone-Antenne ist ihr großer Frequenzbereich, über den sie mit einem Koaxialkabel symmetrie- und impedanzrichtig gespeist werden kann. Sie ist mechanisch relativ unkompliziert aufzubauen und in ihren Bemessungsdaten weitgehend unkritisch. Deshalb wird diese Antenne seit langer Zeit im kommerziellen Funk vorwiegend im VHF- und UHF-Bereich häufig angewendet. Aber auch für den hochfrequenten Teil des Kurzwellenbereichs ist sie noch darstellbar und daher von Interesse für den Kurzwellenamateur.

Wie Bild 19.68a zeigt, besteht die Discone-Atenne aus einem Metallkegel (engl.: cone), der mit einer Dachscheibe (engl.: disk) versehen ist. In deutscher Übersetzung ist es eine Scheibenkegelantenne, die als obengespeiste Antenne mit scheibenförmiger Dachkapazität und konisch ausgebildetem Außenleiter definiert wird.

In ihrer Urform findet man die Discone-Antenne nur noch für UHF-Anwendungen. Im VHF- und im Kurzwellenbereich ist die Skelettform vorherrschend, d.h. daß die Metallflächen durch ein Skelett aus einzelnen Metallstäben, -streifen, -rohren oder Drähten ersetzt werden (Bild 19.68b). Dadurch erzielt man eine bedeutende Material- und Gewichteinsparung, verbunden mit einem erheblich geringeren Windwiderstand, ohne daß sich dabei die elektrischen Eigenschaften der Antenne merklich verschlechtern. Diese Skelettform ist auch unter der Bezeichnung *Umbrella* bekannt. Bei kommerziellen Ausführungen werden Scheibe und Kegel im Minimum aus je 6 Stäben aufgebaut; üblich sind je 8 Stäbe, und im Sonderfall findet man auch je 12 Stäbe. Ausführungen aus dünnen Drähten oder aus Maschendraht sind ebenfalls möglich. Es existiert auch eine Mischform, bei der die Scheibe aus Metallblech und der Kegel aus Stäben hergestellt ist (Bild 19.68c).

Bild 19.69 zeigt die Prinzipskizze einer Discone-Antenne. Das speisende Koaxialkabel verläuft innerhalb des Kegels bis zu dessen Spitze. Dort ist der Kabelaußenleiter mit dem Kegel metallisch verbunden, so daß man den Kegel als verlängerten Kabelaußenleiter betrachten kann.

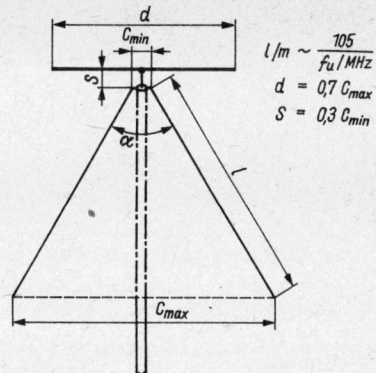

$$l/m \sim \frac{105}{f_u/MHz}$$
$$d = 0{,}7\, c_{max}$$
$$S = 0{,}3\, c_{min}$$

Bild 19.69
Das Prinzipschema einer Discone-Antenne

Der Kabelinnenleiter wird bis zum Mittelpunkt der kreisrunden Scheibe weitergeführt und dort mit dieser verlötet. Scheibe und Kegel sind voneinander isoliert.

Die Discone-Antenne stellt einen Vertikaldipol dar, der durch die besondere Formgebung einen sehr großen Frequenzbereich überbrückt. Wie jeder Vertikaldipol hat auch die Discone in der H-Ebene Rundstrahlcharakteristik (horizontaler Rundstrahler) und in der E-Ebene das bekannte Achterdiagramm eines Halbwellendipols, das sich allerdings abhängig von der gewählten Arbeitsfrequenz mehr oder weniger stark verformt. Oberhalb der unteren Grenzfrequenz f_u, für die die Antenne bemessen wird, bleibt die Welligkeit s auf einem 50-Ω-Koaxialkabel über einen Frequenzbereich von mindestens 1:10 kleiner als 2. Das erklärt die Beliebtheit im kommerziellen Funk, wo häufiger Frequenzwechsel vorkommt oder große Frequenzbereiche erfaßt werden müssen.

Eingehende Untersuchungen zur Bemessung von Discone-Antennen wurden von *Nail* durchgeführt und in [26] veröffentlicht. Der wichtigste Kennwert ist die untere Grenzfrequenz f_u. Man kann f_u als die niedrigste Arbeitsfrequenz definieren, bei der die Welligkeit s auf dem 50-Ω-Koaxialkabel den Wert 3 unterschreitet. Unterhalb

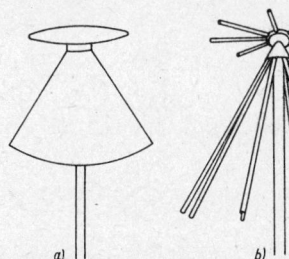
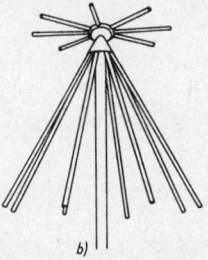

Bild 19.68
Die Discone-Antenne und ihre Abwandlungen;
a – Urform nach *Kandoian*, b – Skelettform,
c – Mischform

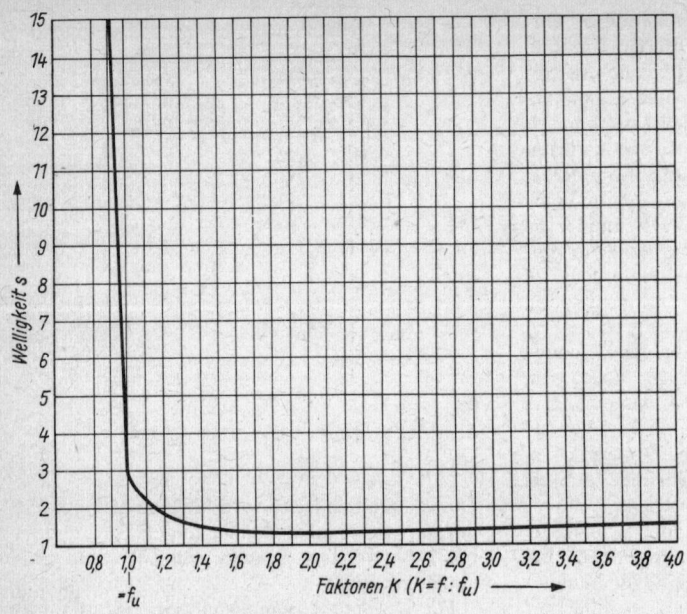

Bild 19.70
Typischer Impedanzverlauf
einer Discone-Antenne bei
Speisung über ein 50-Ω-
Koaxialkabel in Abhängigkeit
von der Betriebsfrequenz

f_u steigt die Welligkeit sehr steil an, oberhalb f_u sinkt sie allmählich auf Durchschnittswerte von $s < 1,5$. Aus Bild 19.70 kann man erkennen, daß sich die Discone elektrisch wie ein relativ steilflankiger Hochpaß verhält.

Die Bemessungen für die niedrigste Arbeitsfrequenz f_u ist von der Kegellänge l, dem Scheibendurchmesser d und dem Öffnungswinkel α abhängig. Experimentelle Untersuchungen von *Nail* haben ergeben, daß d unabhängig vom Öffnungswinkel α optimal mit $0,7 C_{max}$ bemessen werden kann.

Die Länge l wird von α mitbestimmt. *Kandoian* gibt sie mit annähernd $0,25\lambda$, bezogen auf die niedrigste Betriebsfrequenz f_u an. *Nail* bestimmt l mit etwas größer als $0,25\lambda$, und *Tai* [27] kommt auf eine Länge von mindestens $0,33\lambda$.

Klarheit über die Verhältnisse schaffen die von *Nail* experimentell gewonnenen Frequenz-/Anpassungs-Kurven, die in etwas modifizierter Form in Bild 19.71 wiedergegeben werden. Auf der waagerechten Achse befinden sich die Faktoren K, wobei $l = 0,25\lambda$ als Bezugslänge dem Faktor $K = 1,0$ entspricht. Die zu den einzelnen Faktoren K gehörenden Längen l in λ erhält man durch Multiplizieren von K mit 0,25. In keinem Fall ist für f_u eine brauchbare Welligkeit auf einem 50-Ω-Kabel zu erwarten, wenn l mit $0,25\lambda$ bemessen wird. Bei $\alpha = 90°$ beträgt die Welligkeit in diesem Fall annähernd 3,5; sie steigt mit kleiner werdendem Öffnungswinkel erheblich an.

Aus der Kurve ist abzulesen, das s bei allen aufgeführten Öffnungswinkeln $\leqq 2$ wird, wenn man K mit 1,4 wählt; das entspricht einer Länge l von $0,35\lambda$ ($0,25\lambda \cdot 1,4$), bezogen auf die größte Betriebswellenlänge. K stellt gleichzeitig den Vervielfachungsfaktor für f_u dar, so daß das Frequenz-/Anpassungs-Verhalten deutlich wird. Bild 19.71 läßt ferner erkennen, daß die Hochpaßcharakteristik nur bei relativ großen Öffnungswinkeln gut ausgeprägt ist. Bei $\alpha < 50°$ treten zunehmend Höcker in der Anpassungskurve auf, die für viele Anwendungen unerwünscht sind. Sicher wird die Skelettform etwas andere Werte, aber gleiche Tendenz des Anpassungs-/Frequenz-Ganges aufweisen.

Allgemein wird ein Öffnungswinkel α von 60° bevorzugt. In diesem Fall hat der Kegelquerschnitt die Form eines gleichseitigen Dreiecks, und C_{max} ist gleich l. Die Schwankungsbreite von α liegt bei industriell hergestellten Discone-Antennen etwa zwischen 50° und 70°. C_{min} begrenzt den Frequenzbereich nach höheren Frequenzen so, daß er um so größer wird, je kleiner C_{min} gewählt werden kann. Zwischen C_{min} und dem Abstand S besteht die Beziehung $S = 0,3 C_{min}$, sie ist abhängig vom Öffnungswinkel α.

Das Strahlungsdiagramm in der H-Ebene ist bei allen Arbeitsfrequenzen kreisrund und unabhängig vom Öffnungswinkel α. Nach Industrieangaben beträgt die Abweichung von der Kreisform innerhalb des Arbeitsbereichs $\pm 0,5$ dB. Das E-Diagramm entspricht bei f_u weitgehend

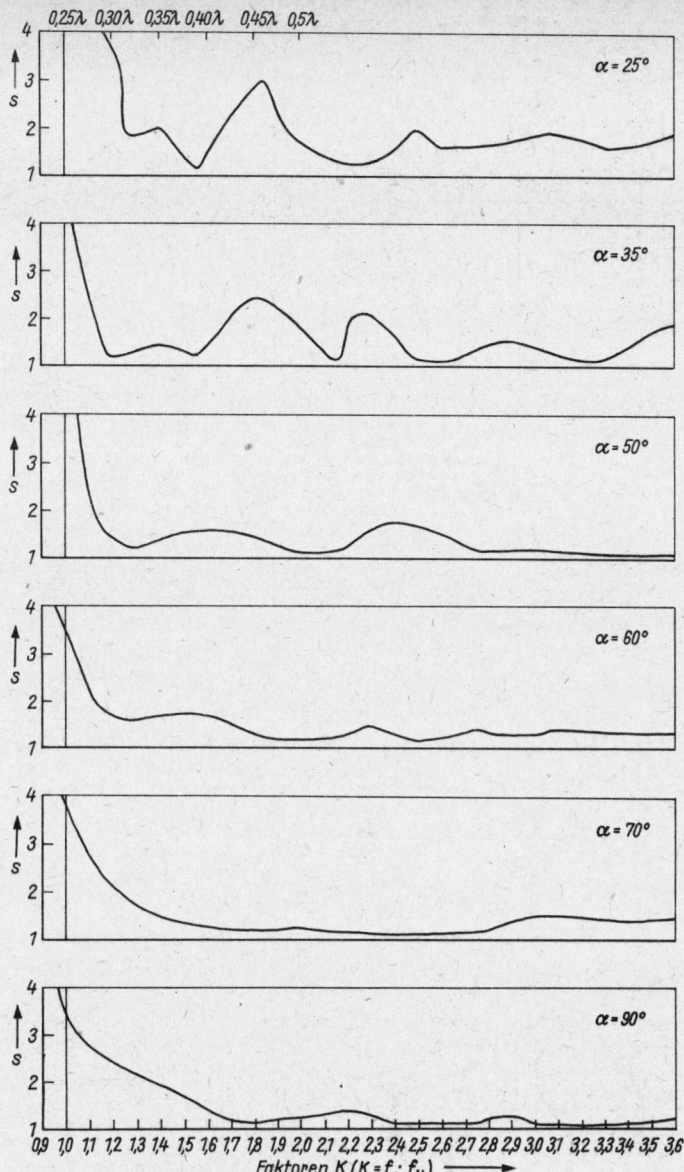

0,25λ 0,30λ 0,35λ 0,40λ 0,45λ 0,5λ

α = 25°

α = 35°

α = 50°

α = 60°

α = 70°

α = 90°

Faktoren K (K = f : f_u) ⟶

Bild 19.71
Das Anpassungsverhalten von
Discone-Antennen mit unterschiedlichen Öffnungswinkeln
α in Abhängigkeit von der
Betriebsfrequenz (Anpassung
an 50-Ω-Koaxialkabel)

dem eines vertikalen Halbwellendipols, die Hauptstrahlung ist senkrecht zur Antennenachse. Ein geringer Einfluß des Öffnungswinkels α ist auch bei f_u im E-Diagramm vorhanden. Mit wachsender Betriebsfrequenz verformt sich das ursprüngliche reine Achterdiagramm. Das zeigen die von *Nail* ermittelten Diagramme der E-Ebene bei Öffnungswinkel α von 35°, 60° und 90° (Bild 19.72). Bis zu Betriebsfrequenzen von etwa 1,5f_u liegt das Strahlungsmaximum bei allen Öffnungswinkeln noch weitgehend in der Horizontalen. Bei 2f_u sind die Diagramme bereits so verformt, daß in der Horizontalebene die Feldstärke um etwa 1,5 dB absinkt. Bei 3f_u beträgt der Verlust für die 60°-Discone bereits etwa 2 dB, bezogen auf das Strahlungsmaximum eines resonanten vertikalen Halbwellendipols.

Nach Messungen von *Nail* steigt dieser Verlust auf ein Maximum von 3,3 dB bei 3,75 f_u und fällt bei 4,85 f_u wieder auf 2,5 dB ab. Die Strahlungs-

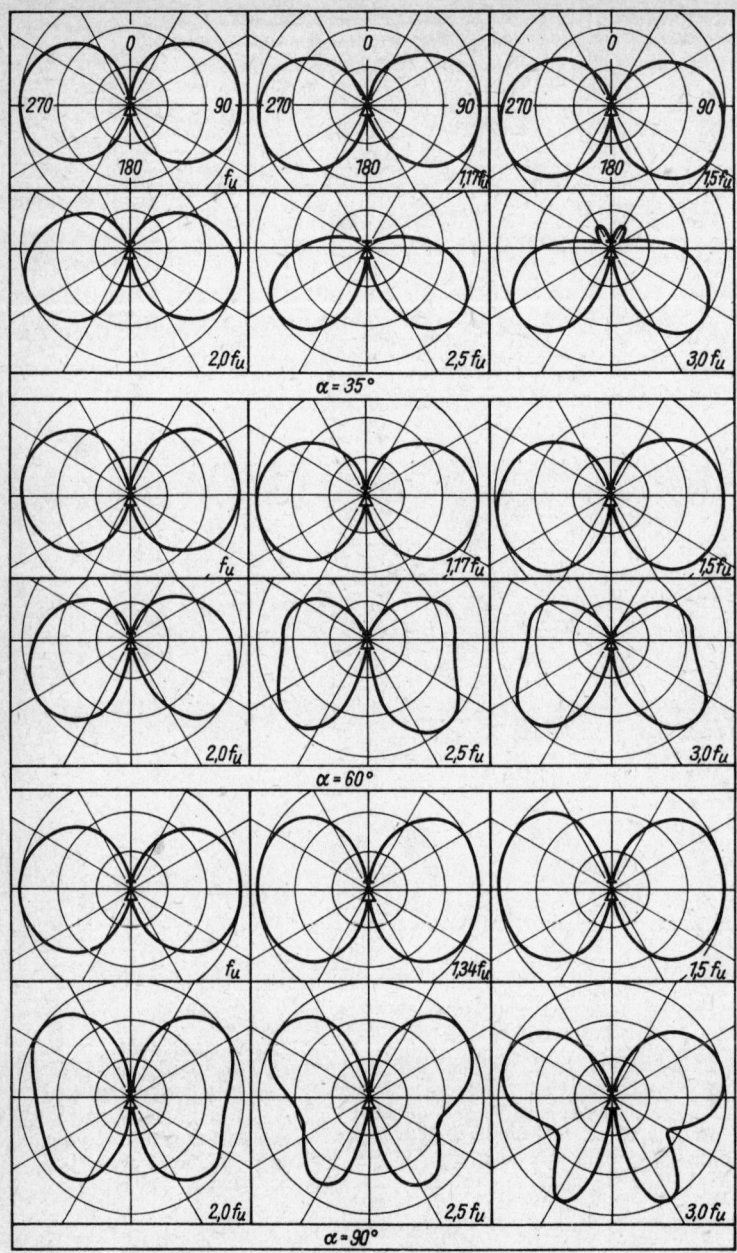

f_u $1,71 f_u$ $1,5 f_u$

$2,0 f_u$ $2,5 f_u$ $3,0 f_u$

$\alpha = 35°$

f_u $1,71 f_u$ $1,5 f_u$

$2,0 f_u$ $2,5 f_u$ $3,0 f_u$

$\alpha = 60°$

f_u $1,34 f_u$ $1,5 f_u$

$2,0 f_u$ $2,5 f_u$ $3,0 f_u$

$\alpha = 90°$

Bild 19.72
Normierte
E-Diagramme für
Discone-Antennen mit
Öffnungswinkeln α von
35°, 60° und 90°
(nach Nail)

charakteristik bei höheren Frequenzen läßt erkennen, daß die höchste Arbeitsfrequenz f_o weniger durch die Anpassung, sondern viel mehr durch die praktische Brauchbarkeit der E-Diagramme begrenzt ist. Daher geben industrielle Hersteller meist erheblich geringere Arbeitsbereiche an, als sie rein anpassungsmäßig gerechtfertigt wären.

Nach [27] hat auch der Scheibendurchmesser d einen großen Einfluß auf das E-Diagramm bei Frequenzen $> f_u$. Demnach soll eine große Scheibe die Strahlung oberhalb der Horizontalen vermindern, während eine zu kleine Scheibe die Breitbandcharakteristik stört und die Strahlung in Richtung Kegel neigt. Schon aus den E-Diagrammen läßt sich ablesen, daß bei der Discone-

Antenne ein Gewinn, bezogen auf einen Halbwellendipol, nicht auftreten wird. Deshalb geben auch die meisten seriösen Hersteller überhaupt keinen Gewinn an, andere weisen den Gewinn richtig mit 0 dB (bezogen auf einen Halbwellendipol) bzw. mit 2,15 dB (bezogen auf isotropen Strahler) aus.

Die relativ geringen Abmessungen einer Discone-Antenne in Skelettausführung rechtfertigen ihren Einsatz für das 10-m-Band. Durch die geradezu ideal flache Abstrahlung (siehe E-Diagramm in Bild 19.72) ist sie ein ausgezeichneter DX-Rundstrahler. *Orr* beschreibt in [28] sogar Discone-Antennen, deren untere Grenzfrequenzen im 15- oder im 20-m-Amateurband liegen. Zum Aufbau des Kegels wird eine Vielzahl von Metalldrähten mit etwa 2 mm Durchmesser empfohlen, die gleichzeitig als Abspannungen für den zentralen Tragemast genutzt werden und auf diese Weise seine Standsicherheit gewährleisten. Die Scheibe ist ein spinnwebartiges Gebilde aus Drähten, die von diagonalen Metallspeichen getragen werden. Über einen kleinen Spannturm wird der Durchgang der Scheibe verhindert. Die von *Orr* empfohlenen Bemessungsdaten sind in Tabelle 19.9 aufgeführt.

Zum Speisen über Koaxialkabel sind weder Symmetrieeinrichtungen (wie beim Halbwellendipol) noch Anpassungsglieder (wie bei der Groundplane-Antenne) erforderlich. Als Breitbandantenne ist die Discone unkritisch in ihren Abmessungen, ein Abgleich der fertiggestellten Antenne entfällt.

Man kann die Discone-Antenne vom Doppelkegel-Ganzwellendipol nach Bild 4.10b und c ableiten. Eine Dipolhälfte ist bei der Discone durch die Dachscheibe ersetzt, sie könnte deshalb auch mit der «umgedrehten Halbwellen-Groundplane» verglichen werden. Die Annahme, daß es sich um Halbwellenresonanz handelt, wird durch die Feststellung von *Tai* in [27] erhärtet, daß die Länge l mindestens $0,33\lambda$ – bezogen auf die größte Betriebswellenlänge – betragen sollte. Dies geht auch aus Bild 19.71 hervor. Es muß

noch der Verkürzungsfaktor V «dicker» Dipole mit etwa 0,7 berücksichtigt werden, woraus sich dann die elektrische Länge von $\lambda/2$ ergibt. Aus Bild 4.11 läßt sich der zu erwartende Eingangswiderstand – abhängig vom Öffnungswinkel α – abschätzen; da es sich um einen halben Dipol handelt, müssen die abgelesenen Widerstandswerte halbiert werden. Es ergeben sich in der Praxis festgestellte Werte von etwa 50 ... 75 Ω.

19.7.3. Die Doppelkegel-Breitbandantenne

Kegelantennen sind eine beliebte Bauform senkrechter Breitband-Monopole. Beim kommerziellen Funk findet man sie häufiger, im Amateurfunk sind sie höchst selten. Fast immer werden sie als Drahtreusen in der Form eines Doppelkegels (siehe Bild 19.73a) ausgeführt. Über den konstruktiven Aufbau derartiger Reusenantennen für den Kurzwellenbereich ab 3,5 MHz berichtet *Greif* in [29]. Grundlegende Untersuchungen an Doppelkegelantennen in Reusenform wurden von *Graziadei* durchgeführt und in [30] veröffentlicht.

Die mechanische Höhe solcher Breitbandantennen beträgt etwa $\lambda/4$, bezogen auf die größte Betriebswellenlänge; sie arbeiten somit bei der unteren Grenzfrequenz f_u als Viertelwellen-Vertikalantennen. Deshalb sind gute Erdverhältnisse notwendig. Solche Antennen werden über 50-Ω-Koaxialkabel direkt erregt; es besteht Anpassung mit $s < 2$ über einen Frequenzbereich bis mindestens $8 f_u$. In der Praxis nutzt man jedoch nur den Frequenzbereich bis etwa $4 f_u$ wegen der bei höheren Frequenzen eintretenden Aufspaltung der Vertikaldiagramme, verbunden mit einer starken Steilstrahlung.

Tabelle 19.9.
Bemessungsdaten für Draht-Discone-Antennen mit $f_u \leqq 28$ MHz (nach *Orr*)

f_u in MHz	α in °	C_{max} in m	d in m	S in m	Kegelhöhe in m
14	60	5,5	3,66	0,25	4,77
18	60	4,28	2,85	0,20	3,71
21	60	3,66	2,44	0,16	3,17
25	60	3,10	2,06	0,14	2,68
28	60	2,90	1,83	0,12	2,51

(Bemessungssymbole nach Bild 19.69)

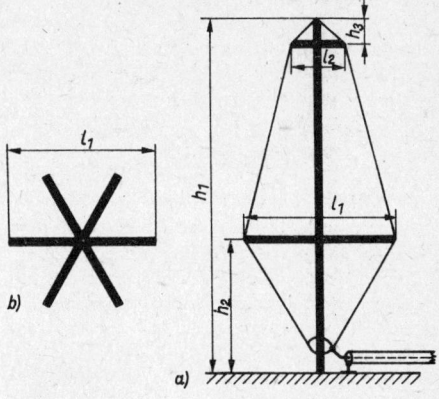

Bild 19.73
Aufbauschema für eine Breitband-Kegelantenne nach *W 5 WEU*; a – Querschnittsskizze, b – speichenartig angeordnete Tragearme (Draufsicht)

Tabelle 19.10.
Die mechanischen Abmessungen einer Doppelkegel-Breitbandantenne nach Bild 19.73

Arbeits-bereich in MHz	h_1 in m	l_1 in m	h_2 in m	h_3 in m	l_2 in m
3,5 … 15	13,1	5,4	5,15	0,65	1,8
7 … 28	7,0	2,9	2,75	0,3	1,0
14 … 56	3,65	1,5	1,45	0,2	0,5

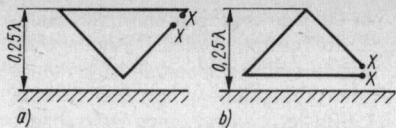

Bild 19.74
Aufbaumöglichkeiten und Speisung vertikal polarisierter Delta-Loop-Ganzwellenschleifen; a – auf der Spitze stehende, obengespeiste Delta-Schleife, b – untengespeiste Delta-Schleife mit Breitseite parallel zur Erdoberfläche

Eine von *W 5 WEU* ausgeführte Konstruktion ist in Bild 19.73 skizziert, die dazugehörigen mechanischen Abmessungen enthält Tabelle 19.10. Der Antennenträger ist ein geerdetes Metallrohr, dem in der Höhe h_2 6 speichenartig angeordnete Metallspreizen angefügt sind (Bild 19.73b). Ein zweiter Satz kürzerer Speichen befindet sich im Abstand h_3 unterhalb der Mastspitze. Die Spreizen verwendet man als Abstandhalter für die Reusendrähte. Es werden 6 Doppeldrähte benutzt, d.h. daß jede Leitung als Paralleldrahtleiter mit etwa 5 cm Leiterabstand ausgeführt wird. Alle Drähte haben galvanische Verbindung mit den Spreizarmen und der Mastspitze; lediglich am Antenneneingang werden sie an einem Ringleiter zusammengefaßt, der vom Tragemast isoliert ist. An den Ringleiter wird der Innenleiter des koaxialen Speisekabels angeschlossen, dessen Außenleiter am Mastfuß geerdet ist. Über die Brauchbarkeit dieser Antennenform im Amateurfunk liegen noch keine fundierten Angaben vor.

19.8. Vertikal polarisierte Delta-Loop-Antennen

Es ist bekannt, daß horizontal polarisierte Ganzwellenschleifen, wie Quad-, Delta-Loop- oder Ringstrahler, sehr gute Antennen für den DX-Verkehr sind, wenn sie in größerer Höhe (bezogen auf die Betriebswellenlänge λ) angebracht werden können. In Erdnähe aufgebaute Ganzwellenschleifen – wie auch Dipole – strahlen bei Horizontalpolarisation steil nach oben und sind somit für die DX-Arbeit wenig geeignet. Hier ist Vertikalpolarisation geboten, die in solchen Fällen die gewünschte flache Abstrahlung bietet. Das betrifft hauptsächlich das 80- und 160-m-Band sowie teilweise auch das 40-m-Band, wo man die für Horizontalpolarisation vorgegebene Mindestaufbauhöhe von $\geq \lambda/2$ kaum erreichen kann.

Als eine erfolgreiche DX-Antenne für 80 und 40 m wird die vertikal polarisierte Delta-Loop-

Antenne gepriesen. Ihre Aufbau- und Speisemöglichkeiten zeigt Bild 19.74. Der Einspeisungspunkt entscheidet darüber, ob vorwiegend vertikal oder horizontal abgestrahlt wird. Im vorliegenden Fall ist die Polarisation für beide Bauarten vertikal mit einem Erhebungswinkel des Maximums von rund 25°. Außerdem ist noch ein kleiner Anteil horizontal polarisierter Abstrahlung vorhanden, die steil nach oben gerichtet ist. In der Praxis wird die Bauform nach Bild 19.74b bevorzugt, weil sie nur einen zentralen Tragemast benötigt, dessen Höhe etwa $\lambda/4$ (bezogen auf die Betriebswellenlänge) beträgt.

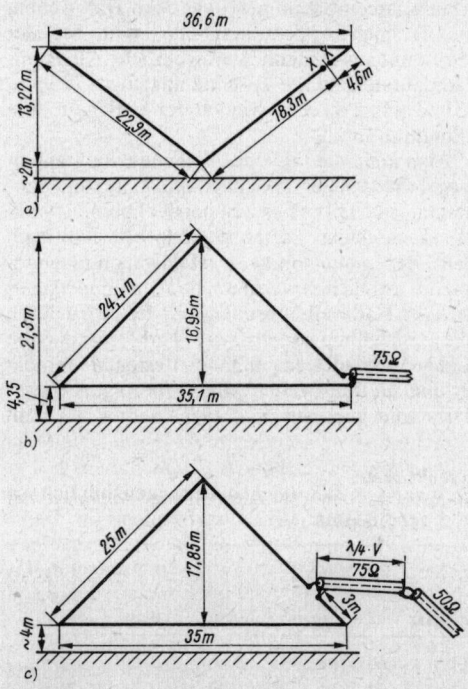

Bild 19.75
Vertikal polarisierte Delta-Loop-Antennen für das 80-m-Band; a – Ausführung nach *G 3 AQC*, b – Ausführung nach *ZL 1 BN*, c – Ausführung nach *DL 1 BU*

Bild 19.75 zeigt 3 praktisch erprobte Delta-Loop-Antennen mit Bemessungsangaben. Bild 19.75 a ist eine Ausführung von *G 3 AQC*, die zu ihrem Aufbau 2 je etwa 16 m hohe Tragemaste benötigt. Sofern nicht vorhandene Stützpunkte (Bäume, Hausgiebel usw.) genutzt werden können, wird man die «Einmastbauformen» bevorzugen. Die Längenverteilung auf die Dreiecksseiten kann etwas variiert werden; es ist aber wichtig, daß der Gesamtumfang von 1λ erhalten bleibt. Der Eingangswiderstand XX beträgt etwa $90\,\Omega$. Somit ist das Speisen über ein beliebig langes 75-Ω-Koaxialkabel bei tragbarer Welligkeit durchaus möglich. Wenn eine nahezu vollkommene Anpassung gewünscht wird, kann man nach Bild 19.75 c verfahren.

Die Bauform Bild 19.75 b wurde von *ZL 1 BN* ausgeführt und in [31] beschrieben. Sie unterscheidet sich nur geringfügig von der in Bild 19.75 c dargestellten Antenne, deren Aufbau von *DL 1 BU* in [7] behandelt wurde. *DL 1 BU* empfiehlt den Einsatz eines koaxialen Viertelwellentransformators mit einem Wellenwiderstand von 75 Ω, der den Eingangswiderstand von etwa 110 Ω an ein 50-Ω-Koaxialkabel anpaßt (siehe Abschnitt 6.5.). Wenn das 75-Ω-Kabel den üblichen Verkürzungsfaktor V von 0,66 hat, ist die mechanische Länge der Transformationsleitung 13,7 m. Man kann bei derartigen erdnahen Delta-Loops damit rechnen, daß deren Umfang ziemlich genau 1λ beträgt, das heißt, daß weder der bei Ganzwellenschleifen übliche Verlängerungsfaktor noch ein Verkürzungsfaktor wirkt. Die Resonanzlage wird von der Höhe des waagrechten Abschnittes über der Erdoberfläche beeinflußt. Da man diese an der fertigen Antenne kaum verändern kann, bleibt noch die bequeme Möglichkeit, Resonanzverschiebungen durch eine Serienkapazität am Antenneneingang (zur Resonanzerhöhung) oder eine Verlängerungsspule herbeizuführen. Solche Kapazitäten und Induktivitäten stellt man zweckmäßig aus Kabelstücken her.

Der Frequenzbereich ist relativ groß; über eine Breite von etwa 160 kHz im 80-m-Band bleibt die Welligkeit ≤ 2. Läßt man eine maximale Welligkeit von $s = 3$ zu, reicht der Frequenzbereich von 3,5 ... 3,8 MHz (Resonanzfrequenz in Bandmitte). Wegen der besseren Strahlungseigenschaften sollte die Bauform von *DL 1 BU* (Bild 19.75 c) bevorzugt werden.

Die Drähte müssen gut vom Tragemast isoliert werden, denn nahe dem Ort der Mastspitze und etwa in der Mitte des waagerechten Abschnittes befinden sich Spannungsmaxima. Gegenüber den meisten anderen vertikal polarisierten Antennen haben Delta-Loops als geschlossene Ganzwellensysteme den Vorzug, daß sie keine Radials benötigen und daß der Einfluß des Erdbodens auf Wirkungsgrad und Strahlungseigenschaften nur gering ist.

ZL 1 BN erprobte auch erfolgreich eine Oberwellenerregung der Antenne. Da dann aber mit Eingangswiderständen von 200 ... 300 Ω gerechnet werden muß, wird der Einsatz von umschaltbaren oder abstimmbaren Transformationsgliedern am Antenneneingang unumgänglich.

Mit nur etwa 10 m Masthöhe muß man bei einer Delta-Loop-Antenne für das 40-m-Band rechnen. Sie entsteht, indem alle für die 80-m-Ausführung angegebenen Abmessungen halbiert werden, wobei zu berücksichtigen ist, daß der Gesamtumfang 42,5 m betragen soll (entspricht 1λ für Bandmitte). Vertikal polarisierte Delta-Loop-Antennen bringen im Verkehr über mittlere Entfernungen nur dürftige Ergebnisse, sie sind aber hervorragend für den Weitverkehr geeignet.

19.8.1. Delta-Loop-Antenne mit Dachkapazität (TLDL-Antenne)

Die meisten vertikal polarisierten Delta-Loop-Antennen stellen sich als rechtwinkliges Dreieck dar, dessen Hypotenuse parallel zum Erdboden verläuft. Die Höhe zur Dreieckspitze ist dann gleich der halben Hypotenusenlänge. Es ist günstig, wenn die Antenne an einer der beiden Katheten in $0,25\lambda$ Entfernung von der Dreiecksspitze erregt wird. Dies bewirkt, daß die Strommaxima ($\triangleq$ Strahlungsmaxima) so weit als möglich nach oben rücken und daß der Anteil horizontal polarisierter Strahlung sehr gering bleibt. In Bild 19.75 c ist dieser Anwendungsfall dargestellt.

Wie *W 1 DTV* in [32] ausführt, kann man die Strahlungseigenschaften weiter verbessern, wenn man die Delta-Loop als gleichseitiges Dreieck mit einer Seitenlänge von je $0,25\lambda$ darstellt. Der Gesamtumfang beträgt dann aber nur $0,75\lambda$, und man muß die an der Ganzwellenresonanz fehlende Länge in der Form einer kapazitiven Last an die Antennenspitze anfügen. Sie wird als waagrechter Leiter mit einer Länge von $\geq \lambda/8$ senkrecht zur Breitseite des Dreiecks ausgespannt (siehe Bild 19.76 b und c). Eine leichte Neigung des Leiters ist zulässig. Nach *W 1 DTV* muß die $\lambda/8$ lange Dachkapazität je nach Neigung des Leiters und dem Abstand der Antenne vom Erdboden um bis zu etwa 30% verlängert werden, um Ganzwellenresonanz des Gesamtsystems zu erhalten. Bei Bedarf kann die Leiterlänge der Dachkapazität auch mechanisch verkürzt werden, wenn man eine Verlängerungsspule einfügt (Bild 19.76 d). In der Praxis (80-m-Band) konnte die Länge des Leiters um die Hälfte vermindert werden, wenn man eine Ver-

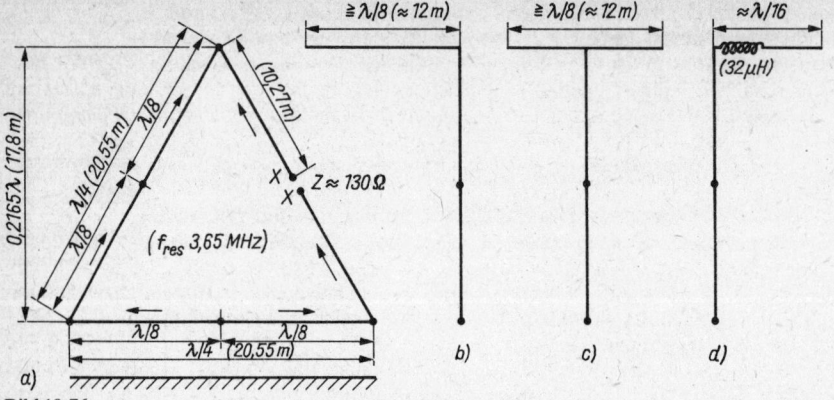

Bild 19.76
Die TLDL-Antenne; a – Vorderansicht mit Bemessungsangaben, b – Seitenansicht mit einseitiger Dachkapazität,
c – Seitenansicht mit doppelseitiger Dachkapazität, d – Seitenansicht mit Verlängerungsspule (die Klammerwerte
beziehen sich auf eine Resonanzfrequenz von 3,65 MHz)

längerungsspule mit 32 µH Induktivität einfügte. Sie vermindert allerdings den Frequenzbereich.

In Bild 19.76a ist die Stromrichtung durch Pfeile angedeutet, die Begrenzung der $\lambda/8$-Abschnitte ist mit Punkten gekennzeichnet. Der Antenneneingang XX liegt in Seitenmitte, dabei ergibt sich eindeutig Vertikalpolarisation. Nach *W 1 DTV* beträgt die Eingangsimpedanz $\approx 130\,\Omega$. Über einen 75-Ω-Viertelwellentransformator – wie in Bild 19.75c – kann mit einem 50-Ω-Koaxialkabel gespeist werden; die Welligkeit beträgt dann 1,16.

Von *W1 DTV* wird diese Antenne als **TLDL** bezeichnet (engl.: Top Loaded Delta Loop). Verglichen mit einer rechtwinkligen Delta-Loop wie in Bild 19.75b und c, hat sie annähernd gleiche Aufbauhöhe bei erheblich kürzerer Basis. Bezogen auf eine rechtwinklige Delta-Loop wird für die TLDL in [32] ein Gewinn von 2,3 dB angegeben.

Im 80-m-Band darf man bei der TLDL mit einem Frequenzbereich von etwa 290 kHz rechnen, er sinkt bei der Ausführung mit Verlängerungsspule auf 185 kHz ab. Als Frequenzbereich gilt hier der Bereich, in dem die Welligkeit nicht über 2 ansteigt.

Alle Bemessungsangaben für eine Resonanzfrequenz von 3,65 MHz sind in Bild 19.76a als Klammerwerte aufgeführt. Eine Umrechnung für andere Mittenfrequenzen und Amateurbänder ist leicht möglich. Umfassendere Angaben und Maßwerte sind in [32] enthalten.

19.8.2. Die halbe Delta-Loop-Antenne

In Bild 19.77 ist das Schema einer halbierten Delta-Loop-Antenne dargestellt, deren Länge

$\lambda/2$ beträgt, aufgeteilt in einen vertikalen Abschnitt mit einer Höhe h von $\lambda/6$ und einen schräg nach unten verlaufenden Leiter mit einer Länge von $\lambda/3$. Wie gestrichelt angedeutet ist, ergänzt sich die Antenne spiegelbildlich im Erdboden zu einer Ganzwellen-Delta-Loop. Dies läßt die starke Abhängigkeit von den Erdverhältnissen erkennen. Es besteht überwiegend Vertikalpolarisation, die Hauptstrahlung erfolgt bidirektional aus der Breitseite. Der Gewinn wird mit maximal 5 dBi (bezogen auf isotropen Strahler) angegeben.

In [33] wird diese Antenne ausführlich untersucht und beschrieben. Es ergab sich dabei, daß die aus λ errechneten Teillängen mit dem Faktor 1,15 multipliziert werden mußten, um Ganzwellenresonanz zu erhalten. Somit ist

$$h/_\mathrm{m} = \lambda/6 \cdot 1,15 \quad \text{bzw. frequenzbezogen:}$$
$$h/_\mathrm{m} = \frac{57,5}{f/_\mathrm{MHz}} \qquad (19.18.)$$

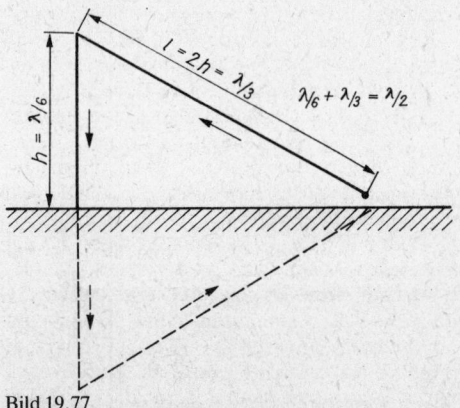

Bild 19.77
Das Schema einer halben Delta-Loop-Antenne

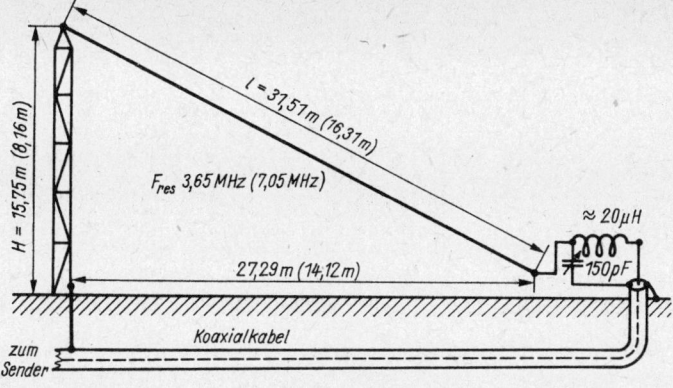

Bild 19.78
Die praktische Ausführung
einer halben Delta-Loop-
Antenne für das 80-m-Band
(Klammerwerte für 40-m-Band)

und

$$l/_m = \lambda/3 \cdot 1{,}15 \quad \text{bzw. frequenzbezogen:}$$

$$l/_m = \frac{115}{f/_{\text{MHz}}} \tag{19.19.}$$

Die Eingangsimpedanz hängt von der Güte des Erdnetzes ab, im praktischen Fall bei *W 1 FB* betrug sie etwa 90 Ω [34].

Eine für 80 m bemessene Antenne kann z. B. mit Oberwellenresonanz auch im 40-, 20- und 15- und 10-m-Band verwendet werden. Im Oberwellenbetrieb ist die Antenne zu lang, da hier nicht mehr der Verlängerungsfaktor 1,15, sondern ein Verkürzungsfaktor von etwa 0,98 wirksam wird. Die Eingangsimpedanz steigt beim Oberwellenbetrieb an. Allgemein gültige Werte können nicht angegeben werden, denn die von Fall zu Fall unterschiedlichen Erdnetze und Erdverhältnisse stellten Teile der Antenne dar, die in ihrer Auswirkung kaum reproduzierbar sind.

Bild 19.78 zeigt die praktische Ausführung einer halben Delta-Loop-Antenne mit den Bemessungsangaben für die Bandmittenfrequenz 3,65 MHz. Die entsprechenden Abmessungen für den Grundwellenbetrieb auf 7,05 MHz sind in Klammern beigefügt. Mit dem *LC*-Glied können Koaxialkabel beliebigen Wellenwiderstandes angepaßt werden. Wie gezeichnet, sollte man das Kabel nach Möglichkeit eingraben; der Außenleiter wird zuerst am Anpaßgerät und ein zweites Mal am Mastfuß geerdet. Bei der Musterantenne befand sich am Mastfuß ein 1,8 m langer Rohrerder mit einem eingegrabenen Erdnetz von 16 Radials unterschiedlicher Längen. 4 weitere 1,20 m lange Erder befanden sich am Antenneneingang. Außerdem wurden dort noch mehrere resonante λ/4-Radials oberirdisch verlegt. Solche umfangreichen Maßnahmen sind nicht die Regel, sie weisen aber auf die Bedeutung eines guten Erdnetzes hin.

Beim Einsatz eines Metallgittermastes sollte man Stoßstellen mit schlechter Kontaktgabe durch Kupferbänder überbrücken oder besser einen Kupferleiter über die ganze Mastlänge parallelführen. Jeder andere Stützpunkt entsprechender Höhe ist verwendbar (z. B. Bäume), dabei soll auf gute Isolation des Leiters geachtet werden.

Für den Mehrbandbetrieb muß das Anpassungsnetzwerk umschaltbar sein. Eine fernbediente Variante wurde in [34] beschrieben.

19.9. Vertikal polarisierte Richtantennen

Vertikal polarisierte Richtantennen mit parasitären Elementen findet man im Amateurgebrauch selten, obwohl ihre Strahlungsdiagramme hinsichtlich der ionosphärischen Fernausbreitung denen gleichartiger horizontal polarisierter Richtantennen mindestens ebenbürtig sind. Bei vertikalem Aufbau ergeben sich kaum größere mechanische Schwierigkeiten als bei Horizontalpolarisation. Etwas problematisch ist die rechtwinklige Abführung des Speisekabels von der Mitte des gespeisten Dipols aus. Auch die größere Abhängigkeit von den Erdverhältnissen könnte als nachteilig betrachtet werden. Vertikale Richtantennen reagieren empfindlich auf die sie umgebenden senkrecht ausgedehnten Hindernisse. Sie sind deshalb besondes für freie Lagen geeignet. Bei der Verwendung als Empfangsantenne stellt man fest, daß der örtliche Störpegel größer ist als bei einer gleichwertigen horizontal polarisierten Richtantenne.

19.9.1. 2-Element-Vertikalantenne mit auswechselbaren Elementen

Interessant ist bei dieser Antenne die einfache und zweckmäßige mechanische Lösung, die von

PA 0 LU vorgeschlagen wurde. Elektrisch gesehen, handelt es sich bei dieser Antenne (Bild 19.79) um einen normalen 2-Element-Richtstrahler, bestehend aus Strahler und Direktor. Der Direktorabstand beträgt 0,1 λ, und bei optimaler Bemessung stellt sich ein Gewinn von 3,5 dBd in der Hauptstrahlrichtung ein. Aus Gründen einer einfachen Anpassung an das Speisekabel wird das gespeiste Element aus UKW-Bandleitung hergestellt, deren Doppelleiter an den beiden Enden kurzgeschlossen ist. In der geometrischen Mitte der UKW-Bandleitung trennt man eine der beiden Adern auf und speist an dieser Stelle ein. Das gespeiste Element wirkt somit als Faltdipol. Daraus ergibt sich ein Eingangswiderstand von etwa 60 Ω, die Antenne kann deshalb über eine Zweidrahtleitung mit 50 ... 70 Ω Wellenwiderstand annähernd impedanzrichtig gespeist werden. *PA 0 LU* verwendete dazu eine handelsübliche verdrillte Netzleitung, deren Wellenwiderstand etwa in dieser Größenordnung lag. Der Direktor wird aus Antennenlitze hergestellt.

Aus Bild 19.79 geht die mechanische Konstruktion der Antenne hervor. Strahler und Direktoren werden für jedes der 3 DX-Bänder passend zugeschnitten und an ihren Enden mit je 1 Isolator und je 1 Karabinerhaken versehen. Die Resonanzlänge für das gespeiste Element wird nach der Formel

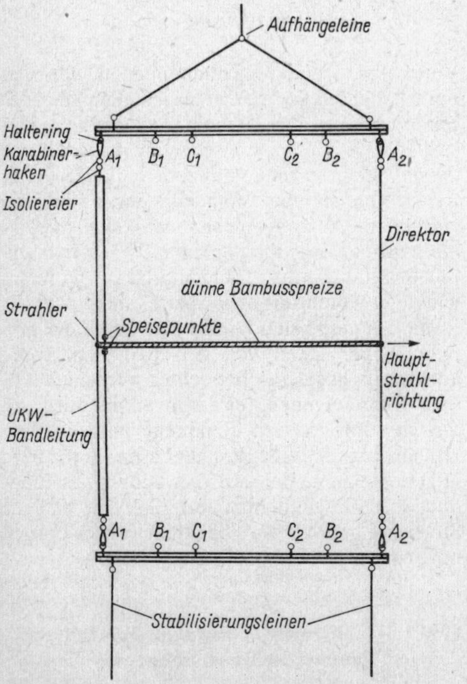

$$l/_{\mathrm{m}} = \frac{140,8}{f/_{\mathrm{MHz}}} \qquad (19.20.)$$

errechnet. Das ergibt für das 20-m-Band 10 m, für das 17-m-Band 7,78 m, für das 15-m-Band 6,67 m, für das 12-m-Band 5,65 m und für das 10-m-Band 5,03 m. Für die Direktorlängen werden von diesen Abmessungen jeweils 5 % abgezogen.

Als Aufhängegerüst werden 2 imprägnierte, je 2,20 m lange Holzlatten verwendet, an denen gemäß Bild 19.79 je 6 Halteringe befestigt sind. Der Abstand zwischen den Ringen A_1 und A_2 beträgt 2,14 m; an ihnen werden die 20-m-Band-Elemente eingehangen. Die Ringpaare B_1 und B_2 haben einen Abstand von 1,44 m, dort werden die Elemente für den 15-m-Betrieb befestigt. C_1 und C_2 nutzt man zur Halterung der 10-m-Elemente (1,08 m Abstand).

Damit durch die Speiseleitung keine ungleichmäßige Gewichtsbelastung des Systems auftritt, stützt man Strahler und Direktor in der Mitte mit Hilfe einer dünnen Bambusspreize und fängt die Speiseleitung zwischen den beiden Elementen so ab, daß die gesamte Anordnung im Gleichgewicht ist. Die obere Aufhängeleine muß über Rollen laufen, damit man die Antenne zum Bandwechsel schnell und einfach herablassen kann. Es sind dann nur die Elemente auszuwechseln, wobei darauf zu achten ist, daß diese in die dem verwendeten Amateurband entsprechenden Halteringe eingeklinkt werden.

Oft wird die Möglichkeit bestehen, die Antenne mechanisch so auszuführen, daß sie über Leinen axial gedreht werden kann. Damit hat man sich einen sehr einfachen und trotzdem leistungsfähigen Drehrichtstrahler geschaffen. Die kleine Mühe und der Zeitverlust beim Bandwechsel finden ihre Belohnung in den guten Ergebnissen, die mit solch einem Richtstrahler bei geringem materiellem Aufwand erzielt werden.

19.9.2. Der Quick-Heading-Beam

Der QH-Beam ist eine Weiterentwicklung des vertikalen Halbwellenrichtstrahlers. Er besteht aus einem vertikalen Halbwellenstrahler mit 4 Parasitärelementen, die im Abstand von je 0,15 λ vom Strahler entfernt angeordnet sind. Die Länge dieser Sekundärstrahler wird so umgeschaltet, daß sie wahlweise als Direktoren oder als Reflektoren wirken. Auf diese Weise erreicht man, daß der Richtstrahler mit seiner Hauptstrahlung durch entsprechendes Umschalten alle Richtungen bestreicht, ohne die Antenne mecha-

Bild 19.79
Ein 2-Element-Richtsstrahler mit auswechselbaren Elementen

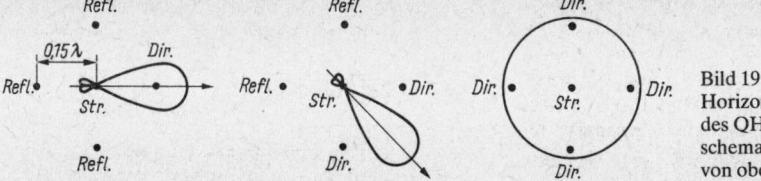

Bild 19.80
Horizontaldiagramme
des QH-Richtstrahlers;
schematische Ansicht senkrecht
von oben

nisch zu drehen. In seiner Wirkung entspricht der QH-Beam etwa einer 3-Element-*Yagi*-Antenne; man kann mit einem Gewinn bis 6,5 dBd rechnen. Der mechanische Aufbau ist nicht einfach; wie jeder vertikale Strahler braucht auch der QH-Beam eine freie Antennenumgebung und gute Erdverhältnisse.

Bild 19.80 zeigt schematisch den QH-Beam senkrecht von oben gesehen, und die horizontalen Strahlungsdiagramme bei verschiedener Schaltung der Parasitärelemente. Daraus folgt, daß die Hauptstrahlung wahlweise in insgesamt 8 verschiedene Richtungen gelenkt werden kann, die voneinander jeweils um 45° versetzt sind. Schaltet man alle Sekundärelemente als Direktoren, so ergibt sich ein horizontales Runddiagramm.

Die Seitenansicht ist in Bild 19.81a dargestellt. Der Tragemast wurde der Übersicht halber nicht mitgezeichnet. Das zentrale gespeiste Element kann sowohl ein Faltdipol (etwas größerer Frequenzbereich) als auch ein gestreckter Dipol sein. Der Eingangswiderstand im Strombauch beträgt 30 ... 40 Ω, es muß deshalb in jedem Fall auf den Wellenwiderstand des Speisekabels transformiert werden. Beim Faltdipol ist das durch entsprechende Wahl des Durchmesserverhältnisses nach Bild 4.4 (Übersetzungsverhältnis > 1 : 4) oder nach Bild 19.23 (Übersetzungsverhältnis < 1 : 4) sichergestellt. Für einen gestreckten Dipol ist die bewährte Gamma-Anpassung beim Speisen über Koaxialkabel am günstigsten. Wenn es sich mechanisch ermöglichen läßt, sollte man das Speisekabel innerhalb des unteren Rohrabschnittes bis zum Speisepunkt führen (siehe auch Bild 19.34).

Die 4 Sekundärelemente sind in ihrer geometrischen Mitte unterbrochen und werden nach Bild 19.81b ausgebildet. Bei geschlossenem Schalter wirkt das Parasitärelement als Direktor, bei offenem Schalter als Reflektor. Die Schaltkontakte des Relais sollen möglichst kapazitätsarm sein. Die praktisch erprobten Abmessungen für einen QH-Beam sind aus Tabelle 19.11. zu ersehen. Da bei allen vertikalen Richtstrahlern der Abgleich auf größte Vorwärtsbündelung nicht eindeutig genug ist, wird auf größte Rückdämpfung eingestellt. Dazu sollte die Entfernung D etwas größer als angegeben gewählt werden, und der Kurzschlußbügel ist verstellbar ausgeführt. Zuerst gleicht man den Abstand D für beste Re-

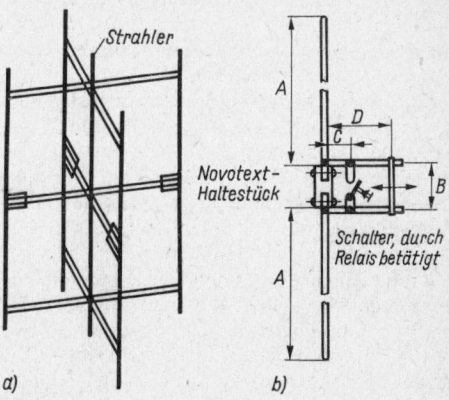

Bild 19.81
Der QH-Beam; a – Seitenansicht, b – Detailzeichnung der Sekundärelemente

Tabelle 19.11. Bemessungsunterlagen für einen QH-Beam

Amateurband	Strahlerlänge	Abstand der Parasitärelemente	A	B	C	D
in m	in m	in m	in m	in m	in m	in m
20	10,27	2,53	4,60	0,10	0,40	0,90
17	8,02	1,98	3,59	0,08	0,31	0,70
15	6,86	1,70	3,07	0,07	0,27	0,60
12	5,83	1,44	2,61	0,06	0,23	0,50
10	5,12	1,26	2,30	0,05	0,20	0,45

(Bemessungssymbole nach Bild 19.81b)

367

flektorwirkung ab, dann erst wird die Strecke C
bei geschlossenem Schalter für optimale Direktorwirkung eingestellt. Beide Vorgänge werden
so lange wiederholt, bis keine besseren Ergebnisse mehr möglich sind. Dann wird die Speiseleitung optimal an den Antenneneingangswiderstand angepaßt.

19.9.3.   2-Element-Delta-Loop für 3,5 MHz

DL 6 WD nennt diese von ihm entwickelte 80-m-
Richtantenne «Das Monster» und beschreibt sie
in [35]. Sie ist nicht nur ein Monster an räumlicher Ausdehnung, sondern sie setzt den in sie in-
vestierten Aufwand auch in eine hervorragende
Weitverkehrsleistung um. Es ist eine DX-Antenne, die im Nahbereich bis etwa 3000 km Entfernung (Europaverkehr) nur sehr dürftige Ergebnisse liefern kann, da ihr Strahlungsdiagramm einen kleinen Erhebungswinkel aufweist.
Für den Empfangsfall bedeutet dies, daß Störungen aus dem Nahbereich stark unterdrückt werden.

Nur wenige Funkamateure werden Standort-
bedingungen vorfinden, die den Nachbau dieser
Antenne ermöglichen. Aber für Interessenten an
ähnlichen 80-m-Projekten vermittelt *DL 6 WD*
eine Fülle von Erkenntnissen und Hinweisen, die
Fehlschläge vermeiden helfen.

DL 6 WD entschied sich für vertikal polarisierte Delta-Loop-Schleifen nach Bild 19.74a
(Inverted Delta-Loop). Die Gründe sind klar:
Horizontal polarisierte Antennen mit brauchba-
rem Vertikaldiagramm würden für das 80-m-
Band praktisch unerreichbare Aufbauhöhen erfordern, während vertikal polarisierte Antennen
in Erdbodennähe aufgebaut werden und den erwünschten «flachen» Erhebungswinkel ($\leq 30°$)
im Strahlungsdiagramm aufweisen (siehe auch
[36]). Der große Nachteil der meisten vertikal polarisierten Antennen, die mit dem Erdboden als
verlustbehaftetes Gegengewicht arbeiten und
deshalb besonders für das 80-m-Band ein sehr
ausgedehntes und dichtes Erdnetz erfordern,
entfällt bei dieser Bauform weitgehend, weil sie
ein in sich resonantes Ganzwellensystem darstellt
und deshalb weniger anspruchsvoll in bezug auf
die Erdverhältnisse ist.

Für die 2-Element-Ausführung bestand die
Forderung nach elektrischer Umschaltmöglich-
keit der um 180° gegeneinander versetzten
Hauptstrahlrichtungen. Wie *DL 6 WD* ausführt,
hat die parasitäre Anregung des als Direktor/Re-
flektor arbeitenden Elementes durch Strahlungskopplung bei niederfrequenten Richtantennen
fast immer enttäuschende Resultate gebracht.
Auch die Richtungsumschaltung wäre in diesem
Fall problematisch. Erheblich günstiger ist es,

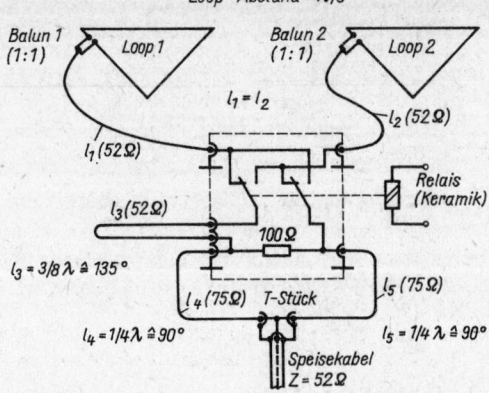

Bild 19.82
Das Erregungsschema des Monster mit Richtungsumschaltung und Leistungsteiler

wenn die beiden Elemente über Leitungen mit
gleichen Strömen, jedoch phasenverschoben erregt werden, wie in Abschnitt 14.2. näher ausgeführt wird. Das Vertikaldiagramm erhält dann
die Form einer Kardioide nach Bild 14.8. Ein typischer Vertreter dieser Erregungsmethode ist
die in Abschnitt 14.2.3. beschriebene umschaltbare 2-Element-Richtantenne. Nach diesem
Prinzip «vollgespeister» Elemente arbeitet auch
das Monster.

Im Bild 19.82 ist das Erregungsschema des
Monsters dargestellt. Entsprechend den örtlichen Verhältnissen konnte ein Elementabstand
von $\lambda/8$ verwirklicht werden. Dieser bedingt, wie
in Abschnitt 14.2. erklärt wird, eine phasenverschobene Erregung der beiden Elemente von
135° ($\triangleq 3\lambda/8$). Um die zugeführte Leistung auf
beide Delta-Loop-Schleifen im Verhältnis 1:1
aufzuteilen, wurde ein Wilkinson-Leistungsteiler
nach [37] eingefügt.

Wie Bild 19.83 zeigt, sind die beiden Loops in
einem gegenseitigen Abstand von $\lambda/8$ hinterein-
ander angeordnet; sie haben gleiche Abmessungen und werden an den gleichen oberen Ecken
gespeist. Als Symmetriewandler sind dort Ringkern-Balun-Übertrager mit dem Übersetzungsverhältnis 1:1 eingefügt (siehe Abschnitt
7.7.3.). Für deren Anschluß ist ein wichtiger Hinweis von *DL 6 WD* zu beachten: Bei den üblichen
Ringkern-Baluns ist eine Ausgangsklemme in
Phase mit der koaxialen Eingangsbuchse, die
andere hat 180° Phasendrehung zu ihr. Beide
Baluns müssen daher in gleicher Anordnung der
symmetrischen Ausgangsklemmen montiert werden, andernfalls sind die Ströme in den Loops
gegenläufig. Dies hätte ein völliges Versagen der
Antenne zur Folge.

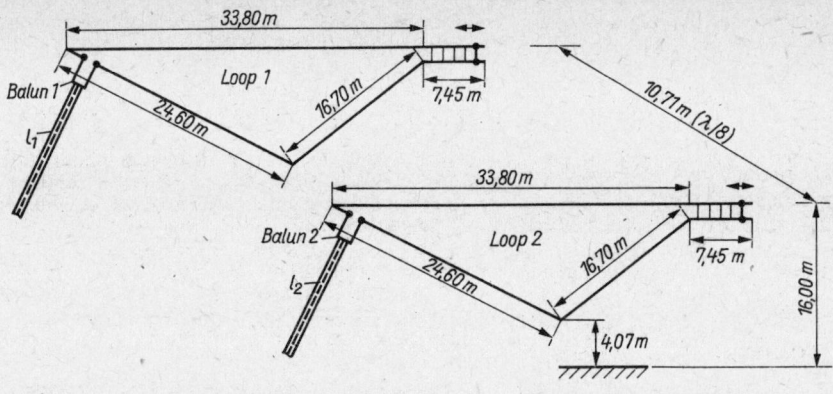

Bild 19.83
Bemessungsschema für das Monster von *DL 6 WD*

Gemäß Bild 19.82 ist die Länge der 52-Ω-Koaxialkabel beliebig, jedoch müssen l_1 und l_2 genau gleich groß sein. Beide Leitungen führen zum Wilkinson-Leistungsteiler, der mit der Umschalteinrichtung kombiniert ist. Bild 19.84 zeigt die praktische Anordnung. Das in der Bildmitte sichtbare Keramik-Umschaltrelais übernimmt die Richtungsumschaltung, indem es die 135°-Umwegleitung l_3 wahlweise in die Leitung zu Loop 1 oder Loop 2 einschleift. Der 100-Ω-Absorberwiderstand des Leistungsteilers besteht bei *DL 6 WD* aus 2 Gruppen von je 30 parallelgeschalteten Metallschichtwiderständen (1,5 kΩ/

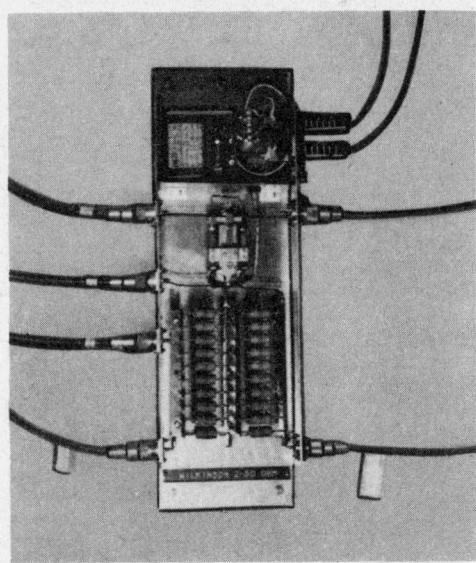

Bild 19.84
Wilkinson-Leistungsteiler mit Umschaltrelais und Relaisnetzteil (Foto *Fischer*)

4,5 W) in Reihe und ist auf Keramikstützen montiert. Mit der Belastbarkeit von 270 W ist dieser Absorberwiderstand stark überbemessen, da er nur die von der Antennen reflektierte Leistung in Wärme umzusetzen hat. Über dem Umschaltrelais befinden sich Relaisnetzteil und Steuerkabel.

l_4 und l_5 sind Viertelwellentransformatoren mit 75 Ω Wellenwiderstand (siehe Abschnitt 6.5). Nach Gleichung (6.6.) transformieren sie von 52 auf 108 Ω (75²/52). Diese Widerstände liegen am T-Stück einander parallel, so daß sich dort ein Eingangswiderstand von 54 Ω ergibt. Damit besteht gute Anpassung für das beliebig lange 52-Ω-Speisekabel. Durch die üblichen Wellenwiderstandstoleranzen von ±2 Ω wird das Ergebnis nur unwesentlich verändert. Um die Kabeltoleranzen auszuschalten, ermittelte *DL 6 WD* die exakten Größen für l_3, l_4 und l_5 über eine Frequenzmessung. Die mit dem Verkürzungsfaktor 0,66 vorausberechneten Leitungslängen plus 0,5 m Zuschlag wurden durch entsprechendes Kürzen für folgende Resonanzfrequenzen abgeglichen: λ/4-Leitungen l_4 und $l_5 \triangleq 7,05$ MHz; 3/8-λ-Leitung $l_3 = 4,70$ MHz. Das Resonanzverhalten solcher Leitungen ist in Bild 5.29 dargestellt.

Wie aus Bild 19.83 hervorgeht, weichen die von *DL 6 WD* entsprechend den vorhandenen örtlichen Gegebenheiten gewählten Loop-Abmessungen deutlich von der Idealform gleichseitiger Dreiecke ab. Seitenunsymmetrien bis 1,3 sind jedoch zulässig, und nach den Erfahrungen von *DL 6 WD* funktioniert auch die abenteuerlichste Schleifenform, sofern Resonanzfrequenz und Anpassung stimmen.

Der Umfang der Loops beträgt je 0,88λ, durch die beiden 7,45 m langen Zweidrahtleitungen an den rechten oberen Ecken werden die zur Ganzwellenresonanz fehlenden 0,12λ eingebracht, wobei durch entsprechendes Verändern der Leitungslänge mit den Kurzschlußschiebern ein Feinabgleich der Resonanzfrequenz möglich ist. Die in ihrer Lage durch Gewichte und Halteschnüre fixierten unteren Dreiecksspitzen befinden sich nur 4 m über dem Erdboden, die größte Höhe über Grund beträgt 16 m.

Nach *DL 6 WD* beträgt der Eingangswiderstand jedes Loop zwischen 54 und 56 Ω. Für eine Welligkeit $s = 2$ wurde ein Frequenzbereich von 190 kHz gemessen (Resonanzfrequenz 3,525 MHz). In [35] sind die Eigenschaften dieser Antenne wie folgt charakterisiert:

1. Die 2-Element-Delta hat eine ausgeprägte Kardioiden-Richtcharakteristik. Dadurch sind die Einschnürungen senkrecht zur Hauptstrahlrichtung geringer als bei der Einzelloop mit symmetrischer Achter-Charakteristik. Mit dem 2-Elementer sind QSOs «in Drahtrichtung» möglich, es gibt fast keine toten Winkel.

2. Die invertierte Delta-Loop, sowohl ein- als auch zweielementig, ist ein sehr guter Flachstrahler mit überwiegend vertikaler Polarisation: DX-Verbindungen über große Entfernungen (ZL, LU, KH6, ZS) bereiten keine Probleme, im Nahbereich unter 3000 km wird man jedoch von jeder halbwegs funktionierenden Wäscheleine mit Steilstrahlung erbärmlich abgehängt.

3. Ihre hervorragendste Eigenschaft zeigt die 2-Elemente-Delta als Empfangsantenne: Flacher Erhebungswinkel, Gewinn, Unempfindlichkeit gegen Störspannungen und vor allem die Möglichkeit, mittels Kippschalter die halbe Welt «abzuschalten», erleichtert den DX-Betrieb ungemein und ist oft wertvoller als der Antennengewinn.

4. Im Vergleich zur Einzelschleife kann der Gewinn der 2-Element-Delta mit knapp einer S-Stufe (3 ... 4 dB) geschätzt werden; kein schlechter Wert übrigens, wenn man nach Orr den Gewinn einer Loop mit 2,0 dBd zugrunde legt, kommen insgesamt 5 ... 6 dBd zusammen, und das ist bereits ein «hörbarer» Unterschied.

Dem ist hinzuzufügen, daß ein Nachbau nur solchen Funkamateuren empfohlen werden kann, die über ausreichende Meßmittel und -erfahrungen verfügen. Weitere mechanische Hinweise und Abgleichanweisungen sind in [35] enthalten.

Literatur zu Abschnitt 19.

[1] *Brown, Lewis and Epstein:* Ground Systems as a Factor in Antenna Efficiency, Proceedings of the Institute of Radio Engineers, (1937) June, Seite 753

[2] *Christman, A. M.:* Ground systems for vertical antennas, ham-radio, Greenville, N. H., (1979) August, Seite 31 bis 33

[3] *Servick, J.:* Short Ground-Radial Systems for Short Verticals, «QST», Newington, Conn. (1978) April, Seite 30

[4] *Stanley, J. P.:* Optimum Ground systems for vertical antennas, «QST», Newington, Conn., (1976) December

[5] *Brown, G. H.:* A Critical Study of the Characteristics of Broadcast Antennas as Affected by Antenna Current Distribution, Proceedings of the Institute of Radio Engineers, 24, (1936) January, Seite 48 bis 81

[6] *Labus, J.:* Rechnerische Ermittlung der Impedanz von Antennen, Hochfrequenztechnik und Elektroakustik, 41, (1933) Januar, Seite 17

[7] *Schwarzbeck, G.:* Streifzug durch den Antennenwald – DX-Antennen für 80 m und 160 m «cq-DL», Baunatal, 50 (1979) April, Seite 150 bis 155

[8] *Schulz, W.:* Designing a Vertical Antenna, «QST», Newington, Conn., (1978) September, Seite 19 bis 21

[9] *Sevick, J.:* The *W 2 FMI* Ground-Mounted Short Vertical, «QST», Newington, Conn., (1973) March, Seite 13 bis 18 und Seite 41

[10] *Hille, H.-H.:* Optimierte T-Antenne, «sq-DL», Baunatal, 49 (1978) Heft 6, Seite 246 bis 249

[11] *Brandt, H.-J.:* L- und T-Antennen für Kurzwelle «QRV» Stuttgart, 29 (1975) Heft 2, Seite 65 bis 71

[12] *Würtz, H.:* DX-Antennen mit spiegelnden Flächen – Koaxiale Antennen, cq-DL, Baunatal, 52 (1981) Heft 7, Seite 330 bis 332

[13] *Anderson, H.:* Build This Novice Four-Band Vertical, QST, Newington, Conn., (1978) June, Seite 16 bis 18

[14] *Woodward, G. H.:* On «Build This Novice» Four-Band Vertical, QST, Newington, Conn., (1978) October, Seite 35

[15] *Brandt, H.-J.:* L- und T-Antennen für Kurzwelle, QRV, Stuttgart, 29 (1975) Heft 2, Seite 65 bis 71

[16] *Pogson, I.:* Multi-Band Vertical Aerials, Electronics Australia, (1972) August, Seite 40 bis 43

[17] *Hari, S.:* Multiband-Antenne für die neuen WARC-Bänder, cq-DL, Baunatal, (1982), Heft 4, Seite 172 bis 174

[18] Schellenbach, R.: The J^2 Antenna for 10 and 24 MHz, QST, Newington, Conn., 67 (1983) March, Seite 41

[19] *Boyer, J. M.:* Hula Hoop-Antenne: A Coming Trend? ELECTRONICS, 36, (1963) February, Seite 44 bis 46

[20] *Hicks, C E.:* The DDRR-Antenna, A New Approach to Compact Antenna Design, CQ, New York, (1964) June, Seite 28 bis 31

[21] ...: Eine Ringantenne geringer Vertikalausdehnung, Funk-Technik, Berlin, 19 (1964) Heft 3, Seite 80

[22] *Fiebranz, A.:* Eine neuartige Ringantenne und ihre Anwendung, Funk-Technik, Berlin, 19 (1964) Heft 10, Seite 357

[23] *Quednau, B.:* Die DDRR-Antenne, Das DL-QTC, Gerlingen, 39 (1968) Heft 4, Seite 220

[24] *Eichenauer, W.:* Erfahrungen mit der DDRR-Antenne, Das DL-QTC, Gerlingen, 39 (1968) Heft 7, Seite 395 bis 397

[25] *Kandoian, A. G.:* Three New Antenna Types and Their Applications, Proceedings of the Institute of Radio Engineers, 34, Waves and Electrons, (1946), February, p. 70 W – 75 W

[26] *Nail, J.:* Designing Discone Antennas, ELEC-TRONICS, (1953) August, Seite 167 bis 168

[27] *Tai, C. T.:* Miscellaneous Linear Radiators, Antenna Engineering Handbook, New York – Toronto – London, (1961) Chapt. 3.8.

[28] ...: The Radio Handbook, 16th Edition, Summerland, Cal., (1962) Seite 488 bis 489

[29] *Greif, R.:* Sende-Antennen-Anlage für den Kurzwellenbereich, Rohde & Schwarz – Mitteilungen, München, (1952), Heft 1, Seite 4

[30] *Graziadei, H.:* Eine vertikale Breitbandantenne von besonderer Formgebung für den Kurzwellen- und Ultrakurzwellenbereich, F & G-Rundschau Köln (1952) Heft 35, Oktober, Seite 2 bis 16

[31] *Kirkwood, B.:* Corner-fed loop antenna for low-frequency dx, ham radio, Greenville, N.H., (1976) April, Seite 30 bis 32

[32] *Witt, F. J.:* top-loaded delta loop antenna, ham radio, Greenville, N. H., (1978) December, Seite 57 bis 61

[33] *Belrose, J. S. / DeMaw, D.:* The Half-Delta Loop: A Critical Analysis and Practical Deployment, QST, Newington, Conn., 66, (1982) September, Seite 28 bis 32

[34] *DeMaw, D.:* Antenna Matching, Remotely – Some Thougths –, QST, Newington, Conn., 66 (1982) July, Seite 14 bis 16

[35] *Fischer, R.:* Das Monster, eine 2-Element Delta-Loop für 3,5 MHz, cq-DL, Baunatal, 54, (1983), Heft 7, Seite 331 bis 335

[36] *Schwarzbeck, G.:* Bedeutung des vertikalen Abstrahlwinkels von KW-Antennen, cq-DL, Baunatal, 56, (1985), Heft 3, Seite 130 bis 136

[37] *Wilkinson:* An N-Way Hybrid Power Divider, IRE Transactions of Microwave Theory and Techniques, (1960) January

Dome, R. B.: A Study of the DDRR-Antenna, QST, West-Hartford, Conn., (1972) July, Seite 27 bis 31 und Seite 36

English, W. E.: A 40-Meter DDRR-Antenna, QST, West-Hartford, Conn., (1971), December, Seite 28 bis 32

Kachlicki, Z.: Eine Mehrband-Ground-Plane-Antenne, FUNKAMATEUR, DDR-Berlin, (1956) Heft 8, Seite 9

Klüß, A.: Die Reusenantenne im Amateurfunk, cq-DL, Baunatal, 57 (1986), Heft 8, Seite 458 bis 460

Rohrbacher, H. A.: Die Vertikalantenne, Das DL-QTC, Stuttgart, (1964) Heft 4, 5, 6

Schwarzbeck, G.: Streifzug durch den Antennenwald, Groundplane- und Vertikalantennen, cq-DL, Baunatal, 52, (1981) Heft 9, Seite 420 bis 428

Schwarzbeck, G.: Allband-Vertikalantenne 3,5 MHz bis 30 MHz mit reusenartigem Aufbau (DX 2000), cq-DL, Baunatal, 57 (1986), Heft 9, Seite 513 bis 518

371

20. Magnetische Antennen

Magnetische Antennen sprechen stärker auf die magnetischen Komponenten des elektromagnetischen Feldes an (siehe auch Bild 1.4 und Bild 1.5). Die Stromverteilung ist bei elektrisch kleinen magnetischen Antennen konstant, während sie bei elektrischen Antennen annähernd sinusförmig verläuft.

Magnetische Antennen wurden schon in der Anfangszeit der Funkempfangstechnik in der Form von Rahmenantennen verwendet, sie waren als Peilantennen z. B. bei der Flugsicherung unentbehrlich, und sie werden auch heute noch bei der kommerziellen Antennentechnik für Spezialaufgaben eingesetzt [1]. Auch die bekannten Ferritstabantennen zählen zu den magnetischen Antennen. Der Anwendungsfall als Peilleitung wird in Abschnitt 28.4.1. ausführlich beschrieben.

20.1. Die Wirkungsweise magnetischer Antennen

Die optimale und am häufigsten verwendete Form einer magnetischen Antenne ist der Ring; aus mechanischen Gründen bevorzugt man manchmal auch die Form eines Oktogon (Achteck) und seltener die eines Quadrates. Rahmenantennen mit mehreren Drahtwindungen eignen sich nur als Empfangsantennen (siehe Abschnitt 28.4.1.), sie werden oft mit einem FET-Verstärker am Eingang versehen.

Der Umfang ist oft $< \lambda/10$. Für den Funkamateur bieten diese raumsparenden Formen besonders für das 40-, 80- und 160-m-Amateurband eine günstige Alternative.

In [2] legt DL 1 BU die Entwicklung einer magnetischen Ringantenne sehr anschaulich dar. Zunächst wird ein Parallelschwingkreis nach Bild 20.1a betrachtet. Wird dieser Kreis mit seiner Resonanzfrequenz erregt, so pendelt die elektrische Energie zwischen dem Kondensator (elektrisches Feld) und der Spule (magnetisches Feld)

hin und her. In diesem in sich geschlossenen System konzentrieren sich die beiden Feldarten und treten nicht nennenswert nach außen.

Zieht man die Kondensatorplatten wie in Bild 20.1b auseinander, wird das vorher geschlossene System geöffnet, und es bildet sich zwischen den Platten ein vorwiegend elektrisches Nahfeld aus. Da sich das elektrische Feld in den Außenraum ausbreitet, kann hier bereits von einer elektrischen Antenne gesprochen werden. Sie entspricht etwa einem stark verkürzten Dipol, der auch als Elementardipol oder Hertzscher Dipol (siehe Tabelle 3.1.) bekannt ist.

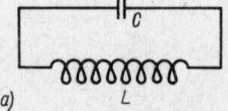

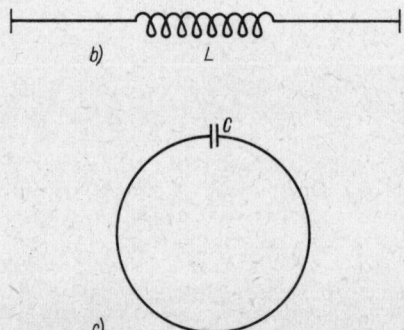

Bild 20.1
Die Entwicklung einer magnetischen Ringantenne;
a – geschlossener Schwingkreis ohne nennenswertes Nahfeld, b – Schwingkreis geöffnet durch Auseinanderziehen der Kapazität; vorwiegend elektrisches Nahfeld, c – Schwingkreis geöffnet durch Auseinanderziehen der Spule zur Ringform; überwiegend magnetisches Nahfeld

Beläßt man die Kodensatorplatten in ihrer ursprünglichen Position und zieht dafür die Spulenwindungen so auseinander, daß man den Spulendraht zu einem Ring formen kann, entsteht die magnetische Ringantenne nach Bild 20.1c. Hier bleibt das elektrische Feld um den Kondensator konzentriert, während ein ausgedehntes magnetisches Feld aus der großen Ringschleife austritt. Bereits im Nahfeld dieser magnetischen Antenne bauen sich zusätzliche elektrische Felder auf, so daß schließlich in größerer Entfernung eine ebene Wellenfront entsteht, die sich von der einer elektrischen Antenne nicht unterscheidet (siehe Abschnitt 1.1.5.).

Jeder Antenne muß man einen Strahlungswiderstand R_r zu ordnen, der im Resonanzfall ein reiner Wirkwiderstand ist (siehe Abschnitt 3.1.3.). Dabei gilt, daß sich der Strahlungswiderstand mit kürzer werdender Antennenlänge, bezogen auf die Wellenlägen λ, verkleinert. Da magnetische Antennen sehr kurz sind, ist ihr Strahlungswiderstand immer $< 1\,\Omega$; in den meisten Fällen liegt er im Milliohmbereich. Zum Errechnen des Strahlungswiderstandes R_r einer ringförmigen magnetischen Antenne mit dem Umfang U eignet sich die Näherungsgleichung

$$R_{r/\Omega} \approx 197 \cdot \left(\frac{U}{\lambda}\right)^4, \qquad (20.1.)$$

für einen kreisförmigen Rahmen mit mehreren Windungen n gilt

$$R_{r/\Omega} \approx 197 \cdot n^2 \cdot \left(\frac{U}{\lambda}\right)^4. \qquad (20.2.)$$

Aus Gl. (3.5.) ist zu entnehmen, daß der Wirkungsgrad einer Antenne vom Verhältnis Verlustwiderstand R_l zum Strahlungswiderstand R_r abhängig ist. Man muß somit die Summe der Verlustwiderstände einer magnetischen Antenne extrem gering halten, um noch einen annehmbaren Wirkungsgrad zu erzielen. Für die Praxis bedeutet das, daß möglichst großflächige Leiter mit bester Oberflächenleitfähigkeit (Kupfer, Aluminium) verwendet werden müssen. Für den Kondensator wird neben hoher Durchschlagsfestigkeit (großer Plattenabstand, Luftdielektrikum) eine hervorragende breitflächige Kontaktgabe mit dem Ringleiter gefordert. Klemm- oder Nietverbindungen erfüllen diese Forderung nicht! Setzt man den Strahlungswiderstand R_r einer Ringantenne mit $U = 0,1\lambda$ nach Gl. (20.1.) mit $0,02\,\Omega$ an und die Summe der Verlustwiderstände R_l beträgt ebenfalls $0,02\,\Omega$, kann man nach Gl. (3.5.) mit einem Wirkungsgrad von $0,5 = 50\%$ rechnen. Steigt R_l durch verminderte Leitfähigkeit z. B. auf $0,1\,\Omega$ an, fällt der Wirkungsgrad bereits auf $\approx 17\%$ ab.

Die effektive Höhe h_e (siehe Abschnitt 3.1.6.) einer magnetischen Ringantenne ist sehr gering;

daraus folgt, daß auch die induzierte Spannung U_r sehr klein ist. Da die Ringantenne im Resonanzfall einen Kreis hoher Güte Q darstellt, ist $U_{res} = U_r \cdot Q$ nach Gl. (28.13.). Die hohe Kreisgüte Q bewirkt die «Schmalbandigkeit» der Antenne, d.h., daß sie auch bei kleinen Frequenzveränderungen innerhalb des Amateurbandes nachgestimmt werden muß.

Die Strahlungseigenschaften magnetischer Antennen

Wird eine magnetische Antenne senkrecht zur Erdoberfläche aufgestellt, wie Bild 20.2a zeigt, entsteht Vertikalpolarisation. Das Richtdiagramm ist bidirektional, maximaler Empfang tritt auf, wenn die Schmalseiten der Antenne, wie durch Pfeile angedeutet, in der Richtung zum Sender stehen. Einen waagrechten Schnitt durch das Vertikaldiagramm zeigt Bild 20.2b. Es erscheint in der Draufsicht das bekannte Doppelkreisdiagramm mit 90° Halbwertsbreiten, das die Antennenschmalseiten wie eine Ringwulst umgibt.

Wird eine magnetische Ringantenne horizontal polarisiert, d.h., der Ring liegend und parallel zur Erdbodenoberfläche angeordnet, entsteht ein horizontal polarisierter Rundstrahler. Sein Vertikaldiagramm hat im freien Raum wieder die Form eines Doppelkreises; in Erdbodennähe ist abhängig vom Erdbodenabstand eine Keulenan-

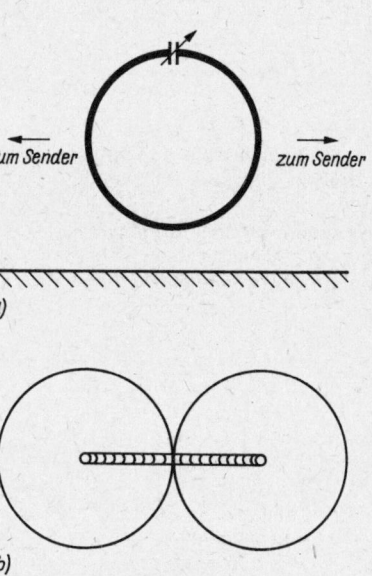

Bild 20.2
Die Richteigenschaften einer magnetischen Ringantenne; a – vertikal polarisiert, bidirektionale Richtwirkung, b – vertikal polarisiert, waagerechter Schnitt durch das Vertikaldiagramm (Draufsicht)

hebung feststellbar. Nach *DK 5 CZ* [3] beträgt dieser Erhebungswinkel bei einem Abstand von 1λ über der idealen Erde etwa 14°. In der Praxis verwendet man magnetische Rahmen- und Ringantennen fast ausschließlich mit Vertikalpolarisation.

Der Gewinn dieser kleinen Rahmenantennen entspricht dem eines stark verkürzten Dipols (Hertzscher Dipol). Verlustfreiheit vorausgesetzt, beträgt er 1,76 dBi (bezogen auf isotropen Strahler). Der kleine Ring ist somit um nur 0,39 dB «schlechter» als ein Halbwellendipol mit dem Gewinn von 2,15 dBi. Nach *DK 5 CZ* [3] erreicht man im praktischen Fall mit guten, relativ verlustarmen magnetischen Ringantennen abhängig von ihrem Umfang *U* (bezogen auf λ) Gewinne zwischen etwa 1,65 dBi ($U \approx 0,25\lambda$) und etwa 0,65 dBi ($U \approx 0,12\lambda$). Diese Werte beziehen sich auf die industriell gefertigten Ringantennen AMA1 und AMA2.

Man kann davon ausgehen, daß das Einsatzgebiet der magnetischen Antennen vor allem im 80-m-Band und 40-m-Band liegt. Der Praktiker weiß, daß in diesen Bereichen der Gewinn der Antenne im Empfangsfall nur eine ganz untergeordnete Rolle spielt, denn um Übersteuerungen des Empfängereinganges zu vermeiden, muß die Hochfrequenzverstärkung fast immer weit zurückgenommen werden. Viel wichtiger ist die Selektivität, wobei die durch die hohe Betriebsgüte *Q* bewirkte «Schmalbandigkeit» der Antenne eine beträchtliche Vorselektion gewährleistet. Damit wird die Gefahr von Kreuzmodulation in der ersten Empfängerstufe vermindert. Für den Sendefall bedeutet die hohe Betriebsgüte, daß praktisch keine Oberwellen abgestrahlt werden. Diese großen Vorteile der hohen Betriebsgüte wiegen die Unbequemlichkeit der auch bei kleineren Frequenzänderungen notwendigen Resonanznachstimmung auf. Die Fernbetätigung des Drehkondensatorantriebes dürfte dem geübten Bastler keine Schwierigkeiten bereiten, da Kleinstmotore mit Untersetzungsgetriebe als Spielzeugmotore oder Grillmotore im Handel erhältlich sind. Die Ringantenne sollte drehbar ausgeführt sein, wobei eine Begrenzung des Drehwinkels auf = 180° ausreichend ist. Die Drehbarkeit ermöglicht das Ausblenden von Störsignalen und verbessert allgemein den «Signal-zu-Störabstand».

Wie aus dem Vertikaldiagramm abgeleitet werden kann, strahlt die Antenne bei allen Erhebungswinkeln gleichmäßig ab. Nach [4] wird der Aufbauhöhe von Rahmenantennen wegen der stärkeren magnetischen Komponenten des Nahfeldes wenig Bedeutung zugeschrieben. Zu Abstrahlung und Empfang einer elektromagnetischen Welle werden jedoch immer magnetische **und** elektrische Feldstärke benötigt. Die notwendigen elektrischen Felder werden durch das verlustbehaftete Dielektrikum «Boden» bedämpft, und zwar um so stärker, je näher die Antenne dem Boden ist.

Da magnetische Antennen stärker auf die magnetischen Feldkomponenten ansprechen, nehmen sie die elektrischen Komponenten des örtlichen Störfeldes weniger auf. Im Nahfeld – also i. a. in einem Abstand unter $\lambda/6$ – einer Störquelle überwiegen meistens die elektrischen Feldkomponenten, deshalb empfängt eine Rahmenantenne oft weniger Störungen als ein gleichwertiger Dipol. Im Sendefall lassen sich durch den Einsatz einer magnetischen Antenne die Störungen des Fernsehempfanges im Nahbereich vermindern oder ganz verhindern, da abgestimmte Rahmen extrem schmalbandig sind.

Nach [4] dringt die magnetische Komponente des elektromagnetischen Feldes tiefer in die Räume eines Hauses ein, als das die elektrische Komponente vermag. Größere Metallgegenstände, metallische Leitungen und mit Baustahl armierte Wände verhindern teilweise das Eindringen der elektrischen Wellenkomponente ins Haus. Deshalb ist die magnetische Antenne für Empfang tiefer Frequenzen als Zimmer-, Balkon- oder Dachbodenantenne besser geeignet als die elektrischen Antennen.

20.2. Der praktische Aufbau magnetischer Antennen

Die wirksamste und gebräuchlichste Bauform einer magnetischen Antenne ist der kreisförmige Ring, da er gegenüber anderen geometrischen Formen die größte Fläche bedeckt. Ihm kommt das Achteck sehr nahe, beim Quadrat oder Rhombus muß man mit einem verminderten Wirkungsgrad rechnen. Die nachfolgenden Betrachtungen beziehen sich der Übersichtlichkeit halber auf die Ringform, sie gelten sinngemäß auch für die anderen Bauformen.

Im allgemeinen liegt der Abstimmdrehkondensator beim vertikal aufgestellten Ring oben. Der ihm gegenüberliegende Punkt kann geerdet werden (Blitzschutz). Bei manchen Ausführungen liegt CA zur bequemeren Handabstimmung am Tiefpunkt des Ringes und wird dort meist mit dem Anpassungsnetzwerk in einem Gehäuse vereinigt [1], [5], [6]. Bild 20.3 zeigt Prinzipschaltungen der kapazitiven Abstimmung und Auskopplung, bei denen die für Grobabstimmung vorhandenen zuschaltbaren Festkapazitäten nicht eingezeichnet wurden.

Da sich der Abstimmdrehkondensator C_A leicht fernbedienen läßt, verwendet man für den ortsfesten Betrieb der Ringantenne gerne Aus-

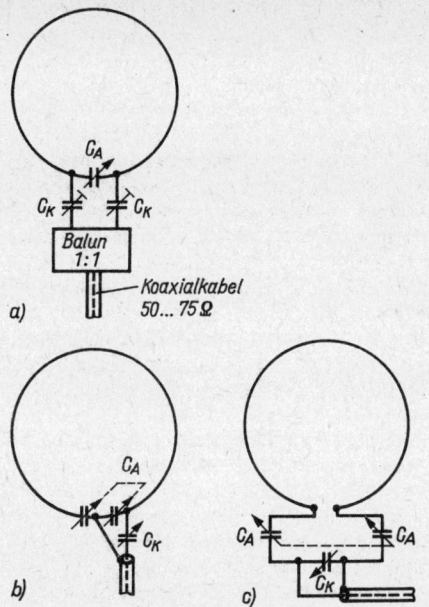

a) Koaxialkabel 50...75 Ω

b)

c)

Bild 20.3
Magnetische Ringantennen mit unten liegenden
Abstimmkondensatoren C_A und kapazitiver
Ankopplung C_K; a – kapazitive Ankopplung über C_K
und Ringkern-Balun 1:1 nach [4], b – unsymmetrische
kapazitive Ankopplung nach [4], c – unsymmetrische
kapazitive Ankopplung nach [1], [5] und [6]

führungen mit obenliegendem Drehkondensator
C_A. Mit geringem Aufwand kommt die galvanische Kopplung aus, die in Bild 20.4a als T-Glied-Anpassung mit nachfolgendem Symmetriewandler dargestellt ist. Die unsymmetrische Ausfüh-

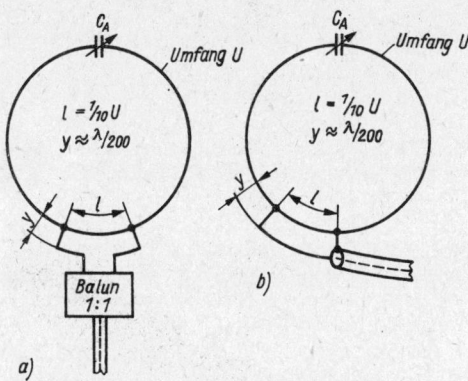

a)

b)

Bild 20.4
Magnetische Ringantennen mit galvanischer
Ankopplung nach [4]; a – galvanische Ankopplung
mit T-Glied-Anpassung und Ringkern-Balun 1:1,
b – unsymmetrische Ankopplung mit Gamma-
Anpassung

rung mit Gamma-Anpassung zeigt Bild 20.4b. In beiden Fällen soll die Länge l etwa 1/10 des Ringumfanges U betragen, für den Abstand Y ist $\approx \lambda/200$ geeignet [4].

Da das induktive Koppeln und Anpassen leicht zu beherrschen ist und auch wenig Aufwand erfordert, erfreut es sich großer Beliebtheit. Die gebräuchlichsten Ausführungsformen zeigt Bild 20.5. Innerhalb der großen Schleife wird eine kleine induktive Schleife angeordnet, wobei das Durchmesserverhältnis etwa 5:1 betragen sollte. Die symmetrische Kopplung mit Ringkern-Balun 1:1 ermöglicht den Anschluß eines koaxialen 50-Ω-Kabels. Bei unsymmetrischer Kopplung nach Bild 20.5b kann das Koaxialkabel direkt angeschlossen werden. Die elektrisch günstigste Lösung der induktiven Kopplung zeigt Bild 20.5c. Es ist nur die Koppelwindung gezeichnet, sie besteht aus Koaxialkabel, bei dem in der Mitte des Umfanges der Außenleiter unterbrochen wird. An der rechten Hälfte der Schleife

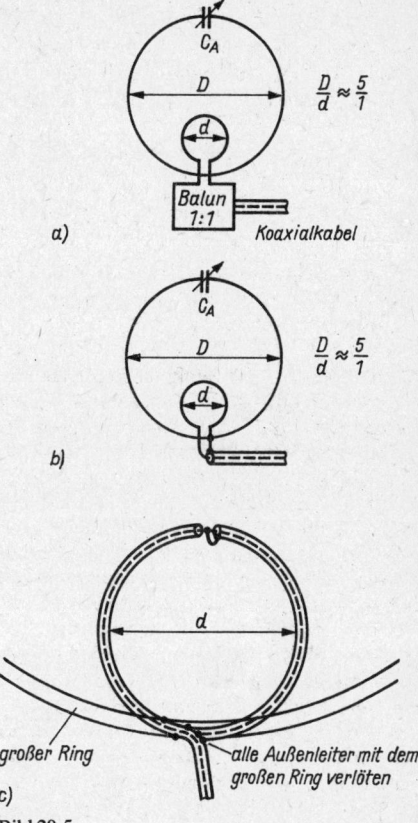

a) Koaxialkabel $\frac{D}{d} \approx \frac{5}{1}$

b) $\frac{D}{d} \approx \frac{5}{1}$

c) großer Ring   alle Außenleiter mit dem
großen Ring verlöten

Bild 20.5
Magnetische Antennen mit induktiver Ankopplung;
a – symmetrische Kopplung mit Ringkern-Balun 1:1,
b – unsymmetrische Kopplung, c – geschirmte induktive
Kopplung (Detailzeichnung)

sind Innenleiter und Außenleiter wie gezeichnet mit dem Fußpunkt des großen Ringes zu verlöten. An diesem Punkt kann die Antenne geerdet werden. Zur Korrektur der Anpassung für geringstmögliche Welligkeit auf dem koaxialen Speisekabel verformt man die Kopplungswindung leicht. Allgemein gilt, daß der Durchmesser d der Koppelschleife um so kleiner werden darf, je höher die Betriebsgüte der Antenne ist.

Daten praktisch erprobter Ausführungen

Wie in Abschnitt 3.1.6. erklärt wird, ist die Größe der Spannung, die eine Antenne dem sie umgebenden elektromagnetischen Feld entnehmen kann, von ihrer wirksamen Länge l_e (bzw. effektiven Höhe h_e) abhängig. Für die wirksame Länge l_e eines Einwindungsrahmens mit der Rahmenfläche A gilt:

$$l_e = \frac{2\pi A}{\lambda} = \frac{6,28A}{\lambda}. \qquad (20.3.)$$

Die Rahmenfläche A ist auch mit dem Strahlungswiderstand R_r durch die Beziehung

$$R_{r/\Omega} \approx 31200 \left(\frac{U}{\lambda}\right)^2 \qquad (20.4.)$$

verknüpft. Daraus kann man in erster Näherung ableiten, daß die wirksame Länge l_e und der Strahlungswiderstand R_r um so größer werden, je größer die Rahmenfläche A ist. Vergleicht man die Rahmenformen Quadrat, Achteck und Kreis – alle mit gleichem Umfang U – so ergibt sich, daß sich die Rahmenfläche A wie 1 (Quadrat) : 1,2 (Achteck) : 1,29 (Kreis) verhalten. Da der Strahlungswiderstand R_r dem Quadrat der Fläche A proportional ist, erhält man – bezogen auf die Quadratform – für das Achteck einen um 44% größeren Strahlungswiderstand, und für den Kreis ist er um 66% höher. Dies spricht eindeutig für die Kreisform.

In [1] wird eine Ausführung beschrieben, welche die Form eines regelmäßigen Achtecks hat. Hier handelt es sich um eine Entwicklung für militärische Zwecke, bei der die Zerlegbarkeit in kleine Einheiten für den Transport entscheidend war. Die als «Army-Loop» auch in Amateurkreisen bekanntgewordene Antenne wurde mit kleinen Abweichungen häufig nachgebaut [5], [6]. Sie ist über einen Frequenzbereich von 2,5 ... 5 MHz abstimmbar. Die Achteck-Seitenlängen betragen je 1,52 m, das ergibt einen Umfang U von 12,20 m. Für das 80-m-Band beträgt somit die relative Länge $l \approx 0,14\lambda$; die Fläche A kann man hier mit 10,46 m² errechnen (bei der Kreisform würde bei gleichem Umfang U die Fläche $A = 11,76$ m² betragen). Nach Gl. (20.4.)

ist für die Army-Loop im 80-m-Band mit einem Strahlungswiderstand R_r von 0,063 Ω zu rechnen. Abgestimmt und angepaßt wird nach Bild 20.3 c. Dabei werden in [5] Abstimmkapazitäten C_A mit je 650 pF und für C_K 500 pF angegeben.

Ein Achteckrahmen für 160 m und 80 m wird in [6] beschrieben. Er unterscheidet sich von der Army-Loop nur durch das verwendete Material. Das Achteck wird aus 8 Stücken von je $\approx 1,50$ m Länge Aluminium-Fallrohr mit den dazu passenden 135°-Bogenstücken zusammengesetzt. Der Rohrdurchmesser betrug ≈ 50 mm. Das Problem sind hier die vielen kontaktsicheren Rohrverbindungen. Auch diese Antenne wird nach Bild 20.3 c abgestimmt und angepaßt. Quadratförmige Einwindungsrahmen werden in [7] und [8] beschrieben.

Die von DK 5 CZ konstruierten magnetischen Ringantennen mit der Typenbezeichnung AMA lassen kaum noch Wünsche offen, sie sind drehbar, und die Resonanzabstimmung ist über eine Fernbedienung vom Stationsraum aus möglich. Bild 20.6 zeigt diese Antenne von Typ AMA 2. Sie ist auf einem Antennenrotor befestigt, im unteren Teil ist der kleine, aus Koaxialkabel bestehende Ring als induktive Auskopplung nach Bild 20.5 sichtbar. In der Mitte des Oberteils befindet sich das Gehäuse, welches den Abstimmdrehkondensator und dessen Antriebsmotor aufnimmt. Der Ringleiter besteht bei allen Ausführungen aus Aluminiumrohr mit 33 mm Außendurchmesser.

Bild 20.6
Die magnetische Ringantenne Typ AMA-2
(Foto DK 5 CZ)

376

Tabelle 20.1.   Daten der magnetischen Antennen vom Typ *AMA*

	Bezeichnung der Antennen		
	AMA 1	*AMA 2*	*AMA 3*
Ringdurchmesser D in m	3,40	1,70	0,80
Ringumfang U in m	10,68	5,34	2,50
Ringdurchmesser d in m	$\approx 0{,}68$	$\approx 0{,}34$	$\approx 0{,}16$
Frequenzbereich (durchstimmbar) in MHz	3,5 ... 7,2	6,9 ... 14,4	13,9 ...30
Induktivität L in µH	10,06	4,28	1,63
Kapazität C_A in pF	205 ... 48	125 ... 28	82 ... 17
Relativer Umfang U in λ	0,125 ... 0,256	0,123 ... 0,258	0,116 ...0,25

Elektrische Daten, bezogen auf die einzelnen Amateurbänder

	Relativer Umfang U in λ	Kapazität C_A in pF	Strahlungswiderstand R_r in Ω	Blindwiderstand $X_L = X_C$ in Ω	Theoretische Güte Q_s
AMA 1					
80 m	0,130	190	0,045	229	5089
40 m	0,251	51	0,782	445	569
AMA 2					
40 m	0,125	119	0,049	190	3878
30 m	0,180	58	0,207	292	1410
20 m	0,252	30	0,793	419	528
AMA 3					
20 m	0,118	79	0,038	145	3815
17 m	0,150	48	0,102	185	1814
15 m	0,177	35	0,192	217	1130
12 m	0,208	25	0,368	255	693
10 m	0,235	20	0,600	289	482

Da für diese Antennen in [3] alle wichtigen Daten angegeben werden und überdies in [2] ein sehr gründlicher Testbereicht von *DL 1 BU* vorliegt, sollen die Eigenschaften dieser Antennen näher erläutert werden. Zur besseren Übersichtlichkeit werden alle gemessenen und errechneten Daten dieser Antennenreihe in Tabelle 20.1. aufgeführt. Bei der theoretischen Güte Q_S ist nur der Strahlungswiderstand R_r wirksam. Man errechnet sie nach

$$Q_S = \frac{X_L}{R_r}, \qquad (20.5.)$$

wobei der Blindwiderstand $X_L = X_C = 2\pi f L$ beträgt. Die Betriebsgüte ist erheblich geringer, da hier die verschiedenen Verlustfaktoren berücksichtigt werden müssen (siehe Tabelle 20.3.).
Für die Induktivität L der Kreisschleife gilt

$$L/_{nH} = 2U \left(\ln \frac{U}{d} - 1{,}07 \right) \qquad (20.6.)$$

(Schleifenumfang U und Leiterdurchmesser d sind mit gleichen Einheiten einzusetzen).

Für die Errechnung der Abstimmkapazität C_A wurde die bekannte Näherungsformel

$$C_{A/pF} \frac{25\,330}{f/_{MHz} \cdot L/_{\mu H}} \qquad (20.7.)$$

verwendet.
Die Entwicklungsgrundlage für die AMA-Reihe bildete eine Veröffentlichung von *DL 2 FA* [4] mit der Beschreibung von magnetischen Kurzwellenloops verschiedener Frequenzbereiche. Für den Ringleiter wird dort Kupferrohr mit 20 mm Durchmesser vorgeschlagen. Die Daten dieser Antennen enthält Tabelle 20.2. Weitere Daten können mit den angegebenen Gleichungen errechnet werden.
Daß die magnetische Ringantenne keinesfalls als Behelfsantenne betrachtet werden kann, geht aus dem ausführlichen Testbericht von *DL 1 BU* herrvor, der in [2] veröffentlicht wurde. Untersucht wurden die von *DK 5 CZ* konstruierten Typen AMA1 und AMA2 (siehe Tabelle 20.1.), die für den Amateurgebrauch bestimmt sind. Als Vergleichsantenne war eine 7 m lange 5-Band-

Tabelle 20.2. Magnetische Kurzwellenloops nach *DL 2 FA*

	Amateurbänder in m		
	80, 40	40, 30, 20	20, 17, 15, 12, 10
Ringdurchmesser D in m	3,34	1,67	0,84
Ringumfang U in m	10,50	5,25	2,63
Ringdurchmesser d in m	0,67	0,34	0,17
Frequenzbereich (durchstimmbar) in MHz	3,5 … 7,1	7,0 … 14,5	14,0 … 30
Induktivität L in µH	10,9	4,6	2,0
Kapazität C_A in pF	160 … 46	112 … 26	65 … 14
Relativer Umfang U in λ	0,123 … 0,249	0,123 … 0,254	0,123 … 0,263
Strahlungswiderstand R_r in Ω	0,044 … 0,757	0,044 … 0,82	0,045 … 0,943

(Bemessungssymbole nach Bild 20.5)

Groundplane mit den zugehörigen Radials (Typ *Butternut HF 5*) vorhanden. Beide Antennen befanden sich in gleicher Höhe 10 m über Grund. Für Vergleichszwecke im 40-m-Band stand außerdem noch ein Halbwellendipol zur Verfügung, der in 27 m Höhe aufgebaut war. Die Veröffentlichten Schreiberaufzeichnungen erstreckten sich jeweils über eine Zeitdauer von 30 Sekunden. Die aus diesem Vergleichstest abgeleitete summarische Einschätzung von *DL 1 BU* lautet: «Eine magnetische Ringantenne entspricht in etwa der Leistungsfähigkeit einer guten GP-Antenne, die aber immerhin 7 m lang ist und eine Anzahl z. T. langer Radials erfordert. Die im Fall der AMA2 nur 1,7 m Durchmesser aufweisende Ringantenne benötigt dagegen keine Radials.»

Die ebenfalls gemessenen 3-dB-Bandbreiten B und die daraus abgeleiteten Betriebsgüten Q_b sind in Tabelle 20.3. aufgeführt.

Nach den Feststellungen von *DL 1 BU* läßt sich für jede Frequenz innerhalb des vorgesehenen Bereiches eine Welligkeit s von 1,0 durch Ändern der kleinen Koppelschleife einstellen. Ohne diesen Feinabgleich ist in der Mehrzahl der Fälle eine Welligkeit s von 1,5 erreichbar. Diese leichte Fehlanpassung kann vernachlässigt werden, denn der Fehlanpassungsverlust beträgt weniger als 0,2 dB (siehe auch Abschnitt 5.2.2. und Bild 5.25); selbst bei $s = 2$ würde er nur etwa 0,5 dB betragen. Im übrigen kann die Fehlanpassung

Tabelle 20.3.
Die 3-dB-Bandbreiten und die Betriebsgüten Q_b für die magnetischen Ringantennen *AMA 1* und *AMA 2* nach *DL 1 BU*

	Bezeichnung der Antennen			
	AMA 1		AMA 2	
Frequenz in MHz	3,5	7	7	14
3-dB-Bandbreite in kHz	18	40	30	107
Betriebsgüte Q_b	194	175	233	131

auch wie üblich durch ein Antennenanpaßgerät weggestimmt werden.

Für Liebhaber großer Ausgangsleistungen sei gesagt, daß die HF-Belastbarkeit von mit amateurmäßigen Mitteln hergestellten magnetischen Ringantennen auf etwa 100 Watt begrenzt ist. Die Ursache dafür ist ausschließlich im verwendeten Abstimmdrehkondensator C_A zu suchen, der erheblichen HF-Spannungen und -Strömen ausgesetzt ist. Bei größeren Leistungen müßte man sehr voluminöse Spezialausführungen einsetzen.

20.3. Die elektrisch-magnetische Groundplane-Loop (EMGL)

Die elektrisch-magnetische Groundplane-Loop, abgekürzt EMGL, wurde von *DL 2 FA* in [9] beschrieben. Wie aus Bild 20.7 ersichtlich ist, handelt es sich um die Hälfte einer magnetischen Ringantenne über gut leitender Erde. Sie ist direkt geerdet und spricht sowohl auf die elektrische als auch auf die magnetische Komponente des elektromagnetischen Feldes an. Die EMGL kann – wie auch die magnetische Ringantenne – mit galvanischer Ankopplung durch Gamma-Anpassung (Bild 20.7 a), kapazitiver Kopplung (Bild 20.7 b) und induktiver Kopplung (Bild 20.7 c) betrieben werden. Die angegebene Halbkreisbogenlänge von $0,2\lambda$ bezieht sich auf die kleinste Wellenlänge, für welche die Antenne eingesetzt werden soll. Bei der EMGL ist ein Gegengewicht unerläßlich, das möglichst nicht eingegraben werden sollte. *DL 2 FA* empfiehlt, große Flächen aus verzinktem Maschendraht (Kükendraht) als Gegengewicht auszulegen. Günstig ist es, wenn man die Antenne über einem Flachdach aufbauen kann. Das direkte Erden gewährleistet einen guten Blitzschutz. Ebenso wie bei der magnetischen Ringantenne muß man auch bei der EMGL auf größtmögliche Verlustarmut des Lei-

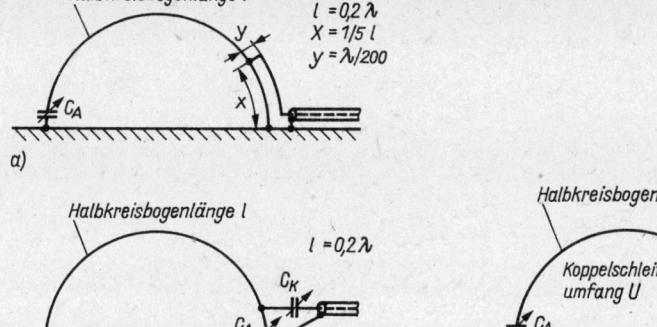

a)

$l = 0,2\,\lambda$
$X = 1/5\,l$
$y = \lambda/200$

Halbkreisbogenlänge l

C_A

b)

Halbkreisbogenlänge l

$l = 0,2\,\lambda$

C_K

C_A

c)

Halbkreisbogenlänge l

$l = 0,2\,\lambda$
$U = l \cdot 0,4$

Koppelschleifenumfang U

C_A

Bild 20.7
Aufbau und Ankopplungsarten der EMGL; a – galvanische Kopplung über Gamma-Glied, b – kapazitive Kopplung, c – induktive Kopplung

ters und des Abstimmdrehkondensators C_A mit großem Plattenabstand achten, zumal die Halbkreisschleife nur die Hälfte des Strahlungswiderstandes R_r einer Vollkreisloop aufweist.

DL 2 FA gibt in [9] die praktischen Abmessungen für verschiedene EMGL nach Bild 20.8 an, die in Tabelle 20.4. zusammen mit weiteren errechneten Daten aufgestellt sind. Der Antennenleiter besteht aus Kupferrohr von 10 mm Durchmesser, die Koppelwindung U wird aus Kupferdraht mit $\geqq$ 2 mm Durchmesser hergestellt. Die Bodenleitung D ist mit dem Maschendraht-

Tabelle 20.4. Abmessungen und elektrische Daten EMGL nach *DL 2 FA*

	Amateurbänder in m		
	80, 40	40, 30, 20	20, 17, 15, 12, 10
Halbkreisbogenlänge l in m	8,40	4,20	2,10
Bodenleitung D in m	5,35	2,67	1,34
Koppelschleifenumfang U in m	3,36	1,68	0,84
Frequenzbereich (durchstimmbar) in MHz	3,5 … 7,1	7,0 … 14,5	14,0 … 30
Induktivität L in µH	6,22	2,8	1,27
Kapazität C_A in pF	322 … 80	184 … 43	102 … 22
Relative Bogenlänge l in λ	0,098 … 0,155	0,099 … 0,20	0,10 … 0,21
Strahlungswiderstand R_r in Ω	0,009 … 0,155	0,009 … 0,158	0,01 … 0,19
3-dB-Bandbreite B in kHz	5,7 bei 80 m	11,5 bei 40 m	24 bei 20 m
	67 bei 40 m	147 bei 20 m	323 bei 10 m
Gewinn, bezogen auf $\lambda/4$-Groundplane in dB	−1,91 bei 80 m	−1,52 bei 40 m	−1,22 bei 20 m
	−0,55 bei 40 m	−0,50 bei 20 m	−0,47 bei 10 m

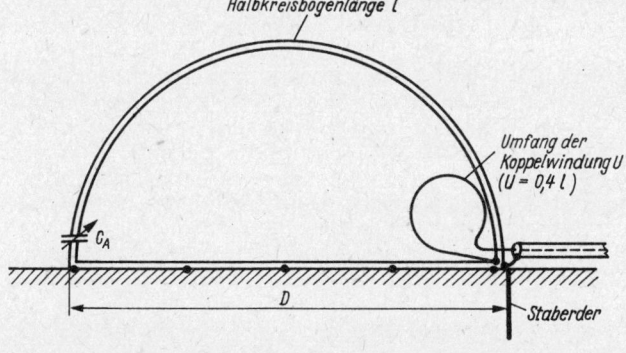

Halbkreisbogenlänge l

Umfang der Koppelwindung U
$(U = 0,4\,l)$

C_A

D

Staberder

Bild 20.8
Aufbauschema für die EMGL-Antenne nach *DL 2 FA*
(Abmessungen und Daten siehe Tabelle 20.4.)

Gegengewicht fest verlötet, als Blitzerde ist ein Staberder vorgesehen.

Die angegebenen elektrischen Daten dieser Antennen setzen einen sehr verlustarmen Gesamtaufbau und ein ausreichend großes Gegengewicht voraus, wobei auch die einzelnen Maschendrahtbahnen miteinander verlötet werden müssen. Das Gegengewicht sollte mindestens die doppelte Länge und die doppelte Breite des Halbrings haben, besser wesentlich mehr. Eine Fernabstimmung des Drehkondensators C_A ist auch bei diesen Ausführungen angebracht. Die optimale induktive Kopplung wird durch Verformung der Schleife U eingestellt, die Welligkeit s auf dem koaxialen Speisekabel liegt bei etwa 1,5.

Literatur zu Abschnitt 20.

[1] *Patterson, K. H.:* Down-to-earth Army antenna, ELECTRONICS, 40, (1967), August 21, Seite 111 bis 114

[2] *Schwarzbeck, G.:* Rahmen- und Ringantennen – Magnetische Antennen, Beschreibung und Meßergebnisse, cq-DL, Baunatal, 55, (1984) Heft 5, Seite 226 bis 234

[3] *Käferlein, Ch.:* Magnetische Antenne (AMA), Firmenschrift, Darmstadt, 1984

[4] *Würtz, H.:* Magnetische Antennen – Allgemeines zu den magnetischen Antennen, cq-DL, Baunatal, 54, (1983), Heft 2, Seite 64 bis 67 und Heft 4, Seite 170 bis 171

[5] *McCoy, L. G.:* The Army Loop in Ham Communication, QST, West-Hartford, Conn., 52, (1968), March, Seite 17 bis 18 und 152

[6] *Spelman, F. A./Spillane, J.:* The Ferris Wheel Antenna for 160- and 80-Meters, 73 Magazine, Petersborough, N. H., (1968) Heft 2

[7] *Killeen, J. R.:* A compact hf antenna for portable or base operation, RADIO COMMUNICATION, London, (1983), September, Seite 796 bis 797

[8] *Pelz, D./Christmann, R./Sigrist, R.:* Rahmenantenne – keine Wunderantenne – aber ein Ding mit Pfiff!, cq-DL, Baunatal, 53, (1982), Heft 9, Seite 435 bis 437

[9] *Würtz, H.:* Die elektrisch-magnetische Groundplane-Loop (EMGL), cq-DL, Baunatal, 54, (1983), Heft 5, Seite 224 bis 225

21. Die Auswahl einer geeigneten Kurzwellenantenne

Dem Neuling kann zum Nachbau einer der nachstehend genannten Antennen geraten werden, da es sich durchweg um erprobte, erschöpfend beschriebene und zeitgemäße Bauformen handelt, bei denen Aufwand und Leistungsfähigkeit in einem günstigen Verhältnis stehen.

Rundstrahler mit kleinem Erhebungswinkel und geringem Platzbedarf:
10, 12, 15m: 5/8-λ-Vertikalantenne nach Abschnitt 19.4.1.8.
17 und 20m: Gefaltete 3/8-λ-Vertikalantenne nach Abschnitt 19.4.1.7.
30 und 40m: Optimierte T-Antenne nach Abschnitt 19.4.3. Bei sehr begrenzten Aufbaumöglichkeiten sind magnetische Ringantennen nach Abschnitt 20. zu empfehlen.
80 und 160m: Für kurze und mittlere Entfernungen ist ein horizontaler Halbwellendipol günstig, der, in Erdnähe betrieben, auch eine annähernde Rundstrahlung abgibt. Für DX ist eine geerdete Vertikalantenne mit Omega-Anpassung nach Abschnitt 19.4.1.6. gut geeignet. Nur selten verfügt der Funkamateur über genügend Aufbauplatz für eine «vollwertige» 160-m-Antenne. Dann bietet oft die magnetische Ringantenne nach Abschnitt 20. eine günstige Lösung.

Mehrband-Rundstrahler:
10, 15 und 20m: Dreiband-Vertikalantenne nach *OD 5 CG* (Abschnitt 19.5.3.).
übrige Bänder: Vertikale Mehrbandantennen mit Multibandkreisen nach Abschnitt 19.5.4.

Multibandantennen mit wenig ausgeprägter Richtwirkung und geringem Gewinn:
alle Bänder: Allbandwindom mit Ringkern-Balun nach Abschnitt 10.2.3.1. und *G 5 RV*-Multibandantenne nach Abschnitt 10.2.7. Für Funkamateure, die über eine größere Aufbaufläche verfügen, bietet sich die *K 4 EF*-Sechsband-Langdrahtantenne nach Bild 11.23 an.

Einband-Drehrichtstrahler (Monobander):
Weitgehend gleichwertig sind 3-Element-*Yagi* (Abschnitt 16.3.), *HB 9 CV*-Drehrichtstrahler (Abschnitt 14.2.2.) und Quad (Abschnitt 15.4.1.) mit den abgeleiteten Formen Delta-Loop, Swiss-Quad und Bird-Cage. Durch besonders kleinen Drehradius zeichnen sich der

X-Beam (Abschnitt 16.8.1.), das *G 3 LDO*-Doppel-D nach Abschnitt 16.8.2. und das Mini-Quad-Element nach Bild 17.9. aus.

Mehrband-Drehrichtstrahler:
Hier besteht eine große Auswahl von der verspannten Dreiband-Quad nach *DM 2 ARD* (Abschnitt 18.9.3.) über die Einleiter-Dreiband-Quad von *VK 2 AOU* (Abschnitt 18.5.), die *DJ 4 VM*-Multiband-Quad nach Abschnitt 18.6., die Mehrband-Delta-Loops (Abschnitt 18.7.) die Dreiband-*Yagi* von *VK 2 AOU* (Abschnitt 18.2.) bis zum sparenden *VK 2 ABQ*-Dreiband-Beam nach Abschnitt 18.8.4.

Für das 80-m-Band einen ausgesprochenen DX-Strahler zu nennen ist schwierig, denn zu einer solchen Antenne mit gutem Gewinn werden Drahtlängen und Aufbauhöhen benötigt, die ein Kurzwellenamateur meistens nicht aufbringen kann. Ein gutes Beispiel einer solchen DX-Antenne ist «Das Monster» von *DL 6 WD* (Abschnitt 19.9.3.). DX-Jäger des 80-m-Bandes arbeiten vorwiegend mit horizontalen Langdrahtantennen oder V-Antennen (Abschnitt 11.); wer sich einen hohen Mast leisten kann, findet in der vertikal polarisierten Delta-Loop-Antenne (Abschnitt 19.8.) einen guten DX-Strahler. Empfehlenswert ist auch die Drahtpyramide (Abschnitt 10.3.4.). Sie findet in einem kleinen Garten hinter dem Haus noch Platz, ohne sonderlich zu behindern. Es ist eine vollwertige 80-m-Antenne, deren Mittelmast auch noch zum Tragen weiterer Antennen benutzt werden kann. Der Funkamateur, der keinen größeren Aufwand treiben will, verwendet die bereits genannten Mehrbandformen, die im 80-m-Band fast die Wirksamkeit eines horizontalen Halbwellendipols erreichen.

Für die vielen «antennengeschädigten» Kurzwellenliebhaber, die sich mit Innen-, Dachboden- oder Balkonantennen begnügen müssen, bieten die bereits erwähnten magnetischen Ringantennen nach Abschnitt 20. eine sehr günstige Alternative. Es sind abstimmbare Bereichsantennen, die mit 3 Ringen unterschiedlichen Durchmessers den Frequenzbereich von 1,8 ... 30MHz lückenlos erfassen. Je nach abgestimmter Frequenz ist sie ebenso wirksam, wie eine gute Groundplane-Antenne.

21.1. Die beste Antenne für den DX-Jäger

Eine Umfrage bei den «DX-Königen» der Welt über die nach ihrer Meinung wirkungsvollsten Antennensysteme ergab mit bemerkenswerter Übereinstimmung folgende Ergebnisse (nach QST, Januar 1964):
- Der beste DX-Strahler ist die *Cubical*-Quad-Antenne.
- Die drehbare Einband-*Yagi*-Antenne mit 3 Elementen ist bei den DX-Experten am stärksten verbreitet.
- Maximale DX-Ergebnisse erzielt man nur mit drehbaren Antennen.
- Starre Antennenanordnungen, einschließlich der Vertikalantennen, werden als relativ dürftig beurteilt.
- Die Aufbauhöhe ist wichtiger als der Antennentyp.
- Eine günstige Lage (z.B. sehr gute Erdbodenleitfähigkeit, günstige topographische Verhältnisse) kann die Nachteile unzureichender Antennen zum Teil ausgleichen.

Aus heutiger Sicht muß die Auffassung, daß die *Cubical*-Quad-Antenne schlechthin den besten DX-Strahler darstellt, etwas korrigiert werden. Die Praxis hat inzwischen erwiesen, daß in der DX-Brauchbarkeit zwischen Quad und *Yagi* kein bemerkenswerter Unterschied besteht; man erhält mit einer Einband-3-Element-*Yagi* etwa die gleichen Ergebnisse. Auftretende Unterschiede sind fast immer ausbreitungsbedingt. *DL 1 BU* erklärt in [1] diese Vorgänge und kommt zu folgender Feststellung: «Die Quad wird seit langem als Geheimtip für DX gehandelt … Weder die Messungen im schwundfreien Fernfeld noch die ganz ausgedehnten DX-Vergleiche unter Idealbedingungen konnten für irgendeine der geprüften Antennen Anhaltspunkte für besondere DX-Eignung über die einer 2- bis 3-Element-*Yagi* hinaus erkennen.»

Für Funkamateure, deren Antennen im Eigenbau entstehen, gelten aber noch zusätzliche Kriterien wie materieller Aufwand, Beschaffbarkeit des Baumaterials, Anpassung an das Speisekabel ohne umständliche Anpassungsglieder usw. Bezieht man diese Gesichtspunkte in die Brauchbarkeitsuntersuchungen ein, so wird sich in den meisten Fällen herausstellen, daß die *Cubical*-Quad für den Selbstbau die «beste» DX-Antenne darstellt.

Wenn in der Umfrage Höhe und Standort der Antenne als in erster Linie entscheidend für die gute Wirksamkeit im DX-Verkehr herausgestellt wurden, so ist das mit der Forderung nach einem möglichst kleinen Erhebungswinkel in der Vertikalebene zu erklären. Sehr ausführliche und meßtechnisch untermauerte Ausführungen über die Bedeutung des vertikalen Abstrahlwinkels von Kurzwellenantennen wurden von *DL 1 BU* in [2] veröffentlicht. Wie aus Bild 3.12 hervorgeht, ergeben Höhen von $\lambda/4$ und deren ungeradzahlige Vielfache ($3\lambda/4$, $5\lambda/4$ usw.) bei horizontal polarisierten Systemen einen großen Anteil steil nach oben gerichteter Strahlung, während Höhen von $\lambda/2$ und deren Vielfache (1λ, $1,5\lambda$ usw.) die erwünschte Flachstrahlung gewährleisten. Diese Angaben beziehen sich jedoch auf ideale Erdverhältnisse, die der Amateur kaum vorfinden wird. Je nach Erdbodenleitfähigkeit liegt die imaginäre Erde höher oder tiefer unter der Erdoberfläche. Die in bezug auf die Wellenlänge λ wirksame Höhe der Antenne ist in Abhängigkeit von der Bodenleitfähigkeit größer als die geometrische Höhe über der Erdoberfläche. Bei schlechten Erdverhältnissen kann sich die imaginäre Erde bis zu mehreren Metern unter der Erdoberfläche befinden. Die dazwischenliegenden Bodenschichten geringer Leitfähigkeit wirken dann wie ein verlustbehaftetes Dielektrikum, das einen mehr oder weniger großen Strahlungsanteil in Verlustwärme umsetzt. Solche ungünstigen Standorte können nur durch ein möglichst weiträumiges Erdnetz auf oder etwas unter der Erdoberfläche verbessert werden, wie das z.B. auch bei Rundfunksendern die Regel ist. Das weitläufige Erdnetz unmittelbar unter der Antenne kann – zumindest bei horizontal polarisierten Strahlern – die Abstrahleigenschaften auch nicht grundlegend verbessern oder die fehlende Antennenhöhe ersetzen. Von mindestens ebenso bedeutsamem Einfluß sind die Bodenverhältnisse im Vorfeld der Antenne bis zu Entfernungen von einigen Kilometern, die man leider nicht verändern kann. Deshalb sind Aufbauhöhe und Antennenumgebung viel wichtiger für eine erfolgreiche DX-Arbeit als Antennentyp und Antennengewinn.

21.2. Die Aussagekraft von Gewinnangaben

Der Antennengewinn stellt einen Wert dar, der sich auf einen Vergleichsstrahler bezieht und darüber Auskunft gibt, in welchem Verhältnis die Strahlungsintensität der gekennzeichneten Antenne in ihrer Hauptstrahlrichtung – bezogen auf die des Vergleichsstrahlers – wächst. Die Gewinnangabe ist oft unvollständig, denn es wird in vielen Fällen nicht die Bezugsantenne gekennzeichnet. Als Bezugsstrahler wird im allgemeinen der Kugelstrahler (Gewinnangabe in dBi) benutzt, der aber praktisch nicht darstellbar ist. Deshalb vergleicht man sehr häufig mit dem Halbwellendipol; der Gewinn sollte dann in dBd angegeben werden. (siehe Abschnitt 3.2.3.2.). Je nach Bezugsantenne können deshalb bereits die Gewinnangaben bis zu 2,15 dB differieren. Wenn beispielsweise namhafte ausländische Antennenhersteller den Gewinn ihrer 3-Element-*Yagi*-Antennen mit 9 dB angeben, darf man damit rechnen, daß dieser Gewinn auf den eines Kugelstrahlers bezogen ist. Wird er auf einen Halbwellendipol bezogen, ergibt sich für die gleiche Antenne ein Gewinn von 6,85 dB. Das ist ein Wert, der dem mit einer 3-Element-*Yagi*-Antenne erzielbaren Gewinnmaximum sehr nahe kommt.

Fehlerbehaftet sind oft auch die Meßverfahren, mit denen der Gewinn der Musterantenne ermittelt wird. Diese Feststellung gilt insbesondere für amateurmäßige Messungen im Kurzwellenbereich; denn der für eine einwandfreie Gewinnermittlung erforderliche Aufwand übersteigt die Möglichkeiten eines Funkamateurs erheblich. Da sich exakte Methoden nicht anwenden lassen, stützen sich die Gewinnaussagen von Amateuren vorwiegend auf Vergleichsergebnisse, die im praktischen Betrieb erzielt wurden. Die dabei auftretenden Fehlermöglichkeiten sind sehr groß.

Aus der Sicht des Amateurpraktikers betrachtet, haben weder die exakten Gewinnangaben der Industrie noch die mehr oder weniger «gefühlsgeeichten» Gewinnergebnisse der Amateure eine besondere Aussagekraft, wenn es sich um die Beurteilung von Kurzwellenantennen handelt. Industriemessungen entstehen unter bestimmten, dem Ideal nahekommenden Umgebungsverhältnissen, wie sie der Amateur niemals vorfindet; Amateurmessungen sind nur für bestimmte, nicht reproduzierbare Aufbauverhältnisse und den zum Zeitpunkt der Messung bestehenden Zustand der Ionosphäre gültig. Man sollte deshalb die praktische Brauchbarkeit einer Kurzwellenantenne nicht nach dem angegebenen Antennengewinn beurteilen. Ähnlich verhält es sich mit der oft als Wertmesser zitierten Welligkeit. In den meisten praktischen Fällen kann man sie vernachlässigen, zumindest dann, wenn relativ kurze, hochwertige Speiseleitungen verwendet werden und die Welligkeit $s \leqq 2$ beträgt. Bei bestimmten Voraussetzungen verursachen auch Welligkeiten von $s \leqq 4$ noch keine merkbaren Verluste, wie in Abschnitt 5.2.2. näher ausgeführt wurde.

Richtlinien zur Gewinneinschätzung

Wie schon in Abschnitt 3.2.3. erklärt wurde, steht der Gewinn einer Richtantenne in einem untrennbaren Zusammenhang mit ihrer Strahlungscharakteristik. Sofern die Strahlungsdiagramme für die E- und H-Ebene einer Antenne vorhanden sind, bzw. deren Öffnungswinkel, läßt sich der mögliche Gewinn bei guter Nähe-

rung mit der *Kraus*-Formel (Gl. 3.18.) errechnen. Zumindest kann man so überprüfen, ob die zu dieser Antenne gemachten Gewinnaussagen real sind. «Echte» Diagramme von Kurzwellenantennen sind selten, da sie einen großen Meßaufwand erfordern. Sie sind überdies nur für die Bedingungen des Meßstandortes gültig (Umgebung, Aufbauhöhe, Erdbodenleitfähigkeit usw.). Oft baut man ein stark verkleinertes Antennenmodell (siehe Abschnitt 31.11.) und mißt dieses in einem reflexionsfreien Innenraum bei nahezu idealen Umgebungsbedingungen, die der Anwender in der Praxis kaum vorfindet.

Im allgemeinen hat der Funkamateur keine Möglichkeit, den angepriesenen Gewinn einer Kurzwellenantenne meßtechnisch zu überprüfen. Aber er kann sich beim Beurteilen von Gewinnangaben an allgemeingültige physikalisch begründete Richtlinien halten. Der theoretisch mögliche Maximalgewinn wird oft angegeben, aber – zumindest bei Kurzwellenantennen – im praktischen Fall nicht erreicht.

Mit einer 2-Element-Antenne kann man – unabhängig von ihrer Konfiguration – in der Praxis einen Gewinn von 4 dBd + 0,5 dB erreichen. Beim *Cubical* Quad und seinen Abkömmlingen (Delta-Loop usw.) erhöht sich dieser Gewinn um etwa 1 dB.

Für eine 3-Element-*Yagi*-Antenne beträgt in der Praxis der Gewinn 5,5 dBd + 1 dB. Bei Mehrbandausführungen mit Traps und solchen mit mechanisch verkürzten Elementen sind entsprechende Abstriche zu machen.

Bei anderen Richtantennen (Langdrähte, *W 8 JK*, Rhombus usw.), die nicht im Konkurrenzbereich einer Antennenindustrie stehen, sind die Gewinnangaben gewöhnlich real einzuschätzen. Es darf dabei aber nicht übersehen werden, daß auch diese größtenteils das Produkt mathematischer Überlegungen sind. Deshalb ist der praktisch erreichbare Gewinn etwas geringer.

Der Antennengewinn ist ein «Lieblingsspielzeug» vieler Funkamateure; er hat den Wunderglauben gefördert und zu Streitigkeiten geführt. Ein gesundes Mißtrauen bei seiner Beurteilung ist am Platze, und es gilt immer noch die Grundregel: Wunderantennen gibt es nicht, auch wenn sich die «Erfinder» sehr darum bemühen.

21.3. Kostenüberlegungen zu Richtantennensystemen

Ein Richtantennensystem auf einem möglichst hohen Antennenmast bleibt ein meist unerfüllbarer Traum fast aller Kurzwellenfreunde. Ist aber ein geeigneter Aufbaustandort vorhanden und

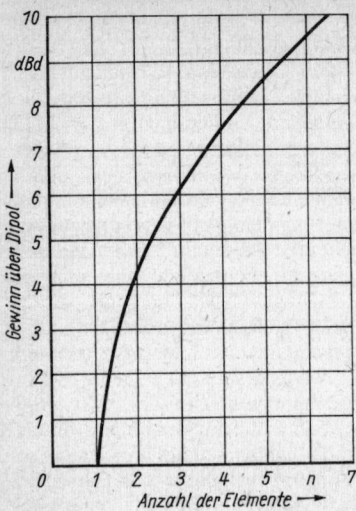

Bild 21.1
Der Maximalgewinn verlustfreier *Yagi*-Antennen in Abhängigkeit von der Anzahl n der Elemente

die entsprechenden Genehmigungen sind gesichert, kann die Planung beginnen. Dabei spielt der zu treibende finanzielle Aufwand eine gewichtige Rolle. Es gilt, mit den geringstmöglichen Kosten den höchstmöglichen Gewinn zu erzielen.

Sehr umfassende und praxisnahe Kostenuntersuchungen wurden von *DL 1 VU* in [3] veröffentlicht. Dabei erstrecken sich die Überlegungen auf drehbare Dipole und *Yagi*-Antennen für alle Kurzwellen-Amateurbänder. Die Kosten sind aufgegliedert in
– Mast mit Fundament und Abspannungen,
– Antenne mit Antennenträger (Boom),
– Antennenrotor und dessen Steuerung.
Als Bezugsnormal wird ein drehbarer Halbwellendipol für 14 MHz in 10 m Aufbauhöhe (≈ $\lambda/2$) eingesetzt.

Setzt man optimale Elementabstände voraus, steigt der Gewinn einer *Yagi*-Anordnung mit zunehmender Anzahl der Elemente. Wie aus Bild 21.1. hervorgeht, wird der Gewinnanstieg je Element mit wachsender Anzahl immer geringer, d.h., daß die Kosten je dB Gewinn zunehmen. Um empfangsmäßig 1 S-Stufe zu gewinnen, muß der Antennengewinn um 6 dB erhöht werden. Dies gelingt, wenn man den Dipol zu einer 3-Element-*Yagi*-Antenne erweitert. Für 2 S-Stufen benötigt man bereits eine 9-Element-Antenne (12 dB)!

Bei Kurzwellenantennen, die – bezogen auf ihre Wellenlänge – immer in Erdnähe aufgebaut werden, kann man auch noch mit einem «Höhengewinn» rechnen. Dem als Bezugsnormal eingesetzten Halbwellendipol für 14 MHz in 10 m Aufbauhöhe über idealer Erde unterstellt man einen Gewinn von 0 dB. Verdoppelt man die Aufbauhöhe auf 20 m (≙ 1 λ), so beträgt nach [3] der Höhengewinn 6 dB (≙ 1 S-Stufe), für 30 m (≙ 1,5 λ) 9,5 dB und für 40 m (≙ 2 λ) 12 dB (≙ 2 S-Stufen). Bei noch größeren Höhen (jeweils in Stufen von $\lambda/2$) steigt dieser Gewinn nur noch wenig an, weil dann die Einflüsse des Erdbodens immer geringer werden. Bauhöhen, die ungeradzahlige Vielfache von $\lambda/4$ betragen (3$\lambda/4$, 5$\lambda/4$ usw.), soll man vermeiden, da dann verstärkte Steilstrahlung und damit Gewinnminderung der Vorzugsrichtung auftritt (siehe Bild 3.12). Dies gilt für den Dipol und in abgeschwächter Form auch für Mehrelementantennen (siehe Bild 3.13). Die Aufbauhöhe von $\lambda/2$ sollte nicht unterschritten werden; bei einer Höhe von nur $\lambda/4$ beträgt der Verlust bereits 6 dB.

Die umfangreichen Kostenberechnungen von *DL 1 VU*, die in [3] nachzulesen sind, besagen, daß sich das Leistungs/Kosten-Optimum mit einer 4-Element-*Yagi*-Antenne bei der Aufbauhöhe von 1 λ einstellt. Ein Verkürzen der *Yagi*-Antenne auf 3-Elemente mindert den Gewinn um nur 1,37 dB (siehe Bild 21.1). Wenn die Kosten für einen 1 λ hohen Mast zu groß sind, sollte man dessen Höhe auf $\lambda/2$ vermindern. *DL 1 VU* stellt fest, daß alle Kurzwellen-Antennenaufbauten, die über 4 Elemente in 1 λ Höhe hinausgehen, reine Prestige-Objekte darstellen, die in der ernsthaften DX-Arbeit nicht allzuviel bringen.

Literatur zu Abschnitt 21.

[1] *Schwarzbeck, G.:* Streifzug durch den Antennenwald, Vergleich Quad- mit *Yagi*antennen, cq-DL, Baunatal, 50 (1979), Heft 6, Seite 246 bis 255
[2] *Schwarzbeck, G.:* Bedeutung des vertikalen Abstrahlwinkels von KW-Antennen, cq-DL, Baunatal, 56 (1985), Heft 3, Seite 130 bis 136 und Heft 5, Seite 184 bis 189
[3] *Hille, K. H.:* Kostenüberlegungen zu Antennensystemen, beam, Zeitschrift für Amateurfunk, HF-Technik, Elektronik, Marburg, (1984), Heft 6, Seite 27 bis 30
Schick, R.: Loop-, Dipol- und Vertikalantennen, Vergleiche und Erfahrungen, cq-DL. Baunatal, 50 (1979), Heft 3, Seite 115 bis 119

22.   Antennen für Meter- und Dezimeterwellen

Eine Meterwellenantenne (VHF-Antenne) ist für den Funkamateur im engeren Sinne ein Strahler für das 2-m-Amateurband (144...146 MHz). Im Dezimeterwellenbereich (UHF) liegt das 70-cm-Amateurband (430...440 MHz), das mit anderen Funkdiensten geteilt wird, aber primär dem Amateurfunk zugeordnet ist. In den beiden anderen UHF-Bändern 1230...1300 MHz (23-cm-Band) und 2300...2450 MHz (13-cm-Band) hat der Amateurfunk kein Vorrecht (siehe Tabelle 34.1.).

Das beliebte 2-m-Band liegt frequenzmäßig zwischen dem Bereich des FM-Rundfunks (Band II CCIR) und dem des Fernsehbandes III, während das 70-cm-Band dem UHF-Fernsehband IV benachbart ist. Man findet in den genannten Bereichen vorwiegend die gleichen Antennenformen, die sich lediglich durch ihre Abmessungen voneinander unterscheiden. Weitaus vorherrschend sind hier die *Yagi-Uda*-Antennen als wirtschaftlichste Bauform in diesen Bereichen.

Nach dem Modellgesetz (siehe Abschnitt 31.11.) ist es zulässig, beispielsweise eine Fernsehantenne für den Einsatz im 2-m-Band frequenzbezogen umzurechnen, wobei sich lediglich deren Resonanzfrequenz ändert, alle anderen elektrischen Eigenschaften aber erhalten bleiben. Somit wird der Funkamateur zum unmittelbaren Nutznießer der vielfältigen industriellen Entwicklungen auf dem Sektor der Fernsehantennen. Darüber hinaus lassen sich auch die meisten Montageteile, wie Kabelanschlußdosen, Elementhalter, Rohrschellen usw., die die Industrie in robuster und witterungsbeständiger Ausführung herstellt, beim Bau von Amateurantennen nutzbringend einsetzen.

Allerdings unterscheiden sich die elektrischen Eigenschaften, die man von einer Fernsehantenne verlangt, in einigen Punkten von den Forderungen, die an eine Amateurantenne gestellt werden. Fernsehantennen konstruiert man so, daß sie einen möglichst großen Frequenzbereich und einen Eingangswiderstand von 240 Ω haben. Bei scharfer Bündelung in der E-Ebene soll die Strahlungscharakteristik frei von Nebenzipfeln und das Vor-Rück-Verhältnis möglichst groß sein. In den relativ schmalen VHF-/UHF-Amateurbändern sind i. a. keine Breitbandantennen

erforderlich, und der Funkamateur ist bezüglich des Eingangswiderstandes nicht an den genormten Nennwert von 240 Ω gebunden. Nebenzipfel im Strahlungsdiagramm und geringes Vor-Rück-Verhältnis sind aus betriebstechnischen Gründen nicht störend, sofern sie nicht Größen erreichen, die eine merkbare Gewinnminderung verursachen. Für die praktischen Belange des Amateurfunkverkehrs ist es am günstigsten, wenn der Gewinn einer horizontalen VHF-/UHF-Antenne vorwiegend durch Bündelung in der Vertikalebene erzielt wird.

22.1.   Die Polarisation der VHF-/UHF-Antennen

Im Kurzwellenbereich ist die Polarisation der Amateurantenne von untergeordneter Bedeutung, da als Folge der Übertragung über die Ionosphäre die ursprüngliche Polarisation nur selten erhalten bleibt. Anders liegen die Verhältnisse bei den Meter- und Dezimeterwellen. Diese werden im Normalfall von der Ionosphäre nicht reflektiert und breiten sich etwa geradlinig aus.

Polarisationsdrehungen im unbehinderten Ausbreitungsweg innerhalb der theoretisch möglichen optischen Sichtweite (siehe Abschnitt 2.4.1.) sind selten. Bei der Ausbreitung in dicht bebautem oder bergigem Gelände treten jedoch mehr oder weniger starke Veränderungen der ursprünglichen Polarisationslage auf. Gewöhnlich ist dann – bezogen auf Linearpolarisation – keine rein vertikale oder rein horizontale Polarisation am Empfangsort vorhanden, sondern eine Schräglage der Linearpolarisation, die jeden Winkel zwischen Horizontal und Vertikal aufnehmen kann. Unter diesem Gesichtspunkt wäre es z. B. vorteilhaft, an für die Ausbreitung ungünstigen Standorten mit einer «Schrägpolarisation» von 45° zu arbeiten, indem man die Antennenelemente nicht senkrecht oder waagrecht, sondern «schräg» mit einem Winkel von etwa 45° anordnet.

Bei einer Funklinie im VHF-/UHF-Bereich sollen Sendeantenne und Empfangsantenne gleiche Polarisation haben. Rein theoretisch betrachtet, könnte z. B. eine vertikal polarisiert ausgestrahlte Sendung von einer horizontal polarisierten Empfangsantenne nicht aufgenommen werden. Da aber die Strahlungscharakteristik praktisch aufgebauter Antennen niemals dem theoretischen Idealbild entspricht, muß man bei um 90° unterschiedlicher Linearpolarisation mit Dämpfungswerten von «nur» etwa 20 dB rechnen [1]. Das bedeutet, daß in diesem Fall die Empfangsantenne nur ein Zehntel der am Empfangsort vorhandenen Feldstärke aufnehmen kann (siehe auch Tabelle 1.1.).

Stark verbreitet ist die lineare Horizontalpolarisation. Viele VHF-/UHF-Amateurfunkstationen, der UKW-Rundfunk (Band II CCIR) und der größte Teil der Fernsehsender im Band III und Band IV/V strahlen horizontal polarisiert. Die meisten Fernsehsender im Band I, fast alle fahrbaren VHF-/UHF-Funkstationen (Verkehrsfunk, Autotelefon, Polizeifunk usw.) und Amateurfunkstationen im Ortsverkehr, in Fahrzeugen sowie beim Betrieb über FM-Relaisfunkstellen verwenden vertikal polarisierte Antennen.

Die elliptische bzw. zirkulare Polarisation wird vor allem für den Funkverkehr mit Erdsatelliten und in der Radioastronomie eingesetzt. Eine zirkular polarisierte Empfangsantenne hat den Vorzug, daß sie auch linear polarisierte Wellen beliebiger Lage gleich gut aufnimmt. Das ist z. B. beim Empfang der Sendungen von Erdsatelliten wichtig, deren Polarisation sich auf Grund der Eigenrotation des Satelliten laufend verändert. Beim Empfang mit linearer Polarisation ergeben sich dadurch starke Schwunderscheinungen, während man mit Zirkularpolarisation ein schwundfreies Signal erhält. Da im VHF-Amateurband für den sich stark ausbreitenden FM-Relaisfunkverkehr Vertikalpolarisation die Regel ist, beim 2-m-Weitverkehr aber die Horizontalpolarisation verwendet wird, kann die Zirkularpolarisation aus obengenannten Gründen bei den VHF-/UHF-Amateuren zunehmende Bedeutung erlangen. Leider ist die Zirkularpolarisation mit einem gegenüber Linearpolarisation erheblich größeren Antennenaufwand verbunden.

Die nachfolgend beschriebenen VHF-/UHF-Antennen werden vorwiegend horizontal polarisiert dargestellt, die Elemente sind demnach waagrecht angeordnet. Diese Antennen lassen sich auch vertikal polarisieren, indem man sie so dreht, daß die Elemente eine senkrechte Lage einnehmen. In diesem Fall bleibt allerdings das Strahlungsdiagramm gewöhnlich nicht mehr voll erhalten, denn die ebenfalls senkrecht stehenden metallischen Trägermaste wirken sich störend aus. Vertikal polarisierte VHF-/UHF-Antennen werden deshalb meist an waagrechten Mastauslegern befestigt.

Die unterschiedliche Entfernung der beiden Dipolhälften vom Erdboden beeinflußt außerdem bei geringen Aufbauhöhen das H-Diagramm der Richtcharakteristik in unerwünschter Weise.

22.2. Hinweise für den Aufbau und Einsatz von VHF-/UHF-Antennen

Bezüglich der Aufbauhöhe gilt auch für VHF-/UHF-Antennen die Forderung «möglichst hoch». Da sich die Höhe einer Antenne immer auf die Betriebswellenlänge bezieht, ist diese Empfehlung leicht zu verwirklichen. Eine 2-m-Antenne, deren Abstand vom Erdboden z. B. 10 m beträgt, hat bereits eine Aufbauhöhe von 5λ. Sollte eine Kurzwellenantenne für das 20-m-Band gleich hoch aufgebaut werden, so müßte der Strahler 100 m über dem Erdboden montiert werden!

Eine gute Antenne soll die nächstliegenden Hindernisse (Gebäude, Freileitungen usw.) um etwa $2 \ldots 3\lambda$ überragen. Aus wirtschaftlichen Gründen ist es aber wenig sinnvoll, übermäßig hohe Antennenmaste zu errichten. Durch diese Maßnahme würde sich hauptsächlich die Reichweite für die übliche quasioptische Ausbreitung vergrößern, der Einfluß auf die Ausbreitung über Inversionsschichten wäre kaum festzustellen. Schon bei einer Aufbauhöhe von etwa 2λ über dem Erdboden bzw. dem Hausdach kann damit gerechnet werden, daß die Strahlungscharakteristik einer Horizontalantenne den Idealdiagrammen weitestgehend entspricht. Bei einer VHF-/UHF-Antenne sind unter diesen Voraussetzungen die propagierten Kenndaten auch für den praktischen Betrieb durchaus zutreffend.

Ebenso wie in den Fernsehbereichen dominieren auch in den VHF-/UHF-Amateurbändern längsstrahlende Antennenstrukturen in der Form von Einebenen-*Yagi*-Antennen. Ihre Vorzüge liegen vor allem in der mechanisch einfachen Herstellung und dem geringen Materialaufwand, sie erfordern jedoch auch Präzisionsarbeit bei der Einhaltung der vorgegebenen Abmessungen. Daneben behaupten sich auch noch die Gruppenantennen. Sie sind in der mechanischen Herstellung etwas schwieriger, und auch der Materialaufwand ist etwas größer. Dafür ist ihre Bemessung nicht sehr kritisch, sie haben großen Frequenzbereich und kommen mit ihrer Strahlungscharakteristik den Belangen des praktischen Amateurfunkbetriebes besonders entgegen. Ebenso beliebt sind vertikal gestockte, horizontal polarisierte *Yagi*-Antennen. Bei mechanisch vereinfachtem Aufbau wird ein zusätzlicher Gewinn durch Bündelung in der H-Ebene erreicht. Gestockte *Yagis* haben deshalb ähnliche Strahlungseigenschaften wie ebene Gruppenantennen. Eine ganze Reihe von Sonderformen der VHF-UHF-Antennen bieten dem experimentierfreudigen Funkamateur ein reiches Betätigungsfeld.

22.3.   Die zweckmäßige Auswahl einer VHF-UHF-Antenne

«Vom Einfachen zum Komplizierten» sollte bei der Antennenauswahl Leitsatz für den Neuling sein. Die Möglichkeit, mit verhältnismäßig einfachen Mitteln sehr leistungsfähige Antennen mit vielen Elementen aufbauen zu können, verleitet häufig dazu, scharf bündelnde Strahlersysteme mit großem Gewinn herzustellen, die sich dann im Funkbetrieb als unpraktisch und unwirtschaftlich erweisen.

Die Betriebsverhältnisse im VHF-/UHF-Amateurbereich unterscheiden sich sehr wesentlich von denen der Kurzwellenbänder. Während auf Kurzwellen fast immer ein Überangebot an Stationen vorhanden ist, findet man in den VHF-/UHF-Amateurbändern nur zu bestimmten Tageszeiten einen oder mehrere Partner, wobei die Reichweiten bei günstiger topographischer Lage auf 100...200km begrenzt sind. Nur zu Zeiten troposphärisch bedingter Überreichweiten und bei Funkwettbewerben vergrößert sich das Stationsangebot. Die nächstliegenden Funkpartner lassen sich im allgemeinen bereits mit sehr einfachen Antennen erreichen. Horizontal stark bündelnde Antennen sind in diesem Fall unbequem, weil beim Verkehr in den beliebten «Runden» die Antenne jeweils in die Richtung des sendenden Partners gedreht werden muß, was bei Strahlern mit großer horizontaler Halbwertsbreite meist nicht erforderlich ist.

Freudige Überraschungen sind für den Funkamateur Verbindungen mit Stationen, die bisher noch nicht «gearbeitet» wurden. Verwendet er zur Stationsjagd eine Hochleistungsantenne mit sehr kleiner horizontaler Halbwertsbreite, ist die Wahrscheinlichkeit, eine neue Station zu erreichen, gering, denn die Himmelsrichtung ihres Standortes dürfte vorher meist nicht bekannt sein. Wollte man systematisch vorgehen, müßte entsprechend der horizontalen Halbwertsbreite mit vielleicht 10 verschiedenen Antennenstellungen ein «allgemeiner Anruf» durchgeführt werden, wobei nach jedem Anruf der Bandabschnitt nach Antwortrufen abzuhören ist. Ein solches Vorgehen kostet Zeit, Mühe und Geduld. Verwendet der mögliche Partner ebenfalls eine Antenne mit kleiner horizontaler Halbwertsbreite, wird die Wahrscheinlichkeit des «Zusammentreffens» noch geringer. Schneller und sicherer lassen sich solche Neuverbindungen bei der Verwendung von Strahlern mit großer horizontaler Halbwertsbreite herstellen, denn mit ihnen wird ein großer Azimutbereich bestrichen. Einen erwünschten Gewinnzuwachs erreicht man zweckmäßig durch vertikale Stockung einfacher Systeme, wobei die vertikale Halbwertsbreite kleiner wird, die horizontale Halbwertsbreite eines Einzelsystems aber voll erhalten bleibt.

Diese Feststellungen haben auch für die beliebten Contests um so mehr Gültigkeit, als das häufige Antennendrehen einen beachtlichen Zeitverlust darstellt und die Wahrscheinlichkeit, rufende Stationen zu «überdrehen», ansteigt. Die Erfolgsaussichten von Stationen mit horizontal scharf bündelnden Antennen sind gering, sofern diese nicht einen besonders exponierten Standort oder ein seltenes Rufzeichen haben.

Eine kleine horizontale Halbwertsbreite bringt somit im üblichen Amateurfunkbetrieb mehr Nachteile als Vorteile, sie tritt aber zwangsläufig auf, wenn mit Einebenen-*Yagi*-Systemen (vorzugsweise Lang-*Yagi*-Antennen) große Gewinne erzielt werden sollen. Aus dieser Feststellung resultiert auch die Tatsache, daß die Gruppenantenne einer *Yagi*-Antenne gleichen Gewinnes in der Betriebspraxis überlegen ist, denn der Gewinn einer Gruppenantenne entsteht vorwiegend durch Verkleinern der vertikalen Halbwertsbreite, während der Gewinn von *Yagi*-Antennen als Folge einer kleinen horizontalen Halbwertsbreite auftritt.

In Auswertung vorstehender Darlegungen können für den praktischen Einsatz von VHF-/UHF-Amateurantennen folgende Empfehlungen gegeben werden:

- Für mittlere Ansprüche sind übliche *Yagi*-Antennen mit 3 bis maximal 6 Elementen am wirtschaftlichsten. Größere *Yagi*-Systeme bringen höhere Gewinne, sie erschweren aber die Betriebsdurchführung.
- Höhere Ansprüche bezüglich des Gewinns erfüllen vertikal mehrfach gestockte, einfache *Yagi*-Systeme, deren relativ große horizontale Halbwertsbreite noch eine flüssige Betriebsabwicklung zuläßt.
- Für die Stationsjagd, den Contestbetrieb und für Überreichweitenverbindungen sind Gruppenantennen besonders zu empfehlen.
- Hochleistungs-*Yagi*-Antennen (Lang-*Yagi*) werden für bestimmte Sonderanwendungen am wirtschaftlichsten eingesetzt, z.B. für Meteorscatterversuche, gezielte Weitverbindungen und besonders für die EME-Technik (siehe Abschnitt 2.4.2.6.).

Es muß in diesem Zusammenhang daran erinnert werden, daß zu einem leistungsstarken Sender auch ein empfindlicher, rauscharmer Empfänger gehört und umgekehrt. Besteht dieses «Leistungsgleichgewicht», so müssen Stationen, die man hört, auch sendemäßig zu erreichen sein. Ist das nicht der Fall, sollte man den Wirkungsgrad der Sender-Endstufe und insbesondere die Energieauskopplung zur Speiseleitung überprüfen, denn hier sind erfahrungsgemäß die häufigsten Fehlerquellen zu suchen (siehe Abschnitt 8.1.1.2.)

22.4. Die Wahrheit über VHF-/UHF-Antennen

Jahrzehntelange Antennenerfahrung wurde von *Y 2 3RD* (ex *DM 2 CRD*) zu 15 gewichtigen Punkten zusammengefaßt. Sie enthalten die nüchternen, fundierten Erkenntnisse, deren Beachtung bei Planung, Bau und Betrieb von Amateurantennen Zeit, Geld und Entäuschungen ersparen helfen [2];

1. Es gelten immer noch die physikalischen Gesetze! Wunderantennen sind bis heute nicht erfunden worden, aber gute wurden schon gebaut.
   Antennen sind zwar immer noch die besten HF-Verstärker, aber sie allein machen nicht den Wert einer Amateurfunkstation aus. Die Bake *DM 2 AKD* bei Berlin wurde mit 10 mW an einem einfachen Dipol in Schottland gehört.
2. Amateurantennen-Konstrukteure geben sich viel Mühe und opfern ihre Freizeit, aber sie vergewaltigen gelegentlich die Physik und leben von der Hoffnung, daß es noch Wunder gibt.
3. Wind, Korrosion, Aberglaube und utopisches Wunschdenken sind unerbittliche Feinde aller Amateurantennen.
4. Jede Antenne hat einen geringeren Gewinn, als man glaubt. Beim exakten Messen und Auswerten der Diagramme und nach Abzug der Meßungenauigkeiten kommt immer weniger heraus, als man es sich gewünscht hat. Auch bei der Nachprüfung der Eigenschaften anderer Antennen ist die Leistung häufig geringer, als angegeben wird – auch ohne den 2-dB-Trick mit dem Isotropstrahler.
5. Nur Diagramme lügen nicht! Man soll jedoch einem Horizontaldiagramm allein kein Vertrauen schenken. Die eigentlichen «Wahrsager» einer Antenne oder einer Gruppe sind immer die Vertikaldiagramme. Unter Umständen muß man eine Antenne «schichten», d. h. Diagramme unter bestimmten Neigungswinkeln messen. Es gibt Antennen, die völlig unmotiviert eine Keule mit erheblichem Leistungsinhalt in einer Richtung abfeuern, die man sonst nicht erfaßt. Diagrammverformungen und Unsymmetrien sind ein Grund, mißtrauisch zu sein.
6. Vergleichsmessungen mit Normaldipolen sind unter Amateurbedingungen unzuverlässig und ergeben Differenzen bis zu 3 dB. Auch ganze S-Stufen sind keine Seltenheit, wenn sich verschiedene Effekte überlagern und ein euphorisches «Hinmessen» auf einen erträumten Gewinn zusammentreffen. So entstehen dann sensationelle Erfindungen, z. B. *Spannbandyagis*, Skelettschlitze, Fahrradspeichen-Lang-*Yagis* und vergoldete Strahler. Man kann hervorragenden Unsinn zusammenmessen!
7. Zwischen den Öffnungswinkeln und dem Gewinn besteht ein physikalischer Zusammenhang nur dann, wenn es sich um angenäherte Idealdiagramme handelt, d. h., wenn sie nach vorne birnenförmig ausgebildet sind, eine gute Rückdämpfung haben und geringe Nebenzipfel. Wenn *Yagis* an der oberen Frequenzgrenze aufzipfeln, dann werden sie zuerst an der Wurzel breit, später entwickeln sich daraus Nebenkeulen. Trotz Gewinnabnahme kann die Halbwertsbreite dabei sogar kleiner werden. Das sind alles Kleinigkeiten, die bei der Diagrammauswertung mit erkannt werden.
8. Häufig wird übersehen, daß in der Praxis einfachere Antennen bessere Leistungen bieten als überdimensionale Riesengebilde. Man muß immer die Bedingungen des Umfeldes betrachten. Die Kommerziellen benötigen Monate, um Antennen zu planen und an ihrem Standort einzumessen. Sogar bei Mittelwellen gibt es Feldstärkeanomalien von 10 dB und mehr und das in einem Umkreis von einigen Metern!
9. Genauso wichtig, wie leistungsfähige Antennen zu entwickeln, ist es, daß die Eigenschaften über einen größeren Zeitraum erhalten bleiben. Hier wird mehr gesündigt, als man glaubt. Es werden falsche Werkstoffe eingesetzt oder miteinander kombiniert; Messingrohr versprödet und reißt längs auf; Elemente fangen an zu wackeln und brechen ab, oder es stellt sich beim Tragerohr der «Schlappohreffekt» ein, Wasser läuft in die Symmetrierglieder oder in die Kabel und vieles mehr. Welche Traurigkeit stellt sich nach jedem Herbststurm ein, und wie viele dBs gehen dabei verloren, wenn alle zusammengezählt werden.
10. Es gibt Antennenformen, die einige hervorragende Eigenschaften haben. Sie gehen aber wieder verloren, wenn man versucht, an irgendeiner Stelle herumzubasteln. Ein gutes Beispiel dafür ist das *Backfire*-Prinzip. Bis

auf die *Short-Backfire* hat sich dieser Antennentyp nicht durchgesetzt; sicher auch wegen der unhandlichen Reflektorwand, aber auch andere Antennen aus der einschlägigen Literatur zeigen solche Eigenschaften.

11. Viele der VHF-/UHF-Antennen können tatsächlich auch unsymmetrisch gespeist werden, was sogar Fachleute verwundert! Es gibt knallharte Vergewaltigungen, und es geht; aber Vorsicht beim Zusammenschalten zu Gruppen!

12. Hat man keine ZG-Diagraphen (z. B. Typ ZDU der Fa. *Rohde* und *Schwarz*), muß man bei Anpassungsmessungen immer mit einem λ/4-Kabelstück die Speiseleitung verlängern und noch einmal messen, um Transformationseffekte auszuschalten. Beim praktischen Betrieb kann man durch «Beschneiden» der Leitung damit aber auch die Anpassung verbessern. Im übrigen soll man bei der Welligkeit nicht so pingelig sein.

13. Der Amateur sollte nie ein Antennenbuch oder ernstzunehmende Fachartikel nur flüchtig durchblättern, sondern gewissenhaft alles lesen und sich eigene Gedanken machen. Höchstleistungen sind nicht nur eine Frage des Aufwandes, sondern auch des Begreifens und der Anwendung fundamentaler Naturgesetze sowie der sachlichen Einschätzung der praktischen Verhältnisse. Im Bergwerk ist eine Lang-*Yagi* ein toter Rohrhaufen!

14. Dem ernsthaften Amateur ist es durchaus möglich, mit einem Mindestaufwand an Meßmitteln, aber mit gutem Antennenverstand eigene Formen zu entwickeln oder nachgebaute Antennen einzumessen. Er sollte sich jedoch seiner Grenzen bewußt sein und nie die Kritik an der eigenen Arbeit vernachlässigen. Die Kontrolle auf einer Meßstrecke ist bei Eigenentwicklungen unerläßlich – wie schon gesagt, es geht um die Vertikaldiagramme! Diagramme von Rundstrahlern lassen sich wegen der Vielfachreflexionen am schlechtesten messen. Als Mindestaufwand benötigt man: Meßsender, Empfänger, Eichleitung, Welligkeitsmeßgerät und einen Garten. Meßstrecken von 20 ... 30 m reichen für einfache Untersuchungen aus.

15. Nicht entmutigen lassen! Schließlich soll der Amateurfunk auch noch Spaß machen!

22.5. Bezugsantennen für VHF und UHF

Meßverfahren und Meßmittel für Antennenanlagen wurden von der I.E.C. (International Electrotechnical Commission) in der Empfehlung 138 (Genf, 1. Ausgabe 1962) vereinheitlicht. Sie wird in den meisten nationalen Standards beachtet.

Zum Feststellen des Gewinns benötigt man eine Bezugsantenne als Vergleichsnormal (siehe Abschnitt 3.2.3.2.). Da sich ein Kugelstrahler technisch nicht darstellen läßt, verwendet man für den VHF-/UHF-Bereich allgemein den Halbwellendipol als Bezugsantenne. Er ist als Faltdipol ausgeführt und für die Meßfrequenz abgestimmt, so daß er einen reinen Wirkwiderstand aufweist. Solche «Normaldipole» sind in den

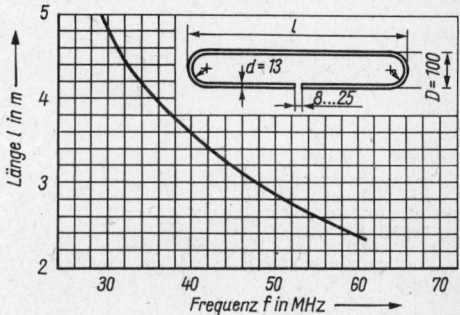

Bild 22.1
Die Länge *l* von Faltdipolen für den Frequenzbereich 30 ... 60 MHz

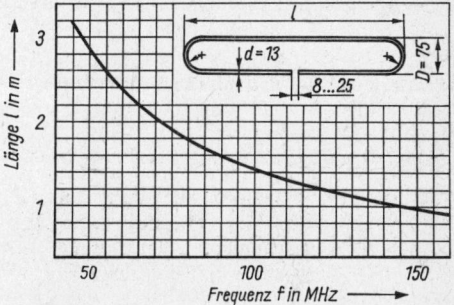

Bild 22.2
Die Länge *l* von Faltdipolen für den Frequenzbereich 50 ... 150 MHz

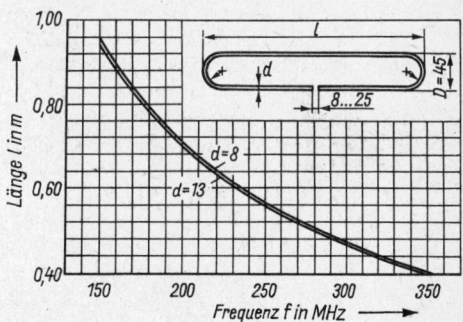

Bild 22.3
Die Länge *l* von Faltdipolen für den Frequenzbereich 150 ... 350 MHz

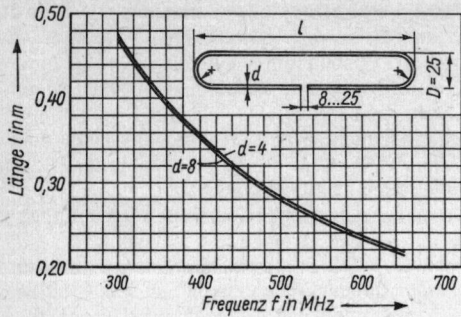

Bild 22.4
Die Länge *l* von Faltdipolen für den Frequenzbereich
300 ... 650 MHz

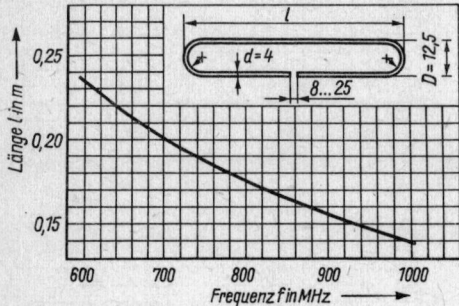

Bild 22.5
Die Länge *l* von Faltdipolen für den Frequenzbereich
600 ... 1000 MHz

Diagrammen Bild 22.1 bis Bild 22.5 mit allen erforderlichen Bemessungsangaben dargestellt.

Der Nennwiderstand dieser Faltdipole beträgt bei der Resonanzfrequenz 300 Ω (genauer: 290 Ω). Die Welligkeit *s* auf der Zuleitung zur Meßapparatur darf bei der Resonanzfrequenz den Wert von 1,22 nicht überschreiten. Der Abstand zwischen den Dipolklemmen kann sich zwischen 0,5% und 1,5% der Wellenlänge ändern, ohne daß die anderen Abmessungen beeinflußt werden; vorgegeben sind einheitliche Abstände zwischen 8 und 25 mm. Die Halterung befindet sich wie üblich in der Dipolmitte, wobei möglichst wenig Isoliermaterial verwendet werden sollte.

Für Messungen im UHF-Bereich ist es oft günstiger, wenn man standardisierte Richtantennen mit definiertem Gewinn einsetzt. Eine solche Standard-Gewinn-Antenne wurde vom *National Bureau of Standards* (NBS) empfohlen und u. a. im *ELA Standard RS-329-A* beschrieben (ELA = Electronic Industries Association, Washington, D.C.). In Bild 22.6 ist diese Standard-Antenne skizziert. Es handelt sich um 2 parallele Halbwellendipole im λ/4-Abstand zu einer Reflektorwand mit 1λ Kantenlänge. Der gegenseitige Dipolabstand beträgt λ/2; die Dipole werden durch eine Parallelrohrleitung von 178 Ω Wellenwiderstand miteinander verbunden (Verhältnis Abstand/Durchmesser etwa 2,2). Parallelrohrleitung und Elemente bestehen aus gleichem Material, das λ/d-Verhältnis der Elemente liegt je nach Frequenzbereich zwischen 107 (160 MHz) und 72 (882 MHz). In der geometrischen Mitte der Verbindungsleitung befindet sich der zentrale Speisepunkt. Dessen λ/4 lange Stütze ist als *Split Tube Balun* nach [3] ausgebildet, der – ähnlich wie eine Halbwellen-Umwegleitung – die Symmetrie wandelt und gleichzeitig die Impedanz im Verhältnis 4:1 transformiert, so daß an die Kabelbuchse auf der Rückseite der Reflektorwand ein 50-Ω-Koaxialkabel angeschlossen werden kann. Die Reflektorwand besteht aus einem mit Aluminium-Maschendraht bespannten

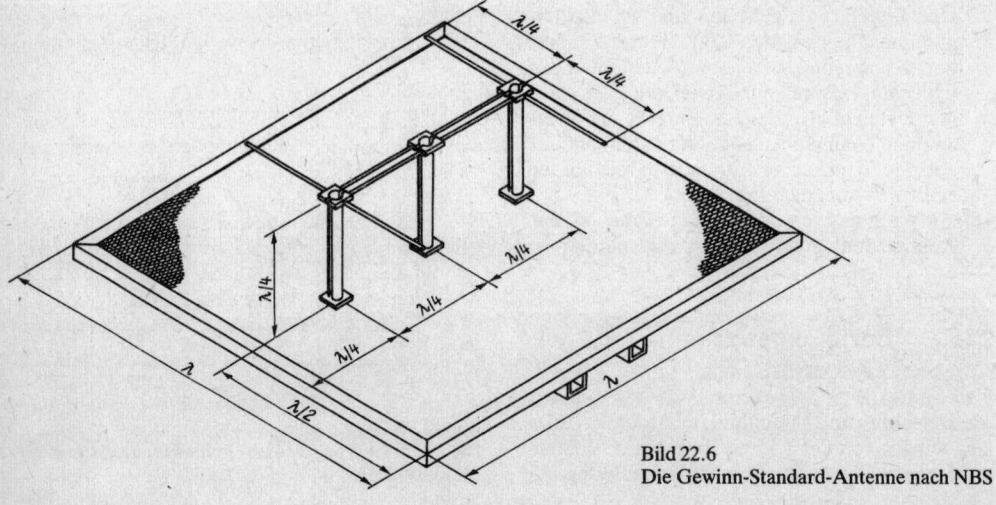

Bild 22.6
Die Gewinn-Standard-Antenne nach NBS

Rahmen (Maschenweite $<\lambda/10$), der auf seiner Rückseite Versteifungs- und Befestigungselemente hat.

Die Frequenzbereiche 148...174 MHz, 406...450 MHz, 450...512 MHz und 800...960 MHz werden mit gleichartigen Standard-Antennen unterschiedlicher Abmessungen überdeckt. Dabei beträgt der Gewinn für die Bemessungsfrequenzen (160, 428, 481 und 882 MHz) jeweils genau 7,7 dBd. An den niederfrequenten Bereichsenden fällt der Gewinn auf 7,5 dBd, er steigt am hochfrequenten Bandende auf 8,0 dBd an. Alle Maß- und Gewinnangaben sind im Standard in Tabellenform aufgeführt.

Der Selbstbau einer 432-MHz-Version des 7,7-dBd-Gewinn-Normals wird von *DL 1 BU* in [4] ausführlicher beschrieben.

Literatur zu Abschnitt 22.

[1] *Bittan, T.:* Zirkular-Polarisation im 2-Meter-Band, UKW-Berichte, Erlangen, 13 (1973), Heft 3, Seite 148 bis 153
[2] *Oberrender, O.:* 15 Jahre Antennenerfahrung, zusammengestellt in 15 Punkten; nach persönlichen Aufzeichnungen von *DM 2 CRD*
[3] *Jasik, H.:* Antenna Engineering Handbook, Chapter 31.6. Baluns, p. 31.23., McGraw Hill Book Company, New York 1961
[4] *Schwarzbeck, G.:* Streifzug durch den Antennenwald, Messung des Antennengewinns, cq-DL, Baunatal, 53 (1982) Heft 7, Seite 332 bis 335
Hook, A.: Zirkularpolarisation, UKW-Berichte, Erlangen 12 (1972), Heft 3, Seite 186 bis 191
Yang, R.: A Proposed Gain Standard For VHF-Antennas, EEE Transactions on Antennas and Propagation, AP.-14, No 6, 1966, November

23. Längsstrahler für 2 m und 70 cm

Aus Halbwellendipolen aufgebaute Antennensysteme, deren Hauptstrahlung in der größten Längsausdehnung der Struktur liegt, nennt man Längsstrahler. Sinngemäß bezeichnet man als Querstrahler solche Antennentypen, die vorwiegend quer zu ihrer Breitseite strahlen. Typische Vertreter der Längsstrahler sind die bekannten *Yagi-Uda*-Antennen, während Dipolzeilen und daraus gebildete Gruppenantennen zu den Querstrahlern zählen.

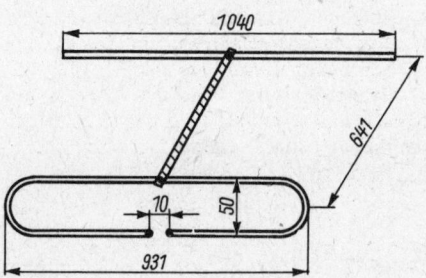

Bild 23.1
Schema der 2-Element-Antenne für 2 m

23.1. VHF-/UHF-Richtantennen mit 2 Elementen

Aus Halbwellendipolen aufgebaute 2-Element-Antennen, deren Elemente in der gleichen horizontalen Ebene liegen, kann man als Grenzfälle zwischen Längsstrahlern und Querstrahlern betrachten. Da ihr folgerichtiges Erweitern zu den *Yagi*-Antennen führt, werden sie im Rahmen der Längsstrahler besprochen. 2-Element-Antennen bestehen im allgemeinen aus einem gespeisten Halbwellendipol mit einem parasitären Reflektor. Der mit einer solchen Anordnung erreichbare Gewinn liegt in der Größenordnung von 3,5 dBd (siehe Bild 16.1).

23.1.1. 2-Element-Antenne für 2 m

Bild 23.1 zeigt das Schema einer 2-Element-Antenne in Ganzmetallbauweise. Das gespeiste Element stellt einen Faltdipol dar, der Reflektorabstand ist mit etwa $0,3\lambda$ so gewählt, daß der Eingangswiderstand annähernd 240 Ω beträgt. Die Antenne kann deshalb mit einer handelsüblichen 240-Ω-Bandleitung direkt gespeist werden. Alle Antennen mit einem Nennwiderstand von 240 Ω lassen sich über ein Koaxialkabel speisen, wenn eine Halbwellenumwegleitung (Balun) an den Antenneneingang angeschlossen wird (siehe Abschnitt 7.5.). Obwohl es sich bei der Umwegleitung um ein frequenzabhängiges Glied handelt, braucht man für den Frequenzumfang des 2-m-Bandes keine Einengung zu befürchten.

Der Elementeträger besteht aus Metall, auf ihm können die beiden Elemente in ihrer geometrischen Mitte direkt befestigt werden (Ganzmetallbauweise).

Mechanische und elektrische Angaben
Elementdurchmesser 5 ... 10 mm
Antennenträger Metall, 10 ... 20 mm Durchmesser
Eingangswiderstand 240 Ω symmetrisch
Antennenlänge 641 mm ($\approx 0,3\lambda$)
Gewinn $\geqq 3,5$ dBd
Rückdämpfung etwa 7 dB
Horizontale Halbwertsbreite $\alpha_E \approx 75°$
Vertikale Halbwertsbreite $\alpha_H \approx 140°$

23.1.2. *HB 9 CV*-Antennen für 2 m und für 70 cm

Ebenfalls mit nur 2 Elementen arbeitet die *HB 9 CV*-Antenne. Sie hat einen gespeisten Reflektor im Abstand von $\lambda/8$. Wegen der geringen Längsausdehnung eignet sich diese Antenne besonders für die Fuchsjagd sowie für den Portabelbetrieb. Die Antennentheorie wird in Abschnitt 14.2.2. ausführlich erläutert.

Bild 23.2 zeigt das Antennenschema für den 2-m-Betrieb. Mit den angegebenen Abmessungen kann man sie direkt über ein Koaxialkabel speisen, dessen Innenleiter an X_1 angeschlossen wird, während der Kabelaußenleiter an Punkt X_2 mit dem metallischen Antennenträger verbunden ist (Bild 23.2b). Der mit dem Kabelinnenleiter in Reihe liegende Trimmer erlaubt es, die durch die Gamma-Glieder eingebrachten induktiven Blindanteile zu kompensieren. Der Trimmer wird einmalig für geringste Kabelwelligkeit (Reflektometer) eingestellt. Er läßt sich durch einen Festkondensator des gleichen Kapazitätswertes ersetzen (Richtwerte um 12 pF).

Weitere Ausführungen zu der in Bild 23.2 dargestellten Antenne findet man in [1]. In [2] und [3] wurden bei gleichen Elementlängen und gleichem Elementabstand lediglich die Gamma-Abgriffe auf den Elementen so verändert, daß sich die Abstände am Reflektorelement von 197 auf 130 mm und am Direktorelement von 197 auf 120 mm verringerten. Der Trimmer zum Anpassen an das Koaxialkabel muß bei dieser Bemessung parallel zum Speisepunkt gelegt werden. Außerdem müssen in Bild 23.2b X_1 und X_2 miteinander verbunden werden; der Kabelinnenleiter liegt dann am Eckpunkt der Anpassungsleitung, der Kabelaußenleiter am Punkt X_2. Damit hat man die übliche Ausführung einer Gamma-Anpassung nach Abschnitt 6.3. aufgegeben und eine unvollständige Omega-Anpassung (siehe Abschnitt 6.4.) geschaffen. Da der Serientrimmer fehlt, wird die von den Gamma-Gliedern eingebrachte induktive Blindkomponente nicht kompensiert. Es empfiehlt sich deshalb, bei dieser geänderten Bemessung noch zusätzlich eine Serienkapazität nach Bild 6.5 vorzusehen.

Die beiden Gamma-Glieder und ihre Verbindungsleitungen bestehen aus einem durchgehen-den 2-mm-Draht, der auch isoliert sein kann. Man muß auf einen gleichmäßigen lichten Abstand von 4 ... 5 mm zwischen der Phasenleitung und den Elementen achten.

Mechanische und elektrische Angaben
Elementdurchmesser 6 mm ± 20 %
Antennenträger Metall, 10 ... 16 mm Durchmesser
Eingangswiderstand 50 ... 75 Ω unsymmetrisch
Antennenlänge 251 mm ($\lambda/8$)
Gewinn 4,2 dBd
Rückdämpfung bis 20 dB
Horizontale Halbwertsbreite $\alpha_E \approx 68°$
Vertikale Halbwertsbreite $\alpha_H \approx 130°$
HB 9 CV-Antennen für das 70-cm-Band werden in [4], [5] und [6] beschrieben. Diese handliche Miniaturantenne ist rund 350 mm breit und knapp 100 mm lang, hat gute Richtwirkung und relativ hohen Gewinn. Sie ist leicht zerlegbar und für den Portablebetrieb (z. B. Fuchsjagd) besonders geeignet. Die exakte Anpassung an das koaxiale Speisekabel ist allerdings etwas kritisch und wird bei ungünstigen Witterungseinflüssen labil.

Bild 23.3a zeigt das Aufbauschema mit allen erforderlichen Angaben. Für den 70-cm-Betrieb soll die Phasenleitung zwischen den beiden Elementen nicht wie gezeichnet angeordnet werden, sondern über den Elementen, wie in Bild 23.3b skizziert. Sie verläuft in 3 mm Abstand über den Elementen und über dem Antennenträger. Der Abstand kann durch aufgeklebte Kunststoffklötzchen fixiert werden. Die Kompensationskapazität für die induktiven Blindanteile beträgt etwa 4 pF, sie kann zum bequemeren Einstellen durch einen Trimmer mit 6 ... 8 pF Endkapazität realisiert werden.

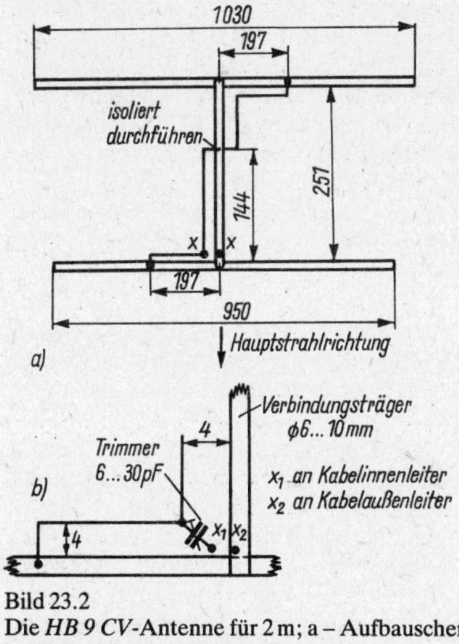

Bild 23.2
Die *HB 9 CV*-Antenne für 2 m; a – Aufbauschema, b – Teilzeichnung Speisepunkt

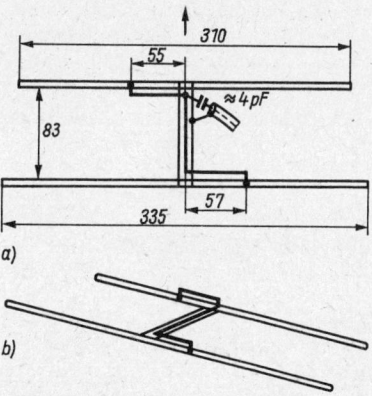

Bild 23.3
Die *HB 9 CV*-Antenne für 435 MHz; a – Bemessungsschema, b – Skizze zum Verlauf der Phasenleitung

Mechanische und elektrische Angaben
Elementdurchmesser 4...5 mm
Antennenträger: Metall, 7...8 mm Durchmesser
Phasenleitung: Draht 1,5 mm Durchmesser, in 3 mm lichtem Abstand parallel über den Elementen und den Antennenträger geführt
Eingangswiderstand 50...75 Ω unsymmetrisch
Antennenlänge 83 mm ($\lambda/8$)
Gewinn 4,2 dBd
Rückdämpfung bis 20 dB
Horizontale Halbwertsbreite $\alpha_E \approx 68°$
Vertikale Halbwertsbreite $\alpha_H \approx 130°$

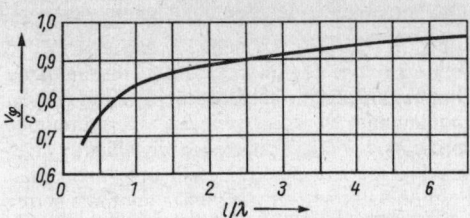

Bild 23.4
Optimale Phasengeschwindigkeit $v\varphi/c$ in Abhängigkeit von der Antennenlänge l (c = Lichtgeschwindigkeit)

Nach Untersuchungen von *DL 1 BU* (siehe Abschnitt 14.2.2.) wird der angegebene Gewinn von 4,2 dBd mit großer Sicherheit (+0,2 dB) erreicht, auch die für solch kleine Antennen überraschend große Rückdämpfung konnte meßtechnisch nachgewiesen werden. Die *HB 9 CV*-Antenne wird als ein guter leistungsfähiger, aber in der Anpassung etwas kritischer Typ eingeschätzt.

23.2. *Yagi-Uda*-Antennen für UHF und VHF

Die *Yagi*-Bauform hat sich im VHF- und UHF-Bereich als die wirtschaftlichste und am einfachsten herstellbare erwiesen. Der Materialeinsatz ist gering, die Windlast minimal und die Massenverteilung günstig (wichtig bei drehbarer Anordnung!). Je nach Ausführung können mit Einebenen-*Yagis* Gewinne zwischen 5 und 16 dBd erzielt werden; höhere Gewinne erreicht man durch Gruppenbildung.

Diese guten Eigenschaften, verbunden mit Vielseitigkeit, haben dazu geführt, daß die *Yagi*-Antenne mit Abstand die am stärksten verbreitete VHF-/UHF-Richtantennenbauform bei den Funkamateuren ist. Einige grundsätzliche Ausführungen, die hauptsächlich kurze *Yagi*-Antennen betreffen, wurden bereits in Abschnitt 16. gemacht.

23.2.1. Wirkungsweise und Gewinn von *Yagi*-Antennen

Viele Jahre lang konnte man keine gesicherten Angaben zur Wirkungsweise der *Yagi*-Antenne machen. Die grundlegenden experimentellen Arbeiten wurden 1959 bei einer Meßfrequenz von 9000 MHz mit *homogenen Yagi*-Strukturen (die Direktoren haben alle gleiche Längen, gleiche Durchmesser und gleiche Abstände) durch-

geführt [7]. Man gelangte dabei zu folgenden Erkenntnissen: Betrachtet man die auf einer *Yagi* (speziell Lang-*Yagi*) laufende Welle als Oberflächenwelle, die durch die Antennenstruktur verzögert, also mit einer Phasengeschwindigkeit v kleiner als Lichtgeschwindigkeit c läuft, so läßt sich diese Phasengeschwindigkeit als das Kriterium für optimalen Gewinn ansehen. Eine *Yagi*-Antenne (und jeder andere Längsstrahlertyp) zeigt immer dann den höchstmöglichen Gewinn, wenn die für die vorliegende Länge (Längsausdehnung $\triangleq$ Boomlänge, bezogen auf die Betriebswellenlänge λ) günstige Phasengeschwindigkeit eingestellt wird, unabhängig davon, mit wieviel Direktorelementen, mit welchen Direktorlängen, -durchmessern oder -abständen die optimale Phasengeschwindigkeit erzielt wird. *Ehrenspeck* hat die optimale Phasengeschwindigkeit v_φ/c in Abhängigkeit von der Antennenlänge l/λ durch Sondenmessungen am Modell ermittelt, das Ergebnis zeigt Bild 23.4.

Die Phasengeschwindigkeit v längs der Direktorenreihe ist von Länge, Schlankheitsgrad und gegenseitigem Abstand dieser Elemente abhängig, wobei es unendlich viele Kombinationen gibt, mit denen die optimale Phasengeschwindigkeit erreicht werden kann [8]. Ist v_{opt} eingestellt, hängt der Maximalgewinn – unabhängig von der Anzahl der Direktoren – ausschließlich von der Länge der Struktur (bezogen auf λ) ab mit der Einschränkung, daß die Direktorenabstände $0,4\lambda$ nicht überschreiten dürfen. Bild 23.5 belegt in Kurve A die erläuterten Zusammenhänge. Dabei ist zu beachten, daß bei dieser Kurve als Antennenlänge nur die Strecke vom gespeisten Element bis zum letzten Direktor gerechnet wird.

Homogene *Yagi*-Antennen werden von Funkamateuren kaum noch verwendet, nachdem sich klar herausgestellt hat, daß mit inhomogenen Strukturen höhere Maximalgewinne zu erreichen sind. Außerdem treten in deren Strahlungsdiagramm Nebenkeulen und gleichzeitig weniger breite Hauptkeulen auf. Inhomogene *Yagis* erkennt man äußerlich an unterschiedlichen Direk-

394

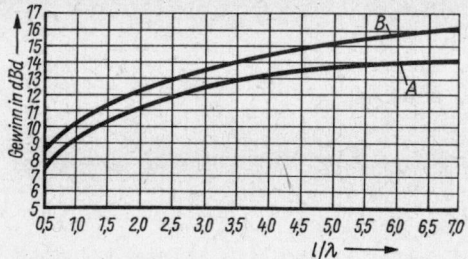

Bild 23.5
Der Gewinn von *Yagi*-Antennen in Abhängigkeit von
ihrer Länge, bezogen auf λ; Kurve A: Homogene *Yagis*
(Länge rechnet ab gespeistes Element), Kurve B:
Inhomogene *Yagis*, theoretischer maximaler Gewinn
(nach *DL 6 WU*)

torlängen und Direktorabständen, wobei im allgemeinen die Länge des dem gespeisten Elements
benachbarten Direktors am größten ist
und zum Ende der Direktorenreihe hin allmählich abnimmt. Auch für inhomogene *Yagis* gilt die
Regel, daß die Direktorenabstände 0,4λ nicht
überschreiten dürfen, der 1. Direktor befindet
sich gewöhnlich in 0,1...0,12λ Abstand vom gespeisten Element. Wegen der vielen variablen Parameter erfordert das Entwickeln und Optimieren
längerer *Yagi*-Antennen einen erheblichen experimentellen Aufwand. Über den theoretischen
Maximalgewinn von inhomogenen *Yagis* – bezogen auf ihre relative Länge – gibt Kurve B in Bild
23.5 Auskunft.

Man erkennt, daß der Gewinn nicht linear mit
der Antennenlänge ansteigt. Er erhöht sich jeweils bei Längenverdopplung nur um etwa
2,2 dB. Dabei darf nicht übersehen werden, daß
die Frequenzbandbreite mit wachsender Länge
abnimmt und bei 10λ Antennenlänge in der Größenordnung von 1% (für homogene *Yagis*) bis
maximal 3% (für inhomogene *Yagis*) liegt [9],
wobei gleichzeitig die erforderliche Präzision der
Abmessungen zunimmt. Die aus Bild 23.5 zu ent-
nehmenden Maximalgewinne können in der Praxis bis auf wenige Zehntel Dezibel erreicht, aber
nicht überschritten werden. Alles, was darüber
hinaus gemessen oder versprochen wird, ist un-
real [11].

Aufbauend auf die Erkenntnisse aus [11], wurden in der Folgezeit ausführlichere Arbeiten zum
Optimieren von *Yagi*-Antennen veröffentlicht
(z. B. [9], [12], [13] und [14]). Dieser Bericht
wurde bereits in den 60er Jahren erarbeitet, aber
erst 1976 veröffentlicht. In verkürzter Form, aber
mit praktischen Berechnungsbeispielen ange-
reichert, findet sich das Wesentliche aus diesem
NBS-Bericht auch in [14]. Wer sich ernsthaft mit
langen *Yagi*-Antennen beschäftigen möchte,
sollte die angegebenen Arbeiten lesen.

Kriterien für den Gewinn

In [11] werden einige Erkenntnisse der Antennentechnik zusammengefaßt, die Schlüsse auf den
möglichen oder zu erwartenden Gewinn zulassen
und die Einflußgrößen erkennbar machen.

Den Gewinn jeder Antenne kann man aus
ihrer Richtcharakteristik (Horizontal- und Verti-
kal-Strahlungsdiagramm) ableiten. Die Gewinn-
einschätzung nach Halbwertsbreiten (aus den
Öffnungswinkeln bei $0,707 U_{max}$) ergibt gute Anhaltspunkte (siehe Abschnitt 3.2.3.2.). Die sogenannte *Kraus*-Formel (Gl. 3.17.) bezieht sich auf
idealisierte Diagramme (keine Nebenzipfel,
keine Rückwärtsstrahlung, langgestreckte birnenförmige Richtdiagramme ohne Wurzelver-
breiterung). Der damit errechnete Gewinn ist ein
Höchstwert, der in der Praxis nicht erreicht wird,
dem man aber bei Halbwertsbreiten zwischen
etwa 20 und 40° nahekommt. Nebenzipfel üben
im Vertikaldiagramm einen größeren Einfluß auf
den Gewinn aus als bei gleicher Größe im Horizontaldiagramm. Auch die Lage der Zipfel im
Diagramm spielt eine Rolle. Je näher sie zur
Hauptstrahlrichtung liegen, um so größer ist der
Einfluß auf den Gewinn. Fazit: Man kann die
Qualitäten einer Antenne an ihrem Strahlungsdiagramm erkennen; leider liegen diese meistens
nur unvollständig (ohne H-Diagramm) und oft in
«frisierter» Form vor.

Der Gewinn einer *Yagi*-Antenne von gegebener Länge ist allein durch eine optimierte
Grundstruktur gegeben. Für jede relative Antennenlänge gibt es eine optimale Phasengeschwindigkeit (siehe Bild 23.4). Man kann eine solche
optimierte Struktur nicht auch für andere Längen übernehmen oder diese
einfach verlängern oder verkürzen. Der Gewinn
einer optimierten *Yagi*-Antenne ist nur abhängig
von ihrer relativen Länge; es gilt Bild 23.5.

Bei einer *Yagi*-Antenne mit Längen um und
über 1λ hat die Form des gespeisten Elements
keinen Einfluß mehr auf den Gewinn, wohl aber
auf den Frequenzbereich der Antenne und deren
Anpassung. In eine gegebene optimierte Struktur kann ein Erregersystem auch nachträglich
hineinkonstruiert werden. Bei kurzen *Yagis* entsteht ein Mehrgewinn, wenn das gespeiste Element bereits einen Gewinn aufweist (z. B. Quad-
element ≙ Quagi). Dieser Mehrgewinn schwin-
det mit wachsender Antennenlänge.

Mit dem Reflektor wird die Rückwärtsstrahlung unterdrückt. Die Wirkung des Reflektors
verändert auch die Richtcharakteristik und damit
den Gewinn. Wird die Rückdämpfung >15 dB,
ergeben sich nur noch unerhebliche Gewinn-
verbesserungen, so daß sich ein höherer Aufwand (z. B. Mehrfachreflektoren oder Reflektorwände) zu diesem Zweck nicht lohnt. Es gibt aber
Gründe, die das rechtfertigen. Zum Beispiel bei

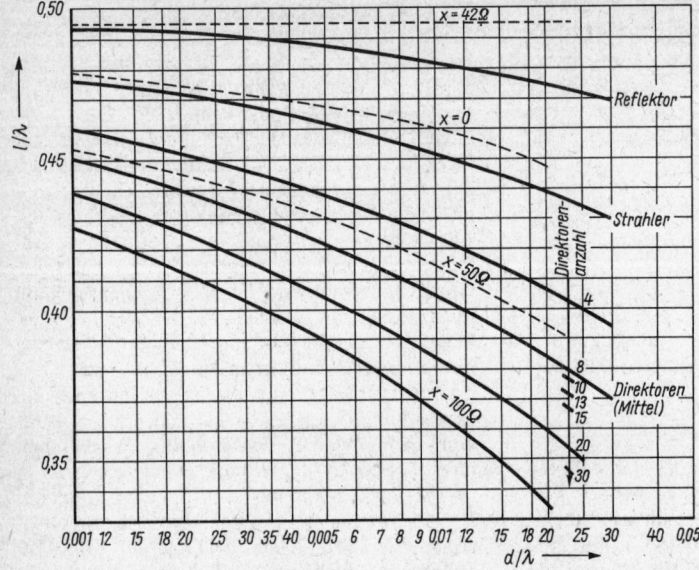

Bild 23.6
Die optimale Länge *l* von
Yagi-Elementen in Abhängigkeit von ihrem Durchmesser *d*,
bezogen auf λ; gestrichelt:
Kurven konstanten Blindwider-
stands (nach *DL 6 WU* [8])

EME-Antennen (für Erde-Mond-Erde-Verbin-
dungen, siehe Abschnitt 2.4.2.6.), die gegen den
Horizont aufgestellt sind, stört das von hinten
aufgenommene Rauschen dann eben doch.

Ehrenspeck hat bei seinen Experimenten einen
Reflektorabstand von 0,25λ als vorteilhaft befun-
den. Sehr enge Elementabstände sollte man vermeiden, weil dann die Blindströme so groß werden können, daß die Verluste den theoretisch
sicher möglichen Gewinn auffressen.

Für Direktoren gilt dann besonders: «Nur die
Reaktanz des Elements bestimmt seine Funktion.». Man darf deshalb Direktoren nicht einfach wie Dipole umrechnen, sondern muß auf
gleiche Reaktanz transformieren (wobei die
Güte eingeht). Maßgebende Größen sind dabei
die Elementlänge *l* und der Elementdurchmesser
d bezogen auf λ. Die Zusammenhänge zeigt Bild
23.6 (nach *DL 6 WU*).

Als Parameter erscheint hier nur die Anzahl
der Elemente, nicht aber die relative Antennenlänge und der Elementabstand. Da zwischen
Phasenverzögerung und Elementabstand ein re-
ziproker Zusammenhang besteht und bei Lang-
Yagis die optimale Phasengeschwindigkeit praktisch konstant bleibt, fallen die Kurven für gleiche Elementzahlen zusammen [6]. Für kurze
Yagi-Antennen kann man diese Feststellung nur
bedingt anwenden.

Aus Bild 23.6 ist zu ersehen, daß die Durch-
messerabhängigkeit *d/λ* der Direktoren größer ist
als die des gespeisten Elements und des Reflektors. Sie nimmt mit wachsender Anzahl der Direktoren zu. Eine Vereinfachung des Elementdurch-
messers bedingt z. B. bei gespeistem Element und

Reflektor eine Verkürzung des Elements um
etwa 7%, während bei der gleichen Voraussetzung die Direktoren um rund 14% verkürzt
werden müssen (grobe Näherungswerte für mittlere Schlankheitsgrade). Sehr ähnlich sind die
Verläufe der gestrichelt eingezeichneten Orts-
kurven konstanter Reaktanz für ein einzelnes
Dipolelement. In der Nähe von λ/2 hängt der
Realteil der Impedanz nur wenig vom Verhältnis
d/λ ab.

Auf der Suche nach einem allgemein gültigen
Verfahren sammelte *DL 6 WU* Daten von doppelt
optimierten Lang-*Yagis* aus verschiedensten
Quellen einschließlich eigener Versuche [9]. Mit
Hilfe des Reaktanz-Diagramms Bild 23.6 wurden
die Daten nach Frequenzen und Elementdicke
normiert. Dabei ergab sich, daß die normierten
Längenwerte aller Antennen einander so ähnlich
waren, daß eine Mittelwertkurve weniger als 0,01λ
von irgendeinem Einzelwert abwich. Als Ergebnis
entstanden die Kurvenscharen in Bild 23.7.

Auch aus den Elementabständen innerhalb der
Direktorreihe ist eine Ähnlichkeit der gefundenen Optimalwerte festzustellen: Von einem An-
fangswert streben die Abstände asymptotisch gegen etwa 0,4λ. Dabei ist ein kleiner Abstand des
1. Direktors vom gespeisten Element erforderlich (Größenordnung um 0,1λ), sofern dieses ein
unverstimmtes Dipolelement ist. Als Ergebnis
seiner Messungen an Lang-*Yagi*-Entwürfen erar-
beitete *DL 6 WU* eine Aufstellung der Elementabstände innerhalb einer Lang-*Yagi*-Antenne
(Tabelle 23.1.).

Diese Tabelle in Verbindung mit den Diagrammen in Bild 23.6 bzw. Bild 23.7 ermöglicht es

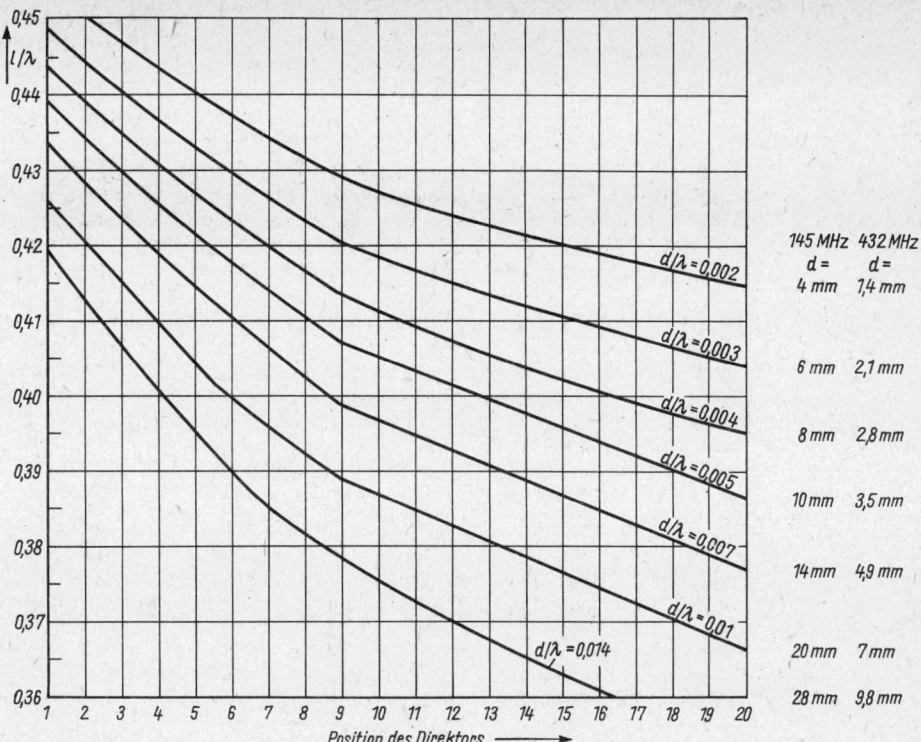

Bild 23.7
Die Direktorlänge l/λ in Abhängigkeit von der Position des Direktors in Lang-*Yagis*; Parameter: Elementdurchmesser d/λ (nach *DL 6 WU*)

Element-position	Abstand in λ	Antennen-länge in λ	Abstand in mm 432 MHz	Abstand in mm 145 MHz	
Reflektor	0,240		160	497	**Tabelle 23.1.**
Dipol	–		–	–	**Elementabstände**
1. Direktor	0,075		55	155	**in Lang-Yagi-Strukturen**
2. Direktor	0,180		125	372	**(nach *DL 6 WU*)**
3. Direktor	0,215		150	445	
4. Direktor	0,250		175	517	
5. Direktor	0,280		195	579	
6. Direktor	0,300		210	621	
7. Direktor	0,315		220	652	
8. Direktor	0,330	2,19	230	683	
9. Direktor	0,345	2,53	240	714	
10. Direktor	0,360	2,89	250	745	
11. Direktor	0,375	3,27	260	776	
12. Direktor	0,385	3,65	265	797	
13. Direktor	0,390	4,05	270	807	
14. Direktor	0,395	4,44	275	817	
15. Direktor	0,400	4,84	280	828	
16. Direktor	0,400	5,24	280	828	
17. Direktor	0,400	5,64	280	828	
18. Direktor	0,400	6,04	280	828	
19. Direktor	0,400	6,44	280	828	
20. Direktor	0,400	6,84	280	828	

erstmalig, schnell und einfach eine Lang-*Yagi* mit fast optimalem Gewinn zu entwerfen. Man kann diese Struktur ab etwa 2λ Länge an beliebiger Stelle abschneiden, ohne daß die Welligkeit merkbar ansteigt. Wenn die gegebenen Abmessungen exakt eingehalten werden, übertreffen die nach diesem «Universalrezept» aufgebauten Antennen optimale homogene *Yagis* deutlich im Gewinn (siehe Bild 23.5, Kurve B), die Strahlungsdiagramme sind erheblich sauberer (zusätzlicher Gewinn aus unterdrücktem Nebenzipfel).

Man spricht von optimierten Lang-*Yagis*, wenn die Element*längen* für maximalen Gewinn bemessen wurden; als doppelt optimiert bezeichnet man *Yagis*, bei denen die Elementlängen *und* Elementabstände optimiert sind.

Für kurze *Yagi*-Antennen haben die vorangegangenen Ausführungen nur bedingt Gültigkeit. Zu ihrem Entwurf sind die Anweisungen aus [13] bzw. [14] besser geeignet (siehe Abschnitt 16.).

23.2.2. Hinweise zum Selbstbau von *Yagi*-Antennen

Es ist üblich, *Yagi*-Antennen ganz aus Metall aufzubauen. Das bedeutet, daß sämtliche Antennenelemente in ihrer geometrischen Mitte (Spannungsminimum) ohne Isolation direkt und leitend auf dem metallischen Antennenträger (Boom) befestigt werden. Diese Bauart bringt elektrisch keine Nachteile, hat aber mechanisch und hinsichtlich des Blitzschutzes einige Vorzüge. Auf andere Befestigungsmöglichkeiten der Elemente wird noch eingegangen.

Die Elemente

Die Elemente stellt man aus Metallrohren oder Vollmaterial her. Das übliche kreisrunde Profil muß man nicht unbedingt benutzen. Ebenso geeignet ist quadratisches oder rechteckiges Material. Besonders stabil bei geringem Gewicht sind das U-Profil und das Halbrundschalenprofil. Unabhängig von der Art des Profils gilt als Durchmesser d (z. B. zum Feststellen des Verhältnisses d/λ) immer die größte Querschnittsausdehnung.

Da sich die Hochfrequenz nur auf der Leiteroberfläche fortpflanzen kann (Skineffekt), ist es, elektrisch betrachtet, völlig gleichgültig, ob man Rohr oder Vollmaterial einsetzt. Das beste Material ist Reinaluminium, denn es ist leicht und hat eine sehr gute Leitfähigkeit. Außerdem überzieht es sich bei Witterungseinfluß mit einer dünnen, hochisolierenden Oxidschicht, die das Element vor weiterer Korrosion zuverlässig schützt und die Oberflächenleitfähigkeit nicht beeinträchtigt. Dieser «Oxidpanzer» wird von der Industrie oft künstlich durch Eloxieren oder durch andere Verfahren hergestellt.

Legierungen aus Leichtmetall neigen teilweise zu Ausblühungen, sie sollten deshalb einen Oberflächenschutz erhalten. Kupferrohre müssen durch einen Lacküberzug oder durch Versilbern unbedingt vorm Verwittern geschützt werden, da sich andernfalls eine Oxidschicht mit Halbleitereigenschaften bildet, die die Oberflächenleitfähigkeit für Hochfrequenz herabsetzt. Bedingt geeignet sind Messing und Stahl, wenn man sie durch einen dauerhaften Lacküberzug schützt. Messing wird bei Frosteinwirkung sehr spröde, die Elemente brechen dann leicht ab, und Rohre reißen oft in Längsrichtung auf.

Die Verschlechterung der Antenneneigenschaften als Folge der geringeren Leitfähigkeit dieser und anderer Metalle ist wohl meßtechnisch nachweisbar, wirkt sich aber kaum aus, sofern die Elemente nicht zu dünn werden.

Als gespeistes Element wird fast nur noch der Faltdipol (siehe Abschnitt 4.1.) verwendet; er gilt auch als «Normaldipol» für VHF und UHF (siehe Abschnitt 22.5.). Ein gestrecktes Element müßte entweder in der geometrischen Mitte aufgetrennt werden und bereitet dann mechanische Schwierigkeiten bei der Halterung, oder es wird in nicht unterbrochenem Zustand über ein T-Glied oder ein Gamma-Glied angepaßt (siehe Abschnitt 6.). Diese Glieder sind ohne entsprechende Meßmittel schwierig einstellbar und engen den Frequenzbereich ein.

Das Biegen eines Schleifendipols gelingt bei handelsüblichen Leichtmetallrohren auch ohne spezielle Biegevorrichtung, wenn man die Rundungen mit dem Daumen um ein zylindrisches Formteil von 40 oder 50 mm Durchmesser drückt. Eine vorherige Probebiegung mit einem Rohrrest wird empfohlen. Im Aussehen nicht ganz so gefällig, aber von gleicher elektrischer Wirkung sind Faltdipole mit rechteckiger Form. Die im Handel erhältlichen Antennenanschlußdosen sind gut brauchbar. Zur erhöhten Sicherheit gegen Korrosion und Wassereinbrüche kann man sie mit einem Isoliermaterial ausgießen (z. B. Epoxidharz).

Bei rohrförmigen Direktoren und Reflektoren sollen die Rohrenden mit passenden Stopfen verschlossen oder einfach zusammengequetscht werden. Dadurch werden Heulerscheinungen bei starkem Wind vermieden (Äolsharfe!). Treten trotzdem bei langen Rohrelementen akustische Brummerscheinungen als Folge von Eigenschwingungen auf, kann man diese durch Ausstopfen der Elemente mit einem weichen Material (z. B. Mineralwolle) oder durch Einfüllen von etwas feinem Sand wirksam dämpfen.

Die Elemente müssen genau in ihrer geometrischen Mitte auf dem Träger befestigt werden! Außerdem müssen die Elemente exakt zueinander parallel stehen, d. h. rechtwinklig zum Antennenträger. Bei Ganzmetallausführung ist ein guter und dauerhaft leitender Kontakt zwischen den Elementen und dem Boom erforderlich. Werden die Elemente fest mit dem Antennenträger verbunden (Kleben, Schweißen, Löten), sollte man sie erst nachträglich auf die geforderte Länge kürzen.

Der Antennenträger (Boom)

Der Antennenträger soll biege- und verwindungssteif sowie möglichst leicht und korrosionsfest sein. Diese Forderung erfüllt Leichtmetallmaterial mit quadratischem Querschnitt, wie es die Antennenindustrie häufig verwendet, gut. Man kann dieses Material ohne Bohrlehre bohren, und die relativ breite und glatte Auflagefläche erleichtert eine stabile Befestigung der Elemente. Vierkantmaterial mit einer Kantenlänge von 22 mm ist für 2-m-*Yagis* geeignet, lange Strukturen müssen durch Unterzüge abgestützt werden. Für 70-cm-*Yagis* sind Träger mit 16 oder 18 mm Kantenlänge ausreichend, da UHF-Antennen aus elektrischen Gründen fast immer einen Unterzug haben. Aber auch hier ist 22-mm-Vierkantmaterial kein Luxus.

Elektrisch gesehen besteht zwischen einem kreisrunden Antennenträger und einem solchen mit Vierkantprofil kein Unterschied; lediglich die Elemente sind auf dem Rundrohr etwas schwieriger zu befestigen. Es ist auch jedes andere Profil denkbar (z. B. U-Profil oder Doppel-T-Profil), wenn es den mechanischen Forderungen entspricht. Besonders bei Stahlträgern (z. B. dünnwandiges Stahlpanzerrohr) ist ein allseitiger Anstrich unerläßlich (Rostschutzfarbe). Es wird empfohlen, alle metallischen Trägerrohre auch von innen zu lackieren; man kann hier wie bei der Hohlraumversiegelung von Kraftfahrzeugen verfahren.

Holzträger (z. B. Dachlatten) sind keinesfalls ungeeignet; sie werden gehobelt und gut imprägniert. Im salzreichen Meeresklima sollen Holzträger haltbarer sein als ungeschützte Leichtmetallrohre. Ebenso geeignet sind Hartgewebestreifen oder Kunststoffrohre. Mechanisch und elektrisch nahezu ideal (aber teuer) sind Rohre oder Vollmaterial aus glasfaserverstärktem Polyesterharz. Bei nichtmetallischen Trägern entfällt der schwer definierbare Einfluß des Durchmessers eines metallischen Elementeträgers auf die wirksame Länge von Parasitärelementen.

Einflußgrößen des Antennenträgers und des Tragemastes

Wie erwähnt, üben nichtmetallische Antennenträger und Tragemaste keinen verstimmenden Einfluß auf die Antennenstruktur aus. Bei Metallträgern können Mißerfolge auftreten, wenn man die hierbei entstehenden Einflußgrößen nicht beachtet. Dazu zählen die Art der Elementbefestigung, der Durchmesser des Antennenträgers und die Befestigung des Antennenträgers am metallischen Tragemast.

Zunächst muß man entscheiden, ob die Parasitärelemente elektrisch leitend an ihrem Träger befestigt werden sollen oder von diesem zu isolieren sind. Wird die leitende Verbindung gewählt, muß darauf geachtet werden, daß die Elemente nicht nur mechanisch stabil befestigt sind, sondern auch auf Dauer einen guten elektrischen Kontakt mit dem Antennenträger haben. Befestigungsarmaturen der Antennenindustrie sind vorteilhaft, man sollte aber kontrollieren, ob sie den Forderungen auch über längere Zeiträume entsprechen können. Ein Eigenbau geeigneter Befestigungsschellen ist leicht möglich, besonders wenn man einen Antennenträger mit quadratischem Querschnitt verwendet.

Für die Art der Halterung gibt es beim Selbstbau 2 Möglichkeiten: Entweder werden die Elemente *auf* dem Antennenträger befestigt (gegebenenfalls auch über isolierende Zwischenlagen), wie in Bild 23.8a skizziert ist, oder die Elemente durchdringen den Träger nach Bild 23.8b, wobei die Elemente leitend mit dem metallischen Antennenträger verbunden sind oder auch isoliert eingesetzt werden können (Umwickeln mit Band und Festlegen durch Kreuzwickel). In allen Fällen übt der metallische Antennenträger eine mehr oder weniger große Verstimmung auf die Elemente aus. Diese Verstimmung ist vernachlässigbar gering, wenn sich die Elemente mindestens um den Radius r des Antennenträgers D von diesem entfernt befinden (Bild 23.8c). Sie wächst beim Annähern an den Metallträger und wird am größten beim Durchdringen des Boom (Bild 28.8b). Dieser bewirkt eine elektrische Verkürzung der wirksamen Elementlänge und erfordert

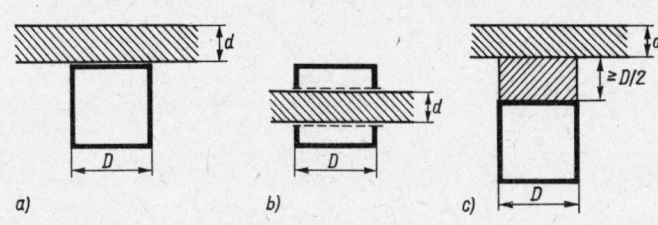

a)

b)

c)

Bild 23.8
Befestigungsarten der Parasitärelemente am Metallboom;
a – Element auf der Boomoberfläche, b – Element durchdringt den Boom, c – Elementmontage mit Zwischenlagen

deshalb – abhängig vom Verhältnis D/λ – ein Verlängern der Elemente, damit sich deren vorgegebene Reaktanz wieder einstellt. Bei *isolierter* Durchdringung ist die Verkürzungswirkung erheblich geringer.

Nach einer Faustregel sind bei Elementen, die den metallischen Boom durchdringen, 2/3 des Trägerdurchmessers D zur Elementlänge l zu addieren. Diese Regel ist sehr ungenau und offenbar nur für relativ dicke Antennenträger einigermaßen zutreffend; sie mag bei kurzen *Yagis* noch brauchbar sein, versagt aber bei optimierten langen *Yagis*, bei denen es auf millimetergenaue Längenbemessung ankommt. Als ein Ergebnis eigener Messungen wurden von *DL 6 WU* in [8] und [9] genauere Angaben veröffentlicht; sie sind in Tabelle 23.2. enthalten.

Die Tabelle ist für alle Querschnittprofile des Metallboom anwendbar, sofern diese völlig durchdrungen werden. Montiert man die Elemente *auf* dem Antennenträger (Bild 23.8a), betragen die Korrekturmaße bei quadratischem Trägerquerschnitt etwa die Hälfte der in Tabelle 23.2. angegebenen Werte, bei kreisrundem Rohr noch weniger.

Viele Selbstbauanleitungen beziehen sich bei ihren Abmessungen auf eine Grundstruktur, die vom Antennenträger unbeeinflußt ist, d. h. auf einen nichtmetallischen Träger. Andere geben einen bestimmten Metallrohrdurchmesser an, für den die Messung zutrifft. Durch sinnvolles Anwenden der Tabelle 23.2. ist es möglich, entsprechend umzurechnen.

Der Einfluß eines in die Antennenstruktur hineinragenden metallischen Tragemastes wirkt sich negativ auf die Antenneneigenschaften aus. Abhängig von der Befestigungsweise des Antenn-

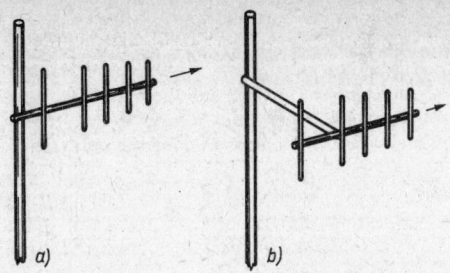

Bild 23.9
Montagemöglichkeiten vertikal polarisierter *Yagi*-Antennen am Metallmast; a – Vormastmontage, b – abgesetzte Montage über waagerechten Ausleger

enträgers am Tragemast, der Antennenpolarisation und der Frequenz sind die Einflußgrößen unterschiedlich. Da der Antennenmast senkrecht zur Erdoberfläche steht, ist sein negativer Einfluß auf die Strahlungseigenschaften einer vertikal polarisierten *Yagi*-Antenne erheblich. Für den Funkamateur gibt es in der Praxis nur 2 einfachere Möglichkeiten der Antennenmontage, mit denen Feldverzerrungen vermieden werden. Bild 23.9a zeigt die Vormastmontage und Bild 23.9b die Montage der Antenne über einen horizontalen Ausleger. Dabei muß der Ausleger einen Mindestabstand von $\lambda/4$ zwischen Antenne und Tragemast gewährleisten. Beide Arten sind statisch ungünstig, ergeben eine Kopflastigkeit des Standrohres und behindern die Drehbarkeit der Antenne. Eine normale Montage im Antennenschwerpunkt an einem *nichtmetallischen* Tragemaststück (Länge $\lambda/2$) beseitigt diese Probleme; es ist dann aber erforderlich, die Speiseleitung

Tabelle 23.2. **Die Längenkorrektur für Parasitärelemente, die einen metallischen Antennenträger durchdringen** (nach *DL 6 WU*)

D/λ	Korrektur Δl in λ	Entspricht D in mm für 432 MHz	Korrektur l in mm 432 MHz	Entspricht D in mm für 145 MHz	Korrektur l in mm 145 MHz
0,010	+0,003	7	+2	20	+6
0,015	+0,005	10	+3,5	30	+10
0,020	+0,008	14	+6	40	+16
0,025	+0,010	17	+7	50	+20
0,030	+0,016	21	+11	60	+32
0,040	+0,026	28	+18	80	+52
0,050	+0,035	25	+25	100	+70

D – Boomdurchmesser
D/λ – Boomdurchmesser, bezogen auf Betriebswellenlänge λ
Δl – erforderliche Elementverlängerung, ausgedrückt in λ

Beispiel: Die Lage l eines Direktors wurde nach Bild 23.6 oder Bild 23.7 mit 0,42λ ermittelt. Durchdringt der Direktor einen metallischen Träger mit $D/\lambda = 0,02$, so müssen zur Elementlänge 0,008λ addiert werden, somit beträgt die erforderliche Gesamtlänge 0,428λ.

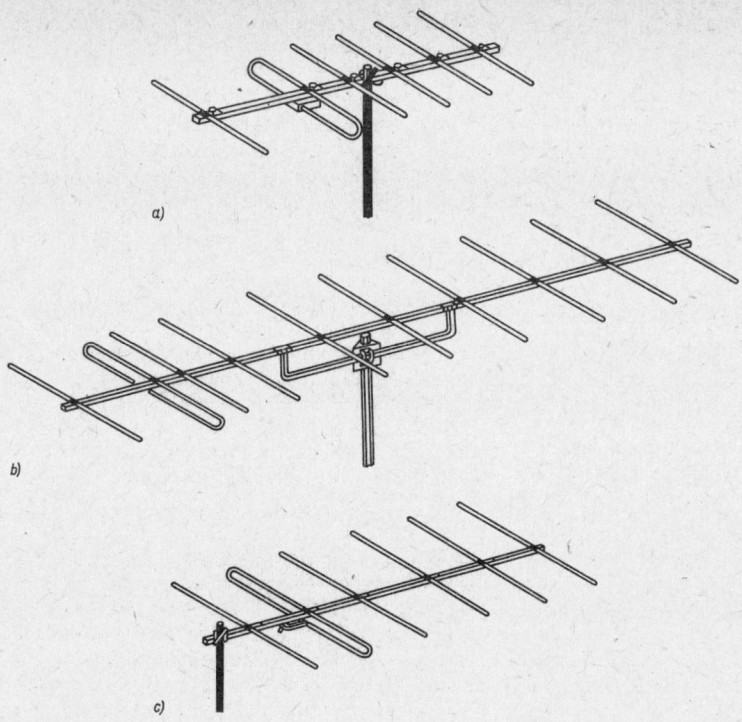

Bild 23.10
Die Befestigung horizontal polarisierter *Yagi*-Antennen am Standrohr; a – für 2 m zulässig, für 70 cm unbrauchbar, b – für VHF und UHF günstige Lösung, c – für VHF und UHF elektrisch beste Lösung

hinter dem Reflektor nach unten zu führen. Bei dieser Variante gibt es jedoch Schwierigkeiten mit dem Blitzschutz. Für die Auslegermontage (Bild 23.9b) wird gefordert, daß man die Speiseleitung horizontal von der Antenne wegführt (festlegen auf dem Ausleger) und dann entlang dem Tragemast nach unten bringt.

Der Einfluß des metallischen Tragemastes auf horizontal polarisierte *Yagi*-Antennen für das 2-m-Band ist sehr gering, da die Ausdehnung der VHF-Antennen bezogen auf die üblichen Mastdurchmesser relativ groß wird und die horizontal polarisierte Antenne gegenüber dem vertikalen Metallmast ausreichend entkoppelt ist. Man kann deshalb ohne erkennbare Nachteile eine *Yagi*-Antenne für 2 m nach Bild 23.10 a am Standrohr befestigen, sofern dieses nicht übermäßig dick ist. Für lange *Yagis* empfiehlt sich – nicht nur aus Stabilitätsgründen – die Befestigung über einen sogenannten Unterzug (Bild 23.10b), dessen mechanische Form und Ausführung hier nur als ein Beispiel nach industriellem Vorbild gilt. Ebenso brauchbar sind Verstrebungen in Dreieckform. Bild 23.10c zeigt die Vormastmontage einer horizontal polarisierten *Yagi*-Antenne. Es ist die elektrisch günstigste Montageart, jedoch

mechanisch mit vielen Nachteilen behaftet, so daß sie von Funkamateuren, die eine drehbare Antenne benötigen, kaum angewendet wird.

Für horizontal polarisierte 70-cm-*Yagis* ist die Montageart nach Bild 23.10a unbrauchbar, weil im UHF-Bereich der in die Antennenstruktur hineinragende Metallmast in Verbindung mit dem seitlichen Versatz vom Antennenträger erheblich verschlechtert. Dieser seitliche Versatz ist immer vorhanden, wenn handelsübliche Befestigungsschellen verwendet werden. Bei sehr leichten und kurzen 70-cm-Antennen kann man den Antennenträger direkt auf der Mastspitze befestigen, wenn Antennenträger und Standrohr etwa gleichen Durchmesser haben und sichergestellt wird, daß Antennenträger und Standrohr vertikal fluchten.

Alle korrosionsgefährdeten Antennenteile sollten einen Schutzanstrich erhalten (Rostschutzfarbe, Alkydharzfarbe, Chlorkautschuklack usw.). Auch das Rohrinnere ist nach Möglichkeit mit einem Schutzlack zu versehen; man kann es auch mit einem Konservierungsmittel aussprühen. Schraubverbindungen werden mit einem wetterbeständigen Fett möglichst dick eingestrichen, damit sie lösbar bleiben. Viele Probleme der Befestigungs- und Korrosionsschutztechnik sind mit den Mitteln der modernen Chemie lösbar; hier sei vor allem an den Einsatz von Gießharzen, Zweikomponentenklebern, Silikonkautschuk und an die Vielzahl von Kunststoffen unterschiedlichster mechanischer Eigenschaften gedacht, die sich beim Antennenbau gut bewährt haben.

23.3. Bemessungsangaben für Einebenen-*Yagi*-Antennen

Als die Funkamateure mit dem 2-m-Band und später mit dem 70-cm-Band Neuland betraten, waren sie darauf angewiesen, die dazugehörigen Antennen selbst zu entwickeln. «Universalrezepte» gab es noch nicht, und brauchbare Meßeinrichtungen standen nur in den seltensten Fällen zur Verfügung. Der Glaube an «Wunderantennen» war deshalb stark verbreitet. Aber schon damals erkannte man die *Yagi*-Antenne als den wirtschaftlichsten Typ, dessen Bemessungsprobleme man durch sehr zeitraubendes Experimentieren zu lösen versuchte. Heute verfügt der Funkamateur über Bemessungsunterlagen, welche ohne großen Arbeitsaufwand die gezielte Eigenentwicklung umfangreicher optimaler *Yagi*-Strukturen ermöglichen (siehe Abschnitt 23.2.). Mit etwas Denkarbeit und einem Taschenrechner kommt man schnell zum Ziel.

Die meisten Funkamateure bevorzugen fertige Bauanleitungen, die bei exaktem Nachbau die angegebenen Antennendaten gewährleisten. Aber auch sie sollen sich mit den physikalischen Gesetzmäßigkeiten der *Yagis* befassen; sie werden spätestens dann dazu gezwungen, wenn die geforderten Rohrdimensionen nicht vorhanden sind und auf andere Rohrdurchmesser umgerechnet werden muß.

Der kleinste *Yagi*-Typ ist die 3-Element-Antenne, bestehend aus dem gespeisten Element und 2 Parasitärelementen. Durch Vermehren der Parasitärelemente und dadurch bedingtem Verlängern des Antennenträgers wird der von der Antennenlänge abhängige Gewinn bis zur Grenze der mechanischen Darstellbarkeit gesteigert. Wie aus Bild 23.5 hervorgeht, wird die Gewinnkurve mit wachsender Antennenlänge flacher, so daß man aus Gründen der Wirtschaftlichkeit und der mechanischen Komplikationen eine Boomlänge von 5 m ($\approx 2,5\lambda$) nur selten überschreitet. *Yagis* mit Antennenlängen $<1\lambda$ werden auch als Normal-*Yagi* oder Kurz-*Yagi* bezeichnet. Sie unterliegen etwas anderen Bemessungsgrundsätzen als die Lang-*Yagis* (Antennenlänge $>1\lambda$). Der längenabhängige Unterschied

zwischen Kurz-*Yagi* und Lang-*Yagi* ist willkürlich gewählt, eine starre Grenze gibt es nicht. Die kennzeichnenden Merkmale einer Lang-*Yagi* sind der relativ große Abstand der Elemente innerhalb der Direktorenreihe (bis $0,4\lambda$) und der zur engeren Kopplung in unmittelbarer Nähe des gespeisten Elementes angeordnete 1. Direktor ($0,1 \ldots 0,15\lambda$).

23.3.1. Kurze *Yagi*-Antennen für 2 m

Bereits bei einer 3-Element-*Yagi*-Antenne kann der Maximalgewinn mit einer unübersehbaren Fülle von Bemessungskombinationen erreicht werden. Diese Vielfalt wird eingegrenzt, wenn ein bestimmter Eingangswiderstand gefordert ist. Aufschlußreiche Untersuchungen zu solchen Variationsmöglichkeiten beim Bemessen wurden von *OK1VR* durchgeführt und in [15] beschrieben. Die von ihm erarbeiteten Diagramme in Bild 23.11 lassen die Zusammenhänge sehr anschaulich erkennen. Untersuchungsobjekt war eine 3-Element-*Yagi* mit konstantem Reflektorabstand von $0,25\lambda$ bei wechselnden Direktorlängen und -abständen (Elementdurchmesser $d/\lambda = 0,005$, entspricht $d = 10\,\text{mm}$ für 145 MHz). Der theoretische Maximalgewinn von 6,8 dBd ist in der Darstellung nach Bild 23.11a kein Punkt, sondern er erfaßt den Bereich eines möglichen Direktorabstandes zwischen 0,15 und $0,25\lambda$ unter der Voraussetzung, daß die Direktorlänge jeweils wieder optimal eingestellt wird. Das Gewinnmaximum ist somit nicht scharf ausgeprägt und kann durch eine ganze Reihe von Konstruktionen erzielt werden. Den Verlauf des Eingangswiderstandes der gleichen Anordnung zeigt Bild 23.11b (gespeistes Element ist ein gestreckter Dipol).

Daraus wird klar, daß mit dieser Grundkonzeption beim Einstellen für Maximalgewinn der Speisepunktwiderstand relativ niedrige Werte annimmt. Auch bei kurzen *Yagis* muß man also den Faltdipol als gespeistes Element einsetzen, weil dann günstigere Anpassungsverhältnisse erreicht werden.

Nachfolgend werden Bemessungsangaben und die ungefähren Kenndaten für eine Reihe von praktisch erprobten *Yagi*-Antennen aufgeführt. Sie sind sämtlich für eine Resonanzfrequenz von 145 MHz (Mitte des 2-m-Amateurbandes) bemessen. Die Punkte des Spannungsminimums, an denen man die Elemente erden darf, sind in den Aufbauschemen gekennzeichnet. Wenn nicht anders vorgeschrieben, werden die Elemente ohne isolierende Zwischenlage direkt auf dem metallischen Antennenträger befestigt, dessen Durchmesser zwischen 15 und 30 mm betragen darf.

402

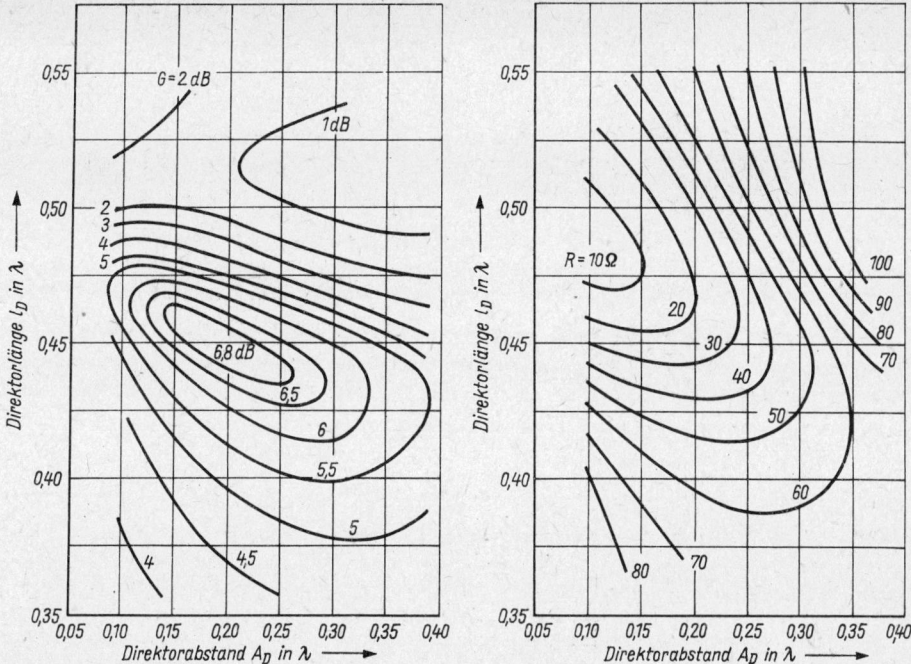

Bild 23.11
Die Abhängigkeit des Gewinns und des Eingangswiderstands von Abstand A_D und Länge l_D des Direktors. Reflektor-abstand konstant $0{,}25\,\lambda$, Schlankheitsgrad der Elemente $d/\lambda = 0{,}005$ (nach [15]); a – Gewinn in Abhängigkeit von Direktorlänge l_D und Direktorabstand A_D, bezogen auf λ, b – Eingangswiderstand in Abhängigkeit von Direktorlänge l_D und Direktorabstand A_D, bezogen auf λ

23.3.1.1. 3-Element-Antennen

Die in Bild 23.12 schematisch dargestellte 3-Element-*Yagi*-Antenne zeichnet sich durch einen großen Frequenzbereich aus.

Sie hat einen Eingangswiderstand von annähernd $240\,\Omega$ und kann deshalb über eine handelsübliche UKW-Bandleitung direkt gespeist werden. Koaxialkabel läßt sich über eine Halbwellenumwegleitung oder einen industriell hergestellten Symmetrieübertrager anschließen.

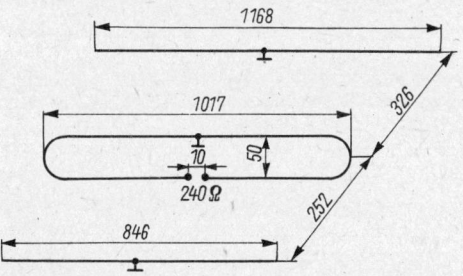

Bild 23.12
Schema einer 3-Element-*Yagi*-Antenne mit großer Bandbreite

Mechanische und elektrische Angaben
Elementdurchmesser $5 \ldots 10$ mm
Eingangswiderstand $240\,\Omega$
Antennenlänge 580 mm $\triangleq \lambda/4$
Gewinn etwa 5 dBd
Rückdämpfung etwa 14 dB
Horizontale Halbwertsbreite $\alpha_E \approx 70°$
Vertikale Halbwertsbreite $\alpha_H \approx 110°$
(bezogen auf horizontale Polarisation)

Eine 3-Element-*Yagi*-Antenne in Schmalbandausführung, die für optimalen Gewinn bemessen ist, zeigt Bild 23.13. Der Eingangswiderstand beträgt bei Verwendung eines einfachen Faltdipols etwa $70\,\Omega$ symmetrisch. Ein Koaxialkabel kann über ein Symmetrierglied angeschlossen werden (siehe Abschnitt 7.). Der Eingangswiderstand des Systems läßt sich auf $240\,\Omega$ symmetrisch erhöhen, wenn der Faltdipol nach Bild 23.13b mit verschiedenen Elementdurchmessern ausgeführt wird.

Mechanische und elektrische Angaben
Elementdurchmesser $5 \ldots 8$ mm
Eingangswiderstand $70\,\Omega$ bzw. $240\,\Omega$
Antennenlänge 830 mm $\triangleq 0{,}4\,\lambda$

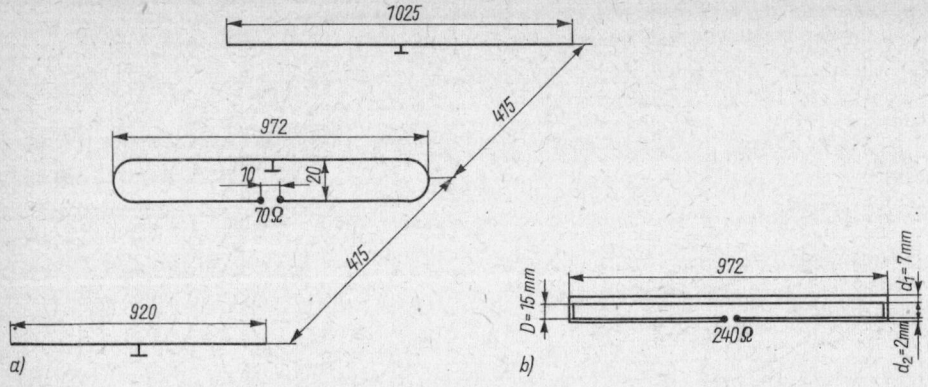

Bild 23.13
3-Element-*Yagi*-Antenne mit geringer Bandbreite und hohem Gewinn; a – Aufbauschema, Eingangswiderstand 70 Ω, b – Ausführung des gespeisten Elementes für einen Eingangswiderstand von 240 Ω

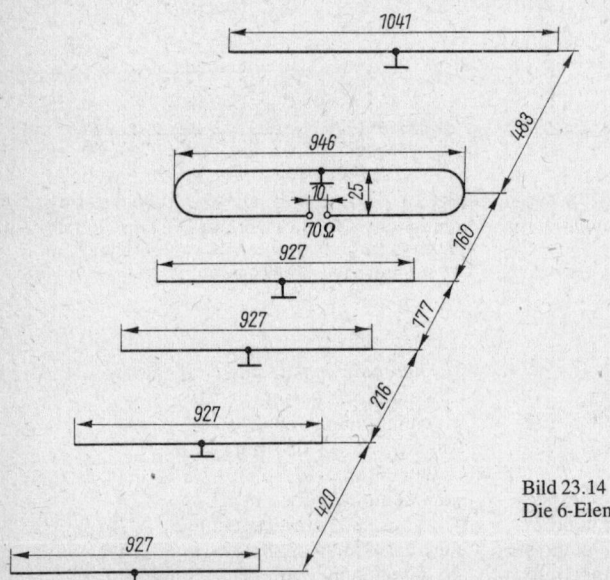

Bild 23.14
Die 6-Element-*Yagi*-Antenne

Gewinn etwa 6 dBd
Rückdämpfung etwa 15 dB
Horizontale Halbwertsbreite $\alpha_E \approx 65°$
Vertikale Halbwertsbreite $\alpha_H \approx 95°$
(bezogen auf horizontale Polarisation)

23.3.1.2. Die 6-Element-*Yagi*-Antenne

Die 6-Element-*Yagi* nach Bild 23.14 stellt eine Schmalbandausführung mit hohem Antennengewinn dar. Schmalbandausführung bedeutet in diesem Fall, daß der Frequenzbereich der Antenne das gesamte 2-m-Band erfaßt, aber nicht wesentlich darüber hinausgeht, wie das z. B. bei der 3-Element-Antenne nach Bild 23.12 der Fall

ist. Der Eingangswiderstand der 6-Element-*Yagi* beträgt 70 Ω. Er kann auf 240 Ω erhöht werden, wenn der gespeiste Faltdipol nach Bild 23.13b ausgeführt wird, wobei zu berücksichtigen ist, daß die Elementlänge nur 946 mm beträgt.

Mechanische und elektrische Angaben
Elementdurchmesser 6 ... 8 mm
Eingangswiderstand 70 Ω bzw. 240 Ω
Antennenlänge etwa 1500 mm ≙ 0,73 λ
Gewinn etwa 8,5 dBd
Rückdämpfung etwa 17 dB
Horizontale Halbwertsbreite $\alpha_E \approx 55°$
Vertikale Halbwertsbreite $\alpha_H \approx 70°$
(bezogen auf horizontale Polarisation)

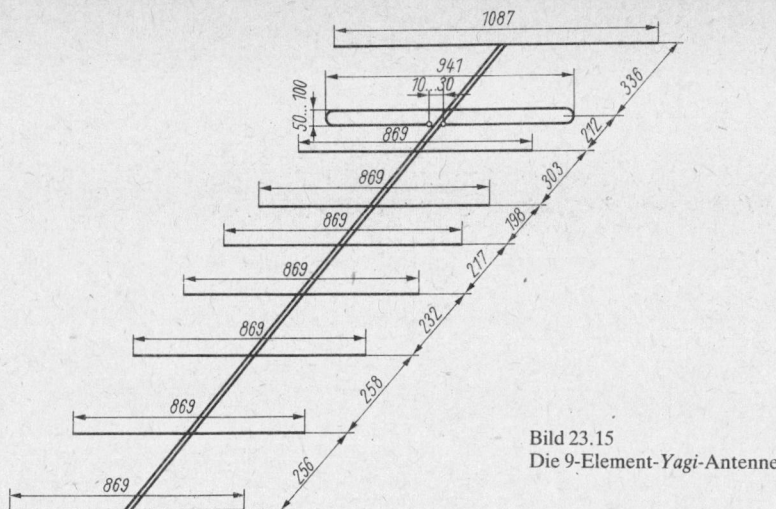

Bild 23.15
Die 9-Element-*Yagi*-Antenne

23.3.1.3. Die 9-Element-*Yagi*-Antenne

Mit einer Antennenlänge von 1 λ bringt die 9-Element-*Yagi*-Antenne einen Gewinn von etwa 10 dBd (Bild 23.15). Es handelt sich ebenfalls um eine Schmalbandausführung, die so bemessen ist, daß der Bereich 144 ... 146 MHz mit konstantem Gewinn überdeckt wird.

Der Eingangswiderstand beträgt 240 Ω. Ein Koaxialkabel schließt man zweckmäßig über eine Halbwellen-Umwegleitung (siehe Abschnitt 7.5.) an. Wird der gespeiste Faltdipol durch einen gleich langen gestreckten Dipol ersetzt, beträgt der Eingangswiderstand 60 Ω symmetrisch.

Mechanische und elektrische Angaben
Elementdurchmesser 8 ... 18 mm
Eingangswiderstand 240 Ω bzw. 60 Ω
Antennenlänge 2012 mm ≈ 1 λ
Gewinn etwa 10 dBd
Rückdämpfung etwa 15 dB
Horizontale Halbwertsbreite $\alpha_E \approx 48°$
Vertikale Halbwertsbreite $\alpha_H \approx 58°$
(bezogen auf horizontale Polarisation)

23.3.2. Kurze *Yagi*-Antennen für 70 cm

Im UHF-Bereich steigen die frequenzabhängigen Verluste stark an. Der Einsatz von Isolatoren – auch hochwertigen – sollte nach Möglichkeit umgangen werden; Luft ist immer noch der verlustärmste Isolator für diese Zwecke. Die Speiseleitung bemesse man so kurz wie möglich! UKW-Bandleitung kann bestenfalls beim vorübergehenden Portable-Betrieb als kurze «Schönwetterleitung» befürwortet werden. Für

stationäre Anlagen kommt nur bestes Koaxialkabel in Frage (möglichst mit luftraumreichem Dielektrikum).

Beim mechanischen Aufbau von UHF-Antennen ist besonders darauf zu achten, daß keine Feldverzerrungen auftreten. Sie können durch unzweckmäßig montierte Metallteile entstehen. Insbesondere trifft das für den Antennenmast zu. Er darf nicht zwischen Elementen hindurchragen und auch nicht seitlich versetzt zum Elementeträger stehen. Die zu beachtenden Besonderheiten sind in Abschnitt 23.2.2. ausführlicher beschrieben. 70-cm-Yagis werden meistens in Ganzmetallbauweise hergestellt. Das ist bei den nachstehend angeführten Bemessungsangaben berücksichtigt. Wenn nicht anders angegeben, kann der Durchmesser des Antennenträgers zwischen 15 und 25 mm betragen.

23.3.2.1. 4-Element-Breitband-*Yagi*-Antenne

Innerhalb eines Frequenzbereiches von etwa 400 ... 470 MHz ist die 4-Element-*Yagi* nach

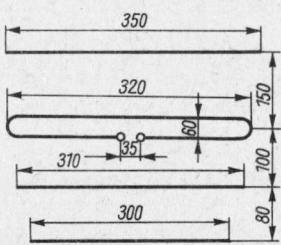

Bild 23.16
4-Element-Breitband-*Yagi* für 435 MHz

Bild 23.16 brauchbar. Sie sollte über eine Halbwellenumwegleitung (siehe Abschnitt 7.5.) mit
Koaxialkabel gespeist werden. Verwendet man
zum Herstellen dieser Umwegleitung das übliche
Koaxialkabel mit dem Verkürzungsfaktor 0,66,
dann beträgt die geometrische Länge der Leitung
228 mm. Benutzt man dagegen besonders verlustarmes Koaxialkabel mit luftraumreichem ge-
schäumtem Dielektrikum (jedoch feuchtigkeits-
empfindlich), liegt der Verkürzungsfaktor bei
etwa 0,77, und die geometrische Länge der Umwegleitung muß mit 266 mm bemessen werden.
Eine Einengung der Frequenzbandbreite durch
die Umwegleitung ist in diesem Frequenzbereich
nicht zu befürchten.

Mechanische und elektrische Angaben
Elementdurchmesser 4 ... 8 mm
Antennenträger: Metall, 15 ... 25 mm Durch-
messer
Antennenlänge 355 mm $\triangleq$ 0,48λ
Eingangswiderstand etwa 240 Ω symmetrisch
Gewinn etwa 6,5 dBd
Rückdämpfung etwa 14 dB
Horizontale Halbwertsbreite $\alpha_E \approx 60°$
Vertikale Halbwertsbreite $\alpha_H \approx 100°$

23.3.2.2. 6-Element-*Yagi*-Antenne

Diese 6-Element-Antenne kann als der Übergang zur Lang-*Yagi*-Bauweise betrachtet werden. Aufwand und Leistung stehen in einem sehr
günstigen Verhältnis. Für stationären Betrieb
sollte sie über Koaxialkabel gespeist werden. Zu
diesem Zweck muß eine Halbwellenumwegleitung an den Eingang angeschlossen werden
(siehe Abschnitt 23.3.2.1.). Das Bemessungsschema zeigt Bild 23.17.

Mechanische und elektrische Angaben
Elementdurchmesser 6 ... 10 mm
Antennenträger: Metall, 15 ... 25 mm Durch-
messer
Antennenlänge 590 mm $\triangleq$ 0,85λ
Eingangswiderstand etwa 240 Ω symmetrisch

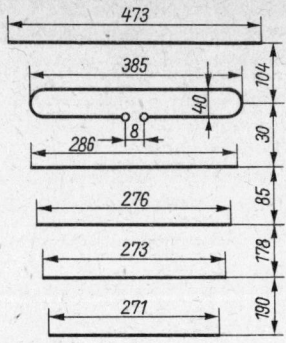

Bild 23.17
6-Element-*Yagi*-für das 70-cm-Band

Gewinn etwa 9 dBd
Rückdämpfung etwa 15 dB
Horizontale Halbwertsbreite $\alpha_E \approx 50°$
Vertikale Halbwertsbreite $\alpha_H \approx 63°$

23.3.3. Lange *Yagi*-Antennen für 2 m

Lange *Yagi*-Antennen teilt man ihrer Struktur
nach zweckmäßig in 3 Wirkungszonen (Bild
23.18) auf und unterscheidet zwischen dem *Erregerzentrum,* der *Übergangszone* und dem *Wellenleitersystem.*
  Im Erreger- oder Strahlungszentrum befindet
sich immer der gespeiste Dipol; ihm werden
außerdem noch vorhandene Reflektoren zugeordnet und gegebenenfalls Elemente, die die
Bandbreite des Strahlungszentrums vergrößern
sollen (sogenannte Kompensationselemente).
Von der Ausbildung des Erregerzentrums werden Frequenzbereich und Eingangswiderstand
einer Lang-*Yagi* im wesentlichen bestimmt.
  Die an das Strahlungszentrum anschließende
Übergangszone besteht aus einem oder mehreren Direktoren. Sie haben die Aufgabe, die
Strahlung des Erregerzentrums optimal an das
folgende Wellenleitersystem anzukoppeln. Die
Abstands- und Längeneinstellung des 1. Direktors in der Übergangszone ist kritisch.

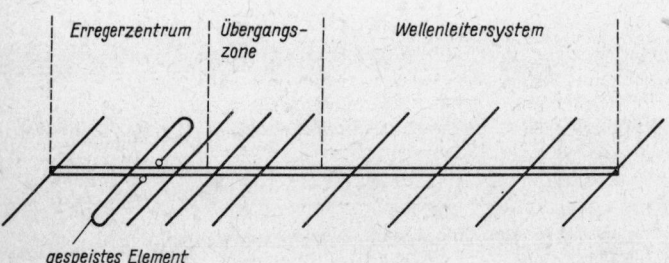

Bild 23.18
Die Aufteilung der Wirkungszonen
in einem Lang-*Yagi*-System

Das aus einer Direktorreihe bestehende Wellenleitersystem bestimmt hauptsächlich die Strahlungseigenschaften von langen *Yagi*-Antennen. Durch das Hinzufügen auch von umfangreichen Wellenleitersystemen werden der Eingangswiderstand und der Frequenzbereich des Erregerzentrums nur wenig verändert. Die Belegung der festgelegten Antennenlängsstruktur mit relativ wenigen Direktoren im Wellenleitersystem ermöglicht leichte und materialsparende Konstruktion; trotzdem kann man mindestens den gleichen Gewinn erzielen wie bei normaler Belegungsdichte mit Elementen. Die Direktorabstände im Wellenleitersystem können bis etwa 0,4λ betragen. Vergrößert man die Abstände weiter, tritt ein rapider Gewinnabfall ein. Besonders kritisch ist das Einstellen der optimalen Kopplung in der Übergangszone. Beim Nachbau müssen deshalb alle angegebenen Abmessungen und Abstände genau eingehalten werden.

23.3.3.1. Die 6-Element-Lang-*Yagi*-Antenne nach *Y2 3RD*

Diese Konstruktion ist eine Weiterentwicklung der von *DM 2 BUO* und *DM 3 BWO* in [11] beschriebenen 5-Element-Lang-*Yagi* mit optimalem Gewinn. Durch Hinzufügen eines Reflektors konnte der Gewinn um mehr als 1 dB gesteigert und die Rückdämpfung verbessert werden. Ferner wurden das gespeiste Element und die Anpassung verändert. In Bild 23.19 sind die von *Y2 3RD* (ex *DM 2 BUO*, ex *DM 2 CRD*) ermittel-

ten neuen Abmessungen angegeben. Diese verbesserte Antenne wird im Rahmen einer Artikelserie in [16] sehr ausführlich beschrieben.

Beim Bemessen und Konstruieren wurde auf eine für diese Antennenlänge gewinnoptimierte Konfiguration Wert gelegt. Dies ist hervorragend gelungen, denn mit einem Gewinn >11 dBd bei einer Antennenlänge von 1,28λ erreicht diese Antenne fast den theoretisch möglichen Maximalgewinn [10].

Mechanische und elektrische Angaben
Elementdurchmesser 8 mm (6, 10 oder 12 mm möglich)
Trägerrohr Leichtmetall, quadratisches Profil 22 mm × 22 mm × 1,2 mm
Antennenlänge 2625 mm ≙ 1,28λ
Eingangswiderstand 75 Ω
Gewinn 11 dBd
Rückdämpfung 15 dB
Horizontale Halbwertsbreite $\alpha_E \approx 39°$
Vertikale Halbwertsbreite $\alpha_H \approx 45°$

Den Musteraufbau dieser Antenne zeigt Bild 23.20. Das wesentliche Merkmal ist die leichte, unkomplizierte Nachbaumöglichkeit mit standardisierten und handelsüblichen Halbzeugen. Die mehrfach kontrollierten Strahlungsdiagramme (E- und H-Ebene) liegen vor, ein Gruppenaufbau zum Erhöhen des Gewinns kann leicht erreicht werden. Der Eingangswiderstand von 75 Ω erlaubt eine beliebige Zusammenschaltung mit handelsüblichen Mitteln und den Möglichkeiten des Amateurs.

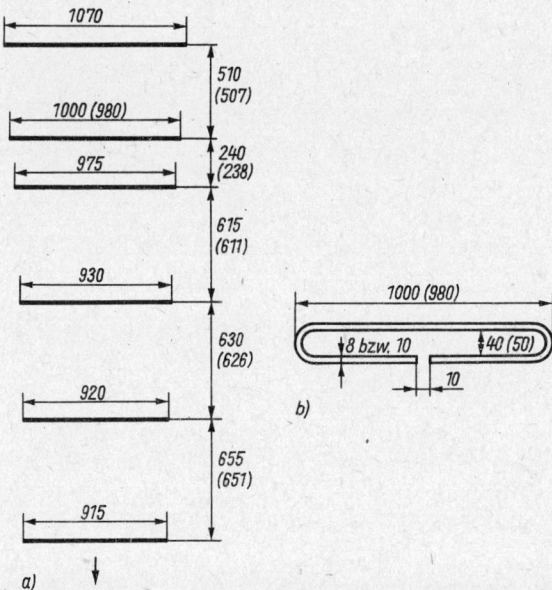

Bild 23.19
Aufbauschema der 6-Element-Lang-*Yagi* nach *Y2 3RD*; a – Grundstruktur, b – Teilzeichnung gespeistes Element (Bedeutung der Klammerwerte siehe Text)

Bild 23.20
Musteraufbau der 6-Element-Lang-*Yagi* nach *Y2 3RD*

der Antennenträger mit quadratischem Querschnitt von 22 mm × 22 mm von den Elementen durchdrungen wird (siehe Bild 23.8 b). Werden die Elemente gemäß Bild 23.8 a auf dem Träger befestigt, müssen sie um 3 mm verkürzt werden. Weitere Längenkorrekturen sind notwendig, wenn man andere Elementdurchmesser verwenden will. In Tabelle 23.3. werden die auf die Grundstruktur in Bild 23.19 a bezogenen Korrekturen aufgeführt. Der Faltdipol (Bild 23.19 a) wird isoliert oder leitend auf das Trägerrohr aufgesetzt. Er ist wegen seiner Breitbandigkeit für alle konstruktiven Varianten ohne Längenveränderung verwendbar. Lediglich sein Leiterabstand (Innenmaß) hat Einfluß auf die Länge.

Von *Y2 3RD* wurden verschiedene Möglichkeiten der Befestigung der Parasitärelemente auf dem Antennenträger erprobt. Als sehr brauchbar und leicht herstellbar hat sich die Klemmbügelbefestigung nach *Y2 6RO* erwiesen, die in Bild 23.21 links dargestellt wird. Nicht zu erkennen ist ein Gewindeloch im Unterteil des Klemmbügels, welches eine Schraube aufnimmt. Beim Eindrehen dieser Schraube wird der Klemmbügel nach unten gezogen, wobei sich das Element unverrückbar fest an den Antennenträger anpreßt. In Bild 23.21 rechts ist eine industriell hergestellte Krallenbefestigung zu sehen, wie sie bei Fernsehantennen verwendet wird. Sie ist für Amateurzwecke weniger zu empfehlen, weil sich die Elemente im Lauf der Zeit schief stellen können, außerdem muß man dann mit einer schlechten Kontaktgabe rechnen. Etwas mühevoll herzustellen, aber dafür elektrisch und mechanisch einwandfrei ist die in Bild 23.21 (Mitte) dargestellte Durchdringung des Trägers, die von *Y2 3RD* praktiziert wird. Die Aufnahmelöcher sind 1 mm größer als der Elementdurchmesser zu bohren. In der Mitte der Elemente werden dünne Stoffbandagen angebracht (z. B. Lenkerband) und die Elemente mit sanftem Druck durch die Löcher gedreht. Eine stramme Schnürbandage (Kreuzwinkel) und anschließendes Verkleben der gesamten Verbindungsstelle mit Epoxidharz oder anderen Kunststoffklebern sorgen für gute Festigkeit. Damit das Stoffband nicht verrottet, sollte

Die Klammerwerte in Bild 23.19 a beziehen sich auf den gewünschten Arbeitsbereich der Antenne, in dem das Gewinnoptimum auftreten soll. Die Grundstruktur ist so bemessen, daß größter Gewinn und zwangsläufig beste Anpassung bei 144,5 MHz auftreten (CW- und SSB-Teil). Bei dieser Dimensionierung blättert am hochfrequenten Bandende bereits das H-Diagramm auf, und die Welligkeit steigt an. Man kann nun die Antennenresonanz um etwa 500 kHz erhöhen, wenn alle Parasitärelemente um 3 mm gekürzt werden, wobei dann für die Elementabstände die Klammerwerte anzuwenden sind.

Die Klammerwerte des Faltdipols in Bild 23.19 b haben nichts mit der Resonanz zu tun, sie beziehen sich auf die Schleifenlänge in Abhängigkeit vom Schleifenleiterabstand (lichtes Innenmaß): Für 40 mm Abstand beträgt die Schleifenlänge 1000 mm, sie vermindert sich bei 50 mm Abstand auf 980 mm.

Die Elementlängen der Grundstruktur sind für einen Arbeitsbereich von 143,5 ... 145,5 MHz bemessen. Dabei wird vorausgesetzt, daß der Elementdurchmesser $d = 8$ mm beträgt, wobei

Tabelle 23.3. **Längenkorrekturen der Elemente, bezogen auf die Grundstruktur nach Bild 23.19 a, abhängig von Arbeitsbereich, Elementdurchmesser und Befestigungsart**

Befestigungsart:	Element durchdringt den Träger (Bild 23.8 b)				Element auf dem Träger (Bild 23.8 a)			
Elementdurchmesser d in mm Arbeitsbereiche	6	8	10	12	6	8	10	12
143,5 ... 145,5 MHz	+5	0	−7	−14	+2	−3	−10	−17
144,0 ... 146,0 MHz	+2	−3	−10	−17	−1	−6	−13	−20

das Trägerrohr auch von innen imprägniert werden. Bei allen Befestigungsarten ist darauf zu achten, daß Elementmitte und Trägermitte gleich sind.

Im einfachsten Fall wird beim Installieren einer Einzelantenne das 75-Ω-Kabel mit dem Innen- und Außenleiter direkt an den Faltdipol angeschlossen. Nach 0,5 m kann man es mit einem Metallband oder Klebeband am Antennenträger befestigen, damit es sich im Wind nicht bewegt und lockert oder abbricht. Die Ableitung kann beliebig lang sein. Den Außenleiter verbindet man erst am Stationsempfänger mit dem gemeinsamen Massepunkt bzw. der Erde. Das gilt auch dann, wenn der Faltdipol mit dem Antennenträger leitend verbunden wird.

Das nur bei Funkamateuren praktizierte Verfahren, eine symmetrische Antenne ohne Symmetriewandler direkt an ein unsymmetrisches Koaxialkabel anzuschließen, erregt immer wieder das Kopfschütteln der Fachleute. Im vorliegenden Fall wurde durch Messungen nachgewiesen, daß die Antenne wohl etwas unsymmetrisch reagierte und Mantelwellen nur im Abstand bis etwa λ/2 erkennbar auftraten. Auch im Strahlungsdiagramm war keine augenfällige Unsymmetrie zu bemerken. Die Anpassung kann für Amateurverhältnisse als genügend bezeichnet werden. Bei Gruppenaufbauten sollte man jedoch auf einen Symmetriewandler nicht verzichten. Innerhalb des Arbeitsbereiches ist die Welligkeit $s \leqq 1,25$.

Bild 23.21
Befestigungsmöglichkeiten für Parasitärelemente; links: Klemmbügelbefestigung nach Y2 6RO, Mitte: isolierte Durchdringung und Festlegung mit Kreuzwickel, rechts: handelsüblicher Elementhalter (Krallenbefestigung)

Bild 23.22 zeigt die Horizontal- und Vertikaldiagramme der Antenne im Arbeitsbereich 143,5 ... 145,5 MHz. Die nahezu idealen E-Diagramme sind im Bereich 143,5 ... 144,5 MHz fast deckungsgleich. Wird der Reflektor entfernt, erkennt man, daß durch die Wellenleiterstruktur bereits eine gute Verbündelung erzeugt wird (punktierte Kurve in Bild 23.22a). Auch bei der oberen Eckfrequenz 145,5 MHz ist am Horizontaldiagramm kaum etwas auszusetzen (Bild 23.22c). Im Vertikaldiagramm Bild 23.22b werden trotz der geringfügigen Frequenzänderung bereits kleine Unterschiede erkennbar. Das Vertikaldiagramm bei 145,5 MHz (Bild 23.22d) zeigt deutlich, daß die obere Frequenzgrenze erreicht ist. Die Hauptstrahlungskeule wird an der Wurzel breiter, und das Rückwärtsdiagramm erfährt eine Schwalbenschwanzentwicklung. Wenn die Antenne für einen Arbeitsbereich von 144 ... 145 MHz bemessen wird, bleiben die Diagramme die gleichen, die obere Grenzfrequenz ist nur um 500 kHz nach höheren Frequenzen hin verschoben, das heißt, daß z.B. die Diagramme für die Meßfrequenz 145 MHz nun für 146 MHz gültig sind.

Sollte sich beim «Einmessen» der Antenne ergeben, daß die Welligkeit über 1,3 ansteigt, das Rückwärtsdiagramm keine Keule ist, sondern sich verbreitert oder als «Schwalbenschwanz» aufspaltet (siehe Bild 23.22d) oder seitlich neben der Hauptkeule Nebenzipfel entstehen, die den Wert 0,1 übersteigen (20 dB, etwa 3 S-Stufen), dann ist die Antenne für den gewählten Frequenzbereich elektrisch zu lang. Dies kann, bedingt durch geringfügige mechanische Einflüsse beim Aufbau, durchaus vorkommen. Vorausgesetzt, alle anderen Abmessungen sind in Ordnung, kürzt man in solchen Fällen alle Elemente symmetrisch um insgesamt 3 ... 6 mm und kontrolliert noch einmal. Die Länge des Faltdipols wird nicht verändert!

Da diese Antenne hervorragende Eigenschaften hat, auf maximal möglichen Gewinn optimiert ist und sich auf Grund präziser Angaben auch durch große Nachbausicherheit auszeichnet, wird auf die Beschreibung weiterer Lang-*Ya*-*gis* dieser Längenklasse verzichtet. Die *Y2 3RD* ist auch vorzüglich zur Gruppenbildung geeignet (siehe Abschnitt 24.2.). Die gesicherten Daten ermöglichen die problemlose Zusammenstellung auch größerer Antennengruppen mit optimalen Stockungsabständen.

23.3.3.2. Die Lang-*Yagi*-Serie von *DL 6 WU*

Als ein Ergebnis der von ihm durchgeführten und in [8], [9] und [10] veröffentlichten Untersuchungen entwickelte *DL 6 WU* eine optimierte inho-

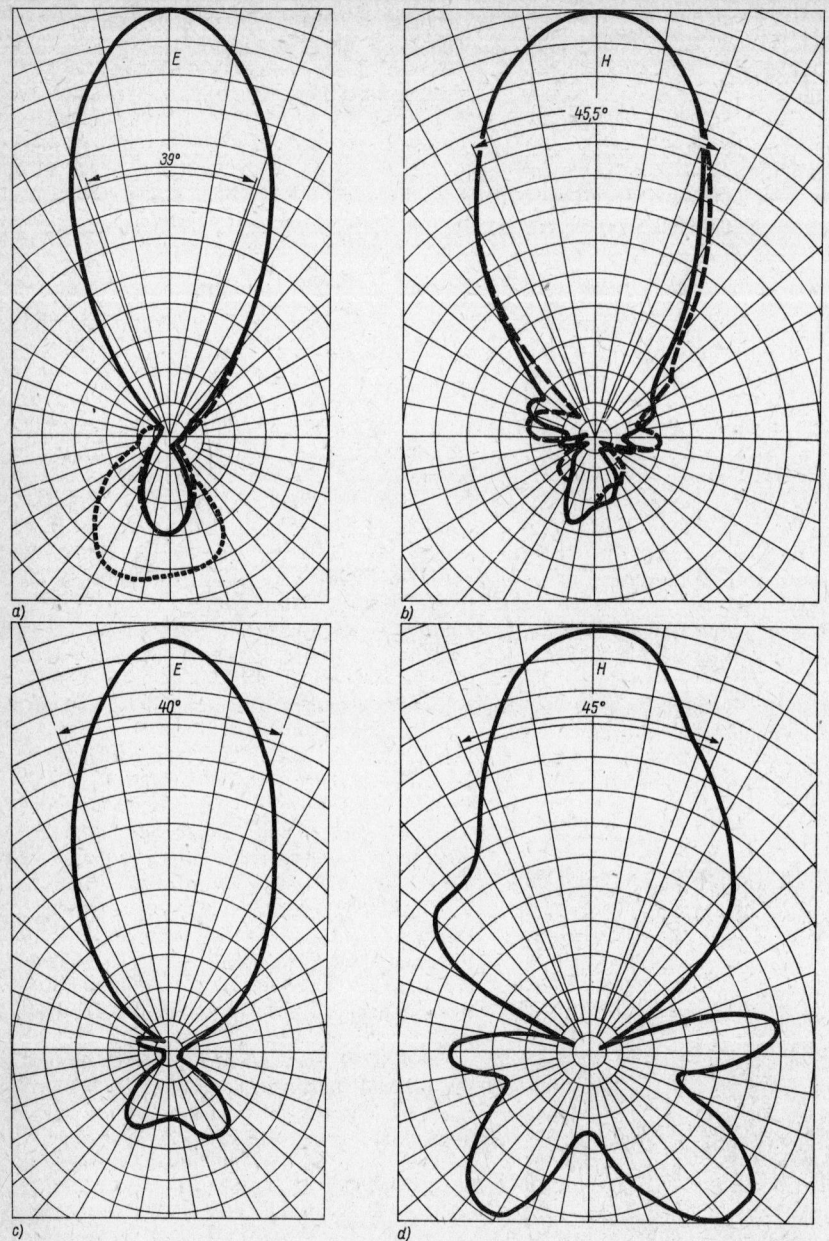

a)　　　　　　b)

c)　　　　　　d)

Bild 23.22
Strahlungsdiagramme der 6-Element-Lang-*Yagi* für den Arbeitsbereich 143,5 ... 145,5 MHz; a – E-Diagramm, Kurve ausgezogen ≙ 144,5 MHz, Kurve gestrichelt ≙ 143,5 MHz, Kurve punktiert ≙ 145,5 MHz ohne Reflektor, b – H-Diagramm, Kurve ausgezogen ≙ 144,5 MHz, Kurve gestrichelt ≙143,5 MHz, c – E-Diagramm 145,5 MHz, d – H-Diagramm 145,5 MHz

mogene Lang-*Yagi*-Struktur, die den großen Vorzug hat, daß man sie durch Wegnahme der vordersten Direktoren nach Bedarf verkürzen kann. Diese Veränderung im Wellenleitersystem hat keinen spürbaren Einfluß auf das Strahlungs-zentrum, die Anpassung ist nur wenig verändert, und die Wellenleiterstruktur bleibt optimiert. Entsprechend der gewählten Antennenlänge stellen sich die Strahlungsdiagramme und der Gewinn ein. Exakte Meßwerte und Diagramme

Tabelle 23.4.
Die Abmessungen der 14-Element-Lang-Yagi
nach Bild 23.23

Längen in mm		Abstände in mm	
Reflektor R	1032	A_R	390
Strahler S	980	–	
Direktoren D_1	935	A_1	165
D_2	930	A_2	375
D_3	925	A_3	450
D_4	920	A_4	525
D_5	910	A_5	585
D_6	900	A_6	630
D_7	890	A_7	660
D_8	885 (880)	A_8	690 (10 Elemente)
D_9	880	A_9	720
D_{10}	875	A_{10}	750
D_{11}	870 (855)	A_{11}	780 (13 Elemente)
D_{12}	855	A_{12}	750 (14 Elemente)

Anmerkung: Die Längen der Parasitärelemente sind um 5 mm zu kürzen, wenn sie isoliert mit 4 mm Abstand *auf* dem Trägerrohr befestigt werden (z. B. Bild 22.7 a).

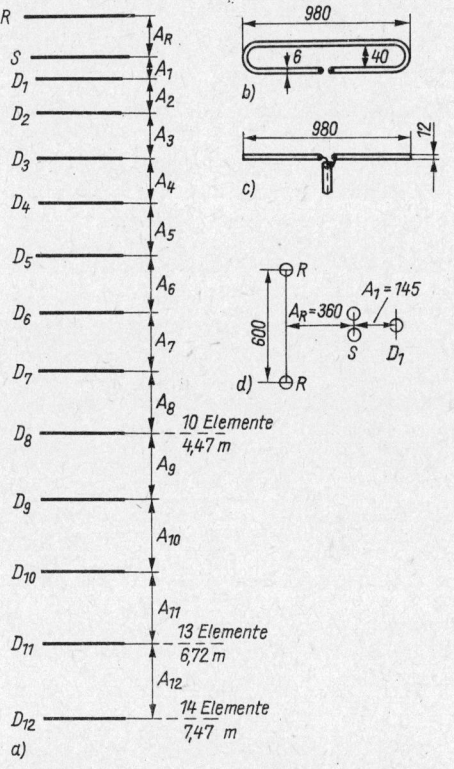

Bild 23.23
Bemessungsschema für die Lang-*Yagi*-Serie von *DL 6 WU*; a – Aufbauschema, b – Detailzeichnung Faltdipol, c – Detailzeichnung gestreckter Dipol, d – Anordnung und Bemessung für Doppelreflektor

liegen vor, sie wurden an professionellen Meßplätzen ermittelt.

Die längste Ausführung ist eine «Super-*Yagi*» mit 14 Elementen bei einer Boomlänge von 7,47 m (entspricht $3,63\lambda$). Diese Länge stellt nur eine annähernde Begrenzung der mechanischen Darstellbarkeit für eine 2-m-Antenne dar. Wie *DL 6 WU* in [17] nachweist, kann man inhomogene *Yagis* von extremer Länge entwickeln, bei denen ein kontinuierlicher Gewinnanstieg erreicht wird. Die oft zitierte Feststellung, daß der Gewinnanstieg mit wachsender Antennenlänge immer geringer wird und schließlich bei etwa 6λ Länge eine Sättigungsgrenze erreicht, trifft nur für homogene *Yagi*-Strukturen zu.

Bild 23.23 zeigt das Aufbauschema, die entsprechenden Abmessungen sind in Tabelle 23.4. aufgeführt.

Mechanische und elektrische Angaben
(s. a. Tabelle 23.5.)
Elementdurchmesser 6 mm
Durchmesser Trägerrohr 25 mm, kreisrund oder quadratförmig
Elementhalterung leitende Durchdringung des Trägers (z. B. Bild 23.8 b)
Eingangswiderstand $\approx 200\,\Omega$ symmetrisch
Rückdämpfung ≤ 22 dB

Ist das gespeiste Element ein Faltdipol nach Bild 23.23 b, beträgt der Eingangswiderstand bei allen Ausführungen $200\,\Omega$, so daß man über eine Halbwellen-Umwegleitung 4 : 1 nach Abschnitt 7.5. ein koaxiales Speisekabel symmetrie- und impedanzrichtig anschließen kann. Verwendet man als Strahler einen gestreckten Dipol nach Bild 23.23 c (gleiche Länge, jedoch 12 mm Elementdurchmesser), beträgt der Eingangswiderstand $50\,\Omega$ symmetrisch. In diesem Fall wird ein Symmetriewandler 1 : 1 erforderlich. Bewährt hat sich für diesen Zweck die sehr einfache *Tonna*-Speisung. Sie ist in Abschnitt 7.2.1. beschrieben (Bild 7.3). Bei ihr wird das Koaxialkabel direkt an den

Tabelle 23.5.
Meßwerte an der Lang-Yagi-Serie von *DL 6 WU*

Ausführung	10 Elemente	13 Elemente	14 Elemente
Antennenlänge in mm	4470	6720	7470
entspricht	$2,17\lambda$	$3,26\lambda$	$3,63\lambda$
Gewinn in dBd	11,5	13,1	13,5 ... 14
Halbwertsbreite in ° horizontal (α_E)	36	30,5	29,5
vertikal (α_H)	39	33	31

gestreckten Dipol angeschlossen und gleich zu einer U-förmigen Schleife mit der geometrischen Länge von $\lambda/4$ (517 mm) gebogen. Am Ende der $\lambda/4$-Strecke wird der Kabelaußenleiter freigelegt und elektrisch gut leitend mit dem Boom verbunden. Die Viertelwellenschleife arbeitet ähnlich wie ein Sperrtopf; die Kabelführung schafft $\lambda/4$ vom Speisepunkt entfernt eine Stoßstelle für Mantelwellen. Dieser einfache Symmetriewandler hat sich gut bewährt. Nachteil: Kabelaußenleiter wird freigelegt und muß deshalb vor Feuchtigkeitseinwirkung gut geschützt werden.

Zu beachten ist bei der 10-Element-Ausführung, daß der Direktor D_8 nur 880 mm lang wird; bei 13 Elementen muß D_{11} mit 855 mm Länge zugeschnitten werden (Klammerwerte Tabelle 23.4.).

Man kann auch alle Ausführungen mit einem Doppelreflektor bestücken, dabei erhöhen sich die Rückdämpfung und der Gewinn geringfügig. Für diesen Fall verringern sich die Abstände A_R auf 360 mm und A_1 auf 145 mm. Die Doppelreflektoren werden nach Bild 23.23 d angeordnet.

Sollte eine unzulässig große Welligkeit auf dem Speisekabel auftreten, obwohl alle Abmessungen korrekt eingehalten wurden, liegt der Fehler mit Sicherheit am gespeisten Element (manchmal auch an einem fehlbemessenen Balun-Glied, das man dann in Position und Länge korrigieren muß). An Lage und Länge der anderen Elemente soll in diesem Fall grundsätzlich nichts verändert werden.

Die Gewinnangaben wurden exakt ermittelt, es handelt sich um Mindestwerte, die mit Sicherheit erreicht werden.

Variante mit 7 Elementen
Diese 7-Element-Variante wurde aus der *DL 6 WU*-Serie abgeleitet. Sie ist sehr leicht und für den Portable-Betrieb besonders geeignet. Mit Ausnahme des gespeisten Dipols bestehen alle Elemente aus Aluminiumschweißdraht mit 4 mm Durchmesser. Bild 23.24 zeigt das Aufbauschema. Das gespeiste Element ist ein gestreckter Dipol, der nach Teilzeichnung 23.24 b potentialfrei unter dem Antennenträger montiert und über geteilte Kunststoff-Formstücke befestigt ist. Als Antennenträger wird ein quadratisches Leichtmetallprofilrohr mit den Kantenabmessungen 15 mm × 15 mm verwendet. Es kann auch das häufiger erhältliche Profil 16 mm × 16 mm eingesetzt werden; in diesem Fall müssen alle Direktoren und der Reflektor um 2 mm verlängert werden, und der Mittenabstand gespeistes Element – Antennenträger beträgt dann 16 mm. Das Koaxialkabel wird direkt an den aufgetrennten Dipol angeschlossen. Man benutzt wieder die *Tonna*-Einspeisung nach Abschnitt 7.2.1.

Der Reflektor und die Direktoren durchdringen den Antennenträger. Eine mechanisch und elektrisch sehr günstige Befestigungsmethode verwendet *Y2 3KK*. Wie Bild 23.24 c andeutet, werden dabei die Elemente in Aluminiumhohlnieten (einseitig mit Bund) von 4 mm Innen-

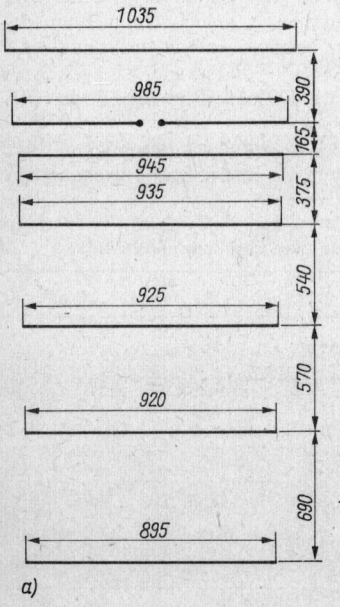

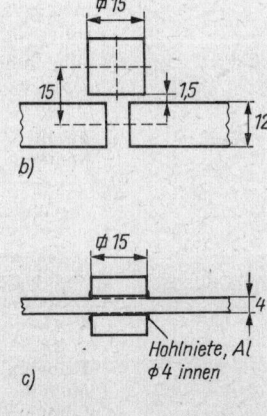

Bild 23.24
Der Aufbau der 7-Element-Lang-*Yagi*; a – Bemessungsschema, b – die Montage des gespeisten Elementes unter dem Boom, c – Vorschlag zur Elementbefestigung mittels Hohlnieten

durchmesser geführt. Nach dem Bördeln der Nieten haben die Elemente einen festen, elektrisch gut leitenden Halt im Antennenträger. Um die Nieten zu stauchen, braucht man allerdings ein entsprechendes Preßwerkzeug.

Mechanische und elektrische Angaben
Elementdurchmesser 4 mm (gespeistes Element 12 mm)
Elementhalterung als leitende Durchdringung des Trägers
Trägerrohr Leichtmetall, quadratisches Profil 15 mm × 15 mm oder 16 mm × 16 mm (s. Text)
Antennenlänge 2750 mm ≙ 1,32 λ
Eingangswiderstand 50 ... 75 Ω
Gewinn 10,2 dBd
Rückdämpfung 16 dB
Nebenzipfeldämpfung 22 dB
Horizontale Halbwertsbreite $\alpha_E \approx 44°$
Vertikale Halbwertsbreite $\alpha_H \approx 51°$

Die Anpassung wird durch Verschieben des gespeisten Elementes optimiert.

Die Antenne eignet sich auch gut zur Gruppenbildung. Um die horizontale Halbwertsbreite nicht einzuengen, bevorzugt man im allgemeinen die vertikale Stockung. Für diesen Betriebsfall ermittelte *Y2 3KK* den Stockungsabstand D_{opt} mit 2,3 m, ein Wert, der sich auch rechnerisch nach Gl. (24.2.) nachweisen läßt. Der Stockungsabstand *D* darf 1,9 m nicht unterschreiten und sollte nicht größer als 2,4 m sein. Die Ansicht einer gestockten 7-Element-*Yagi* von *Y2 3KK* zeigt Bild 23.25.

23.3.3.3. Die 10-Element-Lang-*Yagi*-Antenne nach *OK 1 DE*

In einigen Ländern ist die *OK 1 DE*-Lang-*Yagi*-Antenne verbreitet, und ihr Ruf als ausgezeichneter 2-m-Strahler wird von den Benutzern immer wieder bestätigt. Äußerlich kann man diese Antenne an ihrem Dreifachreflektor erkennen. Bild 23.26a zeigt das Aufbauschema; eine Schnittzeichnung des Erregerzentrums, aus dem vor allem die Konstruktion des Dreifachreflektors ersichtlich werden soll, ist in Bild 23.26b dargestellt. Die 3 Reflektoren haben eine einheitliche Länge von 1135 mm. Es wird ein kräftiger metallischer Antennenträger mit 28 mm Durchmesser verwendet, er bekommt an den entsprechenden Stellen Bohrungen zur Aufnahme der Elemente, welche aus 10-mm-Leichtmetallrohr bestehen. Sie sollen sich straff in den Bohrungen befinden, so daß ein guter elektrischer Kontakt mit dem Boom besteht, und es ist ratsam, die Elemente dort zusätz-

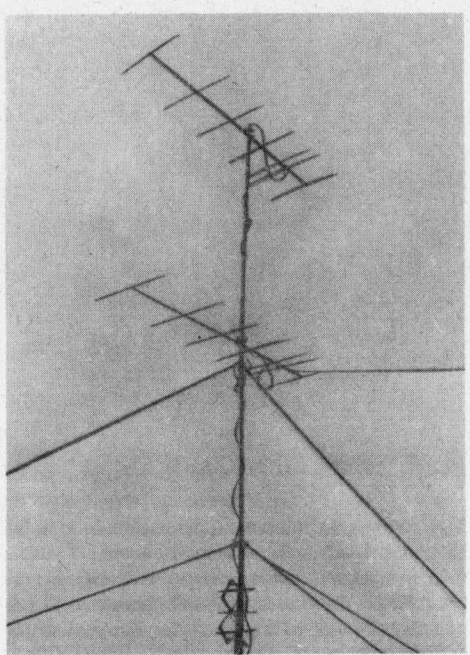

Bild 23.25
7-Element-Lang-*Yagi* gestockt (Foto *Y2 3KK*)

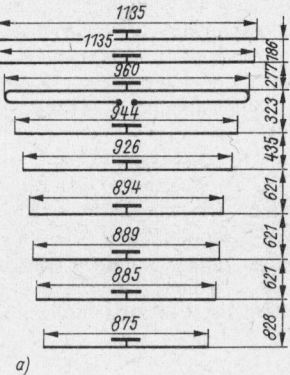

a)

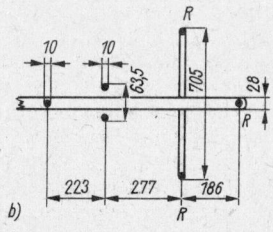

b)

Bild 23.26
Die 10-Element-Lang-*Yagi*-Antenne nach *OK 1 DE*;
a – Aufbauschema, b – Schnittansicht des Erregerzentrums mit Dreifachreflektor

lich zu fixieren. Das gespeiste Element ist ein 960 mm langer Faltdipol, der Außenabstand der Leiter beträgt 63,5 mm.

Mechanische und elektrische Angaben
Elementdurchmesser 10 mm
Durchmesser Trägerrohr 28 mm
Antennenlänge 3812 mm $\triangleq$ 1,84 λ
Eingangswiderstand 300 Ω
Gewinn etwa 12 dBd
Rückdämpfung etwa 14 dB
Horizontale Halbwertsbreite $\alpha_E \approx 38°$
Vertikale Halbwertsbreite $\alpha_H \approx 46°$

23.3.4. Lang-*Yagi*-Antennen für 70 cm

Unbestreitbar ist das 70-cm-Band die Domäne der Lang-*Yagi*-Antennen, und nicht ohne Grund werden auch im frequenzbenachbarten UHF-Fernsehbereich fast ausschließlich Lang-*Yagi*-Empfangsantennen verwendet. Heute kann man die meisten ihrer Bemessungsprobleme als gelöst betrachten, nachdem umfangreiche Untersuchungsarbeiten durchgeführt wurden und sich manche frühere Anschauung als ein Irrweg erwiesen hatte.

Aus den klassischen Messungen konnte man ableiten, daß der Gewinn langer *Yagis* mit zunehmender Antennenlänge eine Sättigungstendenz erfährt, die es als höchst unwirtschaftlich erscheinen läßt, größere Antennenlängen als etwa 4 λ zu verwenden. Dies trifft jedoch nur für homogene *Yagi*-Strukturen zu (gleichbleibende Direktorlängen und -abstände).

Wenn man für die Direktorreihe ein linear gestuftes Längenprofil anwendet, indem vom 1. Direktor beginnend jede folgende Direktorlänge um einen konstanten Betrag gekürzt wird, verbessert sich die Gewinnkurve, und die Bandbreite bleibt auch bei erheblichen Antennenlängen groß. Eine weitere Verbesserung ermöglicht der Übergang von der linear gestuften Direktorreihe zu einem logarithmischen Profil. Ausgehend von der Übergangszone (siehe Bilde 23.18), werden die Direktorlängen jeweils in gleichen Schritten entsprechend der gewählten Anfangssteigerung gekürzt. Dabei muß zwischen den Direktoren immer das gleiche Längenverhältnis bestehen. Es handelt sich hier um das gleiche Prinzip wie bei der Festlegung der gestuften Dipollängen einer logarithmisch periodischen Dipolantenne (siehe Abschnitt 26.6.). Mit dem logarithmischen Profil des Wellenleitersystems und optimierten Elementabständen kann man extrem lange *Yagis* konstruieren, die bis zu den größten Antennenlängen einen Gewinnanstieg von 2,35 dB/Oktave gewährleisten. Eine Verdoppelung der Antennenlänge bewirkt jeweils

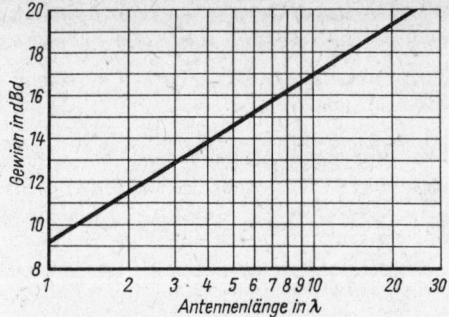

Bild 23.27
Der gemessene Gewinn optimierter *Yagi*-Antennen mit logarithmischem Profil des Wellenleitersystems in Abhängigkeit von der Antennenlänge in λ (nach *DL 6 WU*)

einen Gewinnzuwachs von 2,35 dB. Dies geht auch aus Bild 23.27 hervor. Das Diagramm wurde von *DL 6 WU* auf der Grundlage eigener Untersuchungen aufgestellt. Beim Vergleich mit Bild 23.5 (Kurve B) kann man feststellen, daß die praktisch erreichten Gewinne bis zu Antennenlängen von 7 λ nur wenig unter dem theoretischen Maximalgewinn liegen, wobei die Differenz mit wachsender Antennenlänge immer geringer wird.

Theorie und Praxis dieser extrem langen *Yagis* wurden in [17] ausführlich erläutert. Dabei stellte *DL 6 WU* fest, daß der Frequenzbereich auch bei sehr langen *Yagis* nicht auf unbrauchbare Werte absinkt. Eine untersuchte Antenne mit 18 λ Länge hatte ein -1-dB-Bandbreite von über 4 % (rund 17 MHz im 70-cm-Bereich).

Ist besonders hohe Rückdämpfung erforderlich (z. B. für EME), kann man die Reflektoranordnung verbessern, ohne daß sich an der Anpassung viel ändert. Im allgemeinen setzt man Vielfachreflektoren ein, in denen mehrere Reflektorelemente in einer Ebene senkrecht zum Antennenträger angeordnet werden. Die Länge der Mehrfachreflektoren soll etwas größer als die eines Einfachreflektors sein. Beim Zweifachreflektor beträgt der gegenseitige vertikale Abstand 0,3 λ, der Abstand der Reflektorebene zum gespeisten Element kann zwischen 0,15 und 0,20 λ schwanken. Beim Vierfachreflektor wird der gegenseitige Abstand auf 0,2 λ vermindert, die Länge der Reflektoren beträgt etwa 0,6 λ. Die gleiche Wirkung hat ein Flächenreflektor oder Metallgitter mit 0,6 λ Seitenlänge. Wenig bekannt ist ein von *K 2 RIW* vorgeschlagener Tandemreflektor. Hier wird ein zweiter, etwas verlängerter Reflektor in 0,5...0,6 λ Abstand hinter dem ersten angebracht. Bei allen genannten verbesserten Reflektoranordnungen wird neben der größeren Rückdämpfung ein Zusatzgewinn von maximal 0,2 dB erzielt.

23.3.4.1. Die 70-cm-Lang-*Yagi*-Serie von *DL 6 WU*

Mit der von *DL 6 WU* entwickelten Lang-*Yagi*-Serie erhält der Funkamateur exakte Unterlagen zum Bau von 70-cm-Lang-*Yagis* beliebiger Länge. Diese Serie ist nach modernsten Gesichtspunkten konstruiert. Ausgehend von einer Grundstruktur mit 7,2λ Länge und 23 Elementen, kann diese Antenne lediglich durch Wegnahme der vordersten Direktoren bis zu etwa 2λ Länge beliebig verkürzt werden. Das Aufbau- und Bemessungsschema zeigt Bild 23.28.

Die Abmessungen des Faltdipols sind unkritisch. Die Antenne läßt sich über eine Halbwellenumwegleitung mit Koaxialkabel speisen. Im Bedarfsfall kann der Faltdipol durch einen gestreckten Dipol gleicher Länge ersetzt werden, der Eingangswiderstand beträgt dann 50 Ω symmetrisch.

Soll ein Doppelreflektor eingesetzt werden, muß man die Reflektorabstände nach Bild 23.28c verändern. Die Reflektorlängen sind in diesem Fall auf 340 mm zu vergrößern. Der damit erreichbare Gewinnzuwachs kann maximal 0,2 dB betragen. Ein erkennbarer Einfluß von Reflektoren auf das Wellenleitersystem besteht nicht; dieses ist optimiert und darf keinesfalls verändert werden. Die Anpassung kann nur durch leichtes Variieren von Längen und Abständen im Bereich des Erregerzentrums (Dipol – Reflektor) verbessert werden.

Die in einer reflexionsfreien Trichterkammer gemessenen Richtdiagramme der 23-Element-Ausführung zeigt Bild 23.29. Sie lassen erkennen, daß es an dieser Antenne kaum noch etwas zu verbessern gibt.

Mechanische und elektrische Angaben
Elementdurchmesser 10 mm
Antennenträger: Leichtmetallrohr, quadratischer Querschnitt 20 mm × 20 mm
Elementhalterung: isoliert mit 4 mm Zwischenlage auf dem Boom
Eingangswiderstand etwa 200 Ω symmetrisch

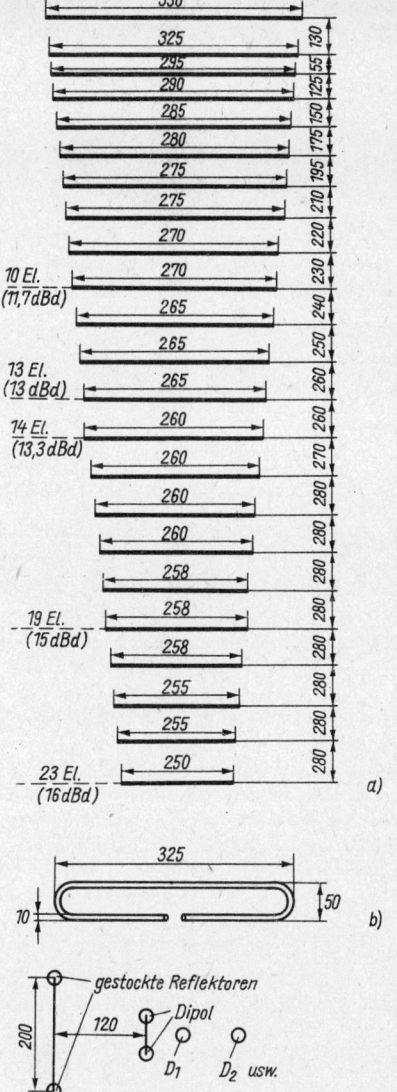

Bild 23.28
Die Lang-*Yagi*-Serie von *DL 6 WU*; a – Bemessungsschema für 70 cm, b – Teilzeichnung gespeistes Element, c – Änderungsschema für Doppelreflektor (Schnittzeichnung)

Ausführung:	10 Elemente	13 Elemente	14 Elemente	19 Elemente	23 Elemente
Länge in mm	1490	2240	2500	3890	5010
Länge in λ	2,15	3,22	3,6	5,6	7,2
Gewinn in dBd	11,7	13,0	13,3	15,0	16,0
Horizontale Halbwertsbreite α_E	37°	30,5°	30°	26,5°	24°
Vertikale Halbwertsbreite α_H	41°	33°	32°	28°	24,5°

415

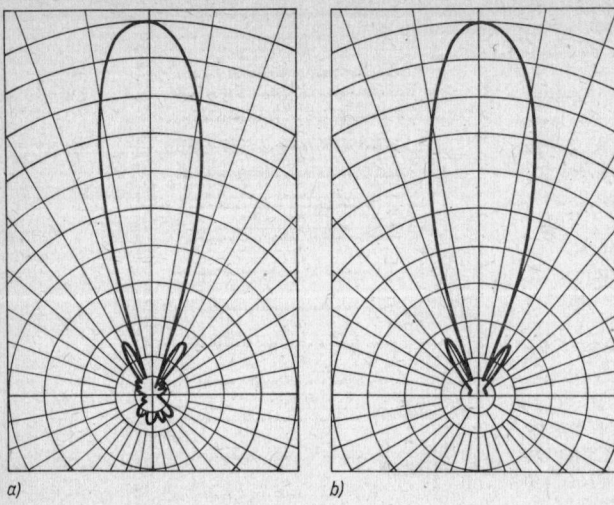

a)   b)

Bild 23.29
Strahlungsdiagramme der
23-Element-Antenne von
DL 6 WU; a – Horizontaldiagramm
(E-Ebene), b – Vertikaldiagramm
(H-Ebene)

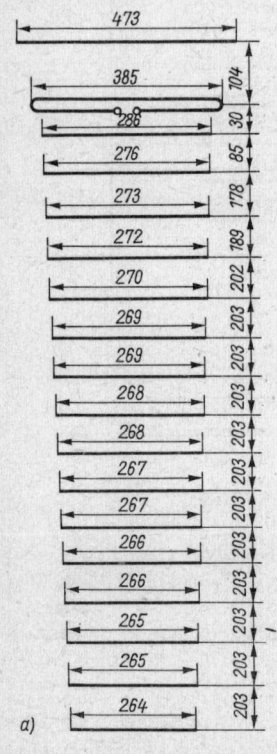

a)

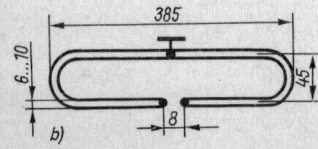

b)

Bild 23.30
Die 18-Element-Breitband-Lang-*Yagi* für 70 cm;
a – Aufbauschema, b – Teilzeichnung gespeistes
Element

23.3.4.2. Die 18-Element-Breitband-Lang-*Yagi*

Diese nach modernen Prinzipien konstruierte Lang-*Yagi* beweist, daß auch bei großer Bandbreite ein optimaler Gewinn und trotz vieler Elemente Eingangswiderstände von nahezu 240 Ω möglich sind. Mit diesen neuzeitlichen Strahlern wird der Funkamateur zum Nutznießer richtungsweisender Entwicklungsarbeiten der Antennenindustrie, die solche Konstruktionen zum Herstellen von Fernsehantennen anwendet. Obwohl für den Amateurbedarf große Bandbreiten nicht gefordert werden, bedeuten sie auch keinen Nachteil, wenn man, wie im vorliegenden Fall, optimalen Gewinn erzielt.

Die Belegungsdichte mit Elementen ist hier größer als bei der *DL 6 WU*-Serie; das bedeutet einen etwas größeren Materialaufwand je dB Antennengewinn. Bild 23.30 enthält alle erforderlichen Abmessungen für diese empfehlenswerte Antenne. Verkürzen der Antennenlänge bzw. Vermindern der Elementeanzahl innerhalb des Wellenleitersystems ist ohne weiteres möglich, der Eingangswiderstand verändert sich dabei nicht. Erregerzentrum und Übergangszone (siehe Bild 23.18) reichen bis zu Direktor 3. Man kann also – vom äußersten Direktor ausgehend – beliebig viele Direktoren des Wellenleitersystems weglassen. Dabei fällt lediglich der Gewinn des Systems entsprechend ab, und die Halbwertsbreiten werden damit zwangsläufig größer.

Mechanische und elektrische Angaben
Elementdurchmesser 6 ... 10 mm
Antennenträger: 20 ... 25 mm   Durchmesser,
Profil beliebig

416

Elementhalterung: leitend auf dem Antennen-
träger
Eingangswiderstand etwa $240\,\Omega$ symmetrisch
Gewinn 14,5 dBd
Rückdämpfung etwa 24 dB
Horizontale Halbwertsbreite $\alpha_E \approx 26°$
Vertikale Halbwertsbreite $\alpha_H \approx 29°$

23.4. Quad-*Yagi*-Antennen

Diese Hybridform, bestehend auf einem *Cubical*-
Quad im Erregerzentrum und der Direktorenreihe einer Lang-*Yagi*, bezeichnet man abgekürzt
als *Quagi* (*Quad-Yagi*). Sie vereinigt in sich die
Vorzüge ihrer Stammformen; vom *Cubical* Quad
hat sie den relativ großen Frequenzbereich, verbunden mit unkomplizierter Erregung, vom
Yagi-Prinzip die Wirtschaftlichkeit durch einfachen Aufbau des Wellenleitersystems bei optimalem Gewinn. Durch entsprechende Bemessung der Elementabstände erreicht man ohne
Transformationsglieder, daß die Antenne direkt
über ein Koaxialkabel erregt werden kann. Ein
Symmetriewandler ist nicht erforderlich, und die
Korrosionsbeständigkeit ist groß, weil es außer
dem Speiseleitungsanschluß keine weitere Löt-,
Schraub- oder Klemmverbindungen gibt. Ver-
glichen mit einer konventionellen Lang-*Yagi*-
Antenne gleicher Länge soll die *Quagi* einen
Mehrgewinn von = 1 dB bringen.

In [18] beschreibt *K6YNB* eine *Quagi*-An-
tenne mit 8 Elementen, deren Aufbauschema in
Bild 23.31 dargestellt ist. Alle zum Nachbau erforderlichen Abmessungen werden in Tabelle
23.6. aufgeführt, die auch die Bemessungsdaten
für das 70-m-Amateurband enthält.

Der Eingangswiderstand X-X beträgt $60\,\Omega$, so
daß die Antenne sowohl mit 50-Ω- wie auch mit
75-Ω-Koaxialkabel ohne Nachteil direkt gespeist
werden kann. Die Quad-Elemente werden aus
einem Kupfer- oder Aluminiumdraht von
2...3 mm Durchmesser gebogen; die Direktoren

Tabelle 23.6.
**Die Abmessungen der 8-Element-Quagi-Antenne
nach Bild 23.31**

	Resonanzfrequenz in MHz	
	144,5	432
Umfang des Reflektors R_Q in mm	2200	711
Umfang gespeistes Element S_Q in mm	2083	676
Direktorlänge D_1 in mm	913	299
Direktorlänge D_2 in mm	908	297
Direktorlänge D_3 in mm	903	295
Direktorlänge D_4 in mm	899	293
Direktorlänge D_5 in mm	894	292
Direktorlänge D_6 in mm	889	291
Abstand A_R in mm	533	178
Abstand A_1 in mm	400	133
Abstand A_2 in mm	838	279
Abstand A_3 in mm	445	149
Abstand A_4 bis A_6 in mm	663	222
Antennenlänge in mm	4205	1405

können aus Leichtmetalldraht von 3...3,5 mm
Durchmesser, gegebenenfalls auch aus Schweiß-
draht gleichen Durchmessers hergestellt werden.

Im Gegensatz zu anderen Ausführungen verwendet *K6YNB* einen hölzernen Antennenträger (Kiefer- oder Fichtenholz) mit den Maßen
25 mm × 76 mm. Diese Trägerlatte ist hochkant
montiert, die Direktoren werden von Querboh-
rungen aufgenommen, während die Quad-Elemente über einen Kunststoffstreifen auf dem
Boom befestigt sind, wie in Bild 23.31 angedeutet
ist. *K 6 YNB* hat die Erfahrung gemacht, daß
Holzträger besonders in salzreicher Umgebung
dauerhafter als Leichtmetallträger sind und
außerdem weniger kosten. Für die 70-cm-Aus-
führung genügt eine einfache Gartenzaunlatte
von 1,45 m Länge als Träger. Die Holzteile sollten imprägniert werden. Als Antennenmast kann
man, wie üblich, ein Metallrohr verwenden, an
welchem der Boom mit einer normalen Mast-

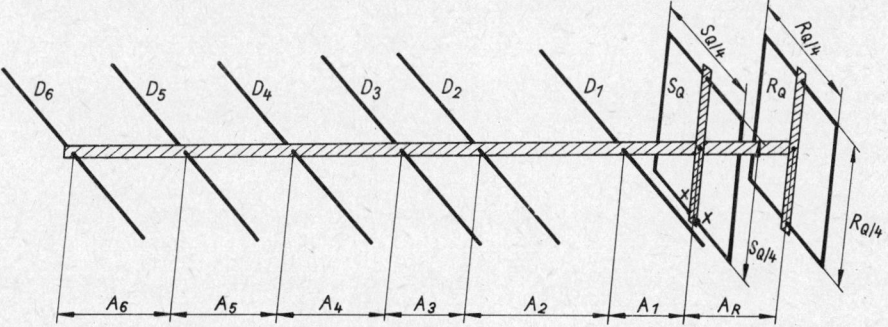

Bild 23.31   Die 8-Element-Quagi-Antenne nach *K 6 YNB*

schelle seitlich befestigt ist. Der Einsatz eines metallischen Antennenträgers ist mit den vorgegebenen Abmessungen nicht zulässig.

Exakte Meßdaten liegen von dieser Antenne noch nicht vor. Der Gewinn wird mit $\geqq 11,5\,\text{dBd}$ angegeben. Die Antennenlänge beträgt 2λ; für gestockte Ausführungen wird ein optimaler Ebenenabstand von $1,6\lambda$ empfohlen.

Die *Quagi* ist eine preiswerte, einfach herzustellende, nachbausicher und ohne besonderen Abgleich funktionierende Hochleistungsantenne mit relativ großem Frequenzbereich, welche die Beachtung der Funkamateure verdient.

Literatur zu Abschnitt 23.

[1] *Appelt, W.:* Eine stabile *HB 9 CV*-Antenne für Fahrzeuge, UKW-Berichte, Erlangen, 7, (1967), Heft 1, Seite 14

[2] *Luz, H.:* Eine zerlegbare *HB 9 CV*-Richtantenne zum *DL 6 SW*-Funksprechgerät, UKW-Berichte, Erlangen, 3, (1963), Heft 3, Seite 150

[3] *Franke, H. J.:* Die *HB 9 CV*-Antenne für VHF und UHF, UKW-Berichte, Erlangen, 9, (1969), Heft 3, Seite 142 bis 147

[4] *Yagi, H., Uda, S.:* Proceedings of the Imperial Academy, (1926) February, Journal of the Institute of Electrical Engineers of Japan, Volume 47 und 48 (1927, 1928)

[5] *Reithofer, J.:* UHF-Amateurfunk-Antennen, Franzis-Verlag, München 1977

[6] *Weiner, K.:* UHF-Unterlage-Gesamtausgabe, 2. Auflage, Verlag Rudolf Schmidt, Hof/Saale, 1980

[7] *Ehrenspeck, H. W., Poehler, H.:* Eine neue Methode zur Erzielung des größten Gewinnes bei *Yagi*-Antennen, Nachrichtentechnische Fachberichte, Band 12, Funktechnik, Verlag Friedrich Vieweg & Sohn, Braunschweig

[8] *Hoch, G.:* Wirkungsweise und optimale Dimensionierung von *Yagi*-Antennen, UKW-Berichte, D 8523 Baiersdorf, 18, (1977) Heft 1, Seite 27 bis 36

[9] *Hoch, G.:* Mehr Gewinn mit *Yagi*-Antennen, UKW-Berichte, D 8523 Baiersdorf, 18, (1978), Heft 1, Seite 2 bis 9

[10] *Hoch, G.:* Gewinnmessungen an UKW-*Yagi*-Antennen, cq-DL, Baunatal, 51, (1980), Heft 5, Seite 219 bis 221

[11] *Oberrender, O.:* Die Langyagiantenne als optimale Lösung des Antennenproblems beim UKW-Amateur, FUNKAMATEUR, Berlin, 16, (1967) Hefte 7 bis 12

[12] *Chen, C. A., Cheng, D. K.:* Optimum Element Lenghts for *Yagi-UDA* Arrays, I.E.E.E. Trans. Ant. Prop., 1975, January, Seite 8 bis 14

[13] *Viezbicke, P:* Yagi Antenna Design, NBS Technical Note 688, National Bureau of Standards, Boulder, Col., 1976

[14] *Reisert, J.:* how to design *Yagi* antennas, ham radio, Greenville, N. H., (1977), August, Seite 22 bis 31

[15] *Macoun, J.:* Yagiho smerové antény, Amatérské Radio, Praha, (1962), Heft 2, Seite 48 bis 51

[16] *Oberrender, O.:* *Yagi*-Antennen für den Funkamateur, Artikelfolge in FUNKAMATEUR, Berlin, 31 (1982), Hefte 1 bis 6

[17] *Hoch, G.:* Extrem lange *Yagi*-Antennen, UKW-Berichte, D 8523 Baiersdorf, 22, (1982), Heft 1, Seite 3 bis 11

[18] *Overbeck, W.:* The VHF Quagi, QST, Newington, Conn, (1977), April, Seite 11 bis 14

Asbrink, L.: Die beste *Yagi*-Antenne mit 6 Elementen, UKW-Berichte, D 8523, Baiersdorf, 21, (1981), Heft 3, Seite 180 bis 184

Brown, F. W.: Design of *Yagi*-Antenna s, CQ, New York, 36, (1963), Seite 38 bis 51

Lawson, J. L.: *Yagi* Antenna Design, ham radio, Greenville, N. H., (1980) January, Seite 22 bis 27

Spindler, E.: Antennen, 5. Auflage, VEB Verlag Technik, Berlin 1968

24. Gruppenantennen und gestockte *Yagis* für VHF und UHF

Während allgemein jede Zusammenschaltung gleichartiger Einzelantennen als Antennengruppe bezeichnet werden kann, unterscheiden die Funkamateure genauer. In ihrer Terminologie besteht eine Gruppenantenne aus der Kombination von kollinearen Dipolen (Dipollinien) mit vertikal gestockten Dipolen (Dipolzeilen), wobei horizontale Polarisation vorausgesetzt wird (siehe Abschnitte 13.1. bis Abschnitt 13.3.). Die einfachste Gruppenantenne nach dieser Definition würde demnach aus 2 gestockten Ganzwellendipolen bestehen (siehe Bild 24.1), wobei der Ganzwellendipol die einfachste Dipollinie darstellt (2 kollineare Halbwellendipole). Die Ganzwellendipole werden gleichphasig erregt (siehe Bild 4.6). Die Dipolzeile wird aus der Parallelschaltung weiterer Ganzwellendipole gebildet, die alle gleichphasig erregt sind. Solche Antennengruppen nennt man auch Phasenantennen. Ihre Kennzeichen sind die gespeisten Ganzwellendipole mit ihrer auffälligen Verdrahtung zwischen den Elementen («Phasenleitungen»). Reflektoren sind fast immer vorhanden, Direktoren nur in Ausnahmefällen.

Bei den gestockten *Yagi*-Antennen gibt es keine kollinearen Dipole, sondern gespeiste Halbwellendipole oder schleifenförmige Elemente und immer mehr oder weniger viele Direk-

toren. Die *Yagi*-Systeme sind räumlich relativ weit voneinander versetzt, ihre Verbindungsleitungen bestehen fast immer aus Koaxialkabel, das wenig auffällig längs den Trageelementen verläuft.

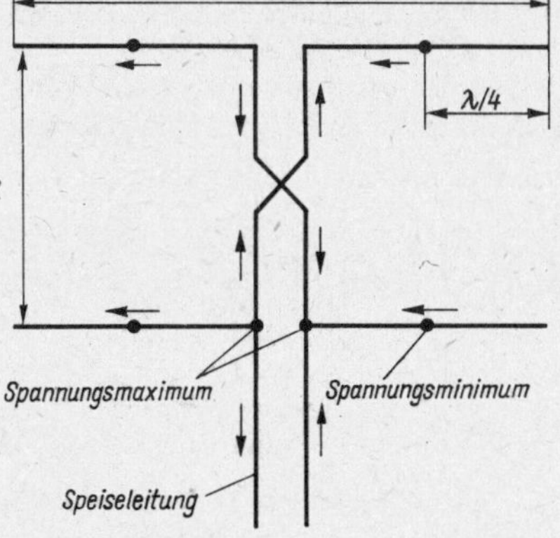

24.1. Gruppenstrahler

Auch bei größeren Antennengruppen beschränkt man sich in der Amateurpraxis vorwiegend auf den Einsatz einfachster Dipollinien, das bedeutet, daß man fast immer einen horizontalen Ganzwellendipol in mehreren vertikalen Ebenen stockt. Unabhängig von der Anzahl der Ebenen wird dabei der horizontale Öffnungswinkel dieser Gruppenantenne ausschließlich von dem der verwendeten Dipollinie bestimmt. Da sie im Normalfall aus einem Ganzwellendipol besteht, beträgt die horizontale Halbwertsbreite solcher horizontal polarisierten Antennengruppen etwa 65° (siehe Abschnitt 4.2.). Um einseitige Richtwirkung bei gleichzeitiger Gewinnerhöhung zu erzielen, versieht man Gruppenantennen im VHF- und UHF-Bereich fast immer mit abgestimmten parasitären Halbwellenreflektoren oder seltener mit einer unabgestimmten Reflektorwand. Dadurch wird die horizontale Halbwertsbreite der Ganzwellendipole und somit der ganzen Antennengruppe auf etwa 60° verringert.

Wie aus Bild 24.1 hervorgeht, werden die Ganzwellendipole im Spannungsmaximum gespeist. Ihre Eingangswiderstände liegen deshalb sehr hoch und sind stark vom Schlankheitsgrad abhängig (siehe Bild 4.7).

Weiterhin wird der Eingangswiderstand von Ganzwellendipolen auch noch etwas von der Breite der Trennstellen des Speisepunktes und innerhalb von Gruppenantennen vom gegenseitigen Abstand der parallelen Dipole beeinflußt. Der Verkürzungsfaktor eines Ganzwellendipols unterliegt ebenfalls dem Wellenlängen/Durchmesser-Verhältnis und läßt sich mittels Kurvenblatt nach Bild 4.7 feststellen.

Der hohe Eingangswiderstand des Ganzwellendipols wirkt sich in einer Gruppenantenne günstig auf die Anpassungsmöglichkeiten aus, da

Bild 24.1
4-Element-Gruppenantenne

durch die Parallelschaltung mehrerer Ganzwellendipole der Eingangswiderstand oft Werte annehmen kann, die den direkten Anschluß einer Speiseleitung gestatten. Nachteilig ist, daß der Ganzwellendipol im Speisepunkt sehr gut isoliert sein muß (Spannungsmaximum). Von der teilweise vorgeschlagenen mechanischen Befestigung in der Nähe des Speisepunktes sei deshalb abgeraten, da selbst gute Isolatoren bei nassem Wetter erhebliche Verluste verursachen können. Das Spannungsminimum eines Ganzwellendipols liegt etwa $\lambda/4$ von seinen Enden entfernt; er wird deshalb zuweilen an diesen Punkten in Ganzmetallbauweise befestigt. Da aber die Spannungsverteilung beim Ganzwellendipol nicht so gleichmäßig verläuft wie beim Halbwellendipol, befindet sich auch im theoretischen Spannungsknoten noch eine bestimmte Spannung. Eine metallische Halterung ist deshalb nicht ratsam, jedoch genügt es, wenn die Befestigung im Spannungsminimum auf imprägniertem Holz vorgenommen wird.

24.1.1. Die Speisung von Gruppenantennen

An einigen Beispielen soll die Erregung und Anpassung von Gruppenstrahlern erläutert werden.

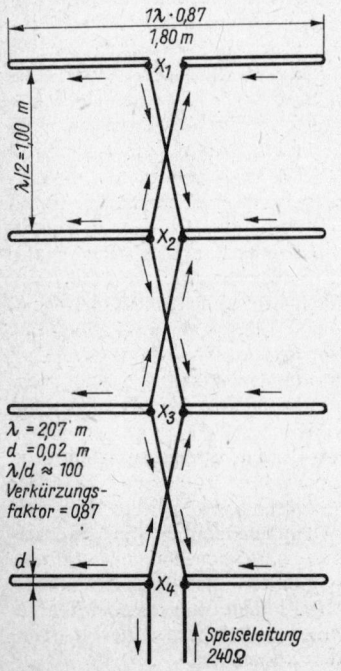

Bild 24.2
Gruppenantenne; Einspeisung im untersten Dipol X_1 bis X_4 je 1100 Ω, X_{ges} im Punkt $X_4 = 1100\,\Omega : 4 = 275\,\Omega$

Bild 24.2 zeigt eine Gruppenantenne, die aus 4 Etagen (4 parallelen Dipolen) mit je 2 kollinearen, gleichphasig erregten Halbwellenstücken (Ganzwellendipolen) besteht. Der Elementdurchmesser d beträgt 20 mm, die Betriebswellenlänge 2,07 m. Daraus ergibt sich ein Wellenlängen/Durchmesser-Verhältnis von 2070 mm : 20 mm $\approx$ 100. Nach Bild 4.7 beträgt dabei der Eingangswiderstand für jeden Ganzwellendipol etwa 1100 Ω, der Verkürzungsfaktor ist gleich 0,87. Damit ergibt sich die geometrische Länge der Ganzwellendipole aus $2,07\,m \cdot 0,87 \approx 1,8\,m$.

Jeder Ganzwellendipol hat bei dem gegebenen Wellenlängen/Durchmesser-Verhältnis einen Eingangswiderstand von etwa 1100 Ω. 4 Dipole sind parallelgeschaltet, so daß sich ein Widerstand im Speisepunkt X_4 von etwa $1100\,\Omega : 4 = 275\,\Omega$ ergibt. Es könnte also an den Punkt X_4 (bzw. X_3, X_2 oder X_1) eine beliebig lange symmetrische Zweidrahtleitung von 240...300 Ω Wellenwiderstand bei geringer Welligkeit angeschlossen werden. Will man diese Gruppenantenne über ein Koaxialkabel speisen, wird wie üblich eine Halbwellenumwegleitung verwendet. Diese nimmt die erforderliche Widerstandstransformation im Verhältnis 4 : 1 und auch die Symmetriewandlung vor. Ergeben sich für den Widerstand im Speisepunkt Werte, die keinen direkten Anschluß der Speiseleitung ermöglichen, so muß man ein geeignetes Anpassungsglied einschalten.

Nachteilig bei dieser Art der Zusammenschaltung ist, daß die einzelnen Dipolebenen nicht genau gleichzeitig erregt werden. Die am weitesten vom Speisepunkt entfernte Dipolebene erhält laufzeitbedingt ihre Energie etwas später als die nächstliegende; dadurch verändert sich der Erhebungswinkel der Hauptkeule: Die Antenne «schielt». Außerdem wird die Frequenzbandbreite geringer.

Die elektrisch günstigere zentrale Speisung der gleichen Gruppenantenne zeigt Bild 24.3. Die nicht überkreuzte Verbindungsleitung zwischen der 2. und der 3. Etage hat eine Länge von $\lambda/2$; da die Speiseleitung in der geometrischen Mitte dieser Leitung angeschlossen wird, muß man sie als die Parallelschaltung zweier Viertelwellentransformatoren betrachten. An A und B sind Impedanzen von je etwa 550 Ω vorhanden, die aus der Parallelschaltung von jeweils 2 Elementen resultieren. Wünscht man im Speisepunkt XX eine Anschlußimpedanz von 240 Ω, müßte jeder Viertelwellentransformator von 550 auf 480 Ω transformieren. Für den Wellenwiderstand Z der Verbindungsleitung A–B würde sich deshalb nach Gl. (5.30.) ergeben:

$$Z = \sqrt{550\,\Omega \cdot 480\,\Omega} \approx 510\,\Omega\,.$$

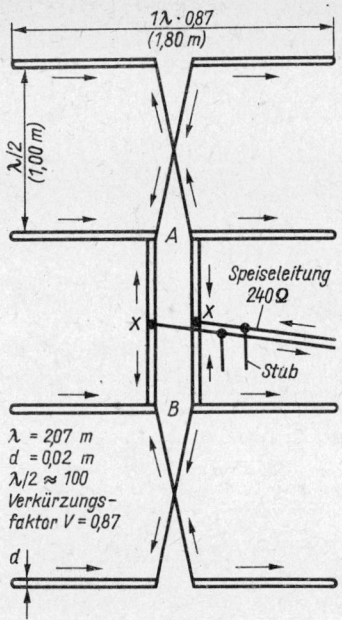

$1\lambda \cdot 0{,}87$
$(1{,}80\ m)$

$\lambda/2$
$(1{,}00\ m)$

A

Speiseleitung
$240\ \Omega$

X x

Stub

B

$\lambda = 2{,}07\ m$
$d = 0{,}02\ m$
$\lambda/2 \approx 100$
Verkürzungs-
faktor V = 0,87

d

Bild 24.3
Zentralgespeiste Gruppenantenne

Die mechanische Darstellung einer Parallel-rohrleitung mit einem Wellenwiderstand von $510\ \Omega$ bereitet jedoch Schwierigkeiten, weil der Abstand der Parallelrohre groß sein würde. Aus

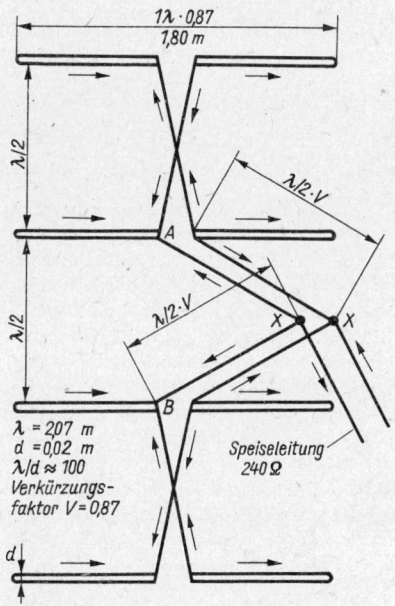

$1\lambda \cdot 0{,}87$
$1{,}80\ m$

$\lambda/2$

$\lambda/2 \cdot V$

A

$\lambda/2 \cdot V$

X

B

$\lambda = 2{,}07\ m$
$d = 0{,}02\ m$
$\lambda/d \approx 100$
Verkürzungs-
faktor V = 0,87

Speiseleitung
$240\ \Omega$

d

Bild 24.4
Breitbandspeisung einer Gruppenantenne

diesem Grund müßten die Trennstellen der angeschlossenen Dipole bei A und B unzulässig breit gehalten werden. Man könnte in diesem Fall den Wellenwiderstand der Leitung A–B nach rein mechanischen Gesichtspunkten bemessen und – wie in Bild 24.3 angedeutet – den Eingangswiderstand von XX durch einen matching stub dem Wellenwiderstand der Speiseleitung anpassen. In der Praxis kommt man meist zu günstigeren Anpassungsbedingungen, weil man fast immer abgestimmte Reflektoren vorsieht, mit denen – je nach Reflektorabstand – der Eingangswiderstand der Einzelebenen auf einen passenden Wert gebracht werden kann.

Eine besonders günstige Lösung der Erregung zeigt Bild 24.4. Auf die Viertelwellentransformatoren wird in diesem Fall ganz verzichtet; an ihre Stelle treten zwischen XX–A und XX–B Halbwellenleitungen, die bekanntlich Widerstände im Verhältnis 1 : 1 übertragen. Die Eingangsimpedanzen bei A und B betragen im vorliegenden Fall je $550\ \Omega$. Sie sind auch bei XX vorhanden, liegen dort jedoch einander parallel, so daß der resultierende Widerstand im Speisepunkt XX nunmehr $275\ \Omega$ beträgt. Bei vernachlässigbar geringer Fehlanpassung kann man deshalb mit einer 240-Ω-Leitung speisen. Aus den Stromrichtungspfeilen läßt sich erkennen, daß die Leitungen XX–A und XX–B nicht überkreuzt werden dürfen. Der Wellenwiderstand dieser Leitungen ist in weiten Grenzen unkritisch, da es sich um abgestimmte Leitungen der elektrischen Länge $\lambda/2$ handelt. Es können luftisolierte Paralleldrahtleitungen oder UKW-Bandleitungen verwendet werden, wobei man den dazugehörigen Verkürzungsfaktor bei der Längenbemessung beachten muß.

Das Beispiel einer vollkommen symmetrischen Breitbandspeisung für Gruppenantennen gibt Bild 24.5 wieder. In diesem Fall wird angenommen, daß sich hinter jedem gespeisten Halbwellenstück in $\lambda/4$-Abstand ein abgestimmter, parasitärer Halbwellenreflektor befindet. Dadurch fällt die Eingangsimpedanz jeder Ebene auf etwa $900\ \Omega$ ab. Es werden ausschließlich Halbwellenleitungen verwendet, die nicht transformieren, so daß sich am Speisepunkt als Parallelschaltung der 4 Einzelwiderstände eine Anschlußimpedanz XX von etwa $225\ \Omega$ ergibt. Wie erwähnt, ist der Wellenwiderstand von abgestimmten Halbwellenleitungen unkritisch, es muß lediglich der Verkürzungsfaktor V beachtet werden (luftisolierte Paralleldrahtleitungen $V = 0{,}975$; UKW-Bandleitung $V = 0{,}80$ bzw. $0{,}84$). Diese Art der Speisung erlaubt es außerdem, den Stockungsabstand auf den optimalen Wert von etwa $0{,}7\lambda$ zu erhöhen, wobei der Gewinn steigt.

Werden Gruppenantennen mit einer ungeraden Anzahl von parallelen Ganzwellendipolen benutzt,

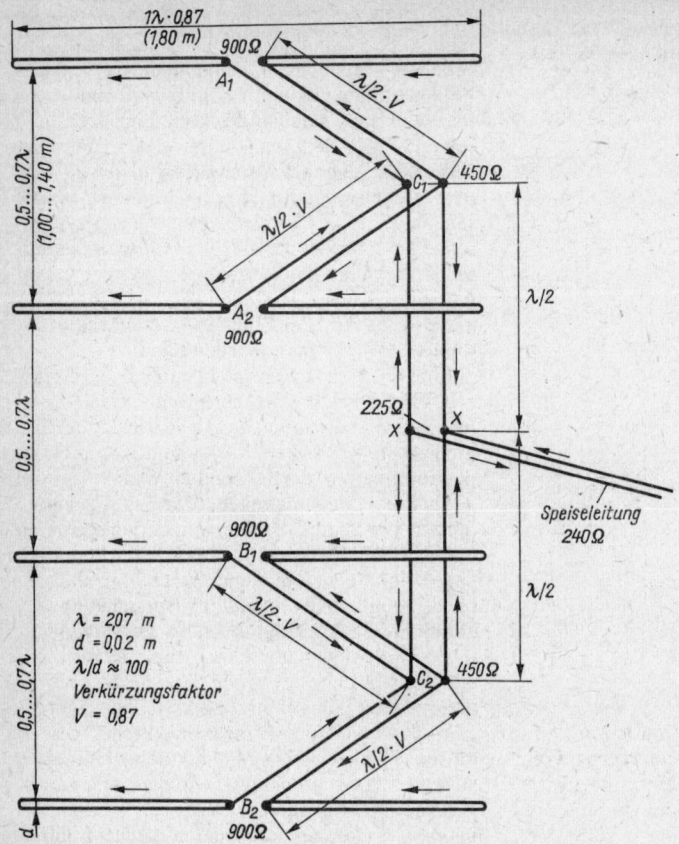

Bild 24.5
Vollkommen symmetrische Breitbandspeisung einer Gruppenantenne

z. B. 3 oder 5 Etagen, so lassen sich die vorstehend beschriebenen Speisungsmethoden aus mechanischen Gründen nicht anwenden. Wie aus Bild 24.6 hervorgeht, ist dann die Speiseleitung direkt beim mittleren Dipol anzubringen. Nimmt der Widerstand im Speisepunkt «unpassende» Werte an, so wird an den Wellenwiderstand der Speiseleitung über einen Viertelwellentransformator bei XX angepaßt. Die einzelnen Ganzwellendipole werden dabei nicht gleichzeitig erregt. Besonders bei der Ausführung mit 5 parallelen Dipolen muß deshalb mit einer leichten Verfälschung der Richtcharakteristik in der H-Ebene gerechnet werden.

Größere Systeme von Gruppenstrahlern werden zweckmäßig in kleinere Gruppen aufgeteilt und nach Bild 24.7 erregt. Diese Speisung bedingt folgende Voraussetzungen:
– Die Einzelgruppen müssen elektrisch sowie mechanisch untereinander völlig übereinstimmen und somit an den Anschlußpunkten A, B,

C und D den gleichen Eingangswiderstand aufweisen.
– Die Verbindungsleitungen A–XX, B–XX, C–XX und D–XX müssen in ihrer Länge ganzzahligen Vielfachen von $\lambda/2$ entsprechen (Verkürzungsfaktor beachten!) und untereinander exakt gleich lang sein.
– Die genannten Leitungen dürfen nicht überkreuzt (verdreht) werden; es ist deshalb darauf zu achten, daß man im Punkt XX (wie in Bild 24.7 dargestellt) immer die gleichen Strahlerhälften miteinander verbindet.

Der Widerstand im Speisepunkt XX ist bei der gezeigten Parallelschaltung von 4 gleichartigen Dipolgruppen 1/4 des Eingangswiderstandes einer Gruppe. Wenn der Eingangswiderstand bei A, B, C und D z.B. je 240 Ω beträgt, wird der Widerstand im Speisepunkt XX 60 Ω. Die 4 Verbindungsleitungen sind abgestimmte Leitungen, ihr Wellenwiderstand ist deshalb praktisch ohne Bedeutung. Da die einzelnen Dipol-

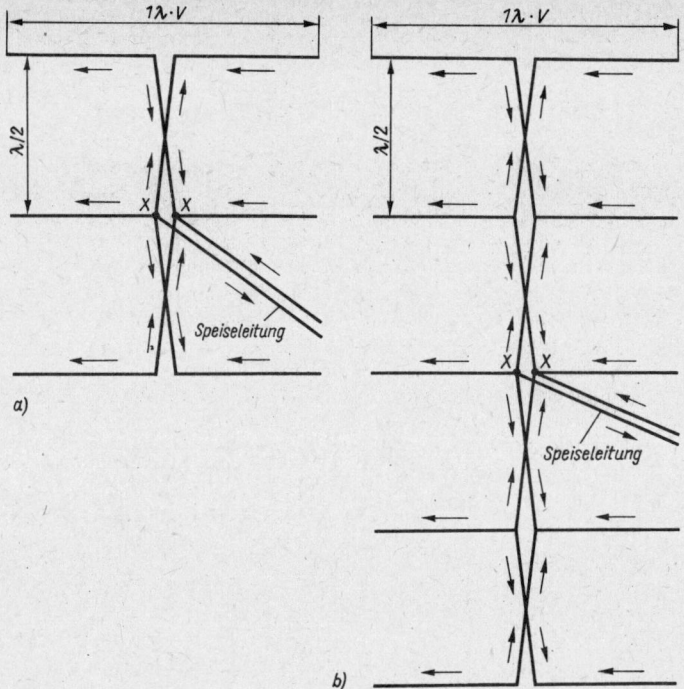

Bild 24.6
Die Speisung einer Gruppenantenne mit ungerader Anzahl von parallelen Dipolen; a – 3 Ebenen, Widerstand im Speisepunkt XX = 1/3 des Widerstandes im Anschlußpunkt eines einzelnen Ganzwellendipols, b – 5 Ebenen, Widerstand im Speisepunkt XX = 1/5 des Widerstandes im Anschlußpunkt eines einzelnen Ganzwellendipols

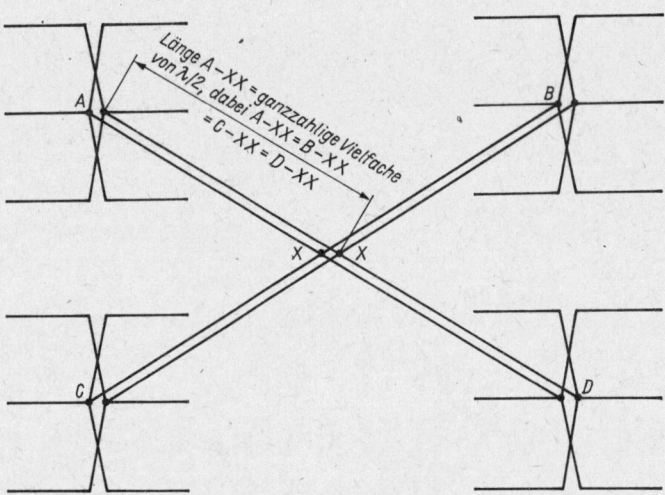

Bild 24.7
Die symmetrische Speisung einer aufgeteilten Gruppenantenne für abgestimmte Verbindungsleitungen; Eingangswiderstand XX = 1/4 des Widerstandes einer Einzelgruppe im Punkt A (A = B = C = D)

gruppen einen größeren gegenseitigen Abstand als bei der gedrungenen Bauweise haben können, steigt auch der erzielbare Gewinn an. Beachtet man die gegebenen Regeln, dann lassen sich auf diese Art auch sehr umfangreiche Dipolflächen speisen.

Es gibt jedoch noch eine andere Erregungsmethode, die nicht mit abgestimmten, sondern mit angepaßten Verbindungsleitungen arbeitet und somit mechanische sowie elektrische Vorteile bietet. Gemäß Bild 24.8 wird in diesem Fall die gleiche Anordnung der Einzelgruppen wie in Bild 24.7 angewendet. Die angepaßten Leitungen Z_1, Z_2, Z_3 und Z_4 können beliebig lang sein und stehen in keinem Verhältnis zur Wellenlänge. Sie müssen jedoch untereinander die gleiche geometrische Länge aufweisen.

Diese Erregungsmethode ist vor allem bei gestockten *Yagi*-Systemen üblich (siehe Abschnitt 24.2.)

Gefordert wird:

– Die Einzelgruppen müssen elektrisch sowie mechanisch untereinander völlig übereinstimmen und somit an den Anschlußpunkten A, B, C und D den gleichen Eingangswiderstand haben.

– Der Wellenwiderstand der Verbindungsleitungen Z_1, Z_2, Z_3 und Z_4 muß genau dem Widerstand in den Punkten A, B, C und D entsprechen oder durch gleichartige Anpassungsglieder diesem angepaßt werden.

– Die genannten Leitungen sind nicht zu überkreuzen (verdrehen). Es ist deshalb darauf zu achten, daß im Punkt XX immer die gleichen Strahlerhälften miteinander verbunden werden.

Da man im vorliegenden Fall 4 symmetrische Leitungen gleichen Wellenwiderstandes im Punkt XX parallelschaltet, beträgt dort die Anschlußimpedanz nur 1/4 des Wellenwiderstandes der verwendeten Verbindungsleitungen.

Weisen die einzelnen Gruppen bei A, B, C und D z. B. einen Eingangswiderstand von je 240 Ω auf, so sind für die Leitungen Z_1, Z_2, Z_3 und Z_4 240-Ω-Leitungsstücke gleicher Länge zu verwenden. Im Punkt XX erscheinen dann 60 Ω Speiseimpedanz. Dieser Wert ist für den Anschluß über ein Symmetrierglied geeignet. Es kann auch über ein Q-Match auf jeden anderen gewünschten Wert der Speiseleitung transformiert werden.

Durch die wohlüberlegte Kombination von abgestimmten und angepaßten Verbindungsleitungen sowie Viertelwellentransformatoren ist es möglich, auch ausgedehnte Dipolflächen phasenrichtig zu erregen und impedanzrichtig zu speisen. Es muß noch darauf hingewiesen werden, daß man frequenzabhängige Glieder zugunsten angepaßter Leitungen nach Möglichkeit vermeiden sollte, weil sie den Frequenzbereich einengen können. Allerdings stehen bei den relativ frequenzschmalen Amateurbändern die Bandbreitefragen nicht so im Vordergrund, wie das z. B. bei Fernsehantennen der Fall ist.

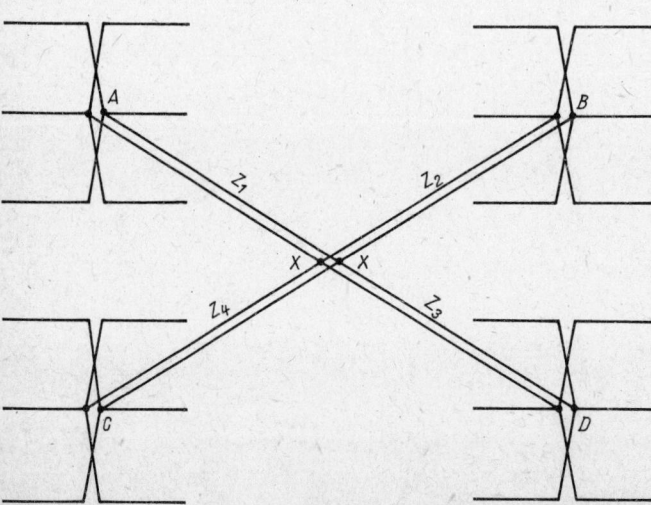

Bild 24.8
Die symmetrische Erregung einer aufgeteilten Gruppenantenne über angepaßte Leitungen; Wellenwiderstand $Z_1 = Z_2 = Z_3 = Z_4$; Eingangswiderstand XX = 1/4 Z_1

24.1.2. Gruppenantennen mit Reflektoren

Das zweiseitige Abstrahlen senkrecht zur Fläche einer Gruppenantenne kann mit Hilfe von Reflektoren in eine einseitige – unidirektionale – Hauptstrahlung verwandelt werden. Der Gewinn steigt dabei theoretisch um 3 dB. Gleichzeitig wird durch die Reflektoren der Eingangswiderstand des Systems verändert.

Reflektorabstände von 0,1 bis etwa 0,3λ sind gebräuchlich. Beträgt dieser Abstand 0,25λ, so sinkt der Eingangswiderstand der Anordnung nur geringfügig (um etwa 20%), während ein Reflektorabstand von 0,1λ bereits einen Rückgang des Eingangswiderstandes um annähernd 75% verursacht. Das Maximum des Gewinnes liegt bei einem Reflektorabstand von 0,15λ; innerhalb des Bereiches von 0,1 ... 0,3 schwankt der Gewinn um höchstens 0,8 dB.

Durch Verändern der Reflektorabstände kann die Anschlußimpedanz von Gruppenantennen nachträglich noch etwas korrigiert werden. In den folgenden Beispielen wurde jedoch konstruktiv auf diese Möglichkeit verzichtet. Für jeden Halbwellenabschnitt innerhalb jeder Dipolzeile muß man einen abgestimmten Halbwellenreflektor vorsehen. Nicht unterbrochene Ganzwellenstücke sind ungeeignet, da sie nicht gleichphasig erregt werden. Die geometrische Länge eines stabförmigen Halbwellenreflektors l_R im VHF-/UHF-Bereich ergibt sich mit ausreichender Genauigkeit aus der Beziehung

$$l_{R/mm} = \frac{152\,000}{f/_{MHz}}. \qquad (24.1.)$$

Im allgemeinen werden der Reflektor und das gespeiste Element aus gleichem Material mit gleichem Durchmesser gefertigt.

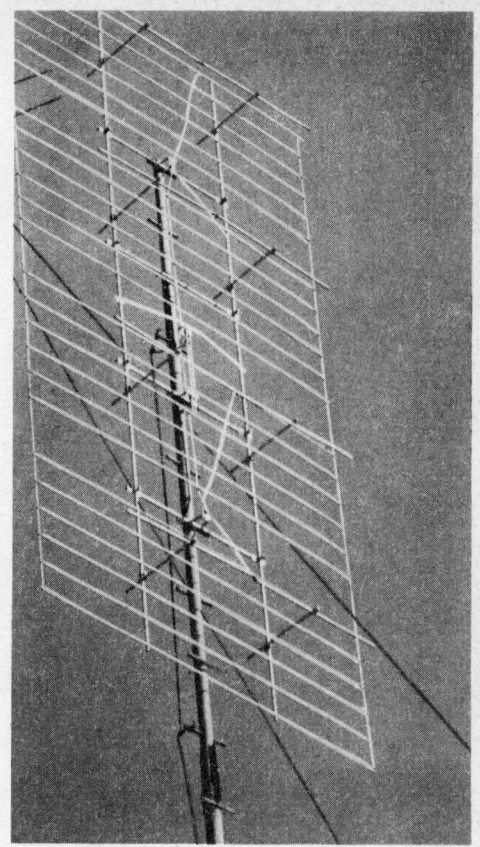

Bild 24.9
8-Element-Gruppenstrahler vor Reflektorwand bei *DL 6 MH*

24.1.3. Gruppenantennen mit Reflektorwänden

Flächenreflektoren sind für Meterwellen noch etwas unhandlich; ihr Hauptanwendungsbereich liegt deshalb im Gebiet der Dezimeterwellen. Eine hinter der Dipolfläche angebrachte reflektierende Metallwand sollte nach jeder Richtung um mindestens λ/2 größer sein als die Strahlerfläche. Im Gegensatz zu einem stabförmigen Reflektor steht eine Reflektorwand nicht im Zusammenhang mit der Betriebswellenlänge. Deshalb können von der gleichen Reflektorfläche mehrere Strahler verschiedener Betriebsfrequenzen angeordnet werden. Aus Blechen gefertigte Reflektorwände ergeben eine besonders gute Rückdämpfung. Da sie aber bei großer Masse einen sehr großen Windwiderstand aufweisen, werden

sie häufig durch ein Drahtgeflecht oder durch eine Fläche waagrechter Stäbe ersetzt. Der Stababstand bzw. die Maschenweite soll dabei nicht größer als λ/20 sein. Um Kontaktunsicherheiten zu vermeiden, werden die Maschen des verwendeten Drahtgeflechtes miteinander verlötet; bei dem bekannten verzinkten «Kükendraht» ist das bereits der Fall.

Das Geflecht wird möglichst so ausgespannt, daß dessen verdrillte Ecken parallel zur Strahlerlängsausdehnung verlaufen (bei horizontaler Polarisation demnach waagrecht). Aus parallelen Rohren bestehende Reflektorflächen, wie in Bild 24.9 dargestellt, verwendet der Amateur selten. Sie sind teuer und bieten gegenüber den weitaus billigeren Maschendrahtwänden elektrisch kaum Vorteile.

Ein Abstand der Reflektorwand von etwa 0,65λ ergibt den größtmöglichen Gewinn, jedoch nicht die beste Rückdämpfung, da durch den verhältnismäßig großen Strahlerabstand noch ein Teil der Energie um die Reflektorfläche «herumgreifen» kann. Zugunsten eines einfachen mechanischen Aufbaus und einer guten Rückdämpfung werden meist Abstände zwischen 0,1 und 0,3λ gewählt. Bemerkenswert ist, daß bei einer Distanz Strahler-Reflektorwand von etwa 0,2λ der Eingangswiderstand des Strahlersystems kaum beeinflußt wird. Bei Annäherung an den Strahler fällt der Eingangswiderstand ab.

Während bei einem abgestimmten, stabförmigen Reflektor mit einer durchschnittlichen Gewinnzunahme von 3 dB gerechnet werden kann, erreicht eine ausreichend groß dimensionierte Reflektorwand bis zu 7 dB. Noch höhere Gewinne lassen sich mit Winkelreflektorwänden, Parabol-Reflektoren und ähnlichen Sonderformen erzielen.

Bild 24.9 zeigt als Beispiel einen 8-Element-Gruppenstrahler vor einer Reflektorwand, die aus stabförmigen Elementen aufgebaut ist.

24.1.4. Die Praxis der Gruppenantennen

Im Lauf der Jahre hat sich bei den 2-m-Amateuren eine Standardform herausgebildet: die 16-Element-Gruppenantenne. Von allen möglichen Konstruktionen der Gruppenstrahler wird sie am häufigsten nachgebaut. Viel seltener findet man die 12-Element-Gruppe. 24, 32 oder 48 Elemente werden hin und wieder verwendet; sie bleiben Einzelfälle, weil mit wachsender Elementezahl das Verhältnis des materiellen Auf-

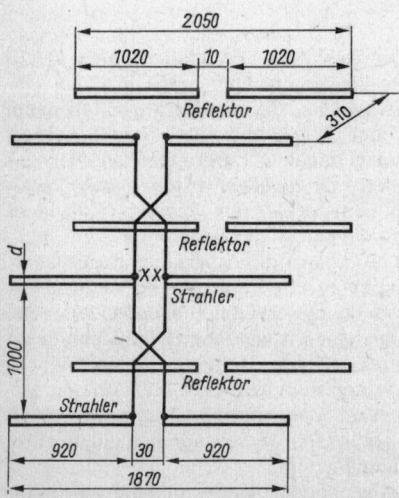

Bild 24.10
Die 12-Element-Gruppenantenne für das 2-m-Band

wandes zur Leistung immer ungünstiger wird. Man muß dann sehr stabile Tragegerüste bauen, der Windwiderstand ist groß, und die Herstellung der Drehbarkeit solch umfangreicher Gebilde bereitet mechanische Schwierigkeiten. Elektrisch betrachtet, bietet die Konstruktion dieser «Mammutgruppen» keine Besonderheiten; denn es handelt sich dabei im allgemeinen immer um die sinnvolle Zusammenstellung von «12er-Gruppen» oder der bewährten «16er-Gruppen».

24.1.4.1. Die 12-Element-Gruppenantenne

Wie Bild 24.10 zeigt, besteht die «12er-Gruppe» aus 3 Ganzwellendipolen mit abgestimmten Halbwellenreflektoren, die in 3 Etagen mit $\lambda/2$-Abstand übereinander angeordnet sind. Der Reflektorabstand liegt bei 0,15λ, und der Gewinn beträgt etwa 9,5 dBd. Am Speisepunkt XX hat der Anschlußwiderstand etwa 240 Ω. Diese zentral gespeiste Gruppe weist in der Bemessung für 145 MHz eine Bandbreite von >15 MHz auf; übersteigt also die Amateurbandbreite von 2 MHz um ein mehrfaches. Die Verbindungsleitungen zwischen den Ebenen sind überkreuzt, sie sollen an den Kreuzungsstellen gut voneinander isoliert sein. Da es sich um abgestimmte Leitungen mit einer elektrischen Länge von $\lambda/2$ handelt, haben Drahtdurchmesser und Drahtabstände keine besondere Bedeutung. Andererseits sollten die Drahtdurchmesser nicht zu klein sein, weil die Leitungen stehende Wellen führen.

Mechanische und elektrische Angaben
Elementdurchmesser d = 6 ... 10 mm
Durchmesser der Verbindungsleitungen etwa 3 mm (unkritisch)
Antennenhöhe etwa 2000 mm $\hat{=}$ 1λ
Eingangswiderstand XX = 240 Ω symmetrisch
Gewinn etwa 9,5 dBd
Rückdämpfung etwa 14 dB
Horizontale Halbwertsbreite $\alpha_E \approx 60°$
Vertikale Halbwertsbreite $\alpha_H \approx 50°$

Die angegebenen Elementdurchmesser sind nach Möglichkeit einzuhalten; denn Eingangswiderstand und Strahlerlänge von Ganzwellendipolen hängen sehr vom Schlankheitsgrad ab. Die Elemente werden im allgemeinen aus Aluminiumrundstäben oder Leichtmetallrohr hergestellt. Elektrisch ergeben sich keine Unterschiede. Die Verbindungsleitungen müssen dann ebenfalls aus Leichtmetalldrähten von 3 ... 6 mm Durchmesser bestehen, da z.B. bei Aluminium-Kupfer-Verbindungen elektrolytische Zersetzungsvorgänge auftreten können. Auf kontaktsichere Verbindungen muß man besonders

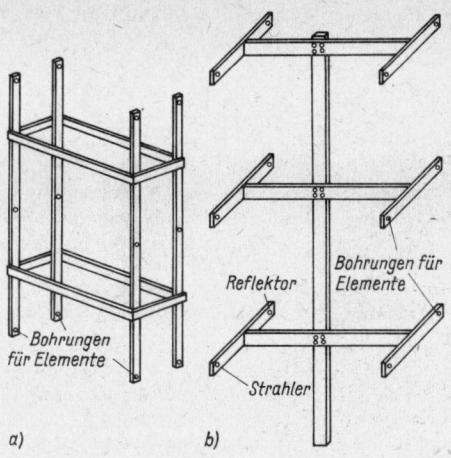

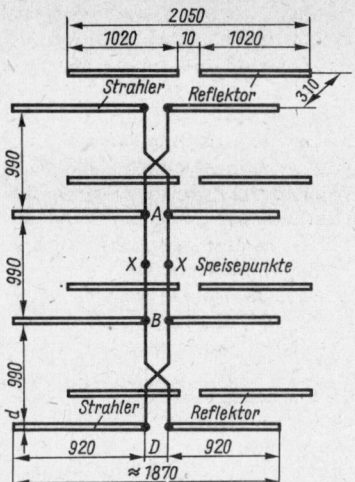

Bild 24.11
Tragegestelle für 12-Element-Gruppenantennen;
a – besonders stabiles Gerüst, b – leichtes Gerüst

Bild 24.12
Die 16-Element-Gruppenantenne; Bemessung der
Verbindungsleitung A–B siehe Text, Durchmesser d
für alle Elemente = 10 mm, Breite der Trennstelle D
ergibt sich aus der Bemessung der Leitung A–B

achten und sie gegen Feuchtigkeit sichern (Verlacken, Umwickeln mit Kunststoffolie usw.). Verwendet man Kupferrohr für die gespeisten Elemente, müssen die Verbindungsleitungen ebenfalls aus Kupfer sein. Die Verbindungsleitungen werden mit den Elementen verlötet. Die Reflektoren stellt man immer aus Leichtmetall her.

Im allgemeinen wird eine Welligkeit der Speiseleitung von etwa 1,5 erreicht; durch entsprechendes nachträgliches Verändern der Reflektorabstände könnte man diesen Wert noch verbessern.

Da die Elemente im Spannungsminimum isoliert befestigt werden sollen, sind hölzerne Tragegestelle elektrisch und auch mechanisch günstig. Zum Bau verwendet man trockene, astfreie und gehobelte Dachlatten aus Fichtenholz. Sie müssen mit Holzschutzmitteln gut imprägniert sein. 2 Ausführungsbeispiele zeigt Bild 24.11.

Bei Beachtung der im Abschnitt 23.1.1. gegebenen Hinweise über aufgeteilte Gruppenantennen können mehrere solcher «12er-Gruppen» zu größeren Gebilden kombiniert und über angepaßte Leitungen gespeist werden.

24.1.4.2. Die 16-Element-Gruppenantenne

Fügt man den 3 Etagen der «12er-Gruppe» eine weitere Etage hinzu, so entsteht die 16-Element-Gruppenantenne (Bild 24.12). Bei unveränderter horizontaler Halbwertsbreite wird die vertikale Halbwertsbreite noch geringer. Der Gewinn steigt dabei um rund 1 dB auf etwa 10,5 dB.

Die Verbindungsleitung A–B zwischen der 2. und der 3. Etage wird nicht überkreuzt und bildet die bereits bekannte Parallelschaltung zweier Viertelwellentransformatoren. Ihre Bemessung ist kritisch, da sie bei XX die Anpassung zwischen Strahlersystem und Speiseleitung herstellen soll. Wird der Widerstand im Speisepunkt XX wie üblich mit 240 Ω bemessen, so besteht die Verbindungsleitung A–B aus Drähten oder Rohren, deren Durchmesser sich zum gegenseitigen Abstand – von Drahtmitte zu Drahtmitte gemessen – wie 1 : 18 verhält. Bei einem Drahtdurchmesser von 3 mm würde demnach dieser Abstand 54 mm betragen.

Soll mit einem 60-Ω-Koaxialkabel gespeist werden, gibt es 2 Möglichkeiten: Die Speisepunktimpedanz von 240 Ω wird beibehalten, das Koaxialkabel ist in diesem Fall über eine Halbwellenumwegleitung anzuschließen (siehe Abschnitt 7.5.). Bei der 2. Möglichkeit transformiert bereits die Verbindungsleitung A–B auf eine Speisepunktimpedanz XX von 60 Ω. Dabei muß für die Verbindungsleitung ein Abstand/Durchmesser-Verhältnis von 3 : 1 eingehalten werden. Obwohl die Kabelimpedanz nunmehr bei XX vorhanden ist, muß man noch eine Symmetriewandlung mit einem Viertelwellensperrtopf o. ä. vornehmen. Der Aufwand ist in beiden Fällen fast der gleiche.

Kabel und Symmetrieglied sollen rechtwinklig zur Verbindungsleitung weggeführt werden, damit keine Beeinflussung des Wellenwiderstandes der Transformationsleitung A–B auftritt. Die bei der 12-Element-Gruppenantenne angeführten mechanischen Daten sind sinngemäß auch für die «16er-Gruppe» gültig.

Mechanische und elektrische Angaben
Elementdurchmesser 10 mm (bis 12 mm möglich)
Durchmesser der überkreuzten Verbindungsleitungen 3 mm (unkritisch)
Leitung A–B: Verhältnis Durchmesser/Abstand
1 : 18, z. B. 3 mm : 54 mm (kritisch)
Antennenhöhe etwa 3000 mm $\triangleq 1,5\lambda$
Eingangswiderstand 240 Ω symmetrisch
Gewinn etwa 10,5 dBd.
Rückdämpfung etwa 14 dB
Horizontale Halbwertsbreite $\alpha_E \approx 60°$
Vertikale Halbwertsbreite $\alpha_H \approx 42°$

Gruppenantennen lassen sich in den vielfältigsten Abwandlungen herstellen und speisen. Die beiden Beispiele in Verbindung mit den vorhergehenden theoretischen Erläuterungen geben dem Leser genügend Anregung zu eigenen Konstruktionen. Dazu abschließend noch einige Hinweise.

In den Beispielen wurde der Ebenenabstand jeweils mit $\lambda/2$ bemessen, weil der Abstand durch die gewählten Halbwellenverbindungsleitungen bereits vorgegeben war. Größtmöglicher Gewinn tritt jedoch auf, wenn die Distanz zwischen 2 par-

Bild 24.14
48-Element-Gruppenantenne von *DL 6 MH*; links daneben 12-Element-Gruppe

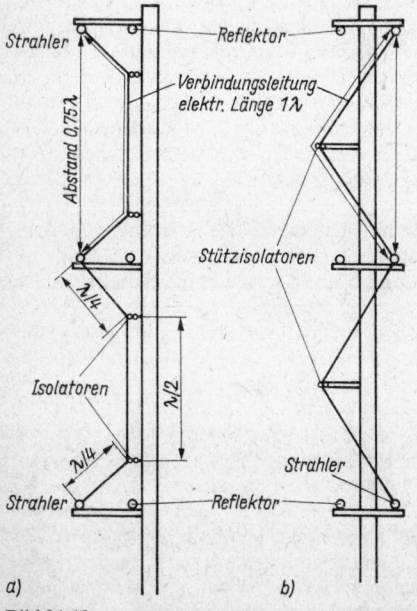

a)

b)

Bild 24.13
Die Ganzwellenleitung zur Herstellung optimaler Etagenabstände; a und b – Konstruktionsbeispiele

allelen Halbwellen- oder Ganzwellendipolen etwa $0,65\lambda$ beträgt. Dieser Optimalabstand ändert sich bei der Anzahl der Ebenen wie folgt:
2 Ebenen – $0,65\lambda$ Abstand
3 Ebenen – $0,75\lambda$ Abstand
4 Ebenen – $0,80\lambda$ Abstand
5 Ebenen – $0,83\lambda$ Abstand
6 Ebenen – $0,86\lambda$ Abstand
8 Ebenen – $0,90\lambda$ Abstand
Es handelt sich dabei um Näherungswerte. Diese günstigsten Etagenabstände werden mit Ganzwellenverbindungsleitungen erreicht. Da der Abstand der Ebenen jedoch immer kleiner als 1λ ist, wird die Ganzwellenleitung über einen Umweg geführt, der den Längenüberschuß ausgleicht. Bild 24.13 zeigt 2 Ausführungsbeispiele. Die Methode nach Bild 24.13 hat kleine Vorteile gegenüber der Variante in Bild 24.13 b, da die Zweidrahtleitung jeweils bei $\lambda/4$ – also im Span-

Bild 24.15
48-Element-Gruppenantenne von *DL 6 MH*

nungsminimum – befestigt ist. Es werden daher nur kurze Stützisolatoren verwendet, an deren Güte keine besonderen Anforderungen zu stellen sind. In der Ausführung nach Bild 24.13 wird die Leitung bei λ/2 – also im Spannungsmaximum gestützt. Es sind deshalb hochwertige Stützisolatoren-erforderlich. Bei der Ganzwellenleitung ist der Verkürzungsfaktor zu berücksichtigen. Er beträgt bei luftisolierten Paralleldrahtleitungen 0,975, bei dickeren Parallelrohrleitungen mit Luftdielektrikum 0,95. Es können auch UKW-Bandleitungen, symmetrische Schlauchleitungen und abgeschirmte symmetrische Zweidrahtleitungen verwendet werden. Ihre Verkürzungsfaktoren ermöglichen es, die um den Verkürzungsfaktor verkleinerte Ganzwellenleitung ohne

Umwege zu verlegen (V zwischen 0,65 und 0,85, je nach Kabelart). Im Gegensatz zur Halbwellenverbindungsleitung darf die Ganzwellenleitung bei phasengleicher Erregung der Ebenen nicht überkreuzt werden.

Stockt man Halbwellendipole übereinander, so verringert sich ihr Eingangswiderstand und erreicht einen Minimalwert bei optimalem Etagenabstand. Ganzwellendipole, aus denen Gruppenantennen im allgemeinen bestehen, verhalten sich umgekehrt; bei ihnen fällt der günstigste Stockungsgrad mit einer Erhöhung des Eingangswiderstandes zusammen.

Bild 24.14 und Bild 24.15 zeigen 2 mustergültig aufgebaute Gruppenantennen von Amateuren.

24.1.4.3. Der 12-Element-Gruppenstrahler für 70 cm

Auch Gruppenantennen können im 70-cm-Band mit Erfolg verwendet werden. In diesem Frequenzbereich beträgt die Bandbreite eines Gruppenstrahlers etwa 50 MHz. Allerdings findet man diese Antennenform im UHF-Bereich auf Grund des relativ großen mechanischen Aufwandes selten.

Grundsätzlich muß man beachten, daß am Speisepunkt bzw. an den Anschlußpunkten der Verbindungsleitungen keinerlei Isoliermaterialien verwendet werden sollen (Spannungsmaximum!). Es ist unbedingt reine Luftisolation vorzusehen. Außerdem muß die Gruppe *vor* den beiden Vertikalträgern angeordnet sein (sinngemäß nach Bild 23.10c). Bild 24.16 gibt die mechanischen Abmessungen eines 12-Element-Gruppenstrahlers wieder. Die Ausführungen in Abschnitt 24.1.1. sind sinngemäß auch für UHF-Gruppen gültig.

Mechanische und elektrische Angaben
Elementdurchmesser 3 … 5 mm
Durchmesser der Verbindungsleitungen 1 … 3 mm (nicht kritisch)

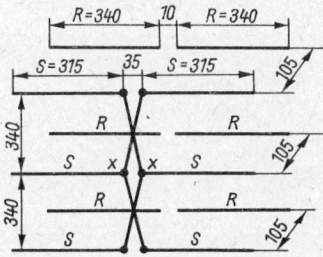

Bild 24.16
Die 12-Element-Gruppenantenne für das 70-cm-Band

Antennenhöhe 680 mm
Eingangswiderstand XX etwa 240 Ω symmetrisch
Gewinn etwa 9,5 dBd
Rückdämpfung etwa 14 dB
Horizontale Halbwertsbreite $\alpha_E \approx 60°$
Vertikale Halbwertsbreite $\alpha_H \approx 50°$

Weitere 70-cm-Antennen sind in [2] beschrieben. Dort findet man auch nachbausichere Angaben über praktisch erprobte Antennen für die Amateurfunkbänder 23 ... 13 cm.

24.1.4.4. Die *HB 9 CV*-Gruppenantenne

Geringer Aufwand bei hohem Gewinn in Verbindung mit kleiner Windlast zeichnen die *HB 9 CV*-

Antenne aus. Es liegt deshalb nahe, den *HB 9 CV*-Strahler nach Abschnitt 23.1.2. innerhalb einer Gruppenantenne einzusetzen. *DM 2 AWD* konstruierte eine *HB 9 CV*-Vierergruppe, die bei erheblich kleinerem Materialeinsatz einer *9 über 9-Yagi*-Vergleichsantenne gleichwertig war.

Die verwendeten *HB 9 CV*-Systeme sind nach Bild 23.8 mit 60 Ω Speisepunktwiderstand ausgeführt. Bei dem Gruppenaufbau nach Bild 24.17 a betragen die vertikalen Abstände zwischen den Elementen A und B sowie C und D 1250 mm; diese Abstände entsprechen 0,6λ und sind damit annähernd optimal (Mindestabstand 0,5λ). Der seitliche Abstand von A zu C bzw. B zu D, gemessen von Elementmitte zu Elementmitte, wurde mit 2060 mm (≙ 1λ) gewählt.

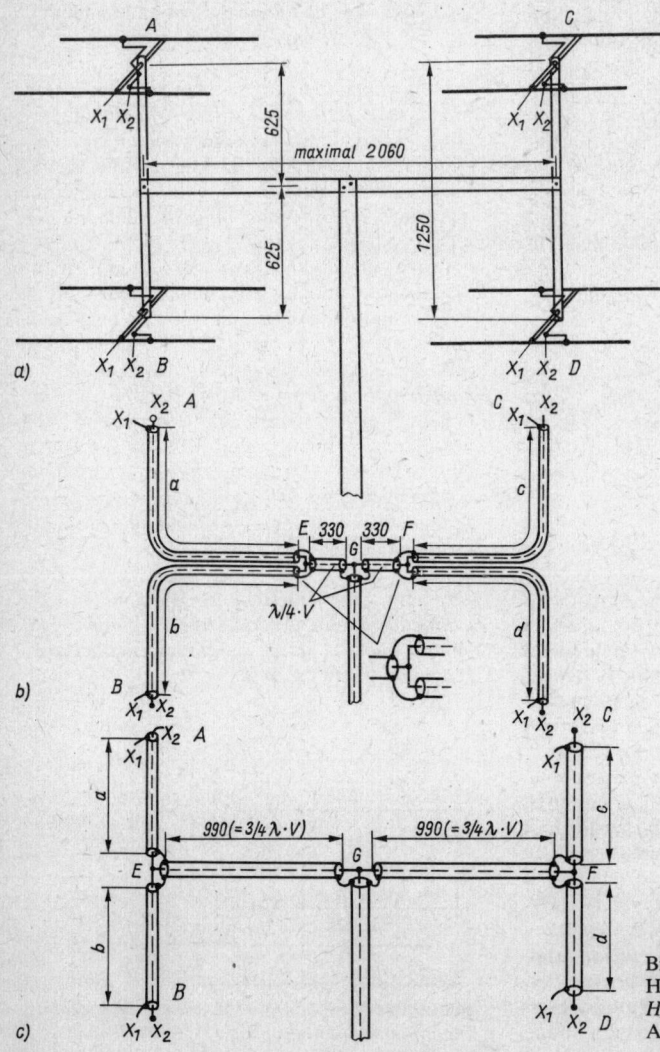

Bild 24.17
Horizontal polarisierte
HB 9 CV-Gruppe; a – mechanischer
Aufbau, b und c – Speisesysteme

430

Diese Vierergruppe in Ganzmetallausführung läßt sich sehr einfach symmetrie- und impedanzrichtig ausschließlich über 60-Ω-Koaxialkabel speisen. Bild 24.17b und Bild 24.17c zeigen die Erregung des Systems, wobei der Übersichtlichkeit halber nur die Leitungen gezeichnet wurden, bei deren Enden X_1 und X_2 jeweils die *HB 9 CV*-Einheiten angeschlossen werden. Alle Leitungsabschnitte bestehen aus dem gleichen 60-Ω-Kabel, ebenso wie das Speisekabel, das an den zentralen Punkt G angeschlossen wird.

Vorausgesetzt wird, daß die Eingangswiderstände der 4 Einzelsysteme A, B, C und D mit je 60 Ω anliegen. Die Kabelstücke a, b, c und d können somit an die zugehörigen Speisepunkte X_1 und X_2 angeschaltet werden, es besteht Widerstandanpassung, und die Eingangsimpedanzen sind unabhängig von den Leitungslängen auch an den Leitungsenden bei E bzw. F unverändert vorhanden. Die Länge der Leitungsabschnitte a, b, c und d ist somit beliebig und richtet sich nach den mechanischen Erfordernissen. Wichtig ist jedoch, daß die 4 Leitungsstücke genau gleiche Länge haben, da sich andernfalls Laufzeitunterschiede und damit Phasenverschiebungen ergeben würden. In der Praxis können die Leitungslängen z. B. für a, b, c und d nach Bild 24.17b je 1285 mm und in der Ausführung nach Bild 24.17c je 625 mm betragen. An Punkt E bzw. F liegen die Leitungen a und b bzw. c und d einander parallel. Diese Parallelschaltung zweier Impedanzen mit jeweils 60 Ω ergibt bei E und F jeweils resultierende Widerstände von je 30 Ω. Zwischen E und G sowie F und G sind nun Viertelwellentransformatoren eingesetzt (siehe Abschnitt 6.5.). Sie bestehen ebenfalls aus 60-Ω-Koaxialkabel und haben eine elektrische Länge von λ/4 (Bild 24.17b). Gleiche Transformationseigenschaften weisen auch Leitungen auf, deren elektrische Länge ungeradzahlige Vielfache von λ/4 beträgt. Deshalb wurde in der Variante nach Bild 24.17c eine elektrisch 3λ/4 lange Transformationsleitung eingesetzt. Unter Berücksichtigung des Verkürzungsfaktors V, der bei 60-Ω-Kabeln mit Polyäthylen-Dielektrikum ohne Lufträume allgemein 0,66 beträgt, ergeben sich für die beiden Viertelwellentransformatoren nach Bild 24.17b mechanische Leitungslängen von je 330 mm (λ/4 · 0,66). Bei der elektrisch gleichwertigen Ausführung nach Bild 24.17c betragen die Längen je 990 mm (3λ/4 · 0,66). Aus der für Viertelwellentransformatoren gültigen Beziehung

$$Z_A = \frac{Z^2}{Z_E}$$

geht hervor, daß jeder Transformator eine Impedanz Z_A von 120 Ω zum Punkt G transformiert [$Z_A = (60\,Ω)^2/30\,Ω = 120\,Ω$]. Da aber im zentralen Speisepunkt G wieder eine Parallelschaltung

beider Impedanzen vorliegt, resultiert daraus ein zentraler Anschlußwiderstand von 60 Ω. Somit kann das 60-Ω-Speisekabel impedanzrichtig an den Punkt G angeschlossen werden, wobei Anpassung und gleichphasige Erregung für die 4 Einzelsysteme gewährleistet ist. Zur gleichphasigen Erregung muß noch beachtet werden, daß bei den einzelnen *HB 9 CV*-Einheiten alle den Kabelanschlüssen nächstliegenden Gamma-Glieder nach der gleichen Seite zeigen.

An den Verbindungsstellen E, F und G sind alle ankommenden Außenleiter sowie alle Innen-

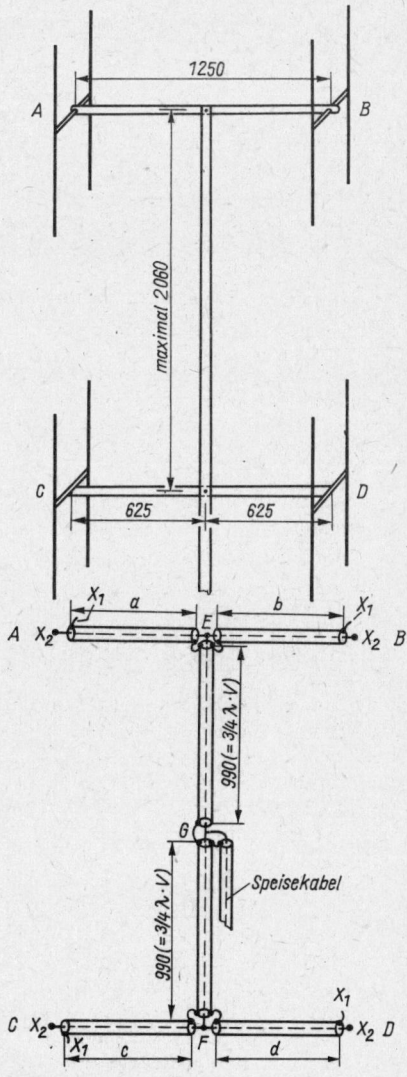

Bild 24.18
Vertikal polarisierte *HB 9 CV*-Gruppe mechanischer Aufbau und Speisesysteme

431

leiter miteinander zu verbinden, wobei für eine korrosionsfeste Abdichtung dieser Stellen zu sorgen ist (Kunststoffkleber, Gießharze). Die elektrisch gleichwertige Ausführung des Erregungssystems nach Bild 24.17c ist etwas vorteilhafter, weil dazu weniger Kabel benötigt wird.

Mit den horizontalen Abständen A–C bzw. B–C von 1λ erreicht man eine kleine horizontale Halbwertsbreite der Gruppe von etwa 30°; gleichzeitig treten – bedingt durch den relativ großen Abstand – auch 2 kräftige Nebenkeulen im Horizontaldiagramm auf. Es ist deshalb vorteilhafter, wenn man diese Abstände auf 0,6 ... 0,7λ ($\triangleq 1250 ... 1450$ mm) verringert. Die Nebenkeulen verschwinden dann, und die horizontale Halbwertsbreite vergrößert sich auf etwa 40°. Durch diese Verkleinerung des Systems wird auch der Windwiderstand noch weiter herabgesetzt. Die vertikale Halbwertsbreite der Anordnung beträgt etwa 55°, es kann mit einem Gewinn von 11 dBd gerechnet werden.

Besonders gut eignet sich die *HB 9 CV*-Vierergruppe auch mit vertikaler Polarisation, wie in Bild 24.18 dargestellt ist. Der gezeigte mechanische Aufbau sichert, daß die Strahlungscharakteristik der metallischen Trägerkonstruktion nicht ungünstig beeinflußt wird. Auch bei dieser Ausführung ist es vorteilhaft, den vertikalen Abstand von 2060 mm auf etwa 1450 mm zu verkleinern und aus mechanischen Gründen die transformierenden Leitungsabschnitte sinngemäß nach Bild 24.17b mit elektrisch $\lambda/4$ (je 330 mm) zu bemessen. Bei Vertikalpolarisation betragen die horizontale Halbwertsbreite 55° und die vertikale Halbwertsbreite etwa 40°. Es kann ebenfalls mit einem Gewinn von 11 dBd gerechnet werden.

24.2. Gestockte *Yagi*-Antennen

Sehr hohe Antennengewinne, wie sie für manche Sonderanwendungen gefordert werden (z.B. EME), kann man mit extrem langen *Yagis* erreichen (siehe Abschnitt 23.3.). Voraussetzung sind inhomogene Strukturen mit logarithmisch gestuftem Wellenleiterprofil, die je Verdoppelung der Antennenlänge einen Gewinnanstieg von 2,35 dB ermöglichen (nach *DL 6 WU* in [1]). Leider ist die praktische Anwendung dieser wichtigen Erkenntnisse durch die mechanische Darstellbarkeit begrenzt. Um z.B. einen Gewinn von 16 dBd im 2-m-Band zu erreichen, müßte man einen Elementeträger (Boom) von etwa 14 m Länge einsetzen ($\approx 7,5\lambda$), für den 70-cm-Bereich wären noch rund 5 m Antennenlänge erforderlich, und erst bei noch höheren Frequenzen kommt man zu «vernünftigen» Boomlängen. Mit wachsender Antennenlänge steigen die Anforderungen an die Präzision der Bemessung, die horizontale Halbwertsbreite wird sehr klein und verlangt deshalb eine hohe Einstellgenauigkeit auf die Gegenstation. Im allgemeinen verringert sich mit wachsender Antennenlänge die Frequenzbandbreite, und Witterungseinflüsse (z.B. Vereisung) verursachen merkbare Verstimmungen. Die sehr langen Antennenträger benötigen aufwendige Stützkonstruktionen und behindern die Drehbarkeit.

Theoretisch könnte man Antennensysteme mit sehr hohem Gewinn auch durch umfangreiche Gruppenanordnungen auf der Grundlage kollinearer Dipole – wie in Abschnitt 24.1. beschreiben – verwirklichen. Da aber die Einzelelemente (Ganzwellendipol mit Reflektoren) nur einen kleinen Gewinnbeitrag liefern, müßte man eine sehr große Anzahl solcher Einzelelemente stokken. Dafür gibt es kommerzielle Beispiele (Dipolwände). Diese Vielzahl gespeister Dipole erfordert einen enormen Verdrahtungsaufwand mit vielen korrosionsgefährdeten Verbindungsstellen und umfangreiche Tragekonstruktionen. Im Amateurbereich haben sich Bau und Anwendung solcher «Mammutgruppen» bisher auf wenige Sonderfälle beschränkt. Um den Gewinn von 16 dBd mit einer solchen Anordnung erreichen zu können, müßte man schätzungsweise 100 Elemente einsetzen.

Der wirtschaftlichste Weg, hohe Gewinne zu erzielen, liegt für den Funkamateur in der Mitte zwischen den beiden Extremen: Die Gruppenbildung aus leistungsfähigen *Yagi*-Antennen mittlerer Länge. Verwendet man z.B. die 6-Element-Lang-*Yagi*-Antenne von *Y2 3RD* als Grundtyp (Gewinn 11 dBd) und schaltet 4 solcher Systeme mit optimalen Abständen zu einer *Yagi*-Gruppe zusammen, ist mit einem Gewinn von 16 dBd zu rechnen. Mechanisch und elektrisch ist eine solche Anordnung noch gut zu beherrschen, der Materialaufwand ist mit insgesamt 24 Elementen relativ gering, und man kann durch die Art der Gruppenbildung die Strahlungsdiagramme des Gesamtsystems beeinflussen.

24.2.1. Das Prinzip der Superposition

Die Gruppenzusammenschaltung von Einzelantennen oder Antennensystemen beruht auf der Grundlage der Superposition (Überlagerung). Diese ist immer die eigentliche physikalische Ursache dafür, wenn Richtdiagramme entstehen, das heißt, wenn die Strahlungscharakteristik von der nach allen Richtungen gleichmäßig (kugelförmig) verlaufenden Ausbreitung abweicht.

«Die Gesamtcharakteristik eines Systems ist gleich der Charakteristik des Einzelstrahlers (der Einzelantenne), multipliziert mit der Charakteristik einer Gruppe von Kugelstrahlern, die an der gleichen Stelle angeordnet sind wie die Einzelstrahler der Gruppe und die mit der gleichen Amplitude und Phasen gespeist werden.»

Mit den Gesetzen der Superposition läßt es sich erklären, daß z. B. ein Halbwellendipol in der E-Ebene eine «Achtercharakteristik» hat, daß ein Reflektor die Rückwärtsstrahlung unterdrückt und daß eine *Yagi*-Antenne eine stark gerichtete birnenförmige Vorwärtsstrahlung aufweist. Immer handelt es sich dabei um die Überlagerung von Wellenfronten an einem fernen Ziel, wobei je nach deren Phasenlage eine Addition (Gleichphasigkeit) bis zu gegenseitiger Auslöschung (180° phasenverschoben) auftritt.

Grundvoraussetzung für das Zusammenschalten mehrerer gleichartiger Strahlungsquellen zu Gruppenanordnungen ist, daß man die Strahlungsdiagramme des Einzelsystems kennt. Nach den Regeln der Superposition kann dann das Gesamtdiagramm vorausberechnet werden. Dabei ist es möglich, der Gruppenanordnung bestimmte unterschiedliche Eigenschaften zu verleihen. Dazu zählt das Erzielen des optimalen Gewinns (für den Funkamateur im allgemeinen von größter Bedeutung), das Entwickeln bestimmter Ausleuchtungsdiagramme (z. B. für Landfunkstellen und UKW-Radar), das Erzeugen nebenzipfelfreier Richtdiagramme (binominale Speisung) und die bewußte Bildung von Nullstellen im Richtdiagramm, um z. B. Störungen beim UKW- und Fernsehempfang wirksam auszublenden.

Die Grundlagen und theoretischen Zusammenhänge der Superposition werden in [2] und [3] erläutert, umfangreichere mathematische Erklärungen sind in [4] enthalten. Im allgemeinen beschränkt sich der Funkamateur auf die Zusammenschaltung von 2 (seltener 4) gleichartigen *Yagi*-Systemen mit gewinnoptimierten Abständen. Für solche Anwendungsfälle ist es nicht erforderlich, tiefer in die etwas komplizierte Materie einzudringen, man kommt mit einfachen Betrachtungen zum Ziel. Der Gewinn kann zwangsläufig nur erhöht werden, wenn man die Halbwertsbreiten verkleinert. Dabei entspricht die Halbierung eines Winkels der Verdoppelung des Leistungsgewinns (3 dB). Stockt man 2 gleichartige Antennensysteme (z. B. *Yagi*-Antennen) und erregt diese mit gleicher Phase und gleicher Amplitude, so wird sich bei einem bestimmten Stockungsabstand – man kann ihn als gewinnoptimalen Abstand bezeichnen – in der Hauptstrahlrichtung die Leistung verdoppeln. Der Gewinnanstieg beträgt – bezogen auf das Einzelsystem – 3 dB. In der Praxis erreicht man diesen Stockungsgewinn nicht, er liegt durchschnittlich bei 2,5 dB, kann aber in Sonderfällen bis auf etwa 2,9 dB ansteigen. Der Stockungsge-

winn wird um so größer, je mehr sich die Strahlungscharakteristik des Einzelsystems dem Ideal nähert (keine Nebenzipfel, keine Rückwärtsstrahlung). Die im praktischen Fall immer vorhandenen Nebenzipfel holen sich – bildlich gesprochen – ihre Energie aus der Hauptstrahlungskeule und schwächen diese entsprechend (Verkleinern der Halbwertsbreite). Um einen möglichst hohen Stockungsgewinn zu erzielen, muß bereits bei der Planung einer gestockten *Yagi*-Anordnung darauf geachtet werden, daß die einzusetzenden Einzelsysteme eine möglichst große Nebenzipfeldämpfung aufweisen. Sie sollte nach *DL 6 WU* [3] mindestens 15 dB betragen, ein Wert, der von vielen Lang-*Yagi*-Typen nicht erreicht wird.

24.2.2. Die Gruppenbildung mit optimalen Abständen

Bild 24.19 bis Bild 24.21 zeigen, wie einfache *Yagi*-Gruppenanordnungen gebildet werden können. Der Übersichtlichkeit halber wurde von jedem *Yagi*-Einzelsystem nur der gespeiste Faltdipol gezeichnet. Am weitaus häufigsten ist die «Zweiergruppe» nach Bild 24.19 a. Sie besteht aus 2 horizontal polarisierten *Yagi*-Systemen, die im Abstand D_H als Zeile vertikal übereinander gestockt sind. Sie bündelt in der H-Ebene durch Verkleinern der vertikalen Halbwertsbreite, an der horizontalen Halbwertsbreite (E-Ebene) ändert sich nichts gegenüber dem eines Einzelsystems. Bei der selten verwendeten Vertikalpolarisation (Bild 24.19 b) bestehen sinngemäß die gleichen Verhältnisse, die Gruppenanordnung ist lediglich gegenüber Bild 24.19 a um 90° axial verdreht, und die Strahlungscharakteristik folgt dieser Drehung.

Eine Gruppenanordnung nach Bild 24.20 a bündelt in der E-Ebene (Verkleinerung der horizontalen Halbwertsbreite), die vertikale Halbwertsbreite (H-Ebene) verändert sich nicht. Die Linienbildung mit vertikal polarisierten *Yagi*-

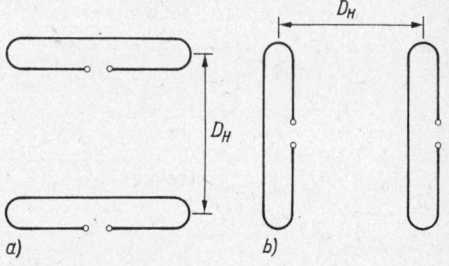

Bild 24.19
Zeilenbildung in der H-Ebene; a – horizontal polarisiert, b – vertikal polarisiert

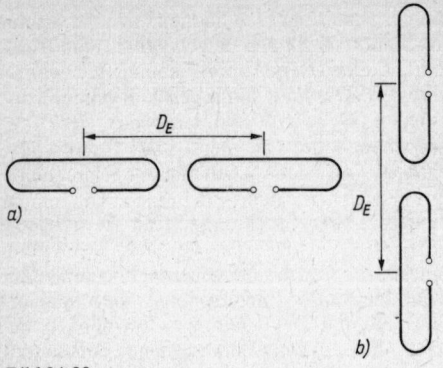

Bild 24.20
Linienbildung in der E-Ebene; a – horizontal polarisiert,
b – vertikal polarisiert

Antennen nach Bild 24.20 b wird in der Praxis fast nur in Verbindung mit vertikal polarisierten Gruppen höherer Ordnung verwendet.

Wie leicht einzusehen ist, bündelt die in Bild 24.21 dargestellte horizontal polarisierte Vierergruppe in der E-Ebene durch Linienbildung (3 dB), so daß ein Gewinnzuwachs von 6 dB – bezogen auf eine einzelne *Yagi*-Antenne – entstehen kann. In der Praxis darf man bei gewinnoptimalen Abständen etwa mit 5 dB rechnen. Vertikalpolarisation mit gleichen Strahlungseigenschaften entsteht, wenn die ganze Gruppe um 90° axial gedreht wird, so daß alle Elemente senkrecht stehen.

Eine einheitliche aussagekräftige Terminologie zum Kennzeichnen von *Yagi*-Gruppenantennen hat sich noch nicht durchsetzen können. Bei der einfachsten und häufigsten Form, der Zweiergruppe, die aus 2 vertikal gestockten, horizontal polarisierten *Yagi*-Antennen besteht (siehe Bild 24.19a), bezieht man oft die Anzahl der vorhandenen Elemente ein und spricht dann z.B. von einer «9 über 9». Würden diese 9-Element-*Yagis* linienförmig nebeneinander angeordnet (Bild 24.20a), müßte man sie sinngemäß

als «9 neben 9» bezeichnen. Bei *Yagi*-Gruppen höherer Ordnung fehlt meistens eine nähere Kennzeichnung, es wird nur die Anzahl der *Yagi*-Systeme angegeben, aus denen die Gruppe besteht (z.B. «Vierergruppe», «Sechsergruppe» usw.).

Um den optimalen Abstand D_{opt} innerhalb von *Yagi*-Gruppen vorausberechnen zu können, müssen mindestens die Halbwertsbreiten der verwendeten gleichartigen Grundantennen bekannt sein. Daumenregeln, die von der Elementanzahl oder von der Antennenlänge ausgehen, sind höchst ungenau und führen nicht zum Gewinnoptimum. Die gebräuchlichste Formel, die sich aus der Superposition ableitet, lautet:

$$D_{opt} = \frac{\lambda}{2 \sin \alpha/2} \qquad (24.2.)$$

($\alpha/2 \triangleq$ halber Halbwertsbreite, Ergebnis in Meter)

Noch einfacher zu handhaben ist die Beziehung:

$$D_{opt} = \frac{57{,}3\lambda}{\alpha} \qquad (24.3.)$$

Beide Formeln ergeben etwas unterschiedliche, jedoch für die Praxis völlig ausreichende Werte für D_{opt}. Bei der Gruppenschaltung nach Bild 24.19 muß die Halbwertsbreite (H-Ebene) in die Formeln eingesetzt werden, sinngemäß gilt für die Linienanordnung nach Bild 24.20 die horizontale Halbwertsbreite (E-Ebene). Die Abstände D_E und D_H in der Vierergruppe (Bild 24.21) sind einzeln entsprechend den unterschiedlichen Halbwertsbreiten zu berechnen.

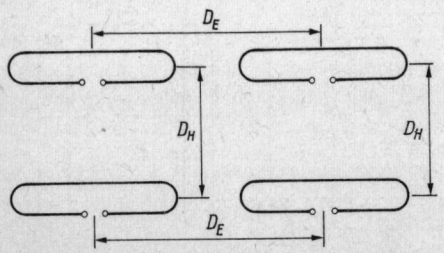

Bild 24.21
Vierergruppe, bestehend aus 2 Linien und 2 Zeilen,
horizontal polarisiert

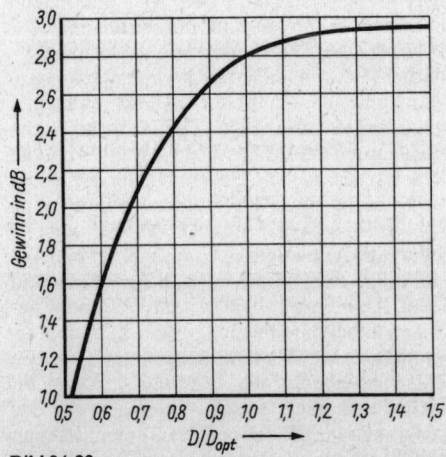

Bild 24.22
Der Gewinn durch Stockung von 2 Antennen beim
Abweichen vom Optimalabstand D_{opt} (nach *DL 6 WU*)

Der Optimalabstand D_{opt} ist nicht der Abstand des Maximalgewinns, sondern ein Kompromiß zwischen Nebenzipfelunterdrückung und Einschnürung der Hauptkeule; er ist somit der geringstmögliche Abstand, bei dem noch annähernd Gewinnverdoppelung auftritt. Wie sich ein Abweichen von D_{opt} auf den möglichen Gewinn auswirkt, wurde von *DL 6 WU* an zahlreichen Meßwerten untersucht [3], das dazugehörige Diagramm zeigt Bild 24.22.

Wird D_{opt} über den berechneten Wert hinaus vergrößert, wachsen die Nebenzipfel an, die Hauptkeule wird schmaler, der Gewinn kann zunächst noch um Bruchteile eines dB ansteigen, und bei sehr großen Abständen tritt sogar eine Gewinnminderung auf [2]. Beim Unterschreiten von D_{opt} nimmt der Gewinn schnell ab, gleichzeitig schrumpfen aber auch die Nebenzipfel. Im Interesse eines «sauberen» Strahlungsdiagramms wird deshalb oft empfohlen, D_{opt} bei längeren *Yagi*-Systemen auf bis zu etwa 70% des errechneten Wertes zu vermindern. Werden relativ kurze Antennen gestockt (z.B. 3-Element-*Yagis*), erreichen die Rechenwerte für D_{opt} nicht den Optimalgewinn, man sollte deshalb den errechneten Stockungsabstand um bis zu 30% vergrößern. Bei Gruppen höherer Ordnung (Viergruppen, Sechsergruppen usw.) wird empfohlen, etwas größere Abstände zu wählen, als sie für Zweiergruppen erforderlich sind.

Bei der Linienbildung (kollineare Anordnung) in der E-Ebene (Bild 24.20) ist der erreichbare Gewinn um etwa 0,5 dB geringer als bei der Stockung in der H-Ebene (Bild 24.19). Somit ist eine Viergruppe, die aus 4 vertikal gestockten Einzelsystemen besteht, etwas gewinngünstiger als eine solche nach Bild 24.21.

Bei der Gruppenanordnung, deren gleichartige Einzelsysteme mit gleicher Phase und gleicher Amplitude erregt werden, bleiben die Summendiagramme innerhalb der Einzeldiagramme, aus denen sie sich zusammensetzen.

24.2.3. Die Erregung von *Yagi*-Gruppen

Beim Zusammenschalten von mehreren *Yagi*-Antennen zu einer *Yagi*-Gruppe sollen *alle* Einzelantennen mit gleicher Phasenlage und gleicher Amplitude gespeist werden. Das bedeutet, daß alle Verbindungsleitungen, die vom gemeinsamen Speisekabel zu den einzelnen *Yagi*-Antennen führen, von genau gleicher Länge sind (gleiche Laufzeit) und daß diese Verbindungsleitungen mit gleicher Polarität an die Einzelsysteme angeschlossen werden. Dabei gilt bezüglich der Anschlüsse an die einzelnen Antenneneingänge die einfache Regel «links zu links» und «rechts zu rechts» bzw. bei Vertikalpolarisation «oben zu

oben» und «unten zu unten». Diese Betrachtungsweise gilt auch für Faltdipole unabhängig von der Position ihrer Öffnung, wie in Bild 24.23 skizziert ist. Auch wenn an den Eingängen der Einzelantennen eine Symmetriewandlung erfolgt (z.B. Halbwellenumwegleitung oder EMI-Schleife), muß die richtige Polarität nach obiger Regel gewahrt bleiben.

In der Praxis werden folgende Erregungsarten angewendet:
– Erregen über abgestimmte Verbindungsleitungen, wobei diese teilweise als Transformationsglieder ausgeführt sind und die am zentralen Antenneneingang gewünschte Impedanz herstellen.
– Erregen über nicht abgestimmte (angepaßte) Verbindungsleitungen mit entsprechendem Wellenwiderstand ohne transformierende Eigenschaften.
– Erregen über nicht abgestimmte, angepaßte Leitungen in Verbindung mit Transformationsgliedern (meist Viertelwellentransformatoren). Diese Erregungsart ist am häufigsten.

Die Erregung über abgestimmte Verbindungsleitungen wurde bereits im Abschnitt 24.1.1. ausführlich beschrieben, weil sie bei den Gruppenstrahlern vorwiegend angewendet wird.

Zum Erregen gestockter *Yagi*-Antennen sind unabgestimmte angepaßte Verbindungsleitungen am zweckmäßigsten, denn bei dieser Methode können die Stockungsabstände ohne mechanische Schwierigkeiten beliebig gewählt werden. Da angepaßte Verbindungsleitungen außerdem von der Frequenz unabhängig sind, wird der Frequenzbereich der Anlage nicht eingeengt. Bild 24.23 zeigt ein einfaches Anwendungsbeispiel für diese Erregungsart.

Es bestehen folgende allgemeingültige Forderungen:
– Der Eingangswiderstand der Einzelantennen muß gleich sein (im vorliegenden Fall beträgt er je 240 Ω).

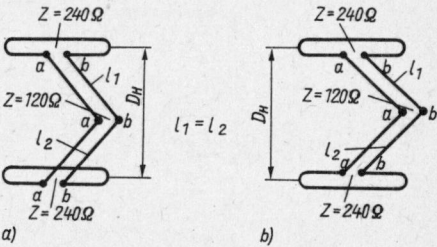

a) b)

Bild 24.23
Die gleichphasige Erregung zweier gestockter *Yagi*-Systeme über unabgestimmte Verbindungsleitungen. Identische Schaltungen bei unterschiedlicher Position des unteren Faltdipols

– Der Wellenwiderstand Z der Verbindungsleitungen muß gleich dem Eingangswiderstand der Einzelantennen sein (für das Beispiel in Bild 24.23, $Z = 240\,\Omega$).
– Die Länge der Verbindungsleitungen ist beliebig und kann jedem gewünschten Stockungsabstand entsprechen. Es muß aber gewährleistet werden, daß alle zum zentralen Antenneneingang führenden Verbindungsleitungen untereinander die gleiche geometrische und elektrische Länge haben (im Beispiel $l_1 = l_2$).
– Die geforderte gleichphasige Erregung ist nur dann gewährleistet, wenn die Dipolanschlußpunkte gleichsinnig miteinander verbunden werden (im Beispiel a mit a und b mit b).

Am zentralen Antenneneingang sind die Eingangsimpedanzen der beiden Einzelantennen einander parallelgeschaltet, die Eingangsimpedanz erscheint dort deshalb nur mit dem halben Wert (Parallelschaltung von Widerständen), im vorliegenden Beispiel mit $120\,\Omega$. Bei mehrfacher Stockung verringert sich die Impedanz im zentralen Antenneneingang entsprechend der Anzahl parallelgeschalteter gleicher Eingangswiderstände. Stockt man z. B. 4 *Yagi*-Ebenen übereinander (oder auch in einer Gruppenanordnung nach Bild 24.21), deren Eingangswiderstand je $240\,\Omega$ beträgt, so kann am zentralen Antenneneingang mit einer Impedanz von $60\,\Omega$ gerechnet werden ($240 : 4$). Damit wäre direktes Speisen mit Koaxialkabel über einen Symmetriewandler (siehe Abschnitt 7.) möglich. Diese Ausführungen sind auch für die kollineare Gruppenbildung (z. B. nach Bild 24.20) gültig.

Sehr häufig entspricht die am zentralen Antenneneingang vorhandene Eingangsimpedanz nicht dem Wellenwiderstand des vorgesehenen Speisekabels. Dann kann mit einem der bekannten Transformationsglieder – vorzugsweise einem Viertelwellentransformator – der gewünschte Eingangswiderstand hergestellt werden (siehe Abschnitt 6.5.).

Yagi-Gruppen höherer Ordnung, vorzugsweise Vierergruppen, können auch über eine Breitbandspeisung erregt werden, bei welcher der Eingangswiderstand der Einzelantenne als zentraler Eingangswiderstand X–X für die ganze Gruppenanordnung mit dem gleichen Wert erscheint (Bild 24.24). Dabei sind jeweils 2 Ebenen parallelgeschaltet (Z/2) und 2 Ebenen liegen in Serie (2Z). Diese Zusammenschaltungen sind bei Fernsehempfangsantennen üblich. Funkamateure bevorzugen die reine Parallelschaltung der Ebenen und verwenden im Bedarfsfall Viertelwellentransformatoren, wobei die Verbindungsleitungen und die Transformationsglieder fast immer aus Koaxialkabel bestehen.

24.2.4. Die Praxis der *Yagi*-Gruppenantennen

Die wirtschaftliche Zusammenschaltung von *Yagi*-Gruppen bedarf einiger vorausplanender Überlegungen. Zunächst muß man sich darüber klar werden, welcher *Yagi*-Typ als Grundantenne einzusetzen ist. Für sehr kurze *Yagis* lohnt sich der Aufwand einer Stockung kaum; günsti-

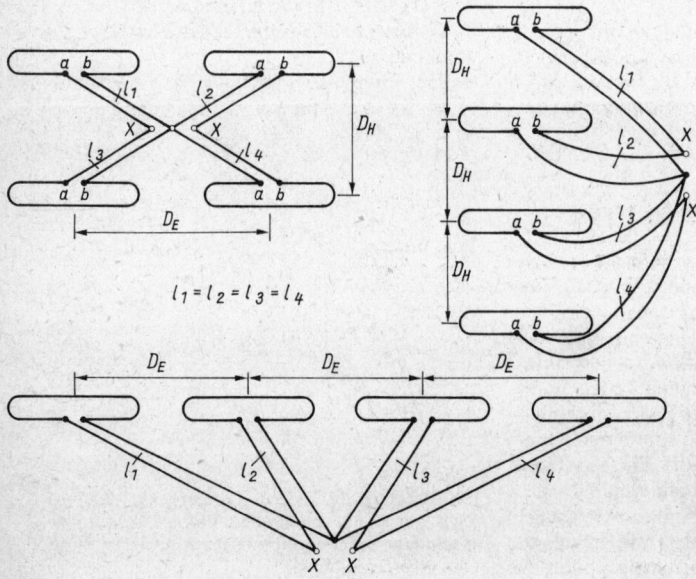

Bild 24.24
Breitbanderregung von Vierergruppen durch Serien-Parallelschaltung. X-X entspricht dem Eingangswiderstand der Einzelebene

gere Lösungen bieten optimierte Lang-*Yagis* mit Antennenlängen, die sich mechanisch noch gut beherrschen lassen. Gleichung (24.2.) und Gleichung (24.3.) für D_{opt} können nur sinnvoll angewendet werden, wenn die Diagramme der Einzelantennen optimiert sind. Bei der Gruppenbildung wächst die Anzahl und Größe der Nebenzipfel im Gesamtdiagramm, da sich die unvermeidlichen Nebenzipfel der Gruppencharakteristik mit denen der Einzelcharakteristik überlagern. Deshalb ist es wichtig, daß bereits in der Einzelcharakteristik eine hohe Nebenzipfeldämpfung vorhanden ist. Natürlich soll der Eingangswiderstand der Einzelantenne möglichst genau bekannt sein, da auf ihm die Speisung der Gesamtgruppe abgestimmt ist. Der als Nennwert angegebene Eingangswiderstand stellt manchmal nur einen Näherungswert dar.

Der Weitverkehr im 2-m-Band und im 70-cm-Band wird fast ausschließlich mit Horizontalpolarisation durchgeführt; für den vertikal polarisierten FM-Relaisverkehr sind Gruppenanordnungen kaum erforderlich. Deshalb werden in den nachfolgenden Bemessungsbeispielen alle Anordnungen mit Horizontalpolarisation dargestellt. Vertikalpolarisation erhält man durch axiales Verdrehen der gesamten Gruppe um 90°.

24.2.4.1. Gruppenanordnungen mit der 6-Element-Lang-*Yagi* nach *Y2 3RD*

Die nachstehenden Gruppenanordnungen wurden von *Y2 3RD* aufgebaut und erprobt; die angegebenen elektrischen Daten sind praktisch ermittelte Meßwerte. Obwohl alle Verbindungsleitungen als Koaxialkabel ausgeführt sind, wird auf eine Symmetriewandlung an den Speisepunkten der Einzelsysteme verzichtet. Die dadurch entstehenden Unsymmetrien in der Strahlungscharakteristik sind gering und lassen sich vernachlässigen.

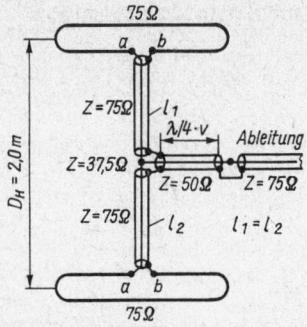

Bild 24.25
Die Erregung von 2 in der H-Ebene gestockten 6-Element-Lang-*Yagis* und *Y3 3RD*

Gruppenschaltungen 2 × 6-Element-Lang-*Yagi* für 2 m

Die 6-Element-Grundantenne ist in Bild 22.16 mit allen Bemessungsangaben dargestellt. Bei ihrer Gruppenanordnung werden der Übersichtlichkeit halber nur die gespeisten Faltdipole gezeichnet.

Für die Stockung in der H-Ebene ergibt sich nach Gl. (24.3.) ein Abstand D_{opt} von 2,62 m ($\approx 1,27\lambda$). Bei der Diagrammaufnahme [2] zeigte sich jedoch, daß bei diesem Abstand zuviel Leistung in den gebildeten Nebenkeulen verloren ging. Der beste Kompromiß zwischen kleiner Halbwertsbreite und großer Nebenzipfeldämpfung wurde bei einem vertikalen Abstand D_H von 2 m ($\approx 1\lambda$) gefunden.

Die Zusammenschaltung der Gruppe zeigt Bild 24.25. l_1 und l_2 sind angepaßte Leitungen ($Z = 75\,\Omega$), ihre Gesamtlänge l_1 und l_2 ist beliebig, es muß jedoch immer $l_1 = l_2$ sein. Am zentralen Zusammenschaltungspunkt beträgt die Impedanz 37,5 Ω (Parallelschaltung von Widerständen). Dort schließt sich ein Viertelwellentransformator an, der die Aufgabe hat, die Eingangsimpedanz von 37,5 Ω auf einen für handelsübliche Koaxialkabel geeigneten Wert zu transformieren. Für eine beliebig lange 75-Ω-Ableitung wird der Wellenwiderstand $Z = 50\,\Omega$ (genauer: $Z = \sqrt{37,5\,\Omega \cdot 75\,\Omega} = 53,05\,\Omega$). Es sei in diesem Zusammenhang darauf hingewiesen, daß die für die Konsumelektronik bestimmten Koaxialkabel eine Toleranz des Wellenwiderstandes von etwa ±5% aufweisen, nur die kostspieligen Spezialkabel sind enger toleriert.

Es wurden folgende Daten ermittelt:
Abstand $D_H = D_{opt} = 2,0$ m ($\triangleq 1\lambda$)
Horizontale Halbwertsbreite $\alpha_E \approx 39°$
Vertikale Halbwertsbreite $\alpha_H \approx 22°$
Gewinn $\geqq 13,5$ dBd

Bild 24.26
2 kollinear angeordnete 6-Element-Antennen nach *Y2 3RD*. Der abgespannte Querträger besteht aus Kunststoffrohr (Foto: *O. Oberrender*)

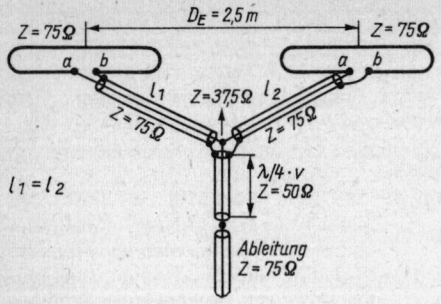

Bild 24.27
Die Erregung von 2 kollinear in der E-Ebene
angeordneten 6-Element-Lang-*Yagis* nach *Y2 3RD*

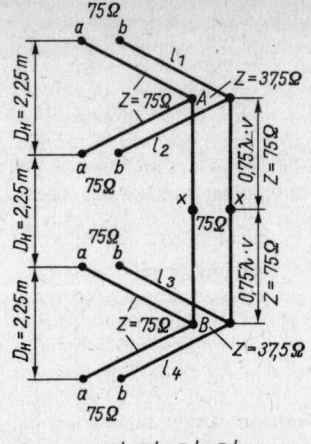

$l_1 = l_2 = l_3 = l_4$

Bild 24.28
Erregungsschema einer Vierergruppe mit 4 in der
H-Ebene gestockten 6-Element-Lang-*Yagis*

Die Strahlungsdiagramme sind in [2] enthalten.

Für die selten verwendete Gruppenanordnung der 6-Element-Lang-*Yagi* zeigt Bild 24.26 den praktischen Aufbau. Aus bereits behandelten Gründen muß bei einer solchen Anordnung ein nichtmetallischer Querträger verwendet werden (Kunststoff oder Holz). Das Schema der Zusammenschaltung zeigt Bild 24.27. Es handelt sich um das gleiche Prinzip der Anpassung und Transformation wie in Bild 24.25.

Es wurden folgende Daten ermittelt:
Abstand $D_E = D_{opt} = 2,5$ m ($\triangleq 1,25\lambda$)
Horizontale Halbwertsbreite $\alpha_E \approx 20°$
Vertikale Halbwertsbreite $\alpha_H \approx 45°$
Gewinn $\geqq 13$ dBd
Die Strahlungsdiagramme sind in [2] enthalten.

Gruppenschaltungen 4 × 6-Element-Lang-*Yagi*

Vierergruppen mit 4 in der E-Ebene kollinear angeordneten *Yagis* sind im Amateurbereich nicht üblich, da sie lange nichtmetallische Querträger erfordern, die mechanisch schwer zu beherrschen sind. Außerdem wird die horizontale Halbwertsbreite sehr schmal, was für die meisten Betriebsfälle unerwünscht ist.

Für die 4fach gestockte *Yagi*-Gruppe, die aus 4 Systemen der 6-Element-Lang-*Yagi* nach *Y2 3RD* besteht (siehe Bild 23.19), werden Abstände D_H von 2,25 m als optimal empfohlen. Das vereinfachte Erregungsschema zeigt Bild 24.28. Alle Verbindungsleitungen, die aus Koaxialkabel bestehen, wurden als symmetrische Zweidrahtleitungen gezeichnet. l_1 und l_2 sowie l_3 und l_4 sind jeweils parallelgeschaltet (vergleiche Bild 24.25), so daß die Impedanz an den Verbindungspunkten A und B je 37,5 Ω beträgt. Von A zu X–X und von B zu X–X liegt je ein «verlängerter» Viertelwellentransformator mit 75 Ω Wellenwiderstand. Tatsächlich ist die Länge der Transformatoren aus mechanischen Gründen elektrisch 3λ/4; dabei geht man von der Tatsache aus, daß Leitungen, deren elektrische Länge *ungeradzahlige* Vielfache von λ/4 betragen, die gleichen Transformationseigenschaften wie λ/4-

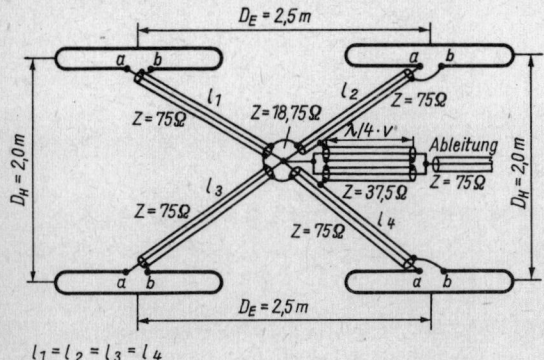

$l_1 = l_2 = l_3 = l_4$

Bild 24.29
Erregung einer Vierergruppe mit je 2 kollinear
in der E-Ebene angeordneten und je 2 in der
H-Ebene gestockten 6-Element-Lang-*Yagi*-
Systemen

438

Transformatoren aufweisen. Von A und von B werden je 150 Ω zu X–X transformiert. Da diese Widerstände an X–X einander parallelliegen, ergibt sich dort der geforderte Eingangswiderstand von 75 Ω.

Es wurden folgende Daten ermittelt:
Abstände $D_H = D_{opt} = 2,25\,m\ (\triangleq 1,09\lambda)$
Horizontale Halbwertsbreite $\alpha_E \approx 39°$
Vertikale Halbwertsbreite $\alpha_H \approx 12°$
Gewinn $\geqq 16\,dBd$

Die Vierergruppe nach Bild 24.29 bündelt in der H-Ebene und in der E-Ebene. Alle 4 Systeme liegen einander am zentralen Verbindungspunkt parallel, woraus sich dort eine Impedanz von 75 Ω/4 = 18,75 Ω ergibt. Der angeschlossene $\lambda/4$-Transformator muß daher von 18,75 Ω auf 75 Ω transformieren. Sein Wellenwiderstand ist $Z = \sqrt{18,75\,\Omega \cdot 75\,\Omega} = 37,5\,\Omega$. Dieser Wert ist nicht handelsüblich, er läßt sich aber leicht herstellen, indem man 2 elektrisch $\lambda/4$ lange 75-Ω-Koaxialkabel einander parallelschaltet (Innenleiter an Innenleiter und Außenleiter an Außenleiter, wie gezeichnet). Soll die gleiche Anordnung über ein 50-Ω-Koaxialkabel erregt werden, wird $Z = 30,6\,\Omega$. Dieser Wellenwiderstand kann durch 2 parallelgeschaltete 60-Ω-Kabel verwirklicht werden.

Es wurden folgende Daten ermittelt:
Abstände $D_E = D_{opt} = 2,5\,m\ (\triangleq 1,25\lambda)$
Abstände $D_H = D_{opt} = 2,0\,m\ (\triangleq 1\lambda)$
Horizontale Halbwertsbreite $\alpha_E \approx 20°$
Vertikale Halbwertsbreite $\alpha_H \approx 22°$
Gewinn $\geqq 16\,dBd$

Gruppenschaltung 6 × 6 Element-Lang-*Yagi*

Diese Hochleitungs-Sechsergruppe von *Y23RD* besteht aus jeweils 3 Antennen übereinander und 2 nebeneinander. Grundtyp ist wieder die 6-Element-Lang-*Yagi* nach Bild 23.19. Die beeindruckende Erscheinungsform mit der konstruktiven Lösung der Trageeinrichtung zeigt Bild 24.30; in Bild 24.31 sind die Strahlungsdiagramme dargestellt.

Das Grundschema für die Erregung mit einem 75-Ω-Kabel (Bild 24.32 a) läßt die Impedanzverhältnisse erkennen: Je 3 Ebenen von 75-Ω-Eingangswiderstand sind parallelgeschaltet, woraus an den Punkten A eine Impedanz von 75 Ω/3 = 25 Ω erscheint. Die sich anschließenden Viertelwellentransformatoren müssen von 25 nach 150 Ω transformieren, somit beträgt ihr Wellenwiderstand praktisch 60 Ω (genauer: $Z = \sqrt{25\,\Omega \cdot 150\,\Omega} = 61,24\,\Omega$). Die Transformatorausgänge mit 150 Ω sind im zentralen Antenneneingang parallelgeschaltet, so daß sich der gewünschte Eingangswiderstand von 75 Ω ergibt. Will man mit 50-Ω-Koaxialkabel ableiten, dann müßten die $\lambda/4$-Transformatoren einen Wel-

Bild 24.30
Die 6 × 6-Element-Lang-*Yagi*-Gruppe von *Y2 3RD*
(Foto: *O. Oberrender*)

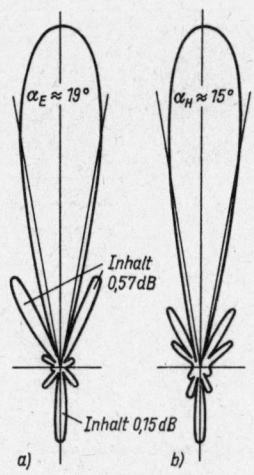

Bild 24.31
Gemessene Diagramme der 6 × 6-Element-Lang-*Yagi*-Gruppe; a – Horizontaldiagramm (E-Ebene),
b – Vertikaldiagramm (H-Ebene)

lenwiderstand von $50\,\Omega$ aufweisen $(Z = \sqrt{25\,\Omega \cdot 100\,\Omega} = 50\,\Omega)$.

Y2 3RD hat bei der praktischen Ausführung eine etwas abgewandelte Form der Erregung gewählt, die im Kabelplan Bild 24.32b verdeutlicht werden soll. Mit Ausnahme der beiden $\lambda/4$-Transformatoren bestehen alle anderen Leitungen aus 75-Ω-Koaxialkabel. Bei Berücksichtigung des Verkürzungsfaktors V ergeben sich eine günstige Leitungsführung und eine zusätzliche Eigensymmetrierung der Gruppe. l ist die kürzeste Länge der Verbindungsleitungen. Gezeichnet sind nur die Anschlüsse der Kabelinnenleiter. Alle Außenleiter (Geflecht) sind mit der jeweils anderen Strahlerseite verbunden. Wegen der elektrischen Symmetrie sind alle Kabelinnenleiter *außen* angeschlossen. Um trotzdem eine phasengleiche Erregung der linken und der rechten Antennenhälfte zu erhalten, müssen die Verbindungsleitungen der rechten Antennenhälfte um elektrisch $\lambda/2$ gegenüber denen der linken Hälfte verlängert werden. Die von den höchsten Ebenen kommenden Verbindungsleitungen sind aus mechanischen Gründen um elektrisch 2λ länger, die Impedanz- und Phasenverhältnisse werden davon nicht beeinflußt.

Es wurden folgende Daten ermittelt:
Abstände $D_\mathrm{E} = D_\mathrm{opt} = 2{,}70\,\mathrm{m}$ ($\hat{=}1{,}3\lambda$)
Abstände $D_\mathrm{H} = D_\mathrm{opt} = 2{,}25\,\mathrm{m}$ ($\hat{=}1{,}1\lambda$)

Horizontale Halbwertsbreite $\alpha_\mathrm{E} \approx 19°$
Vertikale Halbwertsbreite $\alpha_\mathrm{H} \approx 15°$
Gewinn $\geqq 17{,}5\,\mathrm{dBd}$

24.2.4.2. Lang-*Yagi*-Gruppen für 70 cm

Erst im 70-cm-Band ist es möglich, Hochleistungsantennen mit vertretbarem Aufwand zu bauen, denn ihre Abmessungen sind gegenüber denen gleichwertiger *Yagis* für das 2-m-Band auf 1/3 zusammengeschrumpft. Ist man mit der Antennenlänge einer Lang-*Yagi*-Ebene bei einer – individuell unterschiedlichen – «Vernunftgrenze» angelangt und möchte den Gewinn noch weiter erhöhen, kommt man zwangsläufig zur Gruppenbildung. Sie ist für die EME-Arbeit die Regel!

Eigenkonstruktionen sind nicht schwierig zu berechnen, wenn die bisherigen Ausführungen über Gruppenantennen beachtet werden. Der Erfolg hängt weitgehend von der Auswahl der Einzelantenne ab, deren Eigenschaften und Daten bekannt sein müssen. Solche optimalen Lang-*Yagis* stehen auch für das 70-cm-Band zur Verfügung; es wird hier vor allem auf die in Abschnitt 23.3.4.1. ausführlich beschriebene Lang-*Yagi*-Serie von *DL 6 WU* verwiesen, die eine Auswahl für fast alle Ansprüche bietet. Auch die 18-Ele-

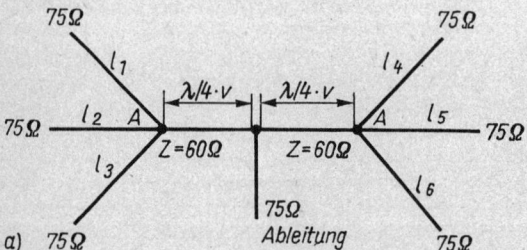

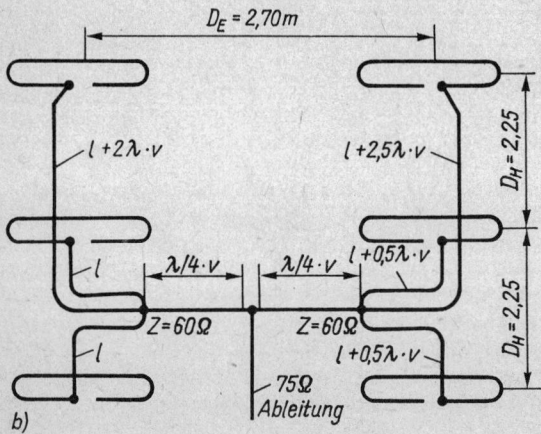

Bild 24.32
Die Erregung der 6×6-Element-Lang-*Yagi*-Gruppe; a – Grundschema zu den Widerstandsverhältnissen, b – abgewandeltes Ausführungsschema (siehe Text)

440

ment-Breitband-Lang-*Yagi* nach Abschnitt 23.3.4.2. kann zur Gruppenbildung empfohlen werden.

Wenn man bei Eigenkonstruktionen D_{opt} nach Gl. (24.2.) oder Gl. (24.3.) errechnet und nicht die Möglichkeit hat, die Strahlungsdiagramme der Lang-*Yagi*-Gruppe im fertigen Zustand zu messen, sollten die Abstände sicherheitshalber um etwa 10% gegenüber dem Rechenwert verringert werden. Man unterdrückt damit die Ausbildung übergroßer Nebenkeulen, ohne daß der Gewinn durch Stockung merkbar abnimmt (siehe Bild 24.32).

Die empfohlenen Einzelantennen haben Eingangswiderstände von 200 bzw. 240 Ω. Das ermöglicht es, jede Einzelantenne mit einer Halbwellenumwegleitung als Symmetrie- und Impedanzwandler zu versehen (siehe Abschnitt 7.5.) und die ganze Gruppe – wie allgemein gefordert – über Koaxialkabel zu erregen.

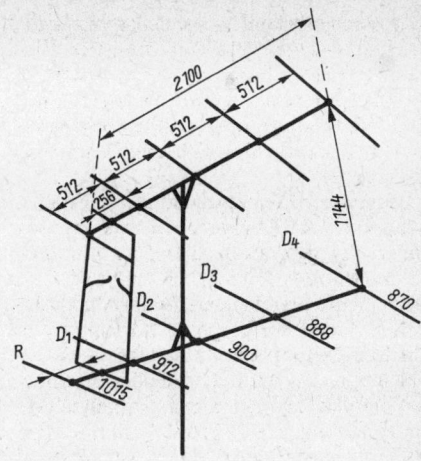

Bild 24.33
Gestockte *Yagi* 6 über 6 nach *OH 2 EW*

24.2.5. Sonderformen gestockter *Yagi*-Antennen

Es wurden einige Sonderformen gestockter *Yagi*-Antennen entwickelt, die sich in ihrem Erregersystem von den bisher beschriebenen Normalausführungen unterscheiden. Merkmal ist das für beide *Yagi*-Ebenen gemeinsame Erregerelement. Es besteht im allgemeinen aus gestockten Ganzwellenschleifen und erfüllt die Forderung nach zentraler gleichphasiger Erregung beider Ebenen ohne Verbindungsleitungen.

24.2.5.1. Gestockte *Yagi*-Antenne 6 über 6 nach *OH 2 EW*

Die in Bild 24.33 dargestellte Zweiebenen-*Yagi* fällt durch die ungewöhnliche Art der Erregung auf. Sie wird oft fälschlicherweise als Skelettschlitzerregung bezeichnet und ist besonders bei den britischen Funkamateuren beliebt geworden.

Bild 24.34a zeigt das gespeiste Element gesondert dargestellt. Addiert man die angegebenen Längen, so ergibt sich der Gesamtumfang des Rechtecks mit 3048 mm. Da die Antenne für das 2-m-Band bestimmt ist, entspricht diese Länge etwa 1,5λ bzw. je Hälfte 0,75λ. Unter diesen Umständen läßt sich eine gleichphasige Erregung beider Ebenen nicht ermöglichen. Klarheit erhält man erst, wenn obere und untere Rechteckhälfte gesondert betrachtet werden, wobei die Y-Leitung längenmäßig mit einbezogen wird (Bild 24.34b). Man kann feststellen, daß die Y-Leitung mit einer Länge von 570 mm (2 Schenkel, je 285 mm lang) das an 1λ fehlende Viertelwellen-

stück darstellt. Da diese Y-Leitung sowohl für den unteren als auch für den oberen Abschnitt wirksam ist, besteht das gespeiste Element praktisch aus 2 Quads von je 1λ Umfang. Bild 24.34c zeigt noch einmal das gesamte gespeiste Element mit eingezeichneten Stromrichtungspfeilen. Daraus geht hervor, daß in allen waagrechten Abschnitten gleichphasige Erregung auftritt.

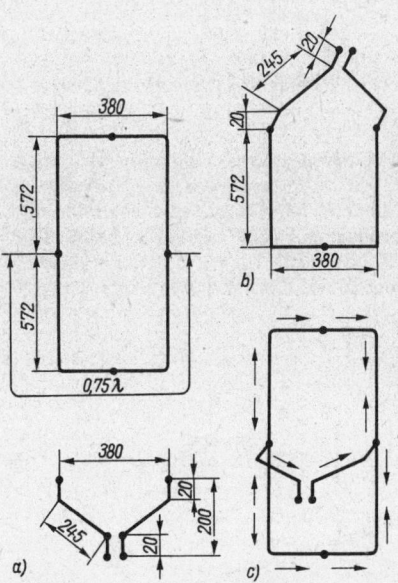

Bild 24.34
Das gespeiste Element der 6 über 6; a – Rechteckelement und Y-Leitung, b – Halbabschnitt des gespeisten Elementes, c – Stromverteilung auf dem Element

Der Stockungsabstand ist durch das erregende Element mit etwa 0,6λ (1144 mm) festgelegt, das bedeutet, der durch Stockung erzielte Gewinn beträgt schätzungsweise 2,3 dB. Die Boomlänge von 1λ in Verbindung mit den verhältnismäßig großen Direktorabständen läßt das Lang-*Yagi*-Prinzip erkennen.

Die Längen der Elemente und ihre Abstände gehen aus Bild 24.33 hervor, während die Abmessungen der gespeisten Elemente mit dem Y-Glied aus Bild 24.34 ersichtlich sind. Die parasitären Elemente bestehen aus 5-mm-Alu-Rundmaterial, während der gespeiste Abschnitt einschließlich Y-Leitung aus 8 mm dickem Rundmaterial hergestellt wird. Die beiden Elementeträger wurden bei der Originalantenne aus Aluwinkelmaterial mit U-Profil 20 mm × 2 mm gefertigt. Alle angegebenen Materialstärken sind nicht besonders kritisch. Abweichungen bis ±20% dürften zulässig sein.

Mechanische und elektrische Angaben
Elementdurchmesser siehe Text
Trägerrohre Metall, 20 ... 30 mm Durchmesser
Antennenlänge 2100 mm
Stockungsabstand 1144 mm
Eingangswiderstand 70 Ω symmetrisch
Gewinn etwa 12 dBd
Rückdämpfung etwa 20 dB
Horizontale Halbwertsbreite $\alpha_E \approx 50°$
Vertikale Halbwertsbreite $\alpha_H \approx 35°$

Die Antenne kann nach Zwischenschalten eines Symmetriewandlers direkt über ein handelsübliches Koaxialkabel gespeist werden.

24.2.5.2. Gestockte Kurz-*Yagi* 4 über 4

Eine gestockte Kurz-*Yagi*, die ebenfalls mit «Skelettschlitzerregung» arbeitet, zeigt Bild 24.35. Das gespeiste Element hat die gleichen Abmessungen wie das der *6 über 6*, die parasitä-

ren Elemente unterscheiden sich allerdings hinsichtlich ihrer Längen und Abstände. Alle Einzelheiten des Aufbaus sind aus Bild 24.35 zu ersehen. Da der Eingangswiderstand etwa 75 Ω beträgt, kann auch dieses Antennensystem bei Zwischenschaltung eines Symmetriewandlers direkt über ein Koaxialkabel gespeist werden.

Mechanische und elektrische Angaben
Elementdurchmesser 6 ... 8 mm
Trägerrohre Metall, 15 ... 30 mm Durchmesser
Antennenlänge 1230 mm
Stockungsabstand 1144 mm
Eingangswiderstand etwa 75 Ω symmetrisch
Rückdämpfung etwa 16 dB
Gewinn etwa 9 dB
Horizontale Halbwertsbreite $\alpha_E \approx 60°$
Vertikale Halbwertsbreite $\alpha_H \approx 55°$

24.2.5.3. Der *DL 7 KM*-2-m-Beam

Gestockte Quad-Elemente als Erregersystem in Verbindung mit stabförmigen parasitären Reflektoren wurden von *DL 7 KM* entwickelt und mit gutem Erfolg im 2-m- und 70-cm-Band eingesetzt (siehe Abschnitt 27.3.4.). Da diese Doppelquadelemente elektrisch und mechanisch sehr günstige Lösungen bei der Verwirklichung gestockter Erregersysteme ermöglichen, wurden sie auch bei Strahlergruppen verwendet. Das in Bild 24.37b dargestellte Doppelquadelement ist ein vertikal gestocktes, zentral gespeistes Dipolsystem, das durch Bündelung in der H-Ebene einen Gewinn von etwa 3 dB – bezogen auf einen resonanten Halbwellendipol – aufweist. Die Eingangsimpedanz beträgt annähernd 270 Ω, sofern keine parasitären Elemente vorhanden sind.

Bekanntlich hat ein einfaches Quadelement einen Eingangswiderstand von 120 Ω. Der Eingangswiderstand des Doppelquad ist gegenüber dem einer einfachen Quadschleife mehr als doppelt so groß. Die theoretische Erklärung dafür ist

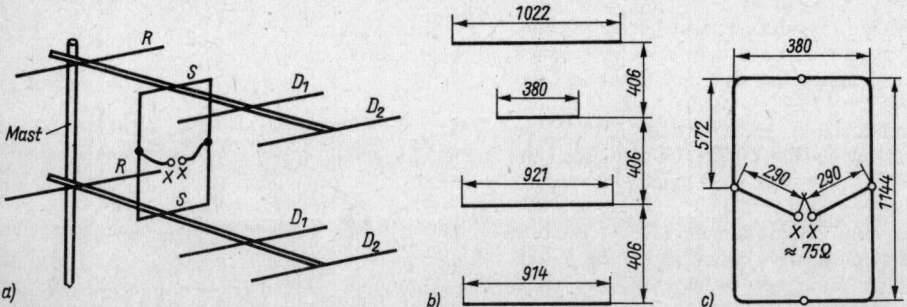

Bild 24.35
Gestockte *Yagi* 4 über 4; a – Gesamtansicht, b – Schema der Abmessungen, c – Teilzeichnung gespeistes Element

einleuchtend, wenn man die Quadelemente als Sonderfälle von Schleifenantennen betrachtet. In beiden Fällen handelt es sich um Ganzwellenschleifen. Wie in Abschnitt 15.1. ausgeführt wurde, kann man das Quadelement aus dem Faltdipol entwickeln, indem man diesen nach Bild 15.1 senkrecht auseinanderzieht. An der Stromverteilung ändert sich dabei nichts, aber die beiden Strommaxima, die sich beim Faltdipol eng benachbart parallel gegenüberstehen, sind beim Quadelement auf einen gegenseitigen Abstand von rund $0,35\lambda$ auseinandergerückt. Dieser größere Abstand der Strommaxima bewirkt, daß das Quadelement als gestocktes Dipolsystem strahlt, wobei durch vertikale Bündelung ein Gewinn von 1 dB gegenüber dem Faltdipol auftritt und der Eingangswiderstand von 240 auf $120\,\Omega$ absinkt. Das Doppelquadelement wird sinngemäß nach Bild 24.36 aus dem doppelt gefalteten Dipol (Dreileiterdipol) entwickelt (siehe auch Abschnitt 4.1.). Während beim einfachen Faltdipol wegen der Stromverteilung auf 2 Dipolabschnitte der Eingangswiderstand gegenüber dem eines gestreckten Dipols den 4fachen Wert annimmt $(4 \times 60\,\Omega = 240\,\Omega)$, verteilt sich der Strom des doppelt gefalteten Dipols auf 2 parallele Dipole, und der Eingangswiderstand steigt auf den 9fachen Wert $(9 \times 60\,\Omega = 540\,\Omega)$.

Auf das Doppelquad übertragen, darf man annehmen, daß sich dessen Eingangswiderstand gegenüber dem einer einfachen Quadschleife mehr als verdoppelt. Diese Annahme hat sich auch in der Praxis bestätigt.

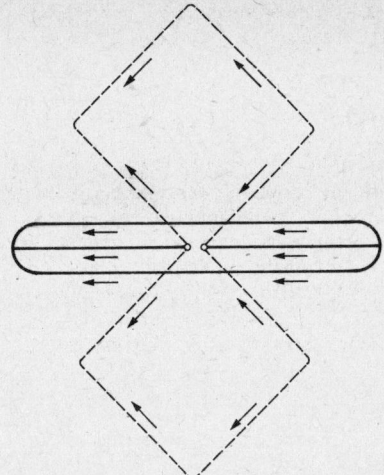

Bild 24.36
Die Entwicklung des Doppelquadelements aus einem doppelt gefalteten Dipol

Nachdem sich das Doppelquadelement in den verschiedensten Antennenformen ausgezeichnet bewährt hatte (siehe auch Abschnitt 25.2.9. und Abschnitt 27.3.4.), entwickelte *DL 7 KM* eine gestockte Lang-*Yagi*-Antenne für das 2-m-Band, die in ihrer Gesamtheit durch eine zentralgespeiste Doppelquad erregt wird (Bild 24.37). Beim Vergleich mit einer konventionell erregten gestockten Lang-*Yagi*-Antenne stellt man fest, daß der *DL 7 KM*-Beam keinerlei verlustbehaftete

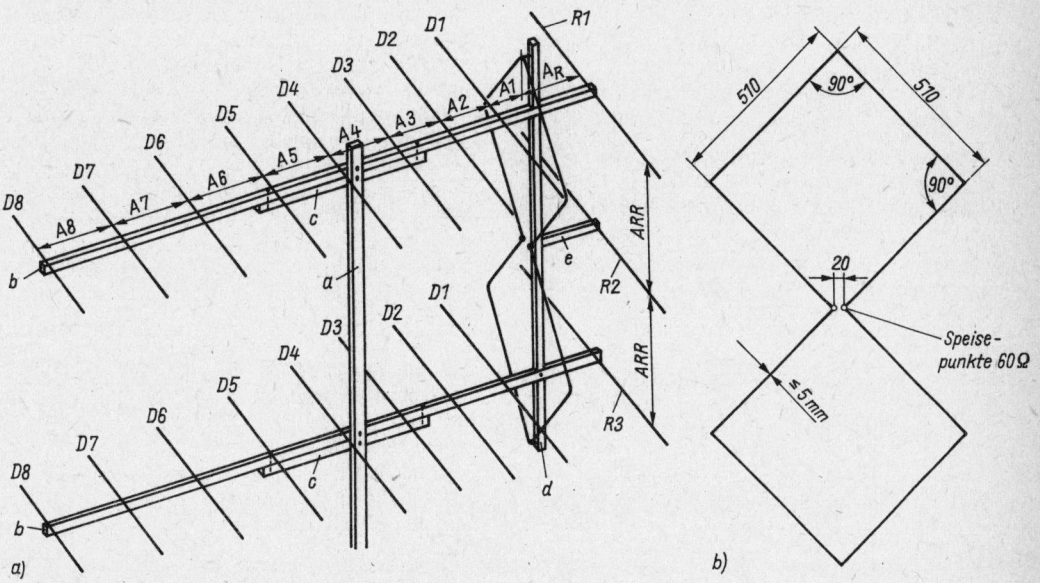

Bild 24.37
Der *DL 7 KM*-2-m-Beam; a – Aufbauschema, b – Detailzeichnung des gespeisten Doppelquadelementes

Verbindungs-, Anpassungs- und Transformationsglieder aufweist und auch keine witterungsgefährdeten Löt- oder Klemmstellen vorhanden sind. Der Raum zwischen den beiden *Yagi*-Ebenen ist durch das Doppelquadelement mit gleichphasig erregten, strahlenden Dipolen ausgefüllt.

Wie aus Bild 24.37 hervorgeht, hat der *DL 7 KM*-Beam 23 an der Strahlung beteiligte Halbwellenelemente, davon sind 4 im gespeisten Doppelquad enthalten. Mit den je 4,10 m langen Elementeträgern ist die relative Antennenlänge auf 2λ festgelegt. Der verhältnismäßig kleine Stockungsabstand von $0,6\lambda$ ($\triangleq 1,20$ m) gewährleistet gute Nebenzipfelfreiheit der Strahlungscharakteristik.

Elektrische Daten:
Eingangswiderstand 60 Ω symmetrisch
Gewinn $\geqq 13$ dBd
Rückdämpfung ≈ 25 dB
Horizontale Halbwertsbreite $\alpha_E \approx 35°$
Vertikale Halbwertsbreite $\alpha_H \approx 32°$

Die gute Bündelung in der H-Ebene ist besonders in dichtbesiedelten Gebieten von Vorteil, da durch sie die Aufnahme von Störstrahlungen aus dem unterhalb der Antenne liegenden Störnebel stark unterdrückt wird. Die Rückdämpfung ist mit 25 dB beachtlich hoch. Bild 24.38 vermittelt einen optischen Eindruck dieser Antenne.

Für den mechanischen Aufbau gibt *DL 7 KM* nachstehende Empfehlungen:

Alle Direktoren und Reflektoren werden aus Aluminiumrohr mit 6...8 mm Durchmesser angefertigt. Es werden benötigt

3×1050 mm lang (R_1, R_2, R_3),
2×935 mm lang (D_1),
2×930 mm lang (D_2),
2×925 mm lang (D_3),
2×920 mm lang (D_4),
2×915 mm lang (D_5),
2×910 mm lang (D_6),
2×905 mm lang (D_7),
2×890 mm lang (D_8).

Die Abstände betragen: $A_{RR} = 600$ mm; $A_R = 460$ mm; $A_1 = 300$ mm, $A_2 = 300$ mm, $A_3 = 330$ mm; $A_4 = 500$ mm; A_5 bis $A_8 = 520$ mm. Beide Direktorebenen sind identisch.

Die Direktoren und Reflektoren werden auf den Elementeträgern befestigt, wie das auch bei kommerziell hergestellten Antennen üblich ist. Passende Klemmschellen stellt die Antennenindustrie her, man kann sie aber auch selbst anfertigen. Ein Durchbohren der Elementeträger und Durchstecken der Elemente wird nicht empfohlen, da hierbei durch unsichere Kontaktgabe Verluste entstehen. In diesem Fall müßten die Elemente kontaktsicher mit dem Elementeträger verlötet oder verschweißt werden.

Das in Bild 24.37b gesondert dargestellte gespeiste Doppelquadelement wird aus einem 4120 mm langen Kupferblankdraht von $\leqq 5$ mm Durchmesser bzw. $\leqq 16$ mm² Querschnitt so gebogen, daß sich eine Quad-Seitenlänge von je 510 mm ergibt (8×510 mm = 4080 mm). Den Rest von 40 mm nutzt man als Überlagerung beim Löten. Der Kupferblankdraht sollte durch einen Isolierlacküberzug vor Korrosion geschützt werden. Selbstverständlich kann das Doppelquadelement auch aus einem geeigneten Aluminiumdraht angefertigt werden. Für diesen Fall erübrigt sich die Schutzlackierung. Der Drahtdurchmesser ist nicht kritisch.

Für die Tragekonstruktion wurde Leichtmetallrohr mit quadratischem Querschnitt verwendet. Der kräftige Tragemast a hat die Profildimensionen 35 mm Kantenlänge bei 3 mm Wandstärke (35 mm × 3 mm). Mit ihm sind die beiden Elementeträger b von je 4160 mm Länge Vierkantmaterial 15 mm × 2 mm verschraubt. 2 Verstärkungen c aus dem gleichen Material unterstützen die Elementeträger im Schwerpunkt. Das senkrechte Tragerohr d für das Doppelquadelement ist 1600 mm lang und hat einen quadratischen Querschnitt mit 10 mm Kantenlänge und 2 mm Wandstärke. Die Elementeträger b erhalten passende Durchbrüche; durch sie wird das Tragerohr d hindurchgeschoben und stabil verschraubt. Der Rohrstummel e ist 450 mm lang und wird lediglich zum Befestigen des Reflektors R_2 genutzt.

Zu beachten ist, daß das Doppelquadelement an seinen Befestigungspunkten isoliert gehalten werden soll. Durch kleine Ungenauigkeiten im

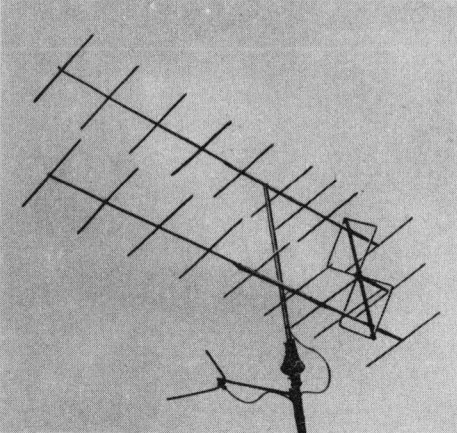

Bild 24.38
Der betriebsfertig aufgebaute *DL 7 KM*-2-m-Beam
(Foto: *D Roggensack, DL 7 KM*)

Aufbau und vor allem durch Umgebungseinflüsse können Asymmetrien entstehen, die eine leichte Verschiebung der Spannungsnullpunkte bewirken. Das ist z. B. auch der Fall, wenn die symmetrische Antenne über ein unsymmetrisches Koaxialkabel direkt gespeist wird. Die Ganzmetallbauweise mit Zwangserdung an den Quadspitzen würde deshalb Verluste hervorrufen. Eine besonders hochwertige Isolation wird nicht gefordert, da an den Befestigungspunkten nur sehr kleine Spannungen vorhanden sind. Es eignen sich alle feuchtigkeitsunempfindlichen Isolierstoffe, besonders praktisch sind Gießharzblöcke. Je nach Dicke des Isolators steht das gespeiste Element etwa 10...30 mm vor seinem Trägerohr d. Das ist beim Befestigen dieses Trägers zu berücksichtigen, damit der Reflektorabstand A_R mit 460 mm und der Direktorabstand D_1 mit 300 mm gewahrt bleiben.

Die Eingangsimpedanz am zentralen Antenneneingang beträgt etwa 60 Ω symmetrisch, somit können Kabel mit Wellenwiderständen zwischen 50 und 75 Ω direkt angeschlossen werden. Der isolierte Aufbau der Doppelquadschleife ermöglicht den Verzicht auf Symmetriewandlung am Antenneneingang. Die direkte Erregung über unsymmetrisches Koaxialkabel bewirkt lediglich im E-Diagramm eine leichte Ausbauchung der Strahlungskeule einer Seite, während die andere Seite entsprechend verflacht ist. Alle übrigen Parameter wie Gewinn, Hauptstrahlrichtung, H-Diagramme und Rückdämpfung bleiben dabei unverändert erhalten.

Erforderliche Korrekturen des Eingangswiderstandes werden nicht, wie sonst üblich, durch Verändern der Reflektorabstände, sondern durch leichtes horizontales Verschieben der Einheit Doppelquadelement plus Reflektoren gegenüber dem 1. Direktor vorgenommen. Die Antenne soll sich dabei in ihrer endgültigen Auf-

bauhöhe oder mindestens 2,5λ über Grund befinden.

Von *DB 8 NP* wird in [5] der Einsatz einer Reflektorwand mit 7 Reflektorstäben von je 1050 mm Länge vorgeschlagen, die einen gegenseitigen Abstand A_{RR} von je 300 mm haben. In diesem Fall soll der Abstand A_1 des 1. Direktors vom gespeisten Doppelquadelement nur etwa 190 mm betragen. Um minimale Welligkeit einstellen zu können, sollte dieser Abstand in kleinen Grenzen durch Verschieben der Einheit Doppelquadelement-Reflektorwand veränderbar sein. Ausführlichere Angaben über die zweckmäßige mechanische Gestaltung befinden sich in [5].

Die in der Erstveröffentlichung angegebene Quadseitenlänge von 520 mm hat sich als zu groß erwiesen; die Resonanz lag damit bei 143 MHz. Bei Verminderung auf 510 mm liegt das Gewinnmaximum ungefähr bei Bandanfang. Die Parasitärelemente bleiben unverändert. Bezogen auf den erreichbaren Gewinn ist der Aufwand für diese Antenne relativ groß.

24.2.5.4. Der *DL 7 KM*-Beam für 70 cm

Einen *DL 7 KM*-Beam für 70 cm erhält man, wenn alle Abmessungen der 2-m-Ausführung auf 1/3 ihres Wertes vermindert werden. Das von *DB 8 NP* in [5] beschriebene Beispiel verwendet eine Reflektorwand, bestehend aus 7 je 350 mm langen Reflektorstäben, die in gegenseitigen Abständen A_{RR} von 100 mm angeordnet sind. Die Seitenlängen des Doppelquadelementes werden mit 175 mm angegeben. Ansonsten gilt die Prinzipschaltung Bild 24.37 a mit ihren Bezeichnungen. Der mechanische Aufbau mit den Elementabständen ist in Bild 24.39 skizziert. Die Elementlängen betragen:

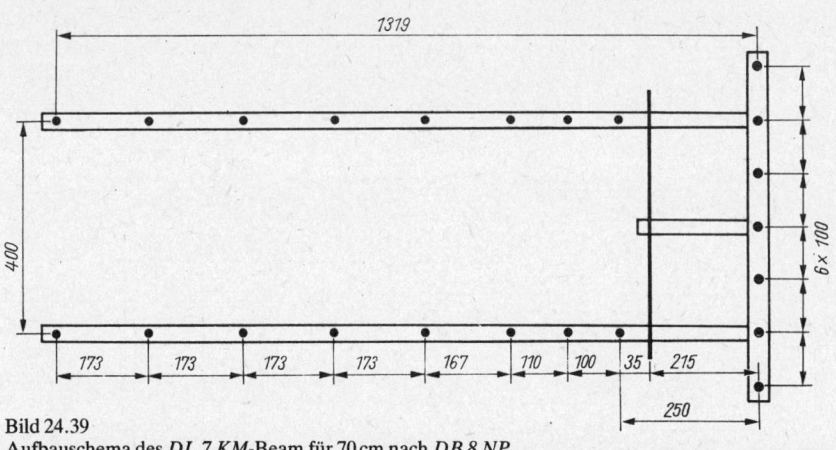

Bild 24.39
Aufbauschema des *DL 7 KM*-Beam für 70 cm nach *DB 8 NP*

$R_1 \ldots R_7$ je 100 mm; $D_1 = 312$ mm; $D_2 = 310$ mm; $D_3 = 308$ mm; $\quad D_4 = 307$ mm; $\quad D_5 = 305$ mm; $D_6 = 303$ mm; $D_7 = 302$ mm; $D_8 = 297$ mm.

Für den Durchmesser der Elemente kann man 6...8 mm wählen. Die beiden waagrechten Elementeträger bestehen aus Vierkant-Leitmetallprofil mit 15 mm × 15 mm Kantenlänge, der senkrechte Reflektorenträger hat die Abmessungen 20 mm × 20 mm. Alle Elemente mit 6...8 mm Durchmesser werden metallisch leitend durch die Träger geführt (siehe Bild 23.8b).

Um die kleinstmögliche Welligkeit ($s \approx 1,2$) einstellen zu können, ist es erforderlich, den Abstand der Einheit Doppelquadelement-Reflektorwand gegenüber D_1 veränderbar zu machen. Praktische Vorschläge dazu werden in [5] gegeben. Über die Auswirkung des Vielfachreflektors auf den Gewinn und die Strahlungsdiagramme liegen keine meßtechnisch ermittelten Ergebnisse vor.

Literatur zu Abschnitt 24.

[1] *Hoch, G.:* Extrem lange *Yagi*-Antennen, UKW-Berichte, D-8523 Baiersdorf, 22 (1982) Heft 1, Seite 3 bis 11

[2] *Oberrender, O.:* Die Zusammenschaltung von *Yagi*-Antennen zu Gruppen, FUNKAMATEUR, Berlin, 31 (1982) Heft 5, Seite 240 bis 244

[3] *Hoch, G.:* Optimale Stockung von Richtantennen, UKW-Berichte, D-8523 Baiersdorf, 18 (1978) Heft 4, Seite 235 bis 241

[4] *Rothe, G., Spindler, E.:* Antennenpraxis, 2. Auflage, VEB Verlag Technik, Berlin 1966

[5] *Weiner, K.:* UHF-Unterlage, 2. Auflage (1980), D-8670 Hof/S., Abschnitte E.4.5.2. und E.4.6.1.

Kasper, H. W.: Optimum Stacking Spacings in Antenna Arrays, QST, West Hartfort, Conn., 42 (1958) April, Seite 40 bis 43

Kasper, H. W.: Array Design with Optimum Antenna Spacing, QST, West Hartfort, Conn., 44 (1960) November, Seite 23 bis 26

25. Rundstrahlantennen für VHF und UHF

In einigen Fällen sind Rundstrahler erwünscht, das heißt Antennen, die in der Horizontalebene ein annähernd kreisförmiges Richtdiagramm aufweisen.

Es ist nicht schwierig, einen VHF-Rundstrahler mit vertikaler Polarisation herzustellen, da jeder senkrecht aufgestellte Halbwellendipol quer zu seiner Achse – also in der Horizontalebene – rund strahlt. Diese vertikal polarisierten Rundstrahler werden häufig im Verkehrsfunk und bei sonstigen ortsveränderlichen Funkstellen benutzt. Auch im 2-m-Amateurband wird die Vertikalpolarisation immer häufiger, da die beliebten FM-Relaisfunkstellen vorwiegend für vertikal polarisierte Rundstrahlung eingerichtet sind.

Es ist sehr schwierig und für den Amateur praktisch unmöglich, eine horizontal polarisierte Antenne mit exakt kreisförmigem Horizontaldiagramm zu konstruieren. Die ideale Kreischarakteristik wird meistens auch nicht gefordert, und man bezeichnet im allgemeinen jede Antenne als Rundstrahler, die nach allen Richtungen der Horizontalebene mehr oder weniger gut abstrahlt, wobei das Horizontaldiagramm keine ausgeprägten Nullstellen oder Strahlungsmaxima enthalten darf.

25.1. Vertikal polarisierte VHF-Rundstrahler

Wenn auch senkrecht aufgestellte, gestreckte Halbwellendipole oder Faltdipole sowie Groundplane-Antennen theoretisch ein gutes Kreisdiagramm in der Horizontalebene liefern, ist mit diesen Bauformen im VHF-Gebiet nicht in allen Fällen der gewünschte Wirkungsgrad zu erzielen. Das trifft besonders für zentralgespeiste Dipole zu, bei denen die Speiseleitung waagrecht vom Antenneneingang weggeführt werden soll. Dabei stört die Speiseleitung die Abstrahlungseigenschaften, und es wird mit steigender Frequenz immer schwieriger, das Speisekabel stoßstellenfrei an den Strahler anzupassen. Durch Unsymmetrie könnten sich außerdem Mantelwellen auf einem koaxialen Speisekabel ausbilden, die Strahlungsverluste verursachen und im allgemei-

nen den Erhebungswinkel des Maximums nach oben drücken. Erwünscht ist aber eine «flache» Abstrahlung, d. h., die Hauptstrahlung soll möglichst rechtwinklig von der Strahlerachse ausgehen. Das Kriterium vertikal polarisierter Strahler liegt somit in der Art der Speisung. Es wurden deshalb Antennenformen entwickelt, die so gespeist werden, daß sich gute Anpassung und einwandfreie Symmetrierung ohne großen Aufwand erreichen lassen. Gespeist wird dabei grundsätzlich über Koaxialkabel.

Die einfachste Bauform eines vertikal polarisierten Rundstrahlers, die Groundplane, ist im Kurzwellenbereich beliebt und verbreitet. Im VHF- und UHF-Bereich findet man sie bei stationären Anlagen nicht mehr häufig. Als Fahrzeugantenne arbeitet der Viertelwellenstrahler meistens nach dem Prinzip der Marconi-Antenne, wobei die Metallteile des Fahrzeuges als unvollkommenes Gegengewicht benutzt werden. Diese Bauformen findet man in Abschnitt 19.2. bis Abschnitt 19.4. ausführlicher besprochen, weitere Hinweise für Mobilantennen enthält Abschnitt 28. Die Ausführungen sind auch für VHF-/UHF-Antennen gültig; dazu muß man lediglich die Abmessungen unter Berücksichtigung des Schlankheitsgrades (siehe Bild 19.8.) entsprechend dem Modellgesetz umrechnen.

Eine weitere Bauform, die man bei Handfunksprechgeräten häufig findet, ist die «Gummiwurst», die im englischen Sprachgebrauch auch als «Rubber Duckie» bezeichnet wird. Es handelt sich dabei um Wendelantennen (auch Helix oder Spulenantennen genannt) mit sehr kleinem Wendeldurchmesser und engem Windungsabstand. Sie weisen eine radiale Strahlung ähnlich dem Halbwellendipol auf (engl.: omnidirectional mode). Solche Antennen werden von der Industrie in vielfältigen Ausführungen hergestellt; sie sind sehr kurz und flexibel. Die mechanische Länge einer 2-m-Ausführung liegt bei etwa 200 mm ($\approx \lambda/4 \cdot 0,4$). Der Strahler besteht aus einer elastischen Metallwendel, die mit einem widerstandsfähigen Schutzmantel aus Kunststoff umhüllt ist. Für die Betriebsfrequenz ist eine Welligkeit s von etwa 1,2 erreichbar. Manche Fabrikate sind im Antennenfuß mit 2 Kapazitätstrimmern ausgestattet, mit denen die exakte Betriebsfrequenz und die minimale Welligkeit eingestellt werden können. Bezogen auf einen λ/4-Strahler voller mechanischer Länge wird der Gewinn mit etwa −3 dB angegeben.

Bekanntlich benötigt jeder Viertelwellenstrahler ein Gegengewicht (Radials oder ein Erdnetz). Die «Gummiwurst» wird direkt auf das Handfunksprechgerät aufgesteckt, das dann ein sehr unvollkommenes Gegengewicht darstellt. Dies bedingt weitere Verluste. Als sehr handliche und robuste Portable-Antenne kann die «Gummiwurst» vorteilhaft für den Nahverkehr eingesetzt werden. Der Selbstbau ist problematisch, da die Abmessungen sehr materialabhängig sind.

25.1.1. Die Koaxialantenne
(A. B. Bailey – US Pat. 2184729 – 1937)

Diese Antenne (Bild 25.1) eignet sich sehr gut als vertikal polarisierter Rundstrahler für *Mobilstationen* (Fahrzeugstationen). Es ist die VHF-Ausführung der in Abschnitt 19.4.2.1. besprochenen Sperrtopfantenne (siehe Bild 19.34).

Von einem 60-Ω-Koaxialkabel mit möglichst dickem Innenleiter entfernt man auf eine Länge von elektrisch λ/4 (etwa λ/4 · 0,97) Außenmantel, Außenleiter und Dielektrikum, so daß nur der blanke Innenleiter stehenbleibt. Nun wird ein ebenfalls elektrisch λ/4 langes Kupfer- oder Messingrohr über das Koaxialkabel geschoben und, wie Bild 25.1 zeigt, mit dem Außenleiter des Kabels verlötet. Der Verkürzungsfaktor dieses

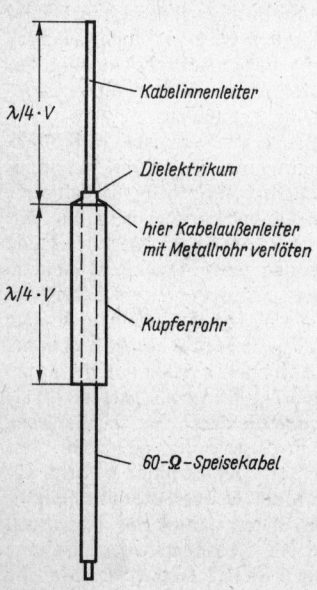

Rohres kann mit 0,95 gewählt werden, weil das Koaxialkabel eine größere kapazitive Endbelastung bewirkt. Der Durchmesser des Rohres ist beliebig, seine lichte Weite muß lediglich so groß sein, daß sich das Rohr über den Außenschutzmantel des Kabels schieben läßt.

Das nicht mehr normgerechte 60-Ω-Kabel kann bei gleichem Erfolg durch ein entsprechendes 50-Ω-Kabel ersetzt werden.

Es handelt sich im Prinzip um einen senkrecht stehenden Halbwellendipol, dessen unterer λ/4-Abschnitt gleichzeitig als Viertelwellensperrtopf zur Herstellung der Symmetrierung ausgebildet ist. Anpassung und Symmetrierung sind nahezu ideal; deshalb zeichnet sich die Koaxialantenne durch flache Abstrahlung und exakte Rundcharakteristik aus.

Bei stärkerer mechanischer Beanspruchung, wie sie beim Fahrzeugbetrieb meist gegeben ist, empfiehlt es sich, das λ/4 lange freie Innenleiterstück durch den elastischen Metallstab einer Autoantenne oder durch ähnliches geeignetes Material zu ersetzen.

25.1.2. Der vertikale Halbwellenstrahler

Wie aus Bild 19.11c hervorgeht, bietet ein vertikaler Halbwellenstrahler gegenüber dem Viertelwellenstrahler eine kleinere vertikale Halbwertsbreite und damit einen Gewinn von fast 3 dB. Etwas problematischer ist allerdings die Erregung eines vertikalen λ/2-Strahlers. Würde man ihn in seiner geometrischen Mitte auftrennen und dort speisen, wie das bei horizontal polarisierten Dipolen die Regel ist, müßte man das Speisekabel mindestens über eine Länge von λ/2 waagrecht vom Antenneneingang wegführen, da andernfalls Anpassungsschwierigkeiten und starke Verzerrungen der Strahlungscharakteristik auftreten würden. Aus gleichen Gründen verbieten sich für solche Vertikaldipole auch senkrechte metallische oder geerdete Tragemaste, die aus mechanischen Erfordernissen in das Strahlungsfeld des Dipols hineinragen. Auch die Montage über einen möglichst langen horizontalen Ausleger (Vormastmontage) bildet mechanisch und elektrisch keine sehr brauchbare Lösung. Günstiger erscheint dagegen die Spannungsspeisung am unteren Strahlerende. Allerdings befindet sich dort ein Spannungsmaximum mit einer Eingangsimpedanz von einigen tausend Ohm, je nach Schlankheitsgrad des Strahlers. Man muß nun diese hohe Impedanz auf einen Wert herabtransformieren, der dem Wellenwiderstand des vorgesehenen Speisekabels entspricht.

Eine kurzgeschlossene Viertelwellenleitung erlaubt die Widerstandsanpassung in einfacher

Bild 25.1
Die Koaxialantenne

448

Weise, und man erhält dann die J-Antenne nach Bild 19.37. Auf der am Ende des Halbwellenstabes angebrachten Viertelwellen-Parallelrohrleitung treten alle Impedanzen von 0 (Kurzschluß) bis zu einigen tausend Ohm (offenes Ende) auf. Man kann deshalb durch entsprechendes Abgreifen jedes beliebige Speisekabel anpassen. Der Abstand der Parallelrohre beträgt 10…20 mm, so daß das Speisekabel im lichten Raum zwischen den Parallelrohren noch Platz findet. Elektrisch bilden Abstand und Durchmesser der Parallelrohre und damit ihr Wellenwiderstand kein Kriterium; lediglich die elektrische Länge der parallelen Leitung muß $\lambda/4$ betragen. Der kurzgeschlossene Fußpunkt ist geerdet, so daß die gesamte Antenne Erdpotential bekommt. Bei

nur knapp 1,50 m Gesamtlänge im 2-m-Band führt man die Antenne selbsttragend aus, wobei Tragemast und Strahler eine Einheit bilden. Der bei der Längenbemessung zu berücksichtigende Verkürzungsfaktor V ist vom Verhältnis λ/d des Strahlers abhängig (siehe Bild 3.7).

Wie praktische Versuche gezeigt haben, gelingt es mit dieser J-Ausführung nicht, das Speisekabel völlig anzupassen. Ursache dieses Fehlverhaltens ist, daß die Viertelwellen-Parallelrohrleitung selbst strahlt und daß sich auf dem Mastteil unterhalb der Viertelwellenleitung ebenfalls noch stehende Wellen ausbilden. Diese Nachteile kann man vermeiden, wenn die Viertelwellenleitung in der Form eines koaxialen Sperrtopfes ausgeführt wird.

Bild 25.2 zeigt diese elektrisch und mechanisch verfeinerte Variante einer J-Antenne; bei den Funkamateuren ist sie fälschlich unter der Bezeichnung Sperrtopfantenne bekannt. Sie wurde in [1] ausführlich beschrieben.

Die freie Länge des Halbwellenstückes beträgt bei dünnen Antennenruten (z. B. Teleskopantennen) 960 mm, bei dickeren Rohren ab 10 mm Durchmesser nur 950 mm (siehe auch Bild 3.7). Der Strahler wird mit dem Innenrohr des Sperrtopfes durch Einschrauben oder Einlöten verbunden. Bei geeignetem Material können Strahler und Topf-Innenleiter aus einem durchgehenden Stück gebildet werden. Bei den mechanischen Einzelheiten des Viertelwellentopfes in Bild 25.2b handelt es sich um einen Vorschlag, der sich entsprechend dem vorhandenen Material weitgehend abwandeln läßt, sofern man die Länge des wirksamen Innenraumes mit 495 mm einhält. Es ist günstig, wenn das Durchmesserverhältnis D : d etwa 3 : 1 bis 4 : 1 gewählt wird (z. B. D = 28 mm und d = 8 mm). Das obere, elektrisch offene Ende des Topfes wird mit einem Kunststoffdrehteil A als Deckel verschlossen, der gleichzeitig den Innenleiter zentriert. Das Eindringen von Regenwasser verhindert ein angedrehter Kragen. Den Topfboden bildet ein Metalldrehteil, das den Innenleiter zentrisch aufnimmt und mit ihm verlötet wird. In diesem Metallboden befindet sich eine Bohrung zum Durchführen des Speisekabels und eine weitere zum Abführen von Kondens- und Regenwasser. Metallboden und Kunststoffdeckel werden mit je 3 Schrauben im Außenrohr fixiert.

Vor dem Aufsetzen des Außenrohres wird der Innenleiter des Speisekabels 100 mm oberhalb des Topfbodens an den Innenleiter des Topfes gelötet. Auf gleicher Höhe erhält das Außenrohr eine Bohrung, durch die man einen Führungsdraht zieht, dessen Ende mit dem Außenleiter des koaxialen Speisekabels verlötet ist. Beim Aufschieben des Außenrohres wird dieser Draht gleichzeitig nachgezogen, bis das Kabel-

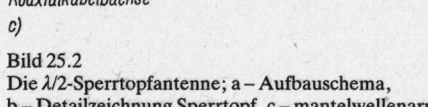

maximal 250

A – Kunststoffdeckel
B – Topfboden (Metall) mit Bohrungen für Kabeldurchführung und Wasserabfluß
C – Innenrohr
D – Außenrohr
E – Speisepunkt

≤ 960 ($\lambda/2 \cdot V$)

495 ($\lambda/4 \cdot V$)

A

a)

b)

d

D   C

A

E

100

495

B

c)

495

~ 100

E   C

A

Koaxialkabelbuchse

Bild 25.2
Die $\lambda/2$-Sperrtopfantenne; a – Aufbauschema, b – Detailzeichnung Sperrtopf, c – mantelwellenarme Kabeleinkopplung

Abschirmgeflecht durch die Bohrung tritt, wo man es anschließend festlötet. Nur an dieser Stelle darf das Abschirmgeflecht innerhalb des Topfes metallische Verbindung mit diesem haben.

Leider begünstigt die isolierte Durchführung des Speisekabels durch den metallischen Topfboden das Auftreten von Mantelwellen. Der Kabelaußenleiter ist in dieser Schaltung an die Topfinnenwand angeschlossen, die nicht die HF-Masse darstellt. Es wird deshalb empfohlen, nach Bild 25.2c zu verfahren, indem man in den Topfboden eine Koaxialkabelbuchse einsetzt, die eine gute und dauerhafte Verbindung des Kabelaußenleiters mit dem Topfboden (HF-Masse) gewährleistet. Der Kabelinnenleiter wird in diesem Fall an die Innenwand des Topfes geführt.

Außen- und Innenrohr des Topfes werden aus Kupfer oder Messing gefertigt. Auch glattwandige Stahlrohre eignen sich gut, wenn man sie verkupfert oder zumindest vor Korrosion schützt. Bei der Montage über eine Schelle entsprechend Bild 25.2a ist zu beachten, daß diese Schelle möglichst nahe dem Topfboden angebracht werden soll. Wenn nicht anders möglich, darf sich die Befestigungsschelle maximal 250 mm oberhalb des Topfbodens befinden.

Zur optimalen Anpassung an beliebige Koaxialkabel kann man den Speisepunkt E in seiner Lage etwas verschieben und gegebenenfalls auch die freie Strahlerlänge geringfügig verändern.

Natürlich beschränkt sich die Anwendung des Viertelwellen-Sperrtopfes nicht nur auf die impedanzrichtige Erregung eines vertikalen Halbwellenstrahlers. Dieser Sperrtopf läßt sich mit gleichem Erfolg auch für vertikal polarisierte *Yagi*-Antennen aller Art einsetzen. Da sich in der geometrischen Mitte des freien Halbwellenstükkes Spannungsminimum befindet, kann man dort einen metallischen Querträger befestigen und auf diesem Reflektoren und Direktoren anbringen. Der optimale Abgriff E für das Speisekabel im Sperrtopf liegt bei Mehrelementantennen etwas weiter vom Kurzschlußpunkt entfernt als bei der einfachen Halbwellenvertikalantenne. In allen Fällen sollten durch Messung mit dem Reflektometer die günstigsten Abgriffe im Sperrtopf ermittelt werden.

25.1.2.1. Eine raumsparende Halbwellen-Vertikalantenne für 2 m

Eine für Handfunksprechgeräte besonders geeignete Halbwellen-Vertikalantenne wird von *DJ 1 ZB* in [2] beschrieben. Bild 25.3 zeigt das Schema dieses endgespeisten Strahlers, dessen hochohmige Impedanz durch ein *LC*-Netzwerk an den Antenneneingang bzw. ein Koaxialkabel

angepaßt wird. Eine Halbwellenantenne ist in sich resonant und im Gegensatz zum Viertelwellenstrahler nicht auf ein Gegengewicht angewiesen. Durch das abstimmbare *LC*-Netzwerk ist auch die Längenbemessung der Antennenrute unkritisch. Die handelsüblichen Teleskopantennen mit Längen zwischen 0,8 und 1,30 m sind gut geeignet. Resonanz und minimale Welligkeit lassen sich mit dem Anpassungsnetzwerk gut einstellen. Dieses kann in einem kleinen Kunststoff- oder Metallgehäuse untergebracht werden. Ausführliche Konstruktions- und Abgleichhinweise findet man in [2].

C_1 und C_2 sind Lufttrimmer mit etwa 7 pF Endkapazität; die Spule L besteht aus 0,8 mm dickem versilbertem Kupferdraht und hat 5 ... 6 Windungen, die über einen 5 mm dicken Dorn gewickelt werden. Die Spulenlänge beträgt 8 ... 10 mm. C_1 und C_2 sind wechselseitig auf minimale Welligkeit abzugleichen. Wenn dabei C_2 auf maximale Kapazität eingestellt werden muß, ist die Spule L zu klein, im umgekehrten Fall ist sie zu groß. Sie soll so bemessen sein, daß die Resonanz, abhängig von der Teleskoplänge, etwa bei Mittelstellung von C_2 auftritt. C_1 bestimmt die Transformation und damit die Anpassung. Mit etwas mechanischem Geschick kann eine solche Antenne auch für den Mobilbetrieb eingerichtet werden, wobei über eine entsprechende Umschalteinrichtung das vorhandene Autoteleskop mitverwendet werden kann.

25.1.2.2. Die Bandleitungs-J-Antenne

Eine J-Antenne in primitivster Form besteht lediglich aus handelsüblicher UKW-Bandleitung mit 240 ... 300 Ω Wellenwiderstand. Sie wird unter anderem von *VE 2 CV* in [3] beschrieben und mit den entsprechenden Meßergebnissen versehen. Bild 25.4 zeigt das Aufbauschema.

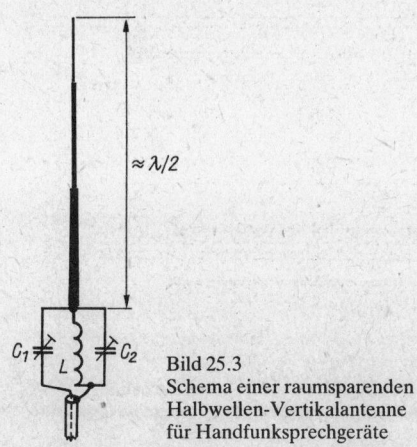

Bild 25.3
Schema einer raumsparenden
Halbwellen-Vertikalantenne
für Handfunksprechgeräte

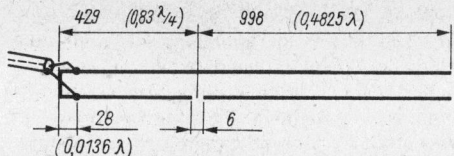

Bild 25.4
Die Bandleitungs-J-Antenne für 145 MHz

Das strahlende Halbwellenstück ist mit einer Länge von 0,4825λ bemessen, da sich hier der Verkürzungsfaktor V der Bandleitung nicht auswirkt. Bei der anschließenden λ/4-Leitung hingegen ist V voll wirksam; er beträgt bei den handelsüblichen UKW-Bandleitungen V = 0,80 ... 0,85 und ist den Kabellisten zu entnehmen. Es handelt sich dabei um Nennwerte mit einer Toleranz von etwa ±5%. Im Bemessungsbeispiel von 145 MHz (2,069 m) ergibt sich eine Länge von 429 mm. Der strahlende λ/2-Abschnitt wird 998 mm lang. Für eine Anschlußimpedanz von 50 Ω wird das Koaxialkabel etwa 0,0136λ vom kurzgeschlossenen Bandleitungsende entfernt angeschlossen, das sind im vorliegenden Fall 28 mm.

Bei richtiger Bemessung für 145 MHz steigt die Welligkeit s innerhalb des 2-m-Bandes nicht über 1,5. Mechanisch gesehen ist es eine Behelfsantenne für den Schönwetter-Portablebetrieb; unter diesen Bedingungen steht sie einer normalen, stabil aufgebauten J-Antenne in der Leistung kaum nach. Sie ist einer Helix («Gummiwurst») weit überlegen! In der Praxis kann man diese Antenne mit Klebeband an einer Holzleiste befestigen oder an einen geeigneten Baumast aufhängen.

25.1.3. Die 5/8-λ-Vertikalantenne

Verlängert man eine vertikal polarisierte Stabantenne über eine Länge von λ/2 hinaus, entsteht im Vertikaldiagramm eine zweite Keule steiler Abstrahlung. Gleichzeitig wächst auch die Hauptstrahlungskeule, die unter flachem Winkel abgestrahlt wird. Wie aus Bild 19.11d hervorgeht, erreicht die Flachstrahlung bei einer Strahlerlänge von 5λ/8 ein Maximum. Bei weiterer Verlängerung fällt der Anteil der Flachstrahlung wieder ab, und die Steilstrahlung vergrößert sich. Ein 5λ/8 langer Vertikalstab weist den niedrigsten Erhebungswinkel auf, der mit einer einfachen Vertikalantenne erreichbar ist. Da gleichzeitig die vertikale Halbwertsbreite gegenüber der eines senkrechten Halbwellenstrahlers verkleinert wird, tritt ein Gewinn, bezogen auf die Halbwellen-Vertikalantenne, von rechnerisch 1,37 dB auf. Der für die 5/8-λ-Antenne oft genannte Gewinn von 3 dB bezieht sich auf die λ/4-Vertikalantenne (Marconi-Antenne), wie auch aus Tabelle 3.1. hervorgeht. Für die Praxis ist die Aussagekraft solcher Gewinnangaben gering, denn sie beziehen sich auf verlustfreie, angepaßte Vertikalantennen über idealer Erde, also Verhältnisse, die nur in der Theorie existieren. Sie sind nur als Vergleichswerte brauchbar, insbesondere im Zusammenhang mit der Kenntnis der Vertikaldiagramme in Bild 19.11. Als Folge der im praktischen Fall immer vorhandenen Erdverluste ändert sich die Abstrahlung der Hauptkeule mit der Entfernung. Das Feld nimmt in Bodennähe mit dem Quadrat der Entfernung ab. Dieser Effekt tritt um so stärker auf, je höher die Frequenz und je schlechter die Bodenleitfähigkeit werden.

Allerdings ist 5λ/8 keine resonante Länge. Deshalb muß der 5/8-λ-Strahler durch eine eingeschaltete Induktivität auf eine elektrische Länge von 3λ/4 verlängert werden. Das an der Ganzwellenresonanz fehlende letzte λ/4 wird durch Radials gebildet, wie sie auch bei der Groundplane üblich sind.

Bild 25.5 zeigt das Schema eines 5/8-λ-Strahlers für das 2-m-Band. Die Gesamtlänge des Vertikalteils beträgt 1215 mm, die 4 Radials sind je 490 mm lang. Die über ein Isolierteil gewickelte Verlängerungsspule trägt 11 Windungen eines

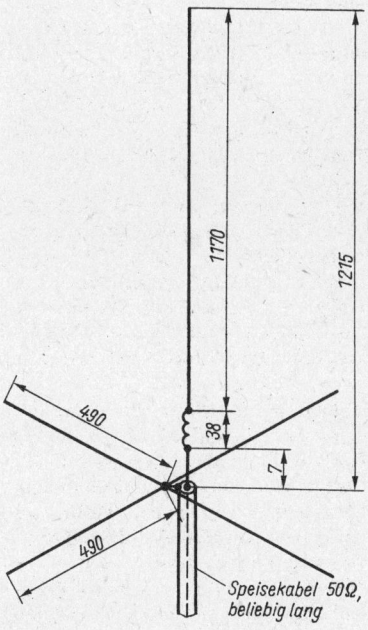

Bild 25.5
Der 5/8-λ-Strahler für 2 m

1,6 mm dicken Drahtes; der Außendurchmesser der Spule beträgt 8 mm. Die 11 Windungen sind über eine Länge von 38 mm gleichmäßig zu verteilen.

Veränderungen der Resonanzfrequenz erzielt man durch Verschieben der Windungen. Darüber hinaus können größere Resonanzänderungen durch Hinzufügen oder Wegnehmen einer Windung herbeigeführt werden. Als Trägermaterial für den Antennenleiter ist eine Angelrute aus glasfaserverstärktem Polyesterharz besonders zu empfehlen; auf dieser Rute läßt sich die Verlängerungsspule direkt aufwickeln. Alle Abmessungen für das 2-m-Band gehen aus Bild 25.3 hervor. Auch diese Antenne ist für den Mobilbetrieb besonders geeignet.

Weitere Angaben zur 5/8-λ-Vertikalantenne sind in Abschnitt 19.4.1.8. enthalten. Bild 19.27 zeigt die verschiedensten Anpassungsmöglichkeiten.

Von der Antennenindustrie werden 5/8-λ-Antennen vor allem als Mobilantennen in unterschiedlichen Ausführungen hergestellt. Dabei ist die Verlängerungsspule meistens als elastischer Federfuß ausgeführt.

25.1.4. Gestockte, vertikal polarisierte Rundstrahler

Halbwellenelemente können in der Form einer vertikalen Dipollinie gestockt werden. Dabei bleibt die Rundstrahlung in der Horizontalebene erhalten, die vertikale Halbwertsbreite wird jedoch verkleinert, und es tritt somit – bezogen auf den einfachen vertikalen Halbwellendipol – ein Gewinn auf. Vorausgesetzt wird hier, daß alle in der senkrechten Dipollinie liegenden Halbwellenstücke gleichphasig erregt werden (siehe Abschnitt 13.1.).

Bild 25.6 zeigt als Beispiel eine vertikale Dipollinie für das 2-m-Band, die aus 3 gleichphasig erregten Halbwellenstücken besteht. Die Antenne wird zentral gespeist und muß an einen Holzmast montiert werden. Ein senkrechter Metallmast würde bei der vertikalen Polarisation unerwünschte Verkopplungen und Strahlungsverluste verursachen. Aus gleichem Grund darf man den Holzmast nicht wie üblich mit einem Erdleitungsdraht versehen. Die Speiseleitung soll man über eine Länge von mehr als λ/2 waagrecht vom Speisepunkt wegführen, da sich andernfalls die Strahlungscharakteristik verfälschen würde und auf dem angepaßten Speisekabel stehende Wellen nicht zu beseitigen wären.

Die phasengleiche Erregung der Halbwellensektionen wird durch die zwischengeschalteten kurzgeschlossenen Viertelwellenstücke herbeigeführt, die jeweils eine Phasendrehung von 180°

bewirken. Die kurzgeschlossenen Enden dieser Leitungen liegen im Spannungsminimum und können deshalb direkt auf dem Tragemast festgeschellt werden. Eine ringförmige Aufwicklung ist erlaubt und vereinfacht die Montage. Die Elemente sind mit Abstandsisolatoren am Holzmast befestigt. Wenn diese Isolatoren jeweils in der geometrischen Mitte der Halbwellenstücke angesetzt werden, genügen einfachste Ausführungen, da am Haltepunkt ein Spannungsminimum vorhanden ist.

Als Baumaterial für die Elemente eignet sich gut Aluminium-Blitzableitererdungsdraht (Durchmesser 8 oder 10 mm). Zwei gestreckte Längen von je 2,46 m werden so zurechtgebogen, daß die obere und untere Antennenhälfte aus je einem durchgehenden Stück bestehen (siehe Teilzeichnung 25.6 b). Das ergibt einen stabilen Aufbau ohne korrosionsempfindliche Verbindungsstel-

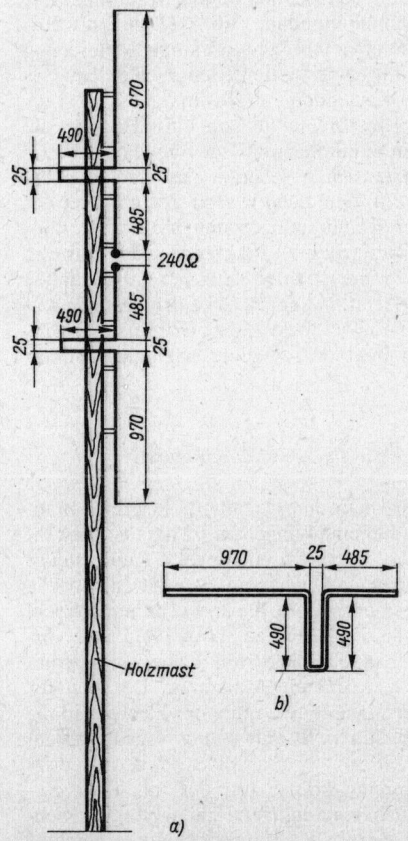

Bild 25.6
Vertikale Dipollinie mit 3 Elementen für das 2-m-Band;
a – schematischer Aufbau,
b – Biegemuster für Antennenhälfte

len und einfache Befestigungsmöglichkeiten am Tragemast.

Der Widerstand am Antenneneingang beträgt annähernd 240 Ω. Es ist zweckmäßig, dort eine Halbwellenumwegleitung anzuschließen und das System über ein Koaxialkabel zu speisen. Der durch Verkleinerung der vertikalen Halbwertsbreite bewirkte Gewinn beträgt 3,2 dBd. Die in Bild 25.7 dargestellte Dipollinie mit 4 kollinearen Halbwellenstücken unterscheidet sich von der 3-Element-Ausführung durch die Art der Speisung. Da der Antenneneingang in der geometrischen Mitte des Systems hochohmig ist, könnte dort bestenfalls eine abgestimmte Speiseleitung direkt angeschlossen werden. Da aber auf der kurzgeschlossenen Viertelwellenleitung alle Impedanzen vom Höchstwert bis zum Nullwert auftreten, sucht man auf der Leiteroberfläche die Punkte, die mit ihrer Impedanz dem Wellenwiderstand der Speiseleitung entsprechen. Im vorliegenden Fall befindet sich der Anschlußpunkt für eine symmetrische 240-Ω-Leitung etwa 75 mm vom kurzgeschlossenen Leitungsende entfernt. Auch für diese Antenne wird Speisung über das System Balunschleife-Koaxialkabel empfohlen.

Bei dieser kollinearen 4-Element-Antenne kann mit einem Gewinn von 4,3 dBd gerechnet werden. Für Aufbau und Montage beachte man die bei der 3-Element-Ausführung gegebenen Hinweise.

Bei dieser und bei der folgenden 5-Element-Antenne fällt die etwas kürzere Bemessung der äußeren Halbwellenstücke gegenüber den inneren auf. Das liegt an der kapazitiven Randwirkung, der die Außenelemente stärker ausgesetzt sind als die inneren. Deshalb müssen die Außenelemente etwas stärker verkürzt werden.

Die vertikale 5-Element-Dipollinie nach Bild 25.8 hat einen Gewinn von 5,2 dBd, der ausschließlich durch Verkleinerung der vertikalen

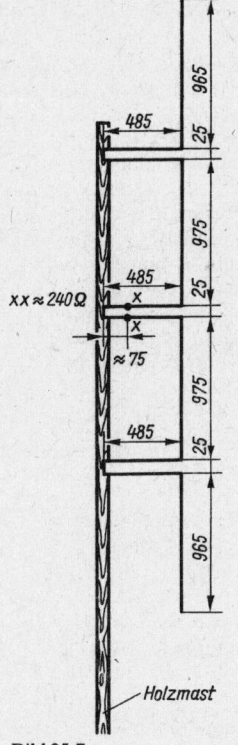

Bild 25.7
Vertikale Dipollinie mit 4 Elementen für das 2-m-Band

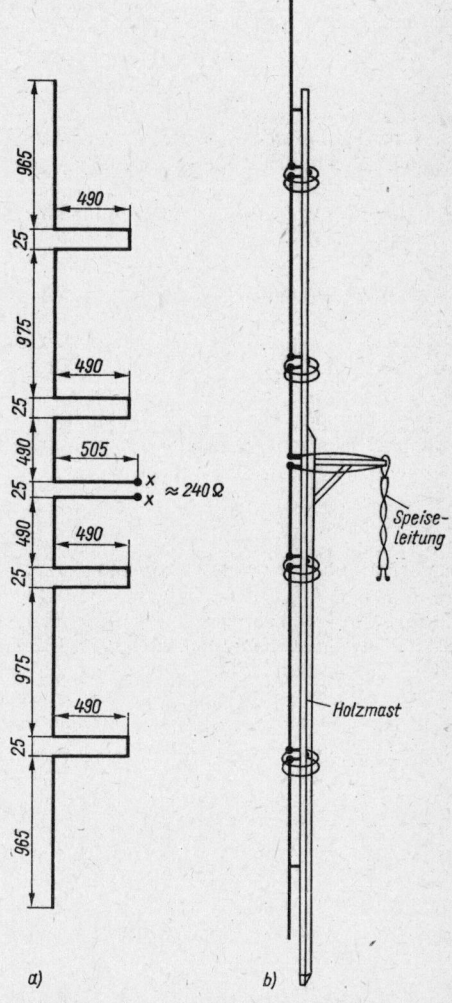

Bild 25.8
Vertikale Dipollinie mit 5 Elementen für das 2-m-Band;
a – Bemessungsschema, b – Aufbauvorschlag

Halbwertsbreite erreicht wird. Hinsichtlich der Erregungsart entspricht dieser Rundstrahler der 3-Element-Ausführung nach Bild 25.6; in diesem Fall ist jedoch noch eine kleine Feinheit vorhanden. Würde man nämlich die 240-Ω-Speiseleitung wie in Bild 25.6 direkt an den zentralen Antenneneingang anschließen, müßte eine Welligkeit s von etwa 2 in Kauf genommen werden. Es wurde deshalb zwischen Antenneneingang und Speiseleitung ein geringfügig verlängerter Viertelwellentransformator mit einem Wellenwiderstand von etwa 330 Ω eingefügt, wodurch s auf 1,1 absinkt. Dabei wird vorausgesetzt, daß der Durchmesser der Halbwellenelemente zwischen 3 und maximal 9 mm beträgt. Die 4 geschlossenen Viertelwellenstubs bestehen aus Drähten mit 2 ... 6 mm Durchmesser (unkritisch). Dagegen muß beim Anpassungstransformator am Antenneneingang ein Abstand/Durchmesser-Verhältnis von etwa 8 : 1 eingehalten werden, da es den Wellenwiderstand bestimmt. Das bedeutet, daß bei dem in Bild 25.8 a vorgegebenen Abstand von 25 mm der Drahtdurchmesser etwa 3 mm betragen soll. Wählt man andere Abstände – was durchaus statthaft ist –, muß auch der Drahtdurchmesser entsprechend dem Verhältnis 8 : 1 geändert werden.

Bild 25.8 b zeigt eine zweckmäßige Montagemöglichkeit. Man kann, wie im Bild dargestellt, die geschlossenen Viertelwellenstubs ohne Nachteile zu einer Ringform biegen und das kurzgeschlossene Ende direkt am Holzmast festschrauben. Der Ringdurchmesser beträgt dabei nur etwa 160 mm, und es ergibt sich daraus neben der mechanischen Stabilität auch eine sehr «glatte» und unauffällige Konstruktion.

Vertikale Dipole vor einem Metallmast

Die Stockung vertikaler Dipole vor einem Holzmast stellt mechanisch und elektrisch keine Ideallösung dar. Da der Holzmast nicht mit einem Erdleitungsdraht versehen werden soll, gibt es Probleme mit dem Blitzschutz. Auch wenn die Speiseleitung über einen waagrecht verlaufenden Umweg von mindestens $\lambda/2$ Länge herabgeführt wird, ist eine Verkopplung mit den Dipolen nicht ganz auszuschließen. Deshalb orientieren kommerzielle Anwender solcher Vertikalantennen auf metallische Antennenträger, die sich vor allem durch Haltbarkeit auszeichnen. Außerdem werden relativ große Mastlängen gefordert, denn die Vertikaldipole sollen in 5λ Mindesthöhe bei freier Antennenumgebung aufgebaut werden.

Wird ein vertikaler Halbwellendipol vor einem senkrechten Metallmast aufgebaut, so ändern sich seine elektrischen Daten gegenüber denen eines Dipols im freien Raum. Dies erklärt sich aus der Tatsache, daß der Vertikaldipol mit dem ebenfalls vertikalen Metallmast mehr oder weniger stark verkoppelt ist. Beeinflußt werden in erster Linie die Strahlungsdiagramme und der Eingangswiderstand des Vertikaldipols, und zwar abhängig vom Abstand des Dipols zum Metallmast und von dessen Durchmesser. Diese unterschiedlichen Einflußgrößen sind rechnerisch nur annähernd zu erfassen.

Umfassende meßtechnische Untersuchungen zum Verhalten eines vertikal aufgebauten Faltdipols in verschiedenen Abständen a vor einem Metallrohrmast mit 50 mm Durchmesser wurden von Y23RD im Rahmen eines technischen Berichtes durchgeführt [4], Bild 25.9 zeigt die dabei erhaltenen H-Diagramme, die einen mehr oder weniger großen Rundstrahlfehler aufweisen. Mit großer Näherung kann man sich die Strahlungsverteilung wie einen Diskus mit versetztem Mittelpunkt vorstellen. Es entsteht ein angenähertes Kreisdiagramm, das jedoch 4 ... 5 dB vom Strahlungsmittelpunkt versetzt liegt. Die Diagramme wurden bei einer Meßfrequenz von 145 MHz ($\triangleq$ Resonanzfrequenz des Faltdipols) und einem Mastdurchmesser von 50 mm ($\triangleq 0,024\lambda$) ermittelt. Wie man feststellen kann, verringert sich die Rundstrahlabweichung mit zunehmender Annäherung des Dipols an den Metallmast. Gleichzeitig wird der Eingangswiderstand des Faltdipols kleiner. In der Meßanordnung betrug er bei Abständen a von 0,25 ... 0,1λ noch 240 Ω. Bei $a = 0,034\lambda$ war der Eingangswiderstand auf 75 Ω abgesunken, er betrug bei $a = 0,024\lambda$ etwa 50 Ω.

Durch die zunehmende Strahlungsverkopplung des Faltdipols mit dem Metallmast tritt auch eine Verschiebung der Resonanzfrequenz nach tieferen Werten ein, d.h., daß der Faltdipol mit zunehmender Annäherung a an den Metallmast elektrisch lang wird. Im vorliegenden Fall sank die für 145 MHz bemessene Resonanzfrequenz bei Annäherung $a = 0,034\lambda$ auf 141 MHz ab, und bei $a = 0,024\lambda$ betrug sie noch 140,5 MHz.

Die Meßergebnisse sind nur gültig, wenn der symmetrische Eingang des Faltdipols an die unsymmetrische Speiseleitung angepaßt wird (Symmetriewandler, z.B. EMI-Schleife nach Abschnitt 7.3.). Die versuchsweise Erregung ohne Symmetriewandler brachte sehr unbefriedigende Ergebnisse. Der Eingangswiderstand des Faltdipols war bei gleicher Anordnung wesentlich hochohmiger, und durch die unterschiedlichen Verkopplungen beider Antennenhälften mit dem Metallmast wird die Anordnung stark umgebungsabhängig.

Die Einwirkungen des senkrechten Metallmastes auf die elektrischen Eigenschaften eines vor ihm aufgebauten vertikal polarisierten Dipols

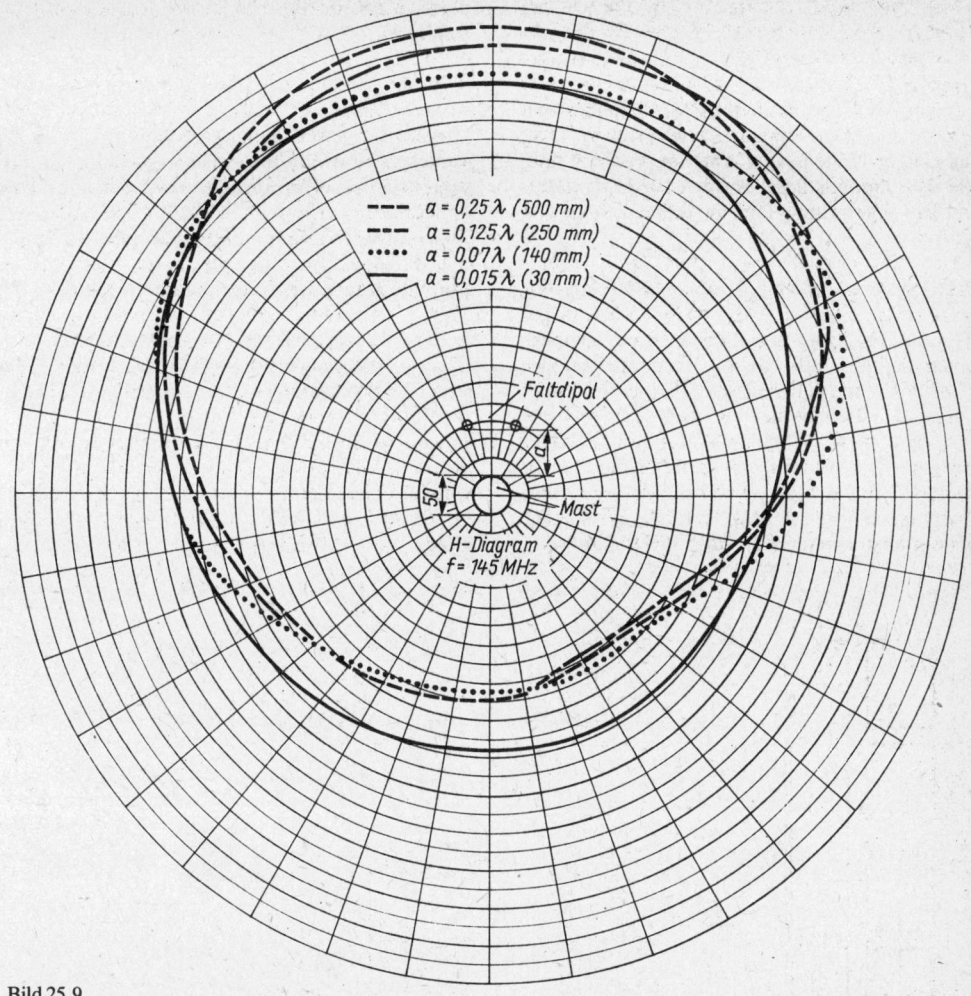

$$
\begin{array}{ll}
\text{---} & a = 0{,}25\,\lambda \ (500\,mm) \\
\text{- - -} & a = 0{,}125\,\lambda \ (250\,mm) \\
\text{·····} & a = 0{,}07\,\lambda \ (140\,mm) \\
\text{———} & a = 0{,}015\,\lambda \ (30\,mm)
\end{array}
$$

Faltdipol

Mast

H-Diagram
f = 145 MHz

Bild 25.9
H-Diagramme eines vertikalen Faltdipols (nach *Y2 3RD*)

bleiben auch bestehen, wenn Dipollinien gebildet werden (siehe Abschnitt 13.1.). Dabei kann man nach Bild 25.6 bis Bild 25.8 verfahren, indem Halbwellenstücke ohne gegenseitigen Abstand in der Form einer vertikalen Dipollinie phasengleich erregt und zentral gespeist werden. Ordnet man die Dipole mit gegenseitigen Abständen an (siehe Bild 13.1b), erhöht sich der Gewinn abhängig vom Stockungsabstand. Einige theoretische Angaben zum Gewinn kollinearer Vertikalantennen werden u. a. vom *VE2 CV* in [5] veröffentlicht.

Das Aufbauschema eines vertikal polarisierten Rundstrahlers mit Gewinn, bestehend aus 4 gestockten Halbwellendipolen mit Mittenabständen S von je 0,75λ, ist in Bild 25.10 dargestellt.

Diese Antenne ist für 145,4 MHz bemessen und eignet sich besonders als Sendeantenne für FM-Relaisfunkstellen (Repeater). Sie wurde von *Y2 3RD* entwickelt und gemessen.

Der lichte Abstand a der gestreckten Halbwellendipole vom Metallmast beträgt 454 mm ($\triangleq 0{,}22\lambda$). Der Stockungsabstand S, von Dipolmitte zu Dipolmitte gemessen, wurde mit 1500 mm ($\triangleq 0{,}75\lambda$) festgelegt. In diesem Fall stehen sich die Dipolenden mit Zwischenräumen vom 548 mm ($\approx 0{,}26\lambda$) gegenüber. Die Dipollinie wird über 60-Ω-Koaxialkabel phasengleich erregt. Die Symmetriewandlung (symmetrische Dipole – unsymmetrisches Koaxialkabel) wird von EMI-Schleifen (siehe Abschnitt 7.3., Bild 7.4) übernommen.

Mechanische Einzelheiten der Dipole mit EMI-Schleifen enthält Bild 25.10b. Für die Elementrohre und die EMI-Schleifen wurde Aluminium-Vierkant-Profilrohr 22 mm × 22 mm verwendet. Die Rohrenden der EMI-Schleifen werden mit den Mastklemmschellen verschweißt, so daß alle Metallteile der Antenne geerdet sind. Die Dipolmittelstücke wurden aus Stabilitäts- und Isolationsgründen in Epoxidharzblöcke eingegossen.

Der Eingangswiderstand aller Dipole beträgt 60 Ω, sie sind für eine Resonanzfrequenz von 145,4 MHz bemessen. Alle Kabelverbindungen und die Ableitung bestehen aus dem gleichen Koaxialkabel mit dem Verkürzungsfaktor $V = 0,66$. l_1 und l_6 haben eine elektrische Länge von je 2λ, während die elektrische Länge von l_2 und l_5 je 1λ beträgt. An den Verbindungspunkten werden l_1 mit l_2 und l_6 mit l_5 parallelgeschaltet. Daraus ergibt sich an den Verbindungspunkten eine Impedanz von je 30 Ω. Es folgen die Viertelwellentransformatoren l_3 und l_4 mit Wellenwiderständen Z von 60 Ω. Gemäß Gl. (6.6.) errechnet sich Z_E zu:

$$Z_E = \frac{Z^2}{Z_A} = \frac{60\ \Omega^2}{30\ \Omega} = \frac{3600\ \Omega}{30\ \Omega} = 120\ \Omega.$$

Am zentralen Eingang liegen die beiden Viertelwellentransformatoren einander parallel, daraus ergibt sich eine Eingangsimpedanz von 60 Ω. Besonders zu beachten ist, daß alle Dipole phasengleich erregt werden müssen, das bedeutet, daß alle Kabelaußenleiter an die oberen Dipolhälften und alle Kabelinnenleiter an die unteren Dipolhälften angeschlossen werden (oder auch umgekehrt: Innenleiter oben, Außenleiter unten).

Die Messungen ergaben, daß das H-Diagramm in seiner Form weitgehend dem des Einzeldipols in 0,25λ Abstand a nach Bild 25.9 (gestrichelt) entspricht. In der Vorzugsrichtung ist mit einem Gewinn von 9 dB zu rechnen, im Minimum beträgt er noch 2 dB. Die vertikale Halbwertsbreite (E-Diagramm) wird mit 16° angegeben. Als Folge der «Breitbandspeisung» hat die für

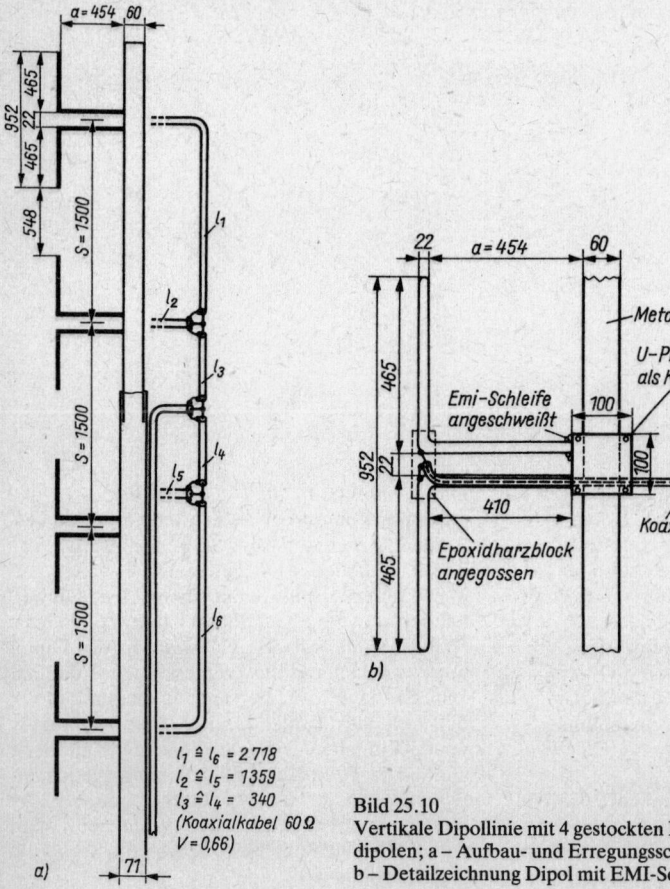

$l_1 \cong l_6 = 2\,778$
$l_2 \cong l_5 = 1\,359$
$l_3 \cong l_4 = \ \ 340$
(Koaxialkabel 60 Ω
$V = 0,66$)

Bild 25.10
Vertikale Dipollinie mit 4 gestockten Halbwellendipolen; a – Aufbau- und Erregungsschema, b – Detailzeichnung Dipol mit EMI-Schleife

456

145,4 MHz bemessene Antenne einen großen Frequenzbereich von ± 5 MHz. Dies betrifft auch die Anpassung. Für 145,4 MHz wurde ideale Anpassung mit der Welligkeit s von 1,0 erreicht; bei einer Frequenzänderung um + 1 MHz war s noch < 1,15, und für ± 5 MHz lag s noch unter 1,5. Wie Y23RD hervorhebt, werden die guten elektrischen Daten dieser Antenne nur erreicht, wenn sie in einer Höhe von mindestens 10λ über Grund in freier Umgebung aufgebaut wird.

25.1.5. Vertikal gestockte 5/8-λ-Strahler

Zwei kollineare, phasengleich erregte, vertikal polarisierte 5/8-λ-Strahler kann man auch als 5/4-λ- oder 1,25-λ-Strahler ansprechen. Allgemein bekannt ist eine solche Antenne unter der Bezeichnung verlängerter Doppel-Zepp, dessen elektrische Eigenschaften in Abschnitt 11.6. beschrieben sind. Das H-Diagramm zeigt theoretische Rundstrahlung, durch die Verkopplung mit einem metallischen Tragemast und teilweise mit der Speiseleitung wird das Rundstrahldiagramm verformt, ähnlich wie in Abschnitt 25.1.4. beschrieben wurde.

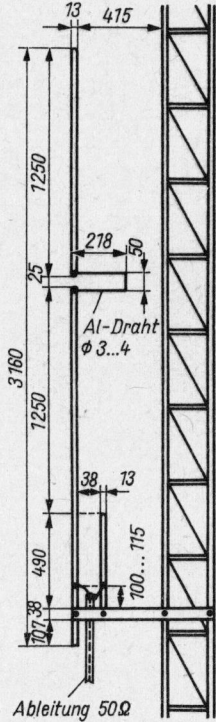

Bild 25.11
Aufbauschema eines verlängerten Doppel-Zepp vor einem Gittermast, Abmessungen für das 2-m-Band

Einen endgespeisten, vertikal polarisierten, verlängerten Doppel-Zepp für das 2-m-Band, der im Abstand von 0,20λ vor einem Metallgittermast aufgebaut ist, beschreibt WB0QH in [6]. Wie Bild 25.11 zeigt, handelt es sich um eine endgespeiste Ausführung mit einem Phasendrehglied in Strahlermitte, das gleichzeitig die elektrische Verlängerung der beiden 0,64λ langen Strahlerabschnitte auf elektrisch 0,75λ bewirkt. Diese kurzgeschlossene Paralleldrahtleitung wird aus Aluminiumdraht von 3 ... 4 mm Durchmesser hergestellt. Ihre elektrische Länge beträgt 0,11λ, wodurch die beiden 0,64λ langen Strahlerhälften zur 0,75-Ω-Resonanz gebracht werden.

Im vorliegenden Fall wird über eine am unteren Strahlerende angebrachte kurzgeschlossene Viertelwellenleitung gespeist, an der die erforderliche Impedanz abgegriffen werden kann. Für 50 Ω liegen die Anschlüsse etwa 100 ... 115 mm vom kurzgeschlossenen Ende entfernt. Beim Verwenden von Koaxialkabel wird Symmetriewandlung empfohlen.

Wird ein metallischer Tragemast eingesetzt, dann ist die Enderregung als J-Antenne nicht sehr sinnvoll, man kann den Strahler günstiger mit Zentralerregung betreiben. Dabei entfällt das ganze Viertelwellenstück, und die Speiseleitung wird an einen Abgriff der zentralen Paralleldrahtleitung angeschlossen [5]. Weitere Ausführungen zur zentralen Speisung sind in Abschnitt 11.6. enthalten.

Der Gewinn einer solchen Anordnung im freien Raum beträgt 3 dBd. Beim Aufbau in 0,2λ Abstand vor einem Metallmast wirkt dieser als Reflektor, so daß der Gewinn in der Vorzugsrichtung um 1 ... 1,5 dB größer wird und in der Gegenrichtung entsprechend abfällt.

Die Ringo Ranger-Antenne
Eine mit der Bezeichnung Ringo Ranger bekannt gewordene industriell gefertigte Rundstrahlantenne ist im Prinzip ebenfalls ein endgespeister, verlängerter Doppel-Zepp. Der Aufbau und die Abmessungen dieses interessanten Rundstrahlers für 145 MHz wurden in der ungarischen Zeitschrift «Radiotechnika» (1981, Heft 2) veröffentlicht. Bild 25.12 zeigt das Aufbauschema.

Etwas schwierig zu überschauen ist bei dieser Antenne die Anpassung über den ringförmigen Leiter. Im Prinzip dürfte es sich beim Ringleiter in Verbindung mit dem offenen Koaxialkabel um einen Parallelresonanzkreis für 145 MHz handeln, wobei das Kabelstück nach überschlägiger Berechnung eine Kapazität von ≈ 5 pF darstellt. Die Induktivität des Ringleiters müßte dann etwa 0,24 µH betragen. Eine Ähnlichkeit mit der Erregung der Fuchsantenne (siehe Abschnitt 11.2.) ist unverkennbar. Die dem Speisekabel entspre-

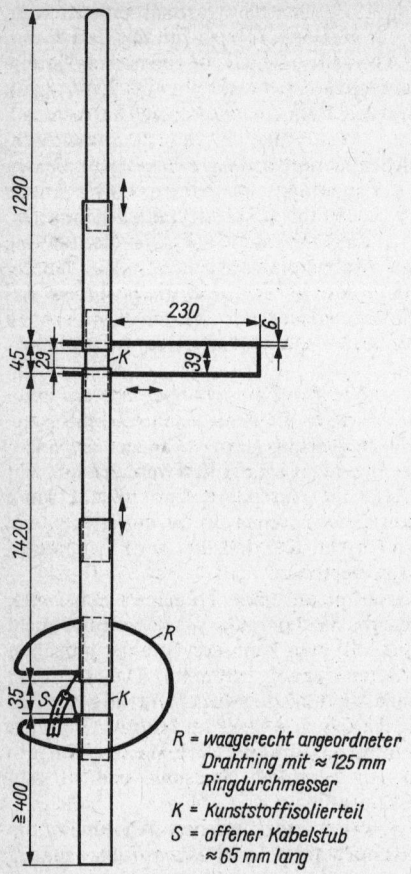

Bild 25.12
Aufbauschema des Ringo Ranger für 145 MHz

führung des verlängerten Doppel-Zepp darstellt. Sie wurde in [7] als Feststationsantenne in der Form einer mittengespeisten koaxialen Vertikalantenne mit doppelter Sperrtopfentkopplung beschrieben. In Bild 25.13 ist das Schema dieser technisch interessanten Antenne dargestellt.

Der strahlende Abschnitt der ISOPOLE hat eine Länge von $2 \times 5\lambda/8$ (1,28 λ). In Strahlermitte ist ein LC-Netzwerk angeordnet, mit dem die Antenne an das koaxiale Speisekabel angepaßt wird. Die untere Strahlerhälfte mit dem ersten Konus wirkt als koaxiales Gegengewicht mit 5 $\lambda/8$ Länge. Daraus ergibt sich eine weitgehend gleichphasige Stromverteilung nach Bild 25.13c. Beide Konusse mit je $\lambda/4$ Länge bewirken die Entkopplung der Speiseleitung und des Mastes. Bei Vergleichsmessungen an nichtentkoppelten $2 \times 5/8$-λ-Antennen hat sich herausgestellt, daß diese Keulenanhebungen im Vertikaldiagramm aufweisen. Durch die doppelte Entkopplung der ISOPOLE wird dieser Fehler mit Sicherheit ausgeschaltet. Die Sperrtopfentkopplung wurde bereits im Jahre 1938 patentiert (*H. O. Roosenstein* – Dt. Pat. 866680 – 1938).

Zum Gewinn macht der Hersteller keine präzisen Angaben, es kann mit 3 dBd gerechnet werden. Bei einer für 146 MHz bemessenen ISOPOLE wird ein Frequenzbereich von ± 4 MHz angegeben, in welchem die Welligkeit s nicht über 2 ansteigt.

chende Impedanz wird am Ringleiter abgegriffen.

Der Strahler ist teleskopartig aufgebaut; der Rohrdurchmesser von 12 mm im unteren Teil verjüngt sich im Mittelabschnitt auf 10 mm und beträgt im oberen Teil 7 mm. Es besteht die Möglichkeit, die Längen der einzelnen Abschnitte durch mehr oder weniger tiefes Einschieben zu verändern. Die elektrische Länge der Paralleldrahtleitung beträgt 0,11λ, sie ist ebenfalls mechanisch veränderbar. Auch dieser Antenne kann man einen Gewinn von 3 dBd bei guter Rundstrahlcharakteristik des H-Diagramms zuordnen.

Die ISOPOLE-Antenne
Ebenfalls industriellen Ursprungs ist die ISOPOLE, welche eine für den Verwendungszweck als Vertikalstrahler elektrisch verbesserte Aus-

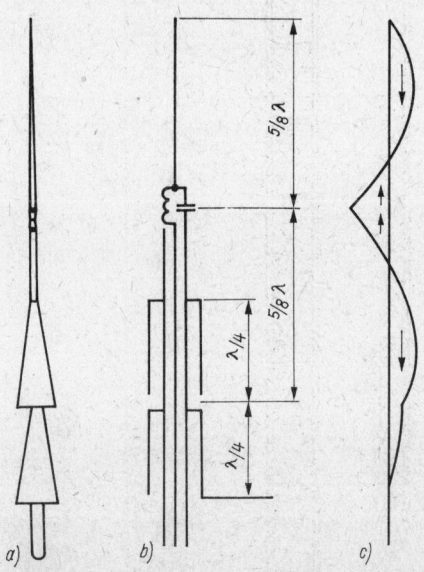

Bild 25.13
Aufbau und Wirkungsprinzip des ISOPOLE-Rundstrahlers (nach [7]); a – Ansicht, b – Wirkungsprinzip, c – Stromverteilung

458

25.1.6.   Die DDRR-Antenne für 145 MHz

Die in Abschnitt 19.6.1. für den Gebrauch in den Kurzwellenbereichen beschriebene DDRR-Antenne kann als vertikal polarisierter Rundstrahler auch für den Betrieb im VHF-Sektor gebaut werden. Gemäß Bild 19.64 und in Ergänzung von Tabelle 19.6. ergeben sich für eine 2-m-Ausführung folgende Abmessungen:

$D = 160$ mm, $H \geqq 15$ mm, $A = 10$ mm, $d = 5 \ldots 10$ mm und $C_1 = 5$ pF.

Es handelt sich dabei um Näherungswerte, die in ihrer Gesamtheit wegen des großen Frequenzbereichs des Strahlers nicht kritisch sind. Den günstigsten Anschluß für den Innenleiter des Speisekabels muß man durch Versuch ermitteln. Bei der Bemessung der Grundplatte sollte für die 2-m-Ausführung nicht gespart werden; denn je größer der Durchmesser des Gegengewichtes, desto kleiner der Erhebungswinkel der Hauptstrahlung. Es ist deshalb kein Luxus, wenn man den Scheibendurchmesser mit $\geqq 500$ mm wählt. Die in Abschnitt 19.6.1. angegebenen Daten sind sinngemäß auch für die 2-m-Ausführung gültig.

25.1.7.   Der Discone-Breitband-Rundstrahler

Ein weiterer vertikal polarisierter Rundstrahler, der ähnlich wie die Koaxialantenne gespeist wird und sich durch besondere Breitbandigkeit auszeichnet, ist die *Discone*-Antenne (Bild 25.14). Sie wurde bereits in Abschnitt 19.7.2. als Sonderform einer Kurzwellenantenne ausführlich besprochen. Alle diesbezüglichen technischen Daten gelten auch für die VHF- und UHF-Ausführungen. Im VHF-Bereich wird man vorwiegend noch mit der Skelettform nach Bild 19.68b arbeiten, die dann im UHF-Bereich in die klassische volle Kegelform übergeht.

Der in Bild 25.14 dargestellte Discone-Strahler wird direkt über 50-Ω-Koaxialkabel gespeist, der Frequenzbereich reicht mit den angegebenen Abmessungen von 144 bis > 600 MHz und schließt somit das 2-m-Band und das 70-cm-Band ein.

Der Kegel besteht aus einem trichterförmig gebogenen Kupferblech; es kann jedoch auch jede andere, möglichst lötbare Blechsorte verwendet werden. Die Kreisplatte wird ebenfalls aus beliebigem Blech angefertigt. Die Blechdicke ist elektrisch ohne Bedeutung. Das Speisekabel führt man von unten durch die Kegelöffnung und verlötet dessen Außenleiter mit der Kegelspitze. Der Kabelinnenleiter wird etwa 100 mm entfernt mit der waagrechten Kreisscheibe an deren Mittelpunkt verbunden. Es ist erforderlich, die Kreisscheibe durch geeignete Isolatoren mechanisch abzustützen. Selbstverständlich kann man auch bei dieser Antenne die Skelettbauform aus Metallstäben oder -rohren anwenden (siehe Bild 19.68b), die leichter, billiger und windschlüpfiger ist als die massive Blechausführung. Je 8 Stäbe sind ausreichend; die Abmessungen verändern sich dabei nicht.

Soll die Discone für andere Frequenzbereiche als im Beispiel angegeben ausgeführt werden, wählt man die Abmessungen D nach Bild 25.15 mit 1/3 der größten Betriebswellenlänge, während das diskusförmige Oberteil mit einem Durchmesser von 0,7 D zu bemessen ist. Unter diesen Bedingungen darf mit einem Frequenzbereich im Verhältnis 1:8 gerechnet werden; in der Praxis nutzt man gewöhnlich nur ein Frequenzverhältnis von 1:4, da sich oberhalb der 4fachen Frequenz die Strahlungsdiagramme zu sehr verändern. Innerhalb des angegebenen Fre-

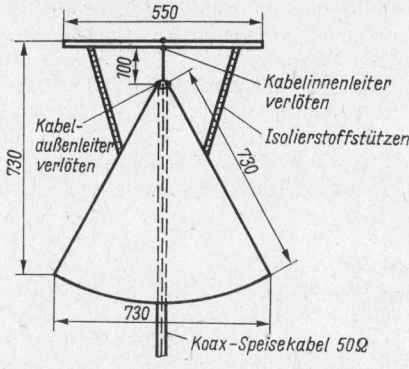

Bild 25.14
Die Discone-Antenne

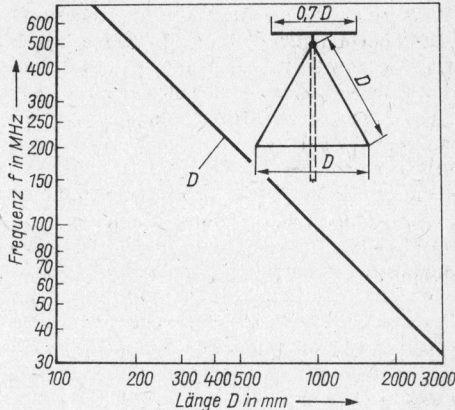

Bild 25.15
Diagramm zur Ermittlung der Abmessung D von Discone-Strahlern in Abhängigkeit von der niedrigsten Betriebsfrequenz f in MHz

quenzbereiches steigt die Welligkeit nicht über 1,5, es tritt jedoch eine frequenzabhängige Veränderung des Erhebungswinkels im Diagrammmaximum auf. Weitere Angaben sind Abschnitt 19.7.2. zu entnehmen.

25.2. Horizontal polarisierte VHF- und UHF-Rundstrahler

Eine horizontal polarisierte Rundstrahlantenne verlangt einen bestimmten Aufwand besonders dann, wenn eine möglichst reine Rundstrahlcharakteristik gefordert ist. Sofern man nicht vertikal gestockte Systeme oder sonstige Strahlerkombinationen einsetzt, wird die Rundstrahlcharakteristik immer mit einem Verlust gegenüber der Hauptstrahlrichtung eines Dipols erkauft.

Der gestreckte Halbwellendipol stellt bekanntlich bereits eine Richtantenne dar, die bevorzugt senkrecht zu ihrer Längsachse strahlt (Doppelkreischarakteristik) und in ihrem E-Diagramm zwei ausgeprägte Nullstellen aufweist. Wenn man die zur Verfügung stehende Leistung nach allen Seiten in der Horizontalebene gleichmäßig verteilt, so ist klar, daß das zu Lasten der Hauptstrahlrichtungen geht, aus denen die Strahlungsminima aufgefüllt werden. Man kann deshalb von einem Verlust nur im übertragenen Sinne sprechen.

25.2.1. Der Ringdipol (Halo-Antenne)
(L.M.Leeds, M.W.Scheldorf – US. Pat. 2324462 – 1941)

Sehr zierlich und unauffällig ist der Ringdipol als horizontaler Rundstrahler. Er wird auch als Halo-Antenne (Halo ≙ Halfwave Loop) bezeichnet und bevorzugt bei Fahrzeugstationen eingesetzt. Wie man aus Bild 25.16 ersehen kann, handelt es sich um einen Halbwellendipol, dessen beide Schenkel in der Horizontalebene so gebogen sind, daß die Form eines nicht geschlossenen Ringes entsteht. Wird die Ringantenne als Viereck mit Seitenlängen von je λ/8 ausgeführt, nennt man sie Squalo (Squalo ≙ Square Loop).

Das Horizontaldiagramm des horizontalen Ringdipols hat allerdings keine exakte Kreisform; es nähert sich der Form einer Ellipse. Der «Gewinn» einer Halo-Antenne gegenüber einem gestreckten Dipol (in dessen Hauptstrahlrichtung) beträgt etwa −3 dB, die Spannungseinzüge senkrecht dazu etwa −6 dB.

Einen für das 2-m-Band bemessenen Ringdipol zeigt Bild 25.16 mit allen erforderlichen Abmessungen. Die dargestellte Gamma-Anpassung gewährleistet den impedanzrichtigen An-

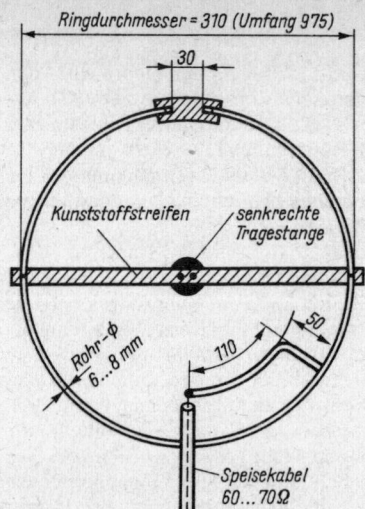

Bild 25.16
Der Ringdipol für 145 MHz; Draufsicht

schluß eines Koaxialkabels mit 50...75 Ω Wellenwiderstand. Sie erübrigt außerdem das Auftrennen des Dipols am Antenneneingang, was der mechanischen Stabilität sehr entgegenkommt. Der Außenleiter des Koaxialkabels wird mit der geometrischen Mitte des Dipols verbunden, der Kabelinnenleiter führt zum Gamma-Glied.

Die Dipolenden dürfen sich nicht berühren. Sie sollen einen gegenseitigen Abstand von mindestens 30 mm haben, da bei größerer Annäherung eine starke kapazitive Beeinflussung auftritt, wodurch sich die Resonanzfrequenz verschiebt und gleichzeitig der Eingangswiderstand verändert wird. Manchmal schafft man absichtlich eine größere kapazitive Endbelastung, indem die Dipolenden nach Art eines Kondensators mit Metallplatten versehen werden. Das bewirkt eine Resonanzverschiebung zu niedrigeren Frequenzen, und man kommt damit zu kleineren Ringdurchmessern.

Der Strahlungswiderstand einer Halo in der gezeigten Ausführung liegt bei 15 Ω, ist also niedriger als der gestreckten Dipols. Da sich an den Dipolenden jeweils ein Spannungsmaximum befindet, sind auch bei Verwendung besonders hochwertigen Isoliermaterials Verluste nicht zu vermeiden. Diese können bei feuchter Witterung, Schnee oder Rauhreif erheblich ansteigen. Der Ringdipol nach Bild 25.16 ist speziell für den Mobileinsatz gedacht. Aus Gründen der mechanischen Stabilität wird deshalb die Einbettung der Dipolenden in ein hochwertiges Isoliermaterial vorgesehen. Es lassen sich aber auch etwas weniger stabile, dafür aber elektrisch günstigere

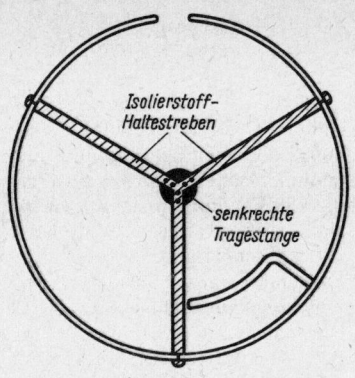

Bild 25.17
Ringdipol; mechanisch günstigere Halterung

Lösungen für die Halterung des Ringdipols finden. So könnte man nach Bild 25.17 die Isolierstoffhalterungen an den Dipolenden weglassen und dafür die Befestigung in der waagrechten Ebene nur durch mehrere speichenartig eingesetzte Kunststoffstäbe vornehmen.

Horizontale Ringdipole lassen sich auch in zwei oder mehreren Ebenen senkrecht übereinanderstocken. Dabei bleibt die Rundstrahlung in der Horizontalebene erhalten. Durch Verkleinern der vertikalen Halbwertsbreite wird ein Gewinn erzielt, der allerdings erst bei einer 4-Ebenen-Ausführung den eingangs erwähnten 6-dB-Verlust ausgleicht. Die Ausführungen über die phasenrichtige Speisung von gestockten

Dipolen treffen auch für den Ringdipol zu (siehe Abschnitt 13.2.).

Als Tragemast für den Mobileinsatz ist ein passendes PVC-Rohr gut geeignet. In seinem Innern kann das Koaxialkabel geschützt und unauffällig nach unten geführt werden.

In Bild 25.18 sind die E-Diagramme verschiedener Dipolformen dargestellt. Daraus kann man ersehen, daß der Ringdipol eine relativ gute Rundcharakteristik aufweist.

25.2.2. Der Winkeldipol
(P. S. Carter – US. Pat. 22584606 – 1938)

Als besonders brauchbar im praktischen Fahrzeugbetrieb hat sich der abgewinkelte Faltdipol erwiesen. Er entsteht aus einem gestreckten Faltdipol, dessen Hälften so weit abgewinkelt werden, daß sie die Schenkel eines Winkels von etwa 90° bilden. Dabei ändert sich der Eingangswiderstand nicht merklich, er bleibt bei etwa 240 Ω. Das Strahlungsdiagramm der E-Ebene dagegen wird nun ellipsenförmig.

Bekanntlich zeigt der Faltdipol ebenso wie der gestreckte Halbwellendipol in seiner E-Ebene das Doppelkreisdiagramm mit den Strahlungsmaxima senkrecht zur Dipolachse und den Strahlungsminima um etwa 1 dB geringer, entsprechend etwa 90% der von einem gestreckten Dipol gelieferten maximalen Empfangsspannung. Dagegen sind durch die Abwinkelung die Nullstellen aufgefüllt, und es stehen in den Minima immer noch etwa 35% der Spannung zur Verfü-

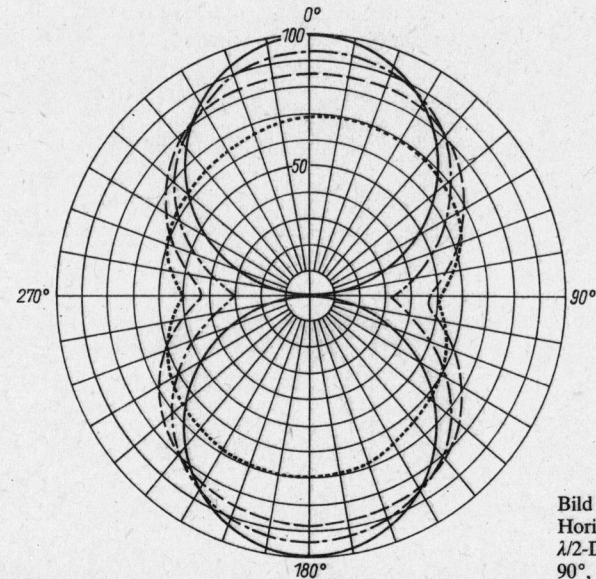

Bild 25.18
Horizontaldiagramme von Horizontaldipolen; ——— λ/2-Dipol, – – – – Winkeldipol 45°, – · – · – Winkeldipol 90°, ... Ringdipol (nach *E. Koch, DL 1 HM*)

gung. Die Spannungseinzüge bei 90° und 270° sind etwa 9 dB. Bild 25.19 zeigt einen Winkelfaltdipol mit 45° Abwinkelung. Er wird mit einem Gewinn von −2 dBd angegeben, wobei die Spannungseinzüge bei 90° und 270° nur noch etwa 6 dBd betragen.

Obwohl ein abgewinkelter gestreckter Dipol die gleichen Strahlungseigenschaften wie ein abgewinkelter Faltdipol aufweist, wird der abgewinkelte Faltdipol meist wegen seines höheren Eingangswiderstandes von 240 Ω bevorzugt. Soll der Winkelfaltdipol nicht mit 240-Ω-Bandleitung, sondern über ein Koaxialkabel gespeist werden, muß man eine Halbwellenumwegleitung nach Abschnitt 7.5. oder eine aufgewickelte Zweidrahtleitung (Guanella-Übertrager) nach Abschnitt 7.7. einsetzen. Es läßt sich für diesen Anwendungsfall auch ein abgewinkelter Einleiterdipol einsetzen, an den man über eine kurze Gamma-Anpassung das Koaxialkabel direkt anschließen kann; elektrisch und mechanisch günstiger ist jedoch die Faltdipolausführung.

Da abgewinkelte Dipole immer noch eine mehr oder weniger ausgeprägte Hauptstrahlrichtung haben, spricht man auch von Rundstrahlern mit Vorzugsrichtung. Durch Verändern des Winkels zwischen den beiden Dipolhälften kann das E-Diagramm verformt werden. Wie aus Bild 10.36a hervorgeht, wird die Auffüllung der Minima um so besser, je spitzer die Abwinkelung ist. Mitunter sieht man auch Dipole, die in Form eines U, eines S oder eines Z gebogen sind. Grundsätzliche Unterschiede gegenüber einem abgewinkelten Faltdipol weisen diese Sonderformen jedoch nicht auf. Es handelt sich in solchen Fällen wohl mehr darum, der Antenne neben einer annähernden Rundcharakteristik auch ein gefälliges Aussehen zu geben.

25.2.3. Die Drehkreuzantenne
(G. H. Brown – US. Pat. 2086976 – 1935)

Ein annäherndes Kreisdiagramm in der Horizontalebene wird mit der Drehkreuzantenne erzielt. Sie ist auch unter den Namen Quirlantenne oder Turnstile bekannt und besteht aus zwei gestreckten Halbwellen- oder Faltdipolen, die rechtwinklig zueinander in Kreuzform angeordnet sind, wie in Bild 25.20 schematisch dargestellt wird.

Für die gewünschte Rundstrahlcharakteristik in der Horizontalebene müssen beide Dipole mit einer gegenseitigen Phasenverschiebung von 90° gespeist werden. Man erreicht diesen Phasenunterschied durch eine Umwegleitung zwischen beiden Dipolen. Sie hat eine elektrische Länge von $\lambda/4$ (Verkürzungsfaktor V beachten!) und einen Wellenwiderstand in der Größe des Eingangswiderstandes eines Einzeldipols. Das bedeutet, daß der Wellenwiderstand der Viertelwellenumwegleitung 60 Ω betragen soll, wenn die Drehkreuzantenne aus gestreckten Halbwellendipolen aufgebaut ist, und 240 Ω bei Verwendung von gekreuzten Faltdipolen. Da beide Dipole parallelgeschaltet sind, vermindert sich auch der Widerstand am Antenneneingang auf den halben Wert. Damit ergeben sich etwa 30 Ω bei gestreckten Dipolschenkeln und etwa 120 Ω bei Faltdipolen. Wegen dieser Speisungsprobleme verwendet der Funkamateur die Drehkreuzantenne als horizontalen Rundstrahler nur selten, zumal mit einfacheren abgewinkelten Dipolen ausreichende Ergebnisse bei geringerem Aufwand erzielt werden können. Außerdem ist die Drehkreuzantenne, bedingt durch die frequenzabhängige Verbindungsleitung, relativ schmalbandig.

Mehr Bedeutung hat die Drehkreuzantenne als gespeistes Element von zirkularpolarisierten

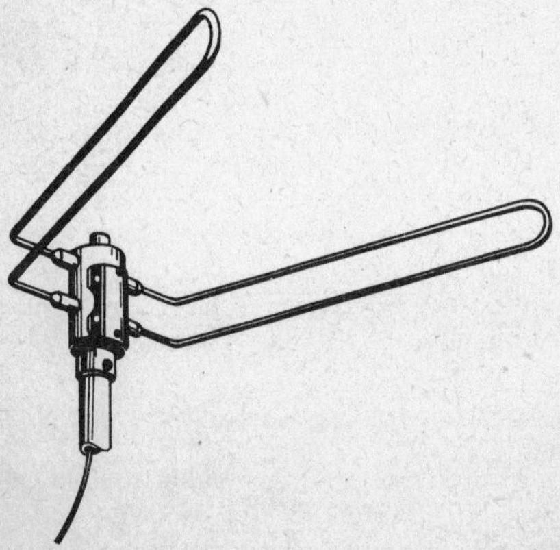

Bild 25.19
Gefalteter 45°-Winkeldipol

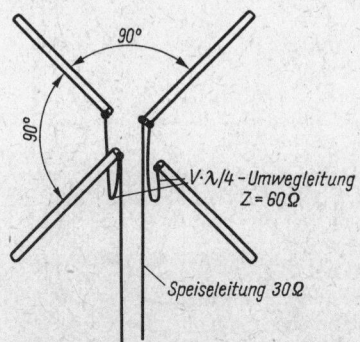

Bild 25.20
Die Drehkreuzantenne

Tabelle 25.1.
Der Gewinn von gestockten Drehkreuzantennen in Abhängigkeit von der Anzahl der Ebenen

Anzahl der Ebenen	Gewinn in dBd (gerundet)
1	−3,0
2	1,0
3	3,0
4	4,4
5	5,4
6	6,3
7	7,0
8	7,6

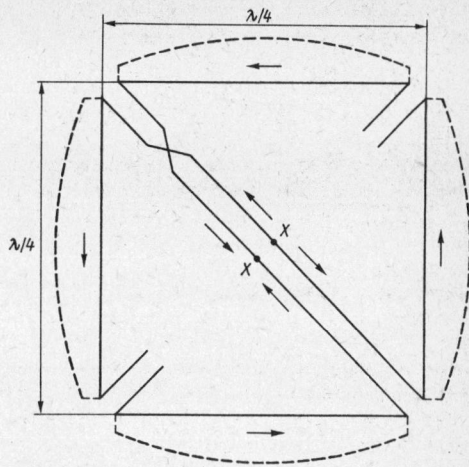

Bild 25.21
Prinzipschema des Alford-Loop mit Stromverteilung

Antennen (z. B. Kreuz-*Yagi*), da sie in Achsrichtung Zirkularpolarisation aufweist.

Der Gewinn der Drehkreuzantenne beträgt −3 dBd. Die Gesamtleistung wird auf zwei Dipole verteilt, jeder Dipol bekommt somit die halbe Leistung (−3 dB). Jeweils in der Hauptstrahlrichtung liefert der andere Dipol keinen Beitrag. In den dazwischenliegenden Bereichen kommen von beiden Dipolen Anteile, die sich vektoriell addieren, den Maximalwert aber nicht erreichen.

Drehkreuzantennen für den UKW- und Fernsehempfang werden meistens in der Form von gekreuzten Faltdipolen aufgebaut. In früheren Jahren wurden sie auch bei UKW-Rundfunksendern als rundstrahlende Sendeantennen verwendet, jedoch zumeist in mehrfach gestocktem Aufbau. Stockt man mehrere Drehkreuzantennen senkrecht übereinander, so wird durch Bündelung in der Vertikalebene ein Gewinn erzielt, ohne daß sich dabei die Rundcharakteristik in der Horizontalebene verändert. Sie hat die Form eines verrundeten Quadrates. Der erreichbare Gewinn bei optimalem Stockungsabstand in Abhängigkeit von der Anzahl der Ebenen ist in Tabelle 25.1. aufgeführt. Weitere Angaben über zirkular polarisierte Antennen befinden sich in Abschnitt 26.5.

25.2.4. Der Alford-Loop
(A. Alford – US. Pat. 2283897 – 1939)

Wie aus Bild 25.21 zu erkennen ist, besteht der Alford-Loop im Prinzip aus 2 rechtwinklig abgeknickten Halbwellendipolen, die so angeordnet werden, daß sie ein liegendes Quadrat bilden. Sie werden in den Punkten X–X zentral erregt, wobei eine der beiden Erregerleitungen umgepolt werden muß. Dabei entsteht die durch Richtungspfeile angedeutete Stromverteilung, wobei alle strahlenden Abschnitte phasengleich sind.

Um ein möglichst rundes Horizontaldiagramm zu erzeugen, werden die strahlenden Abschnitte

gegenüber λ/4 verkürzt, indem man die Dipolenden so abknickt, daß sie sich parallel gegenüberstehen. Es entstehen dabei nichtstrahlende Leitungsabschnitte, die als kapazitive Endbelastung wirken. Die der erforderlichen Kapazität entsprechende Leitungslänge wird jeweils so gewählt, daß die Maxima der sinusförmigen Stromverteilung in der Mitte der strahlenden Abschnitte liegen. Die so erhaltene Stromverteilung hat die Form einer örtlich stehenden Welle, die zeitlich wandert [9]. Der Strahlungswiderstand des Alford-Loop beträgt etwa 25 Ω. Die Impedanz am Antenneneingang X–X ist mit Blindanteilen beaufschlagt, es wird deshalb empfohlen, dort eine Viertelwellenanpaßleitung (Stichleitung) nach Abschnitt 6.6. anzuschließen.

In früheren Jahren wurde dieser horizontale Rundstrahler häufig als Sendeantenne für FM-Rundfunk und Fernsehsender eingesetzt; man findet den Alford-Loop heute noch bei VOR Flugfunkfeuern. Für den Funkamateur mit beschränkten Meßmitteln ist der optimale Abgleich des Systems im allgemeinen zu schwierig. Er kann den Alford-Loop durch einen Ganzwellenwinkeldipol nach Abschnitt 10.4.1. (Bild 10.36b) bei geringerem mechanischem Aufwand, einfacherer Speisungsmöglichkeit und annähernd gleichwertigen Strahlungseigenschaften ersetzen.

25.2.5. Die Malteserkreuzantenne
(G. H. Brown – US. Pat. 2207781 – 1938)

Die Malteserkreuzantenne ist ein horizontaler Rundstrahler, der sich durch nahezu vollkom-

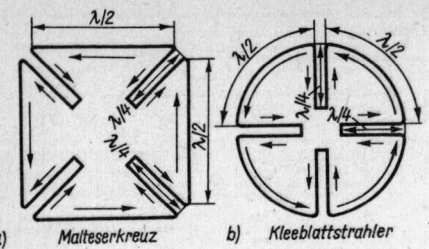

a) *Malteserkreuz*   b) *Kleeblattstrahler*

Bild 25.22
Malteserkreuz und Kleeblattstrahler

mene Symmetrie und durch ein fast ideales Kreisdiagramm auszeichnet. Darüber hinaus bietet sie sehr einfache Speisungsmöglichkeiten. Sie wurde beim 70-cm-Dauerlaufsender *OZ 7 IGY* mit bestem Erfolg eingesetzt. Bild 25.22 zeigt das Prinzipschema des Malteserkreuzes und die etwas bekanntere, aber mechanisch schwieriger herzustellende Kleeblattantenne. Beide Bauformen sind in ihrer Wirkungsweise identisch.

Die vom Malteserkreuz abgeleitete Kleeblattform darf nicht mit einer weiteren Kleeblattantenne verwechselt werden, die nach anderen Konstruktionsprinzipien arbeitet und früher häufig als Sendeantenne für den FM-Rundfunk eingesetzt wurde (P. H. Smith – US. Pat. 2521550 – 1950). Diese Kleeblattantenne wird in [13] näher beschrieben.

Beim Malteserkreuz handelt es sich um 4 Halbwellendipole im Quadrat. Daher auch die Bezeichnung Dipolquadrat. Jeder Halbwellendipol schließt mit einer Viertelwellenleitung – kurz Haarnadelschleife benannt – ab. Die Betrachtung der eingezeichneten Strompfeile zeigt, wie jeder Dipol erregt wird. Durch diese Art der Erregung entsteht die Rundcharakteristik in der Horizontalebene. Alle Haarnadelschleifen erhalten veränderbare Kurzschlußschieber, mit denen die exakte Resonanz des Systems eingestellt werden kann. Deshalb ist auch die Bemessung der

außenliegenden Halbwellenstücke nicht sehr kritisch, denn es besteht immer die Möglichkeit, durch entsprechendes Verändern der Kurzschlußschieber die Resonanz einzustellen. Da es sich bei den Haarnadelschleifen um abgestimmte Leitungen handelt, hat auch ihr Wellenwiderstand keine besondere Bedeutung. Der Abstand dieser Paralleldrahtleitungen kann deshalb den mechanischen Erfordernissen angepaßt werden. Die in Bild 25.23 angegebenen Abstände der Haarnadelschleifen von 20 mm sind daher nur als Richtwerte zu betrachten.

Bild 25.23 gibt die Abmessungen für eine 70-cm-Ausführung und für eine 2-m-Ausführung wieder. Beim Abstimmen sollen alle 4 Kurzschlußschieber möglichst symmetrisch zueinander verstellt werden. Da die 4 Einzelelemente untereinander verbunden sind, wirkt sich die Veränderung auch nur eines Kurzschlußschiebers nicht nur auf das dazugehörige Halbwellenelement aus. Mit der Stellung der Kurzschlußschieber kann außerdem das Richtdiagramm in bestimmten Grenzen beeinflußt werden. Die Viertelwellenleitungen sind zur erforderlichen Phasendrehung von jeweils 180° notwendig. Der Gewinn ist etwa −1,5 dBd.

Das Malteserkreuz wird an einer der 4 Haarnadelschleifen eingespeist, wobei man sich auf der Viertelwellenleitung die Punkte sucht, deren Impedanz dem Wellenwiderstand der verwendeten symmetrischen Speiseleitung entspricht. Dieser Punkt liegt für eine 240-Ω-Leitung beim 70-cm-Strahler etwa 100 mm vom Kurzschlußschieber entfernt, bei der 2-m-Ausführung befindet er sich etwa in der Mitte der Viertelwellenleitung. Die bis zum Rohrmast verlängerten Leitungen können hinter der Kurzschlußstelle mit diesem hart verlötet werden. Als Leitermaterial für Elemente und Haarnadelschleifen wird 6-mm-Rundkupfer empfohlen; für die 2-m-Ausführung eignet sich auch Aluminiumrundmaterial mit 8 … 12 mm Durchmesser gut.

Es ist empfehlenswert, das Malteserkreuz in 2

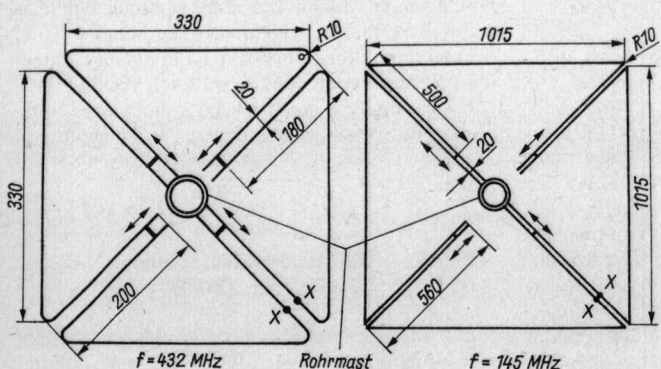

f = 432 MHz   *Rohrmast*   *f = 145 MHz*

Bild 25.23
Die Abmessungen der Malteserkreuzantenne für 432 und 145 MHz

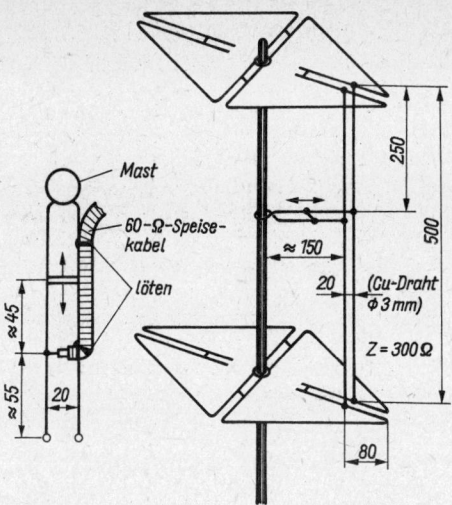

Bild 25.24
Gestocktes Malteserkreuz für 432 MHz

oder mehreren Ebenen zu stocken. Werden 2 Ebenen mit einem vertikalen Abstand von $0,7\lambda$ gewählt, so erhält man den maximalen Gewinn von etwa 1,5 dBd. Bild 25.24 zeigt eine solche gestockte Malteserkreuzantenne für 432 MHz. Die 500 mm lange Verbindungsleitung besteht aus 3-mm-Kupferdraht mit einem Abstand von 20 mm und hat somit einen Wellenwiderstand von etwa 300 Ω (siehe Bild 5.4). Die Länge dieser Verbindungsleitung ist unkritisch, da es sich nicht um eine abgestimmte, sondern um eine angepaßte Leitung handelt. In ihrer geometrischen Mitte setzt man eine kurzgeschlossene Stichleitung an, die am Tragemast gehaltert wird (siehe Teilzeichnung in Bild 25.24). An dieser Stelle kann die gesamte Anordnung, wie dargestellt, über ein Koaxialkabel gespeist werden. Auch für den Kleeblattstrahler sind diese Ausführungen gültig, da es sich im Prinzip um den gleichen Strahler handelt.

25.2.6. «Das große Rad» («The Big Wheel»)

Der VHF-Amateur verwendet im 2-m-Band fast ausschließlich scharf bündelnde Richtantennen, weil er mit ihrer Hilfe die Strahlungsleistung seines Senders in einer bestimmten Richtung vervielfachen kann. Die Richtwirkung gibt ihm außerdem die Möglichkeit, Empfangsstörungen aus anderen Richtungen auszublenden und das gewünschte Signal anzuheben.

Diese guten Eigenschaften der Richtantennen sind jedoch nicht immer von Vorteil. Erfahrungsgemäß wird der 2-m-Verkehr fast ausschließlich

in den Abendstunden durchgeführt, und es ist in dieser meist kurzen Zeitspanne erhöhter Aktivität fast unmöglich, alle Richtungen intensiv nach vorhandenen Signalen abzusuchen bzw. nach allen Richtungen zu strahlen. In der Praxis bleibt dann meist der Beam in der Richtung des größten Stationsangebotes stehen, und manche Verbindung in anderer Richtung geht dadurch verloren. Sehr oft wird nachträglich bekannt, daß in einer bestimmten Richtung gute DX-Möglichkeiten bestanden, die nicht genutzt werden konnten, weil niemand seinen Richtstrahler in diese Richtung gedreht hatte.

Die ideale Antenne für solche Fälle wäre ein horizontal polarisierter Rundstrahler mit großem Gewinn, der gegebenenfalls noch neben einer scharf bündelnden Richtantenne vorhanden sein sollte. Mit diesem Rundstrahler hätte man die Sicherheit, überall gehört zu werden und aus allen Richtungen empfangen zu können.

W 1 IJD und *W 1 FVY* entwickelten ein solches Gebilde und nannten es «*The Big Wheel*» («*Das große Rad*»). Es wurde in Einebenenausführung als Fahrzeugantenne erprobt und brachte für diesen Betriebsfall einen Gewinn von 5,7 dB gegenüber einer einfachen Drehkreuzantenne sowie eine erhebliche Verminderung der für den Mobilbetrieb charakteristischen Flattererscheinungen (Kurzschwund). Da der «Gewinn» der Drehkreuzantenne – bezogen auf einen Halbwellendipol – mit −3 dB angegeben wird, ist «Das große Rad» um 2,7 dB besser als ein $\lambda/2$-Strahler [11]. Von der Firma CUSH CRAFT wird der Gewinn jedoch nur mit 1 dBd angegeben, was für die Praxis als realistisch anzusehen ist.

Bild 25.25 zeigt das Schema des «großen Rades». Es ähnelt sehr dem vorher besprochenen

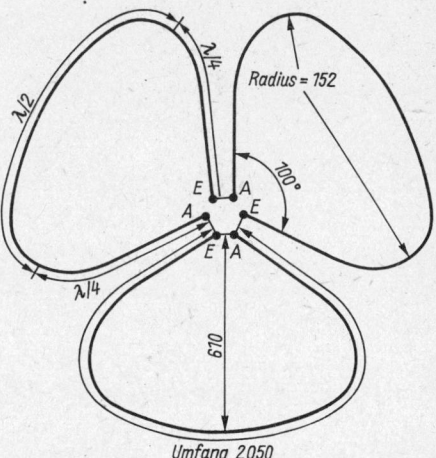

Bild 25.25
«Das große Rad»

Malteserkreuz bzw. dem Kleeblattstrahler, hat aber nur 3 Schleifen. Der Hauptunterschied besteht in der Art der Erregung. Beim Malteserkreuz und dem Kleeblattstrahler liegen die strahlenden Elemente in Serie, beim «Großen Rad» sind sie parallelgeschaltet. Dadurch ergibt sich für «Das große Rad» auch ein niedriger Eingangswiderstand. Der Übersichtlichkeit halber sind in Bild 25.25 Zusammenschaltung und Erregung nicht eingezeichnet; Angaben darüber können aus Bild 25.26 ersehen werden.

Das Schema läßt erkennen, daß der Umfang jeder Schleife 1λ beträgt; die Länge für das 2-m-Band mit 2050 mm ist eingetragen. Jede Schleife wird so gebogen, daß die freien Schenkel bei A–E einen Winkel von 100° bilden. Der Krümmungsradius an den Biegungen ist mit 152 mm für eine 2-m-Schleife gewählt. Die Schenkel A und E zweier benachbarter Schleifen verlaufen über eine Strecke von annähernd $\lambda/4$ parallel. Da die Ströme in den Viertelwellenstücken entgegengesetzt gerichtet sind, strahlen diese Abschnitte nicht (siehe Bild 25.26a). Aus Bild 25.26 wird die Zusammenschaltung der Schleifen deutlich. Alle mit A gekennzeichneten Anfänge der Schleifen sind miteinander verbunden, ebenso die mit E bezeichneten Enden. Daraus ergibt sich eine Parallelschaltung der 3 Schleifen in der Weise, daß alle strahlenden Halbwellenabschnitte gleichphasig erregt werden (siehe Stromrichtungspfeile in Bild 25.26a). Durch die Parallelschaltung der Schleifen sinkt der Eingangswiderstand bis zur Größenordnung von 10 Ω. Damit

man das System über ein handelsübliches Koaxialkabel speisen kann, werden die Ganzwellenschleifen etwas verkürzt; die dadurch entstehende kapazitive Blindkomponente läßt sich durch einen induktiven Stub am Antenneneingang kompensieren. Man kann dann die Antenne mit einem beliebig langen Koaxialkabel speisen. Die gestreckte Länge des Stubs beträgt 127 mm für Resonanz im 2-m-Band. Wird «Das große Rad» als Fahrzeugantenne in geringer Höhe über dem Wagendach verwendet, ist es günstiger, die gestreckte Länge des Stubs mit 153 mm zu bemessen. Den Stub stellt man nach Bild 25.26c aus Aluminiumband (20 mm breit und etwa 1,5 mm Durchmesser) her.

Elektrisch betrachtet ist es von untergeordneter Bedeutung, welches Material zum Bau der Ganzwellenschleifen verwendet wird. In diesem Fall spielen vor allem mechanische Erwägungen eine Rolle, denn der Radius der seitlichen Auskragung der Antenne beträgt immerhin etwa 600 mm. Bei der Musterantenne wählte man 9,5 mm starkes Aluminiumrohr, in dessen offene Enden passende Holz- oder Aluminiumdübel mindestens 50 mm tief eingetrieben wurden. Aluminium-Rundmaterial mit 8 oder 10 mm Durchmesser, wie es beim Blitzableiterbau verwendet wird, dürfte sich ebensogut eignen. Außerdem läßt sich Vollmaterial besser biegen als Rohr. Der rohrförmige Leiter wird mit trockenem Sand gefüllt und dann durch Pfropfen fest verschlossen. Auf diese Weise vorbereitet, läßt er sich sauber und knickfrei biegen.

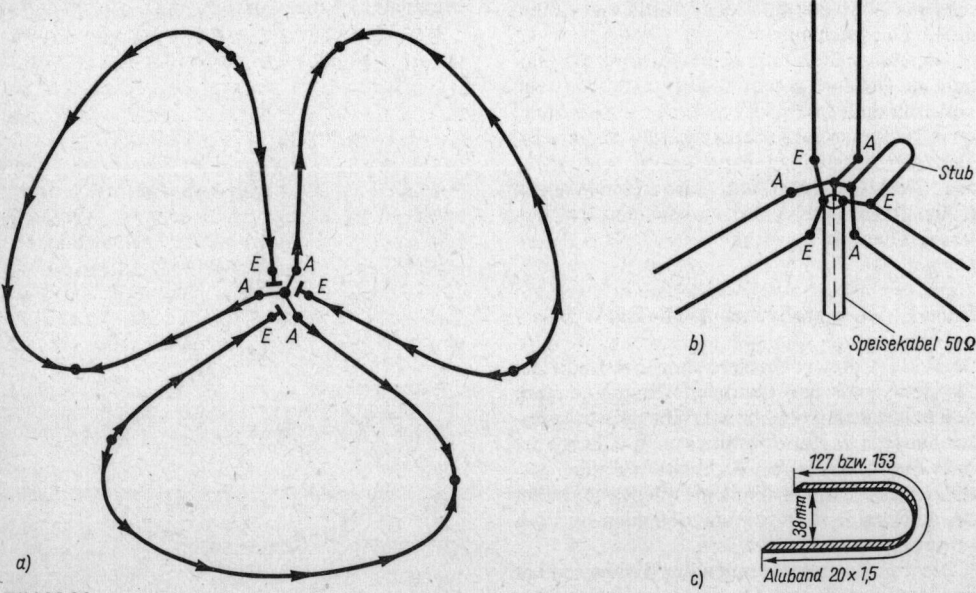

Bild 25.26
Erregung und Speisung des «großen Rades»; a – Stromverteilung, b – Speisung, c – Stub

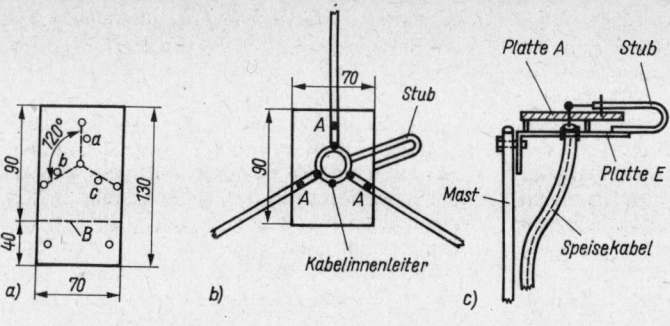

Bild 25.27
Die Befestigung des «großen Rades» (Angaben in mm)

Einige Überlegungen erfordert die mechanische Befestigung der Schleifen und ihre richtige Zusammenschaltung. Bild 25.27 zeigt einen Konstruktionsvorschlag. Die Halterung besteht aus einer rechteckigen Metallgrundplatte mit den Abmessungen 130 mm × 70 mm (Bild 25.27a); sie wird bei einer Länge von 40 mm rechtwinklig abgebogen (gestrichelte Linie). An diesem abgebogenen Teil wird der Tragemast befestigt. Die Grundplatte wird durch einen U-förmig gebogenen Gewindebolzen am Mast festgeklemmt und damit auch geerdet. Auf der Grundplatte E werden alle Schleifenenden E sowie der kürzere Schenkel des Stubs gut leitend festgeschraubt. Auch der Außenleiter des Speisekabels wird mit der Grundplatte verlötet. Eine 2. Platte A, die aus Kunststoff besteht, montiert man in geringem Abstand über der Grundplatte E. Die Platte A nimmt alle Schleifenanfänge A, den längeren Schenkel des Stubs und den Innenleiter des Speisekabels auf. Auch diese Teile werden gut leitend miteinander verbunden.

«Das große Rad» hat einen großen Frequenzbereich. Bei der 2-m-Ausführung bleibt die Welligkeit in einem Bereich von 142 … 150 MHz unter 1,5. Daraus geht hervor, daß die Bemessung nicht sehr kritisch ist. Wie Bild 25.28 zeigt, hat das Strahlungsdiagramm der Einebenenausführung aus den Richtungen der Viertelwellenstücke Einbuchtungen, die bis zu 3 dB betragen können.

Die hervorragenden Eigenschaften dieser Antenne kommen noch mehr zur Geltung, wenn 2 Ebenen vertikal übereinandergestockt werden. Wählt man den optimalen Etagenabstand von $5\lambda/8$, so steigt der Gewinn, bezogen auf die Einebenenausführung, um 2,5 dB. Die horizontale Rundcharakteristik bleibt dabei erhalten, der Gewinn entsteht ausschließlich durch Verkleinern der vertikalen Halbwertsbreite. Dadurch werden auch Zündfunkstörungen stark herabgemindert.

Der Eingangswiderstand einer Ebene beträgt bekanntlich 50 Ω. Durch die Zusammenschaltung beider Ebenen würde der Widerstand im gemeinsamen Antenneneingang auf 25 Ω sinken. Deshalb soll bereits die Verbindungsleitung so transformieren, daß der gemeinsame Eingang wieder eine Impedanz von 50 Ω aufweist. Es ist üblich, mit Viertelwellenleitungen zu transformieren. Jede Ebene müßte deshalb einen Viertelwellentransformator erhalten, der den Eingangswiderstand von 50 auf 100 Ω heraufsetzt, wobei dann die Parallelschaltung dieser Impedanzen wieder 50 Ω ergibt. Der Wellenwiderstand Z der Viertelwellenleitung muß nach Gl. (5.30.)

$$Z = \sqrt{50\,\Omega \cdot 100\,\Omega} \approx 70\,\Omega$$

betragen. Ein 75-Ω-Kabel ließe sich als Transformationsleitung verwenden. In diesem Fall würde die Impedanz von 50 auf 120 Ω transformiert werden, woraus sich ein Eingangswiderstand von 60 Ω ergibt.

In der Praxis benutzt man als Verbindungs- und Transformationsleitung ein Koaxialkabel von 70 bzw. 75 Ω Wellenwiderstand, dessen elektrische Länge genau 1λ beträgt. Der Verkürzungsfaktor des Kabels ist im allgemeinen mit 0,66 zu berücksichtigen; es ergibt sich daher eine geometrische Länge von 2070 mm · 0,66 = 1365 mm. Da der optimale Stockungsabstand von $5\lambda/8$ im 2-m-Band etwa 1300 mm beträgt, stellt das eine günstige Lösung dar. Allerdings hat eine 1-λ-Leitung keine Transformationseigenschaften. Transformieren kann man nur mit 1/4-λ-Leitungen und ihren ungeradzahligen Vielfachen ($3\lambda/4$, $5\lambda/4$, $7\lambda/4$ usw.). In diesem Fall gibt es jedoch einen einfachen Kniff: Man teilt die

Strahlungsdiagramm   Antenne

Bild 25.28
Das Strahlungsdiagramm des «großen Rades» in Einebenenausführung

467

Ganzwellenleitung in je einen Abschnitt von λ/4 und 3λ/4. Eine Viertelwellenlänge von der unteren Ebene entfernt wird das gesamte System eingespeist. Dabei muß man aber noch folgendes beachten: Die untere Ebene wird über einen λ/4-Transformator gespeist, während die Transformationsleitung für die obere Ebene 3λ/4 lang ist. Das bedeutet, daß beide Ebenen mit einer gegenseitigen Phasenverschiebung von 180° erregt werden. Damit die erforderliche Gleichphasigkeit wiederhergestellt wird, sind beide Ebenen um 180° gegeneinander zu verdrehen. Das geschieht sehr einfach, indem die in der unteren Ebene als Scheifenanfänge A bezeichneten Schenkelenden in der oberen Ebene als Schleifenenden E betrachtet und angeschlossen werden.

Eine völlig symmetrische Erregung beider Ebenen ergibt sich ohne technische Kunstgriffe, wenn die Verbindungsleitung mit einer elektrischen Länge von 1,5λ bemessen wird. Der gemeinsame Antenneneingang liegt dann in der geometrischen Mitte dieser Leitung. Somit ist jeder Ebene eine Kabellänge von elektrisch 3λ/4 zugeordnet, die wie eine Viertelwellenleitung transformiert. Beide Ebenen werden nun phasengleich und symmetrisch erregt. Bei einem Verkürzungsfaktor von 0,66 ergibt sich für die 1,5-λ-Leitung im 2-m-Bereich eine geometrische Länge von 3100 mm · 0,66 = 2046 mm. Da der Stockungsabstand nur etwa 1300 mm betragen soll, wird die Verbindungsleitung über einen Umweg geführt. Dieser Umweg ist meistens erwünscht; denn nun kann die Verbindungsleitung am Tragemast festgelegt und entlanggeführt werden; für den Antenneneingang ergibt sich dabei eine gute mechanische Abstützung am Tragemast.

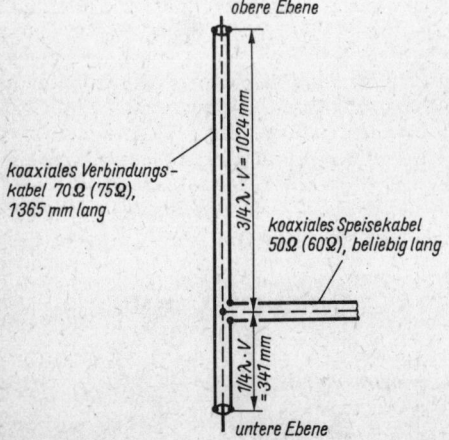

Bild 25.29
Die Erregung des gestockten «großen Rades»
(Abmessungen für Resonanzfrequenz 145 MHz)

Es hat sich gezeigt, daß durch die gegenseitige Verkopplung beider Ebenen die Resonanz etwas nach höheren Frequenzen hin verschoben wird. Um diese Erscheinung zu kompensieren, werden die beiden Stubs auf je 152 mm gestreckter Länge vergrößert. Eine Erweiterung des «großen Rades» auf 4 Ebenen ist möglich. Der Gewinnanstieg gegenüber der 2-Ebenen-Ausführung beträgt jedoch nur knapp 2 dB, so daß sich der Mehraufwand kaum lohnt.

Zusammenfassend kann gesagt werden, daß «Das große Rad» als 1-Ebenen-Antenne einen ausgezeichneten, wenn auch etwas unförmigen Strahler für den 2-m-Mobilbetrieb darstellt. 2 Ebenen dieser Antenne bilden einen sehr guten, horizontal polarisierten Rundstrahler mit gutem Gewinn für den stationären Betrieb. «Das große Rad» kann mit herkömmlichen Mitteln aufgebaut werden, und es ist wegen des großen Frequenzbereiches in seinen Abmessungen nicht besonders kritisch. Bei Einhaltung der angegebenen Maße erübrigt sich ein besonderer Abgleich.

25.2.7. Die Batwing- und Superturnstile-Antenne
(R. W. Masters – US. Pat. 2480153 ... 155 – 1945)

Als Batwing bezeichnet man eine flächige Breitbandantenne, deren Schenkel etwa die Umrisse von Fledermausflügeln haben.

Die Entstehungsphasen einer Batwing-Antenne sind in Bild 25.30 dargestellt. Geht man von einem gestreckten Halbwellendipol aus und will diesem einen großen Frequenzbereich verleihen, muß man ihn in einen «dicken» Dipol verwandeln. Dazu bildet man die Dipolschenkel als Dreiecksflächen aus, wie es Bild 25.30a zeigt. Solche Dipole sind im UHF-Bereich als Breitbandstrahler zu finden. Es ist möglich, die Bandbreite dieses Dipols noch zu vergrößern, wenn nach Bild 25.30b zwei einander parallelliegende, kurzgeschlossene Viertelwellenleitungen eingefügt werden. Der folgende Schritt führt zu 25.30c. In diesem Fall sind die Flächen aufgefüllt, und die beiden Viertelwellenleitungen bilden nun einen λ/2 langen Schlitz zwischen beiden Rechteckflächen. Erregt wird in der geometrischen Mitte des Schlitzes. Im Prinzip ist damit ein Schlitzstrahler entstanden (siehe Abschnitt 26.4.), der u. a. dadurch gekennzeichnet ist, daß der vertikale Schlitz Horizontalpolarisation aufweist. Die eingezeichneten Pfeile deuten die Stromrichtung auf den Dipolflächen an. Damit Stromverteilung und Frequenzverhalten verbessert werden, kerbt man die Dipolflügel nach Bild 25.30d ein, so daß die Umrisse etwa der Schwingenform einer Fledermaus entsprechen. Schließlich kann

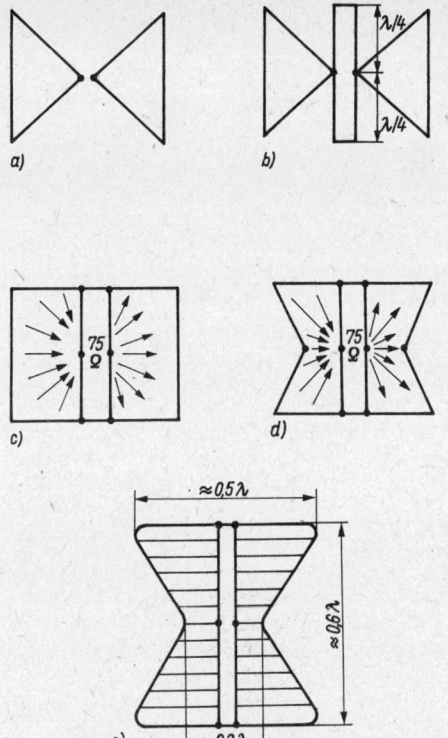

a)

b)

c)

d)

≈0,5λ

≈0,6λ

e)

≈0,2λ

Bild 25.30
Die Entwicklung einer Batwing-Antenne

man noch die kompakten Dipolflügel durch Gitterkonstruktionen ersetzen, womit die Batwing-Antenne nach Bild 25.30e ihre endgültige Form gefunden hat.

Diese Erklärung der Entstehungsphasen einer Batwing-Antenne wurde in [12] veröffentlicht. Geht man davon aus, daß sie vom Strahlungsmechanismus her eine Schlitzantenne darstellt, kann ihre Wirkungsweise auch anschaulich über das Babinet'sche Prinzip erklärt werden.

Die Batwing-Antenne ist sehr breitbandig. Ihre Eingangsimpedanz beträgt etwa 70 Ω und ist von der Schlitzbreite abhängig. Um eine annähernde Rundstrahlung in der Horizontalebene zu erhalten, werden wie bei einer Drehkreuzantenne 2 Batwings rechtwinklig zusammengesetzt und mit einer gegenseitigen Phasenverschiebung von 90° erregt. Für den kommerziellen Gebrauch sind mehrere solcher Ebenen vertikal übereinander gestockt. Eine derartige Antenne wird als Superturnstile bezeichnet. Sie ist als Sendeantenne im UKW-Rundfunkbereich und als Fernsehantenne verbreitet, für den Funkamateur hat sie jedoch wenig Bedeutung.

25.2.8. Die rundstrahlende Doppelwendelantenne

Die Doppelwendelantenne gehört zur Familie der Wendelstrahler (engl.: Helical ≙ schraubenförmig, auch Helix), und sie ist bei vertikal aufgestellter Achse ein sehr leistungsfähiger Rundstrahler mit horizontaler Polarisation und scharfer Bündelung in der Vertikalebene. Da auch der mechanische Aufbau dieser Antenne gegenüber anderen Rundstrahlformen erhebliche Vorzüge aufweist, findet man die Doppelwendel und ihre Kombinationen gelegentlich als Strahler bei UKW- und Fernsehsendern.

Bild 25.31 zeigt die schematische Darstellung dieser Antenne. Die Länge jeder Windung beträgt 2λ, das entspricht einem Wendeldurchmesser D von 0,63λ. Es ist ein Windungsabstand S von 0,5λ vorgeschrieben. Der Antenneneingang liegt in der Mitte der Doppelwendel; von ihm aus verlaufen die Windungen gegensinnig zueinander nach oben und nach unten. Im allgemeinen werden 5, höchstens jedoch 10 Windungen je Strahlerhälfte verwendet. Es wird eine Querstrahlung senkrecht zur Wendelachse erzeugt. Ein Reflektor in axialer Richtung unterstützt die Querstrahlung und unterdrückt noch vorhandene Strahlungsanteile in seiner Längsrichtung. Dieser Reflektor hat die Form eines koaxialen Metallzylinders im Innern der Wendel und wird gleichzeitig als Tragerohr für die Antenne genutzt.

Da mit steigender Windungszahl der nutzbare Frequenzbereich stark vermindert wird, geht man nur selten über 5 Windungen je Wendelhälfte hinaus. Eine Doppelwendel mit 2 × 5 Windungen benötigt ein axiales Reflektorrohr mit einem Außendurchmesser von 0,23λ. Die Bauhöhe für diese Ausführung beträgt 5λ bei einem

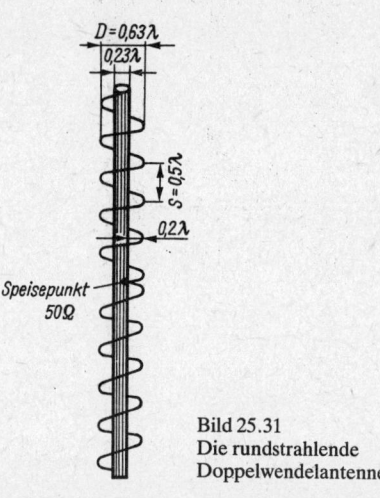

$D = 0,63λ$

$0,23λ$

$S = 0,5λ$

$0,2λ$

Speisepunkt 50 Ω

Bild 25.31
Die rundstrahlende Doppelwendelantenne

Gewinn von etwa 7 dB. Das Energiekabel wird im Innern des Rohrreflektors bis zum zentralen Antenneneingang geführt. Der Eingangswiderstand beträgt etwa 50 ... 100 Ω.

25.2.9. Der Doppelquad-Rundstrahler nach *DL 7 QZ*

Das von *DL 7 KM* entwickelte Doppelquadelement (siehe Bild 24.37 b) besteht, elektrisch betrachtet, aus 4 übereinander gestockten, gleichphasig erregten Halbwellendipolen voller Länge, die zentral gespeist werden. Die Theorie zum Doppelquad-Element ist in Abschnitt 24.3.5.3. und Abschnitt 27.3.4. ausführlich erläutert. Die elektrischen und mechanischen Vorzüge dieser Bauform sind unverkennbar: Es gibt in diesem gestockten Antennensystem keine verlustbehafteten Verbindungsleitungen mit den unvermeidlichen korrosionsgefährdeten Lötstellen, sondern nur strahlende Leiterabschnitte mit einem einzigen Lötanschluß, dem Antenneneingang.

Aus 4 solchen Doppelquad-Elementen konstruierte *DL 7 QZ* einen horizontal polarisierten Rundstrahler, der in Bild 25.32 dargestellt ist. Die Systeme sind, von oben gesehen, in der Form eines Quadrates angeordnet, wobei sich jeweils zwei Doppelquad-Elemente in einem Abstand

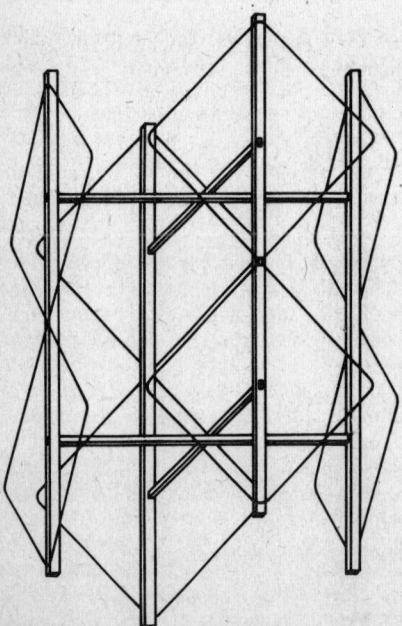

Bild 25.32
Die Doppelquad-Rundstrahlantenne und ihr Tragegestell

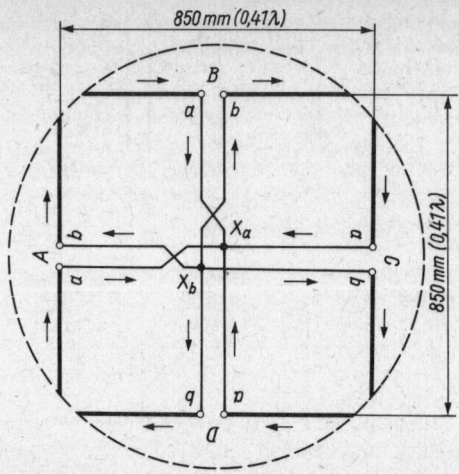

Bild 25.33
Die Erregung des Doppelquad-Rundstrahlers

von 850 mm (entsprechend etwa 0,41λ) parallel gegenüberstehen. Somit befindet sich in jeder der 4 Himmelsrichtungen ein Doppelquad. Der Gewinn eines solchen Doppelquads entsteht ausschließlich durch Bündelung in der Vertikalebene (H-Ebene); die horizontale Halbwertsbreite entspricht der eines Halbwellendipols, sie beträgt etwa 80°. Man darf deshalb mit annähernder Rundstrahlung in der E-Ebene bei einer vertikalen Halbwertsbreite von $\leq 60°$ rechnen.

Um die Arbeitsweise dieses Rundstrahlers überschauen zu können, muß man sich mit seiner Erregung befassen. In Bild 25.33 sind die 4 Doppelquad-Elemente A, B, C und D mit ihren Erregerleitungen in der Draufsicht dargestellt. Ausgehend vom zentralen Antenneneingang X_a–X_b wird jedes der 4 Doppelquad über Doppelleitungen gleicher Länge erregt. Das heißt, daß die Eingangswiderstände von A, B, C und D mit je etwa 300 Ω im Antenneneingang X_a–X_b einander parallel geschaltet sind, woraus dort eine Eingangsimpedanz von 75 Ω symmetrisch resultiert.

Blickt man vom Antenneneingang X_a–X_b zu den einzelnen Doppelquads, sind jeweils die linken Anschlüsse mit a, die rechten mit b bezeichnet. Verfolgt man die Erregerleitungen, so müssen alle a-Anschlüsse mit X_a und alle b-Anschlüsse mit X_b verbunden sein. Dabei ist zu beachten, daß die Leitungen von A zu X_a–X_b und von B zu X_a–X_b umgepolt, d. h. axial um 180° verdreht werden müssen. Bei diesen Voraussetzungen ergibt sich die eingezeichnete Stromverteilung auf den Erregerleitungen und den Doppelquad-Elementen. Jeweils zwei parallele Doppelquads (A–C bzw. B–D) werden gegenphasig erregt (siehe Strompfeile).

Leider wurden die ursprünglichen Gewinn-erwartungen für den Doppelquad-Rundstrahler nicht bestätigt. *Y2 3RD* untersuchte diese Antenne auf einem kommerziellen Meßplatz. Abweichend von *DL 7 QZ* wurde der Meßaufbau mit Abständen der Doppelquadelemente von $\lambda/2 = 1$ m gestaltet (optimaler Abstand). Die gleichlangen Zuleitungen waren symmetrische 300-Ω-Bandleitungen, die gemäß Bild 25.33 an den zentralen Antenneneingang X_a–X_b führen. Dort wurde ein 75-Ω-Koaxialkabel direkt angeschlossen. Es hat sich erwiesen, daß bei Quadelementen keine Symmetriewandlung erforderlich ist. Die Anpassung an 75 Ω war gut und breitbandig. Über die Breite des 2-m-Bandes stieg die Welligkeit *s* nicht über 1,1.

Das Horizontaldiagramm (E-Ebene) sieht im Bereich zwischen 142,5 und 146,5 MHz wie ein verrundetes Viereck aus, mit sanften Einbrüchen bis maximal 3 dB. Die vertikale Halbwertsbreite ist von der Frequenz und auch noch etwas von der jeweiligen Lage der Antenne im Raum abhängig. Er wurde zwischen 50° und 65° gemessen. Aus diesen Diagrammen erhält man entsprechend der *Kraus*-Formel (siehe Gl. 3.18.) einen Gewinn von knapp 1 dBd. Dieser überraschend geringe Gewinn wird von *Y2 3RD* folgendermaßen erklärt:

Beim Aufbau eines Drehkreuzstrahlers (2 im Winkel von 90° als Kreuz ineinander verschachtelte Systeme, siehe Abschnitt 25.2.3.), der auch als Turnstile bezeichnet wird, erreicht man fast das gleiche Ergebnis mit nur 2 Strahlungselementen. Rahmenstrahler sind von der Gewinnbetrachtung her für den Funkamateur unwirtschaftliche Gebilde. Für eine Drehkreuzantenne müßte man 2 Doppelquadelemente im Winkel von 90° aneinanderstellen oder in sich verschachteln und um $\lambda/4$ phasenverschoben speisen. Der Nachteil der Drehkreuzantenne gegenüber einem Rahmenstrahler besteht darin, daß sie nur in der Horizontalebene genau linear strahlt; für Erhebungswinkel $>0°$ wird die Strahlung elliptisch und bei 90° (nach oben und unten) zirkular polarisiert. Alle Bedingungen dafür sind erfüllt (Anordnung, Speisung). Der Rahmen strahlt nicht nach oben oder unten (Strahlauslöschung durch gegenphasige Erregung einander gegenüberstehender Strahlungselemente). Es entsteht eine Gewinnerhöhung von etwa 1 dB gegenüber der Drehkreuzantenne. Das rührt daher, daß nach oben und unten nichts abgestrahlt wird (vertikale Einschnürung bzw. Nullstelle). Nimmt man jetzt zum Rahmenaufbau Doppelquads, die bereits ein eingeschnürtes Vertikaldiagramm aufweisen, dann entfällt auch der Zuwachs von 1 dB. Es gibt also keinen nennenswerten Gewinnunterschied. Bei 2 Doppelquadelementen im Abstand von $\lambda/2$ und gegenphasiger Speisung

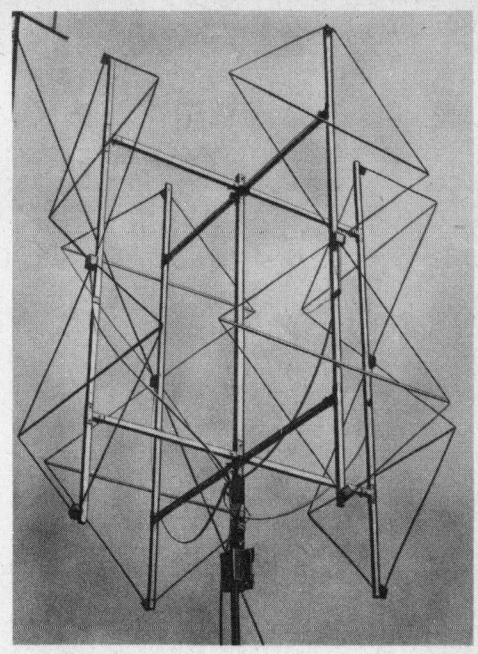

Bild 25.34
Die Doppelquad-Rundstrahlantenne nach *DL 7 QZ*
(Foto: *O. Oberrender, DM 2 CRD*)

wird weder die Rückwärtsstrahlung ausgelöscht, noch treten wirksame Veränderungen im Diagramm auf. An einem Zweiseitenstrahler mit Doppelquads ließen sich bei Messungen tatsächlich auch keine wesentlichen Veränderungen gegenüber dem Einzelelement feststellen, außer Nullstellen bei 90° und 270°, wo vorher Einschnürungen gemessen wurden.

Eine Turnstile-Konfiguration hat *Y2 3RD* nicht untersucht, sie wird aber empfohlen (auf richtige Speisung achten!). Mit den restlichen 2 Doppelquads im Rahmen kann man dann, wenn man sie richtig anordnet und speist, einen Gewinn durch Stockung von 2,5 dB erzielen. Um das Diagramm noch runder zu machen, verdreht man manchmal die Ebenen um 45° gegeneinander und speist auch um 45° phasenverschoben.

Die allgemeinen Dimensionen für ein Doppelquadelement enthält Bild 27.11a, die Abmessungen für das 2-m-Band sind in Bild 27.11b eingetragen. Konstruktionseinzelheiten des hölzernen Tragegestells gehen aus Bild 25.32 hervor; es besteht aus imprägnierten Latten von 25 mm × 25 mm Querschnitt. Als Tragemast kann man ein geeignetes Stahlrohr verwenden, sein Einfluß auf die Strahlungseigenschaften der horizontal polarisierten Antenne ist unerheblich.

Bild 25.34 zeigt das Musterbeispiel einer Doppel-quad-Rundstrahlantenne.

Vergleichbare horizontal polarisierte Rund-strahler wären die gestockten Ausführungen des Malteserkreuzes (siehe Abschnitt 25.2.5.) und des «Großen Rades» (Abschnitt 25.2.6.). Sie haben etwa gleiche Strahlungs- und Gewinneigenschaften wie der Doppelquad-Rundstrahler, sind aber in Aufbau und Speisung problematischer als dieser.

Literatur zu Abschnitt 25.

[1] *Gerle, H.:* Vertikal polarisierte 2-m-Antenne mit Rundstrahlcharakteristik, Das DL-QTC-Stuttgart, (1971), Heft 6, Seite 349 bis 351

[2] *Brand, H. J.:* Antenne für 2-m-Handfunke, Gute Anpassung spart Leistung, funk, (1985), Heft 2, Seite 48 bis 49

[3] *Belrose, J. S.:* The 300-Ohm-Ribbon J Antenna for 2 Meters, A Critical Analysis, QST, Newington, Conn., (1982), April, Seite 43 bis 46

[4] *Oberrender, O.:* Technischer Bericht «Rundstrahl-antenne mit Gewinn», Zeuthen 1984, im Manuskript

[5] *Belrose, J. S.:* Gain of vertical collinear Antennas, QST, Newington, Conn., (1982), October, Seite 40 bis 41

[6] *McDonald, J.:* An End-Fed Extended Double Zepp for 2 Meters, QST, Newington, Conn., (1982), June, Seite 34 bis 35

[7] *Krischke, A.:* ISOPOLE – Eine neue VHF-Antenne, beam, Zeitschrift für Amateurfunk, HF-Technik, Elektronik, Marburg, (1982), Heft 5, Seite 24 bis 25

[8] *Jasik, H.:* Antenna Engineering Handbook, Chapter 3.8., First Edition, McGraw-Hill Book-Company, Inc, New York 1961

[9] *Krank, W.:* Untersuchung einer Rundstrahlantenne mit horizontaler Polarisationsrichtung, Rundfunk-technische Mitteilungen, 1 (1957), Seite 196

[10] *Alford, A./ Kandoian, A. G.:* Ultrahigh-Frequency Loop Antennas, AIEE Transactions, New York, N.Y., Vol. 59, (1940), Seite 843

[11] *Mellen, R. H./Milner, C. T.:* The Big Wheel on Two, QST West Hartford, Conn., (1961), September; Performance Tests on the Big Wheel 2-Meter Array, (1961), October

[12] *Jasik, H.:* Antenna Engineering Handbook, Chapter 23.7., Superturnstile Antenna, First Edition, McGraw-Hill Book Company, Inc., New York 1961

[13] *Smith, P. H.:* «Cloverleaf» Antenna for F. M. Bro-adcasting, PROCEEDINGS OF THE I.R.E. – Waves and Electrons Section, 1947 December, Seite 1556 bis 1563

[14] *Kandoian, A. G.:* Three New Antenna Types and Their Applications, Proc. IRE, Vol. 34, P. 70, February 1946

26. Sonderformen der VHF- und UHF-Antennen

Außer den herkömmlichen *Yagis* und den Gruppenantennen werden besonders im VHF- und UHF-Bereich eine Reihe von Sonderformen verwendet. Es sind vor allem Breitbandrichtantennen, Längsstrahler mit besonderer Formgebung und Schlitzantennen. Auch der Funkamateur bedient sich hin und wieder dieser Sonderformen für spezielle Anwendungen.

26.1. Flächendipole und ihre Kombinationen

Bei flächig ausgebildeten Dipolen ist der Frequenzgang der Eingangsimpedanz über einen relativ großen Frequenzbereich gering (siehe Abschnitt 4.3.). Da es im VHF- und besonders im UHF-Bereich mechanisch keine Schwierigkeiten bereitet, Flächendipole herzustellen, findet man sie als Bestandteil vieler Breitbandsysteme im Dezimeterwellenbereich.

26.1.1. Der Flächendipol
(P.S. Carter – US Pat. 2175253 – 1938)

Der in Bild 26.1 dargestellte Dipol könnte prägnanter als *Schmetterlingsdipol* (engl.: Butterfly $\triangleq$ Schmetterling) bezeichnet werden, weil seine Form dem Flugbild eines Schmetterlings sehr nahekommt. Allerdings wird als Schmetterlingsantenne in der deutschsprachigen Fachliteratur die Batwing (siehe Bild 25.30) benannt.
Es handelt sich um einen Ganzwellendipol, dem durch flächige Verbreiterung der Elemente

ein großer Frequenzbereich verliehen wird. Beim Aufbau in Form von Dreiecksflügeln spart man Material und erhält an den benachbarten Dreiecksspitzen einen definierten Antenneneingang. Die erhöhte kapazitive Randwirkung bedingt eine starke Verkürzung des Dipols. Durch den Spreizwinkel α werden Eingangswiderstand, Verkürzungsfaktor und Frequenzbereich dieses Ganzwellendipols bestimmt.
Aus mechanischen Gründen wird im VHF-Bereich der Spreizwinkel α häufig in der Größenordnung von 30° gewählt, dagegen nutzt man im UHF-Bereich gern die hinsichtlich des Frequenzbereiches günstigeren Öffnungswinkel α zwischen 60° und 80° aus.
Wie aus Bild 26.2 hervorgeht, kann bei einem Spreizwinkel α von 30° mit einer Eingangsimpedanz von annähernd 350 Ω gerechnet werden. Die Länge l soll für diesen Fall etwa 0,8 λ betragen; es ergibt sich dabei ein relativer Frequenzbereich von $b = 0,65\ f_{\mathrm{m}}$. Aus Gründen der Gewichtsverminderung und eines geringeren Windwiderstandes dürfen die Dreiecksflächen auch aus perforiertem Blech oder engmaschigem Drahtgeflecht hergestellt werden. Auch Gitterkonstruktionen aus Stabmaterial sind möglich.
Mit wachsendem Spreizwinkel α verändert sich die Eingangsimpedanz nur noch in kleinen Gren-

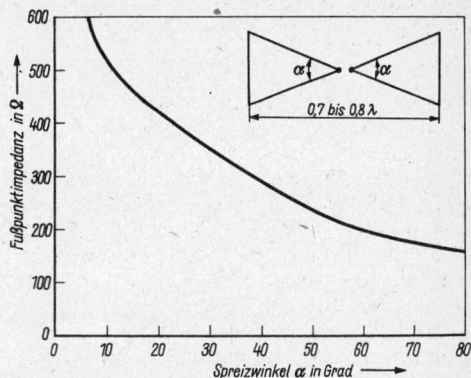

Bild 26.2
Richtwerte für die Eingangsimpedanz von Flächendipolen in Abhängigkeit vom Spreizwinkel α

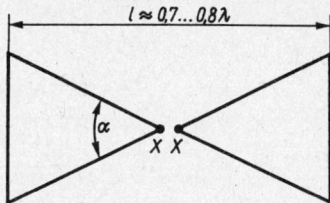

Bild 26.1
Breitbanddipol

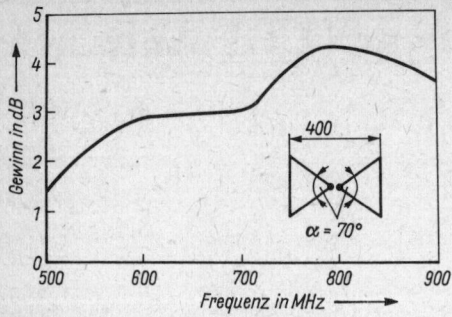

Bild 26.3
Der Gewinn eines Flächendipols ($\alpha = 70°$, $l = 400$ mm) in Abhängigkeit von der Frequenz

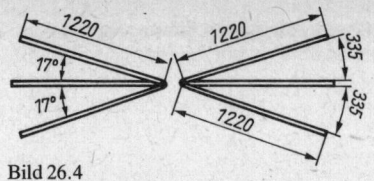

Bild 26.4
Der Fächerdipol (Ansicht von vorn)

zen und bleibt über einen relativ großen Frequenzbereich annähernd konstant. Optimal sind Spreizwinkel von 60° ... 80°, der Eingangswiderstand liegt dann zwischen 160 und 200 Ω, und der Verkürzungsfaktor beträgt rund 0,73. Die Blindkomponenten der Eingangsimpedanz und ihr Frequenzgang sind vernachlässigbar klein, und die Länge l ist wegen des Breitbandverhaltens nicht kritisch.

Bekanntlich hat ein «schlanker» Ganzwellendipol bereits einen Gewinn von 1,8 dB, bezogen auf einen abgestimmten Halbwellendipol. Der sehr breitbandige Ganzwellenflächendipol wird wegen seines günstigen Impedanzverhaltens auch mit sehr viel höheren Frequenzen betrieben. Für diese höheren Frequenzen ist natürlich auch die Dipollänge größer als elektrisch 1 λ. Der Gewinn steigt deshalb nach höheren Frequenzen hin an und kann bis etwa 4 dBd betragen. Als Beispiel dafür sind in Bild 26.3 die Meßergebnisse für den Gewinn eines Flächendipols mit einem Spreizwinkel α von 70° (Länge 400 mm) innerhalb eines Frequenzintervalls von 500 ... 900 MHz aufgetragen. Daraus geht hervor, daß der Frequenzbereich eines 70°-Spreizdipols die Grenzen des Fernsehbereichs IV/V weit übersteigt.

26.1.2. Der Fächerdipol (Fan-Dipol)

Die charakteristischen Eigenschaften eines «dikken» Dipols haben auch fächerartig aus Einzelstäben aufgebaute Dipole, wie in Bild 26.4 dargestellt. Dabei können die «Fächer» je 2 oder mehr Einzelstäbe enthalten. Solche Konstruktionen sind materialsparend, leicht und weisen eine geringere Windlast auf.

Mit den in Bild 26.4 eingetragenen Abmessungen ist der Fächerdipol einem 70 mm dicken zylindrischen Dipol etwa äquivalent. Wird er im Fernsehbereich III verwendet, so hat er in jedem

Fall eine größere elektrische Länge als 1 λ. Von der bekannten *Doppelkreischarakteristik* eines Dipols kann dann keine Rede mehr sein, denn das Horizontaldiagramm spaltet sich je nach «Überlänge» ähnlich wie bei einer Langdrahtantenne in mehrere Nebenkeulen auf. Für die Kanäle 7 ... 12 ist dabei noch ein Gewinn der Größenordnung von etwa 2 dBd zu erwarten; dieser tritt aber keinesfalls rechtwinklig zur Strahlerlängsachse auf, sondern wird in anderen Richtungen wirksam.

Eine einfache Möglichkeit, dem «überlangen» Fächerdipol eine eindeutige und einseitige Hauptstrahlrichtung zu verleihen, ergibt sich, indem man ihn wie einen V-Dipol abwinkelt. Der optimale Öffnungswinkel α der V-Anordnung hängt von der auf die Wellenlänge λ bezogenen Schenkellänge ab (siehe Abschnitt 11.4.).

Für den Fächerdipol nach Bild 26.4 ist ein Öffnungswinkel α von 114° sehr günstig, weil dann das E-Diagramm bei Verwendung im Band III eine einseitige Hauptkeule – etwa wie in Bild 26.5 eingezeichnet – erhält. Dieser abgewinkelte Fächerdipol stellt eine sehr brauchbare Empfangsantenne für alle Kanäle der VHF-Bänder I, II und III dar. Sie hat aber nur Behelfsantennencharakter, denn ihr Eingangswiderstand verändert sich je nach Frequenz zwischen 60 und 600 Ω und ist mit Blindanteilen behaftet. In den Fernsehempfangskanälen des Bandes III kann immerhin mit Antennengewinnen von etwa 3,5 dBd (Kanal 5) bis 5 dBd (Kanal 8 und 9) gerechnet werden. Mit den angegebenen Abmessungen ist der Eingangwiderstand für Kanal 8 und Kanal 9 annähernd reell und liegt zwischen 240 und 300 Ω. Für die Bänder I und II ist annähernd mit der Strahlungscharakteristik eines Halbwellendipols zu rechnen, ohne jedoch seine ausgeprägten Nullstellen aufzuweisen.

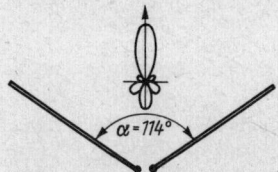

Bild 26.5
Der abgewinkelte Fächerdipol (Ansicht von oben)

474

26.1.3. Der abgewinkelte Flächendipol

Die nachstehend beschriebene Breitbandantenne ist ein abgewinkelter Flächendipol. Sie eignet sich besonders zum Empfang des gesamten VHF-Spektrums mit gutem Gewinn. Sie ist eine echte Breitbandantenne; innerhalb eines Frequenzbereiches von etwa 50 MHz aufwärts bis ins Dezimeterwellengebiet treten keine Lücken auf. Es läßt sich ein mit der Frequenz kontinuierlich ansteigender Gewinn beobachten. Bild 26.6 zeigt diese Flächenantennen mit allen erforderlichen Bemessungsangaben.

Wie Bild 26.6a erkennen läßt, handelt es sich um 2 gleichseitige Dreiecke mit einer Kantenlänge von je 2,45 m. Der Spreizwinkel dieses

Bild 26.7
Abgewinkelter Flächendipol von *DL 6 MH* (darunter Bisquare vor Reflektorwand)

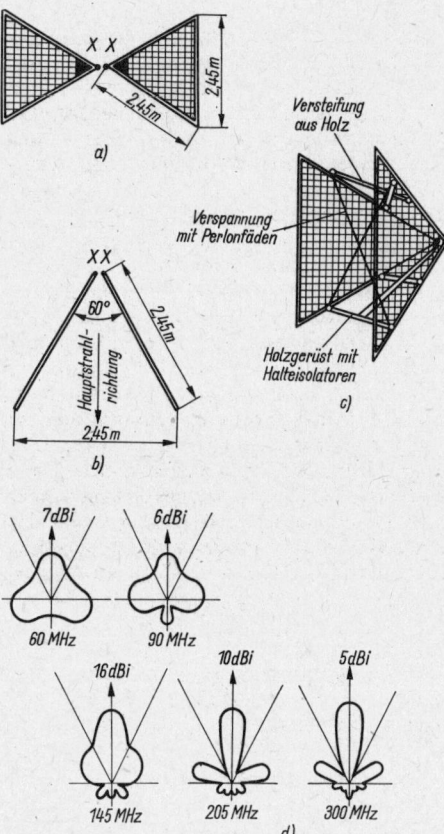

Bild 26.6
Der abgewinkelte Flächendipol; a – Ansicht von vorn, b – Ansicht senkrecht von oben, c – Vorschlag für die mechanische Ausführung (Seitenansicht), d – Strahlungsdiagramme bei verschiedenen Frequenzen (nach *DL 1 FQ*), Gewinne in dB

Flächendipols beträgt demnach 60°. Die Spitzen der Dreiecke nähern sich einander in den Punkten XX. Daß es sich um einen abgewinkelten Flächendipol handelt, geht aus Bild 26.6b hervor: Die beiden Dreiecksflächen sind in einem Winkel von ebenfalls 60° zueinander angeordnet. Hauptstrahlung (bzw. Hauptempfang) erfolgen in Richtung der Winkelhalbierenden.

Bei einer von *DL 1 FQ* erprobten Bauform bestanden die Dreiecksrahmen aus Eisenrohr und waren mit verzinktem Eisenmaschendraht (Maschenweite 20 mm) bespannt. Bild 26.6c zeigt, wie die mechanische Halterung dieses schon etwas umfangreichen Gebildes ausgeführt werden kann. Die diagonale Verspannung mit Kunststoffdrähten oder Glasgarn ist zweckmäßig.

Die in Bild 26.6d dargestellten Horizontaldiagramme mit Gewinnangaben wurden von *DL 1 FQ* durch Messungen ermittelt [28]. Bei einer Frequenz von 60 MHz ist beinahe Rundstrahlung vorhanden, wobei die 3 Keulen den beachtlichen

Gewinn von maximal 7 dBi zeigen. Im UKW-Rundfunkbereich (90 MHz) kann mit guter Empfangsleistung über mindestens 300° des Vollkreises gerechnet werden. Für den Betrieb im 2-m-Band (145 MHz) wird der unwahrscheinlich hohe Gewinn von 16 dBi angegeben; er nimmt im Bereich des Fernsehbandes III wieder übliche Werte an. Sicherlich müssen diese Gewinnangaben bei exakter Nachprüfung nach kleineren Werten hin korrigiert werden. Die Benutzer solcher Winkelflächendipole heben jedoch immer ihre ausgezeichneten Breitbandempfangseigenschaften hervor.

Bild 26.7 zeigt eine von *DL 6 MH* erprobte Antenne dieser Art. Es werden Dreiecke aus Leichtmetallrohr mit 3 m Seitenlänge verwendet. Von der gespeisten Spitze aus verlaufen fächerförmig 15 Aluminiumröhren von je 8 mm Durchmesser nach außen. Die Antenne eignet sich hervorragend zum Empfang des UKW-Rundfunkbandes und bringt auch im Fernsehband I gute Ergebnisse. Im 2-m-Band ist sie einer 12-Element-Gruppenantenne gleichwertig, versagte dagegen völlig bei der Verwendung im 70-cm-Amateurband.

Selbstverständlich können die Abmessungen beliebig vergrößert oder verkleinert werden. Wird beispielsweise im UKW-Rundfunkband die annähernde Rundcharakteristik gewünscht, verkleinert man die Abmessungen auf 1,65 m Kantenlänge. Damit ist im 2-m-Band noch ein brauchbarer Gewinn zu erzielen, und im gesamten Fernsehband III kann mit guten Ergebnissen gerechnet werden.

Bei einem Flächendipol mit 60° Öffnungswinkel stehen die Seitenlängen der Dreiecksflächen und die größte Betriebswellenlänge etwa im Verhältnis 1:2, d. h., die Brauchbarkeit bei beispielsweise 3 m Seitenlänge beginnt bei einer Betriebswellenlänge von 6 m $\triangleq$ 50 MHz. Der Gewinn wächst mit steigender Frequenz so lange kontinuierlich, bis sich das Strahlungsdiagramm stark aufzuspalten beginnt.

Die Impedanz am Antenneneingang XX beträgt bei der unteren Grenzfrequenz etwa 300 Ω und steigt nach höheren Betriebsfrequenzen hin bis auf etwa 380 Ω. Zum Speisen der Antenne eignet sich deshalb eine handelsübliche 300-Ω-Leitung. Verlustärmer und dauerhafter ist eine selbstgebaute luftisolierte Zweidrahtleitung mit etwa 350 Ω Wellenwiderstand.

Beim Einsatz als Sendeantenne muß man beachten, daß als Folge der Breitbandigkeit sämtliche im Senderausgangskreis vorhandenen Ober- und Nebenwellen unvermindert – sogar durch den Antennengewinn verstärkt – mit abgestrahlt werden. Deshalb sind bereits im Sender die unerwünschten Störfrequenzen durch geeignete Maßnahmen wirksam zu unterdrücken.

26.2. Reflektorwandantennen

Eine *Reflektorwand* stellt eine relativ großflächige Metallkonstruktion dar, die für die elektromagnetischen Wellen etwa die gleiche Wirkung hat wie ein Spiegel in der Optik: Die Wellen werden von ihr reflektiert. Dabei ist der Einfallswinkel gleich dem Ausfallswinkel. Die Reflexionsfläche besteht im Idealfall aus einer großen Blechwand mit gut leitfähiger Oberfläche (im theoretischen Idealfall: unendlich große Fläche mit unendlich großer Leitfähigkeit).

Eine Fläche aus Maschendrahtgeflecht kommt der Reflektorwirkung einer ebenen Metallfläche annähernd gleich, wenn die Maschenweite nicht größer als $\lambda/200$ ist. Untersuchungen von *Moullin* [1] haben gezeigt, daß sich die kompakte Reflektorwand auch durch ein Netz von Paralleldrähten ersetzen läßt, wenn ein bestimmtes Verhältnis zwischen Drahthalbmesser und Abstand der Drähte in Abhängigkeit von der Wellenlänge eingehalten wird. Dieser Zusammenhang ist aus Bild 26.8 zu ersehen, *Moullin* hat gleichzeitig bewiesen, daß der Drahtdurchmesser viel kleiner sein kann als in der Kurve angegeben; trotzdem verschlechtert sich die Wirksamkeit der Reflektorwand nicht merklich. Bei vielen Reflektorwänden mit stabförmiger Struktur wählt man aus Gründen der Materialeinsparung und des geringeren Windwiderstandes Stababstände von etwa $\lambda/20$. Viele Amateure stellen sich Reflektorwände aus engmaschigem Drahtgeflecht her, wie es zum Einfrieden von Kükenausläufen verwendet wird. Das Geflecht soll so ausgespannt werden, daß dessen verdrillte Ecken parallel zur Strahlerlängenausdehnung verlaufen. Aus parallelen Rohren bestehende Reflektorflächen verwendet der Amateur selten. Sie sind teuer und bieten gegenüber den weitaus billigeren Maschendrahtwänden elektrisch keine Vorteile.

Für die Größe der Reflektorwand gilt allgemein die Faustregel: *Sie soll in jeder Richtung um wenigstens $\lambda/2$ über die Abmaße der Antenne hin-*

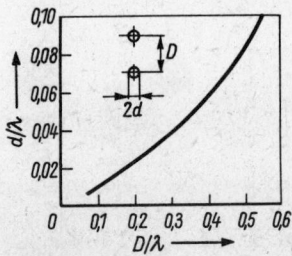

Bild 26.8
Der Zusammenhang zwischen Drahthalbmesser d und Drahtabstand D, bezogen auf die Wellenlänge λ, bei elektrisch dichten Reflektorwänden (nach *Moullin*)

ausragen. Ein Halbwellendipol, der sich in $\lambda/4$ Abstand vor einer Reflektorwand befindet, hat ein Vor-/Rück-Verhältnis von etwa 25 dB, wenn die Reflektorwand eine Höhe von $0,82\lambda$ aufweist; es steigt auf 38 dB bei einer Wandhöhe von 2λ und auf 45 dB, wenn die Reflektorwand 4λ hoch ist.

Theoretisch ergibt sich der maximale Gewinn (>7 dB), sofern man den Halbwellendipol unmittelbar vor der Reflektorwand anordnet (Abstand $<0,05\lambda$). Das setzt jedoch eine unendlich große und ideal leitfähige Reflektorwand voraus. In der Praxis kann man diese extrem kleinen Dipolabstände nicht verwenden, weil die starke Annäherung erhöhte ohmsche Verluste auf der Reflektorwand verursacht; außerdem wird die Eingangsimpedanz sehr klein, und der Dipol wird schmalbandig.

Hinsichtlich des Gewinnes sind Reflektorwandabstände zwischen etwa $0,1$ und $0,35\lambda$ günstig. Einen Abstand von $0,5\lambda$ soll man vermeiden; denn in diesem Bereich spaltet sich die Hauptkeule in 2 starke Nebenkeulen auf. Sehr geeignet ist darüber hinaus wieder ein Dipolabstand von $0,65 \ldots 0,85\lambda$. Innerhalb der genannten Abstände liegt der praktisch erreichbare Gewinn bei 5 dBd ± 1 dB, sofern eine ausreichend große und elektrisch dichte Reflektorwand verwendet wird. Die beiden abstandsabhängigen Gewinnmaxima sind für Breitbandanwendungen besonders günstig. Noch höhere Gewinne werden mit abgewinkelten oder gekrümmten Reflektorwänden erzielt (siehe Abschnitt 26.2.3.).

26.2.1. Reflektorwand-Breitbandantennen

Flächenreflektoren sind im VHF-Bereich noch etwas unhandlich; sie werden deshalb hauptsächlich im Gebiet der Dezimeterwellen verwendet. Besonders eignen sich ebene Reflektorflächen in Verbindung mit Breitbanddipolen, da ein Flächenreflektor im Gegensatz zum abgestimmten, stabförmigen Reflektor keine Resonanzgebilde

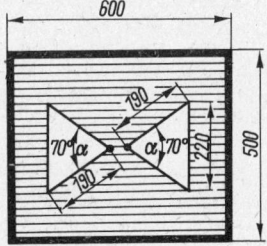

Bild 26.9
Einfache Breitband-Reflektorwandantenne mit 70°-Spreizdipol (Abstand der Reflektorwand 120 mm)

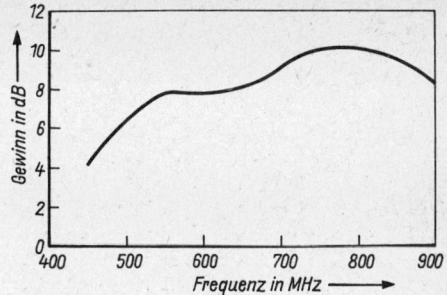

Bild 26.10
Der gemessene Gewinnverlauf in Abhängigkeit von der Frequenz für einen Flächendipol vor ebener Reflektorwand nach Bild 26.9

darstellt und somit den Frequenzbereich nicht einschränkt.

Reflektorwandantennen mit Flächendipolen sind im UHF-Fernsehbereich (Band IV/V) beliebt, weil man mit ihnen alle UHF-Kanäle bei gutem Gewinn empfangen kann. In diesem Fall ist man bestrebt, den Spreizwinkel α möglichst groß zu halten ($60 \ldots 70°$), damit sich der Frequenzgang der Eingangsimpedanz in engen Grenzen bewegt (siehe Abschnitt 26.1.1.).

Bild 26.9 gibt das Schema eines vor einer Reflektorwand angeordneten Flächendipols wieder, der für den Empfang eines Frequenzbereiches von $450 \ldots 900$ MHz ausgelegt ist. Der in Bild 26.10 angeführte gemessene Gewinnverlauf – bezogen auf einen abgestimmten Halbwellendipol – zeigt, daß der Gewinn von etwa 5 dB im Kanal 21 bis auf etwa 10 dB im Kanal 60 ansteigt. Der Abstand des Flächendipols vom Flächenreflektor beträgt 120 mm. Bedingt durch den großen Spreizwinkel von 70° liegt der Eingangswiderstand bei etwa 170 Ω. Speist man über eine 240-Ω-Leitung, so ist die Welligkeit s über den ganzen Frequenzbereich kleiner als 2. Das Speisen mit Koaxial-Kabel über eine Halbwellenumwegleitung ist ohne weiteres möglich, der Frequenzbereich wird dadurch nur geringfügig eingeschränkt [2].

Soll die Eingangsimpedanz annähernd 240 Ω betragen, muß der Spreizwinkel α auf etwa 45° verkleinert werden. Der Frequenzbereich fällt durch diese Maßnahme etwas ab, der Frequenzgang der Eingangsimpedanz steigt an.

26.2.2. Gestockte Reflektorwand-Breitbanddipole

Die Vorzüge einer Dipolzeile können auch in Verbindung mit einer Reflektorfläche und bei Verwendung von Ganzwellenflächendipolen genutzt werden. Beim Stocken von Breitbanddipolen ergeben sich hauptsächlich Speisungsprobleme, denn die Erregung der einzelnen Ebenen soll keine oder nur eine geringfügige Einengung der Breitbandeigenschaften verursachen. Deshalb sind abgestimmte Transformationsglieder möglichst zu vermeiden; eine reine Widerstandsanpassung ist anzustreben.

Sollen zwei Ganzwellenflächendipole gestockt werden, wäre eine Eingangsimpedanz des Einzeldipols von etwa 480 Ω günstig, denn aus der Parallelschaltung beider Eingangsimpedanzen würden nun am zentralen Antenneneingang 240 Ω verfügbar sein. Allerdings dürfte dann nach Bild 26.2 der Spreizwinkel α des Flächendipols nur etwa 15° betragen. Die Folge wäre ein relativ geringer Frequenzbereich durch den Frequenzgang der Eingangsimpedanz. Kleine Spreizwinkel bieten deshalb keine günstige Lösung.

Sollen nur zwei Ebenen gestockt werden, ist es zweckmäßiger, den Spreizwinkel α mit etwa 50° zu wählen, wodurch die Eingangsimpedanz nach Bild 26.2 annähernd 240 Ω wird. Die Parallelschaltung am zentralen Antenneneingang ergibt dann eine Impedanz von 120 Ω. Schließt man dort eine 240-Ω-Leitung an, so beträgt die durch Fehlanpassung verursachte Welligkeit $s = 2$. Sie kann für eine Kompromißlösung zumindest im Empfangsbetrieb zugelassen werden, denn ihre Vorzüge gegenüber Ausführungen mit kleinem Spreizwinkel überwiegen bei weitem. Bild 26.11a zeigt diese Kompromißlösung für gestockte Flächendipole mit 50° Spreizwinkel. Die Verbindungsleitung besteht aus einer beliebig langen, durch den Stockungsabstand festgelegten 240-Ω-Leitung. Der zentrale Antenneneingang befindet sich in der geometrischen Mitte dieser Leitung.

Den Abstand der Anordnung von der Reflektorwand wählt man mit 0,2 λ, bezogen auf die größte Betriebswellenlänge. Bei diesem Abstand wird die Eingangsimpedanz nur geringfügig verringert.

Eine andere, günstigere Möglichkeit zeigt Bild 26.11b. In diesem Fall wurde ein Spreizwinkel von 70° gewählt, wobei der Eingangswiderstand des Einzeldipols nur noch etwa 170 Ω beträgt (siehe Bild 26.2). Nähert man den Dipol der Reflektorwand auf etwa 0,15 λ (bezogen auf die größte Betriebswellenlänge), wird seine Eingangsimpedanz – allerdings etwas frequenzabhängig – auf annähernd 120 Ω sinken. Somit könnte man beide Dipole über eine beliebig lange 120-Ω-Leitung miteinander verbinden. Am zentralen Antenneneingang ist dann ein symmetrischer Eingangswiderstand von annähernd 60 Ω vorhanden. Über einen breitbandigen Symmetriewandler (siehe Abschnitt 7.) läßt sich dort ein handelsübliches Koaxialkabel anschließen. Häufig kann man auch auf den Symmetriewandler verzichten und das Kabel direkt anschließen.

Wird der Stockungsabstand zweier Ganzwellenflächendipole mit 1 λ bemessen, darf mit frequenzabhängigen Gewinnen zwischen 9 und 12 dBd gerechnet werden. Voraussetzung dafür ist, daß sich die gestockten Flächendipole vor einer ausreichend groß bemessenen Reflektorwand befinden. Als ausreichend darf im vorliegenden Fall eine Reflexionsfläche von etwa 2 λ Höhe und 1 λ Breite angesehen werden [2].

26.2.3. Der Winkelreflektor (Corner Reflector)
(J. D. Kraus – US-Pat. 2270314 – 1940)

Hohe Antennengewinne werden bereits mit einfachen Dipolen erzielt, wenn man sie auf der Winkelhalbierenden einer winkelförmigen Reflektorwand anbringt. Da bei der Reflexion der Ausfallwinkel der Wellen gleich ihrem Einfallwinkel ist, läßt sich nachweisen, daß ein Großteil der die Reflektorwand treffenden Strahlung zum Dipol reflektiert wird. Der Winkelreflektor hat mit seinen ebenen Flächen keinen definierten Brennpunkt, dazu müßte eine parabolisch gekrümmte Fläche vorhanden sein. Jedoch lassen sich auch mit dieser unvollkommenen Art der Strahlungskonzentration erhebliche Gewinne erzielen.

Das Schema eines Dipols mit Winkelreflektor zeigt Bild 26.12. Wie aus der Seitenansicht Bild 26.12a zu ersehen ist, befindet sich der Dipol in einem bestimmten Abstand D auf der Winkelhalbierenden zwischen zwei Reflektorflächen, die den Öffnungswinkel α einschließen. Der Öffnungswinkel α beträgt allgemein 90°, seltener 60° und in Ausnahmefällen 45°. Der optimale Dipol-

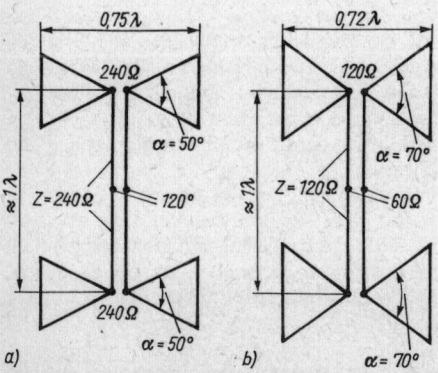

Bild 26.11
Die Erregung von gestockten Spreizdipolen vor einer Reflektorwand; a – Spreizwinkel α = 50°, Abstand zur Reflektorwand 0,2 λ, b – Spreizwinkel α = 70°, Abstand zur Reflektorwand 0,1 λ (Reflektorwand nicht mitgezeichnet)

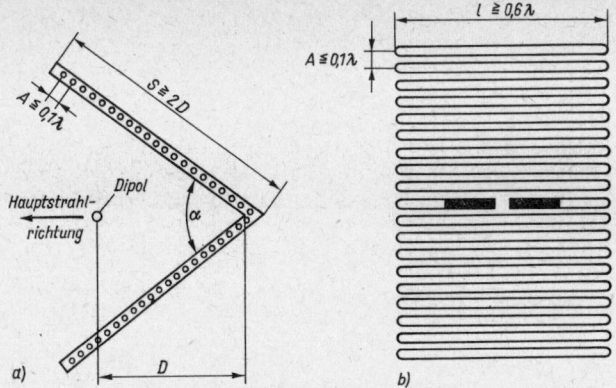

Bild 26.12
Der Dipol mit Winkelreflektor;
a – Seitenansicht, b – Ansicht von
vorn

abstand D ist vom Öffnungswinkel α abhängig. Die Schenkellänge S sollte mindestens dem doppelten Dipolabstand ($\triangleq 2D$) entsprechen, größere Schenkellängen erhöhen den Gewinn.

Werden keine besonderen Ansprüche an den Frequenzbereich gestellt, so besteht das gespeiste Element entweder aus einem gestreckten Halbwellendipol, oder es wird als Faltdipol ausgebildet. In diesem Fall muß die Breite l des Winkelreflektors mindestens $0,6\lambda$ betragen. Längere Dipole erfordern entsprechend breitere Winkelreflektoren.

Werden die Reflexionsflächen entsprechend Bild 26.12b aus einzelnen Stäben oder Drähten hergestellt, so ist der Abstand $A \leqq 0,1\lambda$ zu wählen. In der Praxis findet man aber auch erheblich größere Abstände. Steht kein Stabmaterial zur Verfügung, dann läßt sich auch Cu-Draht von 1 ... 2 mm verwenden. Die Seitenlatten des Winkelgestelles werden durchbohrt; nun fädelt man den Draht in Form eines langgezogenen Mäandermusters als fortlaufenden Leiter ein. Mit noch besserem Erfolg, besonders im Dezimeterwellenbereich, kann man ein engmaschiges Draht-

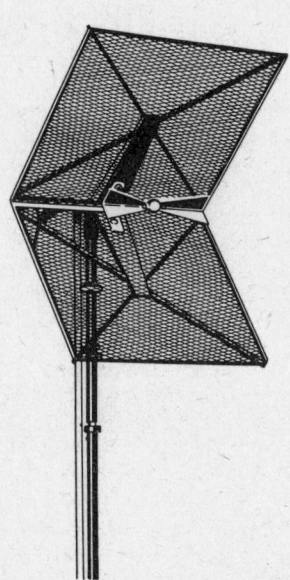

Bild 26.13
Breitband-Winkelreflektorantenne mit Maschendrahtreflektor

Bild 26.14
Corner-Antenne für Band IV/V (VEB Antennenwerke Bad Blankenburg)

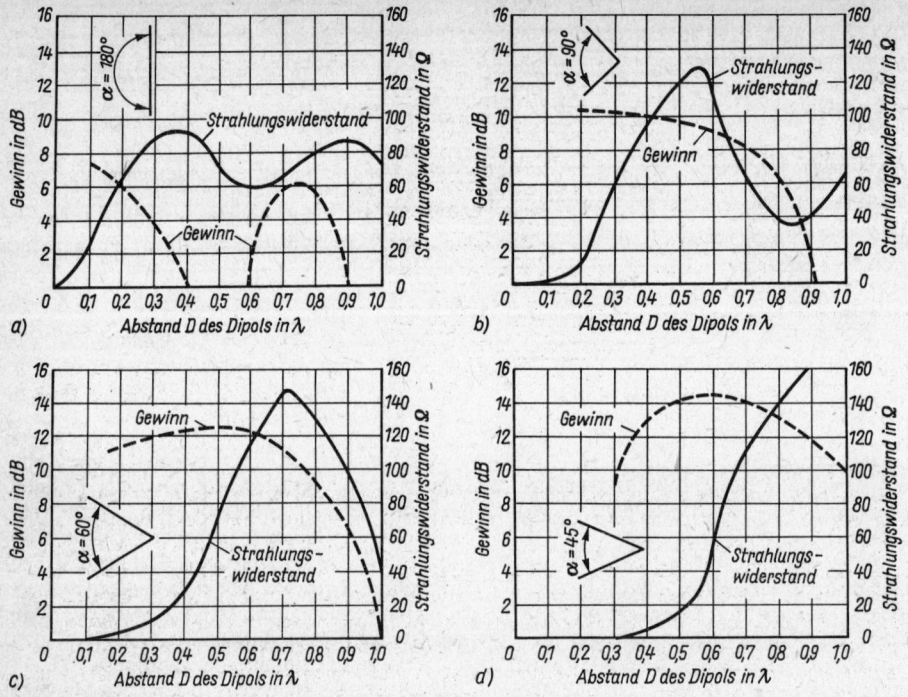

Bild 26.15
Der Verlauf des Gewinnes und des Strahlungswiderstandes bei Winkelreflektorantennen in Abhängigkeit vom Dipolabstand D; a – Dipol vor ebener Reflektorwand (Öffnungswinkel 180°), b – Halbwellendipol mit Winkelreflektor von 90° Öffnungswinkel, c – Halbwellendipol mit Winkelreflektor von 60° Öffnungswinkel, d – Halbwellendipol mit Winkelreflektor von 45° Öffnungswinkel (Gewinnangaben bezogen auf Isotropstrahler dBi)

netz zur Bespannung der Winkelreflektorfläche verwenden. Ein Beispiel dafür zeigt Bild 26.13. In diesem Fall wird außerdem ein Breitbanddipol eingesetzt, der ebenso wie die Reflektorwand axial abgewinkelt ist. Das industrielle Muster einer Breitband-Winkelreflektorantenne für den Fernsehempfang im Band IV/V stellt Bild 26.14 dar. Im Bereich zwischen 470 und 790 MHz erzielt diese Antenne Gewinne zwischen 10 (Kanal 21) und 12,4 dBi (Kanal 55). Trotz des verhältnismäßig weitmaschigen Winkelreflektors wird eine Rückdämpfung von $\geqq 25$ dB erreicht [2], [3], [4], [5].

Bild 26.15 zeigt Diagramme, aus denen der Gewinn und der Strahlungswiderstand von Winkelreflektorantennen in Abhängigkeit vom Dipolabstand D hervorgehen. Zu Vergleichszwecken sind diese Diagramme auch für eine ebene Reflektorwand (Öffnungswinkel 180°) in Bild 26.15a aufgeführt. Wie ersichtlich, tritt in diesem Fall der Maximalgewinn mit fast 7,5 dBi bei einem Dipolabstand von 0,1 λ auf. Durch den niedrigen Strahlungswiderstand von 25 Ω und die große Annäherung an die Reflektorwand entstehen jedoch so hohe ohmsche Verluste, daß dieser Gewinn in der Praxis nicht erreicht werden kann.

Ein Abstand von 0,2 λ dürfte sich als die günstigere Lösung erweisen (Gewinn = 6 dBi). Die Kurve des Strahlungswiderstandes erhärtet die bereits getroffene Feststellung, daß der Eingangswiderstand eines Dipols vor einer ebenen Reflektorwand nicht verändert wird, wenn der Dipolabstand 0,2 λ beträgt.

Bild 26.15b zeigt die Kurven für einen 90°-Winkelreflektor. Mit $D = 0,33\,\lambda$ ergibt sich ein günstiger Abstand; denn der Gewinn beträgt 10 dBi, und der Strahlungswiderstand liegt ebenfalls bei 60 Ω. In Bild 26.15c findet man für einen Öffnungswinkel α von 60° die brauchbarste Bemessung des Dipolabstandes mit 0,5 λ; denn der Gewinn beträgt nun 12,5 dBi, und der Strahlungswiderstand liegt bei 75 Ω. Höchsten Gewinn bringen Öffnungswinkel von 45° (Bild 26.15d). Für den Maximalgewinn von 14,5 dBi muß der Dipolabstand 0,6 λ betragen; der dabei auftretende Strahlungswiderstand von 50 Ω liegt für Anpassungszwecke noch günstig.

Beim Speisen ist es sehr vorteilhaft, wenn man immer Eingangswiderstände erhält, die im Bereich des Wellenwiderstandes handelsüblicher Koaxialkabel liegen. Über einen Viertelwellensperrtopf oder einen anderen Symmetriewandler

Tabelle 26.1. Abmessungen von Winkelreflektorantennen für 145 und 435 MHz

Frequenzband in MHz	145	145	435	435	435
Öffnungswinkel in Grad	90	60	90	60	45
Schenkellänge S in mm	≧1370	≧2060	≧460	≧700	≧830
Reflektorwandbreite L in mm	≧1250	≧1250	≧420	≧420	≧420
Dipolabstand D in mm	683	1035	228	345	414
Dipollänge in mm	≈885	≈885	≈290	≈290	≈290
Stababstand A in mm	≦125	≦125	≦40	≦40	≦40
Gewinn in dBi	10	12,5	10	12,5	14,5
Eingangswiderstand in Ω	60	75	60	75	50

Gewinnangaben bezogen auf Isotropstrahler

lassen sich alle aufgeführten Formen mit Koaxialkabel speisen. Soll eine 240-Ω-Leitung verwendet werden, ersetzt man den gestreckten Halbwellendipol durch einen Faltdipol.

In Tabelle 26.1. werden die geometrischen Abmessungen von Winkelreflektorantennen für das 2-m- und 70-cm-Amateurband aufgeführt. Die einzelnen Positionen beziehen sich auf Bild 26.12.

Obwohl die Winkelreflektorantennen in der Literatur häufig beschrieben wurden (z. B. [2], [3], [4], [5] und [6]), ist ihre praktische Brauchbarkeit für den Amateurfunk umstritten. Insbesondere wird bemängelt, daß die angegebenen Gewinne nicht erreicht werden. Meßtechnisch fundierte Gewinnangaben in Verbindung mit guten Hinweisen für den praktischen Aufbau macht *DC 9 NL* in [6].

26.3. Sonderformen von Längsstrahlern

Die bekannteste und am stärksten verbreitete Längsstrahlerform ist die *Yagi*-Antenne. Daneben gibt es noch eine Reihe von Ausführungen längsstrahlender Strukturen, die sich zum Teil vom *Yagi*-System ableiten lassen, vorwiegend aber nach anderen Prinzipien konstruiert sind. Einige bekanntere Formen, die auch für den Amateurfunk bestimmte Bedeutung haben, werden nachstehend besprochen.

26.3.1. Die Backfire-Antenne
(H. W. Ehrenspeck – US Pat. 3122745 – 1959)

Die Backfire-Antenne wurde im Jahre 1960 von *Ehrenspeck* beschrieben [7]. Dieser Erstveröffentlichung folgten zahlreiche Untersuchungsberichte zum Backfire-Prinzip, u. a. in [8], [9], [10] und [11].

Wie aus Bild 26.16 ersichtlich ist, kann die Backfire-Antenne als Kombination der Lang-*Yagi*-Antenne mit einer Reflektorwand betrach-

tet werden. Ihre Wirkungsweise läßt sich für den Sendefall leicht erklären: Die vom gespeisten Element S ausgehende Strahlung wird mit Unterstützung des Dreifachreflektors (R) über das Wellenleitersystem der Direktoren zur großflächigen Backfire-Wand geführt. Nach der Reflexion durchläuft die Strahlung deshalb die *Yagi*-Struktur ein 2. Mal in umgekehrter Richtung und pflanzt sich als gebündelte Strahlung im freien Raum fort. Da die *Yagi*-Struktur von der Welle 2mal durchlaufen wird, hat eine Backfire etwa die gleichen Kenndaten wie eine Lang-*Yagi*-Antenne doppelter Länge. Der *Yagi*-Abschnitt der in Bild 26.16 dargestellten Backfire hat z. B. eine Länge von 1,5 λ, sie entspricht deshalb hinsichtlich ihrer charakteristischen Strahlungseigenschaften einer Lang-*Yagi* von 3 λ Länge und doppelter Elementeanzahl.

Die Theorie besagt, daß bei Verdopplung der Antennenlänge und der Elementezahl der Gewinn einer *Yagi*-Antenne um maximal 3 dB an-

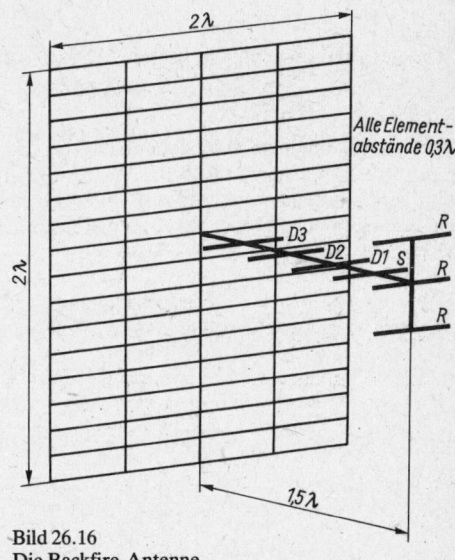

Bild 26.16
Die Backfire-Antenne

steigen kann; in der Praxis werden wegen der auftretenden Verluste nur etwa 2,5 dB Gewinnzuwachs erreicht. Eine ähnliche Aussage erhält man auch aus Bild 22.4, das bei der Längenverdopplung einer Yagi von 1,5 auf 3 λ einen Gewinnanstieg um 2,3 dB ausweist. Scheinbar ist aber bei dieser Theorie über den möglichen Gewinnzuwachs die Wirkung der relativ großen Backfire-Wand als Reflexionsfläche nicht ausreichend berücksichtigt, denn die im Literaturverzeichnis aufgeführten Veröffentlichungen geben übereinstimmend meßtechnisch ermittelte Gewinnerhöhungen zwischen etwa 4 dB und 6 dB an, bezogen auf eine gleich lange *Yagi* ohne Backfire-Wand. Es wird außerdem hervorgehoben, daß die Größe der Reflexionsfläche erheblich den Gewinn beeinflußt. Dabei gilt allgemein die Regel: Die Backfire-Wand soll um so größer sein, je länger die verwendete *Yagi*-Struktur ist.

Neuere Arbeiten auf dem Gebiet der Backfire-Antenne zeigen, daß die bisher benutzte Backfire-Theorie den erreichbaren Gewinnzuwachs nicht ausreichend erklären kann. Dies wurde besonders bei der Entwicklung der Short-Backfire (siehe Abschnitt 26.3.1.1.) deutlich, mit der sich bei einer Antennenlänge von nur 0,6 λ ein Maximalgewinn von 13 dBd erreichen läßt. *Ehrenspeck* kam deshalb zu der Erkenntnis, daß die Wirkungsweise auf dem Entstehen von Hohlraumschwingungen beruht, die sich zwischen den beiden Reflektoren der Backfire ähnlich wie im Schwingungsraum eines Lasers ausbilden [12].

Zur Bestimmung der optimalen Kantenlänge l einer Backfire-Wand in Abhängigkeit von der Antennenlänge D kann folgende Näherungsgleichung angewendet werden:

$$l = \sqrt{1,5\ D};\qquad\qquad\text{(26.1.)}$$

l – Seitenlänge der quadratischen Backfire-Wand in λ
D – Länge der *Yagi*-Struktur in λ

Für die in Bild 26.16 skizzierte Backfire-Antenne wird ein Gewinn von 14,5 dB bei einer horizontalen Halbwertsbreite von 28° angegeben (vertikale Halbwertsbreite etwa 35°). Dabei muß allerdings vorausgesetzt werden, daß die Backfire-Wand eine Seitenlänge von je 2 λ hat und die 1,5 λ lange *Yagi*-Struktur für maximalen Gewinn bemessen ist. Eine ohne Reflektorwand optimal bemessene *Yagi*-Antenne verändert ihre Resonanzeigenschaften stark, wenn sie mit der Backfire-Reflexionsfläche verbunden wird. Um wieder maximalen Gewinn zu erhalten, können die Elementabstände beibehalten werden, jedoch muß man alle Elementlängen verändern. Als Näherungsregel gilt dabei, daß gespeistes Element und Reflektoren zu verlängern sind, während die Direktoren verkürzt werden müssen.

Bild 26.17
Backfire-Antenne für den Fernsehempfang (Werkfoto *Kathrein*)

Für Amateure dürfte der Optimalabgleich einer Backfire kaum durchzuführen sein. Schon aus mechanischen Gründen wäre die Verwendung einer Backfire für Amateurzwecke nur im 70-cm-Band sinnvoll. Bei geringerem Aufwand ist die Backfire durch gleichwertige und weniger sperrige Lang-*Yagis* zu ersetzen. Besteht die Möglichkeit, große Reflektorwände zu errichten, wie man sie für eine Backfire benötigt, so sind gestockte Reflektorwandantennen für den Selbstbau erfolgversprechend. Sie weisen bei annähernd gleichem Gewinn Breitbandeigenschaften auf; sie sind deshalb in der Bemessung unkritisch.

Backfire-Antennen für den Empfang der Fernsehbänder IV/V wurden von der Industrie entwickelt. Als Beispiel ist in Bild 26.17 eine von der Firma *Kathrein* hergestellte Backfire wiedergegeben.

Die Short-Backfire-Antenne
(H. W. Ehrenspeck – US Pat. 3438043 – 1968)
Die Short-Backfire [12] ist eine kompakte Antenne, die im UHF-Bereich eine nachbauwürdige Bauform darstellt. Für das 2-m-Band sind die Reflektorabmessungen noch zu unhandlich.

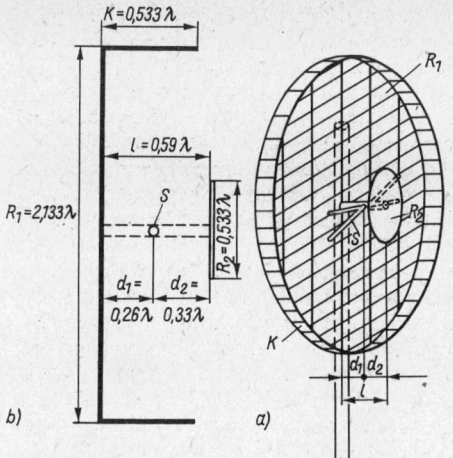

$K = 0,533 \lambda$

$l = 0,59 \lambda$

$R_1 = 2,133 \lambda$

S

$R_2 = 0,533 \lambda$

$d_1 = d_2 =$

$0,26 \lambda$ $0,33 \lambda$

K

R_1

R_2

$d_1 d_2$

l

b)

a)

Bild 26.18
Die Short-Backfire-Antenne; a – Aufbauschema,
b – Schnittzeichnung mit Bemessungsangaben

Bild 26.18 zeigt eine Aufbau- und Bemessungs-skizze. Wie ersichtlich, besteht die Antenne nur aus 3 Bauteilen, dem Hauptreflektor R_1, dem ge-speisten Element S und dem Hilfsreflektor R_2. Die beiden Reflektoren sind kreisrund, sie kön-nen auch in der Form eines Polygons ausgeführt werden (Sechseck, Achteck usw.). Auffällig ist der verhältnismäßig breite Kragen K des Haupt-reflektors, der vor allem die Rückdämpfung er-höhen soll. Über seine Wirkung wird in [9] aus-führlicher berichtet. Die beiden Reflektoren können als engmaschiges Gitternetz (Maschen-weite $< 0,1 \lambda$) oder auch aus parallelen Stäben ausgeführt werden. Für den Hilfsreflektor R_2 ist eine kreisförmige Blechscheibe empfehlenswert, die mit kleinen Ausstanzungen versehen werden kann. Zur Ausführung des gespeisten Elements S gibt es keine bindenden Vorschriften; man kann horizontal oder auch vertikal polarisierte Erreger einsetzen. Das gespeiste Element darf auch eine zirkular polarisierte Drehkreuzan-tenne sein.

Die Addition der Abstände $d_1 + d_2$ ergibt die Antennenlänge, die im vorliegenden Fall nur $0,59 \lambda$ beträgt. In der Veröffentlichung von Eh-renspeck werden etwas kleinere Abmessungen angegeben:
$R_1 = 2,0 \lambda; R_2 = 0,5 \lambda; K = 0,2 \lambda;$
$d_1 = d_2 = 0,25 \lambda.$
Die Short-Backfire erreicht einen Gewinn von 13 dBd. Sie zeichnet sich durch eine Rückdämp-fung von $\geqq 30$ dB aus; auch die Nebenkeulen-dämpfung ist > 20 dB. Ehrenspeck betont, daß bei Horizontalpolarisation des Erregers der hohe Gewinn vor allem durch Bündelung in der Verti-

kalebene entsteht. Die Strahlungseigenschaften ähneln somit denen einer Gruppenantenne, die aus 2 gestockten Yagis besteht.

Der Short-Backfire können Breitbandeigen-schaften verliehen werden, wenn man sie mit einem entsprechend breitbandigen Erreger ver-sieht. Dabei ist das System für die höchste vor-kommende Arbeitsfrequenz zu bemessen. Dort ist dann Maximalgewinn vorhanden, der mit fal-lender Frequenz langsam abnimmt (annähernd proportional zur Frequenz). Bei niedrigen Fre-quenzen, wenn der Hilfsreflektor R_2 klein gegen-über $\lambda/2$ geworden ist, verschwindet die Backfire-Wirkung, und die Short-Backfire wird zur ein-fachen Reflektorantenne, vorausgesetzt, daß der Frequenzbereich des Erregers ausreichend be-messen ist.

Das Zusammenschalten zu Gruppen, die sich auch vor einem gemeinsamen Hauptreflektor ent-sprechender Ausdehnung befinden können, ist möglich. Modellmessungen von Ehrenspeck [12] wiesen für die Zweiergruppe einen Maximalge-winn von 15 dBd aus, eine Viierergruppe brachte 18 dBd. Auf die besonders gute Eignung der Short-Backfire als UHF-Fernsehantenne wird hingewiesen. Hervorragend dürfte sich das Short-Backfire-Prinzip für die Zirkularpolarisation eig-nen. Diese erreicht man sehr einfach, indem ledig-lich der gespeiste Dipol S durch eine Drehkreuz-antenne ersetzt wird. Um z. B. eine Lang-Yagi-Antenne mit Zirkularpolarisation betreiben zu können, müßte der Gesamtaufwand an Elemen-ten verdoppelt werden, während bei einer Short-Backfire-Antenne – abgesehen vom Dreh-kreuzerreger – kein Mehraufwand erforderlich ist.

26.4. Schlitzantennen

Schneidet man gemäß Bild 26.19 aus der Mitte einer großen Metallplatte einen Streifen heraus, so kann der entstandene Schlitz als Strahler ver-wendet werden. Dieser Schlitz, dessen Breite im Verhältnis zur Länge klein sein muß, wird in der Mitte seiner Längsseiten bei XX erregt [13], [14], [15], [16].

Der Schlitz zeigt die gleichen Strahlungseigen-schaften wie ein Halbwellendipol, jedoch mit umgekehrter Verteilung der magnetischen und elektrischen Feldkomponenten. Infolgedessen wird auch die Polarisationsebene der Strahlung vertauscht. Ein senkrechter Schlitz strahlt wie ein waagerechter Dipol, und ein horizontaler Schlitz hat vertikale Polarisation. Bei einem sehr schma-len Schlitz beträgt die Eingangsimpedanz an XX etwa 485 Ω. Der Eingangswiderstand erhöht sich, wenn man den Schlitz verbreitert. Diese Er-scheinung steht im Gegensatz zum Verhalten

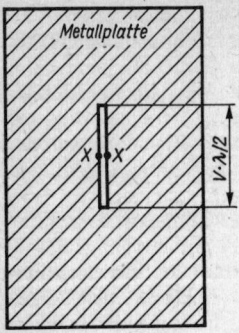

V = Verkürzungsfaktor
XX = Antenneneingang, ≈ 485 Ω

Bild 26.19
Der ebene Schlitzstrahler

eines stabförmigen Dipols. Dagegen muß der Schlitz wie ein Dipol gegenüber λ/2 etwas verkürzt werden, um in Resonanz zu kommen. Ein breiter Schlitz erfordert eine stärkere Verkürzung als ein schmaler.

Der Schlitzstrahler wird in der Schlitzmitte symmetrisch gespeist. Gemäß Bild 26.19 könnte bei XX eine symmetrische Doppelleitung mit etwa 500 Ω Wellenwiderstand impedanzrichtig angeschlossen werden. Diese Speiseleitung ist jedoch sehr unhandlich, weil für die beiden Leiter ein Abstand/Durchmesser-Verhältnis von etwa 30:1 notwendig wäre (siehe Bild 5.4).

Da aber nach den Schlitzenden hin der Widerstand abfällt, kann der Schlitz selbst zur Impedanztransformation herangezogen werden. Durch Verlagerung der beiden Punkte XX aus der Schlitzmitte in Richtung zu einem Schlitzende hin erhält man einen niedrigeren Eingangswiderstand. Infolge dieser Maßnahme wird die Strahlungscharakteristik nur unwesentlich verändert. Analog zum Dipol kann bei einem Schlitzstrahler der Frequenzbereich durch Verbreitern des Schlitzes und insbesondere der Schlitzenden vergrößert werden.

Wird der Schlitz nach Bild 26.20 in der Form eines Faltdipols gestaltet, so verringert sich die Eingangsimpedanz im Verhältnis 4:1. Ein solcher Faltschlitz kann dann, wie angegeben, über ein Koaxialkabel mit 75 Ω Wellenwiderstand erregt werden. Auch in diesem Fall verhält sich die Schlitzantenne genau entgegengesetzt wie ein Dipol; denn bei einem Dipol wird bekanntlich die Impedanz bei gefalteter Ausführung in Verhältnis 1:4 heraufgesetzt.

Von praktischer Bedeutung in der kommerziellen Antennentechnik ist besonders der *Rohrschlitzstrahler* (A. Alford – US Pat. 2600179 – 1946). Für diesen Anwendungsfall biegt man die Metallplatte so, daß ein Rohr entsteht, in dessen Wandung sich ein senkrechter Schlitz befindet (Bild 26.21). Dieser senkrechte Rohrschlitz strahlt horizontal rund und bündelt vertikal. Der Eingangswiderstand steigt bei der Rohrausführung auf 600 ... 1000 Ω. Stockt man mehrere Rohrschlitzstrahler senkrecht übereinander, so bleibt die horizontale Rundstrahlung erhalten, und die vertikale Halbwertsbreite wird kleiner. Die Speiseleitungen werden im Rohrinneren zu den Anschlußpunkten der Schlitze geführt. Es ergibt sich beim Rohrschlitz ein sehr stabiler Aufbau in meist selbsttragender Ausführung. Der Windwiderstand ist sehr klein, er kann durch Verkleiden der offenen Schlitze mit Kunststoffabdeckungen noch verringert werden. Auch die Strahlungseigenschaften kommen den Wünschen vieler Funkdienste entgegen, so daß die Rohrschlitzstrahler in Varianten im VHF- und UHF-Bereich sehr verbreitet sind.

Verkleinert man die den Schlitz enthaltende ebene Metallfläche immer mehr, bleibt schließlich nur noch eine schmale Umrandung des Schlitzes stehen, die jedoch immer noch die charakteristischen Eigenschaften eines ebenen Schlitzstrahlers aufweist. In Bild 26.22 ist ein solcher *Skelettschlitz* (J. F. Ramsay – US Pat. 2755465 – brit. Prior. 1949) dargestellt. Der begreifliche Wunsch, eine sehr leistungsfähige Antenne zu besitzen, deren Materialaufwand und Raumbedarf nur einen Bruchteil des Üblichen beträgt, förderte einen häufigen Nachbau des Skelettschlitzes. Nach Messungen von Seefried hat der Skelettschlitz vergleichbare Strahlungseigenschaften wie ein gestreckter Halbwellendipol. Ein Gewinn gegenüber diesem war nicht festzustellen [17]. Da der Eingangswiderstand der Skelettschlitzantenne mit etwa 500 Ω recht hochohmig ist, bereitet es teilweise Schwierigkei-

Bild 26.20
Der gefaltete Schlitzstrahler

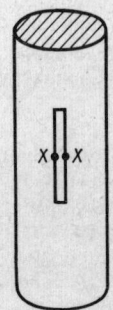

Bild 26.21
Die Rohrschlitzantenne

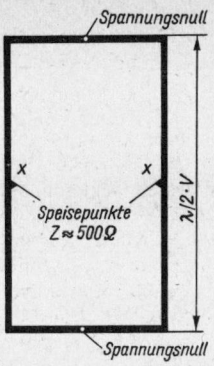

Spannungsnull

x — Speisepunkte Z ≈ 500 Ω — x

$\lambda/2 \cdot V$

Spannungsnull

Bild 26.22
Die Skelettschlitzantenne

ten, eine einwandfreie Anpassung an die Speiseleitung herbeizuführen. Das mag auch ein Grund für gelegentliche Mißerfolge mit dieser Antennenform sein.

Wenn dem Skelettschlitz Eigenschaften zugeschrieben wurden, die er aus physikalischen Gründen nicht aufweisen konnte, so bedeutet das keineswegs, daß es sich um eine unbrauchbare Strahlerform handelt. Man verwendet ihn z. B. neuerdings gern und mit gutem Erfolg als Erregerelement in gestockten *Yagi*-Antennen (siehe Abschnitt 24.2.5.1. und Abschnitt 24.2.5.2.).

26.5. Zirkular polarisierte Antennen

Wie bereits im Abschnitt 22.1. ausgeführt, bietet die Zirkularpolarisation Vorteile, wenn es darum geht, sowohl vertikal als auch horizontal oder schräg polarisierte Wellen gleich gut aufzunehmen. Natürlich ist eine zirkular polarisierte Empfangsantenne am besten dazu geeignet, zirkular polarisierte Wellen zu empfangen. Man kann deshalb sagen, daß die Zirkularpolarisation universell anwendbar ist, weil sie auch jede lineare Polarisation aufnimmt.

Nachfolgende Gegenüberstellung soll die Verhältnisse bei VHF-/UHF-Funklinien mit gleicher und mit unterschiedlicher Polarisation verdeutlichen:

Polarisation der Empfangsantenne	Polarisation der Sendeantenne	Dämpfung
Linear horizontal	Linear horizontal	0 dB
Linear horizontal	Linear vertikal	etwa 20 dB
Zirkular	Zirkular	0 dB
Zirkular	Linear vertikal oder horizontal	3 dB

Die auftretende Dämpfung von 3 dB zwischen Zirkularpolarisation und Linearpolarisation ist anschaulich zu erklären, wenn man sich vereinfacht vorstellt, daß sich bei Zirkularpolarisation die vom Sender gelieferte Leistung je zur Hälfte in die vertikale und in die horizontale Ebene aufteilt. Bei einer linear polarisierten Empfangsantenne wird deshalb je nach ihrer Polarisationslage nur die «vertikale Hälfte» oder die «horizontale Hälfte» wirksam. Halbe Leistung entspricht einer Dämpfung von 3 dB. Deshalb kann die linear polarisierte Empfangsantenne etwa 7/10 der im zirkular polarisierten Feld vorhandenen Empfangsspannung aufnehmen. Dagegen beträgt die Dämpfung zwischen linearer Horizontalpolarisation und linearer Vertikalpolarisation etwa 20 dB, d. h., daß nur 1/10 der vorhandenen Empfangsspannung wirksam wird.

Weitere Vorzüge wurden auf Grund von praktischen Versuchen im 2-m-Amateurband durch *Bittan* ermittelt [18]: Mit zirkularer Polarisation wurden ferne Täler und anderweitig abgeschirmte Gebiete erreicht, mit denen bei linearer Polarisation keine Funkverbindung möglich war. Offenbar ist die Zirkularpolarisation bei den hier auftretenden Mehrfachreflexionen günstiger als Linearpolarisation. Eine weitere, sehr beachtliche Verbesserung ergibt sich bei Funkverbindungen mit Fahrzeugstationen (Mobilstationen). Durch die sich laufend verändernden Umgebungsverhältnisse während der Fahrt sind immer wechselnde Reflexionen vorhanden. Die fast immer vertikal polarisierten Stabantennen werden vom Fahrtwind abgebogen und vollführen oft Pendelschwingungen. Im Zusammenwirken dieser äußeren Einflüsse treten dauernde Änderungen von Amplitude, Phase und Polarisationsrichtung auf, was Schwunderscheinungen zur Folge hat. Sie sind bei vertikalen Mobilantennen besonders stark ausgeprägt, da die meisten Hindernisse vertikale Kanten aufweisen. Der größere Teil des durch Änderungen der Polarisationsrichtung verursachten Flatterfadings verschwindet beim Einsatz einer zirkular polarisierten Antenne. Bei einer Messung durch einen dichten Mischwald von etwa 4 km Länge wurde vertikale Polarisation um beinahe 40 dB, horizontale um 12 dB und zirkulare um nur etwa 3 dB gedämpft. Das entspricht der Erfahrung, daß die Vorteile durch Zirkularpolarisation um so größer sind, je schlechter die Ausbreitungssituation ist.

Als zirkular polarisierte Richtantennen verwendet man vor allem den Helical-Beam oder die Kreuz-*Yagi*-Antenne. Der Helical-Beam läßt sich mechanisch etwas schwer aufbauen, er kann jedoch sehr einfach gespeist werden. Die Kreuz-*Yagi* dagegen ist mechanisch relativ einfach, verlangt aber beim Speisen einen etwas größeren Aufwand.

485

26.5.1. Die Helical-Antenne
(H. A. Wheeler – US Pat. 2495399 – 1946)

Dieser interessante Richtstrahler ist auch unter den Namen *Wendelantenne*, *Spulenantenne*, *Korkenzieherantenne* und *Helix-Beam* bekannt [19], [20], [21].

Eine kreisförmig umlaufende Polarisation entsteht, wenn ein Leiter zu einer Wendel aufgewickelt wird. Dabei muß die Länge je Windung 1λ betragen. Das entspricht unter Berücksichtigung des Verkürzungsfaktors einem Windungsdurchmesser D von etwa $0{,}31\lambda$. Voraussetzung ist weiterhin, daß mindestens 3 Wdg. vorhanden sind; die Reinheit der Zirkularpolarisation steigt mit der Windungsanzahl. Eine einfache Drahtwendel mit den obengenannten Abmessungen strahlt bidirektional aus der Längsachse der Wendel. Die Strahlung wird durch eine Reflektorscheibe einseitig gerichtet, wobei eine Verstärkung der einseitig axialen Abstrahlung eintritt.

Das Schema eines Helical-Beam mit den dazugehörigen Berechnungsangaben zeigt Bild 26.23. Die Spulenwindungen sind in dieser Zeichnung vereinfacht dargestellt. Der Spulendurchmesser $D = 0{,}31\lambda$ kann – bezogen auf die Frequenz – nach

$$D/\mathrm{mm} = \frac{93\,000}{f/\mathrm{MHz}} \qquad (26.2.)$$

errechnet werden.

Aus dem Wendeldurchmesser D ergibt sich der Wendelumfang U mit

$$U = \pi \cdot D. \qquad (26.3.)$$

Eine weitere wichtige Kenngröße der Wendelantenne ist der Steigungswinkel, aus dem sich der Windungsabstand S errechnen läßt. Steigungswinkel zwischen 6° und 24° sind zulässig, 14° jedoch üblich, weil damit die günstigsten Antenneneigenschaften erzielt werden. Aus dem Steigungswinkel von 14° ergibt sich ein Windungsabstand S von $0{,}24\ \lambda$. Die Berechnungsformel lautet

$$S/\mathrm{mm} = \frac{72\,000}{f/\mathrm{MHz}}. \qquad (26.4.)$$

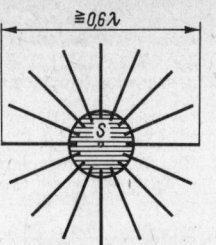

S = Blechscheibe, Durchmesser
beliebig, mit Mittelloch zum
Durchführen des Speisekabels

Bild 26.24
Vereinfachter Reflektor für das Helical-Beam

Der Reflektordurchmesser kann klein sein, sollte jedoch immer größer als $0{,}5\lambda$ gewählt werden, weil dann der Eingangswiderstand des Systems kaum noch beeinflußt wird. Große Reflektorflächen ergeben eine besonders starke Rückdämpfung. Ein brauchbarer Mittelwert ist gewährleistet, wenn man den Durchmesser des Reflektors gleich dem doppelten Durchmesser der Wendel wählt ($2D = 0{,}62\lambda$). Die Reflektorscheibe hat die Form einer Kreisscheibe, es sind jedoch auch quadratische Metallflächen zulässig. Während man im UHF-Bereich fast immer kompakte Blechscheiben verwendet, können besonders im VHF-Bereich aus Gründen der Materialeinsparung und Gewichtsverringerung auch Reflektoren nach Bild 24.24 oder Bild 26.27 eingesetzt werden. Der Abstand A des Reflektors vom Windungsanfang wird zweckmäßig mit $0{,}13\lambda$ gewählt (etwa $S/2$). Die dazugehörige Berechnungsformel lautet

$$A/\mathrm{mm} = \frac{39\,000}{f/\mathrm{MHz}}. \qquad (26.5.)$$

Der Durchmesser d des Wendelleiters soll $0{,}02\lambda$ sein. Wenn der Wendelumfang $U = 1\lambda$ beträgt, kann mit einer Eingangsimpedanz Z von $136\,\Omega$ gerechnet werden. Ist $U < 1\ \lambda$, wird $Z < 136\,\Omega$, wobei Z sehr von der Frequenz abhängt. Dagegen bleibt Z über einen großen Frequenzbe-

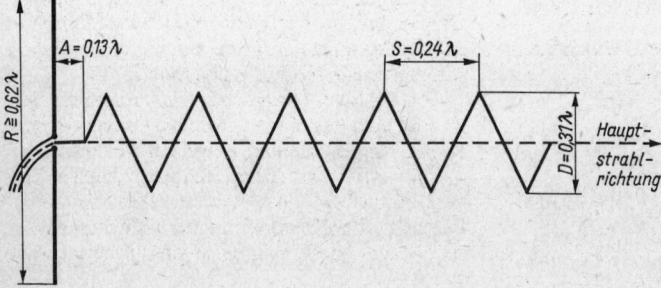

Bild 26.23
Das Schema des
Helical-Richtstrahlers

reich weitgehend konstant, wenn $U \geqq 1 \, \lambda$. Für einen Wendelumfang U zwischen 0,75 und 1,35 λ gilt zur Berechnung des Eingangswiderstandes Z die Näherungsgleichung

$$Z/_\Omega = 136 \cdot U/_\lambda. \qquad (26.6.)$$

Der Antenneneingang ist unsymmetrisch, gespeist wird deshalb über Koaxialkabel.

Aus dem geringen Frequenzgang des Eingangswiderstandes geht hervor, daß die Helical gute Breitbandeigenschaften hat. Bei einem Windungsabstand $S = 0,24 \, \lambda$ – entsprechend einem Steigungswinkel von 14° – wird innerhalb eines nutzbaren Frequenzbereiches von 1:1,6 die Welligkeit nicht größer als 1,35.

Gewinn und Bündelungseigenschaften einer Helical-Antenne sind von der Windungsanzahl n, dem Wendelumfang U und dem Windungsabstand S abhängig. Der Gewinn nimmt annähernd proportional mit der Windungsanzahl n zu. Von *Kraus* wurden Näherungsformeln für die Berechnung des Gewinns G angegeben, die bei Steigungswinkeln zwischen 12° und 15° sowie ab mindestens 3 Windungen Gültigkeit haben. Der Gewinn wird dabei auf einen zirkular polarisierten Isotropstrahler bezogen:

$$G = 15 \cdot (U/_\lambda)^2 \cdot n \cdot S/_\lambda; \qquad (26.7.)$$

G – numerisches Verhältnis.

Der Gewinn als logarithmisches Verhältnis in dBi ergibt sich aus

$$G/_{dB} = 10 \lg [15 \cdot (U/_\lambda)^2 \cdot n \cdot S/_\lambda]. \qquad (26.8.)$$

Ebenfalls von *Kraus* wurde eine Berechnungsformel für die Halbwertsbreite α der Hauptkeule ermittelt:

$$\alpha/^\circ = \frac{52}{U/_\lambda \cdot \sqrt{n \cdot S/_\lambda}}. \qquad (26.9.)$$

Auch diese Beziehung ist nur für Steigungswinkel zwischen 12 und 15° und für eine Windungsanzahl $n \geqq 3$ gültig.

Im allgemeinen bezeichnet man die Helical-Antenne als zirkular polarisiert, obgleich elliptische Polarisation vorliegt. Bei dieser Ellipse ist das Verhältnis der großen zur kleinen Achse jedoch sehr gering und wird mit steigender Windungszahl immer kleiner. Das Achsenverhältnis r_A ergibt sich aus der Beziehung

$$r_A = \frac{2n + 1}{2n}. \qquad (26.10.)$$

Das bedeutet, daß sich z. B. das Verhältnis der großen zur kleinen Ellipsenachse bei der Mindestwindungszahl $n = 3$ wie 7:6 verhält, während es bei $n = 7$ nur noch 15:14 beträgt.

In Tabelle 26.2. sind die in Abhängigkeit von der Windungsanzahl n zu erwartenden Gewinne in dB mit den dazugehörigen Halbwertsbreiten

Tabelle 26.2.
Gewinn und Halbwertsbreite einer Helical-Antenne nach Bild 26.23 in Abhängigkeit von der Windungsanzahl n

Windungsanzahl in n	Gewinn in dBd	Halbwertsbreite in °
3	7,9	61
4	9,1	53
5	10,2	47
6	11,0	43
7	11,7	40
8	12,3	37
9	12,8	35
10	13,2	33
11	13,6	31,5
12	14,0	30

aufgeführt. Dabei wird die übliche Bemessung von S mit 0,24 λ (14° Steigungswinkel) und D mit 0,31 λ (Wendelumfang 1 λ) vorausgesetzt. Das Ergebnis aus Gl. (26.8.) bezieht den Gewinn auf einen Isotropstrahler (Kugelstrahler); um schnellere Vergleichsmöglichkeiten zu schaffen, sind die Gewinnangaben der Tabelle 26.2. wie üblich auf einen abgestimmten $\lambda/2$-Dipol bezogen.

Bei nicht allzu langen Speiseleitungen kann der Strahler über ein 75-Ω-Koaxialkabel direkt erregt werden (Bild 26.23). Die Welligkeit wird dann kleiner als 2. Besser ist es jedoch, genaue Anpassung durch einen koaxialen Viertelwellentranformator herzustellen.

Ein Q-Match nach Bild 6.8 kann ebensogut durch ein koaxiales Leitersystem gebildet werden. Es ist dazu nur erforderlich, den gesuchten Wellenwiderstand Z dieser konzentrischen Leitung nach Gl. (5.30.) zu errechnen. Wird der Eingangswiderstand Z_A des Helix-Beam mit 125 Ω angenommen und soll an ein 60-Ω-Koaxialkabel angepaßt werden (Z_E), so errechnet sich der Wellenwiderstand Z des konzentrischen Viertelwellentransformators aus

$$Z = \sqrt{Z_A \cdot Z_E} = \sqrt{125 \, \Omega \cdot 60 \, \Omega} = 86,6 \, \Omega.$$

Nach Bild 5.5 ergibt sich bei einer luftisolierten, konzentrischen Leitung der gewünschte Wellenwiderstand von etwa 87 Ω, wenn das Verhältnis Außendurchmesser des Innenleiters zu Innendurchmesser des Außenleiters 1:4,4 beträgt. Der Einfachheit halber wird der Innenleiter des Koaxialkabels mit einem Durchmesser von 1,6 mm auch als Innenleiter für den Viertelwellentransformator verwendet. Für das Außenrohr des Q-Match ergibt sich dann ein Innendurchmesser von 1,6 mm $\cdot$ 4,4 $\approx$ 7 mm.

Bild 26.25 zeigt einen Ausführungsvorschlag für den konzentrischen Anpassungstransforma-

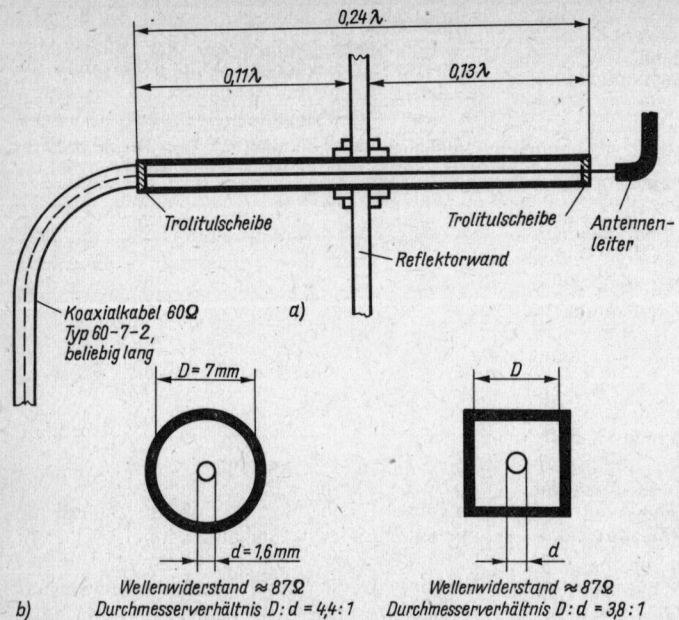

a)

b)

Bild 26.25
Konzentrischer Viertelwellen-
Anpassungstransformator für den
Helical-Beam;
a – Längsschnitt, b – Querschnitt

tor. Die Gesamtlänge dieser Leitung beträgt unter Berücksichtigung des Verkürzungsfaktors $0,24\lambda$. Sollten auf Grund des geringen Innendurchmessers von 7 mm für das Außenrohr mechanische Schwierigkeiten auftreten, so können beliebig größere Rohrweiten benutzt werden. Für den Wellenwiderstand von $87\,\Omega$ ist lediglich entscheidend, daß jeweils das Durchmesserverhältnis mit $4,4:1$ gewahrt bleibt. Bei der Selbstherstellung einer solchen konzentrischen Leitung ist es oft einfacher, dem Außenleiter einen quadratischen Querschnitt zu geben. In diesem Fall beträgt für einen Wellenwiderstand von $87\,\Omega$ nach Bild 5.7 das Verhältnis $D : d = 3,8 : 1$.

Bild 26.26 zeigt das Schema einer Helical-Antenne, deren Eingang über einen Viertelwellen-transformator für den Anschluß eines Koaxialkabels angepaßt ist. Mit den eingetragenen Abmessungen hat der Strahler Resonanz im 2-m-Band, die entsprechenden Werte für den 70-cm-Betrieb sind in Klammern beigefügt. Bei dieser Ausführung wurde ein Reflektordurchmesser von 1λ gewählt. Selbstverständlich kann die Reflektorscheibe ohne Änderung der sonstigen Werte bis auf $0,63\lambda$ Durchmesser verkleinert werden. Nach Tabelle 26.2. ist mit dieser Antenne ein Gewinn von 11,7 dBd bei einer Halbwertsbreite von 40° zu erreichen.

Zur Spulenherstellung eignet sich 10-mm-Aluminiumrundmaterial, wie es beim Blitzableiterbau verwendet wird, besonders gut. Es ist in den erforderlichen Längen erhältlich und läßt sich

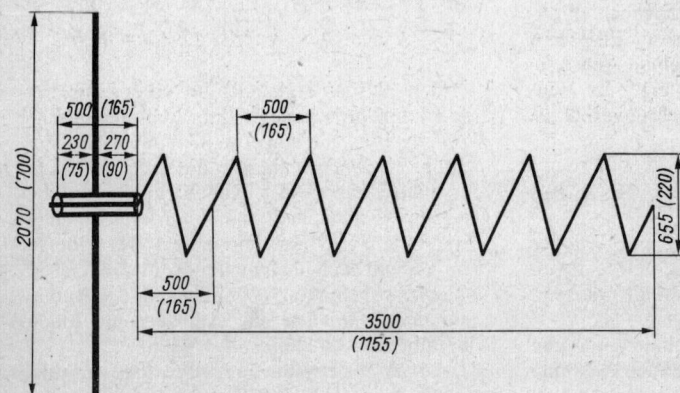

Bild 26.26
Die Helical-Antenne für das
2-m-Band; Einzelheiten über
Reflektor und Anpassungstransformator siehe Bild 26.24 und Bild
26.25

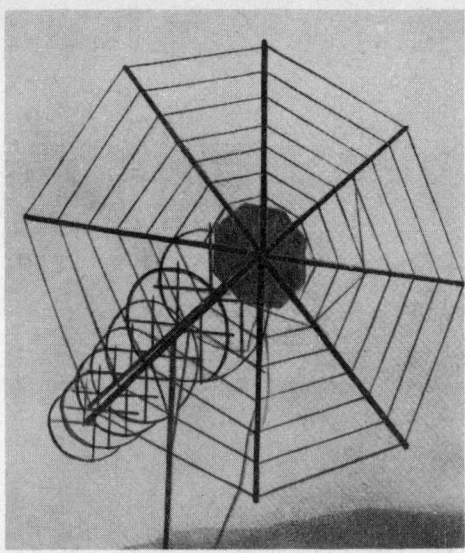

Bild 26.27
Helical-Antenne von *DL 6 MH*

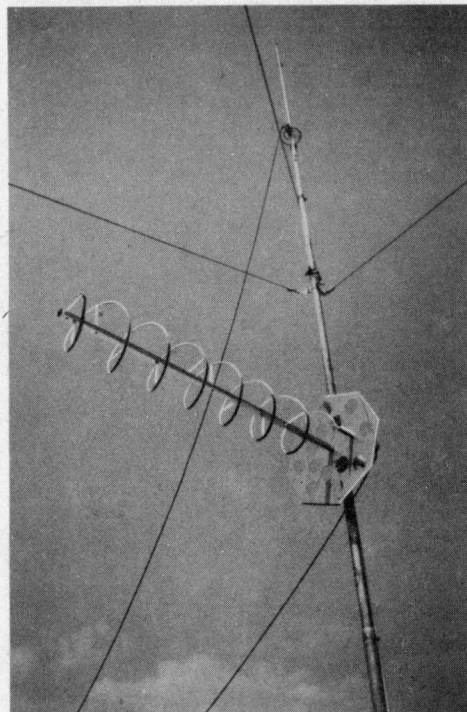

Bild 26.28
Helical-Antenne für das 70-cm-Amateurband (Foto: *Staritz, DL 3 CS*)

sehr gut biegen. Die Spulenwindungen können auf einem passenden Holzgerüst festgelegt werden. Einen metallischen Tragemast darf man nur an der Rückseite der Reflektorwand befestigen. In diesem Fall wird jedoch das gesamte System zu stark kopflastig. Es ist deshalb oft günstiger, wenn ein hölzerner Mast die Antenne in ihrem Schwerpunkt trägt.

Eine von *DL 6 MH* gebaute und erprobte Helical zeigt Bild 26.27. Bei dieser Antenne wird ein spinnennetzartiger Reflektor aus Drähten verwendet. Der Erbauer hebt besonders die außerordentliche Richtwirkung hervor. Eine andere Ausführung für das 70-cm-Amateurband, mit achteckigem, gelochtem Reflektorblech, zeigt Bild 26.28.

Empfängt man eine zirkular polarisierte Strahlung mit einer linearpolarisierten Antenne und umgekehrt, so wird dem Feld nur die Hälfte jener Energie entzogen, die bei gleicher Polarisation übertragen werden könnte. Das bedeutet einen Verlust von 3 dB. Es gibt jedoch auch Möglichkeiten, mit Helical-Antennen linear polarisierte Wellen abzustrahlen und zu empfangen. Dazu werden 2 gleichartige Wendelantennen nach Bild 26.29 zu einer Gruppe zusammengeschaltet, wobei die Bedingung besteht, daß der Windungssinn der beiden Wendeln gegenläufig ist (eine Linkswendel und eine Rechtswendel).

Bei gleichem Windungssinn bleibt die Polarisation elliptisch. Werden die beiden gegensinnigen Wendeln in der waagrechten Ebene nebeneinander angeordnet, so ist die Polarisation horizontal. Vertikale Polarisation entsteht, wenn man beide Wendeln übereinander stockt. Ebenfalls lineare Polarisation kann herbeigeführt werden, wenn man nach Bild 26.29 zwei gleichartige gegenläufige Wendeln in Achsrichtung hintereinanderschaltet. Auf Grund der dabei auftretenden mechanischen und elektrischen Schwierigkeiten hat diese Anordnung jedoch kaum einen praktischen Wert.

Die Ausführung nach Bild 26.28 dürfte besonders für den Betrieb im 70-cm-Band von Interesse sein. Mit der Parallelschaltung zweier Helicals ergibt sich der günstige Eingangswiderstand von etwa 65 ... 70 Ω. Man ist deshalb in der Lage, ein solches System ohne Zwischenschaltung von Transformationsgliedern direkt mit einem handelsüblichen Koaxialkabel zu speisen. Bei Verwendung von je 6 Wdg. mit einem Steigungswinkel von 14° wird der Abstand der Wendelachsen mit 1,5 λ empfohlen. Es kann dann mit einem Gewinn von 14 dB, bezogen auf einen Halbwellendipol, gerechnet werden.

Bei der Helical-Antenne ist es einfach, die Drehrichtung der Zirkularpolarisation festzustellen. Blickt man von der Reflektorseite her auf die Spule, muß sich deren Wicklungssinn bei rechts-

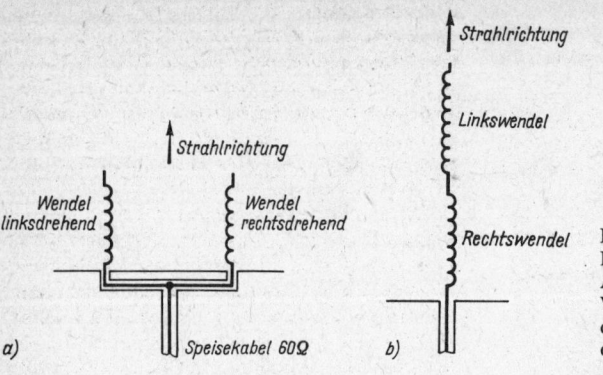

Strahlrichtung

Wendel linksdrehend *Wendel rechtsdrehend*

a) *Speisekabel 60Ω*

Strahlrichtung

Linkswendel

Rechtswendel

b)

Bild 26.29
Lineare Polarisation durch 2 Helical-
Antennen mit gegenläufig gewickelten
Wendeln; a – durch Parallelschaltung
der Wendeln, b – durch Serienschaltung
der Wendeln

drehender Zirkularpolarisation im Uhrzeigersinn bewegen. Dreht er sich entgegen dem Uhrzeigersinn, liegt linksdrehende Zirkularpolarisation vor. Im kommerziellen Funk arbeitet man fast ausschließlich mit rechtsdrehender Zirkularpolarisation; aus Gründen der Einheitlichkeit sollte man diese auch im Amateurfunk anwenden.

26.5.2. Zirkular polarisierte *Yagi*-Antennen

Zirkularpolarisation bei *Yagi*-Systemen wird erreicht, indem man 2 elektrisch und mechanisch völlig gleiche *Yagi*-Antennen räumlich so anordnet, daß der Polarisationsunterschied 90° beträgt (z. B. das eine System mit Horizontalpolarisation und das andere vertikal polarisiert) und beide Systeme mit einer gegenseitigen Phasenverschiebung von 90° erregt. Unter diesen Bedingungen entsteht ein Drehfeld, das je nach Erregung rechtsdrehend (im Uhrzeigersinn) oder linksdrehend (entgegen dem Uhrzeigersinn) sein kann. Beim Empfang linear polarisierter Wellen ist der Drehsinn der Zirkularpolarisation ohne Bedeutung.

Gewöhnlich baut man beide *Yagi*-Systeme auf einem gemeinsamen Längsträger auf und ordnet die Elemente kreuzförmig an (Bild 26.30). Da die gespeisten Elemente einander parallelliegen, fällt der resultierende Eingangswiderstand auf den halben Wert eines Einzelsystems. Gleichzeitig verteilt sich die vom Sender gelieferte Hochfrequenzleistung zu gleichen Teilen auf die beiden Systeme. Das bedeutet, daß die zirkular polarisierte Ausstrahlung von einer beliebig linear polarisierten Empfangsantenne mit einem Verlust von 3 dB empfangen wird. Die für Zirkularpolarisation erforderliche Phasenverschiebung von 90° zwischen den beiden *Yagi*-Systemen erreicht man einfach, indem eines der beiden Systeme über einen «Umweg» von λ/4 erregt wird. Dabei soll die Strahlungskopplung zwischen den beiden *Yagi*-Systemen minimal sein, damit praktisch nur die Kopplung über den Viertelwellen-Umweg wirksam ist. Diese geringstmögliche gegenseitige Beeinflussung der beiden *Yagis* durch Strahlungskopplung ist dadurch gegeben, daß das eine System vertikal und das andere horizontal polarisiert wird (Bild 26.30a). Oft ist es günstig, die kreuzförmig angeordneten Elemente um 45° axial zu verdrehen, so daß in der Draufsicht

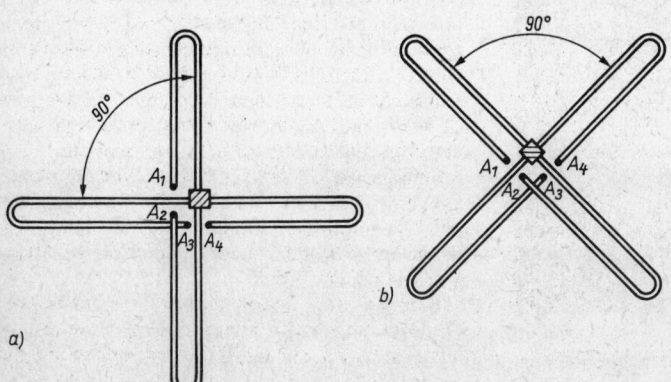

90°

A_1
A_2
A_3 A_4

a)

90°

A_1 A_4
A_2 A_3

b)

Bild 26.30
Die kreuzförmige Anordnung
zirkular polarisierter *Yagi*-Systeme
(gespeiste Elemente); a – Kreuzform mit vertikalem und horizon-
talem System, b – «liegendes
Kreuz», wobei die Systeme im
Winkel von 45° zur Vertikalen
angeordnet sind

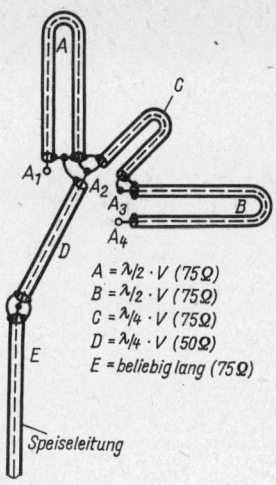

Bild 26.31
Speisesystem für zirkular polarisierte Kreuz-*Yagis* nach
Bild 26.30

halb – wie üblich – einen Eingangswiderstand von
240 Ω symmetrisch aufweisen, ist es zweckmäßig,
ihre Eingänge für eine Impedanz von 60 Ω unsymmetrisch auszulegen. Das ist am verlustärm-
sten mit je einer Halbwellen-Umwegleitung A
und B (Bild 26.31) nach Abschnitt 7.5. möglich.
Nun muß man noch die Punkte A_2 und A_3 mit
einer Viertelwellenleitung C aus Koaxialkabel
verbinden. Damit ist die erforderliche 90°-Pha-
senverschiebung erreicht. Jetzt könnte man bereits das beliebig lange koaxiale Speisekabel E direkt an Punkt A_2 oder A_3 anschließen, müßte dabei aber mit einer Welligkeit von mindestens 2D
rechnen; denn durch die Parallelschaltung beider
Yagis erscheint deren Eingangswiderstand nur
mit dem halben Wert, also mit 30 Ω. Es gilt deshalb, von 30 Ω auf den Anschlußwert des Speisekabels, z. B. 75 Ω, zu transformieren. Nach Gl.
(5.30.) müßte der Wellenwiderstand eines solchen Viertelwellentransformators D etwa 48 Ω
betragen (siehe Abschnitt 6.5.). Da 48-Ω-Kabel
nicht handelsüblich sind, verwendet man ein 50-
Ω-Kabel, wobei die Fehlanpassung vernachlässigbar gering ist. Nun wird das beliebig lange 75-
Ω-Kabel E impedanzrichtig an das Ende des
Viertelwellentransformators D angeschlossen.
Eine nach diesem Erregungsprinzip konstruierte
5-Element-Kreuz-*Yagi* wird von ihrem Erbauer
«*G 3 JVQ*-Twister» genannt [18], sie ist in Bild
26.32 mit allen Abmessungen für das 2-m-Ama-
teurband dargestellt. Bei einer relativen Anten-

ein «liegendes Kreuz» gebildet wird, wobei die
Elemente schräg polarisiert sind (Bild 26.30b).
Bei gleicher elektrischer Wirksamkeit werden
damit die Elemente besser gegenüber dem senkrechten Antennenmast entkoppelt.
  Werden *Yagi*-Systeme verwendet, die als gespeistes Element einen Faltdipol haben und des-

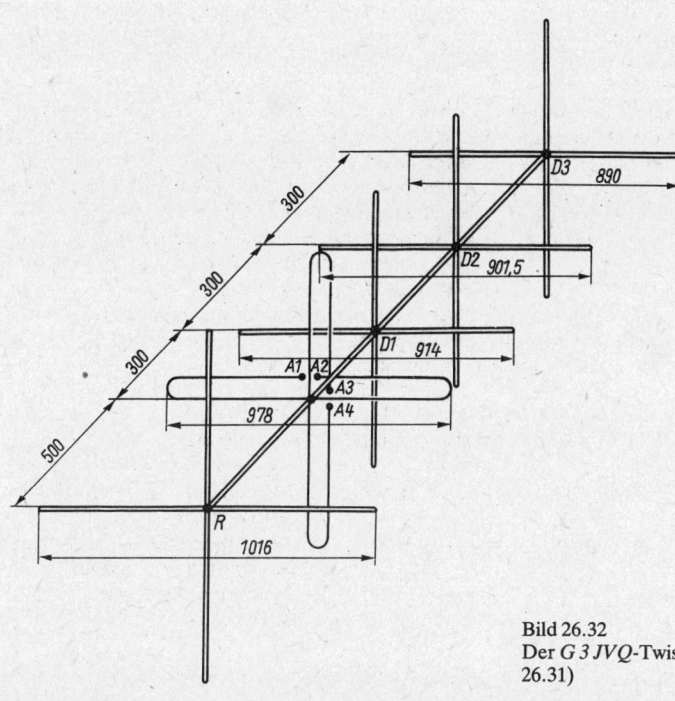

Bild 26.32
Der *G 3 JVQ*-Twister (Erregungssystem siehe Bild
26.31)

491

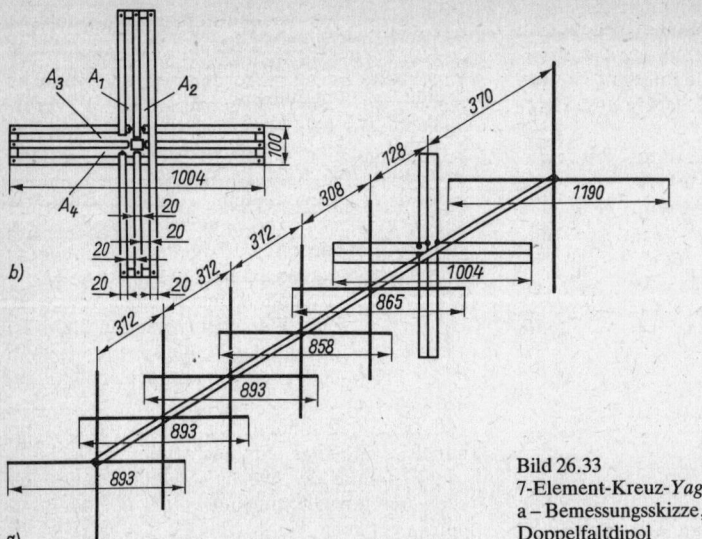

b)

a)

Bild 26.33
7-Element-Kreuz-*Yagi* mit Doppelfaltdipolen;
a – Bemessungsskizze, b – Detailzeichnung gekreuzter
Doppelfaltdipol

nenlänge von 0,7λ beträgt der Gewinn etwa 7,5 dBd. Es lassen sich alle anderen *Yagis* mit 240 Ω Eingangswiderstand als zirkular polarisierte Kreuz-*Yagi*-Kombinationen mit der Anordnung nach Bild 26.31 impedanzrichtig erregten, z. B. die 3-, 6- und 9-Element-*Yagis* entsprechend Abschnitt 23.3.1.

Transformationsglieder innerhalb der Speiseleitung möchte man möglichst vermeiden, denn die Verbindungsstellen zwischen Kabeln unterschiedlichen Wellenwiderstandes erfordern einen zusätzlichen Aufwand und einwandfreie Abdichtung gegen Feuchtigkeit. Außerdem sind Kabelstücke des für den Viertelwellentransformator D erforderlichen Wellenwiderstandes oft nicht zu beschaffen. In diesem Fall gibt es eine einfache Lösung, durch die das Viertelwellenstück D entfällt, indem man die gespeisten Faltdipole als Doppelfaltdipole nach Bild 4.4 ausführt.

Bild 26.34
Die praktisch ausgeführte 7-Element-Kreuz-*Yagi*

Dadurch steigt der Eingangswiderstand jedes der beiden Systeme von 240 auf etwa 540 Ω. Die Umwegleitungen A und B (Bild 26.31) transformieren dann auf je 135 Ω unsymmetrisch. Da beide *Yagis* über das Viertelwellenstück C parallelgeschaltet sind, reduziert sich die Eingangsimpedanz auf den halben Wert, etwa 68 Ω. Somit kann ein 70-Ω-Speisekabel direkt an A₂ oder an A₃ angeschlossen werden. Auch für Speisekabel mit 60 oder 75 Ω Wellenwiderstand ergeben sich dabei nur sehr geringe Fehlanpassungen. Bild 26.33 zeigt eine 7-Element-Kreuz-*Yagi*, die mit solchen Doppelfaltdipolen aufgebaut ist, wobei für alle Elemente 20 mm breites Leichtmetallband verwendet wurde. Durch den Einsatz eines quadratischen Tragerohrs (22 mm × 22 mm) konnten die abgewinkelten Elementhälften direkt auf dem Tragerohr festgeschraubt werden. Aus Bild 26.34 sind entsprechende weitere Einzelheiten zu ersehen. Mit einer relativen Antennenlänge von 0,85λ beträgt der Gewinn etwa 8,5 dBd.

Diese vereinfachte Speisemethode kann bei allen Kreuz-*Yagis* angewendet werden, sofern die eingesetzten *Yagi*-Systeme mit einfachen Faltdipolen einen Eingangswiderstand von 240 Ω haben. Man braucht dann nur die einfachen Faltdipole durch Doppelfaltdipole zu ersetzen, wodurch die Eingangsimpedanz auf 540 Ω erhöht wird, ohne daß sich die sonstigen elektrischen Eigenschaften des *Yagi*-Systems verändern.

Mitunter baut man auch Kreuz-*Yagi*, deren gespeiste Elemente aus gestreckten Dipolen bestehen, die über Gamma-Anpassungen erregt werden [22]. Dieser Einsparung der beiden Halbwellen-Umwegleitungen steht ein relativ großer und mechanisch schwieriger Aufwand für den Bau der einstellbaren Gamma-Glieder gegenüber. Ihr optimaler Abgleich ist zumindest zeitraubend, und häufig führen die Elementhälften – bedingt durch die unsymmetrische Gamma-Erregung – ungleiche Ströme.

Es gibt noch weitere Möglichkeiten, die Zirkularpolarisation von *Yagis* herbeizuführen. Eine einfache Kompromißlösung besteht darin, daß man die beiden gleichen *Yagi*-Systeme kreuzförmig auf einem gemeinsamen Träger anordnet, wobei aber die horizontalen Elemente gegenüber den vertikalen Elementen um $\lambda/4$ in Längsrichtung des Elementeträgers versetzt sind (Bild 26.35). Da der räumliche Abstand von $\lambda/4$ zwischen den waagrechten und den senkrechten Elementen einer laufzeitbedingten Phasenverschiebung von 90° entspricht, wird Zirkularpolarisation erreicht, ohne daß man ein gesondertes Viertelwellnumweggglied zwischen den Antenneneingängen einfügen muß. Demnach sind beide gespeisten Faltdipole über gleich lange Kabelstücke parallelgeschaltet, so daß sie gleichphasig gespeist werden; die Phasenverschiebung entsteht ausschließlich durch den räumlichen Versatz der Strahlungsfelder.

Bei einer weiteren Bauform zirkular polarisierter *Yagi*-Antennen werden die beiden Systeme seitlich voneinander versetzt [23]. Für eine solche Anordnung benötigt man 2 Elementeträger und ein waagrechtes Abstandsrohr, das möglichst aus Kunststoff (z.B. PVC) bestehen sollte (Bild 26.36). Da die Elemente in der gleichen Abstrahlungsebene liegen, wird durch diese räumliche Anordnung keine Phasenverschiebung verursacht. Somit muß bei dieser Bauform die Zirkularpolarisation über eine Viertelwellen-Umwegleitung zwischen den beiden Systemen herbeigeführt werden. Diese Forderung erfüllt das Erregersystem nach Bild 26.37. Es handelt sich im Prinzip um die gleiche Anordnung wie in Bild 26.31. Da aber die Speisepunkte $A_1 - A_2$ und $A_3 - A_4$ nicht unmittelbar benachbart sind, sondern um den Abstand d voneinander versetzt liegen, muß die Verbindungsleitung eine Länge von $\geqq d = l_1 + l_2$ aufweisen. Ferner muß das eine *Yagi*-System gegenüber dem anderen über einen Umweg von $1/4\lambda$ – entsprechend einer Phasenverschiebung von 90° – erregt werden. Das ist dann der Fall, wenn die Leitung l_2 um elektrisch $\lambda/4$ länger ist als l_1. Nach dieser Beziehung wählt man den Anschlußpunkt X für das Speisekabel E. Ist ein Anpassungsglied erforderlich, schleift man es als Viertelwellentransformator D (siehe Bild 26.31) zwischen Punkt X und dem Speisekabel E ein.

Eine solche Anordnung eignet sich besonders für den Satellitenempfang (z.B. *OSCAR*), weil das Antennensystem durch axiales Drehen des Abstandsrohres leicht in eine vertikale Position geschwenkt werden kann. Der seitliche Abstand

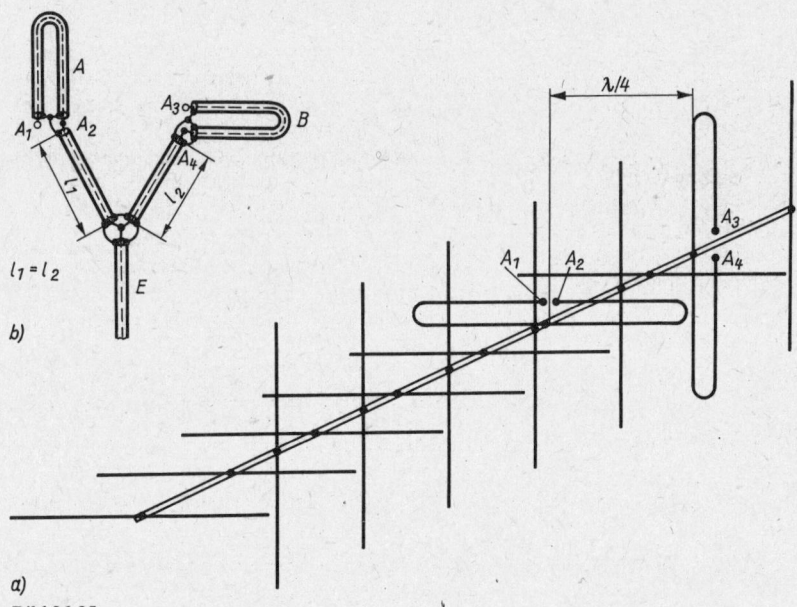

a)

b)

$l_1 = l_2$

Bild 26.35
Kreuz-*Yagi* mit längs versetzten *Yagi*-Systemen; a – Aufbauschema, b – Erregersystem für Zirkularpolarisation

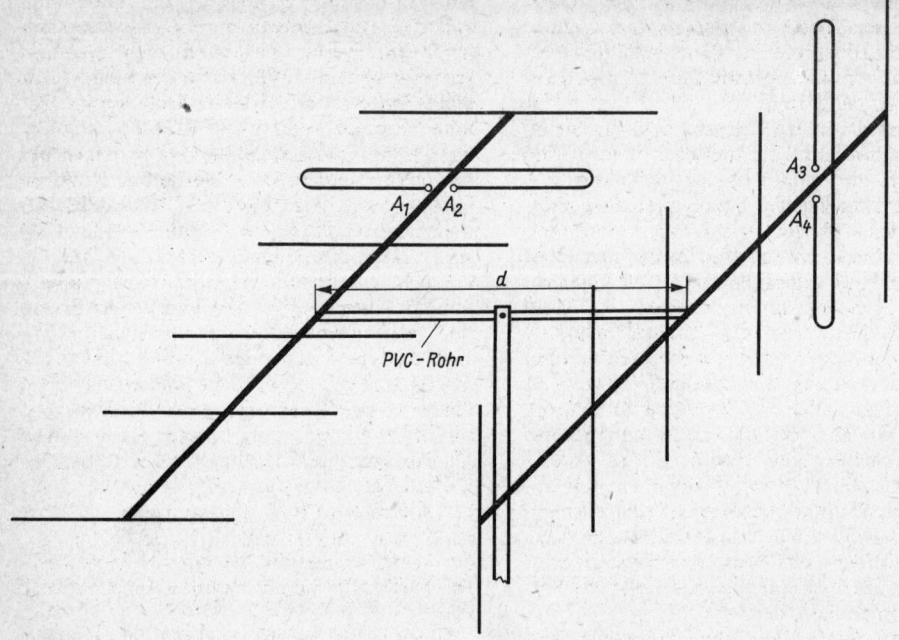

Bild 26.36
Zirkular polarisierte *Yagi*-Kombination mit seitlich versetzten Systemen (Erregung nach Bild 26.37)

d sollte möglichst klein sein. Um die Antenne ohne Kollisionsgefahr mit dem Antennenmast in die Vertikale schwenken zu können, muß *d* etwas größer als $\lambda/2$ gewählt werden. Mehr Freiheit vom senkrechten Antennenmast gewinnt man, wenn die *Yagi*-Systeme mit 45° schräg polarisiert sind. Die Elemente nehmen dann eine Lage nach Bild 26.38 ein. Als Erregersystem benutzt man ebenfalls die Anordnung nach Bild 26.37.

Alle zirkular polarisierten *Yagi*-Kombinationen lassen sich so ausführen, daß man sie vom Stationsraum aus für Zirkular- oder Linearpolarisation umschalten kann. Dazu muß man von jedem Teilsystem eine eigene Speiseleitung bis zu einem Umschalter führen. Beide Ableitungen sollen da-

bei gleiche Länge haben. Nun kann jedes System allein als linear polarisierte Antenne mit entsprechender Polarisationslage (horizontal oder vertikal bzw. 45° Schrägpolarisation) verwendet werden. Verlängert man eine der beiden Speiseleitungen um elektrisch $\lambda/4$ und schaltet die Leitungen parallel, wird Zirkularpolarisation erreicht. Die tatsächliche Länge der beiden Speiseleitungen hat keine besondere Bedeutung. Man muß nur darauf achten, daß eine der beiden Leitungen für

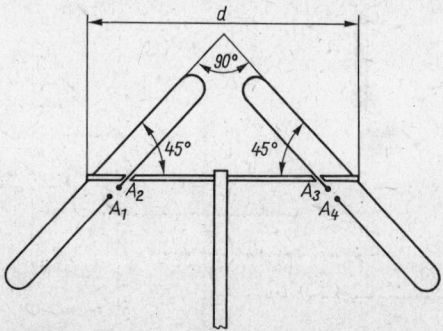

Bild 26.37
Erregersystem für die zirkular polarisierte Kreuz-*Yagi* nach Bild 26.36

Bild 26.38
Variante der Elementeordnung für zirkular polarisierte *Yagi*-Systeme (es sind nur die gespeisten Elemente gezeichnet)

494

Zirkularpolarisation um genau λ/4 länger ist als die andere.

Da zirkular polarisierte Kreuz-*Yagis* bei gleichem Gewinn immerhin den doppelten Aufwand gegenüber einfachen, linear polarisierten *Yagis* erfordern, sollte man sich ihren Einsatz vorher gut überlegen. Dreh- und schwenkbare Kreuz-*Yagis* sind gut für den Satellitenempfang, für Aurora- und Meteorscatter-Verbindungen sowie für den Verkehr mit Mobilstationen im 2-m-Band geeignet, auch wenn die Gegenstellen mit Linearpolarisation arbeiten. Sollen die Funkverbindungen aber z. B. vorwiegend über FM-Relaisstationen abgewickelt werden, lohnt der Einsatz von Kreuz-*Yagis* im allgemeinen nicht, da man in diesem Fall mit einer einfachen, vertikal polarisierten *Yagi*-Antenne bei halbem Aufwand ein um 3 dB besseres Ergebnis erhält. Wer sich eine universell verwendbare Antenne wünscht und einen erhöhten Materialaufwand nicht scheut, sollte die beiden Systeme einer Kreuz-*Yagi* mit getrennten Speiseleitungen versehen, um die Möglichkeiten zu haben, wahlweise mit horizontaler und vertikaler Linearpolarisation oder mit Zirkularpolarisation arbeiten zu können.

Zur Festellung der Drehrichtung gilt die Regel, daß man die Antenne immer von der Reflektorseite her in Abstrahlrichtung betrachtet. Liegt der Dipol, welcher über die λ/4-Umwegleitung gespeist wird, rechts vom direkt erregten Dipol, so kommt es zu rechtsdrehender Zirkularpolarisation; dagegen entsteht linksdrehende Zirkularpolarisation, wenn die Umwegleitung links vom direkt gespeisten Element liegt. Bild 26.39 soll dies verdeutlichen: Der Dipol mit den Anschlüssen A_1–A_2 sei direkt über das beliebig lange Speisekabel mit dem Sender verbunden. Werden die λ/4-Umwegleitungen nun zwischen A_1 und A_3 bzw. A_2 und A_4 angeordnet, entsteht rechtsdre-

hende Polarisation. Legt man die λ/4-Leitungen zwischen A_1 und A_4 bzw. A_2 und A_3 – wie gestrichelt eingezeichnet –, liegt linksdrehende Zirkularpolarisation vor. So kann man z. B. feststellen, daß das Erregersystem aus Bild 26.37 in Verbindung mit Bild 26.36 rechtsdrehende Zirkularpolarisation ergibt, wobei es etwas Denkarbeit erfordert, um zu diesem Ergebnis zu gelangen.

Die Kreuz-*Yagi* kann für die Polarisationsarten horizontal, vertikal, zirkular rechtsdrehend und zirkular linksdrehend umgeschaltet werden. Will man direkt an der Antenne umschalten, können dazu geeignete Relais benutzt werden. Zur Umschaltung im Stationsraum müssen 2 genau gleichlange Speiseleitungen zu diesem geführt werden. Solche Umschalteinrichtungen und -verfahren werden von *Bittan* in [24] beschrieben.

26.6. Logarithmisch periodische Antennen für VHF und UHF

Das Wirkunsprinzip der logarithmisch periodischen Antennen wurde in Abschnitt 18.12. eingehend beschrieben. Die dort gegebenen Erklärungen, Berechnungsgleichungen, Diagramme und Tabellen sind sinngemäß auch für VHF- und UHF-Ausführungen gültig. Im VHF-Bereich ist es jedoch möglich, optimale Bemessungsparameter anzuwenden, die im Kurzwellenbereich wegen ihrer großen räumlichen Ausdehnung kaum verwirklicht werden können. Als Bemessungsgrundlage für LPDA benutzt man Bild 18.66.

LPDA für den VHF-/UHF-Bereich werden fast immer mit rohrförmigen Elementen freitragend aufgebaut, wobei sich die aus parallel geführten Rohren bestehende Erregerleitung gleichzeitig als Antennenträger eignet. Bild 26.40 zeigt ein Konstruktionsbeispiel.

Die Antenne wird dabei in zwei gleiche Teile

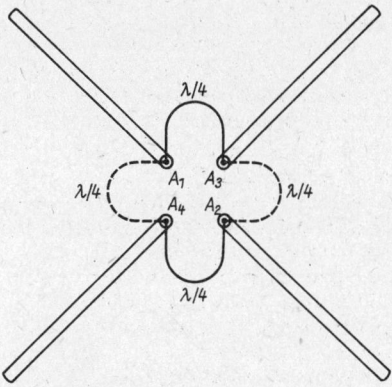

Bild 26.39
Skizze zur Erläuterung des Drehsinnes bei Zirkularpolarisation

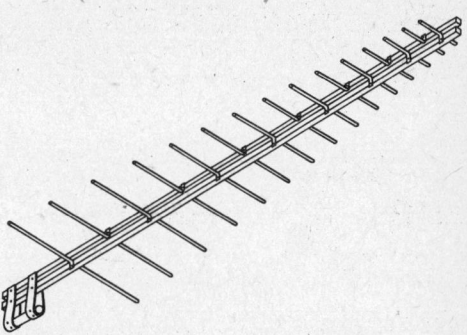

Bild 26.40
Beispiel für die mechanische Ausführung von LPDA im VHF-/UHF-Bereich

getrennt, wobei jede Hälfte einen eigenen Elementeträger hat, der jeweils nur jene Elementstücke aufnimmt, die miteinander direkt verbunden werden dürfen. Der Elementeträger der zweiten, gleichartigen Hälfte wird dann – isoliert vom anderen Elementeträger – so angeordnet, daß sich die Dipolhälften in der Draufsicht jeweils zu einem Dipol mit gleichlangen Schenkeln ergänzen. Auf diese Weise vermeidet man bei gleicher elektrischer Wirksamkeit die überkreuzte Erregerleitung und erhält gleichzeitig einen mechanisch vereinfachten, stabilen Aufbau. Die Erregerleitung wird dabei von den beiden Elementeträgern dargestellt, deren erforderlicher Wellenwiderstand Z_o aus Gl. (18.25.) ermittelt werden kann.

Die Dipolhälften werden an den Trägerrohren metallisch gut leitend befestigt. Dazu kann man Rohrschellen nach Bild 26.41b verwenden oder – or allem bei starkwandigen Trägerrohren – die Elemente direkt einschrauben und mit einer Kontermutter sichern (Bild 26.41c). In Bild 26.40 haben die Trägerrohre quadratische Querschnitte. Dieses ist besonders günstig für die Befestigung der Elementhälften und die mechanische Halterung der Antenne. Aus Bild 26.42 kann der Wellenwiderstand solcher Leitungen ermittelt werden [25]. Dabei wird ersichtlich, daß mit solchen Leitungen auch noch Wellenwiderstände mit $Z < 150\,\Omega$ mechanisch hergestellt werden können, was bei Parallelrohren mit kreisförmigem Querschnitt kaum möglich ist (vergleiche Bild 5.4). Der Abstand der Parallelrohre wird durch passende Kunststoffklötze fixiert. Nur die dem längsten Dipol nächstliegenden Rohrenden werden durch die Mastschelle metallisch leitend

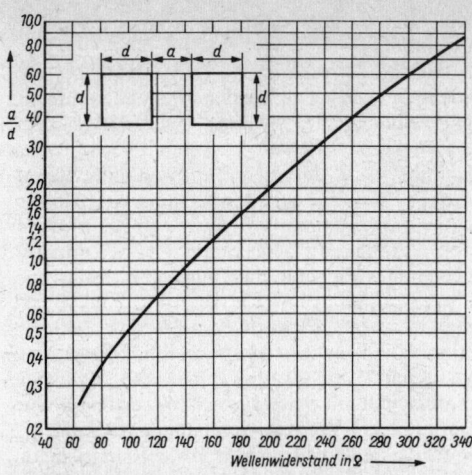

Bild 26.42
Der Wellenwiderstand Z einer Parallelrohrleitung mit Luftisolation bei quadratförmigen Leiterprofilen in Abhängigkeit von Abstand a und Seitenlänge d (a/d)

miteinander verbunden, wodurch der Stub Z_t (siehe Bild 18.66) entsteht.

Sofern der Eingangswiderstand $R_e < 100\,\Omega$ ist, kann die Antenne über ein Koaxialkabel beliebiger Länge direkt gespeist werden. Wie Bild 26.41a zeigt, führt man es innerhalb eines Trägerrohres bis zum offenen Ende, das dem kürzesten Dipol benachbart ist. Dort verbindet man den Kabelaußenleiter leitend mit dem Ende des Führungsrohres und den Kabelinnenleiter mit dem Ende des gegenüberliegenden Trägerrohres. Auf diese Weise wird gleichzeitig die erforderliche Symmetriewandlung vollzogen.

In vielen Fällen läßt sich jedoch ein Koaxialkabel nicht direkt anschießen, denn bei dem dann geforderten Eingangswiderstand R_e von etwa $50\,\Omega$ ergeben sich für den Wellenwiderstand Z_o der Parallelrohrleitung häufig Werte von $< 100\,\Omega$, bei denen die lichten Rohrabstände außerordentlich klein sind (siehe Bild 5.4 und Bild 26.41). In solchen Fällen ist es zweckmäßig, wenn man bei der Errechnung von LPDA für R_e einen Wert von etwa $200\,\Omega$ vorgibt. Über eine Halbwellen-Umwegleitung nach Bild 7.6 kann dann ein 50-Ω-Koaxialkabel symmetrie- und impedanzrichtig angeschlossen werden. Solche Umwegleitungen werden für die niedrigste Arbeitsfrequenz bemessen; ihr Frequenzbereich ist im VHF-/UHF-Bereich relativ groß. Ringkern-Balun-Übertrager sind bei diesen hohen Frequenzen nicht mehr brauchbar.

Daß eine optimal bemessene LPDA mit *Yagi*-Antennen gleicher Länge durchaus konkurrieren kann, mag nachstehendes Beispiel demonstrieren (Bemessungsgrundlagen nach Bild 18.66):

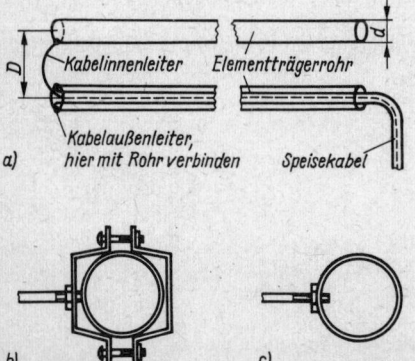

Bild 26.41
Mechanische Einzelheiten zur LPDA nach Bild 26.40; a – Anschluß des Speisekabels, b – Elementbefestigung über Rohrschelle, c – Elementbefestigung durch Einschrauben

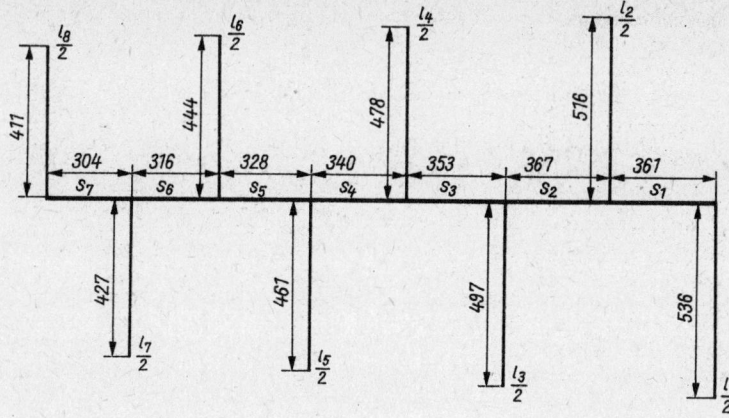

Bild 26.43
Bemessungsschema einer LPDA für den Frequenzbereich 140 ... 148 MHz, bestehend aus 2 gleichen Teilen (Zeichnung enthält nur eine Antennenhälfte)

Beispiel
Es werden die Daten einer LPDA für den Frequenzbereich von 140 ... 148 MHz berechnet. Vorgegeben sind $\tau = 0,963$; $\sigma = 0,178$ und $R_e = 200\ \Omega$. Der zu erwartende Gewinn beträgt nach Bild 18.68 $\approx 9,5$ dBd.

Mit den vorgegebenen Daten können zunächst die Dipollängen l nach Gl. (18.9.) sowie die Elementabstände S mit Gl. (18.15.) errechnet werden. Es ergeben sich:

$l_1 = 1072$ mm,	$S_1 = 381$ mm,
$l_2 = 1032$ mm,	$S_2 = 367$ mm,
$l_3 = 994$ mm,	$S_3 = 353$ mm,
$l_4 = 956$ mm,	$S_4 = 340$ mm,
$l_5 = 922$ mm,	$S_5 = 328$ mm,
$l_6 = 888$ mm,	$S_6 = 316$ mm,
$l_7 = 854$ mm,	$S_7 = 304$ mm,
$l_8 = 822$ mm.	

Die Antennenlänge A ergibt sich durch Addition der Abstände S mit 2,39 m ($\hat{=} 1,12\ \lambda_{max}$). In

Tabelle 26.3. Datenaufstellung für LPDA mit Optimalwerten

E_n	A	τ	σ	B_s	Gewinn in dBd
$B \approx 1,05$ (Einbandbetrieb)					
4	0,34	0,790	0,142	2,02	5,9
5	0,52	0,880	0,155	1,67	7,0
6	0,73	0,920	0,170	1,52	8,0
8	1,12	0,963	0,178	1,30	9,7
10	1,48	0,978	0,181	1,22	10,6
$B = 1,5$					
6	0,49	0,810	0,142	2,90	6,1
8	0,77	0,875	0,158	2,56	7,0
12	1,35	0,930	0,172	2,21	8,2
15	1,79	0,950	0,175	2,05	9,0
$B = 2$					
7	0,52	0,795	0,142	4,00	5,9
10	0,87	0,875	0,155	3,39	7,0
14	1,37	0,917	0,170	3,07	8,0
19	1,97	0,943	0,175	2,80	8,9
$B = 3$					
9	0,59	0,800	0,142	5,93	5,9
15	1,18	0,895	0,155	4,80	7,0
22	1,90	0,932	0,170	4,38	8,0

In der Tabelle bedeuten:
B = Frequenzverhältnis des Arbeitsbereiches ($f_o : f_u$)
E_n = Anzahl der Dipole
A = Antennenlänge bezogen auf λ_{max}
τ = Stufungsfaktor
σ = Abstandfaktor bezogen auf λ_{max}
B_s = Strukturbreite als Längenverhältnis des längsten zum kürzesten Dipol

Bild 26.43 ist eine der beiden Antennenhälften skizziert und mit den errechneten Abmessungen versehen.

Aus dem Längenverhältnis $l_1 : l_8$ erhält man die Strukturbreite $B_s = 1{,}303$. Um den Wellenwiderstand Z_o der Parallelrohrleitung für $R_e = 200\ \Omega$ bestimmen zu können, wird zunächst der mittlere Wellenwiderstand Z_a der Dipole nach Gl. (18.24) festgestellt. Vorgesehen ist ein Elementdurchmesser von 10 mm; daraus ergibt sich der mittlere Wellenwiderstand Z_a zu etwa 288 Ω. Das Verhältnis $Z_a : R_e$ beträgt somit 288 Ω : 200 Ω = 1,44.

Der mittlere Abstandsfaktor σ' wird nach Gl. (18.26.) mit 0,1814 festgestellt. Abgeleitet aus Gl. (18.25.) kann nun das Verhältnis $Z_o : R_e$ errechnet werden:

$$\frac{Z_o}{R_e} = \frac{1}{8\sigma' \cdot \dfrac{Z_a}{R_e}} + \sqrt{\frac{1}{\left(8\sigma' \cdot \dfrac{Z_a}{R_e}\right)^2} + 1}$$

$$(26.11.)$$

$$\frac{Z_o}{R_e} = 1{,}587.$$

Da $R_e = 200\ \Omega$, wird $Z_o = 200\ \Omega \cdot 1{,}587 = 317\ \Omega$. Eine Parallelrohrleitung dieses Wellenwiderstandes kann mechanisch leicht hergestellt werden (siehe Bild 5.4 oder Bild 26.42). Für Parallelrohre mit kreisförmigem Querschnitt würde das Verhältnis $D/d = 7{,}5$ betragen (Bild 5.4), bei Vierkantrohren ist nach Bild 26.42 mit einem Verhältnis des Abstandes a zur Kantenlänge d von 7 zu rechnen. Die Antenne kann mit einem 50-Ω-Koaxialkabel über eine Halbwellen-Umwegleitung 4 : 1 (siehe Bild 7.6) gespeist werden.

Gibt man bei sonst gleichen Daten den Eingangswiderstand R_e mit 75 Ω vor, ergibt sich Z_o zu 90 Ω. Dieser Wellenwiderstand kann mit Vierkantrohr mechanisch noch verwirklicht werden, wenn das Verhältnis $a/d = 0{,}45$ beträgt (z. B. Kantenlänge $d = 16$ mm und Abstand $a = 7$ mm oder Kantenlänge $d = 22$ mm und Abstand $a = 10$ mm).

Die vorstehend beschriebene LPDA kann gemäß Abschnitt 18.12.2. zu einer logarithmisch periodischen Yagi-Antenne erweitert werden, wobei der Gewinn entsprechend ansteigt. Man kann sie aber auch in eine logarithmisch periodische V-Antenne nach Abschnitt 18.12.3. umwandeln, wobei eine Zweibandantenne für 145 und 435 MHz entsteht. Das Muster einer solchen V-Antenne, aus dem die mechanischen Einzelheiten zu erkennen sind, zeigt Bild 26.44.

Von Scholz und Smith wurde in [26] eine Tabelle veröffentlicht, die einen guten Überblick zu den Daten unterschiedlicher LPDA mit optimaler Bemessung verschafft. Diese Daten sind auszugsweise in Tabelle 26.3. enthalten.

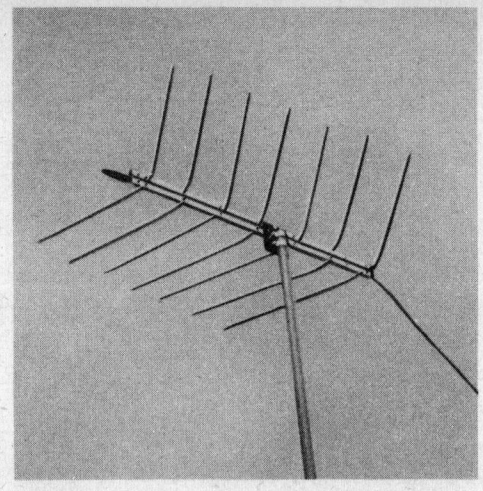

Bild 26.44
Musteraufbau einer logarithmisch periodischen V-Antenne (Foto R. Staritz)

Ist das gespeiste Element einer Lang-Yagi-Antenne eine logarithmisch periodische Faltdipolreihe, erhält man bei entsprechender Bemessung der Direktoren Superbreitbandantennen für die Fernsehbereiche mit großem Gewinn, die in [27] beschrieben werden.

Eine logarithmisch periodische Antenne kann in vielfältigen Formen ausgeführt werden. Die sogenannten Zähne einer solchen Antenne nach Bild 26.45 bestehen teilweise aus kompakten Blechstrukturen; im VHF- und UHF-Bereich

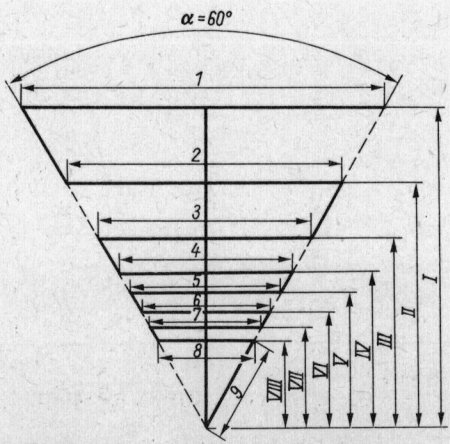

Bild 26.45
Logarithmisch periodische Strahlerhälfte in Mäanderform; $\tau = 0{,}707$, $\sigma = 0{,}1216$, $\alpha = 60°$, $\psi = 45°$

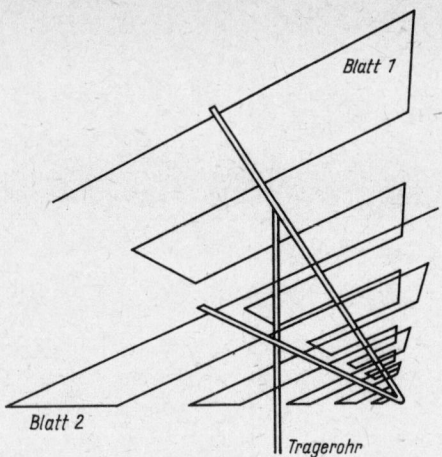

Bild 26.46
Die Anordnung der beiden Strahlerhälften einer
logarithmisch periodischen V-Antenne nach Bild 26.45;
Winkel zwischen den beiden Ebenen $\psi = 45°$

Tabelle 26.4.
**Abmessungen für eine logarithmisch periodische
Antenne nach Bild 26.45**

Element 1 – 3000 mm	Strecke I –	2600 mm
Element 2 – 2120 mm	Strecke II –	1840 mm
Element 3 – 1500 mm	Strecke III –	1300 mm
Element 4 – 1060 mm	Strecke IV –	920 mm
Element 5 – 750 mm	Strecke V –	650 mm
Element 6 – 530 mm	Strecke VI –	460 mm
Element 7 – 375 mm	Strecke VII –	325 mm
Element 8 – 265 mm	Strecke VIII –	230 mm
Element 9 – 265 mm		

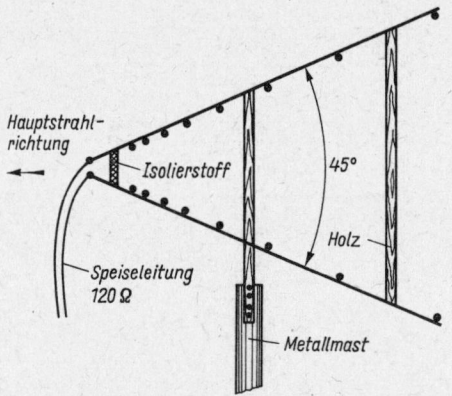

Bild 26.47
Seitenansicht der logarithmisch periodischen
V-Antenne (horizontal polarisiert)

sind sie häufig als Drahtskelett mit dreieckigen
oder mäanderförmigen Zähnen ausgeführt. Es
handelt sich bei diesen Formen um Längsstrahler, deren Polarisation ihrer Lage entspricht. Das
bedeutet, daß z. B. eine waagrecht liegende Antennenebene horizontal polarisiert strahlt.

Höhere Gewinne bei größeren Eingangswiderständen sind zu erreichen, wenn 2 logarithmisch
periodische Antennenebenen von Bild 26.45 in
V-Form angeordnet werden. Für diese V-Typen
benutzt man meistens Antennen mit Mäander-
zähnen oder – noch einfacher – mit Dreieckzäh-
nen. Es werden immer 2 gleichartige Strukturen
unter einem bestimmten Winkel ψ in V-Form zusammengesetzt, wie es in Bild 26.46 schematisch
dargestellt ist. Daraus geht hervor, daß die Ebenen gegenseitig um 180° axial verdreht sein müssen. Sie werden oft in einem Winkel ψ von 45° angeordnet. Kleinere Winkel ergeben zwar einen
kompakteren Aufbau, jedoch geringeren Gewinn. Vergrößert man den Winkel, so steigt der
Gewinn, aber das System wird dann schon sehr
sperrig.

Bild 26.45 zeigt eine Antennenebene mit
mäanderförmigen Zähnen, die mit den in Tabelle
26.4. angegebenen Abmessungen einen Frequenzbereich von 48 ... 230 MHz aufweist. Zwei
solche Ebenen sind für den V-förmigen Aufbau
nach Bild 26.46 erforderlich. Bei der Mäanderform wird durch die Verbindungsleitungen an
den Schenkelenden erreicht, daß Phase und Amplitude des Antennenstroms eine zur Spitze des
Systems gerichtete Strahlungskeule erzeugen.
Bild 26.47 zeigt einen Aufbauvorschlag, aus dem
weitere Einzelheiten hervorgehen.

Auch diese Breitband-V-Antenne strahlt linear polarisiert ab. Sie ist horizontal polarisiert,
wenn die Schenkel der Mäanderstrukturen waagrecht verlaufen. Der Eingangswiderstand wird
mit 120 ... 130 Ω symmetrisch angegeben. Zur
direkten Speisung an der Spitze des V eignet sich
deshalb eine symmetrische Leitung mit 120-Ω-
Wellenwiderstand.

Die Elemente werden aus Leichtmetall von
8 ... 10 mm Durchmesser hergestellt (Rohr oder
Vollmaterial). Für die Verbindungsleitungen
an den Elementenden sind Leichtmetalldrähte
von 1,5 ... 3 mm Durchmesser ausreichend. Als
Elementeträger können sowohl geeignete
Leichtmetallrohre als auch Holzleisten mit etwa
30 × 30 mm Querschnitt verwendet werden. Die
Mäanderschenkel sind jeweils in ihrer geometrischen Mitte mit dem Elementeträger leitend
verbunden. Bei Holzträgern ist zusätzlich ein
Metallband vorzusehen, das die galvanische Verbindung der Schenkelmitten herstellt. Wie Bild
26.36 deutlich zeigt, sind lediglich die beiden Antennenebenen voneinander durch Holzspreizen
isoliert.

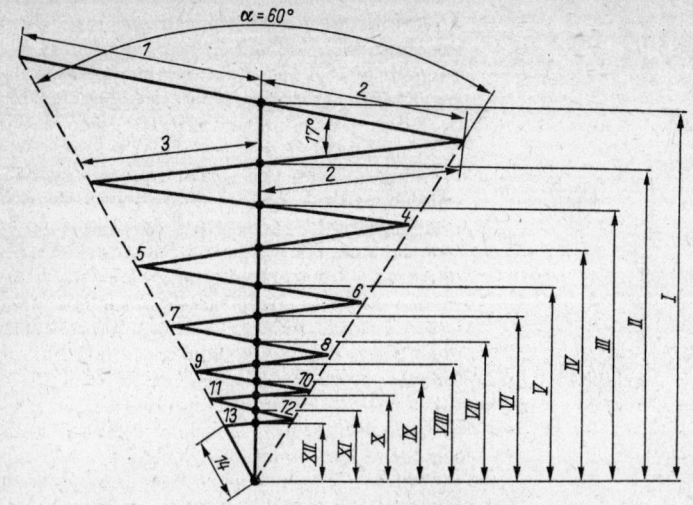

Bild 26.48
Logarithmisch periodische
Strahlerhälfte mit Dreieck-
zähnen; $\alpha = 60°$, $\tau = 0,84$,
$\psi = 45°$

Aus der Antenne gemäß Bild 26.45 entstanden durch konstruktive Vereinfachung bei annähernd gleicher Wirksamkeit die logarithmisch periodischen Antennen mit dreieckförmigen Zähnen nach Bild 26.48 und Bild 26.49. Diese Bauformen dürften für orientierende Versuche mit logarithmisch periodischen V-Antennen besonders geeignet sein, weil man sie aus Kupferdrähten, die von einem entsprechenden Holzgestell getragen werden, herstellen kann. Auch in diesem Fall sind die Dreieckdrähte an den Kreuzungspunkten mit dem Längsträger leitend verbunden. Wie bei der Ausführung mit mäanderförmigen Elementen muß man auch bei dieser Bauform 2 Ebenen als V mit einem Winkel $\psi = 45°$ anordnen.

Die Antenne gemäß Bild 26.48 gewährleistet einen größeren Gewinn als die nach Bild 26.49, weil sie einen kleineren Öffnungswinkel α und eine dichtere Belegung mit Elementen aufweist (Faktor $\tau = 0,84$). Die Struktur kann – entsprechend dem gewünschten Frequenzbereich – verkürzt werden. Es ist dabei lediglich zu beachten, daß der längste Schenkel $\geqq \lambda_{max}/2$ sein muß. Läßt

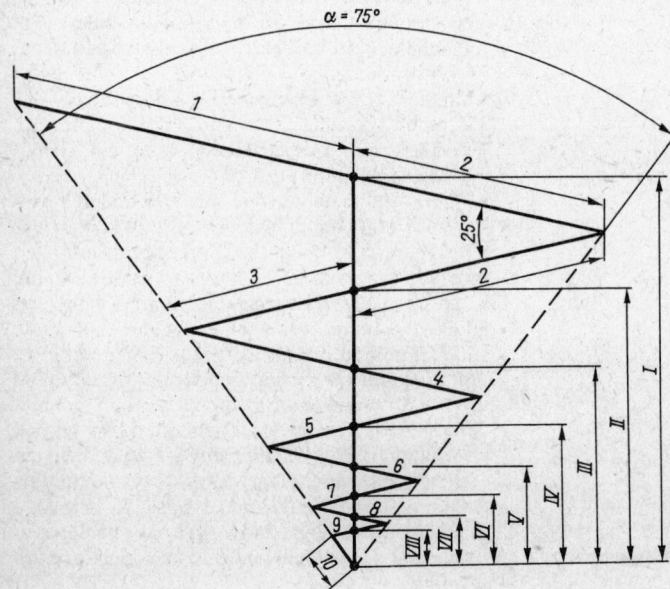

Bild 26.49
Logarithmische periodische
Strahlerhälfte mit Dreieck-
zähnen; $\alpha = 75°$, $\tau = 0,71$,
$\psi = 45°$

Tabelle 26.5.
Abmessungen für eine logarithmisch periodische
Antenne nach Bild 26.48
(Frequenzbereich 48 ... 230 MHz)

Element 1 – 1560 mm	Strecke I – 2370 mm
Element 2 – 1280 mm	Strecke II – 2000 mm
Element 3 – 1080 mm	Strecke III – 1680 mm
Element 4 – 900 mm	Strecke IV – 1400 mm
Element 5 – 760 mm	Strecke V – 1185 mm
Element 6 – 640 mm	Strecke VI – 1000 mm
Element 7 – 540 mm	Strecke VII – 840 mm
Element 8 – 450 mm	Strecke VIII – 707 mm
Element 9 – 380 mm	Strecke IX – 600 mm
Element 10 – 320 mm	Strecke X – 560 mm
Element 11 – 270 mm	Strecke XI – 420 mm
Element 12 – 225 mm	Strecke XII – 353 mm
Element 13 – 190 mm	
Element 14 – 375 mm	

man z. B. bei Bild 26.48 die Schenkel 1–2 und 2–3 weg, so wäre der Schenkel 3–4 mit zusammen 1980 mm das längste Element. Bezogen auf $\lambda/2$, ergibt das die niedrigste Frequenz von etwa 76 MHz. Der Frequenzbereich würde somit von 76 ... 230 MHz reichen. Bei der Antenne nach Bild 26.49 ergäbe die gleiche Maßnahme einen Frequenzbereich von 100 ... 230 MHz, da der Schenkel 3–4 nur 1500 mm lang ist.

Die Längen und Abstände für eine Antennenebene nach Bild 26.48 sind in Tabelle 26.5. aufgeführt, während die Abmessungen für eine Ebene entsprechend Bild 26.49 aus Tabelle 26.6. ersehen werden können.

Logarithmisch periodische Antennen lassen sich immer dann mit gutem Erfolg einsetzen, wenn sehr große lückenlose Frequenzbänder bei gleichbleibenden Antenneneigenschaften über den gesamten Arbeitsbereich gefordert werden. Das ist häufig bei kommerziellen und militärischen Antennenanlagen der Fall. Auch für den Funkamateur können sich Anwendungsfälle ergeben, bei denen eine logarithmisch periodische Antenne die Optimallösung ist.

Tabelle 26.6.
Abmessungen für eine logarithmisch periodische
Antenne nach Bild 26.49
(Frequenzbereich 48 ... 230 MHz)

Element 1 – 1750 mm	Strecke I – 1850 mm
Element 2 – 1240 mm	Strecke II – 1310 mm
Element 3 – 880 mm	Strecke III – 925 mm
Element 4 – 620 mm	Strecke IV – 655 mm
Element 5 – 440 mm	Strecke V – 462 mm
Element 6 – 310 mm	Strecke VI – 327 mm
Element 7 – 220 mm	Strecke VII – 231 mm
Element 8 – 155 mm	Strecke VIII – 163 mm
Element 9 – 110 mm	
Element 10 – 176 mm	

Literatur zu Abschnitt 26.

[1] *Moulin, E. B.*: «Radio Aerials», Chapter 5, Chapter 11, Oxford Univeristy Press, New York 1949

[2] *Jasik, H.*: Antenna Engineering Handbook, First Edition, Chapter 24.8., Mc Graw-Hill Book Company, Inc., New York 1961

[3] *Jasik, H.*: Antenna Engineering Handbook, First Edition, Chapter 11, Mc Graw-Hill Book Company, Inc., New York 1961

[4] *Lentz, R.*: Winkelreflektor-Antennen, UKW-Berichte, 8521 Rathsberg, 16 (1976) Heft 3, Seite 164 bis 165

[5] *Kraus, J. D.*: The Corner-Reflektor Antenna, Proceedings of the I.R.E., New York (1940) November, Seite 513 bis 519

[6] *Weiner, K.*: UHF-Unterlage, 2. Auflage (1980), 8670 Hof/Saale, Abschn. E. 4.4. Die Cornerantenne (*DC 9 NL*)

[7] *Ehrenspeck, H. W.*: The Backfire-Antenna, a New Type of directional Line Source, Proceedings of the I.R.E., 48 (1960) January, Seite 109 bis 110

[8] *Ehrenspeck, H. W.*: Die Backfireantenne, ein neuer Längststrahlertyp hoher Richtwirkung, Nachrichtentechnische Fachberichte, Band 23, Verlag Friedrich Vieweg & Sohn, Braunschweig 1961

[9] *Federspieler, P./Meinke, H. H.*: Wirbelzonen elektromagnetischer Energie bei Backfire-Antennen, Nachrichtentechnische Zeitschrift (NTZ), 27 (1974) Heft 1, Seite 11 bis 16

[10] *Ehrenspeck, H. W.*: Eine auf Höchstgewinn einstellbare Reflektorantenne mit vergrößerter Aperturfläche, Nachrichtentechnische Fachberichte, Band 45, Seite 209 bis 214, Verlag Friedrich Vieweg & Sohn, Braunschweig 1972

[11] *Ehrenspeck, H. W.*: Backfire-Antennen, Nachrichtentechnische Zeitschrift (NTZ), 22 (1969), Seite 286 bis 292

[12] *Ehrenspeck, H. W.*: Die «Short-Backfire», eine neuartige Empfangsantenne für das gesamte UHF-Fernsehband, Funk-Technik, 21 (1966), Heft 1, Seite 21 bis 23

[13] *Jasik, H.*: Antenna Engineering Handbook, Chapter 8, Slot Antennas, McGraw Hill Book Company, Inc., New York, 1961

[14] *Dent, H. B.*: Skeleton Slot Aerial, Wireless World, 60, (1954), Heft 8, Seite 399 bsi 401

[15] *Lindenblad, N. E.*: Slot Antennas, Proceedings of the I.R.E. 35, (1947), December, Seite 1487 bis 1493

[16] *Morley, B. L.*: The Slot Aerial, Wireless World, 61, (1955), Heft 3, Seite 129

[17] *Seefried, W.*: Die Skelettschlitzantenne – eine Untersuchung ihrer Eigenschaften, radio und fernsehen, Berlin, 5, (1956), Seite 151 bis 153

[18] *Bittan, T.*: Zirkular-Polarisation im 2-m-Band, UKW-Berichte, Erlangen, 13, (1973), Heft 3, Seite 148 bis 153

[19] *Kraus, J. D.*: Helical Beam Antenna, ELECTRONICS, Vol. 36, (1974), April

[20] *Kraus, J. D.*: Helical Beam Antennas for Wideband Applications, Proceedings of the I.R.E., Vol. 36, (1948), October, Nr. 10

[21] *Kraus, J. D.*: Helical Antennas, Proceedings of the I.R.E., Vol. 37, (1949), March, Nr. 3

[22] *Nose, K.:* Crossed *Yagi* Antennas for Circular Polarisation, QST, Newington, CT., 57, (1973), January, Seite 21 bis 24

[23] *Nose, K.:* A simple Az-El Antenna System for OSCAR, QST Newington, CT., 57, (1973), June, Seite 11 bis 12

[24] *Bittan, T.:* Bemerkungen zur Zirkular-Polarisation, UKW-Technik D 8523 Baiersdorf, Sonderheft Antennen-Masten-Zubehör, Seite 44 bis 48

[25] *Schweitzer, H.:* Dezimeterwellen-Praxis, Verlag für Radio-Foto-Kinotechnik GMBH, Berlin-Borsigwalde, 1956, Teil III, Leitungstechnik, Seite 46

[26] *Scholz, P.A./Smith, G. E.:* log-periodic antenna design, ham radio, Greenville, N. H., (1979), December, Seite 34 bis 39

[27] *Spindler, E.:* Antennen, Abschn. 4.1.15. und Abschn. 4.2.1.2.2. VEB Verlag Technik, Berlin, 1968

[28] ... *DL 1 FQ:* Messungen und Betriebserfahrungen mit dem «Hornstrahler», DL-QTC, Stuttgart, (1954), Heft 10, Seite 443 bis 445

Mavroides, W. G./Dorr, L. S.: The Backfire Antenna, QST, West Hartford, Conn., (1961), February und October (Technical Topics)

(Weitere Literatur zu LPA siehe Abschnitt 18.)

27. Kurzwellenantennenformen im VHF- und UHF-Bereich

Man könnte annehmen, Langdrähte und andere Antennenformen, die im Kurzwellenbereich mit gutem Erfolg eingesetzt werden, seien zum Senden und zum Empfang im VHF-Bereich ungeeignet, weil man sie in diesem Frequenzspektrum nur sehr selten verwendet. Nach dem Modellgesetz verändern sich die charakteristischen Eigenschaften einer Antenne nicht, unabhängig davon, für welche Betriebsfrequenz sie bemessen ist. Deshalb lassen sich ohne weiteres beliebige typische Kurzwellenbauformen auch im VHF-Bereich mit gleichem Erfolg einsetzen.

V-Strahler und Rhombusantennen können für bestimmte Anwendungsfälle sehr zweckmäßig sein. Sie haben den Vorzug eines großen Frequenzbereiches, aber den Nachteil, daß eine drehbare Anordnung oft mit mechanischen Schwierigkeiten verbunden ist. Man wird sie deshalb zum Herstellen von VHF-Weitverbindungen innerhalb eines eng begrenzten Richtungssektors einsetzen. In einigen Empfangssituationen können sie auch als breitbandige Fernsehantenne gute Ergebnisse bringen. Von den drehbaren Kurzwellenformen haben im VHF-Bereich die *Cubical*-Quad-Antenne und der Ringbeam eine bestimmte Bedeutung für Funkamateure.

27.1. Gestockte V-Antenne für den UHF-Bereich

Bild 27.1. zeigt das Schema eines gestockten V-Strahlers, der für den UHF-Bereich von 400 ... 800 MHz bemessen ist. Die Antenne eignet sich deshalb gut für den Empfang des 70-cm-Amateurbandes und des gesamten UHF-Fernsehbereiches IV/V.

Zum Herstellen dieser Antenne benötigt man 2 Längen 10-mm-Aluminiummaterial, je 3550 mm lang. Sie werden so gebogen, daß zwei U-förmige Antennenteile entstehen, deren Schenkel je 1600 mm lang sind. Nun fügt man beide Teile in einem Spreizwinkel von 50° so zusammen, wie es in Bild 27.1 dargestellt ist. Dabei müssen die beiden 350 mm langen senkrechten Abschnitte einen Mittenabstand von 50 mm aufweisen. In der geometrischen Mitte dieses Paralleldraht-Abschnittes

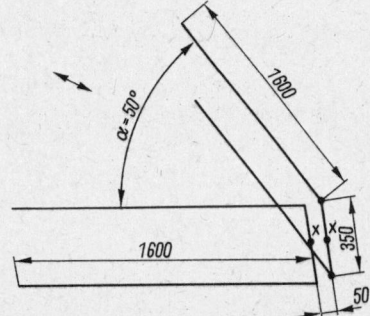

Bild 27.1
Gestockte V-Antenne für den UHF-Bereich
400 ... 800 MHz

befindet sich der Antenneneingang XX. Hier kann eine symmetrische Speiseleitung mit 240 ... 300 Ω Wellenwiderstand angeschlossen werden. Man kann die Antenne an einem geeigneten Holzgerüst befestigen.

Bild 27.2 zeigt den Frequenzgang des Gewinnes (bezogen auf einen abgestimmten Halbwellendipol). Daraus geht hervor, daß innerhalb des 70-cm-Amateurbandes mit einem durchschnittlichen Gewinn von 8 dB gerechnet werden kann;

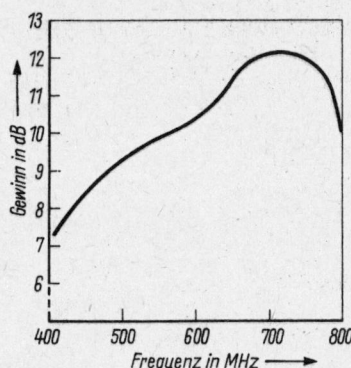

Bild 27.2
Der Gewinn der gestockten V-Antenne nach Bild 27.1 in Abhängigkeit von der Frequenz

die Schenkellänge beträgt für diesen Bereich etwa 2,3λ. Im Kanal 21 (Band IV) ist bereits ein Gewinn von 8,7 dBd vorhanden, der bis zum Kanal 50 (Band V) auf maximal 12,2 dBd ansteigt. Bei diesem Gewinnmaximum beträgt die Schenkellänge etwa 3,8λ. Bis zum Bandende (Kanal 60) fällt dann der Gewinn wieder auf 10,4 dBd ab.

Der gewählte Spreizwinkel ist für eine Schenkellänge von 3,8λ optimal (siehe Bild 11.13), daher tritt auch im Bereich um 700 MHz der größte Gewinn auf. Der Stockungsabstand hat im 70cm-Amateurband den Mindestwert von λ/2 (350 mm); bezogen auf das hochfrequente Bandende beträgt er etwa 0,8λ. Da es sich bei dieser V-Antenne um eine Kompromißlösung für Breitbandanwendung handelt, muß innerhalb des angegebenen Arbeitsbereiches mit frequenzabhängigen Schwankungen der Eingangsimpedanz und mit Nebenkeulen im Richtdiagramm gerechnet werden.

27.2. Rhombusantennen im VHF- und UHF- Bereich

Für Empfangszwecke im VHF-Bereich bieten fest installierte abgeschlossene Rhombusantennen eine sehr kostengünstige Lösung, denn sie werden aus einfachem Kupferdraht hergestellt. Der erforderliche Abschlußwiderstand, der für Sendezwecke kostspielig und schwer zu beschaffen ist, besteht im Empfangsfall aus einem einfachen, ungewendelten Kohleschichtwiderstand. Bezüglich Breitbandigkeit gibt es keine Kompromisse, denn der Frequenzbereich eines abgeschlossenen Rhombus ist sehr groß.

Die abgeschlossene Rhombusantenne weist im VHF-Bereich einen Frequenzbereich auf, der sich von der Bemessungfrequenz bis etwa 40% nach höheren Frequenzen und 30% nach niedrigeren Frequenzen hin erstreckt.

Bild 27.3 zeigt das Schema eines VHF-Rhombus, der für eine Bemessungsfrequenz von 185 MHz optimal ausgelegt ist. Er umfaßt einen Frequenzbereich von etwa 130...260 MHz; man

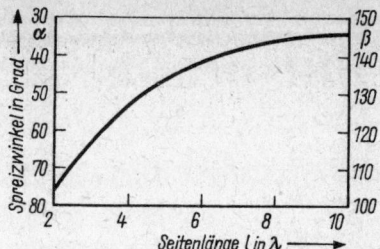

Bild 27.4
Der optimale Spreizwinkel α (bzw. β) einer Rhombusantenne in Abhängigkeit von der Seitenlänge

kann ihn deshalb für den Empfang des 2-m-Amateurbandes und des gesamten Fernsehbereiches III einsetzen. Für die Seitenlänge *l* von 6λ ist der Spreizwinkel α mit 44° optimal. Die Abhängigkeit des für die Strahlungseigenschaften günstigsten Spreizwinkels α bzw. β von der Seitenlänge *l* in λ kann aus Bild 27.4 ersehen werden. Mit den in Bild 27.3 angegebenen Abmessungen beträgt der Gewinn bei der Bemessungsfrequenz etwa 12 dBd. Da der Rhombus mit einem Abschlußwiderstand versehen ist, strahlt er nach einer Richtung ab (siehe Abschnitt 12.4.). Als Abschlußwiderstand wird ein handelsüblicher, möglichst ungewendelter Kohleschichtwiderstand verwendet. Widerstandswert etwa 650 Ω (nicht kritisch), Belastbarkeit beliebig.

Leider liegt die Eingangsimpedanz XX solcher Rhombusantennen je nach Frequenz und Abschlußwiderstand zwischen 450 und 600 Ω. Man muß sie deshalb mit einer selbstgebauten Zweidrahtspeiseleitung entsprechenden Wellenwiderstandes betreiben. Beim direkten Anschluß einer handelsüblichen Bandleitung (240...300 Ω) besteht Fehlanpassung. Die günstigste Lösung für die Anpassung einer symmetrischen 240-Ω-Leitung ergibt sich durch Zwischenschaltung eines breitbandigen Anpassungstransformators. Es handelt sich dabei um eine abgestufte Transformation mit mehreren Viertelwellentransformatoren, die den Vorzug großer Breitbandigkeit hat. Nimmt man die Eingangsimpedanz des Rhombus mit 600 Ω an und möchte diese auf 240 Ω transformieren, so kann eine Anordnung nach Bild 27.5 verwendet werden. Es wird dabei in 4 Stufen transformiert, und zwar in der Stufenfolge 600...480 Ω, 480...380 Ω, 380...302 Ω und 302...240 Ω. Durch diese Maßnahme erhält der Transformator eine Bandbreite von etwa 4:1. Die einzelnen Sektionen Z_1, Z_2 und Z_3 mit verschiedenen Wellenwiderständen sind jeweils λ/4 lang, bezogen auf die mittlere Betriebsfrequenz (Bemessungsfrequenz) der Antenne. Im vorliegenden Fall beträgt sie 185 MHz ≙ 1,62 m, somit

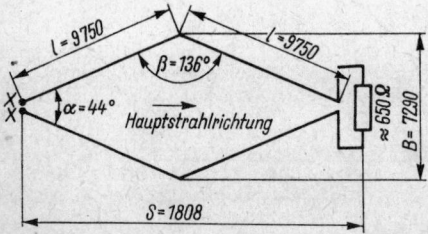

Bild 27.3
Rhombusantenne für den VHF-Bereich 130...260 MHz

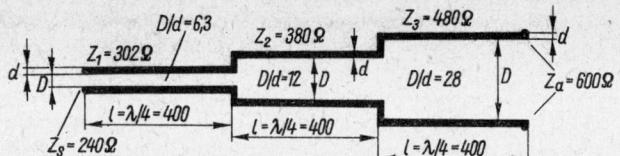

haben die Viertelwellensektionen eine mechanische Länge von je 400 mm. Die für die verschiedenen Wellenwiderstände erforderlichen Abstand/Durchmesser-Verhältnisse D/d sind in Bild 27.5 eingetragen, sie wurden aus Bild 5.4 entnommen. Am Ende Z_s dieses Leitungstransformators kann eine 240-Ω-Leitung impedanzrichtig angeschlossen werden.

Solche Breitbandtransformatoren lassen sich für jedes gewünschte Impedanzverhältnis und für beliebige Frequenzen bauen, sofern die erforderlichen Wellenwiderstände mechanisch noch darstellbar sind. Je mehr Einzelsektionen man verwendet, desto bessere Bandbreiteeigenschaften hat der Transformator. Das von der Anzahl n der Stufen abhängige Transformationsverhältnis r wird nach der Gleichung

$$r = \sqrt[n]{\frac{Z_A}{Z_s}} \qquad (27.1.)$$

errechnet (n – Anzahl der Transformationsstufen, Z_A – Impedanz am Antenneneingang, Z_s – gewünschte Anschlußimpedanz am Ende der Transformationsleitung). Für das in Bild 27.5 aufgeführte Beispiel ergibt sich

$$r = \sqrt[4]{\frac{600\,\Omega}{240\,\Omega}} = \sqrt[4]{2,5} = 1,26.$$

Die für die einzelnen Viertelwellenabschnitte erforderlichen Wellenwiderstände errechnen sich dann wie folgt:
$Z_1 = Z_s \cdot r = 240\,\Omega \cdot 1,26 = 302\,\Omega$;
$Z_2 = Z_1 \cdot r = 302\,\Omega \cdot 1,26 = 380\,\Omega$;
$Z_3 = Z_2 \cdot r = 380\,\Omega \cdot 1,26 = 480\,\Omega$.
Mit $Z_3 \cdot r = 480\,\Omega \cdot 1,26 = 604\,\Omega$ wird am Ende dieser Leitung die Antennenimpedanz von etwa 600 Ω erreicht.

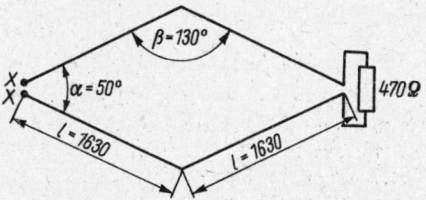

Bild 27.6
Rhombusantenne für den UHF-Bereich 400 ... 800 MHz

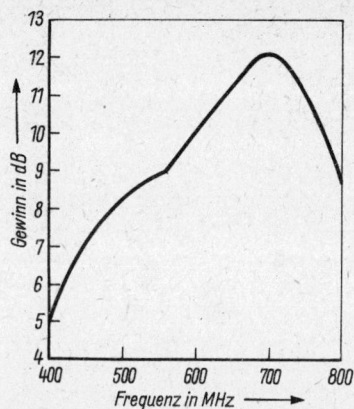

Bild 27.7
Der Gewinn der UHF-Rhombusantenne nach Bild 27.6 in Abhängigkeit von der Frequenz

Eine einfache Rhombusantenne für den UHF-Bereich zeigt Bild 27.6. Sie hat einen Spreizwinkel α von 50° und ist mit einem 470-Ω-Widerstand abgeschlossen. Dieser für eine Rhombusantenne verhältnißmäßig kleine Abschlußwiderstand wurde gewählt, um eine möglichst niedrige Eingangsimpedanz zu erhalten (etwa 400 Ω). Somit kann die Antenne über eine symmetrische 300-Ω-Leitung gespeist werden, wobei die Welligkeit über den gesamten Bereich < 2 ist. Der Gewinnverlauf in Abhängigkeit von der Empfangsfrequenz ist in Bild 27.7. dargestellt.

Diese Rhombusantenne kann auch in ähnlicher Weise wie die V-Antenne nach Bild 27.1 vertikal gestockt werden. Dabei würde der Stockungsabstand ebenfalls 350 mm betragen. Die Abschlußwiderstände sind auf etwa 600 Ω zu vergrößern, am Antenneneingang ist dann eine Impedanz von 240...300 Ω symmetrisch vorhanden.

Alle abgeschlossenen Rhomben können als Sendeantenne eingesetzt werden, wenn sich der Abschlußwiderstand mit mindestens der halben HF-Senderleistung belasten läßt.

27.3. Das *Cubical* Quad für VHF

Die Hauptvorzüge des *Cubical* Quad sind sein raumsparender, kompakter Aufbau, die Mög-

505

lichkeit, einfache Drähte an Stelle von kostspieligen Rohren für den Elementaufbau verwenden zu können, und nicht zuletzt die Tatsache, daß ein einfaches *Cubical* Quad bereits ein gestocktes Antennensytem mit entsprechend guten Bündelungseigenschaften in der H-Ebene darstellt. Dadurch ist sie im Empfangsfall gegenüber Zündfunkenstörungen etwas unempfindlicher als eine vergleichbare Einebenen-*Yagi*.

27.3.1. Das einfache *Cubical* Quad

Für den Portable- und Mobilbetrieb eignet sich gut ein einfaches *Cubical* Quad nach Bild 27.8. Neuere Untersuchungen haben übereinstimmend ergeben, daß – entgegen der allgemeingültigen Theorie – Strahlerresonanz auftritt, wenn der Gesamtumfang des gespeisten Quad-Elementes etwa 1,5 % größer als 1 λ ist. Die Kenntnis dieser Tatsache ermöglicht es, nunmehr Quads zu konstruieren, die ohne zusätzliche Abstimmstubs in sich resonant sind.

Das gespeiste Element des in Bild 27.8 dargestellten 2-m-*Cubical*-Quad hat einen Gesamtumfang von 2108 mm, entsprechend einer Seitenlänge von je 527 mm. Mit diesen Abmessungen liegt die Resonanz bei 144,5 MHz. Das Reflektorelement weist einen Umfang von 2312 mm auf, was einer Seitenlänge von je 578 mm entspricht. Strahler- und Reflektorelement sind im Abstand von 178 mm, analog etwa 0,08λ, angeordnet. Daraus ergibt sich eine Eingangsimpedanz von annähernd 70 Ω.

Der Gewinn dieser Antenne beträgt etwa 5 dBd bei einem Vor-/Rück-Verhältnis von etwa 13 dB. Die kleinste Welligkeit wurde bei der Resonanzfrequenz 144,5 MHz mit $s = 1,035$ gemessen. Es erreicht am hochfrequenten Bandende bei 146 MHz ein Maximum von $s = 1,23$.

Die Speisung kann über ein beliebig langes 75-Ω-Koaxialkabel erfolgen, sofern man dieses am Antenneneingang symmetriert. Für diesen Zweck eignet sich gut ein *Pawsey*-Symmetrierglied nach Abschnitt 7.2. Die Speisung über ein 60-Ω-Koaxialkabel ist ebenfalls möglich, sofern man einen geringfügigen Anstieg der Welligkeit in Kauf nimmt.

Eine Umrechnung der Antenne für beliebige andere Resonanzfrequenzen im VHF-Bereich ist durch nachstehende Formeln möglich:

Gespeistes Element

$$\text{Gesamtumfang}/_\text{mm} = \frac{304\,635}{f/_\text{MHz}}, \qquad (27.2.)$$

$$\text{Seitenlänge}/_\text{mm} = \frac{76\,150}{f/_\text{MHz}}; \qquad (27.3.)$$

Reflektorelement

$$\text{Gesamtumfang}/_\text{mm} = \frac{334\,000}{f/_\text{MHz}}, \qquad (27.4.)$$

$$\text{Seitenlänge}/_\text{mm} = \frac{83\,500}{f/_\text{MHz}}; \qquad (27.5.)$$

Abstand D Strahler-Reflektor für einen Eingangswiderstand von 75 Ω.

$$D/_\text{mm} = \frac{25\,720}{f/_\text{MHz}}. \qquad (27.6.)$$

Eingangswiderstand und Gewinn steigen, wenn der Abstand Strahler-Reflektor vergrößert wird. Das Maximum liegt bei einem Abstand von 0,12λ. Nähere Ausführungen über das *Cubical* Quad sind in Abschnitt 15.1. enthalten.

27.3.2. Das gestockte *Cubical* Quad

Die vorher beschriebene einfache Quad-Antenne eignet sich als Grundelement für beliebige gestockte und gruppenförmige Quad-Kombinationen. Bei vertikal gestockten Ausführungen sollte der Abstand von Ebene zu Ebene nicht kleiner als $\lambda/2$ sein. Noch günstiger ist ein Stockungsabstand von 5λ/8. Das phasenrichtige Speisen gestockter und gruppenförmiger Antennensysteme wurde in Abschnitt 23.1. bereits erläutert. In Bild 27.9 wird deshalb nur eine von mehreren Möglichkeiten zum Speisen angegeben. Im vorliegenden Fall ist beabsichtigt, das System am Eingang XX über eine beliebig lange UKW-Bandleitung von 240 Ω zu erregen. Wenn erforderlich, läßt sich bei XX auch eine Halbwellen-Umwegleitung nach Abschnitt 7.5. einschleifen. Das System kann dann ein beliebig langes 75-Ω-Koaxialkabel als Speiseleitung erhalten. Abweichend zu Bild 27.8 beträgt der Abstand Strahler-

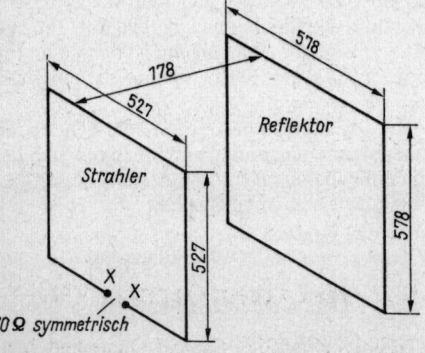

Bild 27.8
Cubical Quad für das 2-m-Band

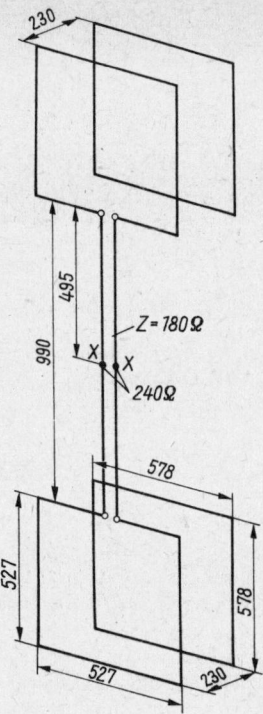

Bild 27.9
Gestocktes *Cubical* Quad für das 2-m-Band

Reflektor in beiden Quad-Systemen 230 mm; das entspricht 0,11 λ. Für diesen Abstand gilt:

$$\text{Abstand}/_{\text{mm}} = \frac{33\,000}{f/_{\text{MHz}}}. \qquad (27.7.)$$

Beide Systeme sind durch eine 990 mm lange Zweidrahtleitung von 180 Ω Wellenwiderstand verbunden. Dieser kann hergestellt werden, wenn sich der Leiterabstand D zum Leiterdurchmesser d wie 2,5:1 verhält (siehe Bild 5.4). In der geometrischen Mitte dieser Zweidrahtleitung befindet sich der Antenneneingang XX mit einer Impedanz von 240 Ω symmetrisch.

Der Gewinn der Anordnung beträgt etwa 7,5 dB, bezogen auf einen Halbwellendipol. Der Zusatzgewinn von etwa 2,5 dB entsteht ausschließlich durch Bündelung in der Vertikalebene, während die horizontale Halbwertsbreite eines einfachen Quad erhalten bleibt.

Die Antenne ist für eine Resonanzfrequenz von 144,5 MHz bemessen; die Welligkeit s ist über die gesamte Breite des 2-m-Bandes ≦ 1,2.

27.3.3. Eine Quad-Gruppe für das 2-m-Band

Die Quad-Gruppe nach Bild 27.10 ist eine Hochleistungsantenne mit einem Gewinn von etwa

11 dBd. In diesem Fall werden vier übliche *Cubical* Quads zu einer Gruppenantenne zusammengesetzt. Der Übersichtlichkeit halber wurden in Bild 27.10 die Reflektorquadrate nicht mit eingezeichnet; Abstände und Abmessungen der Reflektoren entsprechen denen aus Bild 27.9.

Technisch interessant ist, daß ausschließlich über Koaxialkabel erregt wird. Da wechselweise Kabelstücke mit 75 bzw. 50 Ω Wellenwiderstand zusammengesetzt werden müssen, sollte man passende Koaxschraubverbindungen oder T-Stücke verwenden. Solche Koaxarmaturen sind leider sehr kostspielig. Mit etwas Geschicklichkeit dürfte es geübten Bastlern jedoch gelingen, Koaxialkabelstücke unterschiedlicher Wellenwiderstände ohne Armaturen sauber und kontaktsicher miteinander zu verlöten. Besonders wichtig ist dabei die witterungsbeständige Abdichtung der Verbindungsstellen.

Die einzelnen Quad-Systeme sind dem in Bild 27.8 dargestellten identisch. Lediglich der Abstand Strahler-Reflektor wird – wie nach Bild 27.9 – mit 230 mm bemessen. Der Eingangswiderstand jedes Systems beträgt 75 Ω symmetrisch. Um ein unsymmetrisches 75-Ω-Koaxialkabel anschließen zu können, erhält jeder Eingang einen *Pawsey*-Symmetriewandler (siehe Abschnitt 7.2.).

Die Eingänge 1 und 2 sowie 3 und 4 sind über ein je 1300 mm langes 75-Ω-Koaxialkabel verbunden. Dieses Kabel, dessen Länge den Stokkungsabstand bestimmt, kann man beliebig lang wählen, jedoch nicht kürzer als λ/2, da es keine abgestimmte Leitung ist.

Die senkrechten Verbindungsleitungen werden in ihrer geometrischen Mitte angezapft. Da hier die Eingangsimpedanzen der beiden ver-

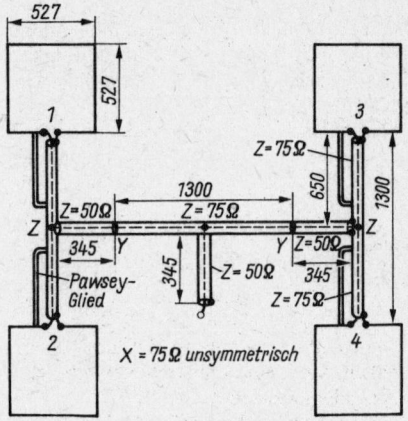

Bild 27.10
Schema einer Quad-Gruppe (die Reflektoren wurden nicht eingezeichnet, siehe Bild 27.9)

bundenen Systeme einander parallelliegen, tritt nur die halbe Impedanz (37,5 Ω) auf. In die Abzweigleitung ist deshalb ein koaxialer Viertelwellentransformator eingeschleift, der an seinem Ausgang wieder auf 75 Ω herauftransformiert. Der Wellenwiderstand des Viertelwellenstückes muß 50 Ω betragen. Der Transformator besteht aus dem 345 mm langen Abschnitt eines 50-Ω-Koaxialkabels, wobei ein Verkürzungsfaktor von 0,66 berücksichtigt wurde $(0,66 \cdot \lambda/4)$.

An den beiden Punkten Y herrscht nun wieder eine Impedanz von 75 Ω, deshalb kann man sie über ein beliebig langes 75-Ω-Koaxialkabel miteinander verbinden. Dadurch läßt sich auch der horizontale Abstand der beiden gestockten Abschnitte frei wählen. Im vorliegenden Fall wurde ein 1300 mm langes Kabel benutzt, so daß der seitliche Abstand 1λ beträgt. Die geometrische Mitte dieser Verbindungsleitung bildet den zentralen Eingang für die gesamte Quad-Gruppe. Hier liegen wiederum die Impedanzen des rechten und des linken Abschnittes von je 75 Ω einander parallel. Daraus resultiert ein Widerstand von 37,5 Ω an der Anschlußstelle. Da das System über ein beliebig langes 75-Ω-Koaxialkabel gespeist werden soll, muß man einen weiteren Viertelwellentransformator anfügen. Es handelt sich dabei um den gleichen Transformator mit 50 Ω Wellenwiderstand, wie er bei den Punkten Y–Z vorhanden ist. Bei X befindet sich dann der Anschlußpunkt für das 75-Ω-Speisekabel.

Als Leitermaterial benötigt man für das Verteilersystem 3 Längen Koaxialkabel, je 1300 mm lang mit 75 Ω Wellenwiderstand, und 3 Kabelstücke, je 345 mm lang mit 50 Ω Wellenwiderstand.

Die richtige Funktion der Antenne verlangt ein phasengleiches Speisen der Einzelabschnitte. Das bedeutet, daß an den Eingängen 1, 2, 3 und 4 die Kabelseele immer an die gleiche Seite gelegt wird, z. B. alle Kabelinnenleiter an den linken Anschluß (wie auch in Bild 27.10 gezeigt). Die Verbindungsstellen der einzelnen Kabelstücke müssen mechanisch und elektrisch einwandfrei sein. Es ist darauf zu achten, daß die Außenleiter der Koaxialkabel an den Verbindungsstellen und Abzweigungen elektrisch nicht unterbrochen werden. Man vergießt die Auftrennstellen nach den Lötarbeiten am besten mit einem dickflüssigen Kunststoffkleber und schützt dann die Verbindungsstellen durch dichtes Bewickeln sowie Verlacken vor eindringender Feuchtigkeit. Die Koaxialkabel sind gegen äußere Einflüsse völlig unempfindlich. Sie können mit Schellen am Tragegerüst festgelegt werden.

Der Frequenzbereich dieser für 144,5 MHz bemessenen Antenne beträgt annähernd 3 MHz; die Welligkeit s über die ganze Breite des 2-m-

Bandes ist immer $\leqq 1,5$. Die Rückdämpfung wird mit etwa 18 dB angegeben.

27.3.4. Doppelquad und Hybrid-Doppelquad nach DL 7 KM

Ein einfaches, auf der Spitze stehendes Quadelement hat bereits einen Gewinn von 1 dBd. Stockt man es nach Bild 27.11a mit einem zweiten, gleichartigen Element, steigt der Gewinn auf 4 dBd. Es ist ein bidirektionaler Strahler (Zweiseitenstrahler) entstanden, dessen vertikale Halbwertsbreite α_H kleiner ist als die horizontale Halbwertsbreite α_E. Der Eingangswiderstand X-X beträgt etwa 300 Ω, somit könnte das System über eine UKW-Bandleitung beliebiger Länge direkt erregt werden. Ein 75-Ω-Koaxialkabel kann man über eine Halbwellen-Umwegleitung (siehe Abschnitt 7.5.) symmetrie- und impedanzrichtig anschließen. In beiden Fällen ist die Welligkeit $s = 1,15$. Für die Berechnung der Seitenlänge S gilt Gl. (27.8.). Bei Seitenlängen von $0,2465\lambda$ ergibt sich ein Gesamtumfang von $1,972\lambda$. Der Strahler ist relativ breitbandig (Frequenzbereich 3%). In Bild 27.11 a besteht Horizontalpolarisation; dreht man die Strahler 90° um seine Achse, ist er vertikal polarisiert. An einem leichten, 10 m hohen Holzmast befestigt, kann das Doppelquadelement mit 2,58 m Seitenlänge S als ausgezeichneter Zweiseiten-Richtstrahler für das 10-m-Amateurband verwendet werden. Der ganze übrige Aufwand besteht in etwa 21 m Draht und 2 Stück je 3,5 m langen Spreizen (z. B. Dachlatten).

Wird das Doppelquad mit einer Reflektoranordnung versehen, entsteht ein unidirektionaler Querstrahler mit erhöhtem Gewinn [3], [4]. DL 7 KM verwendete 3 stabförmige Reflektoren und nannte die Antenne Hybrid-Doppelquad. Wie aus Bild 27.11 b hervorgeht, handelt es sich beim gespeisten Element um eine Doppelquad-Schleife, bei der 2 auf ihrer Spitze stehende Drahtquadrate mit 510 mm Seitenlänge übereinandergestockt sind. Der Antenneneingang liegt dabei in der Mitte des Systems an der Verbindungsstelle beider Schleifen und hat bei diesem Aufbau eine Impedanz von etwa 50 Ω symmetrisch. Auffällig ist bei dieser Quad-Variante der Verzicht auf die sonst üblichen Reflektorschleifen. Diese werden durch 3 abgestimmte, je 1050 mm lange Reflektorstäbe ersetzt. Das vereinfacht den Aufbau und verbessert entsprechend den Erfahrungen von DL 7 KM die Antenneneigenschaften. Der Abstand der Reflektoren voneinander sowie deren Lage und Distanz zum gespeisten Element sind kritisch. Der mittlere Reflektor befindet sich genau in Höhe des Antenneneinganges X-X, die beiden anderen Re-

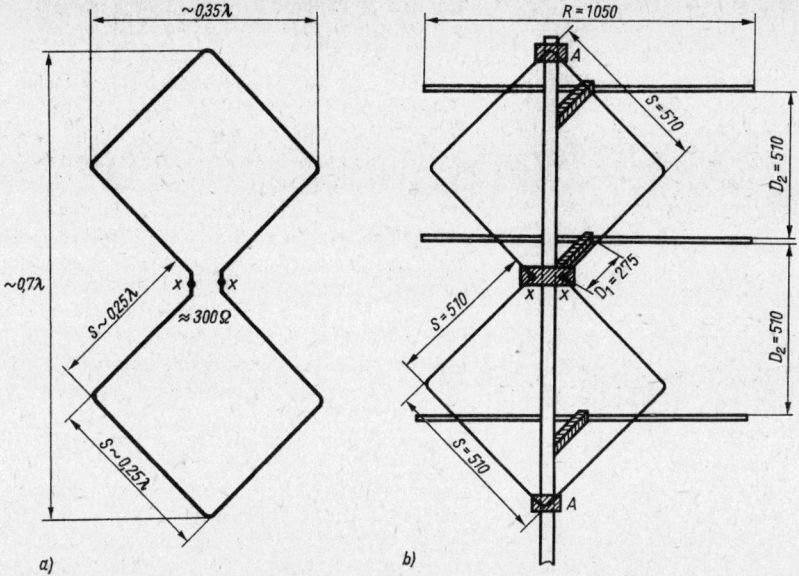

Bild 27.11
Doppelquadstrahler; a – einfaches Doppelquadsystem, b – Hybrid-Doppelquad nach *DL 7 KM*

flektoren sind in einem lichten Abstand von je 510 mm nach oben und nach unten angeordnet. Auf Stützen hinter dem Quadelement montiert, beträgt ihr lichter Abstand von diesem je 275 mm (0,13 λ). Die Reflektoren bestehen aus 10 mm dickem Rund- oder Rohrmaterial.

Für die Anfertigung der Doppelquad-Schleife verwendete *DL 7 KM* einen 16-mm²-Kupferblankdraht von 4,08 m Länge, der so gebogen wird, daß sich eine Quad-Seitenlänge von je 510 mm ergibt. Die Spitzen A des Doppelquad-Elementes könnten geerdet werden, es stellte sich jedoch heraus, daß die Spannungsknoten nicht immer exakt an den Spitzen liegen und sich auch bei Frequenzwechsel etwas verschieben. Die Zwangserdung wirkt sich dämpfend und damit gewinnmindernd aus. Deshalb wurden die Punkte A durch Kunststoffblöcke vom metallischen Tragemast isoliert.

Die in Bild 27.11 b dargestellte Ausführung ist für eine Bandmittenfrequenz von 145 MHz bemessen. Mit nachstehenden Gleichungen können die Abmessungen für beliebige andere Frequenzen errechnet werden:

$$\text{Seitenlänge } S/_{\text{mm}} = \frac{74\,000}{f/_{\text{MHz}}}, \qquad (27.8.)$$

$$\text{Reflektorlänge } R/_{\text{mm}} = \frac{152\,250}{f/_{\text{MHz}}}, \qquad (27.9.)$$

$$\text{Reflektorabstand } D_{1/\text{mm}} = \frac{40\,000}{f/_{\text{MHz}}}. \qquad (27.10.)$$

Für den Stockungsabstand D_2 der Reflektoren gilt Gl. (27.8.).

Der Antenneneingang X–X ist erdsymmetrisch, deshalb sollte für den Anschluß eines unsymmetrischen 50-Ω-Koaxialkabels ein Symmetriewandler eingesetzt werden. Gut eignet sich dafür das einfach aufzubauende *Pawsey*-Symmetrierglied nach Abschnitt 7.2. oder die *EMI*-Schleife nach Abschnitt 7.3. Wie praktische Untersuchungen gezeigt haben, kann man jedoch auf eine Symmetriewandlung ganz verzichten. Bei direkter, unsymmetrischer Speisung ist die Verformung des Strahlungsdiagramms vernachlässigbar gering, und Hochfrequenz auf dem Kabelmantel ließ sich in keinem Fall feststellen. Man darf annehmen, daß diese Erscheinung im VHF- und UHF-Bereich auf die praktische Tatsache zurückzuführen ist, daß man dort Speisekabel einsetzen muß, die elektrisch mehrere Wellenlängen lang sind.

Durch die relativ langen Speiseleitungen werden die vorhandenen Unsymmetrien so stark gedämpft, daß sie nicht mehr störend in Erscheinung treten. Entscheidend beeinflußt wird diese Erscheinung außerdem durch den Umstand, daß die Spitzen des Doppelquad nicht geerdet sind.

Exakte Messungen des Gewinns ergaben 8 dBd, die Rückdämpfung wurde mit > 20 dB festgestellt. Die horizontale Halbwertsbreite beträgt 67°, für die vertikale Halbwertsbreite wurden 54° ermittelt. Diese Werte stellten sich bei direkter Erregung über ein 50-Ω-Koaxialkabel ein,

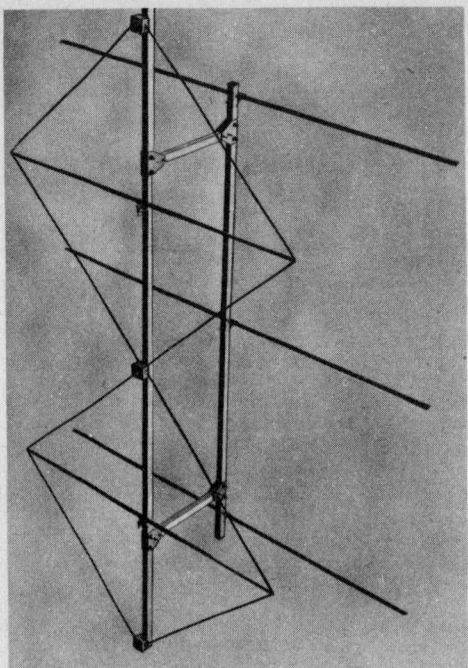

Bild 27.12
Praktische Ausführung des Hybrid-Doppelquad von
DL 7 KM (Foto: *O. Oberrender, DM 2 CRD*)

wobei die Welligkeit $s \leqq 1,18$ betrug. Bild 27.12 vermittelt einen optischen Eindruck von dem Hybrid-Doppelquad. Vertikalpolarisation ist möglich, wenn man die Antenne axial so dreht, daß die Reflektorstäbe senkrecht stehen.

Wenn alle angegebenen Abmessungen der 2-m-Hybrid-Doppelquad-Antenne auf 1/3 reduziert werden, besteht Resonanz im 70-cm-Amateurband. Auch im UHF-Bereich wurden mit dieser Antenne gute Ergebnisse erzielt. Wegen des relativ kleinen Aufwands in Verbindung mit geringer Windlast und hohem Gewinn eignet sich das Hybrid-Doppelquad auch gut als Einzelsystem für Gruppenantennen. Die in Bild 27.13 schematisch dargestellten Antennengruppen wurden bereits im 2-m-Band und im 70-cm-Band erfolgreich eingesetzt.

Bild 27.13 a zeigt eine vertikal gestockte Zweiergruppe, deren Gewinn durch Stockung – bezogen auf ein Einzelsystem – theoretisch 3 dB beträgt. Dabei bleibt die horizontale Halbwertsbreite mit 67° erhalten, die vertikale Halbwertsbreite wird auf etwa 30° eingeengt. Gleichen zusätzlichen Gewinn hat die Zweiergruppe als horizontale Linie entsprechend Bild 27.13 b. Bei ihr verringert sich die horizontale Halbwertsbreite auf 40°, während die vertikale Halbwertsbreite mit 54° erhalten bleibt. Die günstigste Speisungsmöglichkeit für solche Zweiergruppen ist in Bild 27.13 c dargestellt. Dabei führen von den Systemen A und B beliebig lange 60-Ω-Koaxialkabelleitungen l_1 und l_2 zum zentralen Verbindungspunkt Z. Es ist zu beachten, daß l_1 und l_2 genau gleiche Länge haben, die Kabelinnenleiter sind mit X_1 zu verbinden, die Kabelaußenleiter mit X_2. Am Punkt Z liegt auch das eigentliche 60-Ω-Speisekabel, dort werden die 3 Innenleiter und die 3 Außenleiter der Kabel miteinander verbunden. Da die Systeme A und B im Punkt Z einander parallelgeschaltet sind, ergibt sich dort eine Impedanz von 30 Ω. Diese wird durch eine Stich-

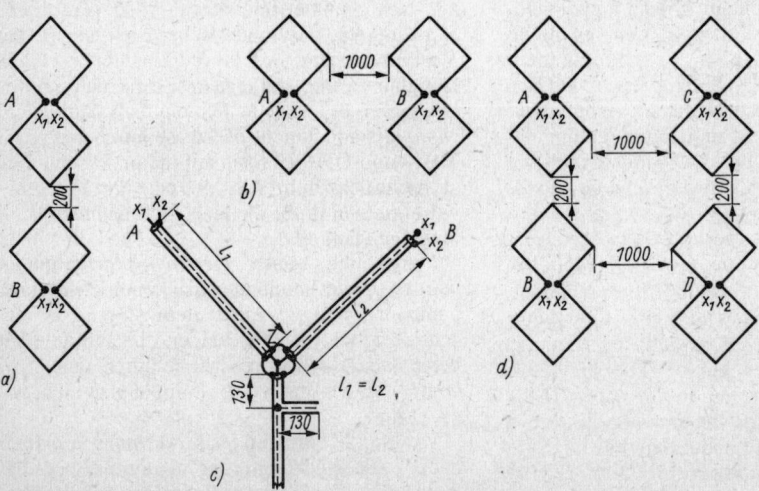

Bild 27.13
Die Bildung von Antennengruppen mit Hybrid-Doppel-Quad-Systemen (es sind nur die gespeisten Elemente gezeichnet); a – Zweiergruppe, vertikal gestockt, b – Zweiergruppe als horizontale Linie, c – Speisesystem für Zweiergruppe, d – Aufbauschema für Vierergruppen

leitung nach Abschnitt 6.6. auf den Wellenwiderstand des 60-Ω-Speisekabels transformiert, wie in Bild 27.13c veranschaulicht. In Auswertung von Bild 6.13 muß für diesen Anwendungsfall 0,095λ vom Punkt Z entfernt eine ebenfalls 0,095λ lange offene Stichleitung angesetzt werden. Bei dieser koaxialen Ausführung ist der Verkürzungsfaktor V des Kabels mit 0,66λ zu berücksichtigen, sofern das Kabel Vollraumisolation hat. Die Länge sowie der Abstand der offenen Stichleitung errechnen sich somit aus 0,095 λ · 0,66 ≙ 130 mm. Abweichend von diesen Daten erreichte *DL 7 KM* gute Anpassungswerte, wenn eine 133 mm lange offene Stichleitung 108 mm vom Punkt Z entfernt angeschaltet wurde. Am Anzapfungspunkt für die Stichleitung sind Innenleiter mit Innenleiter und Außenleiter mit Außenleiter verbunden. Alle Verbindungspunkte und das offene Ende der Stichleitung sollte man wetterfest in Gießharz einbetten.

Selbstverständlich können an Stelle des nicht mehr normgerechten 60-Ω-Kabels auch Koaxialkabel mit Wellenwiderständen von 50 oder 75 Ω eingesetzt werden. Dabei tritt eine vernachlässigbar kleine Fehlanpassung an den beiden Erregerleitungen auf, während man das eigentliche Speisekabel durch entsprechendes Bemessen der Stichleitung genau anpassen kann.

Eine Vierergruppe, die sich aus 2 Zweiergruppen zusammensetzt (Bild 27.13d) hat ebenfalls sehr einfache Erregungsmöglichkeiten. Auch hier wird ausschließlich 60-Ω-Koaxialkabel verwendet, das man nach Bild 23.16b oder Bild 23.16c zusammenschaltet. Es wird das gleiche Speisesystem eingesetzt, wie es in Abschnitt 23.4.3. für die *HB 9 CV*-Gruppe ausführlich beschrieben ist. Es kann mit einem Gewinn von 14 dBd gerechnet werden, dabei beträgt die horizontale Halbwertsbreite etwa 40° und die vertikale Halbwertsbreite 30°.

Hybrid-Doppelquad für 70 cm

Das Hybrid-Doppelquad wurde ursprünglich von *DL 7 KM* für das 2-m-Band konzipiert und konnte sich auf Grund seiner sehr guten Eigenschaften schnell einführen. Es bildet eine wertvolle Alternative zu den kurzen *Yagi*-Antennen. Physikalisch betrachtet ist es eine gestockte Antenne, die man eigentlich bei den Gruppenstrahlern einordnen müßte. Das geht auch aus den Strahlungsdiagrammen hervor: Die Bündelung in der H-Ebene ist stärker als die der E-Ebene. Diese Eigenschaft ist für die meisten Anwendungen besonders günstig. Breitbandigkeit, guter Gewinn bei besonders hoher Rückdämpfung und Nachbausicherheit zeichnen diese Antenne aus. Ihre Strahlungseigenschaften konnten mehrfach meßtechnisch bestätigt werden. Die theoretischen Grundlagen des Hybrid-Doppelquad werden für die 2-m-Version in Abschnitt 27.3.4. ausführlicher beschrieben; sie sind – ebenso wie die mechanischen Hinweise – auch für die 70-cm-Ausführung gültig. Bild 27.14 zeigt das Bemessungsschema.

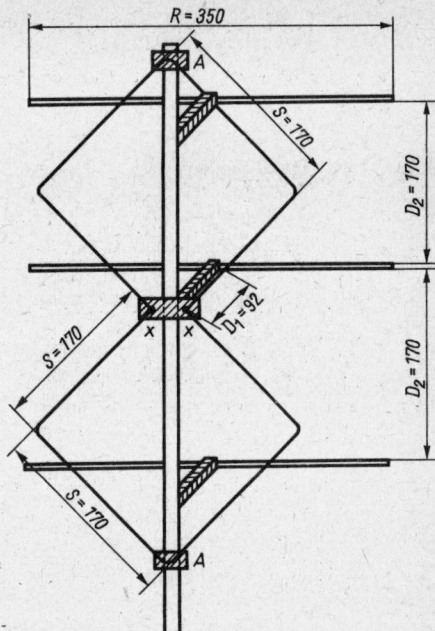

Bild 27.14
Hybrid-Doppelquad nach *DL 7 KM* für 435 MHz

Mechanische und elektrische Angaben
Elementdurchmesser Reflektoren 4...8 mm (unkritisch)
Gespeistes Doppelquad: Draht (Cu oder Al) 4 mm Durchmesser
Eingangswiderstand ≈ 60 Ω symmetrisch
Gewinn ≧ 8 dBd
Rückdämpfung ≈ 20 dBd
Horizontale Halbwertsbreite α_E ≈ 67°
Vertikale Halbwertsbreite α_H ≈ 54°

Wie in Abschnitt 27.3.4. näher ausgeführt wird, kann die Antenne ohne Symmetriewandler direkt mit Koaxialkabel gespeist werden. Die *Tonna*-Einspeisung dürfte auch in diesem Fall von Vorteil sein.

Der Gewinn läßt sich erhöhen, wenn man den Dreifachreflektor durch eine ebene Reflektorwand ersetzt [4]. *DJ 9 HO* verwendete eine Platte aus kupferkaschiertem Basismaterial mit den Abmessungen 550 mm x 550 mm. Ebenso eignen sich eine Leichtmetallplatte, eine mit Aluminium-Haushaltfolie beklebte Hartfaserplatte oder engmaschiges Drahtgeflecht. Der Gewinnzuwachs wird für die Reflektorwandausführung mit 2 ... 3 dB angegeben. Durch geringfügiges Verändern des Reflektorabstands kann optimal angepaßt werden.

27.3.5. Die 4-Quad-Serie

Eine weitere Quad-Variante wurde von *DL 6 DW* entwickelt und in [1] beschrieben. Wie Bild 27.15 zeigt, handelt es sich um eine neue Art der direkten Zusammenschaltung von 4 vertikal gestockten, horizontal polarisierten *Cubical*-Quad-Systemen. Unter Verzicht auf optimale Stockungsabstände wurde diese Quadgruppe als besonders leichte und gut zerlegbare Hochleistungsantenne speziell für den Portable-Einsatz konzipiert.

Bei der Originalausführung von *DL 6 DW* bestehen alle senkrechten Abschnitte aus Kupferlitze, die waagerechten Elemente sind aus dünnem Messing- oder Kupferrohr gefertigt (z. B. 3,5 mm Durchmesser mit 0,5 mm Wanddicke). Entfernt man die drei je 520 mm langen Abstandsstützen A, B und C, können die gespeisten Sektionen und die Reflektoren zu kleinen, leicht

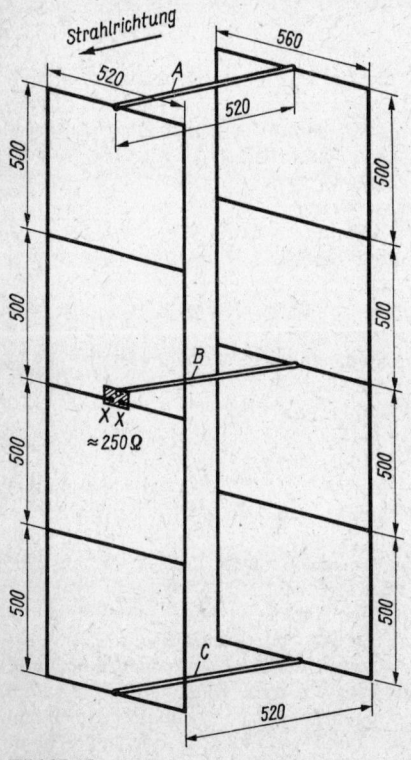

Bild 27.15
Die 4-Quad-Serie von *DL 6 DW*

transportablen Bündeln zusammengerollt werden.

Es hat sich erwiesen, daß man bei dieser Variante nicht mit der üblichen Quad-Bemessung auskommt, sondern die Umfänge der gespeisten Ganzwellenelemente und der Reflektor-Vierecke etwas verkleinern muß. Resonanz ist gegeben, wenn die gespeisten Quad-Elemente einen Umfang von je $0{,}99\lambda$ haben und die in $\lambda/4$-Abstand befindlichen Reflektor-Vierecke mit $1{,}025\,\lambda$ bemessen werden. Mit den in Bild 27.14 angegebenen Abmessungen ergibt sich Resonanz für eine Bandmittenfrequenz von 145 MHz.

Der Eingangswiderstand X–X der 4-Quad-Serie wird mit 200 ... 250 Ω angegeben. Somit kann die Antenne am zentralen Eingang direkt über eine beliebig lange 240-Ω-Bandleitung symmetrie- und impedanzrichtig erregt werden. Auch der Anschluß eines Koaxialkabels ist problemlos, wenn man eine Halbwellen-Umwegleitung nach Abschnitt 7.5. einsetzt. In [2] werden Meßergebnisse veröffentlicht, die an der 4-Quad-Serie nach Bild 27.15 ermittelt wurden. Der Gewinn beträgt 8 dBd, die Rückdämpfung ist mit 24 dB beachtlich groß, und die beiden seitlichen Minima im Strahlungsdiagramm zeigen eine Dämpfung von fast 30 dB. Die horizontale Halbwertsbreite entspricht mit etwa 75° dem eines einzelnen Quad-Systems. Aus Bild 3.19 darf man deshalb herleiten, daß die vertikale Halbwertsbreite etwa 50° betragen wird.

27.4. Die Vorhang-Quad-Antenne

Eine Antenne, die sich gut zum Experimentieren im UHF-Bereich und besonders für das 435-MHz-Amateurband eignet, ist die von *Anderson* in [5] beschriebene Vorhang-Quad-Antenne (engl.: Curtain-Quad). Sie verwendet als Grundelement eine «Quad» mit 3λ Umfang, bildet jedoch kein Quadrat, sondern ein Rechteck. Es ist in Bild 27.16a dargestellt. Wie die eingezeichneten Stromrichtungspfeile erkennen lassen, werden nur die beiden $\lambda/2$ langen waagrechten Leiterabschnitte gleichphasig erregt. Auf den je 1λ langen senkrechten Abschnitten besteht Gegenphasigkeit, sie dienen deshalb nur dem Energietransport. Es handelt sich somit um 2 parallele Halbwellenelemente in 1λ Abstand, wie in Abschnitt 13.2. beschrieben. Der Stockungsabstand ist nicht optimal (zu groß), aus Bild 13.5 kann man näherungsweise einen Gewinn von knapp 3 dBd entnehmen. Die in [5] angegebene Gewinnformel

$$G_{/\text{dBd}} = 10\lg n \qquad (27.11)$$

(n = Anzahl der Halbwellenelemente)

ergibt ähnliche Werte; im vorliegenden Fall für $n = 2$ beträgt der Gewinn 3,01 dBd. Der Eingangswiderstand ist relativ hochohmig; *Anderson* erklärt diesen Umstand mit der Verwandtschaft zum Faltdipol, der die gleiche Stromverteilung aufweist (siehe Abschnitt 4.1.).

Der nächste Schritt führt zu einer dreifach gestockten Ausführung mit zentraler Speisung nach Bild 27.16b. Auch hier ergibt sich wieder die gleichphasige Erregung der 3 parallelen Halbwellenstücke, und der Gewinn könnte nach Gl. (27.11.) mit 4,77 dBd angegeben werden. Der Eingangswiderstand steigt analog zu einem Dreileiter-Faltdipol weiter an. In [5] wird darauf hingewiesen, daß man eine solche Anordnung auch als gespeistes Element in einer *Yagi*-Gruppe mit 3 Ebenen verwenden könnte.

Den weiteren Ausbau zur eigentlichen Vorhang-Antenne mit 7 gespeisten Halbwellenelementen zeigt Bild 27.16c. Die seitlich angesetzten Grundelemente vervollständigen das System zu einer gleichphasig erregten Dipolkombination (siehe Abschnitt 13.), bestehend aus Dipollinien und Dipolzeilen. Auf der Grundlage dieses Schemas könnten theoretisch beliebig viele Grundelemente aneinandergereiht werden, wobei der Eingangswiderstand bei X–X immer mehr ansteigen

würde. Als Folge der unterschiedlichen Laufzeiten wird außerdem die Energieverteilung auf die einzelnen waagrechten Halbwellenstücke immer ungleichmäßiger; dies bringt auch eine Einengung des Frequenzbereiches.

Von *W 1 HBQ* wurde eine 7-Element-Ausführung nach Bild 27.16c aufgebaut und in [5] näher beschrieben. Es ergab sich dabei, daß der für Quad-Elemente allgemein angegebene Verlängerungsfaktor bei 3-λ-Quads nicht ausreichend ist. Dessen Elemente müssen – bezogen auf die Freiraumwellenlänge – um den Faktor 1,105 verlängert werden. Dieser Umstand wurde bei den Bemessungsangaben in Bild 27.17 berücksichtigt. Die Antenne besteht aus Kupferdrähten mit 1,6 mm Durchmesser. Gehalten wurde die Musterantenne innerhalb eines rechteckigen Rahmens aus PVC-Rohr (Abmessungen 1673 × 2054 mm). Wie aus Bild 27.17 hervorgeht, ist dieser Rahmen mit einem Gitternetz aus Kunststoffdrähten bespannt (dünn gezeichnete Linien). An den Kreuzungspunkten werden diese Drähte mit einem geeigneten Kunststoffkleber festgelegt. Innerhalb dieses Rahmens wird die Antenne mit Klebebändern befestigt. Nicht besonders gezeichnet ist eine Reflektorwand, welche die gleichen Abmessungen wie der Kunststoffrahmen hat. Sie kann aus einem engmaschigen Drahtgeflecht bestehen, dessen Maschenweite 0,06λ ($\triangleq$ etwa 4 mm) nicht übersteigen sollte. Der Abstand der Reflektorwand beträgt 178 mm ($\triangleq$ etwa $\lambda/4$). In der gezeichneten Darstellung ist die An-

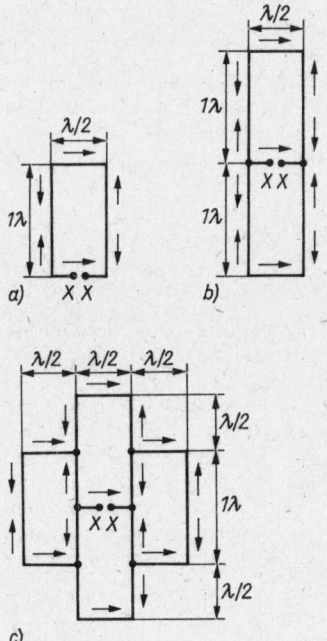

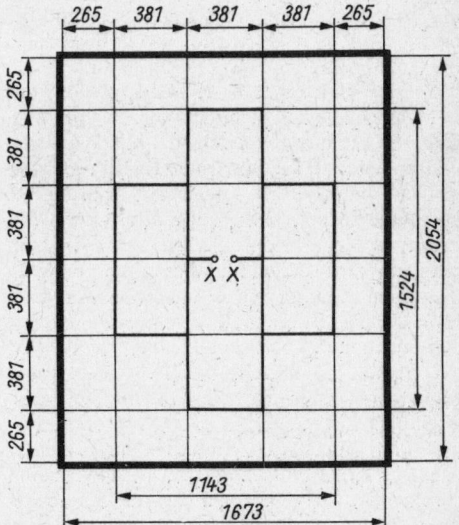

Bild 27.16
Die Entwicklung einer Vorhang-Quad-Antenne;
a – Grundelement mit 3λ Umfang (2 Elemente),
b – 2 Grundelemente, vertikal gestockt (3 Elemente),
c – 4 Grundelemente als Gruppenschaltung (7 Elemente)

Bild 27.17
Bemessungsschema einer 7-Element-Vorhang-Quad-Antenne für 435 MHz nach *W 1 HBQ*. Die dazugehörige Reflektorwand ist nicht gezeichnet

tenne horizontal polarisiert; axiales Verdrehen um 90° ergibt Vertikalpolarisation.

Der Eingangswiderstand X–X wird mit etwa 1200 Ω angegeben. Impedanzrichtiges Speisen mit einem 240-Ω-Bandkabel ermöglicht ein Viertelwellentransformator (siehe Abschnitt 6.5.) mit etwa 540 Ω Wellenwiderstand (Abstand-/Durchmesser-Verhältnis etwa 45 nach Bild 5.4). Mit Koaxialkabel kann man dann über eine Umwegleitung 4:1 nach Abschnitt 7.5. speisen.

Die Messungen von *W 1 HBQ* ergaben über einen Frequenzbereich von 430 ... 440 MHz eine Welligkeit $s = 1,3$. Die Halbwertsbreiten wurden für die E-Ebene mit etwa 40° und für die H-Ebene mit 30° festgestellt. Daraus ergibt sich nach Gl. (3.19.) ein Höchstwert des Gewinnes von 13,2 dBd.

27.5. Der Ringbeam für VHF

Ein direkter Abkömmling des *Cubical* Quad ist der Ringbeam, der bereits in Abschnitt 15.4.2. als Richtantenne für den Kurzwellenbereich besprochen wurde. Man kann ihn im VHF-Bereich mit gutem Erfolg einsetzen, zumal sich die mechanischen Schwierigkeiten beim Aufbau ringförmiger Elemente mit kleiner werdendem Durchmesser verringern. Bezüglich der Strahlungscharakteristik, des Gewinnes und der Eingangsimpedanz entspricht der Ringbeam für VHF weitgehend einem vergleichbaren, auf der Spitze stehenden *Cubical* Quad. Die Angaben in Abschnitt 15.4.1. und Abschnitt 15.4.2. sind damit auch für den Ringbeam im VHF-Bereich sinngemäß gültig.

Für den Bau einer VHF-Ringantenne wird nach Möglichkeit Leichtmetalldraht von 8 ... 12 mm Durchmesser verwendet, weil dieses Material so stabil ist, daß Sturm und Rauhreifbehang es nicht deformieren. Besonders günstig erscheint die Lösung, einen Kupferdraht in ein entsprechend langes Rohr aus thermoplastischem Kunststoff einzuziehen und dieses Rohr dann im erwärmten Zustand zur gewünschten Ringform zu biegen. Die Rohrenden verschweißt oder verklebt man miteinander, nachdem vorher die beiden Drahtenden durch entsprechende kurze Schlitze oder Bohrungen im Kunststoffrohr herausgeführt wurden. Das ergibt sehr leichte, stabile und witterungsbeständige Ringelemente. Schon mit einem einfachen Ring wird ein Gewinn von reichlich 1 dB – bezogen auf einen Halbwellendipol – erzielt. Der Eingangswiderstand liegt bei 110 Ω. Die Länge des gespeisten Elementes beträgt 1,03 λ.

Bringt man im Abstand von 0,2 λ einen Reflektor an, so steigt der Gewinn auf 5 dB, und der Eingangswiderstand kommt in die Größenordnung von 60 Ω. Teilweise wird das gespeiste Element auch als Doppelwindung ausgeführt. In diesem Fall benötigt man eine Leitungslänge von 2,02λ, aus der eine durchgehende Spule von 2 Wdg. geformt wird. Bei einem Reflektorabstand von 0,18λ ist dann eine gute Anpassung für Speiseleitungen mit einem Wellenwiderstand von 240 ... 300 Ω zu erzielen.

Der Reflektorring, der in jedem Fall nur aus einer Windung besteht, hat eine gestreckte Länge von 1,08λ. Seine Abstimmung ist kritisch und für die Leistung der Antenne entscheidend.

Bei einem 3-Element-Ringbeam für VHF wird ein Reflektorabstand von 0,17 ... 0,22λ und ein Direktorabstand zwischen 0,12 und 0,15λ empfohlen. Der Eingangswiderstand eines solchen Systems mit einfachem Strahlerring liegt in der Größenordnung um 30 Ω. In diesem Fall ist es zweckmäßig, das koaxiale Speisekabel über ein Omega-Gleid nach Abschnitt 6.4. anzupassen. Der Umfang des Direktorringes beträgt 0,95λ (Skizzen und Aufbauvorschläge für Ringstrahler siehe Bild 15.13 und Bild 15.14).

Die nachstehenden Berechnungsformeln beziehen sich auf die Frequenz und sind für Ringelemente im VHF-Bereich gültig.

Gestreckte Leiterlänge S des gespeisten Elementes

$$S/_{mm} = \frac{310\,000}{f/_{MHz}};$$

gestreckte Leiterlänge R des Reflektors

$$R/_{mm} = \frac{328\,000}{f/_{MHz}};$$

gestreckte Leiterlänge D des Direktors

$$D/_{mm} = \frac{310\,000}{f/_{MHz}};$$

Daraus ergeben sich für einen Ringbeam im 2-m-Band (Resonanzfrequenz 145 MHz) folgende Längen:
$S = 2140$ mm; $R = 2260$ mm; $D = 1960$ mm.

Für orientierende Versuche mit dem VHF-Ringbeam wird die Anwendung von passend zugeschnittenen Spielzeugholzreifen als Leiterträger empfohlen. Auch in den früher sehr beliebten Hulahoop-Reifen aus Kunststoff findet der Amateur ein brauchbares thermoplastisches Rohrmaterial für Aufnahme und Halterung eines ringförmigen Drahtleiters.

Literatur zu Abschnitt 27.

[1] *Ragaller, M.:* die 4-Quad-Serie, eine leistungsfähige tragbare Antenne für das 2-m-Band, «UKW-Berichte», Erlangen 10 (1970), Heft 4, Seite 200 bis 202, Verlag Hans J. Dohlus, Erlangen

[2] *Schwarzbeck, G.:* Messungen an einer 4-Quad-Serie für das 2-m-Band, «UKW-Berichte», Rathsberg 14 (1974), Heft 4, Seite 203 bis 208, Verlag Hans J. Dohlus, Rathsberg

[3] *Roggensack, D.:* Hybrid-Doppelquad-Antenne für VHF/UHF, Funk-Technik, 29 (1974), Heft 9, Seite 326 bis 328

[4] *Weiner, K.:* UHF-Unterlage, 2. Auflage 1980, Abschn. E. 4.5., 8670 Hof/Saale

[5] *Anderson, J. R.:* Meet the Curtain-Quad-Antenna, QST, Newington, CT., (1984), November, Seite 48 bis 49

Hills, R. C./Elton, P. M.: A Cubical Quad Array for the 144 Mc/s Band, «RSGB-Bulletin», April, London W. C. 1, 1959

Kharbanda, S. R.: Trends in Aerial Design for the Amateur, «RSGB-Bulletin», March, London, W. C. 1, 1958

Kneitel, T.: A 432/1296 mc/s Stocked Rhombic Array, Antenna Roundup, Vol. 2, Port Washington N. Y. 1966, Seite 113 bis 114

Lo, Y. T.: TV Receiving Antennas, Antenna Enginering Handbook, Editor *H. Jasik*, First Edition, Chapter 24, New York

Orr, W. I.: The Radio Handbook, 16th Edition, Seite 443, 444, Seite 482 bis 484, Summerland, California, 1962

Rumell, G. C.: More on Quad Dimension, «QST», September, West Hartford, Conn., 1958

28. Amateurantennen für den beweglichen Einsatz

Zuweilen wird eine Amateurfunkanlage vorübergehend von beliebig wechselnden Standorten aus betrieben.

Mit fortschreitender Motorisierung wächst auch die Zahl jener Funkamateure, die den Portablebetrieb im fahrenden Kraftfahrzeug ausüben; man spricht dann vom Mobilbetrieb. Durch das Fortschreiten der Halbleitertechnik hat dieser einen besonderen Auftrieb erhalten. Vorwiegend aus Gründen der Ausbreitung und wegen der Möglichkeit, wirkungsvolle Mobilantennen herstellen zu können, wird in Europa für den beweglichen Einsatz das 2-m-Band bevorzugt. Von entscheidender Bedeutung für die außerordentliche Ausweitung des 2-m-Mobilfunks sind die zahlreichen FM-Relaisfunkstellen, die in weiten Teilen Mitteleuropas jederzeit einen Sprechfunkverkehr vom Fahrzeug aus ermöglichen. Nicht zuletzt muß in diesem Zusammenhang noch die Fuchsjagd erwähnt werden, die sich aus einer anfänglichen Spielerei zu einer sehr beliebten Sportart entwickelt hat, die gleichermaßen den technischen und den körperlichen Einsatz fordert. Für diese Sonderrichtungen des Amateurfunks benötigt man Antennen, die in ihren technischen und mechanischen Daten den jeweiligen speziellen Forderungen möglichst gut entsprechen.

28.1. Antennen für den Portablebetrieb

Beim «normalen» Portablebetrieb sucht man sich einen Standort, der möglichst günstige Ausbreitungsbedingungen erwarten läßt. Der Standort muß für die Kurzwellenarbeit nach anderen Gesichtspunkten ausgewählt werden als für den VHF-Betrieb.

Günstige Kurzwellenstandorte sind insbesondere solche mit guten Erdverhältnissen und freier Nahumgebung. Standorte auf Bergen begünstigen im KW-Bereich die ionosphärische Ausbreitung nicht.

Entscheidend für die Brauchbarkeit eines Standortes sind in erster Linie die Erdverhältnisse, besonders dann, wenn Vertikalstrahler

verwendet werden. So kann man z. B. in unmittelbarer Nähe von Gewässern gute Abstrahlungsbedingungen erwarten. Einzelne Bäume oder Wälder stören die Kurzwellenausbreitung kaum, dagegen soll man die Annäherung an Freileitungen oder größere metallische Gebilde meiden.

In Meterwellenbereich, in dem praktisch keine Reflexion an der Ionosphäre mehr stattfindet, bietet der höchstmögliche Aufbauplatz die günstigsten Bedingungen. In diesem Fall ist die Standortauswahl von erstrangiger Bedeutung und gleichzeitig am einfachsten; denn man braucht die Erdverhältnisse nicht zu berücksichtigen. Einschränkend ist zu bemerken, daß der höchstmögliche Berg nicht immer den günstigsten Standort für Weitverbindungen darstellt, denn es kommt oft vor, daß eine solche Höhenlage oberhalb bestehender Inversionsschichten liegt. Dann können troposphärisch bedingte Überreichweiten nicht mehr genutzt werden (siehe Abschnitt 2.4.2.1.).

Für den Portableeinsatz eignen sich alle üblichen KW- und VHF-Antennenformen, sofern entsprechende Stützpunkte vorhanden oder zu schaffen sind und der Transport der Antennenbestandteile keine unüberwindlichen Schwierigkeiten bereitet. Da sich für den meist kurzzeitigen Portableeinsatz der Aufbau komplizierter Antennensysteme im allgemeinen nicht lohnt, bevorzugt man im Kurzwellenbereich einfachste Drahtantennen, deren geometrische Längen durch den Abstand vorhandener Stützpunkte (Bäume usw.) vorgegeben sind. Bei solchen L- oder T-Formen läßt sich die Resonanz durch ein unsymmetrisches *Collins*-Filter erzwingen. Eine besondere Speiseleitung erübrigt sich dabei, weil der Sender wohl immer unmittelbar am Antenneneingang aufgestellt werden kann und man im freien Gelände auch kaum mit BCI oder TVI rechnen muß. Wo man gute Erdverhältnisse vorfindet (z. B. an einem Seeufer oder im sumpfigen Gelände; siehe auch Abschnitt 19.1.), sind Vertikalantennen am wirkungsvollsten. Oft bietet ein Baum den geeigneten Stützpunkt für einen vertikalen oder geneigten Viertelwellendraht, dessen erdseitiges Ende ebenfalls über ein Collins-Filter direkt an die Senderendstufe angeschlossen wird. Nur die wenigsten Amateurstationen verfügen über einen für Kurzwellen ausreichend hohen Steckmast oder Teleskopmast, der sie von natürlichen Stützpunkten unabhängig macht. Da beim Portablebetrieb in erster Linie die Standortauswahl über den Erfolg entscheidet, genügt es im allgemeinen, eine ausreichende Menge Antennendraht und ein geeignetes Collins-Filter mitzuführen. Die Antenne wird dann entsprechend den örtlichen Gegebenheiten aufgebaut.

Beim Portablebetrieb im 2-m-Band und 70-cm-Band gibt es überhaupt keine Antennenprobleme. Es können zerlegbare *Yagis* aller Größen in Leichtbauweise mit bestem Erfolg verwendet werden. Als Antennenträger genügt in den meisten Fällen ein einfacher Steckrohrmast von etwa 3 m Länge, den man sich aus einzelnen Rohrabschnitten leicht herstellen kann.

Bei Handfunksprechgeräten kleiner Leistung wird für den Nahverkehr im allgemeinen ein Viertelwellenstab direkt auf das Gerät aufgesteckt. Größere Reichweiten werden mit Leichtbau-*Yagis* (siehe Abschnitt 23.2) oder mit dem *HB 9 CV*-Strahler (siehe Abschnitt 23.1.2.) erzielt.

28.2. Kurzwellenatennen für den Mobileinsatz

Sehr begrenzt ist die Antennenauswahl beim Kurzwellenfahrzeugbetrieb. In erster Linie kommt eine elektrisch verkürzte Vertikalstabantenne in Frage. Lediglich für den Betrieb im 10-m-Band kann eine solche Vertikalantenne für volle mechanische Viertelwellenlänge bemessen werden (etwa 2,50 m). Für größere Wellenlängen verbieten Straßenverkehrsordnung und Vernunft die natürliche Resonanzlänge. In diesem Fall kann man nur noch mit eingefügten Verlängerungsspulen arbeiten, wobei die bekannten Nachteile, wie schlechter Wirkungsgrad, geringer Frequenzbereich und schwierige Speisung, auftreten.

28.2.1. Die mechanische Ausführung verkürzter Vertikalantennen

Ein mechanisches Problem ist die Standsicherheit der Antennenrute. Sie soll elastisch sein, darf aber während der Fahrt nicht in Schwingbewegungen geraten. Da der Antennenstab im allgemeinen nur an seinem Fußpunkt befestigt werden kann, wirkt sich sein Luftwiderstand dort als eine Hebelkraft aus, die mit wachsender Geschwindigkeit zunimmt. Daraus ergibt sich die Forderung nach einem dünnen Antennenrohr mit geringem Luftwiderstand, das sich möglichst

nach der Spitze hin konisch verjüngt, weil sich am langen Hebelarm der Luftwiderstand am stärksten auswirkt.

Einerseits sollte aus Gründen der Festigkeit die Stabantenne aus einem Stück bestehen, andererseits ist aber Zerlegbarkeit erwünscht, um sie gegebenenfalls auch im Fahrzeuginneren transportieren zu können. Schließlich soll auch die Befestigung am Antennenfuß leicht lösbar sein; denn bei Einfahrt in die Garage muß sich die Antenne abnehmen lassen.

Für Wellenlängen > 10 m braucht man immer eine Verlängerungsspule. Aus mechanischen Gründen ist ihr günstigster Platz am Fußpunkt des Stabes. Dort – im Strommaximum – sind aber die Spulenverluste am größten. Der Strahlungswiderstand und damit auch der Wirkungsgrad erhöhen sich, wenn man die Verlängerungsspule mehr zu Antennenspitze hin anordnet. Als günstige Kompromißlösung wird vorgeschlagen, die Verlängerungsspule 1/4 bis 1/2 der Stablänge vom Fußpunkt entfernt einzufügen.

Als günstigster Befestigungspunkt für eine Kurzwellenmobilantenne dürften sich fast immer die Stoßstangen am Fahrzeugheck bzw. ihre Befestigungsbügel eignen. Dort besteht ausreichende Festigkeit, und man kann auch eine gute metallische Verbindung mit den übrigen Fahrzeugmetallteilen erwarten. Von ausschlaggebender Bedeutung ist aber in den meisten Fällen, daß bei dieser Befestigungsart die Karosserie nicht beschädigt wird.

Es ist zu empfehlen, zwischen Antennenstab und Befestigungspunkt einen federnden Antennenfuß einzufügen. Die elastische Federverbindung bewirkt, daß sich Fahrbahnunebenheiten viel weniger zur Antenne fortpflanzen können, als das bei einer starren Verbindung der Fall sein dürfte. Durch die federnde Lagerung gibt der Stab bei der Berührung mit Hindernissen nach und schert deshalb nicht so leicht ab. Optimale Verhältnisse für den Fahrbetrieb sind gegeben, wenn die auf dem Federfuß montierte komplette Antenne eine mechanische Schwingfrequenz von etwa 1 Hz aufweist. Die überwiegend kurzen und schnell aufeinanderfolgenden Fahrbahnstöße können dann die Antenne nicht zu mechanischen Schwingungen anregen, und das Ergebnis ist ein auch bei schlechten Straßenverhältnissen ruhig stehender Antennenstab.

Im allgemeinen beträgt die mechanische Länge vertikaler Kurzwellenmobilantennen zwischen 2,40 und 3 m. Der traditionelle Werkstoff für die Antennenrute ist Metallrohr, wobei sich die für industrielle Autoantennen verwendeten Qualitäten besonders gut eignen. Eine brauchbare und nicht so kostspielige Lösung ergibt sich durch die Verwendung dünner, zusammensteckbarer Bambusruten, die als zerlegbare Angeln in Fachgeschäften erhältlich sind. Sie dienen als Träger für den Antennenleiter, der im einfachsten Fall mit Klebeband auf der Bambusrute festgelegt wird. Hervorragend geeignet sind Angelruten aus glasfaserverstärktem Polyester-Harz (Fiberglas). Bei ihnen wird der Antennenleiter unauffällig im Rohrinnern verlegt. Da das Trägermaterial gleichzeitig ein verlustarmer Isolator ist, läßt sich die erforderliche Verlängerungsinduktivität mit ihrem Spulenträger direkt auf die Antennenrute aufschieben.

Natürlich gibt es für die mechanische Lösung des Antennenproblems eine Anzahl mehr oder weniger brauchbarer Möglichkeiten, die in diesem Rahmen nur zum Teil angedeutet werden konnten. Eine gutaussehende und mechanisch einwandrei aufgebaute Mobilantenne verfehlt aber ihren Zweck, wenn ihr ohnehin schon geringer Wirkungsgrad durch fehlerhafte elektrische Aufführung noch weiter herabgesetzt wird.

28.2.2. Die elektrischen Eigenschaften verkürzter Vertikalantennen

Den günstigsten Wirkungsgrad erzielt man, wenn der Viertelwellenmobilstrahler im 10-m-Amateurband arbeitet; denn er kann mit einer mechanischen Länge von etwa 2,40 m als *Marconi*-Antenne ohne Verlängerungsspule betrieben werden. Das erforderliche Gegengewicht wird dabei von den Metallteilen des Fahrzeugs und deren Kapazität zur natürlichen Erde gebildet.

Die elektrischen Kenngrößen eines solchen Viertelwellenstrahlers sind aus Abschnitt 19.2. zu ersehen. Nach *Siegel* ergibt sich ein Strahlungswiderstand R_r von etwa 36 Ω. Der Eingangswiderstand R_E ist nach Gl. (19.6.) gleich der Summe aus Strahlungswiderstand R_r und den gesamten Verlustwiderständen R_l. Da die Verlustwiderstände nicht zur Strahlung beitragen, sondern den auf sie entfallenden Leistungsanteil in Verlustwärme umsetzen, wird der Wirkungsgrad um so geringer, je größer die Verlustwiderstände R_l, im Vergleich zum Strahlungswiderstand R_r, sind;

$$\eta = \frac{R_r}{R_r + R_l} \qquad (28.1.)$$

Nimmt man an, der Strahlungswiderstand R_r beträgt 36 Ω, und die Summe der Verlustwiderstände R_l liegt bei 12 Ω, so wäre mit einem Eingangswiderstand R_E von 48 Ω ($R_r + R_l$) zu rechnen. Der Wirkungsgrad würde nach Gl. (28.1.)

$$\eta = \frac{36\,\Omega}{(36 + 12)\,\Omega} = 0{,}75$$

entsprechend 75 % betragen.

Insbesondere bei Mobilantennen wird der größte Anteil des Verlustwiderstandes von den Erdverlusten R_G eingebracht. Bei verkürzten Vertikalstrahlern können außerdem die Verluste R_L der Verlängerungsspule noch maßgeblich am Gesamtverlustwiderstand beteiligt sein. Weitere Bestandteile von R_l sind die Isolationsverluste, die als dielektrische Verluste R_D vor allem im Eingangsisolator auftreten, und die Leiterverluste, die sich nach Gl. (5.13.) aus dem ohmschen Widerstand des Antennenleiters unter Berücksichtigung des frequenzabhängigen Skin-Effektes als R_A ergeben. R_A und R_D können im allgemeinen gegenüber R_G und R_L klein gehalten werden und bleiben deshalb oft unberücksichtigt.

Die Ersatzschaltung einer verkürzten Vertikalantenne zeigt Bild 28.1. Die Verkürzung des Strahlers gegenüber der Viertelwellenresonanz bewirkt einen kapazitiven Blindwiderstand X_C. Dieser wird mit einem äquivalenten induktiven Blindwiderstand X_L, dargestellt durch die Verlängerungsspule, kompensiert ($X_L = X_C$). Es ist deshalb trotz Strahlerverkürzung Resonanz vorhanden. In Reihe mit X_C und X_L liegen der Strahlungswiderstand R_r und der Verlustwiderstand R_l, der sich aus den Widerständen der Erdverluste R_G, der Spulenverluste R_L, der dielektrischen Verluste R_D und der Leiterverluste R_A zusammensetzt.

Zunächst interessiert die Größe des Strahlungswiderstandes in Abhängigkeit von der Strahlerverkürzung. Allgemein gilt, daß R_r um so kleiner wird, je stärker man den Strahler verkürzt. Dieser Zusammenhang ist auch aus der Rüdenbergschen Beziehung Gl. (19.5.) zu erkennen; denn ein mechanisches Verkürzen der Antenne bedeutet gleichzeitig ein Verkleinern der effektiven Antennenhöhe h_e. Eine brauchbare

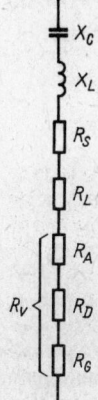

Bild 28.1
Die Ersatzschaltung einer verkürzten Vertikalantenne

518

Formel zum Errechnen des Strahlungswiderstandes lautet:

$$R_{r/\Omega} = \frac{H^2}{328};$$ (28.2.)

H – als Winkel ausgedrückte Antennenlänge.

Beispiel 1
Eine 3 m lange Mobilantenne soll im 80-m-Band betrieben werden. Wie groß ist der Strahlungswiderstand?
Die mittlere Wellenlänge des 80-m-Bandes beträgt etwa 82 m ≙ 360°. Daraus ergibt sich für die mechanische Antennenlänge von 3 m eine als Winkel ausgedrückte Antennenlänge von:

$$\frac{3\,m \cdot 360°}{82\,m} = 13,17°;$$

$$H = 13,17°, \quad H^2 = 173,5;$$

$$R_r = \frac{173,5}{328}\,\Omega \approx 0,53\,\Omega.$$

Würde man die gleiche Antenne im 40-m-Band betreiben ($\lambda = 42,5$ m), hätte die Antenne eine elektrische Länge von etwa 25°, entsprechend einem Strahlungswiderstand von 2 Ω. Für den 20-m-Betrieb würde R_S etwa 8 Ω betragen.
Diese besonders beim 80-m-Betrieb extrem kleinen Strahlungswiderstände haben einen äußerst schlechten Wirkungsgrad zur Folge. Nimmt man an, daß die Summe der Verlustwiderstände 12 Ω beträgt (ein durchaus realer Wert!), so kommt man nach Gl. (28.1.) im obigen Beispiel beim 80-m-Betrieb auf einen Wirkungsgrad η von 0,042 = 4,2 %. Das bedeutet, daß mehr als 95 % der vom Sender gelieferten HF-Energie in nutzlose Verlustwärme umgesetzt werden. Unter gleichen Bedingungen läßt sich für den 40-m-Betrieb ein Wirkungsgrad von 14 % und für das 20-m-Band ein solcher von 40 % errechnen. Daraus kann man erkennen, wie wichtig es ist, die Verlustwiderstände so gering wie möglich zu halten, und daß selbst geringfügig erscheinende Fehler (z. B. mangelhafte Kontaktgabe) katastrophale Folgen für den Wirkungsgrad haben können.
Leider gibt es keine praktischen Möglichkeiten, die durch R_G bedingten Erdverluste wirksam herabzusetzen. Wie im Bild 28.2 schematisch dargestellt wird, verlaufen die Verschiebungsströme I_V des Außenraumes als Konvektionsströme I_K in der Erde weiter und bewegen sich zum Antenneneingang (siehe auch Bild 19.3). Beim Mobilbetrieb werden die Ströme teilweise durch den metallischen Fahrzeugkörper zusammengefaßt. Da die Fahrzeugfläche – zumindest für die niederfrequenten Amateurbänder – immer viel kleiner als $\lambda/4$ ist, kann sie nicht als ausreichendes Gegengewicht dienen, sie wirkt nur

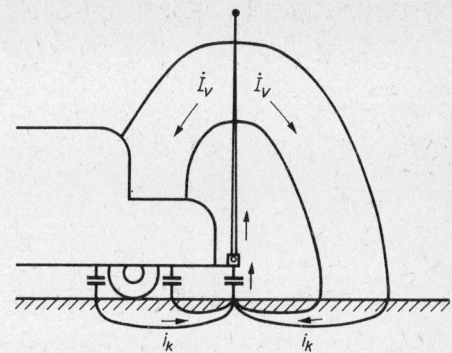

Bild 28.2
Ersatzvorstellung für die Stromverteilung um eine vertikale Fahrzeugantenne

als Kapazität gegen die Erde. Messungen an einer 3 m langen Mobilantenne im 80-m-Betrieb haben Durchschnittswerte für R_G von etwa 10 Ω ergeben.

28.2.2.1. Die Verlängerungsspule für verkürzte Vertikalantennen

Eine gegenüber der Viertelwellenresonanz mechanisch verkürzte Antenne hat eine kapazitive Blindkomponente X_C. Ihr Widerstandswert ergibt sich aus der Beziehung

$$X_C = \frac{Z_A}{\tan H};$$ (28.3.)

Z_A – Wellenwiderstand des Antennenstabes, der sich aus Gl. (19.7.) errechnet, H – als Winkel ausgedrückte Stablänge, deren Ermittlung bereits in Beispiel 1 erläutert wurde.

Beispiel 2
Es wird wieder eine 3 m lange Mobilantenne für den 80-m-Betrieb angenommen, deren Länge H bereits mit 13° festgestellt wurde. Der Tangens 13° ist 0,23087. Der Antennenstab soll einen Durchmesser d von 10 mm haben, dann ergibt sich bei einer Antennenlänge l von 3 m = 3000 mm ein Länge-Durchmesser-Verhältnis $l/d = 300$. Damit wird nach Gl. (19.7.) der Wellenwiderstand Z_A mit 351 Ω errechnet. Nun ergibt sich nach Gl. (28.3.) der kapazitive Blindwiderstand X_C zu

$$\frac{351\,\Omega}{0,23087} = 1520\,\Omega.$$

Um den kapazitiven Widerstand X_C von 1520 Ω zu kompensieren, muß der induktive

Blindwiderstand X_L der Verlängerungsspule ebenfalls 1520 Ω betragen. Dabei befindet sich die Verlängerungsspule im Strombauch, also am Antenneneingang.

Aus X_L ergibt sich die frequenzbezogene Induktivität L für die Verlängerungsspule nach der Gleichung

$$L/_{\mu H} = \frac{X_L}{2\pi f/_{MHz}} \qquad (28.4.)$$

Ohne Rechenarbeit kann L in Abhängigkeit von X_L bei gegebener Frequenz f aus Bild 6.20 abgelesen werden.

Der für das Beispiel 2 errechnete induktive Blindwiderstand X_L von 1520 Ω entspricht bei $f = 3{,}7$ MHz einer Induktivität L von etwa 65 µH.

Die Güte Q der Spule soll so hoch wie möglich sein, damit ihr Verlustwiderstand R_L bleibt. Gute, verlustarme Selbstbauspulen erreichen selten mehr als $Q = 300$. Hohe Güte Q bedingt u. a. möglichst dicke Spulendrähte mit hohem Oberflächenleitwert und einen günstigen Formfaktor. Für diesen gilt als Faustregel, daß sich Spulenlänge zu Spulendurchmesser etwa wie 2 : 1 verhalten soll. Der Spulenverlustwiderstand R_L ergibt sich aus der Gleichung

$$R_L = \frac{X_L}{Q}. \qquad (28.5.)$$

Wird eine Güte $Q = 300$ vorausgesetzt, beträgt R_L der in Beispiel 2 errechneten Verlängerungsspule mit $X_L = 152$ Ω bereits mehr als 5 Ω und verringert somit den Wirkungsgrad erheblich. Es wurde bereits erwähnt, daß sich der Wirkungsgrad eines mechanisch verkürzten Viertelwellenstrahlers verbessert, wenn man die erforderliche Verlängerungsspule nicht am Antenneneingang anordnet, sondern etwa in Strahlermitte einfügt. Eine Zentralspule ist deshalb vorteilhaft, weil sich bei einer solchen Anordnung der Strahlungswiderstand R_r fast verdoppelt, was einer Verbesserung des Wirkungsgrades gleichkommt. Eine erhöht angebrachte Spule unterliegt nicht so stark den dämpfenden Umgebungseinflüssen, die bei der Fußpunktspule durch die Annäherung der Karosserieteile meist unvermeidlich sind. Damit die Spulengüte nicht verringert wird, soll der Abstand von allen Metallteilen mindestens gleich dem doppelten Spulendurchmesser sein.

Gegen die Zentralspule sprechen vor allem statische und mechanische Gründe. Hochwertige Spulen, die relativ große Ströme führen, können nicht in Miniaturausführung hergestellt werden. Die verhältnismäßig großen und schweren Spulen in der Mitte des Hebelarmes bilden eine beachtliche mechanische Belastung. Da die Spule nichts zur Abstrahlung beiträgt, erscheint das

Anordnen am Eingang günstiger; denn dadurch wird der strahlende Teil der Antenne entsprechend der Spulenlänge etwas aus dem Bereich der dämpfenden Karosserieteile herausgehoben. Da wegen der sehr niedrigen Eingangswiderstände verkürzter Vertikalantennen stets ein Anpassungsnetzwerk für die Speisung vorzusehen ist, kann man dieses zusammen mit der Verlängerungsspule zu einer Einheit kombinieren. Für die Entscheidung, ob man eine Zentralspule oder eine Fußpunktspule benutzt, muß man deshalb die zu erwartenden Vor- und Nachteile von Fall zu Fall abwägen.

Wird eine Zentralspule gewählt, ist zu berücksichtigen, daß sich diese nicht mehr im Strommaximum befindet. Die für eine Fußpunktspule berechnete Induktivität reicht deshalb zur Kompensation des kapazitiven Blindwiderstandes X_C nicht mehr aus. Allgemein wird angegeben [2], [3], daß eine Verlängerungsspule in der geometrischen Mitte des verkürzten Antennenleiters annähernd die doppelte Induktivität einer für den gleichen Leiter berechneten Fußpunktspule haben soll. Genauere Werte erhält man für eine Zentralspule, wenn die für eine Fußpunktspule errechnete Induktivität L mit dem Faktor 1,43 multipliziert wird. Für eine Verlängerungsspule, die 1/3 der Antennenlänge vom Eingang entfernt ist, beträgt dieser Multiplikationsfaktor etwa 1,16. Exakte und ausführliche Berechnungsunterlagen werden in [1] gegeben.

Stark verkürzte Vertikalantennen weisen einen sehr geringen Frequenzbereich auf. Als Richtwert für einen 3-m-Stab mit Fußpunktspule im 80-m-Betrieb können etwa 35 kHz angenommen werden; sie sinken bei Verwendung einer Zentralspule auf etwa 25 kHz. Um die Antennenresonanz jeweils nachstimmen zu können, sind Rollspulen in Gebrauch, seltener Spulenvariometer. Mitunter verwendet man auch zum Verändern der Induktivität Messingtauchkerne, die sich teilweise über Seilzüge fernbetätigen lassen. Diese Maßnahmen sind jedoch problematisch, weil sie gewöhnlich die Spulengüte verschlechtern.

Nach Gl. (19.9.) ist die Bandbreite $B = f_{ges}/Q$. Q steht für die Strahlergüte, die nach Gl. (19.8.) errechnet wird ($Q = Z_A/R_E$). Z_A ist der Wellenwiderstand des Antennenstabes, der sich aus Gl. (19.7.) ergibt. R_E ist der Eingangswiderstand der Antenne, der bekanntlich aus der Summe des Strahlungswiderstandes R_r und des Verlustwiderstandes R_l gebildet wird ($R_E = R_r + R_l$). Daraus folgt durch Umstellen

$$B = f_{res} \cdot \frac{R_E}{Z_A}. \qquad (28.6.)$$

Ausführliche Berechnungsbeispiele sind in [1] enthalten.

28.2.2.2. Die Anpassung verkürzter Vertikalantennen an die Speiseleitung

Der Eingangswiderstand R_E stark verkürzter Mobilantennen liegt in der Regel zwischen 10 und 20 Ω, wobei die in den Eingangswiderstand mit eingehenden Verlustwiderstände oft den überwiegenden Anteil darstellen. Selbst bei Viertelwellenstrahlern voller mechanischer Länge, wie sie sich im 10-m-Mobilbetrieb ermöglichen lassen, darf man höchstens mit einer Eingangsimpedanz von etwa 40 Ω rechnen, zumal keine Radials vorhanden sind. Sollte man an einem solchen Strahler einen größeren Eingangswiderstand messen, so zeigt dieses Ergebnis nur an, daß überdurchschnittlich große Verlustwiderstände auftreten.

Mobilantennen werden immer über ein kurzes Stück Koaxialkabel gespeist, das in jedem Fall an die Eingangsimpedanz der Vertikalantenne angepaßt werden muß. Dafür eignen sich zunächst die in Abschnitt 19.4.1. beschriebenen Anpassungsschaltungen, die allgemein für Vertikalantennen anzuwenden sind. Befindet sich jedoch die Verlängerungsspule des verkürzten Stabes an seinem Eingang, kann diese gleichzeitig als Koppelinduktivität verwendet werden. Bild 28.3 zeigt diese Anwendungsfälle, beide Schaltungen sind in ihrer Wirkungsweise identisch. Bild 28.3a stellt einen HF-Transformator dar, dessen Sekundärwicklung L_2 mit der Windungsanzahl n_2 festgelegt ist, da es sich um die Verlängerungsspule der Antenne handelt. Die Windungsanzahl n_1 der Auskoppelspule L_1 erhält man aus der Beziehung

$$n_1 = n_2 \cdot \sqrt{\frac{Z_S}{\omega L_2}} \; ; \qquad (28.7.)$$

Z_S – Wellenwiderstand des zu verwendeten Koaxialkabels,
ωL_2 – induktiver Widerstand der Spule L_2.

Bei Bild 28.3b handelt es sich um die gleiche Schaltung, es ist lediglich der HF-Transformator als sogenannter Autotransformator ausgeführt.

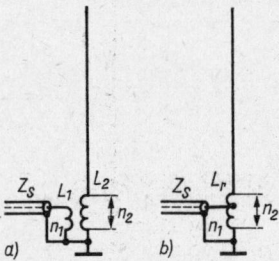

Bild 28.3
Einfache Übertragerschaltung zum Anpassen einer Stabantenne mit Fußpunktspule

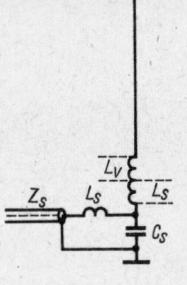

Bild 28.4
Verbesserte Anpassungsschaltung für eine Stabantenne mit Verlängerungsspule

Mit diesen sehr einfachen Aufbauten können Schwierigkeiten hinsichtlich des Kopplungsgrades auftreten, die Oberwellenunterdrückung ist gering, und Streuinduktivitäten lassen sich nicht vermeiden. Zuverlässiger arbeitet die Schaltung nach Bild 28.4, bei der die Kombination L_S/C_S einen Resonanzkreis geringer Güte für die Senderfrequenz darstellt, wobei C_S als Nebenschluß für die Oberwellen wirkt. Die Schaltung erfüllt gleichzeitig die Anpassungsbedingung durch Transforamtion des Kabelwellenwiderstandes Z_S zum Eingangswiderstand R_E des Strahlers. Die erforderliche Kapazität von C_S errechnet man aus der Beziehung

$$C_{S/pF} = \frac{10^9}{2\pi f/_{kHz} \cdot \sqrt{R_{E/\Omega} \cdot Z_{S/\Omega}}} \; ; \qquad (28.8.)$$

f – Frequenz,
R_E – Eingangswiderstand des Strahlers,
Z_S – Wellenwiderstand des Speisekabels.

Die Induktivität von L_S erhält man aus der Gleichung

$$L_{S/\mu H} = \frac{\sqrt{R_{E/\Omega} \cdot Z_{S/\Omega} \cdot 10^3}}{2\pi f/_{kHz}} \qquad (28.9.)$$

Beispiel
Eine verkürzte Mobilantenne mit der Resonanzfrequenz 3700 kHz und einem Eingangswiderstand R_E von 20 Ω soll an ein koaxiales 60-Ω-Kabel angepaßt werden. Für eine Schaltung nach Bild 28.4 sind die Werte von C_S und L_S zu errechnen.
$C_S = 1240$ pF,
$L_S = 1,49$ μH.
Wenn man C_S aus einem Festkondensator mit parallelgeschaltetem Lufttrimmer bildet, verfügt man über eine bequeme Korrekturmöglichkeit. Es handelt sich in diesem Fall um eine Anpassung nach *Seefried* (siehe Abschnitt 6.7.2.), bei der die 2. Spule L_S ein Teil von L_V geworden ist.
Eine andere Anpassungsschaltung mit einem *L*-Glied zeigt Bild 28.5a. In diesem Fall liegt die Spule L_S am Eingang im Antenneleiter. Sei kann

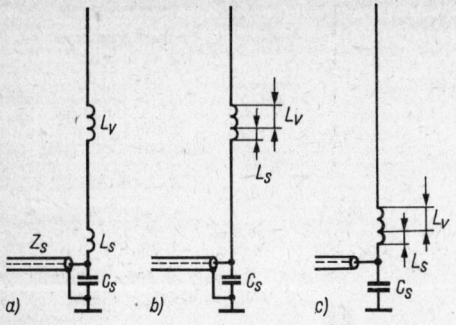

Bild 28.5
Die Anpassung eines Koaxialkabels an den Eingangswiderstand einer verkürzten Vertikalantenne; a – Spule L_S am Antenneneingang, b – Spule L_S als Einheit mit der zentralen Verlängerungsspule L_V, c – Spulen L_V und L_S als Einheit am Antenneneingang

ohne Nachteile an eine zentrale Verlängerungsspule L_V «angehängt» werden, so daß insgesamt nur eine gemeinsame Spule $L_V + L_S$ benötigt wird (Bild 28.5b). Befindet sich die Verlängerungsspule L_V am Antenneneingang, so wird sie ebenfalls mit L_S kombiniert. Die erforderliche Induktivität von L_S errechnet man aus der Gleichung

$$ L_{S/\mu H} = \frac{\sqrt{R_{E/\Omega} \cdot (Z_{S/\Omega} - R_{E/\Omega}) \cdot 10^3}}{2\pi f/_{kHz}} ; $$

$$ (28.10.) $$

R_E – Eingangsimpedanz des Strahlers,
Z_S – Wellenwiderstand des Koaxialkabels,
f – Frequenz.

Die Kapazität C_S läßt sich mit der Beziehung

$$ C_{S/pF} = \frac{2\pi f/_{kHz} \cdot Z_{S/\Omega} \cdot \sqrt{\dfrac{R_{E/\Omega}}{Z_{S/\Omega} - R_{E/\Omega}}}}{10^3} $$

$$ (28.11.) $$

ermitteln.

Beispiel
Eine Mobilantenne mit der Resonanzfrequenz 3700 kHz und einem Eingangswiderstand R_E von 16 Ω soll über die Anpassungsschaltung nach Bild 28.5 an ein 60-Ω-Koaxialkabel angepaßt werden. L_S und C_S sind zu errechnen:

$$ L_S = 1{,}14\,\mu H, \quad C_S = 836\,pF. $$

Auch bei dieser Schaltung soll die Kapazität C_S aus einem Festkondensator mit parallelgeschaltetem Lufttrimmer gebildet werden.

Zum exakten Abstimmen und Anpassen einer verkürzten Mobilantenne sind ein Grid-Dip-Meter und ein Welligkeitsanzeiger unerläßlich. Für die L-Glied-Anpassung nach Bild 28.5 ist die günstigste Meßanordnung in Bild 28.6 dargestellt.

Abgleichvorschrift
Zunächst entfernt man die Speiseleitung und trennt die Verbindungsleitung zwischen C_S und dem Massepotential auf. An Stelle dieser Verbindungsleitung wird eine kleine Spule mit 1 Wdg. eingesetzt, die man als Ankoppelspule für ein Grid-Dip-Meter benutzt. Nun kontrolliert man die Antennenresonanz am Dip-Meter; Abweichungen von der gewünschten Resonanzfrequenz sind an der Verlängerungsspule L_V zu korrigieren. Jetzt schließt man das Koaxialkabel an, in das das Reflektometer eingeschleift ist. Die Antenne wird vom Sender mit ihrer Resonanzfrequenz erregt, die vom Reflektometer angezeigte Welligkeit wird notiert. Nun entfernt man das Speisekabel wieder und verstimmt den Lufttrimmer C_S etwas in Richtung größerer Kapazitätswerte. Die dadurch herabgesetzte Antennenresoanzfrequenz wird – kontrolliert vom Dip-Meter – durch Korrektur an L_V auf den ursprünglichen Wert gebracht. Danach schließt man das Speisekabel wieder an und stellt die neue Welligkeit fest. Ist sie gegenüber der Ersteinstellung geringer geworden, wurde C_S in der «richtigen» Richtung verstimmt, im umgekehrten Fall muß man C_S auf kleinere Kapazitätswerte einstellen. Dieser Abgleich wird in der gleichen Reihenfolge so lange wiederholt, bis die kleinstmögliche Welligkeit erreicht ist. Dann entfernt man die Ankopplungsschleife für den Griddipper und stellt die direkte Verbindung von C_S zum Nullpotential wieder her. Die dadurch hervorgerufene leichte Verstimmung der Antennenresonanz wird abschließend durch kleine Korrekturen an L_V beseitigt. Das ist dann der Fall, wenn das Reflektometer wieder minimale Welligkeit anzeigt.

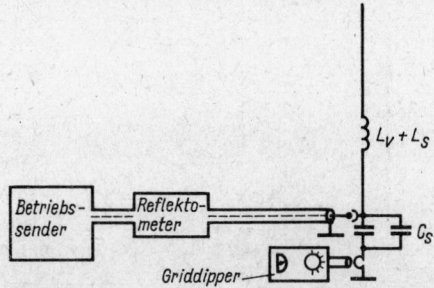

Bild 28.6
Meßanordnung für den Abgleich der Mobilantenne nach Bild 28.5

28.2.2.3. Bemessungsangaben für mechanisch verkürzte Mobilantennen

Für bestimmte Bedingungen ist es möglich, Bemessungsdaten für die Verlängerungsspule L_V in Abhängigkeit von der Strahlerlänge anzugeben. Diese errechneten Daten können nur Näherungswerte sein, weil man die von Fall zu Fall wechselnden Umgebungseinflüsse nicht berücksichtigen kann. Die in Tabelle 28.1 aufgeführten Induktivitäten beziehen sich auf einen Wellenwiderstand des Antennenstabes Z_A von 360 Ω, entsprechend einem Leiterdurchmesser von etwa 8 mm. Dünnere Antennenstäbe erfordern eine etwas größere Induktivität, für dickere Leiter wird sie geringfügig verkleinert. Bei den angegebenen Spulendaten bedeuten d – Drahtdurchmesser in mm, D – Spulendurchmesser in mm und l – Spulenlänge in mm. Die Spulen werden so gewickelt, daß die angegebene Spulenlänge knapp ausgenutzt wird; dieser Fall ergibt sich annähernd dann, wenn der Windungsabstand gleich dem Drahtdurchmesser d ist. Hohe Güte erreicht man mit versilbertem Cu-Draht auf keramischen Sternspulenkörpern. Auch Polystyrol-Körper sind gut geeignet. Wenn kein versilberter Kupferdraht greifbar ist, nimmt man möglichst dicken Kupferlackdraht. Für andere Spulendurchmesser können die erforderlichen Spulendaten bei gegebener Induktivität aus den in der Amateurliteratur häufig vorhandenen Nomogrammen ersehen werden. In Bild 28.7a bis d sind Strahlerlänge und Lage der Verlängerungsspule L_V aufgezeichnet, für die die in Tabelle 28.1. angegebenen Induktivitäten L_V gültig sind.

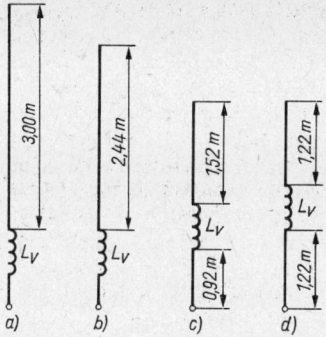

Bild 28.7
Verkürzte Vertikalantennen für den Mobilbetrieb

Für den Betrieb in 10-m-Band sind keine Verlängerungsspulen erforderlich; denn mit einer Strahlerlänge von etwa 2,50 m besteht annähernd Viertelwellenresonanz. Bei der 3-m-Rute ist bereits eine induktive Blindkomponente vorhanden, die durch eine Serienkapazität kompensiert werden muß (siehe Abschnitt 19.4.1.5.). Die größten Schwierigkeiten beim Bau von mechanisch stark verkürzten Mobilvertikalantennen bereitet die mechanische und elektrische Ausführung der Verlängerungsspule, besonders beim 80-m-Betrieb. Beschränkt man sich dabei nicht ausschließlich auf die Benutzung der empfohlenen «Mobilfrequenz» von 3690 kHz, muß die Induktivität von L_V in bestimmten Grenzen veränderbar sein; denn bei den beschriebenen 80-m-Ausführungen beträgt der Frequenzbereich nur

Tabelle 28.1. Bemessungsangaben für mechanisch verkürzte Mobilantennen nach Bild 28.7

Resonanzfrequenz	Strahlerausführung nach Bild 28.7 a	Bild 28.7 b	Bild 28.7 c	Bild 28.7 d
3700 kHz	$L_v = 65\,\mu\text{H}$ ≈66 Wdg. $d = 1,5; D = 50;$ $l = 200$	$L_v = 83\,\mu\text{H}$ ≈81 Wdg. $d = 1,5; D = 50;$ $l = 200$	$L_v = 100\,\mu\text{H}$ ≈70 Wdg. $d = 1,0; D = 60;$ $l = 150$	$L_v = 118\,\mu\text{H}$ ≈88 Wdg. $d = 1,0; D = 50;$ $l = 200$
7050 kHz	$L_v = 17\,\mu\text{H}$ ≈20 Wdg. $d = 2,0; D = 70;$ $l = 80$	$L_v = 22\,\mu\text{H}$ ≈25 Wdg. $d = 2,0; D = 65;$ $l = 100$	$L_v = 32\,\mu\text{H}$ ≈32 Wdg. $d = 1,5; D = 60;$ $l = 100$	$L_v = 35\,\mu\text{H}$ ≈35 Wdg. $d = 1,5; D = 60;$ $l = 110$
14150 kHz	$L_v = 3,3\,\mu\text{H}$ ≈10 Wdg. $d = 2,0; D = 60;$ $l = 75$	$L_v = 4,7\,\mu\text{H}$ ≈11 Wdg. $d = 2,0; D = 70;$ $l = 70$	$L_v = 7,0\,\mu\text{H}$ ≈13 Wdg. $d = 1,5; D = 60;$ $l = 60$	$L_v = 8,0\,\mu\text{H}$ ≈16 Wdg. $d = 1,5; D = 50;$ $l = 50$
21150 kHz	$L_v = 0,7\,\mu\text{H}$ ≈5 Wdg. $d = 2,0; D = 40;$ $l = 50$	$L_v = 1,5\,\mu\text{H}$ ≈7 Wdg. $d = 2,0; D = 50;$ $l = 60$	$L_v = 1,85\,\mu\text{H}$ ≈8 Wdg. $d = 2,0; D = 40;$ $l = 40$	$L_v = 2,1\,\mu\text{H}$ ≈8 Wdg. $d = 2,0; D = 50;$ $l = 50$

etwa 30 kHz. Sollen Induktivitätsänderungen an L_v vermieden werden, kann man das Oberteil des Strahlers als Teleskop ausführen. Man hat dann die Möglichkeit, Veränderungen der Antennenresonanz in bestimmten Grenzen durch mechanische Längenänderung der Antennenrute herbeizuführen. Für die höherfrequenten Amateurbereiche ist der Frequenzbereich dieser Stabantennen über das Amateurband im allgemeinen ausreichend, so daß auf eine Nachstimmung bei Frequenzwechsel meist verzichtet werden kann.

Besondere Schwierigkeiten ergeben sich, wenn Mehrbandbetrieb gefordert wird. Der mechanisch einfachste und elektrisch günstigste Lösungsweg besteht darin, daß man die Verlängerungsspule bzw. Spule und Rutenoberteil auswechselbar herstellt. Umschaltungsanordnungen – teilweise über Relais – sind bekannt, konnten sich aber bisher nicht durchsetzen.

28.2.2.4. Verkürzte Vertikalantennen mit verteilter Induktivität (Heliwhip)

(E. F. Harris – MS Pat. 2966679 – 1957)

Verteilt man die Windungen einer Verlängerungsspule so über die Länge eines Strahlers, daß die gesamte Antenne nur noch aus einer langen Spule besteht, tritt bereits bei geringen mechanischen Spulenlängen Resonanz auf. Eine eng bewickelte und damit extrem kurze Spulenantenne hat jedoch sehr schlechte Strahlungseigenschaften. Wird die Spule aber so weit auseinandergezogen, daß ihre mechanische Länge in die Größenordnung einer verkürzten Vertikalantenne kommt, sind ihre Strahlungseigenschaften denen einer gleichlangen Vertikalantenne mit Verlängerungsspule mindestens ebenbürtig. Da heute sehr brauchbare Kunststoffspulenträger zur Verfügung stehen (Fiberglasangelruten, Polystyrol- und PVC-Rohre), können solche Spulenantennen oftmals die brauchbarste Lösung für einen Fahrzeugstrahler darstellen.

Bewickelt man den Spulenträger so, daß sich im Bereich großer Ströme wenige Spulenwindungen mit großem gegenseitigem Abstand befinden (großer Steigungswinkel) und wird der Steigungswinkel kontinuierlich bis zum Stromknoten verkleinert, dann erhält man eine günstige Stromverteilung auf der Antenne. Daraus ergeben sich einige Vorzüge gegenüber einem gleichlangen Vertikalstab mit Zentralspule. Der Strahlungswiderstand R_r der Spulenantenne ist etwa um den Faktor 1,6 größer, daraus entsteht auch eine etwas höhere Eingangsimpedanz und ein etwas vergrößerter Frequenzbereich. Andererseits bedingt der relativ keine Leiterdurchmesser in Verbindung mit großer Leiterlänge bei einer Spulenantenne erhöhte Leiterverluste.

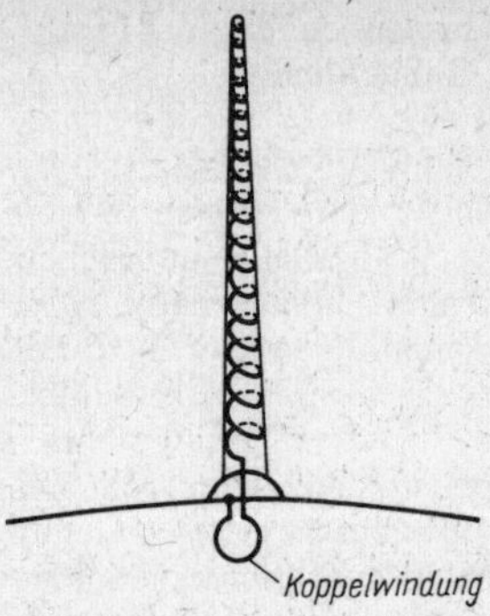

Bild 28.8
Spulenantenne auf einem Fahrzeugdach

Der günstigste Aufbauplatz für eine Spulenantenne ist das Fahrzeugdach, da hier die Umgebungseinflüsse am geringsten sind und der Strahler über einer größeren Metallfläche steht. Eine auf diese Weise montierte Spulenantenne, die sehr leicht und kurz ausgeführt werden kann, ist einer Heckantenne mit Zentralspule bei gleicher mechanischer Länge hinsichtlich der Strahlungseigenschaften überlegen.

In Bild 28.8 wird eine Spulenantenne über einer Metallfläche (Fahrzeugdach) schematisch dargestellt. Zur Resonanzkontrolle ist der Antenneneingang mit einer Koppelspule für das Dip-Meter abgeschlossen. Die für Resonanz erforderliche Windungszahl hängt von der Spulenlänge, dem Windungsabstand und dem Durchmesser ab. Da konisch geformte Spulenträger aus statischen

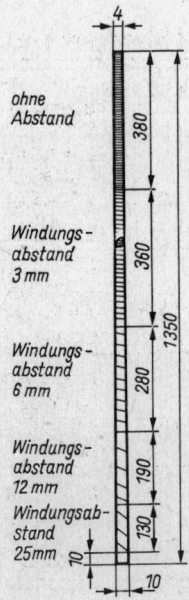

Bild 28.9
Vertikale Spulenantenne für den Mobilbetrieb im 15-m-Band

524

Gründen bevorzugt werden sollen und nicht mit gleichbleibendem Steigungswinkel bewickelt sind, ist ein rechnerisches Vorausbestimmen der mechanischen Spulendaten kaum möglich.

Wie bereits erwähnt wurde, erhält man die günstigsten Strahlungseigenschaften, wenn der Spulenkörper in einem sich kontinuierlich verringernden Steigungswinkel bewickelt wird, so daß die Spulenwindungen am Antenneneingang weit auseinandergezogen sind, während sie an der Antennenspitze dicht aneinanderliegen. Eine solche Bewicklungsweise ist mechanisch nicht einfach, deshalb bringt man die Drahtwindungen besser stufenförmig auf, wie es Bild 28.9 an einer Spulenantenne für das 15-m-Amateurband zeigt. In diesem Fall wurde als Wickelkörper eine 1,35 m lange Glasfiberrute eingesetzt, deren Außendurchmesser sich von 10 auf 4 mm verjüngt. Die untersten 10 mm bleiben unbewickelt, da sie

für das Befestigen der Rute benötigt werden. Die Spule beginnt mit einem 130 mm langen Abschnitt, in dem die Drahtwindungen mit einem gegenseitigen Abstand von 25 mm aufgebracht werden. Die Steigung der Windungen ändert sich in den folgenden Sektionen stufenweise auf 12, 6 und 3 mm, bis schließlich im letzten, 380 mm langen Abschnitt ohne Abstand Windung an Windung bewickelt wird. Es sollen etwa 12,45 m Kupferlackdraht von 0,8 mm Durchmesser auf die Rute aufgebracht werden. Diese Drahtlänge ist etwas größer als erforderlich; es besteht die Möglichkeit, beim Abstimmen die überschüssige Drahtlänge nach Bedarf von der Antennenspitze her zu entfernen, bis sich Resonanz einstellt. Nach dem Resonanzabgleich werden die Windungen mit einem geeigneten Lack oder Kleber festgelegt. Der Frequenzbereich dieser Antenne beträgt etwa 500 kHz; sie ist damit größer, als für das 21-MHz-Band erforderlich.

Bei der Spulenantenne für das 80-m-Band hat sich eine etwas andere Bewicklungsart gut bewährt. Wie Bild 28.10 zeigt, wechseln sich eng bewickelte Zonen mit weit bewickelten ab. Auf ein 1,85 m langes Kunststoffrohr von 30 mm Außendurchmesser werden über eine Länge von 1,60 m verteilt etwa 37 m Kupferlackdraht von 0,6...0,8 mm Durchmesser nach der in Bild 28.10b gezeigten Weise aufgewickelt. Als Wicklungsträger dürfte ein PVC-Rohr, wie es im Wasserleitungsbau verwendet wird, geeignet sein. Die Resonanz wird auch in diesem Fall durch Abwickeln von Windungen am Antennenoberteil abgeglichen. Durch einen praktischen Kniff kann die Resonanz einer Spulenantenne in einfacher Weise etwas verändert werden. Wird eine höhere Frequenz gewünscht, umwickelt man einen schmalen Sektor dichtliegender Spulenwindungen mit einem Streifen Aluminiumfolie. Soll die Frequenz niedriger werden, ersetzt man die Leichtmetallmanschette durch ferromagnetisches Material, z. B. durch Umwickeln mit einem Stück Magnetband. Auch für Spulenantennen gilt, daß ihre Strahlungseigenschaften um so besser werden, je größer ihre Längenausdehnung ist.

28.3. VHF-Antennen für den Mobilbetrieb

Zunächst steht der VHF-Amateur vor der Entscheidung, ob er für den Mobilbetrieb horizontale oder vertikale Polarisation verwenden will. Wie bekannt ist, arbeitet man beim Mobilbetrieb in den VHF-Bereichen neuerdings fast ausschließlich mit Vertikalpolarisation, während in früheren Jahren Horizontalpolarisation im VHF-Amateurband die Regel war. Diese Umstellung

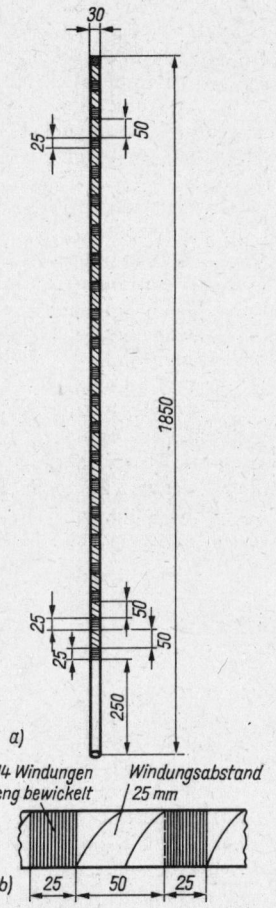

14 Windungen
eng bewickelt

Windungsabstand
25 mm

Bild 28.10
Spulenantenne für das 80-m-Band; a – Gesamtansicht, b – Teilzeichnung eines Wickelabschnittes

ist vor allem auf das Vorhandensein einer Vielzahl von 2-m-Relaisfunkstellen zurückzuführen, die sämtlich vertikal polarisiert sind. Wegen der großen Vorzüge, die diese Frequenzumsetzer besonders den 2-m-Mobilstationen bieten, tritt die Horizontalpolarisation immer stärker in den Hintergrund.

28.3.1. Vertikal polarisierte VHF-Mobilantennen

Die Wahl der günstigsten Einbaustelle am Fahrzeug mag etwas schwierig erscheinen; denn im allgemeinen gilt die Regel, daß eine senkrechte Stabantenne möglichst freistehend über einer größeren Metallfläche errichtet werden soll. Demnach wäre die Mitte des Wagendaches der nach elektrischen Gesichtspunkten bestmögliche Aufbauplatz. Aus verständlichen Gründen möchte man ein Durchbohren des Fahrzeugdaches oder andere unschöne Befestigungsmethoden auf dem Fahrzeugdach vermeiden. Wie Versuche der Antennenindustrie gezeigt haben, ist jedoch das Dach eines Kraftwagens keineswegs die günstigste Einbaustelle für eine senkrechte Stabantenne, wenn diese horizontal polarisierte Meterwellen empfangen soll [4]. Messungen haben die zunächst widerspruchsvolle Tatsache ergeben, daß eine normale Autoantenne, die sich – wie üblich – seitlich vor der Frontscheibe in etwa 100 mm Abstand von der Karosseriekante befand, eine viel größere Empfangsspannung des horizontal polarisierten UKW-Rundfunks liefert als die gleiche Stabantenne über der Mitte des Wagendaches. Dieses Phänomen kann man dadurch erklären, daß die ursprünglich waagrechten Feldlinien in der Nähe der metallischen Fahrzeugkanten so abgebeugt werden, daß sie sich in der Umgebung des Vertikalstabes der Senkrechten nähern und somit weitgehend seiner Polarisität entsprechen. Die größte Empfangsspannung wurde bei einer Stablänge von $3\lambda/8$ erzielt.

Diese im UKW-Rundfunkbereich gewonnenen Erkenntnisse können ohne besondere Einschränkungen auf das 2-m-Amateurband übertragen werden. Somit dürfte die von der Antennenindustrie allgemein empfohlene Einbaustelle für Autoantennen seitlich von der Windschutzscheibe auch der günstigste Aufbauplatz für eine senkrechte 2-m-Antenne sein. Das bedeutet weiter, daß eine normale Autoteleskopantenne mit gutem Erfolg auch als 2-m-Strahler benutzt werden kann.

Der im Kurzellenbereich beliebte Viertelwellenstab hat als Mobilantenne im 2-m-Band nur geringe Bedeutung. Der Eingangswiderstand dieser *Marconi*-Antenne liegt bei etwa 30 Ω und

wird von Form, Ausdehnung und Art der Fahrzeugkarosserie stark beeinflußt. Die effektive Höhe ist gering, die Anpassung an ein koaxiales Speisekabel bereitet oft Schwierigkeiten.

Ein senkrechter Halbwellenstab wäre hinsichtlich seiner Empfangs- und Abstrahleigenschaften erheblich günstiger, er muß aber beim Mobilbetrieb aus mechanischen Gründen endgespeist werden. Der Eingangswiderstand ist hoch (> 500 Ω), und die Fußisolatur muß von ausgezeichneter Qualität sein (Spannungsmaximum!). Eine solche Antenne wird in Abschnitt 25.1.2.1. beschrieben.

Die $5/8$-λ-Stabantenne wird für den Mobilbetrieb im 2-m-Band häufig als die wirkungsvollste Bauform einer vertikal polarisierten Antenne bezeichnet. Die guten Ergebnisse mit dieser Antenne sind vor allem auf ihre relativ große effektive Höhe zurückzuführen. Des weiteren ist für diese Ergebnisse von Bedeutung, daß ihr H-Diagramm einen besonders kleinen Erhebungswinkel des Maximums aufweist. Durch geringes Verändern der Stablänge läßt sich außerdem der Realteil des Eingangswiderstandes auf annähernd 60 Ω bringen. Bei Verwendung eines Teleskopstabes wird somit die Antennenabstimmung besonders einfach. Allerdings muß die bei einer mechanischen Länge von $5\lambda/8$ vorhandene kapazitive Blindkomponente durch einen induktiven Blindwiderstand (Verlängerungsspule) kompensiert werden. Je nach Verkürzungsfaktor beträgt die freie Stablänge eines $5/8$-λ-Strahlers für das 2-m-Band zwischen 1000 und 1200 mm und wird somit von jeder handelsüblichen Autotelekopantenne erreicht. Die Fußpunktspule hat eine Induktivität von näherungsweise 0,35 μH. Weitere Angaben zu dieser empfehlenswerten Mobilantenne sind in Abschnitt 25.1.3. enthalten. In [5] wird eine Teleskopantenne beschrieben, die wahlweise als $\lambda/4$-Strahler oder als $5/8$-λ-Strahler im 2-m-Band betrieben werden kann.

28.3.2. Horizontal polarisierte VHF-Mobilantennen

Horizontal polarisierte VHF-Antennen für den Mobilbetrieb sollen in der E-Ebene ein möglichst kreisförmiges Richtdiagramm haben, damit bestehende Funkverbindungen auch bei Fahrtrichtungsänderungen stabil bleiben. Dieser Forderung entspricht z. B. ein gestreckter Halbwellendipol nicht; denn seine Doppelkreischarakteristik hat 2 ausgeprägte Nullstellen.

Eine Abart des Halbwellendipols, der Ringdipol, erfüllt den Wunsch nach Rundcharakteristik gut, ist aber nach fast allen Richtungen um etwa 6 dB schlechter als ein gestreckter $\lambda/2$-Dipol in seinen Vorzugsrichtungen. Trotzdem ist die Halo-Antenne sehr beliebt, was vor allem auf ihr gefälliges Aussehen zurückzuführen sein dürfte. Die Ringdipol für das 2-m-Band wird in Abschnitt 25.2.1. ausführlich beschrieben.

Um das bei einem einfachen Ringdipol erforderliche Gamma-Glied zu umgehen und einen mechanisch etwas stabileren Aufbau zu erhalten, wird die Halo-Antenne für den 2-m-Mobilbetrieb häufig als Faltdipol aufgebaut. Sie läßt sich einfach herstellen, indem man einen normalen $\lambda/2$-Faltdipol zu einer Ringform biegt, wobei sich die Dipolenden nicht näher als etwa 50 mm gegenüberstehen sollten. Da der Eingangswiderstand eines einfachen Ringdipols nur knapp 50 Ω beträgt, darf man bei einem ringförmigen Faltdipol mit der 4fachen Eingangsimpedanz rechnen (200 Ω). Soll genau an eine 240-Ω-Leitung angepaßt werden, so muß man den Faltdipol nach Abschnitt 4.1. mit verschieden dicken Elementhälften ausführen. Da ein Transformationsverhältnis von etwa 1:5 erforderlich ist, ergibt sich in Auswertung von Bild 4.4. ein Durchmesserverhältnis d_2/d_1 von 2 bei einem Abstand/Durchmesser-Verhältnis D/d_2 von 9 (siehe Bild 4.3). Über eine Halbwellen-Umwegleitung nach Abschnitt 7.5. läßt sich an diesen gefalteten Ringdipol auch ein 60-Ω-Koaxialkabel anschließen.

Im Aussehen nicht so elegant ist der abgewinkelte Faltdipol. Seine Strahlungseigenschaften für das 2-m-Band sind dafür günstiger als die einer Halo-Antenne, wie auch aus den Horizontaldiagrammen in Bild 25.18 hervorgeht. Der Winkelfaltdipol wird in Abschnitt 25.2.2. beschrieben. Er kann mit gleichem Erfolg auch als einfacher abgewinkelter Halbwellendipol aufgebaut werden, wobei man ihn mit einer Gamma-Anpassung versieht und dann über Koaxialkabel speist.

Weitere beachtenswerte horizontal polarisierte Rundstrahler, die man auch beim Mobilbetrieb einsetzen kann, sind die Malteserkreuzantenne (Abschnitt 25.2.5.) und «Das große Rad» (Abschnitt 25.2.6.). Wegen ihres relativ großen mechanischen Aufwandes wird man diese komplizierten Bauformen jedoch nur in Sonderfällen anwenden.

Häufig werden auch kleine Richtantennen für den 2-m-Mobilbetrieb benutzt. Man kann sie besonders bei Sternfahrten und sonstigen Mobilwettbewerben mit großem Erfolg einsetzen. Im praktischen Fahrzeugbetrieb hat sich die in Abschnitt 23.1.2. beschriebene HB 9 CV-Antenne besonders gut bewährt.

Für alle horizontal polarisierten 2-m-Mobilantennen wird empfohlen, daß sie sich mindestens 0,75 m über dem Fahrzeugdach befinden sollen. Dabei ist es gleichgültig, wo man den Antennenträger am Fahrzeug befestigt.

28.4. Fuchsjagdantennen

Für Fuchsjagden benötigt man Peilantennen, die eindeutige Richtungsbestimmungen ermöglichen.

Fuchsjagden und Fuchsjagdmeisterschaften werden im 80-m-Amateurband und im 2-m-Amateurband veranstaltet. Während man bei der 2-m-Fuchsjagd mit herkömmlichen *Yagi*-Antennen arbeiten kann, sind für das 80-m-Band spezielle Peilantennen notwendig.

28.4.1. Peilantennen für das 80-m-Band

Für die 80-m-Fuchsjagd werden ausschließlich Rahmenantennen oder Ferritantennen eingesetzt. Beide sprechen stärker auf die magnetische Komponente des elektromagnetischen Feldes an; man nennt sie auch magnetische Antennen (siehe auch Abschnitt 20.).

Eine für Peilzwecke geeignete Rahmenantenne besteht in ihrer einfachsten Form aus einem drehbaren Rahmen, der auf seinem Umfang eine bestimmte Anzahl an Drahtwindungen trägt. Die Drehachse ist senkrecht orientiert. Der Rahmen hat im allgemeinen die Form eines Ringes, eines Quadrates oder eines Polygons. Die Antenne wird durch eine große Spule dargestellt, deren Abmessungen, bezogen auf die zu empfangende Wellenlänge, sehr klein sind. In ihr induziert die magnetische Komponente des elektromagnetischen Feldes eine Spannung, die maximal ist, wenn sich die Rahmenebene in der Fortpflanzungsrichtung der elektromagnetischen Wellen befindet. Zeigt die «Breitseite» des Rahmes in die Senderrichtung, ist die Empfangsspannung minimal. Bild 28.11 zeigt eine ringförmige Rahmenantenne, die sich für einen in Pfeilrichtung befindlichen Sender in der Stellung maximaler Empfangsspannung befindet. Empfang ergibt sich jedoch auch, wenn der Sender in der um 180° versetzten Gegenrichtung steht (gestrichelt). Das Richtdiagramm dieser Rahmenantenne zeigt

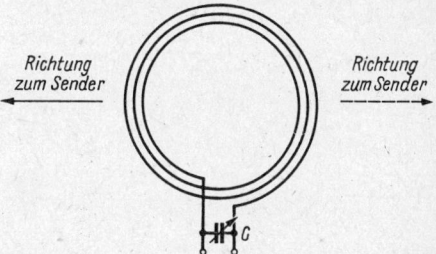

Bild 28.11
Ringförmige Peilantenne in Maximumstellung zum Sender

Bild 28.12
Das Richtdiagramm einer Rahmenantenne, deren Abmessungen, bezogen auf die empfangene Wellenlänge, sehr klein sind

Bild 28.12., wobei die Stellung des Rahmens in der Draufsicht eingezeichnet ist. Es hat die vom Halbwellendipol her bekannte Doppelkreischarakteristik mit dem grundlegenden Unterschied, daß sich die beiden Nullstellen der Rahmenantenne nicht in Achsrichtung wie beim Halbwellendipol befinden, sondern um 90° quer zur Achsrichtung versetzt sind.

Die effektive Höhe h_e einer Rahmenpeilantenne wird von der Rahmenfläche A sowie der Anzahl n der Rahmenwindungen bestimmt.

$$h_e = \frac{2\pi nA}{\lambda} \qquad (28.12.)$$

So beträgt z. B. die effektive Höhe einer ringförmigen Rahmenantenne mit 0,26 m Durchmesser und 5 Rahmenwindungen (Rahmenantenne des Fuchsjagdempfängers *Gera I*) im 80-m-Band nur etwa 0,021 m = 21 mm. Die vom Rahmen gelieferte Spannung U_r ist deshalb sehr gering. Durch Resonanzabstimmung der Antenne mit dem Drehkondensator C (Bild 28.11) kann an diesem eine Resonanzspannung U_{res} abgenommen werden, die um die Güte Q des Kreises größer als die Rahmenspannung U_r ist:

$$U_{res} = U_r \cdot Q. \qquad (28.13.)$$

Auch der Strahlungswiderstand R_r der üblichen Fuchsjagdpeilantennen ist extrem niedrig; er beträgt

$$R_{r/\Omega} \approx 31200 \cdot \left(\frac{nA}{\lambda^2}\right)^2. \qquad (28.14.)$$

Für einen kreisförmigen Rahmen vom Umfang S geht Gl. (28.14.) über in

$$R_{r/\Omega} \approx 197 \cdot n^2 \cdot \left(\frac{S}{\lambda}\right)^4.$$

Erhöhen von S/λ ist demnach erheblich wirksamer als Vergrößern der Windungsanzahl n.

Zum Verbessern der Richtwirkung umgibt man magnetische Antennen mit einem elektrostatischen Metallschirm. Bei ringförmigen Peilantennen werden deshalb die Rahmenwindungen in ein Kupfer- oder Leichtmetallrohr eingezogen. Dabei ist zu beachten, daß dieses Abschirmrohr keinen metallisch geschlossenen Kurzschlußring bilden darf. Nach Bild 28.13 muß man die Abschirmung entweder direkt am Antenneneingang (28.13 b) oder diesem genau gegenüberliegend (28.13 a) unterbrechen. Die im Innern des Abschirmrohres verlaufenden Rahmenwindungen darf man jedoch an den Trennstellen der Abschirmung nicht unterbrechen; sie bilden eine fortlaufende kreisförmige Spule, von der nur die Enden herausgeführt werden. An die Spulenenden wird der Abstimmdrehkondensator angeschlossen.

In modernen Fuchsjagdempfängern verwendet man nur noch Transistoren, deren Eingangswiderstand bekanntlich relativ niedrig ist. Deshalb muß der hochohmige Rahmenkreis an den niedrigohmigen Transistoreingang angepaßt werden. Dazu bedient man sich entweder einer gesonderten Koppelwindung, oder man zapft etwa 1 Windung vom «kalten» Ende der Rahmenspule entfernt den Rahmenkreis an und schließt dort die Transistoreingangsstufe an.

Derartige Rahmenantennen liefern gute Peilergebnisse, die aber immer zweideutig sind. Aus der Richtkennlinie Bild 28.12 ist zu ersehen, daß 2 Minima und 2 Maxima auftreten, die keine richtige Seitenbestimmung gestatten. Eindeutige Peilungen sind nur möglich, wenn das bidirektionale Horizontaldiagramm des Peilrahmens in ein unidirektionales, z. B. in das einer Kardioide, verwandelt wird. Zur Seitenbestimmung benötigt man eine zusätzliche Hilfsantenne, die dem

Unterbrechung des Abschirmrohres

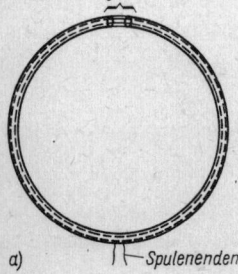

a) ⊢ Spulenenden

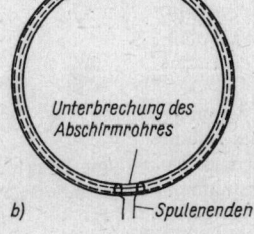

Unterbrechung des Abschirmrohres

b) ⊢ Spulenenden

Bild 28.13
Ringförmige Peilantennen mit elektrostatischer Abschirmung; a – Unterbrechung des Abschirmrohres gegenüber dem Antenneneingang, b – Unterbrechung des Abschirmrohres am Antenneneingang

elektrischen Feld eine Spannung entnimmt, die nach Größe und Phase gleich der vom Peilrahmen aus dem magnetischen Feld induzierten Spannung ist. Werden beide Spannungen einander überlagert, so verwandelt sich die Doppelkreischarakteristik des Rahmens in eine herzförmige Richtcharakteristik (Kardioide) mit nur einer Nullstelle. Somit wird eine eindeutige Richtungsbestimmung möglich. Die Hilfsantenne ist ein Vertikalstab. Um mit einem kurzen Stab von etwa 1 m Länge Resonanz zu erhalten, wird dieser mit einer entsprechenden Verlängerungsspule L_V versehen. Die Größe der Hilfsantennenspannung stellt man mit einem Kohleschichtdrehwiderstand ein, der in die Zuführung eingefügt ist. Bild 28.14 zeigt das Prinzipschaltbild eines Peilrahmens mit Hilfsantenne, dessen Herstellung und Anwendung in [6] ausführlich beschrieben wird.

Heute verwendet man bei der 80-m-Fuchsjagd nur noch Ferritantennen. In ihren Abmessungen sind sie erheblich kleiner als die Rahmenpeiler. Wie Bild 28.15 zeigt, besteht die Ferritantenne aus einem Ferritstab, auf den die Spulenwicklung aufgebracht ist. Handelsübliche Ferritstäbe haben meist einen Durchmesser von 8 oder 10 mm, ihre Länge beträgt 65 ... 200 mm. Das optimale Längen/Durchmesser-Verhältnis wird mit 16 ... 20 angegeben. Für Fuchsjagdpeilantennen ist der Sinterwerkstoff *Manifer 240* besonders geeignet, weil er seine günstigsten Eigenschaften im Frequenzbereich zwischen 2 und

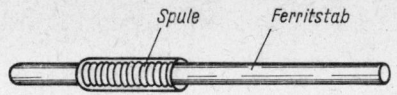

Bild 28.15
Die Ferritstabantenne

6 MHz hat. Bei einem Stabdurchmesser von 10 mm wird er in Längen von 160 und 200 mm geliefert. *Manifer 240* weist eine Anfangspermeabilität μ_a von 120 ± 20 % auf.

Die Lage der Spule auf dem Ferritstab ist hinsichtlich Kreisgüte und wirksamer Permeabilität von Bedeutung. Man bringt sie deshalb im allgemeinen nicht in Stabmitte auf, sondern etwas nach außen versetzt (Bild 28.15) und mit einer isolierenden Zwischenlage etwa 1 mm vom Stab getrennt. Durch späteres Verschieben aus dieser Lage sind bestimmte Abgleichmöglichkeiten gegeben. Die Berechnung der für eine vorgegebene Induktivität L erforderlichen Windungszahl n kann mit guter Näherung nach der Formel

$$n = k \cdot \sqrt{L/_{\mu H}} \qquad (28.15.)$$

durchgeführt werden; k – Kernfaktor des Werkstoffes (wird jeweils vom Hersteller angegeben); L – Induktivität. Als Spulen verwendet man einlagige Zylinderspulen aus Hochfrequenzlitze.

Die effektive Höhe h_e einer Ferritantenne beträgt

$$h_e = \frac{2\pi nq}{\lambda} \cdot \mu_{eff}; \qquad (28.16.)$$

n – Anzahl der Spulenwindungen,
q – Querschnitt des Ferritstabes,
μ_{eff} – effektive Permeabilität des Ferritwerkstoffes,
λ – Wellenlänge.

Das Richtdiagramm einer Ferritantenne zeigt ebenfalls die bekannte Doppelkreischarakteristik, wobei die beiden Empfangsminima in Achsrichtung des Stabes auftreten (Bild 28.16). Obwohl man beim Vergleich mit dem Richtdiagramm eines Rahmenpeilers (Bild 28.12) annehmen könnte, daß sich die Richtung der Minima in

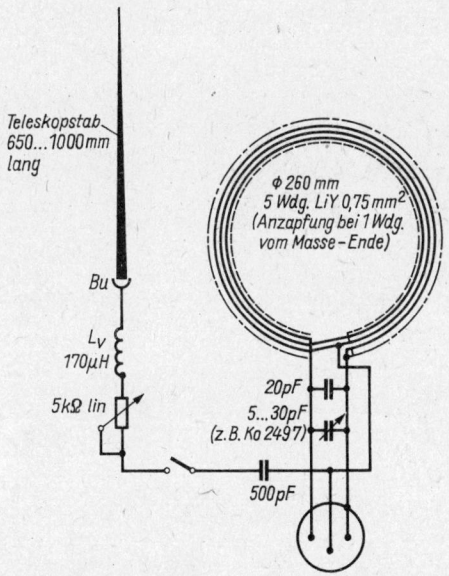

Bild 28.14
Prinzipschaltung eines Peilrahmens mit Hilfsantenne für die 80-m-Fuchsjagd

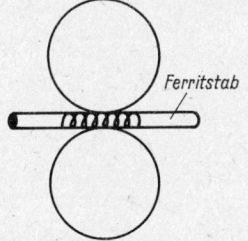

Bild 28.16
Richtdiagramm einer Ferritstabantenne

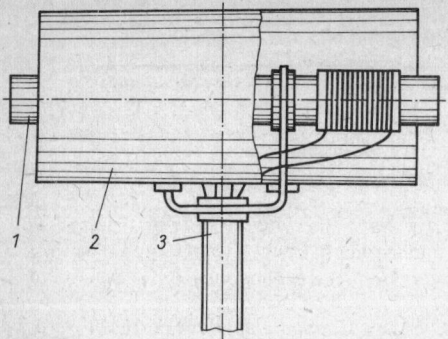

Bild 28.17
Drehbare Ferritantenne mit elektrostatischem Schirm;
1 – Ferritstab, 2 – Abschirmzylinder, längsgeschlitzt,
3 – Drehachse

beiden Fällen um 90° unterscheidet, ist das nicht der Fall; denn es darf dabei nicht die Lage des Rahmens bzw. die des Ferritstabes, sondern ausschließlich die Lage der Spulenwindungen betrachtet werden. Es läßt sich dann erkennen, daß in beiden Fällen die Minima in Achsrichtung der Spule liegen.

Auch bei der Ferritantenne wird die Richtwirkung durch eine elektrische Abschirmung verbessert. Sie besteht aus einem dünnwandigen Metallzylinder, der mit einem Längsschlitz versehen sein muß, damit er keine Kurzschlußwindung bildet. Die Anordnung der Abschirmung geht aus Bild 28.17 hervor.

Hinsichtlich Empfindlichkeit und Richtwirkung entspricht die Ferritantenne etwa einer ringförmigen Rahmenantenne, deren Ringdurchmesser gleich der Länge des Ferritstabes ist. Da handelsübliche Ferritstäbe maximal 200 mm lang sind, ist die Empfindlichkeit im Gegensatz zum Rahmenpeiler begrenzt. Dem Nachteil der etwas

geringeren Empfindlichkeit einer Ferritantenne stehen die großen Vorzüge des kompakten Aufbaues und der einfachen, kostensparenden Herstellung gegenüber.

Bild 28.18 zeigt eine Ferritpeilantenne mit Hilfsantenne zur Seitenbestimmung. Die auf den Ferritstab aufgebrachte Antennenspule bildet zusammen mit dem Drehkondensator C einen Resonanzkreis, der sich auf die «Fuchsfrequenz» im 80-m-Band abstimmen läßt. Bei einem Ferritstabdurchmesser von 10 mm betragen die Richtwerte für diese Spule etwa 25...30 Wdg. HF-Litze, dabei wird ein Drehkondensator bzw. Trimmer mit einer Kapazitätsvariation von 6... 30 pF vorausgesetzt. Die Koppelspule bemißt man mit 2 Wdg., sie liegt mit einem Ende am Nullpotential des Empfängers bzw. am nicht eingezeichneten Abschirmzylinder. Der 2. Anschluß der Koppelspule führt im allgemeinen über einen Trennkondensator zur Basis des Eingangstransistors. An dieses Ende der Koppelspule ist außerdem über den Kohleschichtdrehwiderstand R und die Verlängerungsspule L_V der Hilfsantennenstab angeschlossen. L_V wird häufig weggelassen, für R sind Widerstandswerte von 10 kΩ lin. üblich (nicht kritisch!). Der Schalter S entfällt, wenn man den Hilfsantennenstab steckbar ausführt. Als Hilfsantenne haben sich entsprechend bearbeitete Fahrradspeichen gut bewährt. Ausführliche Bauanleitungen für Fuchsjagdempfänger mit Rahmen- und Ferritpeilantennen sind in den Literaturhinweisen am Schluß des Abschnittes zu finden.

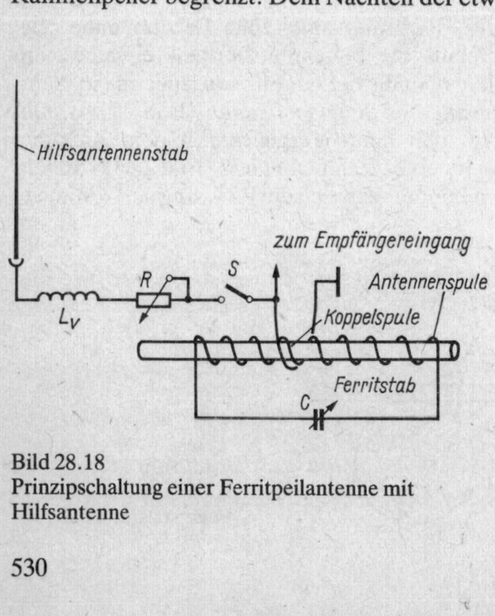

28.4.2. Peilantennen für die 2-m-Fuchsjagd

Spezialpeilantennen für die Fuchsjagd im 2-m-Amateurband wurden bisher noch nicht bekannt, da eine genügend große Auswahl herkömmlicher 2-m-Richtantennen vorhanden ist, die alle Wünsche bezüglich Richtwirkung und Empfindlichkeit erfüllen kann. Horizontal polarisierte *Yagi*-Antennen mit 3 Elementen herrschen vor, mehr Elemente verwendet man selten. Solche kurzen *Yagi*-Formen sind in Abschnitt 23.3.1. beschrieben. Mitunter begnügt man sich auch mit einfachen 2-Element-Ausführungen einschließlich der Sonderform *HB 9 CV*-Antenne (siehe Abschnitt 23.1.2.). Diese Antenne erfreut sich steigender Beliebtheit. Zusätze für die Seitenbestimmung werden nicht gebraucht; denn die genannten Systeme sind unidirektional.

Die leider etwas sperrigen *Yagi*-Antennen können den Fuchsjäger im Gelände (z. B. im Unterholz) sehr behindern. Man wünscht sich deshalb kompakte Bauformen, bei denen zumindest die mechanische Breite der Peilantenne vermindert werden kann. Ein erster Schritt auf diesem

Bild 28.18
Prinzipschaltung einer Ferritpeilantenne mit Hilfsantenne

Weg wäre das *Cubical* Quad, das nur die halbe Breite einer *Yagi*-Antenne hat, dafür aber eine größere Höhenausdehnung aufweist und ein umfangreiches Tragegerüst benötigt.

Eine von *Seymour* in [7] beschriebene 2-m-Fuchsjagdpeilantenne besticht durch ihre geringen Abmessungen. Wie Bild 28.19a erkennen läßt, ist sie aus einer *HB 9 CV*-Antenne entstanden, deren Elemente verkürzt und abgewinkelt wurden, so daß sie oben offene Quadrate bilden. Mit den Seitenlängen der Quadrate von nur 172 bzw. 183 mm sind die Elemente zu kurz; sie müssen deshalb durch Endkapazitäten bis zur erforderlichen Resonanzfrequenz elektrisch verlängert werden. Diese Endkapazitäten werden durch offene Zweidrahtleitungen (Stubs) gebildet; im einfachsten Fall bestehen sie aus Bandleitungsstücken entsprechender Länge.

Der für *HB 9 CV*-Antennen angegebene Elementabstand von $0,125\lambda$ wird bei dieser Bauform nicht eingehalten, er beträgt 370 mm $\triangleq 0,179\lambda$. Dementsprechend unterschiedlich bemessen ist auch die überkreuzte Verbindungsleitung, für die ein Wellenwiderstand von 150 Ω vorgeschrieben wird. Die Musterantenne wurde insgesamt aus Kupferdraht mit 1,6 mm Durchmesser gefertigt. Da die Leiterabstände mit 3 mm angegeben sind, kann man daraus nach Gl. (5.2.) den geforderten Wellenwiderstand von ≈ 150 Ω errechnen. Dieser Drahtdurchmesser ist jedoch nicht bindend, sofern der angegebene Wellenwiderstand eingehalten wird.

Der Antenneneingang X_1–X_2 wird über ein Netzwerk nach Bild 28.19b an ein 50-Ω-Koaxialkabel angepaßt. Die bifilar gewickelten Spulen haben je 3 Windungen aus Kupferlackdraht mit

0,9 mm Durchmesser bei einem Spulendurchmesser von 10 mm und einer Spulenlänge von 14 mm. Eine Leiterplattenzeichnung für dieses Anpassungsnetzwerk ist in [7] enthalten. Diese Schaltung muß allseitig abgeschirmt werden.

Zuerst sind die beiden Quadrate, von denen alle Anschlüsse entfernt werden, einzeln auf die Sollfrequenzen abzugleichen. Unter Kontrolle mit einem möglichst lose angekoppelten Dip-Meter werden die Abstimmstubs so verlängert bzw. verkürzt, daß sich die Resonanzfrequenz 145 MHz für das vordere Element und 135 MHz für den Reflektor einstellt. Dann werden die Gamma-Glieder und die überkreuzte Verbindungsleitung sowie das Anpassungsnetzwerk angeschlossen. Durch wechselseitiges Verändern von C_1 und C_2 wird bei einer Resonanzfrequenz von 145 MHz die Einstellung der geringstmöglichen Welligkeit gesucht.

Natürlich erreicht diese Miniaturausführung einer Peilantenne nicht den Gewinn einer *HB 9 CM* voller Länge; man darf jedoch damit rechnen, daß die für eine einwandfreie Peilung erforderliche große Rückdämpfung vorhanden ist.

Da mit modernen Transistoren sehr empfindliche 2-m-Fuchsjagdempfänger hergestellt werden können, ist der Gewinn der Peilantenne von zweitrangiger Bedeutung; im Vordergrund steht immer die Richtwirkung. Von dieser Erkenntnis ausgehend, dürfte es möglich sein, stark verkürzte, spulenförmige Antennenelemente zu verwenden. Dabei vermindert sich bekanntlich der Antennengewinn entsprechend, die Richtwirkung bleibt aber weitgehend erhalten. Konstruktionen ähnlich Bild 17.7 wären für solche verkürzten 2-m-Peilantennen denkbar, wobei als Spulenträger kurze Kunststoffrohre verwendet werden könnten, auf die sich die Spulen direkt aufbringen lassen. Dem experimentierfreudigen Fuchsjäger bieten sich auf diesem Gebiet noch einige Verbesserungsmöglichkeiten.

28.5. Antennen für das 11-m-Band (CB-Antennen)

Gemäß internationaler Vereinbarungen können die Länder bestimmte Frequenzbereiche für den Funkverkehr von Privatpersonen, Behörden, Firmen, Vereinen und sonstigen Einrichtungen freigeben. Man bezeichnet diese Bereiche oft als Citizens Band (abgekürzt CB) oder als Jedermanns-Band. Über die Freigabe solcher Bänder entscheiden die Länder, sie erlassen auch entsprechende Bestimmungen zu deren Benutzung.

In der Bundesrepublik Deutschland werden Sprechfunkanlagen kleiner Leistung im Fre-

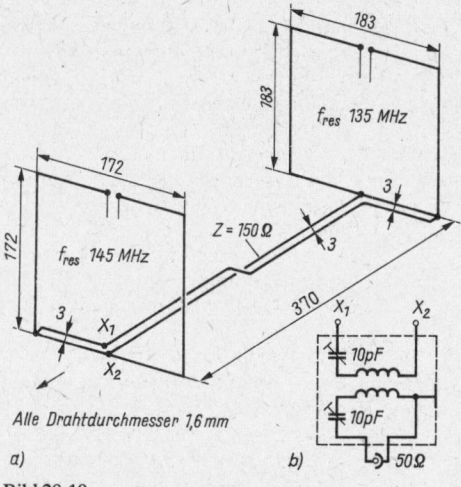

Bild 28.19
Miniaturpeilantenne für 145 MHz von *G 4 NNA*;
a – Bemessungsschema, b – Anpassungsnetzwerk

Tabelle 28.2.

Frequenzkanäle für die Betriebsart Wechselsprechen auf einer Frequenz ortsfester und beweglicher Sprechfunkanlagen

Kanal-Nummer	Betriebs-frequenz in kHz	Kanal-Nummer	Betriebs-frequenz in kHz
1	26965	21	27215
2	26975	22	27225
3	26985	23	27255
4	27005	24	27235
5	27015	25	27245
6	27025	26	27265
7	27035	27	27275
8	27055	28	27285
9	27065	29	27295
10	27075	30	27305
11	27085	31	27315
12	27105	32	27325
13	27115	33	27335
14	27125	34	27345
15	27135	35	27355
16	27155	36	27365
17	27165	37	27375
18	27175	38	27385
19	27185	39	27395
20	27205	40	27405

quenzbereich 26960 ... 27410 kHz unter bestimmten Voraussetzungen zugelassen. Dieses sogenannte 11-m-Band (Frequenzbereich 27120 kHz ± 0,6%) ist international für wissenschaftliche, industrielle und medizinische Zwecke (Hochfrequenzgeräte) vorgesehen. In diesem Frequenzbereich werden eine sehr große Anzahl von Hochfrequenzgeräten, Funkanlagen zur Modellfernsteuerung und weitere Arten von Funkanlagen betrieben.

Gemäß internationaler Empfehlungen wird der Frequenzbereich in genormte Kanäle aufgeteilt (siehe Tabelle 28.2.).

Die Genehmigung von 11-m-Sprechfunkanlagen ist in der BRD mit der Auflage verbunden, daß Richtantennen nicht verwendet werden dürfen. Die geforderte Rundstrahlung erreicht man am wirtschaftlichsten mit vertikal polarisierten Antennen, vorzugsweise mit Viertelwellenstrahlern. Für Hand-Sprechfunkgeräte und Fernsteuersender sind die hierbei erforderlichen Antennenstablängen von rund 2,65 m oft zu unhandlich, man verwendet deshalb vorwiegend verkürzte Vertikalantennen. Dabei entsteht immer ein Verlust an Wirkungsgrad gegenüber dem einer Viertelwellenantenne voller Länge, und der Frequenzbereich des Strahlers wird um so kleiner, je stärker man die Strahlerlänge verkürzt.

In der BRD müssen die 11-m-Sprechfunkgeräte eine Serienprüfnummer des FTZ tragen, die bei ortsbeweglichen Anlagen (Hand-Sprechfunkgeräten) mit der Kenngruppe PR 27 beginnt. Die FTZ-Serienprüfnummer von ortsfest betriebenen Anlagen beginnt mit den Kennbuchstaben KF.

Man kann die 11-m-Sprechfunkgeräte in 3 Gruppen einteilen:

a – Hand-Sprechfunkgeräte (Amateurjargon: Handfunke oder Walkie-Talkie); sie haben einen eingebauten Lautsprecher, der im Sendefall als Mikrofon wirkt, eingesetzte Batterien und eine fest angebaute, ausziehbare Antenne.

b – Auto-Sprechfunkgeräte (Mobilstation): sie werden aus der Autobatterie betrieben und haben einen Koaxialkabelanschluß für externe Auto-Funkantennen.

c – Ortsfeste Sprechfunkanlagen (Feststation): diese werden im allgemeinen aus dem Wechselstromnetz gespeist und haben einen Koaxialkabelanschluß für Außenantennen.

Abschließend sei vermerkt, daß zusätzliche HF-Verstärker, sogenannte Nachbrenner, verboten sind, auch wenn sich diese in der Antennenanlage selbst befinden.

28.5.1. Antennen für 11-m-Handsprechfunkgeräte

Im Normalfall liegt die Reichweite von diesen Hand-Sprechfunkgeräten – abhängig von den topographischen Verhältnissen im Ausbreitungsweg – zwischen 500 und 3000 m. Größere Weiten können bei günstigem Gelände erreicht werden.

Die ausziehbaren Antennen, zumeist Teleskopstäbe, sind fester Gerätebestandteil, Veränderungen an diesen, die den Antennenwirkungsgrad verbessern sollen, sind deshalb nur bedingt möglich. Im allgemeinen ist die Länge der ausgefahrenen Antenne bei Hand-Sprechfunkgeräten $\leqq 1,25$ m. Das entspricht einer wirksamen Antennenlänge von $\leqq \lambda/9$, entsprechend 40°, woraus sich nach Bild 19.50 oder Gl. (28.2.) ein Strahlungswiderstand R_r von < 5 Ω ergibt. Da die immer vorhandenen Verlustwiderstände R_l etwa in der gleichen Größenordnung liegen, ist nach Gl. (19.12.) der Wirkungsgrad η immer $< 0,5$ ($< 50\%$). Bei einer Antennenstablänge von 0,55 m ($\lambda/20$), entsprechend einer wirksamen Strahlerlänge von 18°, würde der Strahlungswiderstand R_r nur etwa 1 Ω betragen. Nimmt man die gleiche Summe der Verlustwiderstände R_l von 5 Ω an, so ergibt sich daraus ein Wirkungsgrad von nur 0,167 (16,7%). Da die Antennenlänge immer $\lambda/4$ ist, muß der dadurch auftretende kapazitive Blindwiderstand X_C durch einen induktiven Blindwiderstand X_L in Form einer Verlängerungsspule kompensiert werden.

Eine Verbesserung des Wirkungsgrades läßt sich erreichen, wenn man den Antennenstab verlängert oder mit einer Dachkapazität nach Bild 19.30 versieht. Allerdings müßte in diesem Fall die im Gerät vorhandene Verlängerungsspule entsprechend verkleinert werden, wodurch sich gleichzeitig auch der Verlustwiderstand verringert.

Ausführlichere Angaben zur verkürzten Vertikalantennen sind in Abschnitt 28.2.2. enthalten. Auf die Möglichkeit, die Antenne eines 11-m-Hand-Sprechfunkgerätes als verkürzte Vertikalantenne mit verteilter Induktivität (Spulenantenne) auszuführen, wird hingewiesen (siehe Abschnitt 28.2.2.4.)

28.5.2. Antennen für 11-m-Autosprechfunkgeräte

Auto-Sprechfunkgeräte sind für den Anschluß einer externen Mobilfunkantenne eingerichtet und bieten somit die Möglichkeit, Rundstrahlantennen mit großem Wirkungsgrad zu verwenden. Es werden Rutenlängen zwischen 0,53 m und 2,63 m eingesetzt, entsprechend $\lambda/20 \ldots \lambda/4$. Nach Gl. (28.2.) ergeben sich daraus Strahlungswiderstände R_r zwischen 1,5 Ω ($\lambda/20$) und 40 Ω ($\lambda/4$).

Im allgemeinen werden industriell gefertigte, abstimmbare Mobilfunkantennen verwendet, die vorzugsweise $\lambda/8 \ldots \lambda/10$ lang sind (mechanische Länge des Antennenstabes etwa 1,25 m). Der Frequenzbereich solcher 11-m-Antennen wird häufig mit nur 100 kHz angegeben; das ist kein Mangel, sondern ein Zeichen dafür, daß eine Verlängerungsspule hoher Güte Q eingesetzt ist. Der Frequenzbereich einer verkürzten Vertikalantenne verringert sich mit wachsender Güte Q seiner Verlängerungsspule.

Ein Nachstimmen der Antennenresonanz durch geringfügiges Verändern der Rutenlänge sollte bei mechanisch verkürzten Strahlern immer möglich sein, da sich einerseits ihr Frequenzbereich um so mehr vermindert, je stärker die Verkürzung wird, und andererseits durch den Anbau der Antenne an das Kraftfahrzeug nicht vorausberechenbare Veränderungen der Strahlerresonanz auftreten, die kompensiert werden müssen. Man könnte auch die Induktivität der Verlängerungsspule entsprechend variieren, aber diese Möglichkeit erfordert einen etwas komplizierteren mechanischen Aufbau, wobei gewöhnlich auch die Spulengüte Q negativ beeinflußt wird.

Die Rutenlänge kann man bei Selbstbauantennen am einfachsten verändern, indem man einen Teil des Antennenstabs teleskopartig verschiebbar ausführt. Elektrisch und mechanisch ist es am günstigsten, das «Teleskop» am freien Strahlerende anzuordnen. Hier genügen sehr dünne Teleskopstäbe, z. B. solche von Kofferempfängern. Unbequem ist dabei lediglich, daß sich das Antennenende oft schwer erreichen läßt. Ein «Teleskop» am Antenneneingang muß mechanisch sehr stabil sein und in sich eine gute elektrische Kontaktgabe aufweisen, da dort Strommaximum herrscht. Ein Fußpunkt-Teleskopteil ist leicht zugänglich und kann mit entsprechenden Markierungen für die jeweilige Resonanzabstimmung versehen werden. Handelsübliche Auto-Teleskopantennen mit einer ausziehbaren Länge von $1,65 \ldots 1,70$ m (etwa $\lambda/7$) sind als 11-m-Mobilantennen gut geeignet, wenn man sie mit einer passenden Verlängerungsspule am Fußpunkt versieht (siehe Tabelle 28.3.). Bei starren Antennenstäben kann die Abstimmung auch durch Aufstecken unterschiedlich großer Dachkapazitäten vorgenommen werden (siehe Bild 19.30).

Als Gegengewicht des Viertelwellenstrahlers wirken immer die Metallteile des Fahrzeugs bzw.

Tabelle 28.3. Bemessungsangaben verkürzter Mobilfunk-Vertikalantennen für das 11-m-Band

Antennenstab										
Länge in λ	1/5	1/6	1/7	1/8	1/10	1/12	1/14	1/16	1/18	1/20
Länge in °	72	60	51,4	45	36	30	25,7	22,5	20	18
Länge in mm	2146	1785	1527	1327	1062	882	755	657	582	520
R_r in Ω	24,1	16,5	12,2	9,2	5,9	4,1	3,0	2,3	1,8	1,4
Verlängerungsspule:										
L in μH	0,67	1,15	1,55	1,9	2,5	3,0	3,5	4,0	4,5	4,9
R_L in Ω bei										
$Q_L = 50$	2,28	3,29	5,28	6,46	8,52	10,3	12,0	13,6	15,1	16,4
$Q_L = 100$	1,14	1,96	2,64	3,23	4,26	5,17	6,0	6,78	7,53	8,22
$Q_L = 150$	0,76	1,31	1,76	2,15	2,84	3,45	4,1	4,5	5,02	3,48
$Q_L = 200$	0,57	0,98	1,32	1,6	2,13	2,59	3,0	3,4	3,8	4,1

ihre Kapazität zum Erdboden. Für bestmöglichen Wirkungsgrad ist es wichtig, den Außenleiter des koaxialen Speisekabels elektrisch gut leitend mit dem Karosserieblech zu verbinden. Sehr gute elektrische Leitfähigkeit ist für alle Verbindungen an verkürzten Vertikalantennen zu fordern, denn durch Korrosion entstandene oder «hineingebaute» Übergangswiderstände haben bei den kleinen Strahlungswiderständen schwerwiegende Folgen für den Antennenwirkungsgrad.

Die Verlängerungsspule sollte von möglichst hoher Güte Q sein und muß so angeordnet werden, daß ihr Abstand von Metallteilen mindestens dem doppelten Spulendurchmesser entspricht. Sie ist vor Schmutz und Spritzwasser zu schützen. Weitere Hinweise sind in Abschnitt 28.2.2. enthalten.

Ein Aufbau der Mobilfunkantenne an der Heckstoßstange nach Bild 28.2. wird oft bevorzugt, da er die geringsten Eingriffe am Fahrzeug erfordert. Dabei müssen aber längere, biegsame Antennenruten so gesichert werden, daß durch ihr Ausschwingen andere Verkehrsteilnehmer nicht gefährdet werden können. Elektrisch gesehen, bildet dieser Stoßstangenaufbau eine Kompromißlösung, weil sich die an der Abstrahlung am stärksten beteiligte Speisezone (Strommaximum) in unmittelbarer Nähe der Metallkarosserie befindet. Der ausbreitungsmäßig günstigste Aufbau über dem Wagendach erfordert meistens Karosseriedurchbrüche und sonstige Veränderungen am Fahrzeug, die man im allgemeinen vermeiden möchte. Weitere Angaben zur mechanischen Ausführung befinden sich in Abschnitt 28.2.1.

Im Gegensatz zur Rundfunk-Autoantenne braucht man bei einer Mobilfunkantenne keine Rücksicht auf die Länge des koaxialen Speisekabels zu nehmen. Da die Verluste handelsüblicher Koaxialkabel bei 27 MHz ohnehin gering sind, ist es ohne besondere Bedeutung, ob man z. B. 2 oder 3 m Kabel einsetzt.

Die Daten in Tabelle 28.3. wurden für Bandmitte 27,12 MHz $\triangleq$ 11,062 m errechnet. Sie beziehen sich auf einen Antennenstabdurchmesser von 7 mm, können aber für alle üblichen Durchmesser zwischen 5 und 9 mm mit guter Näherung verwendet werden. Die angegebenen mechanischen Stablängen sind Mittelwerte, die beim Endabgleich am Aufbauort korrigiert werden müssen. Die Verlängerungsspule ist am Fußpunkt des Antennenstabes angeordnet. Ihr Spulenverlustwiderstand R_L bei verschiedenen Spulengüten Q_L wurde angegeben, um in Verbindung mit dem ebenfalls aufgeführten Strahlungswiderstand R_r des Antennenstabs Vergleiche zum Wirkungsgrad der unterschiedlichen Ausführungen anstellen zu können. Nach Bild 28.1

wird R_L zu den Verlustwiderständen R_G, R_D und R_A addiert. Die Summe ergibt R_l, so daß nach Gl. (28.1.) der Antennenwirkungsgrad errechnet werden kann. Gleichzeitig ergibt sich aus $R_r + R_l$ der zu erwartende Eingangswiderstand R_E.

Die Verlustwiderstände R_G, R_D und R_A können im allgemeinen nur abgeschätzt werden. Genauere Werte dafür erhält man, wenn an der fertig aufgebauten Antenne ihr Eingangswiderstand R_E z. B. mit einem Antennenascope (siehe Abschnitt 31.5.1.) gemessen wird. Aus $R_E - (R_r + R_L)$ ergibt sich dann die Summe von $R_G + R_D + R_A$, wobei R_G immer $\geq R_D + R_A$ angenommen werden muß.

Da der Eingangswiderstand R_E verkürzter Vertikalantennen fast immer $< 50\ \Omega$ ist, müssen handelsübliche Koaxialkabel an R_E angepaßt werden. Anpassungsmöglichkeiten und ihre Berechnung sind in Abschnitt 28.2.2.2. ausführlich beschrieben. Sollte eine Ausführung nach Tabelle 28.2. einen Eingangswiderstand R_E von $\geq 50\ \Omega$ aufweisen, ist das ein sicheres Zeichen dafür, daß die Erdverluste sehr groß sind oder daß in der Nähe des Antenneneingangs schlechte Kontaktgabe vorhanden ist.

28.5.3. Antennen für ortsfeste 11-m-Sprechfunkgeräte

11-m-Funkantennen für ortsfesten Betrieb werden von vielen Antennenherstellern angeboten. Oft handelt es sich um Viertelwellenstrahler voller Länge, die als Groundplane mit meist abgewinkelten Radials ausgeführt sind (z. B. *Hirschmann Strata 27 G 4*). Gegenüber der Viertelwellen-Groundplane wird ein 5/8-λ-Strahler mit einem Gewinn von 3 dB ausgewiesen, wobei die Länge der Antennenrute allerdings 6,76 m beträgt *(Hirschmann 275/8)*. Auch die 5/8-λ-Antenne weist die geforderte Rundstrahlung auf, ihr Gewinn entsteht durch Einengung der vertikalen Halbwertsbreite (siehe Bild 19.10 und Abschnitt 25.1.3.).

Für den Selbstbau von Groundplane-Antennen unterschiedlichster Bauformen sowie vertikaler Halbwellenstrahler und Dipollinie für das 11-m-Band können die Ausführungen des Abschnitts 19.4. uneingeschränkt herangezogen werden. Es ist lediglich erforderlich, bei der Längenbemessung der Elemente mit der Bandmittenfrequenz von 27,12 MHz $\triangleq$ 11,062 m Wellenlänge zu rechnen.

Aus den in Tabelle 19.1. und Tabelle 19.2. für das 10-m-Band angegebenen Bemessungsdaten erhält man die Werte für das 11-m-Band, indem zunächst das Produkt F aus der angegebenen Resonanzfrequenz und der dazugehörigen Elementlänge l gebildet wird. Die für das 11-m-Band erforderliche Länge l ergibt sich dann aus

$$l'/_m = \frac{F/_{\text{MHz}} \cdot m}{27,12\,\text{MHz}}$$

Beispiel

Der in Tabelle 19.1. für 28,3 MHz mit 2,58 m Länge angegebene Strahler soll für eine Resonanzfrequenz von 27,12 MHz umgerechnet werden.

$$28,3\,\text{MHz} \cdot 2,58\,\text{m} = 73,014\,\text{MHz} \cdot \text{m}$$

$$l'/_m = \frac{73,014\,\text{MHz} \cdot \text{m}}{27,12\,\text{MHz}} = 2,69\,\text{m}.$$

Nach dieser Methode kann man alle 10-m-Band-Antennen für den Einsatz im benachbarten 11-m-Band umrechnen, wobei alle charakteristischen Antennendaten erhalten bleiben. Da bei Viertelwellenstrahlern voller Länge im 11-m-Band immer mit einem Frequenzbereich von $\geqq 1000\,\text{kHz}$ gerechnet werden darf, ist die Längenbemessung des Antennenstabs nicht besonders kritisch. Das bedeutet, daß das nur 130 kHz breite 11-m-Sprechfunkband auch dann noch innerhalb des Antennenfrequenzbereichs liegt, wenn nicht nach Zentimeterbruchteilen genau bemessen wird.

Literatur zu Abschnitt 28.

[1] *Rohrbacher, H.-A.:* Die Vertikalantenne, «DL-QTC», Heft 4 bis 6, Körner-Verlag, Stuttgart 1964
[2] *A. R. R. L.:* The A. R. R. L. Antenna Book, 8th Edition, Chapter 15, West Hartford Conn., 1956
[3] *Belrose, J. S.:* Short Antennas for Mobile Operation, The Mobile Manual for Radio Amateurs, Second Edition, West Hartford, Conn., 1960
[4] *Fiebranz, A.:* Antennenanlagen für Rundfunk- und Fernsehempfang, Seite 215, Verlag für Radio-Foto-Kinotechnik GmbH, Berlin 1961
[5] *Heinrich, K.:* Umschaltbare Antenne für Funksprechgeräte und Peilempfänger im 2-m-Band, «UKW-Berichte» 7 (1967), Heft 1, Seite 48 bis 52, Verlag Hans J. Dohlus, Erlangen
[6] *Lesche, J.:* Transistor-Fuchsjagdempfänger der Entwicklungsreihe «Gera», «Funkamateur», Band 13, 1964, Heft 12, Seite 402 bis 403; Band 14, 1965, Heft 1, Seite 19 bis 20; Heft 2, Seite 58 bis 59, Seite 92 bis 94; Heft 4, Seite 127 bis 129, Deutscher Militärverlag, Berlin
[7] *Seymour, C. J.:* VHF DIRECTION FINDING WITH A MINIATURIZED BEAM ANTENNA, RADIO COMMUNICATION, London, (1983), October, Seite 886 bis 888
A. R. R. L.: The A. R. R. L. Antenna Book, 8th Edition, Chapter 15, Seite 301 bis 305, West Hartford, Conn., 1956
Badelt, J./Hentschel, O.: Transistor-Fuchsjagdsuper für das 80-m-Band, «Funkamateur» 15 (1966), Heft 9, Seite 437 bis 438; Heft 10, Seite 501 bis 502; Heft 11, Seite 554 bis 555, Deutscher Militärverlag, Berlin
D. A. R. C.: «Das Mobil-QTC», Sonderdruckschrift über mobilen Amateurfunk, W. Körner-Verlag, Stuttgart 1960
Dohlus, H.: Zum Fußpunktwiderstand von Stabantennen im UKW-Bereich, «UKW-Berichte» 6 (1966), Heft 1, Seite 22 bis 23; Heft 2, Seite 98 bis 107, Verlag Hans J. Dohlus, Erlangen
Fortier, H.: Transistor-Fuchsjagdempfänger für 80 m, «Funkamateur» 15 (1966), Heft 5, Seite 229 bis 231, Deutscher Militärverlag, Berlin
Harris, E. F.: Continuously loaded Whip Antenna, The Mobile Manual, 2nd Edition, West Hartford, Conn., 1960
Isaacs, J.: Transmitter Hunting on 75 Meters, The Mobile Manual, 2nd Edition, Seite 216 bis 219, West Hartford, Conn., 1960
Jakubaschk, H.: 80-m-Fuchsjagd-Konverter mit Transistoren, «Funkamateur» 11 (1962), Heft 12, Seite 410 bis 411, Seite 419, Deutscher Militärverlag Berlin
Kneitel, T.: Antenna Roundup, Vol. 2 «A 5/8 ave 2 Meter Vertical», Port Washington 1966
Kneitel, T.: Antenna Roundup, Vol. 2, «A 75 Meter Whip», Port Washington 1966
Lesche, I.: Schaltungspraxis für die Fuchsjagd (Empfängerschaltungen für das 80-m-Band), Elektronisches Jahrbuch, Seite 131 bis 140, Deutscher Militärverlag, Berlin 1968
Meinke, H./Gundlach, W.: Handbuch der Hochfrequenztechnik 2. Auflage, Kap. 24, Rahmen- und Ringantennen, Springer-Verlag, Berlin, Göttingen, Heidelberg 1962
Pietsch, G.: Vorschlag für den Bau eines 80-m-Fuchsjagdempfängers, «Funkamateur» 16 (1967), Heft 10, Seite 490 bis 491; Heft 11, Seite 549 bis 550; Heft 12, Seite 604 bis 605, Deutscher Militärverlag Berlin
Pietsch, G.: 80-m-Fuchsjagdempfänger mit Transistoren «Funkamateur» 14 (1965), Heft 6, Seite 185 bis 187; Heft 7, Seite 238 bis 239, Deutscher Militärverlag Berlin
R. S. G. B.: The Amateur Radio Handbook, Third Edition, Seite 430, London 1962
Schädel, H.-J.: Dreikreisiger Transistor-Fuchsjagdpeiler, «Funkamateur» 15 (1966) Heft 12, Seite 580 bis 581, Deutscher Militärverlag, Berlin
Scheller, E.: Fuchsjagdempfänger und Fuchsjagdsender, Reihe «Der praktische Funkamateur», Band 7, Deutscher Militärverlag, Berlin
Tilton, E. P.: Polarisation Effects in V. H. F. Mobile, The Mobile Manual, 2nd Edition, Seite 160 bis 163, West Hartford 1960

29. Antennen für den Rundfunk- und Fernsehempfang

Bei den Sendungen des Hörrundfunks kann man grob aufteilen in amplitudenmodulierte (AM) und frequenzmodulierte (FM) Ausstrahlungen. Für den Hörrundfunk in den Bereichen der Langwellen, Mittelwellen und Kurzwellen wird ausschließlich Amplitudenmodulation eingesetzt. Dem qualitativ hochwertigen FM-Rundfunk sind Frequenzbänder im VHF-Bereich zugeteilt. Die Frequenzzuweisung für die Funkdienste werden international auf der *Weltweiten Funkverwaltungskonferenzen* beschlossen, die in Abständen von 20 Jahren durchgeführt werden.

Nach dem Inkrafttreten der neuen *Vollzugsordnung für den Funkdienst (VO Funk)* ab 01.01.1982 haben sich gemäß den Beschlüssen der *Weltweiten Funkverwaltungskonferenz* in *Genf* (WARC 79) auch für den Hörrundfunk einige Veränderungen gegenüber den Festlegungen der *Weltweiten Funkverwaltungskonferenz* 1958 ergeben, die teilweise mit Übergangszeiten wirksam werden.

Für den AM-Rundfunk in der Region I (Europa, asiatische UdSSR und Afrika) gilt folgende Frequenzaufteilung:

Langwelle
153 ... 285 kHz
Mittelwelle
526,5 ... 1606,5 kHz
Kurzwelle
 3950 ... 4000 kHz (75-m-Band)
 5950 ... 6200 kHz (49-m-Band)
 7100 ... 7300 kHz (41-m-Band)
 9500 ... 9900 kHz (31-m-Band)
11650 ... 12050 kHz (25-m-Band)
13600 ... 13800 kHz (22-m-Band)
15100 ... 15600 kHz (19-m-Band)
17550 ... 17900 kHz (16-m-Band)
21450 ... 21850 kHz (13-m-Band)
25670 ... 26100 kHz (11-m-Band)

Für den FM-Rundfunk stehen in der Region I 87,5 ... 108 MHz (Band II nach CCIR-Norm) zur Verfügung.

In den sozialistischen Ländern wird der FM-Rundfunk nach OIRT-Norm ausgestrahlt (66 ... 73 MHz). Ausnahmen sind die DDR mit CCIR-Norm, die Sozialistische Föderative Republik Jugoslawien mit CCIR-Norm, die Volksrepublik Polen mit OIRT- und CCIR-Norm. Alle Sender der übrigen europäischen Länder arbeiten nach der CCIR-Norm.

Beim Fernseh-Rundfunk im VHF-Bereich existieren in Europa unterschiedliche Normen, die gemeinsam charakterisiert sind durch die Aufteilung in ein VHF-Band niedriger Frequenz (47 ... 68 MHz) und ein Band höherer Frequenz (174 ... 230 MHz). Eine ausführliche Aufstellung der europäischen Fernsehbereiche aller Normen ist im Tabellenanhang enthalten. Für das UHF-Fernsehen gilt in der Region I einheitlich der Frequenzbereich 470 ... 862 MHz. Der Teilbereich 790 ... 862 MHz wird mit anderen Funkdiensten geteilt.

29.1. Die Wellenausbreitung in den Bereichen des AM-Hörrundfunks

Für die Beurteilung der Empfangsmöglichkeiten in den Hörrundfunkbereichen müssen die Ausführungen in Abschnitt 2. noch etwas ergänzt werden. Das gilt insbesondere für die Kurzwellen, deren 10 Rundfunkbänder unterschiedliche Ausbreitungseigenschaften zeigen.

29.1.1. Ausbreitungseigenschaften der Kurzwellen

Wie bereits in Abschnitt 2.3. ausgeführt, hat für die Ausbreitung der Kurzwellen die Raumwelle die größte Bedeutung. Ausschlaggebend für die Reichweite der Kurzwellensendungen ist der Zustand der Ionosphäre, an deren F_2-Region hauptsächlich die Reflexionen erfolgen. Dabei werden die Wellen im Bereich 10 ... 25 m ($\hat{=}$30 ... 12 MHz) in den Tagesstunden benutzt, wo die Ionisation als Folge der Sonneneinstrahlung ein Maximum aufweist. Man hat deshalb während des Tages die günstigsten Weitempfangsmöglichkeiten in den Kurzwellenbändern 11, 13, 16, 19 und 22 m.

Für den Empfang in den Dämmerungsstunden sind besonders die Bänder 25 und 31 m geeignet. Die Bänder 41 und 49 m, teilweise auch 75 m bieten während der Nachtstunden den besten Fernempfang, weil sich zu dieser Zeit die dämpfende D-Region der Ionosphäre bereits abgebaut hat und die Ionisation der höher liegenden Schichten für die Reflexion dieser Wellenlängen noch ausreicht. Die Rundfunkbänder 41 und 49 m eignen sich im allgemeinen auch tagsüber für den Europaempfang gut; deshalb sind praktisch alle Rundfunkempfänger in ihrem Kurzwellenteil mindestens für den Empfang des 49-m-Bandes eingerichtet. Die Ausbreitung im 75-m-Rundfunkband entspricht der des 80-m-Amateurbandes (siehe Abschnitt 2.3.3.).

Natürlich bilden diese Anhaltspunkte keine starre Regel, denn die Ionosphäre unterliegt dauernden Zustandsänderungen, die vom Zyklus der Sonnentätigkeit sowie von der Jahres- und Tageszeit abhängig sind (siehe Abschnitt 2.1.3.). Dabei spielt auch die geographische Länge und Breite des Empfangsortes eine Rolle.

Die Polarisation der Kurzwellen ändert sich beim Durchgang durch die Ionosphäre. Eine linear polarisierte Welle verläßt die Ionosphäre elliptisch oder zirkular polarisiert (siehe Abschnitt 1.1.7.). Es ist daher für Fernempfang ohne besondere Bedeutung, ob die Kurzwellen-Empfangsantenne horizontal oder vertikal polarisiert wird. Gewöhnlich bevorzugt man die Horizontalpolarisation, weil sie dem Erdbodeneinfluß nicht so stark unterliegt wie eine Vertikalantenne. Außerdem sind örtliche industrielle und auch atmosphärische Störungen überwiegend vertikal polarisiert, so daß der von einer horizontal polarisierten Antenne aufgenommene Störpegel im allgemeinen geringer ist.

29.1.2. Ausbreitungseigenschaften der Mittelwellen

Die Wellen des Mittelwellenbereiches werden während der Tagesstunden in der D-Region so stark gedämpft, daß eine Reflexion an den höheren Schichten der Ionosphäre nicht mehr stattfinden kann. Die sichere Tagesreichweite der Mittelwellensender entspricht daher der Bodenwellenreichweite. Die Bodenwelle der Mittelwellen folgt der Erdkrümmung; ihre Reichweite wird um so größer, je besser die Bodenleitfähigkeit ist. Die geringste Dämpfung erleidet die Bodenwelle bei der Ausbreitung über Wasserflächen. Ferner wird die Dämpfung der Bodenwelle um so größer, je kleiner die benutzte Wellenlänge ist.

Mit dem Sonnenuntergang baut sich die dämpfende D-Region schnell ab, und die Mittelwellen können sich dann auch über die Raumwelle ausbreiten. Daraus erklärt sich das enorm große Senderangebot in den Abend- und Nachtstunden. Leistungsstarke Mittelwellensender können dann über Entfernungen von 4000 ... 5000 km gehört werden. In den ersten Morgenstunden, wenn die europäischen Großsender Sendepause haben, ist manchmal auch der Empfang überseeischer Mittelwellensender möglich.

Generell sind die Fernempfangsmöglichkeiten der Mittelwellen im Winter besser als im Sommer, weil sich im Winter die Ionisation der dämpfenden D-Region vermindert und außerdem der atmosphärische Störpegel geringer ist.

In einer bestimmten Zone, beginnend bei etwa 60 km Entfernung vom Sender, treffen Bodenwelle und Raumwelle mit gegenseitig unterschiedlicher und ständig wechselnder Phasenlage zusammen. Je nach den Phasenbeziehungen zwischen Boden- und Raumwelle am Empfangsort kommt es dabei zu meist periodisch verlaufenden Verstärkungen und Abschwächungen des empfangenen Signals, dem bekannten *Nahschwund (Fading)*. Häufig ist dieser Schwund auch noch mit starken Empfangsverzerrungen verbunden, die von der automatischen Schwundregelung des Empfangsgerätes nicht beseitigt werden. Bei weit entfernten Sendern treten diese Schwunderscheinungen nicht mehr auf, da dann deren Bodenwelle ausgelöscht oder mindestens so geschwächt ist, daß wirksame Interferenzen mit der Raumwelle nicht mehr stattfinden können.

29.1.3. Ausbreitungseigenschaften der Langwellen

Die Ausbreitungsbedingungen für Langwellen sind fast unabhängig von Sonnenaktivität und Jahreszeit. Es besteht lediglich ein schwacher Einfluß der Tageszeit, indem nachts die Signale etwas stärker sind als am Tage.

Bodenwelle und Raumwelle wirken ganztägig. Steil in die Ionosphäre eindringende Langwellen werden dort reflektiert, dabei aber auch gleichzeitig stark gedämpft. Für Mehrfachreflexionen sind daher starke Sender erforderlich. Große Senderleistungen gewährleisten vom Zustand der Ionosphäre weitgehend unabhängige stabile Reichweiten. Langwellen können auch unter der Wasseroberfläche noch empfangen werden (z. B. von getauchten U-Booten). Ihre Eindringtiefe in das Wasser beträgt etwa 10 m. Der Langwellenempfang wird hauptsächlich in den Sommermonaten von atmosphärischen Störungen stark beeinträchtigt. Deshalb können in tropischen Gegenden die Langwellen nicht für Rundfunkzwecke eingesetzt werden.

537

29.2. Empfangsantennen für den Kurz-, Mittel- und Langwellenrundfunk

Die Ausstrahlung von Rundfunksendern im Mittel- und Langwellenbereich ist immer vertikal polarisiert. Sie wird stets mit unsymmetrischen Antennen empfangen, deren Gegengewicht die Erde bildet. Da der Wellenbereich von 200 ... 2000 m reicht, gibt es kaum die Möglichkeit, die für Resonanz erforderliche Antennenlänge unterzubringen. Mittel- und Langwellenantennen sind deshalb immer viel zu kurz. Bei sehr kleinem Strahlungswiderstand ist der Eingangswiderstand etwa gleich dem kapazitiven Widerstand, der sich aus Antennenkapazität (Antennenleiter gegen Erde) und Empfangsfrequenz ergibt. Ausreichende Empfangsspannungen bedingen einen möglichst hochohmigen Empfängereingang. Als Richtwert für den Empfängereingangswiderstand werden beim Mittel- und Langwellenbereich etwa 2500 Ω angegeben. Anpassung kann nicht erzielt werden, denn es gelingt nicht, den frequenzabhängigen kapazitiven Widerstand der Antenne über den ganzen Frequenzbereich an einen ohmschen Widerstand anzupassen.

29.2.1. Hochantennen

Die Hochantenne ist die einzige Bauform einer Antenne, deren aufnehmender Teil sich vorwiegend im ungestörten Senderfeld und zumeist auch außerhalb des Störfeldes elektrischer Installationen befindet. Wenn man die Feldstärke einige Meter über Dachhöhe mit 100% annimmt, so erhält man nach Messungen von *Moebes* durchschnittlich

im Dachboden	70 ... 80%,
im 2. Stockwerk	50%,
im 1. Stockwerk	20%,
im Erdgeschoß	5 ... 10%,
im Keller	3 ... 5%

der ungestörten Feldstärke. Von einer Innenantenne kann man deshalb nur einen Bruchteil der am Ort möglichen Empfangsspannung erwarten. Hinzu kommt, daß sich Innen- und Behelfsantennen fast immer in unmittelbarer Nähe elektrischer Hausinstallationen befinden und von diesen Störspannungen aufnehmen.

Die große Empfindlichkeit moderner Rundfunkempfänger in Verbindung mit leistungsstarken Rundfunksendern ermöglicht selbst mit Behelfsantennen einen brauchbaren Empfang. Steigende Ansprüche an die Programmauswahl und an die Störfreiheit der Rundfunksendungen verlangen auch heute noch manchmal den Einsatz einer Hochantenne.

29.2.1.1. L- und T-Antennen für Mittel- und Langwellen

Die L-Antenne ist aus konstruktiven Gründen die häufigste Bauform einer Einleiter-Drahtantenne für den Empfang von Mittel- und Langwellen. Sie besteht aus einem waagrecht oder schräg zwischen zwei möglichst hohen Stützpunkten isoliert ausgespannten Drahtleiter mit einem am Leiterende angeschlossenen, möglichst senkrecht herabgeführten Vertikalteil (Bild 29.1). Für Länge und Aufbauhöhe einer solchen Hochantenne gibt es keine Festlegungen, es gilt lediglich die Regel «möglichst hoch, möglichst frei und nicht zu kurz». Die Nähe von Freileitungen und größeren Metallmassen muß gemieden werden; wo das nicht möglich ist, sollte man den Antennenleiter möglichst senkrecht (rechtwinklig) zu anderen Drahtleitungen anordnen. Unter Berücksichtigung der örtlichen Gegebenheiten kann die gesamte Leiterlänge 15 ... 30 m betragen. Als Leitermaterial sind handelsübliche Antennenlitzen aus Kupferbronze mit 1,5 ... 3 mm Durchmesser am besten geeignet. Elektrisch gleichwertig, jedoch mechanisch nicht so flexibel sind Runddrähte aus Kupfer bzw. Kupferlegierungen.

Besonders hohe Zugfestigkeit haben Stahldrähte, die mit Kupfer ummantelt sind. Isolierte Drähte und Litzen können verwendet werden; die Isolation hat keinen merkbar nachteiligen Einfluß. Man kann alle Leiter benutzen, die hohe Bruchfestigkeit und Korrosionsbeständigkeit aufweisen. Leiterdurchmesser ≦1 mm sind nicht zulässig, da sie eine Gefahr für die Vögel bilden.

Der horizontale Teil der Antenne wird von den Befestigungspunkten meist durch Ei-Isolatoren isoliert. Diese sind so zu montieren, daß sie nicht auf Zug, sondern auf Druck beansprucht werden.

Eine weitere bekannte Bauform der Hochantenne ist die T-Antenne (Bild 29.2). Sie unterscheidet sich äußerlich von der L-Antenne nur dadurch, daß der Vertikalteil nicht vom Ende, sondern von der Mitte des horizontalen Antennenteiles abgeführt wird. Grundlegende Unterschiede zwischen beiden Bauformen bestehen

Bild 29.1
Die L-Antenne

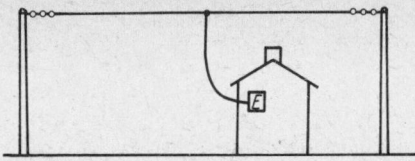

Bild 29.2
Die T-Antenne

weder in der Wirksamkeit noch in der Wirkungsweise. Es ist auch nicht erforderlich, daß die senkrechte Ableitung einer T-Antenne genau an die geometrische Mitte des Horizontalteiles angeschlossen wird.

L- und T-Antennen für Mittel- und Langwellen können selbstverständlich mit bestem Erfolg als Kurzwellen-Empfangsantennen mitgenutzt werden. Alle Hochantennen müssen mit einer den Vorschriften entsprechenden wirksamen Blitzschutzanlage versehen sein.

29.2.1.2. Störungsarme L-Antenne für den Rundfunkempfang

Auch Hochantennen, die in großer Höhe oberhalb des örtlichen Störnebels aufgebaut sind, können über die Antennenableitung noch starke Störungen aufnehmen. In solchen Fällen erzielt man mit einer Anordnung nach Bild 29.3 eine erhebliche Störungsminderung. Der dazu erforderliche materielle Aufwand ist gering. Im anten-

nenseitigen Übertrager T_1 mit einem Übersetzungsverhältnis von 5 : 1 wird die Antennenimpedanz herabtransformiert, so daß die an die Sekundärwicklung angeschlossene Speiseleitung annähernd mit ihrem Wellenwiderstand angepaßt ist. Es handelt sich um eine verdrillte Leitung. Gummiaderlitzen, wie sie in Netzschnüren verwendet werden, sind brauchbar. Ihr Wellenwiderstand beträgt etwa 50 Ω. Eine solche Leitung nimmt aus dem sie umgebenden Störnebel nur geringe Störspannungen auf.

Der empfängerseitige Übertrager T_2 ist als Aufwärtstransformator geschaltet; herausgeführte Spulenanzapfungen ermöglichen die günstigste Anpassung an den Empfängereingangswiderstand, der für Lang- und Mittelwellen gewöhnlich mit etwa 2500 Ω bemessen ist.

In jedem Übertrager befindet sich zwischen Primär- und Sekundärwicklung ein elektrostatisches Abschirmblech, das zur Minderung der Störungsaufnahme beiträgt, indem es die schädliche kapazitive Kopplung der Spulen verringert.

Die Übertrager sind auf Wickelkörpern mit 50 mm Durchmesser aufgebracht, sie befinden sich in Abschirmbechern mit mindestens 100 mm Durchmesser. Passende Weißblechdosen mit Druckdeckel sind gut geeignet. Alle Spulen bestehen aus Kupferlackdraht von 0,4 mm Durchmesser.

Beim Transformator T_1 (Bild 29.3b) werden zuerst 100 Windungen auf den Wickelkörper aufgewickelt. Es folgt der elektrostatische Schirm, der aus einem 25 mm breiten Streifen dünnen Messingblechs besteht. Dessen Länge wird so zu-

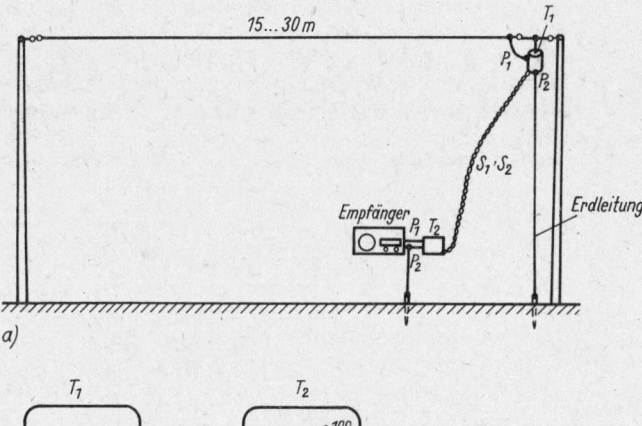

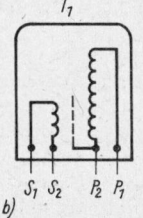

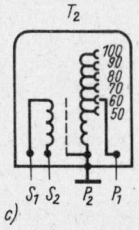

Bild 29.3
Störungsarme L-Antenne für den Rundfunkempfang; a – Aufbauschema, b – Schaltzeichnung Transformator T_1, c – Schaltzeichnung Transformator T_2

539

geschnitten, daß sich die Ende in etwa 3,5 mm Abstand gegenüberstehen (das Messingblech darf keine Kurzschlußwindung darstellen!). Das Schirmblech wird mit dem geerdeten Spulenende P_2 verbunden. Eine Lage Isolierpapier unter und auf dem Abschirmblech verhindert die Beschädigung der Spulen. Über die Mitte des Schirmblechs wickelt man die Sekundärwicklung mit 20 Windungen. Das Abschirmgehäuse von T_1 wird nicht geerdet.

Beim Übertrager T_2 (Bild 29.3c) wickelt man zuerst die Sekundärwicklung S_1–S_2 mit 20 Windungen auf den Körper. Es folgt der elektrostatische Schirm. Die darüber liegende Primärwicklung hat ebenfalls 100 Windungen, die laut Schaltskizze mit verschiedenen Anzapfungen versehen werden. Der Wicklungsanfang P_2 ist mit dem Schirmblech, dem Abschirmgehäuse, der Erdungsleitung und der Erdebuchse des Empfängers verbunden. P_1 liegt am Antennenanschluß des Empfängers. Es wird ein schwacher Fernsender eingestellt und P_1 mit jener Spulenanzapfung fest verbunden, die den lautstärksten Empfang gewährleistet. Der Übertrager T_2 soll so nahe wie möglich an den Empfängereingang gebracht werden.

29.2.1.3. Vertikalstab-Hochantennen mit abgeschirmter Niederführung

In hochwertigen Antennenanlagen – insbesondere bei Gemeinschaftsantennen – wird die Zuführung von der Antenne zum Empfänger als abgeschirmte Leitung ausgeführt. Diese gewährleistet, daß aus dem in Erdbodennähe besonders starken elektrischen Störnebel dichtbebauter Gebiete keine oder nur geringe Störungen aufgenommen werden. Befindet sich der Antennenleiter in großer Höhe – also außerhalb des örtlichen Störnebels –, so ist der Abstand zwischen Nutzpegel und Störpegel (als Störabstand bezeichnet) sehr groß. Der Pegel atmosphärischer Störungen (Gewitterstörungen) kann allerdings auch mit solchen Antennen nicht verringert werden.

Eine Antenne mit abgeschirmter Speiseleitung besteht meist aus einem vertikalen Antennenstab (Länge = 3 m), der durch einen Antennenfuß von seinem Träger isoliert ist. Die Spitze der Antennenrute ist im allgemeinen mit einer Prasselschutzkugel versehen. Diese vermindert Prasselstörungen, die durch atmosphärische Sprüh- und Koronaentladungen besonders an schwülen Sommertagen hervorgerufen werden. Am Eingang der Antennenrute, die für Lang-, Mittel- und Kurzwellen wirksam ist, befindet sich eine Funkstrecke als Überspannungsableiter.

Mit einer freien Länge von 3 m ist die Antenne selbst im Kurzwellenbereich noch weit von der Viertelwellenresonanz entfernt. Das bedeutet,

daß die Antenne in allen Bereichen große kapazitive Blindwiderstände aufweist. Wollte man an einen solchen Antennenleiter ein Koaxialkabel direkt anschließen, würde eine kapazitive Spannungsteilung zwischen Antennenkapazität (etwa 30 pF) und Kabelkapazität (etwa 80 pF/m) wirksam werden mit dem Ergebnis, daß, unabhängig von der Kabellänge, nur noch ein sehr geringer Anteil der Antennenspannung am Kabelende zur Verfügung steht. Es ist deshalb erforderlich, den großen Blindwiderstand der Antenne an ihrem Eingang mit einem geeigneten Übertrager herabzutransformieren. Man verwendet auf Ferritschalenkernkörper gewickelte Breitbandübertrager mit möglichst geringer Wicklungskapazität. Da der Eingang von Rundfunkempfängern nicht für den Anschluß eines Koaxialkabels eingerichtet ist, muß am empfängerseitigen Ende des Speisekabels ein weiterer Übertrager eingefügt werden, der den Wellenwiderstand des Koaxialkabels an den Eingangswiderstand des Rundfunkempfängers anpaßt. Die Transformatoren für Mittel- und Langwellen sind für die Übertragung der Kurzwellen wenig geeignet. Wenn auf besonders guten Kurzwellenempfang Wert gelegt wird, muß deshalb ein weiteres Übertragerpaar ohne Ferritkern eingesetzt werden.

Bedingt durch die geringe Antennenlänge und die in den Übertragern und dem Ableitungskabel auftretenden Verluste ist die an den Empfängereingang gelieferte Nutzspannung klein. Da aber gleichzeitig ein großer Störabstand besteht, läßt sich die gute Empfindlichkeit moderner Empfangsgeräte meist voll nutzen. Aber selbst der Vorteil des großen Störabstandes einer solchen Antennenanlage ist heute illusorisch, denn mit Ausnahme von einigen Spezialempfängern werden gegenwärtig viele Rundfunkgeräte mit eingebauten, nicht abschaltbaren Ferritantennen ausgerüstet, die alle Störungen der Umgebung aufnehmen.

29.2.1.4. Breitband-Kurzwellen-Empfangsantennen

Für den Kurzwellenempfang sind alle im Mittel- und Langwellenbereich üblichen L- und T-Antennenformen gut brauchbar. Es ist dabei jedoch zu beachten, daß längere Drahtantennen, die im Mittelwellenbereich noch nahezu Rundcharakteristik aufweisen, beim Kurzwellenempfang bereits eine ausgesprochene Richtwirkung haben.

Besonders günstig für den Kurzwellenempfang ist ein Doppeldipol nach *DM 2 ANM*, der einen Frequenzbereich von 2 ... 26 MHz aufweist. Diese Antenne vermittelt annähernd Rundempfang und kann über eine beliebig lange 240-Ω-

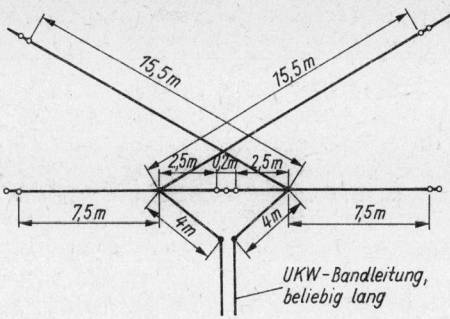

Bild 29.4
Breitband-Doppeldipol für den Kurzwellenempfang

Bandleitung an den Empfänger angeschlossen werden (Bild 29.4). Die Längen der Dipoläste sind so ausgewählt, daß sich die Resonanzen der Einzeldipole überlappen. Die Bandleitung ist am Antenneneingang auseinandergetrennt, damit Anpassung hergestellt wird (siehe Abschnitt 6.1.). Die Spreizwinkel der einzelnen Dipoläste sind nicht kritisch und nach den örtlichen Gegebenheiten zu wählen.

Die guten Empfangseigenschaften von $T2FD$-Antennen werden von ihren Benutzern immer wieder hervorgehoben (siehe Abschnitt 12.2.). Als aperiodische Antenne hat sie einen sehr großen Frequenzbereich, der alle Kurzwellen-Rundfunkbereiche einschließt. Zudem weist sie keine ausgesprochenen Vorzugsrichtungen oder Nullstellen im Strahlungsdiagramm auf und eignet sich auch gut für den Mittel- und Langwellenempfang. Da der Eingangswiderstand im Kurzwellenbereich von Rundfunkempfängern in der Größenordnung von 600 Ω liegt, ist sogar Anpassung gegeben, denn der Eingangswiderstand einer $T2FD$-Antenne beträgt – abhängig vom Abschlußwiderstand R_L – 300 … 600 Ω. An die Belastbarkeit des Abschlußwiderstandes R_L werden keine Forderungen gestellt, man verwendet einen handelsüblichen UKW-Schichtwiderstand.

Bild 29.5 zeigt die günstigsten Abmessungen

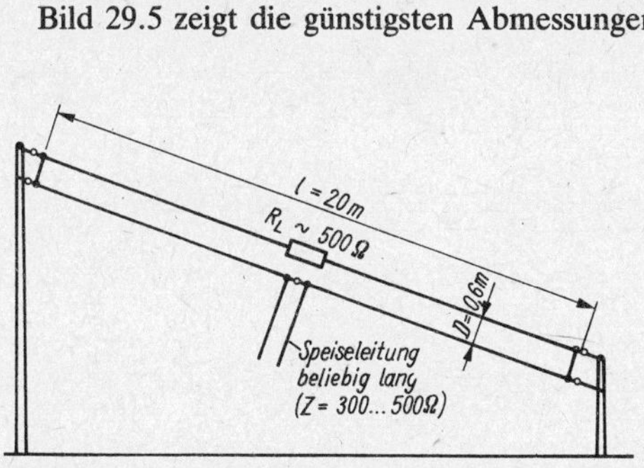

Bild 29.5
$T2FD$-Breitbandantenne (Frequenzbereich 5 … 25 MHz)

für den Kurzwellen-Rundfunkempfang. Weitere elektrische und mechanische Angaben sind aus Abschnitt 12.2. zu ersehen.

29.2.2. Ferritstabantennen

Die Ferritstabantenne ist ein direkter Abkömmling der Rahmenantenne. Letztere spielte in den Anfangsjahren des Rundfunks eine Rolle und gehörte zur Ausstattung damaliger Kofferempfänger und einiger Heimrundfunkgeräte. Mit der Entwicklung verlustarmen und für Hochfrequenz geeigneten ferromagnetischen Materials wurde die Rahmenantenne von der Ferritstabantenne verdrängt. Bei annähernd gleicher Empfindlichkeit und Richtwirkung hat die Ferritantenne nur etwa 1/20 des Raumbedarfs einer Rahmenantenne. Sie ist deshalb heute zum integrierten Bestandteil fast aller Heimrundfunk-, Reise- und Taschenempfänger geworden.

Wie Bild 29.6 zeigt, unterscheidet sich der Empfängereingang mit Ferritantenne nur dadurch von einer konventionellen Eingangskreisschaltung, daß die Kreisinduktivitäten LM_1 und LL_1, die Ankopplungsspulen für eine Außenantenne LM_2 und LL_2 sowie die Auskoppelspulen zur Transistorbasis LM_3 und LL_3 nicht auf einen üblichen Spulenträger, sondern auf einen Ferritantennenstab aufgewickelt sind. Die Ferritantennenspulen werden meistens als einlagige Zylinderspulen ausgeführt. In Rundfunkempfängern verwendet man Ferritstäbe für Mittel- und Langwellen. Für den Kurzwellenempfang wird im allgemeinen auf den Gebrauch einer Behelfsantenne verwiesen, obwohl es auch Ferritstäbe gibt, die sich speziell für Kurzwellen eignen. Die

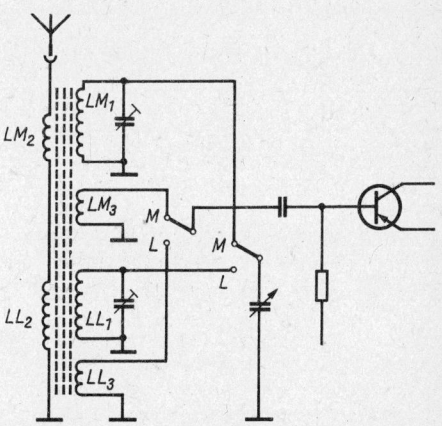

Bild 29.6
Die Ferritstabantenne in der Empfänger-Eingangsschaltung

541

auf den eingebauten Ferritstab zum Abgleich verschiebbar aufgebrachten Spulen bilden gleichzeitig die Induktivität des Empfängereingangskreises. Deshalb läßt sich die Ferritantenne meist auch nicht abschalten. In einigen Empfängern ist die Ferritstabantenne innerhalb des Gehäuses drehbar angeordnet, so daß man durch geschickte Handhabung die gute Richtwirkung zum bequemen Ausblenden von Störern nutzen kann. Eine zusätzliche Antennenbuchse ermöglicht das Anschalten von Hoch- oder Behelfsantennen.

Wirkungsweise und Eigenschaften von Rahmen- und Ferritantennen werden in Abschnitt 28.4.1. ausführlicher beschrieben. Obwohl sich die Angaben vornehmlich auf Peilantennen für das 80-m-Band beziehen, gibt es in der Theorie – den Anwendungsfall Rundfunkempfänger betreffend – keine Unterschiede.

29.2.3. Autoantennen

Der Rundfunkempfänger in einem Kraftwagen ist innerhalb einer Metallkarosserie untergebracht, in die hochfrequente Wellen nur sehr stark gedämpft eindringen können. Für solche Empfangsanlangen ist deshalb eine außerhalb der Karosserie angebrachte Antenne unerläßlich. Meist werden 1 ... 2 m lange Stabantennen in annähernd vertikaler Stellung an einem Karosseriedurchbruch befestigt. Für Fälle, in denen Durchbrüche der Karosserie unerwünscht oder schwierig sind, gibt es Sonderausführungen zur Befestigung an einer Autofensterscheibe oder an der Regenablaufrinne. Auch Haftantennen mit starken Permanentmagneten im Fuß werden verwendet. Sie haften ohne weitere Befestigungsmittel sicher an den Flächen aller Stahlkarosserien. Als Zuleitung zum Empfänger verwendet man möglichst kurze kapazitätsarme Koaxialkabel mit einem Wellenwiderstand von meistens etwa 150 Ω.

Verglichen mit der zu empfangenden Wellenlänge sind Autoantennen sehr kurz und in geringem Abstand vom Erdboden. Sie liefern deshalb nur kleine Empfangsspannungen. Um trotzdem brauchbaren Rundfunkempfang zu ermöglichen, wird die Autoantenne immer in den Eingangskreis des Empfängers einbezogen und mit diesem abgestimmt. Wegen der unterschiedlichen Antennenkapazitäten – abhängig von Stablänge und Kabellänge – enthalten Autoempfänger einen Antennentrimmer, der bei ausgefahrener Antenne einmalig bei einer Frequenz von etwa 600 kHz auf größte Empfangslautstärke (bzw. stärkstes Empfängerrauschen) abgeglichen wird. Dieser Abgleich ist bei den meisten Empfängertypen nur möglich, wenn die gesamte Antennenkapazität (Kabelkapazität des Antennenstabes)

gegen die Karosserie plus Kapazität Innenleiter zur Abschirmung des Zuleitungskabels) unter 70 pF bleibt.

Der Antennenstab wird fast immer nach Art eines Teleskops ausgeführt. Verwendet werden auch Antennenruten aus Kunststoff (meist glasfaserverstärktes Polyesterharz), die eine Metallseele als Antennenleiter enthalten. Sie sind unzerbrechlich und richten sich auch nach stärkster Biegebeanspruchung wieder völlig gerade.

Bei den Teleskopantennen unterscheidet man versenkbare und nicht versenkbare Typen. Erstere können vollständig in ein in die Karosserie eingebautes Schutzrohr versenkt werden. Oft lassen sich Versenkantennen nur mit einem mitgelieferten Schlüssel herausziehen (Bild 29.7). Andere Versenkantennen können vom Fahrersitz aus mit einer Handkurbel oder auch elektromechanisch ausgefahren werden. Der Antennenfuß ist häufig mit einem Kugelgelenk versehen, so daß man den Antennenstab auch an geneigten Karosserieflächen senkrecht stellen kann. Andere Ausführungen sind zum gleichen Zweck mit einem Biegestück oberhalb des Antennenfußes ausgestattet (Bild 29.8).

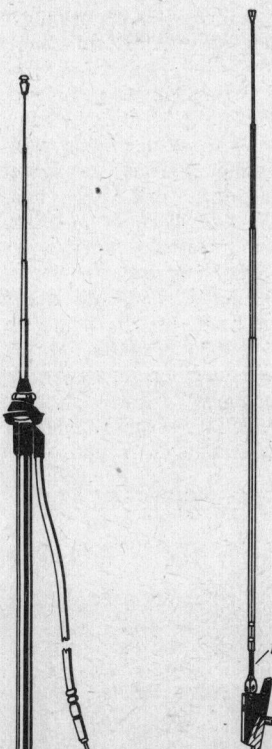
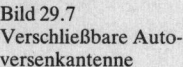

Biegestück

Bild 29.7
Verschließbare Autoversenkantenne

Bild 29.8
Teleskop-Seitenantenne mit Biegestück

542

Die Autoantenne wird vorwiegend vor dem linken Holm neben der vorderen Windschutzscheibe eingebaut. Elektrisch gesehen ist die rechte Fahrzeugseite gleichwertig, jedoch befindet sich die linke Seite weiter entfernt von mutwilligen Passanten, die am geparkten Auto die Antenne verbiegen können. Diese Einbaustelle eignet sich besonders für Pontonkarosserien. Sie bringt außerdem den bestmöglichen UKW-Empfang. Grund für diese zur Theorie zunächst im Widerspruch stehende Erscheinung sind Feldverzerrungen, die die horizontal polarisiert abgestrahlten Ultrakurzwellen an den Metallflächen der Karosserie erfahren. Offenbar wirkt sich diese Feldverzerrung etwa 10 cm vor den Frontscheibenholmen so günstig aus, daß die vertikal polarisierte Autoantenne dort an einem annähernd vertikal polarisierten Feld steht.

Seltener wird die Autoantenne auf dem Wagendach angebracht, weil man dort Karosseriedurchbrüche vermeiden möchte und außerdem die längere Zuleitung zum Empfänger den Vorteil der freieren Lage wieder aufhebt.

Noch größere Nachteile bringt der Antennenaufbau am Wagenheck. Da man hierbei eine Kabellänge von etwa 4 m als Zuleitung zum Empfänger benötigt, wird die für den Empfängereingang maximal zulässige Kapazität überschritten, und der Antennentrimmer im Empfänger läßt sich nicht mehr einwandfrei abgleichen. Deshalb muß die zu große Kapazität der Antennenanlage durch einen in den Antennenstecker eingebauten Serienkondensator auf den zulässigen Höchstwert von 70 pF herabgesetzt werden. Dabei entsteht ein Spannungsverlust von mindestens 40%. Der Einwand, daß eine Heckantenne wegen größerer Entfernung vom Motor weniger Zündstörungen aufnehmen würde, hat sich als unerheblich erwiesen, denn die Frontantenne ist durch die Metallkarosserie fast ebensogut gegen solche Störungen abgeschirmt wie die Heckantenne.

29.3. Antennen für den Fernsehempfang

Dem Wunsch vieler experimentierfreudiger Amateure entsprechend, enthält dieser Abschnitt Bemessungsunterlagen für verschiedene einfache Typen von Fernsehantennen. Da die Technik der Fernsehantennen mit der der HF-Antennen für den Amateurfunk weitgehend identisch ist, kann auf eine besondere Beschreibung der Wirkungsweise verzichtet werden.

Das Reziprozitätsgesetz besagt, daß eine Antenne ihre Eigenschaften behält, gleichgültig, ob man sie als Sendeantenne oder als Empfangsantenne verwendet. Die Kenndaten wie Gewinn, Richtcharakteristik, Eingangswiderstand usw., bleiben demnach bei jeder Antenne für den Sendefall und für den Empfangsfall die gleichen. Eine weitere wichtige Aussage gibt das Modellgesetz. Es besagt, daß man eine Antenne, deren Eigenschaften und Abmessungen für eine bestimmte Arbeitsfrequenz bekannt sind, auch für beliebige andere Frequenzen bemessen kann, ohne daß sich dabei ihre charakteristischen Eigenschaften verändern. In der Praxis errechnet man sich deshalb für alle Größen frequenzbezogene Umrechnungsfaktoren und wendet diese dann beim Bemessen für andere Arbeitsfrequenzen an. So ist es z. B. ohne weiteres möglich, eine bewährte Fernsehempfangsantenne für den Einsatz im 2-m-Amateurband umzurechnen und diese dann mit gleichen Eigenschaften auch als Sendeantenne zu betreiben.

Man darf jedoch nicht übersehen, daß man an eine gute Fernsehempfangsantenne andere Forderungen hinsichtlich ihrer Strahlungseigenschaften stellt als an eine Antenne für die Amateurbereiche. Bei den Amateurantennen steht der Gewinn im Vordergrund, der aus betrieblichen Gründen am Möglichkeit vorwiegend durch eine kleine vertikale Halbwertsbreite erzielt werden soll. Für eine Amateurantenne ist im 2-m-Band ein Frequenzbereich von 2 MHz und im 70-cm-Band ein Frequenzbereich von 4 MHz ausreichend; große Rückdämpfung, kleine horizontale Halbwertsbreite und Nebenzipfelfreiheit werden nicht gefordert. Dagegen verlangt man von einer guten Fernsehantenne – insbesondere für das Farbfernsehen – größere Frequenzbereiche und bessere Richteigenschaften besonders in der Horizontalebene, weil das wirksame Ausblenden von Störungen (Reflexionen, Gleichkanalstörungen usw.) gefordert wird. Aus diesen Gründen muß eine Antennenform, die sich im Amateurfunk besonders gut bewährt hat, nicht immer auch eine brauchbare Fernsehantenne darstellen.

Es muß ferner festgestellt werden, daß es keine Wunderantennen gibt, d. h. keine Antennen, die bei geringstem Aufwand die Empfangsleistungen von Vielelement-Industrieantennen in den Schatten stellen. Der Gewinn einer Antenne steht immer in Verbindung mit der räumlichen Ausdehnung ihrer Struktur. Diese Zusammenhänge sind in Abschnitt 3.2.3.3. ausführlich erläutert.

Insbesondere die modernen Industrie-*Yagis* haben gegenwärtig einen Standard, der von amateurmäßigen Eigenentwicklungen keinesfalls erreicht oder gar übertroffen werden kann. Es ist sinnlos, bei diesen Antennen die Empfangseigenschaften durch mechanische Veränderungen verbessern zu wollen. Erfolgversprechend sind nur solche Maßnahmen wie Auswechseln der verrotteten Bandleitung und Beseitigung sonstiger Korrosionserscheinungen, Einstellen der günstigsten Empfangsrichtung und gegebenenfalls Wechsel des Antennenstandortes an eine empfangsgünstigere Stelle.

Für die beim Fernsehempfang bevorzugten *Yagi*-Antennen gilt als Faustregel, daß der Spannungszuwachs etwa der Wurzel aus der Anzahl Elemente entspricht. Demnach würde z. B. eine 9-Element-*Yagi* einen Spannungszuwachs von $\sqrt{9} = 3$ haben. 3fache Spannungsüberhöhung entspricht einem Gewinn von 9,5 dB, also einem Wert, der mit der Praxis gut übereinstimmt. Eine weitere Faustregel besagt, daß jede Verdoppelung der Elementezahl einen Gewinnzuwachs von 3 dB ergibt. Annähernd genau kann bei längeren *Yagi*-Antennen der Gewinn in Abhängigkeit von der relativen Antennenlänge eingegeben werden. Der Begriff relative Antennenlänge kennzeichnet dabei die Längenausdehnung der Antenne (Boomlänge), bezogen auf die Betriebswellenlänge. Aus Bild 23.5 läßt sich der zu erwartende Gewinn von beliebigen *Yagi*-Antennen in Abhängigkeit von ihrer relativen Länge ersehen.

Es ist wenig sinnvoll, für den Selbstbau einer Fernsehantenne einen besonders hochgezüchteten, schmalbandigen Typ zu wählen. Solche Bauformen sind kritisch in ihrer Bemessung, die Rohrdurchmesser und der Elementeträger beeinflussen die Resonanzlängen merklich. Richtig ist es, wenn man zum Selbstbau möglichst unkritische Typen mit großem Frequenzbereich bevorzugt, die auch dann noch gute Leistungen ergeben, wenn sie durch Umgebungseinflüsse verstimmt werden. Die nachfolgend beschriebenen Fernseh-Selbstbauantennen wurden mit diesem Gesichtspunkt ausgewählt. Alle aufgeführten *Yagi*-Antennen werden in Ganzmetall-

bauweise hergestellt, d. h., für die Halterung der Elemente wird ein Metallträger verwendet, auf dem die Elemente in ihrer geometrischen Mitte direkt befestigt sind. Der Durchmesser der Elemente kann, wenn nicht anders angegeben, 8 ... 12 mm betragen. Es ist dabei gleichgültig, ob man Rohre oder Vollmaterial verwendet. Auch Leichtmetallprofile oder -bänder sind brauchbar. Alle Antennen werden mit Horizontalpolarisation dargestellt.

29.3.1. Die 1-Element-Antenne

Der resonante Halbwellendipol in gestreckter und in gefalteter Ausführung ist bei guten Empfangsverhältnissen oft schon ausreichend. Man ordnet ihm im allgemeinen den Gewinn 0 dB zu und verwendet ihn dann als Bezugsstrahler für Antennenvergleiche.

Kenndaten (Näherungswerte)
Gewinn 0 dBd, Rückdämpfung 0 dB, Eingangsimpedanz 60 Ω (gestreckter Dipol) bzw. 240 Ω (Faltdipol), horizontale Halbwertsbreite etwa 80°, vertikale Halbwertsbreite 360°.

In Tabelle 29.1 werden die Resonanzlängen von Dipolen für die VHF-Fernsehbereiche nach CCIR und OIRT aufgeführt. Die Angaben beziehen sich auf Bild 29.9.

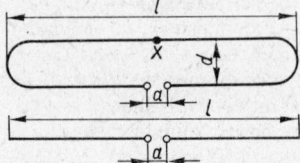

Bild 29.9
Schema für die Bemessung von 1-Element-Dipolen

Tabelle 29.1. Resonanzlängen von gestreckten und gefalteten Dipolen nach Bild 29.9 für das VHF-Fernsehen

Kanäle nach CCIR		Länge l in mm	Kanäle nach OIRT		Länge l in mm
E-2	(47 ... 54 MHz)	2850	R-I	(48,5 ... 56,6 MHz)	2760
E-3	(54 ... 61 MHz)	2500	R-II	(58 ... 66 MHz)	2340
E-4	(61 ... 68 MHz)	2230	R-III	(76 ... 84 MHz)	1820
E-5	(174 ... 181 MHz)	808	R-IV	(84 ... 92 MHz)	1650
E-6	(181 ... 188 MHz)	780	R-V	(92 ... 100 MHz)	1500
E-7	(188 ... 195 MHz)	750	R-VI	(174 ... 182 MHz)	800
E-8	(195 ... 202 MHz)	722	R-VII	(182 ... 190 MHz)	770
E-9	(202 ... 209 MHz)	696	R-VIII	(190 ... 198 MHz)	736
E-10	(209 ... 216 MHz)	675	R-IX	(198 ... 206 MHz)	705
E-11	(216 ... 223 MHz)	655	R-X	(206 ... 214 MHz)	680
E-12	(223 ... 230 MHz)	632	R-XI	(214 ... 222 MHz)	655
			R-XII	(222 ... 230 MHz)	635

Der Abstand der Speisepunkte a ist nicht kritisch. Er kann zwischen 10 und 30 mm betragen. Die Distanz *d* bei Schleifendipolen wird in den Bereichen E-2 ... E-4 bzw. R-I ... R-V mit 100 mm ± 20 % bemessen. In den höherfrequenten Bereichen E-5 ... E-12 und R-VI ... R-XII wählt man *d* mit 50 mm ± 10 %. An dem mit X bezeichneten Punkt darf der Schleifendipol geerdet werden.

Tabelle 29.2. Abmessungen für 2--Element-Antennen nach Bild 29.10

Kanäle CCIR	Längen in mm l	l_R	Abstand A in mm	Kanäle OIRT	Längen in mm l	l_R	Abstand A in mm
E-2	2710	3040	1640	R-I	2640	2960	1600
E-3	2380	2550	1440	R-II	2200	2480	1340
E-4	2100	2350	1290	R-III	1680	1900	1000
E-5	733	938	430	R-IV	1550	1720	900
E-6	707	902	415	R-V	1400	1580	840
E-7	680	870	400	R-VI	730	932	428
E-8	656	840	388	R-VII	700	894	410
E-9	635	810	375	R-VIII	670	856	395
E-10	608	785	362	R-IX	645	825	830
E-11	597	760	352	R-X	622	795	368
E-12	575	738	340	R-XI	600	766	355
				R-XII	576	740	342

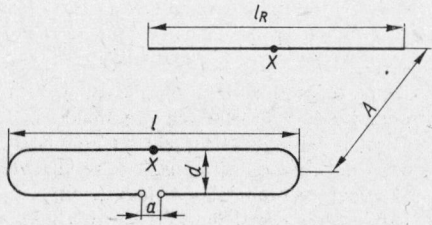

Bild 29.10
Schema für die Bemessung von 2-Element-Antennen

29.3.2. Die 2-Element-Antenne

Kenndaten (Näherungswerte)
Gewinn 3,5 dBd. Rückdämpfung 8 dB, Eingangsimpedanz 240 Ω symmetrisch, relative Antennenlänge 0,27λ, horizontale Halbwertsbreite 75°, vertikale Halbwertsbreite 140°.

Ganzmetallbauweise, Erdungs- und Befestigungspunkte sind in Bild 29.10 mit X gekennzeichnet. Durchmesser des metallischen Elementeträgers. 25 mm ± 30%. Abstände a und d wie in Abschnitt 29.3.1. angegeben. Die Angaben in Tabelle 29.2 beziehen sich auf Bild 29.10.

29.3.3. Die 3-Element-*Yagi*-Antenne

Kenndaten (Näherungswerte)
Gewinn 5 dBd, Rückdämpfung 12 dB, Eingangsimpedanz 240 Ω symmetrisch, relative Anten-

Tabelle 29.3.
Abmessungen für 3-Element-Yagi-Antennen nach Bild 29.11

Kanäle CCIR	Längen in mm l	l_R	l_D	Abstände in mm A_1	A_2
E-2	2800	3400	2480	880	530
E-3	2450	2970	2170	770	470
E-4	2170	2630	1930	670	410
E-5	845	970	705	264	210
E-6	815	930	677	255	205
E-7	785	895	650	245	195
E-8	758	867	630	240	190
E-9	733	835	610	230	180
E-10	710	810	590	220	175
E-11	690	785	570	215	170
E-12	670	760	555	208	165
OIRT					
R-I	2720	3300	2420	850	510
R-II	2280	2770	2020	700	430
R-III	1750	2140	1560	550	340
R-IV	1580	1920	1400	490	310
R-V	1440	1750	1290	460	280
R-VI	840	970	705	265	210
R-VII	810	923	670	255	205
R-VIII	775	885	645	240	195
R-IX	745	850	620	232	185
R-X	718	820	598	225	180
R-XI	685	790	575	217	170
R-XII	670	765	555	210	165

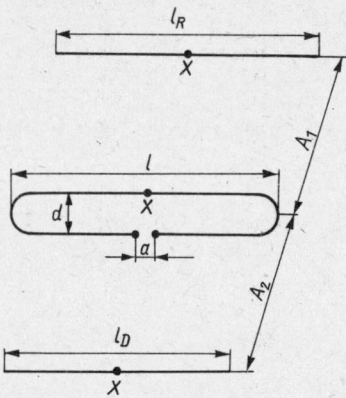

Bild 29.11
Schema für die Bemessung der 3-Element-*Yagi*-Antenne

nenlänge etwa 0,24λ, horizontale Halbwertsbreite 70°, vertikale Halbwertsbreite 120°.

Ganzmetallbauweise, Erdungs- und Befestigungspunkte sind in Bild 29.11 mit X gekennzeichnet. Durchmesser des metallischen Elementeträgers 20 mm ± 20%. Abstände a und d wie in Abschnitt 29.3.1. angegeben. Die Angaben in Tabelle 29.3 beziehen sich auf Bild 29.11.

29.3.4. Die 4-Element-*Yagi*-Antenne

Kenndaten (Näherungswerte)
Gewinn 6 dBd, Rückdämpfung 14 dB, Eingangsimpedanz 240 Ω symmetrisch, relative Antennenlänge 0,6λ, horizontale Halbwertsbreite 65°, vertikale Halbwertsbreite 95°.

Ganzmetallbauweise, Erdungs- und Befestigungspunkte sind in Bild 29.12 mit X gekennzeichnet. Der Durchmesser aller Elemente beträgt für die Kanäle E-2 ... E-4 bzw. R-I ... R-V 15 mm ± 30%. Bei der Bemessung für die Kanäle E-5 ... E-12 bzw. R-VI ... R-XII wählt man Elementdurchmesser von 11 mm ± 30%.

Es handelt sich um eine Antenne mit guten Breitbandeigenschaften. Im niederfrequenten VHF-Bereich (Kanäle E-2 ... E-4 und R-I ... R-V) können 2 einander benachbarte Kanäle empfangen werden, wenn man die Antenne nach Tabelle 29.4. für den frequenzhöheren Kanal be-

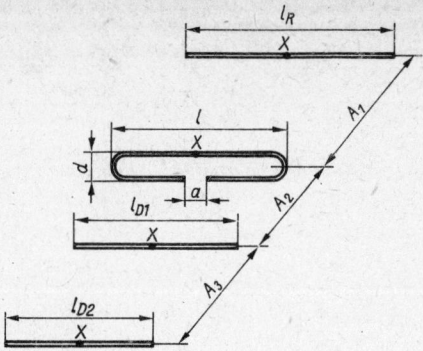

Bild 29.12
Schema für die Bemessung der 4-Element-*Yagi*-Antenne

mißt. So läßt sich z. B. mit einer Antenne für Kanal E-4 auch der Kanal E-3 (sowie Kanal R-II) mit gleichen technischen Daten aufnehmen. Im hochfrequenten VHF-Bereich (Kanäle E-5 ... E-12 und R-VI ... R-XII) reicht der Frequenzbereich sogar über mindestens 3 benachbarte Kanäle, wobei ebenfalls die Bemessung für den frequenzhöchsten Kanal gewählt werden muß. So kann z. B. eine Kanal-E-8-Antenne auch die Kanäle E-7 und E-6 sowie R-VIII, R-VII und R-VI empfangen. Man nennt solche Antennen allgemein *Kanalgruppenantennen*.

Tabelle 29.4. Abmessungen für 4-Element-Yagi-Antennen nach Bild 29.12

Kanäle CCIR	Längen in mm				Abstände in mm		
	l	l_R	l_{D1}	l_{D2}	A_1	A_2	A_3
E-2	3100	3600	2500	2450	1630	430	1320
E-3	2740	3200	2220	2180	1440	380	1180
E-4	2450	2870	1970	1940	1300	360	1040
E-5	925	1080	745	735	490	130	400
E-6	890	1040	720	705	470	125	385
E-7	860	1000	690	680	455	120	370
E-8	830	965	670	660	440	115	355
E-9	800	935	645	635	425	112	345
E-10	775	905	625	615	410	110	335
E-11	750	875	605	595	595	105	325
E-12	725	850	590	580	385	100	315
OIRT							
R-I	2950	3460	2400	2350	1550	440	1280
R-II	2530	2960	2040	2000	1330	360	1100
R-III	1980	2320	1620	1570	1050	280	850
R-IV	1820	2120	1470	1440	950	260	780
R-V	1670	1940	1350	1320	870	230	720
R-VI	920	1075	744	730	485	130	395
R-VII	880	1030	710	700	465	125	380
R-VIII	845	985	684	670	445	120	365
R-IX	810	948	655	645	430	114	350
R-X	780	915	630	620	415	110	340
R-XI	752	880	610	600	400	106	325
R-XII	726	850	588	577	385	102	315

29.3.5. Die 6-Element-Kanalgruppen-Yagi-Antenne

Kenndaten (Näherungswerte)
Gewinn 8 dBd, Rückdämpfung 15 dB, Eingangsimpedanz 240 Ω symmetrisch, relative Antennenlänge 0,9λ, horizontale Halbwertsbreite 55°, vertikale Halbwertsbreite 73°.

Ganzmetallbauweise, Erdungs- und Befestigungspunkte sind in Bild 29.13 mit X gekennzeichnet. Der Durchmesser aller Elemente beträgt 11 mm ± 30%. Für den Durchmesser des Elementeträger gibt es keine starren Festlegungen, man wählt ihn nach den mechanischen Erfordernissen.

Der Frequenzbereich dieser Kanalgruppenantenne überdeckt im niederfrequenten Teil des VHF-Bereiches mindestens 2 einander benachbarte Fernsehkanäle, wobei immer die Resonanz für den frequenzhöheren Kanal bemessen wird. Allerdings dürfte diese 6-Element-Antenne aus mechanischen Gründen etwa das Maximum an Aufwand für eine Band-I-Antenne darstellen, den man im Selbstbau noch bewältigen kann. Die Lage des FM-Rundfunks innerhalb der OIRT-Frequenzaufteilung ermöglicht bei Bedarf Bemessungen, die sich sowohl für den FM-Rund-

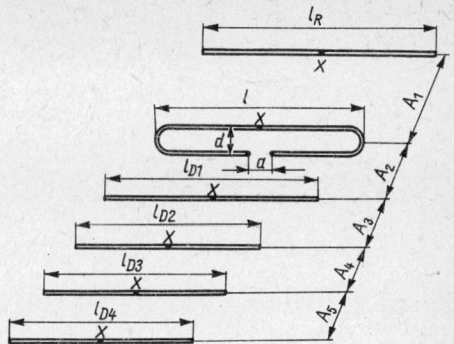

Bild 29.13
Schema für die Bemessung der 6-Element-*Yagi*-Antenne

funk wie auch für einen ihm frequenzbenachbarten Fernsehkanal verwenden lassen. Solche Zusammenstellungen sind in Tabelle 29.5. berücksichtigt. Im höherfrequenten VHF-Bereich beträgt der Frequenzbereich mindestens 5 einander benachbarte Kanäle. Es genügen somit für diesen Bereich 4 verschiedene Bemessungen, deren Frequenzen sich breit überlappen.

Tabelle 29.5. Abmessungen für 6-Element-Kanalgruppe-Yagi-Antennen nach Bild 29.13

	Kanalgruppen (E- ≙ CCIR, R- ≙ OIRT)				
	R-I E-2 E-3	R-II E-3 E-4	R-II E-4 FM-OIRT	R-III R-IV	R-IV R-V FM-CCIR
Länge l in mm	2597	2330	2200	1722	1523
Länge l_R in mm	3119	2800	2642	2068	1829
Länge l_{D1} in mm	2218	1989	1879	1470	1301
Länge l_{D2} in mm	2241	2010	1899	1486	1314
Länge l_{D3} in mm	2205	1978	1868	1462	1293
Länge l_{D4} in mm	2168	1945	1837	1438	1272
Abstand A_1 in mm	1426	1279	1208	946	836
Abstand A_2 in mm	347	312	294	230	204
Abstand A_3 in mm	1151	1032	975	763	675
Abstand A_4 in mm	1005	902	852	667	590
Abstand A_5 in mm	1097	984	929	727	643

	Kanalgruppen			
	E-5 … E-9 R-VI … R-IX	E-6 … E-10 R-VII … E-X	E-7 … E-11 R-VIII … R-XI	E-8 … E-12 R-IX … R-IX
Länge l in mm	762	733	710	689
Länge l_R in mm	915	881	853	827
Länge l_{D1} in mm	650	626	607	588
Länge l_{D2} in mm	657	633	613	594
Länge l_{D3} in mm	647	623	603	585
Länge l_{D4} in mm	636	612	593	575
Abstand A_1 in mm	418	403	390	378
Abstand A_2 in mm	102	98	95	92
Abstand A_3 in mm	338	325	315	305
Abstand A_4 in mm	295	284	279	267
Abstand A_5 in mm	322	310	300	291

Tabelle 29.6. Abmessungen für 8-Element-Yagi-Antennen nach Bild 29.14

Kanäle CCIR	E-5	E-6	E-7	E-8	E-9	E-10	E-11	E-12
Länge l in mm	772	742	715	690	665	644	622	602
Länge l_R in mm	882	854	824	796	768	750	722	695
Längen $l_{D1} \ldots l_{D6}$ in mm	712	684	660	635	612	596	578	556
Abstand A_1 in mm	274	264	255	246	237	230	223	216
Abstand A_2 in mm	174	168	162	156	150	145	141	137
Abstand A_3 in mm	246	237	228	221	212	205	198	193
Abstand A_4 in mm	163	156	150	145	140	136	132	128
Abstand A_5 in mm	178	171	165	159	154	148	143	139
Abstand A_6 in mm	191	183	175	168	164	158	153	149
Abstand A_7 in mm	211	203	195	188	182	177	171	165

Kanäle OIRT	R-VI	R-VII	R-VIII	R-IX	R-X	R-XI	R-XII
Länge l in mm	768	733	704	675	650	627	604
Länge l_R in mm	886	845	813	780	750	723	697
Längen $l_{D1} \ldots l_{D6}$ in mm	708	676	650	623	600	578	558
Abstand A_1 in mm	274	262	251	241	232	224	216
Abstand A_2 in mm	173	166	159	153	147	142	137
Abstand A_3 in mm	246	234	225	216	208	200	193
Abstand A_4 in mm	162	155	148	142	137	132	128
Abstand A_5 in mm	177	169	162	156	150	145	139
Abstand A_6 in mm	190	180	173	166	160	154	149
Abstand A_7 in mm	210	201	193	185	178	172	165

29.3.6. Die 8-Element-*Yagi*-Antenne

Kenndaten (Näherungswerte)
Gewinn 9,5 dBd, Rückdämpfung 15 dB, Eingangsimpedanz 240 Ω symmetrisch, relative Antennenlänge 0,87λ, horizontale Halbwertsbreite 48°, vertikale Halbwertsbreite 57°.

Typische Einkanalantenne mit relativ großem Gewinn. Alle Direktoren haben gleiche Längen. Ganzmetallbauweise, Erdungs- und Befesti-gungspunkte sind in Bild 29.14 mit X gekennzeichnet. Der Durchmesser aller Elemente beträgt 10 mm ± 20%. Für den Elementeträger aus Metall wird ein Durchmesser von 20 mm ± 20% empfohlen (siehe Tabelle 29.6.).

29.3.7. Die 9-Element-*Yagi*-Antenne

Kenndaten (Näherungswerte)
Gewinn 11 dBd, Rückdämpfung 18 dB, Eingangsimpedanz 240 Ω symmetrisch, relative Antennenlänge 1,6λ, (Lang-*Yagi*-Typ), horizontale

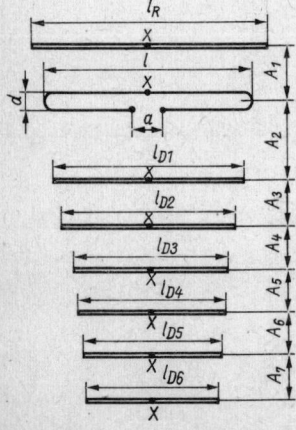

Bild 29.14
Schema für die Bemessung der 8-Element-*Yagi*-Antenne

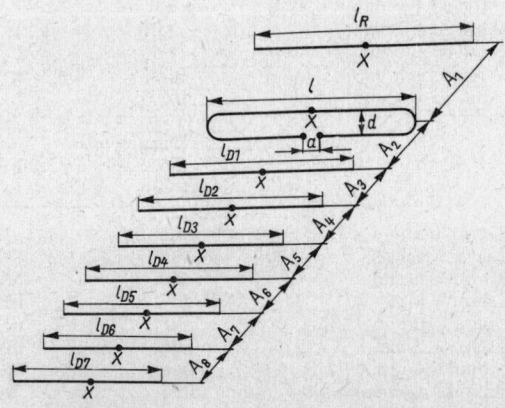

Bild 29.15
Schema für die Bemessung der 9-Element-Lang-*Yagi*-Antenne

Tabelle 29.7.   Abmessungen für 9- Element-Lang-Yagi-Antennen nach Bild 29.15

Kanäle CCIR	E-5	E-6	E-7	E-8	E-9	E-10	E-11	E-12
Länge l in mm	762	734	707	682	661	637	613	597
Länge l_R in mm	943	908	875	843	815	788	763	735
Länge l_{D1} in mm	689	663	639	616	595	575	557	539
Länge l_{D2} in mm	678	652	628	606	585	566	548	531
Länge l_{D3} in mm	672	647	623	601	580	561	542	526
Länge l_{D4} in mm	661	636	612	591	571	552	534	518
Länge l_{D5} in mm	650	625	602	581	561	542	525	509
Länge l_{D6} in mm	638	614	590	571	551	533	516	500
Länge l_{D7} in mm	627	603	581	561	542	523	507	491
Abstand A_1 in mm	345	332	319	308	298	288	279	270
Abstand A_2 in mm	291	280	270	260	251	243	235	228
Abstand A_3 in mm	427	410	395	381	368	356	345	334
Abstände $A_4 \ldots A_8$ in mm	331	318	307	296	286	276	268	260

Kanäle OIRT	R-VI	R-VII	R-VIII	R-IX	R-X	R-XI	R-XII
Länge l in mm	760	726	698	672	646	620	598
Länge l_R in mm	938	900	862	828	795	763	735
Länge l_{D1} in mm	685	655	628	604	580	558	539
Länge l_{D2} in mm	675	648	620	595	573	550	531
Länge l_{D3} in mm	665	642	615	590	568	546	526
Länge l_{D4} in mm	658	630	604	580	558	537	518
Länge l_{D5} in mm	646	620	594	570	548	528	509
Länge l_{D6} in mm	625	610	585	561	540	520	500
Länge l_{D7} in mm	624	599	574	551	530	510	491
Abstand A_1 in mm	348	333	317	302	292	280	270
Abstand A_2 in mm	289	278	266	256	246	238	228
Abstand A_3 in mm	425	408	390	375	360	346	334
Abstände $A_4 \ldots A_8$ in mm	328	316	302	288	278	270	260

Halbwertsbreite 40°, vertikale Halbwertsbreite 50°.

Ganzmetallbauweise, Erdungs- und Befestigungspunkte sind in Bild 29.15 mit X gekennzeichnet. Der Durchmesser aller Elemente beträgt 10 mm ± 20 %. Der Elementeträger hat einen Durchmesser von 20 ... 25 mm (siehe Tabelle 29.7.).

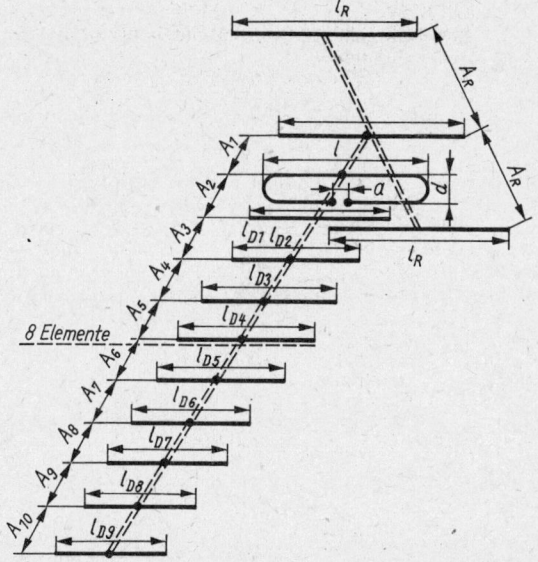

Bild 29.16
Schema für die Bemessung der 13-Element-Kanalgruppen-*Yagi*-Antenne

Tabelle 29.8. Abmessungen für 13-Element-Kanalgruppen-Yagi-Antennen nach Bild 29.16

	Kanalgruppen E-5 ... E-9 R-VI ... R-IX	E-6 ... E-10 R-VII ... R-X	E-7 ... E-11 R-VIII ... R-XI.	E-8 ... E-12 R-IX ... R-XI
Länge l in mm	735	721	700	678
Länge l_R in mm	883	866	839	812
Länge l_{D1} in mm	628	616	598	580
Länge l_{D2} in mm	638	623	603	584
Länge l_{D3} in mm	622	613	594	576
Länge l_{D4} in mm	617	602	584	566
Länge l_{D5} in mm	595	580	563	548
Länge l_{D6} in mm	575	561	543	528
Länge l_{D7} in mm	553	540	524	508
Länge l_{D8} in mm	532	518	504	490
Länge l_{D9} in mm	532	518	504	490
Abstände A_R in mm	220	214	208	203
Abstand A_1 in mm	404	396	384	372
Abstand A_2 in mm	98	96	93	90
Abstand A_3 in mm	327	318	310	300
Abstand A_4 in mm	285	280	270	262
Abstand A_5 in mm	311	305	295	286
Abstände $A_6 ... A_{10}$ in mm	311	305	295	286

29.3.8. Die 13-Element-Kanalgruppen-*Yagi*-Antenne

Bei dieser Lang-*Yagi*-Antenne bildet die 6-Element-Kanalgruppen-*Yagi*-Antenne aus Abschnitt 29.3.5. den Grundbaustein. Die Erweiterung betrifft 2 zusätzliche Reflektoren zur Vergrößerung der Rückdämpfung sowie 5 weitere Direktoren. Dabei bleibt der relativ große Frequenzbereich des Grundbausteins voll erhalten.

Da es sich um eine Bausteinantenne handelt, können sowohl die beiden Zusatzreflektoren wie auch bei Bedarf beliebig viele Direktoren bis zur Größe des Grundbausteins (6 Elemente) weggelassen werden. Es ist aber auch möglich, die Antenne durch Hinzufügen weiterer Direktoren noch zu vergrößern. Dabei haben diese Zusatzdirektoren die gleiche Länge wie l_{D9} und auch die Direktorabstände entsprechen einheitlich A_{10}. Bei Vergrößerung auf 17 Elemente steigt der Gewinn auf 12,5 dBd. Verkleinert man z. B. auf 8 Elemente, tritt ein Gewinnabfall auf 9 dBd ein.

Kenndaten (Näherungswerte)
Gewinn 11,5 dB, Rückdämpfung 23 dB, Eingangsimpedanz 240 Ω symmetrisch, relative Antennenlänge 3,4λ, horizontale Halbwertsbreite 40°, vertikale Halbwertsbreite 44°.

Ganzmetallbauweise, Erdungs- und Befestigungspunkte sind in Bild 29.16 mit X gekennzeichnet. Der Durchmesser aller Elemente beträgt 11 mm ± 30%. Der Durchmesser des metallischen Elementeträgers ist nicht kritisch, er kann 20 ... 30 mm betragen (siehe Tabelle 29.8.).

29.3.9. Die 20-Element-Kanalgruppen-*Yagi*-Antenne

Der Frequenzbereich dieser 20-Element-Höchstleistungsantenne ist so groß, daß man den hochfrequenten VHF-Fernsehbereich mit nur 2 Dimensionierungen überdecken kann. Diese Bauform läßt sich jedoch auch als Bereichsantenne für die Kanäle E-5 ... E-12 und R-VI ... R-XII einsetzen, wenn man die in Tabelle 29.9. aufgeführten Abmessungen für die Kanäle E-9 ... E-12 bzw. R-IX ... R-XII wählt. Es

Tabelle 29.9.
Abmessungen für 20-Element-Kanalgruppen-Yagi-Antennen nach Bild 29.17

	Kanalgruppen E-5 ... E-8 R-VI ... R-IX	E-9 ... E-12 R-IX ... R-XII
Länge l in mm	844	743
Länge l_R in mm	1055	928
Länge l_{D1} in mm	642	564
Länge l_{D2} in mm	621	547
Länge l_{D3} in mm	609	535
Längen $l_{D4} ... l_{D7}$ in mm	604	530
Längen $l_{D8} ... l_{D15}$ in mm	590	520
Abstand A_1 in mm	232	204
Abstand A_2 in mm	112	98
Abstand A_3 in mm	136	120
Abstand A_4 in mm	445	395
Abstände $A_5 ... A_{16}$ in mm	422	372
Abstände A_R in mm	226	199

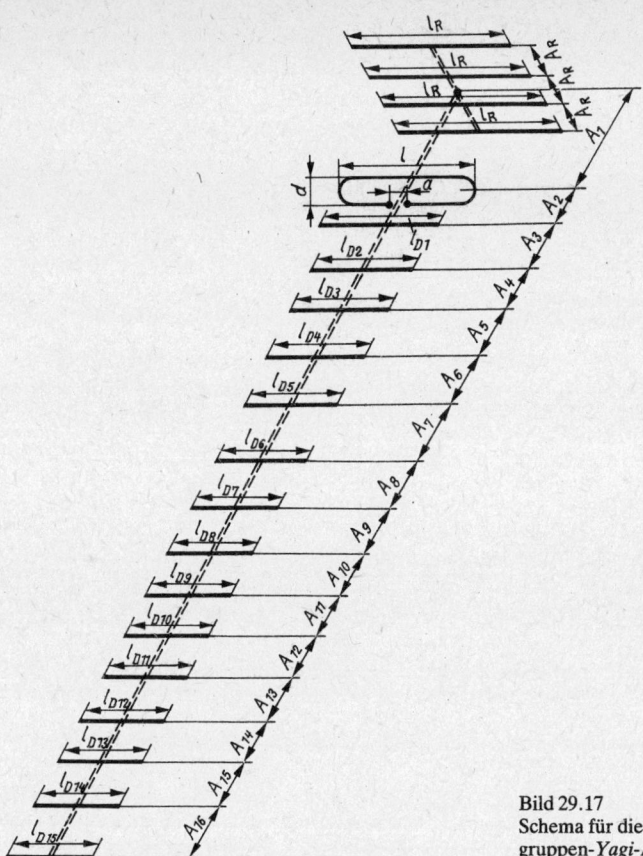

Bild 29.17
Schema für die Bemessung der 20-Element-Kanal-gruppen-*Yagi*-Antenne nach Tabelle 29.9

können dann alle Kanäle empfangen werden, wobei nur in Kanal E-5 bzw. R-IV ein ganz geringfügiger Gewinnabfall eintritt.

Auch bei dieser Antenne besteht die Möglichkeit, sie bei Bedarf zu verkleinern. Beginnend mit dem letzten Direktor D_{15} kann man beliebig bis zu D_3 Direktoren weglassen. Es ist somit möglich, jede Elementezahl zwischen 8 Elementen und 20 Elementen zu verwirklichen. Der Eingangswiderstand ändert sich dabei nicht; entsprechend der verbleibenden Elementezahl verringert sich der Gewinn, während die Halbwertsbreiten vergrößert werden.

Kenndaten (Näherungswerte)
Gewinn 15,5 dB, Rückdämpfung 27 dB, Eingangsimpedanz 240 Ω symmetrisch, relative Antennenlänge 4λ, horizontale Halbwertsbreite 26°, vertikale Halbwertsbreite 27°. Ganzmetallbauweise nach Aufbauschema Bild 29.17. Vierfachreflektor für große Rückdämpfung. Der Durchmesser aller Elemente beträgt 10 mm ± 20 %. Der metallische Elementeträger hat einen Durchmesser von 20 ... 30 mm.

29.3.10. Fernseh-Gruppenantennen

Im hochfrequenten Abschnitt des VHF-Fernsehbandes (Band III CCIR) konnten neben den

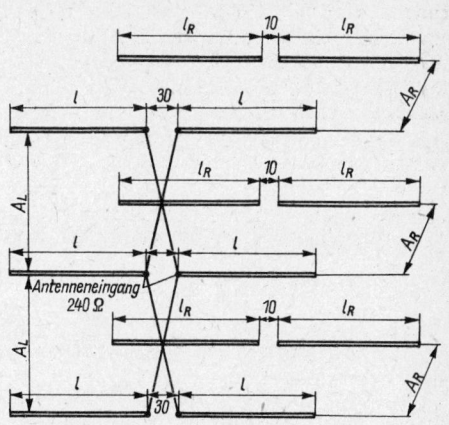

Bild 29.18
Schema der 12-Element-Gruppenantenne

Tabelle 29.10.
Abmessungen für 12-Element-Gruppenantennen
nach Bild 29.18

	Kanalgruppen	
	E-5 ... E-8 R-VI...R-IX	E-9 ... E-12 R-IX...R-XII
Längen l in mm	708	620
Längen l_R in mm	800	700
Etagenabstand A_L in mm	790	685
Reflektorabstand A_R in mm	242	210

Yagi-Antennen auch die Gruppenstrahler Bedeutung erlangen. Gruppenantennen sind Kombinationen von Ganzwellendipolen, die vor Reflektoren – seltener auch vor Reflektorwänden – angeordnet werden (siehe Abschnitt 24.). Es sind Querstrahler, man bezeichnet sie manchmal auch als *Phasenantennen*. Sie werden vorwiegend dann angewendet, wenn keine Reflexionen des zu empfangenden Signals auftreten können und keine scharfe Bündelung in der Horizontalebene erforderlich ist.

Gruppenantennen nach Bild 29.18 sind breitbandig und eignen sich deshalb für den Empfang mehrerer Fernsehkanäle. Aus einer Vielzahl der Möglichkeiten, Gruppenantennen aufzubauen, wurde in Tabelle 29.10. eine 12-Element-Gruppe ausgewählt, die für die Kanalgruppen E-5 ... E-8 bzw. R-IV ... R-IX und E-9 ... E-12 bzw. R-IX bis R-XII bemessen ist. Alle erforderlichen technischen Einzelheiten sind aus Abschnitt 24. sinngemäß zu ersehen.

Neben den unbestreitbar großen Vorzügen, die Gruppenantennen in elektrischer Hinsicht bieten, muß man jedoch auch einige beachtenswerte mechanische Schwierigkeiten erwähnen. Eine Ganzmetallausführung wie bei der *Yagi*-Antenne ist nicht durchführbar. Die Elementehälften müssen in ihren Spannungsminima $\lambda/4$ von den Enden entfernt gehalten werden, aber selbst dort sollen die Elemente von ihren Trägern isoliert sein. Zudem bieten Gruppenantennen dem Wind immer eine große Angriffsfläche und verlangen deshalb eine besonders stabile Konstruktion. Sie werden deshalb heute immer häufiger durch gestockte *Yagis* und *Yagi*-Gruppen ersetzt.

29.3.11. Gestockte Fernseh-*Yagi*-Antennen

Die Vorzüge der flachen Abstrahlung (kleine vertikale Halbwertsbreite) einer Gruppenantenne kann man auch jeder *Yagi*-Antenne verleihen, indem man 2 oder mehrere *Yagi*-Ebenen

vertikal übereinanderstockt. Der einfache mechanische Aufbau einer *Yagi* in Ganzmetallbauweise wird dabei mit der Flachstrahlung einer Gruppenantenne zu einer leistungsfähigen und wirtschaftlichen Kombination vereinigt. Die gestockte *Yagi* benötigt im Gegensatz zur Gruppenantenne nur einen einzigen senkrechten Tragemast, an dem die einzelnen *Yagi*-Ebenen befestigt werden. Es sind außerdem keinerlei Isolatoren erforderlich.

Ordnet man 2 oder mehr gleichartige Einebenenantennen übereinander an, so tritt bei horizontal polarisierten Antennen eine Bündelung in der Vertikalebene ein. Die horizontale Halbwertsbreite wird durch die Stockung nicht beeinflußt. Besonders zu empfehlen sind gestockte Antennen an Empfangsorten mit hohem lokalem Störpegel. Durch die kleine vertikale Halbwertsbreite werden alle von unten einfallenden Störstrahlungen, wie Zündfunkenstörungen und Störungen durch sonstige elektrische Geräte, von der Antenne nicht oder zumindest stark geschwächt aufgenommen. Der durch die vertikale Bündelung erzielte Gewinn hängt von der Anzahl der gestockten Ebenen ab und wird auch noch vom Abstand zwischen den Antennenebenen beeinflußt. Obwohl der für den Gewinn optimale Abstand bei 2 Ebenen mit kurzen *Yagi*-Antennen etwa $0,65\lambda$ beträgt (Gewinnzuwachs etwa 2,7 dB), bevorzugt man häufig einen Ebenenabstand von $0,5\lambda$ (Gewinnzuwachs etwa 2 dB), weil dieser eine nebenzipfelarme Strahlungscharakteristik ergibt und mitunter für das Speisen vorteilhaft ist. Für die Stockung größerer Antennen vom Lang-*Yagi*-Typ gilt die Näherungsregel vertikaler Ebenenabstand = Antennenlänge × 0,75.

Unter Antennenlänge soll die größte Längenausdehnung verstanden werden, also die Länge des Trägerrohres, auf dem die Elemente befestigt sind.

Ist die horizontale Halbwertsbreite α_E bekannt, erhält man den optimalen Stockungsabstand D_{opt} nach der Beziehung

$$D_{opt} = \frac{\lambda}{2 \sin \alpha_{E/2}}. \qquad (29.1.)$$

Da alle in den Tabellen aufgeführten Selbsbau-*Yagis* einen Eingangswiderstand von 240 Ω haben, können diese über eine beliebig lange, vom gewählten Stockungsabstand abhängige symmetrische 240-Ω-Leitung miteinander verbunden werden. In der geometrischen Mitte dieser Verbindungsleitung wird die 240-Ω-Speiseleitung angeschlossen (Bild 29.19). Weil dort die Eingangswiderstände der beiden Antennen von je 240 Ω einander parallelliegen, ergibt sich am Antenneneingang eine Impedanz von 120 Ω. Das bedeutet, daß beim Weiterführen der Ableitung mit

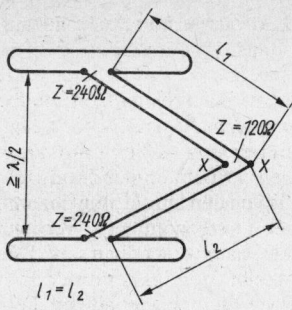

Bild 29.19
Die vertikale Stockung von 2 horizontalen Antennenebenen im Abstand ≧λ/2 (es sind nur die gespeisten Faltdipole gezeichnet)

240 Ω eine Fehlanpassung auftritt. Der dadurch bedingte Spannungsverlust beträgt aber nur knapp 6 % (0,5 dB) und liegt damit etwa in der gleichen Größe, wie ihn ein Transformationsglied verursachen würde. Weil keine merkbare Empfangsverschlechterung auftritt und der Frequenzbereich der Anlage nicht beschnitten wird, kann für Fernseh-Empfangsantennen mit relativ kurzen Ableitungen diese einfache, fehlangepaßte Speisung empfohlen werden. Die beide Ebenen verbindende Bandleitung darf man nicht verdrehen, d. h., daß die linken Anschlüsse der

oberen und der unteren Ebenen miteinander verbunden sein müssen, weil sich andernfalls wegen Gegenphasigkeit der Erregung ein völlig «krummes» Strahlungsdiagramm ergeben würde.

Sollen 4 gleichartige *Yagi*-Antennen in beliebigem Stockungsabstand zusammengeschaltet werden, so ergibt sich nach Bild 29.20 eine sehr einfache Möglichkeit der Breitbanderregung, bei der keine Fehlanpassung auftritt. Wie aus der Ersatzschaltung Bild 29.20b hervorgeht, sind jeweils die beiden oberen und die beiden unteren Ebenen einander parallelgeschaltet. Die beiden auf diese Weise gebildeten Gruppen liegen in einer Reihenschaltung, so daß nach dem *Kirchhoff*schen Gesetz am Antenneneingang X_1–X_2 wieder der Widerstand einer Einzelebene (240 Ω) auftritt. Dann kann eine 240-Ω-Ableitung ohne Fehlanpassung angeschlossen werden. Die Variante einer Vierergruppe zeigt Bild 19.21. Damit alle Ebenen gleichphasig erregt werden, sind folgende Regeln genau zu beachten:

– Die Leitungen $l_1 \dots l_4$ können beliebig lang sein, müssen aber alle genau die gleiche Länge haben.
– Der Wellenwiderstand der Leitungen muß dem Eingangswiderstand der Einzelebene entsprechen. Weil die beschriebenen Antennen einen Eingangswiderstand von 240 Ω aufweisen, fertigt man $l_1 \dots l_4$ aus handelsüblicher 240-Ω-Leitung.
– Die richtigen Leitungsanschlüsse sind genau zu beachten, a und b dürfen keinesfalls verwechselt werden (Adern kennzeichnen!).

In den Zusammenschaltungsbeispielen sind zur besseren Übersicht nur die gespeisten Faltdipole gezeichnet.

Sollte eine Transformation des Eingangswiderstandes erforderlich sein, so verwendet man am besten den Viertelwellentransformator nach Abschnitt 6.5. oder die Viertelwellenanpaßleitung nach Abschnitt 6.6.

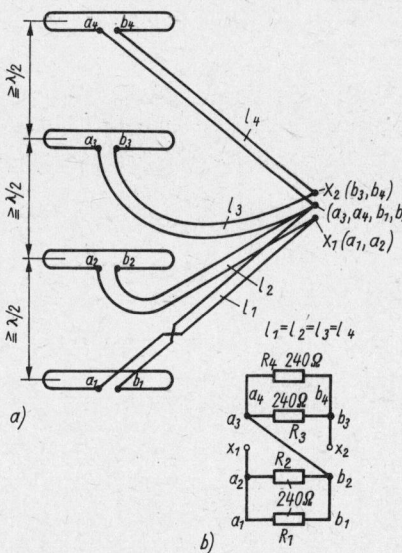

Bild 29.20
Die impedanz- und phasenrichtige Zusammenschaltung von 4 vertikal gestockten Antennenebenen; a – Schaltung, b – Ersatzschaltung

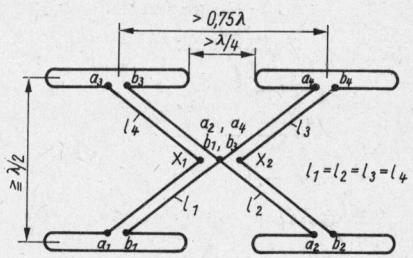

Bild 29.21
Die impedanz- und phasenrichtige Zusammenschaltung einer Antennengruppe, bestehend aus 4 gleichrichtigen Antennenebenen

29.3.12. UHF-Fernsehantennen

Das UHF-Fernsehband IV/V erstreckt sich über einen Wellenlängenbereich von 63 cm abwärts bis 38 cm. Daraus geht hervor, daß die Antennenelemente in Band IV/V nur etwa 1/3 der Länge von Band-III-Elementen (CCIR) haben. Deshalb beträgt auch die Spannungsaufnahme nur etwa den 3. Teil. Das bedeutet, daß eine Band-IV-Antenne einer gleichartigen Band-III-Antenne um etwa 9 dB im Nachteil ist. Dieser Umstand in Verbindung mit der Tatsache, daß im UHF-Bereich bereits kleine Hindernisse starke Reflexionen hervorrufen, erfordert fast immer scharfbündelnde Hochleistungsantennen. Lange *Yagis* können im allgemeinen diese Forderungen erfüllen, ihnen gehört aus technischen und aus wirtschaftlichen Gründen der Vorzug.

Mitunter kommt es aber vor, daß der in den Datenblättern genannte meßtechnisch ermittelte Gewinn von langen *Yagis* nicht erreicht wird. Das ist auf Feldverzerrungen an manchen Empfangsorten zurückzuführen. Dabei können die einzelnen Spannungen, die von den Direktoren der langen *Yagi*-Antennen aufgenommen werden, gegeneinander in der Phase verschoben sein. Die Summenspannung bleibt dann immer unter dem möglichen Höchstwert des gleichmäßigen Feldes. In solchen Fällen empfiehlt es sich, entweder kürzere *Yagis* in gestockter Form zu verwenden oder auf breitbandige Sonderformen geringer Längenausdehnung (Querstrahler) überzuge-

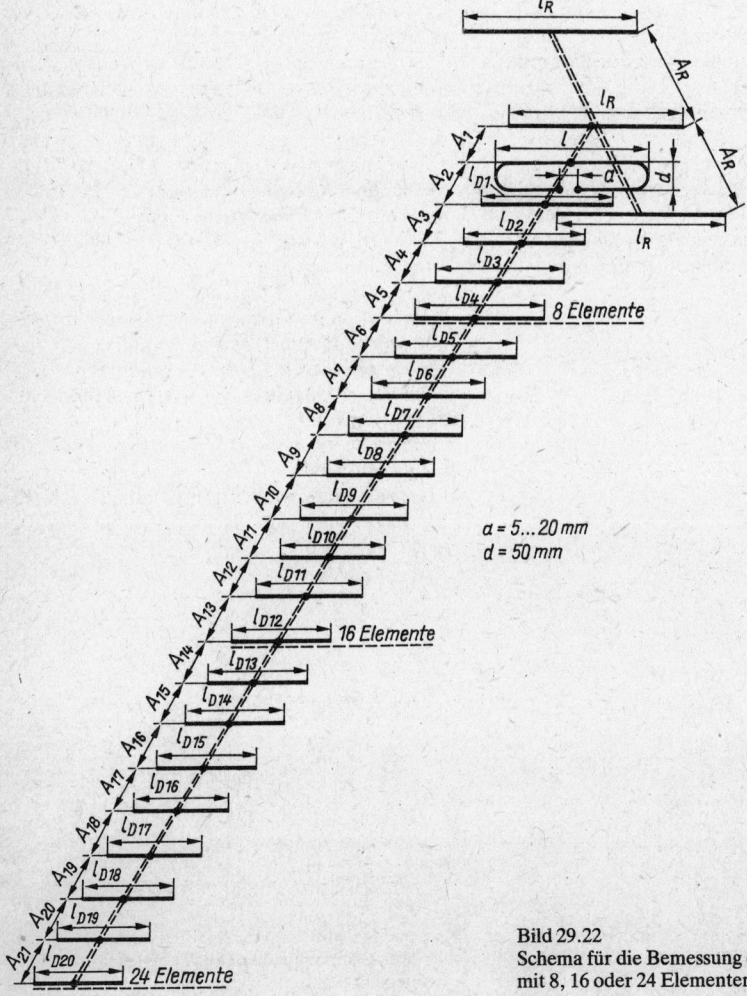

$a = 5...20\,mm$
$d = 50\,mm$

Bild 29.22
Schema für die Bemessung der UHF-Breitband-*Yagi* mit 8, 16 oder 24 Elementen

554

hen. Letztere sind auch gut als Zimmer- oder Dachbodenantennen geeignet.

29.3.12.1. UHF-*Yagi*-Antennen

In ihrem Aufbau unterscheiden sich VHF-*Yagi*-Antennen nicht von den *Yagis* der VHF-Fernsehbereiche. Ihr Frequenzbereich reicht immer über mehrere benachbarte Kanäle, und man ist heute in der Lage, UHF-*Yagis* zu konstruieren, die den ganzen Bereich IV/V überdecken. Dabei fällt der Gewinn vom frequenzhöchsten Kanal bis zum niedrigsten etwas ab.

Bei der Montage von UHF-*Yagis* ist besonders zu beachten, daß der senkrechte Antennentragemast nicht, wie bei VHF-*Yagis* üblich, einfach im Antennenschwerpunkt seitlich am Elementeträger befestigt werden darf. Dadurch würden sich die Antenneneigenschaften erheblich verschlechtern. Man halte sich deshalb an das Beispiel der Montage von Industrieantennen für die UHF-Bereiche. Bei ihnen werden kürzere *Yagis* gewöhnlich hinter dem Reflektor *vor* dem Mast befestigt, während man lange *Yagis* im allgemeinen über einen Unterzug mit dem Tragemast verbindet (siehe Bild 23.10).

Die nachstehend beschriebenen UHF-*Yagi*-Antennen mit 8, 16 und 24 Elementen dürften allen Anforderungen des Selbstbauinteressenten genügen. Es sind farbtüchtige Bereichsantennen, die bei Bedarf auch in gestockter Ausführung aufgebaut werden können. Die für Maximalgewinn optimalen Stockungsabstände sind für jede Baustufe angegeben.

Die 8-Element-Antenne arbeitet bei dieser Reihe als Grundbaustein. Sie wird unverändert für die 16- und 24-Element-Ausführung übernommen, wobei man lediglich die entsprechende Anzahl von Direktoren hinzufügt. Der größte angegebene Gewinn tritt jeweils im frequenzhöchsten Kanal auf (Kanal 39 bzw. Kanal 59). Der Gewinnabfall ist stetig bis zum frequenzniedrigsten Kanal (Kanal 21 bzw. Kanal 40) und erreicht dann den genannten Kleinstwert.

Die Erweiterung des 8-Element-Grundbausteins ist nicht auf 16 oder 24 Elemente beschränkt. Es können alle dazwischenliegenden Elementanzahlen gewählt werden, ohne daß sich die Eigenschaften der Antenne verschlechtern

Tabelle 29.11. Die 8-, 16- und 24-Element-UHF-Yagi-Antennen nach Bild 29.22

Kenndaten	8 Elemente	16 Elemente	24 Elemente
Gewinn in dBd	8,0 … 9,5	12 … 13,5	15 … 17
Rückdämpfung in dB	20	23	28
Halbwertsbreite horizontal in Grad	46	33	22
Halbwertsbreite vertikal in Grad	63	36	23
Relative Antennenlänge in λ	0,9	3,4	5,8
Optimaler Stockungsabstand in mm	700 (1,44 λ)	970 (2,0 λ)	1400 (2,88 λ)

Gemeinsame Angaben
Ganzmetallbauweise, Dreifachreflektor, Eingangswiderstand 240 Ω symmetrisch. Der Durchmesser aller Elemente beträgt 9 mm ± 20%. Der metallische Elementeträger hat einen Durchmesser von 20 mm ± 20%.

Mechanische Angaben

	Band IV (Kanal 21 … 39)	Band V (Kanal 40 … 59)		Band IV (Kanal 21 … 39)	Band V (Kanal 40 … 59)
Länge *l* Faltdipol in mm	284	226	Elementabstände in mm		
Länge l_R	349	278	A_1	77	61
Reflektoren in mm			A_2	22	17
Direktorlängen in mm			A_3	63	51
l_{D1}	212	168	A_4	132	105
l_{D2}	204	162	A_5	139	112
l_{D3}, l_{D4}	202	160	$A_6 … A_{21}$	149	119
$l_{D5}, l_{D6}, l_{D7}, l_{D8}$	199	159			
$l_{D9}, l_{D10}, l_{D11}, l_{D12}$	197	157			
$l_{D13}, l_{D14}, l_{D15}, l_{D16}$	195	155			
$l_{D17}, l_{D18}, l_{D19}, l_{D20}$	195	155			
Reflektorabstände A_R in mm	117	94			

(z. B. 13 Elemente, 18 Elemente usw.). Die Antennendaten nehmen dann die entsprechenden Zwischenwerte ein und sind leicht abzuschätzen. Die in der Tabelle 29.11. angegebenen Abmessungen beziehen sich auf das Aufbauschema Bild 29.22.

29.3.12.2. UHF-Ganzwellendipole vor einem Reflektor

Für die Belange des Funkamateurs mit Fernsehinteressen eignen sich die breitbandigen Reflektorantennen gut, weil sie sehr flach und mechanisch robust sind. Ganzwellenantennen vor einem Reflektor lassen sich bei mittlerem Gewinn und sehr großem Frequenzbereich als Suchantenne für die Auswahl des günstigsten Antennenstandortes verwenden. Bei ausreichenden Empfangsfeldstärken sind sie auch als raumsparende Betriebsantennen einzusetzen, besonders dann, wenn mehrere weit auseinanderliegende Kanäle empfangen werden sollen. Da solche Antennen eine geringe Längenausdehnung haben, eignen sie sich ganz besonders gut als Unterdachantennen und als Zimmerantennen, wofür *Yagi*-Bauformen im allgemeinen zu sperrig sind.

Die einfachste Ausführung eines Ganzwellendipols vor einem Reflektor mit einem Frequenzbereich von 450…900 MHz wurde bereits in Abschnitt 26.2.1. ausführlich beschrieben (siehe auch Bild 26.9 und Bild 26.10). Wegen des großen Spreizwinkels α von 70° zeichnet sich diese unkomplizierte Antenne durch großen Frequenzbereich und durch einen konstanten Eingangswiderstand über den gesamten Bereich IV/V aus.

Bild 29.23 zeigt eine gestockte Ausführung, die den gesamten UHF-Fernsehbereich überdeckt. In diesem Fall befinden sich zwei Ganzwellen mit 50°-Spreizwinkel als Dipolzeile in einem Abstand von 140 mm vor einer Reflektorwand. Letztere wurde der Übersichtlichkeit halber nur in ihren äußeren Umrissen gezeichnet. Über die verschiedenen Ausführungsmöglichkeiten und Eigenschaften von Reflektorwänden kann der Leser in Abschnitt 26.2. nachlesen. Die einfachste und billigste Reflektorwand besteht aus einer entsprechend großen Hartfaserplatte, die man mit Aluminium-Haushaltfolie beklebt. Natürlich ist eine solche Reflektorwand nur für Innenräume geeignet.

Die Dipole werden über 140 mm lange Abstandshalter aus Isoliermaterial auf der Reflektorwand befestigt. Hochwertige Isolierstützen sind nicht erforderlich; wenn man die Lage der in Bild 29.23 angegebenen Befestigungsschrauben einhält, können sogar ohne merkbare Verluste Metallstützen verwendet werden. In diesem Fall sind alle Antennenteile über die Reflektorwand geerdet.

Kenndaten (Näherungswerte)
Gewinn über den Bereich 470…790 MHz zwischen 9 (470 MHz) und 12 dBd (790 MHz); Rückdämpfung >20 dB, Eingangswiderstand 240 Ω

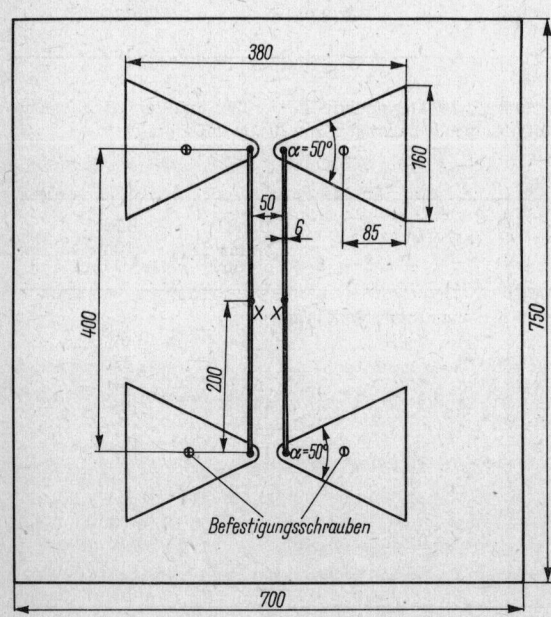

Bild 29.23
Gestockte Ganzwellendipole vor Reflektorwand für Band IV/V

Bild 29.24
Industrieausführung einer Reflektorwand-Breitband-
antenne (*Kathrein*)

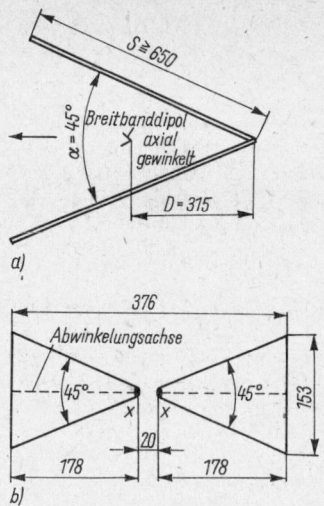

Bild 29.25
Die 45°-Winkelreflektorantenne für Band IV/V;
a – Seitenansicht, b – Teilzeichnung Breitbanddipol

symmetrisch, Welligkeit $s \leqq 2$, horizontale Halbwertsbreite 50°, vertikale Halbwertsbreite je nach Frequenz zwischen 40° und 70°.

Der Abstand der Dipole von der Reflektorwand beträgt 140 mm. Weitere Angaben siehe Abschnitt 26.2.2. Bild 29.24 zeigt als Beispiel eine gleichartig aufgebaute Industrieantenne (*Kathrein*).

29.3.12.3. Die Winkelreflektorantennen für UHF-Fernsehen

Beliebt und leistungsfähig ist die *Corner*-Reflektor-Antenne, die auch von der Antennenindustrie hergestellt wird (siehe Bild 26.14). Dieser Antennentyp wurde in Abschnitt 26.2.3. bereits ausführlich beschrieben. Eine Breitbandausführung für den Bereich 470...790 MHz ist in Bild 29.25 wiedergegeben. Sie entspricht in ihrer mechanischen Ausführung der in Bild 26.13 dargestellten Antenne mit axial abgewinkeltem Flächendipol. Die Breite des Winkelreflektors (siehe Bild 26.12b) ist aus Bild 29.25 nicht ersichtlich; sie soll $\geqq 450$ mm betragen, größere Breite verbessert die Rückdämpfung.

Kenndaten (Näherungswerte)
Gewinn zwischen 7,5 und 12 dBd (frequenzabhängig), Rückdämpfung > 24 dB, Eingangs-

widerstand 240 Ω symmetrisch, Welligkeit $s \leqq 3$. Weitere Angaben siehe Abschnitt 26.2.3.

Der Winkelreflektor kann auch mit einem Öffnungswinkel von 60° ausgeführt werden. In diesem Fall muß der Dipolabstand $D = 248$ mm betragen, und man kommt mit einer Schenkellänge $S = 500$ mm aus. Bei dieser 60°-Ausführung wird aber gleichzeitig der mögliche Maximalgewinn auf 10 dBd begrenzt.

29.3.12.4. Logarithmisch periodische UHF-Fernsehantennen

Obwohl logarithmisch periodische Antennen verglichen mit einer *Yagi*-Antenne gleichen Gewinnes einen größeren mechanischen Aufwand erfordern (siehe Abschnitt 26.5. und Abschnitt 18.12.), bieten sie einige Vorzüge, die ihren Einsatz als Fernsehantennen in manchen Fällen rechtfertigen. Vor allem dort, wo Gleichkanalstörungen oder starke Reflexionen auftreten, kann eine logarithmisch periodische Antenne Abhilfe bringen, denn sie empfängt nur aus ihrer Vorzugsrichtung, während Signale aus allen anderen Richtungen um 25...35 dB gedämpft werden. Diese nahezu ideale Richtcharakteristik besteht über die ganze Breite des bemessenen Frequenzbereiches, wobei sich der Gewinn abhängig von der Frequenz auch nur um etwa $\pm 0,4$ dB verändert.

Eine nach dem Schema von Bild 18.66 konstruierte logarithmisch periodische UHF-Antenne wird für einen Frequenzbereich von 450 ... 850 MHz bemessen, sie kann deshalb die UHF-Kanäle 21 ... 69 mit gleichbleibendem Gewinn von 9 dB – bezogen auf einen Halbwellendipol – empfangen. Der Stufungsfaktor τ beträgt 0,93, Abstandsfaktor $\sigma = 0,174$. Bei direkter Speisung mit einem Koaxialkabel von 75 Ω Wellenwiderstand ist die Welligkeit $s \leqq 1,3$.

Es wurde der mechanische Aufbau mit 2 parallelen Tragerohren nach Bild 26.40 gewählt, bei dem die Antenne aus 2 gleichen Einzelebenen zusammengesetzt ist. Das Bemessungsschema für eine Ebene zeigt Bild 29.26. Es müssen 2 solcher Antennenhälften gebaut werden, die dann mit 10 mm Trägerabstand so zusammengesetzt sind, daß sich die Elementhälften gleicher Länge entsprechend Bild 26.40 ergänzen. Die in Bild 29.26 eingetragenen Elementlängen werden von der Elemententrägermitte aus gemessen.

Die beiden Trageelemente weisen in der Originalausführung quadratisches Profil von 12,7 mm × 12,7 mm auf; es kann auch handelsübliches Aluminium-Vierkantmaterial 16 mm × 16 mm verwendet werden. Die Elemente sind je 1250 mm lang und verlaufen parallel mit einem gegenseitigen lichten Abstand von 10 mm, der durch passende Isolierstoffklötze fixiert wird. Nur die dem längsten Element nächstliegenden Rohrenden sind durch die Mastschelle metallisch miteinander verbunden. Somit bilden die beiden Elemententräger eine einseitig kurzgeschlossene Parallelrohrleitung. Vierkantmaterial wurde gewählt, weil es gute Befestigungsmöglichkeiten für die Elemente bietet. Mit gleichem Erfolg könnte man auch übliche Aluminiumrohre einsetzen.

Die Elemente bestehen aus Leichtmetallrohr mit 6 ... 8 mm Durchmesser. Es wird jeweils ein Ende flachgedrückt, abgewinkelt und dann – wie aus Bild 26.40 ersichtlich – auf der Fläche des Vierkantmaterials festgeschraubt. Elektrisch gleichwertig, aber billiger und auch einfacher zu befestigen sind passende Abfallstreifen aus Aluminium mit etwa 10 mm Breite. Auf elektrisch gut leitende Verbindung der Elementehälften mit den Elemententrägern ist zu achten.

Das Koaxialkabel wird wie in Abschnitt 26.6. bei Bild 26.41a beschrieben angeschlossen. Im übrigen ist die logarithmisch periodische Dipolantenne aus Bild 26.43 nach dem gleichen Prinzip, jedoch für einen anderen Frequenzbereich aufgebaut, so daß diese Angaben sinngemäß übernommen werden können.

Wird eine logarithmisch periodische Dipolantenne durch eine Direktorreihe nach dem *Yagi*-Prinzip erweitert, erhält man eine Breitbandantenne mit großem Gewinn. Solche Superbreitband-Fernsehantennen mit logarithmisch periodischem Faltdipolerregersystem werden in [1] beschrieben.

29.3.12.5. Sonstige Bauformen breitbandiger UHF-Fernsehantennen

Die gestockte V-Antenne, die in Abschnitt 27.1. beschrieben wurde (Bild 27.1 und Bild 27.2), hat annähernd gleiche Eigenschaften wie die gestockten Ganzwellendipole vor einem Reflektor (Bild 29.23). Wie aus Bild 27.2 hervorgeht, ist sie mit Gewinnen zwischen mindestens 9 dB und maximal 12 dB über die gesamte Breite des Bandes IV/V brauchbar. Sie kann außerdem als Empfangsantenne für den UKW-FM-Rundfunkbereich II (CCIR) zusätzlich genutzt werden. Da die gestockte V-Antenne im Bereich 87,5 ... 104 MHz als abgewinkelte Ganzwellenantenne wirkt, zeigt ihr Horizontaldiagramm an-

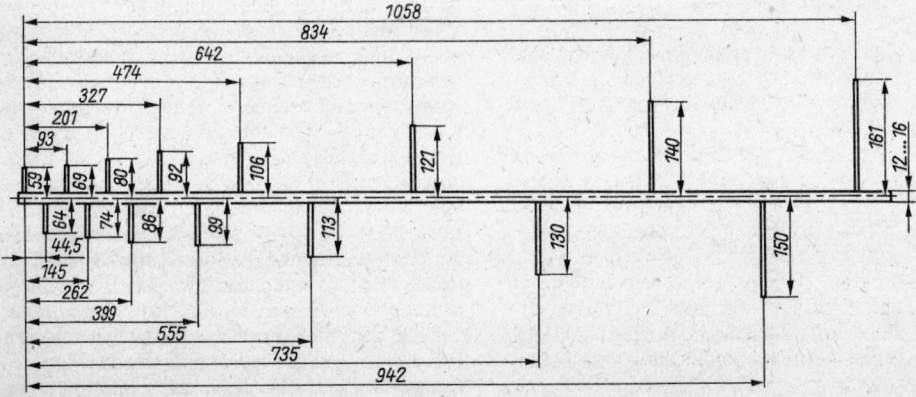

Bild 29.26
Antennenhälfte der logarithmisch periodischen UHF-Fernsehantenne mit Bemessungsangaben (nicht maßstabsgetreu)

nähernde Rundcharakteristik (siehe Bild 10.36). Die vorhandenen Doppelschenkel bewirken einen großen Frequenzbereich, die auftretende Welligkeit (maximal etwa $s = 3$) ist beim FM-Rundfunkempfang ohne Bedeutung. Die Antenne wird mit den in Bild 27.1 angegebenen Abmessungen aufgebaut.

Eine weitere brauchbare Bauform für den UHF-Fernsehempfang ist der in Abschnitt 26.1.3. beschriebene abgewinkelte Flächendipol. Bemißt man diese in Bild 26.6 dargestellte Antenne an Stelle der dort angegebenen Seitenlänge von 2,45 m mit 800 mm, so kann am Bandanfang des Bereiches IV (Kanal 21) mit einem Gewinn von 10 dB gerechnet werden. Der Gewinn steigt kontinuierlich an und erreicht am hochfrequenten Bandende (Kanal 60) 15 dB. Voraussetzung dafür ist, daß die beiden Dipolarme möglichst aus Aluminiumblech angefertigt werden. Der Öffnungswinkel der Dipolflügel beträgt in jedem Fall 60°. Als Faustregel für solche Antennen gilt, daß der Gewinn um jeweils 6 dB wächst, wenn die Frequenz verdoppelt wird.

In einigen Sonderfällen kann auch ein UHF-Rhombus nach Bild 27.6 von Interesse sein. Wie aus Bild 27.7 hervorgeht, liegt der Maximalgewinn mit den angegebenen Seitenlängen l im hochfrequenten Teil des UHF-Fernsehbereiches (Kanal 50). Dabei beträgt die relative Seitenlänge des Rhombus etwa 4λ. Unter Beachtung der Diagramme (Bild 12.9 und Bild 27.4) ist es sehr einfach, beliebige Rhombusantennen zu konstruieren. Besonders günstige Speiseverhältnisse bestehen, wenn 2 gleichartige UHF-Rhomben vertikal übereinander gestockt werden. Für die Verwendung in Band IV/V kann der Stokkungsabstand etwa 800 mm betragen, dabei steigt der Gewinn um etwa 2,5 dB. Die Eingänge beider Ebenen werden durch eine nichtüberkreuzte Paralleldrahtleitung (Wellenwiderstand etwa 500 Ω) miteinander verbunden. An der geometrischen Mitte dieser Verbindungsleitung befinden sich die Anschlußpunkte für eine symmetrische Speiseleitung von 240...300 Ω Wellenwiderstand.

29.4. Empfangsantennen für den UKW-Rundfunk

Die besonders naturgetreue Übertragung von frequenzmodulierten Hörrundfunksendungen bedingt eine große Bandbreite des hochfrequenten Trägerkanals. Deshalb ist die Ausstrahlung des FM-Rundfunks an den VHF-Bereich gebunden. International sind für die Region 1 die Frequenzbereiche 66...73 MHz ($\triangleq$ 4,55 m...4,11 m gemäß OIRT-Norm und 87,5...108 MHz

($\approx$ 3,43 ... 2,78 m) für CCIR-Norm vorgeschrieben.

Da sich diese Meterwellen über die Troposphäre ausbreiten, liegt ihre sichere Reichweite etwa 15% oberhalb der theoretisch möglichen optischen Sichtweite (siehe Abschnitt 2.4.). Troposphärisch bedingte Überreichweiten treten häufig auf, dagegen sind Überreichweiten durch ionosphärische Reflexionen selten. Um einen möglichst großen Versorgungsbereich von UKW-Rundfunksendern zu erhalten, baut man diese an hochgelegenen Standorten auf und errichtet hohe Antennenträger.

Die UKW-Leistungsfähigkeit moderner Rundfunkempfänger ist so groß, daß unter günstigen Empfangsbedingungen bereits mit Gehäusedipolen oder Behelfsantennen starke UKW-Rundfunksender in brauchbarer Qualität empfangen werden können. Höhere Ansprüche kann eine auf Resonanz abgestimmte UKW-Hochantenne befriedigen. Für den einwandfreien Empfang stereofoner Sendungen ist eine solche oft unerläßlich, weil der Stereoempfang eine höhere Antennenspannung als Monoempfang erfordert. Für monofonen FM-Empfang rechnet man mit einem Mindestpegel von 40 dBμV (= 100 μV), während für die einwandfreie Aufnahme stereofoner FM-Sendungen die Antenne mindestens 50 dBμV Nutzspannung (= 163 μV) liefern soll.

In den FM-Rundfunkbereichen kann man bei noch vertretbarem Aufwand *Yagi*-Antennen mit Gewinnen bis zu etwa 8 dBd realisieren. Das bedeutet, daß der Nutzspannungspegel des FM-Senders bereits an einem einfachen Dipol einen relativ großen Mindestwert haben muß, denn er läßt sich durch eine entsprechend umfangreiche Richtantenne nur auf das etwa 2,5fache anheben.

Für den am Selbsbau interessierten Amateur werden nachstehend die Abmessungen und technischen Daten von Antennen für den UKW-Rundfunkempfang gegeben. Alle Ausführungen werden in Ganzmetallbauweise hergestellt. Sie sind für einen Eingangswiderstand von 240 Ω symmetrisch bemessen, ihr Frequenzbereich überdeckt jeweils die FM-Rundfunkbereiche nach CCIR bzw. nach OIRT.

Als Baumaterial für die Antennenelemente wird Aluminiumrohr mit 10...30 mm Durchmesser empfohlen. Mit gleichem Erfolg können auch Vollmaterial oder beliebige Profile und Bänder verwendet werden, sofern sie mechanisch geeignet sind.

Empfangsantennen für den FM-Hörrundfunk unterscheiden sich weder im mechanischen Aufbau noch in ihren elektrischen Daten von den Bauformen, die man in den Fernsehbereichen einsetzt. Sonderformen werden im allgemeinen nicht verwendet. Da alle beschriebenen Anten-

Tabelle 29.12. Bemessungsdaten für UKW-Rundfunkantennen nach OIRT und CCIR

	Bereich	66 … 73 MHz	87,5 … 108 MHz
1-Element-Antenne (Bild 29.9) Kenndaten siehe Abschnitt 29.3.1.	Länge l in mm	2075	1470
2-Element-Antenne (Bild 29.10) Kenndaten siehe Abschnitt 29.3.2.	Länge l in mm Länge l_R in mm Abstand A in mm	2020 2250 1220	1420 1650 975
3-Element-Yagi (Bild 29.11) Kenndaten siehe Abschnitt 29.3.3.	Länge l in mm Länge l_R in mm Länge l_D in mm Abstand A_1 in mm Abstand A_2 in mm	2040 2440 1780 640 380	1440 1740 1270 480 280
4-Element-Yagi (Bild 29.12) Kenndaten siehe Abschnitt 29.3.4.	Länge l in mm Länge l_R in mm Länge l_{D1} in mm Länge l_{D2} in mm Abstand A_1 in mm Abstand A_2 in mm Abstand A_3 in mm	2280 2670 1860 1820 1220 320 980	1580 1850 1280 1250 830 230 690
6-Element-Yagi (Bild 29.13) Kenndaten siehe Abschnitt 29.3.5.	Länge l in mm Länge l_R in mm Länge l_{D1} in mm Länge l_{D2} in mm Länge l_{D3} in mm Länge l_{D4} in mm Abstand A_1 in mm Abstand A_2 in mm Abstand A_3 in mm Abstand A_4 in mm Abstand A_5 in mm	2200 2630 1870 1890 1860 1830 1200 295 965 843 920	1580 1900 1350 1365 1345 1320 870 212 705 615 670

nen einen Eingangswiderstand von 240 Ω symmetrisch haben, sind sie an die genormte Eingangsimpedanz der Rundfunkempfänger angepaßt. Bei den in Tabelle 29.12. aufgeführten Bauformen wurde auf besondere Aufbauskizzen verzichtet, da diese in Abschnitt 29.3. enthalten sind.

29.5. Die Balun-Leitung für Fernseh- und UKW-Rundfunkantennen

Heute werden nahezu alle industriell hergestellten UKW-Rundfunk- und Fernsehantennen mit einem Eingangswiderstand von 240 Ω symmetrisch geliefert. Auch für die in diesem Abschnitt beschriebenen Selbstbauantennen gilt diese Regel. Industriell hergestellte Antennen haben fast immer einen in die Kabelanschlußdose eingebauten Symmetrie- und Impedanzwandler 1 : 4, so daß wahlweise die Anschlußmöglichkeit einer 300-Ω-Bandleitung oder eines 75-Ω-Koaxialkabels gegeben ist. Er besteht im allgemeinen aus einer Zweidrahtleitung, die auf einen speziell geeigneten Ferritkern aufgewickelt ist. Solche Symmetriewandler haben einen sehr großen Frequenzbereich, sie verursachen eine Dämpfung von $\leqq$ 1 dB. Man kann sie käuflich erwerben, ein Selbstbau lohnt sich nicht.

Wie schon ausgeführt, ist es elektrisch günstiger und auf die Dauer auch wirtschaftlicher, stationär aufgebaute Antennen über Koaxialkabel zu speisen. Der einfachste und auch verlustärmste Weg, eine symmetrische Antenne mit 240 … 300 Ω Eingangswiderstand an ein Koaxialkabel anzupassen, besteht in der Anwendung eines Balun-Transformators (siehe Abschnitt 7.5.), den man auch als Umwegschleife bezeich-

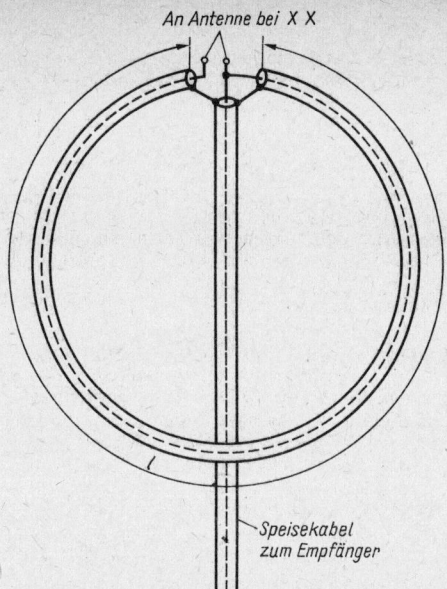

An Antenne bei X X

Speisekabel
zum Empfänger

Bild 29.27
Bemessungsskizze für Halbwellenumwegleitungen

Tabelle 29.13. Die geometrische Leiterlänge *l* einer Halbwellenwegschleife nach Bild 29.27 für alle Fernseh- und UKW-Rundfunkantennen

Länge *l* in mm bei	Fernsehkanäle CCIR							
	E-2	E-3	E-4	E-5	E-6	E-7	E-8	E-9
$V = 0{,}66$	2020	1770	1570	562	541	521	502	485
$V = 0{,}77$	2355	2065	1835	654	617	604	582	562
$V = 0{,}83$	2545	2230	1978	708	682	656	633	611
	E-10	E-11	E-12					
$V = 0{,}66$	470	454	440					
$V = 0{,}77$	539	527	512					
$V = 0{,}83$	592	572	554					

	Fernsehkanäle OIRT						
	R-I	R-II	R-III	R-IV	R-V	R-VI	R-VII
$V = 0{,}66$	1980	1650	1270	1150	1055	562	538
$V = 0{,}77$	2310	1925	1480	1343	1228	656	630
$V = 0{,}83$	2495	2080	1600	1450	1330	708	678
	R-VIII	R-IX	R-X	R-XI	R-XII		
$V = 0{,}66$	515	495	476	460	442		
$V = 0{,}77$	600	578	555	535	515		
$V = 0{,}83$	649	624	600	580	557		

	UHF-Fernsehkanäle (Band IV/V)							
	Kanal 21–25	Kanal 26–30	Kanal 31–35	Kanal 36–40	Kanal 41–45	Kanal 46–50	Kanal 51–55	Kanal 56–60
$V = 0{,}66$	202	186	173	162	152	143	135	128
$V = 0{,}77$	235	221	202	188	177	167	158	149
$V = 0{,}83$	255	234	218	204	192	180	170	161

Antennen für UKW-Rundfunkempfang
CCIR (87,5 ... 108 MHz) OIRT (66 ... 73 MHz)

$V = 0{,}66$	1053	1415	
$V = 0{,}77$	1230	1650	
$V = 0{,}83$	1327	1783	

net. Diese Umwegschleife, die die erforderliche Transformation $4:1$ ($240\,\Omega : 60\,\Omega$ bzw. $300\,\Omega : 75\,\Omega$) und gleichzeitig den Übergang von erdsymmetrisch zu erdunsymmetrisch herstellt, wird auf einfachste Weise aus einem Stück Koaxialkabel nach Bild 29.27 hergestellt. Die mechanische Länge l der Schleife beträgt $\lambda/2 \cdot$ Verkürzungsfaktor des verwendeten Kabels. Die üblichen Koaxialkabel haben einen Verkürzungsfaktor von 0,66; solche mit Schaumpolyäthylen-Dielektrikum, die besonders verlustarm sind, haben ein $V = 0,83$.

Obwohl es sich bei der Umwegschleife um eine abgestimmte Leitung handelt, hat sie einen relativ großen Arbeitsbereich. Man kann deshalb ohne besondere Nachteile für jedes Fernsehband jeweils eine für die Bandmittenfrequenz bemessene Balun-Schleife verwenden. Das gilt auch für den UHF-Bereich IV/V. Soll die Antenne nur für einen bestimmten Abschnitt oder Kanal des Fernsehbereiches eingesetzt werden, wird man die Umwegleitung für die Frequenzmitte dieses Abschnittes oder Kanals bemessen. Die relativ verlustarme und einfach herzustellende Halbwellenumwegleitung wird heute nur noch in Verbindung mit Selbstbauantennen verwendet (Tabelle 29.13.).

Literatur zu Abschnitt 29.

[1] *Spindler, E.:* Antennen, Abschnitt 4.1.15. und 4.2.1.2.2., VEB Verlag Technik, Berlin 1968

Fiebranz, A.: Antennenanlagen für Rundfunk- und Fernsehempfang, 1. Auflage, Verlag Technik, Berlin 1961

Rothammel, K.: Praxis der Fernsehantennen I und II, Heft 168 und Heft 169 der Reihe «electronica», 6. Auflage, Militärverlag der DDR, Berlin 1979

Rothe, G./Spindler, E.: Antennenpraxis, 3. Auflage, Verlag Technik, Berlin 1968

Sjobbema, D. J. W.: Antennes, Ontvangantennes voor FM en TV, Eindhoven 1963

Taeger, W.: UKW- und Fernseh-Empfangsantennen, 1. Auflage, Berlin 1961

Titelangaben aus Sammelwerken

Kneitel, T.: A 432/1296 mc/s Stacked Rhombic Array, Antenna Roundup, Vol. 2, Port Washington, Seite 113 bis 114, New York 1966

Lo, Y. T.: TV Receiving Antennas, Antenna Engineering Handbook, Hrsg. H. Jasik, First Edition, Chapter 24, New York 1961

Orr, W. I.: The Radio Handbook, 16th Edition, Chapter 24, Summerland, California, 1962

Schröder, H.: Elektrische Nachrichtentechnik, Band I, Seite 548 bis 570, Verlag für Radio-Foto-Kinotechnik GmbH, Berlin 1967

Titelangaben aus Fachzeitschriften

Spindler, E.: UHF-Empfangsantennen-Typen. Eigenschaften, Anwendungen, Funk-Technik 21, Heft 20 Seite 738 bis 741; Heft 21, Seite 775 bis 777; Heft 22, Seite 817 bis 818; Heft 23, Seite 856 bis 857; Heft 24, Seite 886 bis 888, Verlag für Radio-Foto-Kinotechnik GmbH Berlin 1966

Spindler, E.: Antennen-Selbstbau, Funk-Technik 22, Heft 20, Seite 791 bis 792; Heft 21, Seite 825 bis 826; Heft 22, Seite 864 bis 866; Heft 23, Seite 900 bis 901; Heft 24, Seite 941 bis 944; Verlag für Radio-Foto-Kinotechnik, Berlin 1967

30. Die Unterdrückung unerwünschter Abstrahlungen

Nach § 8 der *Funk-Entstörungsordnung* vom 3. April 1959 gilt eine Funkstörung als beseitigt, wenn an der Betriebsantenne der gestörten Empfangsanlage die Störspannung den Wert von 5 μV nicht überschreitet oder wenn das Verhältnis von Nutzspannung zu Störspannung die nachstehend aufgeführten Werte nicht unterschreitet:

– *Hörrundfunk und Sprechfunkdienste mit Amplitudenmodulation*

$$\frac{\text{Nutzspannung}}{\text{Störspannung}} \geq \frac{100}{1} = 40\,\text{dB};$$

– *Hörrundfunk und Sprechfunkdienste mit Frequenzmodulation*

$$\frac{\text{Nutzspannung}}{\text{Störspannung}} \geq \frac{10}{1} = 20\,\text{dB};$$

– *Telegraphiefunkdienste (einschließlich Bildfunk)*

$$\frac{\text{Nutzspannung}}{\text{Störspannung}} \geq \frac{50}{1} = 34\,\text{dB};$$

– *Fernsehfunkdienste*

$$\frac{\text{Nutzspannung}}{\text{Störspannung}} \geq \frac{200}{1} = 46\,\text{dB}.$$

Den Untersuchungen in Störfällen geht nach § 9 der Anordnung eine Prüfung durch den *Funk-Entstörungsdienst* der *Deutschen Post* voraus, der ermittelt, ob die *gestörte* Funkempfangsanlage den festgelegten Bedingungen entspricht und ob Funkstörungen durch Maßnahmen an der gestörten Funkempfangsanlage verhindert werden können. Genügt der Aufbau der gestörten Empfangsanlage angemessenen technischen Anforderungen, so hat nach § 7 der Besitzer der Funkstörquelle auf seine Kosten eine Entstörung nach den in § 8 festgelegten Bedingungen zu veranlassen. Kommt der Besitzer der störenden Erzeugnisse seiner Verpflichtung gemäß § 7 trotz schriftlicher Aufforderung des *Funk-Entstörungsdienstes* der *Deutschen Post* nach Ablauf einer angemessenen Frist nicht nach oder verweigert er die Entstörung, so ist die *Deutsche Post* nach § 10 der Anordnung berechtigt, die Störung auf seine Kosten zu beseitigen oder beseitigen zu lassen. Bis zur Behebung der Störung kann die Anlage vom *Funk-Entstörungsdienst* der *Deutschen Post* stillgelegt und versiegelt werden.

In der DDR sind gemäß *Anordnung über den Amateurfunkdienst – Amateurfunkordnung – vom 1. August 1977* die Grenzwerte unerwünschter Nebenaussendungen für Amateurfunkanlagen wie folgt festgelegt:

Frequenzbereich	Grenzwert
$\leq 40\,\text{MHz}$	40 dB (100 : 1)
$> 40\,\text{MHz}$	60 dB (1000 : 1)

Für Nebenaussendungen gilt folgende Definition: Nebenaussendungen sind Aussendungen auf einer oder mehreren Frequenzen außerhalb der erforderlichen Bandbreite, deren Pegel herabgesetzt werden kann, ohne daß die Übertragung der entsprechenden Nachricht beeinflußt wird. Nebenaussendungen umfassen harmonische, parasitäre und mischfrequente Aussendungen. Der zulässige Grenzwert ist das Mindestverhältnis der Feldstärken des Nutzsignals und der betreffenden Nebenaussendungen, gemessen in Richtung maximaler Abstrahlung der Aussendungen. Die Senderendstufe ist dazu voll auszusteuern, wobei Mehrtonmodulation zulässig ist.

Unabhängig von den Festlegungen sind die Nebenaussendungen auf dem niedrigsten Wert zu halten, der mit dem Stand der Technik vereinbart ist und der Störungen anderer Funkdienste einschließlich des Rundfunks und Fernsehens ausschließt. Für industriell gefertigte Amateurfunkanlagen gelten die in den Herstellungsgenehmigungen enthaltenen Bedingungen.

30.1. Allgemeine Gesichtspunkte der Funkentstörung

Der Funkamateur betreibt Anlagen, die erhebliche Funkstörungen verursachen können. Er ist verpflichtet, auftretende Störungen zu beseitigen. Die Antennenanlage selbst kann keine Störungsquelle sein, da sie keine elektromagnetischen Schwingungen erzeugt, sondern diese nur überträgt. Das bedeutet, daß eine Antenne oder ihre Speiseleitung nur dann Störschwingungen abstrahlt, wenn diese vom Sender «geliefert» werden. Es sollte deshalb Grundsatz jeder Funkentstörung sein, zuerst den Ursprung der Störstrahlung zu bekämpfen.

Störungsquellen in einer Amateurfunkanlage sind in erster Linie alle Oszillatoren, die bekanntlich neben der gewünschten Grundfrequenz noch ein ganzes Spektrum von Oberwellen und durch unbeabsichtigte Mischvorgänge auch Nebenwellen abstrahlen. Hochfrequenzverstärkerstufen und Frequenzvervielfacher können sich bei unsachgemäßem Aufbau und fehlender Neutralisation zu wilden Eigenschwingungen erregen. Weitere Funkstörungen entstehen durch Übersteuerungs- oder Gleichrichtereffekte und durch elektrische Funken (z. B. Tastclicks).

Die Übertragung der Funkstörungen kann verschiedene Wege nehmen. Insbesondere bei mangelhaft abgeschirmtem Sender und schlechter Erdung breitet sich die Störstrahlung direkt über die elektrische Hausinstallation, die Erdleitung oder über andere elektrische Leiter aus. Die größte Reichweite haben im allgemeinen Störungen, die über die Antennenanlage abgestrahlt werden.

Der Thematik entsprechend werden zunächst solche Maßnahmen zur Funkentstörung beschrieben, die man an der Antennenanlage oder unmittelbar an der Senderendstufe durchführt. Sie können aber nur dann vollen Erfolg haben, wenn der Hauptanteil der Störstrahlung tatsächlich von der Antennenanlage herrührt. Das setzt voraus:
- Die Sendeanlage ist lückenlos abgeschirmt und einwandfrei geerdet;
- alle aus dem Sender herausführenden Bedienungsleitungen und Energiezuführungen sind verdrosselt;
- die allgemeine Konzeption des Senders entspricht den modernen Erkenntnissen der Technik.

30.2. Maßnahmen zur Funkentstörung

Für die Funkentstörung gibt es keine einfache Faustregel; denn die auftretenden Störungen sind hinsichtlich ihres Entstehungsherdes, des Übertragungsweges und ihrer Erscheinungsformen beim gestörten Empfänger sehr vielfältig. Deshalb muß man systematisch vorgehen und zunächst versuchen, die Störfrequenzen zu ermitteln und den Ort ihrer maximalen Abstrahlung zu lokalisieren. Dabei leistet ein einfacher Wellenmesser nach Bild 30.1 gute Dienste. Der Abstimmkreis L_1–C soll den interessierenden Frequenzbereich bestreichen können, vorherige Grobeichung mit einem Prüfgenerator ist zu empfehlen. Die Koppelspule L_k hat etwa 1/5 der Windungsanzahl von L_1; als Diode eignet sich jeder beliebige Germanium-Typ für RF-Gleichrichtung.

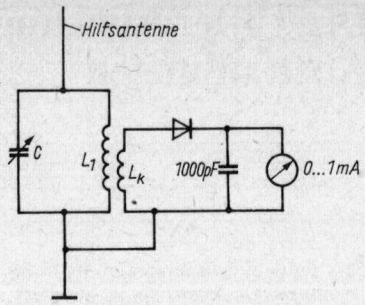

Bild 30.1
Einfacher Störstrahlungsindikator und Wellenmesser

Mit der kurzen Hilfsantenne (250...300 mm lang) wird die Umgebung der Senderendstufe abgetastet, wobei man gleichzeitig die Frequenzabstimmung des Wellenmessers betätigt. Ist eine Störfrequenz festgestellt, kann man die Ordnungszahl der Oberwelle leicht ausrechnen. Störfrequenzen, die nicht in dieses Harmonischenschema passen, haben ihren Ursprung meist in der Selbsterregung einer Senderstufe, oder es handelt sich um ein Mischprodukt. Störfrequenzen, die von der Antennenanlage abgestrahlt werden, lassen sich in jedem Fall an der Anode der Senderendstufe nachweisen.

Handelt es sich bei der Störfrequenz um eine Harmonische der Nutzfrequenz, so genügt es teilweise, einen auf die Störfrequenz abgestimmten Parallelresonanzkreis nach Bild 30.2 in die Anodenleitung der Endstufe einzufügen. Dieser Resonanzkreis wird mit dem Dip-Meter grob abgeglichen; der Feinabgleich erfolgt während des Betriebes auf geringste Störstrahlung. Der Techniker nennt solche auf die Störfrequenz abgestimmten Resonanzkreise auch «Fallen» (engl.: traps). Eine Gegentaktstufe benötigt in jeder Anodenleitung eine derartige Traps. Ist die Störstrahlung breitbandig oder frequenzvariabel, so sind einfache Fallen nicht mehr wirksam, da es sich bei ihnen um selektive Resonanzkreise handelt, die nur einem sehr eng begrenzten Aus-

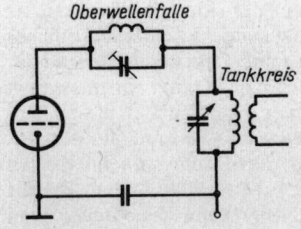

Bild 30.2
Die Oberwellenfalle in der Endstufe

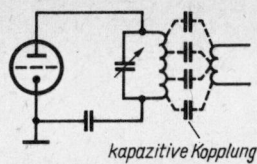

kapazitive Kopplung

Bild 30.3
Unbeabsichtigte kapazitive Kopplung zum
Antennenkreis

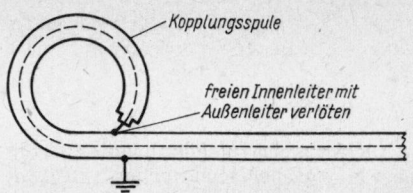

Kopplungsspule

freien Innenleiter mit
Außenleiter verlöten

Bild 30.4
Die abgeschirmte Kopplungsspule

schnitt des Störspektrums den Weg zur Ausstrahlung versperren. Man verwendet deshalb diese Traps heute nur noch selten.

Die in einem Tankkreis vorhandenen Oberwellen werden vorwiegend durch unbeabsichtigte kapazitive Kopplung zum Antennenkreis übertragen, da die zumeist angewendete induktive Kopplung auch gleichzeitig eine kapazitive Verkopplung ist, wie Bild 30.3 veranschaulicht. Die kleinen Spulenkapazitäten bedeuten für die Nutzfrequenz meist noch einen großen kapazitiven Widerstand, so daß für sie die induktive Kopplung überwiegt. Bekanntlich sinkt aber der kapazitive Widerstand eines Kondensators mit steigender Frequenz. Das bedeutet, die kleine Kapazität der Ankopplungsspule zur Tankkreisspule kann für die hohen Frequenzen der Oberwellen bereits einen bequemen Weg zur Antenne darstellen.

Das kapazitive Koppeln und damit das Abstrahlen von Harmonischen der Nutzfrequenz vermeidet man, indem die Antenne möglichst am kalten Ende der Tankkreisspule angekoppelt wird. Ist die Antennenspule über die Tankkreisspule gewickelt, so muß der zum heißen Ende der Anodenkreisspule zeigende Anschluß der Koppelspule auf Nullpotential gelegt werden. Dieser Erdanschluß der Koppelspule wird auf kürzestem Weg zum Senderchassis geführt. Als Verbindungsleitung eignet sich Kupferband auf Grund seiner geringen Induktivität besonders gut. Bei symmetrischen *Link*-Leitungen erdet man die Spulenmitten; unsymmetrische *Link*-Leitungen mit Koaxialkabel erhalten die Erdung am Kabelaußenleiter. Im VHF-Bereich können die Kopplungsspulen einer unsymmetrischen *Link*-Leitung nach Bild 30.4 ebenfalls aus Koaxialkabel hergestellt werden. Durch die abgeschirmte Koppelspule wird eine äußerst kapazitätsarme und praktisch rein induktive Ankopplung erzielt.

Harmonische, die über den Kabelinnenleiter zur Antenne fließen, lassen sich verhältnismäßig einfach durch in den Leitungsweg eingefügte Antennenkoppler oder Filter aussieben. Nicht erfaßt werden dabei jedoch jene Störfrequenzen, die über den Kabelaußenleiter zur Antenne wandern. Die Oberwellenunterdrückung durch rein

induktive Ankopplung des Antennenkreises ist deshalb nur dann wirksam, wenn man durch sinnvolle Abschirmung des Senders dafür sorgt, daß die Harmonischen nicht über Streukopplungen zum Kabelaußenleiter gelangen können.

Die meisten Antennenkoppler (siehe Abschnitt 8.) geben bereits durch zusätzliche Selektion eine wirkungsvolle Oberwellenunterdrükkung. Für die Aussiebung der Harmonischen und sonstiger Störfrequenzen eignen sich Antennenfilter, die die Eigenschaft haben, je nach Bedarf ganze Frequenzbereiche zu sperren oder durchzulassen. Kennzeichnend für solche Filter sind ihre Durchlaß- und Sperrbereiche. Innerhalb des Durchlaßbereiches soll das Filter alle Frequenzen verlustlos übertragen. Dagegen darf das Filter innerhalb des Sperrbereiches keine oder nur sehr wenig Wirkleistung an den Verbraucher abgeben, d. h., den Frequenzen des Sperrbereiches soll der Weg zur Antenne versperrt werden. Die Schaltelemente dieser Filter sollen keine Wirkleistung verbrauchen. Dieser Forderung genügen Kapazitäten und Induktivitäten, die im Idealfall wie reine Blindwiderstände wirken. Antennenfilter werden deshalb ausschließlich aus Kapazitäten und Induktivitäten aufgebaut.

Der Übergang vom Durchlaßbereich zum Sperrbereich müßte im Idealfall sprunghaft sein. Da die Schaltelemente jedoch nicht verlustfrei sind, ist er mehr oder weniger steil. Die Frequenz, bei der der Übergang vom Sperrbereich zum Durchlaßbereich eintritt, nennt man *kritische Frequenz* oder *Grenzfrequenz* f_{gr}. Bei der kritischen Frequenz ist der induktive Widerstand gleich dem kapazitiven Widerstand des Filters.

Da sich die Filteranordnungen im Zuge angepaßter Antennenzuleitungen befinden, darf diese Anpassung nicht gestört werden. Eingangs- und Ausgangsimpedanz des Filters müssen deshalb gleich dem Wellenwiderstand Z der Speiseleitung sein. Ferner muß auch die Symmetrie gewahrt bleiben; eine unsymmetrische Speiseleitung erfordert ein unsymmetrisch aufgebautes Filter, während erdsymmetrische Filter für symmetrische Speiseleitungen bestimmt sind.

Entsprechend dem Verwendungszweck unterscheidet man folgende Grundfilterarten:

Tiefpaß, - Bandpaß,
Hochpaß, Bandsperre.

Bei der Berechnung von Filtern muß man von folgenden prinzipiellen Gleichungen ausgehen, die in der gesamten Hochfrequenztechnik grundsätzliche Bedeutung haben:
Kreisfrequenz:

$$\omega = 2\pi f = 6{,}28f \qquad (30.1.)$$

$\pi = 3{,}14$ (Konstante),
f – Frequenz;

Impedanz

$$Z = \sqrt{\frac{L}{C}} \qquad (30.2.)$$

L – Induktivität,
C – Kapazität;

Induktiver Widerstand

$$R_\mathrm{L} = \omega L; \qquad (30.3.)$$

Kapazitiver Widerstand

$$R_\mathrm{C} = \frac{1}{\omega C}; \qquad (30.4.)$$

Resonanzbedingung

$$\omega_\mathrm{gr} L = \frac{1}{\omega_\mathrm{gr} C}; \qquad (30.5.)$$

Kreisfrequenz der Grenzfrequenz

$$\omega_\mathrm{gr} = 2\pi f_\mathrm{gr}. \qquad (30.6.)$$

Aus diesen Grundgleichungen können durch Umstellen neue Gleichungen gebildet werden, die eine einfache Berechnung der Filteranordnungen ermöglichen.

30.2.1. Der Tiefpaß

Ein Tiefpaß hat die Eigenschaft, von einer bestimmten Grenzfrequenz f_gr ab alle tiefer liegenden Frequenzen passieren zu lassen (Durchlaßbereich); alle höheren Frequenzen werden gesperrt (Sperrbereich). In seiner einfachen Form als unsymmetrisches Halbglied besteht der Tiefpaß nach Bild 30.5a aus einer Längsinduktivität L und einer Querkapazität C. Die Sperrwirkung von Halbgliedern ist jedoch meist zu gering. Deshalb bevorzugt man das sogenannte Vollglied, das in Bild 30.5b als unsymmetrische Schaltung dargestellt ist. Bemißt man es z. B. für eine Impedanz Z von 60 Ω, so eignet es sich zum

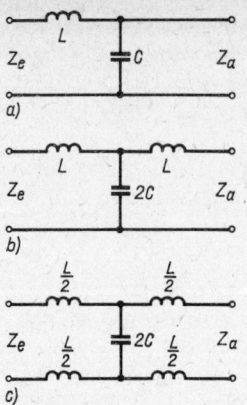

Bild 30.5
Tiefpässe in T-Grundschaltung; a – unsymmetrisches Halbglied, b – unsymmetrisches Vollglied, c – symmetrisches Vollglied

Einfügen in eine Speiseleitung, die aus 60-Ω-Koaxialkabel besteht (Eingangsimpedanz Z_e = Ausgangsimpedanz Z_a = Wellenwiderstand Z_g der Speiseleitung = Wellenwiderstand des Filters Z_fi). Als 3. Variante zeigt Bild 30.5c ein symmetrisches Vollglied, das bei symmetrischen Speiseleitungen (z. B. UKW-Bandleitungen, «Hühnerleitern» usw.) verwendet wird.

Für die Berechnung eines Tiefpasses werden folgende aus Gl. (30.1.) bis Gl. (30.6.) abgeleitete Gleichungen benötigt:

Induktivität $\quad L = \dfrac{Z_\mathrm{fi}}{\omega_\mathrm{gr}} \qquad (30.7.)$

Kapazität $\quad C = \dfrac{1}{\omega_\mathrm{gr} \cdot Z_\mathrm{fi}}. \qquad (30.8.)$

Häufiger als in der T-Schaltung werden Tiefpässe zur Funkentstörung als π-Schaltung nach Bild 30.6 ausgeführt. Dieses Filter ist jedem Funkamateur als *Collins*-Filter bekannt. Auch für diese Schaltung werden L und C nach Gl. (30.7.) und Gl. (30.8.) berechnet.

In der Praxis ergeben sich kleine Bemessungsunterschiede zwischen T- und π-Schaltung. Der Wellenwiderstand über den Durchlaßbereich eines Tiefpaßfilters ist reell, in seinem Wert jedoch nicht konstant. Bei der T-Schaltung fällt er zur Grenzfrequenz hin ab, während er in der π-Schaltung mit Annäherung zur Grenzfrequenz steigt. Deshalb soll in der T-Schaltung die Nennimpedanz des Filters Z_fi etwas größer gewählt werden, als der Anschluß- bzw. Abschlußwiderstand Z_s beträgt. Die π-Schaltung erfordert dagegen eine etwas kleinere Filterimpedanz Z_fi. Günstige Verhältnisse ergeben sich, wenn man die Filterimpedanz Z_fi beim Tiefpaß in T-Schaltung

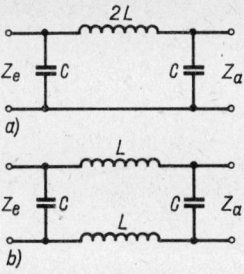

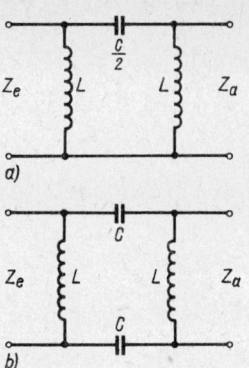

Bild 30.6
Tiefpässe in π-Glied-Schaltung; a – unsymmetrisches
π-Glied, b – symmetrisches π-Glied

Bild 30.8
Hochpässe in π-Schaltung; a – unsymmetrisches
π-Glied, b – symmetrisches π-Glied

mit $1{,}25 \times Z_s$ bemißt; dagegen soll in π-Schaltung $Z_{fi} = 0{,}8 \cdot Z_s$ betragen. Will man z. B. ein Tiefpaßfilter mit T-Schaltung in ein koaxiales Speisekabel mit einem Wellenwiderstand Z_s von $60\,\Omega$ einfügen, so wird als Filterimpedanz Z_{fi} der Wert von $1{,}25 \cdot 60\,\Omega = 75\,\Omega$ in die Formeln eingesetzt. Handelt es sich um eine π-Schaltung, so ergibt sich unter gleichen Bedingungen $Z_{fi} = 0{,}8 \cdot 60\,\Omega = 48\,\Omega$.

30.2.2. Der Hochpaß

Ein Hochpaß hat die Eigenschaft, von einer bestimmten Grenzfrequenz f_{gr} ab alle höheren Frequenzen durchzulassen. Alle Frequenzen, die niedriger als die Grenzfrequenz sind, werden gesperrt. Der Schaltungsunterschied zum Tiefpaß besteht darin, daß beim Hochpaß die Kapazität im

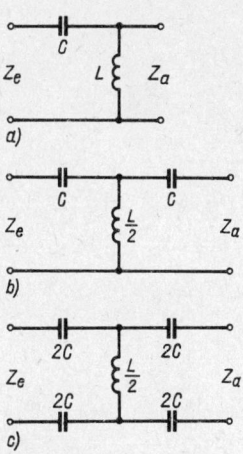

Bild 30.7
Hochpässe in T-Grundschaltung; a – unsymmetrisches
Halbglied, b – unsymmetrisches Vollglied,
c – symmetrisches Vollglied

Längsweg und die Induktivität quer liegt. Auch in diesem Fall wird zwischen der T-Grundschaltung (Bild 30.7) und der π-Schaltung (Bild 30.8) unterschieden.

Die beim Tiefpaß angegebenen Berechnungsformeln für L Gl. (30.7.) und C Gl. (30.8.) sind auch für den Hochpaß gültig. Ebenfalls ist für die T-Schaltung $Z_{fi} = 1{,}25 \cdot Z_s$; und bei der π-Schaltung ergibt sich $Z_{fi} = 0{,}8 \cdot Z_s$. Zur Funkentstörung an Sendern werden Hochpässe im allgemeinen nicht benötigt. Dagegen setzt man sie häufig am Eingang von Empfängern – vorzugsweise Fernsehempfängern – ein, um die von einem Amateursender verursachten Störungen fernzuhalten.

30.2.3. Der Bandpaß

Wie schon der Name sagt, ist der Bandpaß für ein bestimmtes Frequenzband durchlässig. Dieser Durchlaßbereich wird durch die definierten Frequenzen f_h (höchste Frequenz) und f_t (tiefste Frequenz) begrenzt.

Alle Frequenzen, die höher als f_h und tiefer als f_t liegen, werden gesperrt. Wie Bild 30.9 zeigt, besteht ein Bandpaß aus Serienresonanzkreisen im Längsweg (L_1–C_1) und aus einem Parallelresonanzkreis im Querweg (L_2–C_2). Zur Berechnung eines Bandpasses müssen aus der oberen Grenzfrequenz f_h und der unteren Grenzfrequenz f_t die Kreisfrequenzen ω_h und ω_t nach Gl. (30.1.) errechnet werden. Aus f_h und f_t wird außerdem die mittlere Resonanzfrequenz f_m (Durchlaßbereichsmitte) ermittelt und daraus die mittlere Kreisresonanzfrequenz ω_m nach Gl. (30.1.) gebildet. Liegen die Werte für ω_h, ω_t und ω_m fest, können die Dimensionen für die Bauelemente nach folgenden Gleichungen errechnet werden:

$$L_1 = \frac{Z}{(\omega_h - \omega_t)} \; ; \qquad (30.9.)$$

$$L_2 = \frac{Z \cdot (\omega_h - \omega_t)}{\omega_m^2} \; ; \qquad (30.10.)$$

$$C_1 = \frac{(\omega_h - \omega_t)}{\omega_m^2 \cdot Z} \; ; \qquad (30.11.)$$

$$C_2 = \frac{1}{Z \cdot (\omega_h - \omega_t)} \; . \qquad (30.12.)$$

Obige Gleichungen beziehen sich auf die in Bild 30.9 dargestellten Bandpässe in T-Schaltung und in π-Schaltung.

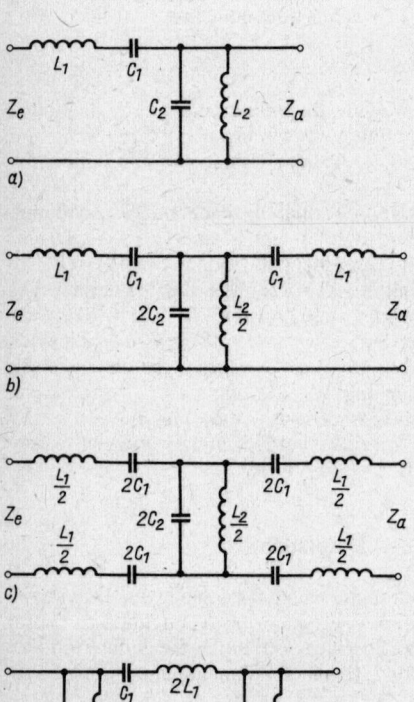

Bild 30.9
Bandpässe in T- und π-Schaltung; a – unsymmetrisches Halbglied, b – unsymmetrisches Vollglied in T-Schaltung, c – symmetrisches Vollglied in T-Schaltung, d – unsymmetrisches Vollglied in π-Schaltung

30.2.4. Die Bandsperre

Die Bandsperre hat einen Sperrbereich, der durch die definierten Frequenzen f_h und f_t begrenzt wird. Alle oberhalb von f_h und unterhalb von f_t liegenden Frequenzen werden durchgelassen. Nach Bild 30.10 hat eine Bandsperre in ihrem Längsweg Parallelresonanzkreise; der Querweg wird durch einen Serienresonanzkreis gebildet.

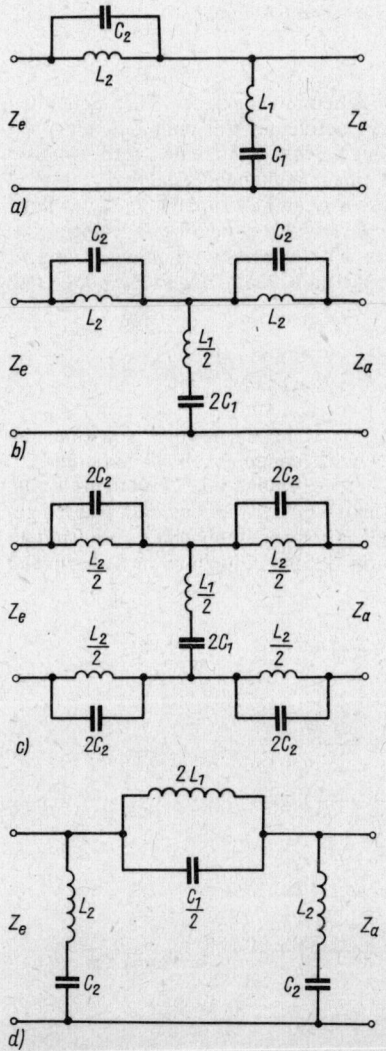

Bild 30.10
Bandsperren in T- und π-Schaltung; a – unsymmetrisches Halbglied, b – unsymmetrisches Vollglied in T-Schaltung, c – symmetrisches Vollglied in T-Schaltung, d – unsymmetrisches Vollglied in π-Schaltung

Als Bestimmungsgleichungen für die Bauelemente einer Bandsperre haben Gl. (30.9.) bis Gl. (30.12.) Gültigkeit. Ebenso setzt man auch ω_h, ω_t und ω_m ein. Der Berechnungsvorgang weist demnach keine Unterschiede gegenüber dem des Bandpasses auf. Lediglich durch die Schaltungsanordnung der Serien- und Parallelresonanzkreise wird aus dem Durchlaßbereich ein Sperrbereich und umgekehrt.

Auch für Bandpässe und Bandsperren gilt, daß die Filterimpedanz Z_{fi} bei der T-Schaltung mit $1,25 \cdot Z_s$ und bei der π-Schaltung mit $0,8 \times Z_s$ angesetzt werden soll.

30.2.5. Praktisch ausgeführte Antennenfilter für Amateur-Kurzwellensender

Alle Arten von Antennenfilter sind nutzlos, wenn die Störfrequenzen bereits über das Sendergehäuse oder die angeschlossenen Bedienungs- und Versorgungsleitungen abgestrahlt werden. Das heißt, daß jegliche Hochfrequenz den Sender nur über dessen Antennenbuchse verlassen darf. Es müssen daher zunächst die am Ende des Abschnittes 30.1. erhobenen Forderungen bezüglich Abschirmung und Erdung des Senders sowie Verdrosselung aller seiner Zuleitungen erfüllt sein. Wenn dort außerdem eine moderne technische Konzeption des Senders verlangt wird, heißt das vor allem, daß auch die einzelnen Stufen innerhalb des Senders sinnvoll voneinander abgeschirmt und entkoppelt werden, damit die Oszillatorgrundfrequenz und ihre in den Vervielfacherstufen erzeugten Harmonischen – mit Ausnahme der Betriebsfrequenz – sowie Nebenwellen und Mischprodukte nicht bis zum Endstufenschwingkreis *(Sendertankkreis)* vordringen können. Wenn diese Forderungen erfüllt sind, dürfen am Sendertankkreis nur die Betriebswelle und ihre unvermeidbaren Oberwellen nachweisbar sein. Diese Oberwellen können dann mit Tiefpässen ausgefiltert werden.

Die im Amateurgebrauch beliebteste Oberwellensperre ist das bewährte *Collins*-Filter. Es stellt einen einfachen Tiefpaß in π-Schaltung dar. Bei richtiger Bemessung und Einstellung gewährleistet es in vielen Fällen eine ausreichende Oberwellenunterdrückung. Seine Bemessung und Einstellung ist in Abschnitt 8.1.1. beschrieben. Allerdings ist das *Collins*-Filter kein Allheilmittel gegen unerwünschte Abstrahlungen, besonders dann nicht, wenn es gleichzeitig den Sendertankkreis (Anodenkreis beim Röhrensender bzw. Kollektorkreis beim Transistorsender) bildet und somit das einzige Selektionsmittel in diesem darstellt. Um die strengen Bestimmungen zur Störstrahlungssicherheit von Kurzwellensendern erfüllen zu können, müssen sehr häufig weitere Selektionsmittel in den Antennenkreis eingefügt werden.

30.2.5.1. Unsymmetrische Zweifachtiefpaßfilter

Besonders bei größeren Ausgangsleistungen und kräftiger Ansteuerung der Senderendstufe im C-Betrieb kommt es vor, daß noch Oberwellen über das Speisekabel zur Antenne gelangen und abgestrahlt werden. Unter der Voraussetzung, daß die Antenne über ein Koaxialkabel gespeist wird und daß dieses sauber angepaßt ist, kann man in den Kabelweg ein Tiefpaßfilter nach Bild 30.11 einfügen. Diese aus zwei gleichartigen, fest abgestimmten π-Filtern bestehende Oberwellensperre dämpft die 2. Harmonische um etwa 30 dB, die 3. mit etwa 48 dB und die 4. Harmonische um etwa 60 dB. Theoretisch steigt die Oberwellendämpfung mit der Ordnungszahl der Harmonischen laufend, in der Praxis wird sie aber bei sehr hohen Frequenzen durch die komplexen Eigenschaften der Filterbauteile und deren Verdrahtung begrenzt.

Das Filter baut man in ein allseitig geschlossenes Metallgehäuse ein. Beide Sektionen sind innerhalb des Gehäuses durch eine Abschirmwand voneinander getrennt. Das Metallgehäuse wird auf dem kürzesten Weg mit dem Nullpotential der Senderendstufe verbunden. Solche Antennenfilter werden im allgemeinen für jedes Amateurband gesondert optimal bemessen, wobei man sich auf die Bänder beschränken kann, bei deren Benutzung Funkstörungen auftreten. Verwendet man verlustarme Bauteile, dann ist die Durchgangsdämpfung dieser Filter (Dämpfung der Betriebswelle) <0,5 dB.

Mit den in Tabelle 30.1. aufgeführten Kapazitäts- und Induktivitätswerten ist das Filter ohne besonderen Abgleich betriebsfertig.

Alle Spulen werden freitragend aus 2 mm dickem Draht gewickelt, sie lassen sich durch Auseinanderziehen oder Zusammendrücken auf den Sollwert der Induktivität abgleichen. Da Funkamateure nur selten über ein Induktivitätsmeßgerät verfügen, gleicht man das Filter mit dem Dip-Meter ab. Dazu werden zunächst die beiden

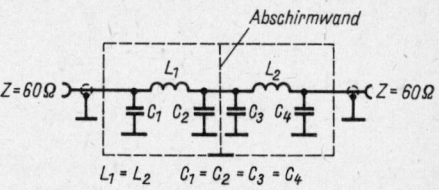

Bild 30.11
Unsymmetrisches Zweifachtiefpaßfilter in π-Schaltung

Tabelle 30.1. Bemessungsdaten für ein Tiefpaßfilter nach Bild 30.11

Amateurband in m	Kapazitäten $C_1 \dots C_4$ in pF	Induktivitäten L_1 und L_2 in µH	Richtwerte für L_1 und L_2 Spulendurchmesser in mm	Spulenlänge in mm	Windungsanzahl
80	820	2,2	25	50	13
40	390	1,3	25	25	8
20	220	0,57	20	20	7
15	150	0,38	13	18	6
10	100	0,30	13	22	6

Kondensatoren C_2 und C_3 kurzgeschlossen, indem man die durch die Abschirmwand führende Verbindungsleitung mit je einem Kupferband an das Gehäuse legt. Damit sind 2 voneinander unabhängige Parallelresonanzkreise entstanden (L_1–C_1 und L_2–C_4). Beide müssen mit Hilfe des Dip-Meters durch Deformieren der Spule auf die Betriebsfrequenz abgeglichen werden. Danach entfernt man die beiden Kurzschlußbänder wieder, und das Filter ist einsatzfähig.

Die Kondensatoren sollten verlustarm sein; an ihre Spannungsfestigkeit werden keine hohen Ansprüche gestellt. Bei einer RF-Leistung von beispielsweise 100 W beträgt die Spannung an einem 60-Ω-Kabel etwa 110 V, die sich bei Anodenmodulation in den Spitzen entsprechend erhöht. Keramische Kondensatoren mit Prüfwechselspannungen von 350 V reichen deshalb für Leistungen bis 100 W. Dabei muß aber sichergestellt sein, daß auf der Speiseleitung keine stehenden Wellen vorhanden sind (exakte Anpassung!), da andernfalls große Spannungsspitzen auftreten können, die die Kondensatoren zerstören.

Das in Bild 30.12 dargestellte Kompaktfilter wird in Fahrzeugsendern der Firma *Motorola* verwendet und ist für die Amateurbandfrequenzen unterhalb 30 MHz als Tiefpaß verwendbar. Auf eine Abschirmung zwischen beiden Gliedern wird

verzichtet. Um die gegenseitige Beeinflussung von L_1 und L_2 gering zu halten, sind die Spulenachsen um 90° versetzt angeordnet. Mit dem Widerstand 100 kΩ/0,5 W kann man statische Antennenaufladungen beim Mobilbetrieb abführen. Das räumlich kleine Filter kann in einer Abschirmbox innerhalb des Kurzwellensenders untergebracht werden.

30.2.5.2. Versteilerte Dreifachtiefpaßfilter

Höheren Ansprüchen der Oberwellenunterdrükkung genügt das Dreifachtiefpaßfilter nach Bild 30.13. Die unsymmetrische Ausführung 30.13a ist zum Einschleifen in eine koaxiale 60-Ω-Speiseleitung bestimmt, während die Ausführung 30.13b in Verbindung mit einer symmetrischen 240-Ω-Leitung verwendet wird. Die Filter werden in einer allseitig geschlossenen Abschirmbox mit 3 Kammern untergebracht. Der Sperrbereich beginnt bei 35 MHz, es lassen sich somit alle Störungen in den Fernsehbereichen sowie im UKW-Rundfunkband unterdrücken. Im gesamten Sperrbereich beträgt die Oberwellen-

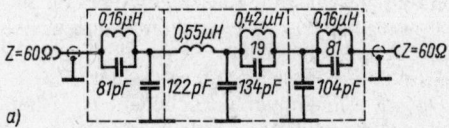

a)

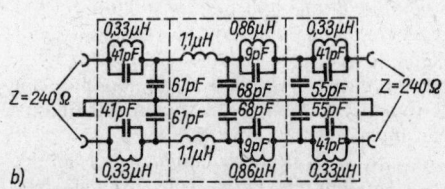

b)

Bild 30.12
Kompakte Tiefpaßfilter für Kurzwellensender kleiner Leistung ($L_1 = L_2$ = je 8 Wdg., 1-mm-Cul über 6-mm-Dorn, Windung an Windung gewickelt)

Bild 30.13
Versteilerte Dreifachtiefpaßfilter, Sperrwirkung ab 35 MHz; a – unsymmetrische Ausführung für koaxiale 60-Ω-Leistung, b – unsymmetrisches Filter für 240-Ω-Bandleistung

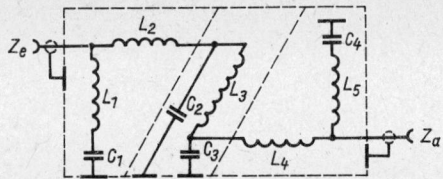

Bild 30.14
Unsymmetrisches Dreifachtiefpaßfilter, Sperrbereich
ab 35 MHz

unterdrückung etwa 60 … 70 dB. Die Filter können für alle Kurzwellensender verwendet werden, deren Betriebsfrequenz unterhalb 30 MHz
liegt.

Eine ähnliche Filterschaltung zeigt Bild 30.14.
Es stellt ebenfalls ein Dreifachtiefpaßfilter dar,
das in drei abgeschirmten Kammern untergebracht ist. Während in der Schaltung nach
Bild 30.13 im Längsweg des Filters Parallelresonanzkreise angeordnet sind, befinden sich im Filter nach Bild 30.14 Serienresonanzkreise im
Querweg. Die Resonanzkreise versteilern den
Dämpfungsanstieg im Sperrbereich. Parallelresonanzkreise im Längsweg wirken als Sperrkreise für ihre Resonanzfrequenz, d.h., die
Resonanzfrequenz wird nicht durchgelassen.
Serienresonanzkreise im Querweg sind *Leit-
kreise*, man nennt sie auch *Saugkreise*. Sie lassen
ihre Resonanzfrequenz durch und führen sie somit zum Nullpotential ab; alle anderen Frequenzen werden gesperrt. Die praktische Wirkung ist
deshalb in beiden Fällen die gleiche. In Tabelle 30.2. werden die Bemessungsdaten für das
Filter nach Bild 30.14 angegeben und die noch zu
erläuternden Abgleichfrequenzen aufgeführt.

Alle Spulen bestehen aus 1,5 … 2,0 mm dickem
Kupferlackdraht. Sie werden über einen Dorn
von 11 mm Durchmesser gewickelt, so daß der
Spuleninnendurchmesser nach dem Abnehmen
vom Dorn 12 … 13 mm beträgt.

Zum einwandfreien Abgleich des Filters benötigt man ein Dip-Meter mit einem Frequenz-

bereich von 20 … 50 MHz. Zunächst werden die
beiden Spulen L_2 und L_4 aus dem Filter entfernt,
die beiden Anschlußbuchsen Z_e und Z_a schließt
man zunächst gegen Masse (Abschirmung) kurz.
Damit hat man zunächst drei voneinander unabhängige Parallelresonanzkreise geschaffen:
L_1–C_1, L_5–C_4 und L_3–C_2–C_3. Durch Zusammendrücken oder Auseinanderziehen der Spule L_1
wird nun der Kreis L_1–C_1 auf die in Tabelle 30.2.
aufgeführte Abgleichfrequenz f_1 abgeglichen
(Dip-Meter-Kontrolle). Ebenso verfährt man
mit dem Kreis L_5–C_4. Nun wird der Kreis
L_3–C_2–C_3 durch Deformieren der Spule L_3 auf die
Abgleichfrequenz f_2 eingestellt. Anschließend lötet man die abgeglichene Spule L_3 vorsichtig aus,
sie soll dabei mechanisch nicht verändert werden.
Gleichzeitig entfernt man auch die Kurzschluß-
leitungen von der Eingangs- und Ausgangs-
buchse und lötet dann die Spulen L_2 und L_4 in das
Gerät ein. Nun wird die Spule L_2 mechanisch so
verändert, daß das Dip-Meter für den Komplex
C_1–L_1–L_2–C_2 bei der Abgleichfrequenz f_3 Resonanz anzeigt. L_1 darf bei diesem Abgleich nicht
verändert werden. Ebenso verfährt man mit der
Spule L_4, für deren Komplex C_4–L_5–L_4–C_3 die
Abgleichfrequenz f_3 ebenfalls gültig ist. Nun wird
die bereits abgeglichene Spule L_3 vorsichtig wieder eingebaut; damit ist das Filter abgeglichen
und betriebsbereit. Eine Endkontrolle mit dem
Dip-Meter empfiehlt sich. Dabei muß an jeder
Spule (L_1 … L_5) die Sperrfrequenz f_{gr} mit etwa
36 MHz als Resonanzfrequenz angezeigt werden.

30.2.5.3. Antennenfilter mit abstimmbarem Bandpaß

Bei den vorher beschriebenen Antennenfiltern
handelt es sich ausschließlich um Tiefpaßfilter,
deren Aufgabe darin besteht, die im Antennenkreis vorhandenen Oberwellen des Senders aus-
zusieben. Sie sind jedoch nicht in der Lage, Störstrahlungen zu unterdrücken, deren Wellenlänge
größer als die Betriebswellenlänge ist. Um das zu

Tabelle 30.2. Bemessungsangaben und Abgleichfrequenzen für ein Tiefpaßfilter nach Bild 30.14

	Filterimpedanz $Z = Z_e = Z_a$		
	52 Ω	60 Ω	75 Ω
Kapazität C_1, C_4 in pF	50	46	35
Kapazität C_2, C_3 in pF	170	150	120
Spulendaten L_1, L_5	5 Wdg.	5 1/2 Wdg.	6 Wdg.
Spulendaten L_2, L_4	8 Wdg.	9 Wdg.	11 Wdg.
Spulendaten L_3	9 Wdg.	10 1/2 Wdg.	13 Wdg.
Sperrfrequenz f_{gr} in MHz	36	36	36
Abgleichfrequenz f_1 in MHz	44,4	45,5	47
Abgleichfrequenz f_2 in MHz	25,5	25,4	25,2
Abgleichfrequenz f_3 in MHz	32,5	32,2	31,8

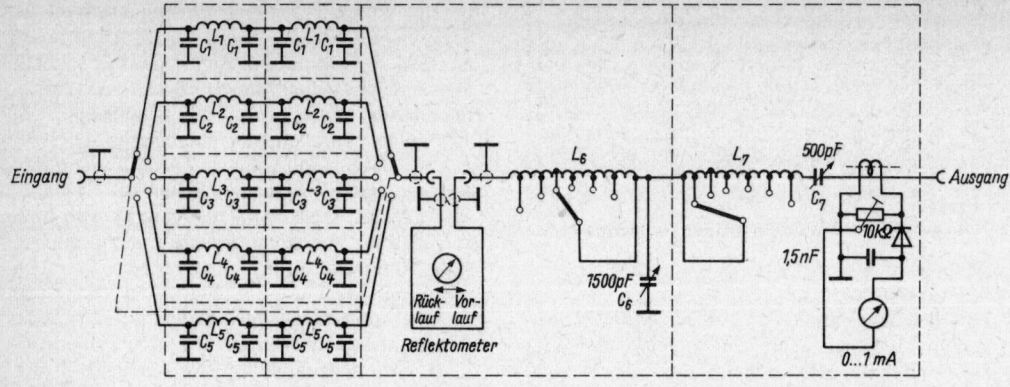

Bild 30.15
Schaltung des Antennenfilters mit abstimmbarem Bandpaß

erreichen, benötigt man Bandpässe, die die Nutzfrequenz möglichst schmalbandig aussieben und allen anderen Frequenzen oberhalb und unterhalb der Betriebsfrequenz den Weg zur Antenne versperren. Ein solches abstimmbares Bandpaß-Antennenfilter, das hohen Anforderungen an Störstrahlungsfreiheit genügt, wurde von *DL 3 HC* entwickelt und von *DJ 4 DY* in [3] beschrieben.

Wie die Schaltung Bild 30.15 zeigt, befindet sich am Eingang des Antennenfilters für jedes Kurzwellen-Amateurband je ein Zweifachtiefpaß in π-Schaltung. Diese Tiefpässe sind für die Oberwellendämpfung maßgebend, sie werden mit einem Zweiebenen-Stufenschalter auf das gewünschte Band umgeschaltet und entsprechen den Filtern nach Bild 30.11. Der fest abgestimmten Filterkette folgt ein Welligkeitsanzeigegerät (z. B. Reflektometer nach Abschnitt 31.2.), das immer in die Zuleitung zu L_6 eingeschleift bleiben soll, weil es bei Frequenzwechsel innerhalb des Amateurbands die optimale Abstimmung erkennen läßt. In der gleichen Abschirmbox befindet sich die umschaltbare Spule L_6 mit dem Drehkondensator C_6. Die anschließende Abschirmkammer enthält die Umschaltspule L_7, den Auskoppel-Drehkondensator C_7 sowie den Meßübertrager mit angeschlossenem RF-Spitzenspannungsmesser.

Zum mechanischen Aufbau ist zu sagen, daß

Tabelle 30.3.   Bemessungsdaten für Antennenfilter nach Bild 30.15

Fest abgestimmte π-Filter

	Kapazitäten in pF	Induktivitäten in µH	Windungs-anzahl	Innendurch-messer der Spule in mm	Windungs-abstand in mm	Spulenlänge in mm
80 m	$C_1 = 910$	$L_1 = 2{,}30$	18	20	1,5	62
40 m	$C_2 = 450$	$L_2 = 1{,}15$	9	20	1,5	30
20 m	$C_3 = 230$	$L_3 = 0{,}56$	6	20	1,5	20
15 m	$C_4 = 150$	$L_4 = 0{,}38$	4	20	1,5	13
10 m	$C_5 = 100$	$L_5 = 0{,}28$	3	20	1,5	10

Spulen des abstimmbaren Filterteiles

	Windungs-anzahl	Innendurch-messer der Spule in mm	Windungs-abstand in mm	Spulenlänge in mm	Anzapfungen, gezählt ab C_6
L_6	32	40	2	130	bei 6, 12, 15, 18, 20, 22, 24, 26, 28, 29, 30 und 31 Windungen
L_7	32	40	2	125	bei 4, 9, 12, 15, 18, 20, 22, 24, 26, 27, 28 und 29 Windungen

Alle Spulen bestehen aus versilbertem Kupferdraht von 2 mm Durchmesser

572

die im Stromlaufplan gestrichelt angedeuteten Abschirmkammern vorgeschrieben sind. Die einzelnen Boxen können aus kupferkaschiertem Leiterplattenmaterial angefertigt werden. Für die Kammern der festabgestimmten Tiefpässe gilt als Mindestgröße 100 mm × 50 mm × 50 mm. Ein Unterschreiten dieser Abmessungen hat eine unzulässig große Dämpfung der Kreise zur Folge. Der Bandumschalter hat zwei Ebenen mit je 1 × 5 Kontakten. Eingangssegment und Ausgangssegment sollten mindestens 30 mm gegenseitigen Abstand haben, damit keine Kopplung über die Schaltebenen auftritt. Die zum abstimmbaren Teil gehörigen Spulen L_6 und L_7 werden mit ihren elektrischen Achsen senkrecht zueinander angeordnet; ihr Abstand von den sie umgebenden Abschirmwänden sollte nach allen Richtungen mindestens 50 mm betragen. Man setze die zugehörigen Stufenschalter möglichst eng an die Spulen; es können normale 12stellige Meßstellenschalter mit isolierter Schaltachse verwendet werden. Alle Festkondensatoren sind Keramik- oder Styroflexausführungen, deren Spannungsfestigkeit 500 V nicht unterschreiten soll. Die für den Nachbau des Filters erforderlichen Bemessungsdaten sind in Tabelle 30.3. aufgeführt.

Der Meßübertrager des RF-Spitzenspannungsanzeigers wird selbst hergestellt. Man schiebt einen Ferrit-Doppellochkern über die Zuleitung zur Antennenbuchse; durch das andere Loch des Kernes werden 2 Windungen eines beliebigen Kupferlackdrahts geführt, deren Enden dann laut Stromlaufplan anzuschließen sind.

Zum Abstimmen des Filters werden Sender und Antenne angeschlossen, das Reflektometer auf *Vorlauf* gestellt und der Bandschalter auf das gewünschte Amateurband geschaltet. Die Senderendstufe stimmt man zunächst auf maximalen Vorlauf am Reflektometer ab; dann wird dieses auf *Rücklauf* geschaltet und mit dem Schalter der Spule L_6 die Anzapfung der geringsten Rücklaufanzeige gesucht. Das Rücklaufminimum stimmt man durch Variieren des Drehkondensators C_6 fein ab. Nun dreht man den Schalter der Spule L_7 in Minimumstellung Rücklaufanzeige und versucht schließlich, mit dem Drehkondensator C_7 ein *Null* des Rücklaufs zu finden. Dieser Abgleichvorgang sollte mehrmals wiederholt werden, bis das Optimum erreicht ist. Dieses besteht darin, daß bei maximalem Vorlauf ein Rücklauf von nahezu *Null* auftritt. Schließlich stimmt man die Endstufe des Senders noch auf maximale Vorlaufanzeige nach. Der Erfolg des Abgleichs läßt sich auch am RF-Spitzenspannungsanzeiger ablesen.

Die gefundenen Optimaleinstellungen für alle Bänder sollte man markieren. Sie bilden die späteren Grundeinstellungen für das funktionstüchtige Filter. Bei Frequenzwechsel innerhalb der Bänder wird dann nur noch C_7 entsprechend variiert. Die Tatsache, daß C_7 bereits bei kleinen Sendefrequenzänderungen von etwa 30 kHz nachgestimmt werden muß, ist ein Zeichen für die hohe Güte des Bandpasses. Man sollte deshalb das Filter auch beim Empfang in der Antennenzuleitung belassen, weil dann viele Pfeifstellen und Kreuzmodulationserscheinungen verschwinden.

Dieses Antennenfilter ist ausschließlich für den Anschluß von Koaxialkabeln mit Wellenwiderständen zwischen 50 und 75 Ω zu verwenden. Diese müssen selbstverständlich an die Eingangsimpedanz der Antenne angepaßt sein, ebenso wie zwischen Senderausgang und Filtereingang Anpassung bestehen muß. Bei gewissenhaftem Nachbau beträgt die Durchgangsdämpfung des Filters etwa 1 dB, die Oberwellendämpfung der 1. Harmonischen liegt bei 60 dB, und Nebenwellen 1. Ordnung werden mit 40 dB gedämpft.

30.2.5.4. Antennenfilter für VHF-Sender

Die von der Endstufe eines 2-m-Senders erzeugten Oberwellen fallen in die Bereiche 288 ... 292 MHz, 432 ... 438 MHz, 576 ... 584 MHz usw. Es dürfen demnach nur Störungen der Kanäle im Fernsehband IV/V auftreten (Kanal 34 ... 35 und Kanal 52 ... 53). Leider erzeugen aber die vor der Endstufe angeordneten Frequenzvervielfacher neben der gewünschten Harmonischen auch noch eine Reihe unerwünschter Oberwellen, die in der Endstufe verstärkt, vervielfacht und gemischt werden können. Es ist deshalb häufig notwendig, den 2-m-Sender zur Vermeidung von Oberwellenstörungen im FS-Band III ebenfalls mit einem Filter zu versehen.

Bild 30.16 zeigt 2gliedrige Tiefpaßfilter für 2-m-Sender in unsymmetrischer und symmetrischer Ausführung. Auch die Schaltung des Dreifachtiefpaßfilters nach Bild 30.14 kann bei entsprechender Bemessung verwendet werden. Dabei ergeben sich auf der Grundlage von Tabelle 30.1. folgende Daten:

$$C_1, C_4 = 10 \text{ pF}; \qquad C_2, C_3 = 40 \text{ pF};$$
$$L_1, L_5 = 3 \text{ Wdg.}; \qquad L_2, L_4 = 2 \text{ Wdg.};$$
$$L_3 = 5 \text{ Wdg.}$$

Die Spulen bestehen aus 1 mm dickem Kupferlackdraht und werden über einen 6-mm-Dorn gewickelt. Der Abgleichvorgang verläuft analog dem für die Kurzwellenausführung beschriebenen, dabei sind folgende Abgleichfrequenzen zu beachten: Sperrfrequenz $f_{gr} = 160 \text{ MHz}$; Abgleichfrequenzen $f_1 = 200 \text{ MHz}$; $f_2 = 112 \text{ MHz}$; $f_3 = 144 \text{ MHz}$. Ein 2-m-Sender kann nicht nur

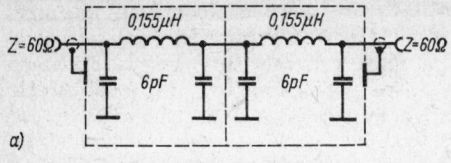

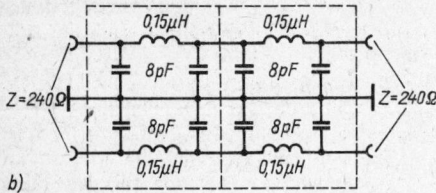

Bild 30.16
Tiefpaßfilter in π-Schaltung für 2-m-Sender;
a – unsymmetrisches Filter für 60-Ω-Koaxialkabel,
b – symmetrisches Filter für 240-Ω-Anschluß

den Fernsehempfang stören, sondern auch andere wichtige Funkdienste, die in einer Vielzahl im VHF- und UHF-Bereich vorhanden sind. Mit Recht bestehen deshalb bezüglich der Nebenausstrahlungen von VHF-Sendern strenge Bestimmungen. Vorhandene Oberwellen verfälschen außerdem die Reflektometeranzeige und täuschen bei der Durchgangsleistungsmessung eine höhere Leistung der Grundwelle vor, da die Summe der Oberwellenleistung in das Meßergebnis mit eingeht. Nicht immer führen die herkömmlichen, aus konzentrierten Bauelementen (Spulen und Kondensatoren) hergestellten Oberwellenfilter im VHF-Bereich zum vollen Erfolg, da sich die Verdrahtungsinduktivitäten und Eigenresonanzen der Spulen bei den hohen Fre-

quenzen bereits sehr störend auswirken. Zudem ist es mit amateurmäßigen Mitteln kaum möglich, einen exakten Filterabgleich im VHF-Bereich durchzuführen. Diese Schwierigkeiten entfallen, wenn man die Filter für das VHF- und UHF-Gebiet in Koaxialtechnik ausführt. Solche Tiefpaßfilter in der Form von Leitungskreisen wurden für 2-m-Amateursender erstmalig von *DJ3QC* konstruiert und beschrieben [1]. Ihre Herstellung erfordert einen bestimmten mechanischen Aufwand, die Filter sind jedoch sehr kompakt, haben eine ausgezeichnete Sperrwirkung und bedürfen keines Abgleichs.

Ein einfaches koaxiales Tiefpaßfilter nach *DJ3QC* zeigt Bild 30.17 als Schnittzeichnung. Der Außenleiter besteht aus einem 301 mm langen Messing- oder Kupferrohr mit 16 mm Innendurchmesser. Der metallische Innenleiter ist in einzelne Sektionen mit verschiedenen Durchmessern aufgeteilt. Die beiden 38,1 mm langen Innenleiterabschnitte von 14,4 mm Durchmesser werden mit einer passenden Isolierstoffhülse überzogen, die einerseits als Dielektrikum wirkt, andererseits die stabile mechanische Halterung des Innenleiters innerhalb des Außenrohres unterstützt. Für die Originalausführung verwendet man dazu *Teflon*-Hülsen (Teflon = Handelsname für PTFE, $\varepsilon_r = 2{,}0$), andere hochwertige Kunststoffe sind ebenfalls geeignet, wenn man ihre Dielektrizitätskonstante beachtet. Das Filter wird beidseitig mit passenden 60-Ω-Koaxbuchsen abgeschlossen, diese sind in Bild 30.17 nicht eingezeichnet.

Bild 30.17 zeigt auch das Ersatzschaltbild des Filters. Dabei wird berücksichtigt, daß jedes Leitungsstück für sich schon als Π-Glied zu betrachten ist. Alle Induktivitäten und Kapazitäten sind

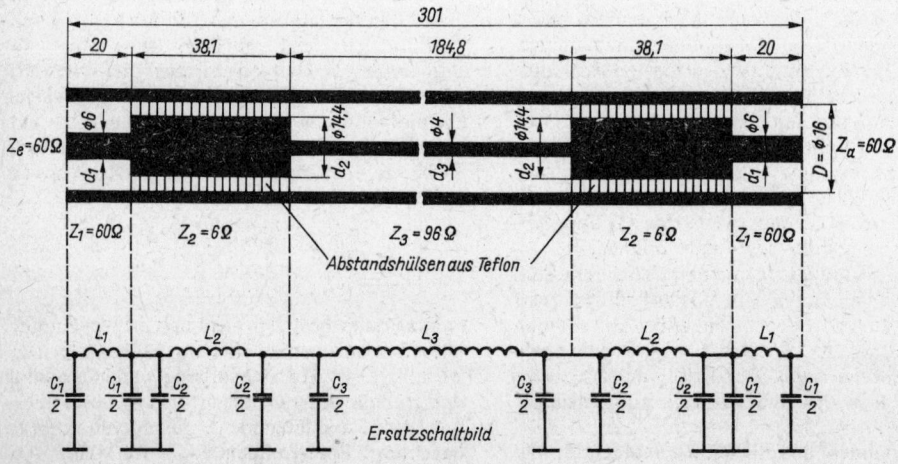

Bild 30.17
Koaxiales Teifpaßfilter für 2-m-Sender nach *DJ3QC* mit Ersatzschaltung

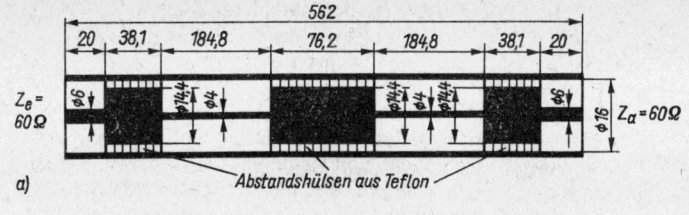

a)

b)

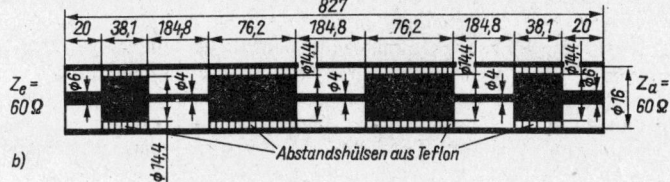

Bild 30.18
Mehrgliedrige Tiefpaßfilter
nach *DJ 3 QC*; a – koaxiales
Zweifach-π-Filter, b – koaxiales
Dreifach-π-Filter

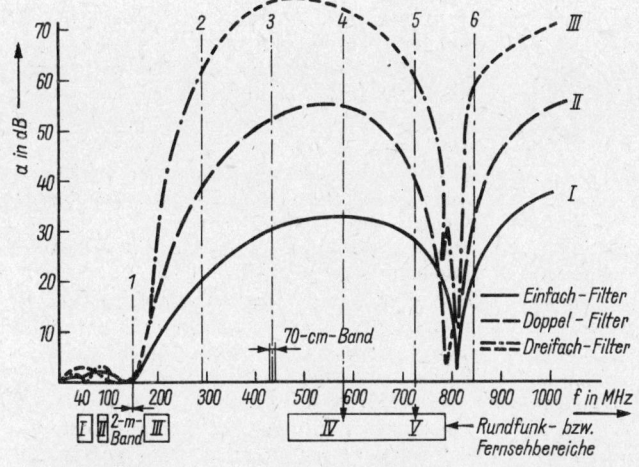

Bild 30.19
Gemessener Verlauf der
Dämpfung bei ein- und mehr-
gliedrigen Koaxialtiefpaßfiltern
für 145 MHz (aus UKW-
Berichte)

in diesem Fall frequenzunabhängig. Der Filter-
berechnung muß das genaue Ersatzschaltbild zugrunde gelegt werden. Sie ist einfach, aber sehr
zeitraubend und läßt sich praktisch nur mit einem
Rechner bewältigen. Mit den von *DJ 3 QC* berechneten Abmessungen werden die Optimalwerte erreicht.

Die Dämpfungskurve des eingliedrigen Filters
nach Bild 30.17 weist bereits im Fernseh-Band III
Werte um 8 dB auf, die 2. Harmonische
(290 MHz) wird mit 20,5 dB bedämpft, bei der
4. Harmonischen erreicht das erste Dämpfungs-
maximum 33 dB. Weitere Dämpfungsmeßwerte
sind aus Bild 30.19 zu ersehen. Die Durchgangsdämpfung für 145 MHz liegt unter 0,1 dB.

Wie Bild 30.18 zeigt, können mehrere Grund-
filter aneinandergereiht werden. Dabei sind
jeweils die mittleren 6-Ω-Leitungsstücke von
38,1 mm Länge zu einem durchgehenden Stück
doppelter Länge (76,2 mm) zusammengefaßt.

Bei einem mehrgliedrigen Filter steigt die Dämpfung der Oberwellen entsprechend an, und der
Kurvenverlauf wird versteilert. In Bild 30.18a
werden die Abmessungen für ein Zweifach-
Π-Filter angegeben. Bild 30.18b stellt ein Drei-
fachfilter dar. Die für die verschiedenen Filter-
ausführungen gemessenen Dämpfungskurven
gibt Bild 30.19 wieder. Es läßt sich auch eine bestimmte Dämpfung für die Frequenzen unterhalb
144 MHz erkennen. Daraus geht hervor, daß
48,72 MHz und sonstige in diesen Bereichen vorhandenen Nebenfrequenzen etwas unterdrückt
werden. Für die durch die 4. und 5. Harmonische
von 2-m-Sendern besonders gefährdeten Kanäle
des Fernseh-Bereiches IV/V ist die Dämpfung
sehr hoch.

Die gleichen Filter lassen sich auch für 70-cm-
Amateursender herstellen, wenn man alle angegebenen Längenabmessungen auf ein Drittel verkürzt. In [1] sind ausführliche mechanische

Angaben und Konstruktionszeichnungen für diese hervorragenden Koaxialfilter enthalten.

Alle Filter erreichen nur dann volle Wirksamkeit, wenn sie mit ihrem Eingangswiderstand Z_e und dem Ausgangswiderstand Z_a an den angeschlossenen Sender bzw. die Speiseleitung genau angepaßt werden. Das bedeutet gleichzeitig, daß die Antenne resonant und an ihre Speiseleitung angepaßt sein muß. Stehende Wellen auf der Speiseleitung stören bekanntlich die Anpassung und beeinträchtigen somit die Filterwirkung. Auf die unterschiedliche «Anfälligkeit» der verschiedenen Antennenformen zur Abstrahlung von Störfrequenzen wurde bereits hingewiesen. Grundsätzlich gilt, daß Antennenanlagen mit niederohmigen exakt angepaßten Speiseleitungen die geringste Störstrahlung verursachen. Zur exakten Anpassung gehört auch die Wahrung der Symmetrie, d. h., ein Koaxialkabel darf z. B. nur über einen Symmetriewandler an eine symmetrische Antenne angeschlossen werden.

30.2.6. Die Verbesserung der Einstrahlfestigkeit von Geräten der Unterhaltungselektronik

Für den Funkamateur ist es immer sehr unangenehm, von Nachbarn darauf hingewiesen zu werden, daß beim Betrieb seiner Sendeanlage Störungen des Fernseh- und Rundfunkempfangs oder auch der Wiedergabequalität von Verstärkern, Magnetband- und Phonogeräten auftreten würden. In sehr vielen Fällen ist die Störungsursache nicht bei einer fehlerhaften Sendeanlage, sondern in technischen Unzulänglichkeiten der verwendeten Empfänger oder Verstärker zu suchen. Trotzdem sollte sich der Funkamateur im Interesse gutnachbarlicher Beziehungen darum bemühen, die Ursache der Störungen herauszufinden, und dem betroffenen Nachbarn das Ergebnis mitteilen. Auf Grund der Diagnose ist es oft möglich, die Störungsursache mit verhältnismäßig primitivem Aufwand selbst zu beseitigen; in schwierigeren Fällen, die Eingriffe in das gestörte Gerät erfordern würden, sollte man dem Gerätebesitzer raten, sich an den Hersteller des gestörten Geräts zu wenden.

Grundlegende Untersuchungen zur Einstrahlfestigkeit von Geräten der Unterhaltungselektronik und deren Verbesserung wurden von *Egon Koch, Dl1 HM*, durchgeführt und veröffentlicht [4], [5], [6], [7].

Die nachfolgenden Ausführungen zur Verbesserung der Einstrahlfestigkeit basieren zu einem großen Teil auf den dabei gewonnenen Erkenntnissen.

30.2.6.1. Einstrahlungsstörungen an Fernsehempfängern und ihre Beseitigung

Störungen des Fernsehbildes sind für den Zuschauer besonders ärgerlich und bereiten daher auch dem Sendeamateur die meisten Sorgen. Leider liegen sie in der Anzahl der Beanstandungen an erster Stelle. Zuerst sollte immer überprüft werden, ob die Empfangsantennenanlage ordnungsgemäß aufgebaut und geerdet ist. In diesem Zusammenhang sei der Hinweis gegeben, daß die noch oft benutzten Breitbandantennenverstärker, die keine Selektionsmittel am Eingang haben, den Einstrahlungsstörungen Tür und Tor öffnen. Sie können sogar in Selbsterregung geraten und so als Störsender wirken.

Nach [6] entstehen die meisten Fernsehbildstörungen infolge ungenügender Weitabselektion durch zu hohe Fremdsignale am Vorstufentransistor im Tuner. Stammen die Fremdsignale von AM- und SSB-Sendern, so sind diese durch Kreuzmodulationsstörungen in Form von mehr oder weniger breiten horizontalen Streifen oder durch Moirébildung auf dem Bildschirm zu bemerken. Dabei fällt oft sogar die Bild- oder Zeilensynchronisation aus, und es kann auch zu Störungen in der Farbwiedergabe kommen. Vielfach ist dabei der Ton gestört, und man hört die Modulation des unerwünschten Senders. Starke FM-Sendersignale hingegen verursachen ein Zustopfen des Vorstufentransistors, was durch mehr oder weniger starkes Dunkelsteuern des Bildes zu erkennen ist.

Alle Störungen, die durch zu große Fremdsignale am Vorstufentransistor entstehen, werden ohne Eingriffe in das gestörte Gerät bekämpft, indem man zwischen Antennenstecker und Antennenbuchse ein Hochpaßfilter schaltet.

Hochpässe können nach Gl. (30.1.) bis Gl. (30.8.) berechnet werden, wobei man zweckmäßig die Grenzfrequenz f_{gr} mit 35 ... 45 MHz bemißt. Abhängig davon, ob der gestörte Fernsehempfänger mit Koaxialkabel oder über Flachbandleitung gespeist wird, wählt man unsymmetrische Hochpässe mit $75\,\Omega$ Wellenwiderstand oder symmetrische mit 240 ... $300\,\Omega$. Die Antennenindustrie bietet solche Filter als Zubehör an.

Für die Selbstanfertigung von geeigneten Hochpaßfiltern zeigt Bild 30.20 einige Beispiele. Wie man aus den Schaltungen ersieht, ist das hierzu benötigte Material – einige keramische Scheibenkondensatoren und etwas Kupferlackdraht – wohl in jeder Bastelkiste vorhanden. Die erforderlichen kleinen Abschirmgehäuse können aus kupferkaschiertem Basismaterial zusammengelötet werden. Sie sind so groß zu bemessen, daß der Abstand der Spulen von den sie umgebenden Metallflächen mindestens dem Spulen-

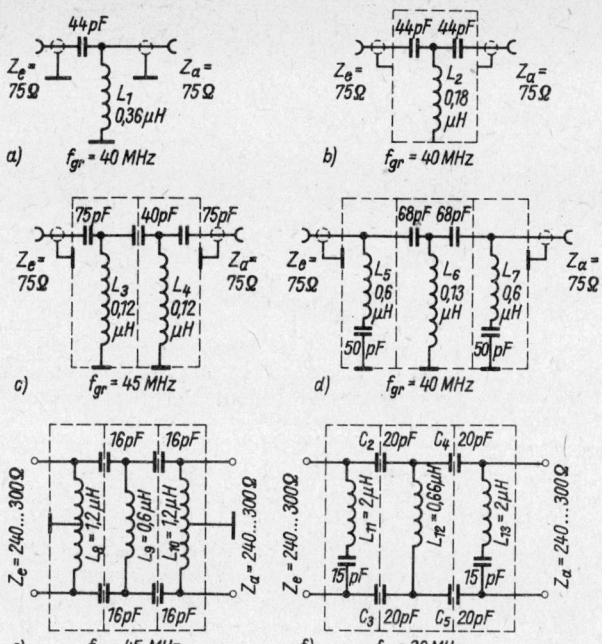

Bild 30.20
Hochpaßfilter für Fernsehempfänger

durchmesser entspricht. Für die Spulenherstellung werden in Tabelle 30.4. Richtwerte gegeben, die sich auf die Schaltungen in Bild 30.20 beziehen.

Den Abgleich nimmt man nur an den Induktivitäten vor, die auf ihren Sollwert gebracht werden müssen. Steht kein Induktivitätsmeßgerät zur Verfügung, schaltet man die betreffende Spule mit einem eng tolerierten Kondensator C zu einem Parallelresonanzkreis zusammen und mißt mit dem Dip-Meter die Resonanzfrequenz f_{res}. Aus C und f_{res} kann dann in bekannter Weise

die unbekannte Induktivität L der Spule errechnet werden. Der Abgleich auf die Soll-Induktivität ist durch Zusammendrücken oder Auseinanderziehen der Spule möglich.

Eine weitere Ursache von Tunerstörungen sind Mantelströme, die sich auf der Antennenzuleitung aufbauen. Sie werden besonders stark, wenn sich die Länge der Leitung zufällig in Resonanz mit der Wellenlänge des störenden Senders befindet. Bei koaxialen Antennenzuleitungen sind Hochpaßfilter in diesem Fall nutzlos, weil sich die Mantelströme auf dem Kabelaußenleiter

Tabelle 30.4.   Richtwerte für die Spulenbemessung von Hochpaßfiltern nach Bild 30.20

Schaltung Bild	Spule	Induktivität in µH	Windungs- anzahl	Spulendurch- messer in mm	Spulenlänge in mm	Drahtdurch- messer in mm
30.20 a	L_1	0,36	12	8	14	0,8
30.20 b	L_2	0,18	8	8	14	0,8
30.20 c	L_3, L_4	0,12	6,5	8	14	0,8
30.20 d	L_5, L_7	0,60	16	8	16	0,8
	L_6	0,13	7	8	14	0,8
30.20 e	L_8, L_{10} *	1,2	16	12	20	0,6
	L_9	0,6	16	8	16	0,8
30.20 f	L_{11}, L_{13}	2,0	26	12	34	0,8
	L_{12}	0,66	17	8	16	0,8

* Spulen L_8 und L_{10} mit Mittenanzapfung

fortpflanzen und auf diese Weise unter Umgehung des Hochpasses den Empfängereingang erreichen, wenn Erdungsprobleme beim Kabelaußenmantel vorliegen [6]. Besonders anfällig dafür sind Fernsehgeräte mit unsymmetrischem 75-Ω-Eingang, bei dem es sich um keinen echten Koaxialanschluß herkömmlicher Art handelt. Die Seele und der Abschirmmantel sind hier über Trennkondensatoren mit dem Tunereingang und dem Gerätechassis verbunden, was aus Sicherheitsgründen wegen der am Chassis liegenden Netzspannung erforderlich ist. Der Trennkondensator verhindert somit die zuverlässige Erdung des Kabelmantels. Er bewirkt ferner, daß Oberwellen vom Zeilenoszillator des angeschlossenen Fernsehempfängers über den Kabelaußenleiter abgestrahlt werden. Dadurch kann es zu mehr oder weniger starken Störungen im 15625-Hz-Rasterabstand beim Rundfunkempfang auf Lang-, Mittel- und Kurzwelle kommen.

Störungen durch Mantelströme können durch einen RF-Trenntransformator für den Frequenzbereich 40...800 MHz beseitigt werden. Von

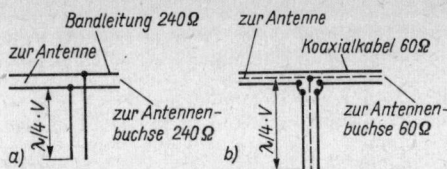

Bild 30.22
Die offene Viertelwellen-Stichleitung;
a – für symmetrische Bandleitung,
b – für unsymmetrische Koaxialkabel

einigen Geräteherstellern gibt es Ausführungen für 240-Ω- und 75-Ω-Eingänge, die einfach zwischen Antennenbuchse und Anschlußkabel gesteckt werden, so daß kein Eingriff in den Empfänger nötig ist. Diese Trenntransformatoren vermindern auch die Einstrahlung des Zeilengenerators auf das Antennenkabel. Der Selbstbau von RF-Trenntransformatoren ist sehr einfach. Bild 30.21a zeigt die Prinzipschaltung für Koaxialkabel und Bild 30.21b für symmetrische 240-Ω-Leitungen. Sie unterscheiden sich nur etwas in der Beschaltung und in der Windungsanzahl. Man wickelt sie bifilar (zweidrähtig), daraus ergibt sich das geforderte Übersetzungsverhältnis von 1:1. Als Wickelkörper benutzt man Doppellochkerne aus Ferrit, der zu verwendende Drahtdurchmesser richtet sich nach der Größe der Löcher, die die Wicklung aufzunehmen haben. Für die 75-Ω-Ausführung genügen 2 × 2 Wdg., für 240 Ω sind 2 × 3 Wdg. ausreichend. Kleine Ferrit-Ringkerne sind ebenfalls geeignet. Notfalls kommt man auch ganz ohne Ferritkörper aus, muß dann aber die doppelte Windungsanzahl aufbringen. Richtwerte 2 × 4 Wdg. bzw. 2 × 6 Wdg., 1-mm-CuL, bifilar mit 1 mm Windungsabstand auf einen Spulenkörper von 7 mm Durchmesser wickeln. Solche RF-Trenntransformatoren lassen sich nach [2] auch gut zum Unterdrücken störender Kurzwellen- und Mittelwellensignale vor Breitband-Antennenverstärkern einsetzen.

Leistungsstarke 2-m-Amateursender können den Fernsehempfang in ihrer nächsten Umgebung beeinträchtigen, wobei in leichten Fällen nur eine Kontrastminderung des Fernsehbildes auftritt. Schuld ist im allgemeinen nicht der Amateursender, sondern die zu geringe Eingangsselektivität des Fernsehempfängers. Abhilfe schafft meist eine offene Viertelwellen-Stichleitung, die auf die Sendefrequenz in 2-m-Band abgestimmt ist und nahe der Antennenbuchse des Fernsehempfängers angeschlossen wird (Bild 30.22). Eine solche offene Stichleitung, die aus dem gleichen Kabel wie die Antennenableitung besteht, wirkt wie ein Saugkreis (Reihenresonanzkreis) für die Störwelle und dämpft diese um 35...45 dB. Bei der Längenbemessung der Vier-

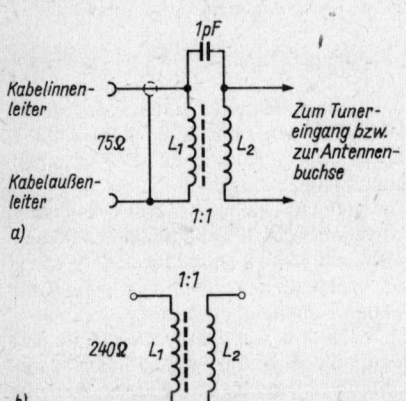

Bild 30.21
RF-Trenntransformatoren; a – für Koaxialkabel,
b – für 240-Ω-Bandleitungen, c – Doppellochkern

telwellenleitung ist der Verkürzungsfaktor V des verwendeten Kabels zu berücksichtigen. Gleiche Wirkung hat auch eine geschlossene Halbwellen-Stichleitung (siehe Bild 5.29). Stichleitungen bewähren sich ferner als Saugkreise für störende VHF-Frequenzen vor Breitband-Antennenverstärkern.

Reicht die Dämpfung einer einfachen Stichleitung nicht aus, kann eine zweite, gleichartige Stichleitung in $\lambda/4$-Abstand an der Speiseleitung angebracht werden (Bild 30.23). Dabei verdoppelt sich die Dämpfung der Störwelle auf etwa 70 dB. Bei der Bemessung des $\lambda/4$-Abstandes zwischen den beiden Stichleitungen muß der Verkürzungsfaktor V der verwendeten Speiseleitung ebenfalls berücksichtigt werden. Stichleitungen, die auf 145 MHz abgestimmt werden, dämpfen auch das Nutzsignal am niederfrequenten Anfang des Fernsehbandes III (Kanal 5 CCIR) mit etwa 12 dB [2]. Nach höheren Frequenzen hin fällt diese Nutzsignaldämpfung jedoch bis auf etwa 0 dB im Kanal 12 (CCIR) ab. Lassen sich mit Hochpaßfiltern und RF-Trenntranstormatoren die Einstrahlungsstörungen nicht beseitigen, ist das ein Zeichen dafür, daß die Hochfrequenz auf dem Weg über die an das Fernsehgerät angeschlossenen Leitungen oder durch Direkteinstrahlung in die Geräteschaltung eindringt. Um das zu prüfen, entfernt man zunächst alle Anschlüsse, wie Fernbedienkabel oder Zweitlautsprecherleitung und versieht den Netzeingang mit einer Netzverdrosselung. Diese kann nach Bild 30.24 geschaltet werden. Die bifilar bewickelte Ferrit-Ringkerndrossel (Bild 30.24 b) hat je Wicklung eine Induktivität von näherungsweise 1,8 mH.

Ist die Störung trotzdem noch vorhanden, handelt es sich um eine Direkteinstrahlung in den Schaltungsaufbau. In der Hauptsache wirken hier längere Leitungen zu den Baugruppen und Leiterplatten als Antenne, über die die unerwünschten Störsignale zu kritischen Schaltungsteilen gelangen. Auch ungünstige Masseverbindungen an den einzelnen Leiterplatten kommen als Ursache in Frage. Das Beseitigen der Störungen durch Direkteinstrahlung erfordert Eingriffe in das Gerät. Die Entscheidung über die durchzu-

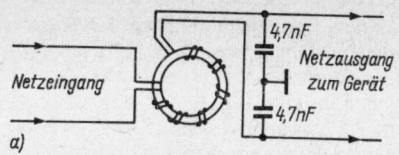

Bild 30.24
Netzverdrosselung für Fernsehempfänger;
a – Prinzipschaltung, b – bewickelter Ferrocart-Ringkern (Foto: *Egon Koch, DL 1 HM*)

führenden Entstörungsmaßnahmen sollte man deshalb dem Gerätehersteller überlassen.

Zusammengefaßt kann gesagt werden, daß es für den Funkamateur 3 verhältnismäßig einfache, aber wirksame Möglichkeiten gibt, gestörte Fernsehempfänger zu entstören: RF-Trenntransformator, Hochpaßfilter und Netzverdrosselung.

30.2.6.2. Einstrahlungsstörungen bei sonstigen Geräten der Unterhaltungselektronik

Gelangen starke Hochfrequenzstrahlungen in den NF-Teil eines Rundfunkempfängers, Verstärkers, Magnetband- oder Phonogerätes, so können sie an einem Bauteil gleichgerichtet werden und sind dann als Niederfrequenz im Lautsprecher hörbar. Als Urheber kommen AM- und SSB-Sender sowie RTTY (Funkfernschreiben) und SSTV (Schmalbandfernsehen) in Frage. Da-

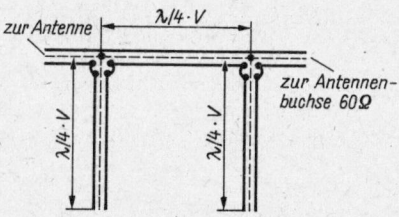

Bild 30.23
Zweifach-Stichleitung für koaxiale Speisekabel

gegen können frequenzmodulierte RF-Signale im allgemeinen nicht stören, weil eine FM-Demodulation im NF-Verstärker nicht möglich ist. In den meisten Fällen gelangen die unerwünschten RF-Signale über die an die Geräte angeschlossenen Netzzuleitungen, Mikrofon-, Plattenspieler- und Magnetbandgerätekabel sowie über Außenlautsprecherleitungen in den NF-Verstärker. An einem bestimmten Halbleiterbauelement wird das RF-Störsignal gleichgerichtet, verstärkt und damit im Lautsprecher hörbar. Je nachdem, ob das NF-Störsignal vor oder hinter dem Lautstärkeregler entsteht, ist die Lautstärke der Störung einstellbar, oder sie bleibt – unabhängig von der Stellung des Lautstärkereglers – konstant.

Um festzustellen, ob die RF über angeschlossene Leitungen in das Gerät gelangt, entfernt man zunächst alle an dieses angesteckte Leitungen, ersetzt die eventuell angeschlossenen Außenlautsprecher durch einen Kopfhörer, dessen Zuleitung möglichst zu einer «Locke» aufgewickelt wird, und fügt eine Netzverdrosselung nach Bild 30.24 in die Netzzuführung ein. Ist dann die Störung noch vorhanden, liegt direkte Einstrahlung in das Gerät vor. Tritt kein «Übersprechen» mehr auf, ermittelt man den «Übeltäter», indem die Anschlußkabel nacheinander in die zugehörigen Buchsen gesteckt werden. Manchmal sind es die langen Lautsprecherzuleitungen von Stereogeräten, die als Antenne für das störende RF-Signal wirken. Zur Abhilfe versieht man den Lautsprecherausgang der Anlage mit einer RF-Entstördrossel nach Bild 30.25. Sie besteht aus einem etwa 140 mm langen Ferrit-Antennenstab von 10 mm Durchmesser, der mit 25 Wdg. einer flachen Doppellitze $2 \times 0,5$-mm-Cu eng bewickelt ist. Ebenfalls gut geeignet ist ein bifilar bewickelter Ferrit-Ringkern nach Bild 30.24b. Stellen sich andere Zuleitungen (z. B. Phono-, Mikrofon- oder Magnetbandkabel) als «Störstrahlungsempfangsantennen» heraus, wird man zuerst überprüfen, ob der Anschluß 2

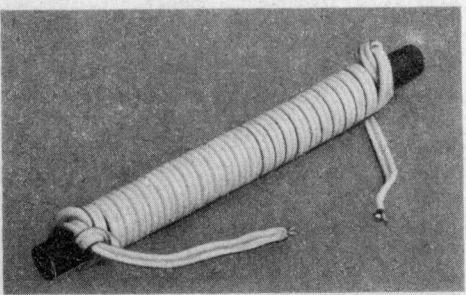

Bild 30.25
RF-Lautsprecherdrossel auf Ferrit-Antennenstab
(Foto: *Egon Koch, DL 1 HM*)

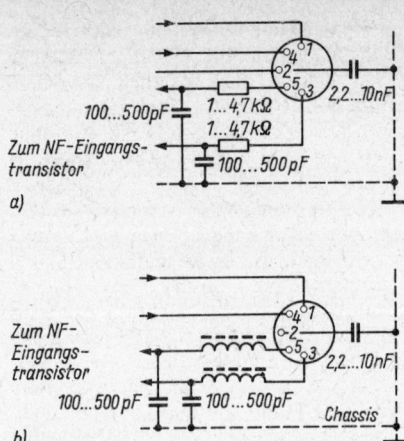

Bild 30.26
Die Beschaltung von NF-Normbuchsen mit RF-Entstörgliedern; a – für mittel- und hochohmige Quellen, b – bei niederohmigen Quellen

der Norm-Eingangsbuchse (siehe Bild 30.26) direkte Verbindung mit dem Gerätechassis hat. Ist das nicht der Fall, schaltet man – wie eingezeichnet – einen Kondensator von 2,2 ... 10 nF zwischen Punkt 2 und Masse. Die NF-Leitungen 3 und 5 können dann nach Bild 30.26a für mittel- und hochohmige Quellen (Magnetbandgeräte, Kristalltonabnehmer, Kristallmikrofone) durch *RC*-Glieder entkoppelt werden. Handelt es sich um niederohmige Quellen (Magnettonabnehmer, dynamische Mikrofone), setzt man *LC*-Glieder nach Bild 30.26b ein. Miniatur-RF-Drosseln sind handelsüblich; sie können auch selbst angefertigt werden, indem man einen Ferritstift von 2,5 ... 3 mm Durchmesser und etwa 15 mm Länge mit 40 Wdg. eines 0,3 mm dicken Kupferlackdrahtes eng bewickelt (Induktivität näherungsweise 10 μH). Will man Eingriffe in das Gerät umgehen, können die Entstörglieder in einen ansteckbaren Adapter eingebaut werden. Diese Art von NF-Störungen können auch bei einem Fernsehempfänger auftreten.

Liegt Direkteinstrahlung der unerwünschten RF in den NF-Teil der Anlage vor, sollte man den Geräthersteller um Rat befragen. Ausführlichere Hinweise zur Diagnose, Lokalisierung und Beseitigung von Einstrahlungsstörungen in Geräte der Unterhaltungselektronik sind in den richtungweisenden Veröffentlichungen von *Egon Koch* [5], [6] enthalten.

Sollte der seltene Fall eintreten, daß der Rundfunkempfang auf Mittelwelle oder Langwelle durch die Grundwelle des Amateursenders gestört wird, helfen keine Hochpaßfilter, sondern man muß Tiefpaßfilter einsetzen, die alle Frequenzen oberhalb etwa 1700 kHz sperren. Ein

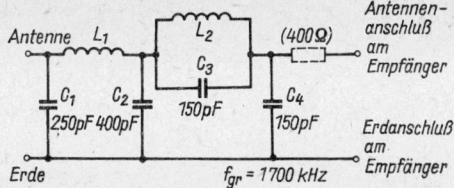

Bild 30.27

Tiefpaßfilter für AM-Rundfunkempfänger ohne Kurzwelle

Spulendaten: L_1 = 65 Wdg., 0,65-mm-CuLS auf Zylinderkörper mit 38 mm Durchmesser, Windung an Windung gewickelt; L_2 = 41 Wdg., sonst wie L_1. Die beiden Spulen dürfen nicht miteinander koppeln!

solcher Tiefpaß ist in Bild 30.27 dargestellt. Die Spulen L_1 und L_2 dürfen nicht miteinander koppeln, ihre Achsen sollen deshalb um 90° gegeneinander versetzt werden. Diese Filter arbeiten teilweise besser, wenn man zwischen Filterausgang und Antennenbuchse einen 400-Ω-Kohleschichtwiderstand einfügt (gestrichelt gezeichnet). Durch ein solches Filter wird selbstverständlich der Kurzwellenempfang weitgehend unterbunden, da sich diese Frequenzen im Sperrbereich des Filters befinden.

Literatur zu Abschnitt 30.

[1] *Dohlus, H.-J.:* Koaxiale Tiefpaßfilter für VHF und UHF, «UKW-Berichte» 4 (1964), April, Heft 1, Seite 5 bis 17, Verlag Hans J. Dohlus, Erlangen

[2] *Becker, H.:* Hochfrequente Störeinstrahlungen in Empfänger, «DL-QTC» 1969, Heft 1, Seite 3 bis 16, W. Körner-Verlag, Stuttgart 1969

[3] *Heine, B.:* Ein wirklich wirksames Antennenfilter, Neukircher Funkbrief, D-6689 Göttelborn, 7 (1974), Nr. 34, Seite 115 bis 118

[4] *Koch, E.:* Einstrahlfestigkeit von Fernseh- und Rundfunkempfängern der Saison 1975/76, Funkschau, München 47 (1975), Heft 18, Seite 115 bis 118

[5] *Koch, E.:* Prüfung der Einstrahlfestigkeit von NF-Verstärkern, Funkschau, München 48 (1976), Heft 8, Seite 309 bis 311

[6] *Koch, E.:* Einstrahlfestigkeit «nachgerüstet», 1. Teil, Funkschau, München 47 (1975), Heft 23, Seite 73 bis 76, und 2. Teil, Funkschau, München 47 (1975), Heft 24, Seite 83 bis 86

[7] *Koch, E.:* Jetzt einstrahlungsfeste Farbfernsehgeräte, Funkschau, München 46 (1974), Heft 24, Seite 916 bis 918

A. R. R. L.: The Radio Amateur's Handbook, 39th Edition, Chapter, 23, Seite 552 bis 571, West Hartford, Conn., 1962

Diefenbach, W. W.: Tiefpaßfilter für Amateursender, Funk-Technik 16, Heft 16, Seite 568, Verlag für Radio-Foto-Kinotechnik GmbH, Berlin 1961

Orr, W. I.: The Radio Handbook, 16th Edition, Chapter 19, «Television and Broadcast Interference», Seite 367 bis 382, Editors and Engineers, Ltd. Summerland, California, 1962

Reck, T.: Wie kann man BCI und TVI vermeiden? Elektronisches Jahrbuch, Seite 345 bis 352, Deutscher Militärverlag, Berlin 1965

Rudolph, W.: Low-Pass Filters for Mobile Use, The Mobile Manual, 2nd Edition, Seite 171 bis 172, A. R. R. L., West Hartford, Conn., 1960

Schröder, H.: Elektrische Nachrichtentechnik, 1. Bd., Seite 357 bis 401, Verlag für Radio-Foto-Kinotechnik GmbH, Berlin 1959/1967

31. Antennenmeßgeräte und Antennenmessungen

Jedem Funkamateur ist bekannt, daß ein selbstgebauter Empfänger oder Sender nach seiner mechanischen Fertigstellung exakt abgeglichen werden muß, denn nur dann zeigt er die erwartete Leistung. Leider hat sich diese Erkenntnis bezüglich der Selbstbauantenne noch nicht allgemein durchgesetzt. Erst wenn der genaue Abgleich und seine meßtechnische Kontrolle durchgeführt sind, kann die Antenne unter optimalen Bedingungen arbeiten.

Die günstigsten Betriebsbedingungen einer Antennenanlage lassen sich nur herstellen, wenn man über eine bestimmte Mindestausstattung an Meßgeräten verfügt. Leider sind industriell gefertigte Präzisionsmeßeinrichtungen außerordentlich kostspielig und deshalb für den Funkamateur unerreichbar. Man ist somit auf den Selbstbau angewiesen und verzichtet dabei auf die in der Praxis meist gar nicht erforderliche bestmögliche Meßgenauigkeit.

Eigenbau-Meßeinrichtungen für die Antennenanpassung sind keineswegs kompliziert, sie erfordern auch keine teuren Spezialteile. Diese Aussage trifft insbesondere für solche Antennenanlagen zu, die über Koaxialkabel gespeist werden. In diesem Fall besteht die Mindestausstattung aus einem Dip-Meter, das wohl immer vorhanden sein dürfte, und aus einem Reflektometer, das mit sehr geringem Aufwand herzustellen ist. Es gibt noch eine Reihe anderer Antennenmeßgeräte, die die Anpassungsarbeit vereinfachen oder mit deren Hilfe bestimmte Antennendaten ermittelt werden können. Für den normalen Betriebsabgleich einer Antenne auf bestmögliche Anpassung sind sie jedoch nicht unbedingt erforderlich.

Nachstehend werden die wichtigsten Selbstbaugeräte und Hilfsmittel für die Antennenmessung beschrieben.

31.1. Das Dip-Meter und ähnliche Resonanzprüfer

Als Dip-Meter bezeichnet man allgemein ein Prüfgerät, das die Resonanz eines externen *LC*-Kreises mit der am Prüfgerät eingestellten Frequenz durch eine Änderung des Ausschlages am Anzeigeinstrument («Dip») erkennen läßt. Der Funkamateur kann das Dip-Meter sehr vielseitig verwenden, es gehört deshalb zur Grundausrüstung einer Amateurstation. Sein Hauptanwendungsbereich erstreckt sich auf das Feststellen sowie das annähernde Messen der Resonanzfrequenz von Schwingkreisen; es kann auch bedingt für den Abgleich von Antennen sowie zum Ausmessen von Speiseleitungen eingesetzt werden. Die Verwendung als Absorptionsfrequenzmesser, als Quarzoszillator und für die Messung von Induktivitäten und Kapazitäten unterstreichen seine Universalität.

Die Urform ist das röhrenbestückte Grid-Dip-Meter nach Bild 31.1. Es wird oft als veraltet angesehen, und man gibt heute den halbleiterbestückten Dip-Metern den Vorzug. Sie sind netzunabhängig und haben einen sehr geringen Stromverbrauch; dementsprechend ist jedoch auch die Oszillatorleistung sehr klein, so daß Transistor-Dip-Meter z.B. nicht als Hochfrequenzgenerator für die Speisung von Impedanzmeßbrücken eingesetzt werden können.

Wie Bild 31.1 zeigt, besteht die einfachste Form eines Grid-Dip-Meters aus einer Oszillatorschaltung mit veränderbarer Schwingfrequenz. In der Zuleitung zum Steuergitter der Oszillatorröhre liegt ein Meßwerk, das den im schwingenden Zustand immer vorhandenen Gitterstrom anzeigt. Wird die Kreisspule des Grid-Dip-Meters einem anderen Resonanzgebilde genähert und befinden sich beide in Resonanz, so entzieht der nichtschwingende, zu untersuchende

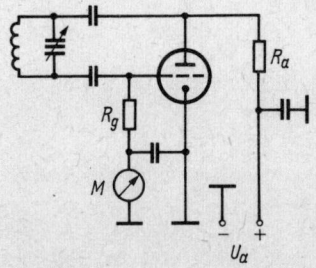

Bild 31.1
Die Grundschaltung eines Grid-Dip-Meters

Resonanzkreis dem schwingenden Kreis Energie. Dieser Energieentzug ist am Gitterstrommeßwerk als mehr oder weniger starker Abfall des Gitterstromes (als sogenannter Resonanzdip) zu erkennen.

Der mechanische Aufbau einfacher Grid-Dip-Meter weist keine Besonderheiten auf. Einzelheiten darüber sind in den meisten Bastelbüchern und vorzugsweise in der Amateurliteratur zu finden. Bei den nachstehend aufgeführten Schaltungsbeispielen bewährter Grid-Dip-Meter wurden der Übersichtlichkeit halber Netzteile und Zusatzeinrichtungen (Tonmodulator usw.) nicht eingezeichnet. Richtwerte für die Schwingkreisbemessung werden für alle Ausführungsformen gemeinsam in tabellarischer Form gegeben.

31.1.1. Einröhrenschaltungen für universelle Verwendung

Bei den in Bild 31.2 aufgeführten Schaltungen wird der für Grid-Dip-Meter allgemein übliche *Colpitts*-Oszillator benutzt. Sein Vorzug besteht hauptsächlich darin, daß man weder eine Rückkopplungsspule noch eine Spulenanzapfung benötigt, da die Schwingungserzeugung durch kapazitive Spannungsteilung erfolgt. Die Spulen L sind gleichspannungsfrei, sie haben auch keine galvanische Verbindung mit dem Nullpotential der Schaltung. In Bild 31.2a wird die Anzeigeempfindlichkeit durch einen Drehwiderstand (etwa 10 kΩ) eingestellt, der gleichzeitig als zusätzlicher Gitterableitwiderstand und als Shunt für das Anzeigeinstrument genutzt wird.

Ein ähnliches Gerät mit verbesserter Einstellschaltung zeigt Bild 31.2b. In diesem Fall wird durch einen Kathodenwiderstand das Kathodenpotential gegenüber dem Steuergitter positiv angehoben, gleichzeitig führt man dem Gitter über den veränderbaren Spannungsteiler (10 kΩ) eine ebenfalls positive Vorspannung zu. Diese Kombination ermöglicht eine günstige Arbeitspunkteinstellung, sie bewirkt einen großen Einstellumfang und eine Vertiefung des Anzeigedips.

In der Schaltung nach Bild 31.2c wird der Nuvistor *6 CW 4* verwendet. Für die Wahl dieser Subminiaturspezialröhre mit hervorragenden elektrischen Eigenschaften waren vor allem der geringe Platzbedarf und der niedrige Heizstromverbrauch entscheidend. Bei entsprechender Bemessung des Anodenwiderstandes und gegebenenfalls des Gitterableitwiderstandes sind auch andere Trioden brauchbar; denn es handelt sich um die herkömmliche Schwingschaltung. Das Neue an dieser Anordnung ist der nachgeschaltete Transistorgleichstromverstärker, der die Anzeigeempfindlichkeit erhöht. Das Originalgerät enthält den Transistor *2 N 1264*, er dürfte sich

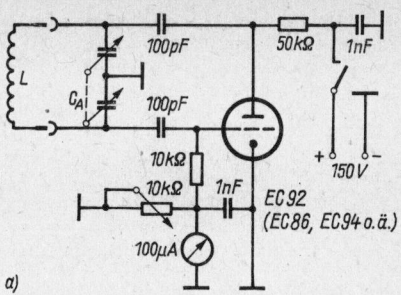

a)

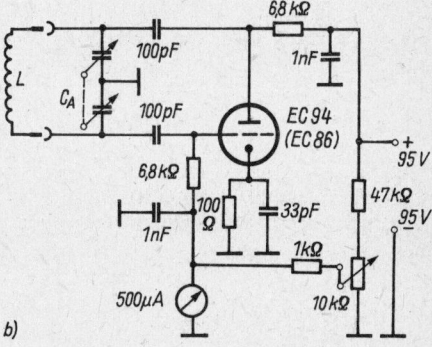

b)

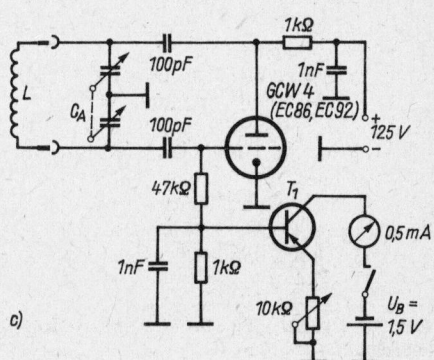

c)

Bild 31.2
Auswahl einfacher Griddipperschaltungen für universelle Verwendung

durch fast jeden anderen NF-Transistor ersetzen lassen.

Alle *Colpitts*-Schaltungen dieser Art schwingen bei günstigem Aufbau (kurze Leitungsführung) mit den angegebenen Röhrentypen auch noch im gesamten VHF-Bereich. Da sich die Röhrenkapazitäten nur geringfügig voneinander unterscheiden, haben für derartige Schaltungen die Schwingkreisdaten etwa gleiche Werte. Sie werden deshalb in Tabelle 31.1. für eine Abstimmkapazität C_A von 2 × 140 pF als Richtwerte für die Spulenabmessungen L gegeben, wobei

Tabelle 31.1. Die Bemessung der Steckspulen *L* für Grid-Dip-Meter in Colpitts-Schaltung, Abstimmkapazität 2 × 140 pF

Frequenzbereich in MHz	Windungsanzahl	Drahtsorte	Wickelkörper
2 ... 5	102	0,16-mm-CuL	19 mm Durchmesser
5 ... 14	26	0,3-mm-CuL	19 mm Durchmesser
14 ... 37	8	0,5-mm-CuL	19 mm Durchmesser
37 ... 100	2	2,0-mm-CuL	19 mm Durchmesser
100 ... 250	Haarnadelschleife 38 mm lang, 6 mm Leiterabstand, Drahtsorte 2,0- ... 2,5-mm-CuAg		

sich die einzelnen Abstimmbereiche jeweils frequenzmäßig überlappen. Die Tabelle 31.2. bezieht sich auf eine Abstimmkapazität C_A von 2 × 50 pF. Dabei braucht man eine größere Anzahl von Steckspulen, um den gesamten Frequenzbereich erfassen zu können; gleichzeitig wird die Ablesegenauigkeit verbessert. Wenn nicht anders angegeben, werden die Spulen als einlagige Zylinderspulen auf einen Kunststoffwickelkörper von 19 mm Durchmesser aufgebracht.

31.1.2. Ein Grid-Dip-Meter für UHF

Bild 31.3 zeigt die Schaltung eines Grid-Dip-Meters, der mit Nuvistorbestückung *(6 CW 4)* bis etwa 700 MHz brauchbar ist. Mit einer UHF-Triode *EC 86* dürften ähnliche Ergebnisse zu erzielen sein. Die Abstimmkapazität C_A (8 pF) liegt in Reihe mit der Röhrenkapazität; man erhält deshalb auch für die UHF-Schwingkreise noch ein angemessenes L/C-Verhältnis. Ein ungewöhnlich kleiner Gitterableitwiderstand von 330 Ω verhindert das Überschwingen des Oszillators; er bewirkt aber, daß der bei Energieentzug

auftretende Resonanzdip sehr klein wird. Deshalb ist bei dieser Schaltung der gleiche Transistorgleichstromverstärker angeordnet wie in Bild 31.2 c. In die Anoden- und Gitterzuführung wurden Hochfrequenzdrosseln von etwa 22 μH gelegt. Auch die Heizleitungen werden – wie im UHF-Bereich üblich – unmittelbar an der Röhrenfassung mit kleinen Induktivitäten (0,82 μH)

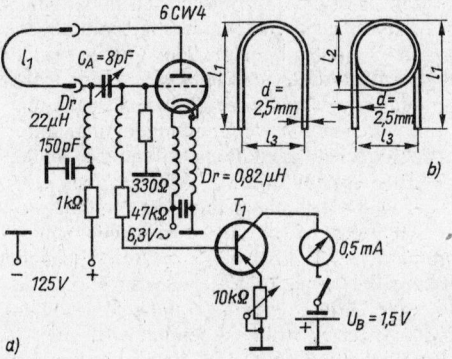

a)

Bild 31.3
Grip-Dip-Meter für VHF und UHF; a – Schaltung, b – Bemessungsskizze für die Steckspulen

Tabelle 31.2. Die Bemessung der Steckspulen *L* für Grid-Dip-Meter in Colpitts-Schaltung, Abstimmkapazität 2 × 50 pF

Frequenzbereich in MHz	Windungsanzahl	Drahtsorte	Wickelkörper
1,7 ... 3,2	195	0,16-mm-CuL	19 mm Durchmesser
2,7 ... 5,0	110	0,25-mm-CuL	19 mm Durchmesser
4,4 ... 7,8	51	0,25-mm-CuL	19 mm Durchmesser
7,5 ... 13,5	24	0,25-mm-CuL	19 mm Durchmesser
12 ... 22	21	0,50-mm-CuL	19 mm Durchmesser (Spulenlänge 20 mm)
20 ... 36	14	0,50-mm-CuL	19 mm Durchmesser (Spulenlänge 12 mm)
33 ... 60	8 1/2	0,80-mm-CuL	19 mm Durchmesser (Spulenlänge 13 mm)
54 ... 99	3 3/4	0,80-mm-CuL	19 mm Durchmesser (Spulenlänge 8 mm)
90 ... 165	Haarnadelschleife 85 mm lang, 12 mm Abstand, Drahtsorte 2,0-mm-CuAg		
150 ... 275	Haarnadelschleife 32 mm lang, 6 mm Abstand, Drahtsorte 2,0-mm-CuAg		

Tabelle 31.3.
Spulenabmessungen für UHF-Griddipper
nach Bild 31.3

Frequenzbereich in MHz	Abmessungen in mm			
	l_1	l_2	l_3	d
270 ... 325	70	17,5	13	2,5
315 ... 375	80	–	13	2,5
370 ... 460	50	–	13	2,5
415 ... 515	42	–	13	2,5
445 ... 565	32	–	13	2,5
545 ... 730	13	–	13	2,5

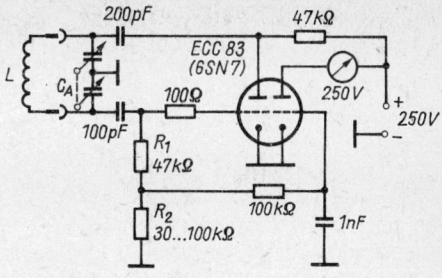

Bild 31.5
Grid-Dip-Meter mit Gleichstromverstärker

verdrosselt. Die Steckspulen, die im wesentlichen aus Haarnadelschleifen verschiedener Länge bestehen, führen Gleichspannung. Ein ausreichender Berührungsschutz ist gegeben, wenn man die Spulendrähte mit einem hochwertigen Isolierschlauch überzieht. Richtwerte für die Abmessungen der in Bild 31.3b skizzierten Steckspulen werden in Tabelle 31.3. angegeben.

31.1.3. Grid-Dip-Meter mit Röhrenvoltmeter kombiniert

Um einen ausgeprägten Resonanzdip zu erhalten, müssen einfache Grid-Dip-Meter sehr fest mit dem zu untersuchenden Kreis gekoppelt werden. Die enge Ankopplung bewirkt eine verhältnismäßig große Kreisverstimmung und damit eine Erhöhung der Meßunsicherheit. Deshalb bevorzugt man Anordnungen, die ohne großen Mehraufwand die Anzeigeempfindlichkeit vergrößern. Bild 31.4 zeigt eine erprobte Schaltung mit der Doppeltriode *ECC 82* (*DARC*-Standardschaltung 1). Das linke Triodensystem schwingt als normaler *Colpitts*-Oszillator und unterscheidet sich in keiner Weise von den bisher angegebenen Anordnungen. Die 2. Triode arbeitet als Röhrenvoltmeter in einer Brückenschaltung, wobei ihr Innenwiderstand einen Brückenzweig darstellt. Brückengleichgewicht wird bei schwingendem Oszillator mit R_3 eingestellt. Bei der Resonanzmessung verändert sich der Schwingzu-

stand der Oszillatorröhre durch Energieentzug, was den Gitterstrom und damit die am Spannungsteiler R_1–R_2 auftretende Gittervorspannung verringert. Da diese im Resonanzfall verminderte Vorspannung auch am Steuergitter des 2. Röhrensystems wirksam wird, verändert sich sein Innenwiderstand, die Brücke kommt aus dem Gleichgewicht. Es erfolgt deshalb auch bei sehr loser Kopplung mit dem Meßobjekt im Resonanzfall ein empfindlicher positiver Ausschlag des Anzeigeinstrumentes.

Eine weitere Version mit noch etwas geringerem Aufwand zeigt Bild 31.5. In diesem Fall ist das linke Triodensystem einer *ECC 83* wieder als *Colpitts*-Oszillator geschaltet. Das 2. Röhrensystem bildet einen Gleichstromverstärker, wobei ein Gleichspannungsvoltmeter als Anzeigeinstrument und als Arbeitswiderstand eingesetzt wurde. Der Meßbereich des Spannungsmessers soll etwa der Größe der verwendeten Anodenspannung entsprechen (z.B. 250 V). Da die Spannung weder unter 0 V absinken noch über die maximale Betriebsspannung ansteigen kann, ist das Meßinstrument vor jeglicher Überlastung geschützt.

Auch bei dieser Schaltung zeigt sich der Resonanzdip durch einen positiven Ausschlag des Voltmeters. Die Anzeigeempfindlichkeit ist gut, sie kann noch erhöht werden, wenn man das Anzeigeinstrument auf einen kleineren Spannungsmeßbereich umschaltet. Für die erstmalige Einstellung wird der Spannungsteiler R_1–R_2 durch ein Potentiometer (200 kΩ) ersetzt. Dieses stellt man bei schwingendem *Colpitts*-Oszillator so ein, daß das Anzeigevoltmeter etwa 1/4 der maximal vorhandenen Anodengleichspannung anzeigt. Die eingestellten Spannungsteilerwiderstandswerte mißt man mit einem Ohmmeter und ersetzt dann das Potentiometer durch passende Festwiderstände. Damit ist das Gerät betriebsfertig. Selbstverständlich genügt es, wenn man ein ansteckbares Anzeigevoltmeter benutzt; es kann dann jeder beliebige Vielfachspannungsmesser im entsprechenden Meßbereich verwendet werden.

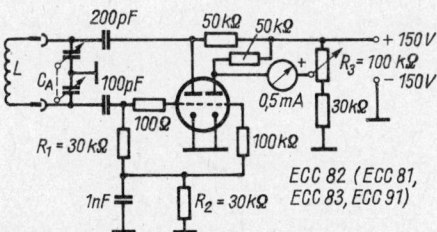

Bild 31.4
Grid-Dip-Meter mit Röhrenvoltmeter

Für die Schwingkreisbemessung beider Schaltungen sind die Werte in Tabelle 31.1. und Tabelle 31.2. gültig.

31.1.4. Transistor-Dip-Meter

Mit Halbleitern bestückte Resonanzmesser haben neben kleinen Abmessungen den besonderen Vorzug der Netzunabhängigkeit und eines sehr geringen Batteriestromverbrauches. Deshalb sind sie für Antennenabmessungen besonders geeignet. Gegenüber einem röhrenbestückten Dip-Meter werden die Einsatzmöglichkeiten allerdings etwas eingeschränkt, weil die Energieabgabe bei den handelsüblichen RF-Transistor-

typen sehr gering ist. Aus diesem Grund kann man z. B. einen Transistoroszillator nicht als Hochfrequenzgenerator für das Speisen von Impedanzmeßbrücken verwenden.

Bild 31.6a zeigt die Schaltung eines Transistor-Dip-Meters, dessen Oszillator in der bewährten *Colpitts*-Schaltung schwingt. Für T_1 sollte ein Silicium-npn-Transistor mit möglichst hoher Transitfrequenz und großer Stromverstärkung eingesetzt werden. Im Mustergerät wird der Typ *2 SC 288 A* verwendet. Der Oszillator läßt sich wahlweise mit einer Tonfrequenz von etwa 2000 Hz amplitudenmodulieren. Diese Tonfrequenz wird in einer Doppel-T-Schaltung mit T_2 erzeugt. Häufig wird man auf die Modulationsmöglichkeit verzichten, der Tonfrequenzteil kann dann ohne Nachteil weggelassen werden.

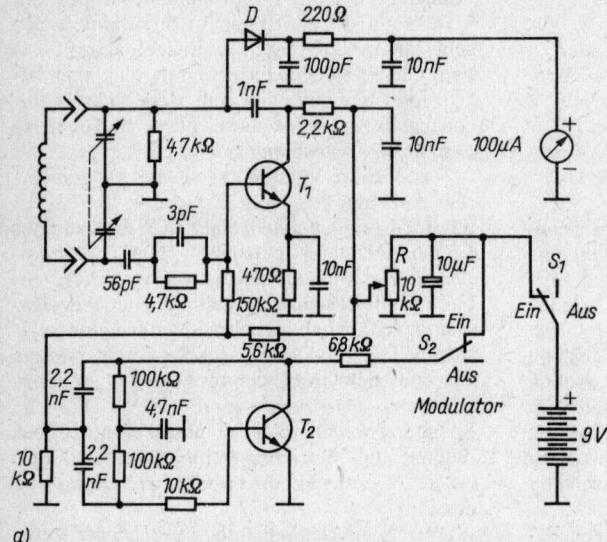

a)

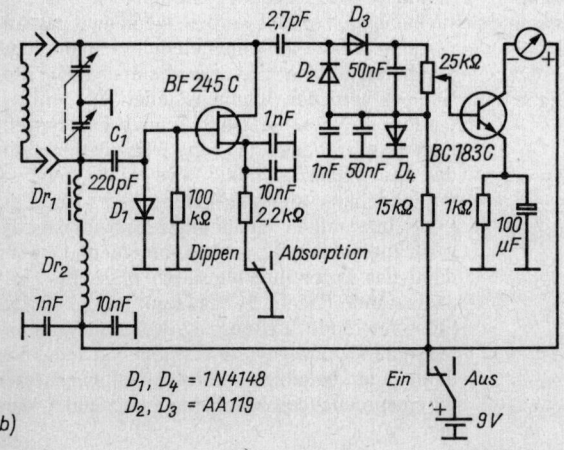

b)

Bild 31.6
Halbleiter-Dip-Meter; a – Transistor-Dip-Meter mit Modulator, b – modernes FET-Dip-Meter

586

Tabelle 31.4.
Die Induktivität der Steckspulen für Transistor-Dip-Meter nach Bild 31.6a, Abstimmkapazität 2 × 130 pF

Frequenzbereich in MHz	Induktivität in µH
1,55 ... 3,5	165
3,12 ... 7,9	40
7,05 ... 18	7,8
17 ... 42,5	1,4
39,5 ... 100	0,25
93 ... 235	0,045

Auch für diese Schaltung enthalten Tabelle 31.1. oder Tabelle 31.2. die Schwingkreisdaten. Wenn ein Doppeldrehkondensator mit 2 × 130 pF Endkapazität zur Verfügung steht, wird mit nur 6 Steckspulen der Frequenzbereich von etwa 1,5 ... 230 MHz erfaßt, wobei sich die Einzelbereiche überlappen. In Tabelle 31.4. sind die für die entsprechenden Bereiche erforderlichen Spuleninduktivitäten aufgeführt. Vorausgesetzt werden kapazitätsarmer Aufbau und möglichst geringe Anfangskapazitäten der Drehkondensatoren.

Die Schwingspannung wird von der Diode D gleichgerichtet, der Strom kann am Drehspulindikator (100 µA Vollausschlag) abgelesen werden. Den Pegel des Oszillatorausgangs stellt man mit R auf etwa 80% des Vollausschlages ein. Die Resonanz mit der externen Schaltung macht sich durch einen Zeigerabfall bemerkbar (Gleichstromdip). Bei 9 V Betriebsspannung beträgt der Stromverbrauch etwa 2 mA. Im stromlosen Betrieb (Schalter S1 geöffnet) arbeitet das Gerät als Absorptionsfrequenzmesser. Die Schaltung entspricht weitgehend der eines industriell gefertigten Transistor-Dip-Meters (LEADER LDM-815).

In [1] wird ein modernes FET-Dip-Meter beschrieben, dessen Schaltung Bild 31.6b. zeigt. Die Verwandtschaft der Oszillatorschaltung mit der eines röhrenbestückten Grid-Dip-Meters ist offensichtlich, und es können auch die Schwingkreisdaten aus Tabelle 31.1. sowie Tabelle 31.2. unverändert übernommen werden. Die Schaltung enthält einige nützliche Feinheiten. So bewirkt D_1 das Stabilisieren der RF-Amplitude und vermindert gleichzeitig den Oberwellengehalt der Schwingung. Die Germaniumdioden D_2 und D_3 bilden eine Spannungsverdopplerschaltung während D_4 den Arbeitspunkt des Transistors $BC183$ bei sinkender Batteriespannung stabilisiert. Die RF-Drossel Dr_1 ist eine der üblichen Miniaturausführungen mit nur wenigen Drahtwindungen auf einem Ferritkörper. Dr_2 dagegen sperrt die tiefen Frequenzen und hat eine Induktivität von etwa 1 mH. C_1 und C_2 sollten keramische Scheibenkondensatoren mit schwach nega-

vem TK sein (etwa N 75). Als Anzeigeinstrument läßt sich ein Meßwerk mit 0,1 ... 0,5 mA einsetzen. Wird die Sourceleitung unterbrochen, arbeitet das Gerät als Absorptionsfrequenzmesser mit sehr guter Empfindlichkeit.

31.2. Richtkoppler und Reflektometer

Zum Messen der Welligkeit auf der Speiseleitung und damit des Grades der Anpassung sind Richtkoppler und Reflektometer besonders gut geeignet. Man baut sie ausschließlich in Koaxialtechnik auf. Zwischen einem Richtkoppler und dem Reflektometer besteht kein grundsätzlicher Unterschied. Beide arbeiten nach dem gleichen Meßprinzip; das Reflektometer bietet lediglich einen größeren Bedienungskomfort. Zur Herstellung solcher Anzeigegeräte für stehende Wellen werden keine schwierig zu beschaffenden Spezialteile benötigt.

Bei mechanisch präzisem und elektrisch zweckmäßigem Aufbau liefern sie auch im VHF-Bereich brauchbare Meßergebnisse.

Wie bereits in Abschnitt 5.2. näher erläutert wurde, ist auf der Speiseleitung im Fall der Anpassung nur eine zur Antenne *hinlaufende* Welle vorhanden. Bei Fehlanpassung tritt Reflexion auf, das bedeutet, daß die hinlaufenden Wellen von reflektierten – rücklaufenden – Wellen überlagert werden: Auf der Speiseleitung befinden sich stehende Wellen. Der Richtkoppler wird je nach Durchflußrichtung zum Nachweis der hinlaufenden oder der rücklaufenden Wellen genutzt. Das Reflektometer besteht aus der Kombination zweier Richtkoppler, es kann gleichzeitig die Spannung der hinlaufenden und die der rücklaufenden Wellen ohne Umkehrung der Einbaurichtung messen.

Im Prinzip handelt es sich beim Richtkoppler um einen kurzen koaxialen Leitungsabschnitt, dessen Wellenwiderstand dem der verwendeten Speiseleitung entspricht. Im wellenführenden Innenraum dieses Leitungsabschnittes befindet sich parallel zum Innenleiter eine Meßschleife, die – je nach Einbaurichtung des Gerätes – entweder nur aus der hinlaufenden Welle oder nur aus der rücklaufenden Welle eine bestimmte Spannung auskoppelt. Diese RF-Spannung wird mit einer Diode gleichgerichtet und von einem empfindlichen Drehspulmeßwerk angezeigt.

Bild 31.7 zeigt das Prinzip eines solchen Richtkopplers, wobei der koaxiale Leitungsabschnitt teilweise aufgeschnitten dargestellt ist. Der koaxiale Leitungsabschnitt als Hauptzweig wird von dem Außenleiter AL und dem Innenleiter IL

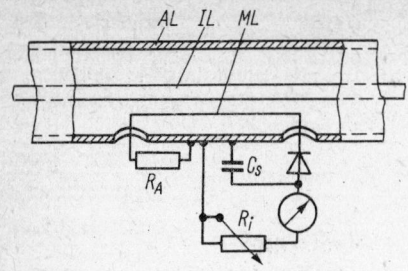

Bild 31.7
Der prinzipielle Aufbau eines Richtkopplers

gebildet. Der Meßzweig besteht aus dem Meßleiter ML im Innenraum der Koaxialleitung, der über den Widerstand R_A zum Außenleiter AL abgeschlossen ist. Am anderen Ende der Koppelschleife ML wird die ausgekoppelte Hochfrequenz von einer Halbleiterdiode gleichgerichtet und am Meßinstrument angezeigt.

C_s siebt die Gleichspannung. Mit R_i läßt sich die Anzeigeempfindlichkeit einstellen.

Ist die Speiseleitung fehlangepaßt, so fließt auf dem Innenleiter IL der zur Antenne hinlaufende Strom I_h und auch – bedingt durch die Reflexion im Fall der Fehlanpassung – ein zum Sender rücklaufender Strom I_r. Da die HF-Ströme I_h und I_r gegeneinander fließen, ergibt sich der resultierende Strom I_z als Differenz aus $I_h–I_r$. Dagegen ist die zwischen Innenleiter IL und Außenleiter AL herrschende RF-Spannung U_z gleich der Summenspannung aus U_h und U_r.

Der Meßleiter ML ist sowohl kapazitiv als auch induktiv mit dem Innenleiter IL verkoppelt. Aus der vorhandenen Summenspannung U_z erhält der Meßleiter ML durch kapazitive Kopplung eine Teilspannung U_c, die einen entsprechenden RF-Stromfluß im Meßzweig verursacht. Da U_z eine Summenspannung darstellt, ist auch die Größe des von ihr hervorgerufenen Stromes unabhängig davon, welchen Spannungsanteil die hinlaufende Welle und die rücklaufende Welle an der Gesamtspannung U_z hat. Anders verhält es sich mit dem HF-Strom, der gleichzeitig durch die induktive Kopplung mit dem Innenleiter IL im Meßleiter ML zum Fließen kommt. Seine Größe und Richtung sind vom Antennenstrom I_z abhängig, der als Differenzstrom aus $I_h–I_r$ auftritt. Da im Meßzweig die durch kapazitive Kopplung und die durch induktive Kopplung hervorgerufenen Ströme gleichzeitig vorhanden sind, können sie sich in Abhängigkeit von ihrer Phasenlage – je nach Richtung des Stromes I_z auf dem Innenleiter – entweder addieren oder einander entgegenwirken.

Es wird vorausgesetzt, daß die Meßschleife in ihrer Länge und im Abstand vom Innenleiter IL

so bemessen ist, daß im Fall vollkommener Anpassung die durch kapazitive und die durch induktive Kopplung im Meßleiter hervorgerufenen Ströme gleich groß sind. Je nach Polung der Meßschleife bzw. Einbaurichtung des Richtkopplers werden sie sich nun entweder addieren oder einander aufheben. Bei Fehlanpassung sind die beiden zur Meßschleife induzierten Ströme nicht mehr gleich, und es fließt bei jeder Polungsrichtung des Meßzweiges ein bestimmter Differenzstrom, aus dessen Größe der Grad der Anpassung abgeleitet werden kann.

31.2.1. Die Kennwerte des Richtkopplers

Als die *Hauptrichtung* eines Richtkopplers bezeichnet man die Einbaurichtung, bei der vom Meßzweig die Spannung der zur Antenne hinlaufenden Welle gemessen wird *(Vorlauf)*. Die Spannung der rücklaufenden Welle *(Rücklauf)* zeigt der Richtkoppler an, wenn man seine Einbaurichtung umkehrt und ihn in *Gegenrichtung* betreibt. Beim Reflektometer sind zwei entgegengesetzt gepolte Meßzweige vorhanden, so daß ohne Änderung der Einbaurichtung gleichzeitig der Vorlauf und der Rücklauf gemessen werden können.

Zwischen der Meßschleife ML und dem Innenleiter IL besteht die Kapazität C_i, gleichzeitig liegt aber auch zwischen ML und dem Außenleiter AL die Kapazität C_a. Beide Kapazitäten bilden einen Spannungsteiler und bestimmen somit die auf dem Meßleiter vorhandene Teilspannung U_c.

$$U_c = U_z \cdot \left(\frac{C_a}{C_i + C_a} \right). \qquad (31.1.)$$

Der *Koppelfaktor* a_k eines Richtkopplers ist der Quotient aus der zum Meßkreis ausgekoppelten Spannung U_c und der im Hauptzweig bei Anpassung vorhandenen Spannung U_z

$$a_k = \frac{U_c}{U_z}. \qquad (31.2.)$$

Für Welligkeitsbestimmungen braucht man nicht den genauen Wert des Koppelfaktors a_k zu kennen. Er ist immer <1 und hängt bei gegebenem Hauptzweig von der Lage und den Abmessungen des Meßleiters ab.

Den wichtigsten Kennwert eines Richtkopplers stellt der *Richtfaktor* a_d dar. Man ermittelt ihn, indem der Richtkoppler in Gegenrichtung betrieben wird, wobei sein Ausgang nicht mit der Antenne abgeschlossen ist, sondern mit einem reflexionsfreien Widerstand, dessen Widerstandswert dem Wellenwiderstand des Richtkopplers entspricht. Es herrscht demnach Anpassung. Da in diesem Beriebsfall keine rücklaufenden Wellen vorhanden sind, dürfte im Meßzweig auch keine Rücklaufspannung angezeigt werden. Trotzdem erscheint am Meßausgang noch eine Fehlerspannung U_f, die aus der vorlaufenden Welle herrührt und deshalb darauf hinweist, daß das Unterscheidungsvermögen des Richtkopplers zwischen vorlaufender und rücklaufender Welle nicht vollkommen ist. Dieses Unterscheidungsvermögen drückt man mit dem Richtfaktor a_d aus.

$$a_d = \frac{U_r}{U_c} = \frac{U_f}{U_z} \cdot \frac{1}{a_k} \,. \qquad (31.3.)$$

Je größer der Richtfaktor ist, desto größer wird der Meßfehler. Als «gut» kann man Richtkoppler (bzw. Reflektometer) mit Richtfaktoren zwischen 0,01 und 0,1 bezeichnen. Bei Selbstbaugeräten sind die Richtfaktoren häufig größer. Die Ursachen lassen sich vorwiegend auf mangelhafte Konstruktion oder fehlerhaften Nachbau zurückführen. Schlechte Richtdämpfung kann aber auch vorgetäuscht werden, wenn

– die Meßfrequenz (Sendefrequenz) einen großen Oberwellenanteil mit sich führt,
– der Ausgang des Richtkopplers falsch abgeschlossen wird,
– der Abschlußwiderstand für die Meßfrequenz nicht reell ist.

Fehlmessungen können sich ergeben, wenn zwischen Skalenteilung des Meßinstrumentes und angelegter Spannung keine Proportionalität besteht. Die Kennlinie einer Halbleiterdiode verläuft nicht linear, deshalb kann auch die lineare Skalenteilung des Drehspulmeßwerkes nicht beibehalten werden. Es empfiehlt sich, das Anzeigegerät in Verbindung mit der vorgesehenen Meßdiode neu zu eichen. Dabei darf man Gleichspannung verwenden, die Skalenteilung kann in relativen Einheiten ausgeführt sein. Um das Meßinstrument auch für andere Zwecke nutzen zu können, führt man es häufig ansteckbar aus. In diesem Fall wird die ursprüngliche Skalenteilung nicht verändert, man fertigt sich statt dessen eine Eichkurve, die in Verbindung mit der Meßdiode gültig ist.

Auch die Einbaustelle des Richtkopplers oder des Reflektometers hat Einfluß auf die Genauigkeit der Welligkeitsanzeige. Aus praktischen Gründen hält man bei einer Sendeanlage im allgemeinen die Reihenfolge Senderendstufe – *Collins*-Filter – Reflektometer – Speiseleitung – Antenne ein. Besteht Fehlanpassung am Antenneneingang, erfolgt dort die Reflexion, und die rücklaufende Welle bewegt sich über die Speiseleitung wieder zum Senderausgang.

Da die Speiseleitung verlustbehaftet ist, wird die rücklaufende Welle auf ihrem Weg gedämpft.

Das Reflektometer ist fast am Ende dieses Rückweges angeordnet, es kann somit nur eine gedämpfte rücklaufende Welle anzeigen, und man mißt deshalb eine günstigere Welligkeit, als in Wirklichkeit vorliegt. Soll exakt gemessen werden, muß man das Reflektometer in unmittelbarer Nähe des Antenneneinganges einschleifen; die richtige Reihenfolge würde demnach lauten: Senderendstufe – *Collins*-Filter – Speiseleitung – Reflektometer – Antenne.

Ein brauchbares Diagramm, in dem die Dämpfung der rücklaufenden Welle abhängig von der Kabeldämpfung und der Größe der Welligkeit dargestellt ist, zeigt Bild 31.8.

Beispiel
Eine Sendeantenne für das 2-m-Band wird über ein 25 m langes Koaxialkabel gespeist. Am Anfang des Speisekabels mißt man eine Welligkeit s_a von 2,0. Die wirkliche Welligkeit, die am Speiseleitungsende als s_e zu messen wäre, soll festgestellt werden.

Zunächst wird aus der Kabelliste für den Typ der Wert der Dämpfung bei 150 MHz mit etwa 8 dB/100 m entnommen. Für 25 m Kabellänge ergibt sich somit eine Dämpfung von 2 dB. Von der Welligkeit $s_a = 2$ auf der Ordinate in Bild 31.8 geht man nun waagrecht bis zum Schnittpunkt mit der 2-dB-Dämpfungskurve und liest auf der Abszisse die wirkliche Welligkeit $s_e = 3,4$ ab. Dieses Beispiel ist gestrichelt eingezeichnet.

Das Diagramm bietet auch die Möglichkeit, die Kabeldämpfung abzuschätzen, wenn s_a und s_e bekannt sind.

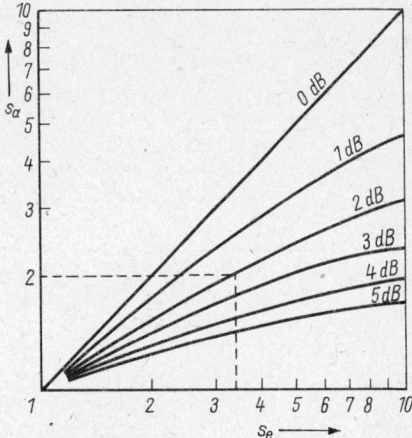

Bild 31.8
Die Welligkeit s_a am Speiseleitungsanfang in Anhängigkeit von der Welligkeit s_e am Speiseleitungsende und der Kabeldämpfung in dB

589

31.2.2. Reflektometerschaltungen und ihre praktische Ausführung

Der einfache Richtkoppler wird von Funkamateuren kaum angewendet. Da der Selbstbau eines Welligkeitsmeßgerätes die Regel ist und der Mehraufwand für ein Reflektometer praktisch nur aus einer Halbleiterdiode und gegebenenfalls aus einem einfachen Umschalter besteht, werden ausschließlich die in der Handhabung bequemeren Reflektometerschaltungen beschrieben. Die grundsätzliche Darstellung eines Reflektometers zeigt Bild 31.9. Alle anderen Schaltungen oder Ausführungen können auf diese Grunddarstellung zurückgeführt werden. Die Unterschiede beziehen sich vorwiegend auf mechanische Abwandlungen und auf geringfügige Schaltungsveränderungen im Meßzweig. Bei einem Vergleich zwischen Bild 31.7 und Bild 31.9 ist leicht zu erkennen, daß das Reflektometer einen Richtkoppler mit doppeltem Meßzweig darstellt.

Bei den nachstehenden Reflektometervarianten handelt es sich um vielfach erprobte Amateurkonstruktionen, die auch in der einschlägigen Literatur ausführlich beschrieben werden. Hinsichtlich der Anzeigegenauigkeit können sie jedoch nicht mit industriell hergestellten Präzisionsmeßgeräten konkurrieren. Die Herstellungskosten sind jedoch bei Eigenaufbauten wesentlich geringer. Darüber hinaus reichen für den Amateur relative Messungen im allgemeinen aus, und für den Antennenabgleich genügt es häufig schon, wenn das Selbstbau-Reflektometer lediglich anzeigt, ob durch bestimmte Maßnahmen die Welligkeit auf der Speiseleitung größer oder kleiner wird. Damit soll nicht gesagt werden, daß alle Amateurkonstruktionen mangelhaft sind; bei hochfrequenztechnisch sinnvollem, präzisem Aufbau und nachfolgender Eichung erreicht man Anzeigegenauigkeit, die auch hohen Anforderungen genügen können. Wer sich jedoch über Wirkungsweise und Anwendung eines Welligkeitsanzeigers nicht im klaren ist (siehe Abschnitt 31.2.1.), kann auch mit einem Präzisionsreflektometer erhebliche Fehlwerte messen.

31.2.2.1. Das Mickeymatch

Ein etwas primitiv anmutendes, jedoch sehr brauchbares Anzeigegerät für stehende Wellen auf koaxialen Kabeln ist das *Mickeymatch*. Es wird teilweise auch als *Monimatch* bezeichnet. Dieser Name weist auf die vorwiegende Verwendung des Reflektometers im Monitorbetrieb hin, d. h., daß es als Betriebsmeßgerät dauernd in die Speiseleitung eingeschaltet bleibt. Es ist billig, läßt sich schnell und einfach aufbauen und bringt auf allen Kurzwellenbändern für die Praxis ausreichende Meßergebnisse. Im Prinzip handelt es sich bei diesem in Bild 31.10 dargestellten Gerät um ein mechanisch stark vereinfachtes Reflektometer, bei dem sogar die im allgemeinen erforderliche 2. Meßdiode eingespart wurde. Zum Bau benötigt man ein 160 mm langes Stück Koaxialkabel des gleichen Wellenwiderstandes, wie er für die Speiseleitung vorgesehen ist (gleicher Kabeltyp nicht erforderlich). Günstig wäre ein möglichst dickes Kabel, da es sich leichter bearbeiten läßt. Zuerst wird der äußerste Isolierstoffmantel (PVC-Mantel) auf einer Länge von 140 mm entfernt. Dabei ist zu beachten, daß an den Kabelenden noch je 10 mm des Isolierstoffmantels stehenbleiben (siehe Bild 31.10a). Der nun folgende Kniff verlangt etwas Geduld und Fingerspitzengefühl: Ein dünner, isolierter Draht muß zwischen metallischen Außenleiter und Dielektrikum geschoben werden, sozusagen als 2. Innenleiter. Im allgemeinen läßt sich der Außenleiter aus Kupferdrahtgeflecht etwas zusammenschieben. Dann ist es verhältnismäßig leicht, mit Hilfe eines geeigneten Instrumentes (z. B. Häkelnadel) den Draht hindurchzuführen. Ein auf diese Weise hergerichtetes Kabel zeigt Bild 31.10a.

Bei Koaxialkabel mit speckartigem Volldielektrikum *(Polyisobutylen)* gibt es eine sehr einfache Möglichkeit für die Festlegung des Meßleiters. Man entfernt den Außenschutzmantel (PVC) und schiebt dann den Außenleiter unter leichtem Zusammendrücken vorsichtig vom Dielektrikum herunter. In die nunmehr freiliegende Isoliermasse schneidet man eine Längskerbe, in die sich

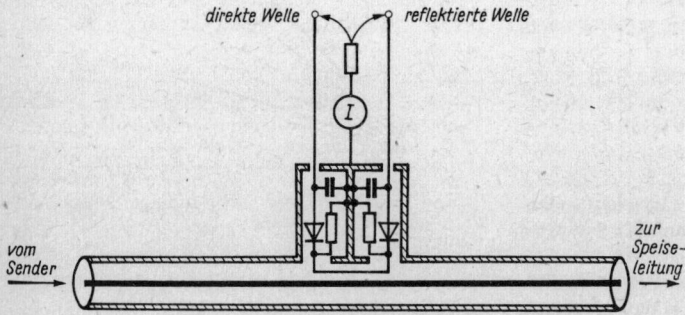

Bild 31.9
Prinzip des Reflektometers

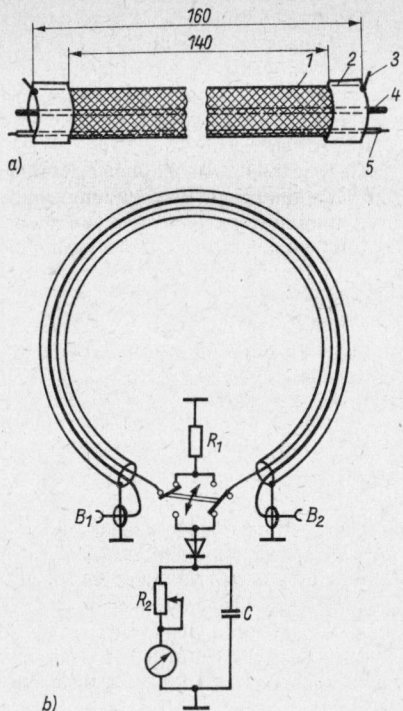

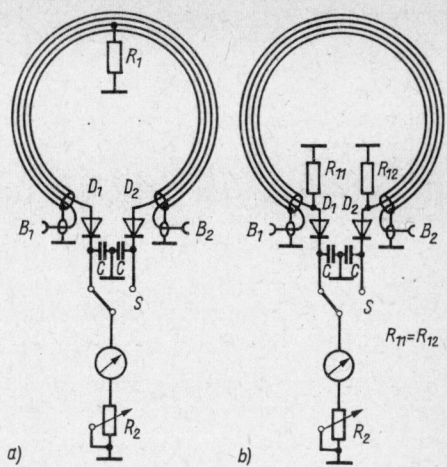

Bild 31.11
Schaltungsvarianten im Meßzweig eines Mickeymatch

Bild 31.10
Das Mickeymatch; a – Das Kabelstück 1 – Außenleiter
(Cu-Drahtgeflecht), 2 – Rest des PVC-Mantels,
3 – Anschluß Außenleiter, 4 – Innenleiter, 5 – isolierter
Draht unter dem Außenleiter, b – Gesamtschaltung des
Gerätes

der Meßleiter gerade noch straff einlegen läßt.
Für kurze Leitungsführung wird das Kabelstück
zu einer Schleife gebogen, so daß sich die beiden
Enden gegenüberstehen. Nach Bild 31.10b, das
die Gesamtschaltung des Gerätes zeigt, versieht
man den «echten» Innenleiter des Kabels an seinen beiden Enden bei B_1 und B_2 mit passenden
Armaturen (Koaxialbuchsen bzw. Koaxialstek-
ker), die ein einfaches Einschleifen des Kabel-
stückes in den Weg der Energieleitung gestatten,
ohne daß dabei Stoßstellen auftreten. Die nachträglich eingeführte Meßschleife verbindet man
gemäß der Schaltung auf kürzestem Weg mit den
entsprechenden Anschlüssen eines verlustarmen
Umschalters. R_1 ist ein ungewendelter Kohleschichtwiderstand von $30 \ldots 150\,\Omega$ und geringer
Belastbarkeit. Zweckmäßig bildet man R als Parallelschaltung mehrerer Einzelwiderstände aus,
weil durch diese Maßnahme die Gesamtinduktivität dieses Abschlußwiderstandes vermindert
wird. D ist eine handelsübliche RF-Germanium-
diode, die den ausgekoppelten RF-Anteil gleich-
richtet. Das Sieben übernimmt der Scheibenkon-

densator C mit $2 \ldots 10\,nF$ (Keramik). R_2 ist ein
veränderbarer Vorwiderstand für das Anzeigeinstrument. Da die Belastung sehr gering ist, genügt eine Kleinstausführung mit linearer Regel-
kennlinie. Der Widerstandswert hängt von der
Größe der ausgekoppelten Spannung und von
der Empfindlichkeit des verwendeten Meßinstrumentes ab. Brauchbare Mittelwerte sind 50 oder
$100\,k\Omega$. Als Anzeigeinstrument kann jedes
Drehspulmeßwerk verwendet werden, dessen
Endausschlag zwischen 0,1 und 1 mA liegt.
Bei dieser Schaltung nach Bild 31.10 verwendet man einen Umschalter im Hochfrequenzteil
des Meßzweiges und spart damit eine Germaniumdiode ein. Die Zuleitungen zum Umschalter
und der Umschalter selbst rufen schädliche Zu-
satzinduktivitäten hervor, die bei Verwendung
des Gerätes in den Kurzwellenbändern gerade
noch tragbar sind.
Für den Einsatz im VHF-Bereich ist eine
solche Ausführung jedoch unbrauchbar. Günstiger sind die Schaltungsvarianten nach Bild 31.11,
bei denen sich im RF-Teil des Meßzweiges nur
der Meßleiter und die Abschlußwiderstände befinden. Hinter den beiden Dioden ist die Schaltung völlig unkritisch, weil sie nur noch Gleichspannungen führt.
Bei der Schaltung (Bild 31.11a) muß man beachten, daß der bei den Meßzweigen gemeinsame Abschlußwiderstand R_1 genau an die geometrische Mitte der Meßschleife angeschlossen
wird. In dem zu dieser Schaltung gehörigen Aufbauvorschlag (Bild 31.12) ist R_1 in zwei Einzelwiderstände aufgeteilt. Ein geeigneter Wert für
R_1 beträgt etwa $120\,\Omega$; somit bedingt die Parallelschaltung zweier Einzelwiderstände Werte von je

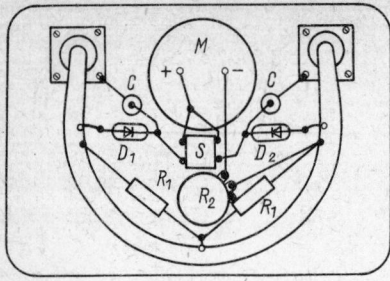

Bild 31.12
Aufbauvorschlag für ein Mickeymatch nach Bild 31.11a

240 Ω (oder auch 2 × 220 Ω nach IEC-Norm). Bei Anschalten von R ist auf kurze Leitungsführung zu achten, insbesondere soll der Abschlußwiderstand ganz knapp an die Anzapfung des Meßleiters angelötet werden. Lageveränderungen der Erdpunkte dieser Abschlußwiderstände und andere Widerstandswerte können den Richtfaktor verbessern. Auch die beiden Dioden sollen so kurz wie möglich an die Enden des Meßleiters gelötet werden; um schädliche Überhitzung zu vermeiden, lötet man möglichst kurzzeitig und faßt dabei den Diodenanschlußdraht mit einer Flachzange, die die Wärme schnell abführt. Es sind möglichst gepaarte Dioden zu verwenden, die man auch selbst mit Gleichspannung hinsichtlich Kennliniengleichheit ausmessen kann. Der Typ *AA 119* ist gut geeignet, es lassen sich aber auch fast alle anderen RF-Typen einsetzen. Verwendet man Koaxialbuchsen aus Fernsehempfängern, dann kann man sehr einfach einen stoßstellenfreien Übergang zur Kabelschleife schaffen. Für die Herstellung der Kabelschleife eignet sich besonders gut ein Koaxialkabel mit Lufträumen.

Bei der Schaltungsvariante (Bild 31.11b) verzichtet man auf eine Mittenanzapfung der Meßschleife; an Stelle der Mittenanzapfung werden zwei Abschlußwiderstände (R_{11} und R_{12} etwa 60 Ω) benötigt. Elektrisch entspricht diese Meßanordnung der nach Bild 31.9.

Der Abgleich und die Eichung von Reflektometern wird in Abschnitt 31.2.2.3. für alle Ausführungen gemeinsam besprochen.

31.2.2.2. Reflektometerausführungen mit starren Leitern

Vom Mickeymatch mit seinem flexiblen Leiterabschnitt kann man keine hohe Meßgenauigkeit erwarten; außerdem ist die Meßschleife für nachträgliche Änderungen schwer zugänglich, so daß

es Schwierigkeiten bereitet, beim Abgleich optimale Werte einzusetzen. Höhere Anzeigegenauigkeiten und bessere Abgleichmöglichkeiten gewährleisten Ausführungen mit starren Leitern. Ihre Herstellung erfordert einen etwas größeren mechanischen Aufwand.

Eine der einfachsten Konstruktionen zeigt Bild 31.13. Der Hauptzweig als Nachbildung eines koaxialen Leitungsabschnittes besteht aus einem stab- oder rohrförmigen Innenleiter IL, mit 6 mm Durchmesser, während der Außenleiter AL aus zwei rechteckigen Blechen von je 200 mm Länge und 20 mm Breite gebildet wird. Beide Bleche befinden sich in 16 mm Abstand gegenüber, so daß ein Innenraum mit zwei gegenüberliegenden offenen Seitenflächen entsteht (siehe Bild 31.13b und Bild 31.13c). Die Außenleiterbleche verbindet man an ihren Enden mit den Abschlußblechen A, auf denen die Koaxialbuchsen B_1 und B_2 befestigt sind.

Wie aus der Schaltung (Bild 31.13a) ersichtlich ist, werden im Meßzweig zwei voneinander unabhängige Meßleiter ML_1 und ML_2 verwendet. Die Schnittskizze (Bild 31.13c) zeigt, daß sich diese Meßleiter an beiden Seiten des Innenleiters befinden. Sie bestehen aus 1,6 mm dicken Drähten. Fahrradspeichen eignen sich auf Grund ihrer mechanischen Starrheit gut. Die Meßleiter werden in zwei Kunststofformstücken K so gehalten, daß geringe Lageveränderungen möglich sind. Dadurch können beim Abgleich die erforderliche Parallelität mit dem Innenleiter IL und der günstigste Abstand (etwa 6 mm) eingestellt werden. Die Formstücke K bestehen aus einem verlustarmen Isolierstoff (z.B. Polystyrol oder Polyäthylen), sie stützen außerdem den Innenleiter IL und die beiden Außenleiterbleche AL mechanisch ab. Die beiden 40 mm × 40 mm großen Abschlußbleche A sind auf ihrem Umfang abgewinkelt, so daß das Aufschrauben von Abschirmblechen ermöglicht wird.

Mit den angegebenen Dimensionen beträgt der Wellenwiderstand des Reflektometers 60 Ω. Die mechanische Länge des Reflektometers kann nach Bedarf verlängert oder verkürzt werden. Je niedriger die Betriebsfrequenz ist, desto größer muß die Durchflußleistung sein, um Vollausschlag am Anzeigeinstrument einstellen zu können. Wenn z.B. beim 10-m-Betrieb eine Durchflußleistung von 1 W im Hauptzweig ausreicht, müssen bei 80 m Wellenlänge etwa 8 W vorhanden sein, um ebenfalls Endausschlag für die Durchflußrichtung zu erhalten. Dieser Unterschied ist durch die Relation der Betriebswellenlänge zur Länge des Meßleiters in λ bedingt. Deshalb erhält man auch durch Verlängerung des Meßleiters eine Erhöhung der Anzeigespannung. Ein längerer Meßleiter erfordert aber, daß man die mechanische Länge des Leiterabschnit-

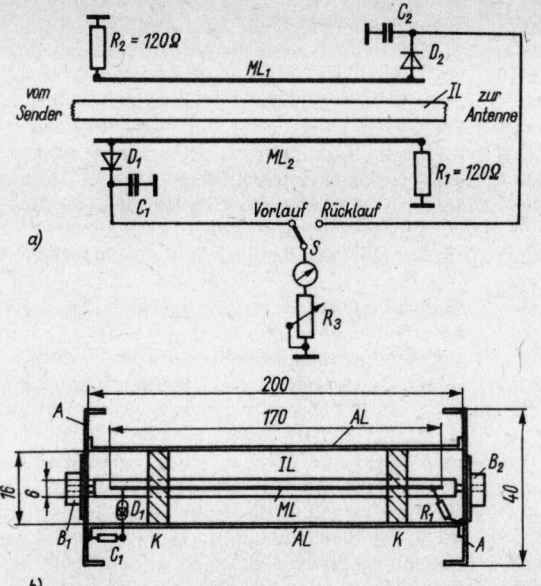

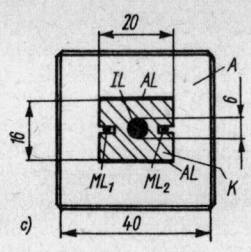

Bild 31.13
Reflektometer mit streifenförmigem Außenleiter; a – Schaltung der Meßzweige (Außenleiter des Hauptzweiges ist nicht eingezeichnet),
b – mechanische Ausführung (Längsschnitt),
c – mechanische Ausführung (Querschnitt)

tes vergrößern muß, ohne dabei jedoch die übrigen Dimensionen zu verändern.

Eine bei Funkamateuren beliebte Variante des
Reflektometers zeigt Bild 31.14. Der Außenleiter
AL des Hauptzweiges wird in diesem Fall von
einem U-förmig abgewinkelten Kupferblech ge-

bildet; es ist nur ein Meßleiter ML vorhanden, der
sich an der offenen Längsseite des Außenleiter-
schachtes befindet (siehe Bild 31.14b). In seiner
geometrischen Mitte wird er über den Abschlußwiderstand R an Masse (Außenleiterpotential)
gelegt; somit werden mit einem Meßleiter zwei

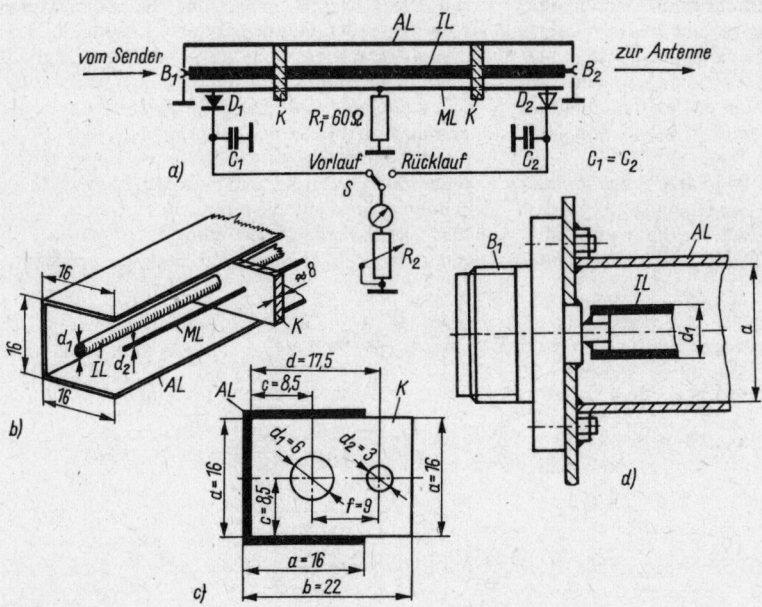

Bild 31.14
Reflektometer mit U-förmigem Außenleiter; a – Prinzipschaltung, b – Anschauungsskizze (ohne Abschlußblech und
Buchse), c – Schnittzeichnung (zugleich Maßskizze für Kunststoffhaltestege K), d – Teilzeichnung Abschlußblech mit
Koaxialbuchse B_1

Meßzweige gebildet. R ist ein induktionsarmer, möglichst ungewendelter Kohleschichtwiderstand; er wird allgemein mit 60 Ω angegeben. Sein optimaler Wert hängt vom Wellenwiderstand des Meßleiters ML und deshalb vorwiegend vom Abstand/Durchmesser-Verhältnis IL/ML bzw. D_1/D_2 ab. Man kann somit einem derartigen Reflektometer durch geringfügige Veränderungen des Widerstandswertes von R oftmals «den letzten Schliff» geben. Die Induktivitätsarmut von R stellt das Kriterium für die Brauchbarkeit bei hohen Frequenzen dar. Da sich die Gesamtinduktivität bei der Parallelschaltung mehrerer Einzelinduktivitäten verringert (*Kirchhoff*sches Gesetz), ist es günstig, wenn R_1 aus mehreren Einzelwiderständen gebildet wird. Es kann z.B. ein induktionsarmer Widerstand von 60 Ω hergestellt werden, wenn man vier Einzelwiderstände zu je 240 Ω/0,1 W parallelschaltet. Dabei wird nur mit den Widerständen verschaltet, ihre Drahtenden sind extrem kurz! Es ist zu empfehlen, die erdseitigen Drahtenden der Widerstände, strahlenförmig um 90° versetzt, auf die Innenseite des Außenleiters zu verteilen und diese dort anzulöten. Die mechanische Ausführung zeigt Bild 31.14b … d. Mit den angegebenen Dimensionen beträgt der Wellenwiderstand des Reflektometers 60 Ω. Dabei ist ein Innenleiterdurchmesser d_1 von 6 mm als Minimum zu betrachten; wählt man ihn dünner, so wird die genaue Einhaltung der Abstandsverhältnisse und der Parallelität mit AL und ML nicht mehr garantiert. Dickere Innenleiter sind deshalb zu empfehlen. Andere Leiterdurchmesser setzen selbstverständlich voraus, daß auch die Außenleiterabmessungen a und der Abstand c im gleichen Verhältnis geändert werden; denn der Wellenwiderstand von 60 Ω muß erhalten bleiben.

Die Relationen für 60 Ω betragen: $d_1 : a = 1 : 2,66$; $d_1 : c = 1 : 1,41$. Bei einem Wellenwiderstand von 50 Ω sind folgende Verhältnisse gültig: $d_1 : a = 1 : 2$; $d_1 : c = 1,33$. Für 75 Ω Wellenwiderstand gilt schließlich: $d_1 : a = 1 : 2,9$; $d_1 : c = 1 : 1,45$. Die beiden Kunststoffhalterungen K stellt man aus etwa 8 mm dicken Polystyrol-Platten oder aus ähnlichem verlustarmem Material her. Für die Länge des Außenleiters AL – und somit auch des Innenleiters IL und des Meßleiters ML – werden keine Maße angegeben, da diese in weiten Grenzen beliebig sein dürfen. Im allgemeinen beträgt die Länge 150 … 300 mm. Sie richtet sich – wie schon erwähnt – nach der bevorzugten Betriebswellenlänge sowie nach der Empfindlichkeit des Anzeigeinstrumentes und hat innerhalb der angegebenen Grenzen keinen Einfluß auf die prinzipielle Funktion des Gerätes.

Bild 31.15 zeigt eine häufig ausgeführte Konzeption des Gesamtaufbaues. Sie ist nicht bindend; bei Bedarf kann z.B. der Gleichspannungsteil des Meßzweiges auch abgesetzt aufgebaut werden. Als vollwertiges Ausweichmaterial für die Herstellung des Außenleiters hat sich an Stelle von Blechen kupferkaschiertes Basismaterial für gedruckte Schaltungen gut bewährt. Solche Platten lassen sich leicht und sauber zuschneiden, ohne dabei deformiert zu werden. Zur Ausführung nach Bild 31.13 benötigt man nur zwei Streifen dieses Materials von 20 mm Breite; der U-förmige Außenleiter nach Bild 31.14 wird aus drei Streifen zusammengelötet. In beiden Fällen muß sich die Kupferkaschierung an der Innenseite des Außenleiters befinden.

Sicherlich gibt es für die mechanische Ausführung von Richtkopplern und Reflektometern eine Reihe von konstruktiven Lösungen, mit denen eine besonders hohe Meßgenauigkeit erreicht werden kann, die aber ihrerseits auch einen entsprechend großen Aufwand an mechanischer Präzisionsarbeit erfordern. Da jedoch die meisten Amateure den gesunden Standpunkt der Rationalität vertreten, nicht so gut wie *möglich*, sondern nur so gut wie *erforderlich* zu bauen, haben solche verbesserten Konstruktionen in der Amateurtechnik bisher keine Bedeutung erlangt.

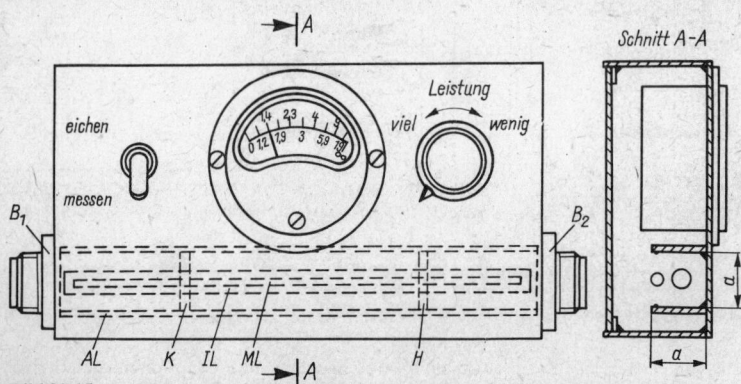

Bild 31.15
Aufbauvorschlag für das Reflektometer aus Bild 31.14 (nach *DM 2 AEO*)

31.2.2.3. Abgleich und Eichen von Reflektometern

Um ein Reflektometer abgleichen zu können, muß man seine «Antennenseite» (Buchse B_2) mit einem reellen 60-Ω-Widerstand abschließen. Die Reflektometerschaltung ist dann so belastet, daß die gesamte Durchflußleistung (hinlaufende Welle) im Abschlußwiderstand verbraucht wird und damit keine Welle reflektiert werden kann. Es besteht Anpassung, gekennzeichnet durch die Welligkeit $s = 1$, wenn der auf «Rücklauf» geschaltete Meßzweig keine Spannung anzeigt. Aus verschiedenen Ursachen ist das bei den meisten Selbstbau-Reflektometern zunächst nicht der Fall, und man muß durch einen Abgleich versuchen, diesem Idealzustand möglichst nahezukommen.

Der Belastungswiderstand – man bezeichnet ihn auch als *künstliche Antenne, Kunstantenne oder Absorber* – muß in der Lage sein, die gesamte vom Sender gelieferte RF-Leistung in Wärme umzusetzen. Um mit Widerständen kleiner Belastbarkeit auszukommen, wird man den Abgleichvorgang mit herabgesetzter Senderlei-

stung durchführen. Einen sehr brauchbaren und wenig kostspieligen Lastwiderstand zeigt Bild 31.16. Er besteht aus der Parallelschaltung von vier Kohleschichtwiderständen von je 240 Ω, die auf einen handelsüblichen Koaxialschraubstecker aufgelötet sind. Die Belastbarkeit einer solchen Kunstantenne ist gleich der Summe der Belastbarkeit aller Einzelwiderstände. Je größer die Anzahl der parallelgeschalteten Widerstände gewählt wird, desto mehr verringert sich die schädliche Gesamtinduktivität der Kombination, vorausgesetzt, daß man die Widerstände praktisch ohne Drahtenden verschaltet. Aus der Parallelschaltung muß aber immer wieder der Gesamtwiderstand von 60 Ω (bzw. der Widerstand, für den der Wellenwiderstand des Reflektometers bemessen ist) resultieren. Weitere, für den Selbstbau geeignete Belastungswiderstände werden in Abschnitt 31.8. beschrieben.

Da die komplexen Eigenschaften der Bauelemente mit steigender Frequenz zunehmen, sollte eine möglichst hohe Abgleichfrequenz gewählt werden. Der Abgleich wird dann besonders kritisch, aber man ist sicher, daß auch für die niedrigen Betriebsfrequenzen Bestwerte eingestellt sind. Ein Kurzwellenreflektometer gleicht man demnach mit etwa 28 MHz ab, soll auch im 2-m-Band gearbeitet werden, beträgt die Abgleichfrequenz etwa 145 MHz.

Wie schon erwähnt, ist ein Vorzeichen des Anzeigeinstrumentes in Verbindung mit den zu verwendenden Dioden zweckmäßig. Diese Eichung wird mit Gleichspannung durchgeführt. In der Eichschaltung liegt die Diode in Durchlaßrichtung mit dem Anzeigeinstrument und dem Empfindlichkeitsregler in Reihe. Es werden genau dosierte Meßgleichspannungen zugeführt, wobei man zunächst bei der höchsten Meßspannung auf Vollausschlag des Instrumentes einstellt. Der Empfindlichkeitsregler wird während des folgenden Eichvorganges nicht mehr verstellt. Nun setzt man die Eichspannung jeweils in Zehntelschritten herab und markiert dabei den entsprechenden Zeigerausschlag auf der Instrumentenskale. Diese neue Skalenteilung ist analog der Diodenkennlinie besonders am Skalenanfang nicht linear.

Da man kaum zwei Dioden mit völlig gleichartigem Kennlinienverlauf findet, muß die Skaleneichung immer mit der Diode durchgeführt werden, die in der Schaltung zum Gleichrichten der Rücklaufspannung vorgesehen ist. Die «Vorlaufdiode» soll mindestens in der Anzeige für Vollausschlag des Meßwerkes mit der «Rücklaufdiode» kennlinienmäßig übereinstimmen.

Mit Gl. (5.15.) bis Gl. (5.25.) wurden in Abschnitt 5.2. die Zusammenhänge zwischen Spannungsverhältnissen und Welligkeiten ausführ-

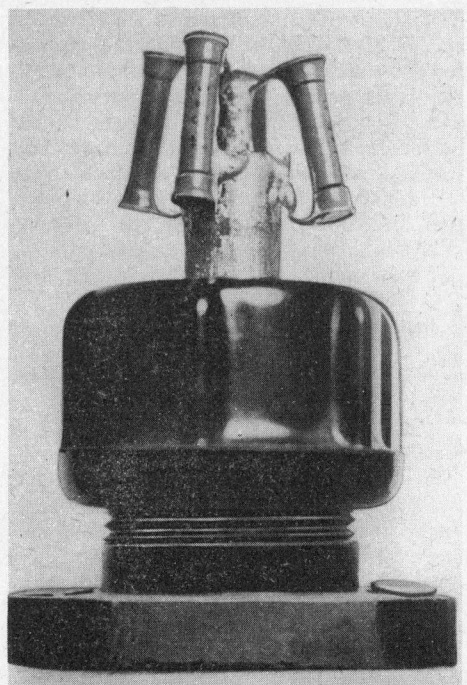

Bild 31.16
Ein preiswerter Abschlußwiderstand für die Reflektometereichung (nach *DM 2 AEO*)

licher erläutert. Nach Gl. (5.15.) ergibt sich die Welligkeit

$$s = \frac{U_{max}}{U_{min}}.$$

Da beim Reflektometer U_{max} der Spannung der hinlaufenden Welle U_h und U_{min} der Rücklaufspannung U_r entspricht, kann man auch schreiben

$$s = \frac{U_h}{U_r}.$$

Im vorliegenden Fall wird die Durchlaufspannung unabhängig von ihrer tatsächlichen Größe mit dem Empfindlichkeitsregler immer so eingestellt, daß das Meßinstrument Vollausschlag anzeigt. Man kann deshalb $U_h = 1$ setzen. Die Meßwerte von U_r ergeben dann Bruchteile von 1. Somit beträgt die Welligkeit

$$s = \frac{1 + U_r}{1 - U_r} \qquad (31.4.)$$

Hat die Instrumentenskale eine «diodengeeichte» Zehnerteilung, können den einzelnen Skalenteilen folgende Welligkeiten s zugeordnet werden:

Skalenteile

0	1	2	3	4	5	6	7	8	9	10
$s=1,0$	1,2	1,5	1,9	2,3	3,0	4,0	5,7	9,0	19	∞

Will man nicht mit diesen «krummen» Werten arbeiten, läßt sich die Anzeigeskale auch mit «geraden» Welligkeitswerten eichen.

Aus Bild 31.17 sind die Zwischenwerte der Skaleneichung für die gewünschte Angabe der Welligkeit s zu ersehen, wobei eine Skaleneintei-

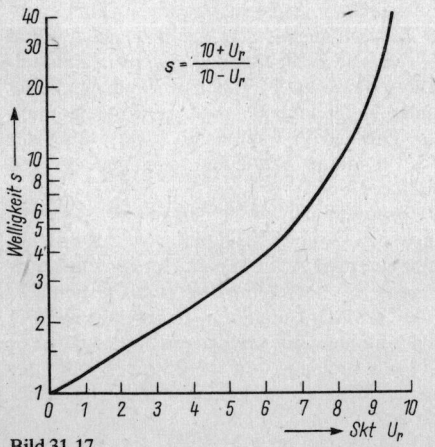

Bild 31.17
Die Welligkeit s in Abhängigkeit vom Spannungsverhältnis $U_h : U_r$ (U_h immer gleich 10 Skalenteilen)

lung mit 10 gleichen Spannungssprüngen vorausgesetzt wird. Will man die Skale nicht direkt in Welligkeit eichen, ist Bild 31.17 auch als Eichkurve brauchbar.

Das Anzeigeinstrument kann demnach zusammen mit der Rücklaufdiode bereits vor dem eigentlichen Abgleich des Gerätes mit Gleichspannung geeicht werden. Dabei gilt, daß die Skalenteilung um so gleichmäßiger wird, je empfindlicher das Anzeigeinstrument ist. Drehspulenmeßwerke mit 0,1 mA Vollausschlag sind üblich, aber auch solche mit 1 mA Endausschlag lassen sich noch verwenden. Die Größe des Empfindlichkeitsreglers ist vom Innenwiderstand des Anzeigeinstrumentes abhängig, 50 oder 100 kΩ sind brauchbare Mittelwerte.

Allgemeingültige und für alle Reflektometer anwendbare Abgleichanweisung: Reflektometerbuchse B_2 (Antennenseite) mit Lastwiderstand, wie beschrieben, abschließen; an B_1 wird der Senderausgang (ggf. über *Collins*-Filter) angeschlossen. Umschalter des Reflektometers auf *Vorlauf*, Sender einschalten und Senderauskopplung so einstellen, daß am Anzeigeinstrument des Reflektometers höchstmögliche Spannung angezeigt wird. Diese Einstellung entspricht der optimalen Senderbelastung. Mit dem Empfindlichkeitsregler stellt man den Zeigerausschlag des Meßwerkes nun so ein, daß gerade Vollausschlag (10 Skalenteile) angezeigt wird. Jetzt schaltet man auf Stellung *Rücklauf* um, der Meßwerkzeiger wird nun stark abfallen, im Ausnahmefall geht er auf den Wert 0 zurück. Den meist vorhandenen Restausschlag versucht man nun bei Reflektometern mit zugänglichem Meßleiter durch vorsichtiges Verschieben des Diodenanschlusses D_2 auf dem Meßleiter zu verringern. Bei sachgemäßem Aufbau und reellem Abschlußwiderstand wird sich mit dieser Maßnahme der Rücklauf nahe zum Nullwert bringen lassen. Beim einfachen Mickeymatch ist die Möglichkeit des Nullabgleichs sehr begrenzt; in diesem Fall kann man nur versuchen, durch Manipulationen am Meßleiter bzw. an dessen Abschlußwiderstand eine Verbesserung herbeizuführen.

Ist der Nullabgleich der Rücklaufanzeige hergestellt, wird die Durchflußrichtung umgekehrt, indem man B_2 an den Senderausgang anschließt und B_1 mit der Kunstantenne belastet. Der Empfindlichkeitsregler bleibt in der ursprünglichen Stellung, der Umschalter steht auf *Rücklauf*. Bei gleicher Senderausgangsleistung wird nun wieder Instrumentenvollausschlag angezeigt; denn man mißt in Wirklichkeit den Durchlauf. Diode D_1 bekommt durch die Umkehrung die Funktion der Rücklaufdiode. Dazu schaltet man auf *Vorlauf* und mißt dabei den Rücklauf über D_1. Nun muß der Meßwerkausschlag durch vorsichtiges Verschieben der Diode D_1 ebenfalls wieder auf den

Nullwert gebracht werden. Damit ist der Abgleich beendet, und das Reflektometer wird wieder in die normale Durchflußrichtung gebracht.

Ein zu großer Richtfaktor a_d ist daran zu erkennen, daß beim Messen mit reellem Abschlußwiderstand noch eine Rücklaufspannung angezeigt wird. Die Ursachen für diese Erscheinung wurden bereits im Abschnitt 31.2.1. erläutert. Teilweise gelingt es auch, durch Verändern der Widerstände im Meßzweig oder durch geringfügiges Verlagern des Meßleiters günstigere Verhältnisse herzustellen. Außerdem sollte man beachten, daß die Übergänge vom koaxialen Innenleiter zu den Koaxialanschlußbuchsen B_1 und B_2 stoßfrei sind, d. h., dort darf keine sprunghafte Veränderung des Wellenwiderstandes auftreten. Wenn ein geringer Meßfehler angestrebt wird, muß man auch die schaltungsmäßig recht einfachen Reflektometeranordnungen sehr sorgfältig aufbauen.

Zu erwähnen ist noch, daß die Dioden eines Reflektometers unter Umständen Anlaß zum Auftreten von TVI sein können. Bekanntlich geben Diodenschaltungen als Frequenzvervielfacher eine gute Oberwellenausbeute ab. Dieser Betriebsfall der Oberwellenerzeugung kann auch beim Reflektometer eintreten. Abhilfe schaffen Sieben und Verdrosseln des Gleichspannungszweiges zwischen den Dioden und dem Meßinstrument. Im allgemeinen genügt aber das übliche Abblocken, wie in den Stromlaufplänen angegeben, insbesondere dann, wenn das Reflektometer in einem Abschirmgehäuse untergebracht ist.

Reflektometeranordnungen können sehr vielseitig eingesetzt werden und sind bei geeignetem Aufbau noch im 70-cm-Band zu verwenden. Da man sie als die wichtigsten Antennenmeßgeräte für den Amateurgebrauch bezeichnen kann, wurden die einzelnen Bauformen ausführlich beschrieben. Bereits mit einem Mickeymatch läßt sich in Stellung *Vorlauf* die günstigste Leistungsauskopplung für die Senderendstufe einstellen; denn die maximal mögliche Vorlaufspannung entspricht der optimalen Energieauskopplung. In Stellung *Rücklauf* findet man sehr schnell die Resonanzfrequenz von Antennen; es ist die Frequenz, bei der die kleinstmögliche Welligkeit auftritt. Außerdem läßt sich der Erfolg von Abgleicharbeiten an der Antenne mit dem Reflektometer laufend kontrollieren, indem man Anstieg oder Abfall der Rücklaufspannung beobachtet. Da die Durchgangsdämpfung des Reflektometers sehr gering ist, kann man es zur dauernden Anpassungskontrolle in der Speiseleitung belassen.

Auch in Verbindung mit Antennen, die über eine angepaßte symmetrische 240-Ω-Leitung gespeist werden, läßt sich ein Reflektometer dieser Art vorteilhaft verwenden. Es wird dann lediglich erforderlich, daß man ein Balun-Glied nach Bild 7.6 als Symmetriewandler und Transformator zwischen Reflektometerausgang und Speiseleitung schaltet.

31.3. Welligkeitsanzeiger für symmetrische Speiseleitungen

Manche Amateurantennen werden noch über angepaßte symmetrische Speiseleitungen erregt, wobei man häufig handelsübliche UKW-Bandkabel verwendet. Zur Welligkeitsanzeige in solchen Antennenanlagen wurden einfache Indikatoren entwickelt, die nach dem Prinzip eines Reflektometers arbeiten. Es handelt sich dabei um sehr einfache Kontrolleinrichtungen, mit denen im allgemeinen keine quantitativen Messungen, sondern nur Abschätzungen des Anpassungsfaktors möglich sind.

31.3.1. Der 2-Lampen-Indikator für Bandleitungen (Twin-Lamp)

Bei diesem sehr einfachen Gerät übernehmen kleine Glühlampen die Welligkeitsanzeige. Bild 31.18 zeigt die elektrische Schaltung und die mechanische Ausführung.

Die Koppelschleife wird aus einem Stück Bandleitung angefertigt, wie es auch für die Speiseleitung verwendet worden ist. Die Länge der Koppelschleife darf nicht einer Viertelwellenlänge entsprechen. In der Regel wird sie mit etwa $\lambda/10$ oder kürzer bemessen. Die beiden Leitungsenden sind kurzgeschlossen, in der Mitte trennt man die Leitung einpolig auf. Die Schleife bekommt dadurch das Aussehen eines kleinen Faltdipols. Von der Trennstelle aus führt man die beiden Leitungsadern auf kürzestem Weg zu je einem Anschlußpunkt am Gewinde der beiden Glühlampen. Ihre Mittelkontakte werden miteinander verlötet und über ein kurzes Leitungsstück mit dem nächstliegenden Leiter der Speiseleitung metallisch verbunden. Gegebenenfalls kann man die Stecknadel einstechen und den Einstich später mit dem Lötkolben vorsichtig verschmelzen. Als Glühlampe ist der Typ 3,8 V/0,07 A wegen der geringen Wärmeträgheit seines Glühfadens gut geeignet. Die Koppelschleife wird an einer beliebigen Stelle möglichst eng mit der Energieleitung gekoppelt und in dieser Lage durch ein selbstklebendes Kunststoffband fixiert.

Vor dem Messen ist die Ausgangsleistung des Senders möglichst herabzusetzen und dann langsam so weit zu erhöhen, bis die Glühlampen mittelhell leuchten. War bereits annähernd Anpas-

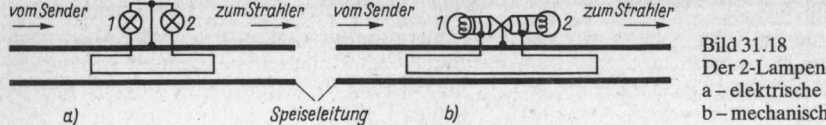

Bild 31.18
Der 2-Lampen-Indikator;
a – elektrische Schaltung,
b – mechanische Ausführung

sung vorhanden, wird die zum Sender zeigende Glühlampe 1 immer weitaus heller aufleuchten als die in Richtung Antenne orientierte Glühlampe 2. Das Reflektometerprinzip ist klar zu erkennen: Glühlampe 1 entnimmt ihre Energie der hinlaufenden Welle (Vorlauf), während Glühlampe 2 nur auf die rücklaufende Welle anspricht (Rücklauf).

Ziel der nun folgenden Abstimmarbeiten an den Anpassungsmitteln der Antenne ist, einen Zustand zu erreichen, bei dem Glühlampe 2 dunkel bleibt, während gleichzeitig Glühlampe 1 hell aufleuchtet. In diesem Fall sind die stehenden Wellen verschwunden, und die Anpassung stimmt hinreichend genau.

Bei kleinen Ausgangsleistungen gelingt es oft nicht mehr, die Glühlampen zum Aufleuchten zu bringen. In diesem Fall ersetzt man die Glühlampe durch Schichtwiderstände von je etwa 500 Ω; die an diesen abfallenden RF-Spannungen werden durch Germaniumdioden gleichgerichtet. Nach entsprechender RF-Siebung bringt man die Gleichspannungen an einem Drehspulmeßwerk zur Anzeige. Die Anpassung ist erreicht, wenn die Spannung an dem zum Strahler zeigenden Widerstand annähernd Null wird.

31.3.2. RF-Spannungsanzeiger als Welligkeitsindikatoren

Die nachstehend beschriebenen Anzeigegeräte lassen bereits quantitative Messungen der stehenden Wellen zu. Nach dem Grundprinzip einer Meßleitung werden dabei die RF-Amplituden über einen größeren Leitungsabschnitt gemessen. Aus dem Vergleich der erhaltenen Spannungswerte U_{max} und U_{min} resultiert die Welligkeit.

In der Praxis führte sich dieses Meßverfahren jedoch nicht so gut ein wie der vorher beschriebene 2-Lampen-Indikator. Die Gründe dafür sind der etwas größere mechanische Aufwand und der komplizierte Meßvorgang.

Die Spannungsmessung längs der Speiseleitung setzt unbedingt voraus, daß der Kopplungsgrad zwischen Indikator und zu untersuchender Bandleitung für jeden Meßpunkt der gleiche ist. Dazu wird ein Schieber konstruiert, in dem sich die Kopplungsschleife befindet und der ähnlich dem Läufer eines Rechenstabes auf der Speiseleitung entlanggleiten kann. Bild 31.19 gibt ein Beispiel für eine solche Anordnung. Es handelt sich um eine Drahtschleife, mit der die RF-Spannung induktiv von der Speiseleitung entnommen wird. Eine Germaniumdiode D richtet die Hochfrequenz gleich. Die erhaltene Gleichspannung wird über eine Siebkette dem Mikroamperemeter zugeführt und gemessen. Da die Gleichrichterkennlinie der Halbleiterdiode nicht linear ist, sollte das Anzeigeinstrument zusammen mit der Diode neu geeicht werden (siehe Abschnitt 31.2.). Die Kopplungsschleife hat kleinere Abmessungen als die des 2-Lampen-Indikators. Im Kurzwellenbereich kann ihre Länge 50 ... 100 mm betragen, während für den 2-m-Betrieb bereits eine Länge von etwa 20 mm genügt. Die beiden gleichartigen Drosseln L_1 und L_2 sollen für den zu untersuchenden Frequenzbereich bemessen sein. Für alle Kurzwellenbänder sind Kreuzwickelspu-

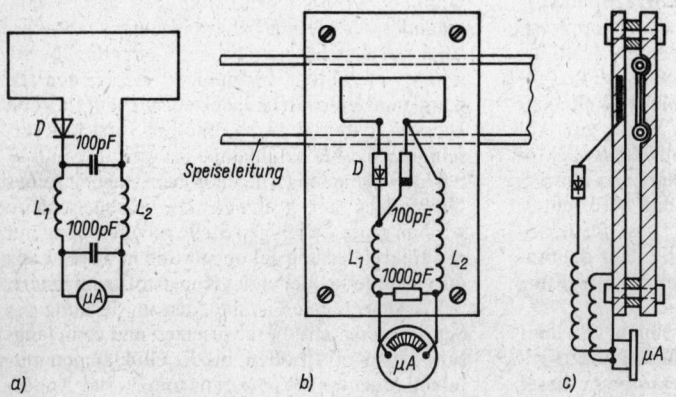

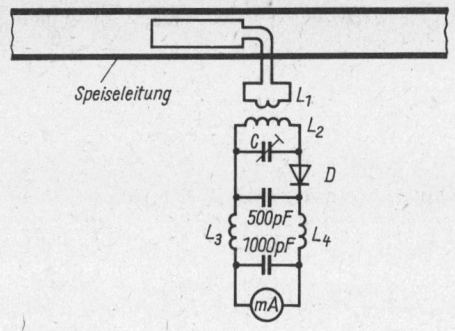

Bild 31.20
Empfindliches Welligkeitsanzeigegerät

len mit einer Induktivität von etwa 0,5 mH brauchbar. Im VHF-Bereich werden freitragende Drosseln, aus etwa 20 Wdg. Kupferlackdraht über einen Bleistift gewickelt, verwendet. Das Meßinstrument muß nicht unbedingt ein Mikroamperemeter sein; es genügt auch ein weniger empfindliches Meßwerk mit 1 mA Vollausschlag.

Die Koppelschleife besteht aus 1 mm dickem Kupferdraht und ist in eine *Polystyrol*-Platte eingebettet. Zum Einsenken in das thermoplastische *Polystyrol* wird die passend zurechtgebogene Drahtschleife auf einem Bügeleisen erhitzt und dann in die Platte «eingebügelt». Die Gleitbahn für die Speiseleitung arbeitet man so in die gegenüberliegende Platte ein, daß beide Platten fest aneinanderliegen und trotzdem der Schieber (und damit die Meßschleife) in immer gleichem Abstand über die Speiseleitung gleiten kann. In Bild 31.19c ist dieser Abstand der Übersichtlichkeit halber etwas zu groß gezeichnet worden.

Wird die Meßanordnung entlang der Speiseleitung geführt, so zeigt das Meßinstrument den relativen Wert der RF-Spannung an. Bei Anpassung ist die Spannung an jedem Punkt der Bandleitung gleich, es sind keine stehenden Wellen auf der Speiseleitung vorhanden.

Fehlanpassung läßt sich durch eine Welligkeit der Anzeige erkennen, es treten Spannungsmaxima und Spannungsminima auf. Aus dem Quotienten beider Werte ergibt sich nach Gl. (5.15.) unmittelbar die Welligkeit *s*. Die Meßeinrichtung arbeitet aperiodisch und bringt deshalb alle auftretenden Frequenzen zur An-

zeige. Weist die Sendefrequenz einen großen Oberwellenanteil auf, so kann das Meßergebnis verfälscht werden.

Eine Meßanordnung nach dem gleichen Prinzip, die sowohl den Einfluß vorhandener Oberwellen ausschaltet als auch eine besonders empfindliche Anzeige ergibt, zeigt Bild 31.20. Bei dieser Schaltung ist die Ankopplungsschleife über ein Stück Bandleitung (Z etwa 70 Ω) oder Stegleitung mit der Spule L_1 (1 … 2 Wdg.) verbunden. Die Spule L_1 wird möglichst variabel an die Kreisspule L_2 angekoppelt. Der Schwingkreis L_2–C ist auf die Sendefrequenz abgestimmt. Er bildet einen Absorptionskreis mit nachfolgender RF-Gleichrichtung und Anzeige an einem Drehspulmeßwerk. Die Anwendung und Handhabung des Gerätes ist die gleiche wie bei der vorher angegebenen einfacheren Anordnung.

Die beschriebenen Anzeigeeinrichtungen lassen sich bei entsprechenden mechanischen Änderungen auch zur Messung an offenen, unabgestimmten Eigenbau-Speiseleitungen jedes möglichen Wellenwiderstandes verwenden.

31.4. Die Meßleitung

Die Messung der Welligkeit auf einer RF-Leitung gestattet auch die Bestimmung von Wirk- und Blindwiderständen angeschlossener Verbraucher. Laboratorien verwenden deshalb im VHF- und UHF-Bereich sogenannte *Meßleitungen*. Eine Meßleitung ist die mechanisch-starre Nachbildung eines Koaxialkabels mit genau definiertem Wellenwiderstand. Auf dem mit einem Längsschlitz versehenen Außenleiter der Meßleitung gleitet ein Meßkopf und entnimmt dem Innenleiter durch eine Tastsonde kapazitiv die Meßspannung (Bild 31.21).

Industriell hergestellte Meßleitungen sind feinmechanische Präzisionsgeräte hoher Meßgenauigkeit. Dementsprechend ist auch der Preis einer solchen Einrichtung sehr hoch, so daß sie für den einzelnen Amateur nicht in Frage kommt. Auch der Selbstbau dürfte im allgemeinen nicht möglich sein. Darüber hinaus sind die praktischen Einsatzmöglichkeiten einer Meßleitung auf den UHF-Bereich und auf Teile des VHF-Bereiches begrenzt.

Eine mechanische Vereinfachung der Präzisionsmeßleitung besteht darin, daß man auf

Bild 31.21
Schematische Darstellung einer Meßleitung

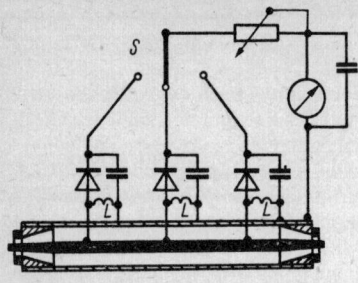

Bild 31.22
Die 3-Dioden-Meßleitung

einen gleitenden Meßkopf verzichtet und dafür einige feste Meßpunkte vorsieht, die über die Leitung verteilt sind (Bild 31.22). Diese 3-Dioden-Meßleitung wird für eine vorgegebene Frequenz im VHF- oder UHF-Bereich konstruiert (Länge der Leitung und Lage der Meßpunkte). Der Anwendungsbereich ist somit besonders stark eingeschränkt. Natürlich bietet eine Dreipunktmessung keine so aussagekräftigen Meßergebnisse wie eine kontinuierliche Spannungsabtastung. Die Induktivitäten L bilden jeweils zusammen mit der Diodenkapazität einen Resonanzkreis, der auf die Meßfrequenz abgestimmt ist.

Die primitive Nachbildung einer Meßleitung mit mehreren Meßpunkten erhält man aus einem Stück Koaxialkabel, dessen Innenleiter man an mehreren Punkten freilegt, damit dort die Tastspitze eines RF-Tastkopfes eingeführt werden kann. Dazu entfernt man den Außenschutzmantel des Kabels an verschiedenen Stellen und verschiebt oder durchbricht dort den aus Kupferdrahtgeflecht oder Bandgeflecht bestehenden Außenleiter so weit, bis ein kleiner, kreisförmiger Ausschnitt des Dielektrikums sichtbar wird. Auch dieses öffnet man und gelangt zum Kabelinnenleiter. Nun wird eine durchbohrte Keramikperle oder ein feines Kunststoffröhrchen so in die entstandene Öffnung eingeklebt, daß der Kabelinnenleiter von außen her mit einer feinen Tastspitze abgetastet werden kann. Alle vorgesehenen Meßpunkte sind nach der beschriebenen Art herzustellen (Bild 31.23). Die Länge der Meßleitung sollte mindestens 0,75 Ω betragen.

Auf ihr werden die vorgesehenen Meßpunkte gleichmäßig verteilt. Der Wellenwiderstand der Meßleitung muß dem Wellenwiderstand des zu untersuchenden Speisekabels entsprechen. Das Meßkabel wird als Teil der Energieleitung zwischen Senderausgang und Speiseleitung eingeschleift.

Mit der Tastspitze eines RF-Röhrenvoltmeters oder eines anderen RF-Spannungsanzeigers stellt man nun an den einzelnen Meßpunkten die RF-Spannung fest. Werden unterschiedliche Spannungen gemessen, so liegt Fehlanpassung vor. Gleiche Spannung an allen Meßpunkten deutet darauf hin, daß das Speisekabel richtig an den Strahler angepaßt ist. Da die Spannung nicht kontinuierlich abgetastet wird, kann man mit dieser Anordnung Maxima und Minima nicht eindeutig ermitteln und erhält somit auch keine quantitativen Aussagen über die Welligkeit. Da eine solche provisorische Meßleitung jedoch im UHF-Bereich im allgemeinen besser arbeitet als ein Selbstbau-Reflektometer, ist sie für den VHF-/UHF-Amateur (70-cm- und 2-m-Band) von besonderem Interesse.

31.5. Brückenschaltungen als Anpassungsmeßgeräte

Ein vielseitiges und dabei sehr einfach herzustellendes Hilfsmittel für die Antennenanpassung ist die RF-Meßbrückenschaltung nach Art einer *Wheatstone*-Brücke. Solche Anordnungen sind unter verschiedenen Namen bekannt und beliebt; sie arbeiten alle nach dem gleichen Prinzip, mögen sie nun *Antennascope* oder *Matchmaker* heißen. Die grundsätzliche Brückenschaltung ist in Bild 31.24 dargestellt.

Die Brücke wird mit Hochfrequenz gespeist. Die in ihr verwendeten Widerstände müssen für die Speisefrequenz reine Wirkwiderstände darstellen. R_1 und R_2 sind untereinander völlig gleich (Genauigkeit 1% oder besser), der Widerstandswert selbst ist von untergeordneter Bedeutung. Unter dieser Voraussetzung ergeben sich bei Brückengleichgewicht (Nullanzeige am Meßinstrument) folgende Beziehungen:

$R_1 = R_2$; $R_1 : R_2 = 1$;
$R_3 = R_4$; $R_3 : R_4 = 1$.

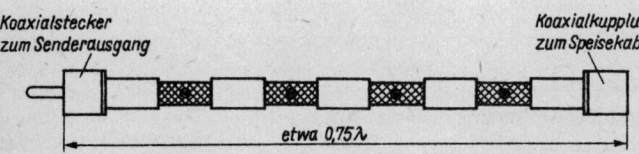

Koaxialstecker
zum Senderausgang

Koaxialkupplung
zum Speisekabel

etwa 0,75λ

Bild 31.23
Provisorische Meßleitung mit mehreren Meßpunkten

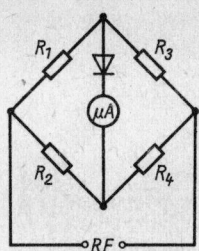

Bild 31.24
Die Grundschaltung einer
RF-Meßbrücke

Setzt man an Stelle von R_4 den Prüfling, dessen Wirkwiderstand festgestellt werden soll, und verwendet man für R_4 einen geeichten Drehwiderstand (induktionsfrei), so entspricht der an R_3 bei Brückennull angezeigte Widerstandswert dem Wirkwiderstand des Prüflings. Es läßt sich also direkt der Eingangswiderstand einer Antenne messen. Dabei muß man beachten, daß nur im Resonanzfall der Eingangswiderstand einer Antenne reell ist; die Meßfrequenz hat deshalb der Strahlerresonanz zu entsprechen. Darüber hinaus kann durch eine Brückenmessung sowohl der Wellenwiderstand von Speiseleitungen aller Art als auch deren Verkürzungsfaktor festgestellt werden.

31.5.1. Das Antennascope

Bild 31.25 zeigt eine für Antennenmessungen gut geeignete Brückenschaltung, die von $W\,2\,AEF$

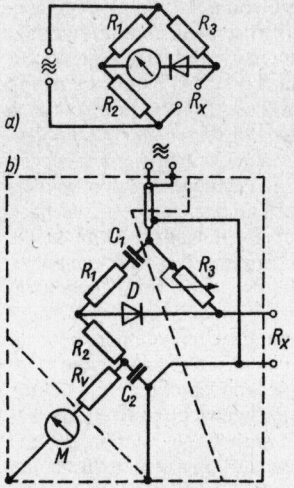

Bild 31.25
Das Antennascope; a – Prinzipschaltung der RF-Meß-brücke, b – Schaltung des Antennascope nach $W\,2\,AEF$;
$R_1 = R_2 = 200\,\Omega$, $C_1 = C_2 = 500\,\text{pF}$, R_3 Drehwiderstand
$500\,\Omega$ lin., R_V-Vorwiderstand für Meßinstrumente,
M – Drehspulmeßwerk, etwa $0{,}2\,\text{mA}$ Vollausschlag,
D – Germaniumdiode

beschrieben und unter dem Namen *Antennascope* bekannt geworden ist.

Die von $W\,2\,AEF$ angegebenen Absolutwerte für R_1 und R_2 sowie C_1 und C_2 müssen nicht eingehalten werden. Wichtig ist lediglich, daß R_1 und R_2 sowie C_1 und C_2 untereinander völlig gleich sind. Unbeschadet können also R_1 und R_2 mit 150, 250 Ω oder ähnlichen Werten dimensioniert werden, sofern zwei gleiche Widerstände zur Verfügung stehen. Das gilt sinngemäß auch für C_1 und C_2.

Es ist nicht notwendig, teure Meßwiderstände enger Toleranz zu beschaffen. Billiger wird es, wenn man aus einer größeren Menge gleicher Widerstände mit Hilfe einer Meßbrücke oder eines Ohmmeters zwei gleiche Widerstände aussortiert.

Als Drehwiderstand R_3 ist nur ein induktionsarmer Schichtwiderstand brauchbar; Drahtpotentiometer sind völlig ungeeignet. Ein möglichst kleines Massepotentiometer, von dem gegebenenfalls die Abschirmkappe entfernt wird, liefert oft auch im VHF-Bereich bis 150 MHz noch ein befriedigendes Meßergebnis. Vor allem muß bei der Montage darauf geachtet werden, daß die schädlichen Kapazitäten zwischen R_3 und den ihn umgebenden Bauteilen sowie Abschirmungen möglichst gering sind. Deshalb soll man das Potentiometer von der Frontplatte abgesetzt auf einer Hartpapierplatte befestigen und die Potentiometerachse isoliert durch die Metallfrontplatte führen. Ein Widerstandswert von 500 Ω wurde gewählt, um möglichst alle vorkommenden Wellenwiderstände von Speiseleitungen messen zu können. Da ein Widerstand mit dem Wert 500 Ω im Handel teilweise nicht vorrätig ist, kann man auch das «gängigere» Schichtpotentiometer 1 kΩ lin. verwenden. Ihm wird ein Schichtwiderstand von 1 kΩ parallelgeschaltet; mit dieser Anordnung läßt sich eine gute Verteilung der Eichpunkte über den Drehwinkel erzielen. Da man immer mehr zu Antennenanlagen übergeht, die mit Koaxialkabel gespeist werden, kann man häufig den Meßbereich des Antennascope auf 100 Ω einschränken. In diesem Fall sollte man für R_3 einen 100-Ω-Schichtdrehwiderstand einsetzen und erhält somit eine bessere Ablesegenauigkeit innerhalb dieses Bereiches.

Der Drehwiderstand wird gleichstrommäßig mit einem genau anzeigenden Ohmmeter geeicht, den Drehkopf versieht man mit einer Skale, von der sich die eingestellten Widerstandswerte direkt ablesen lassen. Bei Brückennull ist der Widerstand des Prüflings gleich dem an der Skale des Drehwiderstandes angezeigten Wert. R_V bildet den Vorwiderstand für das Meßinstrument. Seine Größe hängt vom Innenwiderstand des Meßwerkes und von der gewünschten Anzeigeempfindlichkeit ab.

W 2 AEF verwendet ein Drehspulinstrument mit 0,2 mA Vollausschlag. Der Einsatz besonders empfindlicher Meßwerke (z. B. 0,05 oder 0,1 mA Vollausschlag) ist ratsam. Sie müssen immer über einen möglichst hochohmigen Vorwiderstand angeschlossen werden, um Störungen des Brückengleichgewichtes zu vermeiden. An die Germaniumdiode sind keine besonderen Anforderungen zu stellen; es eignen sich fast alle handelsüblichen RF-Gleichrichtertypen.

Möglichst kurze Leitungen in den Brückenzweigen ergeben den gewünschten induktions- und kapazitätsarmen Aufbau; dabei sollte auf mechanische Symmetrie geachtet werden. Das gesamte Gerät ist in einem Abschirmgehäuse untergebracht. In diesem werden drei gesonderte Abschirmboxen gebildet, in denen man die Bauteile gemäß Bild 31.25b unterbringt (Abschirmungen sind gestrichelt eingezeichnet). Die Brücke liegt einseitig an Masse, ist also nicht erdsymmetrisch. Der Aufbau wird dadurch vereinfacht und weniger kritisch. Das Gerät ist demnach besonders gut für den Anschluß erdunsymmetrischer Prüflinge geeignet (z. B. Koaxialkabel). Es können jedoch auch symmetrische Leitungen und Antennen noch mit ausreichender Genauigkeit gemessen werden. Die Abschirmung wird nicht geerdet. Es ist deshalb zweckmäßig, das Gerät auf isolierende Füße zu setzen und die Gehäuseoberfläche mit einem isolierenden Schutzlack zu überziehen. Ebensogut eignet sich dafür ein Kästchen aus kupferkaschiertem Plattenmaterial. Wie schon erwähnt, ist der Drehwiderstand innerhalb seiner Abschirmbox auf einem Isolierstoffplättchen so zu montieren, daß sein Abstand zu allen ihn umgebenden Metallflächen möglichst groß wird. Seine Metallteile dürfen nicht mit der Abschirmung verbunden werden.

Das Antennascope läßt sich sowohl im Kurzwellenbereich als auch für Meterwellen ohne Änderung verwenden. Die Grenze der VHF-Brauchbarkeit ist vom mechanischen Aufbau und von den Einzelteilen abhängig. Als RF-Generator zur Speisung der Brücke eignet sich ein Dip-Meter ebenso wie jeder andere RF-Erzeuger mit veränderbarer Frequenz und ausreichender Ausgangsleistung (z. B. Leistungsmeßsender). Die zugeführte Hochfrequenzleistung sollte 1 W nicht übersteigen, um Diode und Meßinstrument nicht zu gefährden; etwa 0,2 W sind zum Speisen der Brücke bereits ausreichend. Die RF wird sehr einfach durch eine Schleife von 1 ... 3 Wdg. eingekoppelt, die mit der Kreisspule des Dip-Meters so fest verbunden wird, daß sich bei offenen R_x-Buchsen (Anschluß für Prüfling) Vollausschlag am Anzeigeinstrument einstellt. Bei fester Ankopplung eines Dip-Meters verschiebt sich seine Frequenzeichung. Um Fehlmessungen zu ver-

Bild 31.26
Antennascope nach *W 2 AEF*; oben: Frontansicht, unten: Innenansicht

meiden, sollte die tatsächlich erzeugte Frequenz mit einem frequenzgeeichten Empfänger laufend abgehört werden. Bild 31.26 zeigt die einfache, aber trotzdem funktionssichere Ausführung eines Antennascope nach *W 2 AEF*.

Die Funktion des Gerätes läßt sich überprüfen, indem an die R_x-Buchsen ein induktionsfreier Widerstand bekannten Ohmwertes angeschlossen wird. Dabei muß der vom Drehwiderstand bei Brückennull angezeigte Wert jeweils gleich dem Widerstand des Prüflings sein. Dieser Vorgang wird bei verschiedenen Speisefrequenzen mit einer Reihe von Festwiderständen wiederholt. Dabei bekommt man auch einen Überblick über die Brauchbarkeitsgrenzen des Gerätes, die an der unscharfen Anzeige des Brückengleichgewichtes zu erkennen sind. Im Kurzwellenbereich dürften immer einwandfreie Meßergebnisse erreicht werden, dagegen nehmen die Bauteile für Frequenzen der Meterwellen einen mehr oder weniger komplexen Charakter an, wodurch sich das Brückengleichgewicht nicht mehr einstellen läßt. Durch sorgfältiges Verändern der Leitunsführung der Leitungslängen und der Bauelemente ist es oft möglich, daß das Antennascope auch im 2-m-Band noch brauchbare Ergebnisse liefert. Im 70-cm-Band allerdings versagen einfache Brückenschaltungen gänzlich.

Industriell hergestellte Anpassungsmeßbrükken erreichen durch besonders günstigen Aufbau und durch Kompensation der Blindwiderstände obere Grenzfrequenzen von etwa 250 MHz. Nach der Funktionsprüfung kann das Antennascope für praktische Messungen eingesetzt werden.

31.5.2. Der Matchmaker

Eine als Matchmaker popularisierte Brückenschaltung stellt nichts anderes dar als ein Antennascope, das speziell für die Messung von Koaxialkabeln und Antennen mit Eingangswiderständen bis zu 100 Ω ausgelegt ist. Außerdem enthält dieses Gerät noch einen 2. RF-Gleichrichter, der die Messung der Hochfrequenzspeisespannung erlaubt. Die Schaltung des Matchmakers zeigt Bild 31.27. Das Gehäuse teilt man zweckmäßig wieder in 3 Abschirmboxen auf, wobei in der mittleren Kammer die zur Messung der Eingangsspannung erforderliche Germaniumdiode mit ihren Siebmitteln gesondert von den Brückenelementen abgeschirmt wird. Der Drehwiderstand 100 Ω ist eine induktionsfreie Masseausführung. Für seine Montage gelten die beim Drehwiderstand des Antennascopes gegebenen Hinweise. Die Festwiderstände R_1 und R_2 müssen untereinander völlig gleich sein. Dabei kann der Widerstandswert zwischen 40 und 80 Ω beliebig gewählt werden. Es sind induktivitätsarme Ausführungen mit 1 W Belastbarkeit zu fordern. Die Meßwerkvorwiderstände R_4 und R_5 stellen Normalausführungen dar, deren Widerstandswerte durch das Anzeigeinstrument bestimmt werden. Bei einem Drehspulinstrument mit 0,1 mA Vollausschlag sind für R_4 15 kΩ und für R_5 7,5 kΩ brauchbare Werte. Zu beachten ist, daß sich das Widerstandsverhältnis von R_4 zu R_5 wie 2 : 1 verhalten soll. C_{D1} und C_{D2} sind Durchführungskondensatoren mit etwa 1000 pF (Kapazitätswert nicht kritisch). Der Drehwiderstand wird mit einem genau anzeigenden Widerstandsmeßgerät geeicht (dabei Germaniumdioden abklemmen!). Die gemessenen Werte wer-

den auf einer übersichtlichen Skale von 10 zu 10 Ω vermerkt.

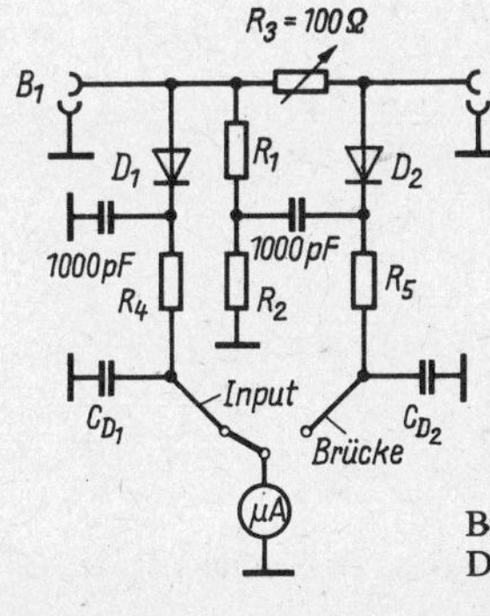

Zum Abgleich und zur Funktionsprüfung schließt man zuerst den Ausgang B$_2$ (Prüfling) mit einem bekannten induktionsfreien Widerstand (z. B. 60 Ω) ab. Der Instrumentenschalter wird in Stellung *Input* gelegt. Dem Eingang des Gerätes führt man gerade so viel RF zu, daß das Meßinstrument halben Skalenausschlag anzeigt. Dazu ist etwa 0,2 W RF-Leistung erforderlich, die ein Griddipper liefern kann. Nun schaltet man das Anzeigegerät auf Stellung *Brücke* und justiert den Drehwiderstand so, daß Brückengleichgewicht (Spannungsnull) eintritt. Der an der Stelle des Drehwiderstandes abgelesene Wert muß genau dem Widerstandswert des Prüflings entsprechen. Diese Überprüfung der Brücke kann mit verschiedenen Speisefrequenzen und Abschlußwiderständen wiederholt werden. Danach entfernt man den Abschlußwiderstand, so daß der Ausgang *Prüfling* offenbleibt. Das Gerät wird mit RF gespeist, bis das Meßinstrument bei Stellung *Input* wieder halben Skalenausschlag anzeigt. Beim Umschalten auf *Brücke* muß sich nun voller Skalenausschlag einstellen (Verhältnis der Vorwiderstände wie 2 : 1). Ergibt sich kein Vollausschlag, so ist R_5 bis zum vollen Skalenausschlag zu verändern. Der gleiche Vorgang wird mit kurzgeschlossenem Ausgang B$_2$ wiederholt. Bei gleicher Eingangsspannung müssen wiederum in Stellung *Brücke* Vollausschlag und in Stellung *Input* halber Skalenausschlag angezeigt werden. Ist das nicht der Fall, so sind die Widerstände R_1 und R_2 untereinander nicht genau gleich. Jetzt kann die Anzeige des Meßwerkes direkt zum Ablesen der Welligkeit s wie folgt geeicht werden:

Drehwiderstand auf markierte Stellung 60 Ω bringen und den Ausgang B$_2$ mit einem induktionsfreien 60-Ω-Widerstand abschließen. RF-Speisespannung so einstellen, daß sich bei *Input* halber Ausschlag des Meßwerkzeigers ergibt. Bei Umschaltung auf *Brücke* muß die Anzeige auf 0 zurückgehen, entsprechend einer Welligkeit $s = 1$. Nun schließt man verschiedene Widerstände mit bekannten Ohmwerten nacheinander als Abschlußwiderstände an und notiert jeweils den sich einstellenden Instrumentenausschlag in Stellung *Brücke*. Die Eingangsspannung muß dabei konstant bleiben, ebenso darf die Einstellung des Drehwiderstandes nicht verändert werden. Beträgt der Abschlußwiderstand z. B. 120 Ω, so entspricht der vom Meßinstrument angezeigte Skalenwert einer Welligkeit von $s = 2$ (120 Ω : 60 Ω); bei einem Abschlußwiderstand von 240 Ω würde sich eine Welligkeit von $s = 4$ ergeben usw. Bei entsprechend vielen Abschlußwiderständen kann aus den Meßwerten eine genaue Eichkurve konstruiert werden. Gegebenenfalls zeichnet

Bild 31.27
Der Matchmaker

man die Werte für die Welligkeit *s* auf der Skale des Instrumentes direkt ein. Bei der praktischen Messung sind folgende Hinweise zu beachten:

a) Der Drehwiderstand muß immer auf den Ohmwert eingestellt werden, der gleich dem Wellenwiderstand des verwendeten Koaxialkabels ist.

b) Die Eingangsspannung (Stellung *Input*) muß man vor jeder Messung für genau halben Skalenausschlag des Meßinstrumentes dosieren.

c) Bei Antennenmessungen muß die Speisefrequenz der Antennenresonanzfrequenz entsprechen.

Durch sinnvolle Anwendung des Matchmakers lassen sich alle in der Kurzwellenpraxis auftretenden Anpassungsprobleme mit ausreichender Genauigkeit lösen.

31.5.3. Anpassungsmeßbrücken mit festem Meßwiderstand

Oft wird der Amateur für die Speisung seiner Sendeantennen nur eine Kabelsorte verwenden, meist ein Koaxialkabel mit einem Wellenwiderstand von 75 Ω. In solchen Fällen kann der Drehwiderstand des Matchmakers durch einen dem Wellenwiderstand des Kabels entsprechenden induktionsfreien Festwiderstand ersetzt werden. Die Meßmöglichkeiten sind dadurch etwas eingeschränkt. Man muß aber bedenken, daß es sehr schwierig ist, einen Drehwiderstand zu beschaffen, der auch im VHF-Bereich noch als reiner Wirkwiderstand arbeitet. Dagegen gibt es im Handel besonders induktionsarme Festwiderstände (VHF-Widerstände), die es ermöglichen, eine höhere obere Grenzfrequenz des Gerätes zu erreichen.

Bild 31.28 zeigt 2 Schaltbeispiele für Welligkeitsmeßbrücken mit festem Meßwiderstand R_z. Je nach dem Wellenwiderstand Z_s der Speiseleitung beträgt sein Widerstandswert 50, 60, 70 oder 75 Ω. R_z muß außerdem ein induktivitätsarmer Kohleschichtwiderstand enger Toleranz sein, eine Belastbarkeit von 0,5 W ist im allgemeinen ausreichend. Für die übrige Schaltung und auch für den Abgleich gelten sinngemäß die zum Matchmaker gegebenen Hinweise.

Die Widerstände R_3 und R_4 haben gleiche Werte, es sind die festen Vorwiderstände für das Anzeigeinstrument. Sie können um so größer sein, je empfindlicher das Meßwerk ist. Durch große Vorwiderstände wird die Spannungsanzeige weitgehend linear, und eine besondere Eichung des Meßwerkes in Verbindung mit der Diode erübrigt sich dann. Alle verwendeten Kondensatoren sind Keramikscheiben von je 5000 pF (Wert nicht kritisch zwischen 1000 und 10000 pF). Der Stellwiderstand R_k wird nur beim erstmaligen Abgleich benötigt. Seine Größe beträgt etwa 1 kΩ. R_E ist der Empfindlichkeitsregler, dessen Widerstandswert vom Innenwiderstand des Meßinstrumentes abhängt. Die gestrichelt eingezeichnete Abschirmung soll andeuten, daß R_z in eine eigene Abschirmkammer kommt, wobei dieser Meßwiderstand mit möglichst kurzen Anschlußdrähten zwischen B_1 und B_2 eingelötet werden muß.

Bei offener Buchse B_2 wird zunächst die Brücke über B_1 mit Hochfrequenz gespeist. In Schalterstellung *Input* regelt man nun mit R_E die Empfindlichkeit so ein, daß das Anzeigemeßwerk gerade Vollausschlag anzeigt. Beim Umschalten auf *Brücke* muß sich ebenfalls Vollausschlag einstellen. Da das oft nicht der Fall ist, oetätigt man den Korrekturtrimmwiderstand R_k. Mit ihm stellt man auf Gleichheit des Vollaus-

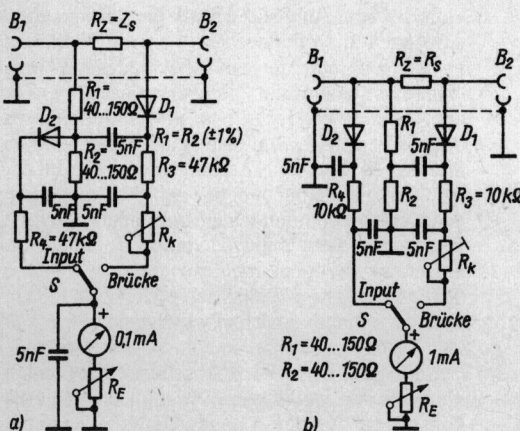

Bild 31.28
Brückenschaltungen mit festem Meßwiderstand

schlages bei offener Buchse B$_2$. Jetzt wird wieder auf *Input* umgeschaltet und die Buchse B$_2$ kurzgeschlossen; wenn erforderlich, stellt man mit R_E wieder auf Vollausschlag. Beim Umschalten auf Brücke muß der gleiche Zeigerausschlag vorhanden sein; ist das nicht der Fall, sind R_1 und R_2 nicht genau gleich, oder es bestehen Streukopplungen zwischen den Brückenzweigen. Dieser Abgleich sollte mit mehreren Speisefrequenzen durchgeführt werden, zumindest mit der höchsten und mit der niedrigsten Betriebsfrequenz des vorgesehenen Anwendungsbereiches (z. B. im 80- und 10-m-Band). Aus den Ergebnissen kann man bestehende Fehler analysieren. Wenn z. B. R_1 und R_2 in ihrem Wert nicht genau gleich sind, während die Brücke konstruktiv in Ordnung ist, wird die Fehleranzeige bei allen Frequenzen genau gleich sein. Stellt man dagegen bei verschiedenen Frequenzen unterschiedliche Fehlerwerte fest, so kann angenommen werden, daß die Bauelemente der Brücke ungünstig angeordnet sind, so daß Streuinduktivitäten oder Streukapazitäten auftreten.

Bei der Konstruktion von RF-Meßbrücken sollten die folgenden allgemeingültigen Regeln beachtet werden:

a) Im Hochfrequenzzweig der Brücke müssen die Anschlußdrähte der Bauelemente so kurz wie möglich sein.

b) Die Widerstände R_z, R_1 und R_2 sind so zu montieren, daß sie mindestens um das Doppelte ihres Eigendurchmessers von den sie umgebenden Metallteilen entfernt sind.

c) Die Bauelemente im RF-Zweig sollen so angeordnet sein, daß die gegenseitige Beeinflussung durch induktive oder kapazitive Kopplung so gering wie möglich ist.

Um das Brückengleichgewicht zu testen, wird zuerst – wie bei jeder Brückenmessung – die Grundeinstellung vorgenommen; Prüflingsbuchse B$_2$ offen, mit R_E so einregeln, daß in beiden Umschalterstellungen jeweils genau Vollausschlag des Meßwerkes vorhanden ist. Nun schließt man an B$_2$ einen Abschlußwiderstand an, dessen Wert genau dem von R_z entspricht. In Stellung *Input* muß nun Vollausschlag eintreten (eventuell R_E nachstellen). Beim Umschalten auf *Brücke* muß der Zeiger des Meßwerkes auf Null zurückgehen. Bleibt ein bestimmter Ausschlag bei allen Speisefrequenzen gleichmäßig bestehen, haben R_z und der Abschlußwiderstand nicht genau den gleichen Widerstandswert. Bei frequenzabhängiger Ablage vom Brückennull ist der Meßwiderstand R_z nicht induktivitätsarm genug, oder es sind Streukopplungen vorhanden.

Besteht zwischen Skalenanzeige und RF-Spannung Proportionalität und entspricht die Skalenteilung 10 gleich großen Spannungsintervallen,

so ergibt sich die Welligkeit *s* in bekannter Weise aus Bild 31.17 in Abhängigkeit von den abgelesenen Skalenteilen der Nullablage in Stellung *Brücke*.

31.5.4. Die Antennenrauschbrücke
(R. T. Hart – US Pat. 3531717 – 1968)

Eine weitere vielseitige und einfach aufzubauende Brückenschaltung, mit der man Antennenresonanzfrequenzen und Impedanzen feststellen kann, ist die Rauschbrücke. Sie besteht aus einer Rauschquelle sehr großer Bandbreite als Generator und einer Brückenschaltung, die sich im Prinzip nicht von den bisher besprochenen Brückenschaltungen (z. B. Antennascope) unterscheidet. Als Indikator für das Brückennull wird ein beliebiger Empfänger – im allgemeinen der Stationsempfänger – verwendet.

Die Unterscheidungsmerkmale zwischen Antennascope und Antennenrauschbrücke sollen die Übersichtsdarstellungen in Bild 31.29 verdeutlichen. Beim Antennascope (Bild 31.29 a) verwendet man einen selektiven Generator (Stationssender oder Grid-Dip-Meter), der die Brücke jeweils mit einer bestimmten Frequenz erregt; der Nullindikator – im allgemeinen ein Meßinstrument – ist dagegen nicht frequenzselektiv. Bei der Antennenrauschbrücke (Bild 31.29 b) hingegen sind die Verhältnisse umgekehrt: Der Generator ist eine Rauschquelle, die ein «weißes Rauschen» erzeugt, welches außerordentlich breitbandig ist und als aperiodisch bezeichnet werden kann. Diesem nichtselektiven Generator steht ein selektiver Nullindikator in der Form eines Empfängers gegenüber.

Die Vorzüge der Rauschbrücke sind offensichtlich, allein schon aus Kostengründen, denn der Rauschgenerator besteht praktisch nur aus einer Z-Diode, der ein kleiner transistorisierter Rauschverstärker nachgeschaltet ist. Der als

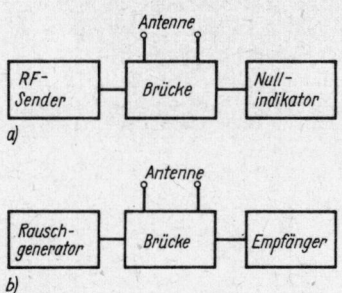

a)

b)

Bild 31.29
Übersichtschaltplan von Brückenmeßgeräten;
a – Antennascope, b – Rauschbrücke

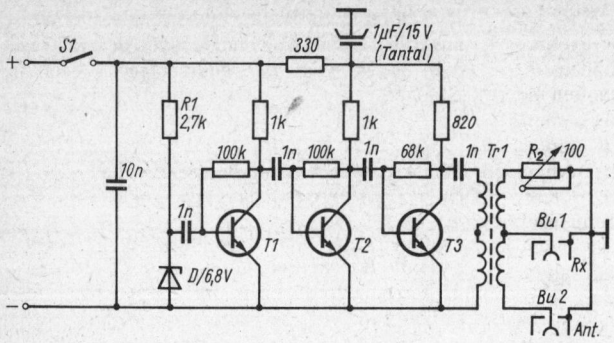

Bild 31.30
Antennenrauschbrücke mit 3stufigem
Rauschverstärker

Nullindikator verwendete Empfänger ist sowieso bei jedem Funkamateur vorhanden. Er ist viel empfindlicher als z. B. ein Drehspulinstrument, so daß nur eine sehr geringe Leistung des Generators erforderlich ist. Die Rauschbrücke ist auch geradezu ideal für den Kurzwellenhörer, der weder Sender noch Dip-Meter besitzt.

Die obere Grenzfrequenz für die Brauchbarkeit einer selbsthergestellten Antennenrauschbrücke hängt von der Güte der Brückenkonstruktion ab, wobei es hauptsächlich darauf ankommt, Streukapazitäten zu vermeiden. Der Rauschgenerator bildet kein Kriterium, er «rauscht» bis in den UHF-Bereich und darüber hinaus. Die gute Funktion im gesamten Kurzwellenbereich ist praktisch immer gegeben. Bei Verwendung geeigneter Brückenbauteile und sorgfältigem Aufbau ist die Rauschbrücke auch im 2-m-Band noch einzusetzen. Für eine industriell gefertigte Antennenrauschbrücke der Firma Omega-T, die für den Amateurgebrauch bestimmt ist, wird z. B. eine obere Grenzfrequenz von 300 MHz angegeben. Eine Reihe von Selbstbaubeschreibungen stützt sich auf die «Omega-T-Konzeption», z. B. [2], [3] und [4]. Diese Schaltung zeigt Bild 31.30.

Als Rauschquelle benutzt man die Silicium-Z-Diode mit einer Zenerspannung von 6,8 V (z. B. Typ ZF 6,8 oder SZX 20/6,8). Diese Z-Diode hat nicht die Aufgabe der Spannungsstabilisierung, daher wird die genaue Einhaltung der angegebenen Zenerspannung nicht gefordert. Es interessieren die Rauscheigenschaften, deshalb sollte man von mehreren Exemplaren dasjenige aus-

suchen, welches das stärkste Rauschen im Bereich zwischen etwa 1 und 30 MHz produziert. Bild 31.31 zeigt eine Meßschaltung zur Diodenauswahl. Der 3stufige Rauschverstärker hat keine Besonderheiten, es ist nur zu beachten, daß die verwendeten Silicium-npn-Transistoren eine hohe Grenzfrequenz und eine ausreichende Verstärkung aufweisen. Im Mustergerät wurde der Typ BC 109C bzw. 2 N 3563 verwendet (gleicher Typ für T_1, T_2 und T_3). Die Verstärkung soll so groß sein, daß der an die Brücke angeschlossene Empfänger RX im 10-m-Band noch einen Rauschpegel von mindestens S9 + 10 dB anzeigt. In bestimmten Grenzen kann der Rauschpegel auch eingestellt werden, wenn man den Festwiderstand R_1 (2,7 kΩ) verändert bzw. durch einen Widerstandstrimmer ersetzt.

Den Übergang zur Brückenschaltung bildet der Breitbandübertrager Tr 1. Seine Aufgabe ist, die erdunsymmetrische Rauschspannung zu symmetrieren, so daß auf der Sekundärseite die Brücke symmetrisch erregt wird. Von der Güte dieses Übertragers wird die Brauchbarkeit der Rauschbrücke maßgeblich beeinflußt. Er ist auf einen Ferrit-Ringkern geeigneten Kernmaterials aufgewickelt (z. B. Siferrit 80 K 1, Ferrosxcube 4C4 oder 4C6, Manifer Mf 343). Man wickelt 4drähtig mit 0,3-mm-CuL-Draht. Es sind je 4 Drahtwindungen auf den Ringkern aufzubringen. Die 4 Einzeldrähte werden miteinander ver-

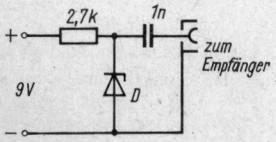

Bild 31.31
Schaltung zur Rauschauswahl von Z-Dioden

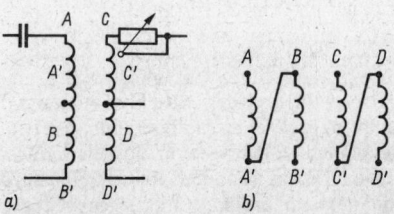

Bild 31.32
Bewicklungsschema des Breitbandübertragers;
a – Wickelschema, b – Wicklungsverbindungen

606

drillt, so daß sich etwa 1 axiale Verdrehung je Zentimeter Drahtlänge ergibt. Anfang und Ende jedes Drahtes sollte man kennzeichnen. Die so gebündelten Drähte werden gemeinsam mit 4 Windungen um den Ringkern gewickelt und so auf dessen Umfang verteilt, daß sie etwa 1/3 davon bedecken. Bild 31.32 veranschaulicht das richtige Zusammenschalten der Drahtanfänge und Drahtenden. Die in Bild 31.32a eingezeichnete Buchstabenkennzeichnung findet man an dem stilisierten Vierdrahtleiter in Bild 31.32b wieder. Es kommt hier vor allem darauf an, daß alle Drahtlängen auf der Brückenseite (C–C' und D–D') genau gleiche Länge haben, so daß der Punkt C'–D exakt die elektrische Mitte darstellt. Deshalb müssen die Verbindungen von Punkt C zu R_2 und von D' zu Bu 2 so kurz wie möglich und von gleicher Länge sein. Wenn kein passender Ferrit-Ringkern vorhanden ist, kann an dessen Stelle auch ein Ferrit-Doppellochkern nach Bild 30.21c als Wicklungsträger verwendet werden.

R_2 ist ein Kohleschichtdrehwiderstand mit linearem Widerstandsverlauf in möglichst kapazitätsarmer Ausführung; gegebenenfalls ist die Metallabdeckkappe zu entfernen. Da die Linearität häufig nicht einwandfrei ist, soll die Potentiometerskale mit einem guten Ohmmeter in Widerstandswerten kalibriert werden. Wenn der Potentiometer-Brückenzweig zu viel Streukapazität einbringt, kann man diese durch einen gleich großen Kondensator parallel zu Bu 2 kompensieren.

Der Widerstandsendwert von R_2 wird nach dem gewünschten Meßbereich ausgewählt. Üblich sind Werte zwischen 100 und 250 Ω.

Für den Gebrauch der Rauschbrücke gilt folgende Kurzanweisung:

a) an der Skale von R_2 den zu erwartenden Impedanzwert einstellen (z. B. 50 oder 75 Ω); Empfänger an Bu 1 und zu untersuchende Antenne an Bu 2 anschließen.

b) Empfänger über den Frequenzbereich durchstimmen, in welchem Antennenresonanz erwartet wird; Frequenz feststellen, bei der Brückennull eintritt (geringstes Rauschen bzw. kleinster S-Meter-Ausschlag);

c) R_2 nachstellen auf Rauschminimum;

d) Schritt b und c wechselseitig wiederholen, bis ein eindeutiges, nicht mehr verbesserungsfähiges Rauschminimum erreicht ist.

Die am Empfänger eingestellte Frequenz entspricht nun der Antennenresonanz, und der am Potentiometer R_2 abgelesene Widerstandswert ist gleich dem Wirkanteil der Antennenimpedanz.

Um auch vorhandene Blindanteile messen zu können, ist eine Erweiterung der Brückenschaltung nach Bild 31.33a möglich. Dem Potentio-

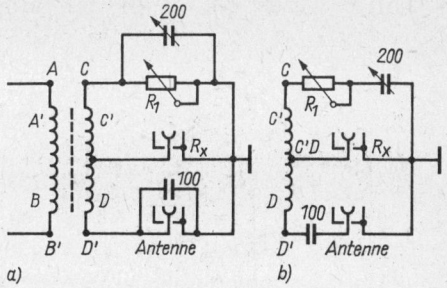

Bild 31.33
Die Erweiterung der Brückenschaltung zum Messen von Reaktanzen; a – nach [4], b – nach [9] und [11]

meter R_2 wird ein Drehkondensator mit etwa 200 pF Endkapazität parallelgeschaltet, und im anderen Brückenzweig, parallel zur Antennenanschlußbuchse Bu 2, liegt ein 100-pF-Kondensator. Zu Beginn einer Messung muß die am Drehkondensator eingestellte Kapazität genau 100 pF betragen. In diesem Fall besteht Brückengleichgewicht, da sich im anderen Brückenzweig ebenfalls 100 pF befinden (Festkondensator). Muß bei Reaktanzmessungen die Drehkondensatorkapazität vergrößert werden, um ein eindeutiges Rauschminimum zu erhalten, so liegt ein kapazitiver Blindwiderstand vor; wird eine kleinere Kapazität erforderlich, ist der Blindwiderstand induktiv. Wenn die Skale des Drehkondensators in pF kalibriert ist, kann man aus der abgelesenen Differenzkapazität zu 100 pF die Werte der Blindanteile ausrechnen.

Die Schaltungsvariante in Bild 31.33b ist in Funktion und Bedienung identisch.

Exakte Meßergebnisse erhält man nur, wenn direkt am Antenneneingang gemessen wird oder wenn die Speiseleitung elektrisch genau λ/2 oder ganzzahlige Vielfache von λ/2 lang ist. Die Resonanzlänge für die Speiseleitung kann mit der Rauschbrücke exakt ausgemessen werden.

Eine weitere Antennenrauschbrücke wurde von WB 2 EGZ entwickelt und in [5], [6], [7] und [8] beschrieben. Den Stromlaufplan zeigt Bild 31.34. Im 2stufigen Rauschverstärker sind keine Besonderheiten enthalten; für die Transistorwahl gilt auch hier die Forderung nach hoher Grenzfrequenz und großer Verstärkung. Im Mustergerät wurde der Universaltyp 2 N 918 eingesetzt; auch hier sollte man die Z-Diode nach größtem Rauschen aussuchen.

Der Breitband-Symmetriewandler ist in Bild 31.34b gesondert dargestellt. Als Ferrit-Kernmaterial wird Ferroxcube 4C4 vorgeschlagen. Die Wicklungen A und B sind bifilar ausgeführt, sie sollen zusätzlich noch miteinander verdrillt werden (geht nicht aus der Zeichnung hervor!).

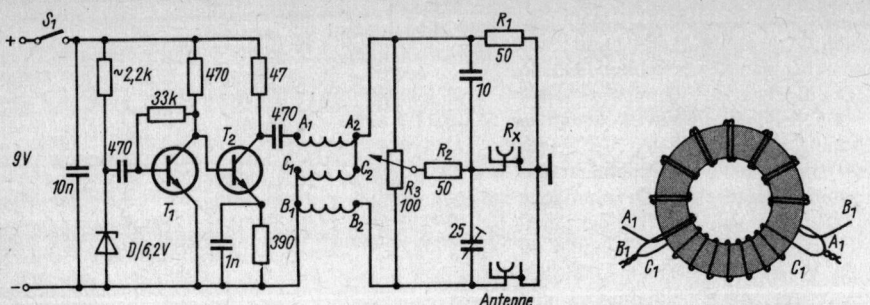

Bild 31.34
Die Antennenrauschbrücke nach *WB 2 EGZ*; a – Schaltung, b – Bewicklungsschema für den Breitband-Ringkern-übertrager

Es werden je 9 Windungen aus 0,4-mm-CuL-Draht gemäß Bild 31.34 auf den Ringkern aufgebracht. Der Wickelsinn von C ist zu beachten. R_1 und R_2 (je 50 Ω) sollen genau gleichen Wert haben (1% Toleranz) und möglichst induktivitätsarm sein. R_3 steht bei der Messung in Mittelstellung, seine Widerstandsskala wird mit der Rauschbrücke kalibriert, indem man an die Buchse «Ant» verschiedene Widerstände bekannten Widerstandswertes nacheinander anschaltet und jeweils mit R_3 das Brückennull sucht. Der Widerstandswert wird an der betreffenden Zeigerstellung jeweils eingetragen. Die in der Brückenschaltung vorhandenen bzw. «eingebauten» Streukapazitäten werden mit dem Kapazitätstrimmer (25 pF) kompensiert.

Die Rauschbrücke kann sehr vielseitig verwendet werden, ihr Einsatz beschränkt sich nicht nur auf Antennenmessungen. Von *Nelson* [5] und *Glaisher* [6] wird noch eine Vielzahl von Anwendungsmöglichkeiten beschrieben, welche die Universalität dieses «Amateurgerätes» beweisen.

31.6.   Feldstärkeanzeigegeräte

Zur Unterstützung beim Antennenabgleich und zur Kontrolle der Strahlungscharakteristik von Richtantennen sind einfache Feldstärkeindikatoren brauchbar. Mit ihrer Hilfe kann mancher Beam den «letzten Schliff» bekommen.

Bild 31.35 enthält Beispiele einiger unkomplizierter Anzeigegeräte. Bild 31.35a stellt die einfachste Ausführung dar: einen gestreckten Halbwellendipol, in dessen Mitte eine Halbleiterdiode eingefügt ist. Parallel dazu liegt ein möglichst

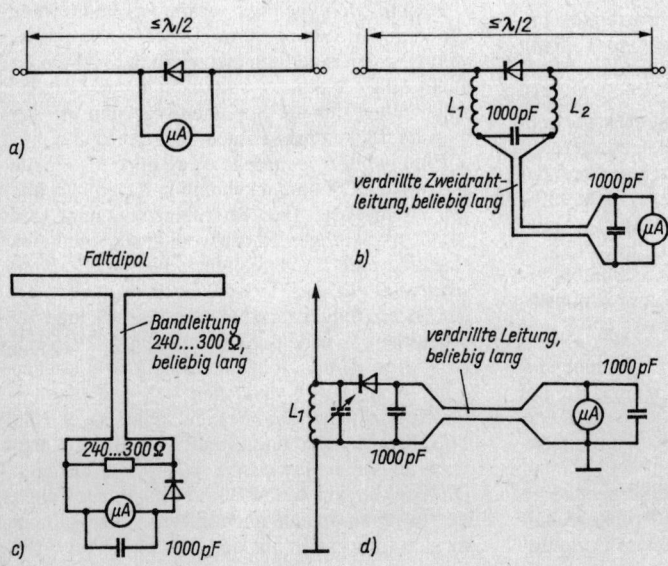

Bild 31.35
Feldstärkeanzeigegeräte

608

empfindliches Mikroamperemeter als Anzeigeinstrument. Der Meßdipol muß nicht unbedingt
eine Länge von λ/2 haben; er kann beliebig verkürzt werden, wobei jedoch die Anzeigeempfindlichkeit sinkt. Ist der Richtstrahler horizontal
polarisiert, so muß man auch den Meßdipol
waagrecht aufhängen. Der Meßdipol wird in
möglichst großer Entfernung von der Sendeantenne und in gleicher Höhe wie diese aufgebaut. Strahlt die Antenne in Richtung zum Feldstärkeindikator, so wird ein mehr oder weniger
großer Ausschlag am Meßinstrument zu erkennen sein. Allerdings muß bei diesem Gerät das
Ablesen des Instrumentes durch eine Hilfsperson
vorgenommen werden, was umständlich und unbequem ist.

Wie Bild 31.35 b zeigt, kann das Anzeigeinstrument vom Meßdipol getrennt und über eine beliebig lange, verdrillte Doppelleitung oder Stegleitung mit ihm verbunden werden. Das Anzeigemeßwerk wird nun so in Sichtweite aufgestellt,
daß das Ergebnis der Abgleicharbeiten direkt zu
beobachten ist. Die Drosseln L_1 und L_2 sind im
VHF-Bereich einfache Viertelwellendrosseln.
Für alle Kurzwellenbänder genügen RF-Dros-
seln mit einer Induktivität um 1 mH (nicht kritisch).

Mit einem Faltdipol arbeitet die Ausführung
nach Bild 31.35 c. Eine beliebig lange UKW-
Bandleitung ist mit ihrem Wellenwiderstand an
den Eingangswiderstand des Faltdipols angepaßt. Das Ende der Bandleitung schließt man mit
einem Widerstand von 240 ... 300 Ω impedanzrichtig ab. Die RF-Gleichrichtung erfolgt in diesem Fall am Eingang der Speiseleitung. Die Anordnung ist im VHF-Bereich gut brauchbar. Ihre
Verwendung auf Kurzwellen steht der verhältnismäßig große Platzbedarf des Faltdipols entgegen.

Speziell für Kurzwellen ist der Feldstärkeindikator in Bild 31.35 d geeignet. In diesem Fall
nimmt eine kurze Hilfsantenne die Hochfrequenz auf. Der an der Hochfrequenzdrossel L_1
entstehende RF-Spannungsabfall wird von einer
Germaniumdiode gleichgerichtet und über eine
beliebig lange Zweidrahtleitung (verdrilltes Feld-
kabel, Klingelleitungsdraht usw.) dem Anzeigeinstrument zugeführt. Die gesamte Anordnung
kann einseitig geerdet werden. Höhere Empfindlichkeit erzielt man, wenn L_1 durch einen parallelgeschalteten Drehkondensator C (gestrichelt
eingezeichnet) zu einem Parallelresonanzkreis
erweitert wird. Der Abstimmbereich muß aber
die zu messende Frequenz erfassen. Bei Frequenzwechsel ist der Schwingkreis jeweils nachzustimmen. Die in allen Ausführungen enthaltenen Halbleiterdioden können beliebige RF-
Typen sein (z. B. *AA 119*). An die Meßinstrumente werden keine besonderen Anforderungen

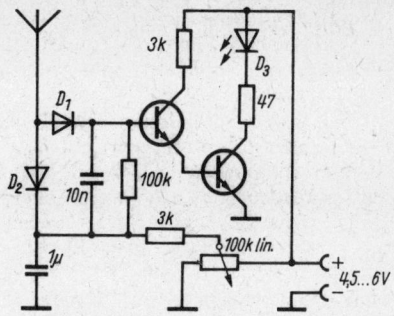

Bild 31.36
Empfindlicher Feldstärkeanzeiger mit Leuchtdiode

gestellt; lediglich muß ihr Vollausschlag bei
≦0,5 mA liegen.

Die moderne Version eines Feldstärkeanzeigers zeigt Bild 31.36. Als Anzeigeelement benutzt man eine Leuchtdiode, die das kostspiel-
igere Zeigerinstrument ersetzt. Ein Transistor-
verstärker sorgt für große Empfindlichkeit, die
Ansprechschwelle der LED kann mit dem
Potentiometer eingestellt werden. D_1 und D_2 sind
beliebige Dioden für RF-Anwendung; im Transi-
storverstärker eignet sich praktisch jeder npn-
Typ. Der Stromverbrauch ist äußerst gering.

In einigen Fällen sind selektive Feldstärkeanzeiger erwünscht, also Geräte, die erst dann
die Feldstärke anzeigen, wenn sie auf die betreffende Frequenz abgestimmt werden. Sie vereinigen in sich die Funktion eines Feldstärkeanzeigers mit der eines Wellenmessers. Diese Forderung erfüllen z. B. auch die bekannten
Antennentestgeräte. Selbst ein ganz einfacher
Absorptionskreis-Wellenmesser mit Feldstärkeanzeiger nach Bild 31.37 ist in der Hand des Ama-

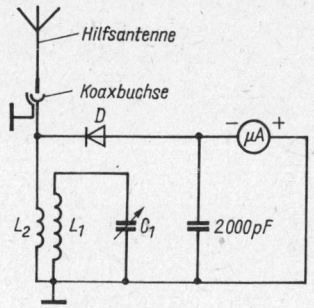

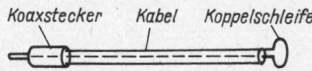

Bild 31.37
Selektives Feldstärkeanzeigegerät

teurs trotz verhältnismäßig geringer Empfindlichkeit ein vollwertiges Meßmittel. L_1 bildet zusammen mit C_1 einen veränderbaren Parallelresonanzkreis. Da dieser möglichst selektiv sein soll, darf er weder durch die Hilfsantenne noch durch die Halbleiterdiode stark gedämpft werden. Deshalb verwendet man eine kleine Koppelspule L_2, die lose an den Kreis L_1–C_1 angekoppelt ist. Von der Hilfsantenne wird die Hochfrequenz aufgenommen und – wenn es sich um große Feldstärken handelt – bereits vom Meßinstrument angezeigt, ohne daß der Kreis L_1–C_1 in Resonanz mit der Sendefrequenz ist. Bei Nachstimmung auf Resonanz zeigt das Anzeigemeßwerk ein ausgeprägtes Maximum. Bei kleineren Feldstärken spricht das Instrument erst dann an, wenn der Abstimmkreis mit der Sendefrequenz in Resonanz ist. Ähnlich wie beim Dip-Meter kann man die Spulen als Steckspulen ausbilden und damit alle gewünschten Bereiche überstreichen. C_1 ist ein Drehkondensator mit etwa 50 pF Endkapazität, dessen Skale in Frequenzen geeicht werden kann. Für die Bemessung der Steckspulen geben Tabelle 31.1. und Tabelle 31.2. Anhaltspunkte. Als Anzeigeinstrument sind Drehspulmeßwerke mit einem Endausschlag bis zu 1 mA geeignet.

Das Gerät ist sehr vielseitig verwendbar. Versieht man es z. B. an Stelle der Hilfsantenne mit einem Stück Koaxialkabel, das an seinem Ende eine Koppelspule trägt, so können innerhalb des Senders mit der Koppelschleife die einzelnen Stufen abgetastet und Störstrahlungen lokalisiert werden. Auch bei der Neutralisation von Senderöhren leisten selektive Feldstärkeanzeiger gute Dienste. Wird zwischen Nullpotential und Meßinstrument ein Kopfhörer eingeschleift, so hat man einen Detektorempfänger, der es ermöglicht, die Modulation des eigenen Senders abzuhören (sogenannter Monitor).

Die RF-Spannung wird nicht linear, sondern annähernd quadratisch angezeigt. Wenn man ein hochempfindliches Anzeigeinstrument verwendet und somit einen entsprechend großen Vorwiderstand einsetzen kann (etwa 10 kΩ), wird die Anzeige weitgehend linearisiert.

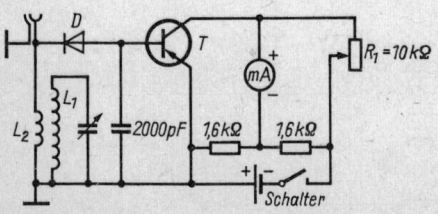

Bild 31.38
Selektiver Feldstärkeanzeiger mit Transistor-Gleichstromverstärker

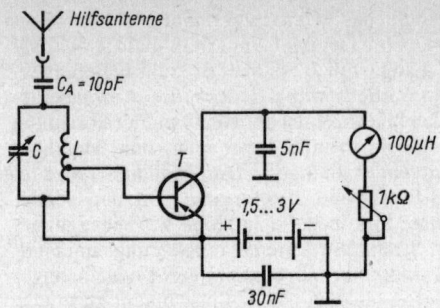

Bild 31.39
Selektiver Feldstärkeanzeiger mit RF-Transistor

Durch den Zusatz eines 1stufigen Transistorgleichstromverstärkers kann die Empfindlichkeit des selektiven Feldstärkeanzeigers beträchtlich erhöht werden. Eine solche Schaltung zeigt Bild 31.38. Der Transistor bewirkt – abhängig von seinen Daten – eine etwa 10fache Stromverstärkung. Dadurch ist man in der Lage, billige und robuste Anzeigeinstrumente zu verwenden. An den Transistor werden keine besonderen Forderungen gestellt, es eignet sich fast jeder NF-Typ. Die von der Halbleiterdiode gleichgerichtete Spannung liegt an der Basis des Transistors. Der Kollektorreststrom wird mit R_1 in einer Brückenschaltung kompensiert, so daß bei fehlendem Signal das Anzeigeinstrument auf 0 steht. Die Nulleinstellung sollte häufiger wiederholt werden, da Temperaturschwankungen den Reststrom der Transistoren beeinflussen.

Für die Schaltung nach Bild 31.39 ist ein Transistor höherer Grenzfrequenz erforderlich. Um auch im 2-m-Band messen zu können, sollte man einen RF-Transistor mit möglichst geringem Kollektorstrom einsetzen. Der Kreis LC ist für die vorgesehene Arbeitsfrequenz zu bemessen. Damit der Resonanzkreis vom niedrigen Transistoreingangswiderstand nicht zu sehr bedämpft wird, liegt die Basis an einer Anzapfung nahe dem «kalten» Ende der Spule. Die Länge der Hilfsantenne ist von der Wellenlänge und der herrschenden Feldstärke abhängig. Selbstverständlich können auch npn-Transistoren verwendet werden, in diesem Fall muß die Betriebsspannung umgepolt werden.

31.7. Einfache Meßeinrichtungen für RF-Ströme und RF-Spannungen

In einigen Fällen – insbesondere bei Verwendung abgestimmter Speiseleitungen – ist es günstig, wenn man den Antennenstrom und gegebenen-

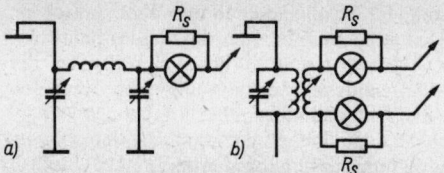

Bild 31.40
Glühlampenindikator; a – für Eindrahtspeiseleitung,
b – für Zweidrahtspeiseleitung

falls auch die Antennenspannung messen kann. Absolute Messungen des Antennenstroms werden mit dem Thermokreuz in Verbindung mit einem hochempfindlichen Drehspulmeßwerk durchgeführt. Gelegentlich setzt man auch Hitzdrahtinstrumente ein. Beide sind jedoch teuer und außerdem gegen Überlastung sehr empfindlich.

Der Amateur kann bei seinen Messungen meist auf die Kenntnis des absoluten Antennenstromes verzichten. Ihm genügen Anordnungen, die beim Abstimmen das Maximum des Antennenstroms erkennen lassen. Im einfachsten Fall werden zwischen Senderausgang und Speiseleitung Glühlampen eingeschaltet (z. B. Skalenlampen), die den maximalen Antennenstrom durch hellstes Aufleuchten anzeigen (Bild 31.40).

Die Parallelwiderstände R_s «shunten» die Glühlampen, sie verhindern in bestimmten Grenzen ihr Durchbrennen und setzen gleichzeitig die schädliche Induktivität des Glühfadens etwas herab. Mit der Lampenanordnung nach Bild 31.40b wird außerdem noch angezeigt, ob beide Speiseleitungszweige annähernd symmetrisch erregt sind (gleichmäßig helles Aufleuchten beider Lampen).

Die in Bild 31.41 dargestellten Antennenstromanzeigegeräte unterscheiden sich nur durch die Art der Ankopplung an die Speiseleitung. Als Gleichrichterelemente sind alle üblichen RF-Halbleiterdioden brauchbar. Die Anzeigeempfindlichkeit solcher Stromwandlergeräte ist im allgemeinen viel größer als die von Glühlampenindikatoren.

Mitunter erweist sich auch eine Anzeigemöglichkeit für die Maxima und Minima der RF-Spannung als vorteilhaft. Die Glimmlampe ist ein brauchbarer Spannungsindikator. Sie wird nach Bild 31.42 kapazitiv an die Speiseleitung angeschlossen. Bei mittleren Sendeleistungen genügt meist schon die kapazitive Annäherung an die Speiseleitung, um die Glimmlampe zum Aufleuchten zu bringen. Eine sehr empfindliche Meßanordnung erhält man durch Gleichrichtung der RF-Spannung mit einer Halbleiterdiode und nachfolgender Anzeige an einem Drehspulmeßwerk (Bild 31.43). Die Größe des Vorwiderstandes R_V ist vom Innenwiderstand des Meßwerkes und von der gewünschten Empfindlichkeit abhängig. Alle in diesen Meßanordnungen verwen-

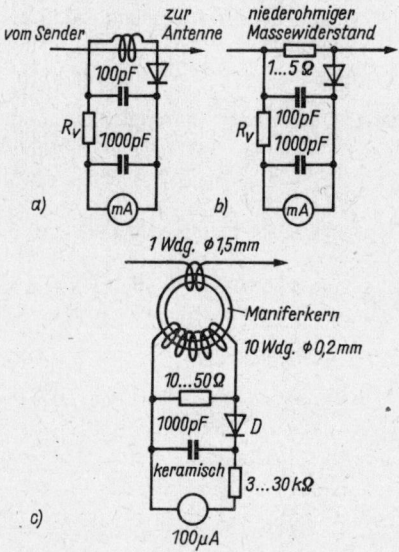

Bild 31.41
Antennenstromanzeigegerät; a – RF-Stromabnahme durch Koppelschleife, b – Messung des Spannungsabfalles an einem niederohmigen Meßwiderstand, c – RF-Stromwandler

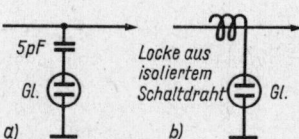

Bild 31.42
HF-Spannungsanzeige durch kapazitiv angekoppelte Glimmlampe

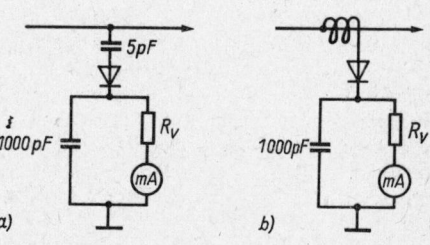

Bild 31.43
Empfindlicher RF-Spannungsanzeiger

611

deten Kondensatoren sind keramische Typen. Es sei noch auf einen Nachteil hingewiesen, den die Verwendung von Dioden im Antennenkreis mit sich bringen kann: Durch die nichtlineare Kennlinie der Diode entstehen bei der Gleichrichtung Oberwellen der Betriebsfrequenz. Diese können auf die Antenne gekoppelt und abgestrahlt werden. Dioden können somit der unerwünschte Anlaß auftretender Störungen des Rundfunk- und Fernsehempfanges sein.

31.8.   Absorber (Kunstantennen)

Zu den wichtigsten Hilfseinrichtungen einer Amateurstation gehört der *Absorber*. In seiner einfachsten Form stellt er einen rein ohmisch wirkenden Abschlußwiderstand dar, dessen Widerstandswert so bemessen ist, daß Widerstandsanpassung herrscht. Man muß demnach eine Energieleitung von 60 Ω Wellenwiderstand mit einem reinen Wirkwiderstand von 60 Ω abschließen; in diesem Fall herrscht Anpassung, es treten deshalb keine stehenden Wellen auf, und die gesamte Energie wird zum Abschlußwiderstand strahlungsfrei in Wärme umgesetzt. Schließt man einen solchen Belastungswiderstand statt einer Antenne an die Energieleitung an, so bezeichnet man ihn, sprachlich nicht ganz einwandfrei, als *Kunstantenne*. Im Amateursprachgebrauch nennt man sie auch «*Dummy Load*».

Absorber lassen sich vielseitig verwenden. Man benötigt sie nicht nur beim Senderabgleich, sondern auch zur Leistungsmessung und zum Eichen von Antennenmeßgeräten. Die Belastbarkeit eines Absorbers muß dem Verwendungszweck angepaßt sein. Wird er als Kunstantenne eingesetzt, dann muß er die gesamte Sender-RF-Leistung absorbieren. Leider sind induktionsfreie und gleichzeitig hochbelastbare Spezialwiderstände teuer und im allgemeinen auch schwierig zu beschaffen. Für den Funkamateur kommen deshalb nur selbsthergestellte Kombinationen handelsüblicher Kohleschichtwiderstände in Frage, die den im Amateurfunk gestellten Anforderungen durchaus genügen können.

Drahtgewickelte Widerstände muß man wegen ihrer großen Induktivität als völlig unbrauchbar bezeichnen. Kohleschichtwiderstände mit eingeschliffener Wendel sind im Kurzwellenbereich bedingt geeignet, vor allem, wenn man mehrere gleiche Widerstände parallelschaltet. Besser sind glatte Schichtwiderstände und am günstigsten Massewiderstände, vor allem Borkohlewiderstände.

Die schädliche Induktivität eines Widerstandes vermindert sich um so mehr, je größer die Anzahl der parallelgeschalteten Widerstände ist; gleichzeitig summiert sich die Gesamtbelastbarkeit. Darüber hinaus addieren sich aber bei der Parallelschaltung die unerwünschten Kapazitäten der Widerstände. Im Bedarfsfall läßt sich jedoch die schädliche Kapazität durch eine entsprechende Induktivität kompensieren.

Die primitivste, aber bei Funkamateuren häufig anzutreffende Kunstantenne besteht aus Glühlampen, die mit möglichst kurzen Leitungen an die Senderendstufe angeschlossen werden. Von einem reellen Abschluß kann in diesem Fall keine Rede sein, abgesehen davon, daß der Widerstand von Metallfadenlampen sehr stark temperaturabhängig ist. Das Verhältnis von Kaltwiderstand zu Warmwiderstand beträgt 1 : 10 bis 1 : 15! Günstiger sind Kohlefadenlampen, deren Widerstand sich nur etwa im Verhältnis 1 : 2 verändert.

Oft bietet sich dem Funkamateur die Möglichkeit, größere Stückzahlen gleichartiger Schichtwiderstände aus Altbeständen billig zu erwerben. Werte bis maximal etwa 3 kΩ mit Belastbarkeit >0,5 W sind für die Herstellung einer brauchbaren Kunstantenne geeignet.

Da der Absorber immer in Verbindung mit koaxialen Leitungen verwendet wird, beträgt der Gesamtwiderstand vorwiegend 50 Ω, seltener 60, 70 oder 75 Ω. Besitzt man z. B. eine größere Anzahl von 1,5-kΩ-Widerständen mit je 1 W Belastbarkeit, dann sind für einen Gesamtwiderstand von 60 Ω 25 Einzelwiderstände parallelzuschalten (1500 : 60 = 25), wobei die Belastbarkeit 25 W beträgt. Verfügt man über Widerstände mit kleineren Ohmwerten (z. B. 150 Ω/2 W), so behilft man sich mit einer Serien-Parallelschaltung. Dabei sind z. B. jeweils 2 Widerstände in Reihe geschaltet (300 Ω), und 5 solcher Reihen liegen einander parallel. Somit ergibt sich ein Gesamtwiderstand von 60 Ω (300 : 5 = 60) bei einer Belastbarkeit von 10 × 2 W = 20 W.

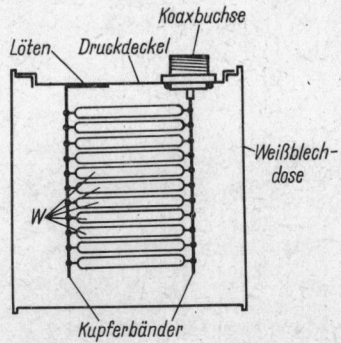

Bild 31.44
Kunstantenne in Druckdeckelblechdose

Brauchbare Abschirmbehältnisse für Selbstbau-Kunstantennen bieten Weißblechdosen mit Druckdeckel (z.B. leere Farbbüchsen). Nach Bild 31.44 montiert man die gesamte Widerstandskombination zusammen mit der Koaxialanschlußbuchse auf dem Druckdeckel. Der Außenleiter der Koaxialbuchse ist mit dem Metalldeckel verlötet, der Innenleiter wird durch ein Kupferband verlängert, das, auf seine Fläche verteilt, entsprechende Bohrungen enthält, durch die man die Anschlußdrähte der Widerstände führt und anlötet. Das gegenüberliegende Kupferband soll stabil sein, weil es den mechanischen Hauptstützpunkt für die Anordnung darstellt. Es ist am deckelseitigen Ende abgewinkelt und mit dem Druckdeckel als Masseleiter dauerhaft leitend verbunden. Auch dieses Band weist Bohrungen für die Anschlußdrähte der Widerstände auf. Die Widerstände sind übrigens auch in der Tiefe gestaffelt angebracht, was aus der Zeichnung nicht hervorgeht.

Diese Bauweise hat den großen Vorzug, daß die Belastbarkeit einer solchen Kunstantenne auf etwa den 3fachen Nennwert erhöht werden kann, wenn man die Dose mit Transformatorenöl – notfalls auch mit dünnflüssigem Motorenöl – füllt. Durch das Ölbad wird die Verlustwärme schneller abgeführt, die Widerstände können somit höher belastet werden. Es wird darauf hingewiesen, daß synthetisches Transformatorenöl (PCB) hochgiftig ist, der Amateur sollte es deshalb nicht verwenden!

Elektrisch etwas günstiger ist die in Bild 31.45 dargestellte Bauweise, weil sie sich der koaxialen Technik besser annähert. Auch in diesem Fall verwendet man eine Blechbüchse und befestigt die Koaxialbuchse zentrisch im Druckdeckel. Entsprechend der Länge der einzufügenden Widerstände wird der Innenleiter der Koaxialbuchse verlängert und mit einer Kreisscheibe nach Bild 31.45b abgeschlossen. Konzentrisch zum Innenleiteranschluß enthält diese Metallscheibe Bohrungen für die Befestigung der Widerstände. Da der Außenleiteranschluß der Koaxialbuchse leitend mit dem Metalldeckel verbunden ist, lassen sich die oberen Widerstandsenden direkt mit dem Dosendeckel verlöten. Man kann auch – wie gezeichnet – eine 2. Kreisscheibe mit größerer Zentralbohrung anfertigen, die großflächig leitend mit dem koaxialen Außenleiter verbunden wird. Sie nimmt die oberen Enden der Widerstände auf. Auch dieser Absorber läßt sich zur Erhöhung der Belastbarkeit mit Mineralöl füllen.

Ist der Sender mit einer Kunstantenne reell abgeschlossen, kann man dessen RF-Ausgangsleistung durch eine Spannungsmessung leicht ermitteln. Über den RF-Tastkopf eines Diodenvoltmeters wird die Spannung U am Innenleiter gemessen. Da der Lastwiderstand R (Kunstantenne) bekannt ist, erhält man die Leistung

$$P = \frac{U_{\text{eff}}^2}{R}.$$ (31.5.)

Dabei ist U als Effektivspannung einzusetzen. Mißt man die Spitzenspannung U_{sp}, so muß der Spannungswert mit dem Faktor 0,707 multipliziert werden, um die Effektivspannung zu erhalten. Bequemer läßt sich für diesen Fall die Gleichung

$$P = \frac{U_{\text{sp}}^2}{2R}$$ (31.6.)

anwenden, bei der die RF-Spitzenspannung direkt eingesetzt ist. Es wird die Gesamtleistung einschließlich vorhandener Oberwellen und Nebenwellen gemessen. Oberwellen- oder Nebenwellenanteil lassen sich durch den Einsatz eines selektiven Röhrenvoltmeters ermitteln.

31.9. Dämpfungsglieder (Eichleitungen)

Dämpfungsglieder benötigt der Funkamateur hauptsächlich bei der Aufnahme der Antennencharakteristik, bei der Ermittlung des Antennengewinns und zu technisch einwandfreien Durchführungen von Feldstärkevergleichen (Empfangsrapporte).

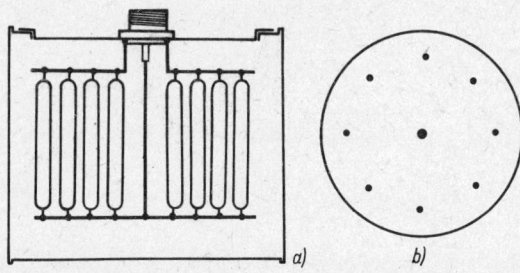

Bild 31.45
Kunstantenne in annähernd koaxialer Bauweise; a – Schnittansicht, b – untere Anschlußscheibe (Innenleiterplatte)

Dämpfungsglieder werden als passive Vierpole in die Verbindung zwischen Meßobjekt (z. B. Antenne) und Indikator (z. B. Empfänger) eingeschleift. Ihre Dämpfungswerte sind in dB festgelegt, die Dämpfung ist häufig umschaltbar oder kontinuierlich zu regeln. Man spricht dann auch von einer Eichleitung.

Entsprechend ihrem Verwendungszweck unterscheidet man symmetrische und unsymmetrische Dämpfungsglieder. Sie dürfen den Wellenwiderstand der Leitung und somit die Anpassung nicht stören. Einfache Dämpfungsglieder sind nur für Abschwächungen bis höchstens 20 dB (10:1) brauchbar, da die Übersprechdämpfung um so geringer wird, je größer die eingestellte Dämpfung ist. Werden größere Dämpfungswerte gewünscht, muß man mehrere entsprechend bemessene Abschwächer hintereinanderschalten. Die Dämpfungswerte der Einzelglieder in dB addieren sich dann.

In Abhängigkeit von der Art der Zusammenschaltung unterscheidet man die T-Schaltung (Bild 31.46a und Bild 31.46b) und die π-Schaltung (Bild 31.46c und Bild 31.46d). In der Wirkung und im Aufwand sind sie identisch, allgemein wird jedoch die π-Schaltung bevorzugt. Die Berechnung der Einzelwiderstände ist aus dem *Kirchhoff*schen Gesetz abgeleitet. Für ein symmetrisches Dämpfungsglied in T-Schaltung nach Bild 31.46a ergeben sich die Widerstandswerte für R_1 und R_2 aus den Formeln

$$R_1 = \frac{Z\,(a-1)}{a+1}, \tag{31.7.}$$

$$R_2 = \frac{2Za}{a^2-1}; \tag{31.8.}$$

Z = Eingangs- und Ausgangswiderstand des Dämpfungsgliedes in Ω, a = Quotient aus Eingangs- und Ausgangsspannung (Abschwächungsverhältnis).

Für die Berechnung eines symmetrischen Dämpfungsgliedes in π-Schaltung nach Bild 31.46c gelten die Formeln

$$R_1 = \frac{Z\,(a^2-1)}{2a} \tag{31.9.}$$

$$R_2 = \frac{Z\,(a+1)}{a-1}. \tag{31.10.}$$

Bei der symmetrischen T-Schaltung nach Bild 31.46b wird

$$R_1 = \frac{Z\,(a-1)}{a+1}, \tag{31.11.}$$

während R_2 nach Gl. (31.8.) zu ermitteln ist. Für die unsymmetrische π-Schaltung in Bild 31.46d gilt

$$R_1 = \frac{Z\,(a^2-1)}{2a} \tag{31.12.}$$

R_2 ergibt sich aus Gl. (31.10.).

Beim Aufbau von Dämpfungsgliedern sollten folgende praktische Regeln beachtet werden:

– Man verwende Widerstände mit 1/4, 1/8 oder 1/10 W Belastbarkeit. Drahtgewickelte Widerstände sind unbrauchbar. Kappenlose Schichtwiderstände haben eine besonders geringe Eigenkapazität; am besten eignen sich VHF-Schichtwiderstände.

– Keinen Schaltdraht verwenden, möglichst nur mit den Widerständen selbst verdrahten. Jeder Zentimeter Draht bringt schädliche Induktivitäten und Kapazitäten in die Schaltung. Deshalb sollen auch die Zuleitungen zum Dämpfungsglied möglichst kurz gehalten werden.

– Kapazitätsarm aufbauen, d. h., die Widerstände dürfen sich gegenseitig nicht oder nur sehr gering beeinflussen. Deshalb die Widerstände möglichst rechtwinklig zueinander anordnen.

Für Eich- und Vergleichszwecke in der Antennentechnik sind nur unsymmetrische Dämpfungsglieder im Zuge koaxialer Leitungen sinn-

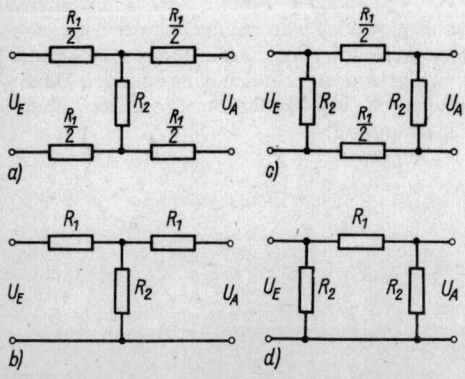

Bild 31.46
Dämpfungsglieder; a – symmetrische T-Schaltung, b – unsymmetrische T-Schaltung, c – symmetrische π-Schaltung, d – unsymmetrische π-Schaltung

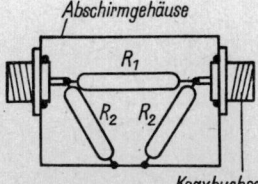

Bild 31.47
Beispiel für die Anordnung eines unsymmetrischen Dämpfungsgliedes in π-Schaltung

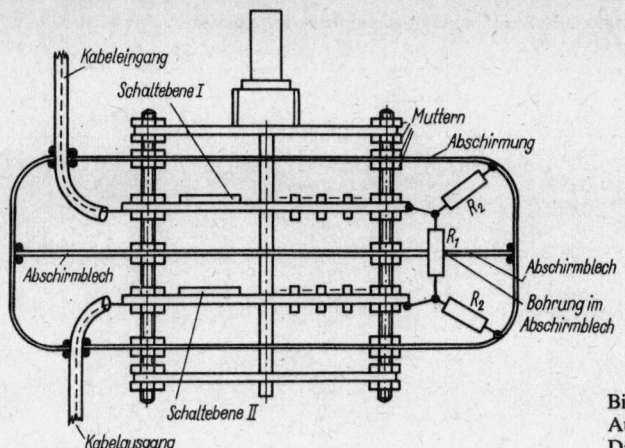

Bild 31.48
Aufbau eines umschaltbaren
Dämpfungsgliedes

voll, da durch die aufbaubedingte Abschirmung des Innenleiters eine relativ große Übersprechdämpfung erreicht wird. Das Dämpfungsglied selbst muß ebenfalls abgeschirmt sein.

Da sich bei der Errechnung der Widerstände nur selten handelsübliche Werte ergeben, müssen sie aus einer größeren Stückzahl mit Hilfe einer Widerstandsmeßbrücke ausgesucht werden. *DM 2 AKD* empfiehlt folgendes Verfahren zur Herstellung «krummer» Widerstandswerte:

Man bearbeitet einen ungewendelten Widerstand, dessen Widerstandswert etwas geringer als der gewünschte ist, indem man ihn mit der Kante eines Abziehsteins in axialer Richtung auf einer Stelle schabt. An einer Widerstandsmeßbrücke wird dabei laufend die Widerstandserhöhung beobachtet. Kommt man in die Nähe des gewünschten Wertes, wird mit einem Glashaarpinsel der Feinabgleich bis zum Sollwert weitergeführt. Abschließend überzieht man die Schabestelle mit einem Schutzlack. Bei gewendelten Widerstän-

den wird die axiale Bearbeitung nicht empfohlen; in diesem Fall ist es günstiger, die vorhandene Wendelung mit der Abziehsteinkante zu verlängern.

Das Aufbaubeispiel eines abgeschirmten, unsymmetrischen Dämpfungsgliedes in π-Schaltung (Bild 31.46 d) zeigt Bild 31.47. Die Herstellung mehrerer Dämpfungsglieder verschiedener Dämpfung empfiehlt sich; man kann dann durch entsprechendes Hintereinanderschalten beliebig große Dämpfungen herstellen und erhält dabei eine besonders große Übersprechdämpfung.

Sehr praktisch sind umschaltbare Dämpfungsglieder nach Bild 31.48 bzw. Bild 31.49. Von einem keramischen Drehschalter (Kreisschalter) mit 2 Schaltebenen und mit je 8 ... 12 Schaltstellungen werden die beiden Schaltebenen durch eine Blechscheibe voneinander abgeschirmt. Weitere Abschirmbleche werden so angeordnet, daß sich jede Ebene in einer gesonderten Abschirmkammer befindet. Die Trennwand beider

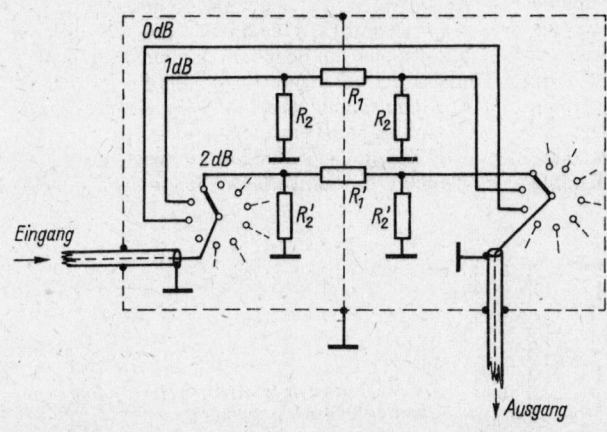

Bild 31.49
Schaltung des umschaltbaren
Dämpfungsgliedes nach Bild 31.48 (es
sind nur die Schaltstellungen 0 dB, 1 dB
und 2 dB eingezeichnet)

615

Tabelle 31.5. Werte für R_1 und R_2 von unsymmetrischen Dämpfungsgliedern in π-Schaltung nach Bild 31.46 d bei unterschiedlichen Wellenwiderständen: ($a = U_E/U_A$)

Verhältnis in dB	a	$Z = 50\,\Omega$ R_1 in Ω	R_2 in Ω	$Z = 60\,\Omega$ R_1 in Ω	R_2 in Ω	$Z = 75\,\Omega$ R_1 in Ω	R_2 in Ω
1	1,122	5,8	870	6,9	1044	8,7	1305
2	1,259	11,6	436	13,9	523	17,4	654
3	1,413	17,6	292	21,2	351	26,5	438
4	1,585	22,9	221	27,4	265	34,3	340
5	1,778	30,4	179	36,5	214	45,6	268
6	1,995	37,3	151	44,8	181	56,0	226
7	2,24	44,8	131	53,8	157	67,3	196
8	2,51	52,8	116	63,4	140	79,2	174
9	2,82	61,6	105	74,0	126	92,4	157
10	3,16	71,1	96,3	85,3	116	106,6	144
11	3,55	81,7	89,2	98,0	107	122,5	134
12	3,98	93,2	83,6	112	100	140	125
13	4,47	106,2	78,8	127	95	159	118
14	5,01	120,3	77,0	144	90	142	112
15	5,62	136,0	71,6	163	86	204	108
16	6,31	153,8	68,8	185	83	231	103
17	7,08	173,5	66,5	208	80	260	100
18	7,95	195,6	64,4	235	77	293	97
19	8,91	220,0	62,6	264	75	330	94
20	10,00	247,5	61,0	297	73	371	92

Ebenen erhält in der Nähe der jeweiligen Kontaktfahnen Bohrungen zum Durchführen der Widerstände R_1. Die beiden R_2 werden in der für sie zuständigen Kammer auf kürzestem Wege an Masse gelegt. Die zu- und ableitenden Koaxialkabel führen zu den Verteilkontakten von Schaltebene I bzw. Schaltebene II. Die Kabelaußenleiter werden in der Nähe der Kontaktfahne mit der Abschirmung großflächig verbunden. Für die am häufigsten gebrauchten Wellenwiderstände sind die nach Gl. (31.12.) und Gl. (31.10.) errechneten Werte für R_1 und R_2 entsprechend den Dämpfungswerten von 1...20 dB in Tabelle 31.5. aufgeführt. Diese Angaben beziehen sich ausschließlich auf die unsymmetrische π-Schaltung nach Bild 31.46 d und sind sowohl für feste als auch für umschaltbare Dämpfungsglieder gültig.

Sehr handlich sind regelbare Dämpfungsglieder, die ein kontinuierliches Einstellen der Dämpfung erlauben. Zum Beispiel werden von verschiedenen Herstellerfirmen solche Dämpfungsregler mit einem Wellenwiderstand von 60 Ω und einem Regelumfang von 60 dB mit einer Grunddämpfung von 10 dB angeboten. Die Maximaldämpfung solcher Glieder kann man im RF-Bereich jedoch im allgemeinen nicht ausnutzen, weil es nicht gelingt, den Ein- und Ausgang so gut zu entkoppeln, daß die Übersprechdämpfung groß genug ist. Regelbare Dämpfungsglieder müssen mit den vorgesehenen Betriebsfrequenzen geeicht werden, da sie nicht frequenzunabhängig sind.

Bei festen und bei regelbaren Dämpfungsgliedern kann man in einer einfachen Meßschaltung nach Bild 31.50 die vorhandenen Dämpfungswerte kontrollieren. Von einer Gleichspannungsquelle wird die an einem Voltmeter überwachte Eingangsspannung U_E (z. B. 6,0 V) entnommen. Der Ausgang des Dämpfungsgliedes U_A ist mit einem Widerstand R_Z abgeschlossen, der dem Wellenwiderstand Z des Dämpfungsgliedes entsprechen muß (z. B. 60 Ω). Parallel zu R_Z liegt ein 2. Voltmeter, an dem man die durch das Dämpfungsglied herabgesetzte Spannung U_A abliest. Aus dem Quotienten $U_E/U_A = a$ kann dann die Dämpfung in dB ermittelt werden.

In Tabelle 31.6. sind für die Meßspannung U_E von 6,0 V die Sollwerte der Spannung U_A in Ab-

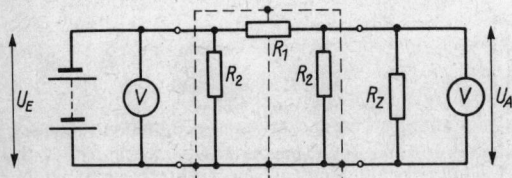

Bild 31.50
Meßschaltung zum Überprüfen eines Dämpfungsgliedes mit Gleichspannung

Tabelle 31.6.
Sollwerte für U_A bei einer Meßspannung U_E von 6,0 V in Abhängigkeit von der Dämpfung in dB (Meßschaltung nach Bild 31.50)

Dämpfung in dB	Eingangs-spannung U_E in V	Ausgangas-spannung U_A in V	Faktor m
0	6,0	6,0	1
1	6,0	5,35	0,891
2	6,0	4,77	0,795
3	6,0	4,25	0,708
4	6,0	3,79	0,631
5	6,0	3,37	0,562
6	6,0	3,01	0,501
7	6,0	2,68	0,447
8	6,0	2,39	0,398
9	6,0	2,13	0,355
10	6,0	1,90	0,361
11	6,0	1,69	0,282
12	6,0	1,51	0,251
13	6,0	1,34	0,224
14	6,0	1,20	0,200
15	6,0	1,07	0,178
16	6,0	0,95	0,158
17	6,0	0,85	0,141
18	6,0	0,76	0,126
19	6,0	0,67	0,112
20	6,0	0,60	0,100

hängigkeit von der Dämpfung in dB aufgeführt. Für andere Meßspannungen U_E ist zu den Dämpfungswerten in dB der dazugehörige Faktor m angegeben. Man erhält die Sollspannung von U_A für eine bestimmte Dämpfung, wenn U_E mit m multipliziert wird. Meßschaltung und Tabelle sind für alle in Bild 31.46 aufgeführten Dämpfungsglieder gültig.

31.10. Antennenmessungen in der Amateurpraxis

Im kommerziellen Sektor der Technik werden Antennenmessungen sehr exakt und mit entsprechend großem Aufwand an hochwertigen Meßgeräten durchgeführt. Auch der Funkamateur sollte nicht darauf verzichten, seine Antenne mit den ihm zur Verfügung stehenden einfachen Meßmitteln zu überprüfen; denn diese verhältnismäßig geringe Arbeit lohnt immer. Natürlich sind einfachen Selbstbaumeßgeräten hinsichtlich Anwendungsbereich und Anzeigegenauigkeit Grenzen gesetzt. Im Amateurfunk kommt es jedoch nicht darauf an, Absolutwerte technischer Parameter zu ermitteln, sondern es genügt fast immer, wenn die Messungen Relativwerte ergeben, aus denen sich Abgleichzustand und Abgleichtendenz einer Antennenanlage ersehen lassen.

Fast alle modernen angepaßten Antennen speist man heute über Koaxialkabel, die in diesem Abschnitt beschriebenen Anpassungsmeßgeräte berücksichtigen diesen Umstand. Werden noch symmetrische Speiseleitungen eingesetzt, so kann man sehr einfach durch eine Halbwellenumwegleitung oder einen *Guanella*-Übertrager (siehe Abschnitt 7.5. bis Abschnitt 7.7.) eine Symmetrie- und Impedanzwandlung herbeiführen und damit die Meßeinrichtungen universell anwenden.

Für Antennen, die über abgestimmte Speiseleitungen erregt werden, erübrigen sich spezielle Meßanordnungen; denn bei richtiger Anwendung der senderseitigen Abstimmeinrichtungen (Antennenkoppler, *Collins*-Filter) stellen sich Antennenresonanz und Antennenanpassung zwangsläufig ein (siehe Abschnitt 8.2.).

Um bei einer angepaßten Antennenanlage optimale Betriebsbedingungen herstellen zu können, ist ein Welligkeitsanzeiger (Reflektometer) unerläßlich. Zeigt das Reflektometer eine stehwellenfreie Leitung an, erübrigen sich weitere Messungen, denn dieser Anpassungszustand bedeutet, daß der Antennenleiter resonant und mit seinem Eingangswiderstand abgeschlossen ist: Es herrschen optimale Betriebsbedingungen. Alle weiteren in Abschnitt 31. beschriebenen Meß- und Anzeigeanordnungen sind im Grunde genommen Ergänzungseinrichtungen, die entweder ebenfalls die Einstellung der minimalen Welligkeit ermöglichen oder mit denen man andere Kennwerte der Antenne, wie Frequenzbereich und Strahlungseigenschaften, ermitteln kann.

31.10.1. Welligkeitsmessungen mit dem Reflektometer

Die in Abschnitt 31.2.2. beschriebenen Reflektometerschaltungen haben den Vorzug, daß sie auch bei hohen Frequenzen (z. B. im 2-m-Band) noch eine brauchbare Welligkeitsanzeige ermöglichen und daß man sie als Betriebsmeßgeräte dauernd in der Speiseleitung belassen kann. Meßfehler, die bei der Anwendung von Reflektometern auftreten können, wurden in Abschnitt 31.2.1. ausführlich behandelt.

Mit dem Reflektometer ist der Erstabgleich einer Antenne etwas umständlicher als z. B. mit einem Antennascope; denn das Reflektometer zeigt nur den Grad der Fehlanpassung an. Es gibt aber zunächst keine Auskunft darüber, ob die stehenden Wellen durch schlechte Widerstandsanpassung des Antenneneinganges an den Wellenwiderstand des Speisekabels hervorgerufen werden oder ob sie die Folge einer nichtresonanten Antenne sind (induktiver oder kapazitiver Blindwiderstand am Antenneneingang). Man wird nun die Betriebsfrequenz versuchsweise nach höheren und nach niedrigeren Frequenzen verändern und dabei die Reflektometeranzeige beobachten. Ist die Welligkeit in einer der beiden Abstimmrichtungen geringer geworden, kann man damit rechnen, daß eine Verstimmung der Antennenresonanz vorliegt und deshalb Blindkomponenten am Antenneneingang vorhanden sind. Bei zu kurzem Antennenleiter stellt sich eine Verbesserung der Welligkeit ein, wenn man die Sendefrequenz zu höheren Frequenzen verändert und umgekehrt. Läßt sich dagegen in keiner der beiden Frequenzabstimmrichtungen eine Verringerung der Welligkeit feststellen, so darf man annehmen, daß der Antenneneingang reell ist, aber in seinem Widerstandswert nicht dem Wellenwiderstand des Speisekabels entspricht. Aus der Welligkeitsanzeige läßt sich durchaus die Größe der Widerstandsablage erkennen, aber nicht ihre Richtung. Ist z.B. auf einer 60-Ω-Speiseleitung eine Welligkeit $s = 2$ vorhanden, kann der Speisepunktwiderstand der Antenne sowohl 30 Ω (1 : 2) als auch 120 Ω (2 : 1) betragen.

Beim Antennenabgleich mit dem Reflektometer muß beachtet werden, daß zuerst vorhandene Blindanteile des Antenneneinganges zu beseitigen sind, dann erst kann man die exakte Widerstandsanpassung vornehmen. Teilweise ist es erforderlich, den gesamten Abgleich noch einmal zu wiederholen, weil Veränderungen an den Anpaßmitteln wieder eine Verstimmung der Antennenresonanz verursachen können.

31.10.2. RF-Brückenschaltungen in der Antennenmeßpraxis

Brückenschaltungen in der Art eines Antennascopes, eines Matchmakers oder einer Antennenrauschbrücke sind in ihren Anwendungsmöglichkeiten vielseitiger als das Reflektometer. Allerdings werden im VHF-Bereich Aufbau und Eichung problematisch.

Die meisten RF-Meßbrücken sind in Verbindung mit einem frequenzvariablen Speisegenerator zu verwenden; die RF-Leistung sollte etwa 0,5 W betragen. Den Betriebssender kann man als Brückengenerator nutzen, sofern es möglich ist, seine Ausgangsleistung auf etwa 2 W zu begrenzen. Gegebenenfalls muß die überschüssige Leistung durch Lastwiderstände oder entsprechende Glühlampen vernichtet werden (siehe Abschnitt 31.8.). Im allgemeinen verwendet der Funkamateur das fast immer vorhandene Dip-Meter als Speisegenerator (siehe Abschnitt 31.1.). Transistordipper sind auf Grund zu geringer Leistungsabgabe nicht brauchbar. Die häufig bemängelte Frequenzinkonstanz eines Griddippers in Verbindung mit der meist ungenügenden Ablesegenauigkeit fällt bei Grobmessungen nicht ins Gewicht; mit etwas Geduld können auch Feinmessungen durchgeführt werden, wenn man die Griddipperfrequenz gleichzeitig im geeichten Amateurempfänger verfolgt und abliest. Bei der Antennenrauschbrücke wird der selektive RF-Generator durch einen breitbandigen Rauschgenerator ersetzt.

31.10.2.1. Bestimmen der Resonanzlänge und des Verkürzungsfaktors beliebiger RF-Leistungen

Die exakte geometrische Länge einer $\lambda/2$-Leitung in Abhängigkeit von ihrem Verkürzungsfaktor läßt sich mit dem Antennascope bzw. dem Matchmaker nach folgender Methode bestimmen:

Ein nicht zu kurzes Stück der zu messenden Leitung wird frei aufgehängt und an einem Ende kurzgeschlossen. Nach Bild 31.51 verbindet man das offene Leitungsende mit der Prüfungsbuchse B_2 des Antennascopes. Die Eingangsbuchse B_1 des Antennascopes wird mit einer Spule abgeschlossen (Richtwert etwa 3 Wdg.), an die man die Griddipperspule ankoppelt. Der Drehwiderstand des Antennascopes steht auf 0 (Kurzschluß). Durch einen entsprechenden Ankopplungsgrad des Griddippers bringt man das Brückeninstrument etwa auf Vollausschlag und verändert dann die Griddipperfrequenz vorsichtig von niedrigen zu hohen Frequenzen, bis sich das erste Brückennull ergibt. Für diese Meßfrequenz ist nun die Leitung elektrisch genau $\lambda/2$ lang:

Durch eine einfache Umrechnung erhält man den Verkürzungsfaktor der Leitung, mit dem die mechanische Leitungslänge für jede andere Frequenz bestimmt werden kann.

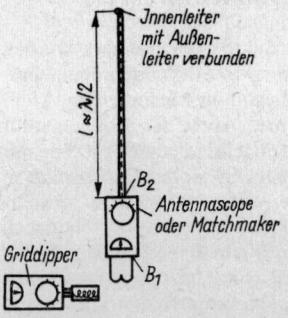

Bild 31.51
Meßanordnung zur Bestimmung des Verkürzungsfaktors von HF-Leitungen

Beispiel

Ein 3,30 m langes Stück Koaxialkabel zeigt bei einer Meßfrequenz von 30 MHz das erste Brückennull. 30 MHz entsprechen einer Wellenlänge von 10 m; davon $\lambda/2 = 5{,}00$ m. Daraus ergibt sich der Verkürzungsfaktor V mit

$$V = \frac{\text{mechanische Länge}}{\text{elektrische Länge}} = \frac{3{,}30\,\text{m}}{5{,}00\,\text{m}} = 0{,}66.$$

Da Brückengleichgewicht nicht nur bei $\lambda/2$, sondern auch bei allen Vielfachen von $\lambda/2$ auftritt, kann zur Kontrolle noch das 2. Brückennull aufgesucht werden. Dieses müßte sich bei 60 MHz einstellen, und die Leitung hätte für diese Frequenz eine elektrische Länge von genau 1λ.

Damit auch tatsächlich die frequenzmäßig am niedrigsten liegende Nullstelle gemessen wird, kann vorher der Frequenzbereich, bei dem Halbwellenresonanz auftreten muß, annähernd errechnet werden. Für diese überschlägige Längenbestimmung genügt es zu wissen, daß Koaxialkabel im allgemeinen einen Verkürzungsfaktor V von 0,66, Bandleitungen um 0,82 und offene Zweidrahtleitungen (Luftdielektrikum) von annähernd 0,95 haben.

Die richtige Bemessung der Halbwellenleitung kontrolliert man mit dem Antennascope. Die Brücke wird mit der Frequenz gespeist, für die die Halbwellenleitung bestimmt ist. Das freie Leitungsende schließt man mit einem beliebigen induktionsfreien Widerstand bekannten Ohmwertes ab. Dieser Widerstand muß jedoch innerhalb des Meßbereiches der Brücke liegen. Bei Brückengleichgewicht soll der am Drehwiderstand angezeigte Wert gleich dem des Abschlußwiderstands am Leitungsende sein.

Häufig wird eine genau abgestimmte Viertelwellenleitung gebraucht. Ihre mechanische Länge kann ebenfalls mit dem Antennascope bzw. dem Matchmaker bestimmt werden. Die Meßanordnung nach Bild 31.51 bleibt die gleiche, das freie Ende der zu messenden Leitung wird in diesem Fall jedoch nicht kurzgeschlossen, sondern es bleibt offen. Mit dem Drehwiderstand in Nullstellung sucht man nun wieder – bei der niedrigsten Frequenz beginnend – das erste Brückennull. Für diese Frequenz beträgt die Länge der Leitung genau $\lambda/4$. Bei offener Prüfleitung stellt sich Brückennull jeweils in Abständen von ungeradzahligen Vielfachen der Viertelwellenlänge wieder ein (3/4, 5/4, 7/4 usw.).

Auf dem Umweg über eine Viertelwellenleitung kann mit dem Antennascope auch der Wellenwiderstand dieser Leitung ermittelt werden. Zu diesem Zweck schließt man das offene Ende der $\lambda/4$-Leitung mit einem induktionsfreien Widerstand bekannter Größe (z. B. 100 Ω) ab und sucht mit dem Drehwiderstand Brückennull. Der abgelesene Widerstandswert entspricht dem Eingangswiderstand Z_E der Viertelwellenleitung, ihr Ausgangswiderstand Z_A wird durch den Abschlußwiderstand dargestellt. Nach Gl. (5.30.) ergibt sich der Wellenwiderstand der Viertelwellenleitung zu

$$Z = \sqrt{Z_E \cdot Z_A}.$$

Beispiel

Eine Viertelwellenleitung wird mit einem Widerstand Z_A von 100 Ω abgeschlossen. Am Drehwiderstand der Meßbrücke A kann bei Brückengleichgewicht ein nach Z_E transformierter Widerstand von 36 Ω abgelesen werden.

Setzt man diese Werte in Gl. (5.30.) ein, ergibt sich

$$Z = \sqrt{36\,\Omega \cdot 100\,\Omega} = 60\,\Omega.$$

Der Wellenwiderstand Z der Viertelwellenleitung beträgt demnach 60 Ω. Da der Wellenwiderstand von RF-Leitungen frequenzunabhängig ist, gilt er allgemein für den verwendeten Leitungstyp.

Auf diese Weise könnte man z. B. auch den variablen Viertelwellentransformator nach Bild 6.9 eichen oder Halbwellenumwegleitungen und sonstige Transformationsglieder überprüfen.

31.10.2.2. Feststellen des Eingangswiderstandes einer Antenne

Nach Bild 31.52a werden die Prüflingsanschlüsse R_x des Antennascopes (bzw. Matchmakers) direkt mit dem Antenneneingang Z_A verbunden. Ist die Resonanzfrequenz der Antenne gleich der Brückenspeisefrequenz (Griddipperfrequenz), wird sich ein eindeutiges Brückennull finden lassen. Der am Drehwiderstand des Antennascopes bei Brückengleichgewicht abgelesene Widerstandswert entspricht dann dem Eingangswiderstand der Antenne.

Läßt sich kein ausgeprägtes Brückennull einstellen, so ist das meist ein Zeichen für Blindkomponenten am Antenneneingang; die Antenne befindet sich nicht in Resonanz mit der Speisefrequenz. Man variiert nun die Brückenfrequenz so lange, bis sich eine ausgeprägte Nullanzeige finden läßt. Die am Brückengenerator eingestellte Frequenz entspricht dann der tatsächlichen Resonanzfrequenz der Antenne. Liegt diese außerhalb des gewünschten Amateurbandes, so muß man durch entsprechendes Ändern der Strahlerlänge die Resonanz bis zum Sollwert korrigieren, wobei die mit der Sollfrequenz gespeiste Meßbrücke als Indikator arbeitet.

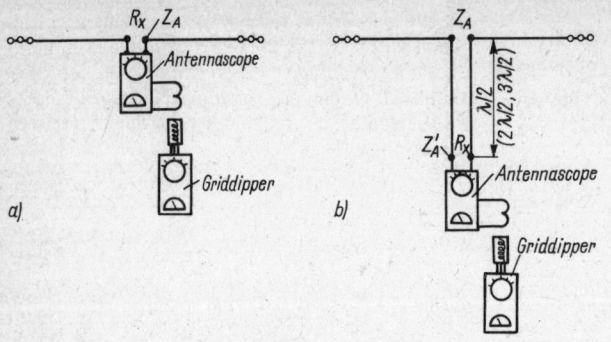

Bild 31.52
Meßanordnungen zum Bestimmen des Eingangswiderstandes Z_A von Antennen; a – direkte Messung, b – Messung über Halbwellenverlängerungsleitung

Oft ist es unmöglich oder zumindest unbequem, die Messung direkt an der Antenne vorzunehmen. In solchen Fällen wird die Erkenntnis ausgenutzt, daß eine Leitung, deren elektrische Länge genau $\lambda/2$ oder ganzzahlige Vielfache davon beträgt, jeden Widerstand an ihren Eingangsklemmen im Verhältnis 1:1 auf die Ausgangsklemmen transformiert. Der Wellenwiderstand der Leitung hat dabei nur geringfügige Bedeutung (abgestimmte Leitungen). Es kann also zwischen Strahler und Meßgerät eine $\lambda/2$-Leitung ($2\lambda/2$, $3\lambda/2$, $4\lambda/2$ usw.) beliebigen Wellenwiderstands geschaltet werden, wie in Bild 31.52b dargestellt ist. Am anderen Ende dieser Leitung erhält man das gleiche Meßergebnis wie am Antenneneingang. Die exakte mechanische Länge der Halbwellenverlängerungsleitung für die Sollfrequenz mißt man vorher mit dem Antennascope aus.

Die Messung über eine Verlängerungsleitung ist auch bei gut zugänglichem Antenneneingang und besonders bei hohen Frequenzen zu empfehlen. Arbeitet man direkt am Antenneneingang, kann die Resonanzfrequenz der Antenne durch die starke Annäherung der Meßgeräte und des Messenden verändert werden.

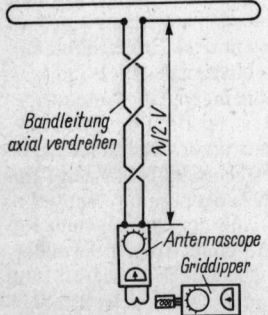

Bild 31.53
Verbesserte Meßanordnung für symmetrische Antennen mit axial verdrehter Bandleitung

Den Brückengenerator muß man induktiv mit dem Antennascope koppeln. Stellt man fest, daß sich die Impedanzanzeige mit dem Kopplungsgrad verändert, so liegt eine übermäßige kapazitive Mitkopplung vor. In diesem Fall kann losere Ankopplung helfen, wobei man die Lage der Griddipperspule zur Koppelspule etwas variiert. Eventuell muß ein Zwischentransformator mit elektrostatischer Abschirmung zwischen den Koppelwindungen eingefügt werden. Die Kopplung zwischen Brückengenerator und Brücke soll nur so eng sein, daß sich bei offenen R_x-Klemmen des Antennascopes gerade Vollausschlag am Brückenanzeigeinstrument ergibt. Das besagt gleichzeitig, daß man um so loser koppeln kann, je empfindlicher das Anzeigemeßwerk ist. Lose Kopplung ergibt außerdem die geringste Frequenzverwerfung des Grid-Dip-Oszillators.

Da Antennascope und Matchmaker ihrem Aufbau nach unsymmetrische Gebilde darstellen, erhält man die besten Meßergebnisse, wenn auch die zu messenden Widerstände erdunsymmetrisch sind. Symmetrische Antenneneingänge höherer Impedanz kann man deshalb über eine zwischengeschaltete Halbwellenumwegleitung (Bild 7.6) messen. Da dieser Symmetriewandler gleichzeitig im Verhältnis 4:1 transformiert, muß man den am Antennascope abgelesenen Impedanzwert mit dem Faktor 4 multiplizieren, um den tatsächlichen Eingangswiderstand der Antenne (ohne Umwegleitung) zu erhalten. Soll keine Symmetrieumwandlung vorgenommen werden, mißt man nach Bild 31.53 über eine Halbwellenverlängerungsbandleitung und verdreht diese mehrmals axial, wie in der Zeichnung angedeutet. Dieses axiale Verdrehen mildert den Symmetrieunterschied etwas.

Sind am Antenneneingang Anpassungs- und Transformationsglieder angeordnet (z. B. T-Match, Gamma- oder Omega-Anpassung), so mißt das Antennascope den durch diese Glieder hervorgerufenen transformierten Eingangswiderstand. Bild 31.54 zeigt die Meßanordnung

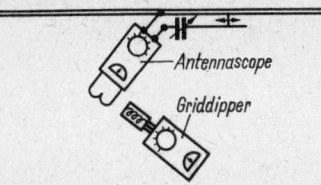

Bild 31.54
Meßanordnung für einen Strahler mit Gamma-
Anpassung

für ein gespeistes Element mit Gamma-Anpassung. Man kann damit auf sehr einfache Weise die
richtige Einstellung des Gamma-Gliedes auf den
Sollwert der Impedanz durch laufende Kontrolle
mit dem Antennascope vornehmen. Sinngemäß
gilt das auch für alle anderen Anpassungsglieder.

Sind große Eingangswiderstände zu messen
– z. B. die Impedanz eines Ganzwellendipols –, so
reicht der Meßbereich des Antennascopes im allgemeinen nicht aus. Die Messung ist trotzdem
über einen Umweg möglich: Man versieht nach
Bild 31.55 den Antenneneingang mit einer Viertelwellenleitung bekannten Wellenwiderstandes
und schließt an das freie Leitungsende das Antennascope an. Die Messung ergibt den Eingangswiderstand Z_E der Viertelwellenleitung. Da
der Wellenwiderstand Z dieser Leitung ebenfalls
bekannt ist, kann die Eingangsimpedanz Z_A der
Antenne aus Gl. (5.30.) errechnet werden. Die
Umstellung dieser Gleichung lautet

$$Z_A = \frac{Z^2}{Z_E}. \qquad (31.13.)$$

Beispiel
Die vorher mit dem Antennascope ausgemessene
$\lambda/4$-Leitung besteht aus UKW-Bandleitung mit
240 Ω Wellenwiderstand. Mit dem Antennascope
mißt man für Z_E einen Wert von 30 Ω. Eingesetzt

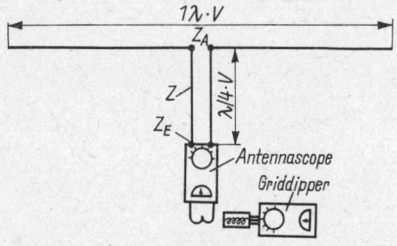

Bild 31.55
Messung von hochohmigen Eingangswiderständen über
Viertelwellentransformationsleitung

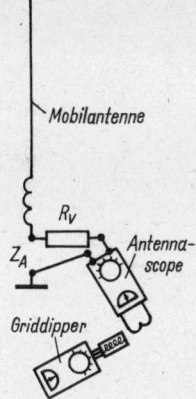

Bild 31.56
Meßanordnung für sehr
niedrige Eingangswider-
stände

in Gl. (31.13.), ergibt sich für die Eingangsimpedanz des Strahlers

$$Z_A = \frac{(240\,\Omega)^2}{30\,\Omega} = 1920\,\Omega.$$

Auch extrem niedrige Eingangswiderstände
(<10 Ω), wie sie z. B. bei Mobilantennen üblich
sind, können mit dem Antennascope gemessen
werden. Es wäre für diesen Fall ebenfalls möglich, mit einer zwischengeschalteten Viertelwellentransformationsleitung wie in Bild 31.55 zu
arbeiten, wobei man ein 60-Ω-Koaxialkabel als
Viertelwellenstück einsetzen müßte, um den
Meßbereich des Antennascopes nicht nach oben
zu überschreiten. Viel einfacher ist es, wie in Bild
31.56 am Beispiel einer Mobilantenne gezeigt
wird, zwischen Antenneneingang und Antennascope einen induktionsfreien, genau bekannten
Widerstand R_v einzufügen.

Der sich aus dieser Reihenschaltung von R_v
und Z_A ergebende Gesamtwiderstand $R_v + Z_A$
wird vom Antennascope gemessen. Vom Ergebnis subtrahiert man den bekannten Widerstandswert von R_v und erhält den Eingangswiderstand
Z_A der Antenne.

31.10.3. Resonanzmessungen mit dem Dip-Meter

Eine technisch einwandfreie Methode zum Ermitteln der Resonanzfrequenz einer Antenne,
die gleichzeitig auch Rückschlüsse auf ihren Frequenzbereich ermöglicht, wurde im vorhergehenden Abschnitt beschrieben. Zu einer
schnellen, dafür aber weniger exakten Resonanzmessung benötigt man nur ein Dip-Meter. Es ist
unentbehrlich, wenn man z. B. bei einer Kurz-
wellen-*Yagi*-Antenne die Eigenresonanzen des
Reflektors und des Direktors feststellen muß.

Im Gegensatz zu einem Schwingkreis mit konzentrierten Bauelementen (Resonanzkreis aus Spule und Kondensator) wird bei der Resonanzmessung einer Antenne mit dem Dip-Meter auch bei den Harmonischen der Grundwelle ein Dip angezeigt. Antennen mit großem Frequenzbereich können mit dem Dip-Meter nicht gemessen werden, da sich bei diesen ein ausgeprägter Resonanzdip nicht mehr feststellen läßt. Aus praktischen Gründen verzichtet man jedoch im allgemeinen auf die Resonanzmessungen von Breitbandantennen. Falls sie dennoch erforderlich werden, kann man auf die Methode mit dem Antennascope zurückgreifen, die sich auch bei Breitbandformen anwenden läßt.

Zur Resonanzmessung ist die Speiseleitung vom Antennenleiter zu entfernen. Die Anschlußstellen am Antenneneingang werden nach Bild 31.57 durch eine kurze Drahtschleife überbrückt. Die Spule des Dip-Meters koppelt man mit dieser Drahtschleife im Strombauch des Antennenleiters. Das Strommaximum befindet sich immer eine 1/4 Wellenlänge vom Ende einer abgestimmten Antenne entfernt, bei einem Halbwellendipol demnach in der Strahlermitte.

Muß ausnahmsweise die Resonanz in der Nähe eines Spannungsmaximums gemessen werden, so verbindet man das Dip-Meter nach Bild 31.57b über eine kleine Koppelkapazität C_K direkt mit dem Antennenleiter. Dabei muß man den verstimmenden Einfluß der Koppelkapazität berücksichtigen; er ist um so geringer, je kleiner C_K gewählt wird.

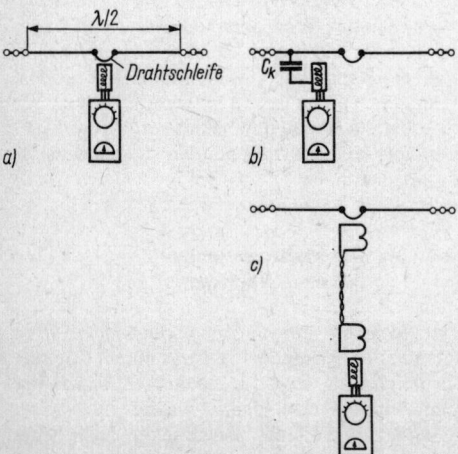

Bild 31.57
Die Ankopplungsarten des Grid-Dip-Meters an den Antennenleiter; a – direkte Kopplung am Strombauch, b – kapazitive Spannungskopplung, c – induktive Kopplung über *Link*-Leitung

Will man den durch den Körper des Messenden verursachten verstimmenden Einfluß mindern, so kann das Dip-Meter nach Bild 31.57c über eine *Link*-Leitung an den Antennenleiter gekoppelt werden. Die *Link*-Leitung besteht aus einem Stück UKW-Bandleitung oder aus einer verdrillten Doppelleitung, die an beiden Enden mit einer kleinen Koppelwicklung (etwa 3 Windungen) versehen ist.

Man koppelt vorerst sehr fest und ermittelt die ungefähre Frequenz. Danach wird so lose angekoppelt, daß gerade noch ein ganz schwacher Resonanzdip entsteht. Die nunmehr festgestellte Frequenz kann im Rahmen der Ablesegenauigkeit als annähernd richtig angesehen werden. Exaktere Meßergebnisse erhält man durch gleichzeitiges Abhören der Dip-Meter-Schwingung mit einem gut geeichten Empfänger, an dem im Augenblick des Resonanzdips die Frequenz abgelesen wird.

31.10.4. Die meßtechnische Überprüfung von Richtantennen

Schon bei einem einfachen Halbwellendipol sollte man seine Resonanzfrequenz und die Anpassung vor der endgültigen Inbetriebnahme kontrollieren, um so mehr trifft das für Richtantennen zu. Wer sich z. B. den Aufwand einer Kurzwellen-*Yagi*-Antenne leistet, sollte auch nicht davor zurückschrecken, ihre Strahlungseigenschaften am endgültigen Standort zu überprüfen. Kein «Kochbuchrezept» kann alle Einflüsse der verschiedenen Aufbauhöhen, der örtlich unterschiedlichen Antennenumgebung und der Erdverhältnisse berücksichtigen. Diese Feststellung trifft vor allem für Kurzwellenstrahler zu, die sich – bezogen auf ihre Resonanzwellenlänge – fast immer sehr nahe dem Erdboden und den sie umgebenden Hindernissen befinden. Die dadurch hervorgerufenen Veränderungen der Strahlungseigenschaften sind in ihrer Komplexität nicht überschaubar, sondern nur durch entsprechende Messungen zu ermitteln und mit einem zielgerichteten Abgleich zu eliminieren. Wie man einen solchen Betriebsabgleich unter Verwendung der in Abschnitt 31. beschriebenen Meßgeräte am zweckmäßigsten durchführen kann, wird nachstehend am Beispiel einer Kurzwellen-*Yagi*-Antenne erläutert. Für andere Antennenarten gelten diese Ausführungen sinngemäß.

Zunächst entfernt man die Speiseleitung vom Strahler, schließt den Antenneneingang mit einer kleinen Koppelschleife kurz (siehe Bild 31.57a) und mißt mit dem Dip-Meter die Resonanzfrequenzen. Am Eingang einer 3-Element-*Yagi* treten 3 Resonanzdips auf: ein ausgeprägt tiefer und relativ scharf begrenzter Dip, der die Resonanzfrequenz des gespeisten Elementes anzeigt, ein schwacher Dip – niedriger in der Frequenz – als Eigenresonanz des Reflektors und ein ebenfalls kleiner Dip bei höheren Frequenzen für die Direktoreigenresonanz. Dabei soll die Strahlerresonanz annähernd in der Amateurbandmitte liegen, die Reflektorresonanz muß sich *außerhalb* der niederfrequenten Bandgrenze und die Direktorresonanz *oberhalb* des hochfrequenten Bandendes befinden. Ist das nicht der Fall, wird der Reflektor verlängert bzw. der Direktor verkürzt. Bei Richtantennen, die sich in geringer Höhe über dem Erdboden befinden, liegt die gemessene Resonanzfrequenz im allgemeinen niedriger als vorausberechnet. In solchen Fällen muß man – sofern die Aufbauhöhe nicht vergrößert werden kann – alle Elemente beidseitig etwas verkürzen, bis die erwünschte Resonanzfrequenz erreicht ist.

Nach dieser ersten Grobüberprüfung entfernt man die Koppelschleife für das Dip-Meter vom Antenneneingang und schließt dafür eine Meßanordnung nach Bild 31.52b an. Die Halbwellenverlängerungsleitung besteht aus dem gleichen Kabel, wie es später zum Speisen des Systems verwendet wird; die Leitungslänge kann auch ganzzahlige Vielfache von $\lambda/2$ betragen und soll – wie in Abschnitt 31.10.2.1. beschrieben – vorher ausgemessen werden. Den Drehwiderstand des Antennascopes stellt man nun auf den Wert des Wellenwiderstandes der Speiseleitung ein. Dann variiert man die Frequenz des Dip-Meters so lange, bis Brückennull auftritt. Die dabei abgelesene Frequenz, die an einem geeichten Empfänger kontrolliert werden soll, ist die tatsächliche Resonanzfrequenz der Antenne.

Läßt sich nur ein Brückenminimum mit Restausschlag finden, dann muß der Drehwiderstand am Antennascope so verändert werden, daß ein eindeutiges Brückennull auftritt. Mit dieser Einstellung hat man die Resonanzfrequenz der Antenne und gleichzeitig ihre Eingangsimpedanz (Ablesewert des Drehwiderstandes) ermittelt.

Weicht der festgestellte Eingangswiderstand nur geringfügig vom Wellenwiderstand der Speiseleitung ab und sind keine Transformationsglieder vorhanden, können kleine Korrekturen durch Längenveränderungen am Direktor herbeigeführt werden. Ist die Eingangsimpedanz zu niedrig, wird der Direktor beidseitig etwas verkürzt. Mit Direktorverlängerungen bei zu hohem Eingangswiderstand muß man vorsichtig sein, da die Direktoreigenresonanz nicht ins Amateurband fallen darf. Bei *Yagis* mit mehreren Direktoren sind solche Manipulationen nicht ratsam. Oft führt das Verändern des Reflektorabstandes zum Ziel.

Bei einem gespeisten Element mit T-Glied, Gamma- oder Omega-Anpassung bereitet die Einstellung der erforderlichen Eingangsimpedanz keine Schwierigkeiten. Beim Gamma-Match stellt man durch Verändern des Strahlerabgriffs den gewünschten Eingangswiderstand her und kompensiert gleichzeitig mit dem Drehkondensator die induktive Blindkomponente, d. h., man kann mit diesem Kondensator die Resonanzfrequenz des gespeisten Elementes beeinflussen. Durch wechselseitiges Einstellen von Leitungsabgriff und Kondensator wird schließlich unter Kontrolle des Antennascopes die gewünschte Anpassung in Verbindung mit Resonanz bei der Betriebsfrequenz erreicht. Der Antennenabgleich ist damit beendet.

31.11. Antennenmodellmessungen

Die Schwierigkeiten, die bei Messungen an großen Antennen auftreten, vermeidet man bei Messungen an maßstabsgetreu verkleinerten Antennenmodellen. Das eröffnet die Möglichkeit, die meßtechnischen Untersuchungen gegebenenfalls in reflexionsarmen Innenräumen vornehmen zu können [12], [13].

Damit das Modell die gleichen elektromagnetischen Eigenschaften aufweist wie das Original, müssen bestimmte Bedingungen (Modellgesetz) erfüllt sein. Etwas vereinfacht ausgedrückt: Bei einem n-fach verkleinerten Modell wird die Messung bei der n-fachen Frequenz durchgeführt. Die wichtigsten Bedingungen sind in Tabelle 31.7. aufgeführt. Dabei ist n der Verkleinerungsfaktor. Werte zwischen 10 und 50 sind üblich.

In der Praxis wird der Verkleinerungsfaktor meist dadurch begrenzt, daß es mechanisch nicht mehr möglich ist, die Bauelemente so zu miniaturisieren, wie es erforderlich wäre. Die Leit-

Tabelle 31.7.
Kenngrößen zu Bedingungen des Modellgesetzes

Größe	Original	Modell
Längen und Abstände	l	l/n
Durchmesser	d	d/n
Frequenz	f	$f \cdot n$
Leitfähigkeit	σ	$\sigma \cdot n$
Dielektrizitätskonstante	ε	ε
Permeabilität	μ	μ
Impedanz	Z	Z
Widerstand	R	R
Induktivität	L	L/n
Kapazität	C	C/n
Antennenfläche	A	A/n^2
Gewinn	G	G

fähigkeit müßte beim Modell entsprechend vergrößert werden. Das macht fast immer Schwierigkeiten; jedoch sind die Verluste durch mangelnde Leitfähigkeit in den meisten Fällen von untergeordneter Bedeutung. Mit guter Übereinstimmung kann man die Eingangsimpedanz, die Polarisation und die relativen Antennendiagramme messen. Fehler sind zu erwarten bei Frequenzbereich, Wirkungsgrad und Umgebungseinfluß sowie bei Resonatoren. Den Gewinn mißt man zweckmäßig im Vergleich mit dem Modell einer Antenne mit bekanntem Gewinn, z. B. Standardantenne.

Die Rauschtemperatur sowie Überschläge sind frequenzabhängige Größen und daher nicht meßbar.

Wichtig ist das Modellgesetz auch für Funkamateure, die z. B. eine brauchbare 2-m-Antenne für das 70-cm-Band oder das UHF-Fernsehband umrechnen möchten. Hierbei können sich auch krumme Verkleinerungswerte n ergeben. Man errechnet sie nach

$$n = \frac{f_M}{f_o};$$
(31.14.)

dabei ist f_o die Resonanzfrequenz der Originalantenne und f_M die der Modellantenne. Natürlich können so auch die Abmessungen von Antennen hoher Frequenz auf solche niedriger Frequenz umgerechnet werden.

Oft wird beim Verkleinern der Antennenabmessungen der entsprechende Durchmesser der Parasitärelemente nicht oder nur ungenügend berücksichtigt. Das kann – insbesondere bei langen Yagis – ein völliges Versagen der Modellantenne zur Folge haben. Bei Parasitärelementen wird die Funktion allein durch ihre Reaktanz bestimmt, die durch entsprechende Längen- und Durchmesserveränderung auf den erforderlichen Wert transformiert werden muß.

Literatur zu Abschnitt 31.

[1] *Waxweiler, R.:* Ein Dip- und Absorptionsfrequenzmeter, cq-DL, Baunatal 46 (1975), Heft 8, Seite 466 bis 467

[2] *Hart, R. T.:* The Antenna Noise Bridge, «QST», Newington, Conn. (1967) December, Seite 39 bis 41

[3] Radio Communication Handbook, 5th Edition, Volume 2, p. 18,23 – 18,24, RSGB, London 1977

[4] *Koch, O.:* Eine Antennenrauschbrücke, cq-DL, Baunatal 49 (1976) Heft 4, Seite 118 bis 120

[5] *Nelson, D.:* the rf bridge, ham radio, Greenville, N. H. (1970) December

[6] *Glaisher, R. L.:* An Rf Noise-Bridge and its Uses, The Short Wave Magazine, London, Vol. XXIX (1971) July, Seite 285 bis 290

[7] *Denby, G.:* Antenna Noise Bridge, The Short Wave Magazine, London, Vol. XXXI (1973) May, Seite 155 bis 157

[8] *Hawker, P.:* amateur radio techniques, 6th Edition, RSGB, London, 1978, p. 320–321

[9] *Schifferdecker, H.:* Messung und Abstimmung von Kurzwellenantennen mittels der Rauschbrücke, cq-DL, Baunatal 50 (1979), Heft 9, Seite 396 bis 399

[10] *Krischke, A.:* Rauschbrücke (Berichtigung zu [9]), cq-DL, Baunatal 51 (1980), Heft 1, Seite 46

[11] *Fischer, K. H.:* Antennenbau und Optimierung mit Hilfe der Antennenrauschbrücke, cq-DL, Baunatal 52 (1981), Heft 10, Seite 477 bis 479

[12] *Krischke, A.:* Antennenmodellmessungen, beam, Marburg, (1983), Heft 3, Seite 22

[13] *Sinclair, G.:* Theory of Models of Electromagnetic Systems, Proceedings of the IRE, Vol. 36 (1948) November, Seite 1364 bis 1370

[14] *Schwarz, H.:* Die Rauschbrücke, cq-DL, Baunatal, 56, (1985), Heft 5, Seite 236 bis 242

Becker, J.: FET-Dipmeter, Funk-Technik, Berlin 26, (1971) Heft 14, Seite 519 bis 520

Borchert, M.: Richtkoppler und Meßbrücke zur Bestimmung von hin- und rücklaufender Welle auf HF-Leitungen, TELEFUNKEN-Zeitung, 28 (1955) Heft 110, Seite 246 bis 253

Buschbeck, W.: Hochfrequenz-Wattmeter und Fehlanpassungsmesser mit direkter Anzeige, Hochfrequenz und Elektroakustik, Leipzig 61 (1943) Heft 4, Seite 93 bis 100

Damm, G.: Ein Reflektometer für 144 MHz, Funkamateur, 13 (1964), Heft 10, Seite 328 bis 329

Fussnegger, F. W.: Der Richtkoppler in der Amateurpraxis, Funkamateur, 15 (1966), Heft 10, Seite 481 bis 483

Großkopf, J.: Das Reflektometer als Meßinstrument im Kurzwellenbereich, FTZ (1952) Heft 7, Seite 288 bis 298

Heine, A.: Der «Grid-Dipper», DL-QTC, Stuttgart (1952) Heft 6, Seite 242 bis 247

Hirzel, W.: Ein interessantes Grid-Dip-Meter, DL-QTC, Stuttgart (1959) Heft 6, Seite 253 bis 254

Hoffmann, K.: Der Richtungskoppler, ein vielseitiges Bauelement der Nachrichtenmeßtechnik, SIEMENS Zeitschrift (1958) Heft 9, Seite 660 bis 665

Knorr, H.: Der Mikromatch, QRV, Stuttgart (1950), Heft 4, Seite 370 bis 373

Koch, E.: Einfaches 60-Ohm-Anpassungsgerät für 3,5 bis 150 MHz, DL-QTC, Stuttgart (1960), Heft 7, Seite 320 bis 321

Kraus, A.: Der technische Richtkoppler aus gekoppelten Leitungen, ROHDE & SCHWARZ Mitteilungen, München 16 (1967) Heft 21, Seite 297 bis 308

Kuphal, U.: Antennenmeßgerät für 145 MHz, Funkamateur, Berlin, 14 (1965), Heft 10, Seite 336 bis 337

Laufs, G.: Über Fehlerquellen bei Richtkoppler- und Reflektometermessungen, UKW-Berichte, Erlangen, 4 (1964) Heft 1, Seite 47 bis 56

Lickfeld, K. G.: Grid-Dip-Oszillator für 144 MHz, DL-QTC, Stuttgart (1952) Heft 6, Seite 248 bis 250

Moliere, T.: Transistor-Griddipper für 400 kHz bis 55 MHz, DL-QTC, Stuttgart (1961) Heft 5, Seite 204 bis 206

Neben, H. M.: A Transistorized Grid-Dip-Meter, The Mobile Manual, ARRL, West Hartford, Conn. 1960, Seite 213 bis 214

Orr, W. I.: Antenna Evaluation, beam antenna handbook, 2nd Edition, Chapter 13, Radio Publications, Inc., Wilton, Conn.

Orr, W. I.: The Monimatch SWR-Bridge, beam antenna handbook, 2nd Edition, Seite 179 bis 181, Radio Publications, inc., Wilton, Conn.

Rohrbacher, H. A.: Der Richtkoppler, DL-QTC, Stuttgart (1959) Heft 12, Seite 570 bis 573

Scherer, W. M.: Antennascope-54, Antenna Round-up, Seite 119 bis 128, Cowan Publishing Corp., New York 35, N. Y. 1963

Sondgeroth, C.: The Gate Dipper, «CQ», Port Washington, N. Y. 24 (1968) Heft 3, Seite 30 bis 31

Weiss, A.: Simple and accurate rf power meter, ham radio, Greenville, N. H. (1973) October, Seite 26 bis 29

32.   Symbolische Methode und Smith-Diagramm

Zur Berechnung von Impedanzen, Welligkeiten, Spannungen und Strömen, die bei RF-Leitungen auftreten, gibt es Methoden, deren Anwendung ein spezielles Wissen erfordert. Deshalb versuchen viele Funkamateure, ihre Anpassungsprobleme durch Abschneiden und Probieren (engl.: «Cut and try») empirisch zu lösen, oder sie verlassen sich auf kochbuchartige «Man nehme»-Beschreibungen. Der erste Weg kann sehr zeitraubend sein und ist gewöhnlich nur bei einfacheren Anpassungsproblemen gangbar; beim anderen Weg gibt es oft Schwierigkeiten, die durch Umgebungseinflüsse hervorgerufen werden, deren Beseitigung die Kenntnis der Zusammenhänge voraussetzt. Den für den Funkamateur optimalen Lösungsweg bieten zweifellos die grafischen Methoden, die nur einfache mathematische Kenntnisse erfordern und außerdem die Zusammenhänge gut durchschaubar machen.

In der Antennentechnik wird meist das *Smith*-Diagramm benutzt. Dieses Kreisdiagramm wurde erstmalig 1939 von *P. H. Smith* beschrieben [1] und wird in Abschnitt 32.3. näher erläutert. Zu seiner Anwendung ist es erforderlich, sich mit den Grundlagen der komplexen Darstellung von Wechselgrößen vertraut zu machen.

32.1.   Die komplexe Darstellung von Wechselgrößen

32.1.1.   Zeitlicher Verlauf einer harmonischen Wechselgröße

Als Wechselgröße wird eine veränderliche elektrische oder magnetische Größe bezeichnet, die mit der Zeit nicht nur ihren Betrag, sondern auch ihr Vorzeichen ändert. Die Frequenz f der Wechselgröße, die die Anzahl der Perioden in der Zeit angibt, errechnet sich zu

$$f = \frac{1}{T}, \tag{32.1.}$$

wobei T die Periodendauer in Sekunden ist.

Bei sinusförmigem Zeitverlauf liegt eine *harmonische* Wechselgröße vor (Bild 32.1). Mathematisch läßt sie sich durch folgenden Ausdruck beschreiben

$$u(t) = \hat{U} \sin (\omega t + \varphi). \tag{32.2.}$$

Es bedeuten:
$u(t)$ = Augenblickswert
$\hat{U}$ = Amplitude (Scheitelwert)
ω = Kreisfrequenz
φ = Anfangsphase

Für die Kreisfrequenz gilt

$$\omega = 2\pi f = \frac{2\pi}{T}. \tag{32.3.}$$

Verlaufen Ströme und Spannungen in einer Wechselstromschaltung streng sinusförmig, ermöglicht die komplexe Wechselstromrechnung (auch als symbolische Methode bezeichnet) eine verhältnismäßig einfache Berechnung. Die symbolische Methode stellt Spannungen, Ströme usw. mathematisch durch komplexe Zahlen dar.

32.1.2.   Komplexe Zahlen

Komplexe Zahlen sind beispielsweise bei der Lösung algebraischer Gleichungen erforderlich. So ist z. B. die Gleichung $x^2 + 1 = 0$ im Bereich der reellen Zahlen nicht lösbar, wohl aber im Bereich der komplexen Zahlen.

Die komplexe Zahl ist die allgemeinste Zahl überhaupt und besteht aus der Summe oder Differenz einer reellen Zahl a und einer imaginären Zahl jb. Man kann mit komplexen Zahlen wie mit gewöhnlichen Zahlen rechnen, wenn man die Beziehung

$$j = \sqrt{-1} \quad \text{oder} \quad j^2 = -1 \tag{32.4.}$$

beachtet.

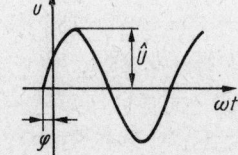

Bild 32.1
Grafische Darstellung einer sinusförmigen Wechselgröße

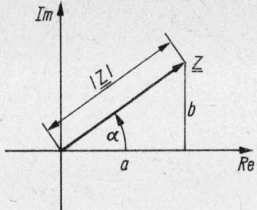

Bild 32.2
Die komplexe Zahl $\underline{Z}$ in der Gaußschen Zahlenebene

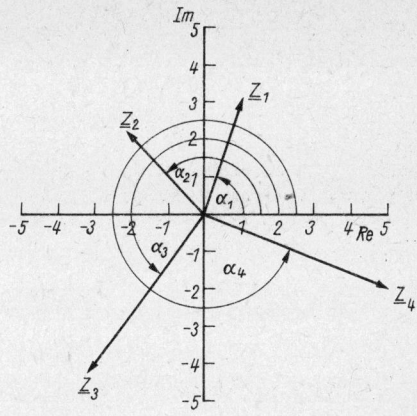

Bild 32.3
Beispiele für die Darstellung komplexer Zahlen

Während man die reellen Zahlen auf einer Geraden darstellen kann, benötigt man zur bildhaften Darstellung der komplexen Zahlen eine Ebene, die sogenannte Gaußsche Zahlenebene; auf der Abszisse werden die reellen Zahlen aufgetragen. Komplexe Zahlen mit positivem Realteil liegen rechts der Imaginärachse, die mit negativem Realteil befinden sich links von ihr. Positiver Imaginärteil bedeutet, daß die komplexe Zahl oberhalb der reellen Achse liegt. Bei negativem Imaginärteil liegt sie unterhalb von ihr.

Bild 32.2 zeigt die Darstellung einer komplexen Zahl $\underline{Z} = a + jb$ in der Gaußschen Zahlenebene. Andere, nicht mehr normgerechte Bezeichnungsweisen für komplexe Zahlen anstelle der Unterstreichung sind $\mathfrak{z}$ oder $\underline{Z}_L$. Für den Betrag $|\underline{Z}|$ der komplexen Zahl gilt nach dem Lehrsatz des Pythagoras

$$|\underline{Z}| = \sqrt{a^2 + b^2}, \tag{32.5.}$$

für den Winkel α (Phase) findet man

$$\tan \alpha = \frac{b}{a} \quad \text{bzw.} \quad \alpha = \text{arc tan } \frac{b}{a}. \tag{32.6.}$$

Als Beispiel zeigt Bild 32.3 die Darstellung nachstehender komplexer Zahlen:

$\underline{Z}1 = 1 + j3 \qquad |\underline{Z}1| = \sqrt{1^2 + 3^2} \approx 3,16;$

$\alpha_1 \approx 71,6°$

$\underline{Z}2 = -2 + j2 \qquad |\underline{Z}2| = \sqrt{2^2 + 2^2} \approx 2,83;$

$\alpha_2 \approx 135°$

$\underline{Z}3 = -3 - j4 \qquad |\underline{Z}3| = \sqrt{3^2 + 4^2} \approx 5;$

$\alpha_3 \approx 233,1°$

$\underline{Z}4 = 5 - j2 \qquad |\underline{Z}4| = \sqrt{5^2 + 2^2} \approx 5,39;$

$\alpha_4 \approx 338,2°$

Neben der algebraischen oder Komponentenform $\underline{Z} = a + jb$ gibt es die trigonometrische Form

$$\underline{Z} = |\underline{Z}| \cdot (\cos \alpha + j \sin \alpha) \tag{32.7.}$$

sowie die Exponentialform

$$\underline{Z} = |\underline{Z}| \cdot e^{j\alpha}. \tag{32.8.}$$

Diese Darstellung liefert die komplexe Zahl nach Betrag und Phase. Die Umrechnung ermöglicht die *Eulersche Formel*

$$e^{j\alpha} = \cos \alpha + j \sin \alpha; \tag{32.9.}$$

für Real- und Imaginärteil erhält man

$$a = |\underline{Z}| \cdot \cos \alpha, \quad b = |\underline{Z}| \cdot \sin \alpha. \tag{32.10.}$$

Rechenregeln für komplexe Zahlen
a) Gleichheit: 2 komplexe Zahlen sind gleich, wenn sie in Real- und Imaginärteil bzw. Betrag und Phase übereinstimmen.
b) Addition (Subtraktion): Komplexe Zahlen werden addiert (subtrahiert), indem man deren Real- und Imaginärteil für sich addiert (subtrahiert). Beispiel:

$\underline{Z}_1 = 3 + j5, \qquad \underline{Z}_2 = 2 - j3,$
$\underline{Z}_3 = \underline{Z}_1 + \underline{Z}_2 = 5 + j2.$

c) Multiplikation (Division): Komplexe Zahlen werden multipliziert (dividiert), indem man ihre Beträge multipliziert (dividiert) und die Phasen addiert (subtrahiert). Beispiel:

$\underline{Z}_1 = 3 + j5, \qquad \underline{Z}_2 = 2 + j7.$

Zunächst ist die Umwandlung der in der Komponentenform vorliegenden komplexen Zahlen in die Exponentialform erforderlich:

$\underline{Z}_1 = 3 + j5 = \sqrt{3^2 + 5^2} \cdot e^{j \text{arc tan } (5/3)}$
$\quad = 5,83 \cdot e^{j59°}$,

$\underline{Z}_2 = 2 + j7 = \sqrt{2^2 + 7^2} \cdot e^{j \text{arc tan } (7/2)}$
$\quad = 7,28 \cdot e^{j74°}$.

Nun kann die Multiplikation der beiden Zahlen ausgeführt werden:
$$\underline{Z}_3 = \underline{Z}_1 \cdot \underline{Z}_2 = 5{,}83 \cdot 7{,}28 \cdot e^{j(59^0 + 74^0)};$$
$$\underline{Z}_3 = 42{,}44 \cdot e^{j133^0} = -29 + j31$$
(Multiplikation und Division sind auch in algebraischer Form möglich)

d) Potenzieren (Radizieren): Eine komplexe Zahl wird mit n potenziert (radiziert), indem man den Betrag potenziert (radiziert) und den Winkel mit n multipliziert (durch n dividiert)

$$\underline{Z}^n = |\underline{Z}|^n \cdot e^{jn\varphi} \qquad (32.11.)$$

32.1.3. Komplexe Darstellung sinusförmiger Wechselgrößen

Der in Gleichung (32.2.) dargestellten reellen Zeitfunktion wird mit Hilfe der komplexen Zahlen folgende komplexe Zeitfunktion zugeordnet

$$\underline{u} = \hat{U} e^{j(\omega t + \varphi)}. \qquad (32.12.)$$

Durch Umformung erhält man

$$\underline{u} = \hat{U} e^{j\varphi} \cdot e^{j\omega t}.$$

Der erste Faktor ($\hat{U} e^{j\varphi}$) wird als komplexe Amplitude bezeichnet; er stellt einen Zeiger der Länge $\hat{U}$ dar, der mit der reellen Achse den Winkel φ einschließt. Der zweite Faktor ($e^{j\omega t}$) hat die Länge 1 und bewirkt eine Drehung des ersten Zeigers im mathematisch positiven Sinn, also entgegengesetzt dem Uhrzeigersinn, mit der Winkelgeschwindigkeit ω.

Die durch Gleichung (32.12.) beschriebene komplexe Zeitfunktion stellt also einen Zeiger der Länge $\hat{U}$ dar, der mit der Winkelgeschwindigkeit ω um den Koordinatenursprung rotiert und zum Zeitpunkt t = 0 den Anfangsphasenwinkel φ hat (Bild 32.4).

Zur Ausgangsgleichung (32.1.) gelangt man wieder durch Projektion des rotierenden Zeigers auf die imaginäre Achse, wie sich leicht durch Anwenden der *Euler*schen Gleichung auf Gl. (32.12.) zeigen läßt. Der Faktor $e^{j\omega t}$ hebt sich in der komplexen Rechnung bei linearen Gleichungen heraus; deshalb wird er meist weggelassen und anstelle umlaufender Zeiger mit ruhenden Zeigern gerechnet, womit eine weitere Vereinfachung erreicht ist.

32.1.4. Komplexer Widerstand

Der komplexe Widerstand (auch Impedanz genannt) ist wie folgt definiert

$$\underline{Z} = \frac{\underline{u}}{\underline{i}} = \frac{\hat{U} e^{j\varphi} u \cdot e^{j\omega t}}{\hat{I} e^{j\varphi} i \cdot e^{j\omega t}}. \qquad (32.13.)$$

Da sich der Faktor $e^{j\omega t}$ herauskürzt, ist der komplexe Widerstand stets ein ruhender Zeiger:

$$\underline{Z} = \frac{\hat{U}}{\hat{I}} \cdot e^{j(\varphi_u - \varphi_i)} = Z \cdot e^{j\varphi} = R + jX.$$

Es gilt:
$$|\underline{Z}| = \sqrt{R^2 + X^2}, \qquad \varphi = \arctan \frac{X}{R}.$$

Die reelle Komponente R des komplexen Widerstands wird als Wirkwiderstand oder Resistanz, die imaginäre Komponente X als Blindwiderstand oder Reaktanz, der Betrag des komplexen Widerstands als Scheinwiderstand oder Impedanz bezeichnet.

Für den komplexen Widerstand der Schaltelemente ohmscher Widerstand, Spule und Kondensator ergeben sich die in Bild 32.5 aufgeführten Formeln.

Für Wechselstromkreise können nunmehr alle Grundgleichungen der Gleichstromtechnik in komplexer Schreibweise übernommen werden, wobei an die Stelle des Widerstandes der komplexe Widerstand tritt. Für den komplexen Widerstand $\underline{Z}$ des Reihenschwingkreises nach Bild 32.6 gilt beispielsweise

$$\underline{Z} = R + j\omega L + \frac{1}{j\omega C}$$
$$= R + j\left(\omega L - \frac{1}{\omega C}\right)$$
$$= \sqrt{R^2 + \left(\omega L - \frac{1}{\omega C}\right)^2}$$
$$\cdot e^{j \arctan \left(\dfrac{\omega L - \dfrac{1}{\omega C}}{R}\right)}$$

Der Betrag des komplexen Widerstandes ist

$$|\underline{Z}| = \sqrt{R^2 + \left(\omega L - \frac{1}{\omega C}\right)^2};$$

er wird bei der Resonanzfrequenz

$$\omega_{\text{res}} = \frac{1}{\sqrt{LC}}$$

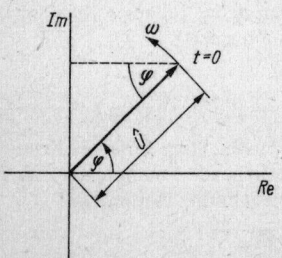

Bild 32.4
Komplexe Darstellung einer sinusförmigen Wechselgröße

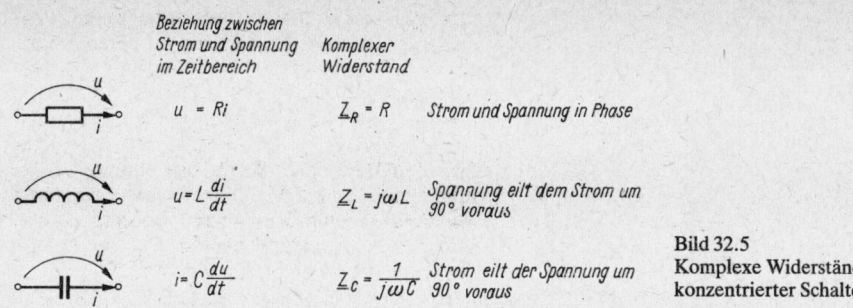

Beziehung zwischen Strom und Spannung im Zeitbereich	Komplexer Widerstand	
$u = Ri$	$\underline{Z}_R = R$	Strom und Spannung in Phase
$u = L\dfrac{di}{dt}$	$\underline{Z}_L = j\omega L$	Spannung eilt dem Strom um 90° voraus
$i = C\dfrac{du}{dt}$	$\underline{Z}_C = \dfrac{1}{j\omega C}$	Strom eilt der Spannung um 90° voraus

Bild 32.5
Komplexe Widerstände
konzentrierter Schaltelemente

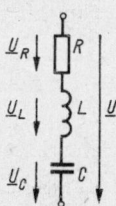

Bild 32.6
Ersatzschaltung des Reihenschwingkreises

minimal (und zwar gleich dem ohmschen Widerstand). Der Phasenwinkel φ ist unterhalb der Resonanzfrequenz negativ (kapazitives Verhalten), oberhalb positiv (induktives Verhalten). Betrag und Phase des Reihenschwingkreises sind aus Bild 32.7 zu entnehmen.

32.2. Ortskurven

Im letzten Beispiel wurden Betrag und Phase des komplexen Widerstandes getrennt dargestellt. Eine Darstellung, die beide Größen gleichzeitig vermittelt, ist die Ortskurve. Sie ist der geometrische Ort der Spitzen des Zeigers bei Änderung eines Parameters (hier z. B. der Frequenz) in der komplexen Ebene. Die Ortskurve der Impedanz des Reihenschwingkreises in Abhängigkeit von der Frequenz ist in Bild 32.8 dargestellt.

Ein weiteres Beispiel ist der Parallelschwingkreis (Bild 32.9). Da es sich um eine Parallelschaltung handelt, wird zunächst der komplexe Leitwert (auch Admittanz genannt) ermittelt:

$$\underline{Y} = \frac{1}{R} + j\omega C + \frac{1}{j\omega L}.$$

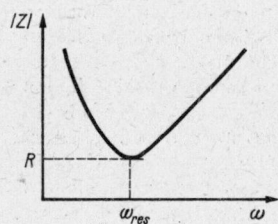

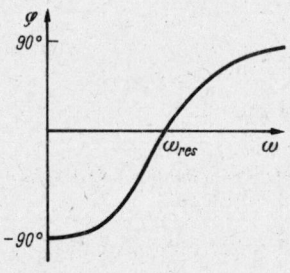

Bild 32.7
Betrag und Phase des Reihenschwingkreises

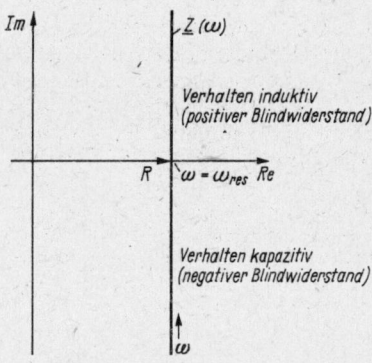

Bild 32.8
Ortskurve der Impedanz des Reihenschwingkreises in Abhängigkeit von der Frequenz

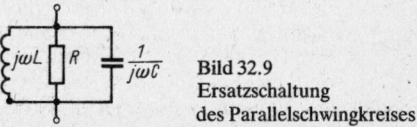

Bild 32.9
Ersatzschaltung
des Parallelschwingkreises

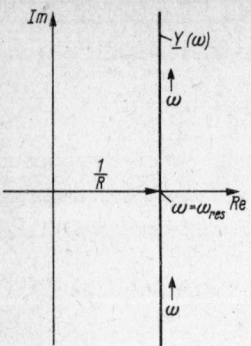

Bild 32.10
Leitwertsortskurve des Parallelschwingkreises

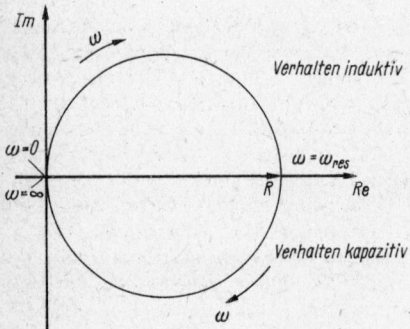

Bild 32.11
Impedanzortskurve des Parallelschwingkreises

Bild 32.10 zeigt die Ortskurve $\underline{Y}(\omega)$.

Zur Ortskurve des komplexen Widerstandes gelangt man über eine Inversion, da bekanntlich $\underline{Z} = 1/\underline{Y}$ gilt. Die Inversionssätze lauten:

1. Eine Gerade durch den Nullpunkt ergibt invertiert wieder eine Gerade durch den Nullpunkt.
2. Eine Gerade, die nicht durch den Nullpunkt geht, ergibt invertiert einen Kreis durch den Nullpunkt.

Im vorliegenden Fall ist offensichtlich der 2. Inversionssatz zutreffend, und zwar geht die Gerade von $\omega = 0$ bis $\omega = \omega_{res}$ über in den oberen Halbkreis, während die Gerade von $\omega = \omega_{res}$ bis $\omega = \infty$ in den unteren Halbkreis übergeht (Bild 32.11).

32.3. Das *Smith*-Diagramm

Das *Smith*-Diagramm gehört zum «Handwerkzeug» der Elektronik, wenn Anpassungsfragen zu lösen sind. Die in Forschung und Entwicklung eingesetzten *Netzwerkanalysatoren* arbeiten auf der Grundlage des *Smith*-Diagramms und kön-

nen ein komplettes Impedanzdiagramm über einen großen Frequenzbereich auf einen runden Bildschirm aufzeichnen [2]. Für den Funkamateur genügen Vorlageblätter zum *Smith*-Diagramm sowie Lineal und Zirkel. Die zu verarbeitenden Werte des Antenneneingangswiderstandes nach Wirk- und Blindanteil können bereits relativ einfache RF-Meßbrücken liefern, z. B. die Antennenrauschbrücke nach Abschnitt 31.5.4. Wenn man die Möglichkeiten des *Smith*-Diagramms ausschöpfen möchte, bedarf es einer guten Kenntnis seiner «Gebrauchsanleitung» und einer gewissen Einarbeitung. Zitat aus [2]: «Die Erkenntnisse, die mit Hilfe dieses *Smith*-Diagramms in Anpaßfragen zu gewinnen sind, lassen sich auch durch Hunderte von Seiten Text in Amateurzeitschriften nicht ersetzen.»

32.3.1. Gaußsche Halbebene und *Smith*-Diagramm

Für die Gaußsche Zahlenebene wird ein unendlich ausgedehntes rechtwinkliges Koordinatensystem benutzt. Auf Grund der linearen Teilung ist sie deshalb nur für begrenzte Zahlenbereiche verwendbar. Der wesentliche Vorteil der Gaußschen Zahlenebene ist darin zu sehen, daß sich in ihr außer dem Real- und Imaginärteil einer dargestellten Größe auch deren Betrag und Phase unmittelbar ablesen lassen: Der Betrag erscheint als Entfernung vom Nullpunkt, die Phase als Winkel gegenüber der reellen Achse.

Um den Zahlenbereich auf ∞ auszudehnen, wird mit Hilfe einer sogenannten konformen Abbildung die rechte (positive) Gaußsche Halbebene in eine Kreisfläche transformiert (Bild 32.12). Man biegt die imaginäre Achse Im zu einem Kreis, während die reelle Achse Re lediglich einen geänderten, nichtlinearen Maßstab erhält. Die Koordinatennetze von Gaußscher Ebene und *Smith*-Diagramm sind winkeltreu, d. h., der Schnittwinkel zwischen reellen und imaginären Achsen ist in beiden Diagrammen 90°. Der Maßstab im *Smith*-Diagramm ist jedoch nicht mehr linear und geht von 0 ... ∞. Mit Ausnahme negativer Wirkwiderstände und Wirkleitwerte sind im *Smith*-Diagramm deshalb alle Impedanzen und Admittanzen von den kleinsten bis zu den höchsten Werten darstellbar.

32.3.2. Die Darstellung komplexer Widerstände und Leitwerte im *Smith*-Diagramm

Wie in der Gaußschen Ebene kennzeichnet auch im *Smith*-Diagramm jeder Punkt der Ebene einen komplexen Widerstand nach Real- und

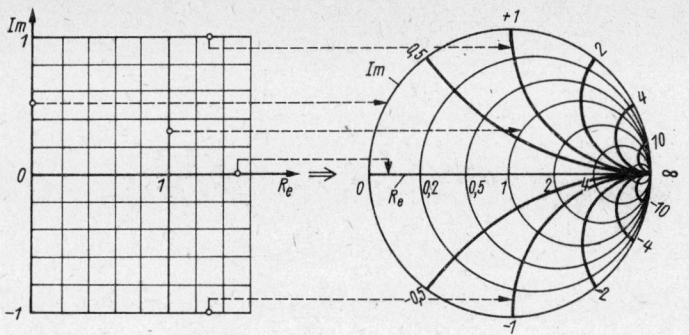

Imaginärteil. Reelle Widerstände werden durch Punkte auf dem waagerechten Kreisdurchmesser, imaginäre Widerstände durch Punkte auf dem Kreisumfang dargestellt. Komplexe Widerstände sind durch die Schnittpunkte der Kurven für Real- und Imaginärteil gekennzeichnet. Die obere Hälfte des Diagramms benutzt man dabei zur Darstellung von Impedanzen oder Admittanzen mit *positivem* Imaginärteil, die untere Hälfte für solche mit *negativem* Imaginärteil.

In das *Smith*-Diagramm kann man zwar komplexe Widerstände eintragen, deren Real- und Imaginärteil Werte zwischen Null und ∞ annehmen; für größere Werte wird die Ablesbarkeit jedoch schlechter, so daß man zweckmäßig auf einen Bezugswiderstand R_0 normiert. Dieser Bezugswiderstand wird so gewählt, daß sich der normierte Widerstand möglichst in der Mitte des Diagramms befindet (beste Ablesegenauigkeit). Werden in einer Rechnung mehrere Widerstände betrachtet, sind alle auf denselben Bezugswiderstand zu normieren.

In Bild 32.13 sind einige komplexe Widerstände und Leitwerte im *Smith*-Diagramm eingetragen:

$\underline{Z}_1 = (150 + j260)\,\Omega,$ $R_0 = 200\,\Omega,$
$\underline{Z}_1' = 0,75 + j1,3;$
$\underline{Z}_2 = (200 - j800)\,\Omega,$ $R_0 = 500\,\Omega,$
$\underline{Z}_2' = 0,4 - j1,6;$
$\underline{Y}_1 = (110 + j150)\,\text{mS},$ $Y_0 = 200\,\text{mS},$
$\underline{Y}_1' = 0,55 + j0,75;$
$\underline{Y}_2 = (2 - j3)\,\mu\text{S},$ $Y_0 = 2\,\mu\text{S},$
$\underline{Y}_2' = 1,0 - j1,5.$

32.3.3. Die Umwandlung von Widerständen in Leitwerte

Bei der Berechnung komplexer Schaltungen sind häufig Reihenschaltungen in äquivalente (gleichwertige) Parallelschaltungen (und umgekehrt) umzuwandeln. Rein rechnerisch erhält man folgende Beziehungen für die Wirk- und Blindgrößen:

$$R = \frac{G}{G^2 + B^2} \qquad G = \frac{R}{R^2 + X^2}$$

$$X = \frac{-B}{G^2 + B^2} \qquad B = \frac{-X}{R^2 + X^2}$$

Im *Smith*-Diagramm gelangt man vom komplexen Widerstand zum komplexen Leitwert nach Bild 32.13 auf folgende Weise: Man verbindet den Punkt $\underline{Z}'$ mit dem Mittelpunkt des Diagramms und verlängert die Strecke $\underline{Z}'$M um sich selbst. Der Endpunkt der gesamten Strecke kennzeichnet den komplexen Leitwert der äquivalenten Parallelschaltung. Zu beachten ist, daß der zur Entnormierung benötigte Leitwert G_0 bereits durch den Bezugswiderstand R_0 über

$$G_0 = \frac{1}{R_0}$$

gegeben ist.

Beispiel

Die komplexe Reihenschaltung $\underline{Z} = (30 + j40)\,\Omega$ soll in eine äquivalente Parallelschaltung umgewandelt werden. Der Bezugswiderstand R_0 hat den Wert $100\,\Omega$. Damit wird $\underline{Z}' = 0,3 + j0,4$. Nach Durchführung des oben Gesagten findet man für den normierten Leitwert $\underline{Y}' = 1,2 - j1,6$. Mit dem Bezugsleitwert $G_0 = 1R_0 = 1/100\,\Omega = 10\,\text{mS}$ erhält man für $\underline{Y} = G_0 \cdot \underline{Y}' = (12 - j16)\,\text{mS}$. Bild 32.13 enthält die Ausführung des Beispiels. Die Inversion ist somit im *Smith*-Diagramm sehr leicht auszuführen. Man kann mit diesem einfachen grafischen Verfahren komplizierte Netzwerke analysieren und ihre Gesamtimpedanz ermitteln, wie im nächsten Abschnitt gezeigt wird.

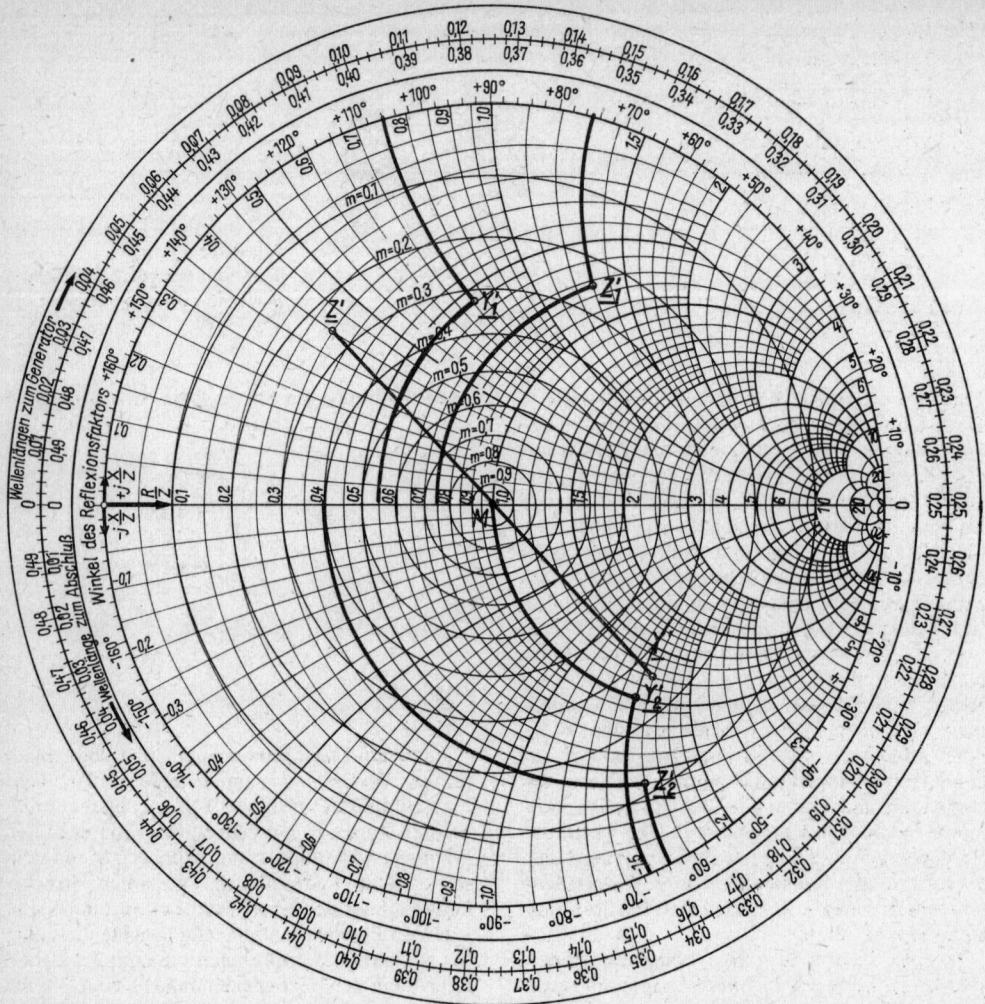

Bild 32.13
Eintragen von komplexen Widerständen bzw. Leitwerten in das *Smith*-Diagramm und Inversion im *Smith*-Diagramm

32.3.4. Widerstandstransformation mit Hilfe des *Smith*-Diagramms

Unter einer Widerstandstransformation versteht man die Änderung eines komplexen Widerstandes durch Zuschalten eines oder mehrerer anderer Widerstände. Derartige Transformationen können mit dem *Smith*-Diagramm durchgeführt werden.

32.3.4.1. Reihenschaltung von Widerständen

Schaltet man zu einem komplexen Widerstand einen Wirkwiderstand in Reihe, so verschiebt sich der Punkt $\underline{Z}'$ im *Smith*-Diagramm auf einer

Linie konstanten Blindwiderstandes nach größeren Wirkwiderständen; entsprechend verursacht das Zuschalten eines Blindwiderstandes eine Verschiebung auf einem Kreis konstanten Wirkwiderstandes, und zwar im Uhrzeigersinn, wenn es sich um eine Induktivität (positiver Blindwiderstand) handelt und entgegen dem Uhrzeigersinn, wenn er eine Kapazität (negativer Blindwiderstand) ist. Auf ähnliche Weise läßt sich der Einfluß der Frequenz auf die Lage des Punktes $\underline{Z}'$ erklären.

Beispiele (Bild 32.14):

1. $\underline{Z}_1 = (10 + j30)\ \Omega,\qquad R_0 = 100\ \Omega,$
   $\underline{Z}_1' = 0,1 + j0,3.$

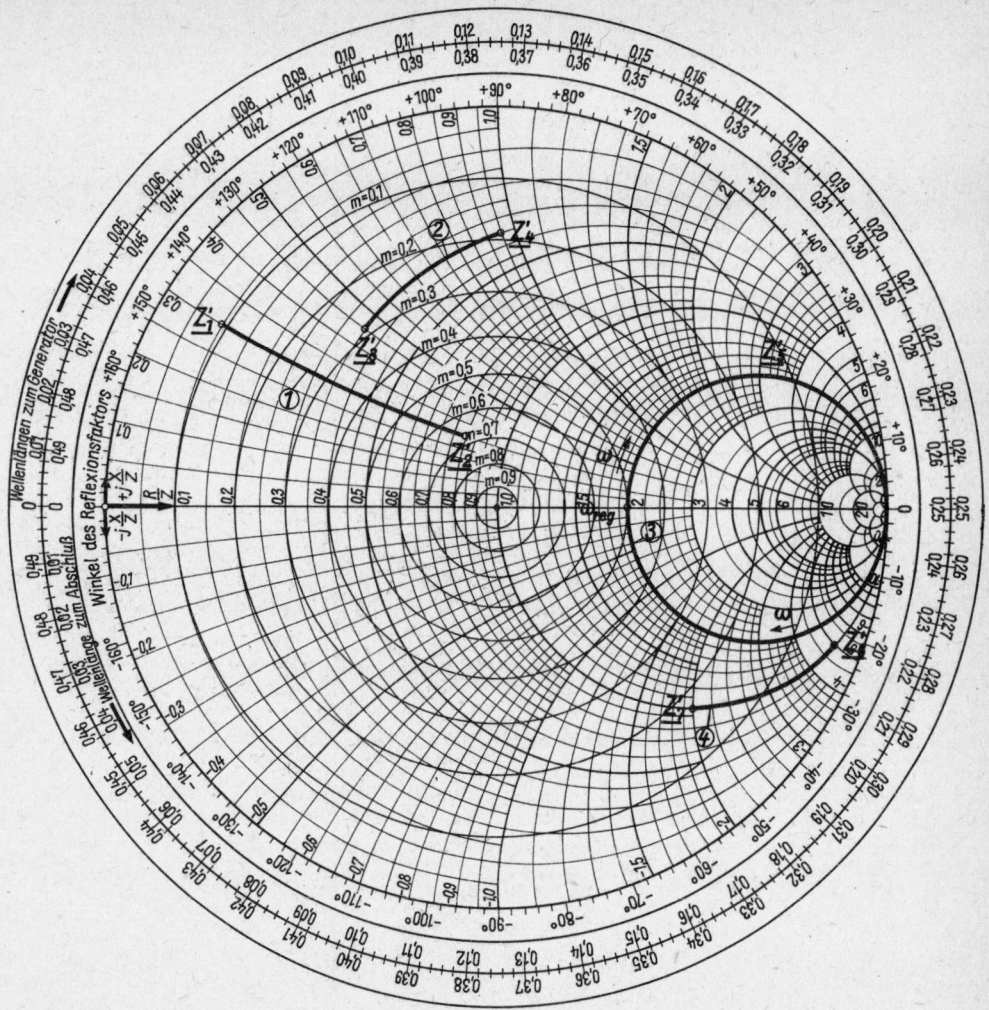

Bild 32.14
Reihenschaltung komplexer Widerstände

Durch Zuschalten eines Wirkwiderstandes von 70 Ω verschiebt sich $\underline{Z}'_1$ nach $\underline{Z}'_2$:
$$\underline{Z}_2 = (10 + 70)\ \Omega + \text{j}30\,\Omega,$$
$$\underline{Z}'_2 = 0{,}8 + \text{j}0{,}3.$$

2. $\underline{Z}_3 = (35 + \text{j}45)\ \Omega,\qquad R_0 = 100\,\Omega,$
$$\underline{Z}'_3 = 0{,}35 + \text{j}0{,}45.$$
Durch Zuschalten eines induktiven Blindwiderstandes von 50 Ω ergibt sich $\underline{Z}'_4$:
$$\underline{Z}_4 = (35 + \text{j}95)\ \Omega,\qquad \underline{Z}'_4 = 0{,}35 + \text{j}0{,}95.$$

3. Ortskurve $\underline{Z}(\omega)$ des Reihenschwingkreises
$$\underline{Z}_5 = R + \text{j}\left(\omega L - \frac{1}{\omega C}\right)\qquad 0 \leqq \omega < \infty$$
$$R_0 = \frac{R}{2}$$

4. $\underline{Z}_6 = 1\,\text{k}\Omega - \text{j}5\,\text{k}\Omega,\qquad R_0 = 1\,\text{k}\Omega,$
$$\underline{Z}'_6 = 1 - \text{j}5.$$

Durch Zuschalten eines induktiven Blindwiderstandes von 3 kΩ erhält man $\underline{Z}'_7$:
$$\underline{Z}_7 = 1\,\text{k}\Omega - \text{j}5\,\text{k}\Omega + \text{j}3\,\text{k}\Omega = 1\,\text{k}\Omega - \text{j}2\,\text{k}\Omega$$
$$\underline{Z}'_7 = 1 - \text{j}2$$

32.3.4.2. Parallelschaltung von Widerständen

Parallelschaltungen von Widerständen untersucht man am zweckmäßigsten auf dem Umweg über die äquivalente Leitwertschaltung. Soll zu einem komplexen Widerstand $\underline{Z}_1$ ein zweiter komplexer Widerstand $\underline{Z}_2$ parallelgeschaltet wer-

633

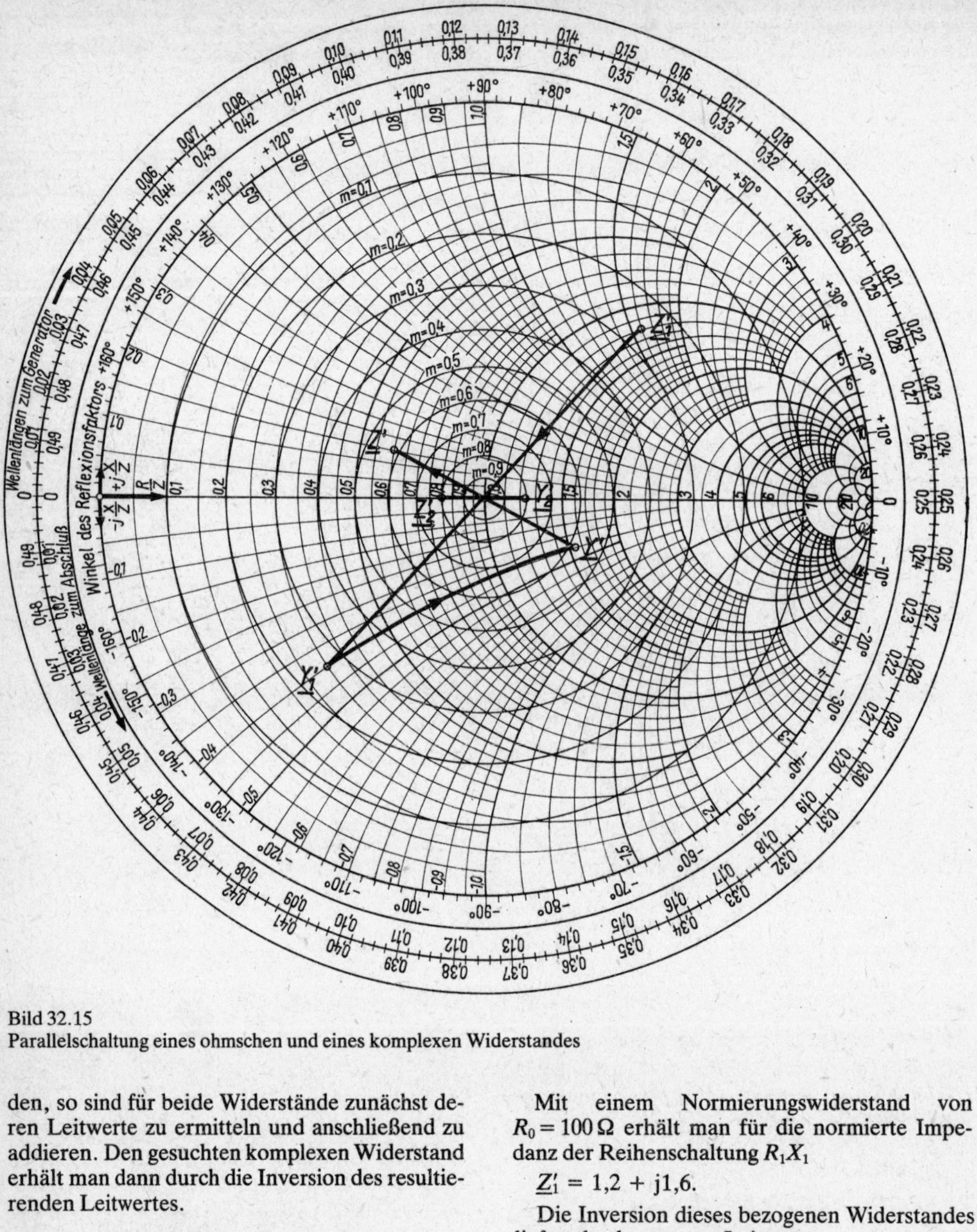

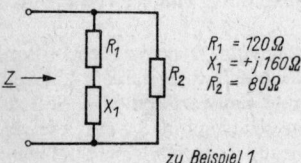

Bild 32.15
Parallelschaltung eines ohmschen und eines komplexen Widerstandes

den, so sind für beide Widerstände zunächst deren Leitwerte zu ermitteln und anschließend zu addieren. Den gesuchten komplexen Widerstand erhält man dann durch die Inversion des resultierenden Leitwertes.

Beispiel 1 (Bild 32.15):
Gesucht ist der komplexe Widerstand der angegebenen Schaltung:

$$R_1 = 120\,\Omega$$
$$X_1 = +j\,160\,\Omega$$
$$R_2 = 80\,\Omega$$

zu Beispiel 1

Mit einem Normierungswiderstand von $R_0 = 100\,\Omega$ erhält man für die normierte Impedanz der Reihenschaltung $R_1 X_1$

$$\underline{Z}'_1 = 1{,}2 + j1{,}6.$$

Die Inversion dieses bezogenen Widerstandes liefert den bezogenen Leitwert

$$\underline{Y}'_1 = 0{,}3 - j0{,}4.$$

Hierzu ist der zu R_2 gehörende bezogene Leitwert $\underline{Y}'_2$

$$\underline{Y}'_2 = \frac{\dfrac{1}{R_2}}{G_0} = \frac{R_0}{R_2} = 1{,}25$$

zu addieren (selbstverständlich kann dieser Wert auch über grafische Inversion von R_2 im *Smith-*

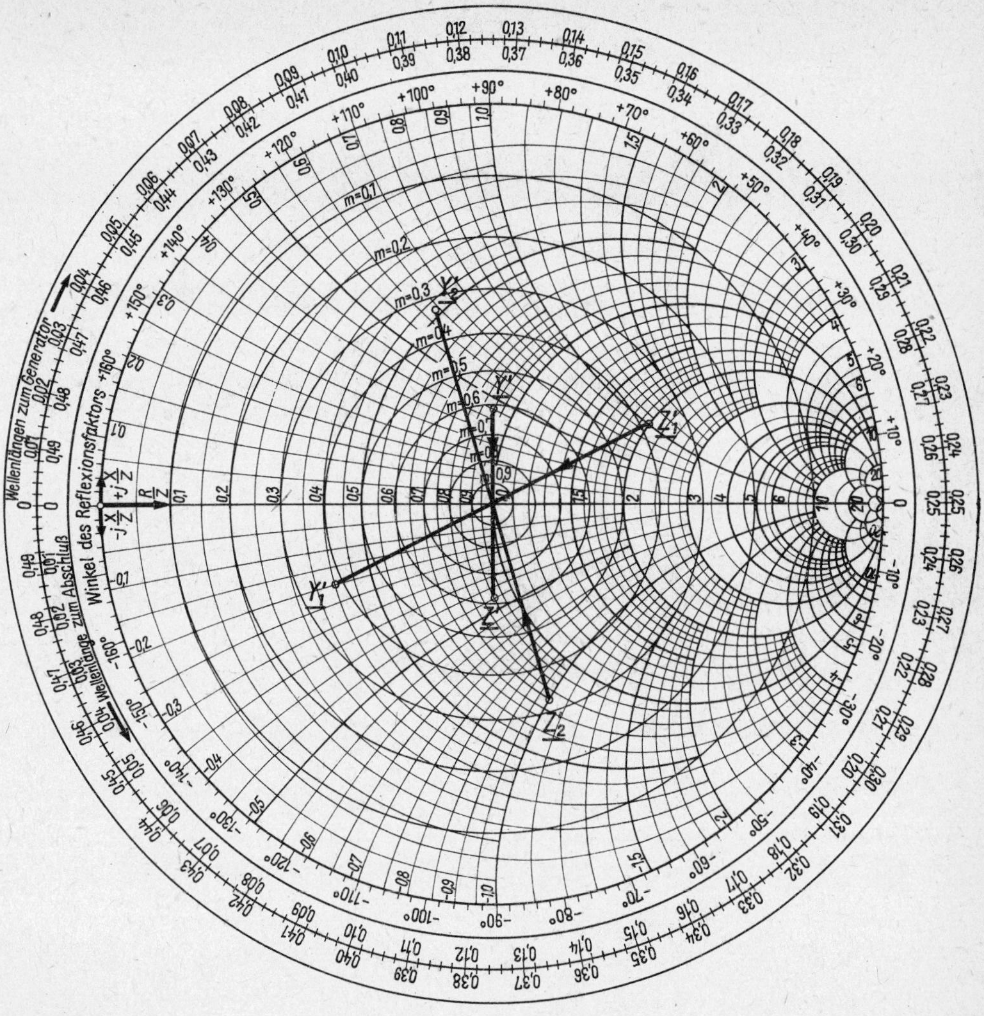

Bild 32.16
Parallelschaltung zweier komplexer Widerstände

Diagramm erhalten werden). Der normierte Leitwert der gesamten Schaltung ist somit

$\underline{Y}' = 1{,}55 - j0{,}4.$

Die Inversion ergibt für $\underline{Z}'$

$\underline{Z}' = 0{,}6 + j0{,}15.$

Die gesuchte Impedanz ist dann

$\underline{Z} = R_0 \cdot \underline{Z}' = (60 + j15)\ \Omega.$

Beispiel 2 (Bild 32.16):

Die bezogenen Impedanzen sind

$\underline{Z}'_1 = 2 + j1; \qquad \underline{Z}_2 = 0{,}75 - j1.$

Durch Inversion findet man für die normierten Admittanzen

$\underline{Y}'_1 = 0{,}4 - j0{,}2; \qquad \underline{Y}'_2 = 0{,}48 + j0{,}64.$

Den gesamten bezogenen Leitwert ergibt die Addition beider Leitwerte

$\underline{Y}' = \underline{Y}'_1 + \underline{Y}'_2 = 0{,}88 + j0{,}44.$

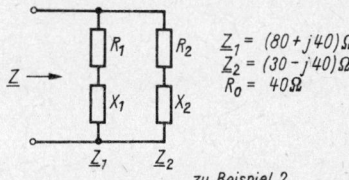

$\underline{Z}_1 = (80 + j40)\,\Omega$
$\underline{Z}_2 = (30 - j40)\,\Omega$
$R_0 = 40\,\Omega$

zu Beispiel 2

Die grafische Inversion von $\underline{Y}$ liefert die Gesamtimpedanz

$\underline{Z}' = 0{,}91 - j0{,}45.$

Mit $R_0 = 40\ \Omega$ folgt

$\underline{Z} = (36{,}4 - j18{,}2)\ \Omega.$

635

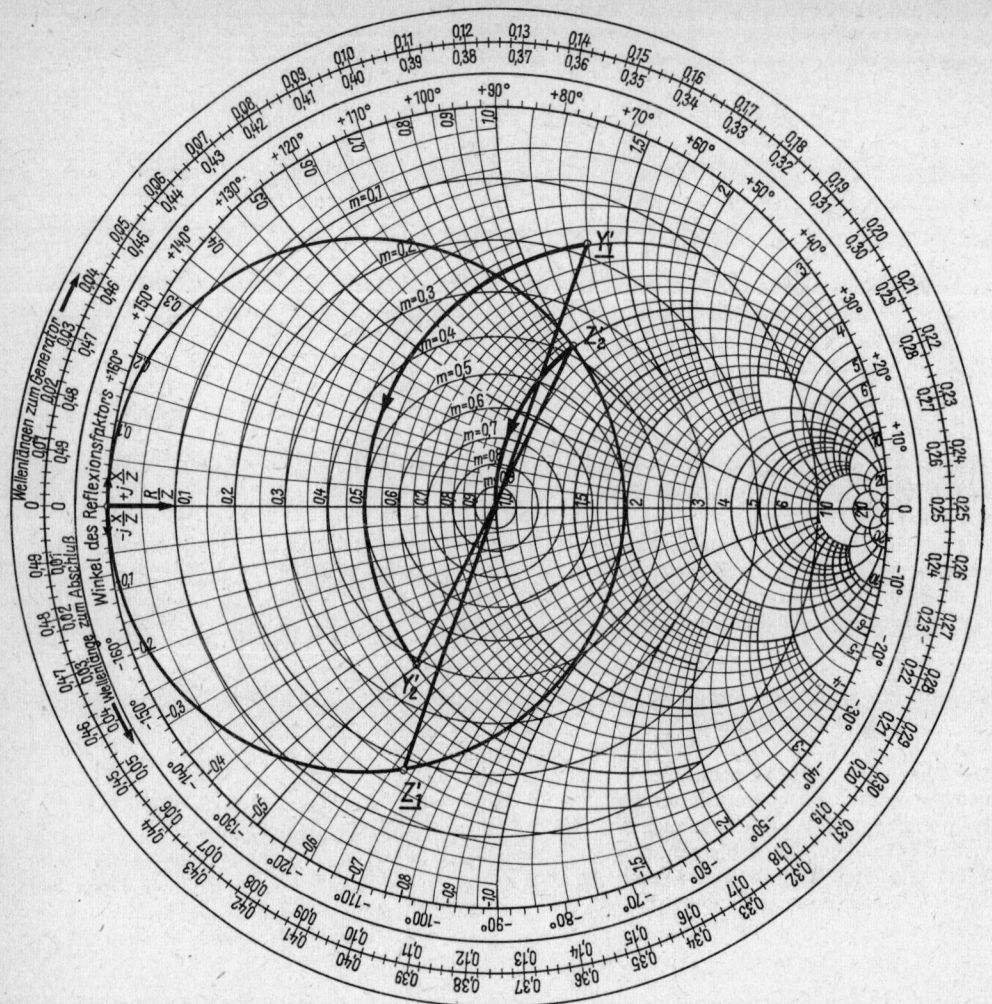

Bild 32.17
Transformation mit Blindwiderständen

32.3.4.3. Widerstandstransformation mit 2 Blindwiderständen

Durch Reihen- und Parallelschalten je eines Blindwiderstandes zu einem gegebenen komplexen Widerstand kann man diesen auf einen beliebigen anderen Wert transformieren.

Beispiel (Bild 32.17):
Eine Antenne läßt sich bei einer Frequenz von 200 MHz durch die Reihenschaltung eines ohmschen Widerstandes von 60 Ω und einer Kapazität von 5 pF ersatzweise darstellen. Der damit gegebene komplexe Widerstand $\underline{Z}_1$ soll durch Parallelschaltung einer Induktivität L_p und Reihenschaltung einer Kapazität C_s in den reellen

Wellenwiderstand der Zuleitung von 240 Ω transformiert werden.

Die Transformation ist in Bild 32.17 dargestellt. Als Bezugswiderstand wählt man zweckmäßig den angestrebten Endwert: $R_0 = 240\,\Omega$. Der Bezugsleitwert ist dann $G_0 = 1/R_0 = 4{,}17\,\text{mS}$. Der komplexe Widerstand der Antenne ist

$$\underline{Z}_1 = R + \frac{1}{\text{j}\omega C} = (60 - \text{j}159)\,\Omega,$$

die Normierung ergibt $\underline{Z}'_1 = 0{,}25 - \text{j}0{,}663$. Da eine Induktivität parallel geschaltet werden soll, ist $\underline{Z}'_1$ zu invertieren. $\underline{Y}'_1$ muß nun durch die Parallelinduktivität so weit verschoben werden, daß die Inversion von $\underline{Y}'_2$ auf dem Kreis konstanten Wirkwiderstandes $R' = 1$ liegt. $\underline{Z}'_1$ wird damit durch die parallele Induktivität nach $\underline{Z}'_2$ verschoben, und zwar längs eines Kreises, der durch den Punkt $\underline{Z}'_1$ und den Punkt 0 geht. Ermittlung von L_p und C_s:

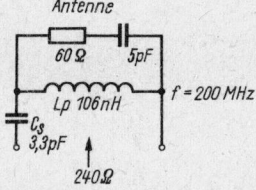

Antenne

$60\,\Omega$ $5\,pF$

$L_p\ 106\,nH$ $f = 200\,MHz$

C_s
$3,3\,pF$

$240\,\Omega$

Der Leitwert, der erforderlich war, um $\underline{Y}'_1$ nach $\underline{Y}'_2$ zu verschieben, betrug $B'_p = -j1,8$. Mit $B_p = G_0 \cdot B'_p$ und $B_p = 1/j\omega L$ folgt für die Induktivität $L_p = 106\,nH$.

Um $\underline{Z}'_2$ nach 1 zu verschieben, ist ein negativer Blindwiderstand der Größe $X'_s = -jl$. erforderlich. Mit $X_s = R_0 \cdot X'_s = 1/j\omega C$ ergibt sich für die Serienkapazität $C_s = 3,3\,pF$.

Die vorgenommene Transformation stellt nicht die einzige Möglichkeit zur Anpassung der Antenne an die Zuleitung dar; sie gilt außerdem nur für eine bestimmte Frequenz, hier 200 MHz.

32.3.5. Das *Smith*-Diagramm als Leitungsdiagramm

Das *Smith*-Diagramm ist nicht nur zur Analyse von Netzwerken mit konzentrierten Bauelementen geeignet, sondern es leistet auch bei der Behandlung von Leitungsproblemen, besonders im VHF- und UHF-Bereich, gute Dienste. Häufig wird es deshalb auch als Leitungsdiagramm bezeichnet.

32.3.5.1. Reflexionsfaktor und Anpassungsfaktor

Auf einer Leitung bildet sich neben der hinlaufenden Welle auch eine rücklaufende Welle aus, wenn die Leitung nicht mit ihrem Wellenwiderstand, sondern mit einem von diesem abweichenden komplexen Widerstand $\underline{R}_a$ abgeschlossen ist (siehe auch Abschnitt 5.2.1.).

Der komplexe Reflexionsfaktor ist

$$\underline{r} = r \cdot e^{j\varphi} = \frac{\underline{U}_r}{\underline{U}_h} \qquad (32.14.)$$

($\underline{U}_r$ = Spannung der rücklaufenden und $\underline{U}_h$ = Spannung der hinlaufenden Welle).

Durch Abschluß und Wellenwiderstand der Leitung ausgedrückt, beträgt der Reflexionsfaktor

$$\underline{r} = \frac{\underline{R}_a - \underline{Z}}{\underline{R}_a + \underline{Z}}. \qquad (32.15.)$$

Weiterhin bestehen zwischen Anpassungsfaktor m, Welligkeit s und Reflexionsfaktor r folgende Beziehungen:

$$m = \frac{1 - |\underline{r}|}{1 + |\underline{r}|} \qquad (32.16.)$$

$$s = \frac{1}{m} = \frac{1 + |\underline{r}|}{1 - |\underline{r}|}. \qquad (32.17.)$$

Besonders vorteilhaft ist, daß im *Smith*-Diagramm Anpassungsfaktor m und Welligkeit s direkt enthalten sind. Die Kurven konstanten Anpassungsfaktors sind konzentrische Kreise um den Mittelpunkt des *Smith*-Diagramms, wobei der Maßstab der reellen Achse direkt dem Anpassungsfaktor zwischen dem Wert 0 und 1 und der Welligkeit zwischen 1 und ∞ entspricht (Bild 32.18). Es gelten folgende Beziehungen:

$$m = \begin{cases} \dfrac{R_a}{Z} & \text{für} \quad R_a < Z \\[2mm] \dfrac{Z}{R_a} & \text{für} \quad R_a > Z \end{cases}$$

und

$$s = \begin{cases} \dfrac{R_a}{Z} & \text{für} \quad R_a > Z \\[2mm] \dfrac{Z}{R_a} & \text{für} \quad R_a < Z \end{cases}$$

32.3.5.2. Der Eingangswiderstand einer Leitung

Der Eingangswiderstand $\underline{R}_e$ einer verlustlosen Leitung mit dem Wellenwiderstand Z, die mit einem komplexen Widerstand $\underline{R}_a$ abgeschlossen ist, beträgt

$$\underline{R}_e = \underline{R}_a \frac{1 + j\,\dfrac{Z}{R_a} \cdot \tan\left(2\pi\dfrac{1}{\lambda}\right)}{1 + j\,\dfrac{R_a}{Z} \cdot \tan\left(2\pi\dfrac{1}{\lambda}\right)} \qquad (32.18.)$$

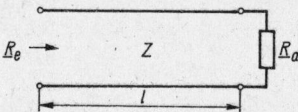

$\underline{R}_e \rightarrow$ Z $\underline{R}_a$

l

Auf der äußeren Skale des *Smith*-Diagramms ist das Verhältnis $1/\lambda$ direkt aufgetragen und damit die grafische Lösung der Gleichung (32.18.) besonders einfach möglich.

Beispiel 1 (Bild 32.18):
Eine Leitung mit dem Wellenwiderstand $Z = 75\,\Omega$ ist mit einem Widerstand $R_a = 30\,\Omega$ abgeschlossen. Die Leitungslänge l beträgt 1 m, die

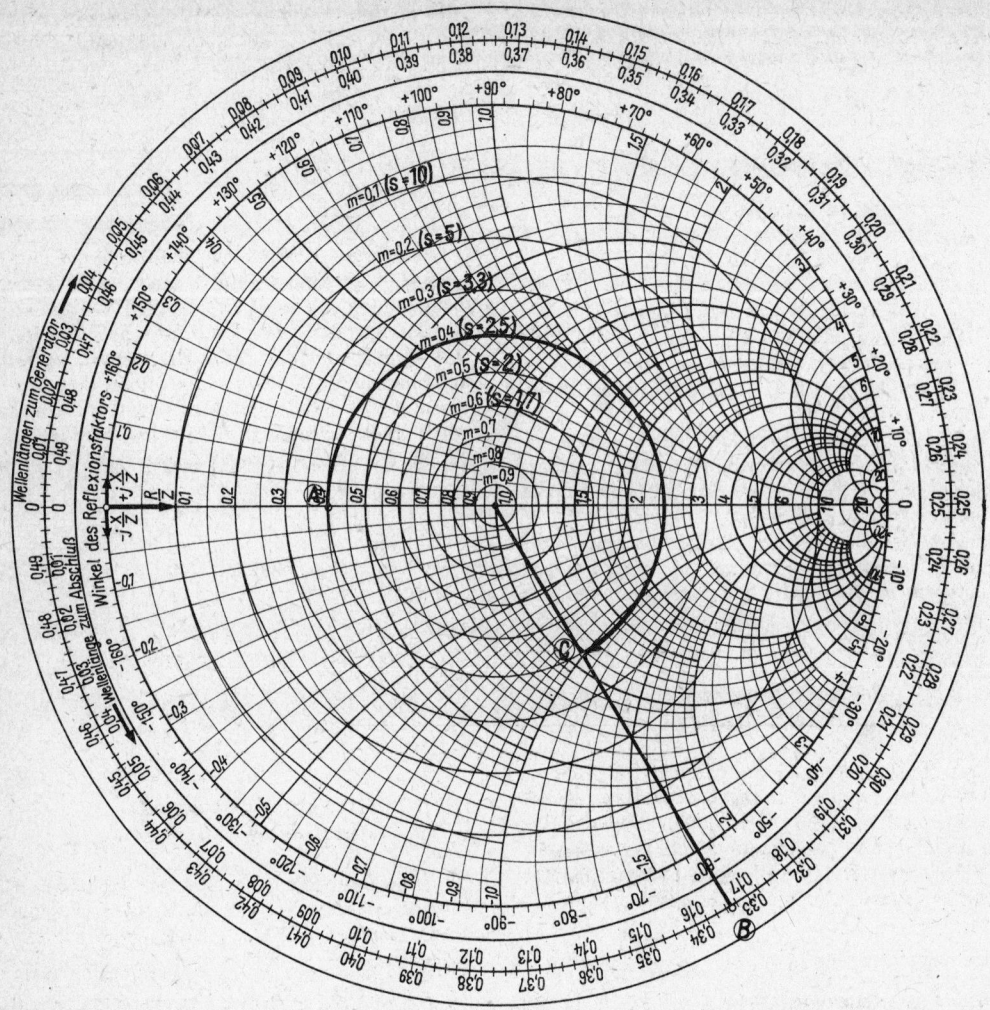

Bild 32.18
Smith-Diagramm mit Anpassungskreisen und Eingangswiderstand einer Leitung, Abschluß mit ohmschem Widerstand

Wellenlänge ist 3 m. Gesucht ist der Eingangswiderstand $\underline{R}_e$.

Zunächst trägt man $R_a/Z = 0,4$ ein (Punkt Ⓐ). Um zum Punkt Ⓑ zu gelangen, muß man auf der l/λ-Skale eine Strecke von $l/\lambda = 1\,\text{m}/3\,\text{m} \approx 0,333$ hinzuzählen, und zwar in Richtung Generator. Damit erhält man Punkt Ⓑ, von dem aus zum Mittelpunkt des Diagramms eine Gerade gezogen wird, die auf dem Anpassungskreis $m = 0,4$ den gesuchten bezogenen Eingangswiderstand liefert (Punkt Ⓒ).

$$\frac{\underline{R}_e}{Z} \approx 1,1 - j0,98.$$

Damit ist

$\underline{R}_e = 75\,\Omega\,(1,1 - j0,98),$
$\underline{R}_e = (82,5 - j73,5)\,\Omega.$

Beispiel 2 (Bild 32.19):
Eine Leitung mit $Z = 240\,\Omega$ wird mit der komplexen Last $\underline{R}_a = 240 + j480\,\Omega$ abgeschlossen. Wie groß ist der Eingangswiderstand bei einer Leitungslänge von 1,6 m und einer Wellenlänge auf der Leitung von 8 m?
Lösung:
$\underline{R}_a/Z = 1 + j2$; $\underline{R}_e/Z$ erhält man durch Verschieben auf dem Hilfskreis um den Diagrammmittel-

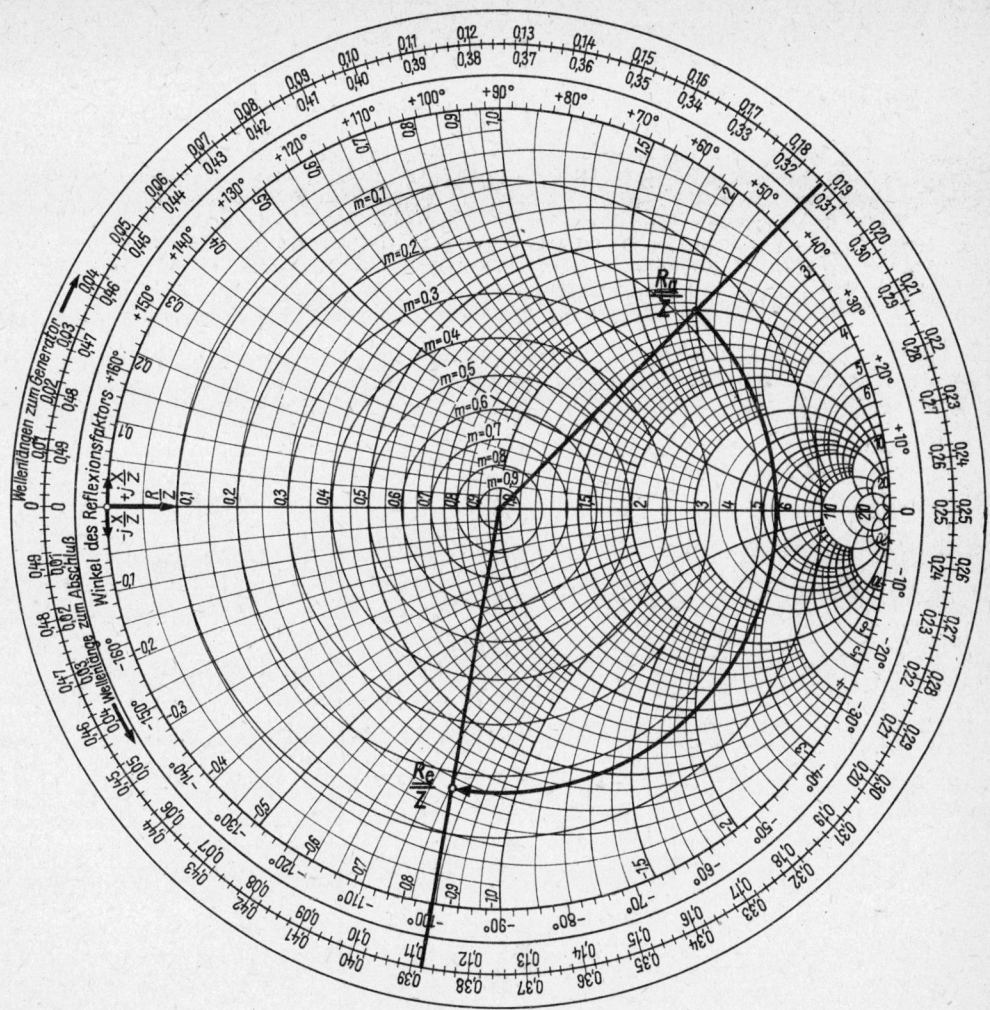

Bild 32.19
Eingangswiderstand einer Leitung, Abschluß mit komplexem Widerstand

punkt um $l/\lambda = 0,2$:

$$\frac{R_e}{Z} = 0,27 - j0,8.$$

Damit ist

$$\underline{R}_e = 240 \ \Omega \ (0,27 - j0,8) = (65 - j192) \ \Omega.$$

Das im Abschnitt 5.2.3. behandelte Verhalten der kurzgeschlossenen und leerlaufenden Leitung läßt sich mit dem *Smith*-Diagramm ebenfalls recht gut darstellen. Da Kurzschluß ($R_a = 0$) bzw. Leerlauf ($R_a = \infty$) auf dem Anpassungskreis $m = 0$ liegen, sind die Eingangswiderstände in jedem Fall wieder reine Blindwiderstände. Man

liest die in Bild 5.29 dargestellten Sonderfälle direkt aus dem Diagramm ab.

Literatur zu Abschnitt 32.

[1] *Smith, P. H.*: Transmission Line Calculator, ELEC-TRONICS, 12 (1939), No 1, p. 29–31
[2] *Schwarzbeck, G.*: Antennenimpedanz und Transformation mit dem Smith-Diagramm, cq-DL, Baunatal, 49 (1978) Heft 9, Seite 396 bis 401
Frey, H.: Einführung in die Ortskurventheorie, Amateurreihe electronica, Band 164, Militärverlag der DDR, Berlin 1978
Geschwinde, H.: Die Praxis der Kreis- und Leitungsdia-

gramme in der Hochfrequenz, Franzis-Verlag, München 1959

Glaser, M.: Die komplexe Darstellung von Wechselgrößen und das Smith-Diagramm (Manuskript), Sonneberg 1980

Kronjänger, O.: Zur Lösung von einfachen HF-Leitungsproblemen mittels Diagramm, Funkamateur, Berlin, 17 (1968) Heft 5, Seite 240 bis 241; Heft 6, Seite 294 bis 296; Heft 7, Seite 347 bis 348

Meinke, H.: Ein Kreisdiagramm zur Berechnung der Vorgänge auf Leitungen, Zeitschrift für Hochfrequenztechnik und Elektroakustik, 57 (1941) Seite 17 bis 23

Nicolai, K.: Das Kreis- (Smith-)Diagramm und seine Anwendungen, Funk-Technik, Berlin 25 (1970) Heft 5, Seite 161 bis 164; Heft 6, Seite 197 bis 200; Heft 7, Seite 235 bis 238

Pelikan, M.: Einführung in die Impedanzmeßtechnik (II), Neues von Rohde & Schwarz, München, 69 (1975) April, Seite 32 bis 35

Smith, P. H.: An Improved Transmission Line Calculator, ELECTRONICS, 17 (1944) No 1, p. 130–135, 318–325

The ARRL Antenna Book, 13th Edition, Chapter 3, p. 76–85, ARRL, Newington, Conn. 1974

33. Gesetzliche Vorschriften für den Antennenbau

Unsachgemäß errichtete und betriebene Antennenanlagen können die allgemeine Sicherheit gefährden und gesundheitliche sowie wirtschaftliche Schäden verursachen. Deshalb wurden vom Gesetzgeber Vorschriften für den Aufbau, den Betrieb und die Wartung von Antennenanlagen erlassen, die im allgemeinen Interesse ein Mindestmaß an Sicherheit gewährleisten. Die wichtigsten dieser einschlägigen Gesetze, Verordnungen, Vorschriften und Empfehlungen werden nachstehend erläutert und zum Teil auszugsweise wiedergegeben.

33.1. Baurechtliche Gesetze und Verordnungen

Das «Gesetz über das Post- und Fernmeldewesen» vom 3. April 1959 (GBl. I, Nr. 27, S. 365) bestimmt in § 29: «Eigentümer oder sonstige Berechtigte an Grundstücken und Gebäuden sind verpflichtet, das Einrichten von Anschlüssen an das Fernmeldenetz der Deutschen Post sowie das Anbringen von Antennenanlagen nach den bautechnischen Bestimmungen zu dulden.»

Die zivilrechtlichen Bestimmungen verpflichten den Mieter einer Wohnung, die Zustimmung des Vermieters oder seines Beauftragten zum Anbringen einer Antennenanlage einzuholen. Wird die Zustimmung verweigert, kann auf dem Klagewege eine gerichtliche Entscheidung herbeigeführt werden.

Besondere Bedeutung hat die «Verordnung über die Verantwortung der Räte der Gemeinden, Stadtbezirke, Städte und Kreise bei der Errichtung und Veränderung von Bauwerken der Bevölkerung» vom 22. März 1972 (GBl. II., Nr. 26, S. 293). In dieser Verordnung wird u. a. festgelegt, daß die Errichtung und Veränderung aller Bauwerke, die mehr als 5 m² Grundfläche haben oder höher als 3 m oder tiefer als 1 m im Erdreich sind, die Zustimmung der genannten Organe erfordern.

In der «Verordnung über die Staatliche Bauaufsicht» vom 30. Juli 1981 (GBl. I, Nr. 26, S. 313) mit der dazu erlassenen ersten Durchführungsbestimmung vom 26. August 1981 (GBl. I, Nr. 26,

S. 320) bestimmt § 6, daß jedermann, der ein Bauwerk vorbereiten, errichten oder verändern will, Prüfbescheide als Baugenehmigungen der Staatlichen Bauaufsicht einzuholen oder entgegenzunehmen hat. Der § 8 der Verordnung legt fest, daß der Bürger bei der Vorbereitung, Errichtung, Veränderung oder Nutzung von Bauwerken von der Staatlichen Bauaufsicht zu beraten ist. Wichtig ist auch § 12 Abs. 6 der Verordnung: «Wer Bau- oder Abrißarbeiten durchführt, muß entweder die notwendigen fachlichen Kenntnisse besitzen oder die fachliche Anleitung und Unterstützung durch entsprechende Fachkräfte in Anspruch nehmen.»

Obwohl wesentliche Bestimmungen der Deutschen Bauordnung (DBO), Anlage zur Anordnung Nr. 2 vom 2. Oktober 1958 (GBl. Sonderdruck Nr. 287) 1972 außer Kraft gesetzt wurden, sind die speziellen Bestimmungen für Antennenanlagen (§§ 292 und 293) weiterhin gültig.

§ 292 verbietet die Befestigung von Antennenanlagen an Einzelschornsteinen. An Schornsteingruppen, Dachbauten, Dachständern und dergleichen dürfen Antennenanlagen nur dann befestigt oder verankert werden, wenn die Abmessungen und der Zustand dieser Teile den durch die Antennenanlagen zu erwartenden Belastungen genügen. Antennenträger (Maste) dürfen an Gebäuden nur dann befestigt werden, wenn die Standsicherheit gewährleistet und nachgewiesen ist. Gegebenenfalls ist ein statischer Nachweis zu erbringen. Weiterhin legt § 292 fest, daß Antennenanlagen auf oder über öffentlichen Verkehrsflächen, elektrischen Leitungen und Fernmeldeleitungen nur mit Genehmigung der für ihren Betrieb oder ihre Verwaltung zuständigen Stelle errichtet, instand gesetzt oder abgebaut werden dürfen.

Wenn innerhalb einer Entfernung von 5 km um die äußere Begrenzung eines Flugplatzes Anlagen (z. B. auch Antennenanlagen) errichtet werden sollen, ist nach § 10 DBO die Zustimmung des Ministeriums für Verkehrswesen erforderlich. Liegen diese Anlagen innerhalb geschlossener Ortschaften, so muß eine Zustimmung nur dann eingeholt werden, wenn die Anlagen die umgebende Bebauung überragen. In einer Entfernung bis zu 15 km von der äußeren Begrenzung des Flugplatzes ist diese Zustimmung erforderlich, wenn Anlagen die mittlere Höhe der Landefläche um mehr als 40 m überragen.

Die Tragestangen von Gemeinschaftsantennen können nach § 293 in die Blitzschutzanlage mit einbezogen werden, wenn sie ordnungsgemäß geerdet sind. Es ist dabei darauf zu achten, daß die ständig steigende Anzahl der zur Aufstellung gelangenden Fernseh- und UKW-Antennen durch sinnvolle Anlage nicht zu einer Beeinträchtigung des Straßen- und Ortsbildes führt.

33.2. Fachbereichstandards (TGL)

Der *Fachbereichstandard TGL 200-7051 Bl. 2 (Empfangs-Antennenanlagen für Hör- und Fernseh-Rundfunk – Sicherheitsforderungen –)* ist ab 1. 4. 1971 für alle ortsfesten Empfangs-Antennenanlagen und für alle ortsveränderlichen Empfangs-Antennenanlagen, die vorübergehend ortsfest errichtet werden, verbindlich.

Nachstehend werden die wichtigsten Bestimmungen aus diesem Fachbereichstandard auszugsweise aufgeführt (Abschnittsnumerierung entspricht der TGL.).

Die in 2. enthaltenen *allgemeinen Forderungen* erklären unter 2.1., daß zusätzlich zu den Forderungen dieses Standards die Festlegungen anderer Rechtsvorschriften, insbesondere des Bauwesens (DBO) sowie des Arbeits- und Brandschutzes (ASAO, ABAO, BAO u. a.) einzuhalten sind (z. B. ASAO 331/1 § 43 – Arbeiten an und auf Dächern – und ASAO 336/1 Schornsteinfegerhandwerk).

2.2. Antennenanlagen auf Dächern dürfen die Begehbarkeit vorgesehener Zugänge zu Schornsteinen und die Kehrarbeiten der Schornsteinfeger nicht behindern oder erschweren. Die Zugänglichkeit und Bedienung anderer Einrichtungen dürfen ebenfalls nicht behindert oder erschwert sein. An allen Verkehrswegen oder Begehungsstellen unter oder über Dach sowie über Schornsteinmündungen muß ein vertikaler Abstand von mindestens 2 m und ein seitlicher Abstand von den Laufbohlenaußenkanten von mindestens 0,3 m eingehalten werden. Stellen, an denen sich eine Gefahr des Stolperns, Hängenbleibens und dergleichen nicht vermeiden läßt, sind gut sichtbar zu kennzeichnen. Antennenzuleitungen und Erdungsleitungen dürfen nicht über Laufstegen oder an deren Außenkanten verlegt werden. Das Verlegen von Antennenzuleitungen und Erdungsleitungen durch Schornsteine, auch unbenutzte, und Lüftungsschächte ist unzulässig.

2.3. Auf weichgedeckten Dächern (z. B. Dekkung aus Stroh oder Schilf) ist das Errichten von Antennenanlagen unzulässig. Antennenzuleitungen dürfen durch solche Dächer nicht hindurchgeführt werden. Bei Gebäuden mit solchen Dächern müssen die Antennen vom Gebäude abgesetzt errichtet werden, wenn keine Antenne nach Abschnitt 4.1.1.2. verwendbar ist. Der Abstand zwischen Antenne und Dachhaut muß mindestens 1 m betragen.

2.4. Drähte oder Seile an Antennenanlagen im Freien müssen einen Durchmesser von mindestens 1 mm aufweisen.

2.5. Teile von Antennenanlagen, die betriebsmäßig oder im Störungsfalle Wärme abgeben (z. B. Antennenverstärker), müssen so errichtet werden, daß durch sie kein Brand entstehen kann.

Abschnitt 3. *Mechanische Forderungen* gliedert sich in 3.1. *Festigkeit von Antennen und Antennentragwerken* und 3.2. *Befestigung von Antennen und Antennentragwerken.*

3.1.1. Die Antennenanlage muß in allen ihren Teilen auftretenden mechanischen Beanspruchungen genügen und den Witterungseinflüssen, denen sie ausgesetzt ist, widerstehen. Zusammengesetzte Rohre mit Gewindemuffen dürfen nicht verwendet werden. Rohrverbindungen müssen gegen Verdrehen und Verschieben gesichert sein und an jeder Stelle den Anforderungen an die Festigkeit entsprechen.

3.1.2.1. Für die Berechnung der Festigkeit von Antennen und Antennentragwerken sind die Lastannahmen nach *TGL 200-0614 Bl. 2* zugrunde zu legen; hiervon ausgenommen sind Antennen und Antennentragwerke nach Abschnitt 3.1.2.2.

3.1.2.2. Für Antennenaufbauten, bestehend

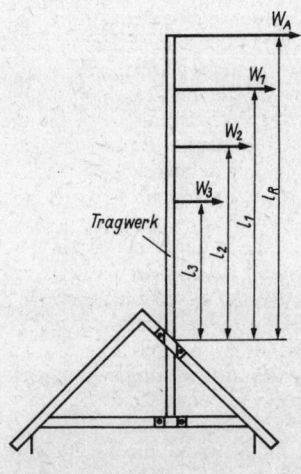

Bild 33.1
Windlast am Antennentragwerk

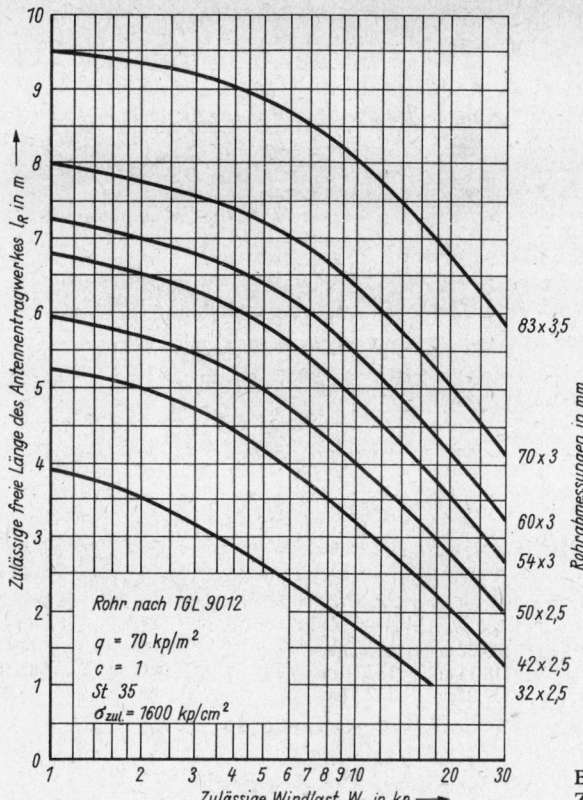

y-axis label: Zulässige freie Länge des Antennentragwerkes l_R in m

Curve labels (Rohrabmessungen in mm):
83 × 3,5
70 × 3
60 × 3
54 × 3
50 × 2,5
42 × 2,5
32 × 2,5

Rohr nach TGL 9012
$q = 70$ kp/m^2
$c = 1$
St 35
$\sigma_{zul} = 1600$ kp/cm^2

x-axis label: Zulässige Windlast W_A in kp →

Bild 33.2
Zulässige freie Länge des Antennentragwerkes

aus Antenne(n) und Antennentragwerk, mit einer freien Gesamtlänge bis 10 m sind ein Staudruck von $q = 70$ kp/cm^2 und ein mittlerer Beiwert von c = 1,0 einzusetzen, wenn die Windfläche der Antenne(n) F_i allein 0,25 m^2 nicht überschreitet. Diese Antennenaufbauten dürfen bis zu einer Höhe von 40 m über dem Erdboden und auch auf Gebäuden von mehr als 40 m Höhe verwendet werden, wenn sie die Dachhaut nicht mehr als 10 m überragen. Nicht als Gebäude in diesem Sinne gelten schlanke Bauwerke wie Türme, hohe freistehende Schornsteine, Fabrikschornsteine und Maste. Zu beachten sind dabei die einschlägigen baulichen Bestimmungen (z. B. DBO § 10). In Gebieten, in denen erfahrungsgemäß mit höheren Staudrücken oder mit starker Vereisung zu rechnen ist, sind die hierdurch auftretenden Belastungen durch erhöhte Lastannahmen zu berücksichtigen.

3.1.2.3. Berechnung der Rohrabmessungen für Antennentragwerke mit einer freien Gesamtlänge bis zu 10 m einschließlich Antenne(n).

Die Windlast W_i der Antenne, die das Antennentragwerk aufnehmen muß, ergibt sich zu:

$$W_1 = c \cdot q \cdot A_1 = A_w \cdot q;$$

W_i – Windlast der Antenne in kp, c – Beiwert (dimensionslos), q – Staudruck in kp/m^2, A_i – größte, dem Wind ausgesetzte Fläche der Antenne in m^2 (hintereinanderliegende Flächen sind zu addieren), A_w – Winddruckfläche der Antenne.

Bei Befestigung mehrerer Antennen am selben Antennentragwerk (siehe Bild 33.1) ist die Berechnung für jede einzelne Antenne ebenso durchzuführen, auch wenn die Antennen verschieden ausgerichtet sind.

$$W_A = \frac{W_1 \cdot l_1 + W_2 \cdot l_2 + W_3 \cdot l_3 \dots W_n \cdot l_n}{l_R}$$

$$= \frac{\sum\limits_{i=1}^{i=n} W_i \cdot l_i}{l_R};$$

W_A – Windlast auf die Antenne, bezogen auf die Spitze des Antennentragwerkes, l_R – Abstand zwischen dem höchsten Punkt des Antennentragwerkes und dem oberen Befestigungspunkt (freie Länge), $l_{1 \dots n}$ – Abstand zwischen dem Befestigungspunkt der jeweiligen Antenne und dem oberen Befestigungspunkt des Antennentragwerkes.

Bei nichtabgespannten Antennentragwerken gilt allgemein:

$$W = \frac{w \cdot \sigma_{zul}}{l_R} = W_A + \frac{1}{2} W_R$$

$$= W_A + \frac{1}{2}(c \cdot q \cdot d \cdot l_R) = \sum_{i=1}^{i=n} W_i;$$

W – gesamte Windlast, bezogen auf die Spitze des Antennentragwerkes, W_R – Windlast auf das Antennentragwerk allein, d – Durchmesser des rohrförmigen Antennentragwerkes, w – Widerstandsmoment, σ_{zul} – zulässige Werkstoffbeanspruchung.

3.1.2.4. Berechnung des Einspannmomentes für nichtabgespannte Antennentragwerke gleichen Querschnittes.

Das Einspannmoment M ergibt sich zu

$$M = W_A \cdot l_R + W_R \cdot \tfrac{1}{2} l_R.$$

3.1.2.5. Vom Hersteller der Antennen ist die Winddruckfläche A_w anzugeben, die für die Berechnung der Windlast nach Abschnitt 3.1.2.3. benötigt wird.

Fällt der Befestigungspunkt des Antennengebildes nicht mit dem Angriffspunkt der Windlast zusammen, so ist der Abstand zwischen Befestigungspunkt und Angriffspunkt ebenfalls zu berücksichtigen. Die zulässige freie Länge für Antennentragwerke mit kreisförmigem Querschnitt in Abhängigkeit von der Windlast ist Bild 33.2 zu entnehmen. Dasselbe Bild enthält gleichzeitig die Werte der zweckmäßigen Abmessungen für nahtlos warm gewalzte Stahlrohre *St 35* nach *TGL 9012*.

Beispiele für die Berechnung von Antennentragwerken
1. Einfache Antennenanordnung nach Bild 33.3

Gegeben
Eine 1-Element-VHF-Antenne mit einer Fläche $A_1 = 0,03\,\text{m}^2$ soll in 3,5 m Höhe über der Dachhaut angebracht werden. Die Höhe des Gebäudes beträgt 35 m.

Gesucht
Rohrabmessungen.

Berechnung
Die Anbringung der Antenne auf einem Gebäude mit einer Höhe ist nach Abschnitt 3.1.2.2. zulässig. Windlast $W_A = W_1 = c \cdot q \cdot A_1 = 1,0 \cdot 70 \cdot 0,03 = 2,1\,\text{kp}$. Nach Bild 33.2 ergeben sich für $W_A = 2,1\,\text{kp}$ und $l_R = 3,5\,\text{m}$ ein Rohrdurchmesser $d = 32\,\text{mm}$ und eine Wanddicke von $s = 2,5\,\text{mm}$. Gewählt wird daher das Rohr 32 mm × 2,5 mm nach *TGL 9012*.

2. Antennenanordnung nach Bild 33.3 (zweites Bild)

Gegeben
VHF-Antenne mit $A_1 = 0,1\,\text{m}^2$, Höhe des Standortes 37 m über dem Erdboden, vorhandenes Rohr 32 mm × 2,5 mm nach *TGL 9012* von einer Länge $l = 5\,\text{m}$.

Gesucht
Zulässige freie Länge l_R für das Antennentragwerk.

Berechnung
Windlast $W_A = W_1 = 1,0 \cdot 70 \cdot 0,1 = 7,0\,\text{kp}$. Aus Bild 33.2 ist dafür $l_R = 2,2\,\text{m}$ als zulässige freie Länge abzulesen. Die Länge des vorhandenen Rohres kann also nicht ausgenutzt werden.

3. Antennenanordnung nach Bild 33.4

Gegeben
Standort auf einem 55 m hohen Bauwerk.
Antennenflächen
$A_1 = 0,045\,\text{m}^2$ (2 Ebenen),
$A_2 = 0,08\,\text{m}^2$,
$A_3 = 0,075\,\text{m}^2$.

Die obere Antenne soll im rechten Winkel zu den unteren Antennen stehen. Für die Berechnung darf dies jedoch nach Abschnitt 3.1.2.3. nicht berücksichtigt werden. Länge des Antennentragwerkes $l_R = 6,5\,\text{m}$. Abstände der Antennen vom oberen Befestigungspunkt $l_1 = 6\,\text{m}$; $l_2 = 4,4\,\text{m}$; $l_3 = 3\,\text{m}$.

Gesucht
Rohrabmessungen.

Berechnung
Die Höhe des Antennentragwerkes ist auf einem 55 m hohen Gebäude mit 6,5 m zulässig. Nach Abschnitt 3.1.2.3. sind die Belastungsmomente für jede Antenne zu berechnen; die Momente werden addiert und dabei als in gleicher Richtung wirkend angenommen:

$W_1 = c \cdot q \cdot A_1 = 1,0 \cdot 70 \cdot 0,045 = 3,15\,\text{kp}$,
$W_2 = c \cdot q \cdot A_2 = 1,0 \cdot 70 \cdot 0,08 = 5,6\,\text{kp}$,
$W_3 = c \cdot q \cdot A_3 = 1,0 \cdot 70 \cdot 0,075 = 5,25\,\text{kp}$,

$$W_A = \frac{W_1 \cdot l_1 + W_2 \cdot l_2 + W_3 \cdot l_3}{l_3}$$

$$= \frac{3,115 \cdot 6 + 5,6 \cdot 4,4 + 5,25 \cdot 3}{6,5}$$

$$= 9,1\,\text{kp}.$$

Rohrabmessungen
Nach Bild 33.2 ist für $l_R = 6,5\,\text{m}$ und

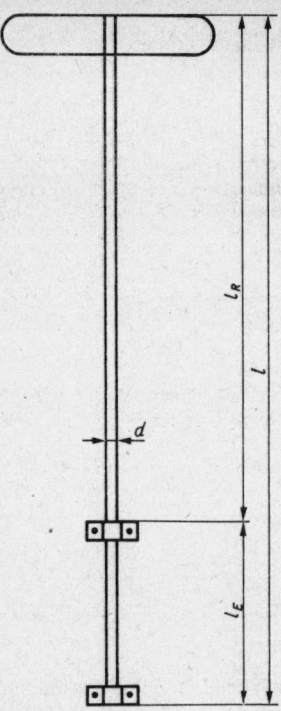

Bild 33.3
Bemessungsskizze zu den Berechnungsbeispielen
1 und 2

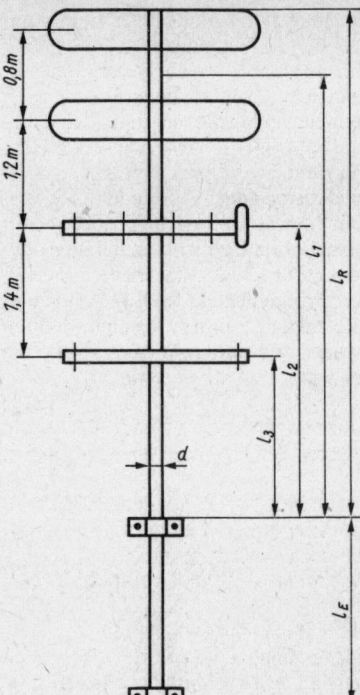

Bild 33.4
Bemessungsskizze zum Beispiel 3

$W_A = 9{,}1$ kp Rohr 70×3 nach *TGL 9012* erforderlich.

Einspannmoment
Die Windlast der Antenne beträgt $W_A = 9{,}1$ kp.
Die Windlast des Rohres ergibt sich zu

$$W_R = c \cdot q \cdot A_R = 1{,}0 \cdot 70 \cdot 0{,}07 \cdot 6{,}5$$

$$= 31{,}9 \, \text{kp.}$$

Nach

$$M = W_A \cdot l_R + W_R \cdot \frac{l_R}{2}$$

ergibt sich das Einspannmoment zu

$$m = 9{,}1 \cdot 6{,}5 + 31{,}9 \cdot 3{,}25 = 163 \, \text{kpm.}$$

Somit ist ein Festigkeitsnachweis nach Abschnitt 3.2.1. erforderlich.

3.2. Befestigung von Antennen und Antennentragwerken.

3.2.1. Ausreichende Festigkeit der Befestigung des Antennentragwerkes ist nachzuweisen. Dieser Nachweis entfällt, wenn das Einspannmo-

ment des Antennentragwerkes weniger als 50 kpm beträgt.

3.2.2. Bei der üblichen Befestigung mit zwei Schellen an Gebäudeteilen, z. B. am Dachgebälk oder im Mauerwerk, müssen die Einspannstellen bei einem Antennentragwerk von über 1 m Länge einen Mindestabstand von 10% der Gesamtlänge, mindestens jedoch 75 cm für das Dachgebälk und 50 cm für Mauerwerk, besitzen.

3.2.3. Die Befestigung in Mauerwerk oder Beton mit Gips ist unzulässig.

3.2.4. Die Befestigung von Antennentragwerken, Antennen oder Abspannungen an Einzelschornsteinen (einzügigen Schornsteinen) ist aus Gründen der Betriebssicherheit unzulässig.

Eine Befestigung oder Verankerung an Schornsteingruppen (mehrzügigen Schornsteinen), freistehenden Schornsteinen, Fabrikschornsteinen, Turmkaminen, Formsteinkaminen, Entlüftungsschächten und sonstigen Dachaufbauten ist nur dann zulässig, wenn die Festigkeit dieser Baulichkeit den durch die Antennenanlage zu erwartenden Beanspruchungen genügt und die Zustimmung der für das Bauwerk zuständigen Stelle vorliegt.

Die Befestigung darf nur mit Befestigungsmitteln erfolgen, die die vorgenannten Baulichkeiten umfassen und dabei deren Festigkeit, z.B. durch Einschneiden, nicht verringern.

Für freistehende Schornsteine sind auch Befestigungsmittel zulässig, die diese nicht umfassen. Es sind dann mindestens zwei Befestigungsstellen mit einem Abstand nach Abschnitt 3.2.2. vorzusehen. Der Abstand zwischen der oberen Kante der gemauerten Baulichkeit und dem oberen Befestigungspunkt des Antennentragwerkes muß mindestens 30 cm betragen. Das Antennentragwerk muß an der dem Aufstieg abgewandten Seite angebracht sein und vom Mauerwerk des Schornsteins einen Abstand von mindestens 8 cm aufweisen.

Die Bauanzeigepflicht ist zu beachten, wenn Antennenanlagen den Dachfirst um mehr als 5 m überragen.

3.2.5. Antennentragwerke, Antennen und Abspannungen dürfen an Gebäuden, Dachaufbauten, Dachständern und dergleichen nur dann befestigt werden, wenn die Standsicherheit gewährleistet ist.

3.2.6. Bei der Bemessung von Antennenleitungen und Abspannungen ist mit der dreifachen Sicherheit gegenüber Bruchlast zu rechnen.

3.2.7. Die Zugfestigkeit der verwendeten Werkstoffe darf bei Volldrähten und Seilen die Werte nach Tabelle 33.1. nicht unterschreiten.

3.2.8. Die Zugspannungen in Drähten und Seilen dürfen die Höchstspannungen nach Tabelle 33.2. bei zusätzlicher Belastung durch Rauhreif, Eis oder Wind nicht überschreiten.

Bei frei gespannten Drähten oder Seilen tritt die größere Zugspannung an den Aufhängepunk-

Tabelle 33.1.
Zugfestigkeit von Werkstoffen

Werkstoff	Zugfestigkeit in kp/mm²	Dauerzugfestigkeit in kp/mm²
Kupfer	40	30
Stahl $\sigma_B = 55$	55	44
$\sigma_B = 70$	70	56
$\sigma_B = 120$	120	90
Aluminium 99,5	16	8
Stahl/Aluminium mit Querschnittsverhältnis[1] z.B. 1 : 6	30	24

Andere als die genannten Werkstoffe sind zulässig, wenn sie genügend dehnungsarm, witterungsbeständig und lichtfest sind.

[1] Dauerzugfestigkeit oder Zugfestigkeit ergeben sich dabei als Summe der Festigkeiten der einzelnen Werkstoffe unter Beachtung des Querschnittsverhältnisses von Stahl zu Aluminium.

Tabelle 33.2.
Zugspannungen in Drähten und Seilen

	Draht/Seil	Höchstzugspannung in kp/mm²
Volldraht aus	Kupfer	12
	Aluminium 99,5	6
	anderen Werkstoffen	35 % der Dauerzugfestigkeit
Seil aus	Kupfer	19
	Aluminium 99,5	8
	Stahl $\sigma_B = 55$	28
	$\sigma_B = 70$	38
	$\sigma_B = 120$	55
	anderen Werkstoffen	50 % der Dauerzugfestigkeit
Stahlaluminiumseile mit einem Querschnittsverhältnis St : Al	1 : 6 12 1 : 3 18	bezogen auf den Gesamtquerschnitt

ten auf. Bei ungleich hohen Aufhängepunkten tritt die größere Zugspannung an dem höher gelegenen Aufhängepunkt auf.

3.2.9. Die Grenzspannweiten für verschiedene Werkstoffe nach Tabelle 33.3. dürfen nicht überschritten werden.

Diese Werte wurden berechnet unter Berücksichtigung der Höchstzugspannung nach Tabelle 33.2. bei −40 °C ohne Zusatzlast und der Belastung des Seiles bis zur Dauerzugfestigkeit bei −5 °C mit doppelter Zusatzlast.

Die Zusatzlast infolge Eisansatzes ergibt sich zu:

$$P_z = \frac{400 + 20d}{q}$$

P_z – Zusatzlast in $\dfrac{p}{\text{m} \cdot \text{mm}^2}$,

d – Durchmesser des Seiles in mm, q – Querschnitt des Seiles in mm².

3.2.10. Die Werte für den Durchhang bei verschiedenen Temperaturen nach Tabelle 33.4. dürfen überschritten, jedoch nicht unterschritten werden.

Der Durchhang ist berechnet für den Ausgangszustand bei −40 °C unter Zugrundelegung der Höchstzugspannungen nach Tabelle 33.2.

3.2.11. Drähte und Seile dürfen keine Knoten aufweisen.

3.2.12. In Schlaufen von Drähten und Seilen sind Kauschen zu verwenden.

3.2.13. Die Prüflast (Zug- oder Druckfestig-

Tabelle 33.3. Grenzspannweiten für Seile

Werkstoff	Grenzspannweite in m/Durchmesser in mm						
	1,5	2	3	4	5	6	8
Kupfer	–	20	38	65	90	120	160
Aluminium 99,5	–	–	20	33	50	65	100
Stahl $\sigma_B = 55$	24	40	81	135	200	270	450
$\sigma_B = 70$	30	52	105	180	265	350	570
$\sigma_B = 120$	45	75	160	265	380	510	830
Stahl/Aluminium mit 1 : 6 Querschnittsverhältnis	–	20	42	72	105	140	220
St : Al 1 : 3	–	28	60	100	150	200	330

Tabelle 33.4. Durchhang von Drähten und Seilen

	Werkstoff	Spann-weiten in m	Kleinstwerte des Durchhanges in cm bei einer Temperatur von °C								
			− 40	− 30	− 20	− 10	0	+ 10	+ 20	+ 30	+ 40
Drähte	Kupfer	20	4	5	6	8	11	15	20	25	29
		30	9	10	13	16	21	28	34	40	45
		40	15	18	22	27	34	42	50	57	64
	Aluminium 99,5	20	3	3	4	6	11	18	25	31	35
		30	5	6	9	13	20	30	39	47	54
		40	9	11	15	22	32	43	55	65	74
Seile	Kupfer	20	3	3	3	4	5	6	8	10	15
		30	6	6	7	8	10	12	16	20	26
		40	10	11	12	14	17	21	26	32	40
	Aluminium 99,5	20	2	2	3	4	5	8	14	21	27
		30	4	5	6	8	10	16	25	34	42
		40	7	8	10	13	18	26	37	48	59
	Stahl $\sigma_B = 55$	20	2	2	2	2	2	3	3	4	4
		30	4	4	4	4	5	6	7	8	9
		40	6	6	7	8	9	10	11	13	16
	$\sigma_B = 70$	20	1	1	1	1	1	2	2	2	2
		30	3	3	3	3	3	4	4	4	5
		40	5	5	5	5	6	6	7	7	8
	$\sigma_B = 120$	20	1	1	1	1	1	1	1	1	1
		30	2	2	2	2	2	3	3	3	3
		40	3	3	3	3	4	4	4	4	5
	Stahl/Aluminium 1 : 6 mit einem Querschnitts-verhältnis von	20	2	2	2	3	3	4	5	7	12
		30	4	4	4	5	6	8	11	15	22
		40	6	7	8	9	11	13	18	24	34
	St : Al 1 : 3	20	1	1	2	2	2	3	3	3	4
		30	3	3	3	4	4	5	6	7	8
		40	5	5	6	7	8	9	11	13	15

keit) der in Antennenzuleitungen oder Abspann-drähten und Abspannseilen benutzten Isolatoren muß der Zugfestigkeit der Drähte oder Seile entsprechen.

3.2.14. Berührungsstellen verschiedener Metalle müssen korrosionsgeschützt sein.

4. Elektrische Forderungen

4.1. Schutz gegen Blitzschäden und gegen atmosphärische Überspannungen.

4.1.1. Antenne und Antennenzuleitung

4.1.1.1. Außenantennen

4.1.1.1.1. Außerhalb von Bauwerken angebrachte leitfähige Teile von Antennenanlagen sowie metallene Dachaufbauten, die zum Tragen oder Befestigen von Antennen verwendet werden, müssen über eine Erdungsleitung nach Abschnitt 4.1.2.2. mit einem Erder nach Abschnitt 4.1.2.1. verbunden werden. Hiervon ausgenommen sind Außenantennen nach Abschnitt 4.1.1.2.1., letzter Absatz.

Ist aus Betriebsgründen eine elektrisch leitfähige Verbindung nicht möglich, so darf die Erdungsleitung durch Trennfunkenstrecken nach Abschnitt 4.1.2.3.1. – Grobschutz – unterbrochen werden.

Zum Ableiten atmosphärischer Überspannungen, die z. B. Schutzkondensatoren in Geräten gefährden können, ist ein Feinschutz nach Abschnitt 4.1.2.3.1. erforderlich, wenn der Gleichstromwiderstand zwischen Antenne und Erde mehr als 500 Ω beträgt.

Eine nach vorliegendem Standard errichtete Antennenanlage gilt als Teil der Blitzschutzanlage des Gebäudes, wenn zusätzlich zu den Forderungen dieses Standards die Forderungen nach *TGL 200-0616* eingehalten werden.

4.1.1.1.2. Wenn auf einem Gebäude eine Blitzschutzanlage vorhanden ist oder errichtet wird, ist die Antennenanlage in die Blitzschutzanlage einzubeziehen. Dafür gelten die Forderungen nach *TGL 200-0616*.

4.1.1.1.3. Sollen elektrisch nicht leitfähige Antennentragwerke gegen Zerstören (Zersplittern) geschützt werden, so ist als Splitterschutz am Antennentragwerk ein bis zur Spitze geführter verzinkter Stahldraht von mindestens 3 mm Durchmesser oder Kupferdraht von mindestens 6 mm² Querschnitt anzubringen, der nach Abschnitt 4.1.2. zu erden ist.

Ist aus hochfrequenztechnischen Gründen ein durchgehender Draht nicht möglich, so darf er durch zwischengeschaltete Trennfunkenstrecken nach Abschnitt 4.1.2.3.1. – Grobschutz – unterbrochen werden.

4.1.1.1.4. Sollen Isolatoren gegen Zerstören geschützt werden, so sind diese durch Schutzfunkenstrecken zu überbrücken. Die Ansprechspannung dieser Schutzfunkenstrecken muß kleiner als die Durchschlagspannung des Isolators sein.

4.1.1.2. Innenantennen und diesen gleichzusetzende Antennen.

4.1.1.2.1. Auf eine Erdung zum Ausgleich atmosphärischer Überspannungen kann verzichtet werden bei

– Zimmerantennen, Einbauantennen und Gehäuseantennen;
– Antennen unter der Dachhaut, wenn deren äußerster Punkt und die Antennenzuleitung mindestens 0,5 mm von der Dachhaut-Innenseite und von Schornsteinen sowie Entlüftungsanlagen entfernt und die Antennenzuleitung im Inneren des Gebäudes geführt ist. Bei außen geführten Antennenzuleitungen sind die Forderungen nach *TGL 200-0616* zu beachten, falls die folgenden Abstände nicht eingehalten werden können;
– Außenantennen, deren höchster Punkt und deren Antennenzuleitung mindestens 3 m unter einer metallenen Dachrinne oder 2 m unter einer Dachrinne aus nichtleitendem Material

und deren äußerster Punkt und deren Antennenzuleitung nicht mehr als 2 m von der Außenwand des Gebäudes entfernt liegt (z. B. Fernsehantennen).

4.1.1.2.2. Wenn das Gebäude eine Blitzschutzanlage nach *TGL 200-0616* aufweist, muß der Mindestabstand D des äußersten Punktes der Antenne oder der Antennenzuleitung zu Teilen der Blitzschutzanlage nach folgender Beziehung gewählt werden:

$$D \geqq 1/5R$$

D – Mindestabstand in m, R – Gesamterdungswiderstand der Blitzschutzanlage in Ω.

4.1.1.2.3. Ist die Bedingung nach Abschnitt 4.1.1.2.2. nicht erfüllt, dann muß eine leitende Verbindung zur Blitzschutzanlage hergestellt werden. Trennfunkenstrecken nach Abschnitt 4.1.2.3.1. – Grobschutz – gelten als leitende Verbindung in diesem Sinne.

4.1.1.3. Antennenzuleitung.

Um das Abspringen des Blitzstromes zu geerdeten Teilen im Gebäude an brandgefährdeten Stellen zu vermeiden, muß zwischen der Antennenzuleitung und den sichtbar verlegten, geerdeten Installationen des Gebäudes oder Bauteilen eine Überschlagstelle nach Abschnitt 4.1.2.3. vorhanden sein. Die Überschlagstelle muß eine geringere Schlagweite haben als die brandgefährdete Näherungsstelle und ist möglichst oberhalb von ihr anzubringen.

Brandgefahr besteht, wenn sich brennbare Stoffe im Überschlagbereich befinden.

Mit Erde in Verbindung stehende Installationen des Gebäudes sind z. B. Metallrohre von Wasserleitungen, Gasleitungen, Zentralheizungsanlagen, Einbauten in Fahrstuhlschächten und Eisentreppen.

4.1.2. *Erdungsanlage*

4.1.2.1. Erder

4.1.2.1.1. Als Erder sind zu verwenden:

– Metallene Rohre, sofern sie mit weiträumig in der Erde verlegten Rohrnetzen gut leitfähig verbunden sind. Das sind z. B. Wasserrohrnetze, nicht jedoch wärmeisolierte Fernheizrohrnetze. Gasrohrnetze sind als alleiniger Erder nicht zulässig.
– Blitzschutzerder nach *TGL 200-0616*,
– Stahlskelette und Armierungen von Stahlskelett- oder Betongebäuden,
– Schutzerder von elektronischen Anlagen für Niederspannung, die Erdungsleitung der Antenne ist dabei unmittelbar an die Anschlußklemme des Erders anzuschließen, der Schutzleiter der elektrotechnischen Anlage darf hierzu nicht benutzt werden.

4.1.2.1.2. Sind keine Erder nach Abschnitt

4.1.2.1.1. vorhanden, sind für Antennen besondere Erdungsanlagen zu errichten.

4.1.2.1.3. Sind mehrere geerdete Installationssysteme in einem Gebäude vorhanden, so ist deren Verbindung untereinander zweckmäßig, sofern betriebstechnische Gründe dem nicht entgegenstehen.

Für Verbindungen mit elektrotechnischen Anlagen gilt *TGL 200-0603 Bl. 7*.

4.1.2.1.4. In Netzen, in denen Nullung als Schutzmaßnahme zugelassen, aber im Gebäude kein Erder vorhanden ist, muß der Erder der Antennenanlage mit dem Nulleiter nach *TGL 200-0602 Bl. 3* durch eine Erdungsleitung verbunden werden. Der Querschnitt dieser Erdungsleitung muß bei Kupfer mindestens 16 mm², bei verzinktem Stahldraht mindestens 25 mm² betragen.

4.1.2.1.5. In Netzen, in denen die Schutzerdung als Schutzmaßnahme zulässig ist (s. *TGL 200-0602 Bl. 3*), darf der Erder der Antennenanlage mit allen Erdern verbunden werden. Eine Verbindung mit dem Mittelleiter ist unzulässig.

4.1.2.2. Erdungsleitungen

4.1.2.2.1. Abmessungen

Erdungsleitungen dürfen in ihren Abmessungen die Werte nach Tabelle 33.5. nicht unterschreiten.

Bei Drähten aus Kupfer oder Aluminium ist z.B. Plastaderleitung NYA nach *TGL 21804 Bl. 5* zulässig.

Ableitungen von Blitzschutzanlagen, metallene Rohre und andere Baulichkeiten am Gebäude mit ausreichenden Querschnitten, z.B. Feuerleitern, sind als Teile der Erdungsleitung zulässig.

Regenfallrohre sind unzulässig.

Gasrohrleitungen sind Nebenableitungen und als einzige Erdungsleitungen unzulässig.

Erdungsleitungen mit den Abmessungen nach

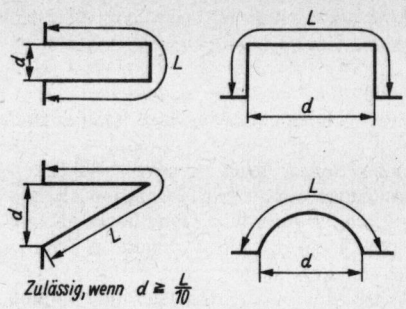

Bild 33.5
Beispiele für Umwegführungen von Erdungsleitungen

Tabelle 33.5. für Verlegung innerhalb von Gebäuden dürfen bis zu einer Länge von 1 m auch aus dem Gebäude herausgeführt werden, z.B. Anschluß an Antenne, Antennentragwerk oder Überspannungsschutz.

4.1.2.2.2. Verlegung

Werden mehrere Antennen auf einem Gebäude errichtet und beträgt deren Abstand weniger als 10 m, so sind ihre Erdungsleitungen miteinander zu verbinden, sofern betriebstechnische Gründe nicht entgegenstehen. Eine gemeinsame Ableitung ist zulässig, wenn die Länge der Erdungsleitungen der einzelnen Antennen bis zur Anschlußstelle an der gemeinsamen Ableitung weniger als 10 m beträgt. Bei mehr als 10 m Länge sind entsprechend weitere Ableitungen anzubringen.

Erdungsleitungen sind auf möglichst kurzem Wege zum Erder zu führen. Eine annähernd senkrechte Führung ist zu bevorzugen. Stellenweise waagerechte oder steigende Anordnung der Erdungsleitung, z.B. bei Führung um Ge-

Tabelle 33.5. **Mindestabmessungen für Erdungsleitungen**

Werkstoff	Verlegung außerhalb von Gebäuden	Verlegung innerhalb von Gebäuden
Stahl, verzinkt	Draht 8 mm Durchmesser, Seil unzulässig, Band 20 mm × 2,5 mm, Draht mit thermoplastischer Schutzhülle. Mindestwanddicke 1 mm, 4,5 mm Durchmesser oder 16 mm² Querschnitt	4,5 mm Durchmesser oder 16 mm² Querschnitt
Kupfer	Draht 8 mm Durchmesser, Seil 7 mm × 3 mm Durchmesser, Band 20 mm × 2,5 mm Draht mit thermoplastischer Schutzhülle. Mindestwanddicke 1 mm, 3,5 mm Durchmesser oder 10 mm² Querschnitt	3,5 mm Durchmesser oder 10 mm² Querschnitt
Aluminium	Draht 10 mm Durchmesser, Seil unzulässig, Band 25 mm × 4 mm, Draht mit thermoplastischer Schutzhülle. Mindestwanddicke 1 mm, 4,5 mm Durchmesser oder 16 mm² Querschnitt	4,5 mm Durchmesser oder 16 mm² Querschnitt

bäudevorsprünge, ist zulässig. Dabei muß jedoch der Abstand von zwei beliebigen Punkten (d in Bild 33.5) zwischen Anfang und Ende der Umleitung größer sein als 1/10 der zwischen diesen Punkten liegenden Leitungslänge (siehe Bild 33.5).

Erdungsleitungen nach Abschnitt 4.1.2.2.1. müssen sichtbar verlegt sein; sie dürfen nicht in Schutzrohren, im oder unter Putz liegen. Kurze Wand- oder Deckendurchführungen in Schutzrohren sind jedoch zulässig.

Die Verlegung von Erdungsleitungen ohne Abstandsschellen auf Holz ist zulässig.

4.1.2.2.3. Verbindungsstellen

Verbindungsstellen im Zuge der Erdungsleitung sind möglichst zu vermeiden und dürfen nicht unmittelbar auf Holz oder in der Nähe leichtbrennbarer Stoffe liegen.

Verbindungsstellen müssen zugänglich sein und dürfen sich nicht lockern.

Eine Verbindung mit leitfähigen Rohren, z. B. mit Heizungs- oder Wasserleitungsrohren, ist über Schellen mit mindestens 10 cm² Berührungsfläche vorzunehmen.

Wasserzähler und ähnliche Geräte sind mit einem Leiter nach Abschnitt 4.1.2.2.1. zu überbrücken. In Rohrleitungen eingebaute Isoliermuffen, die zur elektrischen Trennung dienen, dürfen nicht galvanisch überbrückt werden; Rohrleitungen, die durch derartige Isoliermuffen von Erde getrennt sind, dürfen nicht mit Erdungsleitungen verbunden werden.

In Verbindungsstellen sind Metallkombinationen zu verwenden, deren elektrochemische Potentialdifferenz 1,15 V nicht überschreitet.

4.1.2.3. Überspannungsschutz

4.1.2.3.1. Bemessung der Überschlagstellen

Grobschutz

Als Grobschutz gelten Schutzfunkenstrecken, Trennfunkenstrecken, Überschlagstellen, Isolatoren oder sonstige isolierende Zwischenschichten, wenn die Schlagweite in Luft höchstens 30 mm beträgt oder die Isolation einen entsprechenden Durchschlagswert besitzt.

Für 1 mm Luftstrecke zwischen zwei metallischen Kanten, Ecken oder Spitzen können bei einem Luftdruck von 101 kN/m² und einer relativen Luftfeuchte bis zu 70% ≈ 1000 V Überschlagspannung gerechnet werden. Bei gerundeten Körperkanten oder -ecken oder kugeligen Formen erhöht sich die Überschlagspannung auf ≈ 3000 V.

Feinschutz

Als Feinschutz gelten Überschlagstellen mit einer Ansprechspannung von höchstens 1000 V Gleichspannung und einem Ableitvermögen von mindestens 0,5 Ws.

Der Zusammenbau von Grob- und Feinschutz ist zulässig.

Auf- und Einbau von Überschlagstellen

Isolierstoffe im Bereich von Überschlagfunken müssen zumindest schwerbrennbar sein, z. B. PVC.

Überschlagstellen müssen von brennbaren Stoffen, z. B. Holz, einen Abstand in Luft von mindestens 10 cm und von leichtbrennbaren Stoffen, z. B. Rohr, Stroh, Schilf oder Heu, einen Abstand von mindestens 60 cm haben oder durch Bauteile mit einem Feuerwiderstand von mindestens 0,5 h nach *TGL 10685 Bl. 2* getrennt sein.

Überspannungsableiter siehe *TGL 200-1726*.

Der Abschnitt *4.2. Schutz gegen Spannungsübertritt aus Elektroinstallationen* behandelt Abstände zwischen fest verlegten Leitungen und Schutzmaßnahmen bei Antennenanlagen mit koaxialen HF-Kabeln oder mit Antennenverstärkern.

Der Mindestabstand zwischen leitfähigen Teilen einer Antennenanlage und leitfähigen Teilen einer elektrischen Anlage mit Spannungen über 65 ... 1000 V (Effektivwerte) hat in umbauten Räumen 10 mm, im Freien 20 mm zu betragen.

Bei Verwendung von Antennenverstärkern ist deren Anschlußklemme für den Schutzleiter mit dem Erder der Antennenanlage zu verbinden. Die Übertragung elektrischer Energie über die Antennenzuleitung (z. B. zum Betreiben von Antennen-Mastverstärkern oder elektrischen Antennendrehvorrichtungen) ist zulässig, wenn
– die Betriebs-Nennspannung 65 V (Effektivwert) bei Wechselstrom oder 100 V bei Gleichstrom gegen Erde nicht übersteigt und die angeschlossenen Geräte *TGL 200-0602 Bl. 3* entsprechen;
– die Antennenzuleitung eine entsprechende elektrische Spannungsfestigkeit aufweist;
– Kleinspannung bis 42 V (Effektivwert) zur Energieversorgung benutzt wird. In diesem Falle ist die Verwendung von symmetrischer HF-Leitung nach *TGL 200-1579 Bl. 9* (z. B. UKW-Bandleitung) als Antennenleitung zulässig.

Wird für Antennenverstärker Kleinspannung nach *TGL 200-0602 Bl. 3* als Schutzmaßnahme verwendet, so ist eine aus hochfrequenztechnischen Gründen unter Umständen erforderliche Erdung der Kleinspannungsseite nur zulässig, wenn
– die Kleinspannung durch einen Schutztransformator nach *TGL 200-1766 Bl. 1* erzeugt wird;
– die spannungsführenden Teile des Antennenverstärkers gegen zufällige Berührung abgedeckt sind.

Der Abschnitt *4.3. Kreuzungen* enthält die allgemeinen Bestimmungen, die bei Kreuzungen von Antennenanlagen zu beachten sind, sowie die Forderungen bei Überkreuzungen und bei

Unterkreuzungen. Unter einer Überkreuzung versteht man eine Kreuzung, bei der sich die Empfangs-Antennenanlage über der gekreuzten elektrotechnischen Anlage oder über öffentlichen Verkehrswegen befindet. Sinngemäß ist bei einer Unterkreuzung die Empfangs-Antennenanlage unterhalb der gekreuzten elektrotechnischen Anlage angebracht.

4.3.1.1. Kreuzungen von Antennenanlagen und deren Teilen sind zulässig bei Einhaltung der Forderungen nach den Abschnitten 4.3.2. bis 4.3.4.
- über oder unter einer nicht allseitig gegen Berühren geschützten anderen elektrotechnischen Anlage;
- über öffentlichen Verkehrswegen, z. B. Straßen, Plätzen, Autobahnen, Wasserstraßen, Schienenbahnen, Seilbahnen.

4.3.1.2. Durch die Forderungen nach den Abschnitten 4.3.2. bis 4.3.4. soll bei Antennenanlagen, die andere elektrotechnische Anlagen im Freien oder öffentliche Verkehrswege kreuzen oder ihnen sich nähern, erreicht werden, daß
- keine Berührung auftreten kann, durch welche Spannungen der gekreuzten oder genäherten Anlage auf die Antennenanlage oder umgekehrt gebracht werden können;
- gekreuzte oder genäherte elektrotechnische Anlagen nicht durch Teile der Antennenanlage miteinander verbunden werden können;
- öffentliche Verkehrswege nicht behindert werden.

4.3.1.3. Befinden sich Antennenanlagen in der Nähe von Starkstromanlagen, müssen die Forderungen nach den Abschnitten 4.3.1. bis 4.3.3. von den Teilen der Antennenanlage eingehalten werden, die bei Bruch in der Antennenanlage unter Spannung stehende Teile der Starkstromanlage berühren können.

4.3.1.4. Antennenanlagen nach den Abschnit-

Tabelle 33.6.   Mindestabstände für Kreuzungen

Fremde Anlagen			Antennenanlage		
Die Spannungen sind Effektivwerte			Mindestabstände in mm		
			Antenne einschließlich Antennenzuleitung	geerdete Anlagenteile nach Standard	
elektronische Anlagen im Freien	>1 kV	betriebsmäßig unter Spannung stehende Teile	$4^1)$	TGL 200-0603 Bl. 3	$2,5^1)$
		nach TGL 200-0603 Bl. 3 geerdete Teile	2		–
	≦1 kV jedoch >1 kV	betriebsmäßig unter Spannung stehende Teile	2	TGL 200-0602 Bl. 3	–
		nach TGL 200-0602 Bl. 3 geerdete Teile	1		–
	≦65 V	betriebsmäßig unter Spannung stehende Teile	1	–	
		geerdete Teile	–	–	
elektrische Bahnen (Eisen-, Straßenbahnen, O-Bus)	>1 kV ≦1 kV	Höhe über Fahrleitungsanlage	unzulässig 3	– 3	
		geerdete Teile	–	$–^2)$	
nichtelektrische Bahnen			Höhen über der Schienenoberkante	6	
öffentliche Verkehrswege$^3)$			6	6	

$^1)$ Bei Spannungen über 110 kV erhöhen sich die Abstände um
$$\frac{U_n - 110}{150},$$
wobei U_n die Betriebsspannung der elektrotechnischen Anlage in kV ist.
$^2)$ Eine galvanische Verbindung ist unzulässig.
$^3)$ Bei Wasserstraßen mindestens 2,5 m über höchstem vom Ministerium für Verkehrswesen zugelassenem Mast bei höchstem schiffbarem Wasserstand.

ten 4.3.1.2. und 4.3.1.3. dürfen auf oder über öffentlichen Verkehrsflächen, Leitungen von Starkstromanlagen und Fernmeldefreileitungen nur mit Genehmigung der für deren Betrieb oder Verwaltung zuständigen Stellen vom Fachmann errichtet, instand gesetzt oder abgebaut werden.

4.3.1.5. Beim Errichten von Antennenanlagen nach den Abschnitten 4.3.1.2. und 4.3.1.3. müssen die Forderungen nach *TGL 200-0619 Bl. 1* eingehalten werden.

4.3.1.6. Zwischen Antennenanlagen und anderen Anlagen dürfen die Abstände nach Tabelle 33.6. nicht überschritten werden.

Für feste Installation im Freien gelten die Forderungen nach Abschnitt 4.2.1. Die Mindestabstände dürfen auch bei einer Temperatur von −5°C mit Zusatzlast, z. B. durch Rauhreif, Schnee und Eisbehang, und bei einer Temperatur von +40°C sowie bei Wind nicht unterschritten werden (s. *TGL 200-0614 Bl. 2*).

4.3.2. *Überkreuzungen.*

4.3.2.1.1. Ein Überkreuzen von elektrotechnischen Anlagen im Freien mit Spannungen über 1 kV (Effektivwert) ist unzulässig.

4.3.2.1.2. Beim Überkreuzen von elektrotechnischen Anlagen im Freien mit Spannungen unter 1 kV (Effektivwert) muß mindestens eine der nachstehenden Bedingungen erfüllt sein:
– An der Kreuzungsstelle ist die Antennenanlage mit erhöhter Sicherheit nach Abschnitt 4.3.4. auszuführen;
– es muß sichergestellt sein, daß bei Bruch in der Antennenanlage unter Spannung stehende Teile der überkreuzten Anlage von Teilen der Antennenanlage nicht berührt werden können oder an berührbaren Teilen keine Spannungen über 65 V (Effektivwert) länger als 0,1 Sekunde bestehen bleiben können. Hierbei ist ein seitlicher Windabtrieb zu berücksichtigen.

4.3.2.2. Überkreuzungen von elektrotechnischen Anlagen mit Spannungen bis 65 V (Effektivwert) gegen Erde.

An der Kreuzungsstelle mit Fernmeldeleitungen öffentlicher Dienste, z. B. der Bahn, Post, Energieversorgung, Sicherheitsorgane, und mit Leitungen in Informationsanlagen nach *TGL 200-7099*, z. B. Anlagen zur Sicherung von Leben und Sachwerten wie Feuermelde- und Feueralarmierungsanlagen, Überfall- und Einbruch-Meldeanlagen, ist die Antennenanlage mit erhöhter Sicherheit nach Abschnitt 4.3.4. auszuführen.

4.3.2.3. Überkreuzungen von öffentlichen Verkehrswegen.

An der Kreuzungsstelle ist die Antennenanlage mit erhöhter Sicherheit nach Abschnitt 4.3.4. auszuführen. Bei Kreuzungen mit Anlagen elektrisch betriebener Bahnen, z. B. Eisenbahn, Obus, Straßenbahn, sind die Forderungen nach Abschnitt 4.3.2.1. einzuhalten.

4.3.2.4. Überkreuzungen von Sende-Antennenanlagen.

Empfangs-Antennenanlagen, die Sende-Antennenanlagen überkreuzen, sind mit erhöhter Sicherheit nach Abschnitt 4.3.4. auszuführen.

4.3.3. *Unterkreuzungen*

4.3.3.1. Unterkreuzungen von elektrotechnischen Anlagen mit Spannungen über 65 V (Effektivwert) gegen Erde.

Beim Unterkreuzen von nicht allseitig gegen Berühren geschützten Leitungen im Freien von elektrotechnischen Anlagen mit Spannungen über 65 V (Effektivwert) gegen Erde muß eine der nachfolgenden Bedingungen erfüllt werden:
– Die unterkreuzte elektrotechnische Anlage muß an der Kreuzungsstelle nach *TGL 200-0614 Bl. 3* errichtet sein;
– es muß sichergestellt sein, daß auch bei Bruch in der unterkreuzten elektrotechnischen Anlage keine zu hohe Berührungsspannung auf Teile der Antennenanlage gebracht wird. Hierbei ist ein seitlicher Windabtrieb zu berücksichtigen.

4.3.3.2. Unterkreuzungen von elektrotechnischen Anlagen mit Spannungen unter 65 V (Effektivwert) gegen Erde.

Es werden keine besonderen Sicherheitsforderungen erhoben.

4.3.4. *Antennenanlagen mit erhöhter Sicherheit.*

4.3.4.1. Alle für die mechanische Festigkeit der Antennenanlage maßgebenden Bauteile dürfen im ungünstigsten Belastungsfalle nur mit der Hälfte der sonst zulässigen Beanspruchungen nach Abschnitt 3. belastet werden.

4.3.4.2. Die Verwendung von Litzenleitern ist unzulässig.

5. *Betriebssicherheit*

Antennenanlagen sind in einem Zustand zu erhalten, der den Forderungen dieses Standards entspricht: gefahrbildende Mängel sind zu beheben.

Hinweise auf weitere Standards

TGL 200-0512 Bl. 5 Blitzschutzarmaturen: Leitungsverbinder
TGL 200-0512 Bl. 9 Blitzschutzarmaturen: Rohrschellen
TGL 200-0512 Bl. 14 Blitzschutzarmaturen: Rundstaberder, Anschlußstab, Spitze, Zwischenstab
TGL 200-0603 Bl. 2 Erdung in elektrotechnischen Anlagen; Grundforderungen
TGL 200-0616 Blitzschutz für Bauten und nichtelektrotechnische Anlagen
TGL 200-1579 Hochfrequenzkabel und -leitungen
TGL 200-7035 Antennenanlagen; Begriffe
TGL 200-7047 Bl. 1 VHF- und UHF-Empfangsantennen; Technische Forderungen
TGL 200-7051 Bl. 3 Elektronische Heimgeräte-Empfangs-Antennenanlagen für Hör- und Fernsehrundfunk – Wartung

TGL 200-7052 Bl. 1 Sende- und Empfangs-Antennen-anlagen für Funkdienste, Sicherheitsforderungen

TGL 200-7052 Bl. 2 Sende- und Empfangsanlagen für Funkdienste – Wartung

TGL 200-13480 Stählerne Antennentragwerke: Berechnung, bauliche Durchbildung

TGL 9012 Nahtlose Stahlrohre, warm gewalzt, Maße, Maßabweichungen

TGL 9413 Bl. 1 Bl. 2 Nahtlose Stahlrohre für allgemeine Verwendung

TGL 10685 Bl. 2 Bautechnischer Brandschutz, Feuer-widerstandsklassen, Feuerwiderstand von Baukonstruktionen

TGL 12351 Bl. 1 Elektronische Heimgeräte-Gemeinschafts-Antennenanlagen

TGL 12351 Bl. 4 Heimelektronik: Empfangs- und Verteilanlagen für Hör- und Fernsehfunk; Wartung (löst TGL 200-7051 Bl. 3 ab)

TGL 25609 Elektronische Heimgeräte – Antennenver-stärker –

TGL 30044 Blitzschutz: Begriffe, Allgemeine Festlegungen (ersetzt ABAO 955/1)

TGL 32274 Bl. 7 Lastannahme für Bauwerke: Windlasten

TGL 33373 Bl. 1, 2, 3 Bautechnische Maßnahmen für Erdung, Potentialausgleich und Blitzschutz

ABAO 900/1 Elektrotechnische Anlagen; GBl Sonderdruck Nr. 820, AO Nr. 1 über die Änderung der ABAO 900/1, GBl Nr. 7/1977
(Ersatz durch TGL 30360 vorgesehen)

33.3. Sonstige Anordnungen und Empfehlungen zur Betriebssicherheit

Schwere und oft tödliche Unfälle kommen immer wieder bei der Errichtung von Antennenanlagen vor. Sie sind in allen Fällen auf die Nichtbeachtung der einschlägigen Arbeitsschutzbestimmungen zurückzuführen. So ist z. B. für die Arbeit auf Dächern oder Masten die Verwendung vorschriftsmäßiger Sicherheitsleinen und Sicherheitsgürtel vorgeschrieben. Für einfache Arbeiten, die von einer Leiter aus durchgeführt werden dürfen, ist die maximale Länge der Leiter mit 8 m angegeben. Alle Leitern sind vor ihrer Verwendung zu überprüfen. Schadhafte Sprossen, auch solche, die sich drehen, sind unverzüglich auszuwechseln. Das Aufnageln von Sprossen ist verboten. Die Leitern sind gegen Ausgleiten, Abrutschen, Umkippen oder Umstürzen sowie starkes Schwanken zu sichern. Das Anlehnen von Leitern an nicht sicheren Stützpunkten (z. B. Glasscheiben, Stangen, Spanndrähten) ist verboten.

Das Arbeiten auf Dächern oder Masten muß der Fallbereich von Werkzeugen oder sonstigen möglicherweise herabfallenden Gegenständen ausreichend abgesichert werden. Die Sicherung des Verkehrs ist unbedingt zu beachten. Werkzeuge sind in einer Tasche sicher unterzubringen

und dürfen nicht auf Antennen- oder Mastteilen abgelegt oder während der Arbeiten auf den Knien gehalten werden. Nach Beendigung der Arbeiten sind der Arbeitsplatz und dessen Umgebung wieder ordnungsgemäß aufzuräumen. Eine gefährliche Unsitte stellt z. B. das Liegenlassen von Drahtabfällen dar.

Werden Maste aufgestellt, so müssen sich alle nichtbeteiligten Personen aus dem Fallbereich entfernen. Erfolgt keine besondere Fundierung, so sind Maste im Sechstel ihrer Gesamtlänge, jedoch nicht weniger als 1,60 m tief, einzugraben und gut zu verrammen. Beim Aufrichten sind Dreiböcke oder Gabelstützen zu verwenden. Das Fußende des Mastes ist so festzulegen, daß es nicht emporschnellen kann. Beim Aufrichten darf nicht auf den Mast getreten werden. Ein Mast darf erst dann bestiegen werden, wenn das Mastloch vollständig ausgefüllt ist. Zum Besteigen von Masten sind vorschriftsmäßige Sicherheitsgürtel anzulegen, die vor Benutzung mit dem Körpergewicht als Kontrolle zu belasten sind.

Steht ein Gewitter bevor, so sind alle Arbeiten an Antennenanlagen einzustellen.

Vor der Errichtung größerer Antennenanlagen und in Zweifelsfällen sollte sich der Amateur unbedingt an die zuständige Arbeitsschutzinspektion wenden, die immer eindeutige und bindende Auskünfte erteilt.

Die ständig steigende Anzahl der UKW- und Fernsehantennen hat auch ein erhebliches Anwachsen der durch Blitzeinschläge in Antennen verursachten Gebäudeschäden mit sich gebracht. Die Untersuchung solcher Beschädigungen ergab in den meisten Fällen, daß die ordnungsgemäße Erdung überhaupt fehlte oder einen viel zu hohen Erdübergangswiderstand hatte. Viele Antennen werden heute ohne die erforderliche Sachkenntnis montiert oder für den ersten Fernsehempfang provisorisch aufgestellt. Solche Provisorien pflegen bei gutem Fernsehbild oft zum Dauerzustand zu werden. Sie gefährden dann die Sicherheit der Straßenpassanten und können umfangreiche Blitzschäden verursachen. Bei fehlerhaften Antennenanlagen tritt der Blitz nach Einschlag in die den Dachfirst überragende Antenne zum Innern des Gebäudes über und sucht sich dort den Weg des geringsten Widerstands zur Erde. Diesen findet er meist in der elektrischen Installation und anderen metallischen Leitern. Dabei werden durch Wärme- und Sprengwirkungen sowie durch elektrodynamische Kräfte umfangreiche Gebäude- und Einrichtungsschäden verursacht, die nicht selten zu Bränden führen sowie Leben und Gesundheit der Hausbewohner gefährden.

Es hat sich herausgestellt, daß auch Blitzeinschläge in Unterdachantennen vorkommen, obwohl für diese kein Blitzschutz gefordert wird. Dieser Fall kann eintreten, wenn die Antenne zu nahe an der Dachhaut oder in der Nähe von Ableitungen vorhandener Blitzableiteranlagen montiert wird.

Der Funkamateur baut sich seine Geräte und Antennen vorwiegend selbst. Auch die Montage der Antennen erfolgt häufig in Eigenleistung oder durch hilfsbereite Freunde und Nachbarn unter der Leitung und Verantwortung des Auftraggebers. Von einem verantwortungsbewußten Amateur muß deshalb gefordert werden, daß er alle für die Errichtung von Antennenanlagen erlassenen Bestimmungen streng beachtet und zu seiner eigenen Sicherung die Anlage von einem Fachmann prüfen und begutachten läßt.

34. Anhang

Tabelle 34.1.   Die Amateurfrequenzbereiche

Die Welt-Funkverwaltungskonferenz Genf 1979 teilte nach V0 Funk, Artikel N7 dem Amateurfunk in der Region 1 folgende Frequenzbereiche zu:

1810	... 1850 kHz*	160 m	Exklusiv Amateurfunk
3500	... 3800 kHz	80 m	mit anderen Funkdiensten geteilt, Amateurfunk primär
7000	... 7100 kHz	40 m	Exklusiv Amateurfunk
10100	... 10150 kHz	30 m	mit anderen Funkdiensten geteilt, Amateurfunk sekundär
14000	... 14350 kHz	20 m	Exklusiv Amateurfunk
18068	... 18168 kHz	17 m	Exklusiv Amateurfunk
21000	... 21450 kHz	15 m	Exklusiv Amateurfunk
24890	... 24990 kHz	12 m	Exklusiv Amateurfunk
28000	... 29700 kHz	10 m	Exklusiv Amateurfunk
144	... 146 MHz	2 m	Exklusiv Amateurfunk
430	... 440 MHz	70 cm	mit anderen Funkdiensten geteilt, Amateurfunk primär
1230	... 1300 MHz	23 cm	mit anderen Funkdiensten geteilt, Amateurfunk sekundär
2300	... 2450 MHz	13 cm	mit anderen Funkdiensten geteilt, Amateurfunk sekundär
3400	... 3475 MHz	9 cm	mit anderen Funkdiensten geteilt, Amateurfunk sekundär
5650	... 5850 kHz	6 cm	mit anderen Funkdiensten geteilt, Amateurfunk sekundär
10,00	... 10,45 GHz	3 cm	mit anderen Funkdiensten geteilt, Amateurfunk sekundär
24,00	... 24,05 GHz	12 mm	Exklusiv Amateurfunk
47,00	... 47,20 GHz	6 mm	Exklusiv Amateurfunk
75,50	... 76,000 GHz	4 mm	Exklusiv Amateurfunk
119,98	... 120,00 GHz	2,5 mm	mit anderen Funkdiensten geteilt, Amateurfunk sekundär
142,00	... 144,00 GHz	2 mm	Exklusiv Amateurfunk
248,00	... 250,00 GHz	1,2 mm	Exklusiv Amateurfunk

In hier nicht aufgeführten Fußnoten werden Sonderbestimmungen, Freigabefristen und ähnliches geregelt. Die Zuteilung der Frequenzbereiche an die Funkamateure ihrer Länder regeln die Staaten der Region 1 nach eigenem Ermessen. Die neue V0 Funk trat am 1.1.1982 in Kraft.

* Das 160-m-Band ist international von 1800 ... 200 kHz zugelassen. Fast alle Länder machen aber von ihrem Recht Gebrauch, nur bestimmte Sektoren innerhalb des Bandes freizugeben. Der angegebene Bereich von 1810 ... 1850 kHz liegt innerhalb der in den Ländern der Region 1 freigegebenen Bandsektoren.

Tabelle 34.2.   Mechanische Strahlerlängen für die Amateurkurzwellenbänder (Langdrahtantennen nach Halbwellen geordnet)

160-m-Band

λ	1810 kHz	1850 kHz	1900 kHz
0,5	78,73 m	77,02 m	75,00 m
1,0	161,60 m	158,11 m	153,95 m
1,5	244,48 m	239,19 m	232,90 m

80-m-Band				*40-m-Band*			
λ	3500 kHz	3600 kHz	3800 kHz	λ	7000 kHz	7050 kHz	7100 kHz
0,5	40,71 m	39,58 m	37,50 m	0,5	20,36 m	20,21 m	20,07 m
1,0	83,57 m	81,25 m	76,97 m	1,0	41,78 m	41,49 m	41,19 m
1,5	126,43 m	122,92 m	116,45 m	1,5	63,21 m	62,77 m	62,32 m
2,0	169,28 m	164,58 m	155,92 m	2,0	84,64 m	84,04 m	83,45 m
2,5	212,14 m	206,25 m	195,39 m	2,5	106,07 m	105,32 m	104,58 m
3,0	255,00 m	247,92 m	234,92 m	3,0	127,50 m	126,60 m	125,70 m

30-m-Band			*20-m-Band*			
λ	10100 kHz	10150 kHz	λ	14000 kHz	14250 kHz	14350 kHz
0,5	14,11 m	14,04 m	0,5	10,18 m	10,00 m	9,93 m
1,0	28,96 m	28,82 m	1,0	20,88 m	20,51 m	20,38 m
1,5	43,80 m	43,60 m	1,5	31,60 m	31,05 m	30,84 m
2,0	58,66 m	58,37 m	2,0	42,32 m	41,58 m	41,29 m
2,5	73,51 m	73,15 m	2,5	53,03 m	52,10 m	51,74 m
3,5	88,37 m	87,93 m	3,0	63,04 m	62,63 m	62,20 m
3,6	103,22 m	102,71 m	3,5	74,46 m	73,15 m	72,65 m
4,0	118,11 m	117,50 m	4,0	85,18 m	83,70 m	83,10 m
4,5	132,92 m	132,27 m	4,5	95,90 m	94,20 m	93,55 m
5,0	147,78 m	147,04 m	5,0	106,60 m	104,73 m	104,00 m

17-m-Band			*15-m-Band*			
λ	18068 kHz	18168 kHz	λ	21000 kHz	21250 kHz	21450 kHz
0,5	7,89 m	7,84 m	0,5	6,78 m	6,71 m	6,64 m
1,0	16,19 m	16,10 m	1,0	13,93 m	13,76 m	13,64 m
1,5	24,50 m	24,36 m	1,5	21,07 m	20,82 m	20,63 m
2,0	32,80 m	32,61 m	2,0	28,21 m	27,88 m	27,62 m
2,5	41,09 m	40,87 m	2,5	35,36 m	34,94 m	34,61 m
3,0	49,40 m	49,12 m	3,0	42,50 m	42,00 m	41,61 m
3,5	57,70 m	57,38 m	3,5	49,64 m	49,06 m	48,60 m
4,0	66,00 m	65,64 m	4,0	56,79 m	56,12 m	55,60 m
4,5	74,30 m	73,90 m	4,5	63,92 m	63,18 m	62,59 m
5,0	82,60 m	82,15 m	5,0	71,07 m	70,24 m	69,58 m

12-m-Band			*10-m-Band*			
λ	24890 kHz	24990 kHz	λ	28000 kHz	29000 kHz	29700 kHz
0,5	5,73 m	5,70 m	0,5	5,08 m	4,91 m	4,80 m
1,0	11,75 m	11,70 m	1,0	10,45 m	10,08 m	9,85 m
1,5	17,78 m	17,71 m	1,5	15,80 m	15,26 m	14,90 m
2,0	23,80 m	23,71 m	2,0	21,16 m	20,43 m	19,95 m
2,5	29,83 m	29,71 m	2,5	26,52 m	25,60 m	25,00 m
3,0	35,86 m	35,71 m	3,0	31,86 m	30,78 m	30,05 m
3,5	41,88 m	41,72 m	3,5	37,23 m	35,95 m	35,10 m
4,0	47,90 m	47,72 m	4,0	42,59 m	41,12 m	40,15 m
4,5	53,94 m	53,72 m	4,5	47,95 m	46,29 m	45,20 m
5,0	59,96 m	59,72 m	5,0	53,30 m	51,46 m	50,25 m

[Errechnet nach Gl. (11.1.)]

Tabelle 34.3. Umrechnungsformeln für Elementlängen, bezogen auf $\lambda/2$ und 1λ

Elementlängen, bezogen auf $\lambda/2$		Elementlängen, bezogen auf 1λ	
$\dfrac{\lambda}{2} \cdot 1{,}0 = \dfrac{150\,000}{f}$	$\dfrac{\lambda}{2} \cdot 0{,}87 = \dfrac{130\,500}{f}$	$1{,}0\lambda = \dfrac{300\,000}{f}$	$0{,}87\lambda = \dfrac{261\,000}{f}$
$0{,}99 = \dfrac{148\,500}{f}$	$0{,}86 = \dfrac{129\,000}{f}$	$0{,}99\lambda = \dfrac{297\,000}{f}$	$0{,}86\lambda = \dfrac{258\,000}{f}$
$0{,}98 = \dfrac{147\,000}{f}$	$0{,}85 = \dfrac{127\,500}{f}$	$0{,}98\lambda = \dfrac{294\,000}{f}$	$0{,}85\lambda = \dfrac{255\,000}{f}$
$0{,}97 = \dfrac{145\,500}{f}$	$0{,}84 = \dfrac{126\,000}{f}$	$0{,}97\lambda = \dfrac{291\,000}{f}$	$0{,}84\lambda = \dfrac{252\,000}{f}$
$0{,}96 = \dfrac{144\,000}{f}$	$0{,}83 = \dfrac{124\,500}{f}$	$0{,}96\lambda = \dfrac{288\,000}{f}$	$0{,}83\lambda = \dfrac{249\,000}{f}$
$0{,}95 = \dfrac{142\,500}{f}$	$0{,}82 = \dfrac{123\,000}{f}$	$0{,}95\lambda = \dfrac{285\,000}{f}$	$0{,}82\lambda = \dfrac{246\,000}{f}$
$0{,}94 = \dfrac{141\,000}{f}$	$0{,}81 = \dfrac{121\,500}{f}$	$0{,}94\lambda = \dfrac{282\,000}{f}$	$0{,}81\lambda = \dfrac{243\,000}{f}$
$0{,}93 = \dfrac{139\,500}{f}$	$0{,}80 = \dfrac{120\,000}{f}$	$0{,}93\lambda = \dfrac{279\,000}{f}$	$0{,}80\lambda = \dfrac{240\,000}{f}$
$0{,}92 = \dfrac{138\,500}{f}$	$0{,}79 = \dfrac{118\,500}{f}$	$0{,}92\lambda = \dfrac{276\,000}{f}$	$0{,}79\lambda = \dfrac{237\,000}{f}$
$0{,}91 = \dfrac{136\,500}{f}$	$0{,}78 = \dfrac{117\,000}{f}$	$0{,}91\lambda = \dfrac{273\,000}{f}$	$0{,}78\lambda = \dfrac{234\,000}{f}$
$0{,}90 = \dfrac{135\,000}{f}$	$0{,}77 = \dfrac{115\,500}{f}$	$0{,}90\lambda = \dfrac{270\,000}{f}$	$0{,}77\lambda = \dfrac{231\,000}{f}$
$0{,}89 = \dfrac{133\,500}{f}$	$0{,}76 = \dfrac{114\,000}{f}$	$0{,}89\lambda = \dfrac{267\,000}{f}$	$0{,}76\lambda = \dfrac{228\,000}{f}$
$0{,}88 = \dfrac{132\,000}{f}$	$0{,}75 = \dfrac{112\,500}{f}$	$0{,}88\lambda = \dfrac{264\,000}{f}$	$0{,}75\lambda = \dfrac{225\,000}{f}$

Ergebnisse in mm, f in MHz

Tabelle 34.4.   Bereichs- und Kanalfrequenzen für das Fernsehen in Europa

Die meisten europäischen Länder betreiben ihre Fernsehsender nach den Empfehlungen des CCIR (*Comité Consultatif International Radiocommunication* – Internationaler beratender Ausschuß für das Funkwesen –) oder der OIRT (*Organisation Internationale de Radiodiffusion et de Télévision* – Internationale Rundfunk- und Fernsehorganisation –) mit 635 Zeilen je Bild. Ausnahmen bilden die britische Norm mit 405 Zeilen und die französische Norm mit 819 Zeilen für Ausstrahlungen in den VHF-Fernsehkanälen. Im UHF-Fernsehbereich arbeiten europäische Sender jedoch ausnahmslos mit der 625-Zeilen-Norm (Beschluß der Europäischen Rundfunkkonferenz Stockholm 1961).

Die Fernsehsender arbeiten nach unterschiedlichen technischen Grundnormen. Die in Europa verwendeten Standards mit ihren wichtigsten technischen Daten werden nachstehend aufgeführt:

Standard	Zeilen je Vollbild	Kanalbreite MHz	Videobandbreite MHz	Bild-Ton-Abstand MHz	Bildmodulation	Tonmodulation
A	405	5	3	−3,5	A3F pos.	A3E
B	625	7	5	+5,5	A3F neg,	F3E
C	625	7	5	+5,5	A3F pos.	A3E
D/K	625	8	6	+6,5	A3F neg.	F3E
E	819	14	10	+11,5	A3F pos.	A3E
G	625	8	5	+5,5	A3F neg.	F3E
H	625	8	5	+5,5	A3F neg.	F3E
I	625	8	5,5	+6	A3F neg.	F3E
L	625	8	6	+6,5	A3F pos.	A3E

Tabelle 34.4.1.   Die europäischen Fernsehbereiche nach CCIR-Norm

(BRD, DDR, Dänemark, Finnland, Griechenland, Niederlande, Norwegen, Österreich, Portugal, Schweden, Schweiz, Spanien, Sozialistische Föderative Republik Jugoslawien, Türkei, Zypern.)

Standard B für VHF, G für UHF

	Kanalgrenzen in MHz	Bildträger in MHz	Tonträger in MHz	Mittlere Wellenlänge in m
Band I				
Kanal E-5	47 ... 54	48,25	53,75	6,00
Kanal E-2A	48,5 ... 55,5	49,25	55,75	5,80
Kanal E-3	54 ... 61	55,25	60,75	5,20
Kanal E-4	61 ... 68	62,25	67,75	4,65
Band III				
Kanal E-5	174 ... 181	175,25	180,75	1,69
Kanal E-6	181 ... 188	182,25	187,75	1,63
Kanal E-7	188 ... 195	189,25	194,75	1,57
Kanal E-8	195 ... 202	196,25	201,75	1,51
Kanal E-9	202 ... 209	203,25	208,75	1,46
Kanal E-10	209 ... 216	210,25	215,75	1,41
Kanal E-11	216 ... 223	217,25	222,75	1,37
Kanal E-12	223 ... 230	224,25	229,75	1,33

Der Bereich von 790 ... 862 MHz wird in der Region 1 mit anderen festen Funkdiensten geteilt (Kanal 60 ... 69).

Tabelle 34.4.1. (Fortsetzung)

	Kanalgrenzen in MHz	Bildträger in MHz	Tonträger in MHz	Mittlere Wellenlänge in m
Band IV				
Kanal 21	470 … 478	471,25	476,75	63
Kanal 22	478 … 486	479,25	484,75	62,5
Kanal 23	486 … 494	487,25	492,75	61
Kanal 24	494 … 502	495,25	500,75	60
Kanal 25	502 … 510	503,25	508,75	59
Kanal 26	510 … 518	511,25	516,75	58
Kanal 27	518 … 526	519,25	524,75	57,5
Kanal 28	526 … 534	527,25	532,75	56,5
Kanal 29	534 … 542	535,25	540,75	55,5
Kanal 30	542 … 550	543,25	548,75	55
Kanal 31	550 … 558	551,25	556,75	54
Kanal 32	558 … 566	559,25	564,75	53
Kanal 33	566 … 574	567,25	572,75	52,5
Kanal 34	547 … 582	575,25	580,75	51,5
Kanal 35	582 … 590	583,25	588,75	51
Kanal 36	590 … 598	591,25	596,75	50,5
Kanal 37	598 … 606	599,25	604,75	50
Band V				
Kanal 38	606 … 614	607,25	612,75	49
Kanal 39	614 … 622	615,25	620,75	48,5
Kanal 40	622 … 630	623,25	628,75	48
Kanal 41	630 … 638	631,25	636,75	47
Kanal 42	638 … 646	639,25	644,75	46,5
Kanal 43	646 … 654	647,25	652,75	46
Kanal 44	654 … 662	655,25	660,75	45,5
Kanal 45	662 … 670	663,25	668,75	45
Kanal 46	670 … 678	671,25	676,75	44,5
Kanal 47	678 … 686	679,25	684,75	44
Kanal 48	686 … 694	687,25	692,75	43,5
Kanal 49	694 … 702	695,25	700,75	43
Kanal 50	702 … 710	703,25	708,75	42,5
Kanal 51	710 … 718	711,25	716,75	42
Kanal 52	718 … 726	719,25	724,75	41,5
Kanal 53	726 … 734	727,25	732,75	41
Kanal 54	734 … 742	735,25	740,75	40,5
Kanal 55	742 … 750	743,25	748,75	40,3
Kanal 56	750 … 758	751,25	756,75	39,8
Kanal 57	758 … 766	759,25	764,75	39,3
Kanal 58	766 … 774	767,25	772,75	38,9
Kanal 59	774 … 782	775,25	780,75	38,5
Kanal 60	782 … 790	783,25	788,75	38,2
Kanal 61	790 … 798	791,25	796,75	37,9
Kanal 62	798 … 806	799,25	804,75	37,5
Kanal 63	806 … 814	807,25	812,75	37,1
Kanal 64	814 … 822	815,25	820,75	36,8
Kanal 65	822 … 830	823,25	828,75	36,4
Kanal 66	830 … 838	831,25	836,75	36,1
Kanal 67	838 … 846	839,25	844,75	35,7
Kanal 68	846 … 854	847,25	852,75	35,4
Kanal 69	854 … 862	855,25	860,75	35,0

Tabelle 34.4.2. Die europäischen Fernsehbereiche nach OIRT-Norm

(Volksrepublik Albanien, Volksrepublik Bulgarien, ČSSR, Volksrepublik Polen, Sozialistische Republik Rumänien, UdSSR, Ungarische Volksrepublik.)

Standard: D für VHF, K für UHF

Kanal	Kanalgrenzen in MHz	Bildträger in MHz	Tonträger in MHz	Mittlere Wellenlänge in m
R-I	48,5 ... 56,5	49,75	56,25	5,75
R-II	58,0 ... 66,0	59,25	65,75	4,86
R-III	76,0 ... 84,0	77,25	83,75	3,76
R-IV	84,0 ... 92,0	85,25	91,75	3,41
R-V	92,0 ... 100	93,25	99,75	3,13
R-VI	174 ... 182	175,25	181,75	1,68
R-VII	182 ... 190	183,25	189,75	1,61
R-VIII	190 ... 198	191,25	197,75	1,55
R-IX	198 ... 206	199,25	205,75	1,49
R-X	206 ... 214	207,25	213,75	1,43
R-XI	214 ... 222	215,25	221,75	1,38
R-XII	222 ... 230	223,25	229,75	1,33

Die UHF-Frequenzbereiche entsprechen der CCIR-Norm

Tabelle 34.4.3. Die Fernsehbereiche in Großbritannien

Standard: A für VHF, K für UHF

Kanal	Kanalgrenzen in MHz	Bildträger in MHz	Tonträger in MHz	Mittlere Wellenlänge in m
B-1	41,25 ... 46,25	45,00	41,50	6,88
B-2	48,00 ... 53,00	51,75	48,25	5,95
B-3	53,00 ... 54,00	56,75	53,25	5,41
B-4	58,00 ... 63,00	61,75	58,25	4,96
B-5	63,00 ... 68,00	66,75	63,25	4,58
B-6	176 ... 181	179,75	176,25	1,68
B-7	181 ... 186	184,75	181,25	1,63
B-8	186 ... 191	189,75	186,25	1,59
B-9	191 ... 196	194,75	191,25	1,55
B-10	196 ... 201	199,75	196,25	1,51
B-11	201 ... 206	204,75	201,25	1,47
B-12	206 ... 211	209,75	206,25	1,44
B-13	211 ... 216	214,75	211,25	1,41
B-14	216 ... 221	219,75	216,25	1,37

Die UHF-Frequenzbereiche entsprechen der CCIR-Norm

Tabelle 34.4.4. Die Fernsehbereiche in Frankreich

(Frankreich, Monaco)

Standard: E für VHF (L geplant), L für UHF

Kanal	Kanalgrenzen in MHz	Bildträger in MHz	Tonträger in MHz	Mittlere Wellenlänge in m
F-2	41,00 ... 54,15	52,40	41,25	6,40
F-4	54,15 ... 67,13	65,55	54,40	4,98
F-5	162,25 ... 175,40	164,00	175,15	1,78
F-6	162,00 ... 175,15	173,40	162,25	1,78
F-7	175,40 ... 188,55	177,15	188,30	1,65
F-8A	174,00 ... 188,00	185,25	174,10	1,65
F-8	175,15 ... 188,30	186,55	175,40	1,65
F-9	188,55 ... 201,70	190,30	201,45	1,53
F-10	188,30 ... 201,45	199,70	188,55	1,53
F-11	201,70 ... 214,85	203,45	214,60	1,44
F-12	201,45 ... 214,60	212,85	201,70	1,44

Die UHF-Frequenzbereiche entsprechen der CCIR-Norm

Tabelle 34.4.5. Die Fernsehbereiche in Italien

Standard: B für VHF, G für UHF

	Kanalgrenzen in MHz	Bildträger in MHz	Tonträger in MHz	Mittlere Wellenlänge in m
A	52,5 ... 59,5	53,75	59,25	5,37
B	61,0 ... 68,0	62,25	67,75	4,66
C	81,0 ... 88,0	82,25	87,75	3,55
D	174,0 ... 181,0	175,25	180,75	1,69
E	182,5 ... 189,5	183,75	189,25	1,61
F	191,0 ... 198,0	192,25	197,75	1,54
G	200,0 ... 207,0	201,25	206,75	1,47
H	209,0 ... 216,0	210,25	215,75	1,42
H_1	216,0 ... 223,0	217,25	222,75	1,37
H_2	223,0 ... 230,0	224,25	229,75	1,32

Die UHF-Frequenzbereiche entsprechen der CCIR-Norm

Tabelle 34.5.   Umrechnung von Frequenz in Wellenlänge und umgekehrt

In der nachstehenden Tabelle kann jede Spalte kHz bzw. m bedeuten; die Umrechnung ist also in jeder Richtung möglich (gilt auch für MHz und mm).

240000	1,25	17100	17,544	11900	25,210	6800	44,118	1700	176,47
120000	2,5			11800	25,424	6700	44,777	1600	187,50
60000	5,0	17000	17,647	11700	25,641	6600	45,455	1500	200,00
40000	7,5	16900	17,751	11600	25,862	6500	46,154	1490	201,34
30000	10,0	16800	17,857	11500	26,087	6400	46,874	1480	202,70
29500	10,17	16700	17,964	11400	26,316	6300	47,619	1470	204,08
29000	10,34	16600	18,072	11300	26,549	6200	48,387	1460	205,48
28500	10,51	16500	18,182	11200	26,786	6100	49,180	1450	206,90
28000	10,71	16400	18,293	11100	27,027			1440	208,33
27500	10,91	16300	18,405			6000	50,000	1430	209,79
27000	11,11	16200	18,519	11000	27,273	5900	50,847	1420	211,27
26500	11,32	16100	18,633	10900	27,523	5800	51,724	1410	212,77
26000	11,54			10800	27,778	5700	52,631	1400	214,28
25500	11,76	16000	18,750	10700	28,037	5600	53,571		
25000	12,00	15900	18,868	10600	28,302	5500	54,545	1390	215,83
24500	12,24	15800	18,987	10500	28,521	5400	55,555	1380	217,39
24000	12,50	15700	19,108	10400	28,846	5300	56,604	1370	218,98
23500	12,77	15600	19,231	10300	29,126	5200	57,692	1360	220,59
23000	13,04	15500	19,355	10200	29,412	5100	58,824	1350	222,22
22500	13,33	15400	19,480	10100	29,703			1340	223,88
22000	13,63	15300	19,608			5000	60,000	1330	225,56
21500	13,97	15200	19,737	10000	30,000	4900	61,224	1320	227,27
21000	14,28	15100	19,867	9900	30,303	4800	62,500	1310	229,01
20500	14,63			9800	30,612	4700	63,830	1300	230,77
		15000	20,000	9700	30,928	4600	65,217		
20000	15,000	14900	20,134	9600	31,250	4500	66,667	1290	232,56
19900	15,075	14800	20,270	9500	31,579	4400	68,182	1280	234,38
19800	15,151	14700	20,408	9400	31,915	4300	69,767	1270	236,22
19700	15,228	14600	20,548	9300	32,258	4200	71,429	1260	238,10
19600	15,306	14500	20,690	9200	32,608	4100	73,171	1250	240,00
19500	15,385	14400	20,833	9100	32,967			1240	241,93
19400	15,464	14300	20,979			4000	75,000	1230	243,90
19300	15,544	14200	21,127	9000	33,333	3900	76,923	1220	245,90
19200	15,625	14100	21,276	8900	33,708	3800	78,947	1210	247,93
19100	15,707			8800	34,091	3700	81,080	1200	250,00
		14000	21,428	8700	34,483	3600	83,333		
19000	15,789	13900	21,583	8600	34,884	3500	85,714	1190	252,10
18900	15,873	13800	21,739	8500	35,294	3400	88,235	1180	254,24
18800	15,975	13700	21,898	8400	35,714	3300	90,909	1170	256,41
18700	16,043	13600	22,059	8300	36,145	3200	93,750	1160	258,62
18600	16,129	13500	22,222	8200	36,585	3100	96,774	1150	260,87
18500	16,216	13400	22,388	8100	37,037			1140	263,16
18400	16,304	13300	22,556			3000	100,00	1130	265,49
18300	16,393	13200	22,727	8000	37,500	2900	103,45	1120	267,86
18200	16,483	13100	22,901	7900	37,975	2800	107,14	1110	270,27
18100	16,574			7800	38,461	2700	111,11	1100	272,73
		13000	23,077	7700	38,961	2600	115,38		
18000	16,667	12900	23,256	7600	39,474	2500	120,00	1090	275,23
17900	16,760	12800	23,437	7500	40,000	2400	125,00	1080	277,78
17800	16,854	12700	23,622	7400	40,540	2300	130,43	1070	280,37
17700	16,949	12600	23,810	7300	41,096	2200	136,36	1060	283,02
17600	17,045	12500	24,000	7200	41,667	2100	142,65	1050	285,71
17500	17,143	12400	24,193	7100	42,254			1040	288,46
17400	17,242	12300	24,390			2000	150,00	1030	291,26
17300	17,341	12200	24,590	7000	42,857	1900	157,89	1020	294,12
17200	17,442	12100	24,793	6900	43,478	1800	166,67	1010	297,03
		12000	25,000					1000	300,00

Tabelle 34.6. Umrechnung Dezibel-Werte in Spannungs-, Strom- oder Leistungsverhältnisse

$U_1 < U_2; I_1 < I_2$ Spannungs- oder Stromverhältnis $\dfrac{U_1}{U_2}; \dfrac{I_1}{I_2}$	Leistungsverhältnis $\dfrac{P_1}{P_2}$	Dezibel $- \leftarrow \mathrm{dB} \rightarrow +$	$U_1 > U_2; I_1 > I_2$ Spannungs- oder Stromverhältnis $\dfrac{U_1}{U_2}; \dfrac{I_1}{I_2}$	Leistungsverhältnis $\dfrac{P_1}{P_2}$
1,0000	**1,0000**	**0**	**1,000**	**1,000**
0,9886	0,9772	0,1	1,012	1,023
0,9772	0,9550	0,2	1,023	1,047
0,0661	0,9333	0,3	1,035	1,072
0,9550	0,9120	0,4	1,047	1,096
0,9441	0,8913	0,5	1,059	1,122
0,9333	0,8710	0,6	1,072	1,148
0,9226	0,8511	0,7	1,084	1,175
0,9120	0,8318	0,8	1,096	1,202
0,9016	0,8128	0,9	1,109	1,230
0,8913	**0,7943**	**1,0**	**1,122**	**1,259**
0,8810	0,7762	1,1	1,135	1,288
0,8710	0,7586	1,2	1,148	1,318
0,8610	0,7413	1,3	1,161	1,349
0,8511	0,7244	1,4	1,175	1,380
0,8414	0,7079	1,5	1,189	1,413
0,8318	0,6918	1,6	1,202	1,445
0,8222	0,6761	1,7	1,216	1,479
0,8128	0,6607	1,8	1,230	1,514
0,8035	0,6457	1,9	1,245	1,549
0,7943	**0,6310**	**2,0**	**1,259**	**1,585**
0,7852	0,6166	2,1	1,274	1,622
0,7762	0,6026	2,2	1,288	1,660
0,7674	0,5888	2,3	1,303	1,698
0,7586	0,5754	2,4	1,318	1,738
0,7499	0,5623	2,5	1,334	1,778
0,7413	0,5495	2,6	1,349	1,820
0,7328	0,5370	2,7	1,365	1,862
0,7244	0,5248	2,8	1,380	1,905
0,7161	0,5129	2,9	1,396	1,950
0,7079	**0,5012**	**3,0**	**1,413**	**1,995**
0,6998	0,4898	3,1	1,429	2,042
0,6918	0,4786	3,2	1,445	2,089
0,6839	0,4677	3,3	1,462	2,138
0,6761	0,4571	3,4	1,479	2,188
0,6683	0,4467	3,5	1,496	2,239
0,6607	0,4365	3,6	1,514	2,291
0,6531	0,4266	3,7	1,531	2,344
0,6457	0,4169	3,8	1,549	2,399
0,6383	0,4074	3,9	1,567	2,455
0,6310	**0,3981**	**4,0**	**1,585**	**2,512**
0,6237	0,3890	4,1	1,603	2,570
0,6166	0,3802	4,2	1,622	2,630
0,6095	0,3715	4,3	1,641	2,692
0,6026	0,3631	4,4	1,660	2,754
0,5957	0,3548	4,5	1,679	2,818
0,5888	0,3467	4,6	1,698	2,884
0,5821	0,3388	4,7	1,718	2,951
0,5754	0,3311	4,8	1,738	3,020
0,5689	0,3236	4,9	1,758	3,090

Tabelle 34.6. (Fortsetzung)

$U_1 < U_2; I_1 < I_2$ Spannungs- oder Stromverhältnis $\dfrac{U_1}{U_2}; \dfrac{I_1}{I_2}$	Leistungsverhältnis $\dfrac{P_1}{P_2}$	Dezibel $- \leftarrow \mathrm{dB} \rightarrow +$	$U_1 > U_2; I_1 > I_2$ Spannungs- oder Stromverhältnis $\dfrac{U_1}{U_2}; \dfrac{I_1}{I_2}$	Leistungsverhältnis $\dfrac{P_1}{P_2}$
0,5623	**0,3162**	**5,0**	**1,778**	**3,162**
0,5559	0,3090	5,1	1,799	3,236
0,5495	0,3020	5,2	1,820	3,311
0,5433	0,2951	5,3	1,841	3,388
0,5370	0,2884	5,4	1,862	3,467
0,5309	0,2818	5,5	1,884	3,548
0,5248	0,2754	5,6	1,905	3,631
0,5188	0,2692	5,7	1,928	3,715
0,5129	0,2630	5,8	1,950	3,802
0,5070	0,2570	5,9	1,972	3,890
0,5012	**0,2512**	**6,0**	**1,995**	**3,981**
0,4955	0,2455	6,1	2,018	4,074
0,4898	0,2399	6,2	2,042	4,169
0,4842	0,2344	6,3	2,065	4,266
0,4786	0,2291	6,4	2,089	4,365
0,4732	0,2239	6,5	2,113	4,467
0,4677	0,2188	6,6	2,138	4,571
0,4624	0,2138	6,7	2,163	4,677
0,4571	0,2089	6,8	2,188	4,786
0,4519	0,2042	6,9	2,213	4,898
0,4467	**0,1995**	**7,0**	**2,239**	**5,012**
0,4416	0,1950	7,1	2,265	5,129
0,4365	0,1905	7,2	2,291	5,248
0,4315	0,1862	7,3	2,317	5,370
0,4266	0,1820	7,4	2,344	5,495
0,4217	0,1778	7,5	2,371	5,623
0,4169	0,1738	7,6	2,399	5,754
0,4121	0,1698	7,7	2,427	5,888
0,4074	0,1660	7,8	2,455	6,026
0,4027	0,1622	7,9	2,483	6,166
0,3981	**0,1585**	**8,0**	**2,511**	**6,310**
0,3936	0,1549	8,1	2,541	6,457
0,3890	0,1514	8,2	2,570	6,607
0,3846	0,1479	8,3	2,600	6,761
0,3802	0,1445	8,4	2,630	6,918
0,3758	0,1413	8,5	2,661	7,079
0,3715	0,1380	8,6	2,692	7,244
0,3673	0,1349	8,7	2,723	7,413
0,3631	0,1318	8,8	2,754	7,568
0,3589	0,1288	8,9	2,786	7,762
0,3548	**0,1259**	**9,0**	**2,818**	**7,943**
0,3508	0,1230	9,1	2,851	8,128
0,3467	0,1202	9,2	2,884	8,318
0,3428	0,1175	9,3	2,917	8,511
0,3388	0,1148	9,4	2,951	8,710
0,3350	0,1122	9,5	2,985	8,913
0,3311	0,1096	9,6	3,020	9,120
0,3273	0,1072	9,7	3,055	9,333
0,3236	0,1047	9,8	3,090	9,550
0,3199	0,1023	9,9	3,126	9,772

Tabelle 34.6. (Fortsetzung)

$U_1 < U_2; I_1 < I_2$ Spannungs- oder Stromverhältnis $\dfrac{U_1}{U_2}; \dfrac{I_1}{I_2}$	Leistungsverhältnis $\dfrac{P_1}{P_2}$	Dezibel $- \leftarrow dB \rightarrow +$	$U_1 > U_2; I_1 > I_2$ Spannungs- oder Stromverhältnis $\dfrac{U_1}{U_2}; \dfrac{I_1}{I_2}$	Leistungsverhältnis $\dfrac{P_1}{P_2}$
0,3162	**0,1000**	**10,0**	**3,162**	**10,00**
0,3126	0,0977	10,1	3,199	10,23
0,3090	0,0955	10,2	3,236	10,47
0,3055	0,0933	10,3	3,273	10,72
0,3020	0,0912	10,4	3,311	10,96
0,2985	0,0891	10,5	3,350	11,22
0,2951	0,0871	10,6	3,388	11,48
0,2917	0,0851	10,7	3,428	11,75
0,2884	0,0832	10,8	3,467	12,02
0,2851	0,0813	10,9	3,508	12,30
0,2818	**0,0794**	**11,0**	**3,548**	**12,59**
0,2786	0,0776	11,1	3,589	12,88
0,2754	0,0759	11,2	3,631	13,18
0,2723	0,0741	11,3	3,673	13,49
0,2692	0,0724	11,4	3,715	13,80
0,2661	0,0708	11,5	3,758	14,13
0,2630	0,0692	11,6	3,802	14,45
0,2600	0,0676	11,7	3,846	14,79
0,2570	0,0661	11,8	3,890	15,14
0,2541	0,0646	11,9	3,936	15,49
0,2512	**0,0631**	**12,0**	**3,981**	**15,85**
0,2483	0,0617	12,1	4,027	16,22
0,2455	0,0603	12,2	4,074	16,60
0,2427	0,0589	12,3	4,121	16,98
0,2399	0,0575	12,4	4,169	17,38
0,2371	0,0562	12,5	4,217	17,78
0,2344	0,0550	12,6	4,266	18,30
0,2317	0,0537	12,7	4,315	18,62
0,2291	0,0525	12,8	4,365	19,05
0,2265	0,0513	12,9	4,416	19,50
0,2239	**0,0501**	**13,0**	**4,467**	**19,95**
0,2213	0,0490	13,1	4,519	20,42
0,2188	0,0479	13,2	4,571	20,89
0,2163	0,0468	13,3	4,624	21,38
0,2138	0,0457	13,4	4,677	21,88
0,2113	0,0447	13,5	4,732	22,39
0,2089	0,0437	13,6	4,786	22,91
0,2065	0,0427	13,7	4,842	23,44
0,2042	0,0417	13,8	4,898	23,99
0,2018	0,0407	13,9	4,955	24,55
0,1995	**0,0398**	**14,0**	**5,012**	**25,12**
0,1972	0,0389	14,1	5,070	25,70
0,1950	0,0380	14,2	5,129	26,30
0,1928	0,0372	14,3	5,188	26,92
0,1905	0,0363	14,4	5,248	27,54
0,1884	0,0355	14,5	5,309	28,18
0,1862	0,0347	14,6	5,370	28,84
0,1841	0,0339	14,7	5,433	29,51
0,1820	0,0331	14,8	5,495	30,20
0,1799	0,0324	14,9	5,559	30,90

Tabelle 34.6. **(Fortsetzung)**

$U_1 < U_2; I_1 < I_2$ Spannungs- oder Stromverhältnis $\dfrac{U_1}{U_2}; \dfrac{I_1}{I_2}$	Leistungsverhältnis $\dfrac{P_1}{P_2}$	Dezibel $- \leftarrow$ dB $\rightarrow +$	$U_1 > U_2; I_1 > I_2$ Spannungs- oder Stromverhältnis $\dfrac{U_1}{U_2}; \dfrac{I_1}{I_2}$	Leistungsverhältnis $\dfrac{P_1}{P_2}$
0,1778	**0,0316**	**15,0**	**5,623**	**31,62**
0,1758	0,0309	15,1	5,689	32,36
0,1738	0,0302	15,2	5,754	33,11
0,1718	0,0295	15,3	5,821	33,88
0,1698	0,0288	15,4	5,888	34,67
0,1679	0,0282	15,5	6,957	35,48
0,1660	0,0275	15,6	6,026	36,31
0,1641	0,0269	15,7	6,095	37,15
0,1622	0,0263	15,8	6,166	38,02
0,1603	0,0257	15,9	6,237	38,90
0,1585	**0,0251**	**16,0**	**6,310**	**39,81**
0,1567	0,0246	16,1	6,383	40,74
0,1549	0,0240	16,2	6,457	41,69
0,1531	0,0234	16,3	6,531	42,66
0,1514	0,0229	16,4	6,607	43,65
0,1496	0,0224	16,5	6,683	44,67
0,1479	0,0219	16,6	6,761	45,71
0,1462	0,0214	16,7	6,839	46,77
0,1445	0,0209	16,8	6,918	47,86
0,1429	0,0204	16,9	6,998	48,98
0,1413	**0,0200**	**17,0**	**7,079**	**50,12**
0,1396	0,0195	17,1	7,161	51,29
0,1380	0,0191	17,2	7,244	52,48
0,1365	0,0186	17,3	7,328	53,70
0,1349	0,0182	17,4	7,413	54,95
0,1334	0,0178	17,5	7,499	56,23
0,1318	0,0174	17,6	7,586	57,54
0,1303	0,0170	17,7	7,674	58,88
0,1288	0,0166	17,8	7,762	60,26
0,1274	0,0162	17,9	7,852	61,66
0,1259	**0,0159**	**18,0**	**7,943**	**63,10**
0,1245	0,0155	18,1	8,035	64,57
0,1230	0,0151	18,2	8,128	66,07
0,1216	0,0148	18,3	8,222	67,61
0,1202	0,0145	18,4	8,318	69,18
0,1189	0,0141	18,5	8,414	70,79
0,1175	0,0138	18,6	8,511	72,44
0,1161	0,0135	18,7	8,610	74,13
0,1148	0,0132	18,8	8,710	75,86
0,1135	0,0129	18,9	8,811	77,62
0,1122	**0,0126**	**19,0**	**8,913**	**79,43**
0,1109	0,0123	19,1	9,016	81,28
0,1096	0,0120	19,2	9,120	83,18
0,1084	0,0118	19,3	9,226	85,11
0,1072	0,0115	19,4	9,333	87,10
0,1059	0,0112	19,5	9,441	89,13
0,1047	0,0109	19,6	9,550	91,20
0,1035	0,0107	19,7	9,661	93,33
0,1023	0,0105	19,8	9,772	95,50
0,1012	0,0102	19,9	9,886	97,72

Tabelle 34.6. (Fortsetzung)

$U_1 < U_2; I_1 < I_2$ Spannungs- oder Stromverhältnis	Leistungsverhältnis	Dezibel	$U_1 > U_2; I_1 > I_2$ Spannungs- oder Stromverhältnis	Leistungsverhältnis
$\dfrac{U_1}{U_2}; \dfrac{I_1}{I_2}$	$\dfrac{P_1}{P_2}$	$- \leftarrow \text{dB} \rightarrow +$	$\dfrac{U_1}{U_2}; \dfrac{I_1}{I_2}$	$\dfrac{P_1}{P_2}$
0,1000	**0,0100**	**20,0**	**10,000**	**100,0**
10^{-2}	10^{-4}	40,0	10^2	10^4
10^{-3}	10^{-6}	60,0	10^3	10^6
10^{-4}	10^{-8}	80,0	10^4	10^8
10^{-5}	10^{-10}	100,0	10^5	10^{10}

Anmerkung

Verhältniswerte, die außerhalb des Bereiches dieser Tabelle liegen, können wie folgt ermittelt werden:

Negative dB-Werte $(> -20\,\text{dB})$

Man addiert jeweils $+20\,\text{dB}$, bis man in den Bereich der Tabelle kommt. Der abgelesene Wert wird dann für Spannungs-(Strom-)Verhältnisse so oft durch 10 dividiert, wie man vorher 20 dB addiert hat. Wird das Leistungsverhältnis gesucht, muß in gleicher Weise durch 100 dividiert werden.

Beispiel

Gegeben $-48,4\,\text{dB}$, gesucht Spannungsverhältnis und Leistungsverhältnis.
$-48,4\,\text{dB} + 20\,\text{dB} + 20\,\text{dB} = -8,4\,\text{dB}$.
Spannungsverhältnisse: $-8,4\,\text{dB} \rightarrow 0,3802$ (Tabelle)
$0,3802 \cdot 1/10 \cdot 1/10 = 0,003\,802 = 3,8 \cdot 10^{-3}$
Leistungsverhältnis: $-8,4\,\text{dB} \rightarrow 0,1445$ (Tabelle)
$0,1445 \cdot 1/100 \cdot 1/100 = 0,000\,014\,45 \approx 1,5 \cdot 10^{-5}$

Positive dB-Werte $(> +20\,\text{dB})$

Man subtrahiert jeweils 20 dB, bis man in den Bereich der Tabelle kommt. Der abgelesene Wert wird dann für Spannungs-(Strom-)Verhältnisse so oft mit 10 multipliziert, wie man vorher 20 dB subtrahiert hat. Wird das Leistungsverhältnis gesucht, muß in gleicher Weise mit 100 multipliziert werden.

Beispiel

Gegeben $+27,9\,\text{dB}$, gesucht Spannungsverhältnis und Leistungsverhältnis.
$+27,9\,\text{dB} - 20\,\text{dB} = +7,9\,\text{dB}$.
Spannungsverhältnis: $+7,9\,\text{dB} \rightarrow 2,483$ (Tabelle)
$2,483 \cdot 10 = 24,83$
Leistungsverhältnis: $+7,9\,\text{dB} \rightarrow 6,166$ (Tabelle)
$6,166 \cdot 100 = 616,6$

Tabelle 34.7. Umrechnung beliebiger Spannungs-, Strom- und Leistungsverhältnisse in Dezibel (dB)

Spannungs-verhältnis	0,00	0,01	0,02	0,03	0,04	0,05	0,06	0,07	0,08	0,09
1,0	**0,0000**	**0,086**	**0,172**	**0,257**	**0,342**	**0,424**	**0,506**	**0,588**	**0,668**	**0,749**
1,1	0,828	0,906	0,984	1,062	1,138	1,214	1,289	1,364	1,438	1,511
1,2	1,584	1,656	1,727	1,798	1,868	1,938	2,007	2,076	2,144	2,212
1,3	2,279	2,345	2,411	2,477	2,542	2,607	2,671	2,734	2,798	2,860
1,4	2,923	2,984	3,046	3,107	3,167	3,227	3,287	3,346	3,405	3,464
1,5	3,522	3,580	3,637	3,694	3,750	3,807	3,862	3,918	3,973	4,028
1,6	4,082	4,137	4,190	4,244	4,297	4,350	4,402	4,454	4,506	4,558
1,7	4,609	4,660	4,711	4,761	4,811	4,861	4,910	4,959	5,008	5,057
1,8	5,105	5,154	5,201	5,249	5,296	5,343	5,390	5,437	5,483	5,529
1,9	5,575	5,621	5,666	5,711	5,756	5,801	5,845	5,889	5,933	5,977
2,0	**6,021**	**6,064**	**6,107**	**6,150**	**6,193**	**6,235**	**6,277**	**6,319**	**6,361**	**6,403**
2,1	6,444	6,486	6,527	6,568	6,608	6,649	6,689	6,729	6,769	6,809
2,2	6,848	6,888	6,927	6,966	7,008	7,044	7,082	7,121	7,159	7,197
2,3	7,235	7,272	7,310	7,347	7,384	7,421	7,458	7,495	7,532	7,568
2,4	7,604	7,640	7,676	7,712	7,748	7,783	7,819	7,854	7,889	7,924
2,5	7,959	7,993	8,028	8,062	8,097	8,131	8,165	8,199	8,232	8,266
2,6	8,299	8,333	8,366	8,399	8,432	8,465	8,498	8,530	8,563	8,595
2,7	8,627	8,659	8,691	8,723	8,755	8,787	8,818	8,850	8,881	8,912
2,8	8,943	8,974	9,005	9,036	9,066	9,097	9,127	9,158	9,188	9,218
2,9	9,248	9,278	9,308	9,337	9,367	9,396	9,426	9,455	9,484	9,513
3,0	**9,542**	**9,571**	**9,600**	**9,629**	**9,657**	**9,686**	**9,714**	**9,743**	**9,771**	**9,799**
3,1	9,827	9,855	9,883	9,911	9,939	9,966	9,994	10,021	10,049	10,076
3,2	10,103	10,130	10,157	10,184	10,211	10,238	10,264	10,291	10,317	10,344
3,3	10,370	10,397	10,423	10,449	10,475	10,501	10,527	10,553	10,578	10,604
3,4	10,630	10,655	10,681	10,706	10,731	10,756	10,782	10,807	10,832	10,875
3,5	10,881	10,906	10,931	10,955	10,980	11,005	11,029	11,053	11,078	11,102
3,6	11,126	11,150	11,174	11,198	11,222	11,246	11,270	11,293	11,317	11,341
3,7	11,364	11,387	11,411	11,434	11,457	11,481	11,504	11,527	11,550	11,573
3,8	11,596	11,618	11,641	11,664	11,687	11,709	11,732	11,754	11,777	11,799
3,9	11,821	11,844	11,866	11,888	11,910	11,932	11,954	11,976	11,998	12,019
4,0	**12,041**	**12,063**	**12,085**	**12,106**	**12,128**	**12,149**	**12,171**	**12,192**	**12,213**	**12,234**
4,1	12,256	12,277	12,298	12,319	12,340	12,361	12,382	12,403	12,424	12,444
4,2	12,465	12,486	12,506	12,527	12,547	12,568	12,588	12,609	12,629	12,649
4,3	12,669	12,690	12,710	12,730	12,750	12,770	12,790	12,810	12,829	12,849
4,4	12,869	12,889	12,908	12,928	12,948	12,967	12,987	13,006	13,026	13,045
4,5	13,064	13,084	13,103	13,122	13,141	13,160	13,179	13,198	13,217	13,236
4,6	13,255	13,274	13,293	13,312	13,330	13,349	13,368	13,386	13,405	13,423
4,7	13,442	13,460	13,479	13,497	13,516	13,534	13,552	13,570	13,589	13,607
4,8	13,625	13,643	13,661	13,679	13,697	13,715	13,733	13,751	13,768	13,786
4,9	13,804	13,822	13,839	13,857	13,875	13,892	13,910	13,927	13,945	13,962
5,0	**13,979**	**13,997**	**14,014**	**14,031**	**14,049**	**14,066**	**14,083**	**14,100**	**14,117**	**14,134**
5,1	14,151	14,168	14,185	14,202	14,219	14,236	14,253	14,270	14,287	14,303
5,2	14,320	14,337	14,353	14,370	14,387	14,403	14,420	14,436	14,453	14,469
5,3	14,486	14,502	14,518	14,535	14,551	14,567	14,583	14,599	14,616	14,632
5,4	14,648	14,664	14,680	14,696	14,712	14,728	14,744	14,760	14,776	14,791
5,5	14,807	14,823	14,839	14,855	14,870	14,886	14,902	14,917	14,933	14,948
5,6	14,964	14,979	14,995	15,010	15,026	15,041	15,056	15,072	15,087	15,102
5,7	15,117	15,133	15,148	15,163	15,178	15,193	15,208	15,224	15,239	15,254
5,8	15,269	15,284	15,298	15,313	15,328	15,343	15,358	15,373	15,388	15,402
5,9	15,417	15,432	15,446	15,461	15,476	15,490	15,505	15,519	15,534	15,549
6,0	**15,563**	**15,577**	**15,592**	**15,606**	**15,621**	**15,635**	**15,650**	**15,664**	**15,678**	**15,692**
6,1	15,707	15,721	15,735	15,749	15,763	15,778	15,792	15,806	15,820	15,834
6,2	15,848	15,862	15,876	15,890	15,904	15,918	15,931	15,945	15,959	15,973
6,3	15,987	16,001	16,014	16,028	16,042	16,055	16,069	16,083	16,096	16,110
6,4	16,124	16,137	16,151	16,164	16,178	16,191	16,205	16,218	16,232	16,245
6,5	16,258	16,272	16,285	16,298	16,312	16,325	16,338	16,351	16,365	16,378
6,6	16,391	16,404	16,417	16,430	16,443	16,456	16,469	16,483	16,496	16,509
6,7	16,521	16,534	16,547	16,560	16,573	16,586	16,599	16,612	16,625	16,637
6,8	16,650	16,663	16,676	16,688	16,701	16,714	16,726	16,739	16,752	16,764
6,9	16,777	16,790	16,802	16,815	16,827	16,840	16,852	16,865	16,877	16,890
7,0	**16,902**	**16,914**	**16,927**	**16,939**	**16,951**	**16,964**	**16,976**	**16,988**	**17,001**	**17,013**

Tabelle 34.7. (Fortsetzung)

Spannungs-verhältnis	0,00	0,01	0,02	0,03	0,04	0,05	0,06	0,07	0,08	0,09
7,1	17,025	17,037	17,050	17,062	17,074	17,086	17,098	17,110	17,122	17,135
7,2	17,147	17,159	17,171	17,183	17,195	17,207	17,219	17,231	17,243	17,255
7,3	17,266	17,278	17,290	17,302	17,314	17,326	17,338	17,349	17,361	17,373
7,4	17,385	17,396	17,408	17,420	17,431	17,443	17,455	17,466	17,478	17,490
7,5	17,501	17,513	17,524	17,536	17,547	17,559	17,570	17,582	17,593	17,605
7,6	17,616	17,628	17,639	17,650	17,662	17,673	17,685	17,696	17,707	17,719
7,7	17,730	17,741	17,752	17,764	17,775	17,786	17,797	17,808	17,820	17,831
7,8	17,842	17,853	17,864	17,875	17,886	17,897	17,908	17,919	17,931	17,942
7,9	17,953	17,964	17,975	17,985	17,996	18,007	18,018	18,029	18,040	18,051
8,0	**18,062**	**18,073**	**18,083**	**18,094**	**18,105**	**18,116**	**18,127**	**18,137**	**18,148**	**18,159**
8,1	18,170	18,180	18,191	18,202	18,212	18,223	18,234	18,244	18,255	18,266
8,2	18,276	18,287	18,297	18,308	18,319	18,329	18,340	18,350	18,361	18,371
8,3	18,382	18,392	18,402	18,413	18,423	18,434	18,444	18,455	18,465	18,475
8,4	18,486	18,496	18,506	18,517	18,527	18,537	18,547	18,558	18,568	18,578
8,5	18,588	18,599	18,609	18,619	18,629	18,639	18,649	18,660	18,670	18,680
8,6	18,690	18,700	18,710	18,720	18,730	18,740	18,750	18,760	18,770	18,780
8,7	18,790	18,800	18,810	18,820	18,830	18,840	18,850	18,860	18,870	18,880
8,8	18,890	18,900	18,909	18,919	18,929	18,939	18,949	18,958	18,968	18,978
8,9	18,988	18,998	19,007	19,017	19,027	19,036	19,046	19,056	19,066	19,075
9,0	**19,085**	**19,094**	**19,104**	**19,114**	**19,123**	**19,133**	**19,143**	**19,152**	**19,162**	**19,172**
9,1	19,181	19,190	19,200	19,209	19,219	19,228	19,238	19,247	19,257	19,267
9,2	19,276	19,285	19,295	19,304	19,313	19,323	19,332	19,342	19,351	19,360
9,3	19,370	19,379	19,388	19,398	19,407	19,416	19,426	19,435	19,444	19,453
9,4	19,463	19,472	19,481	19,490	19,499	19,509	19,518	19,527	19,536	19,345
9,5	19,554	19,564	19,573	19,582	19,591	19,600	19,609	19,618	19,627	19,636
9,6	19,645	19,654	19,664	19,673	19,682	19,691	19,700	19,709	19,718	19,726
9,7	19,735	19,744	19,753	19,762	19,771	19,780	19,789	19,798	19,807	19,816
9,8	19,825	19,833	19,842	19,851	19,860	19,869	19,878	19,886	19,895	19,904
9,9	19,913	19,921	19,930	19,939	19,948	19,956	19,965	19,974	19,983	19,991
10	**20,000**	**20,828**	**21,584**	**22,279**	**22,923**	**23,522**	**24,082**	**24,609**	**25,105**	**25,575**

Beispiele für die Anwendung der Tabelle

Ein *Spannungs*verhältnis von 2,38 : 1 soll in Dezibel ausgedrückt werden. Dazu geht man von der linken Spalte «Spannungsverhältnis aus», sucht dort den Wert 2,3 und liest auf dieser Zeile den unter der Spalte 0,08 eingetragenen Wert (= 7,523 dB) ab.

Soll ein *Leistungs*verhältnis in Dezibel festgestellt werden, z.B. 8,73 : 1, behandelt man das Leistungsverhältnis zunächst wie ein Spannungsverhältnis (linke Spalte). Der erhaltene Dezibel-Wert (= 18,820 dB) muß nun mit 0,5 multipliziert werden, das Ergebnis stellt dann das Leistungsverhältnis in Dezibel dar:
8,37 $\rightarrow$ 18,820 dB (Spannungsverhältnis), 18,820 dB · 0,5 = 9,41 dB (Leistungsverhältnis).

Verhältniszahlen, die nicht mehr im Bereich der Tabelle liegen, werden folgendermaßen behandelt:

Verhältniszahlen < 1,0	*Verhältniszahlen > 1,0*
Die Verhältniszahl wird so oft mit 10 multipliziert, bis sie in den Bereich der Tabelle kommt. Vom abgelesenen Ergebnis werden so oft + 20 dB subtrahiert, wie mit 10 multipliziert wurde.	Die Verhältniszahl wird so oft mit 10 multipliziert, bis sie in den Bereich der Tabelle kommt. Zum abgelesenen Ergebnis werden dann so oft + 20 dB addiert, wie durch 10 dividiert wurde.
Beispiel	*Beispiel*
Gegeben ist ein Spannungsverhältnis von 0,0131, gesucht Spannungsverhältnis in dB.	Gegeben ist ein Spannungsverhältnis von 436, gesucht Spannungsverhältnis in dB.
0,0131 · 10 · 10 = 1,31	436 · 1/10 · 1/10 = 4,36
1,31 $\rightarrow$ +2,345 dB (Tabelle)	4,36 $\rightarrow$ +12,790 dB (Tabelle)
+2,345 dB − 20 dB − 20 dB = −37,655 dB.	12,79 dB + 20 dB + 20 dB = +52,79 dB.

Tabelle 34.8. Der zahlenmäßige Zusammenhang zwischen Reflexionsfaktor r, Welligkeit s, Anpassungsfaktor m und Rückflußdämpfung a

Welligkeit s	Reflexionsfaktor r in %	Rückflußdämpfung r in dB	Reflex.-faktor r in %	Rückflußdämpfung r in dB	Welligkeit s	Rückflußdämpfung r in dB	Welligkeit s	Reflexionsfaktor r in %
1	0	∞	0	∞	1	0	1	100
1,01	0,5	46,1	0,5	46,0	1,01	0,5	34,75	94,4
1,02	1,0	40,1	1,0	40,0	1,02	1,0	17,39	89,1
1,03	1,5	36,6	1,5	36,5	1,03	1,5	11,61	84,1
1,04	2,0	34,2	2,0	34,0	1,04	2,0	8,72	79,4
1,05	2,4	32,3	2,5	32,0	1,05	3,0	5,85	70,8
1,075	3,6	28,8	3,0	30,5	1,06	4,0	4,42	63,1
1,10	4,8	26,4	4,0	28,0	1,08	5,0	3,57	56,2
1,15	7,0	23,1	5,0	26,0	1,11	6,0	3,01	50,1
1,2	9,1	20,8	7,5	22,5	1,16	7,0	2,61	44,7
1,25	11,1	19,1	10,0	20,0	1,22	8,0	2,32	39,8
1,3	13,0	17,7	15,0	16,5	1,35	9,0	2,10	35,5
1,4	16,7	15,6	20,0	14,0	1,50	10,0	1,93	31,6
1,5	20,0	14,0	25,0	12,0	1,67	12,0	1,67	25,1
1,75	27,3	11,3	30,0	10,5	1,86	14,0	1,50	20,0
2,0	33,3	9,5	35,0	9,1	2,08	16,0	1,38	15,8
2,5	42,9	7,4	40,0	8,0	2,33	18,0	1,29	12,6
3,0	50,00	6,0	45,0	6,9	2,64	20,0	1,22	10,0
4,0	60,00	4,4	50,0	6,0	3,00	25,0	1,12	5,6
5,0	66,7	3,5	60,0	4,4	4,00	30,0	1,07	3,2
10,0	81,8	1,7	70,0	3,1	5,67	35,0	1,04	1,8
20,0	90,5	0,9	80,0	1,9	9,00	40,0	1,02	1,0
40,0	95,1	0,4	90,0	0,9	19,00	45,0	1,01	0,6
∞	100	0	100	0	∞	∞	1	0

Tabelle 34.9. Umrechnung Neper/Dezibel und Dezibel/Neper

Neper in Dezibel						Dezibel in Neper					
Np	dB	Np	dB	Np	dB	dB	Np	dB	Np	dB	Np
0,1	0,869	4,1	35,6	8,1	70,4	1	0,115	41	4,72	81	9,32
0,2	1,74	4,2	36,5	8,2	71,2	2	0,230	42	4,84	82	9,44
0,3	2,61	4,3	37,3	8,3	72,1	3	0,345	43	4,95	83	9,55
0,4	3,47	4,4	38,2	8,4	73,0	4	0,460	44	5,06	84	9,67
0,5	4,34	4,5	39,1	8,5	73,8	5	0,576	45	5,18	85	9,79
0,6	5,21	4,6	40,0	8,6	74,7	6	0,691	46	5,30	86	9,90
0,7	6,08	4,7	40,8	8,7	75,6	7	0,806	47	5,41	87	10,0
0,8	6,95	4,8	41,7	8,8	76,4	8	0,921	48	5,52	88	10,1
0,9	7,82	4,9	42,6	8,9	77,3	9	1,04	49	5,64	89	10,2
1,0	8,69	5,0	43,4	9,0	78,2	10	1,15	50	5,76	90	10,4
1,1	9,55	5,1	44,3	9,1	79,0	11	1,27	51	5,87	91	10,5
1,2	10,4	5,2	45,2	9,2	79,9	12	1,38	52	5,99	92	10,6
1,3	11,3	5,3	46,0	9,3	80,8	13	1,50	53	6,10	93	10,7
1,4	12,2	5,4	46,9	9,4	81,6	14	1,61	54	6,22	94	10,8
1,5	13,0	5,5	47,8	9,5	82,5	15	1,73	55	6,33	95	10,9
1,6	13,9	5,6	48,6	9,6	83,4	16	1,84	56	6,45	96	11,0
1,7	14,8	5,7	49,5	9,7	84,3	17	1,96	57	6,56	97	11,2
1,8	15,6	5,8	50,4	9,8	85,1	18	2,07	58	6,68	98	11,3
1,9	16,5	5,9	51,2	9,9	86,0	19	2,19	59	6,79	99	11,4
2,0	17,4	6,0	52,1	10,0	86,9	20	2,30	60	6,91	100	11,5
2,1	18,2	6,1	53,0	10,1	87,7	21	2,42	61	7,02	101	11,6
2,2	19,1	6,2	53,9	10,2	88,6	22	2,53	62	7,14	102	11,7
2,3	20,0	6,3	54,7	10,3	89,5	23	2,65	63	7,25	103	11,9
2,4	20,8	6,4	55,6	10,4	90,3	24	2,76	64	7,37	104	12,0
2,5	21,7	6,5	56,5	10,5	91,2	25	2,88	65	7,48	105	12,1
2,6	22,6	6,6	57,3	10,6	92,1	26	2,99	66	7,60	106	12,2
2,7	23,5	6,7	58,2	10,7	92,9	27	3,11	67	7,71	107	12,3
2,8	24,3	6,8	59,1	10,8	93,8	28	3,22	68	7,83	108	12,4
2,9	25,2	6,9	59,9	10,9	94,7	29	3,34	69	7,94	109	12,5
3,0	26,1	7,0	60,8	11,0	95,6	30	3,45	70	8,06	110	12,7
3,1	26,9	7,1	61,7	11,1	96,4	31	3,57	71	8,17	111	12,8
3,2	27,8	7,2	62,5	11,2	97,3	32	3,68	72	8,29	112	12,9
3,3	28,7	7,3	63,4	11,3	98,1	33	3,80	73	8,40	113	13,0
3,4	29,5	7,4	64,3	11,4	99,0	34	3,91	74	8,52	114	13,1
3,5	30,4	7,5	65,1	11,5	99,9	35	4,03	75	8,63	115	13,2
3,6	31,1	7,6	66,0	11,6	100,8	36	4,14	76	8,75	116	13,4
3,7	32,3	7,7	66,9	11,7	101,6	37	4,26	77	8,87	117	13,5
3,8	33,0	7,8	67,8	11,8	102,5	38	4,37	78	8,98	118	13,6
3,9	33,9	7,9	68,6	11,9	103,4	39	4,49	79	9,09	119	13,7
4,0	34,8	8,0	69,5	12,0	104,2	40	4,61	80	9,21	120	13,8

1 Neper = 8,686 Dezibel, 1 Dezibel = 0,116 Neper

In den USA, in Großbritannien und in anderen englisch sprechenden Ländern wird nur schrittweise das international gebräuchliche metrische System eingeführt. Dieser Umstand erschwert die Auswertung von Fachveröffentlichungen, da die angegebenen englischen bzw. amerikanischen Einheiten jeweils in meterische Einheiten umgerechnet werden müssen. Zur Erleichterung der Umrechnungsarbeit dienen die nachstehenden Tabellen.

Tabelle 34.10.   Englische und Amerikanische Einheiten und ihre Beziehungen zu den metrischen Einheiten

Großbritannien und USA	Abkürzung	metrische Einheiten	Umrechnungsfaktor
1 inch (Zoll) = 10 lines = 1000 mils	(") in	2,54 cm	0,3937
1 foot (Fuß) = 12 inches	(') ft	30,48 cm	$3,281 \cdot 10^{-2}$
1 yard (Elle) = 3 feet = 36 inches	yd	91,44 cm	$1,094 \cdot 10^{-2}$
1 fathom (Faden) = 6 feet	fath	1,8288 m	0,547
1 int. nautical mile (Seemeile) = 6076 feet	naut. mile	1,852 km	0,54
1 statute mile (Landmeile) = 1760 yards = 5280 feet	stat. mile	1,6093 km	0,6214
1 mile per hour	MPH	1,6093 km/h	0,6214
1 square foot	sqft	$0,0929 \, m^2$	10,7643
1 pound (Pfund)	lb	0,4563 kg	2,2046

Der in der letzten Spalte angegebene Umrechnungsfaktor wird angewendet, wenn Angaben aus dem metrischen System in englische bzw. in amerikanische Einheiten umgerechnet werden sollen (z.B. $40\,000$ km $= 0,54 \cdot 40\,000 = 21\,600$ naut. miles).

Tabelle 34.11.   Umrechnung für Bruchteile und Dezimalwerte von Zoll in Millimeter

in Zoll	in mm	in Zoll	in mm	in Zoll	in mm
1/64 = 0,015	0,396	23/64 = 0,359	9,127	45/64 = 0,703	17,858
1/32 = 0,031	0,793	3/8 = 0,375	9,525	23/32 = 0,719	18,255
3/64 = 0,047	1,190	25/64 = 0,391	9,921	47/64 = 0,734	18,652
1/16 = 0,063	1,587	13/32 = 0,406	10,318	3/4 = 0,750	19,050
5/64 = 0,078	1,984	27/64 = 0,422	10,715	49/64 = 0,766	19,446
3/32 = 0,094	2,381	7/16 = 0,438	11,112	25/32 = 0,781	19,842
7/64 = 0,109	2,778	29/64 = 0,453	11,508	51/64 = 0,797	20,239
1/8 = 0,125	3,175	15/32 = 0,469	11,905	13/16 = 0,813	20,637
9/64 = 0,141	3,571	31/64 = 0,484	12,302	53/64 = 0,828	21,033
5/32 = 0,156	3,968	1/2 = 0,500	12,700	27/32 = 0,844	21,429
11/64 = 0,172	4,365	33/64 = 0,516	13,096	55/64 = 0,859	21,827
3/16 = 0,188	4,762	17/32 = 0,531	13,492	7/8 = 0,875	22,225
13/64 = 0,203	5,159	35/64 = 0,547	13,890	57/64 = 0,891	22,621
7/32 = 0,219	5,556	9/16 = 0,563	14,287	29/32 = 0,906	23,017
15/64 = 0,234	5,952	37/64 = 0,578	14,683	59/64 = 0,922	23,414
1/4 = 0,250	6,350	19/32 = 0,594	15,080	15/16 = 0,938	23,812
17/64 = 0,266	6,746	39/64 = 0,609	15,477	61/64 = 0,953	24,208
9/32 = 0,281	7,143	5/8 = 0,625	15,875	31/32 = 0,969	24,604
19/64 = 0,297	7,540	41/64 = 0,641	16,271	63/64 = 0,984	25,002
5/15 = 0,313	7,937	21/32 = 0,656	16,667	1 = 1,000	25,400
21/64 = 0,328	8,334	43/64 = 0,672	17,064		
11/32 = 0,344	8,730	11/16 = 0,688	17,462		

Zoll = engl. Inch (")

Tabelle 34.12. Umrechnung englische Fuß bzw. Zoll in Meter

engl. Fuß (′)	0″	1″	2″	3″	4″	5″	6″	7″	8″	9″	10″	11″
0	0,0000	0,0254	0,0508	0,0762	0,1016	0,1270	0,1524	0,1778	0,2032	0,2286	0,2540	0,2794 m
1′ (= 12″)	0,305	0,330	0,356	0,381	0,406	0,432	0,457	0,483	0,508	0,533	0,559	0,584 m
2′ (= 24″)	0,610	0,635	0,660	0,686	0,711	0,737	0,762	0,787	0,813	0,838	0,864	0,889 m
3′ (= 36″)	0,914	0,940	0,965	0,991	1,016	1,041	1,067	1,092	1,118	1,143	1,168	1,194 m
4′ (= 48″)	1,219	1,245	1,270	1,295	1,321	1,346	1,372	1,397	1,422	1,448	1,473	1,499 m
5′ (= 60″)	1,524	1,549	1,575	1,600	1,626	1,651	1,676	1,702	1,727	1,753	1,778	1,803 m
6′ (= 72″)	1,829	1,854	1,880	1,905	1,930	1,956	1,981	2,007	2,032	2,057	2,083	2,108 m
7′ (= 84″)	2,134	2,159	2,184	2,210	2,235	2,261	2,286	2,311	2,337	2,362	2,388	2,413 m
8′ (= 96″)	2,438	2,464	2,489	2,515	2,540	2,565	2,591	2,616	2,642	2,667	2,692	2,717 m
9′ (= 108″)	2,743	2,769	2,794	2,819	2,845	2,870	2,896	2,921	2,946	2,972	2,997	3,023 m
10′ (= 120″)	3,048	3,073	3,099	3,124	3,150	3,175	3,200	3,226	3,251	3,277	3,302	3,327 m
11′ (= 132″)	3,353	3,378	3,404	3,429	3,454	3,480	3,505	3,531	3,556	3,581	3,607	3,632 m
12′ (= 144″)	3,658	3,683	3,708	3,734	3,759	3,785	3,810	3,835	3,861	3,886	3,912	3,937 m
13′ (= 156″)	3,962	3,988	4,013	4,039	4,064	4,089	4,115	4,140	4,166	4,191	4,216	4,242 m
14′ (= 168″)	4,267	4,293	4,318	4,343	4,369	4,394	4,420	4,445	4,470	4,496	4,521	4,547 m
15′ (= 180″)	4,572	4,597	4,623	4,648	4,674	4,699	4,724	4,750	4,775	4,801	4,826	4,851 m
16′ (= 192″)	4,877	4,902	4,928	4,953	4,978	5,004	5,029	5,055	5,080	5,105	5,131	5,156 m
17′ (= 204″)	5,182	5,207	5,232	5,258	5,283	5,309	5,334	5,359	5,385	5,410	5,436	5,461 m
18′ (= 216″)	5,486	5,512	5,537	5,563	5,588	5,613	5,639	5,664	5,690	5,715	5,740	5,766 m
19′ (= 228″)	5,791	5,817	5,842	5,867	5,893	5,918	5,944	5,969	5,994	6,020	6,045	6,071 m
20′ (= 240″)	6,096	6,121	6,147	6,172	6,198	6,223	6,248	6,274	6,299	6,325	6,350	6,375 m
21′ (= 252″)	6,401	6,426	6,452	6,477	6,502	6,528	6,553	6,579	6,604	6,629	6,655	6,680 m
22′ (= 264″)	6,706	6,731	6,756	6,782	6,807	6,833	6,858	6,883	6,909	6,934	6,960	6,985 m
23′ (= 276″)	7,010	7,036	7,061	7,087	7,112	7,137	7,163	7,188	7,214	7,239	7,264	7,290 m
24′ (= 288″)	7,315	7,341	7,366	7,391	7,417	7,442	7,468	7,493	7,518	7,544	7,569	7,595 m
25′ (= 300″)	7,620	7,645	7,671	7,696	7,722	7,747	7,722	7,798	7,823	7,849	7,874	7,899 m
26′ (= 312″)	7,925	7,950	7,976	8,001	8,026	8,052	8,077	8,103	8,128	8,153	8,179	8,204 m
27′ (= 324″)	8,230	8,255	8,280	8,306	8,331	8,357	8,382	8,407	8,433	8,458	8,484	8,509 m
28′ (= 336″)	8,534	8,560	8,585	8,611	8,636	8,661	8,687	8,712	8,738	8,763	8,788	8,814 m
29′ (= 348″)	8,839	8,865	8,890	8,915	8,941	8,966	8,992	9,017	9,042	9,068	9,093	9,119 m
30′ (= 360″)	9,144	9,169	9,195	9,220	9,246	9,271	9,296	9,322	9,347	9,373	9,398	9,423 m

1′ = 0,3048 m; 1″ = 0,0254 m; 1′ = 12″

Tabelle 34.13. Amerikanische und englische Drahtlehren, Durchmesserangaben in Inch und Millimeter

Die amerikanische Standardlehre für Drähte bezieht sich auf einen Standard der Firma *Brown & Sharpe* und wird mit Bezeichnungsnummern angegeben. Die Abkürzung *AWG* (= *American Wire Gauge*) setzt man im allgemeinen hinzu. In Großbritannien gibt es 2 Standardlehren: *BWG* (= *Birmingham Wire Gauge*) und *ISWG* (= *Imperial Standard Wire Gauge*) bzw. *SWG*. Auch diese Standardlehren werden mit Nummern bezeichnet.

Bezeichnungs-Nr.	AWG Durchmesser in Inch	in mm	BWG Durchmesser in Inch	in mm	ISWG (SWG) Durchmesser in Inch	in mm
0000 (4/0)	0,460	11,68	0,454	11,53	0,40	10,16
000 (3/0)	0,409	10,41	0,425	10,80	0,372	9,45
00 (2/0)	0,365	9,27	0,380	9,65	0,348	8,84
0 (1/0)	0,325	8,25	0,340	8,64	0,324	8,23
1	0,289	7,35	0,300	7,62	0,300	7,62
2	0,258	6,54	0,283	7,21	0,276	7,01
3	0,229	5,83	0,259	6,58	0,252	6,40
4	0,204	5,19	0,238	6,05	0,232	5,89
5	0,182	4,62	0,220	5,59	0,212	5,38
6	0,162	4,11	0,203	5,16	0,192	4,88
7	0,144	3,66	0,179	4,57	0,176	4,47
8	0,128	3,26	0,164	4,19	0,160	4,06
9	0,114	2,90	0,147	3,76	0,144	3,66
10	0,102	2,59	0,134	3,40	0,128	3,25
11	0,091	2,30	0,120	3,05	0,116	2,95
12	0,081	2,05	0,109	2,77	0,104	2,64
13	0,072	1,83	0,095	2,41	0,092	2,34
14	0,064	1,63	0,083	2,11	0,081	2,03
15	0,057	1,45	0,072	1,83	0,072	1,83
16	0,051	1,29	0,065	1,65	0,064	1,63
17	0,045	1,15	0,058	1,47	0,056	1,42
18	0,040	1,02	0,049	1,24	0,048	1,22
19	0,036	0,91	0,042	1,07	0,040	1,02
20	0,032	0,81	0,035	0,89	0,036	0,92
21	0,028	0,72	0,081	0,81	0,032	0,81
22	0,025	0,64	0,028	0,71	0,028	0,71
23	0,023	0,57	0,025	0,64	0,024	0,61
24	0,020	0,51	0,023	0,56	0,023	0,56
25	0,018	0,45	0,020	0,51	0,020	0,51
26	0,016	0,40	0,018	0,46	0,018	0,46
27	0,014	0,36	0,016	0,41	0,016	0,41
28	0,013	0,32	0,0135	0,356	0,014	0,36
29	0,011	0,29	0,013	0,33	0,013	0,33
30	0,010	0,25	0,012	0,305	0,012	0,305
31	0,09	0,23	0,010	0,254	0,011	0,29
32	0,008	0,20	0,009	0,229	0,0106	0,27
33	0,007	0,18	0,008	0,203	0,010	0,254
34	0,0063	0,16	0,007	0,178	0,009	0,229
35	0,0056	0,14	0,005	0,127	0,008	0,203
36	0,0050	0,13	0,004	0,102	0,007	0,178
37	0,0044	0,11	–	–	0,0067	0,17
38	0,0040	0,10	–	–	0,0060	0,15
39	0,0035	0,09	–	–	0,0050	0,127
40	0,0031	0,08	–	–	0,0047	0,12

Die Millimeterangaben sind gerundet.

Tabelle 34.14. **Koaxialkabel mit Wellenwiderständen von 50 bis 150 Ω, Hersteller Kombinat VEB *Kabelwerk* Ober-spree, Berlin (DDR)**

Kurzzeichen	50-2-1	50-3-1	50-7-2	50-12-1
Wellenwiderstand in Ω	50 ± 4	50 ± 3	50 ± 2	50 ± 2
Innenleiter	Cu-Litze	Cu-Litze	Cu-Litze	Cu-Litze
Nenndurchmesser	0,45 mm	0,9 mm	2,28 mm	3,58 mm
Dielektrikum	Polyäthylen	Polyäthylen	Polyäthylen	Polyäthylen
Nenndurchmesser	1,5 mm	2,95 mm	7,25 mm	11,5 mm
Außenleiter	Cu-Geflecht	Cu-Geflecht	Cu-Geflecht	Cu-Geflecht
Schutzhülle	Plast	Plast	Plast	Plast
Außendurchmesser	2,8 mm	5,0 mm	10,3 mm	15,0 mm
Verkürzungsfaktor etwa	0,66	0,66	0,66	0,66
Kapazität pF/m	100	100	100	100
Dämpfung in dB/100 m				
10 MHz	10	5	2,8	1,7
100 MHz	33	16	8,5	5,5
200 MHz	46	22	12	7,5
500 MHz	75	37	18	14
800 MHz	95	48	26	19
IEC-Norm		96 IEC 50-3-4	96 IEC 50-7-2	
Äquivalent		RG 58 CIU	RG 213 U	

Kurzzeichen	60-7-1	60-7-2	60-10-1	60-10-2
Wellenwiderstand in Ω	60 ± 3	60 ± 3	60 ± 5	60 ± 3
Innenleiter	Cu-Litze	Cu-Draht	Cu-Litze	Cu-Draht
Nenndurchmesser	1,5 mm	1,5 mm	2,28 mm	2,26 mm
Dielektrikum	Polyäthylen	Polyäthylen	Polyäthylen	Polyäthylen
Nenndurchmesser	6,6 mm	6,6 mm	10,0 mm	10,0 mm
Außenleiter	Cu-Geflecht	Cu-Geflecht	Cu-Geflecht	Cu-Geflecht
Schutzhülle	Plast	Plast	Plast	Plast
Außendurchmesser	8,8 mm	8,8 mm	13,2 mm	13,2 mm
Verkürzungsfaktor etwa	0,66	0,66	0,66	0,66
Kapazität pF/m	85	85	85	85
Dämpfung in dB/100 m				
10 MHz	2,5	2,1	1,9	1,7
100 MHz	8	7	5,5	4,9
200 MHz	12	10	8	7
500 MHz	19	17	14	12
800 MHz	27	23	18	16

Anmerkung

Die Produktion von Koaxialkabeln mit 60 Ω Wellenwiderstand wurde bis zum Jahr 1974 schrittweise eingestellt, da entsprechend *TGL 6921* in Übereinstimmung mit der RGW-Empfehlung *RS-603-33* und *IEC-Publikation 78* die Um-stellung auf den für VHF und UHF dämpfungsoptimalen Wellenwiderstand von 75 Ω erfolgt. Für den Einsatz in der Mikrowellentechnik oberhalb 1000 MHz werden international Wellenwiderstände von 50 Ω empfohlen.

Tabelle 34.14. (Fortsetzung)

Kurzzeichen	75-4-1	75-4-4	75-5-A	75-5-B
Wellenwiderstand in Ω	75 ± 3	75 ± 3	75 ± 5	75 ± 5
Innenleiter	Cu-Litze	Cu-Draht	Cu-Draht	Cu-Draht
Nenndurchmesser	0,6 mm	0,58 mm	1,1 mm	1,1 mm
Dielektrikum	Polyäthylen	Polyäthylen	Polyäthylen-schaum	Polyäthylen-schaum
Nenndurchmesser	3,7 mm	3,7 mm	4,8 mm	4,8 mm
Außenleiter	Cu-Geflecht	Cu-Geflecht	Cu-Geflecht	Cu-Geflecht
Schutzhülle	Plast	Plast	Plast	Plast
Außendurchmesser	5,6 mm	5,6 mm	6,9 mm	6,8 mm
Verkürzungsfaktor etwa	0,66	0,66	0,83	0,83
Kapazität pF/m	67	67	53	53
Dämpfung in dB/100 m				
10 MHz	4,4	3,7	2,3	2,3
100 MHz	14	12	7,5	7,5
200 MHz	20	18	11	11
500 MHz	33	29	20	20
800 MHz	43	38	28	28

Kurzzeichen	75-7-2	75-7-8	75-17-2	150-6-2
Wellenwiderstand in Ω	75 ± 3	75 ± 3	75 ± 3	150 ± 22,5
Innenleiter	Cu-Litze	Cu-Draht	Cu-Draht	Cu-Draht
Nenndurchmesser	1,2 mm	1,1 mm	2,7 mm	0,25 mm
Dielektrikum	Polyäthylen	Polyäthylen	Polyäthylen	Polyäthylen m. Luftraum
Nenndurchmesser	7,25 mm	7,25 mm	17,3 mm	5,5 mm
Außenleiter	Cu-Geflecht	Cu-Geflecht	Cu-Geflecht	Cu-Geflecht
Schutzhülle	Plast	Plast	Plast	Plast
Außendurchmesser	10,3 mm	10,3 mm	22,5 mm	7,6 mm
Verkürzungsfaktor etwa	0,66	0,66	0,66	0,83
Kapazität pF/m	67	67	67	27
Dämpfung in dB/100 m				
10 MHz	2,3	2,0	1,0	3,2
100 MHz	7,5	6,3	3,5	10
200 MHz	11	9,2	5,1	14
500 MHz	18	16	9	–
800 MHz	24	21	13	–

Anmerkung

Der Kabeltyp *75-5-A* wird besonders in Verbindung mit UHF-Fernsehempfangsantennen empfohlen, da er relativ dämpfungsarm und wegen materialsparsamer Gestaltung des Außenleitergeflechts preisgünstig ist.

Tabelle 34.15. Symmetrische HF-Kabel, geschirmt, Hersteller Kombinat VEB *Kabelwerk* Oberspree, Berlin (DDR)

Kurzzeichen	120D 10-1	240D 5-2	240D 6-1	240D 10-3
Wellenwiderstand in Ω	120 ± 12	240 ± 20	240 ± 24	240 ± 20
Innenleiterpaar	2 Cu-Drähte	2 Cu-Drähte	2 Cu-Drähte	2 Cu-Drähte
Nenndurchmesser	2 × 1,4 mm	2 × 0,25 mm	2 × 0,4 mm	2 × 0,5 mm
Dielektrikum	Polyäthylen	Polyäthylen-schaum	Polystyrol-stützen	Polyäthylen m. Luftraum
Nenndurchmesser	10,6 mm	4,4 mm	6,2 mm	10,0 mm
Außenleiter	Cu-Geflecht	Cu-Geflecht	Cu-Geflecht	Cu-Geflecht
Schutzhülle	Plast	Plast	Plast	Plast
Außendurchmesser	14,0 mm	7,0 mm	9,0 mm	13,7 mm
Verkürzungsfaktor etwa	0,65	0,82	0,82	0,82
Kapazität pF/m	40	18	18	18
Dämpfung in dB/100 m				
10 MHz	2,1	6,8	4,3	3
100 MHz	6,8	20	15	9,5
200 MHz	9,6	28	21	15

Anmerkung

Die Kabeltypen *120D 10-1, 240D 6-1* und *240D 10-3* befinden sich nicht mehr im Fertigungsprogramm.

Tabelle 34.16. Symmetrische HF-Leitungen, ungeschirmt, Hersteller Kombinat VEB *Kabelwerk* Oberspree, Berlin (DDR)

Kurzzeichen	150B 1-1	240A 4-1	240B 5-2	300A 6-1
Wellenwiderstand in Ω	150 ± 18	240 ± 24	240 ± 24	300 ± 30
Leiterpaar	Cu-Drähte	Cu-Litzen	Cu-Litzen	Cu-Litzen
Nenndurchmesser	2 × 0,3 mm	2 × 0,9 mm	2 × 0,9 mm	3 × 0,9 mm
Leiterabstand	1 mm	4,4 mm	4,8 mm	6,4 mm
Dielektrikum	Polyäthylen	Polyäthylen	Polyäthylen-schaum	Polyäthylen
Breite	1,5 × 0,7 mm	6,6 mm	6,8 mm	8,6 mm
Verkürzungsfaktor etwa	0,75	0,80	0,85	0,80
Kapazität pF/m	32	16	17	13
Dämpfung in dB/100 m				
10 MHz	–	1,2	1,2	0,9
100 MHz	–	4,8	4,8	3,5
200 MHz	–	7,6	7,2	5,6

Tabelle 34.17. Koaxialkabel, sowjetische Standardtypen

Typ	Wellenwider-stand	Kapazität	Durch-messer des Innenleiters	Außen-durchmesser	Dämpfung in Np/km bei		
	in Ω	in pF/m	in mm	in mm	45 MHz	200 MHz	3000 MHz
PK 19	50	115	0,7			34,6	230
PK 119	50	115	0,7			34,6	230
PKTΦ 19	50	105	0,7			34,6	230
PK 55	50	110	0,9			28,8	196
PK 159	50	110	0,9			28,8	196
PKTΦ 29	50	106	1,0			28,8	196
PK 29	50	110	1,4				161
PK 129	50	110	1,4				161
PK 28	50	115	2,3				144
PK 128	50	115	2,3				144
PKTΦ 47	50	106	2,5			17,3	127
PK 147	50	115	2,3			19,6	144
PK 47	50	115	2,8			19,6	144
PK 48	50	115	3,4			13,8	86,5
PK 148	50	115	3,4			13,8	86,5
PKTΦ 48	50	106	3,6			13,8	104
PK 61	50	115	4,5	15,0	4,6		127
PK 6	52	101	2,6	9,0	6,0		86,5
PK 106	53	102	2,6	9,0	5,8		104
PKTΦ 6	52	101	2,6	8,0			127
PK 3	74	70	1,4	9,0	5,4		92
PK 103	74	71	1,4	9,0	5,8		104
PK 4	74	70	1,4	9,0	8,0		369
PK 104	74	71	1,4	9,0	8,1		104
PK 1	75	76	0,7			21,0	150
PK 101	75	76	0,7			21,0	150
PKTΦ 1	75	70	0,8			21,0	150
PK 49	75	76	0,8			23,0	173
PK 149	75	76	0,8			23,0	173
PKTΦ 49	75	70	0,9			17,3	144
PK 20	75	76	1,1			17,3	127
PK 120	75	78	1,2			17,3	127
PKTΦ 3	75	70	1,3			13,8	115
PKTΦ 20	75	70	1,4			17,3	127
PK 160	75	75	2,0	13,0			104
PK 62	75	70	2,2	15,0	4,0		92
PK 8	75	68	2,7	18,0			
PKTΦ 56	77	50	0,6	18,0	11,5		156
PK 156	83	48	0,6	4,0	10,4		150
PKTΦ 50	100	37	0,3	6,0	9,2		115
PK 2	100	57	0,6			16,1	98
PKTΦ 2	100	50	0,7			17,3	127
PK 50	150	27	0,3	6,0	8,5		97
PK 150	150	27	0,3	6,0	5,8		97

Literatur

Ajsenberg: Kurzwellenantennen, Leipzig, 1954
Anderson: The ARRL Antenna Anthology, ARRL, Newington, CT, 06111, USA, 1978
ARRL: The ARRL Antenna Book, Newington, 1982
ARRL: The ARRL Antenna Compendium, Newington, 1985
ARRL: The Radio Amateurs Handbook, Newington, (erscheint jährlich)
Auerbach: Amateurfunk-Antennen, München, 1977
Baumgartner: Die *HB 9 CV*-Richtantenne, Gerlingen, 1961
Beckmann: Die Ausbreitung der elektromagnetischen Wellen, Leipzig, 1948
Beckmann: Die Ausbreitung der ultrakurzen Wellen, Leipzig, 1963
Bienkowski/Lipinski: amatorskie anteny KF i UKF, WKL, Warszawa, 1978
Burrows/Attwood: Radio Wave Propagation, New York, 1948
Cordes: Meßtechnik für Funkamateure, Stuttgart, 1967
Diefenbach: Amateurfunk-Handbuch, München, 1972
Dombrowski: Antennen, Berlin
Dorsch: Antennenverstärker, Stuttgart
Fiebranz: Antennenanlagen für Rundfunk- und Fernsehempfang, Berlin 1961
Fränz/Lassen: Antennen und Ausbreitung, Berlin, 1956
Gierlach: Antennen und Funkwellen-Ausbreitung, Baunatal, 1985
Hawker: Amateur Radio Techniques, London, 1978
Hellbarth: Transistortechnik für Kurzwellenamateure, Hamburg, 1967
Hille: Antennenführer, Marburg, 1985
Hock/Pauli: Antennentechnik, Grafenau, Berlin, 1982
Janzen: Kurze Antennen, Stuttgart, 1986
Jasik: Antenna Engineering Handbook, New York, Toronto, London, 1961
Jessop/Miere: VHF-UHF-Manual, London, 1969
Kneitel: Antenna Roundup, Washington, New York, 1966
Kotowski/Wisbar: Drahtloser Überseeverkehr, Leipzig, 1941
Kraus: Antennas, New York–Toronto–London, 1950
Lickfeld: VHF- und UHF-Richtantennen, Stuttgart, 1964
Megla: Dezimeterwellentechnik, Berlin, 1961
Meinke/Gundlach: Taschenbuch der Hochfrequenztechnik, Berlin, Heidelberg, 1968
Moxon: hf antennas for all locations, London, 1982
Orr: All About *Cubical* Quad Antennas, Wilton, Conn. 1965
Orr: Beam antenna handbook, Wilton, Conn. 1965
Orr/Johnson: VHF-Handbook, Wilton, Conn.
Orr/Cowan: All About VERTICAL ANTENNAS, Wilton, 1986

Oxley/Nowak: Antennentechnik, Hannover, 1957
Panzer: Blitzschutz für Amateurfunk-Anlagen, Neubiberg
Raichle/Böttcher/Niefind: UKW-Handbuch, Baunatal, 1985
Reithofer: UHF-Amateurfunk-Antennen, München, 1977
Rhatcliffe: Sonne, Erde, Radio – Die Erforschung der Ionosphäre, München, 1970
Rint: Handbuch für Hochfrequenz- und Elektrotechniker, Band II, Berlin 1953
Rohrbacher/Cohen/Jacobs: Kurzwellenausbreitung, Stuttgart, 1985
Rothe/Spindler: Antennenpraxis, Berlin, 1968
RSGB: Radio Communication Handbook, London, 1977
RSGB: The Amateur Radio Handbook, London, 1962
Schaap: Kleine Kurzwellenamateur-Lehre, Hamburg, 1964
Schröter: Elektrische Nachrichtentechnik, Berlin, 1959 bis 1972
Schubert: Amateurfunk, Berlin, 1978
Schultheiss: Der Kurzwellen-Amateur, Stuttgart, 1977
Schultheiss: Der Ultra-Kurzwellen-Amateur, Stuttgart, 1959
Schure: Antennen, Berlin, 1962
Schure: HF-Übertragungsleitungen, Berlin, 1962
Seidmann: Antenna Roundup, Washington, New York, 1963
Spindler: Antennen, Berlin, 1968
Spindler: Rundfunkempfang im Auto, Berlin, 1973
Stirner: Antennen, Heidelberg,
Streng: UHF-Fernsehempfang, Berlin, 1962
Taeger: UKW- und Fernseh-Empfangsantennen, Berlin, 1961
Vastenhoud: Kurzwellen-Empfangspraxis, Hamburg, 1972
Vogelsang: Wellenausbreitung in der Nachrichtentechnik, München
Weiner: UHF-Unterlage, Hof (Saale), 1980
Zierl: Mein Hobby – Kurzwellenempfang, Stuttgart, 1983

Fachzeitschriften (Inhalt ist vorwiegend für Funkamateure bestimmt)

Amatérské Radio Zeitschrift der SVAZARM, Prag
beam Zeitschrift für Amateurfunk, HF-Technik, Elektronik, Marburg
CQ Cowan Publishing Corp., Port Washington, New York 36, NY
cq-DL Clubzeitschrift des DARC, DARC e. V., Baunatal
CQ-PA Wochenzeitschrift der VRZA, Apeldoorn

DUBUS Informationen über UKW-Amateure, Rudolfsberg

Elrad Magazin für Elektronik, Hannover

ELV journal Fachmagazin der Amateure und Profis für angewandte Elektronik, Leer

Funk Internationales Magazin der Funktechnik, Baden-Baden

FUNKAMATEUR Monatszeitschrift der Funkamateure in der DDR, Berlin

Funkbrief Zeitschrift für Funkamateure und Kurzwellenhörer, Ottweiler

ham radio Zeitschrift für Funkamateure, Greenville

Old Man Organ der Union Schweizerischer Kurzwellen-Amateure, Schweiz

Popular Electronics ZIFF-DAVIS Publishing Corp., Philadelphia

QSP Organ des österreichischen Versuchssenderverbandes, Wien

QST Monatszeitschrift der American Radio Relay League (ARRL), Newington

Radio Monatszeitschrift der sowjetischen Funkamateure, Moskau

Radio Greenville

Radioamator i Krotkofalowiec Polski Monatszeitschrift der polnischen Funkamateure, Warschau

RADIO COMMUNICATION London

Radio i Televisia Monatszeitschrift der bulgarischen Funkamateure, Sofia

Rádiótechnika Monatszeitschrift der ungarischen Funkamateure, Budapest

RSGB Bulletin Journal of the Radio Society of Great Britain, London

The Short Wave Magazine The Shortwave Magazine Ltd., London

UKW-Berichte Zeitschrift für den VHF-UHF-Amateur, Baiersdorf

73 Magazine 73 Inc., Peterborough

Schlagwortverzeichnis